Mehr Informationen
ja6vi7

Auf einigen Seiten im Buch finden Sie Terra-**Codes**. Diese führen Sie zu weiteren Informationen im Internet. Geben Sie den Code einfach in das Suchfeld auf schueler.klett.de ein.

Klett Erklärfilm

An einigen Stellen im Buch gelangen Sie über Terra-Codes zu **Erklärfilmen**, z.B. zum Thema anthropogener Treibhauseffekt auf der Seite 309 oder zum Thema Klimawandel auf den Seiten 315, 319 und 333.

Erwerben ...

... und handeln

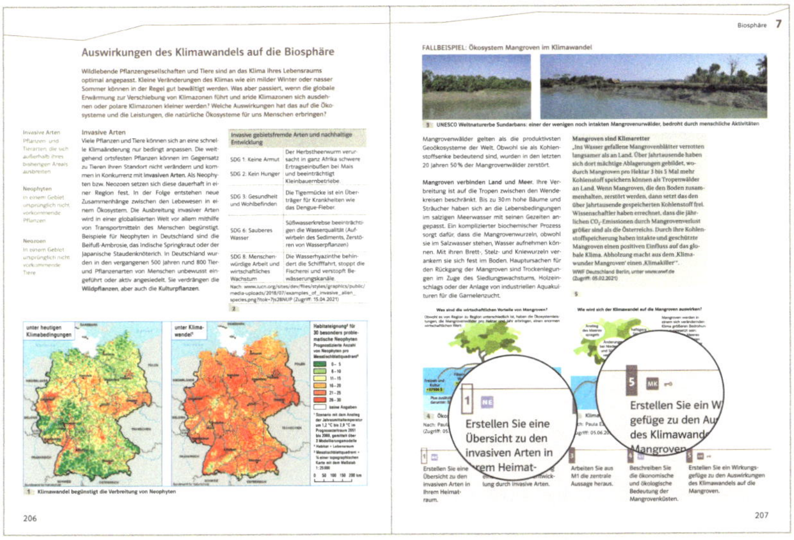

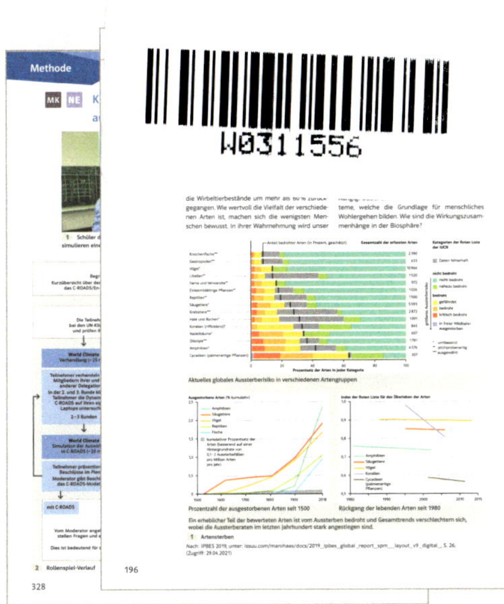

Mit den **Arbeits**seiten erwerben Sie die wichtigsten Kompetenzen.
Wichtige Begriffe sind fett gedruckt, werden auf der Abschlussseite geübt und im Glossar erklärt.

Zusatzaufgaben dienen der Anwendung und Vertiefung des Erlernten, vorzugsweise im Nahraum.
Das **Schlüsselsymbol** weist auf eine Lösungshilfe im Anhang hin.

Auf den **Methoden**seiten lernen Sie Schritt für Schritt wichtige Methoden.
Die **Handlungs**seiten bieten Ihnen die Möglichkeit, den Schritt vom Wissen zum Handeln zu vollziehen.

Nachschlagen

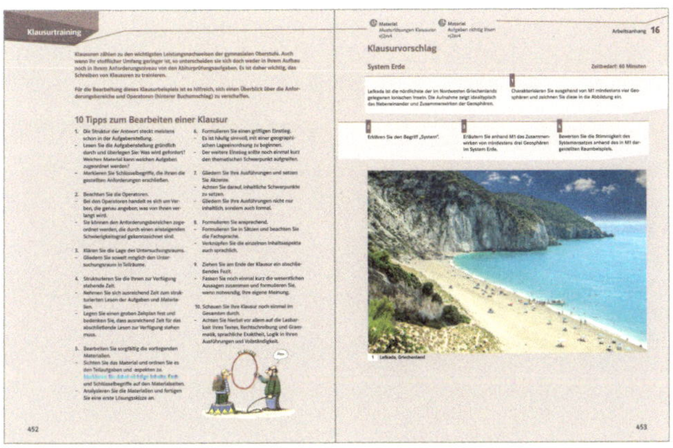

Im Arbeitsanhang finden Sie wichtige Hilfen zur Klausurvorbereitung sowie für den Kompetenzerwerb im Fach Geographie (Glossar, Sachregister, Methodenrepetitorium, Lösungshilfen, Operatoren und Anforderungsbereiche).

Symbole im Buch

👥	Partnerarbeit
👥👤	Gruppenarbeit
🔑	Lösungshilfen ab S. 473

→ **Nachhaltige Stadtentwicklung S. 392 – 397** verweist auf andere Seiten im Buch

MK kennzeichnet Aufgaben und Seiten zum Thema Medienkompetenz

NE kennzeichnet Aufgaben und Seiten zum Thema nachhaltige Entwicklung

Coverbild: oben: Hängetopf aus einer wiederverwerteten Flasche mit Blumentöpfen aus Plastikflaschen
© ShutterStock.com RF (Yossef Zilberman)
unten: Bundesgartenschau Heilbronn 2019
© Jürgen Häffner

1. Auflage 1 5 4 3 2 1 | 25 24 23 22 21

Alle Drucke dieser Auflage sind unverändert und können im Unterricht nebeneinander verwendet werden.
Die letzte Zahl bezeichnet das Jahr des Druckes.

Autorinnen und Autoren: Prof. Dr. Gregor C. Falk, Prof. Dr. Thomas Hoffmann, Dr. Wilfried Korby, Arno Kreus, Bodo Lehnig, Christoph Rausch, Andreas Schmid, Matthias Scholliers
Unter Mitarbeit von: Dr. Egbert Brodengeier, Rüdiger Engelhardt, Lena Führinger, Prof. Dr. Florian Kapmeier, Prof. Dr. Thomas Schneider, Andreas Thierer, Dr. Daniela Vogellehner

Externe Redaktion: Artalis, Mühlhausen/Fechta (Jacqueline Böttcher); Christoph Rausch, Frickenhausen-Linsenhofen

Entstanden in Zusammenarbeit mit dem Projektteam des Verlages.

Gestaltung: normaldesign, Jens-Peter Becker, Schwäbisch Gmünd
Umschlaggestaltung: normaldesign, Jens-Peter Becker, Schwäbisch Gmünd
Illustrationen: Steffen Butz, Karlsruhe; Bettina Eckenfelder, Eisenach; Diana Jäckel, Erfurt; Mario Mensch, Hamburg; Wolfgang Schaar, Grafing

Satz: satz.zeichen, Erfurt (Diana Jäckel)
Reproduktion: Druckmedienzentrum Gotha GmbH, Gotha
Druck: Firmengruppe APPL, aprinta druck, Wemding

Printed in Germany
ISBN 978-3-12-104728-4

9 783121 047284

4 Formen und Prozesse der Reliefsphäre 76

5 Prozesse in der Atmosphäre 136

Inhalt

Legende

MK Seiten und Aufgaben zum Thema Methodenkompetenz

NE Seiten und Aufgaben zum Thema Nachhaltige Entwicklung

Legende
MK Seiten und Aufgaben zum Thema Methodenkompetenz
NE Seiten und Aufgaben zum Thema Nachhaltige Entwicklung

Legende
MK Seiten und Aufgaben zum Thema Methodenkompetenz
NE Seiten und Aufgaben zum Thema Nachhaltige Entwicklung

Digitales Zusatzangebot online

Erklärfilme

Virtuelle Exkursionen

1

Welt verstehen – Welt gestalten

1 Die Geographie stellt ganz bestimmte Fragen an die Welt.

Ziel des Geographieunterrichts ist es, zu verstehen, warum und wie Räume sich entwickelt haben. Das wollen wir uns am Beispiel der indonesischen Hauptstadt Jakarta genauer ansehen. Dabei müssen wir vielfältige Verknüpfungen, Prozesse und Wirkungen zwischen der naturräumlichen Welt und jener der menschlichen Gesellschaften berücksichtigen.

Auf dieser Grundlage können Entwicklungen beurteilt und die zukunftsfähige Gestaltung von Räumen geplant werden. Das besondere geographische Denken basiert auf einer Kombination von Zugängen, den Basiskonzepten. Mithilfe dieser geographischen Denk- und Arbeitsweisen kann jeder Teilraum der Erde analysiert und verstanden werden – auch Jakarta.

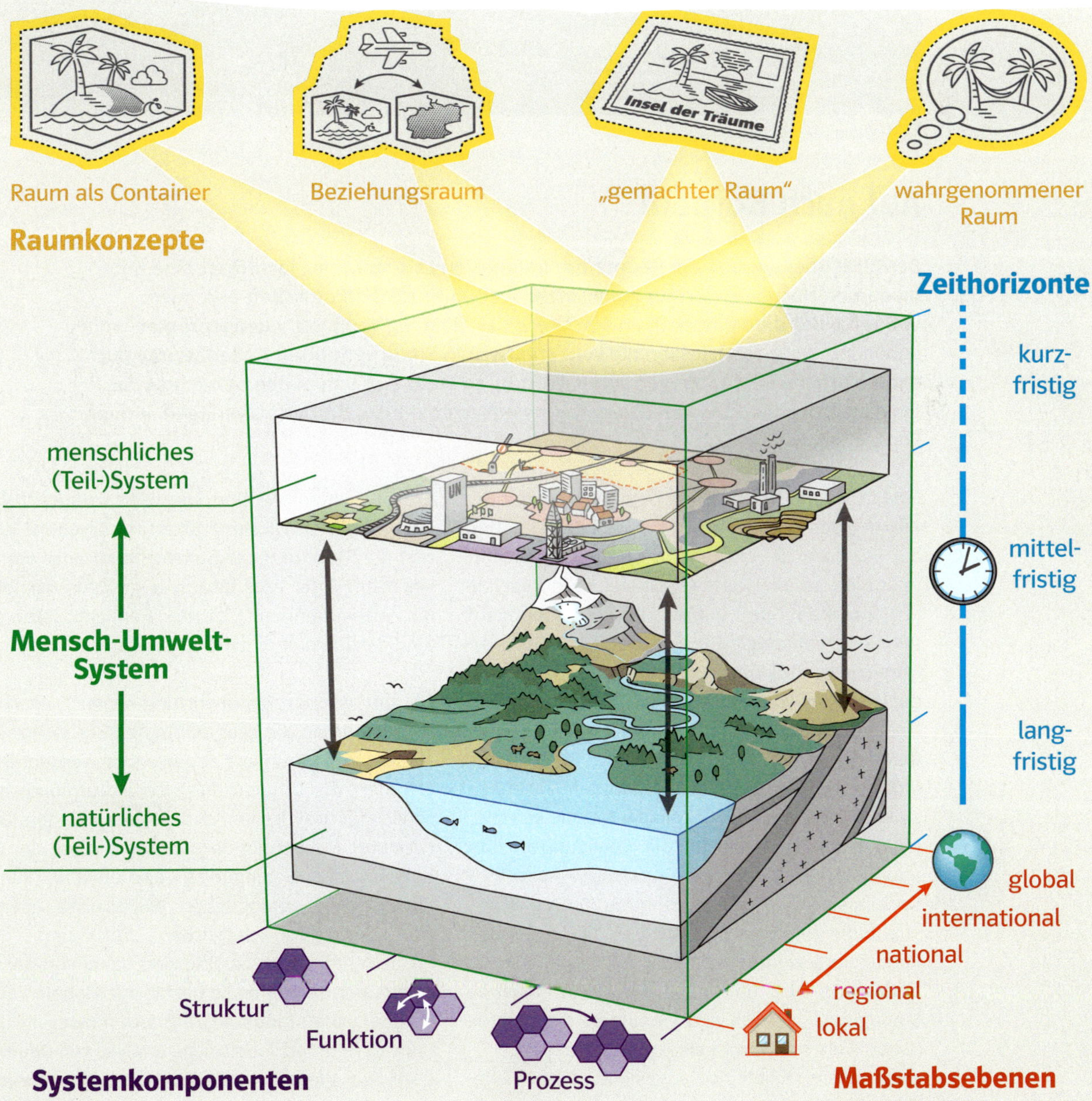

3 Blick über Jakarta

Auf nach Borneo!

Der Blick über Jakarta, die Hauptstadt Indonesiens auf der Insel Java, lässt eine mit modernen Hochhausvierteln durchsetzte, weitläufige Stadtlandschaft erkennen. Während sich die Metropole an den Ufern des Ciliwung von ihrer villengeprägten wohlhabenden Seite zeigt, lassen die vom städtischen Smog verhüllten Außenbezirke auch andere urbane Realitäten vermuten. Warum, so stellt sich von außen betrachtet die Frage, werden die Planungen, die Hauptstadt auf die Insel Borneo zu verlegen, immer konkreter?

Eine geographische Analyse beginnt stets mit der Klärung der Frage, wo die dargestellte Situation auf der Erde zu verorten ist. Die Bildunterschrift informiert darüber, dass es sich bei der dargestellten Großstadt um Jakarta, also die Hauptstadt Indonesiens handelt. Die Schrägluftaufnahme eröffnet den Blick über ein ausgedehntes Stadtgebiet, das sich beiderseits des verhältnismäßig kleinen Flusses bis zum Horizont erstreckt. Im Vordergrund ist ein Stadtquartier mit ein- bis zweistöckigen, wohlhabend erscheinenden Gebäuden zu erkennen, das von Grünflächen durchsetzt ist. Jenseits des Flusses wird die Bebauung dichter und auch höher. Über den gesamten Ausschnitt verteilt, sind inselartig Hochhauskomplexe eingestreut, die als Büro-, aber auch als Wohngebäude identifiziert werden können. Mit zunehmender Entfernung wird die über der Stadt liegende Smogglocke deutlich und verhindert die Identifikation weiter entfernt gelegener Stadtteile.
Geographen stellen sich angesichts dieser Gegebenheiten die Fragen: Warum hat sich diese Stadt hier entwickelt? Wie ist dieser Entwicklungsprozess verlaufen? Und wie wird voraussichtlich die weitere Entwicklung Jakartas aussehen? Werden die Stadt und der Ballungsraum noch weiter wachsen? Oder wird Jakarta angesichts der lokalen Auswirkungen globaler Herausforderungen eine ganz andere Entwicklung nehmen?

Die umfassende Beantwortung dieser Fragen ist möglich, wenn die geographischen Basiskonzepte als Analyseinstrument angewendet werden. Dies erfordert die Untersuchung der naturräumlichen sowie der politischen und wirtschaftlichen Entwicklung. Notwendig dazu ist die Analyse der naturräumlichen Bedingungen, also etwa der klimatischen oder geologischen Verhältnisse ebenso wie der gesellschaftlichen Strukturen und Prozesse. All diese Aspekte sind dabei von der lokalen über die regionale bis hin zur globalen Ebene über einen längeren Zeitraum hinweg in den Blick zu nehmen. Eine solche Analyse von Räumen trägt zum Weltverständnis bei. Dies ist wiederum Voraussetzung für die nachhaltige Gestaltung unseres Planeten.

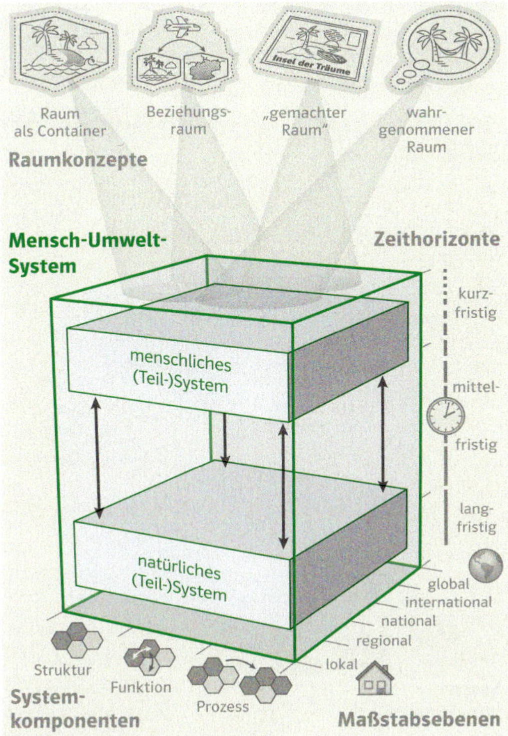

4 **Zugang Mensch – Umwelt**
Nach J. Fögele 2016

Zugang Mensch-Umwelt-System

Grundlegend für das Basiskonzept Mensch-Umwelt-System ist, dass die Erde als System erkannt wird, in dem der Mensch ein sehr dominant gestaltender Faktor ist. In diesem System stellt die Umwelt alle für die menschliche Existenz erforderlichen Lebensgrundlagen wie Luft, Wasser, Boden, Vegetation und Rohstoffe bereit. Je nach Art, wie wir Menschen diese Ressourcen nutzen, wirkt sich dies auf die Umwelt aus. Solange sich diese Folgen im Toleranzbereich des natürlichen Systems bewegen, bleibt dessen Regenerationsfähigkeit erhalten. Greifen wir durch unsere Art der Nutzung jedoch in dieses ein, verändern wir es vorübergehend oder schädigen es sogar dauerhaft. Damit beeinträchtigen wir das System Erde zu unserem Nachteil, denn wir schwächen damit unsere eigene Lebensgrundlage. Während wir von dieser existenziell abhängig sind, gilt dies umgekehrt nicht: Die Umwelt kann auf den Faktor Mensch verzichten! Die systemerhaltende Verhaltensweise wird als **Nachhaltigkeit** bezeichnet.

Jakarta: Binnen weniger Jahrzehnte vervielfachte sich die Einwohnerzahl der Agglomeration Jabodetabek und erstreckt sich heute als zweitgrößter Ballungsraum der Welt (> 30 Mio. Menschen) über die gesamte Bucht von Jakarta an der Nordwestküste Javas. Seit dem 12. Jahrhundert sind die höher gelegenen Areale des Mündungsgebiets des Ciliwung und der benachbarten Flüsse besiedelt. Mit der Gründung Batavias als Hauptstadt des niederländischen Kolonialreiches beginnt die globale Dimension der Stadt als Handelszentrum und damit ihre dynamische Entwicklung.
Mit dem Wachstum der Megacity erhöht sich der Druck auf den relativ weichen Untergrund der Küstenregion. Da gleichzeitig die anhaltend hohe Entnahme von (Trink-)Wasser aus dem Untergrund diesen Prozess verstärkt, sinkt das Stadtgebiet Jakartas an manchen Stellen um 3 cm, an anderen um bis zu 20 cm pro Jahr ab. Dies, die weitläufige Versiegelung der Oberfläche, die hohen Niederschläge der inneren Tropen mit 1 770 mm/Jahr sowie die mit dem Klimawandel einhergehende Häufung von Extremniederschlägen erhöhen die Hochwassergefahr in Jakarta extrem. Zugleich führt der Klimawandel zum Anstieg des Meeresspiegels in der Bucht von Jakarta um 4 – 6 mm/Jahr. Das Zusammenwirken dieser Prozesse hatte 2007, 2013 und 2019 extreme, bis zu 60 % des Stadtgebiets betreffende, lang anhaltende Überschwemmungen zur Folge.
Hochwasserereignisse verschärfen die ohnehin großen sozialen Disparitäten, denn sie treffen in erster Linie die städtischen Armutsschichten, die bedingt durch den innerstädtischen Platzmangel genau die natürlichen Retentionsflächen entlang der 13 Flüsse der Stadt besiedeln. Die ohnehin stark ausgeprägten sozialräumlichen Disparitäten Jakartas sind durch weitläufige Armenviertel neben mondän anmutenden, zentral gelegenen Geschäftsvierteln, exklusiven Villenvierteln und ausufernden Industrieanlagen sichtbar und werden insbesondere durch die Überflutungen noch deutlich verschärft. Zugleich führt der Klimawandel auch zu massiven Schädigungen landwirtschaftlicher Produktion auf Java und damit zur Abwanderung ländlicher Armutsgruppen. Diese finden meist nur in den ohnehin ausufernden Slums der großen Städte – etwa 1 Mio./Jahr allein im Ballungsraum Jakarta – eine vermeintliche Zukunft und verstärken ihrerseits die Problemkonstellation.

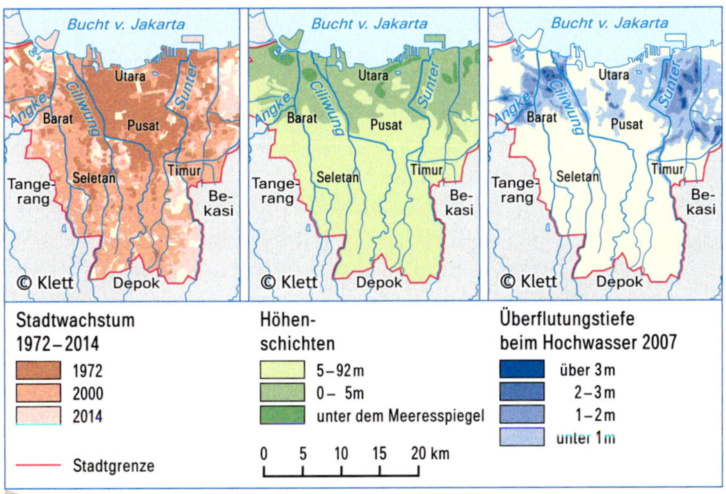

5 **Jakarta: Stadtwachstum, Landabsenkung, Überschwemmung**
Nach M. Garschagen/G. Ayu Ketut Surtiari: Hochwasser in Jakarta – zwischen steigendem Risiko und umstrittenen Anpassungsmaßnahmen. In: Geographische Rundschau, Jg. 70/April 2018/H. 4, S. 10–15

Zugang Struktur – Funktion – Prozess

Struktur. Struktur besteht aus Faktoren wie Relief, Klima, Meeresströmungen, Fauna oder handelnden Menschen, die in ihrer räumlichen Anordnung zueinander ein System bilden. Das kann auch eine Stadt sein. Im Kern bestehen Strukturen somit aus Punkten (etwa Orten oder Bergen), Linien (etwa Flüssen oder Straßen) und Flächen (etwa Gemarkungen oder Ländern).

Jakarta: Städtische Strukturen lassen je nach berücksichtigtem Kriterium Stadtgebiete mit unterschiedlichen Funktionen (Wohnen, Arbeiten, Verwalten, usw.) oder unterschiedlichem Wohlstand erkennen. Jakartas Stadtstruktur ist infolge des enormen Wachstums seit den 1970er-Jahren auf heute etwa 10 Mio. Menschen angewachsen, die Agglomeration Jabodetabek gar auf 30 Mio. Menschen. Dabei wurden zunehmend vormals von den 13 Flüssen durchzogene, niedriggelegene Feuchtgebiete von Zuwanderern und der städtischen Armutsbevölkerung besiedelt, während die Industriegebiete und Villenviertel auf höheren und damit hochwassersichereren Arealen liegen. Die Armenviertel erstrecken sich zwar über das gesamte Stadtgebiet, weisen aber in Küstennähe und in den ehemaligen Feuchtgebieten eine höhere Konzentration auf.

Funktion. Einzelne Faktoren einer Struktur stehen nicht unverbunden nebeneinander, sondern in unterschiedlichen Beziehungen zueinander. Jeder Faktor übernimmt dabei zumindest eine Funktion im System.

Jakarta: Städtische Funktionen reichen weit über die Belange der eigenen Stadtbevölkerung hinaus und wirken weit ins städtische Umland hinein. Je größer die Städte sind, desto deutlicher und über größere Distanzen hinweg werden diese Funktionen wirksam. Dies wird etwa im Bereich der Gesundheitsversorgung, der Funktion als Arbeitsstätte oder dem Bildungsbereich deutlich. So pendeln etwa 3,5 Mio. Menschen täglich nach Jakarta zur Arbeit und abends wieder in ihre Wohnbereiche in der Agglomeration oder darüber hinaus. Eine besondere Funktion ist im Falle Jakartas die Hauptstadtfunktion und damit auch der Sitz der Regierung.

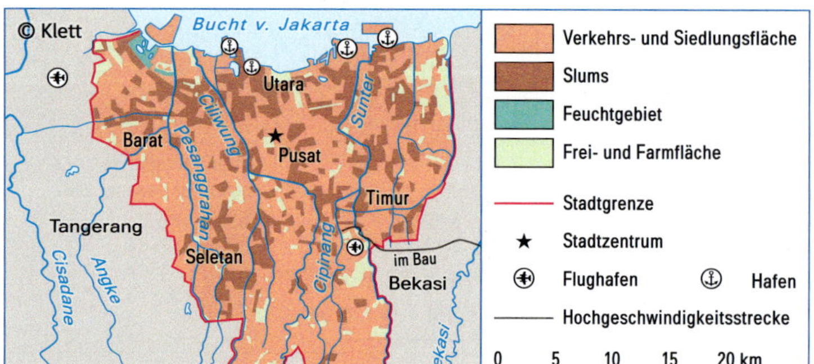

6 Jakarta: städtische Entwicklung, Slums

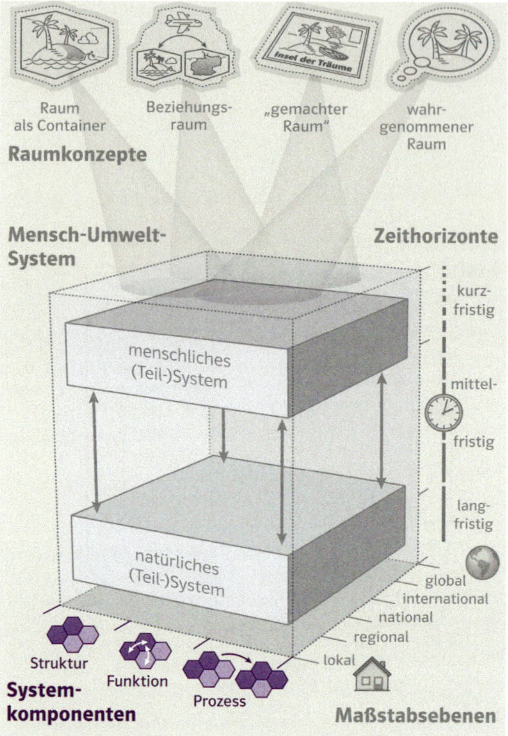

7 Zugang Struktur – Funktion – Prozess
Nach J. Fögele 2016

Prozess. Da jeder einzelne Faktor ständigen Veränderungen unterliegt, wandelt sich auch das gesamte System bzw. die Struktur permanent. Diese Veränderungen können kurzfristig oder langfristig wirken und nur lokale oder aber globale Veränderungen bewirken.

Jakarta: Die Hauptstadt Indonesiens ist seit geraumer Zeit sehr mächtigen, sich gegenseitig zum Teil verstärkenden Prozessen unterworfen. Zum einen führen Bevölkerungswachstum und ein enormer Zuzug zur rapiden Ausdehnung der Stadt. Die damit einhergehende Wasserentnahme aus dem Untergrund hat zur Folge, dass die Stadt um bis zu 20 cm pro Jahr absinkt. Zugleich führt der voranschreitende Klimawandel zu Extremniederschlägen, die über die natürliche Entwässerung aus dem südlich gelegenen Bergland in die Bucht von Jakarta fließen und die Hochwassergefahr ansteigen lassen. Dies wird zusätzlich durch den Anstieg des Meeresspiegels unterstützt, wobei in erster Linie die städtischen Armutsviertel betroffen sind. Das wiederholte Zusammenspiel dieser Prozesse verändert die Struktur Jakartas.

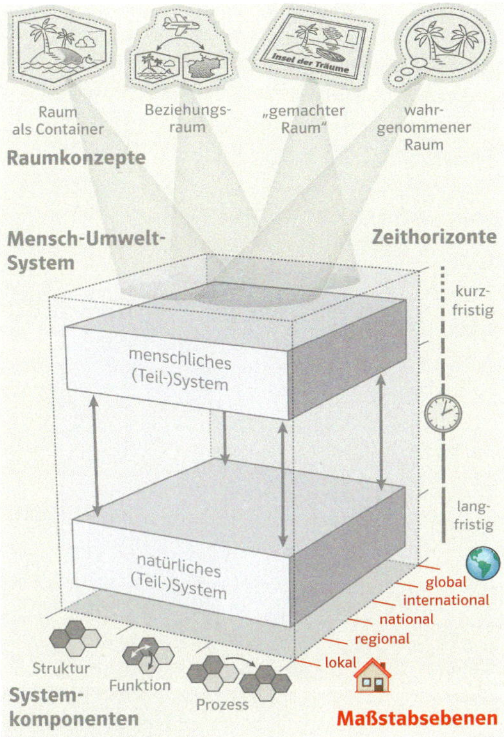

8 Zugang Maßstab
Nach J. Fögele 2016

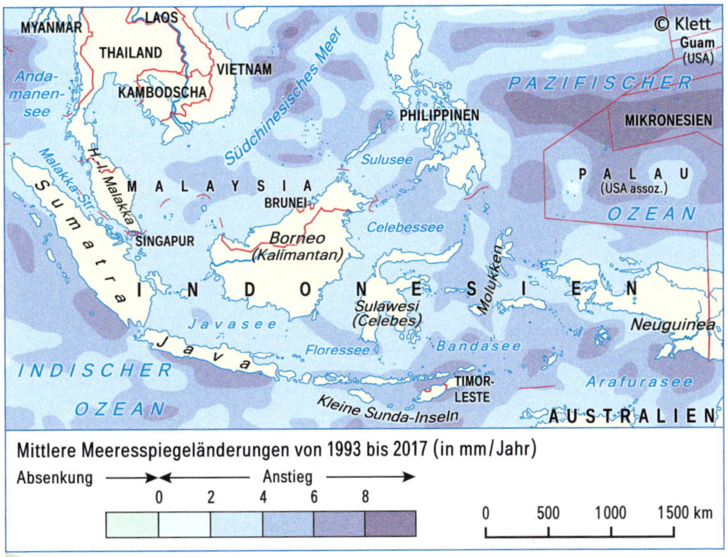

9 Lokaler Meeresspiegeltrend in Indonesien (1993–2017)
Nach: Deutsches Klima Konsortium/Konsortium Deutsche Meeresforschung – Zukunft der Meeresspiegel, Berlin 2019. Unter: www.deutsches-klima-konsortium.de/meeresspiegel.html (Zugriff: 30.07.2020)

Zugang Maßstabsebenen

Alles auf der Welt Vorhandene und Geschehende hat einen Raumbezug, der in der Regel einem konkreten Ort zugeordnet werden kann und damit lokal ist. Dies gilt für die Auswirkungen des Klimawandels ebenso wie für die Entwicklung von wirtschaftlichem und gesellschaftlichem Wohlstand oder Naturereignisse wie Erdbeben oder Vulkanausbrüche. Und doch zeigen diese Beispiele, dass lokale Ereignisse Verbindungen zu übergeordneten regionalen oder globalen Maßstäben haben – sei es hinsichtlich ihrer Ursachen oder ihrer Auswirkungen. So führen weltweit verursachte Treibhausgasemissionen zum Klimawandel, der dann regional und lokal unterschiedliche Auswirkungen zeigt. Es sind oftmals politische Entscheidungen zwischen Staaten oder durch Institutionen wie der Welthandelsorganisation, die tiefgreifende Konsequenzen für die Entwicklung von Gesellschaften oder Regionen haben. Und es sind großräumige geologische und plattentektonische Strukturen, die Erdbeben und Vulkanausbrüche verursachen. Geographisches Denken integriert die Faktoren und Prozesse auf den verschiedenen Maßstabsebenen und untersucht deren Auswirkungen auf die jeweils anderen räumlichen Ebenen.

10 Jakarta: Überflutung 2013

Jakarta: 2007, 2013 und Ende 2019 wurde Jakarta von ausgeprägten Hochwasserereignissen heimgesucht. Ursache dafür waren Starkniederschläge im gebirgigen Hinterland, die kleinräumig mit einer ausgeprägten Sturmflut zusammentrafen. Diese drückten den ohnehin ansteigenden Meeresspiegel noch weiter in die tiefgelegenen ehemaligen Auebereiche der in die Bucht von Jakarta mündenden Flüsse.
Dieses in immer kürzeren Zeitabständen sich wiederholende lokale Ereignis führt dazu, dass rund um die Bucht von Jakarta tiefgelegene Areale in absehbarer Zeit aufgegeben werden. Selbst die Verlegung der Hauptstadt ist in konkreter Planung. Millionen Menschen – bis 2050 rechnet man allein in Indonesien mit 40 Mio. Umweltflüchtlingen – müssen folglich umgesiedelt werden. Auf der regionalen Ebene werden insbesondere die im Verhältnis zu Java mit seinen ca. 1 000 Einwohnern/km² sehr viel geringer besiedelten Inseln Sumatra, Borneo oder Sulawesi als Ansiedlungsgebiet gewählt werden. Die neue Hauptstadt wird aller Voraussicht nach im Osten Borneos entstehen. Ein Teil der Bewohner wird versuchen, zumindest für einige Zeit auf den globalen Arbeitsmärkten, etwa rund um den Persisch-Arabischen Golf, Arbeit zu finden.

11 Standorte und Zeitplan zur Verlegung der Hauptstadt

Nach www.conventuslaw.com/report/indonesia-moves-capital-city-an-illusion-or-an-era

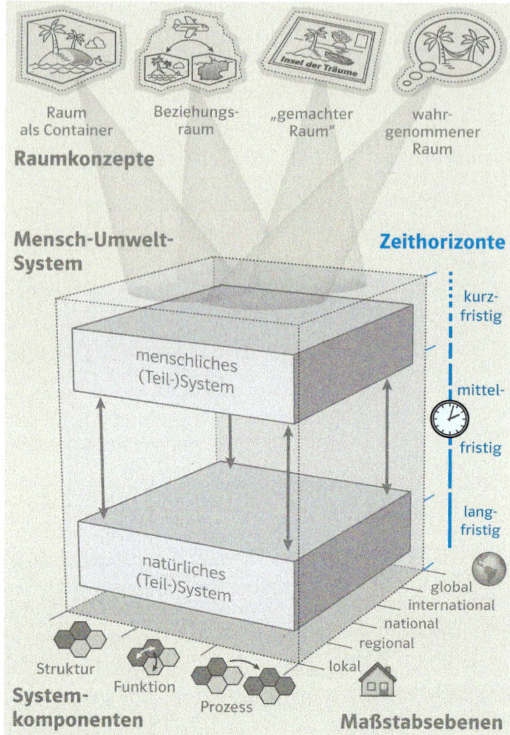

12 Zugang Zeithorizont

Nach J. Fögele 2016

Zugang Zeithorizonte

Das System Erde ist in all seinen Bestandteilen und Teilsystemen – ob Geologie, Klima, Böden, Vegetation, Hydrosphäre oder Weltgesellschaft – in permanenter Veränderung. Nichts ist statisch und von Dauer, auch wenn dies gerade bei Gebirgen oder Landschaften so scheint. Da viele dieser Veränderungen über lange Zeiträume, manche sogar über Millionen Jahre hinweg vonstattengehen, können wir Menschen dies so nicht wahrnehmen und gewinnen letztlich einen falschen Eindruck. Veränderungsprozesse in ihren unterschiedlich lange wirksamen Zeithorizonten in den Blick zu nehmen, ist daher ein weiterer zentraler Zugang geographischen Denkens. Dabei sind Unterscheidungen zwischen kurz-, mittel- und langfristigen Betrachtungszeiträumen und/oder Veränderungsprozessen sinnvoll. Dies gilt für zurückliegende Zeiten ebenso wie für zukünftig auf uns zukommende Veränderungen. Die Impulse, die Veränderungen anstoßen, liegen zum Teil im naturräumlichen System begründet, gehen in unserer Zeit aber vor allem von Menschen auf der lokalen Ebene in unterschiedlichsten Teilen der Welt aus und entfalten vielfache Wirkungen bis hin zur globalen Ebene.

Jakarta: Die vergangene sowie die sich in den Planungen bereits abzeichnende Geschichte der indonesischen Hauptstadt kann in kurz-, mittel- und langfristiger Perspektive dargestellt und/oder analysiert werden. Der kurzfristige Gründungsakt Ende des 12. Jahrhunderts sowie die nachfolgenden Eroberungen bis hin zur Neugründung durch die Niederländer unter dem Namen Batavia im Jahr 1619 setzen immer auch langfristige und über die lokale Stadtstruktur hinausreichende Weiterentwicklungen und Veränderungen in Gang. Sei es als regionales Machtzentrum, als Verwaltungssitz des niederländischen Kolonialreiches oder als Hauptstadt des unabhängigen Indonesien. Auch die kurzfristig auftretenden Überflutungen von bis zu 60 % des Stadtgebietes können zu monatelang anhaltenden Überschwemmungen führen. Mittelfristig ist zu klären, ob das bereits im Bau befindliche und bis 2025 fertiggestellte „Giant Sea Wall Project" die erhoffte Lösung bringen wird oder ob Jakarta langfristig doch aufgegeben und die Hauptstadt umgesiedelt werden muss.

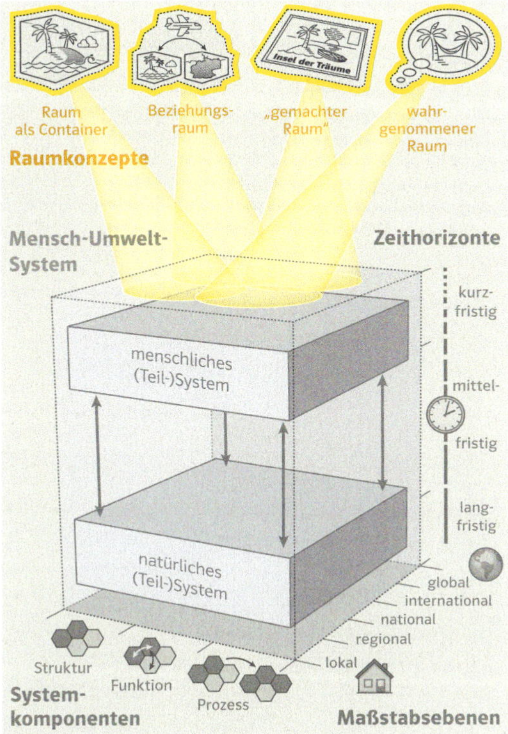

13 Zugang Raumkonzepte
Nach J. Fögele 2016

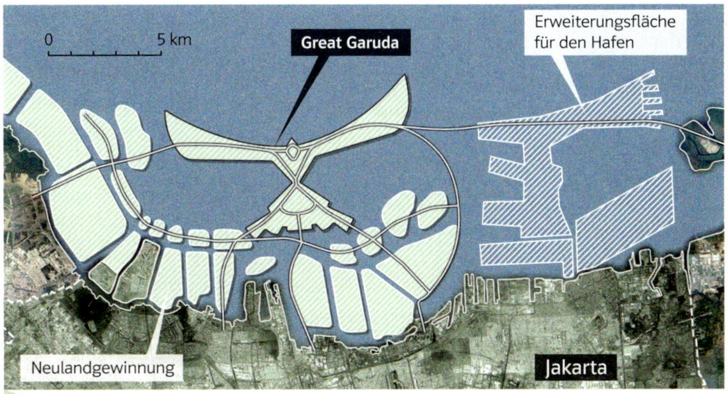

14 Great Garuda Project, Bucht von Jakarta
Nach Straits Times Graphics

Zugang Raumkonzepte

Räume können auf vier verschiedene Arten analysiert werden.

Raum als Beziehungsraum. Dieses Raumkonzept rückt Fragen in den Fokus, die sich mit der Bedeutung einzelner Standorte, den Distanzen zwischen ihnen sowie den Lagebeziehungen zueinander befassen.

Jakarta: Aus dieser Perspektive stehen die Gegebenheiten und kausalen Beziehungen des Stadtgebietes Jakarta im Zentrum des Raumverständnisses. Bedeutsam sind dabei folgende Tatsachen und Verknüpfungen:
- die Lage im Mündungsbereich vieler Flüsse;
- ergiebige Niederschläge aufgrund des innertropischen Klimas;
- der weiche Untergrund;
- das extreme Wachstum der Stadt;
- die massive Entnahme von Grundwasser;
- die Auswirkungen des Klimawandels, insbesondere der Anstieg des Meeresspiegels sowie häufige Überflutungen.

Raum als Container. Die physische Welt (z. B. Küsten, Meeresströmungen, Rohstoffe) sowie der handelnde Mensch werden als Faktoren eines Raumes betrachtet.

Jakarta: Der inventarische Blick auf den Raum Jakarta erfasst dessen Ausdehnung, die Art der Bebauung, die Infrastruktur vom Hafen über die Verkehrsadern bis hin zum Flughafen, die Einwohner, gesellschaftliche Organisation und Struktur der Metropole.

Raum als „gemachter Raum“. Im Mittelpunkt dieses Raumkonzeptes steht die Überzeugung, dass Räume „gemacht“ werden. Daher geht es um die Frage nach Bedingungen und Interessen, unter denen ein Raum wahrgenommen wird. Durch die permanente Wiederholung dieser Kommunikation werden Räume fortlaufend gemacht und bestätigt. Ein Konstrukt entsteht.

Jakarta: Dem Szenario, Jakarta aufgeben und die Hauptstadt verlegen zu müssen, steht das „Great Garuda Project“ entgegen. Danach soll in Gestalt des indonesischen Göttervogels Garuda ein gewaltiges Küstenschutzbauwerk errichtet werden. Dieses Projekt eignet sich, Jakarta als „gemachten“ Zukunfts- und lukrativen Investitionsstandort zu sehen.

Raum als wahrgenommener Raum. Die Wahrnehmung von Räumen ist von Mensch zu Mensch unterschiedlich. Dieser Tatsache wird hier Rechnung getragen, indem subjektive Raumeindrücke wahrgenommen und diskutiert werden.

Jakarta: Die Wahrnehmung Jakartas variiert massiv je nachdem, ob sie aus der Perspektive eines vom Hochwasser betroffenen Slumbewohners, einer in einem Villenviertel lebenden Unternehmerin oder eines Stadtplaners erfolgt. Aus ihrer jeweiligen Perspektive nehmen sie die jährliche Zuwanderung von etwa 1 Mio. Menschen unterschiedlich wahr. Denn ihre Perspektive ist durch ihre jeweilige Aufgabe, Erwartung oder ihre wirtschaftliche Situation und Erwartungen geprägt.

2

System Erde

1 Blick über den kleinen Ort Fontainhas, der an der Nordküste Santo Antãos, der nordwestlichsten Insel der Kapverden, etwa 100 Meter über dem Meer liegt.

Die Erde ist ein hochkomplexes Zusammenspiel vielfältiger, sich gegenseitig beeinflussender und verändernder Geofaktoren. Kurz: Die Erde ist ein System. Auch wir Menschen sind in diesem Sinn ein Geofaktor. Um die dahinterstehenden Mechanismen und Kräfte verstehen zu können, ist es sinnvoll, die bedeutendsten Teil- oder Subsysteme des Systems Erde zu identifizieren und ihr Wirken zu analysieren.

Das Zusammenwirken der Teilsysteme findet – wenn auch in unterschiedlicher Kombination, Dimension und Intensität – an jedem Ort der Erde statt. Und doch gleicht sich die Erde an keinem Ort, sondern zeigt eine faszinierende Vielfalt lokaler und regionaler Landschaften. Trotz großer landschaftlicher Unterschiede wirken immer die gleichen Faktoren mit, etwa Wasser oder Gesteine. Können Sie weitere Teilsysteme identifizieren?

2 Die Gletscherzunge des Athabasca-Gletschers. Dieser fließt aus dem Columbia Icefield im Grenzbereich der kanadischen Provinzen British Columbia und Alberta und endet auf etwa 2 000 m Höhe.

Sie untersuchen ...

3 Der Ort Fontainhas, Kapverden

4 Die Gletscherzunge des Athabasca-Gletschers, Kanada

Die Analyse der beiden Landschaftsausschnitte von Fontainhas und dem Athabasca-Gletscher zeigt, dass in beiden Orten zentrale Geosphären des Systems Erde zu erkennen sind: Lithosphäre, Pedosphäre, Hydrosphäre, Atmosphäre, Biosphäre und Anthroposphäre. Zugleich ist zu beobachten, dass die konkrete lokale Ausbildung dieser Sphären offenkundig sehr unterschiedlich ist. In der Summe dieser Teilentwicklungen entstehen vollkommen verschiedene Landschaftseindrücke: Der randtropischen Insellandschaft der Kapverden mit ihren hochaufragenden vulkanischen Gebirgszügen steht eine in den gemäßigten Breiten gelegene Hochgebirgslandschaft auf 2000 – 3500 m Höhe entgegen, die vom Athabasca-Gletscher und dessen Schmelzwasser geprägt ist. Von entscheidender Bedeutung ist neben anderen Faktoren die Breitenkreislage der Beispielräume.

GRUNDWISSEN System Erde

Ein aus mehreren Einzelteilen zusammenhängendes Ganzes bezeichneten die Griechen der Antike als „sýstema", woraus sich unser Wort „System" abgeleitet hat. Systeme bezeichnen in unserem heutigen Verständnis aus vielen Faktoren und Einflussgrößen bestehende Sinn- oder Zweckeinheiten. Systeme sind grundsätzlich dynamisch. Aufgrund der Interaktion ihrer Einzelteile entwickeln die Teilsysteme der Erde sich permanent weiter, beispielsweise die Natur, das Klima, der Boden, die Gesellschaft oder die Wirtschaft.
Mit der Veränderung der Teilsysteme verändert sich auch das äußerst komplexe System Erde.

Diesen Fragen zum System Erde werden Sie nachgehen:

- Aus welchen Teilsystemen ist das komplexe System Erde aufgebaut und wie wirken diese zusammen?
- Welche Sphären und Faktoren umfasst das System Erde und wie wirken diese zusammen?
- Wie lässt sich das Zusammenspiel der verschiedenen Sphären modellhaft darstellen?
- Um das vielfältige Zusammenwirken der einzelnen Faktoren und Sphären in diesem komplexen Gefüge des Systems Erde verstehen zu können, sind ausgehend von der realen Landschaft die einzelnen Sphären in den Blick zu nehmen. Dabei steht das Zusammenwirken der Geosphären im Mittelpunkt. Ziel ist es, die Erde als System zu verstehen, in dem der Mensch ein sehr wirkmächtiger Faktor ist.

1 Identifizieren Sie die verschiedenen Sphären in beiden Landschaftsbildern (S. 18/19).

2 Überprüfen Sie Ihre Zuordnung mithilfe der Bilder 3 und 4.

3 Erläutern Sie das Zusammenwirken der Sphären anhand der beiden Raumbeispiele.

Sie knüpfen an ...

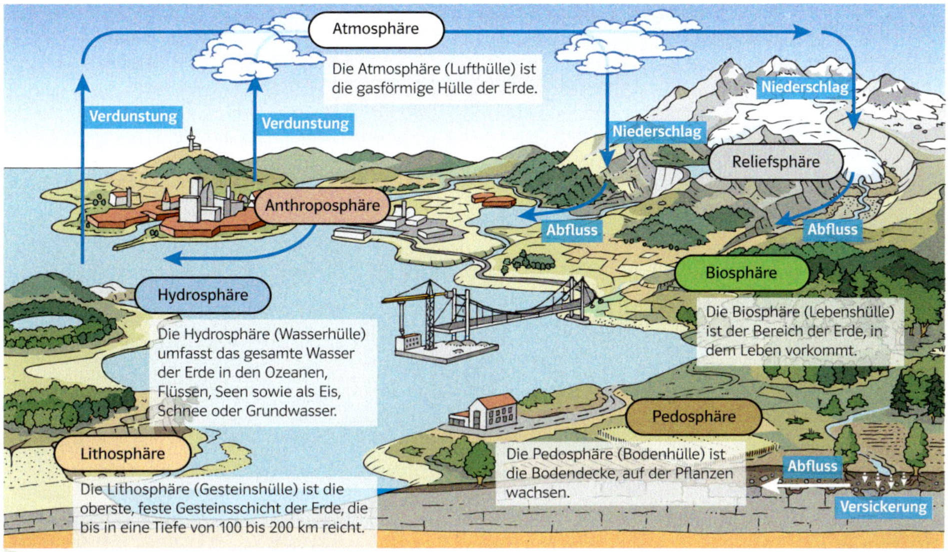

5 Vereinfachte Darstellung der Geosphären

Bekannte Begriffe

- Ablagerung
- Abtragung
- Atmosphäre
- Boden
- Klima
- Klimazone
- Lithosphäre
- Vegetationszone
- Verwitterung
- Wetter

GRUNDWISSEN Sphären der Erde

In die modernen Geowissenschaften ging der Begriff „Sphäre" ein, um mit der „Geosphäre" den festen Erdkörper samt der ihn umgebenden Gashülle zu erfassen und verschiedene Sphären des Systems Erde zu bezeichnen.
So ist der Erdkörper schalenförmig aufgebaut und gliedert sich in Erdkern, Erdmantel und Erdkruste, wobei Letztere mit dem obersten Teil des Erdmantels als Lithosphäre bezeichnet wird. Darüber liegt mit der dünnen Bodenschicht die Pedosphäre, während die verschiedenen Wasservorkommen der Erde die Hydrosphäre bilden. Von dieser ist die aus Eis bestehende Kryosphäre zu unterscheiden. Die Gashülle der Erde, die Atmosphäre, die ihrerseits in verschiedene Sphären (Troposphäre, Stratosphäre, Mesosphäre, Thermosphäre, Exosphäre) gegliedert ist, schafft im Zusammenspiel mit Pedosphäre und Hydrosphäre die Voraussetzungen für pflanzliches und tierisches Leben, das als Biosphäre zusammengefasst wird. Aus dieser ausgegliedert ist der vom Menschen geprägte Bereich des Systems Erde, der als Anthroposphäre bezeichnet wird.

Das wissen Sie schon!

Seit der 5. Klasse wurden die bedeutendsten Geosphären im Geographieunterricht angesprochen, insbesondere die Atmosphäre, die Hydrosphäre, die Lithosphäre, die Biosphäre und die Anthroposphäre.

Auch die zwischen diesen Sphären bestehenden Einflussnahmen waren bereits Thema, denken Sie etwa an die Bedeutung der atmosphärischen Rahmenbedingungen für die Vegetation oder die Verfügbarkeit von Wasser für die Existenz menschlicher Siedlungen.

4

Erläutern Sie die Sphärendarstellung in Grafik 5.

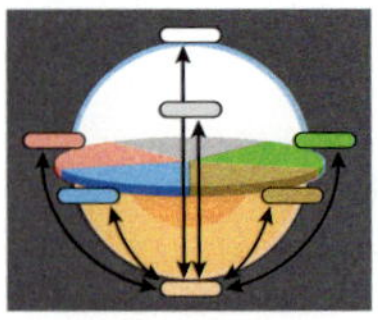

Die Geosphären im Blick

→ Lithosphäre S. 44–75

1

Erarbeiten Sie sich mithilfe der Seiten 18–25 sowie der Analysematrix (Online-Code) Grundlagen zu den einzelnen Sphären sowie deren Ausprägung anhand der beiden Raumbeispiele.

Charakteristisch für die Insel Santo Antão sind hoch aufragende Gebirge vulkanischen Ursprungs. Die steil aus dem Meer aufragenden Berge an der Nordküste rund um Fontainhas sind wie die anderen Erhebungen der Insel durch mehrere Hundert Meter mächtige Basaltfelsen geprägt. Das überwiegend schwarze, durch Verwitterungsprozesse außen aber auch mal grau oder braun erscheinende Gestein ist sehr hart und widerstandsfähig gegenüber Erosionsprozessen. Aufgrund dieser Eigenschaften können sich daher sehr steile Wände bilden, die hier bei Fontainhas auf über 500 m ansteigen. Die Widerstandsfähigkeit der verhältnismäßig jungen Basaltgesteine kommt zudem in den scharfkantigen Graten und Pfeilern zum Ausdruck, die das Landschaftsbild hier prägen.

1 **Fontainhas, Santo Antão, Kapverden**

Das Columbia Icefield wird gerahmt von einer Vielzahl um 3 500 m hoher Berge der östlichen Abdachung der Rocky Mountains an der Grenze der beiden kanadischen Provinzen British Columbia und Alberta. Die Rocky Mountains sind wie die Alpen, die Pyrenäen, die Anden oder der Himalaya das Resultat der jüngsten, durch intensive plattentektonische Prozesse geprägten Gebirgsbildungsphase der Erdgeschichte. Diese setzte vor etwa 170 Mio. Jahren ein, führte aber erst vor 70–40 Mio. Jahren zur Erhebung des Gebirges. Im Zuge dieses Prozesses kam es an der Ostseite der Rocky Mountains zur Aufstellung von Sedimentschichten des Mesozoikums zu zum Teil spektakulär steilen Erhebungen. Dies sowie das geringe Alter der Rocky Mountains erklären die steil aufragenden, vielfach scharfen Kanten und Grate der Gipfelregionen.

2 **Athabasca-Gletscher, Kanada**

GRUNDWISSEN Lithosphäre

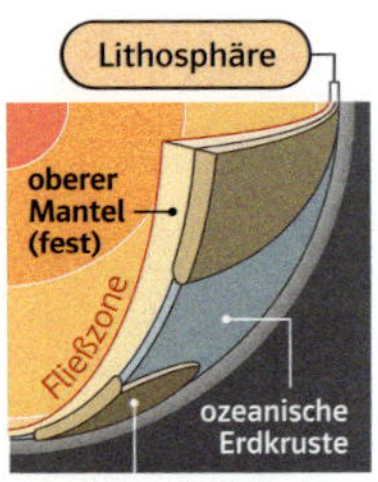

„Lithos" ist das altgriechische Wort für „Stein". Die Lithosphäre bezeichnet folglich die 100–200 km mächtige steinerne Erdkruste. Diese umfasst die ozeanische und die kontinentale Erdkruste sowie den obersten Erdmantel. Nach unten wird die Lithosphäre von der Astenosphäre begrenzt. Diese im Vergleich weichere Schicht hat große Bedeutung für die plattentektonischen Prozesse. Wenngleich aus massiven Gesteinen aufgebaut, ist die Lithosphäre bis zu einem gewissen Grad elastisch und somit formbar. Anhaltender seitlicher Druck etwa kann zur Aufwölbung von Gesteinsschichten führen. Ein Beispiel dafür sind Vogesen und Schwarzwald, die im Zuge der alpidischen Gebirgsbildung durch Hebung entstanden. Durch Erdbeben hervorgerufene abrupte Krafteinwirkungen führen zu landschaftsprägenden Brüchen und Verwerfungen.

Aufgebaut ist die Lithosphäre zum einen aus vulkanischen Gesteinen und zum anderen aus Sedimenten, wobei beide infolge von Druck und damit einhergehenden hohen Temperaturen metamorphisiert werden können.

Die Bodenbildungsprozesse in Fontainhas an der Nordküste von Santo Antão sind bestimmt zum einen von dem weit verbreiteten basaltischen Ausgangsgestein und vulkanischen Aschen, der vorherrschenden randtropischen Vegetation, den ganzjährig zwischen 21 °C und 26 °C liegenden Temperaturen sowie der ausgeprägten Trockenzeit zwischen Januar und Juli bzw. der niederschlagsreichen Phase zwischen August und Dezember mit einem Niederschlagsmaximum von 120 mm im September. Aufgrund dieser Voraussetzungen entwickelten sich auf den westlichen Kapverden und auch auf Santo Antão vor allem Andosole. Die „dunklen Böden" sind braun bis tiefschwarz, von grober Struktur und können viele Meter mächtig werden. Die grobe Struktur führt zu ihrer charakteristischen Lockerheit, die wiederum ihre gute Durchwurzelbarkeit begründet. Andosole sind sehr fruchtbare Böden und bieten eine gute Voraussetzung für die Landwirtschaft.

3 Fontainhas, Santo Antão, Kapverden

Die Bodenbildungsprozesse im Umfeld des Athabasca-Gletschers auf über 2 000 m Höhe am 52. Grad nördlicher Breite werden von extremen Bedingungen beherrscht. Zwar stehen mit 458 mm ganzjährig ausreichend Niederschläge zur Verfügung, doch aufgrund der geringen Jahresdurchschnittstemperatur von lediglich 2,2 °C sind keine günstigen Bedingungen für Bodenbildungsprozesse gegeben. Hinzu kommt, dass der Athabasca-Gletscher in den zurückliegenden Jahrzehnten sicherlich weite Teile der aktuell sichtbaren Umgebung überdeckt hat und so eventuelle Ansätze einer Bodenbildung verhinderte oder beim Vorrücken zerstörte. Dennoch finden sich zwischen den glazialen Schottern Ansammlungen feineren Materials, die allererste Anzeichen von Bodenbildungsprozessen aufweisen könnten. Aufgrund deren Unvollständigkeit spricht man von „Skelettböden".

4 Athabasca-Gletscher, Kanada

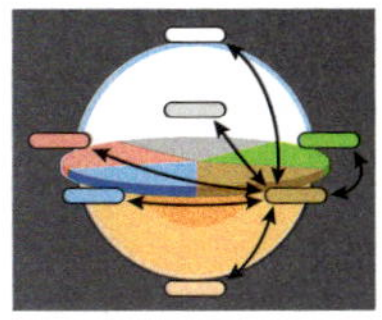

- Lithosphäre
- **Pedosphäre**
- Hydrosphäre
- Atmosphäre
- Biosphäre
- Anthroposphäre
- Reliefsphäre

→ Pedosphäre S. 212–237

GRUNDWISSEN Pedosphäre

Den Erdboden bezeichneten die Griechen als „pédon". Von diesem Wort leitet sich wiederum die Bezeichnung der weltweiten Bodendecke ab, die gelegentlich auch als „dünne Haut der Erde" bezeichnet wird. Böden markieren die Grenzfläche zwischen der Lithosphäre, der klimabestimmenden Atmosphäre, der von Flora und Fauna geprägten Biosphäre sowie der Hydrosphäre. Ausprägung und Wirksamkeit dieser Sphären sind über die Erde hinweg sehr unterschiedlich. Dies führt unter Berücksichtigung der Dauer der Bodenbildungsprozesse zu einer enormen Vielfalt von Bodentypen und Bodenarten, die ihrerseits wiederum unterschiedlichste Eigenschaften aufweisen. So finden sich in den inneren Tropen extrem mächtige, bis zu 50 m tief reichende, aber ausgesprochen unfruchtbare Böden, während die deutlich geringmächtigeren Böden der gemäßigten Breiten in der Regel ein hohes Maß an Bodenfruchtbarkeit aufweisen. Böden können je nach der Beschaffenheit der bodenbildenden Faktoren sehr stark und tiefgründig verwittert sein oder aber nur Ansätze des Bodenbildungsprozesses aufweisen.

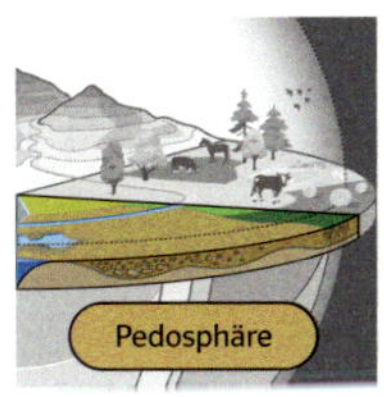

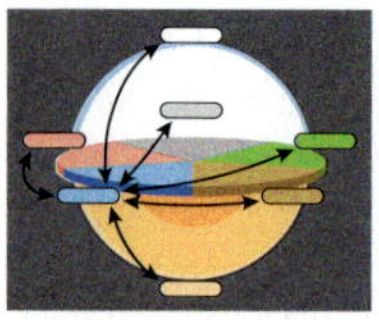

Lithosphäre
Pedosphäre
Hydrosphäre
Atmosphäre
Biosphäre
Anthroposphäre
Reliefsphäre

→ **Hydrosphäre S. 172–191**

Die Hydrosphäre wird beim Blick über Fontainhas in erster Linie durch den Atlantik repräsentiert. Die Ozeane und Meere bzw. Nebenmeere bedecken nahezu 70 % der Erdoberfläche. Ihnen kommt durch die Verdunstung eine enorme Bedeutung für den globalen Wasserkreislauf und damit für die Niederschläge zu. In Küstenlagen kommt es zudem zur Herausbildung kleinräumiger Windsysteme, vor allem dem Land-Seewind-System. Dieses sowie der saisonale Einfluss des Nordostpassates bringen der steilen Nordküste Santo Antãos Niederschläge von etwa 250 mm/Jahr. Diese als Regen fallenden Niederschläge versickern zum Teil im Untergrund, zum Teil fließen sie oberflächlich in kleinen Bächen ab. Der große Höhenunterschied führt dabei zu einer hohen Fließgeschwindigkeit und damit großer Erosionskraft, was wiederum die tief eingeschnittenen Tälchen zur Folge hat.

5 Fontainhas, Santo Antão, Kapverden

Aufgrund der absoluten Höhe von etwa 2 000 m auf dem 52. nördlichen Breitengrad grenzen an der Gletscherzunge des Athabasca-Gletschers Kryosphäre und Hydrosphäre aneinander. Aus dem über 3 000 m hoch gelegenen Columbia Icefield gespeist, fließt der Athabasca-Gletscher dem Relief folgend in tiefere Lagen. Die graue und stark zerfurchte Oberfläche des Gletschers signalisiert dessen Abschmelzen, während leuchtend weiße Gletscheroberflächen dessen Wachstum durch anhaltenden Nachschub in Form von Schnee erkennen lassen. Die saisonal schwankenden Temperaturen führen zur Ausbildung der mal tiefer und mal höher gelegenen Gletscherzunge samt dem markanten Gletschertor. Aus diesem fließt das an der Unterseite des Gletschers sich sammelnde und aufgrund des Transports feinen Gesteinsmehls eingetrübte Gletscherschmelzwasser und bildet zugleich den Beginn des Athabasca-Rivers.

6 Athabasca-Gletscher, Kanada

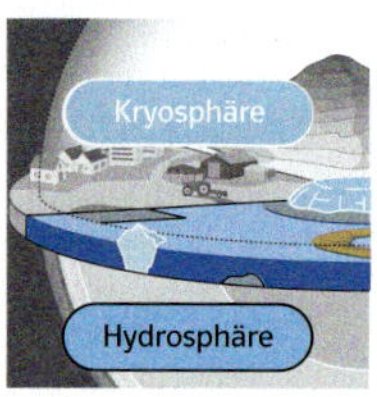

GRUNDWISSEN Hydrosphäre und Kryosphäre

Abgeleitet ist der Begriff vom altgriechischen Wort „hýdor", das mit „Wasser" zu übersetzen ist. Der mit Wasser bedeckte Teil der Erdoberfläche wird folglich als Hydrosphäre bezeichnet. Ursprünglich umfasste dieser Begriff die Gesamtheit des Wassers, also Süß- und Salzwasser sowie Wasser in all seinen Aggregatzuständen. Keine Bestandteile der Hydrosphäre im umfassenden Sinn sind jedoch das Bodenwasser, die Grundwasserkörper und -ströme. Sie werden in Teilen der Lithosphäre bzw. der Pedosphäre zugerechnet. Die Besonderheit des gefrorenen Wassers, das als Gletscher oder Inlandseismasse die polaren und Hochgebirgsregionen landschaftlich prägt, ist die Kryosphäre. Der Begriff wird abgeleitet vom griechischen „krýos" für „Eiskälte", „Frost" oder „Eis". Die verschiedenen Teilsphären der Hydrosphäre stehen durch den Mechanismus des globalen Wasserkreislaufs in permanentem Austausch.

Die Troposphäre über Fontainhas zeigt einen nahezu wolkenfreien Himmel, der lediglich eine lockere, aus Nordwesten aufziehende Bewölkung zeigt. Eine solche Bewölkung entsteht, wenn die vom Meer kommenden, feuchtigkeitsgesättigten warmen Luftmassen aufsteigen müssen. Dabei kommt es zur Kondensation des Wasserdampfs und damit zur Wolkenbildung. Sie bringen vor allem der nordexponierten Seite der Insel ergiebige Niederschläge. Mit Überschreiten des Gebirges lösen sich die Wolken wieder auf und die Niederschläge fallen deutlich geringer aus.
Vor allem die zweite Jahreshälfte ist in Fontainhas niederschlagsreich. Grund dafür ist die Lage Santo Antãos auf dem 16. nördlichen Breitengrad und damit einerseits in den Randtropen und andererseits im Einflussbereich der Passatzirkulation. Dies führt zu überwiegend aus Nordosten über den Atlantik heranströmenden feuchten Luftmassen, die verstärkt durch den Effekt des Steigungsregens an der steil aufragenden Küste von Fontainhas abregnen. Demgegenüber steht Fontainhas in der ersten Jahreshälfte überwiegend unter dem Einfluss des randtropischen Hochdruckgürtels, was kaum Niederschläge zur Folge hat.

7 **Fontainhas, Santo Antão, Kapverden**

Die Troposphäre über der Zunge des Athabasca-Gletschers zeigt eine sehr dichte und tiefreichende Bedeckung mit weiß-grauen Wolken. Wolken in tiefen und mittleren Höhen der Troposphäre bestehen aus Wassertröpfchen. Sie entstehen, wenn die relative Luftfeuchtigkeit von Wassermassen 100 % und damit den Sättigungsgrad erreicht hat. In einer solchen Situation kommt es zur **Kondensation**, das heißt, dass gasförmiger Wasserdampf in den flüssigen Aggregatzustand übergeht. Dabei gilt die Regel: Je höher die Lufttemperatur, desto größere Massen an Wasserdampf können pro Volumeneinheit atmosphärischer Luft enthalten sein. Die auf dem Columbia Icefield vorherrschenden tiefen Temperaturen führen zu niedrigen bodennahen Lufttemperaturen. Da kühlere Luft weniger Wasserdampf aufnehmen kann, setzt der Kondensationsprozess ein. Die so entstehenden Wassertröpfchen bilden Wolken. Neben diesen lokalen Prozessen können die Wolkenmassen auch durch die regional vorherrschenden Westwinde herangeführt werden. Im Zusammenspiel dieser Prozesse verzeichnet der Athabasca-Gletscher 450 mm Niederschläge pro Jahr.

8 **Athabasca-Gletscher, Kanada**

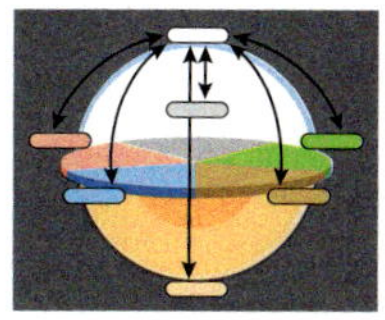

→ Atmosphäre S. 136 – 171

GRUNDWISSEN Atmosphäre

„Dampf" bedeutet das griechische Wort „atmós", das der Gashülle der Erde ihren Namen gab. Diese Gashülle besteht in den unteren 90 km zum überwiegenden Teil aus Stickstoff (78 %) und Sauerstoff (21 %) sowie einer Vielzahl zum Teil klimawirksamer Spurengase. Deren wirkmächtigste sind Methan (CH_4), Kohlenstoffdioxid (CO_2) und Lachgas (N_2O). Die Atmosphäre wird vertikal aufgrund sich ändernder Temperatur- bzw. Druckverhältnisse in mehrere Teilsphären gegliedert. In den oberen Lagen der Atmosphäre, konkret in der Stratosphäre, kommt dem dort angereicherten Ozon große Bedeutung als lebensschützender UV-Filter der eingestrahlten Sonnenenergie zu. Für das Wettergeschehen und damit für die Ausprägung von Leben am bedeutendsten ist der unterste Teil der Atmosphäre: die Troposphäre. Diese ist über den Polen bis zu acht und über dem Äquator bis zu 18 km mächtig. In der Atmosphäre bilden sich aufgrund der unterschiedlichen Energieverteilung auf der Erde Windsysteme heraus, die ein sehr bestimmender Faktor des Weltklimas sind.

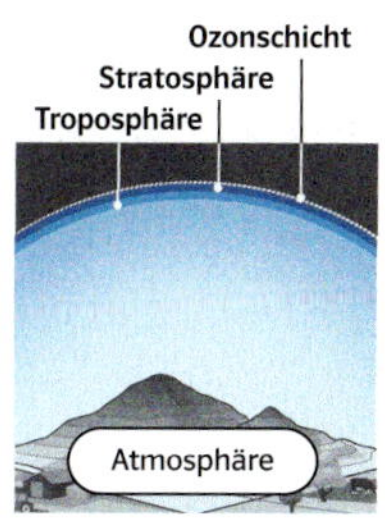

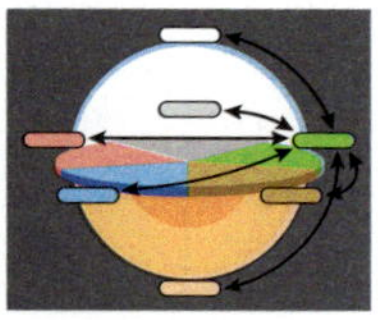

→ Biosphäre S. 192–211

Die ganzjährig zwischen 21°C und 26°C liegenden Temperaturen auf Santo Antão führen in Kombination mit den über 250 mm Jahresniederschlag und der ausgeprägten Bodenfruchtbarkeit der vorherrschenden Andosole zu einer ausgeprägten, wenn auch nicht üppigen tropischen Vegetation. Diese ist gekennzeichnet durch vereinzelt stehende Palmen, Sträucher und niederwüchsige Pflanzen an den steilen Hängen Fontainhas. Zugleich dokumentiert die über die gesamte Höhenerstreckung zu erkennende vertrocknete Vegetation die Lage Santo Antãos im randtropischen, durch saisonale Trockenheit geprägten Raum. Die Ansicht gibt dennoch Hinweise auf die für die Kapverden typische Höhenstufung der Vegetation. In der Regel lassen sich von unten nach oben drei Höhenstufen identifizieren: die Halbwüsten- oder Wüstenzone, die Savannenstufe sowie die Stufe der „Federbuschvegetation". Offensichtlich kann der Pflanzenwuchs jedoch durch Bewässerung deutlich intensiviert werden, wie die als Terrassen angelegten landwirtschaftlichen Nutzflächen erkennen lassen.

9 **Fontainhas, Santo Antão, Kapverden**

Der in der Höhe von über 2 000 m von ganzjährig niedrigen Temperaturen und dem zusätzlich kühlenden Gletscher geprägte Raum bietet keine günstigen Voraussetzungen zur Ausbildung einer Vegetationsbedeckung – nicht einmal zur Entstehung einer lichten Pflanzendecke. Selbst die günstige Situation im August lässt nur an einigen wenigen Hangbereichen einen schütteren Vegetationsflaum mehr erahnen als konkret erkennen. Und doch eröffnen sich kleinräumig Ansatzpunkte für pflanzliches Leben. Windgeschützt zwischen Steinen und Felsblöcken und aufsitzend auf kleinsten Ansammlungen von Feinmaterial siedeln kleinwüchsige, oft grell blühende Hochgebirgspflanzen. Zwischen Oktober und Mai aber verschwinden auch diese wieder unter einer geschlossenen mächtigen Schneedecke. Nur sehr kälteresistente Pflanzen mit einer ausgesprochen kurzen Vegetationszeit, etwa Moose und Flechten, kommen mit diesen harschen Rahmenbedingungen zurecht und können ihrerseits einer ebenso spezialisierten Fauna eine karge Nahrungsgrundlage bieten.

10 **Athabasca-Gletscher, Kanada**

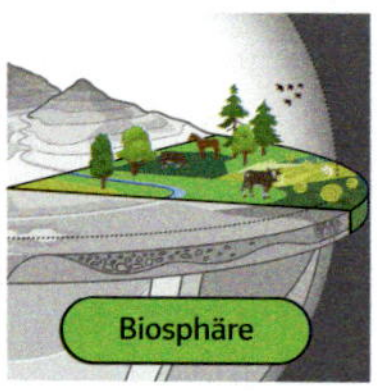

GRUNDWISSEN Biosphäre

„Bios" ist das griechische Wort für „Leben", das dieser besonderen Sphäre ihren Namen gab. Als Biosphäre werden alle Räume der Erde bezeichnet, die Leben beheimaten. Dies gilt gleichermaßen für Flora und Fauna, also für pflanzliches wie tierisches Leben. Die ungeheure Anpassungsfähigkeit und Spezialisierung von Leben führt dazu, dass Leben im Sinne von Organismen, die einen Stoffwechsel praktizieren, von etwa 5 km unter der Erdoberfläche bis in etwa 60 km darüber vorkommt, wobei in den Extremen nur Mikroorganismen existieren können. Die in ständiger Veränderung befindliche Ausbildung der Biosphäre wird einerseits durch Klima, Böden, Nährstoffe und Energie beeinflusst und andererseits durch die im Zuge der Evolution entwickelten vielfältigsten Spezialisierungen und Anpassungsstrategien tierischen und pflanzlichen Lebens. Letztlich ist auch der Mensch Teil der Biosphäre. Er hat durch seine Handlungsmöglichkeiten jedoch eine eigene Sphäre geschaffen, die Anthroposphäre.

Trotz des extrem steilen Reliefs gelang es den Menschen, das Örtchen Fontainhas an der Nordküste von Santo Antão zu gründen und über Jahrhunderte hinweg zu besiedeln. Auf schmalen Graten, die künstlich verbreitert wurden, konnten mehrstöckige Wohn- und Wirtschaftsgebäude errichtet und wenn auch sehr schmale, so doch funktionsfähige Wege angelegt werden. Neben der Anlage des Dorfes und der Verkehrsinfrastruktur, die bis Fontainhas von Pkws genutzt werden kann und jenseits des Dorfes als befestigter Fußweg seine Fortsetzung findet, kommt die raumprägende Wirkung menschlichen Handelns insbesondere im Bereich der landwirtschaftlichen Nutzflächen zum Tragen. Die steilen Hänge begünstigen in Kombination mit den saisonal intensiven Niederschlägen die Bodenerosion. Um diese einzudämmen und eine dauerhafte landwirtschaftliche Nutzung zu ermöglichen, legten die Bewohner bereits vor Jahrhunderten Terrassen an. Diese verhindern nicht nur die Erosion des fruchtbaren vulkanischen Bodens, sondern bieten zudem gute Möglichkeiten, die so angelegten kleinen Felder effektiv zu bewässern und so den landwirtschaftlichen Ertrag als Lebensgrundlage zu sichern.

11 Fontainhas, Santo Antão, Kapverden

Bedingungen mit einer Jahresdurchschnittstemperatur von lediglich 2,2 °C limitieren die Entwicklung einer Vegetation, die ihrerseits als Lebensgrundlage autarker menschlicher Siedlungen dienen könnte. Das bedeutet jedoch nicht, dass Menschen auch unter diesen Bedingungen den Raum nicht prägen würden. Die zur Förderung des Tourismus angelegte und die Nationalparks Banff und Jasper verbindende Straße Nr. 93 führt in nur 2 km Entfernung am Gletschertor des Athabasca-Gletschers vorbei, wo ein „Visitor Center" eingerichtet wurde, das zugleich Ausgangspunkt für Touren zum Gletscher ist. Über 1,2 Mio. Besucher kommen pro Jahr hierher. Diese touristische Nutzung ist es auch, die im Bildausschnitt erkennbar ist, etwa in Gestalt der Fahrspuren oder aber des Flachbaus, der zur wind- und kältegeschützten Beobachtung des Gletschers und der Hochgebirgswelt rund um das Columbia Icefield errichtet wurde. Das touristische Angebot geht sogar so weit, dass der Gletscher selbst mit schweren Kettenfahrzeugen befahren und damit zumindest überformt, wenn nicht geschädigt wird. Überdies nehmen diese Aktivitäten auch Einfluss auf die ohnehin spärliche Flora und Fauna.

12 Athabasca-Gletscher, Kanada

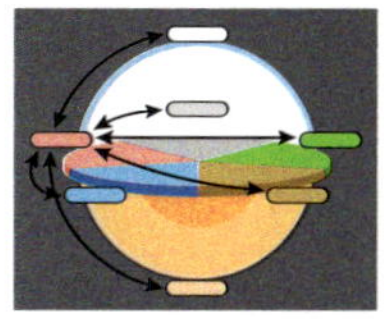

- Lithosphäre
- Pedosphäre
- Hydrosphäre
- Atmosphäre
- Biosphäre
- **Anthroposphäre**
- Reliefsphäre

→ Anthroposphäre S. 238–263

GRUNDWISSEN Anthroposphäre

Abgeleitet vom griechischen Wort „anthropos" für Mensch, beschreibt die Anthroposphäre den vom Menschen geschaffenen und geprägten Lebensraum. Im Laufe der Menschheitsgeschichte wurde dieser Raum immer größer und die Wirkmächtigkeit menschlichen Handelns immer intensiver. Vom Jäger und Sammler über die Sesshaftwerdung des Menschen bis hin zur Industrialisierung wuchs dieser Einfluss rapide an. Mit der Industrialisierung, spätestens aber mit dem ebenso rapiden Anwachsen der Weltbevölkerung seit der zweiten Hälfte des 20. Jahrhunderts von 2,5 Mrd. Menschen 1950 auf heute knapp 8 Mrd. Menschen und der weltweiten Verbreitung moderner Technologien ist der Mensch zweifelsfrei zum prägendsten Geofaktor im System Erde geworden. Großflächige Aufschüttungen wandeln Küstenlinien um, der Bau von gewaltigen Kanälen und Staudämmen modifiziert Ökosysteme, großflächiger Bergbau gestaltet das Relief, die energiebedingten Emissionen verändern die Zusammensetzung der Atmosphäre wie auch den Chemismus der Ozeane, und die ausufernden Megacities schaffen ganz eigene Räume. Artenschwund, Klimawandel und Ozeanversauerung sind die heute allgegenwärtigen Resultate dieser Handlungen. Diese Entwicklung findet ihren Niederschlag im Anthropozän-Ansatz.

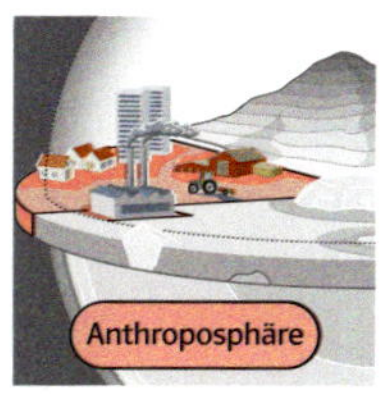

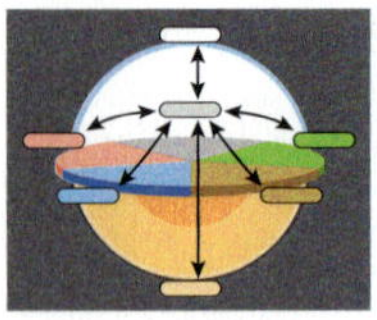

→ Reliefsphäre S. 76–135

Die Landschaft um Fontainhas zeigt ein für die Insel Santo Antão typisches Landschaftsbild. Der vulkanische Ursprung der Insel kommt in den steil aufragenden, widerstandsfähigen Basalten mit scharfen Kanten und Graten zum Ausdruck. Da diese Bergzüge dem niederschlagsreichen Nordostpassat ausgesetzt sind, kommt es hier von August bis November zu ergiebigen Niederschlägen. Die großen Höhenunterschiede führen dazu, dass die niederschlagsgespeisten Wasserläufe eine hohe Fließgeschwindigkeit und damit Erosionskraft aufweisen. Die sich daraus ergebenden Erosionsprozesse führen zu tief eingeschnittenen Tälchen, die das ohnehin wilde Landschaftsbild zusätzlich formen. Der Einfluss des Geofaktors Mensch führt durch die Anlage von Siedlung, Verkehrs- und Bewässerungsinfrastruktur sowie der landwirtschaftlich genutzten Terrassen in gewisser Weise zur „Beruhigung" der Naturlandschaft.

13 Fontainhas, Santo Antão, Kapverden

Das Zusammenspiel der verschiedenen Geosphären führt insbesondere durch die dominante Rahmensetzung der Atmosphäre in Kombination mit hoher Breitenkreislage und absoluter Höhe zur Ausbildung einer Glaziallandschaft, also der vom Eis geprägten Landschaft des Athabasca-Gletschers. Dieser wirkt an seiner Unterseite wie an seinen seitlichen und frontalen Rändern selbst landschaftsformend. Die aufgehäuften Schotter zeugen ebenso davon wie die abgeschliffenen Flanken der Berge im Hintergrund sowie die Trübung des Schmelzwassers. Die Pedosphäre sowie die Biosphäre werden unter diesen Rahmenbedingungen kaum wirksam. Und auch der Geofaktor Mensch hat nur einen geringfügigen unmittelbaren Einfluss auf die Ausprägung dieses Landschaftsbildes. Der mittelbare Einfluss aber ist etwa mit Blick auf den Klimawandel, der natürlich auch auf den Gletscherschwund in den Rocky Mountains einwirkt, deutlich größer.

14 Athabasca-Gletscher, Kanada

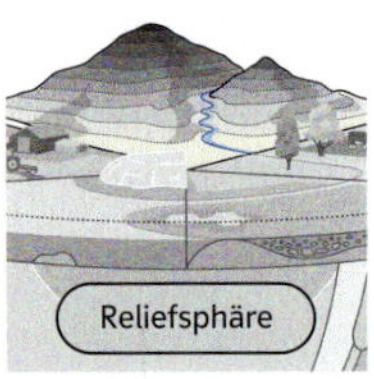

GRUNDWISSEN Reliefsphäre

Die Reliefsphäre ist gleichzusetzen mit der oberen Begrenzung der Lithosphäre. Sie ist letztlich das Resultat eines komplexen Prozesses, der durch exogene und endogene Kräfte bestimmt wird. Endogene Kräfte sind solche, die aus dem Erdinneren heraus wirken, wie vulkanische Aktivitäten oder seismische Ereignisse. Sie verändern die Erdoberfläche im Zusammenwirken mit exogenen Kräften, die von außen auf die Lithosphäre wirken, darunter Verwitterung, Transport und Ablagerung als bedeutendste Faktoren der Bio-, Hydro- und Atmosphäre.

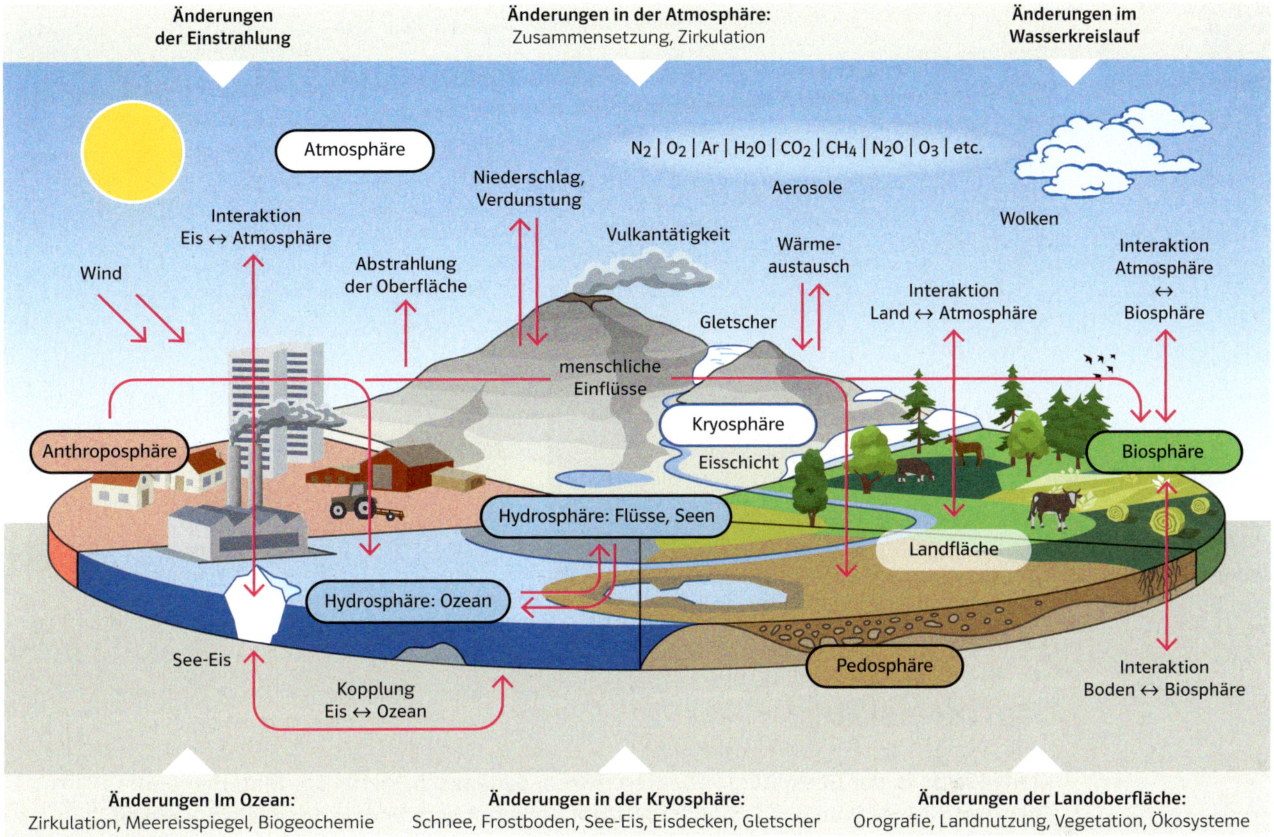

15 System Erde

Nach IPCC, 2007: Climate Change 2007: The Physical Science Basis. Contribution of Working Group I to the Fourth Assessment Report of the Intergovernmental Panel on Climate Change, S.104, FAQ 1.2, Fig. 1, www.ipcc.ch (Zugriff 30.10.2020)

Vom Modell zum Systemverständnis

Schon Albert Einstein wusste um die Bedeutung der Vereinfachung zum Verständnis des Komplizierten, als er sagte: „Man muss die Dinge so einfach wie möglich machen. Aber nicht einfacher!". Denn, so die nicht ausgesprochene Erkenntnis: Sonst wird es in der Sache falsch. Um die komplexe Wirklichkeit der Erde als Ganzes oder auch in ihren lokalen Ausschnitten besser verstehen zu können, werden Modelle entworfen. Diese reduzieren vermeintlich die Komplexität, indem sie Prozesse und Sachverhalte zunächst reduzieren. Durch die Reduktion der Faktoren und die vereinfachte Darstellung von Prozessen durch Pfeile oder ähnliche grafische Symbole können komplexe Zusammenhänge klarer erfasst werden.

16

Geosphären-Modell des Systems Erde

Das hier abgebildete Geosphären-Modell ist ein solcher Versuch. Veranschaulicht werden die vielfältigen geo-bio-chemischen Prozesse und Energieflüsse, die permanent zwischen den einzelnen Geosphären stattfinden. Sie führen zu kontinuierlichen, wenn auch meist nicht unmittelbar sichtbaren Veränderungen der Erdoberfläche.
Die Eigenheiten eines Systems, also eine aus vielen Faktoren und Einflussgrößen bestehende Sinn- oder Zweckeinheit, werden ebenso deutlich wie die grundsätzliche Dynamik von Systemen. Erkennbar wird auch, dass die Teilsysteme der Erde sich permanent aufgrund der Interaktion ihrer Einzelteile weiterentwickeln. Dies gilt für die Natur ebenso wie für den Kulturraum.

17

2 Erklären Sie den Begriff Reliefsphäre.

3 Arbeiten Sie die zentralen Aussagen aus der Modellabbildung Geosphären heraus (Grafik 15).

4 Überprüfen Sie, ob Ihre Erkenntnisse aus der Analyse der beiden Raumbeispiele Fontainhas und Athabasca-Gletscher in dieser Modellzeichnung adäquat berücksichtigt sind.

5 MK Entwerfen Sie gegebenenfalls eine modifizierte Modellzeichnung.

1 Brandrodung im Amazonas-Regenwald, illegale Entwaldung

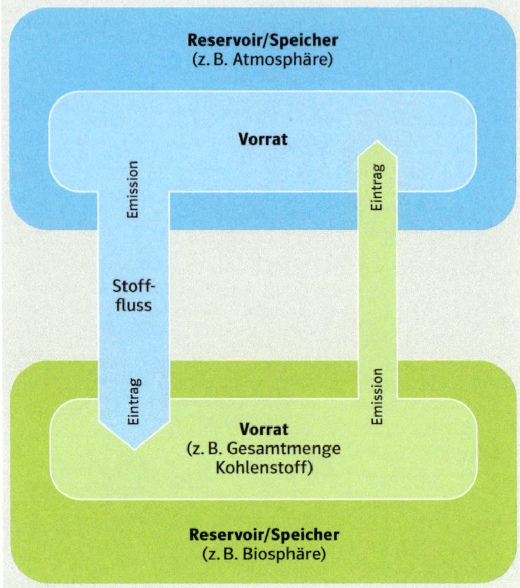

3 Schematische Darstellung des Stoffaustausches zwischen den Sphären

Stoffkreisläufe

Die Prozesse in der Geosphäre verlaufen extrem dynamisch. Vielfältige Material- und Energieströme prägen das System Erde. Zum besseren Verständnis der hochkomplexen Abläufe lassen sich einzelne Komponenten des Gesamtsystems in Form von spezifischen Kreisläufen darstellen. In der Realität sind aber auch diese Kreisläufe miteinander verknüpft, so wie unzählige ineinandergreifende Zahnräder. Die Sonne dient dem Gesamtsystem als zentraler Energielieferant.

Was von Humboldt schon wusste

„In der grossen Verkettung von Ursachen und Wirkungen darf kein Stoff, keine Thätigkeit isoliert betrachtet werden. Das Gleichgewicht, welches mitten unter den [...] scheinbar streitenden Elementen herrscht, dies Gleichgewicht geht aus dem freyen Spiel dynamischer Kräfte hervor; und ein vollständiger Überblick der Natur [...] kann nur dadurch erreicht werden , dass keine Kraft, keine Formbildung vernachlässigt [...] wird."

Alexander von Humboldt 1807; zit. nach: Falk, Gregor C. (2021): Alexander von Humboldt, a liberal ecologist. An Essay. In: Falk, G. C., Strecker, M. R., Schneider, S. (eds.): Alexander von Humboldt – Multiperspective Approaches. Cham, Switzerland: Springer

2

Kohlenstoff, Stickstoff, Phosphat und viele andere chemische Elemente kommen in den Teilsphären des Systems Erde in Form verschiedener chemischer Verbindungen vor. Angetrieben von der Sonnenenergie, der Erdwärme, aber auch durch menschliche Aktivitäten findet zwischen den Sphären ein permanenter Stoffaustausch statt, der modellhaft in Kreisläufen beschrieben wird. Dazu zählen unter anderem der Kohlenstoffkreislauf, der Stickstoffkreislauf, der Phosphatkreislauf sowie der Kreislauf des Wassers. Die Kopplungen, also die biogeochemischen **Stoffkreisläufe** zwischen den Reservoiren Lithosphäre, Atmosphäre, Hydrosphäre, Biosphäre und Pedosphäre, sind in der Regel sehr komplexe Prozesse. Sie umfassen sämtliche geologische, physikalische, biologische und chemische Vorgänge, die die Stoffflüsse und Veränderungen bewirken.

Auf der einen Seite existieren Speicher (Reservoire), in denen Stoffe in den verschiedensten chemischen Formen, Aggregatzuständen und in unterschiedlich langen Zeiträumen vorkommen können. So bilden beispielsweise Moore und Wälder wichtige Kohlenstoffspeicher bzw. Senken. Werden andererseits Stoffe aus Speichern wieder abgegeben, spricht man von einer Stoffquelle. Im Falle der Brandrodung wird zum Beispiel gespeicherter Kohlenstoff als CO_2 wieder in die Atmosphäre abgegeben. Der Stofffluss zwischen den Reservoiren, also das Verhältnis zwischen Abgabe (Emission) und Eintrag, variiert und ist von diversen Faktoren abhängig.

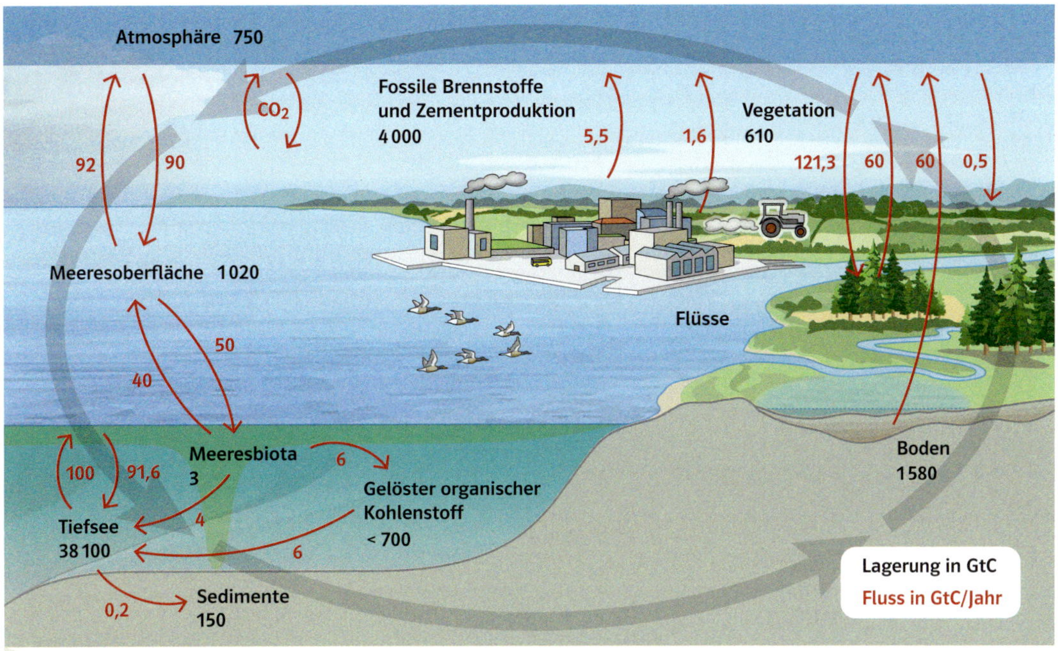

4 Kohlenstoffkreislauf

Nach: U.S. Department of Energy, Office of Biological and Environmental Research

FALLBEISPIEL: Kohlenstoff

Sämtliche chemischen und physikalischen Umwandlungsprozesse kohlenstoffhaltiger Verbindungen im System Erde sowie deren Austausch zwischen den Reservoiren werden modellhaft als **Kohlenstoffkreislauf** beschrieben. Der seit der Industrialisierung deutliche Anstieg von klimarelevanten Spurengasen wie CO_2 und Methan in der Atmosphäre ist verantwortlich für den anthropogenen Treibhauseffekt. Um die Auswirkungen abzuschätzen und angemessene Handlungsstrategien zu entwickeln, ist das Verständnis für den globalen Kohlenstoffkreislauf eine wesentliche Voraussetzung.

Kohlenstoff befindet sich in drei unterschiedlich großen, miteinander im ständigen Austausch stehenden Speichern: in der Atmosphäre, in der Landbiosphäre und im Ozean. Die Lagerstätten fossiler Energieträger waren lange Zeit nicht beteiligt, sie werden jedoch seit ca. 200 Jahren durch den Menschen dem Kreislauf wieder zugeführt.

Kohlenstoff in der Lithosphäre. Mit 99,95 % des globalen Gesamtkohlenstoffs bildet die Lithosphäre den größten Kohlenstoffspeicher der Geosphäre. Die Carbonate Calcit ($CaCO_3$) und Dolomit ($CaMg(CO_3)_2$), welche in Meeressedimenten und Sedimentgesteinen vorliegen, stellen dabei die mit Abstand größte Gruppe dar. Trotz seiner gewaltigen Größe nimmt dieser Speicher in Form von Ablagerungs- und Verwitterungsprozessen sowie durch Vulkanismus nur in geringem Maße und über lange geologische Zeiträume am Kohlenstoffkreislauf teil. Mit Ausnahme der Zementproduktion findet eine menschliche Einflussnahme auf diesen Kohlenstoffspeicher kaum statt. Daneben findet sich lithosphärischer Kohlenstoff noch in Form von Grafit, Gashydraten und fossilen organischen Stoffen. Letztere stellen in Form von Erdöl, Erdgas und Kohle wichtige Energieträger dar. Sie sind durch ihre Verbrennung die Hauptquelle der durch den Menschen verursachten Erhöhung des Kohlenstoffdioxidgehaltes in der Atmosphäre. Jährlich werden so etwa 7,8 Gt Kohlenstoff in die Atmosphäre zusätzlich eingebracht.

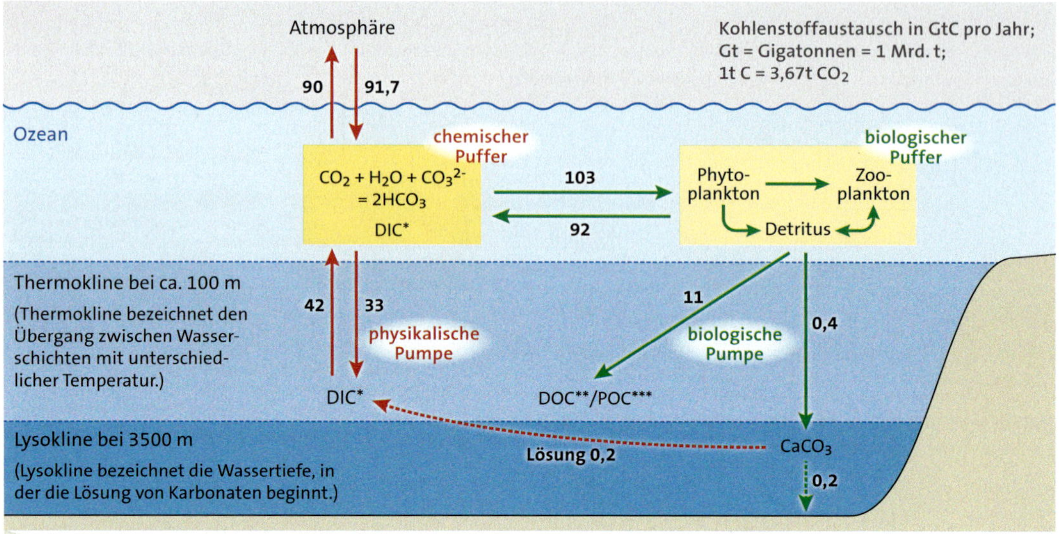

5 **Der ozeanische Kohlenstoffkreislauf**

Nach: IPCC (2001): Climate Change 2001. Cambridge and New York 2001, Fig. 3.1, unter: www.raonline.ch/pages/edu/st4/ozeane1801.html (Zugriff 01.03.2021)

DIC
dissolved inorganic carbon (gelöster anorganischer Kohlenstoff)

DOC
dissolved organic carbon (gelöster organischer Kohlenstoff)

POC
particular organic carbon (in Partikeln gebundener Kohlenstoff)

Kohlenstoff in der Pedosphäre

In den **Böden** sind weltweit in Form von Streu und organischer Bodensubstanz 1500–2400 Gt Kohlenstoff gebunden. Der Kohlenstoffeintrag in die Böden erfolgt durch abgestorbene Reste von Pflanzen und andere Bodenorganismen. Durch die Zersetzung der organischen Substanz durch Mikroorganismen wird dagegen wieder Kohlenstoffdioxid an die Atmosphäre abgegeben. Die Geschwindigkeit der Zersetzung der organischen Bodensubstanz ist dabei von der Temperatur und der Bodenfeuchtigkeit abhängig. Ein Problem stellen derzeit die durch die globale Temperaturerhöhung auftauenden Permafrostböden dar. Durch das Auftauen werden verstärkt Kohlenstoffdioxid und Methan, das im Permafrostboden gebunden ist, freigesetzt und als treibhauswirksame Gase in die Atmosphäre eingetragen.

Kohlenstoff in der Landbiosphäre

In der lebenden Biomasse der Landbiosphäre sind etwa 450–650 Gt Kohlenstoff gespeichert. Die Speicherung des Kohlenstoffes erfolgt dabei durch die Aufnahme von Kohlenstoffdioxid aus der Atmosphäre durch die Pflanzen im Zuge der Fotosynthese. Jährlich werden etwa 123 Gt Kohlenstoff der Atmosphäre entnommen und in Pflanzensubstanz umgewandelt. Durch Pflanzenatmung, Brände sowie die Verwertung und Zersetzung der Pflanzensubstanz in der Nahrungskette kommt es allerdings wieder zur Freisetzung von Kohlenstoffdioxid. Pro Jahr werden auf diese Weise etwa 118,7 Gt Kohlenstoff an die Atmosphäre abgegeben. In der Summe bildet die Landbiosphäre eine wichtige Kohlenstoffsenke. Die Fotosyntheseleistung der Pflanzen ist dabei unter anderem von der Verfügbarkeit von Wasser, Sonnenlicht, Nährstoffen und den Temperaturbedingungen abhängig. Eine Erhöhung des Kohlenstoffdioxidgehalts der Atmosphäre muss deshalb in Zukunft nicht zwangsläufig und überall zu einer Erhöhung der Nettoprimärproduktion an Biomasse durch die Pflanzen führen. Durch Landnutzungsänderungen, beispielsweise durch umfangreiche Rodungen im Bereich der tropischen Regenwälder, beeinflusst der Mensch diesen Kohlenstoffspeicher stark. Jährlich werden so 1,1 Gt Kohlenstoff in die Atmosphäre eingebracht.

Kohlenstoff in der Hydrosphäre

Die Ozeane enthalten mit etwa 40 000 Gt Kohlenstoff 10-mal mehr Kohlenstoff als die Atmosphäre, Landbiosphäre und Pedosphäre zusammen. Da mit der Atmosphäre jährlich etwa 80 Gt Kohlenstoff ausgetauscht werden, besitzen die Ozeane im Kohlenstoffkreislauf eine große Bedeutung. Ist der Kohlenstoffdioxid-Partialdruck in der Atmosphäre höher als im Ozean, wird Kohlenstoff durch die Ozeane aufgenommen. Ist der Kohlenstoffdioxid-Partialdruck der Atmosphäre dagegen niedriger, geben die Ozeane Kohlenstoff in Form von Kohlenstoffdioxid an die Atmosphäre ab. Dabei ist die Löslichkeit von Kohlenstoffdioxid im Wasser in hohem Maße von der Temperatur abhängig. Steigt diese, so steigt auch der Kohlenstoffdioxid-Partialdruck und das Wasser kann weniger Kohlenstoff aufnehmen. Insofern ist anzunehmen, dass die im Zuge des Klimawandels wärmer werdenden Ozeane künftig weniger Kohlenstoff aufnehmen können. Der Kohlenstoffaustausch mit der Atmosphäre vollzieht sich in den oberflächennahen Bereichen der Gewässer. Gelöster anorganischer Kohlenstoff findet sich dabei in Form von Carbonat- und Hydrogencarbonat-Ionen. Mit kalten, absinkenden Meeresströmungen gelangt ein Teil des gelösten Kohlenstoffs in tiefere Bereiche des Ozeans. Ein anderer Teil wird vom Phytoplankton aufgenommen und zum Bestandteil der Nahrungskette. Die abgestorbenen Lebewesen sinken in tiefer liegende Schichten der Meere. Durch Zersetzungsprozesse wird dort ein großer Teil des Kohlenstoffs wieder im Meerwasser gelöst. Nur ein kleiner Teil gelangt auf den Meeresboden, wird dort sedimentiert und damit dem weiteren Austausch mit der Atmosphäre entzogen.

Kohlenstoff in der Atmosphäre

In der Atmosphäre befindet sich mit 829 Gt Kohlenstoff zwar nur ein geringer Teil der weltweiten Kohlenstoffmenge, doch kommt ihr aufgrund der intensiven Austauschvorgänge mit anderen Speichern und den schnellen Umsetzungsprozessen im Rahmen des Kohlenstoffkreislaufs eine zentrale

7 Moorlandschaft in Brandenburg

Rolle zu. Dabei stellt Kohlenstoffdioxid die mit Abstand wichtigste Kohlenstoffverbindung dar. Auf Änderungen reagiert die Atmosphäre sehr stark. So wurden seit dem Beginn der industriellen Revolution mehr als 480 Gt Kohlenstoff durch Verbrennung fossiler Energieträger und Rodungsvorgänge zusätzlich in die Atmosphäre eingebracht, wovon die eine Hälfte bis heute in der Atmosphäre verblieben ist und die andere Hälfte von den Ozeanen (etwa 2,3 Gt pro Jahr) und der Landbiosphäre (etwa 2,6 Gt pro Jahr) aufgenommen wurde. Zurzeit erhöht sich die Kohlenstoffmenge in der Atmosphäre jährlich um etwa 4 Gt.

Die Rolle des Kohlenstoffdioxids

„Obwohl Kohlenstoff einen Massenanteil von weniger als einem Prozent unseres Planeten besitzt, ist er eine Basis für das Leben auf der Erde. Kohlenstoffverbindungen bilden Pflanzen, Tiere und Mikroorganismen und verschaffen uns einen großen Teil unserer Nahrung und unserer Energieressourcen. Das Gas Kohlendioxid, das nur 0,03 % der Atmosphäre ausmacht, trägt zur Kontrolle der von der Sonne einfallenden Strahlungsmenge bei und verhilft unserem Planeten zu genügend Wärme für die Entwicklung von Leben. Es ist die Kohlenstoffquelle für die Primärproduzenten. [...] Pflanzen sind in der Tat die Haupttriebkraft für den globalen Kohlenstoffzyklus, denn durch den Prozess der Fotosynthese wandeln sie Kohlendioxid in organische Verbindungen um, die die gesamte pflanzliche Substanz aufbauen. Diese wiederum geht in die Nahrungskette ein, wenn die Pflanzen von den Tieren als Nahrungsquelle genutzt werden."

Andrew Goudie: Physische Geographie. Eine Einführung. Heidelberg: Spektrum, 4. Aufl. 2002, S. 412

6

5 Beschreiben Sie den Einfluss von Temperaturveränderungen des Wassers auf den Ozean als Kohlenstoffspeicher.

6 NE Erörtern Sie den Einfluss des anthropogenen CO_2-Ausstoßes auf die verschiedenen Teilsphären im System Erde.

7 MK Erstellen Sie ein Ursachen-Wirkungsgefüge, dass die Auswirkungen von Rodungen im Bereich der tropischen Regenwälder auf den globalen Kohlenstoffkreislauf darstellt.

8 Begründen Sie, warum Moore einen wichtigen Kohlenstoffspeicher bilden.

1 Landwirtschaft in der Magdeburger Börde

Geozonen

Seit über 2 000 Jahren wird versucht, die Erde in Zonen einzuteilen. Bereits in der Antike bestanden recht konkrete Vorstellungen von Form und Gestalt der Erde. Fast exakt berechnete Erathostenes von Kyrene 206 v. Chr. den Erdumfang, dabei betrachtete er die Erde als Kugel.

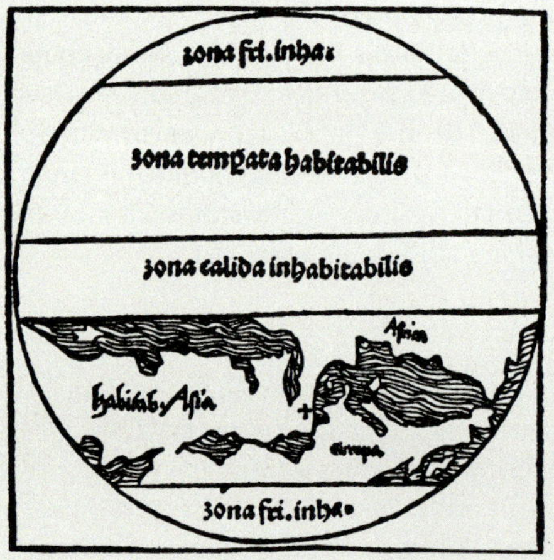

Südorientierte Zonen-Weltkarte des Johannes de Sacroboscos (um 1230)

Nach antiker Vorstellung wurde die Welt vom Nordpol bis zum Südpol in 5 Zonen eingeteilt (Süden oben). Ganz im Norden und Süden liegen unbewohnte kalte Zonen („zona frigida inhabitabilis“). Am Äquator findet sich eine heiße, unbewohnbare Zone („zona calida inhabitabilis“). Dazwischen liegt der bewohnbare Bereich („zona tempata habitabilis“). Diese antiken Vorstellungen greift im Mittelalter Johannes de Sacroboscos auf (siehe M2). In die „zona tempata habitabilis“ der Nordhalbkugel sind bereits die Umrisse der damals bekannten Kontinente eingezeichnet.

Abb.: reproduziert in Leo Bagrow, Raleigh A. Skelton: Meister der Kartographie. 6. Aufl. Berlin: Gebr. Mann 1994

2

Nach dem traditionellen Verständnis zeigen Landschaftszonen eine Grobgliederung der Erde in zonal angeordnete Großlandschaftstypen, die jeweils deutliche Gemeinsamkeiten hinsichtlich des Klimas, der Vegetation und der Böden aufweisen. Aber auch Gemeinsamkeiten bei traditionellen Nutzungsformen und dominierenden Kulturpflanzen gehen in das Modell ein. Die Karte 3 basiert auf der Klimaklassifikation von Troll und Paffen, wobei die potenzielle Vegetation als Abgrenzungskriterium dient. Insofern ist die Karte ein konstruiertes Produkt, das mit der Realität kaum Übereinstimmungen aufweist. Bis zum Mittelalter war die Landschaft Mitteleuropas noch weitgehend von Waldökosystemen geprägte „Wildnis“. Mit der kulturlandschaftlichen „Inwertsetzung“ der Landschaft begann dann der Mensch, die Ökosysteme nachhaltig zu verändern.

Insbesondere in den letzten 200 Jahren, seit der Industrialisierung, ist die ursprüngliche Naturlandschaft einer Kulturlandschaft gewichen. Die ökologische Situation der Erde hat sich, ausgehend vom natürlichen Zustand durch das intensive Einwirken des Menschen grundlegend verändert. Dort, wo die Karte sommergrüne Laub- und Mischwälder ausweist, breiten sich zum Beispiel intensiv genutzte Agrarlandschaften, Kulturforste, Industrieflächen, Verkehrswege und Siedlungsflächen immer weiter aus. Die Aktionsräume des Menschen weiten sich im Zuge der Erschließung natürlicher

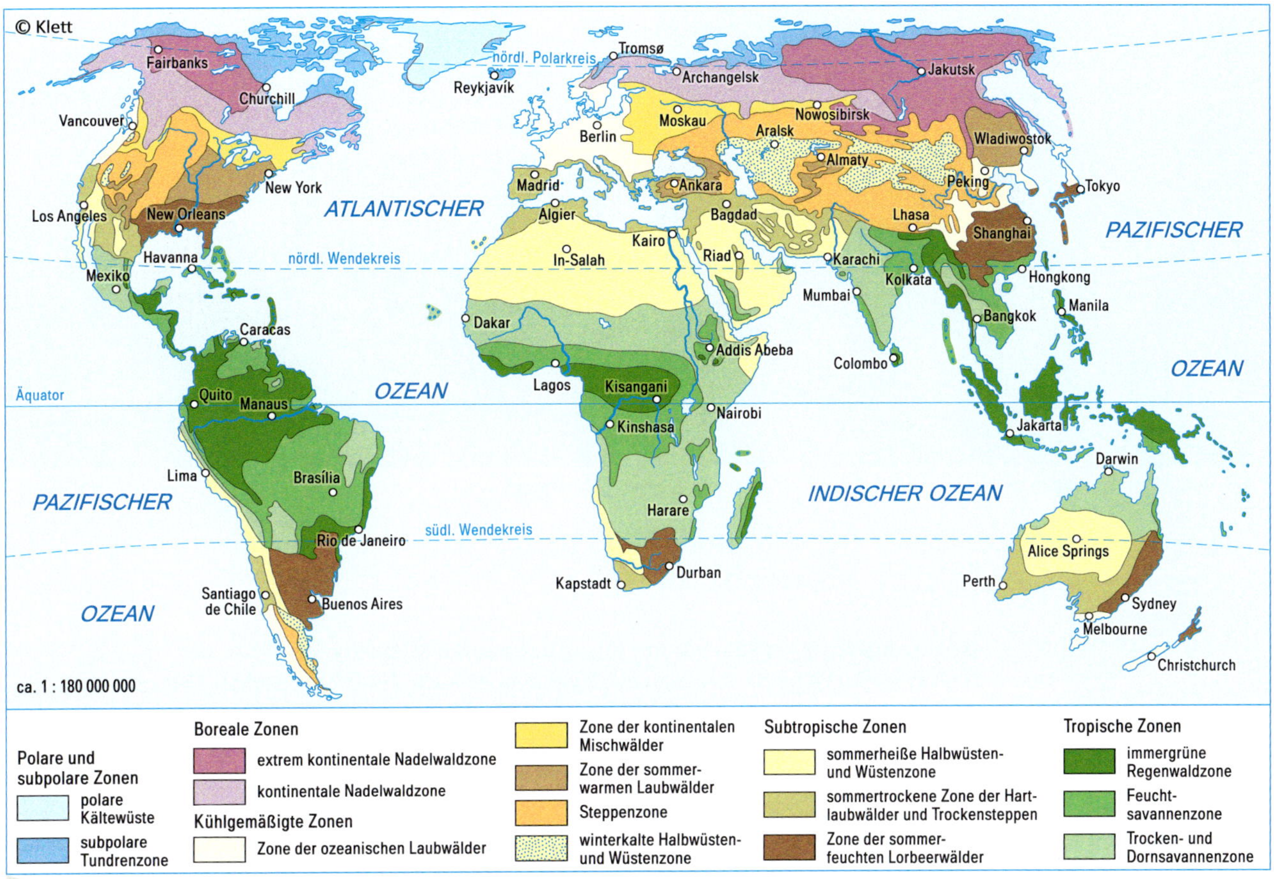

3 Weltkarte der geoökologischen Zonen nach Müller-Hohenstein

Nach: Klaus Müller-Hohenstein: Die Landschaftsgürtel der Erde. Stuttgart: Teubner 1981, S.7

Ressourcen und der Vergrößerung von Siedlungsflächen immer weiter in Gebiete aus, die noch vor wenigen Jahrzehnten fast unbesiedelt waren. Dazu zählen zum Beispiel die explosionsartig wachsenden Städte in den Tropen und an den Küsten Asiens. Abgesehen von den Veränderungen in historischer Zeit unterliegen die globalen Systeme auch längerfristigen Veränderungen, die u. a. durch das Klimageschehen gesteuert werden.

Die kulturelle Überprägung hat zu einer globalen räumlichen Fragmentierung geführt, die es kaum mehr sinnvoll erscheinen lässt, Landschaften in klimaabhängige, breitenkreisparallele oder höhenzonale Gliederungssysteme einzugliedern. Jeder Versuch, die Erde in Zonen einzuteilen, ist subjektiv. Entsprechend vielfältig sind die Zonierungsmodelle: **Geozonen**, Landschaftszonen, Vegetationszonen, Landschaftsgürtel und Klimazonen. Viele traditionelle Modelle sind statisch und basieren auf verschiedenen Geofaktoren als Abgrenzungskriterien. Sie liefern in der Regel Momentaufnahmen eines vermeintlichen Istzustandes. Im Gegensatz dazu steht das Verständnis eines sich kontinuierlich wandelnden Systems Erde, dass in erheblichem Maße auch durch menschliche Eingriffe verändert wird.

1 Erstellen Sie mithilfe weiterer Karten (Atlas) eine Liste mit Geofaktoren, die zur Abgrenzung unterschiedlicher Zonen genutzt werden.

2 Diskutieren Sie die Notwendigkeit, die Erde in verschiedene Zonen zu gliedern.

3 Erörtern Sie mögliche Vor- und Nachteile der im Bild (M1) gezeigten Form kulturlandschaftlicher „Inwertsetzung".

1 Dubai Küstengestaltung

2 Shanghai

Geofaktor Mensch

Die künstlich angelegten Inseln vor der Küste Dubais, die Megacity Shanghai, der tief in die Natur eingreifende Bergbau in Virginia, aber auch das im arktischen Meereis wie in der Witjas-Tiefe anzufindende Plastik sind sichtbare Zeichen der Wirkungskraft des Geofaktors Mensch im System Erde. Wie groß ist dieser Einfluss auf das gesamte System und was bedeutet dies?

Als „Homo sapiens" wird nach der biologischen Systematik die einzige heute lebende Art der Gattung Homo bezeichnet. Die Entstehung des Homo sapiens wird auf etwa 300 000 Jahren vor heute datiert.

Mit dem Zusatz „sapiens" werden die uns Menschen von uns selbst zugeschriebenen Eigenschaften angesprochen: weise, klug, vernünftig.

Als das Deutsche Museum in München 2015 die erste große Ausstellung über das „Anthropozän" ausrichtete, bewarb es diese mit einem sehr einprägsamen Logo. Auf einem stilisierten Globus fand sich ein menschlicher Fingerabdruck. Die Botschaft war klar: Der Mensch drückt der Erde seine ganz eigene Form auf. Und genau darin ist der Grundgedanke des Anthropozän-Ansatzes zu erkennen. Danach leben wir im erdgeschichtlichen Zeitalter des Menschen, des „anthropos". Nicht mehr die Natur erweist sich als prägendster Geofaktor, etwa durch besondere Variationen des Klimas, spezifische Lebensformen oder kosmische Ereignisse, sondern der Mensch durch seine Lebens- und Wirtschaftsweise. Dies habe Dimensionen erreicht, die es rechtfertigen, die derzeitige erdgeschichtliche Epoche als **Anthropozän** zu bezeichnen und somit das Holozän zu beenden. Dieses war, der Logik der Erdzeitalternamen folgend, als „das ganz Neue" bezeichnet worden, für das vor allem die Entstehung großer Schwemmlandschaften charakteristisch sind.

Zwar prägen auch andere Lebewesen den Planeten – man denke an Termitenbauten oder Höhlensysteme –, doch zwei elementare Unterschiede sind zu konstatieren: die Dimensionen sowie die nicht mit dem natürlichen System verträgliche Stofflichkeit künstlich erzeugter Substanzen. Beide bringen die weitreichende Resilienz des Systems an ihre Grenzen bzw. überschreiten diese „planetary boundaries" bereits massiv und schwächen dessen Regenerationsfähigkeit. Das zentrale Erkennungszeichen des Anthropozän ist daher die wachsende Macht der Menschheit über die Natur. Der Homo sapiens wird vom „Homo dominatus" abgelöst, der sich durch eine Kultur des „jetzt sofort und überall immer mehr" auszuzeichnen scheint.

Die Idee zum Anthropozän stammt von Paul Crutzen. Seine Forschungen zur Atmosphäre hatten zur Entdeckung des Ozonlochs geführt und ihm den Nobelpreis eingebracht. Zugleich erkannte er, wie stark wir Menschen das System Erde verändern. Es ist naheliegend, dass diese Einsicht auch zu der Frage führt, was zur Korrektur von Fehlentwicklungen wie dem Artensterben, dem Klimawandel oder der Bodendegradation getan werden kann. Insofern sind die Ansätze des Geo-Engineering eng mit dem Anthropozän-Ansatz verbunden.

3 Bergbau, Virginia

6 Plastik im arktischen Eis, Nordwest-Passage

Die Systematik der Erdzeitalter
Im 19. Jh. löste man sich allmählich von der Vorstellung, dass das Alter der Erde allein aus der Bibel heraus zu berechnen sei, und erkannte, dass die Erde sehr viel älter sein musste. Um diese gewaltigen Zeiträume handhaben zu können, wurde ein System entwickelt. Dieses gliederte zunächst in die drei großen Abschnitte Erdaltertum (Paläozoikum), Erdmittelalter (Mesozoikum) und Erdneuzeit (Känozoikum). Mit zunehmendem Wissen wurde diese Gliederung immer weiter präzisiert, wobei die für eine Zeit typischen Erscheinungen namensgebend wurden. So heißt die erdgeschichtliche Zeit, in der eisenhaltige Sandsteine entstanden, „Buntsandstein" oder eine Zeit, in der ein an Muscheln reiches Meer die Voraussetzungen für die t schalenreicher Kalksteine bot, „Muschelkalk". Entsprechend dieser Logik schlug Paul Crutzen vor, das „Holozän" für beendet zu erklären. Da die Erde aktuell vor allem durch Menschen geprägt wird, sollte dies in einer neuen Phase zum Ausdruck gebracht werden: Anthropozän.

4

Eine neue Epoche: Anthropozän
Dieser Vorschlag führt umgehend zu der Frage, wann denn diese neue Epoche der Erdgeschichte begonnen haben soll. Diesbezüglich stehen zwei Positionen zur Diskussion. (1) Das Anthropozän beginnt mit der Industriellen Revolution an der Wende vom 18. zum 19. Jh. (2) Der Beginn der neuen Epoche ist auf die Mitte des 20. Jh. zu datieren, denn da begann ein Prozess, der heute als „Great acceleration", die große Beschleunigung, benannt wird. Dieser zeigt massiv ansteigende Zahlen für eine Fülle von Parametern des gesellschaftlichen und wirtschaftlichen Bereichs (s. Abb. S. 29, M2). Der Anthropozän-Ansatz stößt aber auch auf dezidierte Kritik. So argumentiert Harald Welzer, dass die heute zu konstatierenden Eingriffe der Spezies Homo sapiens nicht zwangsläufig mit dessen Wesen zu erklären sind, sondern vielmehr durch die weltweit etablierte kapitalistische Wirtschaftsweise. Folgerichtig, so der Gesellschaftswissenschaftler, sollte nicht vom Anthropozän, sondern vom „Monetozän" gesprochen werden. Demgegenüber vertritt James Lovelock die Auffassung, dass das Anthropozän bereits überwunden sei und die aktuelle Epoche der Erdgeschichte angesichts von massiv voranschreitenden Veränderungen durch künstliche Intelligenz und zu erwartenden Cyborg-Wesen als „Novozän" bezeichnet werden sollte.

5

Ära	Periode	Epoche	Alter (Mio. Jahre)
Känozoikum (Erdneuzeit)	Quartär	Anthropozän	0,0001
		Holozän	0,01
		Pleistozän	2,6
	Neogen	Pliozän	
		Miozän	23
	Paläogen	Oligozän	
		Eozän	
		Paläozän	66
Mesozoikum (Erdmittelalter)	Kreide	Obere Kreide	
		Untere Kreide	145
	Jura	Obere Jura	
		Mittlere Jura	
		Untere Jura	201
	Trias	Obere Trias	
		Mittlere Trias	
		Untere Trias	252
Paläozoikum (Erdaltertum)	Perm		299
	Karbon		359
	Devon		419
	Silur		444
	Ordovizium		485
	Kambrium		541
Präkambrium	Proterozoikum		2500
	Archaikum		4000
	Hadaikum		

© Klett

7 Erdzeitalter

1 NE
Nennen Sie ausgehend von den Bildern weitere Beispiele menschlichen Handelns, die tief in das System Erde eingreifen.

2
Erklären Sie den Grundgedanken der Bezeichnung der Erdzeitalter.

3
Erläutern Sie den Grundgedanken des Anthropozän-Ansatzes.

Zurück ins Holozän?

Die systemverändernden Eingriffe menschlichen Handelns in den Naturhaushalt sind offenkundig. Ebenso unzweifelhaft ist, dass dieser letztlich die eigene Existenzgrundlage in Gefahr bringen kann. Die Frage lauter: Wie kann oder muss die Weltbevölkerung im 21. Jh. mit dieser Tatsache und Erkenntnis umgehen?

1

Die Moderne hat der Menschheit eine Fülle positiver Entwicklungen beschert. Erkenntnisse über Hygiene, medizinische Versorgung und gesunde Ernährung finden ihren Ausdruck in einer noch immer steigenden Lebenserwartung, industrielle Revolution und technologischer Fortschritt sind wesentliche Ursachen für schier grenzenlose Mobilität und einen enorm gestiegenen Lebensstandard. Zugleich bescheren Demokratie, Rechtsstaatlichkeit und soziale marktwirtschaftliche Ordnung in Teilen der Welt für privilegierte gesellschaftliche Gruppen die individuelle Freiheit und Kaufkraft für ein unbeschwertes Leben. Zum einen ist diese Entwicklung auf die Befreiung des Denkens infolge der Aufklärung und die damit einhergehenden Fortschritte in Wissenschaft und Technik begründet, zum anderen durch die nahezu unbegrenzte Verfügbarkeit von Energie. Doch die Art der Energiebereitstellung durch die Verbrennung fossiler Energiestoffe bringt ganz wesentlich die Gefährdung des naturräumlichen Systems Erde mit sich.
Dies erkennend stellt sich die Frage, wie die Problematik, das System Erde nicht dauerhaft zu überfordern, gelöst werden könnte. Ist ein Zurück in vorindustrielle Zeiten, gleichsam ins Holozän, der richtige Weg? Oder gilt es in erster Linie zu erkennen, dass wir Menschen derzeit der wirkmächtigste Geofaktor im Systems Erde sind und wir aufgrund unseres Wissens und unserer Fähigkeiten die Verantwortung für eine zukunftssichernde Gestaltung der Erde annehmen müssen? Diese Auffassung geht mit dem Anthropozän-Ansatz einher und fordert die Überwindung eines Dualismus, der den bösen Menschen der guten Natur gegenüberstellt, zugunsten der Überzeugung, dass Menschen Teil der Natur sind. Dies schließt wiederum einfache Lösungen aus und fordert stattdessen systemische Ansätze zur Überwindung der vermeintlichen Apokalypse. Geo-Engineering kommt dabei eine zentrale Rolle zu.

Geo-Engineering

Geo-Engineering folgt der Überzeugung, dass globale Herausforderungen wie der **Klimawandel** durch technische Lösungsansätze gemindert und Degradationserscheinungen etwa von Ökosystemen verbessert werden können. Oder, um es mit den Worten von Paul Crutzen zu sagen: „Kluge Entscheidungen für eine kluge Zukunft treffen!". Der Eintrag von Schwefelverbindungen in die Stratosphäre zur Reduktion der solaren Energieeinstrahlung oder die Düngung der Meere mit Eisensulfat zur Belebung des Kieselalgenwachstums und damit letztlich zur verstärkten marinen Sauerstoffproduktion sind prominente Vorschläge dieses Ansatzes.
Kritiker sehen in Maßnahmen des Geo-Engineering weniger die Lösung bestehender Probleme als vielmehr die Ursache ganz neuer, durch diese Vorgehensweise erst geschaffener Herausforderungen. Denn mögliche Folgen solcher Eingriffe könnten angesichts der Komplexität des Systems Erde von niemandem wirklich abgeschätzt und schon gar nicht begrenzt werden.

Multimedial arbeiten
Große Beschleunigung
528f3z

Linktipp
Video Geo-Engineering
528f3z

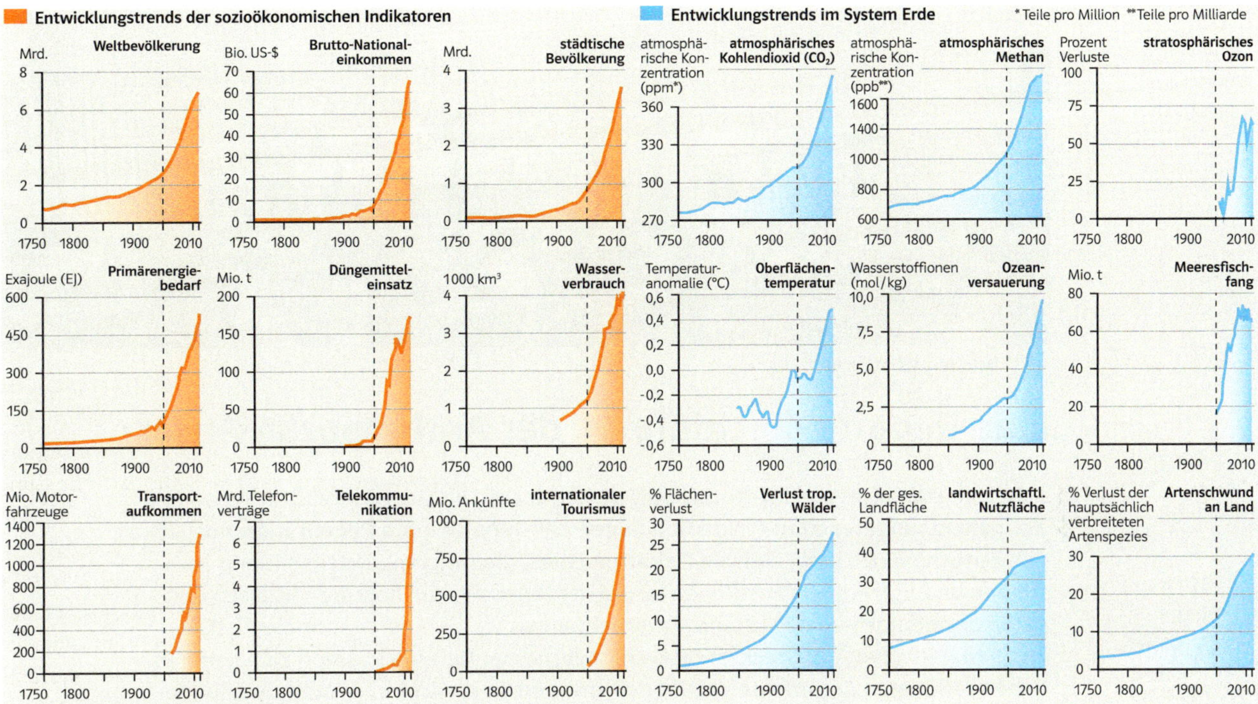

2 Die große Beschleunigung

Will Steffen u.a.: The trajectory of the Anthropocene: The Great Acceleration. The Anthropocene Review, 2015, Fig. 1, 3, www.bpb.de

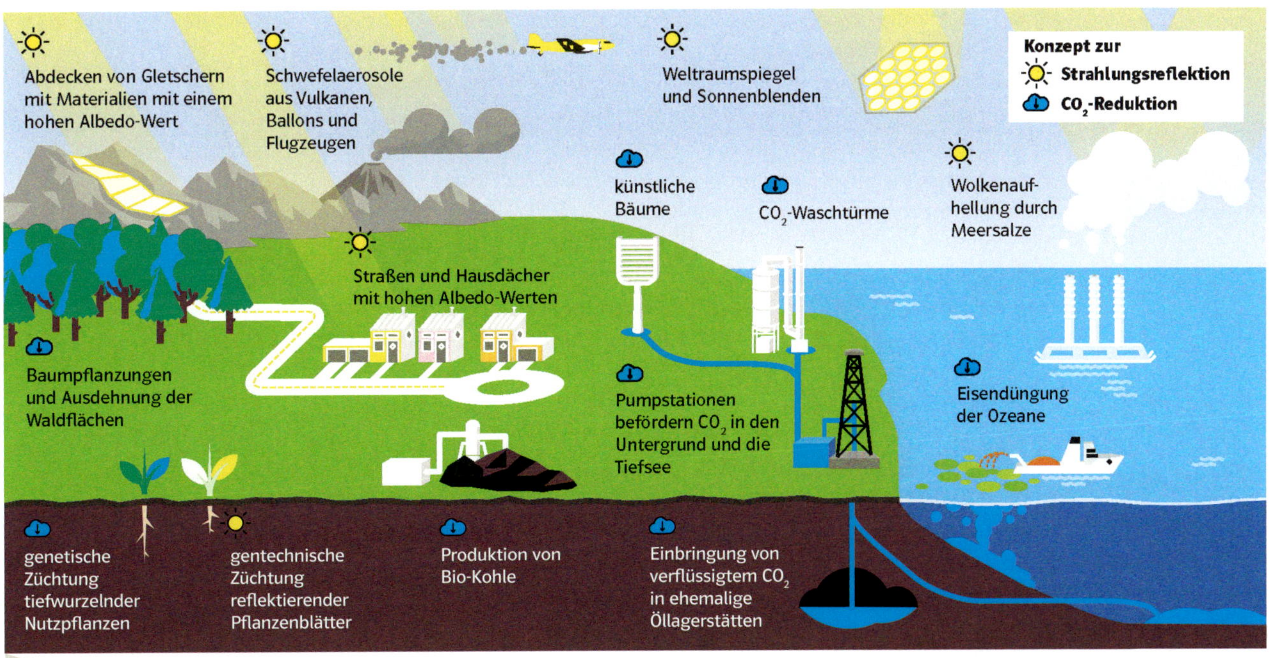

3 Geo-Engineering

1 Fassen Sie mithilfe der Grafik 2 globale Veränderungen seit Mitte des 20. Jh. zusammen.

2 Stellen Sie unterschiedliche Lösungsansätze im Umgang mit den Veränderungen des Systems Erde dar.

3 NE Erläutern Sie die Grundüberlegungen des Geo-Engineering-Ansatzes mithilfe der Grafik 3.

4 Bewerten Sie den Anthropozän-Ansatz aus Ihrer eigenen Sichtweise auf die Welt.

1 Schüler debattieren

Eine Debatte durchführen: der Anthropozän-Ansatz

Debatten sind nicht gleichzusetzen mit Diskussionen. Im Gegensatz zur offenen und weitgehend ungeregelten Diskussion liegen der Debatte klare Regeln zugrunde, etwa ihre zeitliche Befristung. Ziel von Debatten ist es, die rationale Urteilsbildung zu stärken und individuelle Positionen zu umstrittenen Fragen herauszuarbeiten und auch argumentativ zu behaupten. Entscheidungen werden durch formale Abstimmungen getroffen. Ihr Zweck ist folglich, Mehrheiten für eine Position zu gewinnen. Neben rationalen Argumenten sind auch emotionale Ansichten erlaubt, um auf der Grundlage möglichst vieler Aspekte eine Meinung bilden zu können.

Vorbereitung

Eine Debatte muss gut vorbereitet sein. Sie wird von einem Moderator geleitet. Ihm oder ihr kommt es zu, auf die Einhaltung der Regeln zu achten. Dazu zählen ausgeglichene Redezeiten ebenso wie die Gewähr, dass jeder Sprecher seine Gedanken entwickeln und seine Argumente ungestört von Unterbrechungen vortragen kann.

Bei einer Pro-Contra-Debatte sitzen sich zwei Gruppen gegenüber. Jede dieser Gruppen bestimmt einen Gruppensprecher. Sie halten stellvertretend für ihre Gruppen das Einstiegsplädoyer. Dazu bedarf es einer sorgfältigen Vorarbeit:

- Bereiten Sie die Debatte mithilfe der zur Verfügung stehenden Informationen inhaltlich und argumentativ arbeitsteilig vor.
- Die Experten für einzelne Themenaspekte können ihre Vorbereitung durch weitergehende (Internet-)Recherchen ausweiten und aktualisieren.
- Die Themenexperten fassen ihre Argumente auf Karteikarten zusammen.
- Diskutieren Sie zur Vorbereitung der eigentlichen Debatte in Ihrer Gruppe Ihre Argumentation und beziehen Sie in diese auch mögliche Gegenargumente ein.
- Plakatieren Sie eine strukturierte Argumentation.
- Verfassen Sie gemeinsam das Einstiegsplädoyer Ihrer Gruppe.

Durchführung

Die Durchführung einer Debatte unterliegt klaren Regeln und Abfolgen.

- Die Debatte beginnt mit einer kurzen thematischen Einführung durch den Moderator. Dabei wird nochmals kurz auf die Regeln hingewiesen.
- Jeder Gruppensprecher hält sein Plädoyer. Das Wort erteilt der Moderator, der auch auf die Einhaltung der Redezeit (maximal drei Minuten) achtet.
- Die Gruppen ziehen sich nach den Plädoyers zu einer kurzen Strategiebesprechung zurück, um sich auf die Argumente der Gegenseite vorzubereiten und eine Argumentationsstrategie festzulegen.
- Nachdem der Moderator den Gruppensprechern das Wort erteilt hat, legen diese ihre Gegenargumentation dar.
- Geleitet vom Moderator hat nun das Plenum die Möglichkeit, den Gruppensprechern Fragen zu stellen.
- Eine abschließende Abstimmung ermöglicht einen Eindruck, welche Position mehrheitsfähig ist. War zu Beginn der Debatte eine solche Abstimmung bereits erfolgt, wird deutlich, wie stark die eine oder andere Argumentation das Plenum überzeugen konnte.

Der Mensch erhebt sich über die Erde

Kritik am Anthropozän-Konzept kommt vor allem aus den Geisteswissenschaften, insbesondere aus der Philosophie. Das zentrale Argument richtet sich dabei auf die Rolle des Menschen im System Erde. Der Mensch, so die Kritiker, werde mit dem Anthropozän-Ansatz gleichsam aus dem System Erde herausgehoben und über dieses gestellt. Folglich stelle der Mensch eben keine Alternative dar, um die Veränderungen der Welt im Sinne des Systems zu erzielen. Vielmehr werden die massiven Eingriffe menschlichen Handelns in das System Erde als Argument dafür missbraucht, um als vermeintliche Korrektur oder Reparatur im Grunde noch massiver in das System Erde einzugreifen. Ansätze wie die Injektion von Schwefelverbindungen in die Stratosphäre zur Reduktion der solaren Energieeinstrahlung und damit zur Bekämpfung des Klimawandels repräsentieren solche fraglichen Geo-Engineering-Überlegungen. Würden solche Eingriffe möglich werden, erhöbe sich der Mensch endgültig über das System Erde und spielte gleichsam Gott. Die wirkliche Lösung aber, so die Kritik, müsse doch in der wirklichen Integration des Menschen in das System Erde bestehen. Nur wenn wir uns in die natürlichen Gegebenheiten einfügen und eben nicht diese zu beherrschen suchen, könnten die globalen Herausforderungen überwunden werden.
Anstelle von immer mehr technischen Lösungsansätzen, die letztlich ja nur ein Behandeln von Symptomen darstellten, bedürfe es eines Kulturwandels im Sinne einer „Humanökologie" (Jürgen Manemann). Anpassungsstrategien zugunsten eines guten Lebens trotz Klimawandel und anderer Herausforderungen statt Machbarkeitswahn, so könnte diese Position zusammengefasst werden.
Andere kritisieren die Unklarheit des Beginns des Anthropozäns bzw. die noch offenen Fragen über die Dauerhaftigkeit menschlicher Einflüsse auf die Erde – eine Kritik, die gleichwohl nur im Nachhinein verifiziert oder falsifiziert werden kann.

1

Führen Sie eine Pro-Contra-Debatte zum Anthropozän-Ansatz durch.
Beziehen Sie dazu die Materialien dieser sowie der vorangegangenen Seiten ein und ergänzen Sie Ihre Argumentationsgrundlage gegebenenfalls um eine Internetrecherche (Online-Code).

Pro-Contra-Argumente zum Anthropozän-Ansatz	
Geologie	+ konsequent, adäquat (Mensch als geologischer Faktor) – Quartärgeologie genügt, beschreibt bereits anthropogene Sedimente
Geographie	+ integriert Human-, Wirtschafts-, physische Geographie – Anthropozän deckungsgleich mit Geographie
Archäologie	+ Berücksichtigung von Artefakten begrüßt – früherer Einfluss des Menschen unberücksichtigt
Biologie, Ökologie	+ realistisch, konsequent, neue Metaphern für Biodiversitätsbedrohung – Mensch wie Tier immer mit Eingriffen in die Erde (biologischer Faktor)
Geschichtswissenschaft	+ integriert historische Prozesse (Fusion von Natur- und Geisteswissenschaft) – überflüssig, historische Daten besser als Umsetzung in geologische Daten
Kulturwissenschaft	+ Bedeutung der Kultur im Anthropozän-Konzept sehr hochstehend – zu westlich, zu wenig genderkonform
Soziologie	+ unterstreicht den konstruktiven Ansatz, integriert Gesellschaftsprozesse – zu wenig diskursiv, Streitkultur „bringt mehr"
Politikwissenschaft	+ politisch – zu wenig politisch
Philosopie, Religion	+ nicht anthropozentrisch, holistischer Denkansatz, Eigenwert von Mensch und Natur verschmelzen/sind miteinander eng verbunden – Anmaßung der Geologie, anthropozentrisch, Schöpferanspruch, fehlende Demut
Umwelt-NGOs	+ integrativ, neue Schutz- und Nutzkonzepte, Stärkung der Verantwortlichkeit – Aufweichung des Begriffs Nachhaltigkeit, Geo- und Bio-Engineering durch Hintertür

https://scilogs.spektrum.de/der-anthropozaeniker/wp-content/blogs.dir/194/files/anthrokritik.jpg; (Zugriff 27.10.2020)

2 **Pro- und Contra-Argumente verschiedener Wissenschaften**

Harald Welzer: Anthropozän oder Monetozän?

„Die Probleme, die wir im Umweltbereich, im Klimabereich haben, gehen ja nicht darauf zurück, das der Mensch etwas Bestimmtes getan hat, als anthropologisch sich immer gleich bleibendes Wesen. Sondern womit wir es zu tun haben, ist ein historisch junger Prozess der Zerstörung der natürlichen Ressourcen und auch der Überlebensbedingungen im Bereich Klima und so weiter. Und der geht zurück auf eine historisch sehr junge Wirtschaftsweise und eine Form von Gesellschaft, die auch erst einige Hundert Jahre alt ist. Das heißt, wir haben es mit einem kulturellen und historischen Phänomen zu tun und nicht mit einem anthropologischen. Und der Begriff des Anthropozäns tut so, als sei das gewissermaßen natural, als müssten Menschen so sein, wie sie jetzt sind. Und deshalb ist der Begriff völlig irreführend. Wenn überhaupt sind deshalb Begriffe wie Monetozän oder Kapitalozän angemessen."

Harald Welzer, in: Kay Müllges: Rolle und Verantwortung der Wissenschaft in der Epoche der Menschheit, Deutschlandfunk. Aus Kultur- und Sozialwissenschaften vom 27.11.2014, unter: www.deutschlandfunk.de (Zugriff 27.10.2020)

3

Wichtige Begriffe

- Anthroposphäre
- Anthropozän
- Atmosphäre
- Biosphäre
- Geozone
- Hydrosphäre
- Kohlenstoffkreislauf
- Kryosphäre
- Lithosphäre
- Pedosphäre
- Reliefsphäre
- Stoffkreislauf
- Vernetzung

Wissen vernetzen

Die klein- wie großräumige Gestaltung der Erdoberfläche ist ein fortwährender Prozess. An diesem wirkt eine Vielzahl unterschiedlicher Einflussfaktoren mit. Diese reichen von der geologischen Beschaffenheit eines Gebiets über die klimatischen Bedingungen und damit die Verfügbarkeit von Wasser, die daraus resultierenden unterschiedlichsten tierischen wie pflanzlichen Lebensformen, die Bodenbildungsprozesse bis hin zu den kultur- und zeitspezifischen menschlichen Eingriffen. Da die Kombination dieser Einflussfaktoren an jedem Ort der Erde zwar direkt oder indirekt gegeben, aber eben doch sehr unterschiedlich ausgeprägt ist und zudem über die Zeit sich verändert, gleicht kein Teil der Erde einem anderen. Die Einmaligkeit des Ortes Fontainhas auf der Kapverden-Insel Santo Antão und die Landschaft rund um das untere Ende des Athabasca-Gletschers im kanadischen Bundesstaat Alberta dokumentieren beispielhaft, wie das Zusammenwirken der Prozesse aller Geosphären in ihrer spezifischen Kombination und Intensität zu vollkommen unterschiedlich gestalteten Räumen führt.

Der Geofaktor Mensch taucht in den 4,6 Mrd. Jahren der Erdgeschichte erst vor etwa 200 000 Jahren auf und hinterließ über die allerlängste Zeit kaum fortdauernde Spuren oder Veränderungen. Dies änderte sich mit der Industrialisierung Ende des 18. Jh. und führte insbesondere seit der Mitte des 20. Jh. zu einer vollkommen neuen Lage. Der Anstieg der Weltbevölkerung auf annähernd 8 Mrd. Menschen, deren individueller Ressourcenbedarf ungleich größer ist als derjenige vergangener Generationen, sowie die dominierende Form einer emissionsintensiven Energiebereitstellung führen dazu, dass die Wirkung des Geofaktors Mensch immer größer wird. Diese Erkenntnis kommt im Anthropozän-Ansatz zum Ausdruck. Mit diesem geht die Frage einher, wie den zu konstatierenden Herausforderungen erfolgversprechend begegnet werden kann. Ist eine konsequente Eingliederung des Menschen in das natürliche System Erde der richtige Weg oder eine an technischen Ansätzen ausgerichtete Strategie des Geo-Engineering?

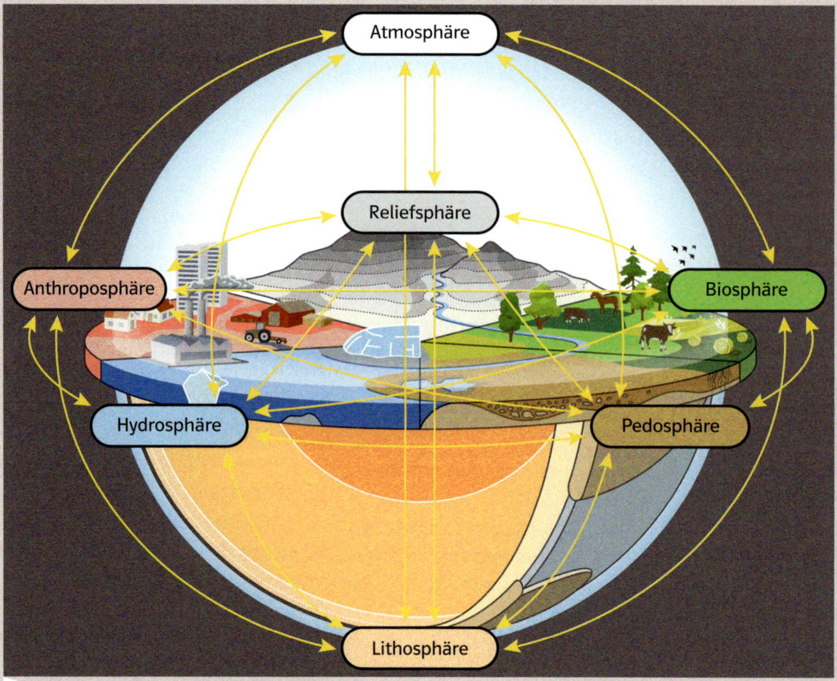

1 Geosphären im System Erde

Kompetenzen überprüfen

Überprüfen Sie Ihre in diesem Kapitel erworbenen Kompetenzen mit den folgenden Aufgaben und Materialien. Gehen Sie bei der Erarbeitung wie folgt vor:
- Erarbeiten Sie für jede Aufgabe schriftlich eine Lösung.
- Vergleichen Sie diese dann mit den Lösungshinweisen (Online-Code 528f3z).
- Bewerten Sie Ihre Lösung anhand der Notenskala von 1 bis 6.
- Überlegen Sie, wie Sie eventuell festgestellte Defizite beseitigen können.

Sich orientieren

1 Verorten Sie die Raumbeispiele Fontainhas und Athabasca-Gletscher auf einer Weltkarte.

2 Ordnen Sie in die gleiche Weltkarte Regionen ein, die kaum oder gar nicht durch Menschen besiedelt oder wirtschaftlich genutzt werden. Nutzen Sie dazu den Anthropozän-Atlas unter www.smithsonianmag.com/science-nature/see-how-humans-have-reshaped-globe-interactive-atlas-180952971/

Wissen und verstehen

3 Nennen Sie die maßgeblichen Sphären des Systems Erde.

4 Stellen Sie zentrale Aspekte des Zusammenwirkens der Geosphären dar.

5 Erläutern Sie den Anthropozän-Ansatz.

Fachmethoden anwenden

6 Erklären Sie den systemischen Ansatz anhand des Modells Geosphären (Grafik 1).

7 Wenden Sie das Modell „Geosphären“ (Grafik 1) anhand eines selbst gewählten Raumbeispiels an.

8 Interpretieren Sie die Karikatur 2.

Beurteilen und bewerten

9 Beurteilen Sie die Erklärungsmöglichkeiten des Geosphären-Modells für Ihren Heimatraum.

10 Bewerten Sie die Vorschläge des Geo-Engineering zur Überwindung der globalen Herausforderungen.

Handeln

11 Entwickeln Sie Ihren Beitrag zur Diskussion über den Anthropozän-Ansatz sowie das Geo-Engineering.

12 Überprüfen Sie Ihren möglichen Beitrag zur Realisierung eines Geo-Engineering-Projektes.

Basiskonzepte anwenden

13 Erläutern Sie an einem Fallbeispiel aus diesem Kapitel die Basiskonzepte der Geographie.

2 “We all want to change the world.”

Wenn Sie alle Seiten dieses Kapitels bearbeitet haben, können Sie ...

- die Geosphären der Erde benennen,
- das Zusammenspiel der Geosphären an einem Landschaftsbild erläutern,
- die Erde als System darstellen,
- die Besonderheiten des Geofaktors Mensch erklären,
- den Anthropozän-Ansatz erörtern,
- eine Debatte führen.

3

Formen und Prozesse der Lithosphäre

1 Gesteinsfalte in der Felswand des Ferdenrothorns (3180 m) in den Berner Alpen, Schweiz

Die Geschichte unserer Erde ist immer auch eine Geschichte geologischer Prozesse. Seit Millionen von Jahren verändern sich die Lage der Kontinente und Ozeane wie auch die Theorien zu deren Entstehung.
Gewaltige, unvorstellbare Kräfte im Erdinneren sind dafür verantwortlich. Was wir sehen und erleben, sind dabei nur die Folgen dieser gewaltigen Bewegungen im Bereich der oberen Lithosphäre.

Vulkanausbrüche fördern erdinnere Gesteinsschmelzen an die Oberfläche, Erdbeben zerstören in Sekundenschnelle ganze Landstriche und riesige Gebirge werden aufgefaltet.
Reichen die heutigen wissenschaftlichen Erkenntnisse über den Aufbau der Erde, plattentektonischer Prozesse sowie die Entstehung von Rohstofflagerstätten aus, um all diese Phänomene und Vorgänge erklären und unser Handeln danach ausrichten zu können?

2 Steinbruch in der Türkei

Sie untersuchen ...

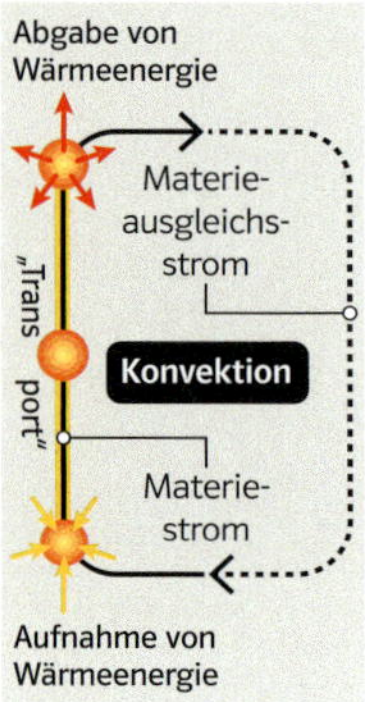

3 Thermische Konvektion (Mantelkonvektion)

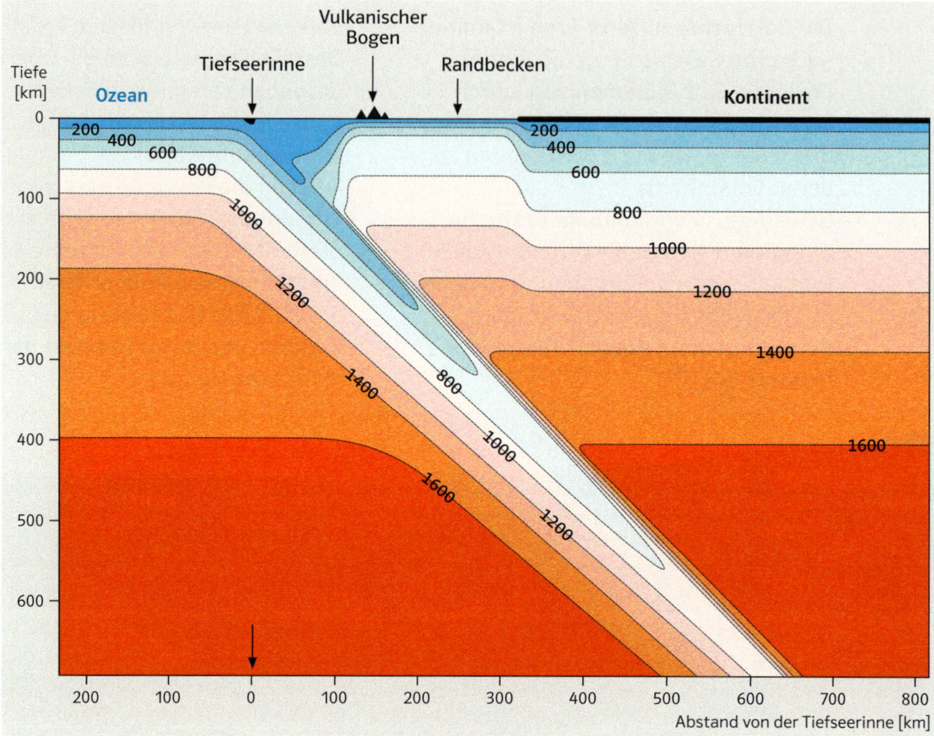

4 Computermodellierung der Temperaturverteilung in einem Subduktionssystem

Nach: Wolfgang Fritsch/Martin Meschede: Plattentektonik. Darmstadt: Wissenschaftliche Buchgesellschaft, 2007, S.117

GPS-Messungen zeigen, dass sich unsere Erdkruste in ständiger Bewegung befindet. Zu dieser Erkenntnis kam der deutsche Wissenschaftler Alfred Wegener schon vor über 100 Jahren. Allerding beschränkte er die Bewegung ausschließlich auf die Kontinente. Was ihm zur Begründung seiner Hypothese fehlte, war die Kenntnis über die Bewegungsmechanismen im Erdinneren. Erst mit dem Wissen über die Temperaturverteilung im Erdmantel und den damit verbundenen Transport des zähplastischen Materials in der Asthenosphäre konnten die Bewegungsrichtungen und -muster erklärt werden. Daraus ließen sich auch gebirgsbildende Prozesse herleiten.

Bis heute gibt es aber auch noch offene Fragen in der Wissenschaft, wie etwa die Tatsache, dass die Tiefe der Konvektionsströmungen im Erdmantel etwa bis rund 700 km angenommen, ein Abtauchen von Ozeanplatten aber bis über 1600 km nachgewiesen wurde.

Diesen Fragen zu Formen und Prozessen der Lithosphäre werden Sie nachgehen:

- Welche Erkenntnisse wurden auf dem Weg hin zur Theorie der Plattentektonik gewonnen?
- Wie lassen sich die unterschiedlichen Geschwindigkeiten der Lithosphärenplatten und deren Werden und Vergehen erklären?
- Wie ist es überhaupt möglich, dass sich feste Gesteine bewegen können?
- Warum treten Erdbeben und Vulkanismus immer nur in bestimmten Regionen der Erde auf?
- Welchen Zusammenhang gibt es zwischen den Bewegungen der Kontinente und bestimmten Oberflächenformen?
- Von welchen Bedingungen ist die Verteilung von natürlichen und anthropogenen Rohstofflagerstätten abhängig und wie können wir schonend mit unseren Ressourcen umgehen?

Sie knüpfen an ...

Das wissen Sie schon!

Erdbeben und Vulkanausbrüche üben eine magische Anziehungskraft aus, auch wenn ihre Auswirkungen verheerend sind. Bisher haben Sie sich vor allem mit diesen und der Entstehung von Gebirgen als Ergebnis erdinnerer Kräfte beschäftigt. Dass unsere Erde dabei aus einzelnen Schalen aufgebaut ist, ist Ihnen ebenso bekannt wie die Lage und Bewegungsrichtung einzelner Platten.

Bekannte Begriffe

- Erdbeben
- Erdkern
- Erdkruste
- Erdmantel
- Gestein
- Gebirge
- Grabenbruch
- Konvektionsströme
- Lagerstätte
- Mittelozeanischer Rücken
- Plattenzug
- Rohstoff
- Rückendruck
- Subduktion
- Tiefseerinne
- Tsunami
- Vulkanismus

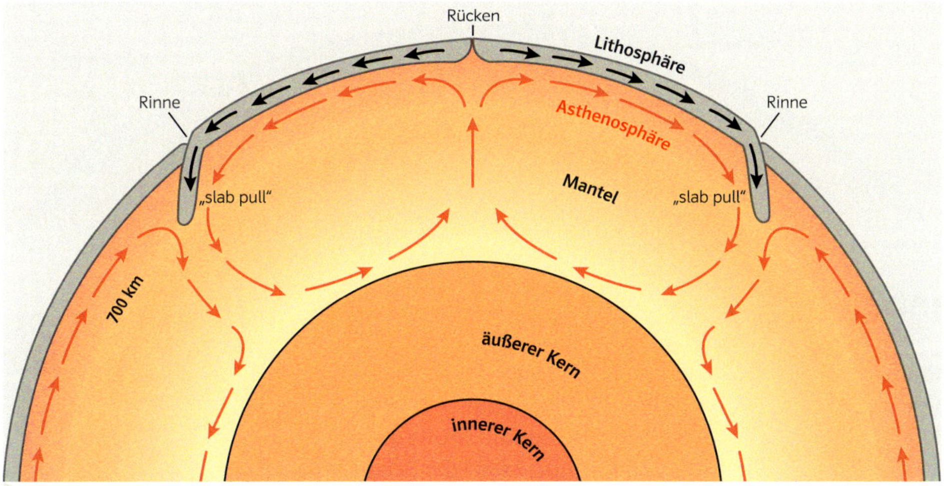

5 Wärmeströmungen im Erdmantel bewegen die Lithosphärenplatten

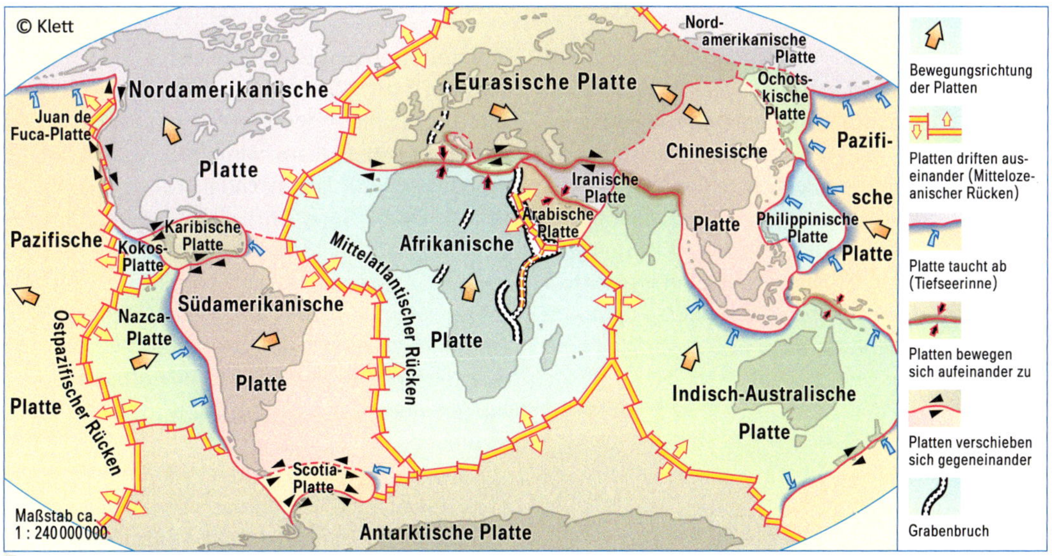

6 Gliederung der Erdkruste in Lithosphärenplatten

1 Beschreiben Sie die Verteilung und Lage der Vulkane und Erdbebengebiete auf der Erde.

2 Begründen Sie mithilfe der Karte 6 zur Gliederung der Erdkruste in Lithosphärenplatten die Entstehung des Mittelatlantischen Rückens, des Himalayagebirges und der Anden.

3 Erläutern Sie den Zusammenhang zwischen den Wärmeströmungen im Erdmantel und den Bewegungsrichtungen der Lithosphärenplatten.

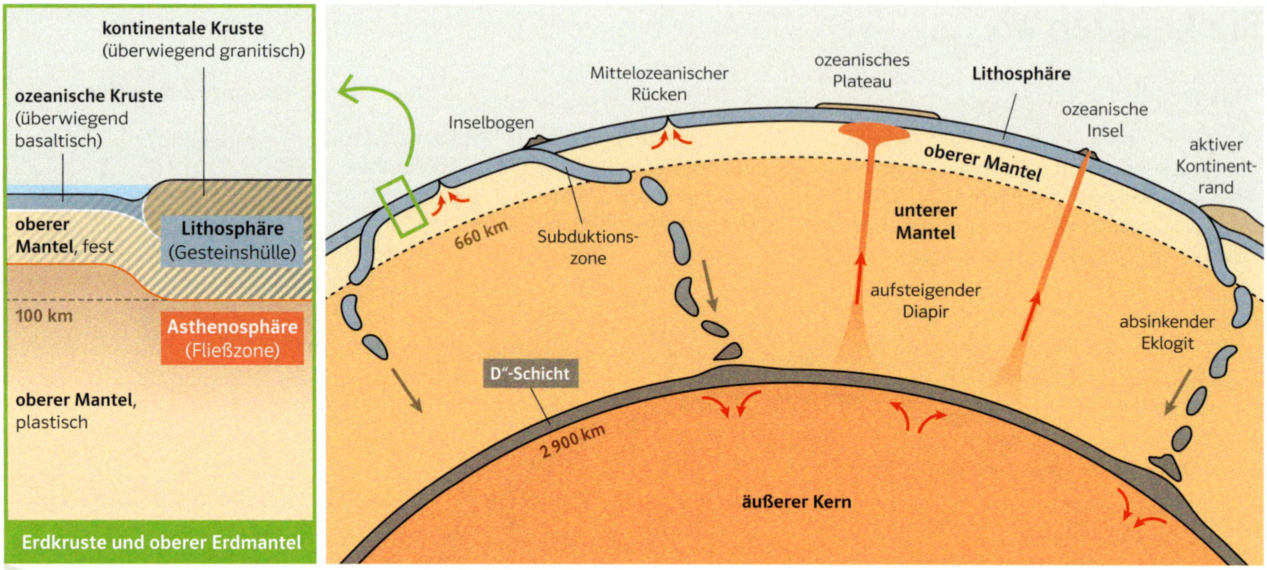

1 Schalenbau der Erde von der Erdkruste bis zum äußeren Erdkern

Schalenbau der Erde

Auf der Halbinsel Kola in Russland gelang 1996 mit 12 262 m die tiefste Bohrung in das Erdinnere. Ein weiteres Vordringen war wegen der zu hohen Drücke und Temperaturen nicht möglich. Verkleinert man die Erde auf die Größe eines Pfirsichs, so würde diese tiefste Bohrung nicht einmal einem „Anpieksen" der Schale entsprechen. Wie ist es also möglich, zu den Erkenntnissen über den Schalenbau der Erde zu gelangen und hinter die Geheimnisse der D"-Schicht zu kommen?

→ Subduktion S. 58

Die Erkenntnisse über den Aufbau des Erdinneren verdanken wir indirekten Untersuchungsmethoden, vor allem der Seismologie. Die Auswertung von Seismogrammen ergab, dass die seismischen Wellen in bestimmten Tiefen ihre Geschwindigkeit und Richtung ändern. Diese Bereiche nennt man seismische **Diskontinuitätsflächen** (Unstetigkeitsflächen). Im Ergebnis dieser Erkenntnisse entwickelte man die modellhafte Vorstellung vom Aufbau der Erde. Dennoch blieb und bleibt bis heute noch vieles unerforscht.

	Volumen	Masse
Kruste	0,8 %	0,4 %
Mantel	83,0 %	67,2 %
Kern	16,2 %	32,4 %

2 Aufbau der Erde

Die geheimnisvolle D"-Schicht (D-zwei-Strich-Schicht)

Die Grenzschicht zwischen unterem Erdmantel und äußerem Erdkern wird D"-Schicht genannt. Sie ist rund 200 km mächtig und liegt in ungefähr 2 900 km Tiefe. Druck und Temperatur steigen hier stark an. In schlauchförmigen Zonen von 100 – 1 000 km Durchmesser steigt in Millionen von Jahren Mantelmaterial nach oben. Diese Zonen werden als **Plumes** (engl.: mantle plumes) oder Manteldiapire bezeichnet. Nach heutigen Vorstellungen sind solche Plumes Teil von Konvektionsströmungen im Erdmantel. Ursache für diese Mantelkonvektion sind gewaltige Wärmemengen im Erdinneren. Dabei handelt es sich um Wärme, die im Erdkern durch radioaktive Zerfallsprozesse freigesetzt wird sowie „Restwärme" aus der Entstehungszeit der Erde. Diese Wärme wird im Erdmantel durch großräumige Konvektion, eine Form des Energietransportes über geologisch lange Zeiträume, transportiert. Man kann sich daher den gesamten Erdkörper als gigantische Wärmekraftmaschine vorstellen.

FALLBEISPIEL: Kontinentales Tiefbohrprojekt Windischeschenbach

Ein Blick ins Innere der Erde

„Nach 1 468 Bohrtagen war Schluss. Die Bohrmeister hängten den Meißel an den Nagel und konnten auf ein sehr erfolgreiches Projekt zurückblicken, auch wenn sie die ursprünglich angepeilte Tiefe nicht erreichten. Doch genau diese Tatsache gehört zu den fünf wissenschaftlichen Höhepunkten des gesamten Projektes. Denn die Bohrung musste abgebrochen werden, weil der Temperaturanstieg schneller erfolgte, als erwartet. Statt erst in 12 bis 14 Kilometern den anvisierten Temperaturbereich von 250 bis 300 Grad Celsius zu erreichen, war es bereits ab 9 000 Metern so heiß, dass das Gestein plastisch zu werden begann. Diese Entdeckung wirft die Frage auf, ob nicht mancherorts jenseits der bisher untersuchten relativ geringen Tiefen weitaus mehr Erdwärme zur Nutzung zur Verfügung steht als bisher angenommen.

Das zweite wichtige Ergebnis war, dass die Wissenschaftler die Natur seismischer Reflektoren im Grundgebirge klären konnten. Es zeigte sich, dass es sich um gänzlich andere Strukturen als in Deckgebirgen handelt, dass man also auf die in den Deckgebirgen gesammelten Erfahrungen nicht zurückgreifen konnte. [...] Als ein weiteres wichtiges Ergebnis konnte im ‚Dipol-Dipol-Experiment' die Messung der elektrischen Leitfähigkeit als Verfahren zur Sondierung in der Tiefe ‚geeicht' werden. Es zeigte sich, dass Grafit – ein guter elektrischer Leiter – als eine Art Rutschbahn für Gesteinsblöcke innerhalb der Erdkruste dient. [...] Zu den größten Überraschungen zählt die völlig unerwartete Durchlässigkeit der Kruste. Wie der abschließende ‚Fluid/Hydraulik-Test' gezeigt hat, ist die Kruste bis zum tiefsten Teil des Bohrlochs nicht trocken und dicht, sondern porös und für Flüssigkeiten und Gase durchlässig. Bereits während der Bohrung passierte der Bohrer Klüfte, aus denen sich unerschöpfliche Mengen an Fluiden ergossen."

Marcus Anhäuser: Was die Wissenschaftler fanden, Ergebnisse der KTB, auf: scinexx das wissensmagazin v. 21.12.2001, unter: www.scinexx.de/service/dossier_print_all.php?dossierID=91842 (Zugriff: 05.08.2021)

3

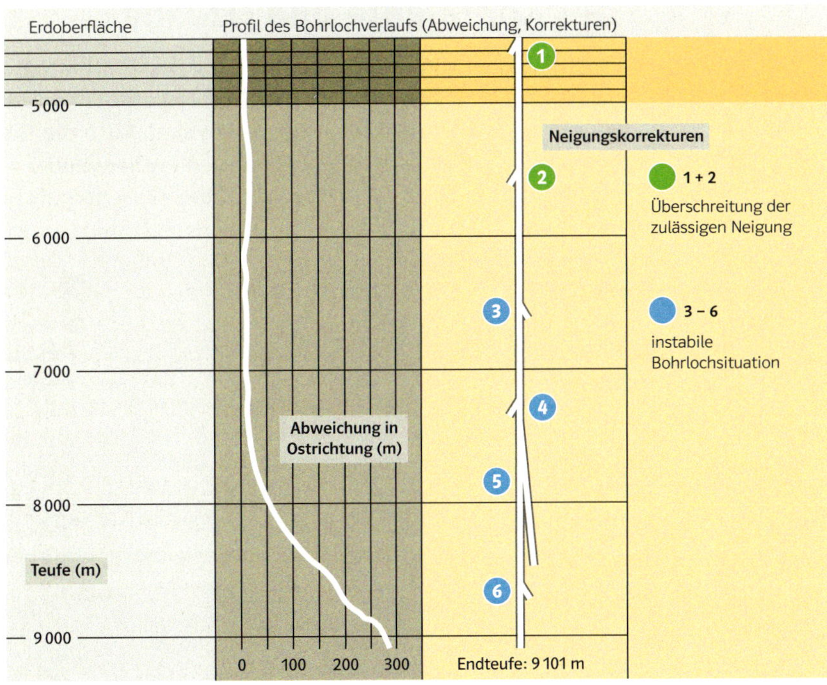

4 **Windischeschenbach: Bohrlochverlauf der kontinentalen Tiefbohrung**

Grafik rechts: nach: www.geozentrum-ktb.de

1 Beschreiben Sie den Schalenbau der Erde (Grafik 1). Nutzen Sie dazu auch Kenntnisse aus der S I.

2 Vergleichen Sie den Aufbau der Lithosphäre im Bereich der Kontinente und Ozeane.

3 Erklären Sie den Vorgang der thermischen Konvektion (Abb. M1, S. 46) mithilfe des Textes zur D"-Schicht.

4 Erläutern Sie die Erkenntnisse des Kontinentalen Tiefbohrprojektes.

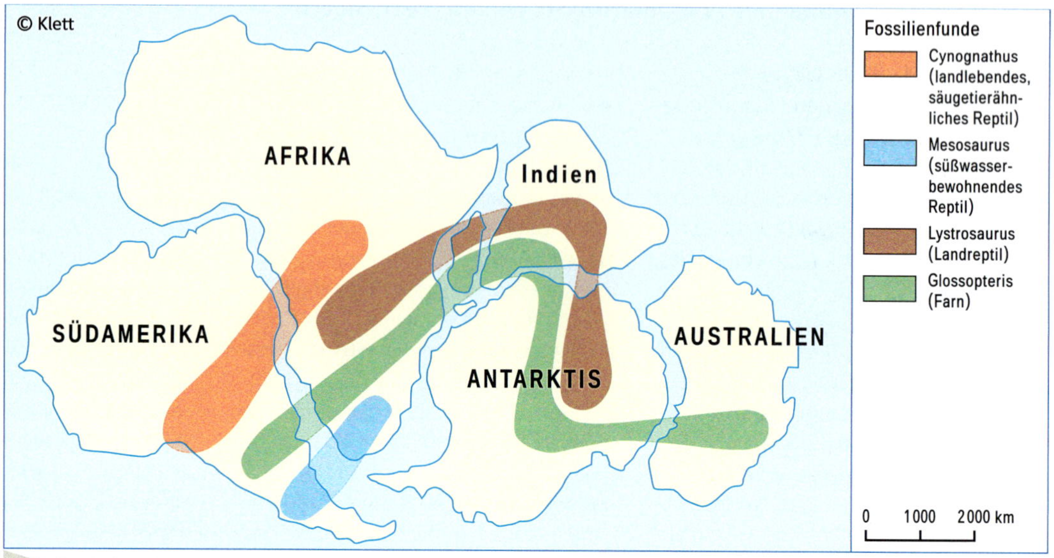

2 Der Urkontinent Pangäa

Nach: https://pubs.usgs.gov/gip/dynamic/continents.html (Zugriff 01.06.2021)

Theorien zur Entstehung und Verteilung der Kontinente und Ozeane

Gebirgsbildung, Kontinentverschiebung und Plattentektonik sind grundlegende geotektonische Prozesse, die mit einer hohen Dynamik auf der Erde ablaufen und einem ständigen Wechsel unterworfen sind. Auch die Theorien zu diesen Prozessen haben sich in den letzten Jahrhunderten immer wieder verändert. Was steckt hinter den einzelnen Theorien und wo steht die Wissenschaft heute?

Die Kontraktionstheorie

Thesen zur Kontraktion

„Die Erforschung der alten und jungen Gebirge zeigte deutlich, dass bestimmte Zonen der Erdoberfläche eine große Mobilität besitzen bzw. besaßen. Man erkannte, dass in diesen Zonen mächtige Sedimentstapel in rasch absinkenden Becken akkumulieren und dass seitliche Einengung zu Faltung und Überschiebung führte. Paläontologen stellten zwischen vielen älteren Faunen und Floren von weit auseinanderliegenden Kontinenten große Übereinstimmungen fest, die man zunächst durch die Existenz von temporären Landbrücken zu erklären versuchte. [...] Die Fixisten vertraten die Auffassung, dass die Kruste im wesentlichen nur vertikale Bewegungen vollführt. Um die genannten Beobachtungen in einer globalen Theorie zu vereinen, wurden u. a. Veränderungen des Erddurchmessers postuliert. Einige Fixisten vertraten eine Expansion der Erde, andere gingen von einer Kontraktion aus, was die seitliche Einengung der Gebirge erklären würde (Kontraktionstheorie). Der prominenteste Verfechter des Fixismus war Hans Stille. Seine umfassenden Modelle zur Beckenentwicklung und Gebirgsbildung dominierten die Forschung und Lehre bis in die Siebzigerjahre des 20. Jahrhundert.“

Heinrich Bahlburg, Christoph Breitkreuz: Grundlagen der Geologie, Springer Spektrum Akademischer Verlag, München, 5. Aufl., 2004, S. 219

1

1

Forschungsgeschichte am Beispiel der Tektonik
Erstellen Sie mithilfe der S. 48 – 57 eine Übersicht über die Thesen zur Kontraktion, die Kontinentverschiebungstherorie und die Theorie zur Plattentektonik.

a) Vervollständigen Sie die Tabelle.

Thesen und Theorien	Thesen zur Kontraktion	Kontinentverschiebungstheorie	Theorie zur Plattentektonik
Zeit			
Vorstellung			
Kritik an der Theorie			
Vertreter			

b) Erläutern Sie die Hotspot-Theorie als neuesten wissenschaftlichen Erkenntnisstand.

c) Ordnen Sie begründet die Entdeckungen der Kontinente „Greater Adria“, „Argoland“ und „Zealandia“ in das Theoriegebäude ein.

Linktipp
„Argoland“
g54j8i

Auch wenn diese Theorie noch durch viele weitere untersetzt wurden, wie durch die Geosynklinaltheorie von J. D. Dana (1873), der die Einsenkung von mit Sedimenten gefüllten Trögen so wie die spätere Auffaltung der Gesteine als Folge einer Schrumpfung der Erde ansah, blieben viele Fragen offen. Warum vergrößert sich im Laufe der Jahre der Abstand der Kontinente zueinander statt sich zu veringern? Wie erklärt sich das unterschiedliche Alter der Gebirge oder die geochemische Differenz zwischen Ozeanböden und Kontinenten?

Der verlorene Kontinent

Vor rund 240 Millionen Jahren brach, in der Größe von Grönland, ein Teil Gondwanas von Nordafrika ab und begann, nach Norden zu driften. Reichlich 100 Millionen Jahren später erreichte die kontinentale Kruste das heutige Südeuropa, wo es mit einer Geschwindigkeit von 3 bis 4 cm pro Jahr mit der eurasischen Platte kollidierte und zum großen Teil subduziert wurde. Der einzige verbleibende Rest dieses Kontinents, der heute über dem Meeresspiegel liegt und als „Greater Adria“ bezeichnet wird, ist ein Streifen, der von Turin (Italien) über die Adria bis zur Südspitze Italiens verläuft. Abgeschürfte Krustenteile findet man auch in den Bergen der Apenninen, den südlichen Alpen (Dolomiten) und den als Decke abgescherten und auf der europäischen Kruste aufliegenden Ostalpen sowie dem Balkan, in Griechenland und in der Türkei. Geologen aus verschiedenen Ländern haben zehn Jahre lang diese Bergketten untersucht. Sie nutzten dafür eine spezielle Plattentektonik-Software, um die Erde Schicht für Schicht untersuchen zu können. So fand man mithilfe von seismischen Wellen heraus, dass die absinkenden Reste bis in eine Tiefe von 1 500 km nachweisbar sind.

Karte nach: D. van Hinsbergen: Mountain range formation and plate tectonics in the Mediterranean region integrally studied for the first time, Utrecht University 02.09.2019, unter: www.uu.nl/en/news/mountain-range-formation-and-plate-tectonics-in-the-mediterranean-region-integrally-studied-for-the (Zugriff 01.06.2021)

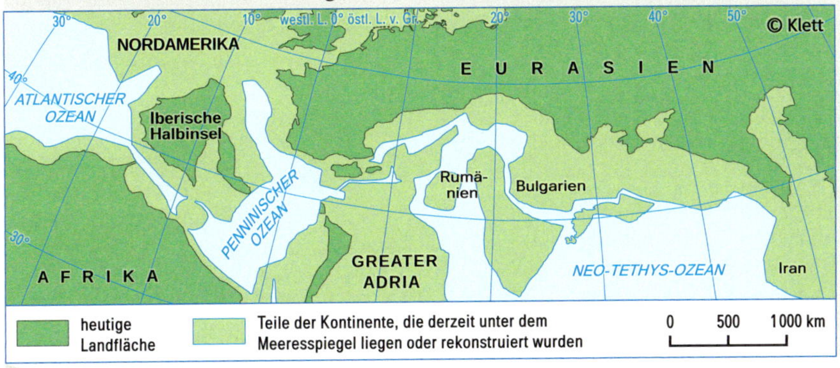

3

4 Zealandia, der 8. Kontinent

Nach Nick Mortimer/GSA Today

Zealandia – der achte Kontinent der Erde?

„Dass Forscher immer wieder einmal auf neue Erdteile stoßen, ist an sich nichts Ungewöhnliches, denn im Laufe der Zeit sind größere Landmassen versunken. Zwei junge Beispiele hierfür stellen Greater Adria und Argoland dar. In deutlichem Gegensatz dazu steht nun aber Zealandia, von dem ein Team von Geologen kürzlich nach mehrjähriger Arbeit eine detaillierte Karte erstellen konnte. Das Gebiet, das mit seiner Fläche von 4,9 Millionen Quadratkilometern etwa der Hälfte der Fläche Europas entspricht, ist nämlich im Laufe der Erdgeschichte nie versunken, sondern existiert bis heute im Südwestpazifik. ‚Wir waren ungefähr 1 200 Kilometer östlich von Neuseeland und haben zu unserer Überraschung einen weißen Granit, kontinentales Gestein, ausgebaggert. Auf vielen weiteren Fahrten haben wir zahlreiche kontinentale Gesteinsproben erhalten – unterstützend gab es dazwischen gute geophysikalische Daten – sodass wir davon überzeugt wurden, dass dort ein vollständiger Kontinent anstatt kleiner, unzusammenhängender Fragmente lag.‘ (N. Mortimer) Damit eine Landmasse als Kontinent gilt, muss sie bestimmte Kriterien erfüllen: Es muss etwa eine bestimmte Mindestgröße vorliegen oder die kontinentale Kruste dicker als die ozeanische sein. All das sehen die Forscher bei Zealandia erfüllt.“

Alexander Walter: Warum Zealandia offiziell der achte Kontinent der Erde werden könnte, 01.10.2020, unter: https://web.de/magazine/wissen/natur-umwelt/zealandia-offiziell-achte-kontinent-erde-35026340, 01. Oktober 2020 (Zugriff 25.05.2021)

5

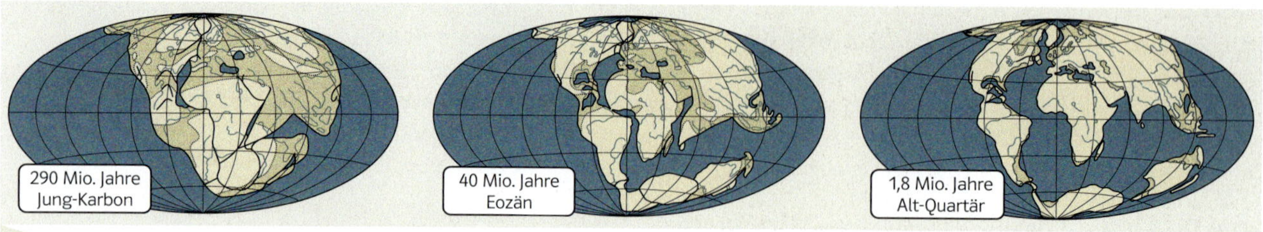

6 Lage der Kontinente nach A. Wegener (1929)

Die Theorie zur Kontinentverschiebung

Bevor Alfred Wegener, ein deutscher Meteorologe, Polar- und Geowissenschaftler, am 6. Januar 1912 auf der Hauptversammlung der Geologischen Vereinigung in Frankfurt am Main mit seinen Thesen zur Kontinentverschiebung für Aufsehen sorgte, hatte man schon Erkenntnisse, welche den Thesen zur Kontraktion widersprachen. So gab es erste Vermutungen über einen Urkontinent und seitlich wirkende Kräfte, die Wissenschaftler Airy und Pratt entwickelten die Lehre von der **Isostasie** (M9) und man entdeckte, dass die Kontinente überwiegend aus Silizium und Aluminium (SiAl), die Ozeanböden aus Silizium und Magnesium (SiMa) bestehen. Damit hatte man erste Erkenntnisse über den Schalenbau der Erde.

Kontinente in Bewegung

„In Wegeners Theorie treiben die aus spezifisch leichterem Material zusammengesetzten Kontinente (SiAl) auf dichterem Material des Erdmantels und der Ozeanböden (SiMa) und durchpflügen dieses. Für den Antrieb der Wanderung der Kontinente zog Wegener vor allem Kräfte wie die Erdrotation, die Präzession (eine kegelförmige Drehbewegung) der Erdachse oder Gezeitenreibung in Betracht. Die Erdrotation würde die Polflucht, ein langsames Wegdriften der Kontinente von den Polen, und die Westdrift der Kontinente verursachen. Diese Bewegungen erzeugten nach Wegeners Auffassung die Auffaltung der Gebirge: die Polflucht der Gebirgsgürtel, der sich vom alpin-mediterranen Raum über den Iran und den Himalaja bis nach Südostasien erstreckt, indem sich die Südkontinente Afrika und Indien an Eurasien annäherten; die Westdrift die Hochgebirge an der Westküste der beiden amerikanischen Kontinente durch frontale Stauchung. [...]

Wegeners Theorie konnte einige aus damaliger Sicht bestehende Probleme lösen: die gute Passform der Küstenlinien beiderseits des Atlantiks; die lineare Form von Gebirgen (die Kontraktionstheorie müsste in der Tat viel breitere Gebirge hervorbringen); die Dominanz von zwei Höhenniveaus, nämlich der Tiefsee-Ebenen und der kontinentalen Flachländer, die die zwei Krustentypen – ozeanisch und kontinental – widerspiegeln. Das unerklärliche Auftauchen und Verschwinden von Landbrücken entfiel, dass man brauchte, um Faunenaustausch über große ozeanische Räume zu ermöglichen.

Wegener konnte mit der Wanderung der Kontinente auch erklären, warum man Anzeiger von warmen Klimaten, z. B. in karbonischen Kohlen, heute nahe der Pole findet. Er erkannte, dass alle großen Kontinentschollen am Ende des Paläozoikums und am Beginn des Mesozoikums zu einem Riesenkontinent vereint waren, den er Pangäa (griech. die ganze Erde) nannte."

W. Frisch, M. Meschede: „Plattentektonik – Kontinentverschiebung und Gebirgsbildung", Primus Verlag, S. 10 f, 6. Auflage 2021, S. 10 f.

7

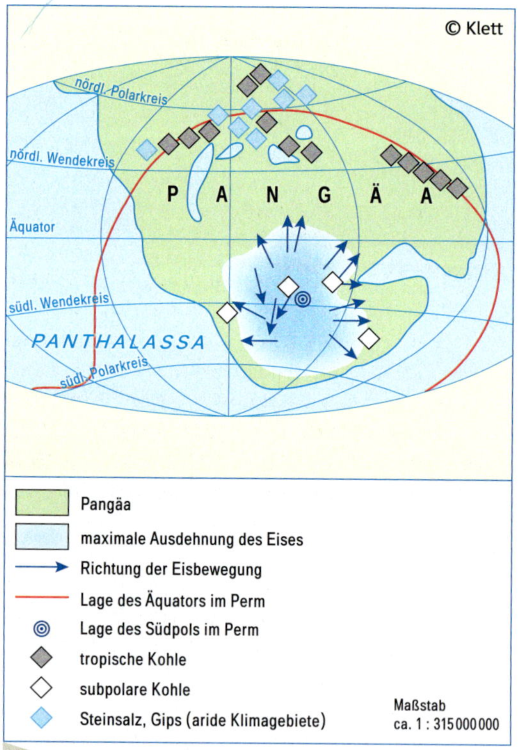

8 Rekonstruktion des Superkontinents Pangäa nach Wegener (1915)

W. Frisch, M. Meschede: Plattentektonik – Kontinentverschiebung und Gebirgsbildung, wbg Academic, Darmstadt 2021, S. 11 unter: www.wbg-wissenverbindet.de/shop/35022/plattentektonik (Zugriff 13.8.2021)

9 Alfred Wegener (1880–1930)

Die Lehre von der Isostasie

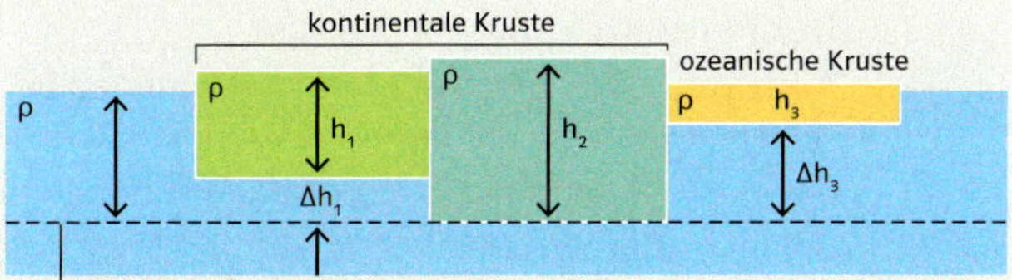

Isostatische Ausgleichsfläche (Flächen gleichen Auflagendrucks)
Für diese Flächen gilt: $\rho \times h_0 = \rho \times h_1 + \rho \times \Delta h_1 = \rho \times h_2 = \rho \times h_3 + \rho \times \Delta h_3$.

Bereits im 19. Jh. hatte man durch Schweremessungen festgestellt, dass die Schwerkraft unter großen Gebirgen nicht in dem Maße vom Tiefland abweicht, wie man es aufgrund der großen Gebirgsmassive erwartet hätte. Messungen im Bereich der Ozeane ergaben ähnliche Werte wie unter Gebirgen, obwohl die großen Ozeanbecken Massendefizite darstellen. Zur Erklärung dieser unterirdischen Massendefizite und -überschüsse entwickelte man schon 1855 die Lehre von der Isostasie (griech. isos = gleich, stasis = Stand).
Erhöht sich also das Gewicht der Lithosphäre, z. B. durch Vergletscherung, so erhöht sich auch der Druck auf die Asthenosphäre. Diese gibt nach und die darüberliegende Lithosphärenplatte sinkt tiefer in den oberen Erdmantel ein. Verringert sich die Last durch Abschmelzen der Gletscher, so erfolgt eine Hebung der Lithosphärenplatte, bis das hydrostatische Gleichgewicht zwischen Auftrieb und Gewichtskraft, die Isostasie, wiederhergestellt ist. Alfred Wegener nutzte die Erkenntnisse der ersten Isostasiemodelle zur Erklärung der Kontinentverschiebungstheorie: „[...] schwimmen also die Kontinentalschollen wirklich in einer, wenn auch sehr zähen Flüssigkeit, so ist offenbar kein Grund einzusehen, warum sich ihre Beweglichkeit nur in der Vertikalen äußern solle, und nicht auch horizontale Bewegungen vorkommen sollten." Eine Hypothese, die erst nach seinem Tod 1930 bewiesen wurde.

10

Kritik der Kontinentverschiebungstheorie

„Mit dieser Idee der driftenden Kontinente konnte der junge, eigentlich fachfremde Wissenschaftler damals viele Befunde der Geologen, Paläontologen und der Tier- und Pflanzengeographen zwanglos erklären. Allerdings täuschte sich Wegener, als er annahm, Forscher wie Max Semper würden infolge seines Vortrages ihre alten Theorien zur Entwicklung der Erdoberfläche aufgeben. Maximal noch zehn Jahre gab Wegener den alten Denkansätzen damals. ‚Am Ende aber verging ein halbes Jahrhundert, bis Wegeners Vorstellungen in Fachkreisen allgemein akzeptiert wurden. Zwar hatten einige Wissenschaftler Wegeners Theorie mit Begeisterung aufgenommen, mehrheitlich aber, speziell in der geologischen Fachwelt, verwehrte man sich ihr', erklärt Reinhard Krause. Diese Ablehnung, die durchaus auch gehässige und polemische Formen annahm, war allerdings nicht unbegründet. ‚Wegener konnte damals keine Kräfte oder Mechanismen benennen, die hinreichend gewesen wären, um die Verschiebung der Kontinente zu bewerkstelligen', sagt Reinhard Krause. Wegener selbst war dieser Mangel durchaus bewusst, trotzdem zweifelte er nicht an der grundsätzlichen Richtigkeit seiner Thesen. Eines Tages würde der ‚Newton der Verschiebungstheorie' noch kommen, schrieb er und machte sich selbst daran, neue und bessere Argumente für seine These zu suchen.
Eine befriedigende Erklärung für den Mechanismus, der die Kontinente in Bewegung hält, aber fand Wegener nicht. Dazu wusste man damals einfach noch zu wenig über den Zustand und die Dynamik des Erdinneren. Wegeners Wissenschaftskollegen brauchten bis zum Anfang der 1960er-Jahre, um mit modernen geomagnetischen Untersuchungsmethoden den Sprung von Wegeners Theorie zur heute nachgewiesenen und gültigen Lehrmeinung der Plattentektonik zu meistern."

Alfred-Wegener-Institut: Der Kopernikus der Geowissenschaften: Vor fast 100 Jahren verkündete Alfred Wegener seine revolutionäre Theorie von der Verschiebung der Kontinente, Pressemitteilung v. 21.12.2011, unter: www.awi.de/ueber-uns/service/presse/presse-detailansicht/der-kopernikus-der-geowissenschaften-vor-fast-100-jahren-verkuendete-alfred-wegener-seine-revolutionaere-theorie-von-der-verschiebung-der-kontinente.html (Zugriff 25.05.2021)

11

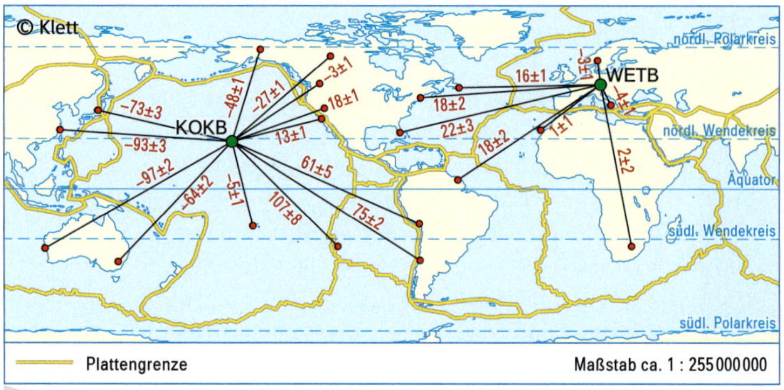

12 **Änderung von Streckenlängen auf der Grundlage von GPS-Messungen**
Bezugspunkte der Messungen: Kokee Bay auf Hawaii (KOKB) und Wettzell im Bayerischen Wald (WETB); Messwerte (in mm/a) für Januar 1993 – Mai 1995.
Lesebeispiel: Neufundland hat sich von 1993 – 1995 um 16 mm von Wettzell entfernt, die Halbinsel Florida sogar um 22 mm. In der selben Zeit hat sich Sizilien 4 mm an Wettzell angenähert.

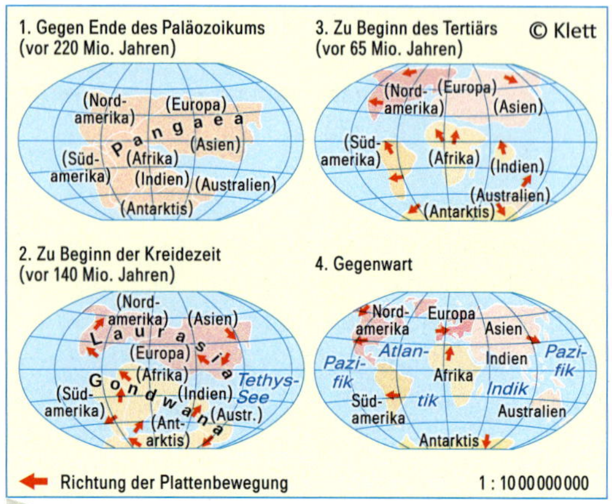

15 **Plattentektonische Situation in verschiedenen Erdzeitaltern**

Relativbewegungen und Tripelpunkte
„Die Relativbewegungen zweier Platten erfolgen an verschiedenen Stellen ihrer gemeinsamen Grenze nicht gleich schnell, nur die Winkelgeschwindigkeit ist die gleiche. Entlang ein und derselben Transformstörung ist die Bewegung gleich groß, weil alle Punkte entlang der Störung gleich weit vom gemeinsamen Rotationspol der beiden Platten entfernt liegen. Entlang der Grenze zwischen zwei divergierenden Platten wird die Spreizungsrate desto kleiner sein, je mehr man sich dem Rotationspol nähert, im Pol selbst wird sie auf Null reduziert. Das Gleiche gilt sinngemäß für Einengungsraten zwischen konvergierenden Platten."
Wolfgang Frisch und Martin Meschede: a.a.O., S. 24

13

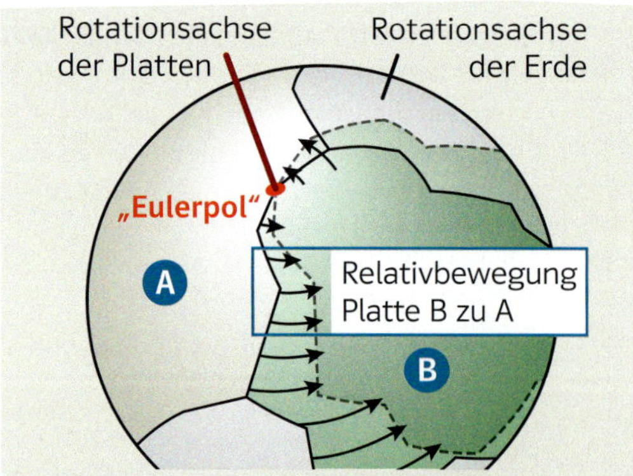

Relativbewegung zwischen zwei Platten
„Die Bewegung zweier aneinandergrenzender Platten A und B lässt sich als Rotation um einen gemeinsamen Rotationspol (Eulerpol) darstellen. Dabei ist die Relativbewegung am ‚Bewegungsäquator' am größten und nimmt zu den Bewegungspolen hin ab."
Wolfgang Frisch und Martin Meschede: a.a.O., S. 24

14

← Pangäa S. 50, 52

Theorie der Plattentektonik

Der Plattentektonische Zyklus

Auch wenn Wegeners Theorie der Kontinentverschiebung noch viele Jahre unbeachtet blieb, so entstanden nach seinem Tod wichtige Forschungsarbeiten, die es letztendlich ermöglichten, die Theorie der Plattentektonik vorwegzunehmen. Dazu zählte z. B. die Erforschung des Reliefs der Ozeanböden, bei der man das magnetische Streifenmuster zu beiden Seiten der **Mittelozeanischen Rücken** entdeckte. Dies führte zur „Seafloor-Spreading-Hypothese", der Ausbreitung des Ozeanbodens, einem festen Bestandteil der Theorie der **Plattentektonik**. Ein weiterer entscheidender Schritt war die Entdeckung der **Konvektionsströme** im Erdmantel. Dabei ging man davon aus, dass aufsteigende Ströme unter ozeanischen Rücken die Platten voneinander weg bewegen, während sich über absteigenden Strömen Gebirge bilden und es in horizontalen Strömungsbereichen zur Kontinentdrift kommt. Diese Erkenntnisse bildeten die Grundlagen der heutigen Theorie der Plattentektonik, bei der durch die verschiedensten Messungen einwandfrei erwiesen ist, dass sich die Landmassen der Erde tatsächlich bewegen. (M12) Wir wissen, dass Afrika, Amerika, Asien und all die anderen Kontinente früher nicht getrennt voneinander waren, sondern einen Superkontinent gebildet haben. Vor 200 – 300 Mio. Jahren gab es nur eine einzige große Landmasse auf unserem Planeten, die von einem einzigen großen Ozean umgeben war. Aber schon zu dieser Zeit, vor etwa 250 Mio. Jahren begann Pangäa langsam, auseinanderzubrechen. Vulkanische Tätigkeiten sorgten

dafür, dass sich Pangäa zuerst in die zwei großen Landmassen Gondwana und Laurasia aufspaltete, aus denen dann durch weitere Fragmentierung die heutigen Kontinente wurden.
Diese bewegen sich immer weiter um die Erde, ungefähr mit der Geschwindigkeit von 3–4 Zentimetern, mit der auch ein menschlicher Fingernagel wächst. Und da die Erde eine Kugel ist, stoßen die Kontinente irgendwann zwangsläufig wieder zusammen. 250 Mio. Jahre in der Zukunft wird wieder ein einziger Superkontinent die Erdoberfläche beherrschen: Pangäa Ultima. Aber auch das wird nicht der letzte Superkontinent bleiben. Der Tanz der Kontinente läuft schon seit Milliarden Jahren und wird noch lange weiterlaufen. Alle 500–700 Mio. Jahre bildet sich ein Superkontinent, der danach wieder auseinanderbricht, bevor sich die Bruchstücke wieder an anderer Stelle zusammenfinden.

Der Wilson-Zyklus

Diesen langsamen geologischen Rhythmus nennt man den „Wilson-Zyklus" nach dem amerikanischen Geologen Tuzo Wilson, einem der Pioniere der Plattentektonik. Wilson definierte acht Phasen, die die Entwicklung eines Superkontinents beschreiben. Dabei beschreibt er das zyklische Ausbreiten und Verengen von Ozeanen. Ein Zyklus dauert etwa 200–250 Mio. Jahre. Benannt sind die Phasen nach typischen Beispielen auf der Erde, bei denen man das jeweilige Stadium derzeit vorfindet. Die Theorie zum Wilson-Zyklus ist sehr komplex – in der Realität findet man auch oft Abweichungen vom Modell.

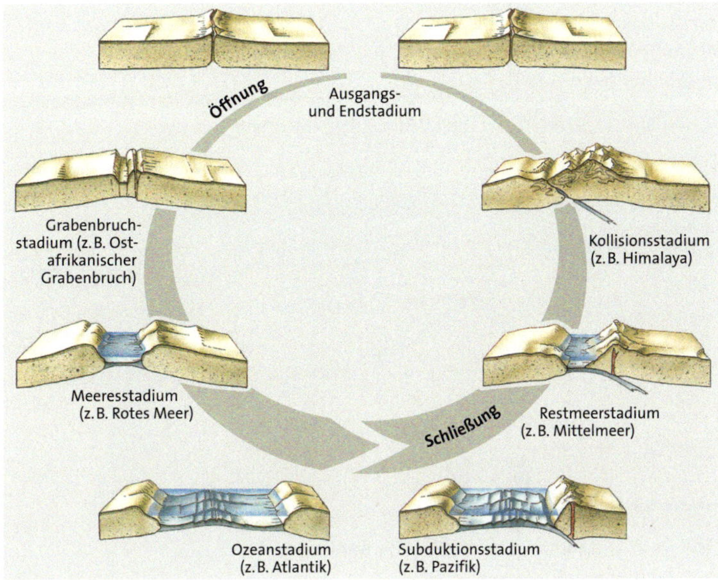

17 Der Wilson-Zyklus

Grenzen der Theorie

Auch der Wilson-Zyklus lässt noch viele Fragen offen, da er nur ein stark vereinfachtes Modell darstellt und auf regional spezifische Situationen keine Antworten geben kann. So lässt sich der Nachweis unterschiedlich alter Gesteine an Mittelozeanischen Rücken mit diesem Modell ebenso wenig erklären wie die Überschiebung ozeanischer über kontinentale Lithosphäre zwischen der Arabischen Halbinsel und Eurasia. Es muss auch nicht immer zu einem Superkontinent kommen, da Platten, die sich einige Zeit lang aktiv bewegen, auch stoppen oder langsamer werden, um dann wieder von Neuem in Bewegung zu geraten.

Aktive und inaktive Riftsysteme Afrikas

„Am Anfang des Trennungsprozesses (Südamerika und Afrika) vor 145 Mio. Jahren waren mehrere mögliche Bruchstellen aktiv. Neben der protoatlantischen Bruchzone entwickelte sich auch zwischen Westafrika und Nordostafrika das sogenannte Westafrikanische Rift, dass sich vom heutigen Nigeria bis in das südliche Libyen erstreckte. Durch das Auseinanderbrechen des Kontinents entlang dieser zwei Riftzonen wäre das heutige Afrika in Nord-Süd-Richtung in zwei Teile gespalten worden, wobei sich ein Meeresbecken geöffnet hätte, das sich bildhaft als Sahara-Atlantik umschreiben lässt. Die tektonischen Rekonstruktionen zeigen, dass die Riftzone entlang des heutigen Äquatorial-Atlantiks über viele Millionen Jahre mit dem Westafrikanischen Rift konkurrierte und erst in letzter (geologischer) Minute ein Wegdriften entlang des Äquatorialen Atlantiks einsetzte. Letztlich verhinderte dies ein Zerbrechen Afrikas."

Sascha Brune u. Ute Münch (v. 19.07.2016). Gondwana: Ein Kontinent bricht auseinander. Earth System Knowledge Platform (eskp.de), unter: www.eskp.de/naturgefahren/gondwana-plattentektonik-935839/ (Zugriff 25.05.2021)

16

Erst in den 1990er-Jahren setzte sich die Auffassung durch, dass nicht das aufsteigende Magma innerhalb der Mittelozeanischen Rücken die Platten aktiv auseinanderdrückt, sondern dass die Rifts sich im Ergebnis von Rückendruck und Plattenzug passiv öffnen. Wissenschaftler gehen heute von unterschiedlichen Antriebskräften aus, die auch zusammenwirken können:

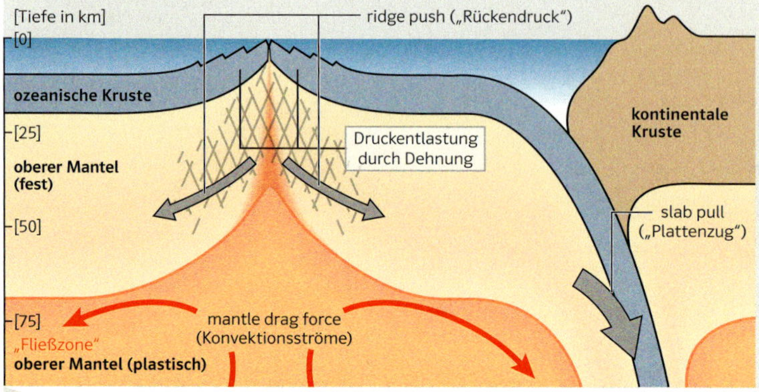

18 Vermutete Antriebskräfte der Plattenbewegung

- **Rückendruck:** Durch isostatische Hebungsvorgänge ragen die Mittelozeanischen Rücken bis 3 000 m über die Tiefseeebene hinaus. Die Platten „rutschen" infolge ihres Gewichts von der Aufwölbung weg.
- **Plattenzug:** Die spezifisch schwerere, absinkende Platte sinkt durch ihr Eigengewicht in den Subduktionszonen in die Asthenosphäre, zieht die Platte mit sich und öffnet dadurch den Mittelozeanischen Rücken. Diese Kräfte sind wahrscheinlich bis zu zehnmal so groß wie die des Rückendrucks.
- **Konvektionsströme:** Sie entstehen in der Asthenosphäre durch Temperatur- und Dichteunterschiede zwischen Kern und Erdoberfläche. Diese Materieströmungen schleppen die Platten mit sich oder bremsen als Reibungskräfte die Plattenbewegung. Fördern sie Magma bis in die Lithosphäre, kommt es zur Bildung sogenannter Hotspots und Plumes.

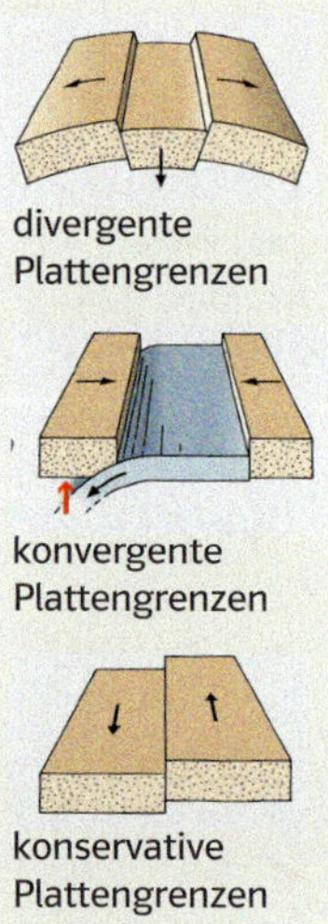

19 Arten von Plattengrenzen (schematisch)

→ Plattenrandbewegungen S. 58/59

Scheinbare Widersprüche im Plattenbewegungsmuster

„Die Afrikanische Platte ist an drei Seiten, im Westen, Süden und Osten, von Mittelozeanischen Rücken umgeben, die Platte wächst also an diesen drei Seiten seit längerer Zeit. Wenn man die Mittelozeanischen Rücken als ortsfest betrachtet, weil sie von aufsteigenden Strömen im Erdmantel gespeist werden, dann ergibt sich natürlich ein Raumproblem. In den Anfängen der Plattentektonik ging man tatsächlich von senkrecht aufsteigenden Konvektionsästen aus, die unter den Rücken ortsfest sind. Inzwischen weiß man, dass die Konvektionsströme [...] oft schräg oder gewunden sind [...]. Es ist sogar denkbar, dass Mittelozeanische Rücken von horizontalen Strömungen gespeist werden, die entlang einer Schwächezone Magma nach oben abgeben. Die Situation rund um die Afrikanische Platte besagt also nur, dass die Mittelozeanischen Rücken nicht alle durch Konvektionsströme gespeist werden können, die unter ihnen vertikal aufsteigen [...]. Die GPS-Daten legen nahe, dass sich der Mittelatlantische Rücken sehr langsam ostwärts verlagert, da die ostgerichtete Komponente der Afrikanischen Platte etwas größer ist als die westgerichtete der Südamerikanischen. Daraus folgt, dass der Indische Rücken schneller nach Osten wandern muss, und zwar mit einigen Zentimetern pro Jahr."

Wolfgang Frisch und Martin Meschede: a.a.O., S. 32/33

20

Die individuellen Bewegungen der Platten lassen sich mithilfe der drei Arten von Plattengrenzen erklären. Global gesehen, wird das Auseinanderdriften der Platten (Divergieren) verbunden mit der Entstehung ozeanischer Kruste an den Mittelozeanischen Rücken von der **Subduktion** (Konvergieren) ozeanischer Kruste an den destruktiven Plattenrändern kompensiert. Vervollständigt werden die Bewegungen durch das Aneinander-vorbeigleiten (Konservieren) von Platten.

Die Mittelozeanischen Rücken markieren danach eine Grenze zwischen verschiedenen Platten. Hier bricht die Lithosphäre auf und es bildet sich ein **Rift**. Die Platten bewegen sich voneinander weg. In Spalten steigt **Magma** nach oben, das beim Austritt und Kontakt mit dem Wasser sofort erstarrt. Dadurch entsteht neue ozeanische Kruste. Bewegen sich die Platten weiter auseinander, dringt neues Magma nach und erkaltet gleich wieder.

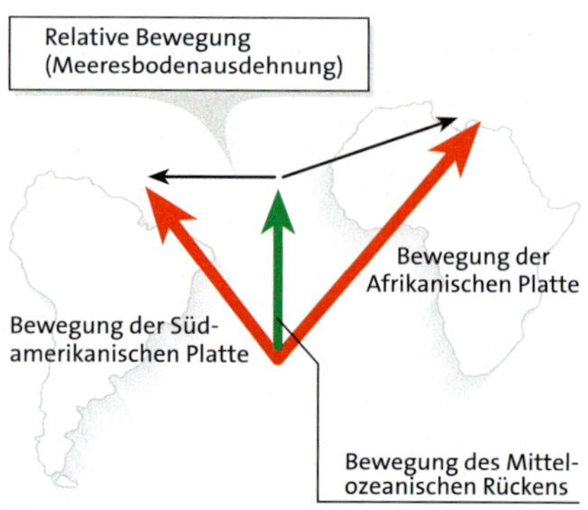

21 Relative Bewegung (Meeresbodenausdehnung)

FALLBEISPIEL: Reykjanes-Rücken

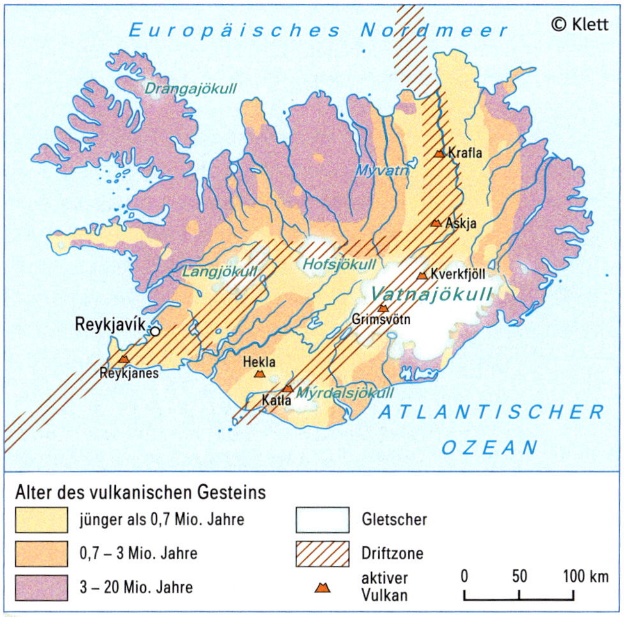

22 Verlauf des Mittelatlantischen Rückens auf Island

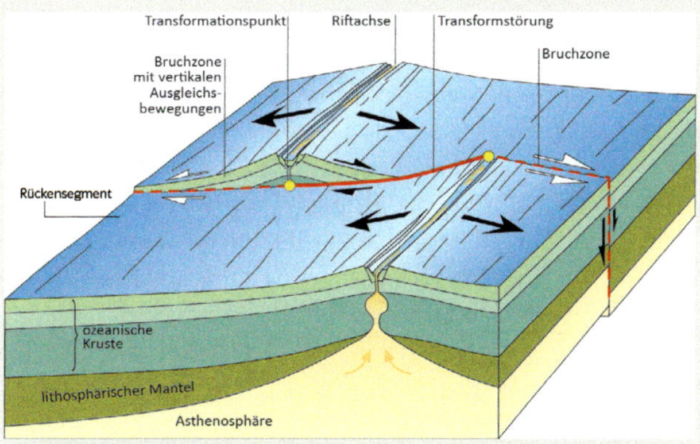

Transformstörung an einem Mittelozeanischen Rücken
Durch die rechtwinklig zur Rückenachse verlaufenden Transformstörungen werden die Mittelozeanischen Rücken in Rückensegmente geteilt. Die Versatzbeträge an diesen **Transformstörungen** können mehrere 100–1000 km betragen. Im Ergebnis kommt es meist zur Bildung einer Spreizungszone mit einer Ausdehnung zwischen 25 und 50 km. Seine Flanken bilden gewaltige untermeerische Gebirge, deren höchste Erhebungen über den Meeresspiegel hinausragen, wie beim Reykjanes-Rücken in Island. Die Gebirge haben, gemessen vom Meeresboden aus, Höhen von über 3000 m.
An den Grenzen der divergierenden Platten herrscht zwar andauernde vulkanische Aktivität. Wegen der fehlenden Reibung ist die Erdbebengefahr jedoch vergleichsweise zu konvergierenden Plattenrändern gering. Auch liegen die Epizentren nur wenige Kilometer unter der Oberfläche in einer Tiefe von bis zu 20 km.

23

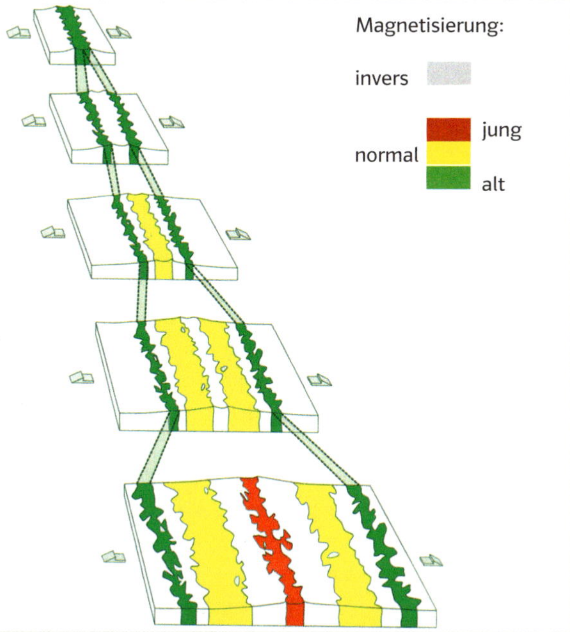

Entstehung des paleomagnetischen Streifenmusters
„[...] Der magnetische Pol führt um den geographischen Pol (Rotationspol der Erde) eine langsame, unregelmäßig schlenkernde Bewegung aus. Über einen Zeitraum von mehreren Tausend Jahren gemittelt, fallen die beiden Pole aber zusammen. Aus diesem Grund kann man in der Paläomagnetik die Lage der früheren geographischen Pole bestimmen. Der heutige magnetische Südpol liegt nahe dem geographischen Nordpol. Das war nicht immer so. [...]
Aufgrund der charakteristischen Muster normaler und inverser Magnetisierung kann man die Streifen datieren, indem man sie mit bekannten Abfolgen vergleicht. Damit konnte nachgewiesen werden, dass sich die Streifen ozeanischer Kruste vom Mittelozeanischen Rücken weg und parallel zu diesem bilden und mit zunehmender Entfernung vom Rücken älter werden."
Wolfgang Frisch und Martin Meschede: a.a.O., S. 16 f.

24

2 Erläutern Sie die Antriebskräfte der Plattenbewegungen.

3 Begründen Sie die Bedeutung des paläomagnetischen Streifenmusters für den Erkenntnisgewinn zur „Seafloor-Spreading"-Hypothese.

4 Erstellen Sie eine Übersicht über die Vorgänge an divergierenden Plattenrändern an. Beachten Sie dabei folgende Kriterien: Bewegungsrichtung, vorherrschende Antriebskräfte, morphologische Formen, Erdbebentiefe, Lage der Epizentren, Magmatismus und Beispielräume.

Konvergente Plattenränder

Bewegen sich Platten aufeinander zu, kommt es zum Abtauchen oder Abführen von Plattenteilen in die Tiefe des oberen Erdmantels. Dieser Prozess wird als Subduktion bezeichnet.

Freie Subduktion. Der Prozess der Subduktion wird entscheidend durch Alter und spezifisches Gewicht der Lithosphärenplatten beeinflusst. Wenn die Lithosphäre spezifisch schwerer wird als die Asthenosphäre, kann es zu spontaner, freier Subduktion kommen. Dies tritt häufig bei älteren ozeanischen Krusten auf, wie es bei den Marianen oder den Kleinen Antillen der Fall ist.

Erzwungene Subduktion. Bewegt sich eine deutlich leichtere ozeanische Lithosphäre in Richtung kontinentaler Kruste, wird sie aufgrund ihrer größeren Dichte gezwungen, unter die kontinentale Kruste abzutauchen. Auf dem Rand der unter dem Meeresspiegel liegenden kontinentalen Krustenunterlage bildet sich ein Vulkanbogen heraus. Beispiel dafür sind die japanischen Inseln oder der östliche Sundabogen. Ist der Kontinentalrand aktiv in die Subduktion eingebunden, türmen sich an seinem Rand Gebirge auf, wie das bei Alaska oder Sumatra zu erkennen ist. Dauert der Prozess an, so schließt sich der Ozean vollständig. Dabei kommt es zur Kollision zweier kontinentaler Plattenränder, in deren Ergebnis sich riesige Gebirgsmassive wie das Himalaya-Gebirge oder die Alpen auftürmen. Unabhängig von der Art der Subduktion entsteht in jedem Fall am Plattenrand eine **Tiefseerinne**.

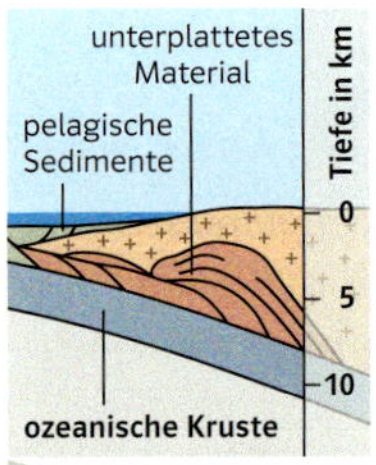

25 **Akkretionskeil (Anwachskeil)**

pelagische und hemipelagische Sedimente: feinkörnige Ton- und Schlamm-Ablagerungen marinen Ursprungs

terrigene Sedimente: klastische Sedimente des Festlandes aus Gesteinsbruchstücken von sedimentären, magmatischen und metamorphen Gesteinen (unterplattetes Material)

Bildung eines Akkretionskeils

Die ozeanische Kruste der Indisch-Australischen Platte taucht im Bereich des Sundarinne unter die Eurasische Platte. Das aus der Asthenosphäre aufsteigende Magma bildet den aktiven Vulkanbogen Sumatras. Infolge der schräg aufeinandertreffenden Plattenbewegungen kommt es zu einer schrägen Subduktion. An der Überschiebungsfläche kommen ältere auf jüngeren Gesteinen zum Liegen. Der Ozeanboden wurde von der subduzierenden Platte abgeschürft.
Es kommt zu einem gleichzeitigen Auftreten von Sedimenten, die schon auf der subduzierenden Platte liegen und denen, die sich bei der Subduktion in der Tiefseerinne bilden. Die Überschiebungspakete bilden dabei eine Schwelle (z.B. Mentawai-Rücken), hinter der sich ein Meeresbecken bildet, in dem es dann wieder zu Sedimenteintrag kommt. Diese Sedimente können Mächtigkeiten von bis zu 10 km aufweisen.

26

Kollision zweier Ozeane

„Bei den Subduktionszonen des Marianen-Typs wird alte, spezifisch schwere Lithosphäre subduziert, die durch ihr Eigengewicht in den sublithosphärischen Mantel einsinkt und deshalb generell steiler einfällt als bei Subduktionszonen [...], bei denen junge, noch heiße und daher spezifisch leichtere Lithosphäre abtaucht. Ist die ozeanische Lithosphäre alt genug, dann ist sie spezifisch schwerer als die unterlagernde Asthenosphäre und daher zum Absinken fähig. Theoretisch ist die Dichteumkehr spätestens dann erreicht, wenn die ozeanische Lithosphäre 30 Millionen Jahre alt ist. Um eine neue Subduktionszone zu bilden, muss der Alterungsprozess jedoch wesentlich weiter fortgeschritten sein, da es einer ausgeprägten Dichteumkehr bedarf, um genügend vertikale Kräfte für ein Durchreißen der Lithosphäre bereitzustellen [...] Am Westrand der Pazifischen Platte gelangt mehr als 100 Millionen Jahre alte Lithosphäre in die Subduktionszone, weshalb hier freie Subduktion herrscht. Die jüngere Lithosphäre an der Ostseite des Pazifiks, aber auch jene der Philippinischen Platte oder im westlichen Sundabogen sinkt hingegen nicht frei in den tieferen Mantel ein und wird von hinten geschoben, also unter die jeweilige Oberplatte gedrückt."

Wolfgang Frisch, Martin Meschede: „Plattentektonik – Kontinentverschiebung und Gebirgsbildung", Primus Verlag, 6. Auflage 2021, S. 101 f.

27

6 Erläutern Sie die Ursachen für die unterschiedlichen Subduktionsvorgänge.

7 Erklären Sie das Auftreten von Akkretionskeilen bei der Subduktion.

8 Fertigen Sie eine Übersicht über die Vorgänge an konvergierenden Plattenrändern an. Beachten Sie dabei folgende Kriterien: Bewegungsrichtung, vorherrschende Antriebskräfte, morphologische Formen, Erdbebentiefe, Lage der Epizentren, Magmatismus und Beispielräume. (Online-Link)

9 Analysieren Sie mithilfe des Online-Codes, um welche Art von Plattengrenze es sich in Neuseeland handelt.

Plattentektonik und Gebirgsbildung

Andentyp. Erfolgt die Subduktion ozeanischer unter kontinentale Lithosphäre bei aktiven Kontinenträndern, schmiegt sich die alte ozeanische Lithosphäre durch ihren Auftrieb nach dem Abtauchen an die kontinentale Lithosphäre an. Diese Verdickung führt zur Bildung hoher Gebirge und zu intensiven vulkanischen Aktivitäten. Gleichzeitig wird durch den Druck der sich aufeinander zubewegenden Platten der kontinentale Krustenrand gestaucht. Es entstehen Verwerfungen, an denen sich die Kruste übereinanderstapelt. Neben dem aktiven Vulkanismus treten häufig Flach- und Tiefbeben auf, wobei die tiefsten Bebenherde noch in einer Tiefe von 700 km, wie in allen Subduktionszonen, nachgewiesen werden konnten.

Inselbogentyp. Durch langanhaltende Subduktionstätigkeit bilden sich am Rand eines Ozeans magmatische Inselbögen und Randbecken heraus. Gelangt die ozeanische Kruste in die Tiefe, wird sie durch hohen Druck in metamorphes Gestein umgewandelt. In großen Tiefen kann es zum Plattenabriss kommen. Gleichzeitig steigt Magma auf. Es entstehen untermeerische Vulkane und bei fortgesetztem Vulkanismus ragen diese später als Vulkankegel über die Meeresoberfläche hinaus und bilden ein Inselbogensystem. Die subduzierende Platte taucht mit großer Geschwindigkeit und einem flachen Winkel unter die kontinentale Kruste ab, wodurch sich Flachbeben mit hoher Intensität entwickeln. Kommt es schließlich zur Schließung des Ozeans, kollidiert der Inselbogen mit dem passiven Kontinentrand.

Alpiner Typ. Ist die Subduktion so weit fortgeschritten, dass kontinentale auf kontinentale Lithosphäre trifft, kommt es zur Gebirgsbildung und die Plattengrenzen werden zur Kollisionsnarbe. Aufgrund der Beteiligung großer Massen wird die Kruste verdickt, verformt und herausgehoben. Es kann zu Überschiebungen bis zu 100 km kommen. Die vor der Stirn der überschiebenden Platte befindlichen Rinne wird mit Sedimenten der dahinterliegenden Deckenstapel gefüllt. Das Restmeer wird durch festländische Sedimente (Molasse) aufgefüllt und verschwindet vollständig. Begleitet wird dieser Prozess durch eine aktive Erdbebentätigkeit, mit zum Teil sehr großer Intensität. Der Vulkanismus ist dagegen vergleichsweise wesentlich geringer.

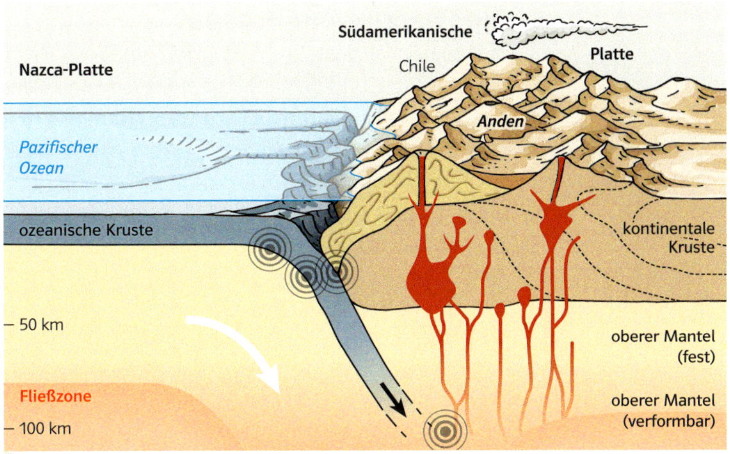

28 Vorgänge an der Atacamarinne

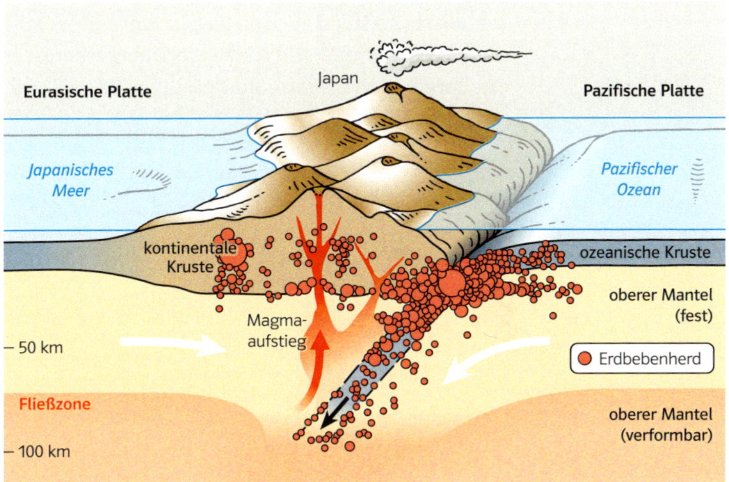

29 Ensialischer Inselbogen: Japan

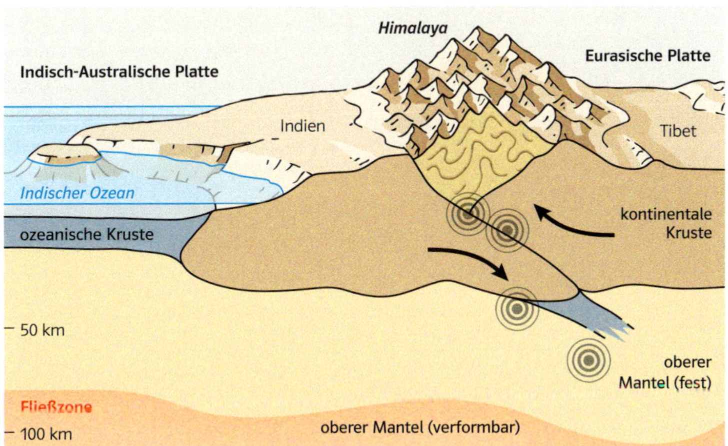

30 Gebirgsbildungsprozess im Himalaya

Die Theorie vom Hotspot

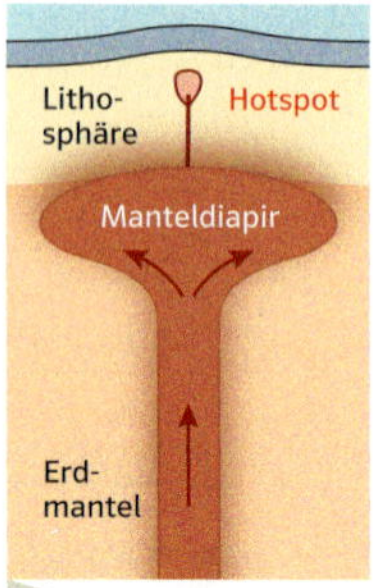

31 Manteldiapir

Die bisher vorgestellten Theorien erklären zwar die Öffnungs- und Schließungsprozesse von Ozeanen, für eine Erklärung des Intraplattenvulkanismus fehlen aber wesentliche Erkenntnisse über die Vorgänge im unteren Erdmantel.

Dafür eignen sich seit den 1970er-Jahren Vorstellungen von Manteldiapiren („mantle plumes“), in denen heißes Material aus großen Tiefen (zum Teil von der Mantel-Kruste-Grenze) in schlauchförmigen Zonen nach oben steigt. Über solchen Plumes können sich **Hotspots** als kleinere Vulkanzentren bilden. Der Vulkanismus in Island wird ebenfalls im Zusammenhang mit einem Plume gesehen, der Teil der Mittelatlantischen Rückens ist. Andere Forscher sind der Ansicht, dass zwischen oberem und unterem Mantel kein Materialaustausch stattfindet oder dass eventuell jeweils zwei voneinander getrennte Konvektionsmuster existieren (siehe „Plattentektonisches Modell mit und ohne Plumes“).

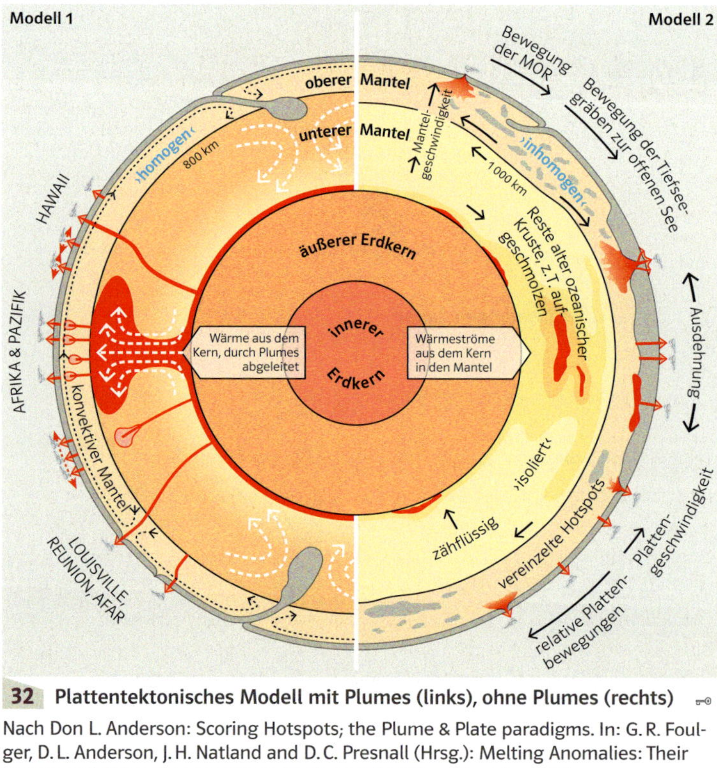

32 Plattentektonisches Modell mit Plumes (links), ohne Plumes (rechts)

Nach Don L. Anderson: Scoring Hotspots; the Plume & Plate paradigms. In: G.R. Foulger, D.L. Anderson, J.H. Natland and D.C. Presnall (Hrsg.): Melting Anomalies: Their Nature and Origin. Special Paper, Geological Society of America 2004

Intraplattenvulkanismus

„Magmenbildung im Innern von Platten, also fernab der Plattengrenzen, beruht auf zwei plattentektonischen Prozessen:

1. Heißes Asthenosphäre-Material steigt in Form eines Manteldiapirs an die Unterseite der Lithosphäre. Dieser Aufstieg geht mit Druckentlastung (Dekompression) einher, welche zur Schmelzbildung führt. Diese Magmen dringen in die über dem Manteldiapir liegende Lithosphäre ein oder steigen bis an die Oberfläche. Der durch die Magmen verursachte Wärmeeintrag in die Lithosphäre kann dort zur Schmelzbildung sowohl im oberen Mantel als auch in der Kruste führen. Die Hawaiianischen Inseln sind ein klassisches Beispiel eines manteldiapir-induzierten Magmatismus, der in einer ozeanischen Platte stattfindet.
2. Das Ostafrikanische Grabenbruchsystem mit seinen zahlreichen Vulkanen, darunter der höchste Berg Afrikas (Kilimandscharo: 5 890 m), ist das klassische Beispiel für den zweiten Typ von Intraplattenvulkanismus, den sogenannten Rift-Magmatismus. Kontinentale Platten können entlang einer Schwächezone auseinanderreißen und Riftzonen ausbilden. Um das isostatische Gleichgewicht unter der sich derart verdünnenden Lithosphäre aufrechtzuerhalten, dringt heißes Asthenosphäre-Material auf.“

Heinrich Bahlburg/Christoph Breitkreuz: Grundlagen der Geologie. Stuttgart: Enke 1998, S. 219

33

Spuren von Heißen Flecken im Ozean

„Heiße Flecken fräsen sich durch ozeanische Lithosphäre relativ leicht durch, während unter der dickeren kontinentalen Lithosphäre der Durchbruch der Magmen stärker verzögert wird. Am Ozeanboden entstehen daher häufig Spuren von heißen Flecken in Form von Vulkanen, die in einer Linie aufgereiht sind und anzeigen, in welche Richtung und mit welcher Geschwindigkeit die Platten über den Manteldiapir hinweggeglitten ist. [...] Unter Hawaii befindet sich heute der Manteldiapir, dessen nach WNW ziehende und dann nach NNW abknickende, etwa 6 000 km lange Spur aus erloschenen Vulkanen zunehmenden Alters besteht.“

Wolfgang Frisch und Martin Meschede: a.a.O., S. 88

34

FALLBEISPIEL: La Réunion

Der Réunion-Hotspot und seine Entwicklung

„Das Ausmaß der Inselkette der Maskarenen ist zwar nicht so groß wie im Fall der Hawaii-Emperor-Kette, doch der sogenannte Réunion-Hotspot hat zahlreiche Mittelozeanische Rücken und Flutbasalte im Bereich des Indischen Ozeans zu verantworten. Daher wird angenommen, dass der Réunion-Hotspot seit 68 Mio. Jahren existieren muss. Denn das älteste, auf Hotspot-Aktivität zurückzuführende Produkt sind die 2 000 m mächtigen Dekkan-Flutbasalte Westindiens [M38]. Diese hängen mit der Abtrennung des Indischen Kontinents zusammen. Vor ca. 135 Mio. Jahren, nachdem sich der Superkontinent Pangäa bereits in Gondwana und Laurasia gespalten hatte, begann die Öffnung des Atlantischen Ozeans und Indien löste sich vom Antarktisch-Australischen Kontinent. Bis vor 90 Mio. Jahren haben sich Indien und Afrika gemeinsam Richtung Nordwesten bewegt. [...] Plötzlich driftete Indien nach Norden und es entstand eine neue Spreizungszone zwischen Indien und Afrika, bis schließlich vor 40 Mio. Jahren der Carlsberg- und der Zentralindische Rücken entstanden. [...]
La Réunion ist seit ca. 2 Mio. Jahren in Bildung. Die Entstehungsgeschichte der Insel ist gekennzeichnet durch sich abwechselnde Phasen. Auf eine aktive, eruptive Phase, in welcher sich der Vulkangipfel aufbauen konnte, folgt stets eine Phase verminderter Aktivität [...] Die vulkanische Aktivität des Piton des Neiges endete vor 12 Jahren. Dies ist auf die Nordwestdrift der afrikanischen Platte zurückzuführen, auf welcher sich La Réunion befindet. In Folge dessen wurde die Hotspot- bzw. Vulkanaktivität nach Südosten verlagert.
Seither befindet sich der Piton des Neiges in einer Erosionsphase. Die Magmakammern des Vulkans wurden nach Vulkanausbrüchen geleert und sind eingestürzt. Vor ca. 1 Mio. Jahren entstand an der Südostflanke des Piton des Neiges ein weiterer Schildvulkan, der Piton de la Fournaise."

Nach Max Dieck, Dilara Ayhan: Die Vulkaninsel Hawaii und La Réunion. Leitmodelle für die Entstehung von Vulkaninseln über Hotspots?, Norderstedt: GRIN Verlag 2016, S. 5 ff.

35

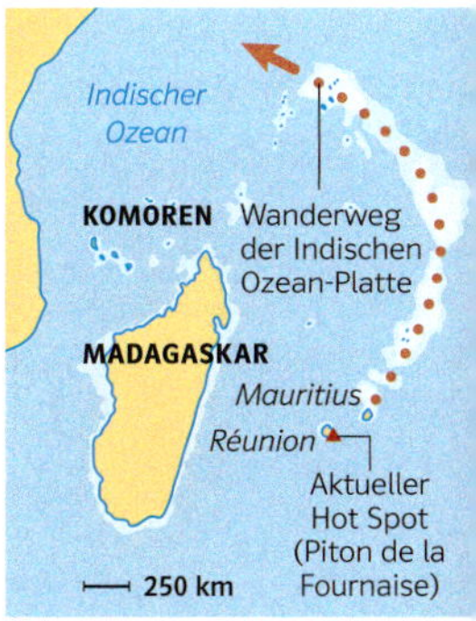

36 Ausbruch des Vulkans Piton de la Fournaise auf der Insel La Réunion

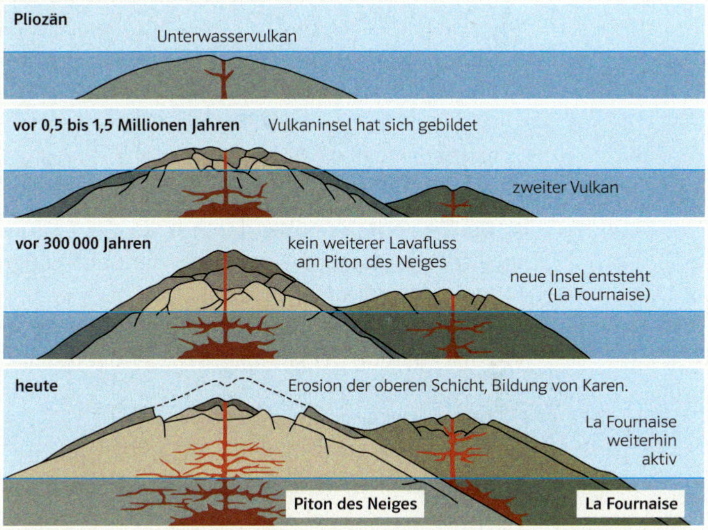

37 Hotspot La Réunion

Nach: http://cilaosguide.reseau.re/cultures/?page=formation

Dekkan-Trapp bei Matheran östlich Mumbai: Woher kommen die Flutbasalte?

Die großen kontinentalen Flutbasalt-Eruptionen sind die größten auf der Erde bekannten Lava-Eruptionen. Während der gesamten geologischen Geschichte hat es, sowohl auf den Kontinenten, als auch auf dem Meeresboden, periodische, in sehr kurzen Intervallen auftretende Eruptionen enormer Basaltmengen gegeben. Oft Tausende von km^3 innerhalb von wenigen Hundert Jahren oder selbst in wenigen Tagen. Diese basaltischen Ergüsse können als Flutbasalte Gebiete bis zu 600 000 km^2 oder mehr bedecken, wie z. B. der Dekkan-Trapp in Westindien.

38

10 Arbeiten Sie die Vorstellungen zur Plattentektonik und Struktur des Erdmantels mit und ohne Plumes heraus und stellen Sie diese in Form einer Tabelle (M32 und M34) dar.

11 Erklären Sie die Entstehung der Insel La Réunion mithilfe der Theorie der Hotspots.

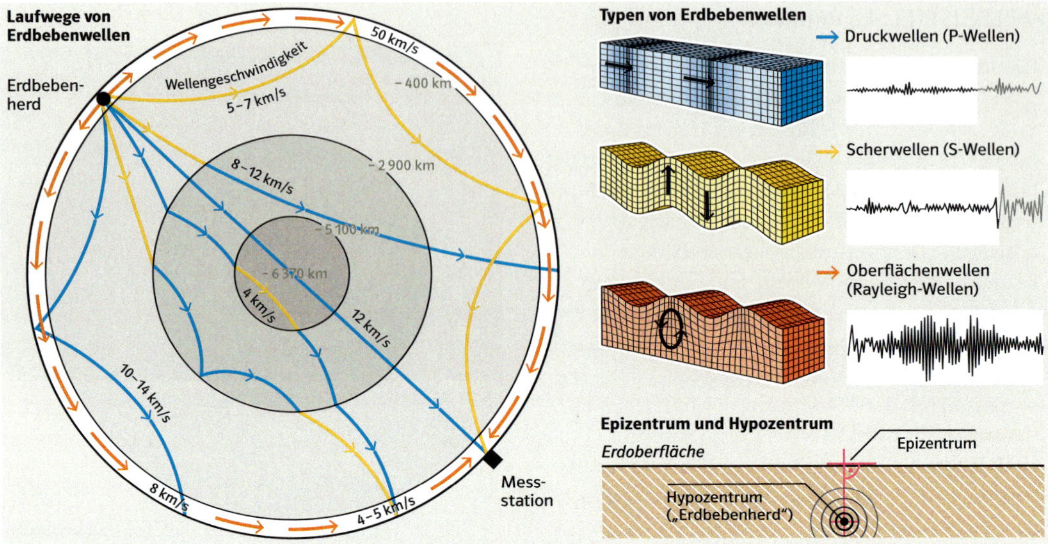

1 Ausbreitung, Typen und Aufzeichnung von Erdbebenwellen

Seismische Prozesse und Plattentektonik

Die Erkenntnisse über den Aufbau des Erdinneren verdanken wir indirekten Untersuchungsmethoden, vor allem der Seismologie, der Lehre von den Erdbeben und ihrer Ausbreitung.
Welche Erkenntnisse können wir daraus gewinnen und was hilft es uns bei der Einschätzung der Gefahren, ausgelöst durch Erdbeben oder Vulkane?

Die seismische Tomografie

Pro Jahr werden im Mittel etwa 150 Beben mit einer Magnitude größer als 6 und ein Beben Magnitude 8 oder größer registriert. In vielen Fällen markieren die Hypozentren die Grenzen der Lithosphärenplatten und stellen damit eine Verbindung der Seismologie zur Plattentektonik her. In Seismogrammen werden die Laufzeiten seismischer Wellen aufgezeichnet, die sich in Abhängigkeit von den jeweiligen Schichten oder des Gesteinskörpers mit unterschiedlicher Geschwindigkeit ausbreiten. Jedes Erdbeben löst Erschütterungen aus, die sich in unterschiedlichen Wellen nach allen Richtungen ausbreiten. Senkrecht über dem **Hypozentrum** befindet sich auf der Oberfläche das **Epizentrum**, der Punkt, an dem das Erdbeben seine größte Zerstörungskraft entwickelt.

Zu Forschungszwecken werden Wellen auch künstlich erzeugt. Am schnellsten sind dabei Druckwellen, die auch als Primärwellen (P-Wellen) bezeichnet werden. Sie breiten sich im festen Gestein, aber auch in Flüssigkeiten und Gasen aus. Im Unterschied dazu können die Scherwellen (S-Wellen) keine Flüssigkeiten durchlaufen.
Beide Wellentypen werden an der Erdoberfläche gebrochen und erzeugen dadurch sogenannte Oberflächenwellen. Diese erreichen die größten Amplituden und verursachen die meisten Erschütterungen. Die Auswertung von Seismogrammen ergab, dass die Wellen in bestimmten Tiefen ihre Geschwindigkeit und Richtung ändern. Diese Bereiche nennt man seismische **Diskontinuitätsflächen**. Dort wandeln sich Druck- in Scherwellen um oder umgekehrt. Daraus schloss man auf die modellhafte Vorstellung vom Aufbau der Erde.

1

Seismische Wellen (M1)
a) Erklären Sie die Erdbebenwellen hinsichtlich ihrer Geschwindigkeit sowie ihrer Ausbreitungs- und Schwingungsrichtung.
b) Erläutern Sie die Bedeutung der Erdbebenwellen für die Erforschung des Erdinneren.

2

Erläutern Sie den Zusammenhang:
a) zwischen Magnitude und Energie (M2) und
b) Magnitude und Intensität eines Bebens.

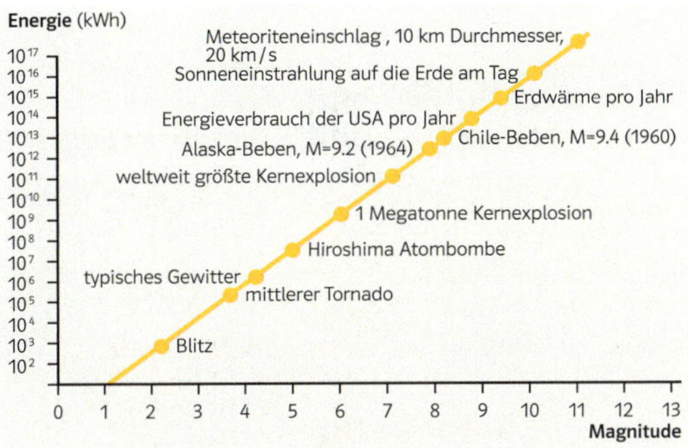

2 **Beziehung zwischen Magnitude und Energie in kWh in logarithmischer Darstellung**

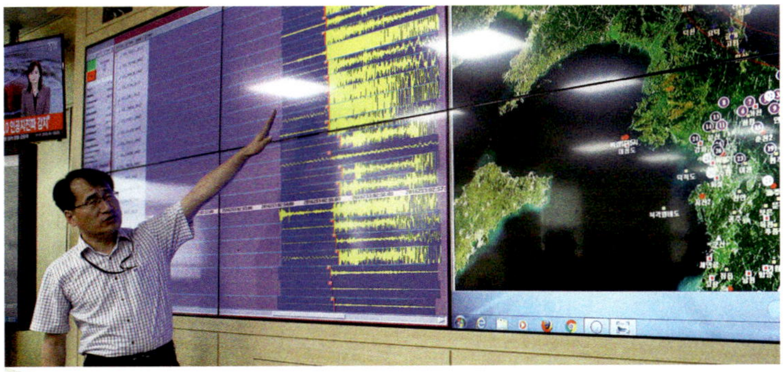

3 **Erdbebenforschung**

Erdbebenmessung und -stärke

Zur Beschreibung der Stärke von Erdbeben wurden viele Skalen entwickelt. Grundsätzlich unterscheiden muss man Magnitudenskalen und Intensitätsskalen. Die Magnitude nach Richter (veraltet) wird auch als Lokalmagnitude bezeichnet. Zur Bestimmung der Magnitude müssen die Bodenbewegungen eines Erdbebens als Seismogramm gemessen und die Entfernung zwischen der Messstation und dem Erdbebenherd ermittelt werden. Der Zuwachs um eine Magnitudeneinheit (z.B. von 4 auf 5) bedeutet 10-fach größere Bodenbewegungen und eine Steigerung der Bebenenergie um etwa das 30-fache. Das heißt, Beben mit Magnitude 2–3 sind gerade noch spürbar, das stärkste Beben der nördlichen Rheinlande seit 1900 war das Beben von Roermond (1992) mit Magnitude 5,9, das stärkste auf der Erde gemessene Beben hatte eine Magnitude von 9,5 (Chile 1960).
Die Intensität eines Erdbebens ist ein Maß für die örtliche Schadenswirkung auf Bauwerke oder für die Wahrnehmung durch Menschen. Zur Bestimmung der Intensität braucht man keine Meßgeräte. Die Intensität II wird gerade verspürt, ab Intensität VI treten erste Gebäudeschäden auf. Ein Erdbeben hat nur eine Magnitude, als Maß der seismischen Energie, aber von Ort zu Ort unterschiedliche Intensitäten, die in der Regel mit zunehmender Entfernung vom Erdbebenherd abnehmen.

Mercalli-Skala	Beschreibung der Erdbebenfolgen	Richter-Skala
I	nicht spürbar	2,0
II	vereinzelt zu spüren	2,5
III	leichte Vibrationen spürbar	3,0
IV	Fenster klirren, Gegenstände schwanken	3,5–4,0
V	Schlafende wachen auf, Türen schlagen	4,0–4,5
VI	starkes Beben, Putzrisse, leichte Schäden an Gebäuden	4,5–5,0
VII	mittlere Gebäudeschäden	5,5–6,0
VIII	Mauerwerk wird beschädigt, auch schwere Gebäudeschäden möglich	6,0–6,5
IX	Erdrutsche, Bodenrisse, Wände und Dächer stürzen ein	6,5–7,0
X	Schienen verbiegen sich, breite Bodenrisse	7,5
XI	umfangreiche Veränderungen des Erdbodens, die meisten Gebäude zerstört, Erdrutschungen	7,5–8,0
XII	führt zur Veränderung der Erdoberfläche, alle Bauten werden zerstört	8,5

4 **Einteilung der Erdbeben nach Intensität und Stärke**

Erdbebenfrühwarnung

„Erdbeben-Frühwarnsysteme zielen darauf ab, das Schadenspotenzial eines starken Bebens schnell und verlässlich abzuschätzen, bevor die energiereichsten Wellen im entsprechenden Gebiet eintreffen. [...] Dabei wird der Umstand genutzt, dass die meiste destruktive Energie mit den langsameren S- und Oberflächenwellen transportiert wird, während die schnelleren P-Wellen eine geringere Bodenbewegung erzeugen und so als Vorwarnung für die weitaus gefährlicheren S-Wellen genutzt werden können. Heutzutage wird zwischen regional-netzwerkbasierten und als Einzelstationen direkt vor Ort installierten Frühwarnsystemen unterschieden. [...] Registrieren nahe am Bebenherd liegende Netzwerkstationen seismologische Erschütterungen, werden anhand der gemessenen Ankunftszeiten der Erdbebenwellen und der Intensität der Bodenbewegungen an den Stationen Lage und Stärke des Bebens abgeschätzt."

Helmholtz-Zentrum Potsdam, Deutsches GeoForschungsZentrum GFZ (Hrsg.), Johannes Leicht: Fokus: Erde. Von der Erdvermessung zum System Erde = Focus: Earth. übers. v. Ronald Dunham, Deutscher Kunstverlag Berlin, München, 2017. S. 139 f.

5

3
„Erdbeben lassen sich nicht vorhersagen." Begründen Sie diese Aussage.

4
Ermitteln Sie das stärkste Beben in Baden-Württemberg seit 1900.

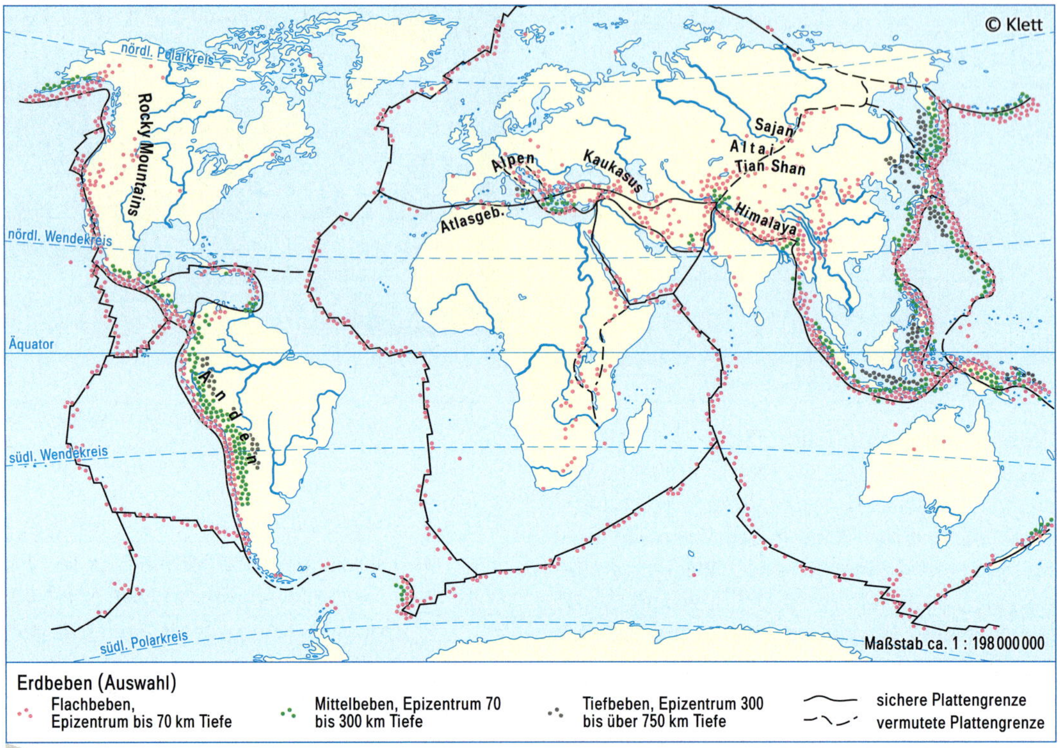

6 **Globale Verteilung der Erdbebenherde entsprechend ihrer Tiefenlage**

Nach: BGR (Bundesanstalt für Geowissenschaften und Rohstoffe) (Hrsg.): Weltweite Erdbeben der Stärke M ≧ 5.0 in den letzten 12 Monaten, Hannover o.J. unter: www.seismologie.bgr.de/sdac/erdbeben/welt_jahr.htm (Zugriff: 01.06.2020)

MK Erdbeben: Messfühler plattentektonischer Prozesse

Plattenbewegung und Erdbebenzonen

„Durch die Relativbewegung der Platten werden an den Plattengrenzen Erdbeben ausgelöst. Der Gleitvorgang zwischen den Platten verläuft nicht spannungsfrei und kontinuierlich: In den bis zu einem gewissen Grad elastisch verformbaren Gesteinskörpern bauen sich Spannungen auf, die sich, wenn ein Grenzwert erreicht ist, in einem Bruch ruckartig entladen. Ein Blick auf eine Karte [M6] mit der Verteilung der Erdbeben-Epizentren zeigt eindrucksvoll, dass die Erdbeben auf schmale, erdumspannende Zonen konzentriert sind. Sie zeichnen die heutigen Plattengrenzen nach. Die Verteilung der Erdbebenzentren ist bei den verschiedenen Arten von Plattengrenzen aber unterschiedlich. Tief liegende Erdbebenherde treten nur entlang der Subduktionszonen auf, flach liegende hingegen an allen Plattengrenzen. Darüber hinaus finden sich verstreute Zentren innerhalb der Platten: Sie zeigen, dass die Platten auch in ihrem Inneren nicht frei von Deformationen sind und von großen Störungszonen durchzogen werden können. [...]

Die stärksten Konzentrationen von Erdbebenzentren finden sich an destruktiven Plattenrändern, wie sie vor allem rund um den Pazifik zu finden sind. Die Zonen der Epizentren sind hier relativ breit, weil die subduzierenden Platten, in denen die Erdbebenherde lokalisiert sind, schräg abtauchen. Die Subduktionszonen lassen sich anhand der Beben bis in eine Tiefe von fast 700 km nachweisen. Die Plattengrenze streicht auf.

Entlang von Transformstörungen sind die Epizentren der Beben viel schärfer auf die Plattengrenze konzentriert, weil die Störungszonen vertikal stehen. Wenn Transformstörungen kontinentale Kruste durchschneiden (z. B. San-Andreas-Störung in Kalifornien), können auch sie katastrophale Erdbeben auslösen. Dies ist auf das Aneinanderreiben der mächtigen, starren Platten zurückzuführen und unter anderem von der Bewegungsgeschwindigkeit abhängig.

Wolfgang Frisch, Martin Meschede: „Plattentektonik – Kontinentverschiebung und Gebirgsbildung“, Primus Verlag, 6. Auflage 2021, S. 17 f.

7

Multimedial arbeiten
Erdbebenkarte in Echtzeit
g54j8i

FALLBEISPIEL: Erdbeben im Pamir

Die Gebirgsregion um das Tadschikistan-Beben vom 07.12.2015 ist dünn besiedelt. Die nächstgelegene Stadt Murghob mit etwa 11 000 Einwohnern liegt in etwa 100 km Entfernung. Nach Information bis zum 8. Dezember 2015 sind durch das Erdbeben mit einer Magnitude von 7,2 mehrere Menschen infolge von ausgelösten Hangrutschungen gestorben. Da die Region schwer zugänglich ist, kann man steigende Opferzahlen nicht ausschließen.

10 Pamir-Erdbeben: Allai-Tal

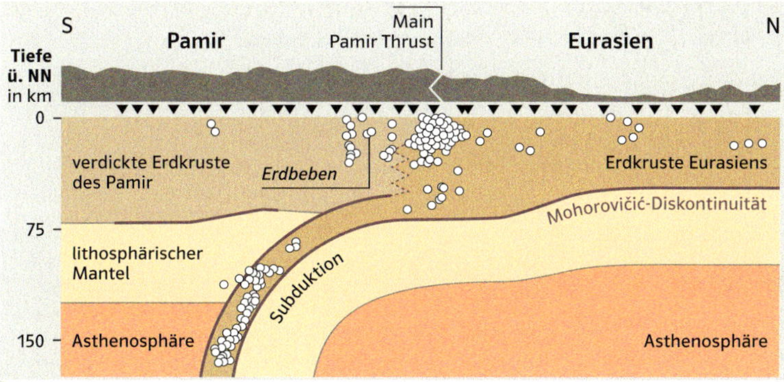

Das Pamir-Gebirge befindet sich im nördlichsten Teil der Kollisionszone von Indien und Eurasien. An der Kollisionszone treten sowohl flache als auch Erdbeben auf (dargestellt durch weiße Kreise). Die tiefen Beben werden durch die Subduktion der unteren Eurasischen Kruste verursacht. Schwarze Dreiecke: Lage der Seismometerkette.

→ Nepal S.131

8 Querschnitt durch die Erdkruste und den oberen Erdmantel im Pamir

Nach: www.gfz-potsdam.de/en/events/detail/article/earthquakes-and-tectonics-in-pamir-tien-shan (Zugriff 05.08.2021)

Seismotektonik im Pamirgebirge

„Die Indische Platte bewegt sich auf dem 73. Längengrad mit etwa 3,8 cm pro Jahr auf die Eurasische Platte zu und und schiebt sich teilweise unter dieselbe. Als Folge der Kollision sind die höchsten Gebirge der Erde entstanden, der Himalaya, Karakorum, Pamir und Hindukusch. Im Bereich des Erdbebens liegt die Plattengrenze bereits etwa 200 Kilometer unter dieser des Pamir. Aufgrund der nördlich gerichteten, kompressiven Spannung durch die Kollision weicht der Pamir-Gesteinskomplex in westlicher Richtung aus und erzeugt im Inneren des Pamir die Darvaz-Blattverschiebung, auf der sich die Gesteinsschollen in sinistraler linksseitiger Richtung gegeneinander verschieben. In unmittelbarer Nähe des Erdbebens vom 7. Dezember 2015 trat am 18. Februar 1911 in vergleichbarer Tiefe ein Magnitude M 7.7 Erdbeben auf, welches ebenfalls als Blattverschiebung charakterisiert wurde. Das Pamir-Beben von 1911 bei Sarez hatte einen extrem großen Hangrutsch ausgelöst (ca. 2,2 km^3), der das Dorf Usoy unter sich begrub. Durch die Blockierung des Murgab-Flusses entstand der größte natürliche Stausee der Erde, der Sarez-See mit einem Volumen von 17 Kubikkilometern. In einigen Hundert Kilometern Entfernung zu dem Beben vom 7. Dezember 2015 traten zu Beginn des 20. Jahrhunderts mehrere M > 7.5 Erdbeben auf. In Folge der plattentektonischen Deformation erfährt die Pamir-Region immer wieder Starkbeben. So werden mitteltiefe Erdbeben zwischen 80 und 240 km Tiefe beobachtet, die durch die Subduktion der indischen Platte in Nordrichtung und möglicherweise die gleichzeitige Subduktion eines Splitters der Eurasischen Platte in Südrichtung erzeugt werden. In der oberen Kruste des Pamirs können über eine breite Zone Erdbeben mit Magnituden bis M 8 auftreten."

Helmholtz-Zentrum Potsdam Deutsches GeoforschungsZentrum: Erdbeben in Tajikistan, Poster v. 10.12.2015. Poster ID: gfz2015xxuo, unter: http://media.gfz-potsdam.de/gfz/sec21/regina/2015internetposter/gfz2015xxuo_tajikistan_2015/poster.pdf (Zugriff: 05.08.2021)

9

5 Beschreiben Sie die globale Verteilung der Erdbebengebiete.

6 Erläutern Sie den Zusammenhang zwischen Plattentektonik und Erdbeben.

7 Ordnen Sie begründet das Tadschikistan-Beben vom 07.12.2015 in Ihre Kenntnisse über konvergierende Plattengrenzen (S. 58/59) ein.

8 MK Erstellen Sie eine Übersicht über Vor- und Nachteile der Karte 6 mit der tagesaktuellen Karte (Online-Code).

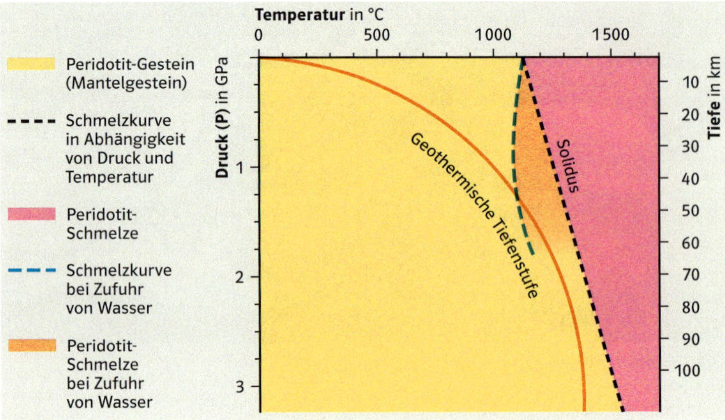

11 Der Zusammenhang von Temperatur, Druck und Wasser bei der Entstehung von Basaltmagma

Ablesebeispiel: An der Erdoberfläche beträgt der Schmelzpunkt etwas über 1100 °C, in 100 km Tiefe dagegen etwa 1500 °C. Wenn in 50 km Tiefe dem Gestein Wasser zugeführt wird, verringert sich der Schmelzpunkt von etwa 1300 °C auf 1100 °C. Bei einem Druck von 2 GPa beträgt der Schmelzpunkt ohne Wasser etwa 1400 °C, bei einem Druck von 0,5 GPa dagegen 1200 °C.

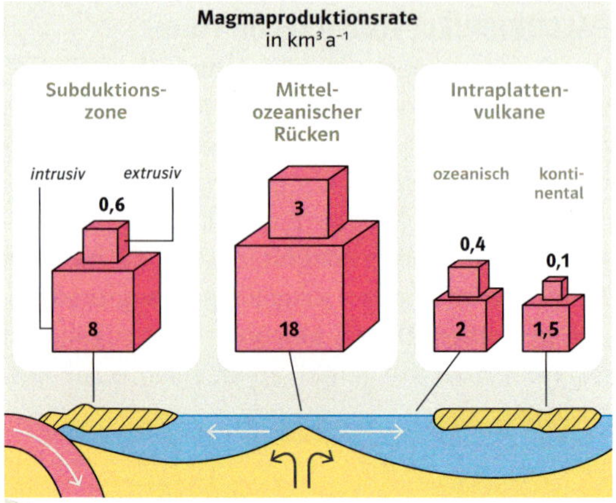

13 Magmenproduktionsrate

Nach: Norbert Deisenroth, Heringen: Vulkanismus: Bedrohung und Segen für die Menschheit. In: Gezähekiste. Heft 16, 02/2015, S. 8, Abb. 9

Tholeeitischer Basalt

Volatile
sind in Magma oder Lava gelöste flüchtige Bestandteile (z.B. H_2O, CO_2, F etc.), die in die volatile Gasphase übergehen. Volatile können bei Druck- und Temperaturerniedrigung austreten und Blasen bilden.

↫ Intraplattenvulkanismus S. 56

Vulkanismus: Magmenbildung

Alle geologischen Vorgänge, die zur Entstehung und Bewegung von Magma führen, werden unter dem Begriff des Magmatismus zusammengefasst. Innerhalb der Erdkruste spricht man dabei von **Plutonismus**, an der Erdoberfläche von **Vulkanismus**. Damit Magma entsteht, müssen die festen Gesteine der Lithosphäre aufgeschmolzen werden. Der Schmelzpunkt von Gestein (Solidus) wird jedoch unter den statischen Bedingungen von Erdkruste und Erdmantel nicht erreicht, obwohl die Temperatur mit der Tiefe zunimmt. Gestein schmilzt nur, wenn ganz bestimmte Temperatur- und Druckverhältnisse herrschen. Das Diagramm M11 zeigt, unter welchen Bedingungen Magma entstehen kann. Beim Erreichen des Solidus wird aber nicht das gesamte Gestein aufgeschmolzen. Zur Bildung einer beweglichen Gesteinsschmelze reicht es, wenn ca. 2 % des Gesteins aufgeschmolzen sind, also eine sogenannte partielle Schmelze existiert. Dabei ist die Schmelzbildung durch Druckentlastung (Druckerniedrigung), beispielsweise durch die Zufuhr von Wasser, der wichtigste Prozess.

Orte der Magmenbildung

„Magmenbildung findet in vier plattentektonischen Positionen statt: an divergenten und konvergenten Plattenrändern sowie im Innern von kontinentalen und ozeanischen Platten.

An divergenten Plattenrändern, dem Ort mit der höchsten Magmenproduktion, bilden sich Schmelzen in 70 bis 100 km Tiefe unter den Mittelozeanischen Rücken durch Druckentlastung der aufsteigenden Asthenosphäre. Diese meist theolitischen Basaltschmelzen [M12] steigen unter dem Mittelozeanischen Rücken auf und bilden Plutone, subvulkanische Gänge und submarine Vulkane. Das um die basaltische Schmelze verarmte restliche Asthenosphärenmaterial bildet den unteren Teil der entstehenden ozeanischen Lithosphäre.

Die Subduktion ozeanischer Lithosphäre unter eine andere Platte kann zu magmatischer Aktivität in der Randzone der Oberplatte führen. Dies gilt sowohl für die Subduktion einer ozeanischen Platte unter eine andere (z. B. Marianen-Inselbogen) als auch für die Subduktion ozeanischer Lithosphäre unter kontinentale Lithospäre (z. B. Anden). In beiden Fällen steigen von der abtauchenden ozeanischen Lithosphäre Volatile in den darüber liegenden Astenosphärenkeil auf. Dort wird der Schmelzpunkt des Mantelgesteins durch die Volatilzufuhr gesenkt und es kommt zur Teilschmelze. Die entstehenden basaltischen Schmelzen steigen durch Auftrieb bis an die Kruste/Mantel-Grenze auf oder gelangen aufgrund des lithostatischen Drucks, der durch die Auflast der Lithosphäre auf das Magma ausgeübt wird, in die Kruste und an die Oberfläche."

H. Bahlburg, C. Breitkreuz: Grundlagen der Geologie. München: Elsevier 2004, S. 273 f

14

9 Stellen Sie mithilfe von Diagramm 11 den Zusammenhang zwischen Temperatur, Druck und Wasser bei der Bildung von Basaltmagma dar.

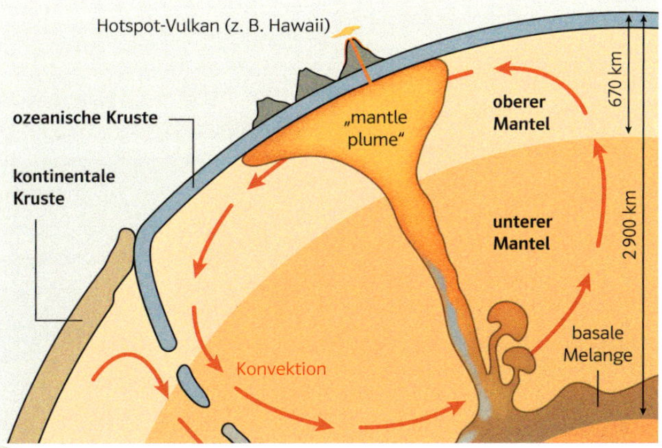

15 Stofftransport von der Kern-Mantel-Grenze

Nach: www.nzz.ch/wissen/wissenschaft/heisse-schwaden-im-erdinneren-1.17885107 (Zugriff: 05.08.2021)

Basaltdecken im Putorana-Plateau, nördliches Sibirien

Einfluss von Prozessen im Mantel auf die Erdoberfläche

„Magmatische Großprovinzen (z.B. Hochland von Äthiopien, Mittelsibirisches Bergland) entstehen durch das Aufsteigen von Schmelzen in temperaturgetriebenen Mantelplumes. Der hohe Auftrieb eines rein temperaturgetriebenen Mantelplumes müsste eigentlich bei Erreichen der Lithosphäre die Erdoberfläche um mehr als einen Kilometer anheben. Der Sibirische Mantelplume, der zu etwa 15 % aus recycelter ozeanischer Erdkruste besteht, die vor langer Zeit in den tiefen Erdmantel subduziert und durch den Mantelplume zurück zur Lithosphäre gebracht wurde, zeigt aber eine andere Tendenz. Das Krustenmaterial lag in dem Mantelplume in Form von Eklogit vor, der durch seine hohe Dichte den Auftrieb des Plumes verringert. Deswegen bewirkte der Plume bei seiner Ankunft nur eine geringe Anhebung der Lithosphäre. Zudem schmolz die recycelte Kruste bei viel geringeren Temperaturen als das normale Mantelmaterial Peridotit, wodurch der Plume außergewöhnlich große Magmamengen erzeugte und dadurch in der Lage war, innerhalb von nur einigen Hunderttausend Jahren die dicke sibirische Lithosphäre thermisch, chemisch und mechanisch zu zerstören. Weil das wiederverwertete Krustenmaterial besonders viel CO_2 und Halogene enthielt, setzte es während dieses Prozesses große Mengen an Gasen frei, die durch die obersten Erdschichten hindurch in die Atmosphäre gelangten und das Massensterben auslösten.“

Stephan V. Sobolev, Bernhard Steinberger (2012): Geodynamische Modellierung: Zusammenhänge zwischen Struktur der tiefen Erde, Vulkanismus und Umweltkatastrophen – System Erde, Heft 2, S. 61

16

Heisse Schwaden im Erdinneren

„Wissenschafter nutzen für die ‚Durchleuchtung' der Erde die Tatsache aus, dass seismische Wellen beim Durchlaufen von Materialien mit unterschiedlicher Zusammensetzung ihre Geschwindigkeit ändern. Da ‚plumes' um etwa 150 Grad Celsius heisser sind als der umgebende Erdmantel und eine geringere Dichte haben, sollten sie mit dieser Methode eigentlich identifizierbar sein. [...] Plumes sind seismisch aber nicht dingfest zu machen, weil ihre Ausdehnung dafür mit einem Durchmesser von hundert bis einigen hundert Kilometern zu gering ist. Deshalb liefen die seismischen Wellen quasi um sie herum.
Die untere Region des Mantels wird durch den sehr heissen Erdkern aufgeheizt. Ab einem bestimmten Grad der Aufheizung entstehen unweigerlich Aufwallungen von heissem Material [...]
Die untersten 200 bis 300 Kilometer des Erdmantels geben [...] allerdings nach wie vor Rätsel auf. Im Gegensatz zum übrigen Erdmantel ist dieser Bereich sehr heterogen; sein physikalischer und mineralogischer Charakter ist nicht eindeutig identifizierbar. [...] Erst 2004 wurde entdeckt, dass der kristalline Umbau des Minerals Perowskit [...] bewirkt, dass an vielen Orten des unteren Mantels die Geschwindigkeit der seismischen Wellen abrupt zunimmt. Zuvor dachte man, die Ursache hierfür sei eine sich ändernde Materialzusammensetzung. Ähnliche seismische Diskontinuitäten gibt es im unteren Bereich des Erdmantels auch an anderen Stellen. Hier nimmt die Geschwindigkeit der seismischen Wellen jedoch ab, nicht zu. Besonders auffällig sind zwei grosse Gebiete unter dem Pazifik und unter Afrika, mit einer Geschwindigkeitsreduktion um bis zu vier Prozent. Sie umgeben den Erdkern schätzungsweise zu einem Viertel bis zu einem Fünftel. Aus diesen Bereichen steigen die Mantel plumes auf. Tackley bezeichnet diese Gebiete als ‚basale Melange' und beschreibt sie als Ansammlung von eisenreichem Material mit einer hohen Dichte aus der Frühzeit der Erde. Verteilt zwischen diesen Melange-Bereichen finden sich zudem die Friedhöfe von Krustenplatten, die tief in den Erdmantel abgetaucht sind und hier am Rand des Erdkerns ‚stranden'.“

Simone Ulmer: Heisse Schwaden im Erdinneren, in: Neue Zürcher Zeitung v. 12.12.2012, unter: www.nzz.ch/wissen/wissenschaft/heisse-schwaden-im-erdinneren-1.17885107 (Zugriff 25.05.2021)

17

10

Erläutern Sie mithilfe von Text 14 die Unterschiede in der Magmenbildung an Mittelozeanischen Rücken und in Subduktionszonen.

11

Diskutieren Sie den Zusammenhang zwischen der Ausbreitung seismischer Wellen und dem Magmenaufstieg von der Erdkern-Mantel-Grenze (M16).

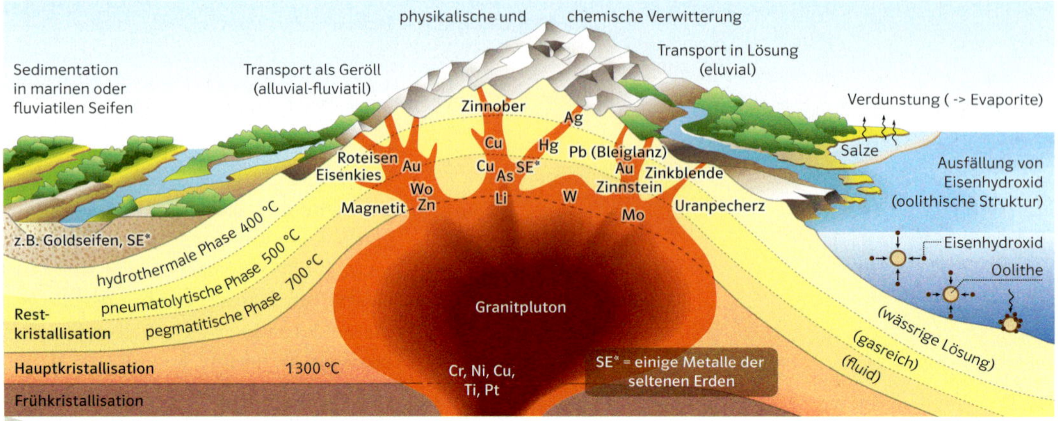

1 Primäre und sekundäre Erzlagerstätten

Prozesse der Lagerstättenbildung

Die räumliche Verteilung von Lagerstätten ist eng mit den globalen plattentektonischen Strukturen verknüpft. Doch was sagt das über die Entstehung der Rohstoffe aus? Wo findet man die meisten Rohstoffe angereichert und lässt sich damit das räumliche Verteilungsmuster erklären?

Lagerstätten sind abbauwürdige, räumliche Anreicherungen nutzbarer Minerale oder Gesteine.

Rohstoffe sind Teile der Ressourcen, die vom Menschen aus der Natur herausgelöst wurden, um sie im Produktionsprozess weiterzuverarbeiten.

Erzlagerstätten

Magmatische oder primäre Lagerstätten. Sie entstehen beim Eindringen von Gesteinsschmelzen aus dem oberen Erdmantel in die Erdkruste. Während der Kristallisationsphase erfolgt eine Aufspaltung der Schmelzen in Teilschmelzen mit unterschiedlicher chemischer Zusammensetzung.
Ist das Magma noch flüssig (liquid), erstarren bei Temperaturen zwischen 1300 °C und 700 °C zuerst Erzmineralien mit hohem Schmelzpunkt. Sie werden als Kristalle ausgeschieden und sinken aufgrund ihrer Schwere in der Schmelze ab. Erst dann erfolgt die Erstarrung der gesteinsbildenden Minerale, wobei „schichtige" Erzkörper entstehen. Bei weiterer Abkühlung der Schmelzen bildet sich die Hauptmasse der Gesteinsmineralien heraus. Nach dieser Hauptkristallisation weist die Restschmelze Eigenschaften von Gasen und Flüssigkeiten auf. Bei Temperaturen von nunmehr 600–400 °C dringen die hochkomprimierten Gase in Hohlräume und Spalten des Nebengesteins ein und bilden Erzstöcke und Erzlinesen (pneumatolytische Phase).

Sinken die Temperaturen unter 400 °C, entstehen wässrige Lösungen, in denen es zur Ausscheidung von Erzen kommt (hydrothermale Phase). Die ausgeschiedenen Erze treten hauptsächlich in Form von Gangerzlagerstätten oder in feiner Verteilung im Nebengestein auf.

Sedimentäre oder sekundäre Lagerstätten. Sie entstehen, wenn magmatische Erzlagerstätten durch Hebung und Abtragung an die Erdoberfläche gelangen und der Verwitterung ausgesetzt sind. Dabei werden widerständige Erztrümmer und -mineralkörner durch Bäche und Flüsse transportiert und bei nachlassender Transportkraft wegen ihres spezifischen Gewichts in bestimmten Gefälleabschnitten bevorzugt abgelagert. Diese sedimentären Anreicherungen heißen Seifen. Wenn erzreiche Abtragungsprodukte durch Flüsse in das Meer gelangen, kommt es zu Wechselwirkungen mit dem Meereswasser. Dabei können Eisenhydroxide ausgefällt werden und sich in Sedimenten anreichern. Im Tiefseebodenbereich bilden sich Manganknollen, Kobaltkrusten und Erzschlämme aus.

1
Erläutern Sie den Zusammenhang zwischen tektonischen Vorgängen und der Bildung von Erzlagerstätten am Beispiel primärer und sekundärer Lagerstätten.

2
„Die Goldsuche beginnt oft als Goldwäsche in Bächen und Flüssen, und meist erst danach folgt der bergmännische Abbau." Beurteilen Sie diese Aussage.

Erdgas- und Erdöllagerstätten

Erdöl- und Erdgaslagerstätten treten im Zusammenhang mit mächtigen marinen Sedimentpaketen auf. Diese Bedingungen findet man vor allem in weiträumigen Becken mit flach liegenden marinen Sedimentserien im Bereich der Kontinentaltafeln, aber auch in mit Sedimenten gefüllten tektonischen Gräben, den Rand- und Zwischenbecken der jungen Faltengebirge oder in Schelfgebieten der Erde.

Entstehung und Lagerstättenbildung. Eiweißstoffe, Fette und Kohlenhydrate von pflanzlichem und tierischem Plankton und Bakterien, die im Wasser gelebt haben, bilden das Ausgangsmaterial für die Erdölentstehung.

In der oberflächennahen licht- und sauerstoffreichen (aeroben) Zone bilden sich große Mengen an Plankton. Nach dem Absterben sinkt es in die schlecht durchlüftete Unterzone ab, wo es sich zusammen mit anorganischen Sedimenten als Faulschlamm (Sapropel) anreichert. Infolge der Sauerstoffarmut tritt hier keine Verwesung der abgestorbenen Organismen, sondern ein Fäulnisprozess ein. Unter Einwirkung von anaeroben Bakterien werden die organischen Substanzen zu Fettsäuren abgebaut und danach in Kohlenwasserstoffe umgewandelt. Es entsteht Bitumen. Den unter Druck zu Gestein verfestigten und mit Bitumen durchsetzten Faulschlamm bezeichnet man als Erdölmuttergestein. Durch den Überlagerungsdruck nachfolgender Sedimente wird aus dem Bitumen bei Temperaturen zwischen ca. 70 und 150 °C Erdöl und Erdgas herausgepresst.

Diese aus dem Muttergestein herausgepressten Kohlenwasserstoffe wandern durch die Poren oder entlang der Spalten zum sogenannten Speichergestein. Den Prozess der Wanderung bezeichnet man als Erdölmigration. Werden die Kohlenwasserstoffe nicht am Aufsteigen gehindert, erreichen sie die Erdoberfläche und bilden dort sogenannte „Ölkuhlen“ oder „ewige Feuer“. Innerhalb des Speichergesteins sammelt sich das Erdöl in besonders günstigen Krustenstrukturen, den Erdölfallen (M2). Das sind vor allem Antiklinalen (Schichtsätteln), Verwerfungen (tektonische Fallen) sowie Flanken und Dächer von Salzstöcken. In den Lagerstätten tritt das Öl meist mit dem Gas und Salzwasser gemeinsam auf, wobei die drei Fraktionen ihrer Dichte entsprechend getrennt sind. Ab ca. 150 °C wird das Erdöl durch natürliches Cracken in Erdgas überführt, die maximale Tiefengrenze von Erdöllagerstätten liegt somit bei etwa 3 500 m. Neben der beschriebenen Umwandlung entsteht Erdgas auch häufig durch Entgasung von Kohleschichten.

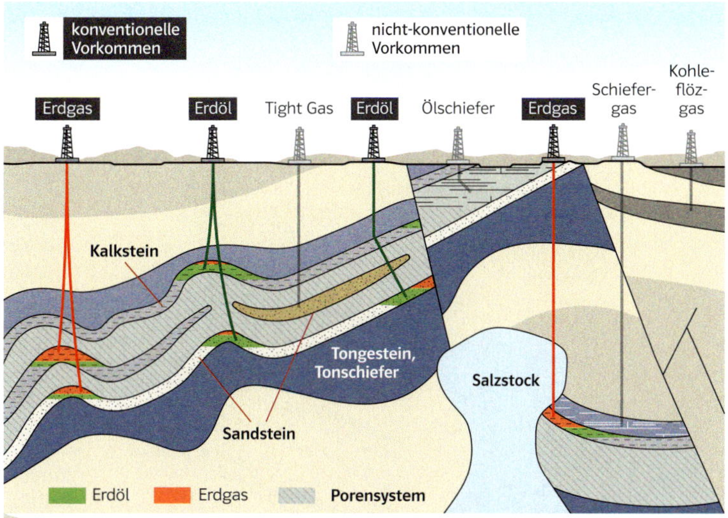

2 **Typen von konventionellen und nicht-konventionellen Erdgas- und Erdöllagerstätten**

Nach: Energiestudie 2013, BGR, Hannover, unter: www.bgr.bund.de (Zugriff 29.05.2021)

Nicht-konventionelles Erdöl. Erdöl, das nicht mittels althergebrachter, konventioneller Verfahren gefördert wird, heißt nicht- oder unkonventionelles Erdöl. Die Unterscheidung richtet sich nach den Eigenschaften des Erdöls bezüglich seiner Viskosität und Dichte sowie nach der Art des Vorkommens.

Zum nicht-konventionellen Erdöl zählen aufgrund der Eigenschaften: Schwerstöl, welches eine sehr hohe Dichte aufweist und aufgrund seiner hohen Viskosität nur schwer fließfähig ist, in Ölsand gebundenes Bitumen und Ölschiefer.

Sapropel (Faulschlamm)
ist eine geologische Ablagerung, deren Ausgang Wasserpflanzen und tierische Überreste sind, zusammen mit den aus dem Festland herangetragenen Fragmenten des Gewebes der höheren Pflanzen, mit Sand, Blütenstaub, Roherde, sowie auch den Lösungen verschiedener Mineralstoffe.

3
Beschreiben Sie Bedingungen und Vorgänge, die zur Entstehung von Erdöllagerstätten führen.

4
Erläutern Sie die Unterschiede zwischen konventionellen und nicht-konventionellen Lagerstätten.

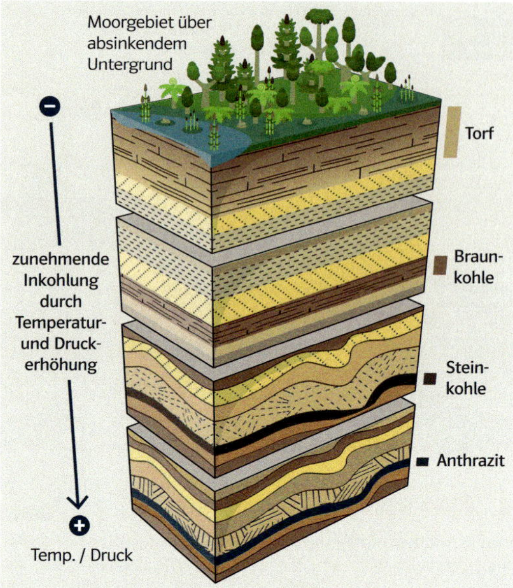

3 Inkohlungsreihe

Nach Geologischer Dienst NRW (Gross-Dohme, Barbara), Krefeld, unter www. geodz.com/deu/d/Inkohlung

Bildungsgebiet	Lagerstättengröße	Inkohlungsintensität/ Kohlequalität	Beispielvorkommen
Zentralbereich von Tafeln, stabile Schelfe	bedeutend	gering	Moskauer Becken
Randbereich von Tafeln, labile Schelfe	unterschiedlich	wechselnd (meist mäßig bzw. gering)	Kansk-Atschinsk (Südwestsibirien)
Außensenken von Faltengebirgen (paralisch = Küstenrandmilieu)	bedeutend	hoch	Ruhrgebiet
Innensenken von Faltengebirgen (limnisch = Seen und Sümpfe)	meist unbedeutend	hoch	Saargebiet

4 Zusammenhang zwischen Lagerstättenbedingungen und Kohlequalität

Kohlelagerstätten

Zu den wichtigsten Voraussetzungen für die Kohlebildung gehören ein feuchtwarmes Klima und hoher Grundwasserstand. Unter diesen Bedingungen entstehen ausgedehnte Sumpf- und Moorwälder. Gerät das dort angehäufte Pflanzenmaterial durch den plötzlichen Anstieg des Meeresspiegels unter Wasserbedeckung und Luftabschluss, kann es nicht verwesen. Der dabei einsetzende Prozess der Umwandlung pflanzlicher Materialien in Kohle wird als Inkohlung bezeichnet. Er läuft in zwei Phasen ab.

Beim biochemischen Inkohlungsprozess wird durch chemische Reaktionen, ausgelöst von Bakterien und Pilzen, Torf gebildet. Diese Torfschicht wuchs bei Absenkung dieser Gebiete und damit steigender Grundwasseroberfläche immer weiter an. Flüsse und Bäche aus dem höher gelegenen Umland spülten sandig-tonige Verwitterungsprodukte in diese Flachmoorbereiche hinein. Bei weiterer Absenkung wurden die Moore durch Meeres- und Flusssedimente zugedeckt. Verringert sich dann die Absenkung, bildet sich eine weitere Torfschicht aus. Diese Vorgänge konnten sich mehrfach wiederholen, sodass mehrere Torfschichten entstanden.

Mit fortschreitender Untergrundabsenkung setzte der geochemische Inkohlungsprozess ein. Durch fortgesetzte Überlagerung mit Sand- und Tonmassen nahmen Druck- und Temperatur zu. Dadurch wurden aus den Torfschichten vor allem flüchtige Bestandteile, wie Wasserstoff und gebundener Sauerstoff, aber auch Methan herausgepresst. Die Kohlenstoffanteile dagegen haben sich erhöht. In Abhängigkeit von der Intensität des Inkohlungsprozesses wandelte sich durch zunehmende Verfestigung und Veränderung der Struktur Torf in Braunkohle, Steinkohle oder Anthrazit um.

Diese Vorgänge liefen in Millionen von Jahren mehrfach ab. Je nach Krustenbewegung, Pflanzenwachstum und Sedimentation wechseln sich die Mächtigkeit der Flöze und die des tauben Gesteins ab. Für die Umbildung spielen auch gebirgsbildende Prozesse eine Rolle. Dabei erfuhren die Flöze eine mehr oder weniger starke Schiefstellung, Verbiegung oder Verwerfung.

In Abhängigkeit von den Entstehungsbedingungen können sich Kohlebecken mit mehreren Hundert übereinander liegenden Kohleflözen bilden.

5
Erstellen Sie eine Übersicht zu den Gemeinsamkeiten und Unterschieden bei der Entstehung von Erdöl, Erdgas und Kohle.

6
Unter welchen Bedingungen war es möglich, dass die Braunkohle im Moskauer Becken älter ist als die Steinkohle im Ruhrgebiet?

7
Beschreiben Sie die Entstehung und Bedeutung von Salzlagerstätten.

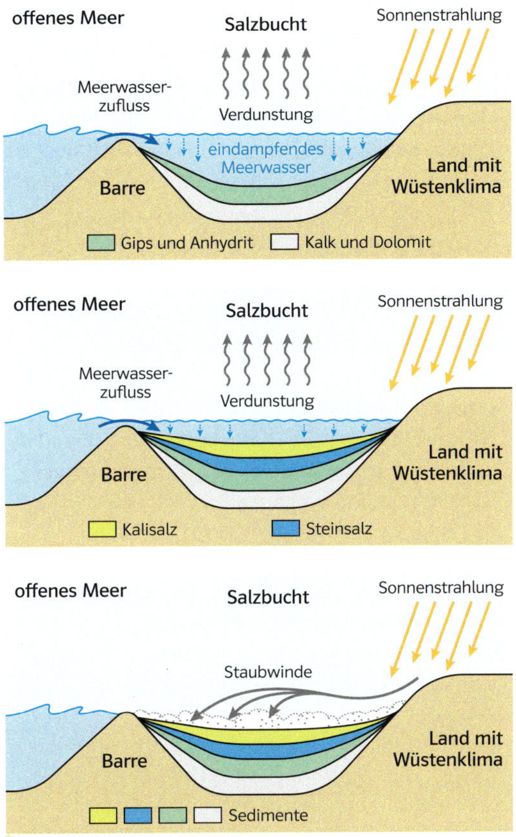

5 Entstehung von Salzlagerstätten

6 Abbau im Kaliwerk Werra

Salzlagerstätten

Salz ist für die menschliche Ernährung unentbehrlich. Deshalb wurde dieser Rohstoff zu jeder Zeit gewonnen. Drei unterschiedliche Gewinnungsarten sind möglich: Die Salzgewinnung aus dem Meereswasser, das Siedesalz aus Solquellen oder Salzseen und die Salzgewinnung im Bergbau. Letztere ist am ergiebigsten und brachte der chemischen Industrie im Ausgang des letzten Jahrhunderts einen Aufschwung. Dabei spielte der Einsatz von Kalisalz in der Düngemittelproduktion eine große Rolle.
In Nord- und Mitteldeutschland lagern Salzschichten mit über 500 m Mächtigkeit. Bei einem normalen Eindampfvorgang von 1000 m tiefen Meeresbecken könnten sich höchstens 16 m mächtige Salzschichten bilden.

Entstehung von Salzlagerstätten. Gegen Ende des Perm bedeckte das flache Zechsteinmeer dieses Gebiet. Eine untermeerische Schwelle, Barre genannt, trennte Meeresbuchten oder Lagunen vom offenen Meer, sodass kein ungehinderter Frischwasseraustausch möglich war und sich eine immer stärker anreichernde Salzlauge gebildet hat. Durch die in dieser Zeit vorherrschenden, sehr hohen Temperaturen kam es zu Meerwasserverdunstungen, verbunden mit einer Übersättigung der Salzlauge und damit zum Absinken von Schwebstoffen und Ausfällungen unterschiedlicher im Wasser gelöster Stoffe, wie Kalke, Gips oder Salze. Die Abscheidung der Salze aus konzentrierten Lösungen erfolgt immer in der Reihenfolge der zunehmenden Löslichkeit. Da die Barre sich mehrfach hob und senkte, entstanden Ablagerungsserien mit Zwischenlagerungen von Sedimenten aus Sand und Ton. Unter den Einwirkungen von Druck und Temperatur werden Salze plastisch verformbar, bis sie zu fließen beginnen. Dabei wandern sie in Zonen schwächerer Belastung und bilden Salzstöcke. An deren Rändern werden die begleitenden Schichten aufgebogen. Durch Auseinanderfließen im oberen Bereich infolge des geringer werdenden Drucks nehmen die Salzstöcke oft keulenförmige Gestalt an. Diese Salzstöcke oder Diapire können Durchmesser von 1000–2000 m und Höhen bis 7000 m erreichen. Gelegentlich findet sich Erdöl an den Flanken der Salzstöcke. Heute ist Stein- und Kalisalz fast unbegrenzt verfügbar.

Kleine Salzkunde

Steinsalz ist im Bergbau gewonnenes Natriumchlorid. Als Nahrungsmittel und in der chemischen Industrie genutzt.

Sole ist eine Lösung von Steinsalz oder auch anderen Salzen in Süßwasser.

Meersalz wird in „Salzgärten“ durch Verdunsten aus Meerwasser gewonnen. Dieses Mischsalz wird ausschließlich zum Verfeinern von Speisen genutzt.

Kalisalz wird unter Tage abgebaut. Aus ihm wird das für die Landwirtschaft sehr wichtige Kaliumsulfat, ein Spezialdüngemittel, hergestellt, aber auch technische Salze.

8

Lange galten Salzlagerstätten wie Gorleben als die sichersten Endlager für den radioaktiven Atommüll. Heute sucht man in anderen Gesteinsschichten nach diesen. Nehmen Sie zu dieser Entwicklung kritisch Stellung.

9

Untersuchen Sie Ihren Heimatraum nach Rohstoffquellen, deren Abbau, wirtschaftlichen Nutzen und ökologischen Folgen. Nutzen Sie dafür den Online-Link und entsprechende Internetseiten.

NE Urban Mining

Recycling, Sekundärrohstoffverarbeitung, Abfallwirtschaft: Das sind nur einige Schlagworte, mit denen man in den letzten Jahren versucht hat, dem wachsenden Bedarf an Rohstoffen etwas entgegenzusetzen. Seit einigen Jahren ist nun „Urban Mining", die Rohstoffgewinnung im städtischen Raum, ein wesentlicher Punkt bei der Identifizierung anthropogener „Lagerstätten".
Dabei stellen sich folgende Fragen:

- Wieviel Sekundärrohstoffe sind in dem urbanen Raum gespeichert?
- Wie groß ist der wirtschaftliche Nutzen vor dem Hintergrund der zu Verfügung stehenden technischen Rückgewinnungsvarianten und den derzeit erzielbaren und zukünftig prognostizierten Erlösen?
- Wie lassen sich die identifizierten Wertstoffe wiedergewinnen und aufbereiten?

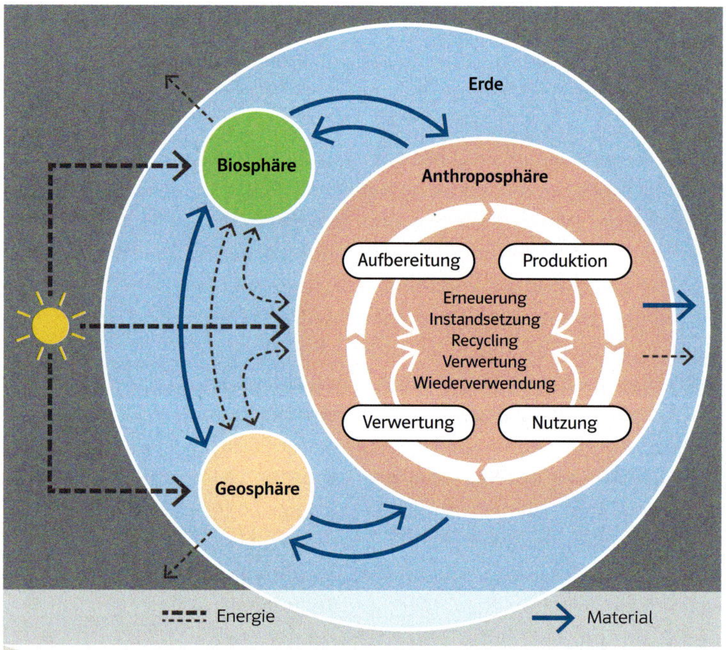

1 Anthropogener Stoffwechsel mit der natürlichen Umwelt

Nach: P. Baccini und P.H. Brunner: Metabolism of the anthroposphere: Analysis, evaluation, design. 2012, The MIT Press: Cambridge, MA

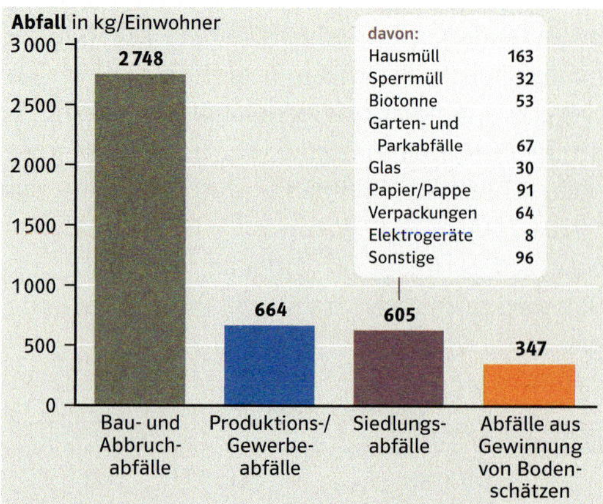

2 Nettoabfallaufkommen in Deutschland

Nach: Urban Mining – Ressourcenschonung im Anthropozän. Umweltbundesamt, 2017

Arten anthropogener Lager

„Die meisten Güter des anthropogenen Lagers befinden sich in Verwendung, d.h. in genutzten Lagerstätten und Vorkommen. Ein zugelassener Pkw zählt genauso zu den genutzten Lagern wie ein bewohnbares Wohngebäude, Möbel, Elektrogroßgeräte oder ein Kraftwerk, sofern für diese noch eine Nutzungsabsicht besteht. [...]
Hiervon abzugrenzen sind ungenutzte anthropogene Lagerstätten und Vorkommen. Darunter sind Güter zu fassen, für die keine Nutzungsabsicht mehr besteht, die aber auch noch nicht entsorgt und ggf. verwertet sind. Dabei liegt meist noch kein Entledigungswille vor, der diese Güter zu Abfällen machen würde. Unter den ungenutzten anthropogenen Lagern sind beispielsweise stillgelegte Bahntrassen zu fassen, Industriebrachen, Erdkabelleitungen und Kanäle, die nicht mehr an ein Netz angeschlossen sind. Depots an ausrangierten und defekten Elektrogeräten, die sich in Privathaushalten ansammeln – darunter das viel zitierte Schubladenhandy – lassen sich als Grenzfall auch darunter fassen. [...]
Eine dritte Kategorie stellen anthropogene Ablagerungen dar. Hierunter fallen typischerweise alle obertägigen und untertägigen Deponieklassen – interessant für das Landfill Mining. Aber auch Bergbau- und Hüttenhalden vor allem aus der Zeit vor einer hochtechnisierten Bearbeitung sowie sonstige Ablagerungen industrieller Abfälle wie Phosphorgipshalden und Rotschlammseen aus der Aluminiumproduktion zählen hierzu."

Felix Müller u.a.: „Urban Mining – Ressourcenschonung im Anthropozän", Umweltbundesamt, März 2017, S.40, unter: www.umweltbundesamt.de

3

1 Erläutern Sie mithilfe der Materialien auf dieser Seite die Bedeutung des „Urban Minings" für die Volkswirtschaft eines Landes.

FALLBEISPIEL: Smartphone

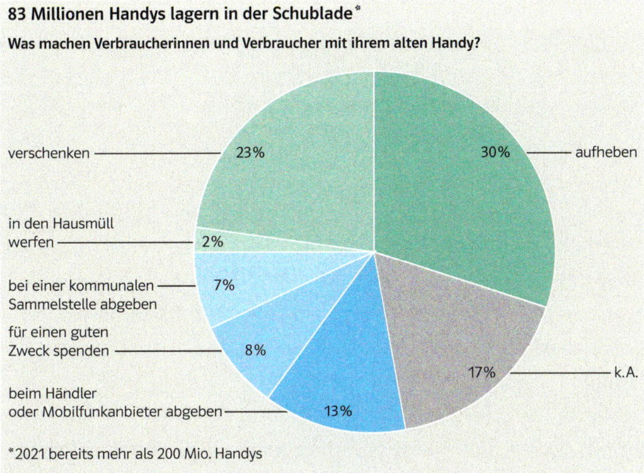

4 **Was machen Verbraucherinnen und Verbraucher mit ihrem alten Handy?**
Nach: BITKOM 2012

Möglichkeiten der Nutzung des „Schubladenhandys“
Recyclinghöfe: Eine bereits etablierte Variante ist es, alte Mobiltelefone kostenlos in den Recyclinghöfen abzugeben. Von dort gehen die Geräte an die Hersteller oder Recyclingunternehmen, die für eine umweltgerechte Entsorgung oder Wiederaufbereitung sorgen.
Handytonne: Eine neue Idee ist es, Handytonnen aufzustellen. Ähnlich wie in den vorhandenen Boxen für Batterien könnten wir hier unkompliziert Handys hineinwerfen. Es wird die Hoffnung daran geknüpft, mit dieser umfassenden Rücknahmepflicht für Händler die Handy-Sammelquote zu erhöhen.
Handypfand: Eine weitere Idee in der aktuellen Diskussion ist das Handypfand. Als Maßnahme soll bei Handyneukäufen ein Pfand von 10 € auf den Kaufpreis aufgeschlagen werden, das bei Rückgabe des Handys wieder ausgezahlt wird.
Rücknahmesystem der Mobilfunkanbieter: In den vergangenen Jahren haben alle großen Mobilfunkbetreiber Rücknahmesysteme für Handys aufgebaut. Per Post und in den Geschäften nehmen die Betreiber die Altgeräte entgegen. Dazu können portofreie Versandumschläge im Internet angefordert oder im Handyshop abgeholt werden.
Re-use: Leider gelten gebrauchte Geräte häufig als „schmuddelig“ oder „uncool“. Es gibt aber viele Initiativen und Einrichtungen, in denen Gebrauchtgeräte professionell und fachgerecht wiederaufbereitet, wo nötig kosmetisch repariert und auf dem Re-use-Markt weiterverkauft werden. Damit wird die Umwelt entlastet und es werden Arbeits- und Ausbildungsplätze vor Ort unterstützt.

Daniel Fischer, Claudia Nemnich: Die Rohstoff-Expedition – Entdecke, was in (d)einem Handy steckt!, Lern und Arbeitsmaterial. Bundesministerium für Bildung und Forschung, 2012, S. 54, unter: www.handy-aktion.de/fileadmin/mediapool/gemeinden/E_handyaktion/Bilder_und_Dokumente/Unterrichtsmaterialien/Die_Rohstoff_Expedition_-_Lern-_und_Arbeitsmaterial.pdf

5

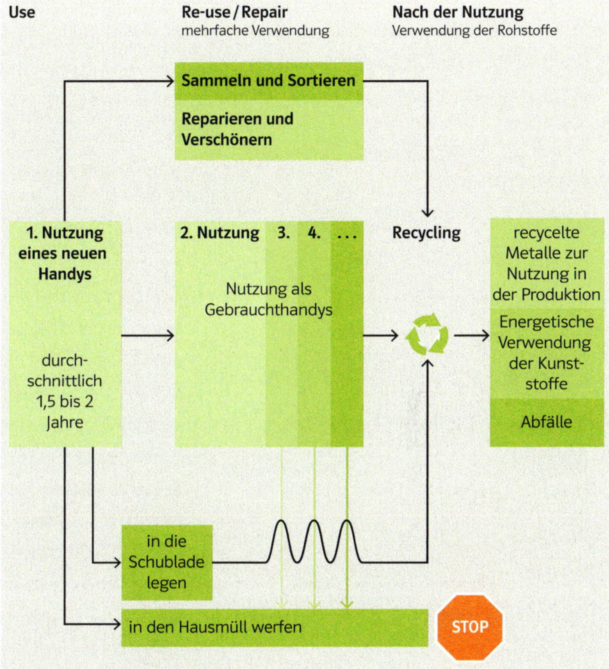

6 **Mehrfache Verwendung eines Handys**
Nach: Wuppertal Institut 2012, basierend auf BITKOM 2011, Laga 2009, Hellige 2009

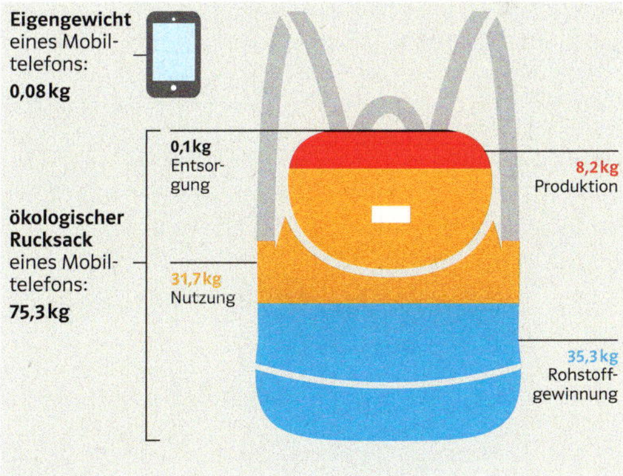

7 **Ökologischer Rucksack des Handys**
Nach: Wuppertal Institut für Klima, Umwelt, Energie GmbH/Informationszentrum Mobilfunk

2

Planen Sie in Ihrer Schule eine Aktion „Achtung: Schubladenhandy gesucht“.
a) Klären Sie in diesem Zusammenhang folgende Fragen:
   - Wie groß ist der ökologische Rucksack der Schubladenhandys der Schüler? (M7)
   - Welche Ressourcen lagern in den „Schubladen“? (M4)
b) Beurteilen Sie die Handlungsoptionen für die Mehrfachverwendung eines Handys (M6).

Wichtige Begriffe

- Asthenosphäre
- Diskontinuitätsflächen
- Epizentrum
- Hotspot
- Hypozentrum
- Isostasie
- Kontinentalverschiebung
- Konvektionsströme
- Lagerstätten
- Lithosphäre
- Mittelozeanische Rücken
- Magma
- Plattentektonik
- Plumes
- Schalenbau
- seismische Wellen
- Subduktion
- Transformstörung
- Wilsonzyklus

Wissen vernetzen

Die Theorie der Plattentektonik ermöglicht es, wichtige Vorgänge und Erscheinungen auf der Erdoberfläche, wie die Anordnung der Kontinente und Ozeane, die Lage der Gebirge, die Verbreitung der Vulkane, das Vorkommen unterschiedlicher Gesteine an bestimmten Orten oder die Verteilung der Bodenschätze in der Erdkruste zu erklären.

Ohne endogene Prozesse gäbe es kein Leben auf der Erde, keine mineralischen Rohstoffe, keine wirtschaftlich nutzbaren Gesteine und keine Wasservorräte. Damit der wachsenden Weltbevölkerung auch in Zukunft ausreichende Georessourcen zur Verfügung gestellt werden können, ist ein umfassendes Verständnis des Systems Erde nötig. Die Verfügbarkeit von Georessourcen ist dabei ein Schlüssel für die Zukunft der Menschheit.

Zur Entwicklung von Szenarien für eine nachhaltige Nutzung der Erde werden komplexe Modelle benötigt, bei denen auch endogene Prozesse Berücksichtigung finden müssen.

Mit dem Strukturschema ist es möglich, das komplexe Zusammenwirken der endogenen Kräfte bei der Plattentektonik in einem Gesamtzusammenhang darzustellen. Sie können zum Beispiel Ihr Wissen zu ausgewählten Themen, wie die Entstehung eines Hotspots, in den plattentektonischen Zyklus einordnen und vertiefen.

Mit den Pfeilen können Sie Zusammenhänge herstellen. So erkennen Sie zum Beispiel, dass bestimmte Erscheinungen des Vulkanismus an Plattenränder gebunden sind und andere inmitten von Platten auftauchen können. Expertenwissen über Ursachen und Zusammenhänge von Erdbeben und Vulkanismus ist aber auch nötig, um ein Warnsystem zu schaffen oder geeignete Vorsorgemaßnahmen treffen zu können.

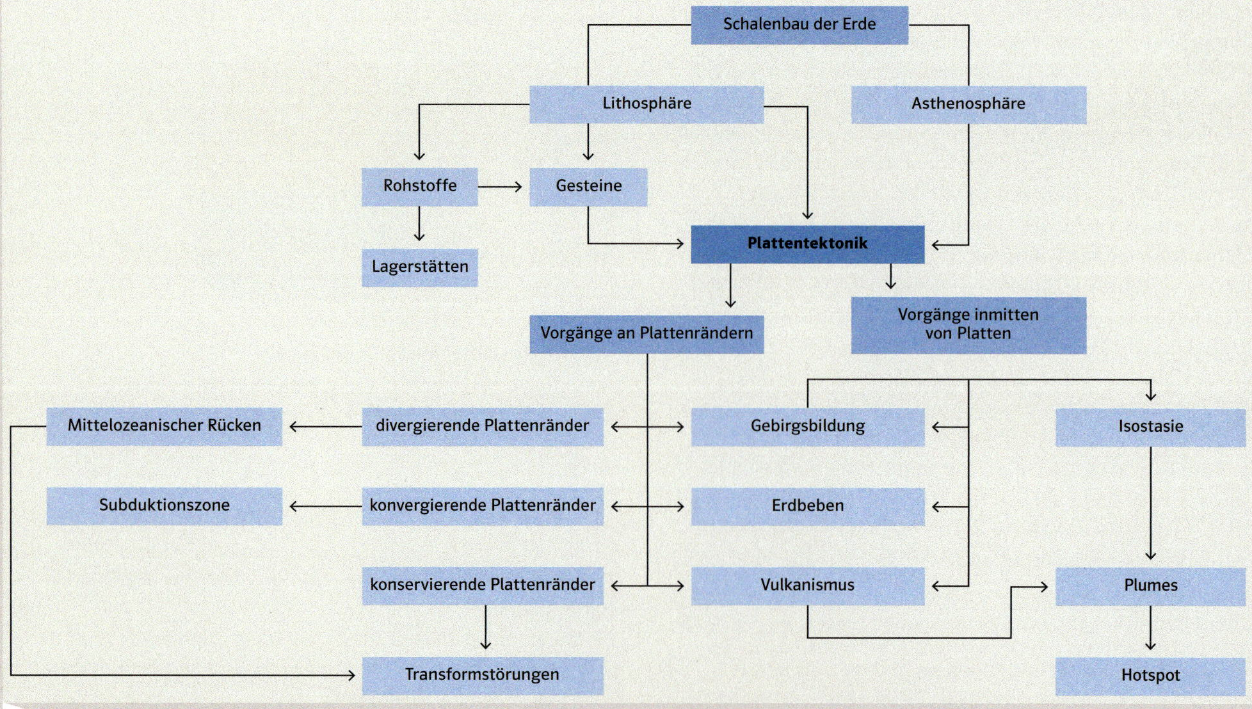

1 **Wesentliche geodynamische Prozesse**

Kompetenzen überprüfen

Sich orientieren

1 Beschreiben Sie mit einer geotektonischen Karte (S. 47 oder Atlas) die Verteilung der Platten und ihrer Bewegungsrichtungen auf der Erde.

2 Benennen Sie Inseln bzw. Inselgruppen, deren Entstehung auf Hotspotvulkanismus zurückzuführen ist.

Wissen und verstehen

3 Ordnen Sie folgende Begriffe in das Schema 1 (S. 56) begründet ein: Diskontinuitätsflächen, Überschiebung, Konvektionsströme, Rift, Tiefseerinne, Kohle.

4 Stellen Sie in einer Übersicht die Erscheinungen des Vulkanismus und der Erdbeben an den unterschiedlichen Plattengrenzen zusammen.

5 Erläutern Sie mithilfe der Isostasie die Hebung kontinentaler Kruste im Zuge einer Kontinent-Kontinent-Kollision.

Fachmethoden anwenden

6 **Vorgänge an konservierenden Plattenrändern**
a) Beschreiben Sie mithilfe des geologischen Blockprofils (M2) die plattentektonische Situation an der San-Andreas-Störung.
b) Begründen Sie den fehlenden Magmatismus an dieser Plattengrenze.

7 Werten Sie auf der Basis des Schalenbaus die Diagramme (M3) aus und begründen Sie den unterschiedlichen Verlauf der Kurven.

Beurteilen und bewerten

8 „Das Verteilungsbild von Kontinenten und Ozeanen ist in ständiger Bewegung. Mit dem Driften der Kontinente verändern auch die Kontinente und Ozeane ihre Größe und Form."
Beurteilen Sie diese Aussage.

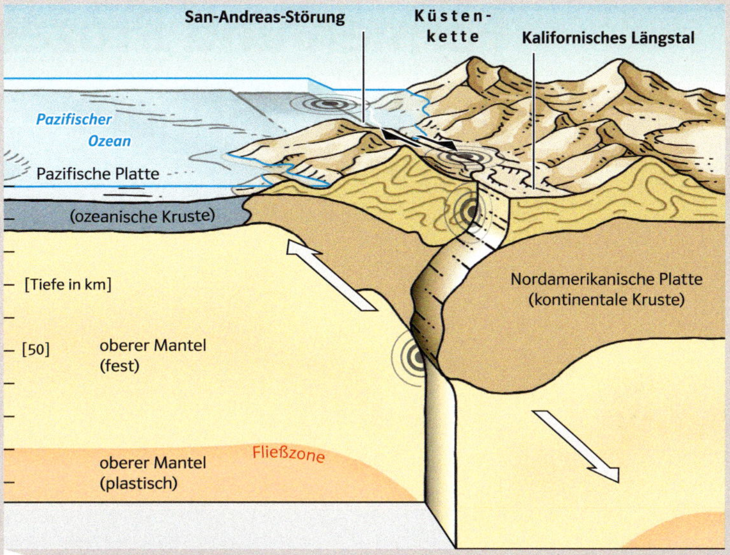

2 San-Andreas-Störung

9 „Die Verfügbarkeit von Georessourcen ist der Schlüssel für die Zukunft der Menschheit."
Bewerten Sie diese Aussage.

Handeln

10 Benennen Sie grundlegende Georessourcen und entwickeln Sie eigene Handlungsstrategien für den schonenden Umgang mit den begrenzten Georessourcen.

11 Bewerten Sie die praktischen Umsetzungsmöglichkeiten Ihrer Handlungsstrategien.

12 Erläutern Sie an einem Fallbeispiel aus diesem Kapitel die Basiskonzepte der Geographie.

Basiskonzepte anwenden

13 Erläutern Sie am Beispiel der Wirkungsweise und Notwendigkeit von Erdbeben-Frühwarnsystemen das Basiskonzept (der seismischen) Prozesse.

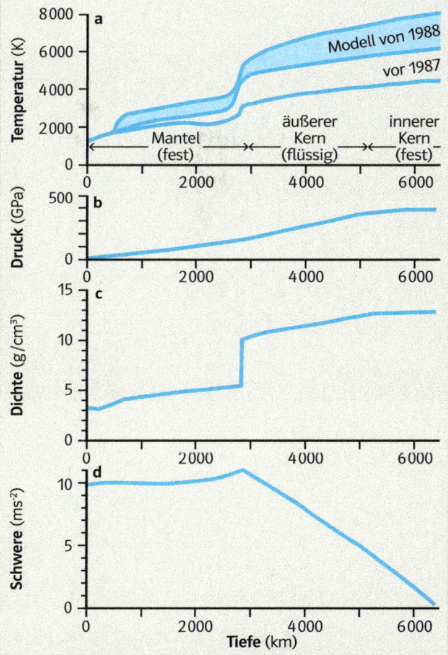

3 Eigenschaften der Erdschalen
Heinrich Bahlburg/Christoph Breitkreuz: Grundlagen der Geologie. Stuttgart: Enke 1998, S. 189

Wenn Sie alle Seiten dieses Kapitels bearbeitet haben, können Sie ...

- Ursachen und Auswirkungen plattentektonischer Prozesse auf der Grundlage aktueller wissenschaftlicher Erkenntnisse erläutern;
- die Entstehung und Verbreitung natürlicher und anthropogener Lagerstätten erklären und begründen;
- geologische Profilskizzen auswerten und
- die Notwendigkeit einer nachhaltigen Ressourcennutzung beurteilen und eigene Handlungsansätze dazu entwickeln.

4

Formen und Prozesse der Reliefsphäre

1 Bild oben: Cathedral Cove, Küstenlandschaft in Neuseeland

Das Relief unserer Erde ist extrem vielgestaltig und umfasst schroffe Gipfelregionen, unterschiedlichste Küstenlandschaften, ausgedehnte Wüsten, flache Tafelländer, Flusslandschaften und vieles mehr. Jede gegenwärtig auf der Erde beobachtete Oberflächenform bildet das Ergebnis teilweise langer und komplexer Formungsprozesse. Diese Formung durch Erosion, Transport und Ablagerung wird nie abgeschlossen sein, das „Gesicht der Erde" wird sich auch weiterhin verändern. Nicht zuletzt auch durch den intensiven Einfluss menschlicher Aktivitäten. Welche Kräfte prägen das Landschaftsbild und wie wirkt der Mensch auf den Wandel des Reliefs ein? Werden Siedlungs- und Wirtschaftsräume durch unangepasste Landnutzung zunehmend verwundbar?

2 Bild unten: Blick über den Kaiserstuhl

Sie untersuchen ...

3 Guatemala City: „Sinkhole", 2010

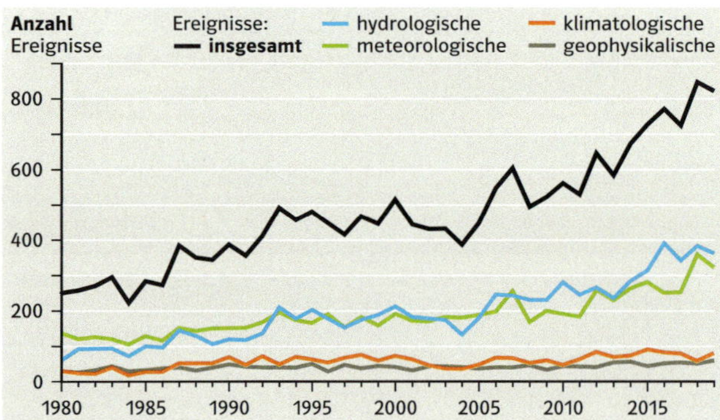

4 Naturkatastrophen weltweit – erfasste Schadensereignisse der Munich Re

Nach: www.munichre.com/de/risks/natural-disasters-losses-are-trending-upwards.html (Zugriff: 08.06.2021)

Aufgrund des Bevölkerungsdrucks werden in zunehmendem Maße gefährdete Regionen besiedelt. Auch aufgrund der oft unangepassten Landnutzung führt dies zu einer steigenden Bedrohung durch zahlreiche Naturrisiken. Um die Gefahr durch Georisiken zu reduzieren und die verfügbaren Landschaftsressourcen nachhaltig zu nutzen, ist es von grundlegender Wichtigkeit zu verstehen, wie die unterschiedlichen Oberflächenformen entstanden sind und in welcher Form sich menschliche Aktivitäten auf das Relief auswirken.

Diesen Fragen zur Formung der Oberfläche werden Sie nachgehen:

- Welche verschiedenen Landschaftsformen gibt es und welche Geoprozesse tragen zur Entstehung des Reliefs bei?
- Inwiefern beeinflusst das menschliche Wirken die Veränderung der Oberflächenformen?
- Welche Prozesse der Verwitterung wirken auf die Oberfläche der Erde und welche Formen können dabei entstehen?
- Wie Vulkanlandschaften entstanden und das Relief prägen.
- Inwiefern gestalten Flüsse, Wind und Eis das Relief der Erde?
- Warum gibt es Flach- und Steilküsten, wie wirken Brandung und Meeresströmungen auf die Modellierung der Küsten?
- Welche besonderen Oberflächenformen werden durch Lösungsprozesse geschaffen?
- Wie ist sind die vielfältigen Landschaften Südwestdeutschlands entstanden?
- Inwiefern sind unsere Lebensräume durch Georisiken bedroht?

Sie knüpfen an ...

Das wissen Sie schon!

In den vergangenen Jahren haben Sie charakteristische „Großlandschaften" und ihre Oberflächenformen in Deutschland und Europa an folgenden Raumbeispielen kennen gelernt: Oberrheinisches Tiefland, Schwarzwald, Schwäbische Alb, Alpenvorland, Alpen. Am Beispiel der Nord- oder Ostsee haben sie sich mit ausgewählten Küstenformen beschäftigt. Begegnet sind Ihnen dabei auch bereits einige wichtige Grundbegriffe der Geologie und der Geomorphologie. Im Vordergrund stand bei der Auseinandersetzung mit den verschiedenen Landschaftstypen insbesondere die Beschreibung des Formenschatzes und der exogenen Faktoren. Darunter versteht man alle von außen auf die Oberfläche wirkenden Kräfte wie zum Beispiel Wasser, Wind und Eis.

Bekannte Begriffe

- Ablagerung
- Abtragung
- Deckgebirge
- Doline
- Flachküste
- Fluss
- Fjord
- Gestein
- Gletscher
- Grundgebirge
- Hochgebirge
- Karst
- Mittelgebirge
- Moräne
- Naturereignis
- Naturkatastrophe
- Schichtstufe
- Steilküste
- Tal
- Trockental
- Tropfstein
- Verwitterung
- Watt
- Zeugenberg
- Zungenbeckensee

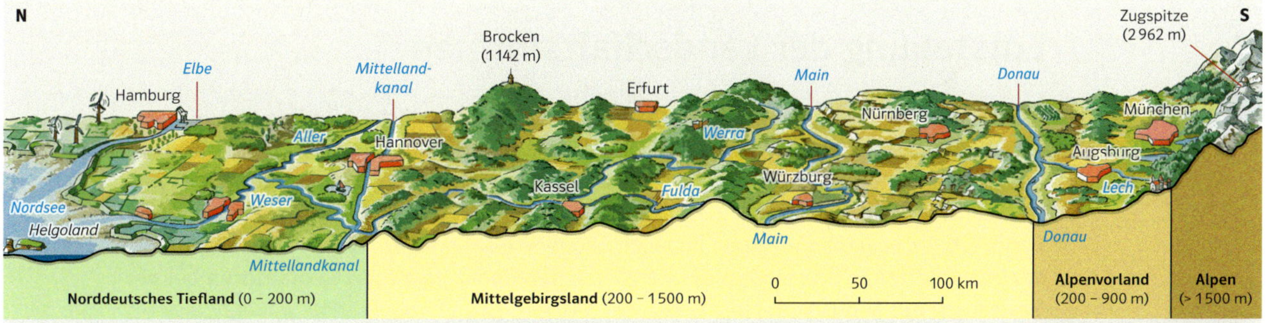

5 „Großlandschaften" Deutschlands

1 Benennen Sie die „Großlandschaften" und beschreiben Sie die Entstehung der Landschaftstypen (M5) mit den Fachbegriffen, die Sie bereits kennen.

2 Erläutern Sie inwiefern es wichtig ist, grundlegende Zusammenhänge der Oberflächenformung zu verstehen.

3 Erstellen Sie einen Katalog offener Fragen zum Themenkreis „Landschaftsbildende Prozesse durch exogene Faktoren".

4 Überprüfen Sie nach der Bearbeitung des Kapitels ihre Fragen. Können alle Fragen beantwortet werden? Fehlten evtl. Fragen?

1 Landschaftsformen im Überblick

Entstehung der Landschaftsformen

Die Oberflächenformen auf der Erde sind unter unterschiedlichen Bedingungen entstanden. Es sind die Prozesse und Zyklen, die in und zwischen den einzelnen Geosphären ablaufen, die zur Formung der Erdoberfläche führen. So entstehen schließlich Höhenzüge, steile Täler, Dünen, flache Flussauen und viele weitere Formen. Dabei wirken sowohl endogene als auch exogene Geofaktoren. Welche Rolle spielt der wirtschaftende und siedelnde Mensch neben den natürlichen Geofaktoren bei der Gestaltung der Landschaft?

Zu den **endogenen Geofaktoren** zählen alle Kräfte, die aus dem Erdinneren heraus auf die Gestaltung der Erdoberfläche einwirken. Dies sind nicht nur spektakuläre und oft äußerst schnell ablaufende Ereignisse wie Vulkanausbrüche oder Erdbeben, sondern auch langwierige Prozesse wie die Auffaltung von Gebirgen in Jahrmillionen. **Exogene Geofaktoren** wirken hingegen von außen auf die Erdoberfläche ein. Insbesondere Wind und Wasser, aber auch Eis modellieren die Landschaft. Einen ganz wesentlichen Einfluss auf das Relief hat das Klima einer Region, denn der Jahresrhythmus von Temperatur und Niederschlägen bestimmt mit, wie schnell Gesteine und andere an der Oberfläche befindliche Materialien zersetzt werden.

Gliederung der Erdoberfläche

Meer und Festland prägen das Antlitz unseres Planeten. Von den 510 Mio. km^2 seiner Gesamtoberfläche entfallen knapp 29 % auf das Festland. Gut 3 % der gesamten Oberfläche liegen unter einer dauerhaften Eisdecke. Neben diese übergeordneten horizontalen Gliederungsmerkmale tritt die vertikale Gliederung der Erde, die die durchschnittliche Verteilung auftretender Geländehöhen wiedergibt. Die unterschiedliche Verteilung von Höhen und Tiefen auf der Erde, aber auch Massenunregelmäßigkeiten in Erdkruste und Erdmantel sorgen dafür, dass die Schwereverhältnisse (Anziehung/Fliehkraft) auf der Welt uneinheitlich verteilt sind. Mathematisch betrachtet ist die Erde keine Kugel, sondern eher ein leicht abgeflachter, verbeulter und um die eigene Achse „eiernder" Körper, der auch als Geoid bezeichnet wird. Im Bereich des Indischen Ozeans wurde mit ca. −108 m die größte „Einbeulung" dieses Körpers nachgewiesen.

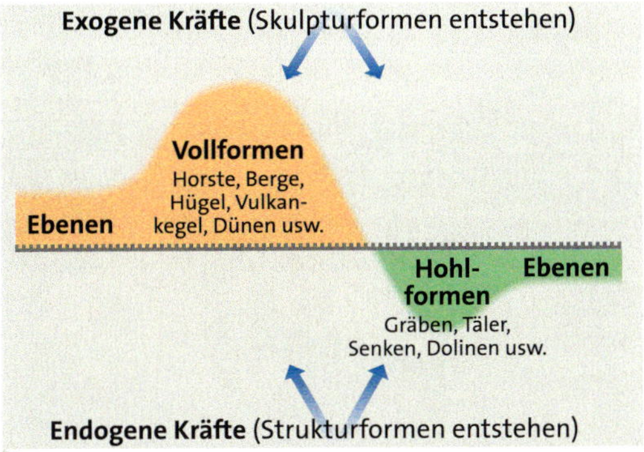

2 Systematik der Oberflächenformen der Erde

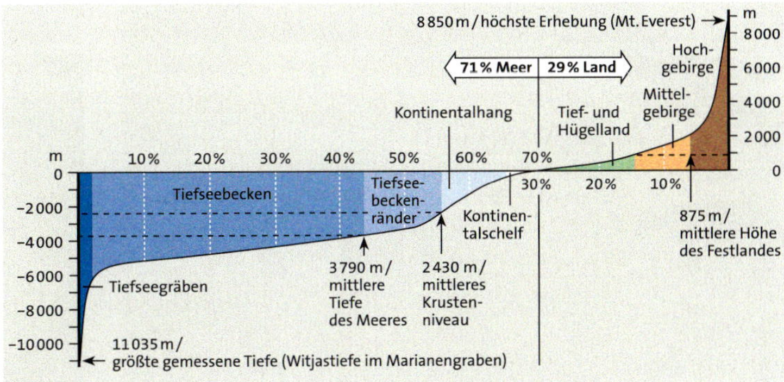

3 Schematisierte hypsometrische Kurve der Erde

Nach: Herbert Wilhelmy: Geomorphologie in Stichworten, Kiel 1992

Die heutige Erdoberfläche ist ein Resultat des Zusammenspiels **endogener** und **exogener Prozesse**, deren Wirkung geologisch unterschiedlich lange Zeiträume umfasst. Spontane Massenbewegungen infolge von Erdbeben oder vulkanischer Tätigkeit, aber auch Hangrutschungen nach Starkregenfällen zählen zu den kurzfristigen Veränderungen des Reliefs. Im Gegensatz dazu kann sich die langsame Heraushebung eines Gebirges an der Grenze zweier konvergierender Platten über Millionen von Jahren erstrecken. Dort wo Magma, also endogenes Material, bei Vulkanausbrüchen die Erdkruste durchdringt und als Lava an die Oberfläche gelangt, entstehen Vollformen, die ebenfalls dem endogenen Formenschatz zuzuordnen sind. Die Art der vulkanischen Tätigkeit (explosiv, effusiv, gemischt) und die Fließfähigkeit (Viskosität) der Lava bestimmen die dabei entstehenden Oberflächenformen. Diese reichen von weit ausgedehnten, flach geneigten Lavatafeln oder Ergussdecken über Schicht- und Schildvulkane bis zu einzelnen Quell- oder Staukuppen.

Was ist Landschaft?

Umgangssprachlich verbinden wir mit dem Begriff die Wiese, durch die sich ein Bach schlängelt, Wälder, die Bergrücken und Hänge bedecken, Vulkanlandschaften, Gebirge oder Meeresküsten. Landschaft kann aber auch als komplexer Natur- und Kulturraum begriffen werden, wie z.B. das Allgäu oder der Schwarzwald. Geographisch wird der Begriff **Landschaft** für einen räumlichen Ausschnitt eines Landschaftsökosystems verwendet. Dieser wird durch das Zusammenwirken verschiedener Geofaktoren wie z.B. Relief, Wasser, Boden, Klima und menschliche Aktivitäten als einheitliches Erscheinungsbild wahrgenommen. Sind in einer Landschaft die Einflüsse des Menschen deutlich erkennbar, z.B. in Form land- und forstwirtschaftlich genutzter Flächen, spricht man von einer **Kulturlandschaft**. Weitgehend vom Menschen unbeeinflusst ist dagegen die **Naturlandschaft**. Der Landschaftshaushalt beschreibt den Funktionszusammenhang der in einem abgegrenzten Teil des Landschaftsökosystems wirkenden Geofaktoren.

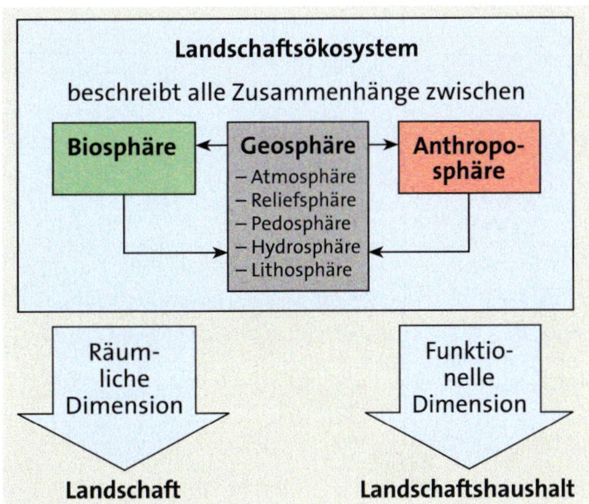

4 Landschaft, Landschaftshaushalt und Landschaftsökologie

1 Beschreiben Sie mithilfe von Grafik 1 die verschiedenen Landschaftsformen.

2 Definieren Sie ausgehend von Grafik 4 den Begriff Landschaft.

3 MK Erstellen Sie eine grafische Übersicht zu den die Landschaft prägenden Geofaktoren.

1 Steinzeitjäger/Sammler, Höhlenmalerei

3 Feldarbeiten im Mittelalter, Breugel

Landschaftswandel durch veränderte Landnutzung

Die Aktivitäten des wirtschaftenden Menschen hinterlassen rund um den Globus deutliche Spuren im Landschaftsbild. Längst ist die ursprüngliche Naturlandschaft vielerorts in eine intensiv genutzte Kulturlandschaft umgeformt worden. Nicht immer erfolgt der vom Menschen bewirkte Landschaftswandel unter Berücksichtigung natürlicher Gleichgewichte. Übermäßige Nutzung ökologischer Ressourcen kann auch dem Reliefgefüge irreversiblen Schaden zufügen.

→Biodiversitätsverlust S. 196

←Stoffkreisläufe S. 30 – 33

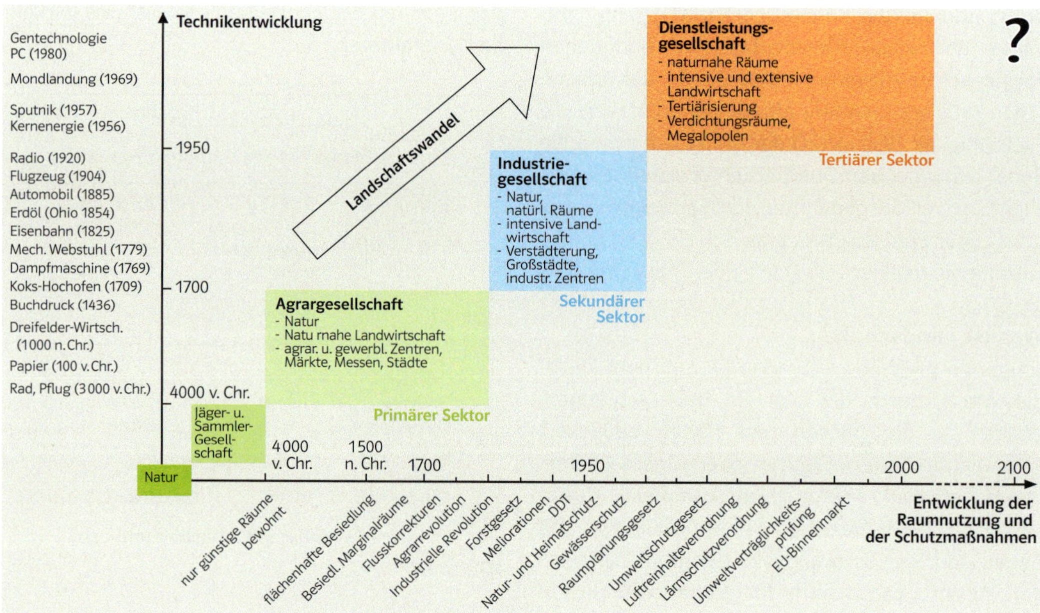

2 Landschaftswandel und gesellschaftliche Entwicklung

Nach: Hartmut Leser (Hrsg.): Umwelt: Geoökosysteme und Umweltschutz. Handbuch des Geographieunterrichts, Bd. 11. Köln: Aulis 1997, S. 255

4 **Fordproduktion 1920**

7 **Dienstsleitungspark/Startup**

Die Auswirkungen der intensiven Landnutzung z.B. durch Rodung oder Flächenversiegelung sind vielfältig und umfassen Effekte wie verstärkte Erosionsanfälligkeit, Veränderungen im Wasserhaushalt (Verdunstung, Versickerung usw.), Bodenverlust und -kontamination oder veränderte Wärmebilanzen (u.a. städtische Wärmeinseln). Auch im Zusammenhang mit globalen Klimaveränderungen und den daraus resultierenden Folgen spielt menschliches Handeln inzwischen eine wesentliche Rolle.

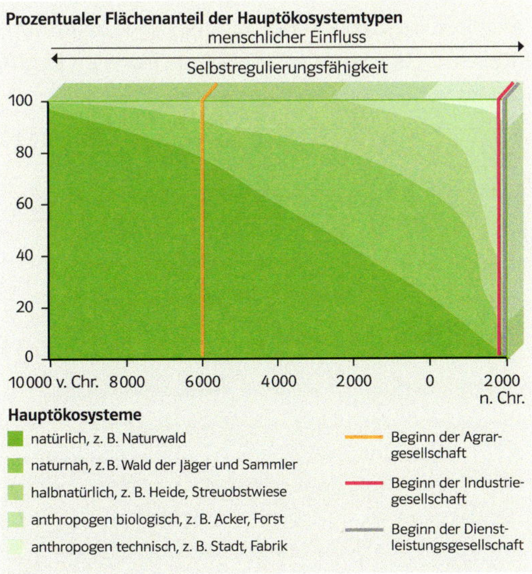

5 **Flächenanteile der Landnutzung seit der Jäger-und-Sammler-Zeit**

Nach: Wolfgang Haber: Kulturlandschaft versus Naturlandschaft. In: Raumerfassung und Raumordnung, 4. Jg., H. 2/3. Köln: Heymann 1991, S. 110

Die Artenvielfalt der Fauna und Flora ist durch die **Degradierung** natürlicher Habitate deutlich zurückgegangen, zahlreiche Tiere und Pflanzen sind vom Aussterben bedroht oder bereits verschwunden. Insbesondere die Ausweitung landwirtschaftlich genutzter Flächen steht in direktem Zusammenhang mit einem dramatischen Biodiversitätsverlust.

Während sich der Waldverlust in den USA, Südamerika, Südasien und Teilen Afrikas zugunsten von Cash Crops vollzieht, trägt die Gewinnung natürlicher Ressourcen (z.B. Energierohstoffe) insbesondere in Regionen nördlich des Polarkreises massiv zur Abholzung bei.

Cash Crops
landwirtschaftliche Produkte, die für den Verkauf bestimmt sind, also nicht dem eigenen Verzehr dienen

Die letzten „Wildnisse"
Basierend auf Berechnungen der International Union for Conservation of Nature and Natural Resources (IUCN) umfasst die Fläche der Erde nur noch 10,9 % relativ unberührte Natur. Dazu zählen weite Teile der Antarktis und der ausgedehnten Wendekreiswüsten. Ansonsten wurde die Wildnis auf kleine inselartige Flächen zurückgedrängt. Die vom Europaparlament eingesetzte European Wilderness Working Group definiert Wildnis als „ein ausgedehntes, ursprüngliches oder leicht verändertes Gebiet, das seinen ursprünglichen Charakter bewahrt hat, eine weitgehend ungestörte Lebensraumdynamik und biologische Vielfalt aufweist, in dem keine ständigen Siedlungen sowie sonstige Infrastrukturen mit gravierendem Einfluss existieren und dessen Schutz und Management dazu dienen, seinen ursprünglichen Charakter zu erhalten."

6

1
Beschreiben Sie die Veränderungen der Landnutzung in Mitteleuropa seit der Industrialisierung.

2
Erörtern Sie aus ökologischer, ökonomischer und sozialer Perspektive die Auswirkungen der globalen Landnutzungsveränderungen.

8 Palm Island, Dubai

10 Drei-Schluchten-Staudamm, China

In Bezug auf die vielfältigen globalen und lokalen Veränderungen wird deutlich, dass weder Natur räume noch Gesellschaften isolierte Systeme darstellen. Es existieren wesentliche Schnittmengen im Wirkgefüge von Gesellschaft und Naturraum. Die teilweise irreversible Veränderung ökologischer Dynamiken in der Geosphäre stellt eine direkte Folge menschlicher Eingriffe dar. Der vom Menschen bewirkte Landnutzungswandel und die damit einhergehenden Störungen der natürlichen Energie und Stoffkreisläufe bilden eine wesentliche Ursache für globale Umweltveränderungen und führen zu einer Veränderung der Naturlandschaften.

Zahlreiche Beispiele zeigen, dass neben wirtschaftlichen Schäden unmittelbare Bedrohungspotenziale für Lebens- und Wirtschaftsräume erwachsen können. Die Abholzung der Regenwälder führt zu verstärkter Erosion, gewaltige Staudammbauten und Flussbegradigungen stören hydrologische Systeme und beeinflussen die Abfluss- und Sedimentationsdynamik großer Flüsse. Unangepasste Landnutzung kann Desertifikation hervorrufen und Materialverlust durch Winderosion bewirken, die Abholzung von Schutzwäldern im Gebirge erhöht die Gefahr durch Muren- und Lawinenabgänge. Nicht zuletzt die Versiegelung und Umgestaltung riesiger Flächen durch Siedlungs- und Verkehrswegebau bildet einen erheblichen Eingriff in die Reliefsphäre. Erst langsam setzt in vielen Ländern ein bewusster und verantwortungsvollerer Umgang mit der uns umgebenden Oberfläche ein. So müssen bei Gesteinsentnahmen aus der Erdkruste (z.B. Steinbrüche oder Tagebau) inzwischen europaweit strenge Auflagen des Landschaftsschutzes eingehalten werden. Nach wie vor erweist sich die globale Ausgestaltung einer nachhaltigen Nutzung des Systems Erde als problematisch, da Entwicklungsdefizite, Bevölkerungsdruck und politisch-wirtschaftliche Interessen dem Landschaftsschutz in vielen Regionen der Erde enge Grenzen setzen.

9 Gully-Bildung auf Ackerflächen im Hochland von Bolivien

Verlagerung der Probleme?

Vor dem Hintergrund der historischen Entwicklung und der globalen ökonomischen Verflechtungen ist es sehr schwierig, aus der Perspektive des globalen Nordens mahnend den ethischen Zeigefinger zu heben. Viele Ökosysteme der Industrieländer sind längst zu artenarmen Kultursteppen degradiert worden. Viele „schmutzige“ Industrien sind nicht etwa vom Globus verschwunden, sondern lediglich in die Schwellen- und Entwicklungsländer verlagert worden. Zukünftige Entwicklungen können durch intelligente Raumordnungs- und Energiekonzepte, aber auch durch ein verändertes Konsumverhalten jedes Einzelnen positiv beeinflusst werden. Die ökologisch und sozial nachhaltige Gestaltung globaler Wirtschaftsstrukturen stellt eine zentrale Herausforderung dar.

11

Aus dem Bundesnaturschutzgesetz

§ 1 Ziele des Naturschutzes und der Landschaftspflege

(1) Natur und Landschaft sind aufgrund ihres eigenen Wertes und als Grundlage für Leben und Gesundheit des Menschen auch in Verantwortung für die künftigen Generationen im besiedelten und unbesiedelten Bereich [...] zu schützen [...].

(4) Zur dauerhaften Sicherung der Vielfalt, Eigenart und Schönheit sowie des Erholungswertes von Natur und Landschaft sind insbesondere

1. Naturlandschaften und historisch gewachsene Kulturlandschaften, auch mit ihren Kultur-, Bau- und Bodendenkmälern, vor Verunstaltung, Zersiedelung und sonstigen Beeinträchtigungen zu bewahren [...].

(5) Großflächige, weitgehend unzerschnittene Landschaftsräume sind vor weiterer Zerschneidung zu bewahren. Die erneute Inanspruchnahme bereits bebauter Flächen sowie die Bebauung unbebauter Flächen im beplanten und unbeplanten Innenbereich, soweit sie nicht für Grünflächen vorgesehen sind, hat Vorrang vor der Inanspruchnahme von Freiflächen im Außenbereich. Verkehrswege, Energieleitungen und ähnliche Vorhaben sollen landschaftsgerecht geführt, gestaltet und so gebündelt werden, dass die Zerschneidung und die Inanspruchnahme der Landschaft sowie Beeinträchtigungen des Naturhaushalts vermieden oder so gering wie möglich gehalten werden. Beim Aufsuchen und bei der Gewinnung von Bodenschätzen, bei Abgrabungen und Aufschüttungen sind dauernde Schäden des Naturhaushalts und Zerstörungen wertvoller Landschaftsteile zu vermeiden; unvermeidbare Beeinträchtigungen von Natur und Landschaft sind [...] durch Förderung natürlicher Sukzession, Renaturierung, naturnahe Gestaltung, Wiedernutzbarmachung oder Rekultivierung auszugleichen oder zu mindern.

12

13 Rheinebene bei Ketsch

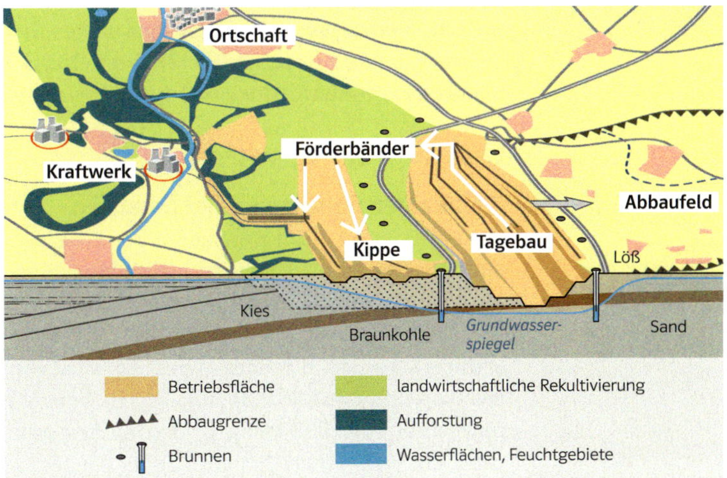

14 Tagebau Garzweiler (westliche Kölner Bucht)

3 Die Fotos zeigen beispielhaft, wie sich Landschaften durch menschliche Aktivitäten verändern. Erstellen Sie unter Einbeziehung weiterer Quellen jeweils ein Ursachen-Wirkungsgefüge (Gruppenarbeit).

4 MK Erörtern Sie aus ökologischer, ökonomischer und sozialer Perspektive die Auswirkungen der globalen Landnutzungsveränderungen.

5 NE Diskutieren Sie folgende Aussage: „Der Erhalt natürlicher Ökosysteme muss nicht im Widerspruch zur Befriedigung der Bedürfnisse einer wachsenden Weltbevölkerung stehen."

1 Tafoni-Bildung an Sandsteinfelsen am Westrand des Djadoplateaus, Niger

Verwitterung: Voraussetzung für die Landschaftsformung

Durch die Verwitterung werden kompakte Gesteine aufbereitet und in verlagerbare Bestandteile zerlegt. Das aus seinem ursprünglichen Gesteinsverbund gelöste oder gelockerte Material kann z. B. durch Deflation (Ausblasung) oder Erosion (linienhafte Abtragung) umgelagert werden. Die klimatischen Rahmenbedingungen und die Härte des Ausgangsgesteins bestimmen die Geschwindigkeit der chemischen und physikalischen Prozesse. Kann auch sehr hartes Gestein verwittern? Alle Prozesse greifen ineinander und zersetzen Gesteine durch das Einwirken von Wasser, Wind, Eis und Sonneneinstrahlung. Doch welche Komponente dominiert in welcher Ökozone?

Ursachen der Verwitterung

Physikalische (mechanische) Ursachen

Besonders in den Trockengebieten der Erde, aber auch in Regionen, die einen markanten Frostwechsel aufweisen, dominiert die mechanische Gesteinszerkleinerung. Die stoffliche Zusammensetzung verändert sich dabei nicht. Zunächst wird das ursprüngliche Mineralgefüge durch Temperaturwechsel oder Eisbildung in den Klüften gelockert, um dann schließlich vollständig zerstört zu werden. Dadurch vergrößert sich die Oberfläche des Gesteins und auch die chemische Verwitterung kann nunmehr zur weiteren Aufbereitung der Gesteine beitragen.

Verwitterungsprozess	Druck (in hPa)
Wurzelsprengung	10 000
Salzsprengung	100 000
Insolationsverwitterung	500 000
Frostsprengung	2 000 000

2 Auftretende Drücke während der physikalischen Verwitterung

Chemische Ursachen

Die **chemische Verwitterung** verändert die stoffliche Zusammensetzung des Gesteins. Nicht mehr die bloße Zerkleinerung prägt die ablaufenden Prozesse, sondern chemische Reaktionen, die sich je nach Lage im Raum und je nach mineralischer Zusammensetzung des Materials unterschiedlich intensiv vollziehen. Hohe Temperaturen, ausreichend Feuchtigkeit, aber auch die Dichte der vorhandenen Vegetation sind entscheidende Größen, die die chemischen Prozesse beeinflussen. So ist durch die intensive Sonneneinstrahlung und die hohe Feuchtigkeit der Einfluss chemischer Prozesse in den immerfeuchten Tropen viel intensiver als in unseren Breiten. Die Mineralien werden entweder direkt gelöst oder gehen unter dem Einfluss von Wasser, Säuren oder anderweitigen Stoffen der Bio-, Hydro- und Atmosphäre neue Verbindungen ein. So entstehen schließlich neue Stoffe mit veränderten physikalischen und chemischen Eigenschaften.

Verwitterungsformen

Mechanische Verwitterungsformen

Thermische Verwitterung (Insolationsverwitterung). Ursache der thermischen Verwitterung ist die unterschiedliche Erwärmung und Abkühlung der Gesteine an der Erdoberfläche. Zunächst wird ein Teil des Gesteins von der Sonne aufgeheizt. Insbesondere die sonnenzugewandten Flächen erwärmen sich, die Kontaktflächen zum Untergrund und das Gesteinsinnere bleiben kühl. Infolge der Erwärmung nimmt das Volumen der aufgeheizten Teile zu und es kommt im Gestein zu Spannungen. Auch die Zusammensetzung trägt aufgrund unterschiedlicher Ausdehnungskoeffizienten der verschiedenen Mineralien zur Lockerung des Gesteinsgefüges bei. Besonders wirksam ist die thermische Verwitterung in Regionen mit ständigen, kurzfristigen Temperaturschwankungen, wie beispielsweise am Nordrand der Sahara. Dort kommt es zu Tag-Nacht-Temperaturunterschieden von mehr als 50 K. Von Kern- oder Trümmersprüngen spricht man, wenn unter diesen Bedingungen große Gesteinsblöcke schlagartig in große Teile zerspringen. Besonders die abschreckende Wirkung des kühlen Wassers bei Gewittern kann Kernsprünge auslösen. Weitere Erscheinungen sind das Abschuppen oder Abblättern kleinerer Partikel vom Außenrand des Gesteins oder die Ablösung plattiger, je nach Klüftung des Materials oft schalenförmiger Teile (Exfoliation).

3 Formen der physikalischen Verwitterung

Frostverwitterung (Frostsprengung). Die Grundvoraussetzungen der Verwitterung durch Frostsprengung sind Wasser und das Auftreten von Frösten. Dabei gilt: Je häufiger sich Gefrier- und Auftauperioden abwechseln und je extremer die Frostwechsel auftreten, desto intensiver vollzieht sich die Zerkleinerung des Gesteins. Wasser vergrößert sein Volumen beim Gefrieren um bis zu 9 % – wohl jeder kennt die geplatzte Flasche im Eisfach. In Gesteinsklüften und Spalten, in denen eingedrungenes Wasser gefriert, führt der Eisdruck schließlich zum Absprengen ganzer Steinteile. Die Druckwirkung und die Sprengkraft des Spaltenfrostes (Congelifraktion) führen in Hochgebirgen wie den Alpen zur Ausbildung weitflächiger Schutthalden. Zusätzlich werden die Prozesse der Gesteinszerlegung in den Gebirgen je nach Hangexposition durch den Schwarz-Weiß-Effekt (unterschiedliche Aufheizung von Schnee und Fels) forciert. Die Volumenzunahme während des Gefrierprozesses erhöht nicht nur den Druck auf das unmittelbar umgebende Gestein, sondern auch auf das vorhandene Kluft- und Porenwasser in tieferen Schichten (kryostatischer Druck). Dadurch kommt es auch im Inneren des Gesteins oder Bodens zu Spannungen, die ebenfalls zu einer Fragmentierung des Materials beitragen. Dieser Vorgang wird als Gefrierdrucksprengung bezeichnet. Neben natürlichen Oberflächen können auch Straßen oder Gebäude von der Frostverwitterung in Mitleidenschaft gezogen werden.

1 MK

Foto 1 zeigt einen „Tafoni".

a) Überlegen Sie, wie es zur Bildung derartiger Formen kommen kann.
b) Überprüfen Sie Ihre „Hypothesen" mithilfe des Internets.

2

Ordnen Sie die Fotos dieser Doppelseite den verschiedenen Verwitterungsformen zu. Erläutern Sie die Entstehung der Formen.

5 Kristallisationskruste (Wüste Atacama)

6 Wurzelsprengung

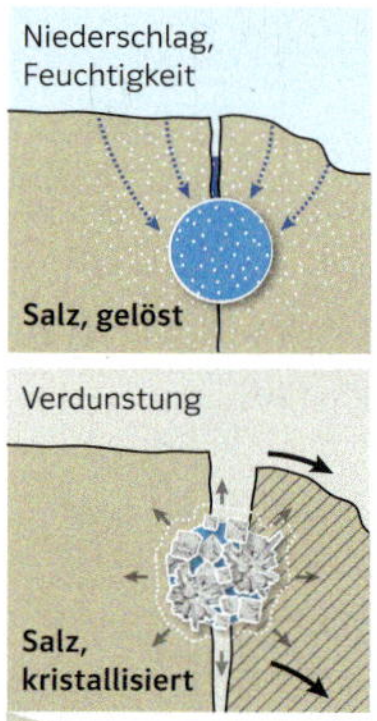

4 Kristallisationsverwitterung

Kristallisationsverwitterung (Salzsprengung). Die Kristallisation von in Wasser gelösten Stoffen in Klüften und Spalten eines Gesteins übt Druck auf die angrenzenden Gesteinsflächen aus, der zur mechanischen Zerlegung führt. Bevor es dazu kommt, müssen mehrere Voraussetzungen erfüllt sein. Dazu zählen die Durchfeuchtung des Gesteins mit Wasser und die anschließende Verdunstung durch hohe Temperaturen. Zunächst löst Wasser im Untergrund vorhandene Salze. Infolge einsetzender Verdunstung beginnen die zuvor gelösten Salze zu kristallisieren. Durch das Wachstum der Kristalle entstehen Druckkräfte, die das Gestein zerlegen können. Insbesondere ein häufiger Wechsel von trockenen und feuchteren Abschnitten bei vergleichsweise hohen Temperaturen forciert das Wachstum von Salzkristallen.
Ein Beispiel, das die Ausfällung von gelösten mineralischen Bestandteilen eindrucksvoll dokumentiert, bilden die Krustenböden in ariden Regionen der Erde. Starke Sonneneinstrahlung und hohe Temperaturen verursachen eine kräftige Verdunstung in den oberflächennahen Bodenschichten. Dadurch kommt es zum Aufstieg von Kapillarwasser aus tieferen Schichten, das in Oberflächennähe ebenfalls verdunstet. Dabei werden die mitgeführten Salze oder andere mineralische Bestandteile ausgefällt und verbleiben als relativ harte Schicht im Boden. Dort, wo diese von Wind oder von Wasser freigelegt wird, entstehen feste Krusten.

Wurzelsprengung und Hydrovarianz. Eine weitere Ursache der mechanischen Gesteinszerlegung ist die biologisch-physikalische Verwitterung, bei der die Einwirkung von Wurzeln zur Sprengung von Gesteinen führen kann. Vorhandene Gesteinsspalten und Klüfte eignen sich als Wachstumsbahnen für das Wurzelwerk von Büschen und Bäumen. Das Wachstum der Wurzeln führt dazu, dass sich der Druck auf das umgebende Gestein erhöht und Teile „abgesprengt" werden. Selbst feinste Haarwurzeln sind bereits am Prozess der biogenen Verwitterung beteiligt. Schließlich kann auch ein ständiger Wechsel von Durchfeuchtung und Austrocknung, die Hydrovarianz, zur Zermürbung des Gesteins führen.

Druckentlastung. Gesteine werden nicht nur abgelagert, in größere Tiefen verlagert und verändert, sondern gelangen durch Hebung oder Abtragung der hangenden Schichten auch an die Oberfläche. Damit einher geht eine Veränderung des auf das Gestein wirkenden Druckes. Es kommt zur Bildung von Druckentlastungsklüften, Rissen und Spalten. An diesen Schwachstellen setzen dann die exogenen Kräfte die Verwitterung fort.

3

Als Architekt erhalten Sie den Auftrag, ein Gebäude aus Natursteinen in der Innenstadt zu errichten. Verfassen Sie ein Gutachten, welches die Gesteine benennt, die Ihnen am besten geeignet erscheinen.

7 „Sandsteinkrebs" an einer Skulptur in Avignon/ Südfrankreich

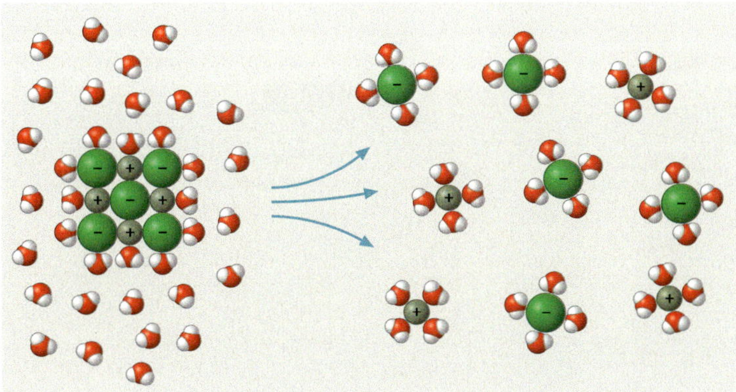

8 Lösen von Natriumchlorid in Wasser (Teilchenmodell) – Hydrolyse

Chemische Verwitterungsformen

Hydratationsverwitterung. Die Hydratation ist die erste Stufe der Gesteinslockerung im Zuge der chemischen Verwitterung. Sie basiert auf Anlagerung von Wassermolekülen an die Grenzflächenionen der Kristallränder eines Gesteins. Diese Wasseranlagerung bewirkt ein Aufquellen und führt zur Vergrößerung des Volumens. Dadurch wird eine Lockerung des Gesteins bewirkt. Obgleich die Hydratation, also die Bildung von Hydrathüllen, abgesehen von der Wasserverfügbarkeit, weitgehend unabhängig von der jeweils herrschenden klimatischen Situation abläuft, stellt sie die dominante Form chemischer Gesteinsumwandlung in den kühlhumiden Breiten dar. Als **Hydrolyse** wird die chemische Lösung durch Wasser bezeichnet.

Lösungs- und Kohlensäureverwitterung. Lösungsverwitterung beschreibt das Lösen von Gestein in Wasser. Die Löslichkeit variiert mit der chemischen Zusammensetzung des Gesteins. Salze (z.B. NaCl und verschiedene Sulfate) sind besonders gut löslich. Bei der „Auslösung" aus dem Gestein lagern sich Wassermoleküle mit ihrer negativen „Sauerstoffseite" an die Kationen und mit ihrer positiven „Wasserstoffseite" an die Anionen des Salzes an. Dadurch werden die Ionen aus dem Kristallgitter herausgelöst und in der Lösung abtransportiert. Wasser enthält in der Natur verschiedene Säuren, deren Gegenwart die Lösungsprozesse beschleunigt. Kohlensäure, die durch Reaktion von Kohlenstoffdioxid aus der Luft mit Niederschlagswasser gebildet wird, unterstützt das Lösen von sonst nur schwer löslichen Kalkgesteinen.

Biologisch-chemische Verwitterung. Alle Lebewesen und Pflanzen setzen organische Säuren frei, die zu chemischen Veränderungen der Gesteinsstruktur führen können. Vor allem Huminsäuren sind für zahlreiche bodenbildende Prozesse unabdingbar.

Oxidationsverwitterung. Der Begriff Oxidationsverwitterung beschreibt die chemische Reaktion einzelner Gesteinsbestandteile mit Sauerstoff, der im Wasser oder in der Luft vorliegt. Ein Beispiel ist die Oxidation von Eisen(II)- zu Eisen(III)-Ionen (Fe^{2+} zu Fe^{3+}). Das „gerostete" Gestein ist erheblich lockerer als das Ausgangsmaterial und kann somit leichter ver- und umgelagert werden. Tropische Verwitterungsböden, die Eisen(III)-Ionen enthalten, weisen meist eine kräftige Rotfärbung auf.

Kalklösung

Kohlenstoffdioxid (CO_2) aus der Luft wird in Wasser gelöst, es bildet sich Kohlensäure (H_2CO_3).
$CO_2 + H_2O \rightarrow H_2CO_3$

Kohlensäure löst Kalk
$H_2CO_3 + CaCO_3 \rightarrow Ca(HCO_3)_2$ (gelöstes Calciumhydrogencarbonat)

Wie viel Kalk ($CaCO_3$) gelöst werden kann, hängt vom Druck, von der Temperatur des Wassers und von der Menge des zur Verfügung stehenden Kohlenstoffdioxids ab.

4 Ermitteln Sie mithilfe der Klimakarte im Atlas, welche Form der Verwitterung an den nachfolgend genannten Orten dominiert: Jakutsk, London, In Salah, Juba, Pontianak. Begründen Sie Ihre Überlegungen.

5 Stellen Sie tabellarisch die Hauptmerkmale der Verwitterungsformen dar (klimatische Bedingungen, ablaufende Prozesse, Ergebnisse).

1 Flachmuldentalrand mit Inselberg im zentralen Hochland Südafrikas

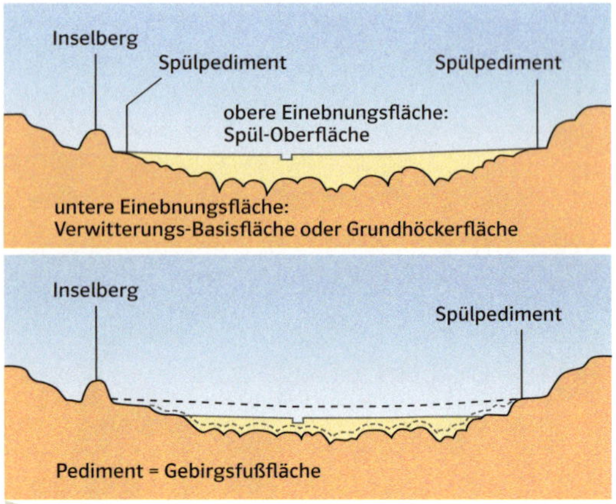

3 Doppelte Einebnungsfläche

Nach: Julius Büdel, in Herbert Wilhelmy: Geomorphologie in Stichworten, Bd. 2. 6. Aufl. Berlin/Stuttgart: Bornträger 2002, S. II/132

Von der Verwitterung bis zur Sedimentation

Transport und Materialumlagerung

Eine Voraussetzung zur Formung der Erdoberfläche ist das Vorhandensein transportierbarer Materialien. Gesteine werden im Zuge der Verwitterung in kleinere, umlagerbare Bestandteile zerlegt. Abhängig von den klimatischen und geologischen Rahmenbedingungen erfolgt der Transport entweder durch bewegtes Wasser (Flüsse, Wellen), bewegtes Eis (Gletscher), bewegte Luft (Wind) oder das Eigengewicht der Materialien (Schwerkraft). Während in den kühlgemäßigten Breiten Flüsse zum Abtransport des verwitterten Materials und zur Talbildung beitragen, dominieren in den warmhumiden Tropen flächenhafte Gestaltungsprozesse (Denudation).

denudare (lat.) entblößen

2 **Beispiel für „Wollsackverwitterung" (Burg Falkenberg in der Oberpfalz)**

Flächenbildung. Die wesentlichen Voraussetzungen für den Prozess der Flächenbildung werden durch die klimagesteuerten Rahmenbedingungen wie hohe Bodenfeuchtigkeit und hohe Bodentemperaturen geschaffen. Die chemische Verwitterung sorgt für die tiefgründige Aufbereitung des Gesteins. Gröbere Gesteinspartikel, die der Erosion Vorschub leisten würden, fehlen weitgehend. Niederschläge, die häufig in Form von Starkregen niedergehen, tragen das entstandene Lockersediment weitflächig ab, Spülmulden entstehen. Nur noch einzelne Inselberge dokumentieren als Reste das einstige Höhenniveau der durch Flächenspülung eingerumpften Landschaft. Im Tertiär, unter subtropischen Bedingungen, dominierte auch in Mitteleuropa die flächenhafte Abtragung der Verwitterungsdecken.

Gegen Ende der 1950er-Jahre wurde von dem deutschen Geomorphologen Julius Büdel die Theorie aufgestellt, dass die Flächenbildung in den wechselfeuchten Tropen das Ergebnis einer Kombination geologischer, klimatischer und geomorphologischer Faktoren darstellt. In der Tiefe, im Bereich der unteren Einebnungsfläche, erfolgt die eigentliche Verwitterung des Gesteins entlang vorgezeichneter Schwächezonen. Dabei entstehen Grundhöcker. Wie in einer großen Wanne wird das verwitterte Material bei Starkregenereignissen in der Spülmulde umgelagert, wobei im Bereich der oberen Einebnungsfläche eine nahezu waagerechte Ebene entsteht (Grafik 3, oben). Kommt es im Zuge tektonischer oder klimatischer Veränderungen zur Abtragung des Verwitterungsmaterials, wird die Grundhöckerfläche nach und nach freigelegt (Grafik 3, unten). Eindrucksvolle Granitformationen, sogenannte Wollsäcke, in den deutschen Mittelgebirgen bilden Reste der ehemaligen Grundhöcker (Foto 2).

1 Beschreiben Sie den Einfluss des Klimas auf die Bildung und die Umlagerung von Sedimenten.

2 Erörtern Sie, inwiefern menschliche Eingriffe das Sedimentationsgeschehen beeinflussen.

Transport und Ablagerung von Sedimenten

Verwittertes, abgetragenes, in der Luft, im Wasser oder mit dem Gletschereis transportiertes oder gelöstes Material kann unter verschiedenen Voraussetzungen wieder abgelagert werden. Dieser Vorgang wird als **Sedimentation** bezeichnet. Je nach Transportmedium wird zwischen marinen, fluviatilen, glazialen oder äolischen Sedimenten unterschieden. Die Sedimentation kann auf dem Land (terrestrisch), am Grunde eines Sees (limnisch) oder im Meer (marin) stattfinden. Lagern sich über den abgesetzten Lockersedimenten weitere Materialien ab, werden diese durch den zunehmenden Druck nach und nach verfestigt, und es entstehen kompakte **Sedimentgesteine**.

FALLBEISPIEL: Deltas

Deltas – Eingriffe in das Sedimentationsgeschehen

„Alle Deltas der Erde stellen geomorphologisch junge, nacheiszeitlich entstandene Landschaften dar. Prägend für die Deltaentwicklung waren zunächst ein rascher Anstieg des Meeresspiegels, ein enormer Sedimenteintrag über geomorphologisch sehr dynamische Flusssysteme und variable klimatische Rahmenbedingungen. Durch den raschen nacheiszeitlichen Meeresspiegelanstieg ertranken zunächst viele Unterläufe der Flüsse, doch wurde das Vordringen der See durch den kräftigen Sedimenteintrag der Flüsse teilweise kompensiert. Im späten Atlantikum beginnen dann die intensive Vorschubphase der asiatischen Deltas und die damit verbundene deutliche seewärtige Verschiebung der Küstenverläufe in den Mündungsbereichen der Flüsse. Bis in die Gegenwart hinein kommt es zu einer Überkompensation des Meeresspiegelanstiegs durch erhebliche Sedimenteinträge. Insbesondere der Sommermonsun bildet den entscheidenden Steuerfaktor der Deltaentwicklung. Regelmäßige sommerliche Überschwemmungen prägen die Sedimentationsdynamik und führen zu einer kontinuierlichen Aufschlickung und dem damit verbundenen Wachstum der Deltakörper. Dieses natürliche Wechselspiel zwischen Hochwasser einerseits und Sedimentation andererseits bildet in Asien seit Jahrtausenden die Grundlage der agrarischen Nutzung, insbesondere der weitflächigen Reiskultivierung. Es ist davon auszugehen, dass auch unter den projektierten Meeresspiegelszenarien sämtliche Deltas weiter aufwachsen könnten, sofern die Sedimentation nicht durch anthropogene Eingriffe im Küstenbereich und im Hinterland negativ beeinflusst wird. Besonders problematisch ist der Bau von Staudämmen im Mittel und Oberlauf der Flüsse, da dies mittelfristig zu einer Reduzierung der Sedimenteinträge im Unterlauf führt. Dammkonstruktionen und Wasserentnahmen sind verbunden mit deutlich reduzierten Abflussraten der Flüsse im Mündungsbereich, sodass in den tidebeeinflussten Zonen der Deltas auch die Versalzung in erheblichem Maße ansteigt. Wasserbauliche Maßnahmen wie die Anlage von künstlichen Flussdämmen, Kanälen und Drainagesystemen tragen zu einer langfristig kaum prognostizierbaren Destabilisierung der Küstenlinie bei. Für den Unterlauf des Yellow Rivers dokumentieren Chen et al. (2005) eine deutliche Zunahme der ‚Dry-up'-Ereignisse. Teilweise fällt der Yellow River über 200 Tage im Jahr trocken."

Nach Falk, G.C. (2016): Deltagebiete Asiens. Amphibische Räume im Spannungsfeld ökologischer und ökonomischer Dynamik. In: Geographische Rundschau, H.7/8

4

6 **Sedimenteintrag an der Mündung des Huang He in das Gelbe Meer**

5 **Farakka-Damm (Indien)**

3 MK

Diskutieren Sie die positiven und negativen Auswirkungen des Farakka-Damms (Internetrecherche).

1 Vulkan Kilauea, Hawaii

Vulkanlandschaften: Aus Lava, Asche und Gaseruptionen entstanden

Bilder von Vulkanausbrüchen haben von jeher die Menschen fasziniert. Oftmals vergisst man dabei, welches Gefahrenpotenzial in so einem Ausbruch steckt. Aber woran erkennt man Vulkanlandschaften, wenn nicht gerade Asche in den Himmel steigt oder Lava austritt und wie kann man die Menschen vor einer Eruption warnen?

Folgen einer Eruption auf der Kanarischen Insel La Palma

„Bis zu 500 Milliarden Tonnen Gestein der Westflanke der Cumbre Vieja könnten sich bei weiteren Vulkanausbrüchen lösen, in den Atlantik stürzen und dort so gewaltige Wellen werfen, daß noch 6 000 Kilometer entfernt Teile New Yorks von 25 Meter hohen Brechern verheert würden.

Hoch oben auf der fast 2 000 Meter über dem Meer aufragenden Cumbre Vieja finden Geologen nämlich einen gewaltigen Riß im Gestein, der sich über einige Kilometer den Bergkamm entlang von Norden nach Süden zieht. Die Cumbre Vieja gilt als eine der aktivsten Vulkanzonen der Erde. Seit 1493 brachen auf diesem 14 Kilometer langen Höhenzug sieben der 120 Vulkane aus, [...] Je häufiger aber solche Ausbrüche sind, um so steiler werden die Flanken des Vulkans und rutschen daher leichter ab. Tief im Untergrund der Cumbre Vieja gibt es obendrein einige Gesteinsschichten, die sehr viel Wasser enthalten, [...] Steigt vor einem Ausbruch die Magma im Vulkanschlot auf, verdampft die Hitze dieses Wasser. Dadurch bildet sich ein großer Druck, der den vorhandenen Riß vergrößern könnte. Unter Umständen könnte sich sogar die gesamte Bergflanke entlang des Risses lösen.“

Roland Knauer: Gefahr von den Kanaren, in: Frankfurter Allgemeine Zeitung v. 28.12.2004 Nr. 303, S. 9, auch unter www.faz.net/aktuell/gesellschaft/tsunami-simulation-gefahr-von-den-kanaren-1194921.html (Zugriff: 06.06.2021)

2

Vulkane werden und vergehen, und bilden sich dann erneut auf ihren eigenen Überresten. Insbesondere der Zerfall eines Vulkans geht oft mit katastrophalen Folgen einher, wie zuletzt im Jahr 2018 am Anak Krakatau. Die Flanke des Vulkans war in sich zusammengefallen und ins Meer gerutscht. Der dadurch ausgelöste Tsunami tötete mehrere Hundert Menschen an Indonesiens Küste. So unterschiedlich die Gefahren sind, die mit vulkanischen Aktivitäten einhergehen, so verschieden sind auch die **Vulkantypen** und ihre Entstehung. Die **Vulkanform** ist von vielen Faktoren abhängig, wie der geotektonischen Lage, der Eruptionsform, der Zusammensetzung des Magmas, der Magma-Produktionsrate und den Umweltbedingungen. Meist ist die direkte Umgebung eines Vulkans von einem Ausbruch betroffen, wenn explosiv ausgeworfene Asche auf das Land herunterregnet. Zusammen mit Vulkangasen beeinträchtigt der Ascheregen die Atmung der Menschen. Lavaströme sowie Glut- und Aschewolken überziehen die Umgebung mit einer Gesteinsschicht. Kommt dann noch Wasser dazu, bilden sich Lahare (Schlammströme), die alles unter sich begraben.

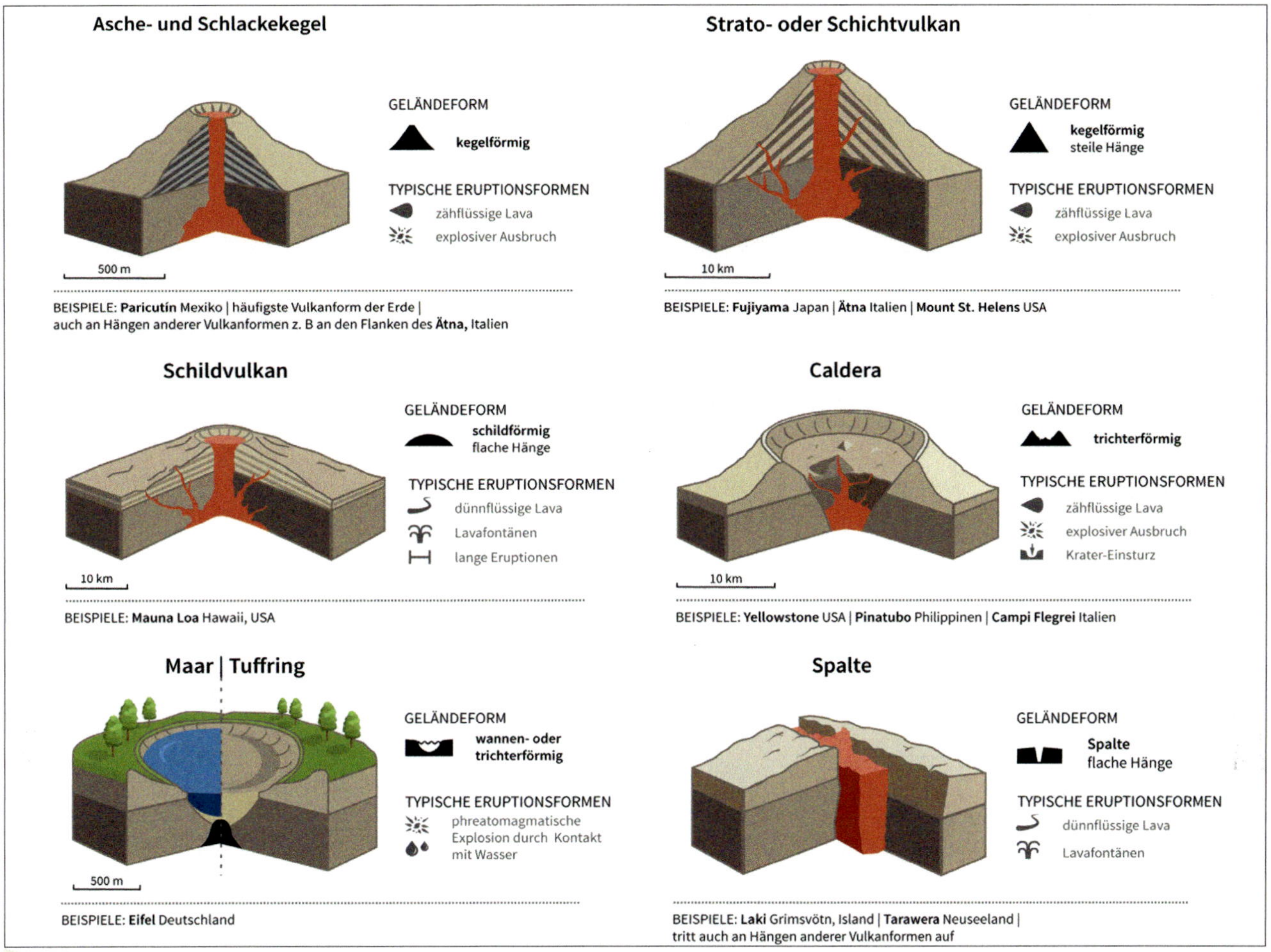

3 **Darstellung der sechs Haupt-Vulkantypen** (vereinfachte Darstellung, nicht maßstabsgerecht)

Warnsysteme für Vulkanausbrüche

„Warn- und Alarmsysteme für Vulkanausbrüche existieren weltweit. Die Systeme geben Prognosen auf Grundlage von Monitoring und Datenanalyse von Vulkanen. Sie sind die Komponente eines Frühwarnsystems, welches Warnungen und Notfallinformationen vor und während eines Vulkanausbruchs kommuniziert. Die Beobachtung von Eruptionsphänomenen und die Integration von geodätischen und seismischen Vorläufer-Signalen sowie des Gasflusses und das Erkennen und Interpretieren von Magmaausbreitung sind für die rechtzeitige Warnung der Regierungen und vor allem der lokalen Bevölkerung wichtig. Die Risiken und Folgen eines Vulkanausbruchs können hiermit minimiert werden.
Gefahren am Boden und in der Luft werden voneinander getrennt, da sie möglicherweise unabhängig voneinander auftreten – bspw. kann ein schnellfließender pyroklastischer Strom mit einer minimalen Ascheproduktion einhergehen."

Dr. Christina Bonanati: Warnsysteme für Vulkanausbrüche, www.eskp.de/naturgefahren/warnsysteme-fuer-vulkanausbrueche-935705/ (Zugriff: 06.06.2021)

4

Ruhe/typische Basisaktivität

sanft gesteigerte Aktivität

gesteigerte Aktivität (es wird davon abgeraten, dem Vulkan zu nahe zu kommen)

höchste Alarmstufe; innerhalb der nächsten Stunden oder Tage wird ein Ausbruch erwartet

5 Gefahreneinschätzung und Kennzeichnung

1 Erstellen Sie mithilfe der Grafik 3 eine tabellarische Übersicht über die Vulkantypen nach den Kriterien: morphologische Form, Gefahrenpotenzial, Beispiele.

2 Beurteilen Sie die Warnsysteme für Vulkanausbrüche hinsichtlich ihrer Schutzwirkungen (M4 und M5).

3 Erläutern Sie den Zusammenhang zwischen Plattentektonik und Vulkanismus.

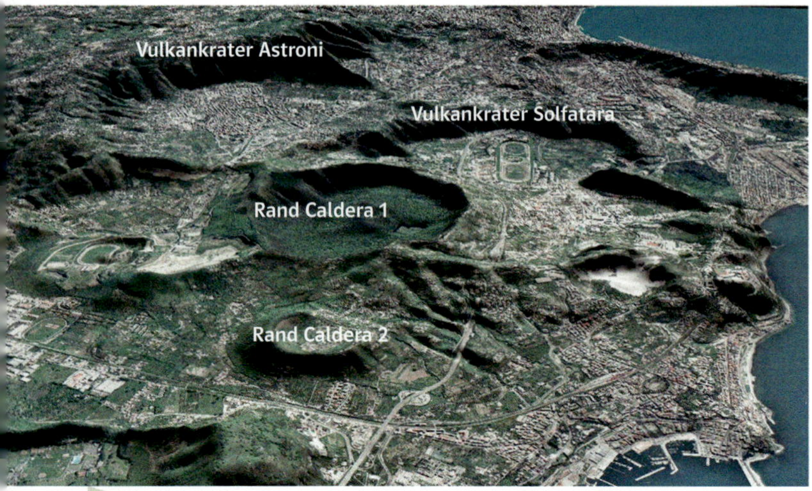

6 Phlegräischen Felder bei Neapel – dort lauert ein Supervulkan

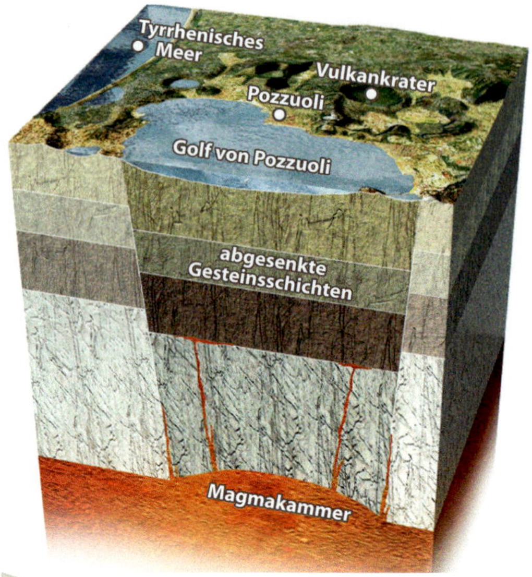

10 Der Supervulkan unter dem Golf von Pozzuoli

Alarmstufe Gelb

„Als Europas Supervulkan vor 40 000 Jahren ausbrauch soll er ganz Europa mit Asche überzogen haben. Es war die größte vulkanische Eruption der letzten hunderttausend Jahre in Europa. [...] Schon seit dem vergangenen Jahr rumort es Geowissenschaftlern zufolge im Supervulkan. Zum einen strömt in den letzten Jahren vermehrt Gas aus den Phlegräischen Feldern, zum anderen scheint sich verstärkt Magma im Untergrund anzusammeln. Das deutet darauf hin, dass sich das vulkanische System aufheizt. Auch die Menge der Dämpfe und ihre Temperatur nehmen zu. Die Behörden haben deshalb seit 2012 offiziell die Alarmstufe gelb ausgerufen. Wie verheerend ein Ausbruch ausfallen könnte, ist umstritten, [...] Die Region um Neapel gehört zu den am dichtesten besiedelten Regionen Europas. Im Falle eines Ausbruchs müssten zunächst die 80 000 Einwohner von Pozzuoli ihre Häuser verlassen. Wird die Eruption noch heftiger, wäre auch die Millionenmetropole Neapel betroffen.

Katrin Tominski, Campi Flegrei bei Neapel, Supervulkan in Europa aktiver als gedacht, auf: mdr Wissen v. 29.04.2019, unter: www.mdr.de/wissen/umwelt/supervulkan-in-europa-aktiver-als-gedacht-100.html (Zugriff: 06.062021)

7

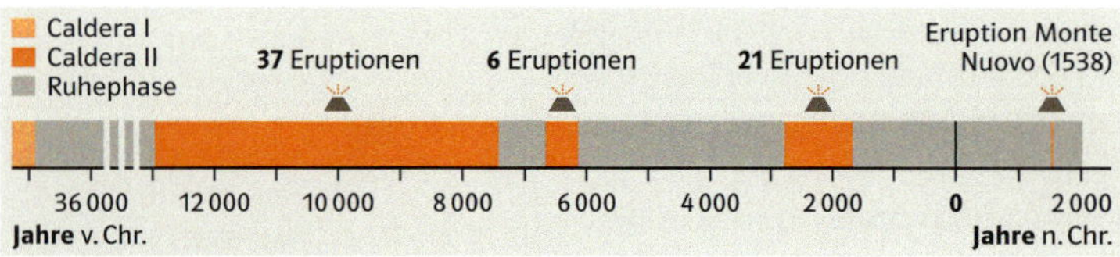

8 Historische Eruptionen Campi Flegrei

Nach: Istituto Nazionale di Geofisica e Vulcanologia

Unter der Stadt Pozzuoli, westlich Neapels, liegen die Phlegräischen Felder. Diese Ansammlung von rund 24 kleinen Kratern und vulkanischer Aktivität liegt mitten in einer gewaltigen Caldera mit einem Durchmesser von rund 13 Kilometer. Bis heute ist das Gebiet durch vulkanische Aktivitäten gekennzeichnet. Am bekanntesten ist die Solfatara, ein ehemaliger Vulkan, der 1198 zum letzten Mal ausbrach. Nähert man sich dem Krater, fallen einem zuerst die aufsteigenden weißlich, gelblichen Rauchsäulen auf. Es riecht nach faulen Eiern, der über 100 °C heiße Wasserdampf ist mit Schwefel und zahlreichen anderen Gasen versetzt. An den Austrittsstellen (Fumarolen) bildet der Schwefel gelbe Kristalle. An manchen Stellen gibt es Quellen mit starkem Ausstoß von heißem Schlamm.

Im Untergrund füllt sich immer wieder die Magmakammer, was zum Anheben der Bodenschichten führt. Zwischen den Jahren 1968 und 1972 z. B. ging es um rund 1,7 Meter aufwärts. Noch mal passierte ähnliches 1982 – 1984, diesmal 1,8 Meter. Begleitet werden diese Bodenbewegungen durch oberflächennahe, in einer Tiefe von 4 Kilometer vorkommende Erdbebenschwärme.

9 Fumarole

4 Beschreiben Sie den Aufbau und die vulkanischen Aktivitäten der Phlegräischen Felder (Grafik 10).

5 Erläutern Sie die Gründe, die den Ausbruch eines Supervulkans vermuten lassen.

6 Erörtern Sie mögliche Folgen eines solchen Ausbruchs (Text 7).

FALLBEISPIEL: Hegau-Vulkane

Das Hegauer Vulkanfeld ist eines von mehreren im Tertiär gebildeten Vulkangebieten in Deutschland. Im Zuge der Entstehung der Alpen und der angrenzenden Bruchschollenlandschaften geriet auch das Alpenvorland unter Druck. Dabei kam es im starren permischen Rumpf des Grundgebirges zu Spannungen und Rissen, in denen Magma aus dem Erdinneren bis an die Oberfläche gedrungen ist. An 85 Stellen kam es dabei zu Eruptionen. Heute sind nach den Erosionsprozessen und der eiszeitlichen Überformung nur noch die markanten Reste, wie zum Beispiel der Hohentwiel, in der Landschaft sichtbar.

12 Blick auf den Vulkan Hohentwiel und Singen, Baden-Württemberg

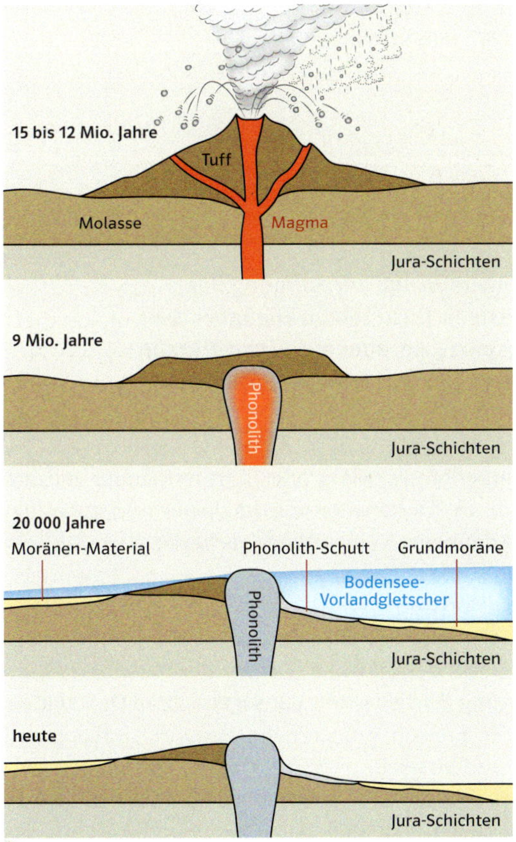

11 Vulkanische Entwicklungsstufen des Hohentwiel

Geologie der Vulkanlandschaft

„Nach der Jurazeit, von der am Nordrand des Hegaus Kalksteinvorkommen zeugen, war das Gebiet Hegau–Bodensee Teil eines weiträumigen Senkungsgebietes [...]. Letzmalig vor etwa 20 Millionen Jahren drang das Meer in dieses Becken vor. [...] In einem geologischen Zeitabschnitt, den die Geologen ‚Miozän' nennen, kam es im Hegau durch Schwächezonen in der Erdkruste aber auch im Gefolge von durch die Entstehung der Alpen ablaufenden Prozesse zu einer vulkanischen Tätigkeit, die vor knapp 20 Millionen Jahren begann, deren Höhepunkt vor etwa 14 Millionen Jahren lag und die vor etwa 6 Millionen Jahren zu Ende ging. Heiße Magma aus dem Erdinnern erreichte teilweise die Erdoberfläche und lagerte sich dort in Form von mächtigen Tufflagen, vulkanischen Bomben und Lapillis ab, deren Formenvielfalt heute zur Einmaligkeit des Hegaus beiträgt. Später drangen noch Basalt- und Phonolithschmelzen über Förderkanäle nach oben. Allerdings erreichten nur die Basalte die Erdoberfläche, während die Phonolithe wegen ihrer chemischen Zusammensetzung zähflüssiger waren und daher 100 bis 150 m unter der Erdoberfläche ‚steckenblieben' und erstarrten."

Matthias Geyer: Vulkane im Hegau. Pilotprojekt für grenzüberschreitenden Geotourismus. Ergebnis einer effizienten Zusammenarbeit, unter: www.geotourist-freiburg.de/vulkane-im-hegau/ (Zugriff: 06.06.2021)

13

14 **Phonolit aus dem Hegau**
Graues bis grünlich-graues vulkanisches Gestein, welches im wesentlich aus Alkalifeldspat besteht.

7 Beschreiben Sie die Entstehung der Vulkanlandschaft Hegaus.

8 Erläutern Sie den Zusammenhang zwischen der Alpenentstehung und der Vulkanlandschaft mit Hilfe der Plattentektonik (Grafik 11).

9 Erklären Sie die Formen der heutigen Oberfläche.

10 MK Stellen Sie mit Hilfe einer Internetrecherche weitere Vulkangebiete Deutschlands vor.

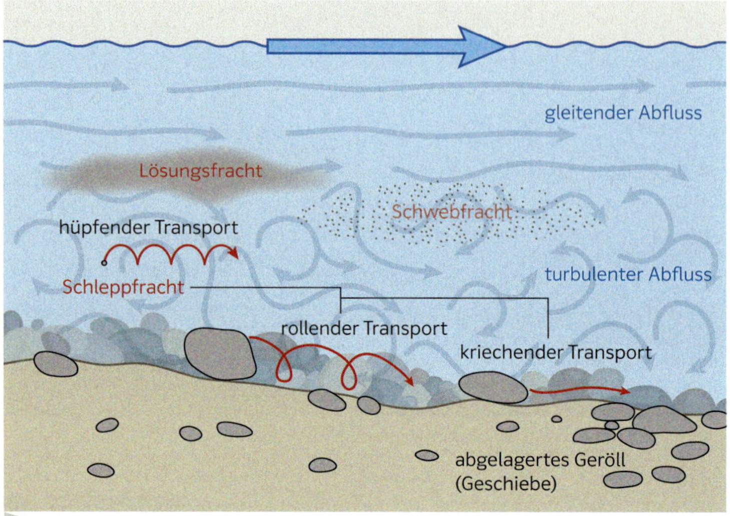

1 Materialtransport in Fließgewässern

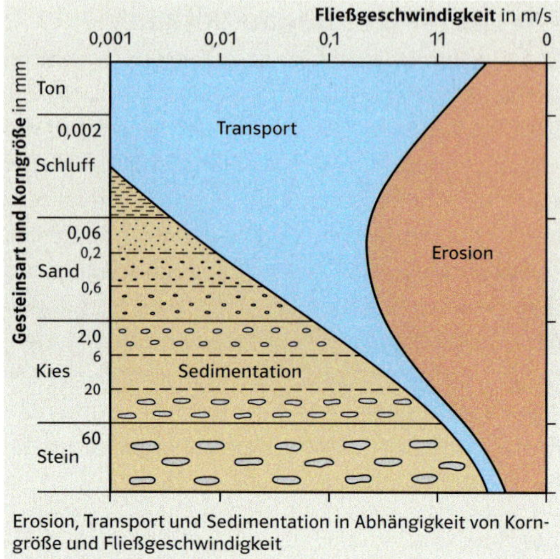

Erosion, Transport und Sedimentation in Abhängigkeit von Korngröße und Fließgeschwindigkeit

3 Hjulström-Diagramm

Flusslandschaften: Vom fließenden Wasser geschaffen

Alle Kräfte, die von außen auf die Erdoberfläche einwirken und zur Formung des Reliefs beitragen, werden als exogene Kräfte bezeichnet. Dazu zählen Fließgewässer, Wellen und Brandung, Gletscher, der Wind, Lösungsprozesse, aber auch schwerkraftbedingte Massenbewegungen. Wie laufen die Prozesse ab und welche Formen können dabei entstehen?

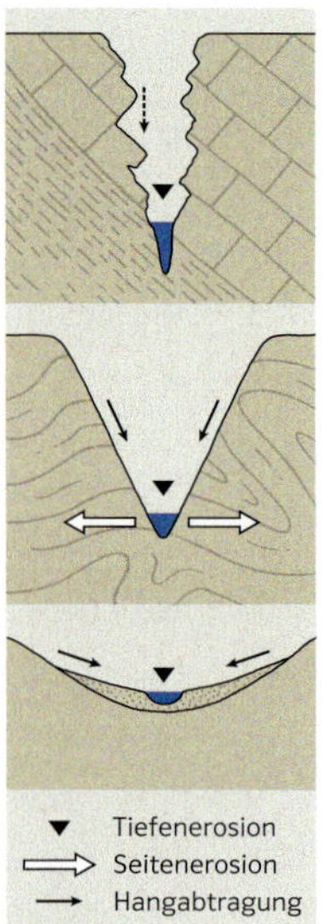

2 Erosion und Denudation

Von allen geomorphologisch wirksamen Kräften hat die Kraft des fließenden Wassers den stärksten Einfluss auf die Formung der Erdoberfläche. Dabei formt nicht in erster Linie das Wasser selbst die Landschaft, sondern die transportierten Teilchen, die Schlepp- und Schwebfracht.

Je nach Fließgeschwindigkeit, die vom Gefälle und der Wassermenge abhängt, werden zunächst tonige und mit zunehmender Geschwindigkeit sandige und kiesige Teilchen im Flußbett entweder hüpfend, rollend oder schwebend bewegt. Einem Sandstrahlgebläse ähnlich haben diese Teilchen am Grund des Fließgewässers abhobelnde oder schleifende Wirkung und bewirken eine Eintiefung der Täler. In Abhängigkeit von der Abflussgeschwindigkeit wird zwischen laminarem (gleitendem) und turbulentem Abfluss unterschieden.

Neben der linearen Tiefenerosion findet an den Rändern des Flussbetts Seitenerosion statt. Die Bildung von Tälern hängt jedoch nicht nur von der Transportkraft des Wassers, sondern auch von der Beschaffenheit des geologischen Untergrundes ab. Da alle Flüsse letztendlich ins Meer münden, arbeiten sie wie große Transportbänder, die das durch die Verwitterung zerkleinerte Material der Kontinente in die Ozeane verfrachten.

Talformen

Täler resultieren aus der erosiven Kraft des fließenden Wassers und der flächenhaften Abtragung der Talflanken, der sogenannten **Denudation**. Die **Erosion** kann wirken, wenn die Schleppkraft des Flusses $E_{KIN} = 0{,}5\,m \cdot v^2$ (m = Wassermenge, v = Fließgeschwindigkeit) höher ist als die zu bewältigende Materialfracht. Übersteigt die Menge des mitgeführten Sediments die Schleppkraft des Gewässers, kommt es zur **Akkumulation** (Ablagerung).

Im Oberlauf eines Flusses dominiert aufgrund des steileren Gefälles eher die Tiefenerosion, im Unterlauf die Ablagerung. Die Korngröße der mitgeführten Sedimente verringert sich dabei mit zunehmendem Transportweg.

Daneben hängt die Intensität der Talformung aber auch von der Härte des Gesteinsuntergrundes ab.

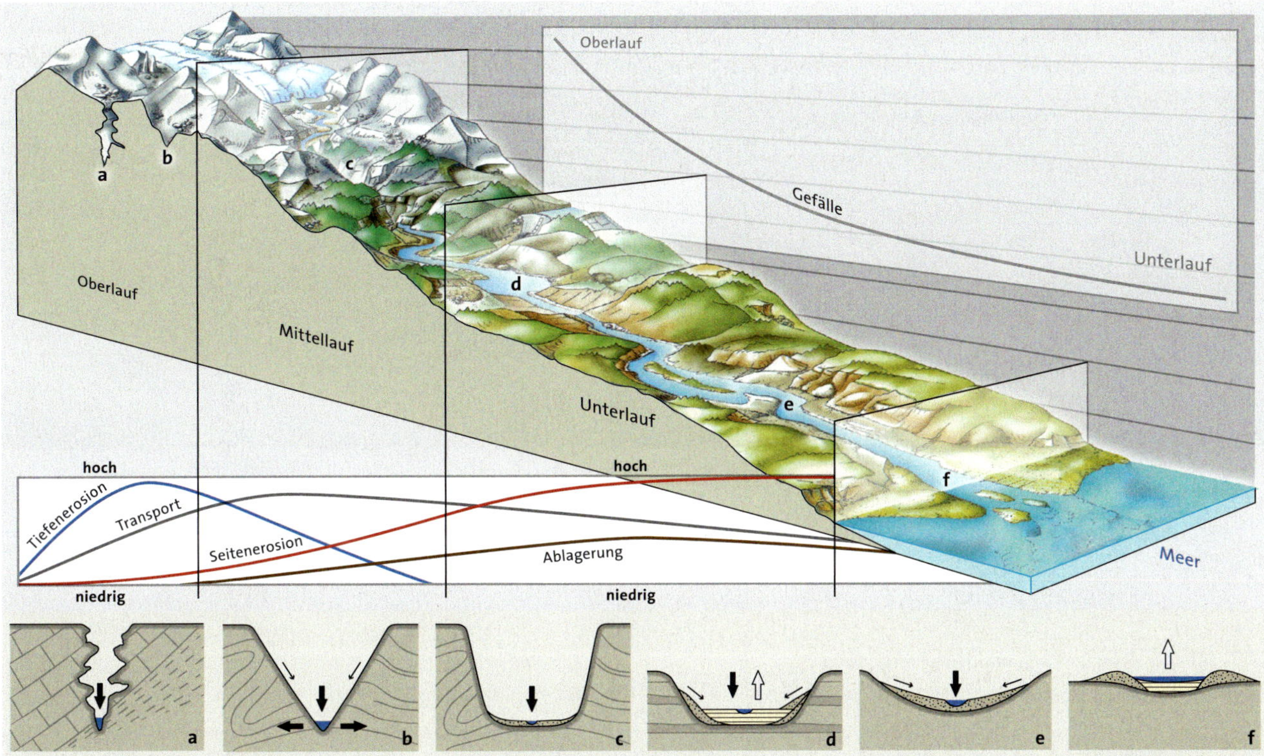

Klamm: Starke lineare Erosion, sehr steile Hänge, turbulent fließender Fluss nimmt die gesamte Breite der Sohle ein. **Vorkommen:** häufig einst vergletscherte Gebirgsregionen, wenn das Haupttal durch Eis tiefer ausgeschürft ist als das Nebental.

Kerbtal: Kräftige Tiefen- aber auch Seitenerosion, oft ausgeprägte Abtragung der Hänge, Fluss nimmt meist die gesamte Breite der Talsohle ein. **Vorkommen:** Gebiete mit kräftigen Niederschlägen und tektonischer Hebung des Geländes.

Trogtal: Starke Seiten- und Tiefenerosion durch Gletschereis, präglaziale fluviale Vorform (meist Kerbtal) übertieft; U-förmiger Querschnitt mit muldenförmigem Talboden und steilen Trogwänden. **Vorkommen:** im Bereich ehemaliger Talgletscher.

Sohlental: Kaum mehr lineare Erosion, Hangabtragung. Talboden, z. B. ehemaliger Kerbtäler, aufgefüllt mit Schotter oder anderen Sedimenten. **Vorkommen:** Mittel- und Unterläufe vieler Flüsse.

Muldental: Keine Tiefenerosion, kaum Seitenerosion, flächige Umlagerung der Hangsedimente. **Vorkommen:** Unterläufe vieler Flüsse, flache Hohlformen wechselfeuchter Tropen („Spülmulden"), oft aus Sohlentälern hervorgegangen.

Dammfluss: Nur noch Akkumulation. Dabei Flussbetterhöhung soweit, dass der Fluss auf seiner Talsohle oder Flussebene zwischen selbst aufgeschütteten Dämmen fließt. **Vorkommen:** häufig oberhalb von Deltamündungen. Bei Hochwasser Ausbrechen und Laufveränderungen.

4 Fluviale Prozesse und Talformen im Überblick

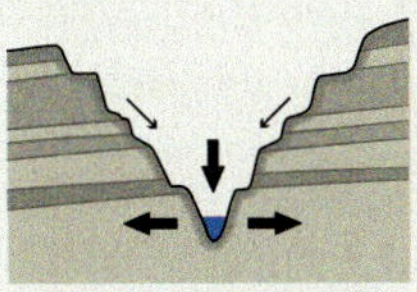

Grand Canyon, Arizona, USA

Lineare Erosion, kaum Seitenerosion, teilweise Denudation. Abwechselnd flache und steile Hänge in Abhängigkeit vom Gesteinsuntergrund. Fluss nimmt volle Breite der Sohle ein. **Vorkommen:** aride und semiaride Gebiete.

5 Talbildung in Trockengebieten: Sonderfall Canyons

1

Bestimmen Sie mithilfe des Hjulström-Diagrammes, welche Fließgeschwindigkeit nötig ist, um Kies von 6 mm Korngrößendurchmesser zu transportieren.

2 MK

Talformen

a) Ermitteln Sie mithilfe von Fotos aus dem Internet die Formen folgender Täler: Partnachklamm, Sognefjord, Fish River, Brahmaputra in Bangladesch.

b) Beschreiben Sie den Formenschatz auf diesen Fotos unter Zuhilfenahme von Grafik 4.

3

Erklären Sie, warum es auch im Oberlauf zur Bildung von Mulden- und Sohlentälern kommen kann.

4

Nicht jeder Fluss lässt sich in Ober-, Mittel- und Unterlauf gliedern. Weisen Sie diese Aussage an Beispielen nach.

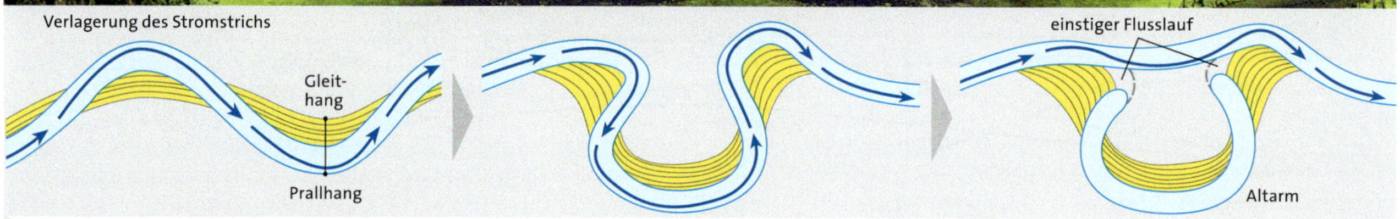

6 **Mäandrierender Fluss und Mäanderbildung**

Grafiken nach: Frank Press, Raymond Sievers: Understanding Earth, 2. Aufl. New York: W. H. Freeman 1998, S. 325

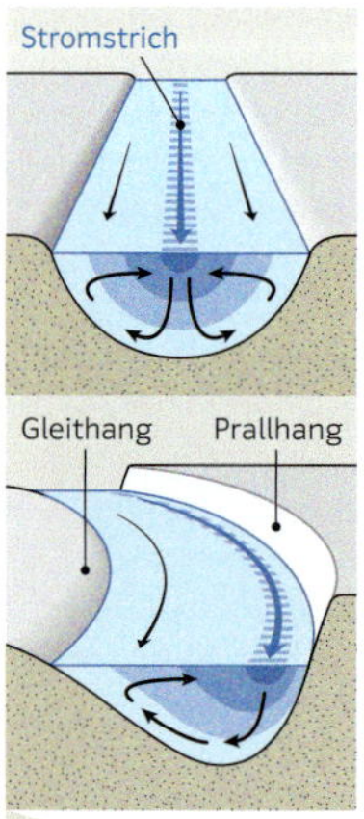

7 **Strömungsverhältnisse im Flussbett**

Deltas S. 91

Mäander

Flüsse und Bäche folgen auf ihrem Weg zum Meer dem natürlichen Gefälle. Dies geschieht meist nicht auf dem kürzesten Weg in gerader Linie bergab, sondern aufgrund der physikalischen Eigenschaften fließenden Wassers eher in einem pendelnd schwingenden Lauf. Die entstehenden Flussschlingen werden als **Mäander** bezeichnet (altgriech. für türkischen Fluss Menderes). Die Reibungsverhältnisse im Bett eines Fließgewässers führen zu unterschiedlichen Abflussgeschwindigkeiten. Während an den Ufern die Reibung besonders hoch ist, kann das Wasser zur Mitte hin quasi ungebremst abfließen. Auch im Bereich der Sohle wird der Wasserabfluss abgebremst. Der Stromstrich, der Bereich mit der höchsten Strömungsgeschwindigkeit, befindet sich nur bei linear fließenden Gewässern, z. B. Kanälen, in der Mitte. Er verlagert sich wegen der Flussschlingenbildung zu den Rändern. Dies führt dazu, dass dort, wo der Stromstrich auf die Biegung prallt, die Schleppkraft ihre größte Wirkung entfaltet und Material lateral erodiert wird (Seitenerosion). Mitunter wird an den **Prallhängen** die Uferkante unterschnitten. Gegenüber, am **Gleithang**, ist die Fließgeschwindigkeit am niedrigsten, dort wird mitgeführtes Material akkumuliert, da aufgrund des laminaren Abflusses am Gleithang die Schleppkraft deutlich nachlässt.

Bei fortgesetzter Schlingenbildung können Mäander abgeschnitten werden. Altwässer, die später oft verlanden, bleiben zurück. Im hügeligen Gelände entstehen so die „Umlaufberge". Wiesenmäander oder freie Mäander bilden sich auf den großen Schwemmlandebenen im Unterlauf, wo das natürlich fließende Gewässer seinen Verlauf immer wieder verändert. Talmäander entstehen in Gebieten starker tektonischer Hebung, die zur Eintiefung des Flusslaufes führt.

Zur Ablagerung von mitgeführten Materialien kommt es auch in gefällsarmen Bereichen eines Flusses, weil sich dort ebenfalls die Fließgeschwindigkeit deutlich verringert. Die Schleppkraft reicht nicht mehr aus. Sortiert vom groben bis zum feinkörnigen Material erfolgt die Ablagerung entlang des Längsschnittes. Ein durch Tide- oder Sturmfluthochwasser stark gebremster Abfluss im Mündungsbereich kann aus Flüssen fast stehende Gewässer machen. Dann ist die Akkumulation besonders stark und führt zur natürlichen Höherlegung des Flussbettes gegenüber dem Umland. Kommt es bei Hochwasser zur flächenhaften Überschwemmung und Akkumulation, können sich über einen längeren Zeitraum Aufschüttungsebenen bzw. im Mündungsbereich von Flüssen **Flussdeltas** bilden.

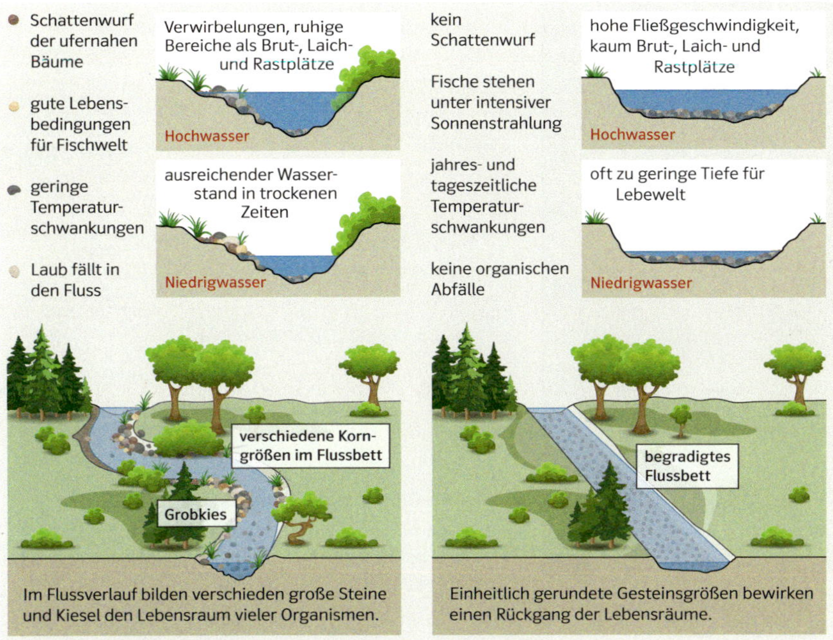

8 **Anthropogene Umgestaltung eines Fließgewässers**

Nach: James Hutton in: Barbara W. Murck, Brian J. Skinner, Stephen C. Porter: Dangerous Earth. New York: Wiley 1997, S. 211

10 **Der Rhein bei Ketsch**

Flussbegradigung und Hochwasser

Niederschlagsabhängig führen alle Gewässer unterschiedlich viel Wasser. Bei außergewöhnlichen Starkregenereignissen, vielerorts oft durch die Schneeschmelze noch verstärkt, können die Flüsse aus ihrem Bett treten, im Tiefland weite Flächen überschwemmen oder sich im Gebirge in reißende Ströme verwandeln. Diese natürlichen Prozesse bedrohen immer wieder den Lebensraum des Menschen in dicht besiedelten Gebieten.
Durch wasserbauliche Maßnahmen, beispielsweise durch **Flussbegradigungen**, wird versucht, das Abflussregime der Gewässer zu kontrollieren, um so die Nutzungspotenziale eines Flusses für den Menschen zu erhöhen.

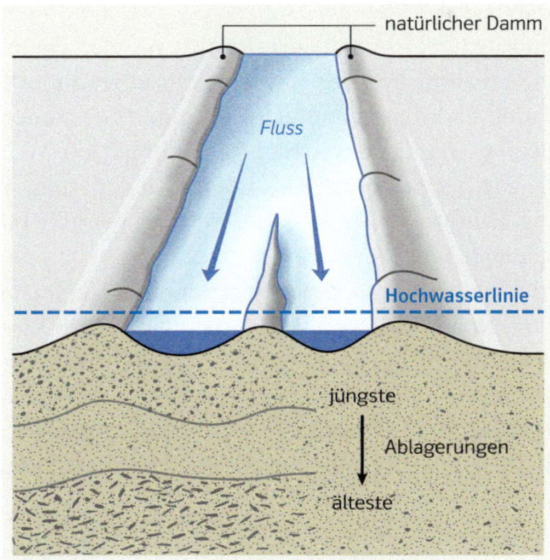

9 **Bildung einer Aufschüttungsebene**

5

Erklären Sie mithilfe der Abbildungen und des Textes dieser Doppelseite die Bildung und Zerstörung von Mäandern und Flussaufschüttungsebenen.

6

Erörtern Sie die Auswirkungen einer Flussbegradigung auf das natürliche System. Berücksichtigen Sie dabei insbesondere folgende Aspekte: Vegetation, Grundwasser, Hochwasserproblematik, Fließgeschwindigkeit, Schiffbarkeit, Nutzung der Wasserkraft.

1 Das Meer formt die Küste

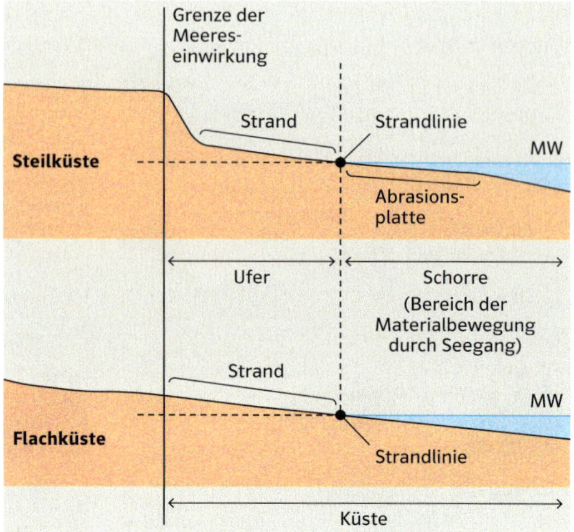

3 Küstenmorphologische Grundbegriffe

Nach: Hans Kugler, Daniel Schaub in: Manfred Hendl, Herbert Liedtke (Hrsg.): Lehrbuch der Allgemeinen Physischen Geographie. Gotha: Perthes 1997, S. 210

Küstenlandschaften: umkämpfter Grenzraum zwischen Land und Meer

Die Küsten bilden den Grenzsaum zwischen Meer und Festland, dessen Gestaltung von vielen Faktoren abhängt. Von See her wirken **Wellen** und die Gezeiten auf das Land ein und tragen zur Modellierung des Küstenverlaufs bei. Je höher die Wellenenergie, desto mehr Material wird abgetragen, der Küstenverlauf verlagert sich binnenwärts. Eine geringere Wellenenergie, beispielsweise in geschützten Buchten, führt oft zu Materialakkumulation. Zu den landwärtigen Komponenten der Küstenformung zählen die Härte des Gesteins, die tektonische Struktur, aber auch die klimatischen Bedingungen. Je nachdem ob Material abgetragen oder abgelagert wird, entstehen Abrasions- oder Akkumulationsküsten.

Kliffbildung und Abtragung

Während die Sedimentumlagerungen an **Flachküsten** im Landschaftsbild mitunter nur schwer abzulesen sind, dokumentieren Kliffküsten die Kräfte des Meeres eindrucksvoll. Trifft die See auf ansteigendes Gelände und widerstandsfähiges Material, kommt es zur Herausbildung von **Steilküsten**. Als „Angriffswaffen" stehen der **Brandung** Gerölle, Kiese und Sande zur Verfügung, die bei stärkerem Seegang immer wieder gegen das ansteigende Land geschleudert werden. Nach und nach wird der anstehende Fels am Klifffuß, dem Bereich zwischen mittlerer Hoch- und Niedrigwasserlinie, gelockert, bis das Meer schließlich einzelne Gerölle aus dem Gesteinsverbund heraus-

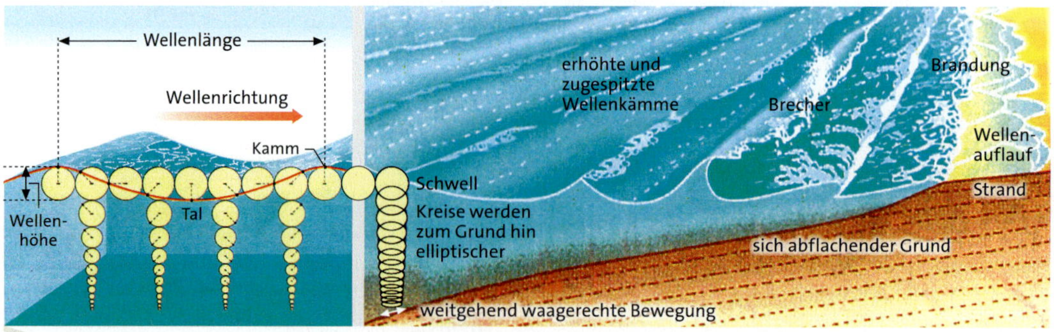

2 Wellenbewegung und Brandung

Nach: Frank Press, Raymond Sievers: Understanding Earth, 2. Aufl. New York: W. H. Freeman 1998, S. 422 f.

löst. Auch die bloße Druckkraft der in Klüfte und Spalten eindringenden Wellen sowie die Verwitterung durch salziges Spritzwasser lockern den Fels. Der fortwährende Angriff der Brandung führt zur Unterschneidung des **Kliffs**, bis schließlich das überhängende Gestein abbricht. Schrittweise wird die Kliffkante binnenwärts verlegt, bis sie schließlich nicht mehr regelmäßig von den Brechern erreicht wird. Das aktive Kliff geht dann in ein passives oder „fossiles" Kliff über. Nun wirken nur noch die Verwitterungskräfte des Festlandes und der Neigungswinkel der Steilkante verringert sich. Ferner können tektonische Hebungen Kliffs dem marinen Einfluss entziehen. Bei anhaltender Hebung sind dem so entstandenen fossilen Kliff häufig ein oder mehrere marine Terrassen vorgelagert, die ihrerseits entweder Hebungsvorgänge oder Meeresspiegelschwankungen dokumentieren.

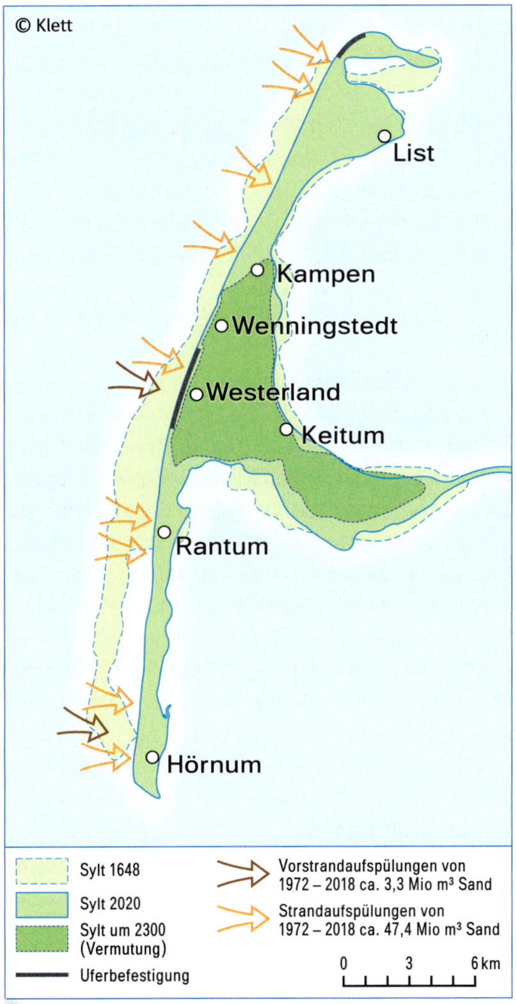

4 Veränderung der Insel Sylt

Genetischer Prozess		Präexistentes Relief	Küstentyp	
Transgression	Abtragung, Kliff- und Schorrenbildung	Trogtäler	Fjordküste	Steilküste
		subglaziäre Rinnentäler und Zungenbecken	Fördenküste	
		Rundhöcker	Schärenküste	
		fluviale Gebirgstäler	Riasküste	Steilküste
	Abtragung, Auflandung	Grund- und Endmoränenrelief/breite Zungenbecken	Boddenküste	
	Wirkung von Gezeitenströmen	Flachtäler großer Tieflandsflüsse	Ästuarküste	Flachküste
Transgression, Regression	Auflandung im Gezeitenbereich unter Mitwirkung der Vegetation		Wattküste	Flachküste
			Mangrovenküste	Flachküste
	biogener Küstenaufbau		Korallenriffküste	

Nach: Hans Kugler, Daniel Schaub: a.a.O., S.209

5 Küstenformen und ihre Entstehung

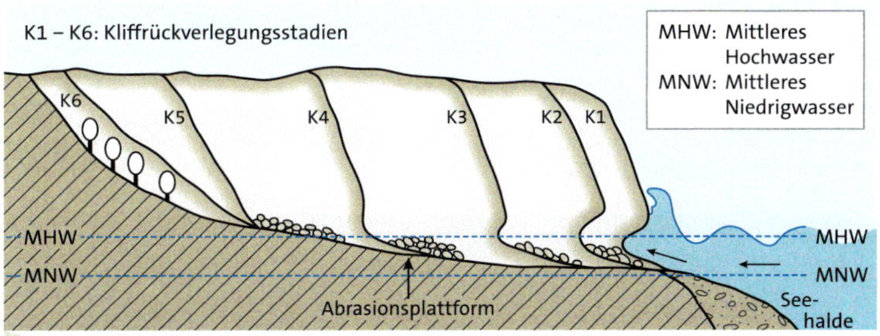

6 Entstehung eines Kliffs

Nach: Otto Maull, in Herbert Wilhelmy: Geomorphologie in Stichworten, Bd. 3. 5. Aufl. Berlin/Stuttgart: Bornträger 1992, S. III/117

1
Küsten gehören zu den dichtestbesiedelten Gebieten der Erde. Nennen Sie Gründe dafür.

2
„Küsten sind ein umkämpfter Grenzraumzwischen Land und Meer."
Erläutern Sie diese Aussage.

3
Erörtern Sie die Zukunft der Insel Sylt unter geomorphologischen und ökonomischen Aspekten.

4
Die globale Temperaturerhöhung lässt einen Anstieg des Meeresspiegels erwarten. Erläutern Sie die möglichen Auswirkungen auf die verschiedenen Küstentypen.

FALLBEISPIEL: Ostsee

7 Elemente der Flachküste bei Hirtshals (DK)

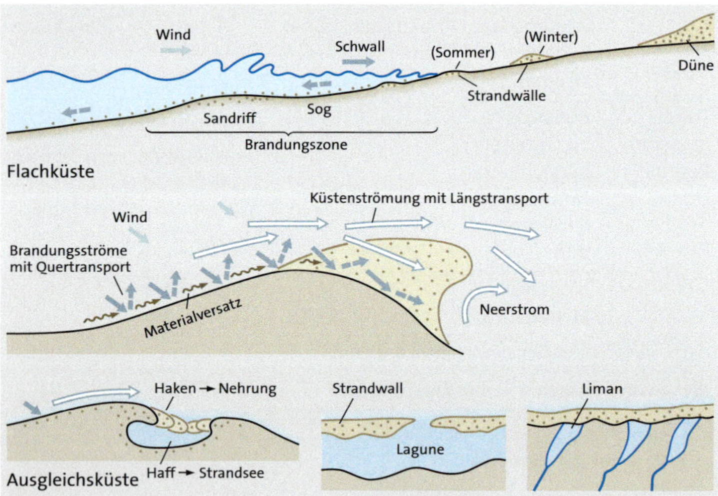

8 Entstehung von Flachküste und Ausgleichsküste

Nach: Manfred Hendl, Herbert Liedtke, Lehrbuch der Allgemeinen Physischen Geographie. Gotha Perthes 1997, S. 212

9 Haffküste bei Danzig (Frisches Haff), Blick von Norden

Im Gegensatz zur Nordsee ist die Ostsee ein gezeitenschwaches Binnenmeer ohne die weiten, bei Ebbe trockenfallenden Wattflächen. Der Tidenhub beträgt nur wenige Dezimeter. Auch hinsichtlich ihrer Entstehung und der gegenwärtigen Formenbildung unterscheiden sich beide Meere und ihre Küsten deutlich voneinander.

Küstenformen der Gegenwart

Im Zuge der Eiszeiten entstand im Bereich der heutigen südlichen Ostseeküste zunächst ein leicht hügeliges Relief, geprägt von End- und Grundmoränen. Aufgrund isostatischer Ausgleichsbewegungen senkte sich die Landoberfläche geringfügig ab. Bedingt durch den holozänen Meeresspiegelanstieg stieß die Ostsee nach dem Niedertauen der Gletscher in die eiszeitlich geprägten Gebiete vor (Transgression). Dort, wo Täler und Schmelzwasserrinnen überflutet wurden, entstanden trichterförmige Buchten wie die Flensburger Förde. Drang das Meer in hügelige Moränenlandschaften ein, bildete sich die **Boddenküste**, an der nur die höheren Erhebungen als Inseln oder Halbinseln aus dem Meer ragten. Damit war die Formung der **Ingressionsküste** noch nicht abgeschlossen, denn Wind und Wellen sorgen seither für eine Umlagerung erheblicher Sedimentmengen. Die vorherrschenden Westwinde bewirken eine küstenparallele Strömung, mit der Sandteilchen nach Osten transportiert werden. Das verfrachtete Material wird an Landvorsprüngen abgelagert und baut Strandhaken auf, die als **Nehrungen** weiter nach Osten wachsen. Buchten, die dabei vom offenen Meer abgeschnürt werden, bezeichnet man als **Haff**.

Ein Meer entsteht

Weite Teile der Landoberfläche des heutigen Mecklenburg-Vorpommern wurden während der Weichseleiszeit durch glaziale Prozesse überformt. Mit dem Niedertauen der Gletscher bildeten sich größere Süßwasserstauseen zwischen den festländischen glazialen Vollformen und dem im Norden liegenden Eiskörper, der das heutige Ostseebecken noch weitgehend ausfüllte. Nach und nach dehnte sich die transgredierende Ostsee in die zahlreichen Becken und Hohlformen eiszeitlichen Ursprungs aus. Im Hinblick auf die Ostseeentwicklung werden üblicherweise vier Stadien ausgewiesen:

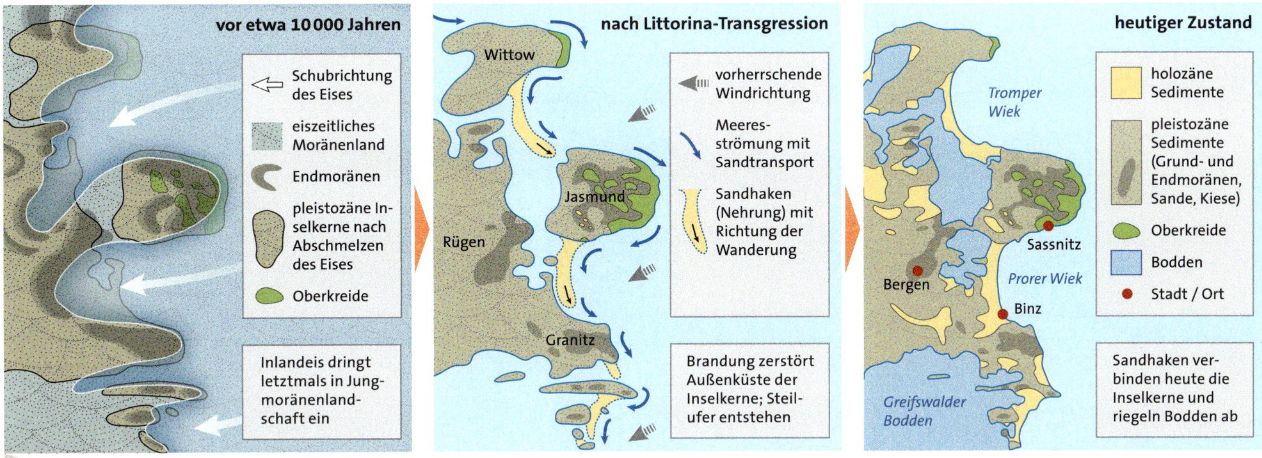

10 Entstehung der Boddenküste von Rügen

Baltischer Eisstausee. Vor etwa 13 000 Jahren sammelte sich hinter einer mächtigen Eisbarriere Schmelzwasser der abtauenden Inlandeismassen im sogenannten Baltischen Eisstausee. Als die Eisbarriere vor ca. 10 000 Jahren niedertaute, lief der Eisstausee in Richtung Nordsee aus.

Yoldiameer. Erstmals besaß damals die spätere Ostsee über die Mittelschwedische Senke direkten Anschluss an die salzhaltige Nordsee, sodass für einige Jahrhunderte salzhaltiges Wasser in die Ostseesenke vordringen konnte. Die Küste des Yoldiameeres (benannt nach der Leitmuschel Yoldia arctica) verlief aber noch nördlich der heutigen Küstenlinie.

Ancylussee. Aufgrund der kräftigen glazialisostatischen Aufstiegsbewegung Skandinaviens wurde jedoch vor ca. 9 500 Jahren der Zufluss salzhaltigen Wassers abgeschnürt. Eine Aussüßung durch die in das Becken entwässernden Flüsse setzte ein. Der steigende Seespiegel des Ancylussees (benannt nach der Leitschnecke Ancylus fluviatilis) drang in sämtliche unter −8 m NN gelegene Gebiete vor. An den Rändern des Sees kam es durch den steigenden Grundwasserspiegel zu Moorbildungen.

Littorinameer. Der kräftige Meeresspiegelanstieg nach dem Ende der letzten Kaltzeit führte dazu, dass die Landbrücke zwischen Norddeutschland und Skandinavien immer kleiner wurde. Vor 8 500 – 8 000 Jahren konnte das Meer diese Landbrücke überspülen und sich in Richtung Osten ergießen. Dieses Ereignis wird als Littorina-Transgression (benannt nach der Strandschnecke Littorina littorea) bezeichnet und leitete die Bildung der heutigen Ostsee ein.
Wie an der Nordsee führte der deutliche Meeresspiegelanstieg im Atlantikum auch in den später überfluteten Zonen der südlichen Ostsee zur Ausbildung weiter Transgressionsmoore. Nachfolgend (bis 5 700 vor heute) drang die Ostsee bis weit in das eiszeitlich angelegte Relief des Hinterlandes ein. Erst im nachfolgenden Subboreal begannen abrasive und akkumulative Prozesse die Küste nachhaltig zu gestalten. Das vorläufige Resultat dieser Entwicklung bildet die heutige, noch immer im Wandel befindliche, Küstenmorphologie der Bodden- und Ausgleichsküsten.

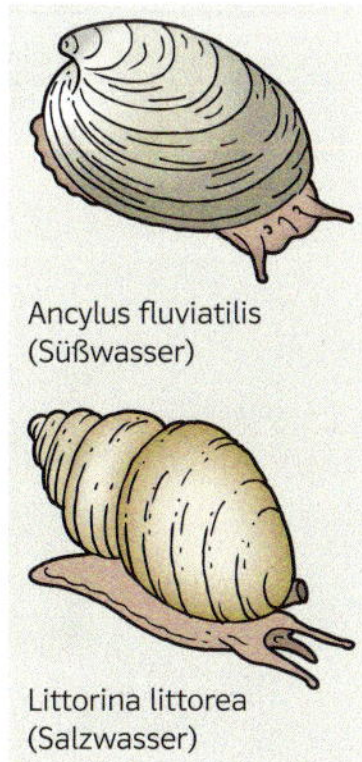

11 **Leitfossilien: Schnecken geben Auskunft über die Paläoökologie der Ostsee**

↼ Isostasie Seite 52/53

5
Foto 7 zeigt einen typischen Flachküstenabschnitt.
a) Beschreiben Sie die Formen.
b) Erläutern Sie deren Entstehung.

6
Erarbeiten Sie zu den Teilabbildungen von Material 10 jeweils einen kurzen Text, der die dargestellte Situation beschreibt.

7
Erörtern Sie mögliche künftige geomorphologische Entwicklungen der Ostseeküste.

FALLBEISPIEL: norddeutsche Wattenküste

12 Deichbruch: „Hollandflut" 1953

15 Landsataufnahme vom Nordteil der schleswig-holsteinischen Wattenküste

13 Details des Wattenmeers: Wattwurm und Rippelmarken

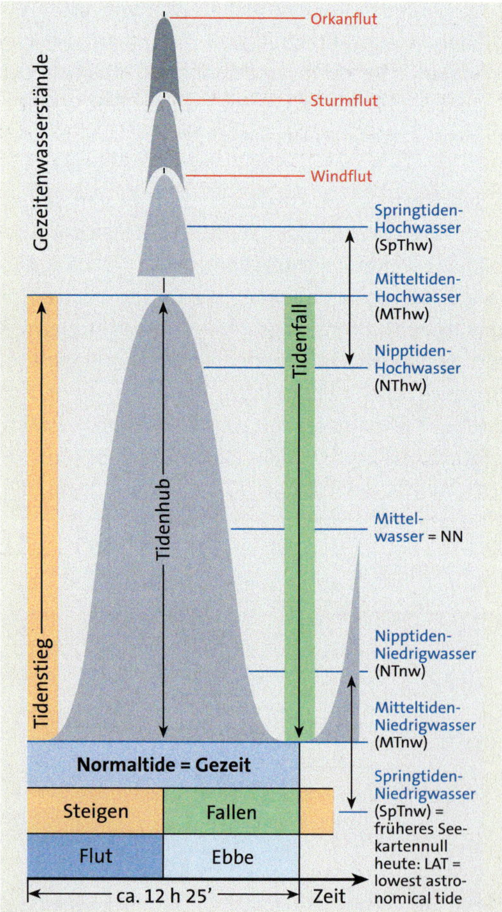

14 Gezeiten und Gezeitenterminologie

Nach: Bruno P. Kremer: Wasserreservoire der Erde. Köln 2001

Auf den zweiten Blick entpuppt sich die vielleicht eintönig braun und langweilig wirkende **Wattenküste** als ein einzigartiger Lebensraum für viele seltene Tier- und Pflanzenarten. Unter anderem deshalb wurde sie Mitte der 1980er-Jahre zum Nationalpark erklärt.

Neben den vielfach verzweigten Rinnen und Prielen haben die Wellen filigrane Rippelmarken in den Sand gezeichnet. Auch die üppige Fauna hinterlässt, wie z.B. der Wattwurm Arenicola marina, markante Spuren.

Die wohl erste Beschreibung der deutschen Nordseeküste liefert der römische Schriftsteller und Offizier Gaius Secundus Plinius in seiner Naturgeschichte, in der es unter anderem heißt: „In ungeheurem Andrang stürzt dort in einem Zeitraum von Tag und Nacht zweimal das Meer heran, breitet sich ins Unermessliche aus und bedeckt einen ewig in der Natur strittigen Raum". Treffend beschreibt Plinius bereits vor rund 2 000 Jahren das zyklische Auftreten der Tide, die für die Formung des Watts von entscheidender Bedeutung ist.

An tidebeeinflussten Flachwasserbereichen wie der deutschen Nordseeküste wird nicht nur Material abgetragen, sondern auch abgelagert, was zur Ausbildung der weiten sandigen und schlickigen Wattflächen führt. Das **Wattenmeer** in seiner heutigen Form ist das Ergebnis eines seit Jahrtausenden andauernden Landschaftswandels mit einem dynamischen Ablauf von **Abrasion** und **Akkumulation**.

Während der Weichseleiszeit verlief die Nordseeküste mehrere Hundert Kilometer weiter westlich, doch verlagerte sich die Küste im Zuge des Meeresspiegelanstiegs immer weiter nach Osten. Dabei wurde Material abgelagert und das heutige Wattenmeer wuchs stetig. Noch bis ins Mittelalter hinein waren weite Gebiete zwischen den Nord- und Westfriesischen Inseln Festland, doch verheerende Sturmfluten sorgten für Landverluste.

Erst durch moderne Deichbauten konnte die Gefahr verheerender Überschwemmungen minimiert werden. Dennoch wirken im „amphibischen Übergangsbereich" nach wie vor die gewaltigen Material umlagernden Kräfte des Meeres, denen sich auch der moderne Mensch trotz größter technischer und finanzieller Aufwendungen immer wieder stellen muss.

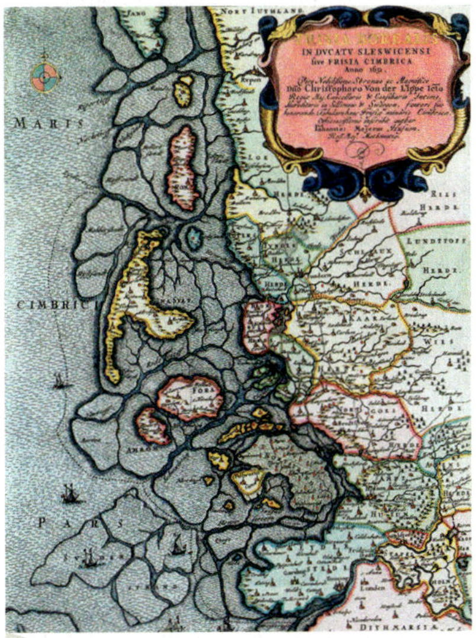

16 Küste im Wandel – historisches Kartenmaterial (oben 1240, unten 1651)

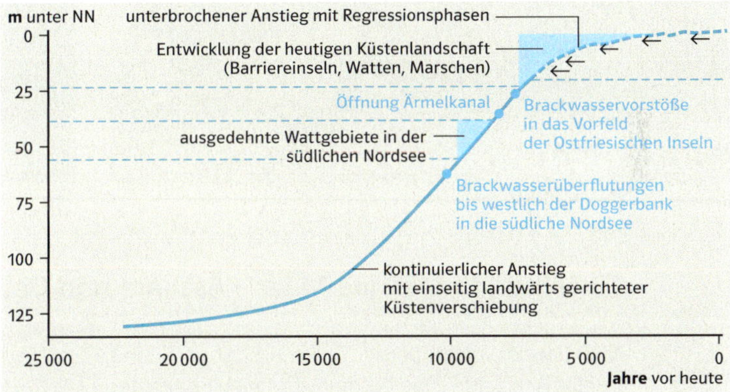

17 **Meeresspiegelanstieg der Nordsee im Weichsel-Spätglazial und Holozän mit Angaben zur Entwicklung des niedersächsischen Küstenraumes**

Nach: Holger Freund, Hansjörg Streif: Natürliche Pegelmarken für Meeresspiegelschwankungen der letzten 2 000 Jahre im Bereich der Insel Juist. In: Peterm. Geogr. Mitt., 134. Jg., Pilotheft. Gotha: Klett-Perthes 2000, S. 35

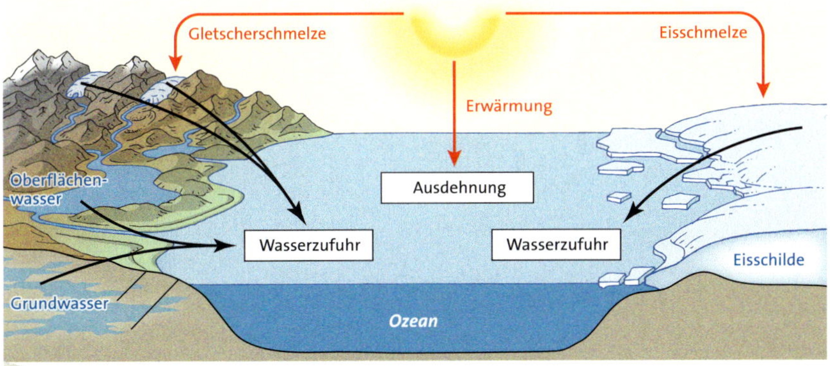

18 **Mögliche Ursachen für einen Meeresspiegelanstieg**

8

Ermitteln Sie mithilfe des Atlas die Namen der auf dem Satellitenbild 15 sichtbaren Inseln und die geomorphologischen Merkmale des Wattenmeeres.

9 MK

Recherchieren Sie die wesentlichen Aufgaben und Ziele des Integrierten Küstenzonenmanagements (IKZM) in Deutschland.

10

Erörtern Sie vor dem Hintergrund der Kurve in Grafik 17 und des historischen Kartenmaterials 16 den für die kommenden 100 Jahre vom Weltklimarat (IPCC) prognostizierten Anstieg des Meeresspiegels.

19 Delta der Lena in Ostsibirien

20 Ästuare von Elbe und Weser mit Jadebusen

Flussmündungen ins Meer – Ästuare und Deltas

→ Coriolisablenkung S. 144/145

aestuarium (lat.) niedere Flussmündung

Die heute vorfindbaren Flussmündungen sind geologisch sehr junge Formen, da sie erst nach der letzten Kaltzeit entstanden. Damals führte das Abschmelzen der Gletscher zu einem deutlichen Anstieg des Meeresspiegels. Die Unterläufe der Flüsse, deren Mündungen damals teilweise mehrere Hundert Kilometer weiter seewärts lagen, wurden überflutet. Als häufig vorkommende Flussmündungsformen bildeten sich im Laufe der Zeit **Ästuare** und **Deltas** heraus.

Ästuare

Bei den Ästuaren handelt es sich um Trichtermündungen von Flüssen im Einflussbereich der Gezeiten. Sie entstehen an **Flachküsten** mit großem Tidenhub. An der Nordsee zählen zu den Ästuaren die Mündungen von Elbe, Weser und Themse. Besonders eindrucksvoll sind aber die bis zu 30 km breiten Mündungsarme des Amazonas.

Ästuare werden unter dem Einfluss des bei Ebbe und Flut ein- und ausströmenden Wassers gebildet, wobei die Flussmündung trichterförmig erweitert wird. Das schwere Salzwasser dringt bei Flut von der See her keilförmig in den Fluss vor und wird vom Süßwasser des Flusses überlagert. Dabei werden durch den starken Flutstrom das Flussbett und die Ufer erodiert. Die Sedimente werden flussaufwärts transportiert. Dieses Material kann durch den meist schwächeren Ebbestrom nicht wieder komplett abtransportiert werden. So entstehen Sandbänke, die für die Schifffahrt hinderlich werden können. Die an den Ästuaren meist weit im Landesinneren liegenden Häfen (z. B. Hamburg, Bremen, London) müssen daher regelmäßig ausgebaggert werden.

Aufgrund der Coriolisablenkung fließt das Meerwasser bei Flut auf der Nordhalbkugel stärker am linken Flussufer aufwärts, dort finden sich deshalb die Steilufer. Bei Ebbe fließt das Wasser mehr am rechten Ufer wieder ins Meer zurück, dort dominieren die Sandbänke. Auf der Südhalbkugel ist es umgekehrt.

Deltas

Ein Delta kann nur entstehen, wenn die Sedimentzufuhr des Flusses größer ist als die Abtragung im Mündungsbereich. Die größten Deltas können sich im Bereich gezeitenschwacher, tektonisch stabiler Flachwasserküsten ohne nennenswerte Meeresströmungen im Mündungsbereich bilden. Diese idealen Voraussetzungen treffen jedoch selten alle zusammen, sodass quasi alle Deltas in Bezug auf ihre Genese individuell charakterisiert werden müssen.

Jedes Delta besteht aus einem Netz weitverzweigter Arme. Wegen der Verlangsamung der Fließgeschwindigkeit wird dort das mitgeführte Sediment, meist tonig-schluffiges Material, abgelagert. Die entstehenden Schwemmkegel schieben sich so weit seewärts vor, bis die marine Abrasion die Sedimentation übersteigt. Nicht nur die Menge und die Größe des vom Fluss herantransportierten Materials sowie die Intensität der Gezeiten bestimmen die Größe und die Wachstumsgeschwin-

21 Thames Barriers

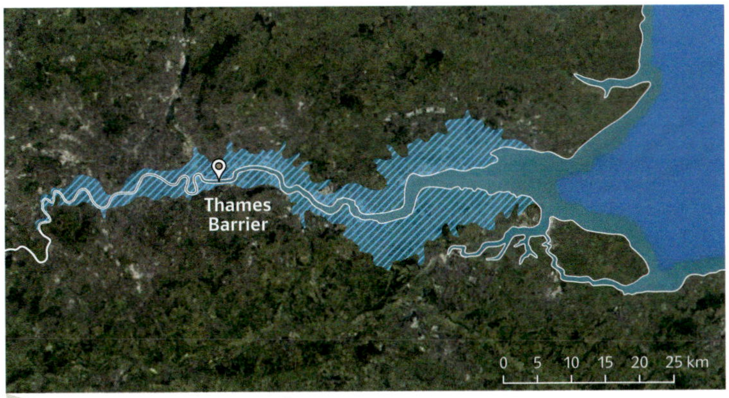

23 Potenzielles natürliches Überschwemmungsgebiet der Themse

digkeit eines Deltas, sondern auch die tektonischen Verhältnisse im Mündungsbereich. Sowohl ein schneller, steiler Abfall des submarinen Schelfbereiches als auch eine tektonisch bedingte Senkung des Küstenraumes wirken sich negativ auf die Deltabildung aus. Insbesondere die Anzahl der Mündungsarme bestimmt die Breite eines Deltas.

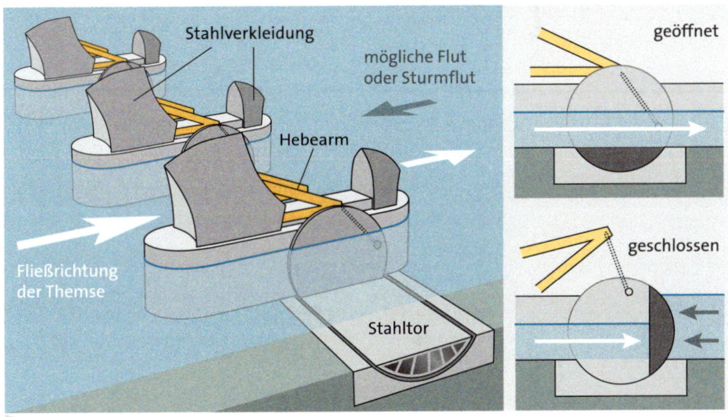

24 Funktionsweise der Thames Barriers

Die „Thames Barrier"

Seit Jahrhunderten beeinflussen die Tide und außergewöhnliche Hochwasserereignisse das Leben und Wirtschaften an der Themse. Insbesondere zum Hochwasserschutz der ufernahen Zonen im Bereich der Londoner Innenstadt wurde in den 1980er-Jahren die „Thames Barrier" errichtet. Dieses Sperrwerk kann bei Sturmfluten geschlossen werden und verhindert so einen Anstieg des binnenwärtigen Flusspegels. Vor dem Hintergrund des prognostizierten Meeresspiegelanstiegs und der Möglichkeit einer Zunahme und Intensivierung von Hochwasserereignissen durch künftige klimatische Veränderungen muss dieser Hochwasserschutzmaßnahme eine besondere Bedeutung beigemessen werden. Kaum absehbar wären die wirtschaftlichen und sozialen Folgen eines „Katastrophenhochwassers" in „Central London". Ein derartiges Naturereignis würde nicht nur Teile des U-Bahn-Systems lahmlegen, sondern auch die Strom-, Gas- und Wasserversorgung umliegender Wohn- und Geschäftsviertel in erheblichem Maße beeinträchtigen.

22

11

Erstellen Sie eine Tabelle, die die wesentliche Faktoren der Bildung von Ästuaren und Deltas vergleicht.

12 MK

Auswertung der Satellitenbilder dieser Doppelseite:
a) Lokalisieren Sie die Bilder mittels Atlas.
b) Charakterisieren Sie wichtige topografische Elemente auf den Bildern.
c) Ermitteln Sie die Jahreszeit der Aufnahme von Bild 19 mithilfe des Internets. Begründen Sie Ihre Überlegungen.

13

Erörtern Sie die Notwendigkeit technischer Küstenschutzmaßnahmen (Thames Barriers) im Bereich des Themseästuars.

25 Phasen der Landnutzungsveränderungen an der Küste Bangladeschs: A – ursprünglicher Küstenurwald, B – Shrimp Farm nach Rodung, C – Industrieflächen nach Versalzung

FALLBEISPIEL: Bangladeschs

„In der Todeszone des Klimawandels"
Dramatische Meldungen erreichen uns über die Medien, z. B.
„Der Klimawandel treibt die Meerespegel in die Höhe – und bedroht damit den Lebensraum von Millionen Menschen. Bangladeschs bettelarme Bevölkerung ist akut bedroht, viele Hütten liegen nur Zentimeter über der Flutkante. [...]"

Matthias Gebauer: In der Todeszone des Klimawandels. Beitrag vom 23.4.2007, unter www.spiegel.de/wissenschaft/natur/bangladesch-in-der-todeszone-des-klimawandels-a-477669.html (Zugriff: 08.05.2021)

26

Klimawandel als „Sündenbock"

Die Küsten Bangladeschs zählen zu den Regionen der Erde, die durch die Auswirkungen des globalen **Klima**wandels besonders gefährdet sind. Vielfach werden Untergangsszenarien aufgezeigt, die mit dem Ansteigen des Meeresspiegels in Verbindung gebracht werden, aber auch mit den Zyklonen, die jedes Jahr über den Golf von Bengalen ziehen. Derartig zugespitzte Aussagen wie in Quellentext 36 greifen jedoch zu kurz und vernachlässigen wesentliche Tatsachen im komplexen Wirkungsgefüge.

Zyklon
tropischer Wirbelsturm

Die Küstenlandschaft im Wandel

Der Naturraum ist vom Delta geprägt, dass die Flüsse Brahmaputra, Ganges und Meghna aufgeschüttet haben. Unzählige Wasserläufe durchziehen das nur wenige Meter über dem Meeresspiegel liegende Gebiet. Regelmäßig überschwemmen die Flüsse zur Monsunzeit Teile des Landes. Auch fruchtbarer Schlick wird dabei abgelagert.

Ursprünglich war die Gezeitenküste im Mündungsbereich von dichten **Mangroven** umsäumt, doch wurden die Küstenurwälder zur Anlage von Garnelenfarmen nahezu vollständig gerodet. Lediglich ein kleiner Restbestand, die Sundarbans, wurde unter Schutz gestellt. Als wertvolles Habitat beherbergen die Mangroven eine einzigartige Fauna und Flora. Als natürlicher Schutzwall mindern die Mangroven die Auswirkungen von Stürmen, da die Wälder die Windgeschwindigkeiten reduzieren. Darüber hinaus haben die Mangroven eine große Bedeutung für die Küstenmorphologie. Sie reduzieren die Erosion und tragen zur verstärkten Sedimentation bei. Insbesondere die Luftwurzeln fangen den Schlick regelrecht ein.

→Mangrove S. 207

Damals trugen die sturmflutbedingten Hochwasserereignisse einen anderen Charakter, dem sich die Menschen über viele Jahrhunderte angepasst hatten. Durch den Rückstau der Flüsse drang insbesondere für die Landwirtschaft unbedenkliches Süßwasser in die Weite des Deltas ein. Auch der Anstieg des Wasserspiegels erfolgte bei Sturmfluten langsamer als heute.

Aquakulturen

Garnelenzucht war in Bangladesch eine traditionelle, den natürlichen Bedingungen angepasste Wirtschaftsform. Mit den Gezeiten und bei Überschwemmungen gelangten Garnelenlarven in die Reisfelder, wo sie kultiviert wurden. Anfang der 1980er-Jahre stieg die weltweite Nachfrage nach Garnelen stark an und die industrielle Zucht der Tiere im Deltabereich begann. Diese intensive Produktion erwies sich als nicht nachhaltig. Nach einigen Jahren mussten die Flächen aufgegeben werden.

Insbesondere die starke Versalzung macht eine Wiederaufforstung oder gar landwirtschaftliche Nutzung nahezu unmöglich. Stattdessen werden auf den ehemaligen Aquakulturen neue Industrieanlagen errichtet. Die Folgen der weitflächigen

Abholzung sind u.a. höhere Windgeschwindigkeiten, rascherer und höherer Wasserauflauf und Sedimentverlust. Ohne die Abholzung der Mangroven könnte das Delta trotz des Meeresspiegelanstieges weiter wachsen, die vom Weltklimarat prognostizierten Szenarien wären bei intakten Ökosystemen weitaus weniger bedrohlich für Bangladesch.

Bevölkerung und Migration

Bangladesch ist eines der am dichtesten besiedelten Länder der Erde (1240 Einw./km²), die Bevölkerungszahl wächst kräftig. Immer intensivere Landnutzung ist nötig, trotz der eng begrenzten Agrarressourcen. Dabei werden auch Flächen kultiviert, die durch Wirbelstürme und Hochwasser extrem gefährdet sind. Die Armutsrate geht aufgrund des raschen Wirtschaftswachstums von teilweise über sechs Prozent pro Jahr seit 1991 stetig zurück, doch lebt noch immer fast die Hälfte der Bevölkerung unter der Armutsgrenze. Insbesondere die exportorientierte Textilindustrie sorgt für Wachstum. Viele Arbeiter in der städtischen Bekleidungsindustrie sind Migranten, die aus ländlichen Regionen abwandern mussten. Sie stehen den Textilfabriken als billige Arbeitskräfte zur Verfügung. Die überwiegende Mehrheit von ihnen wohnt in einem der Slums von Dhaka.

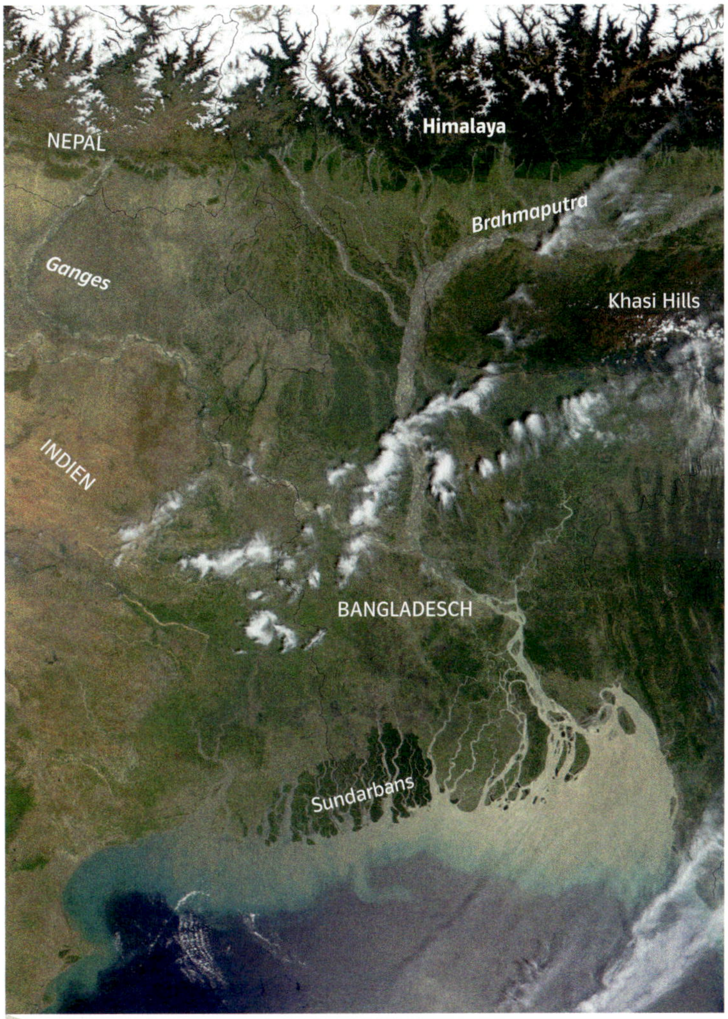

28 Bangladesch: eine gefährdete Region (Satellitenbild)

27 Vom Feld in die Textilfabrik

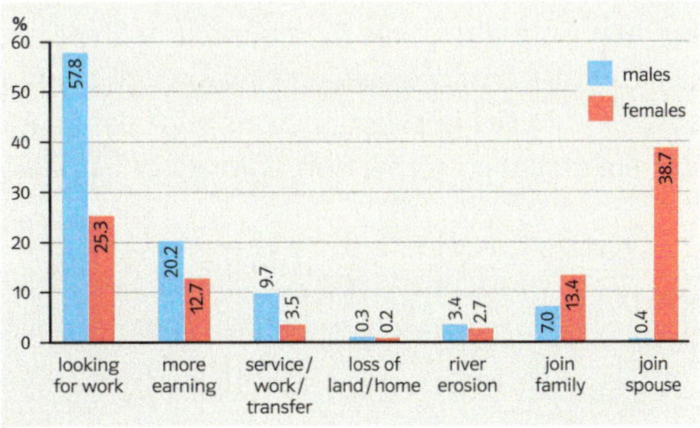

29 Gründe für die Abwanderung in die Stadt

Armutsgrenze
Einkommen von weniger als 1 US-$ pro Tag

14 Charakterisieren Sie die Küstenlandschaft unter Berücksichtigung der Bedeutung der Mangrovenwälder (Atlas).

15 Arbeiten Sie Aspekte der Landnutzungsveränderungen im Küstenbereich Bangladeschs heraus.

16 Erörtern Sie Ursachen für die Migration in die Städte (Grafik 29).

17 Diskutieren Sie die Bedeutung des Klimawandels für die Küstenregion in Bangladesch.

1 Rand des grönländischen Inlandeises

5 Tschiervagletscher, Graubünden (Schweiz)

Glaziallandschaften: Von Gletschern und Inlandeis geformt

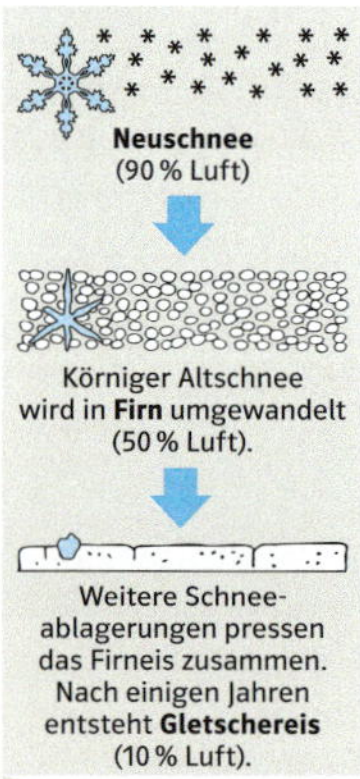

2 Gletschereisentstehung

3 Gletscherschliff

Die Formenbildung durch das Eis erfolgt durch die großen Plateaugletscher der Erde, die z.B. Grönland und die Antarktis bedecken, sowie durch die Gletscher der Hochgebirge. Rund 10 % der Erde sind eisbedeckt und 1,2 % des gesamten Wassers der Erde ist als Eis gebunden. Während der Erdgeschichte führten längerfristige Klimaveränderungen immer wieder zu Schwankungen des globalen Eisvolumens.

Die eigentliche Reliefformung geschieht durch die Bewegung der Gletscher und die dadurch hervorgerufene abhobelnde und schleifende Wirkung auf den Untergrund, die Glazialerosion. Entscheidend für die Erosionsleistung sind sowohl die Beschaffenheit des Untergrundes als auch der Druck der aufliegenden Eismassen. Immerhin liegt die Mächtigkeit der großen Inlandgletscher teilweise bei über 3 km.

Grundvoraussetzung für die Entstehung von Gletschern sind dauerhaft so niedrige Temperaturen, dass der gefallene Schnee im Laufe eines Jahres nicht vollständig abschmilzt und die Schneemassen in den darauffolgenden Jahren weiter wachsen. Durch den jährlich hinzukommenden Neuschnee und ein sommerliches Antauen geraten die tiefer liegenden, ursprünglich lockeren, Schneemassen mehr und mehr unter Druck und über Zwischenstufen entsteht schließlich kompaktes Gletschereis. Durch den hohen Druck an der Gletscherbasis schmilzt Eis sogar bei Temperaturen unter 0 °C und tritt oft als Gletscherbach aus.

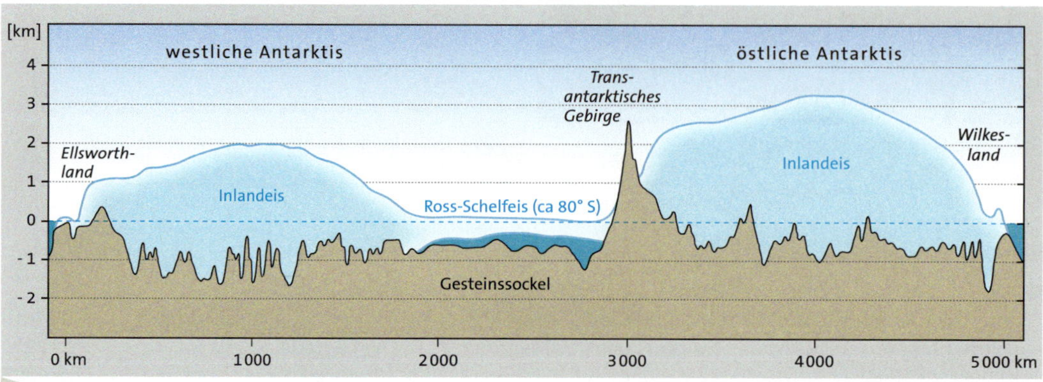

4 Querschnitt durch die Antarktis

Nach: John May 1988; in: Wolf Dieter Blümel: Physische Geographie der Polargebiete. Stuttgart u.a.: Teubner 1999, S.59

Weiße Riesen auf dem Rückzug

„Gletscher prägen nicht nur die Hochgebirgsregionen der Erde, in den Polargebieten bedecken ihre Eispanzer ganze Kontinente. Sie kalben Eisberge so hoch wie ein Mehrfamilienhaus und speichern mehr als drei Viertel der weltweiten Süßwasserreserven. Wo sie sich vorschieben, prägen sie die Landschaft.
Doch trotz ihrer Größe und Mächtigkeit, die ‚weißen Riesen‘ sind extrem empfindlich. Auf das immer wärmer werdende Klima reagieren sie mit Abschmelzen. Vor allem in den Alpen schrumpfen die Gletscher mit alarmierender Geschwindigkeit. Die Folgen sind Erdrutsche, Murgänge und Überschwemmungen. Auch am Meeresspiegel zeigen sich bereits erste Auswirkungen. Würden alle Gletscher der Welt schmelzen, könnte der Meeresspiegel statt weniger Zentimeter sogar um 70 m ansteigen. Aber nicht überall sind die weißen Riesen auf dem Rückzug. In manchen Regionen wachsen sie sogar noch. Dennoch geben die Klimatologen keine Entwarnung – die globale Erwärmung ist Realität und die Gletscher sind die ersten Indikatoren der kommenden Veränderungen […]“

Jens Oppermann in: scinexx vom 26.03.2003, unter: www.scinexx.de/dossier/gletscher/(Zugriff: 08.05.2021), geringfügig verändert

6

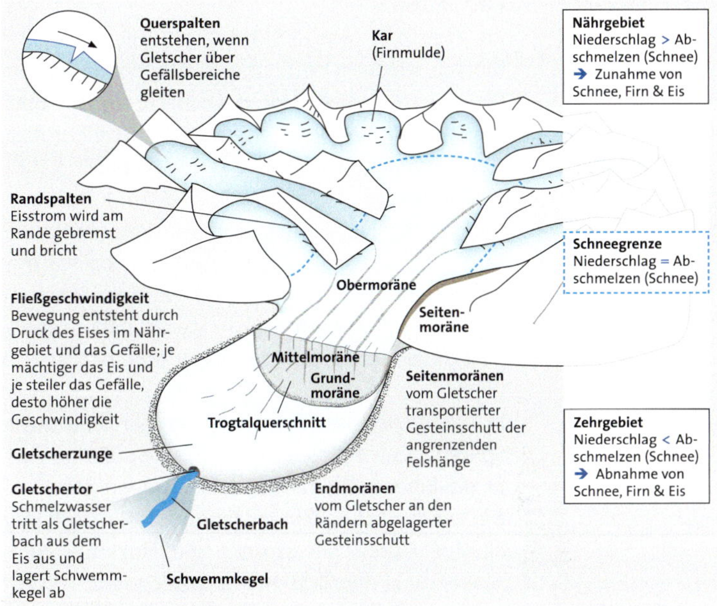

7 Modell eines Talgletschers

Talgletscher

Im Hochgebirge sammelt sich der Schnee zunächst in kleineren Firnmulden, die durch die Glazialerosion vergrößert werden. Diese oft steilwandigen Kare sind das eigentliche Ursprungsgebiet der Gletscher. Bedingt wird das zähplastische Fließen des Eises durch das natürliche Gefälle, den Eisnachschub in den höheren Gebirgsregionen und die Gleitfähigkeit auf den Schmelzwasserbildungen an der Unterseite des **Talgletschers**. In seiner Vorwärtsbewegung vertieft und verbreitert der Gletscher das von ihm überfahrene Tal.

Der Gletscherrand oszilliert. In früher stärker vergletscherten Gebieten dokumentieren die markant U-förmigen **Trogtäler** die einstige Eisbedeckung und erosive Arbeit der Gletscher. Wurden diese Täler nacheiszeitlich überflutet, entstanden **Fjorde**. Häufig wurden kleinere Seitentäler weniger stark tiefer gelegt, sodass seit dem Abtauen des Eises Wasserfälle von den Rändern in das Trogtal stürzen. Auch die Bildung einer **Klamm** oder eines Hängetals kann auf die Vertiefung der ursprünglichen Erosionsbasis zurückgeführt werden. Neben **Seiten-**, **Mittel**- und Obermoräne ist den Talgletschern eine **Endmoräne** vorgelagert, die von einem Gletscherbach durchflossen wird. Vor ihr wird vom Schmelzwasser ein Schwemmkegel aus Geröll und Gesteinsschutt abgelagert. Unter dem Eis zu feinem Gesteinsmehl zerriebener Fels gibt dem Schmelzwasser eine milchige Färbung, die Gletschertrübe.

↩ Talbildung/Talformen S. 96/97

1
Beschreiben Sie den Einfluss von Gletschern auf die Formung der Landschaft.

2
Arbeiten Sie aus den Materialien dieser Doppelseite wesentliche Voraussetzungen für die Entstehung eines Gletschers heraus.

3
Benennen Sie mithilfe der Grafik 7 die glazialen Formen des Tschiervagletschers (Foto 5).

4
„Nicht alle Gletscher der Erde schmelzen zurück, einige wachsen.“ Bewerten Sie diese Beobachtungen von Geowissenschaftlern.

→ globale Temperaturveränderungen S. 311

Kaltzeiten

Im Pleistozän (ca. 1,8 Mio. bis 10 000 Jahre v. h.) führten wiederholte Temperaturabsenkungen um bis zu 10 K zur weltweiten Ausbreitung der Gletscher auf weite Teile Nord- und Mitteleuropas, Nordamerikas, Skandinaviens und Asiens.

Im Alpenraum stießen sie als Eisstromnetze bis in tiefer gelegene Täler vor. Dort wurden vier Hauptvereisungsphasen nachgewiesen, die von wärmeren Abschnitten unterbrochen wurden. Benannt sind sie vom Älteren zum Jüngeren nach Nebenflüssen von Donau und Isar: Günz, Mindel, Riss und Würm.

In Norddeutschland finden sich an der Oberfläche Spuren von drei **Kaltzeiten**, während auf eine vierte, die Elbeeiszeit, nur durch Bohrungen geschlossen werden kann. Namensgebend waren auch hier heutige Flüsse, die in etwa die maximale Südausdehnung der Gletscher nachzeichnen.

Neben den glazigenen Formen dokumentieren u. a. Eisbohrkerne aus den Polargebieten die klimatische Situation während der Kaltzeiten. Die Ursachen für die Temperaturschwankungen sind noch nicht eindeutig geklärt. Das Klima der zwischengeschalteten **Warmzeiten** (Interglaziale) war dem heutigen ähnlich, zeitweise sogar wärmer.

Aus der Geschichte der Eiszeitforschung. Noch vor 150 Jahren herrschte über die Entstehung der Landschaften Norddeutschlands Unklarheit. Die Vulkanisten behaupteten, dass die Findlinge vom Harz und den Alpen weit ins Land hinaus geschleudert wurden. Die Neptunisten meinten, dass eine Wasserflut die Gesteine herantransportiert hätte, nach der Drifttheorie wären es Eisberge auf einem Norddeutschland bedeckenden Meer gewesen. Einen Durchbruch erlebte die Eiszeitforschung 1875 mit den Erkenntnissen des schwedischen Geologen Otto Torell, der im Rüdersdorfer Kalkstein bei Berlin Gletscherschrammen nachwies. Daraus schloss er, dass Teile Nord- und Mitteleuropas einst unter Eismassen begraben waren. Bald darauf konstatierte Albrecht Penck, dass Norddeutschland dreimal vom Inlandeis überdeckt wurde.

Eiszeit in Nord- und Mitteleuropa. Zu Zeiten seiner größten Ausdehnung reichte das skandinavische Inlandeis bis an den Nordrand unserer Mittelgebirge. Die Oberfläche nördlich davon wurde maßgeblich durch die pleistozänen Eismassen gestaltet.

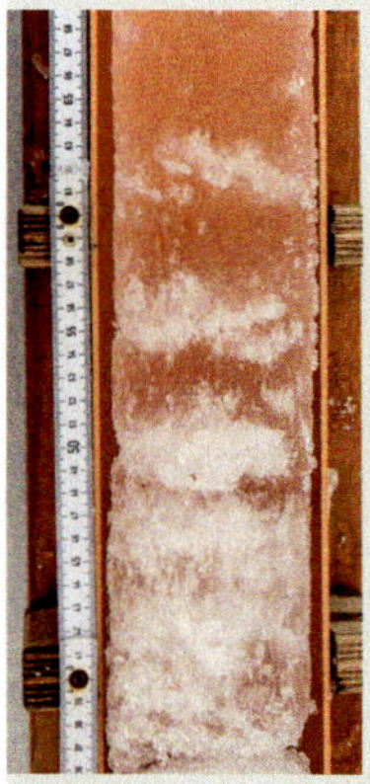

Eisbohrkern aus der Antarktis – polares Klimaarchiv

Mithilfe von Eisbohrkernen lässt sich die klimatische Entwicklung der Erde rekonstruieren. Das mit 800 000 Jahren älteste erbohrte Eis stammt aus einer Tiefe von über 3 200 m.

Aufschluss über das Paläoklima liefern u. a. Analysen im Eis eingeschlossener Luftbläschen und Festteilchen. Das Verhältnis der Sauerstoffisotope (18_0 und 16_0) im Vergleich zum heutigen Wert gibt Aufschluss über die jeweiligen Temperaturschwankungen. Der 18_0-Gehalt ist von der Kondensationstemperatur abhängig. Niedrige 18_0-Gehalte stehen deshalb für niedrige Temperaturen, hohe 18_0-Gehalte für hohe Temperaturen.

8

Mögliche Ursachen globaler Temperaturveränderung

Verlagerung der Erdachse: Derzeit beträgt der Neigungswinkel der Erde, die Schiefe der Ekliptik, 23° 27'. Innerhalb von rund 40 000 Jahren schwankt der Winkel zwischen 22,1° und 24,5°.

Exzentrizität: Dieser Begriff bezeichnet das Verhältnis zwischen großer und kleiner Achse der elliptischen Erdumlaufbahn um die Sonne. Derzeit ist die Erde der Sonne im Nordwinter etwas näher. Die Ellipsenbahn verändert sich.

Kontinentaldrift: Über geologisch längere Zeitabschnitte werden mit der Verschiebung der Kontinente unter anderem die klimatischen Bedingungen und die Meeresströmungen modifiziert.

Vulkane: Kräftige explosive Ausbrüche schleudern gewaltige Mengen an Staub und Gasen bis in die Stratosphäre, wo sie z. T. über Jahre hinweg verbleiben. Dort absorbieren sie Strahlung.

Meteoriten: Einschläge größerer Meteoriten können die Erdbahnparameter und somit auch das globale Klima verändern. Im Zuge eines Impacts können gewaltige Staubmengen in die Atmosphäre geschleudert werden.

Sonnenaktivität: Auf der Sonne kann man wärmere und kältere Zonen lokalisieren. Es scheint Zusammenhänge zwischen Protuberanzen und vergrößerter Strahlungsintensität auf der Erde zu geben.

9

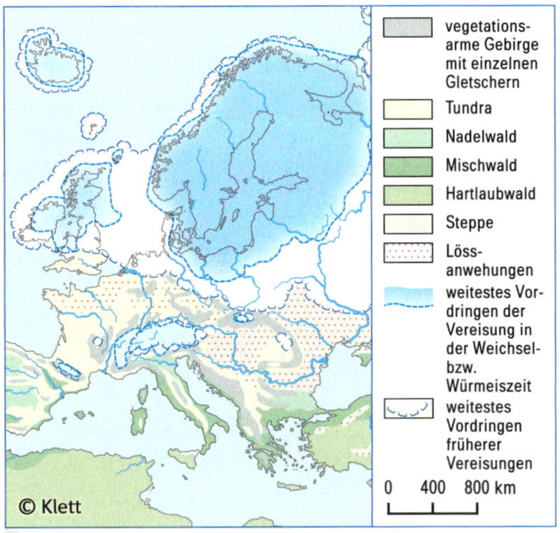

10 Weichseleiszeit in Europa

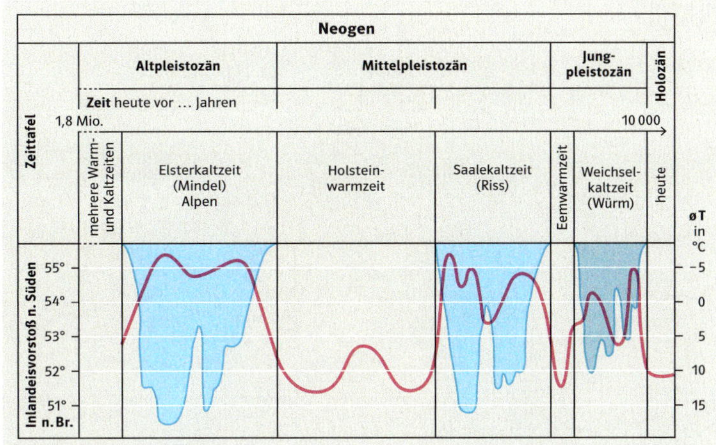

11 Temperaturveränderungen und Eisvorstöße im Pleistozän

Skandinavien

Durch die Absenkung der klimatischen **Schneegrenze** vereinigten sich die dortigen Gebirgsgletscher zu einem **Eisstromnetz**. Schneefälle bei fortwährend kühlen Temperaturen ließen den Gletscher im Nährgebiet auf bis zu 3 km Mächtigkeit anwachsen. Die Auflast in den zentralen Vereisungsgebieten führte zu einer radialen Ausdehnung als Inlandeisdecke bis nach Mitteleuropa.

Das Inlandeis verlagerte erhebliche Materialmengen. Im Nährgebiet dominierte die Erosion, im Zehrgebiet die Akkumulation. Die Gletscher „entblößten" die Oberfläche bis auf das Grundgebirge und verfrachteten das Material nach Süden. Wie Schmirgelpapier wirkten die mitgeführten Sande und Kiese. Im anstehenden Felsgestein zeichnen Gletscherschrammen die Bewegungsrichtung des Eises nach. Auch größere Blöcke wurden aus dem Gesteinsverbund herausgelöst, vom Eis umschlossen und abtransportiert. Zurück blieben eine leicht wellige Felslandschaft mit abgeschliffenen Felskuppen, den Rundhöckern sowie **Trogtälern**. Nacheiszeitlich füllten sich die flachen Senken mit Wasser. Ausgedehnte Seen sowie Moore verleihen den Fjells einen abwechslungsreichen Landschaftscharakter.

Durch den postglazialen Meeresspiegelanstieg gerieten Teile Skandinaviens unter Wasser. Dort wo das Meer Trogtäler überflutete, entstanden die **Fjorde**. Drang das Wasser in flachwelliges Relief vor, bildete sich eine **Schärenküste** aus. Hier ragen inzwischen aufgrund glazialisotatischer Hebung zahlreiche **Rundhöcker** als kleine Inselgrüppchen aus dem Wasser.

Alpenraum

Nur besonders hohe Alpengipfel ragten aus dem Eisstromnetz heraus. Im inneralpinen Raum dominierte glaziale Erosion, Kare und Trogtäler entstanden. Am Rande des Eises wurde mitgeführtes Gesteinsmaterial als Endmoräne abgelagert. Vom Schmelzwasser verfrachtete Materialien wurden als Schotterfelder vor den Moränen abgelagert. Gut erhalten sind die fluvioglazialen Schotter der letzten beiden Eiszeiten, die würmeiszeitlichen Niederterrassen und die risseiszeitlichen Hochterrassen.

Auch Teile des heutigen Alpenvorlandes waren von Gletschern bedeckt, die sich fächerförmig ins Vorland ausbreiteten. Nach Norden vorstoßende Gletscherzungen schürften Hohlformen aus, die sich nach dem Eisrückschmelzen mit Wasser füllten, die heutigen **Zungenbeckenseen**.

Zwischen den Alpengletschern und dem Inlandeis Norddeutschlands, dem Periglazialraum, herrschte während der Eiszeiten Tundrenklima mit den typischen Permafrosterscheinungen. In den Hochlagen der Mittelgebirge, z. B. am Feldberg (Südschwarzwald), weisen Moränen und Kare auf lokale Vergletscherungen hin.

12 Findling in Ostjütland

← Gletscherschliff S. 110

← Glazialisostasie S. 53

→ Permafrost S. 116

← Trogtal S. 97

5
Beschreiben Sie die klimatische Entwicklung der Erde während der vergangenen 2 Mio. Jahre.

6
Erörtern Sie mögliche Gründe für globale Temperaturschwankungen.

13 Quartäre Landschaftsgliederung Norddeutschlands

FALLBEISPIEL: Glaziallandschaft Norddeutschland

Vor rund 100 000 Jahren endete die Eemwarmzeit und ein Temperaturrückgang setzte ein. Schließlich drang das Inlandeis von Skandinavien nach Süden vor, um vor rund 18 000 Jahren etwas südlich von Berlin seine maximale Ausdehnung zu erreichen. Dabei überfuhren die Gletscher ein Gelände, das bereits in früheren Eiszeiten modelliert worden war. Die Gletscher transportierten Gesteine unterschiedlicher Art und Größe, die nach dem Niedertauen in der Landschaft zurückblieben: große Findlinge, Kiese und Sande. Wie ein gewaltiger Bulldozer schob das Eis an seinem Rand Gesteinsmaterial vor sich her.

14 Einblick in eine Endmoräne

15 Seen als Zeugen der jüngsten Eiszeit

Weit geschwungene Endmoränenzüge, die sich während längerer Stillstandsphasen des Gletschers bildeten, dokumentieren den lobenartigen Verlauf des Eisrandes. Bei Eisvorstößen wurden zuvor abgelagerte Moränenzüge in Stauchmoränen umgeformt. Insgesamt entstand durch das Gletschereis eine typische Abfolge von Landschaftselementen, die **glaziale Serie**.

Die unter dem Eis wirkenden Druckkräfte zerrieben auch größere Blöcke zu Sand oder feinem Gesteinsmehl, das vom Schmelzwasser abtransportiert wurde. Vor den Moränen wurde dieses Material abgelagert, die **Sander** entstanden. Unter dem Eis abfließendes Schmelzwasser formte subglaziale Rinnen, die heute im Gelände als **Rinnenseen** noch gut erkennbar sind.

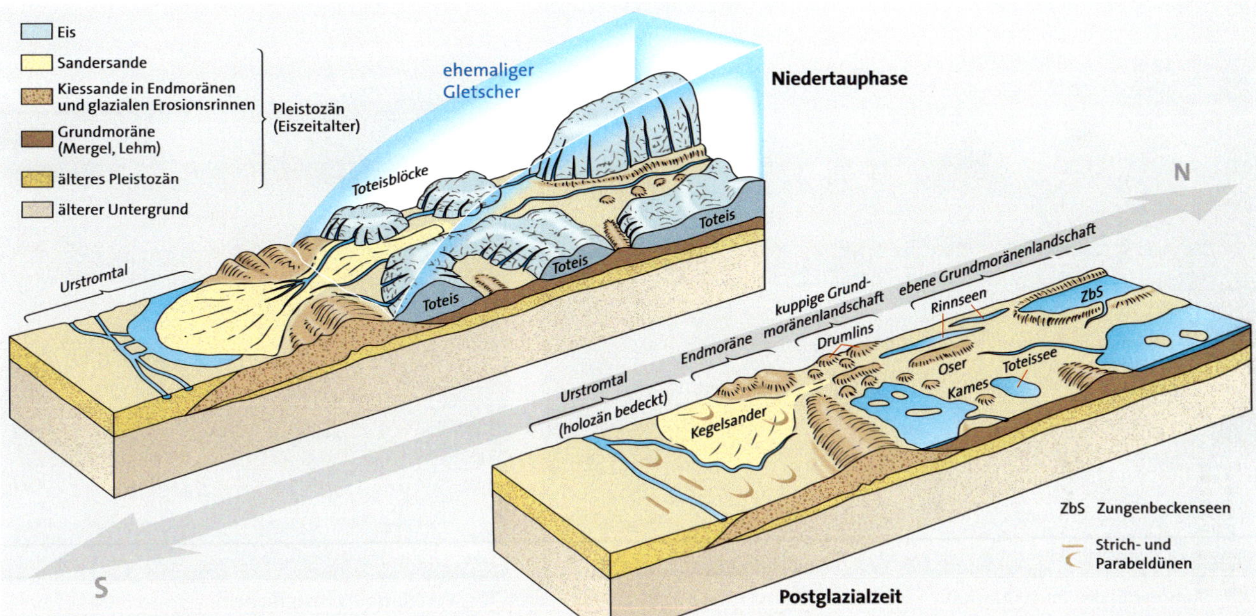

1. Phase (Vorschubphase):
Der Gletscher dehnt sich nach Süden aus. Im Eis eingeschlossene Gesteine aller Größen werden transportiert. Das Material stammt entweder aus den Ursprungsgebieten des Gletschers oder wurde aus dem von ihm überfahrenen Untergrund herausgelöst. Unter dem Eis abfließendes Schmelzwasser erodiert rinnenartige Vertiefungen in den Untergrund.

2. Phase (Stillstandsphase):
Das Eis dehnt sich nicht mehr weiter nach Süden aus. Am Gletscherrand werden durch Absetzungs- oder auch Stauchungsvorgänge Moränenzüge abgelagert, die sich aus unsortierten Steinen, Kiesen, Sanden und Tonen zusammensetzen. Das abfließende Schmelzwasser durchbricht an einigen Stellen die Endmoräne und fließt in Bächen und Flüsschen dem natürlichen Gefälle folgend ab. Im Wasser mitgeführte Sande, die aus der Moräne ausgewaschen werden, lagern sich unmittelbar südlich der Endmoräne ab, Sander entstehen.

3. Phase (Niedertauphase):
Der Gletscher schmilzt ab und gibt das zuvor eisbedeckte Gelände frei. Ausgetaute Steine, Kiese, Sand und Ton bilden die Oberfläche der Grundmoräne. Verstärkt fällt Schmelzwasser an, das die zuvor angelegten Rinnen füllt bzw. im Urstromtal abfließt. Zwischen Gletscher und Moränen entstehen im Bereich ehemaliger Gletscherzungen die **Zungenbeckenseen**. Insbesondere in Mulden und Geländesenken bleiben Toteisreste noch lange erhalten und **Toteislöcher** entstehen nach völligem Abtauen. Vor direkter Sonneneinstrahlung geschützt, wird ihr Abtauen durch eine Sand und Staubauflage verzögert. Taut auch das Toteis endgültig ab, entstehen in den Senken kleinere Seen, die die Bezeichnung Sölle oder Pfuhle tragen. In die wassererfüllten Hohlformen transportiert das Schmelzwasser auch feine Sedimente, die Seetone. Wegen der jahreszeitlich wechselnden Transportkraft weisen diese eine unterschiedliche Körnung auf: Bei sommerlich starkem Abfluss sind sie grobkörniger, im Winter feinkörniger. Die Analyse der Wechsellagerung erlaubt Rückschlüsse auf die einstigen klimatischen Bedingungen (Warvenchronologie). Auch die Dünenbildung und Lössverfrachtung setzen sich in der Niedertauphase weiter fort.

16 **Entstehung des glazialen Formenschatzes in Norddeutschland**

In einigen Gegenden formte der Wind aus dem Sand Längs- und Parabeldünen oder blies die feinsten Partikel (Schluff) fort. Dieser Staub **(Löss)** wurde nördlich der Mittelgebirge abgelagert. Die auf ihm ausgebildeten fruchtbaren Böden (z.B. Schwarzerden) sind heute eine wichtige Grundlage der landwirtschaftlichen Nutzung. Von kurzen Vorstoßphasen abgesehen, taute das Eis langsam ab. Mit dem Beginn des Holozäns um 10 000 v.h. endete diese vorerst letzte Eiszeit.

Zurück blieb eine gegliederte Landschaft mit zahlreichen Zungenbeckenseen, Rinnenseen, Söllen, vermoorten Talungen, trockenen Sandergebieten, Dünenfeldern, Drumlins, Kames und Moränenzügen.

→ äolische Prozesse S.126

→ Schwarzerde S.225

7

Erklären Sie die während der Eiszeiten entstandenen Landschaftsformen in Skandinavien, den Alpen und in Norddeutschland.

8

Erläutern Sie die Karte 13 der quartären Landschaftsgliederung Norddeutschlands.

17 Sommer in der Taiga (Alaska)

19 Periglaziales Hangfließen

18 Eiskeil im Permafrost

permanere (lat.) fortdauern

gelare (lat.) gefrieren

Permafrost

In Gebieten mit Jahresmitteltemperaturen ≤1°C und Niederschlägen ≤1000 mm bildet sich ausgedehnter **Permafrost**. Ein entscheidender Faktor für die Bildung des bis in große Tiefen dauerhaft gefrorenen Bodens ist die Schneebedeckung, da eine lang andauernde Schneedecke als isolierende Schicht wirkt und das Auftauen tiefer liegender Schichten unterbindet.

Permafrost besteht aus zwei Schichten, der geringer mächtigen sommerlichen Auftauschicht (Active Layer) und der darunter liegenden dauerhaft gefrorenen Schicht.

Je nach Ausprägung wird zwischen kontinuierlichem, diskontinuierlichem und sporadischem Permafrost unterschieden. Unter Einfluss der klimatischen Rahmenbedingungen variiert der Permafrost von Zone zu Zone in seiner räumlichen Ausdehnung und Tiefe. In den arktischen Tundren sind z.B. über 90% der Fläche dauerhaft bis in eine Tiefe von über 500 m gefroren. Die größte Tiefe erreicht der Permafrost mit über 1500 m in Teilen Nordsibiriens. Etwas weiter südlich, in der nördlichen Taiga, nimmt Permafrost zwischen 30% und 80% der Fläche ein. Nur noch sporadisch tritt er in der südlichen Taiga auf, und auch die Mächtigkeit der gefrorenen Schichten liegt hier unterhalb des „Active Layer" nur noch bei wenigen Dezimetern.

Außerhalb der arktischen und subarktischen Areale ist Permafrost in den Hochgebirgen verbreitet. Insgesamt ist fast ein Viertel aller Landflächen der Erde von Permafrost geprägt.

Weil der Untergrund ab einer bestimmten Tiefe ganzjährig gefroren bleibt, bildet er eine Stauschicht für das Bodenwasser. So entstehen beim sommerlichen Auftauen der aktiven Schicht ausgedehnte sumpfig-moorige Gebiete. Derartige Extrembedingungen stellen Bauingenieure vor große Herausforderungen: Pipelines, Schienen und Gebäude müssen auf Stelzenkonstruktionen errichtet werden. Straßenbau ist unter diesen Bedingungen kaum möglich. Der Gütertransport erfolgt deshalb meist im Winter auf den gefrorenen Flüssen. Auch Exploration und Förderung von Bodenschätzen (z.B. sibirisches Erdgas) wird durch die gefrorene Schicht erschwert.

Die Dynamik des Permafrostes prägt die Landschaft. Bereits auf schwach geneigten Hängen beginnt die obere, aufgetaute und durchtränkte Schicht im Sommer über dem in der Tiefe gefrorenen Boden abzugleiten (Gelifluktion/**Solifluktion**). Es können wulstartige Loben entstehen. Die waldlosen Ebenen der Tundra sind weitflächig durch polygonale Steinringe gekennzeichnet. Über Eislinsen im Untergrund, die über viele Jahre wachsen, können sich Bodenerhebungen – Palsas oder Pingos – bilden.

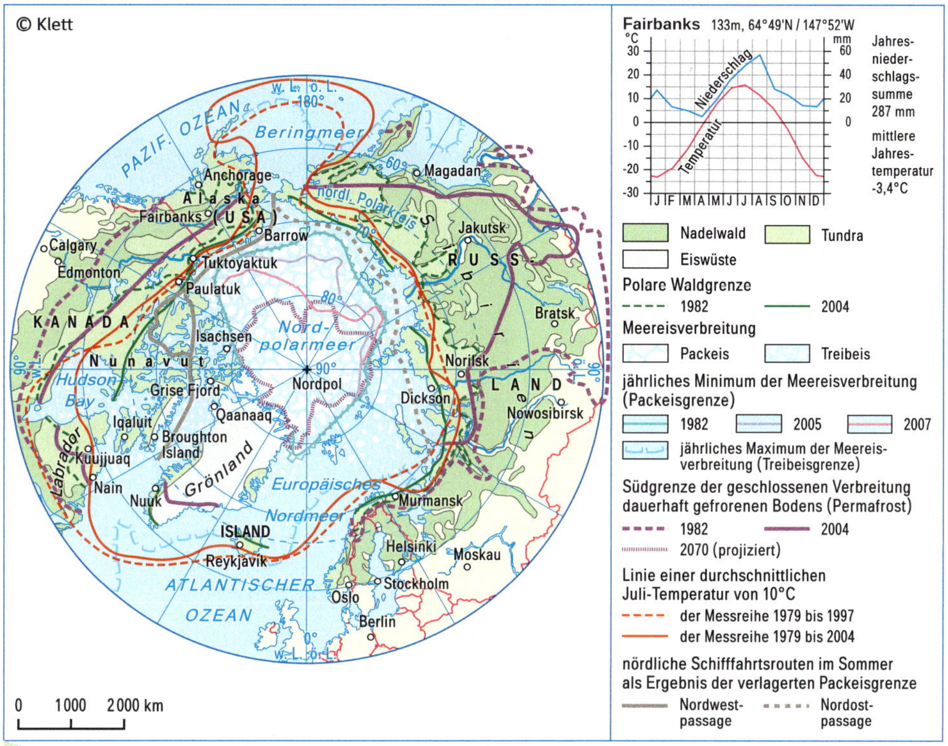

20 Zirkumarktische Permafrostgebiete und arktische Eisdecke

23 Steinringe im Permafrostgebiet: Im Untergrund wachsende Eislinsen führen zum seitlichen Abrutschen größerer Gesteinstrümmer

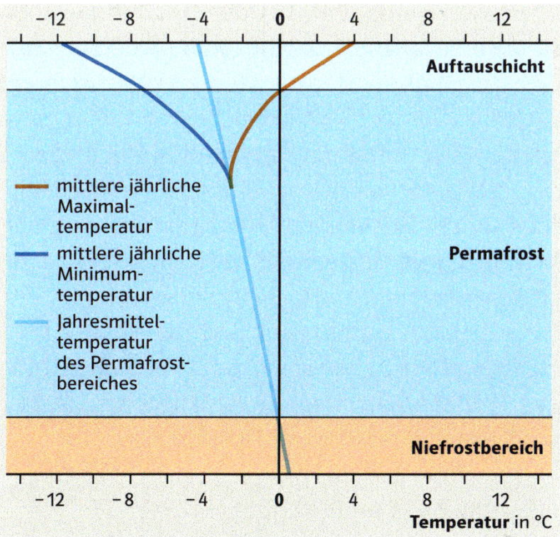

21 Struktur des Permafrostes

Nach: Samuel Weber: Permafrost – ein unsichtbares Phänomen, vom 17.11.2014, unter: tik-old.ee.ethz.ch/file//763ced57e4fc321b6437ec00f97fc458/2014_NfGO_Brig_small.pdf (Zugriff: 08.05.2021)

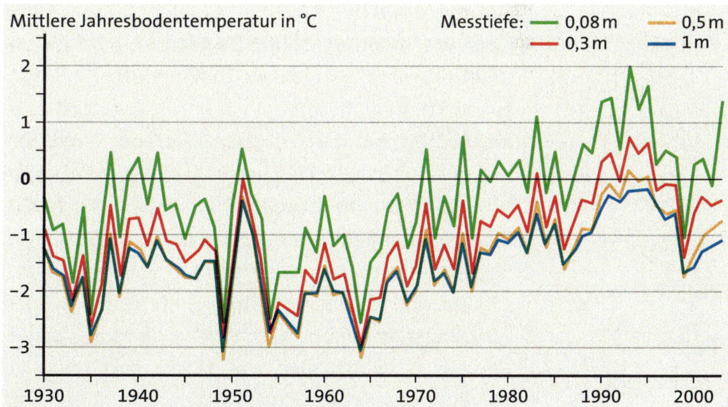

22 Entwicklung der Bodentemperatur in Fairbanks, Bonanza Creek

Nach: Romanovsky et al. 2002, unter: web.stanford.edu/class/ee380/Abstracts/060405-permafrost.ccsm3.stanford.2006.pdf, S. 7 (Zugriff: 08.05.2021)

9

Lokalisieren Sie die Verbreitungsgebiete des Permafrostes (Karte 20).

10

Charakterisieren Sie die in den Fotos 17–19 und 23 sichtbaren Permafrostphänomene.

11

Erläutern Sie die Auswirkungen des globalen Temperaturanstiegs auf die Permafrostareale (Grafik 21 und Karte 20).

12 MK

Erstellen Sie eine Übersicht der Folgen, die sich aus dem Abtauen des Permafrostes ergeben. Recherchieren Sie hierzu auch im Internet.

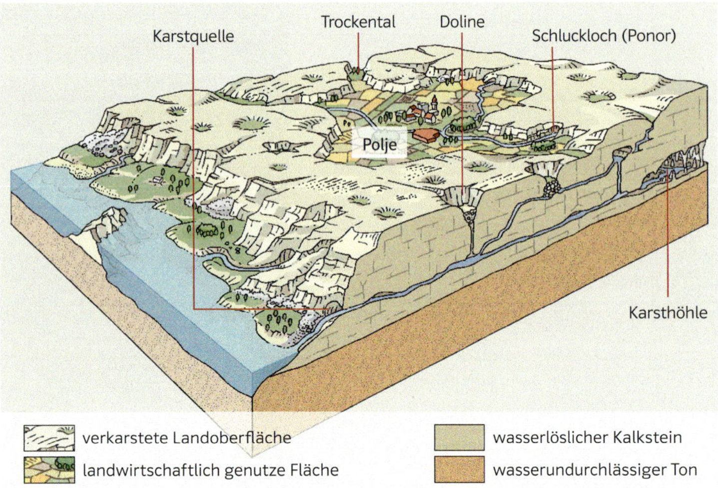

1 Die mediterrane Karstlandschaft

3 Tropfsteinhöhle

Karstlandschaften: Lösung formt die Oberfläche

In Gebieten deren Gesteine anfällig für chemische Verwitterungsprozesse sind, spielt die Formung der Oberfläche durch Lösung (Korosion) eine entscheidende Rolle. Doch wie schafft es alleine die Lösungskraft des Wassers Gesteinsklüfte so zu erweitern, dass riesige Höhlensysteme und ein spektakulärer Formenschatz an der Oberfläche entstehen?

Außertropischer Karst

Karst war ursprünglich die Bezeichnung für die vegetationsarme und durch Kalkgesteine gekennzeichnete Region nordöstlich von Triest, wird aber inzwischen für alle Landschaften der Welt gebraucht, welche die Merkmale dieser Verwitterungsform zeigen. Zu den verkarstungsfähigen Gesteinen zählen neben Kalk und Dolomit auch Gips, Salzgesteine und Kalksandstein.

Infolge der Lösungsvorgänge bildet sich je nach Ausgangsgestein und klimatischen Rahmenbedingungen das Karstrelief aus. Dabei entstehen an der Oberfläche durch Korrosion **Karren**: rillen- oder schüsselartige Hohlformen, deren Größe zwischen einigen Millimetern und Metern variiert. In den Gesteinsuntergrund einsickerndes Wasser höhlt entlang tektonisch vorgezeichneter Klüfte oder Spalten den Untergrund aus und schafft im Laufe der Zeit unterirdische Hohlformen unterschiedlicher Größe. Bricht das über einer Lösungshohlform lagernde Gestein ein, entstehen steilwandige **Einsturzdolinen**.

Die Karstlandschaften kennzeichnet ein unzusammenhängendes oder sogar fehlendes oberflächiges Gewässernetz. Dagegen existiert ein komplexes System unterirdischer Flussläufe.

2 Einsturzdoline Winter Park, Florida

Translated and adapted after: Barbara W. Murck, Brian J. Skinner, Stephen C. Porter: Dangerous Earth. New York: Wiley 1997, S.177. Reprinted with permission of John Wiley & Sons, Inc.

Eine Einsturzdoline entsteht

„Auf einem verlassenen Grundstück in Winter Park bei Orlando in Florida verschwindet plötzlich ein kleines Bäumchen im Erdboden. Innerhalb von nur 10 Stunden entwickelte sich dort, wo noch kurz zuvor der Baum stand, ein steilwandiger Krater mit einem Durchmesser von über 20 m. Im weiteren Verlauf der Nacht wuchs der Krater weiter an und bereits am Mittag des darauf folgenden Tages war er 100 m breit und 30 m tief. [...].“

Gregor. C. Falk, übersetzt und verändert nach: Barbara W. Murck, Brian J. Skinner, Stephen C. Porter: Dangerous Earth. New York: Wiley 1997, S.173.

4

5 **Sinterterrasse in Pamukkale**

6 **Turmkarst in den Tropen (Guilin, Südchina)**

Grafiken nach: H. Lehmann, in Herbert Wilhelmy: Geomorphologie in Stichworten, Bd. 3. 5. Aufl. Berlin/Stuttgart: Bornträger 1992, S. III/54

Tropischer Karst

Im Gegensatz zu Poljen, Dolinen und Karren in den Gemäßigten Breiten prägen Vollformen mit zwischengeschalteten flachen Ebenen die Karstgebiete der feuchtwarmen Tropen. Das vorläufige Endresultat der Verkarstung über einen langen geologischen Zeitraum ist eine von Karsttürmen und -kegeln geprägte Landschaft.

Intensive Niederschläge über 2 500 mm fließen im Initialstadium zunächst oberflächig auf den mächtigen Kalkablagerungen ab. In den entstehenden Senken werden Tone sedimentiert, und langsam setzen Bodenbildung sowie Pflanzenwachstum ein. Damit stehen Huminsäuren bereit, die den Lösungsprozess beschleunigen. Sternförmig wachsen die Hohlformen (Cockpits) in die Kalkablagerungen hinein. Begünstigt durch die hohen Temperaturen setzt sich die Kalklösung bis zum Vorfluterniveau fort. In diesem Stadium kommt die Tiefenwirkung der Lösungsverwitterung zum Erliegen. Die entstandenen Kegel werden nur noch von den Seiten her angegriffen. Schließlich bleiben isolierte Karsttürme zurück, teilweise hundert und mehr Meter hoch.

Ursprünglich wurde nur die starke Lösungsaktivität wegen der in den Tropen höheren Temperaturen für diesen „reiferen" Formenschatz verantwortlich gemacht, doch kann wärmeres Wasser weniger CO_2 binden. Als unmittelbare Folge bildet sich auch weniger Kohlensäure (H_2CO_3). Insofern ist tropisches Niederschlagswasser zunächst weniger lösungsaktiv als das der Gemäßigten Breiten und der Wechselfeuchten Subtropen (Mittelmeerraum). Es ist die ganzjährig hohe biologische Aktivität, die üppige Vegetation, die reichlich die bereits erwähnten Huminsäuren bereitstellt. Sie greifen, begünstigt durch die höheren Temperaturen, die Gesteine besonders intensiv an. Lösung setzt somit im Verbund mit ausreichender Vegetationsbedeckung verstärkt am Sockel der Karsttürme an. Dabei entstehen Lösungshohlkehlen.

7 **Hohlkehlenartige Unterschneidung durch Lösung am Fuße eines Karstturms**

1 Beschreiben Sie die Entstehung der Winter-Park-Einsturzdoline mithilfe von Grafik 2 und Text 4..

2 Erläutern Sie die Entstehung der Karstformen in den Tropen (M 6).

3 Stellen Sie tabellarisch die Unterschiede zwischen tropischen und nichttropischen Karstgebieten dar.

8 **Höhlenstockwerke Damianos Höhle Zakynthos**

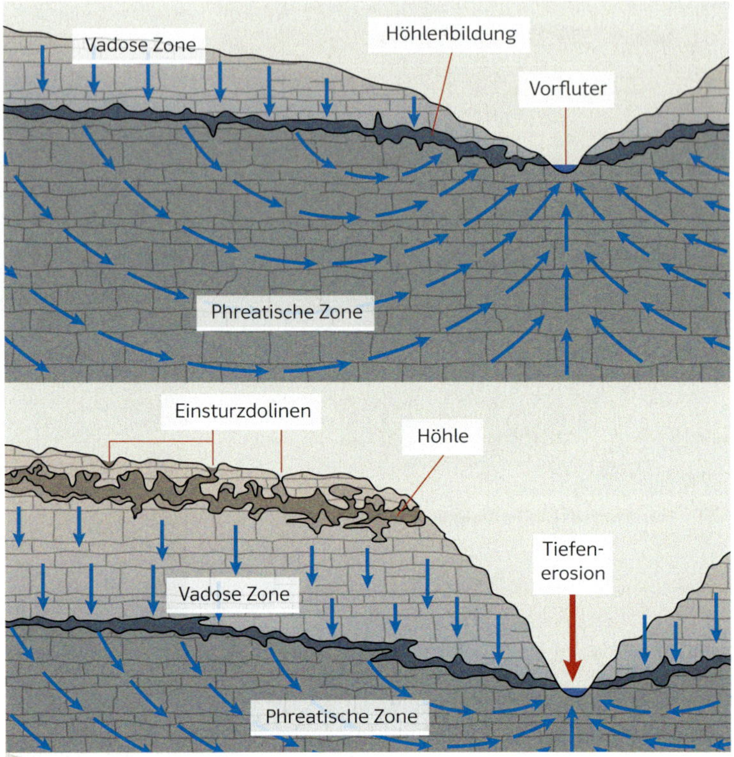

10 **Karstwasserhaushalt und Tektonik**

Nach: Strahler, A. & Strahler, A. (2003): Introducing Physical geography, S. 488

Karstwasserhaushalt

Durch die Klüftigkeit des Kalkgesteins kann das Niederschlagswasser rasch versickern, so dass in vielen Karstgebieten kein Gewässernetz an der Oberfläche entsteht. In der Tiefe hingegen bildet sich ein komplexes unterirdisches Karstwassersystem. Dabei wird der obere Versickerungsbereich, der von eher vertikalem Abfluss in die Tiefe gekennzeichnet ist (vadose Zone) vom unteren Bereich (phreatische Zone) abgegrenzt. Hier orientiert sich der Wasserstrom eher in horizontaler Richtung am nächstgelegen Vorfluter. Die Grenze zwischen der vadosen und phreatischen Zone bildet der je nach Niederschlagssituation zum Teil stark schwankende Karstwasserspiegel. Das Karstwassersystem folgt dem Prinzip der „Kommunizierenden Röhren". Folglich führt ein lokales Starkregenereignis in einem Teilbereich des Karstgebietes mit etwas Zeitverzug (Minuten bis Stunden) zu einem Ansteigen des Karstwasserspiegels in einem weit größeren Bereich. Bei langanhaltenden und intensiven Niederschlägen tritt Wasser auch in Form von **Karstquellen** aus dem Gesteinskörper aus. Nicht selten werden sogar ganze Flüsse „verschluckt" (**Ponor**), die dann ein Kartsgebiet unterirdisch durchfließen, um anderorts wieder als Quelle aus dem Kalk auszutreten.

Karsthöhlen bilden sich unter anderem bedingt durch das Phänomen der Mischungskorrosion insbesondere im Schwankungsbereich des **Karstwasserspiegels** bei tektonisch stabilen Verhältnissen. Wird das Kalkpaket gehoben, oder vertieft sich der Vorfluter kann sich ein neues Höhlenstockwerk ausbilden. Nicht selten liegen in Karstgebieten, die tektonisch stark gehoben werden, zwei, drei oder mehr Höhenstockwerke übereinander.

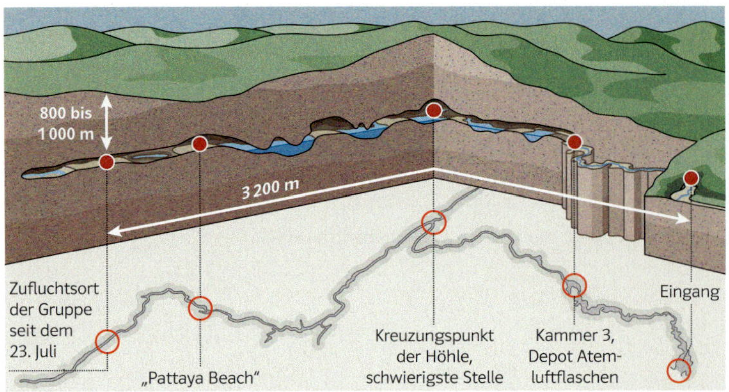

9 **Am 23. Juni 2018 erkundete eine Jugendfußballmanschaft die Tham-Luang Höhle in Thailand. Doch plötzlich stieg der Wasserspiegel im Höhlensystem stark an und versperrte den Rückweg**

Nach: Channel NewsAsia; Standard.co.uk

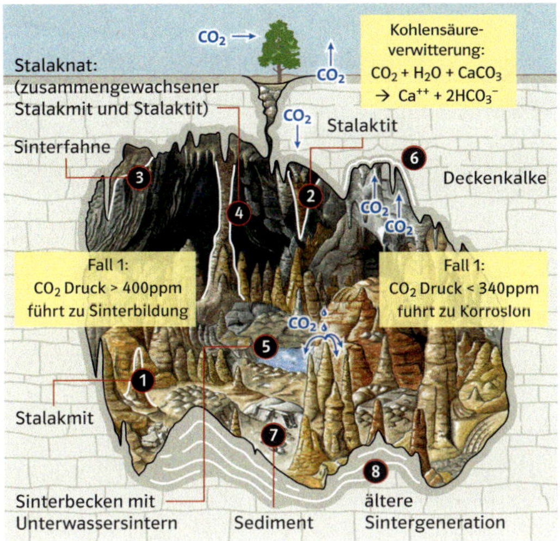

11 System Karsthöhle

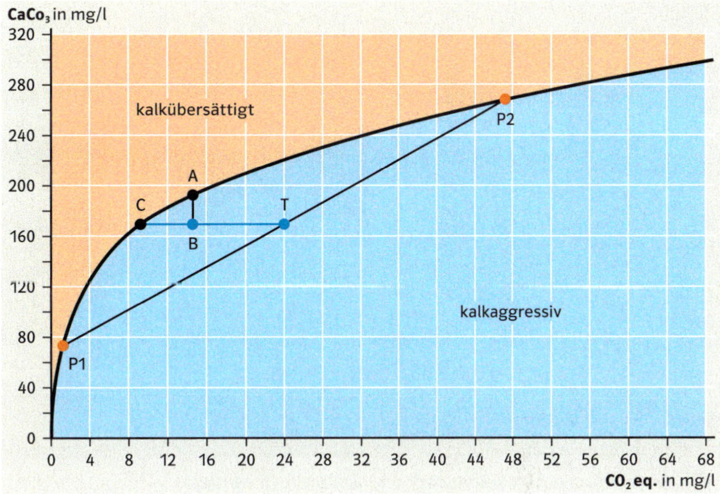

12 Mischungskorrosionsdiagramm nach Bögli (1963)

Nach: https://creativecommons.org/licenses/by-sa/4.0/deed.de (Ty von Sevelingen)

Lösungsprozesse im Kalk

Die grundlegende Voraussetzung für die Lösungsfähigkeit von Wasser ist das Vorhandensein von Kohlensäure. Diese bildet sich aus dem frei verfügbaren Kohlenstoffdioxid und dem Wasser. Dabei sind auch der Druck und die Temperatur entscheidende Faktoren, wieviel Kohlensäure das Wasser enthält. Öffnet man beispielweise eine Sprudelflasche, wird der Innendruck reduziert und Kohlenstoffdioxid entweicht mit hörbarem Zischen. In der Folge ist nun im Wasser weniger Kohlensäure vorhanden und der Sprudel schmeckt fad.

Im Regenwasser wird Kohlenstoffdioxid (CO_2) aus der Luft gelöst. Dabei entsteht in geringem Maß Kohlensäure (H_2CO_3). Wenn schwach saures Regenwasser durch porösen Kalkstein ($CaCO_3$) sickert, bildet sich leicht lösliches Calciumhydrogencarbonat ($Ca(HCO_3)_2$). Bei diesem Prozess wird so viel Kalziumkarbonat gelöst, bis die Lösung gesättigt ist. Tritt nun Wasser aus einer Kluft aus, nimmt der Druck ab, und CO_2 wird freigesetzt. Dadurch reduziert sich auch der Kohlensäureanteil im Wasser und Kalciumcarbonat wird wieder ausgefällt (vgl. M 11 Höhlenkarst). **Sinter**, **Stalaktiten**, **Stalakmiten** und **Stalaknaten** entstehen.

Mischungskorrosion

Ein lange unerklärtes Phänomen war die Entstehung von Hohlformen und die Erweiterung von Klüften in den tieferen wassergefüllten Kluftsystemen des Kalkgesteins. Erst 1963 entwickelte der Schweizer Alfred Bögli das Konzept der Mischungskorrosion: Vermischen sich verschiedene $CaCO_3$-gesättigte Lösungen (P1 und P2) aus unterschiedlichen Kluftsystemen entsteht daraus eine Mischlösung die zusätzlichen Kalk lösen kann, die Lösung ist dann „kalkaggressiv“. Die schwarze Kurve in Abb. xy zeigt den Zusammenhang zwischen der CO_2-Konzentration und der $CaCO_3$-Sättigung des Wassers. Punkt T gibt den $CaCO_3$ und CO_2 Gehalt der entstandenen Mischlösung an. Obwohl sich also zwei ursprünglich gesägtigte Lösungen vermischt haben steht nun „zusätzliches“ CO_2 zur Verfügung (Strecke CT) und weiterer Kalk kann gelöst werden.

$CaCO_3 + CO_2 + H_2O \leftrightarrow Ca^{2+} (aq) + 2\,HCO_3^- (aq)$

13 Die „Karstformel“

14 Klüfte im Kalkgestein lassen Wasser rasch versickern

4 Ermitteln Sie die Lage der Tham-Luang Höhle (Atlas/Internet).

5 Erörtern Sie den raschen Wasseranstieg in der Höhle mithilfe der Materialien auf S. 120.

6 Erklären Sie die Entstehung mehrerer Höhlenstockwerke (Grafik 10).

7 Stellen Sie den Prozess der Kalklösung (Korrosion) dar.

8 Ermitteln Sie anhand des Mischungskorrosionsdiagramms (Grafik 12) den CO_2- und $CaCO_3$-Gehalt der Ausgangslösungen (P1/P2) und die zusätzlich lösbare Menge an $CaCO_3$ nach der Mischung.

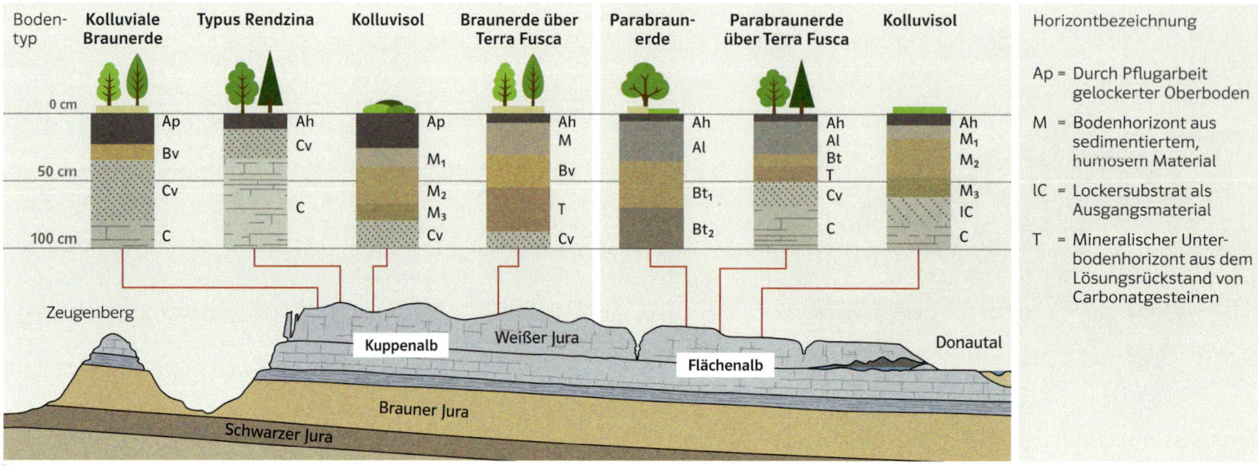

15 **Schwäbische Alb: Reliefprofil und Bodenfruchtbarkeit**

Nach: Strahler, A. & Strahler, A. (2003): Introducing Physical geography, S. 488

FALLBEISPIEL: Karstlandschaft Schwäbische Alb

→ Schichtstufenlandschaft S. 124/125

→ Bodentypenbezeichnungen S. 222

Zusammen mit der Fränkischen Alb bildet die Schwäbische Alb als Teil der Südwestdeutschen Schichtstufenlandschaft das größte zusammenhängende Karstgebiet Deutschlands. Landschaftsprägend sind die typischen geomorphologischen Elemente des Karstreliefs: Dolinen, Höhlen, Karstquellen, Versickerungen, Trockentäler und Karrenbildungen aller Art. Im Westen vorgelagert „bezeugen" die Zeugenberge, dass die Schichstufe der Alb im Laufe Ihrer Enstehung immer weiter nach Osten verlagert wurde. Mit einer Sprunghöhe von 400 Meter bildet der Albtrauf den steilen Anstieg zur Albhochfläche. Reste der Korallenriffe des Jurameeres, das das heutige Südwestdeutschland vor rund 150 Mio. Jahren bedeckte, bilden die zumeist bewaldeten Höhen der Kuppenalb. Nach Osten hin wird das Relief ruhiger. Die weiten Flächen der Flächenalb werden heute intensiv landwirtschaftlich genutzt. Im Gegensatz dazu erlauben die steinigen und kargen Hochflächen der Kuppenalb, die sich zwischen 700 und 800 Metern Höhe ausbreiten, Ackerbau lediglich in geringem Maße, u. a. teilweise Getreideanbau. Auf den steinigen Böden in Verbindung mit dem wasserdurchlässigen karstigen Untergrund findet daher vorwiegend eine Beweidung durch Schafe statt. Während der Nordrand der Schwäbischen Alb meist mit geschlossenen Buchenwäldern bestanden ist, präsentieren sich weite Bereiche der Hochfläche waldfrei. Das Klima ist aufgrund der Höhenlage kühl-gemäßigt. In den Hochlagen der Alb fallen im Jahr rund 1150 mm Niederschlag. Im Winter liegt dort häufig eine Schneedecke.

Der Blautopf – Deutschlands wohl berühmteste Karstquelle

„Als Nationales Geotop ausgezeichnet, zieht der 21 m tiefe Quelltopf mit seiner blauen bis türkisgrünen Farbe immer wieder Menschen in seinen Bann. Der Niederschlag versickert auf der Albhochfläche schnell im verkarsteten Untergrund aus Jura-Kalkstein, sammelt sich dann in Spalten und Höhlensystemen und tritt anderorts wieder als **Karstquelle** zutage. [...] Die Schüttung der Quelle variiert je nach Niederschlagsmenge der vorherigen Tage zwischen 300 l/s und 32 000 l/s. Bei starker Schüttung scheint das Wasser des Blautopfes zu ‚kochen', da das unter hohem Druck ausströmende Wasser die Oberfläche brodeln lässt. Die Quelle speist den Fluss Blau der bei Ulm in die Donau mündet. Das ganze Jahr über beträgt die Wassertemperatur 7 °C.

Im Querschnitt hat die Quelle die Form eines Trichters, an dessen Grund sich eine Öffnung, die sogenannte ‚Düse' befindet. Sie ist der Eingang zu einem einzigartigen, mittlerweile über 13 km erforschten Höhlensystem [...]."

Geopark Schwäbische Alb e. V.: Blautopf, unter: www.geopark-alb.de/de/Blautopf (Zugriff: 21.07.21)

16

17 Trockental bei Geislingen

18 Hüle in Zainingen

Trockentäler

„Eigentlich sieht es aus wie ein normales Tal, nur ohne Fluss – wie kann das sein?" Eine geologische Besonderheit stellen die zahlreichen **Trockentäler** im Bereich der Albhochfläche dar, Täler, die unter heutigen klimatischen Bedingungen nicht entstehen könnten. Während der hochglazialen Phasen der letzten Eiszeit lag der Bereich im Periglazialraum und war weitflächig von Permafrostbedingungen geprägt. Infolgedessen war der Untergrund in der Tiefe gefroren und quasi plombiert. Schmelzwasser und Niederschläge konnten folglich nicht in die Tiefe versickern und es entstand phasenweise ein oberflächliches Gewässernetz. Die heutigen Täler sind daher Vorzeitformen, die die klimatischen Verhältnisse während des Pleistozäns widerspiegeln. Auch Löss wurde während der Eiszeiten auf der Albhochfläche abgelagert.

Hülen – Leitlinien der Besiedlung

Noch heute in Teilen prägend für die Siedlungsstruktur ist eine geologisch kurze Phase vulkanischer Aktivität im Bereich der mittleren Alb vor 16–18 Millionen Jahren. Über 360 vulkanische Durchschlagsröhren konnten im Bereich des „Schwäbischen Vulkans" nachgewiesen werden. Doch warum liegen eine Vielzahl von Ortschaften (z.B. Zainingen, Hengen, Wittlingen, Laichingen uvm.) ausgerechnet über den erloschenen Vulkanschloten? Während in weiten Teilen der Schwäbischen Alb Wasser aufgrund der Versickerung nur schwer zugänglich war, hat das verwitternde Vulkangestein die Eigenschaft Wasser zu stauen. Aus diesem Grund bildeten sich im Urach-Kirchheimer Vulkanfeld mancherorts kleine Tümpel oder andere vernässte Bereiche, die seit Jahrtausenden von den Menschen zur Wasserversorgung genutzt werden konnten. Auch außerhalb des Vulkangebietes basierte die Wasserversorgung auf künstlich angelegten **Hülen**. So wurden beispielsweise Dolinen mit Lehm künstlich abgedichtet. Insgesamt war das Wasser oft von schlechter Qualität, zahlreiche Krankheiten waren die Folge. Erst 1866 begann der technische Ausbau einer flächendeckenden Wasserversorgung der Schwäbischen Alb. Kernelemente bildeten Pumpen und Druckleitungen, die das Wasser aus Flusstälern oder größerer Tiefe auf die Hochfläche beförderten.

huliwa (althochdeutsch)
Pfütze, Sumpf

Problem Trinkwasserversorgung

In doppelter Hinsicht stellt die Trinkwasserversorgung in Karstgebieten eine besondere Herausforderung dar. Neben dem fehlenden Oberflächenwasser verfügt das klüftige Kalkgestein kaum über eine filternde Wirkung. Die Folge: Wasser, das zum Beipiel mit Düngemitteln oder ähnlichem belastet ist, sickert rasch ein, um nach vergleichsweise kurzer Verweilzeit an einer anderen Stelle quasi ungefiltert wieder auszutreten. Nicht zuletzt deswegen sollte man beim Trinken aus **Karstquellen** große Vorsicht walten lassen. Die Wasserarmut, aber auch die relative kargen Böden haben in historischer Zeit dazu geführt, dass Karstgebiete eher dünn besiedelt wurden.

9
Im November 2015 wurde der Geopark Schwäbische Alb als „UNESCO Global Geopark Schwäbische Alb" ausgezeichnet. Begründen Sie die Entscheidung der Auswahlkommission.

10
Erörtern Sie die Grenzen der landwirtschaftlichen Nutzbarkeit im Bereich der Alb.

11 MK
Erstellen Sie mit Materialien dieser Seiten und weiterer Internetrecherchen eine virtuelle Exkursion, auf der die Besucher die geomorphologischen Besonderheiten des größten Karstgebietes Deutschland kennenlernen.

1 Blick auf den Albtrauf von der Achalm

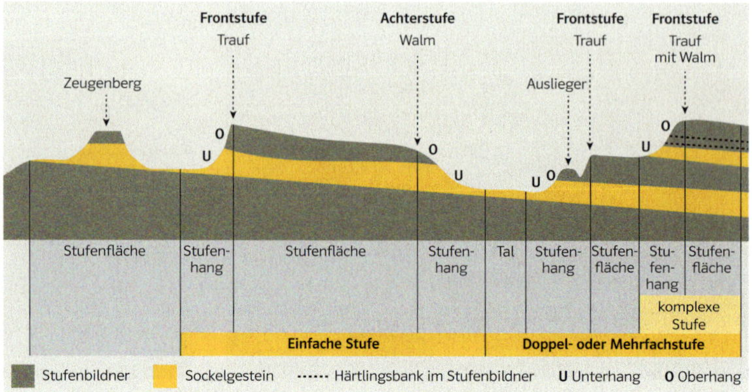

2 Elemente der Schichtstufenlandschaft mit markanter Schichtlagerung

Schichstufenlandschaften: Entstanden aus dem Zusammenspiel von Tektonik und Abtragung

Die Landschaften im Südwesten Deutschlands sind extrem vielgestaltig. Besonders eindrucksvoll gestaltet sich der Formenschatz der Schwäbischen Alb mit seinen steilen Talflanken und den wie Monumenten in der Landschaft stehenden Zeugenbergen. Wie ist dieses Relief entstanden?

Die ältesten Gesteine bilden das **Grundgebirge**, das bereits im Paläozoikum angelegt wurde. Die Kollision des Südkontinents Gondwana mit dem Nordkontinent Laurasia führte im Karbon (358–299 Mio. Jahren v.h.) zur Bildung des Variskischen Gebirges, eine zusammenhängende Landmasse, der Großkontinent Pangäa entstand. Granite und Gneise bilden die Hauptgesteinsarten des Grundgebirges. Im anschließenden Perm wurde das Gebirge weitgehend abgetragen, das Germanische Becken als großer Sedimentationsraum entstand. Damals lag Mitteleuropa in etwa am Äquator. Im warmen Klima bildeten sich in Südwestdeutschland aus dem Abtragungsschutt des eingerumpften Gebirges als unterste Schicht des **Deckgebirges** die Gesteine des Rotliegenden. Im nachfolgenden Mesozoikum wechselten sich Meeresvorstöße mit festländischen Phasen ab und es entstanden zunächst in der Trias die Gesteine des Bundsandsteins, des Muschelkalks und des Keupers. Weitere Meeresvorstöße, verbunden mit der Ablagerung mächtiger mariner Kalke erfolgten im Jura.

In der späteren Kreidezeit (ab ca. 100 Mio. Jahre v.h.) begann, bedingt durch die Kollision Afrikas mit Eurasien, die alpidische Faltung. Gleichsam setzte auch Vulkanismus ein, der Kaiserstuhl als Stratovulkan entstand. Durch Magmenmobilisation in der Asthenosphäre nördlich der Alpen werden Teile des nördlichen Alpenvorlandes und auch unsere Region schildartig aufgewölbt. Im Tertiär, vor ca. 50 Mio. Jahren, begann die Einsenkung des Oberrheingrabens im Scheitelbereich der Aufwölbung. Diese Aufwölbung führt zur Ausdünnung der Kruste, zu Zerrungen in westlichen und östlichen Richtungen, aber auch zu einer weiteren Absenkung des Grabeninneren um fast 5000 m. Zeitgleich kommt es allerdings auch zu einer Auffüllung des Grabens durch Abtragungsmaterial der am Rande gelegenen, sich hebenden Grundgebirge, die heute den Schwarzwald und die Vogesen bilden.

← Asthenosphäre S. 47/48

Die Entstehung der Schichtstufenlandschaft

Im Zuge der Aufwölbung wurden die Bereiche östlich und westlich des entstehenden Oberrheingrabens stark angehoben und die Schichten aus zunächst horizontaler Lage verkippt. Die nun schräg gelagerten Schichten des Deckgebirges fallen in Südwestdeutschland nach Osten ein. Durch die intensive Hebung wurden Teile des Deckgebirges aufgrund ihrer Exposition durch Erosion vollständig abgetragen. Im Gegensatz dazu finden sich östlich des Schwarzwaldes noch Reste des Deckgebirges, beispielsweise im Bereich der Schwäbischen Alb. Aufgrund der unterschiedlichen Gesteinsbeschaffenheit (**Petrovarianz**) sind die Gesteine unterschiedlich erosions- und verwitterungsanfällig, sodass letztendlich eine vielgliedrige **Schichtstufenlandschaft** entstanden ist.

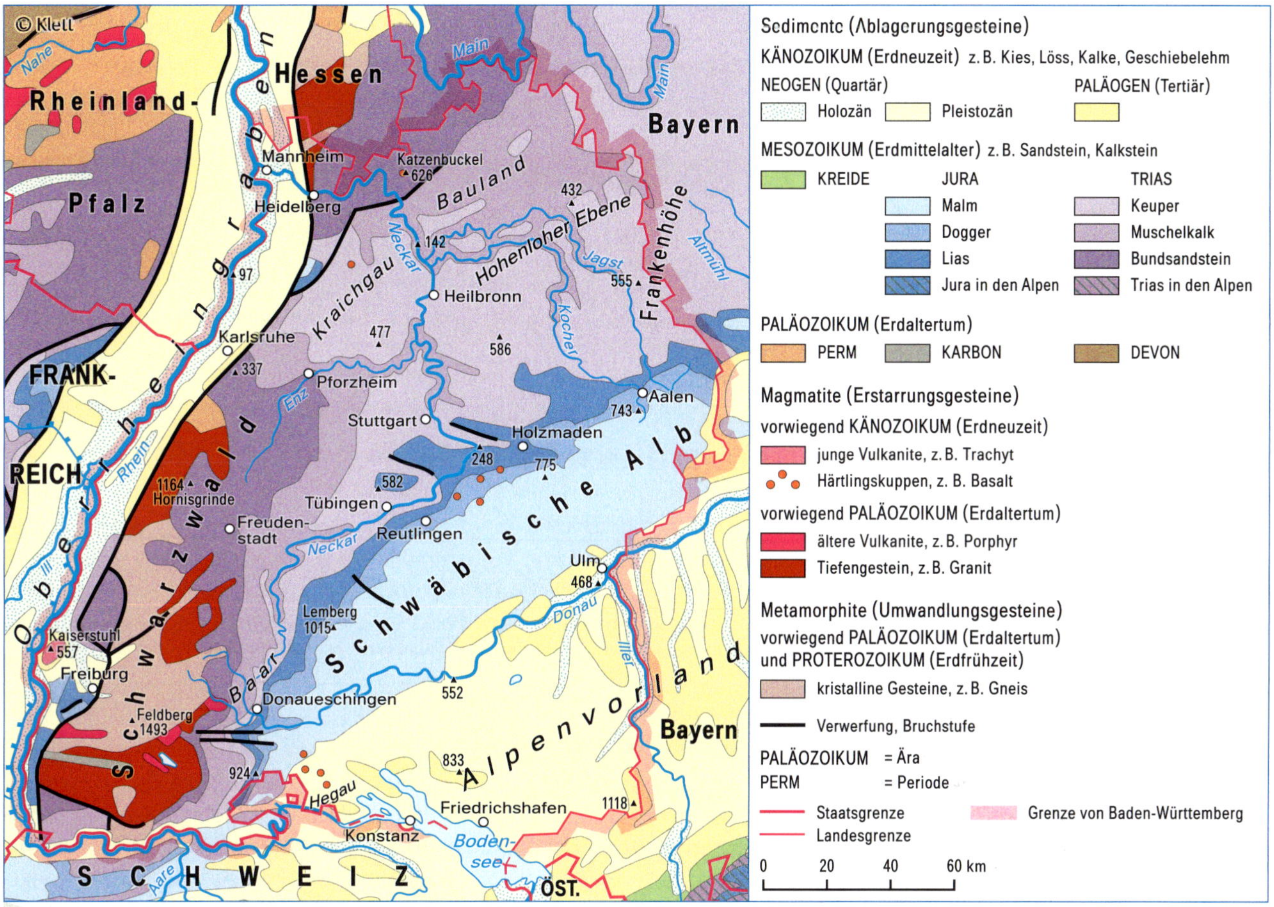

3 Geologische Karte und Profil Südwestdeutschlands

Schichtstufenlandschaften

„Schichtstufen sind typische Reliefformen in flach lagernden Sedimentgesteinen unterschiedlicher Resistenz. Sie bestehen aus zwei unterschiedlichen Reliefelementen, der meist ebenen Stufenfläche und dem steilen Stufenhang, der in Oberhang und Unterhang gegliedert wird. Der Stufenhang bildet einen Steilabfall. Der widerständige, am Oberhang und auf der Stufenfläche ausstreichende **Stufenbildner** besteht z.B. aus Kalken oder Sandsteinen, das weichere Sockelgestein im Unterhang aus Tonsteinen oder Mergeln. Der Übergang vom Hang zur Fläche kann als **Trauf** (mit scharfem Knick) oder als Walm (sanfter Übergang) ausgebildet sein. Vor dem Stufenhang liegen häufig **Zeugenberge** als Erosionsreste des ehemals weiter ausgedehnten Schichtpakets. Durch gravitative Massenverlagerungen und aquatische Prozesse am Stufenhang werden die Schichtstufen im Laufe der Reliefentwicklung in Vorsprünge und Buchten gegliedert und unterliegen dem Prozess der Stufenrückverlegung."

Gekürzt nach I. Beyer und K.-H. Schmidt (2000): Schichtstufenlandschaften. In: Nationalatlas der Bundesrepublik Deutschland, S.84

4

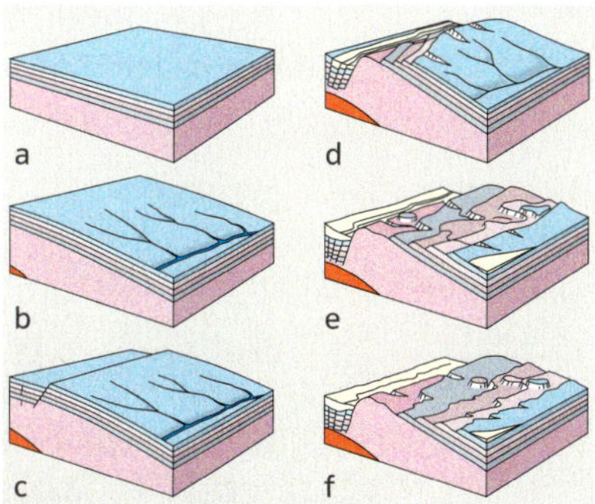

5 Schichtstufenbildung

1

Beschreiben Sie auf Grundlage des Textes die Phasen der Schichtstufenbildung (M4).

2

Benennen Sie im Foto 1 typische Elemente einer Schichtstufenlandschaft.

3

Geologische Karten nutzen
a) Beschreiben Sie die geologische Karte.
b) Erklären Sie die Verteilung der Gesteinsarten.

4

Benennen Sie Gebiete auf der Karte, in denen Sie Karsterscheinungen erwarten, und begründen Sie Ihre Überlegungen.

1 Pilzfelsen

2 Äolischer Transport und Dünenbildung

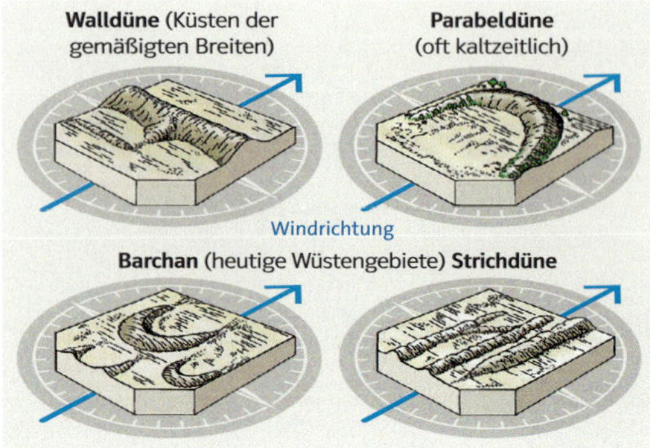

4 Dünenformen

Landschaftsformung durch äolische Prozesse

Die Windenergie kann die Erdoberfläche verändern. Dabei ablaufende äolische Prozesse sind z. B. das Ausblasen von Partikeln (Deflation), die abschleifende Wirkung von in der Luft transportiertem Sand oder Staub (Korrasion) sowie die Ablagerung des transportierten Materials. Damit äolischer Transport erfolgen kann, müssen mehrere Bedingungen erfüllt sein. Zunächst muss die Windenergie ausreichen, um Teilchen in Bewegung zu setzen. Diese werden je nach Korngröße unmittelbar in die Luft gewirbelt und verweht oder fallen, nachdem sie kurz in die Luft geschleudert wurden, wieder zu Boden (Saltation). Schlagen Partikel auf größere Körner, können diese scheinbar kriechend über den Boden bewegt werden (Reptation).

Je glatter eine Oberfläche, desto ungehinderter kann der darüber streichende Wind Partikel erfassen und forttragen. Auch Vegetationsbedeckung und Bodenfeuchte beeinflussen den Materialtransport erheblich. Die mechanische Schleifwirkung der im Wind mitgeführten Teilchen (Sandschliff), poliert an der Oberfläche liegende Gesteine oder formt zum Teil bizarre Gesteinsformationen. Hindernisse oder nachlassende Windgeschwindigkeit bewirken Materialakkumulation. Dabei entstehen Sand- und Staubdecken. Auch **Dünen** sind das Resultat äolischer Ablagerungs- und Verfrachtungsvorgänge.

3 Wüstentypen der Sahara

Winderosion

Knapp ein Viertel der landwirtschaftlich intensiv genutzten Böden Deutschlands sind erheblich durch Winderosion gefährdet. Jedes Jahr werden Tausende Tonnen wertvollen Ackerbodens regelrecht vom Winde verweht und gehen langfristig verloren. Das ist besonders besorgniserregend, da die bodenbildenden Prozesse sehr lange Zeiträume umfassen. Derzeit geht weit mehr Boden durch Erosion verloren als neu gebildet wird. Die Gründe für den Bodenverlust liegen vor allem in der Umwandlung kleinparzellierter Nutzflächen, die noch vor wenigen Jahrzehnten von Wallhecken (Knicks) geprägt waren, in eine große strauch- und baumlose Agrarsteppe.

Löss – ein äolisches Sediment

Löss ist ein vom Wind transportiertes, gelbliches, sehr feinkörniges Sediment. Es wurde in Europa während und nach den Eiszeiten durch kalte Fallwinde (katabatische Winde) als Staub aus den Sanderflächen und trockengefallen Schmelzwasserabflüssen ausgeweht und in begünstigten Lagen an den Rändern der Mittelgebirge (z.B. in Norddeutschland) und in der Vorbergzone (Oberrheingraben) abgelagert. Voraussetzung für großflächige Staubauswehungen und die Sedimentation zu Löss ist das Vorhandensein großer Mengen an Feinmaterial, speziell der Korngrößen Schluff und Ton. Aus Lössablagerungen bilden sich aufgrund der stofflichen Zusammensetzung kalkhaltige, wertvolle Böden, die sich zu Schwarzerde weiterentwickeln können. Von den Eigenschaften wirkt sich dabei besonders günstig der gute Wasserhaushalt auf das Pflanzenwachstum aus, auch lassen sich Böden auf Löss besonders leicht bearbeiten. Die fruchtbaren Lössböden Norddeutschlands werden seit Jahrhunderten intensiv landwirtschaftlich genutzt. Weltweit ist der Löss weiterhin in China, Afrika, Nord- und Südamerika zu finden. In Asien gibt es noch heute starke Staubverwehungen, sodass es hier noch zu aktuellen Lössbildungen kommt.

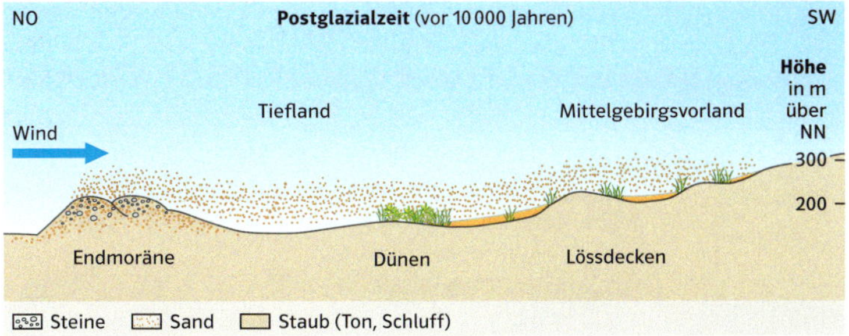

5 Bildung äolischer Akkumulationsformen am Beispiel von Sachsen

6 Staubsturm in Mecklenburg-Vorpommern

A19 – Sandsturm-Inferno auf der Autobahn mit vielen Toten

„Hat es solch einen Unfall in Deutschland jemals gegeben? In einem Sandsturm rasen Dutzende Autos ineinander. Mindestens acht Menschen sterben. Der Sandsturm wütet noch Stunden nach der Massenkarambolage über die Autobahn zwischen Rostock und Güstrow. Dutzende ausgebrannte und ineinandergeschobene Fahrzeuge haben die Fahrbahn in ein Trümmerfeld verwandelt.“.

Katrin Schüler in Die Welt 8.4.2011. Unter www.welt.de (Zugriff: 13.02.2021)

„Im Rahmen des INKA BB (Innovationsnetzwerk Klimaanpassung Berlin–Brandenburg) kamen Wissenschaftler zu dem Schluss, dass eine ungünstige Kombination aus mehreren Faktoren zu dem Unglück führte, so Dr. Carsten Hoffmann [...] INKA BB. Trockenheit, starker Wind und offene Böden sind danach zum einen die Ursache für das Phänomen. Geringere oder vernachlässigte Windschutzhecken und zum Teil übergroße Ackerflächen führen aber ebenfalls dazu, dass Sand und Staub aufgewirbelt wird und verweht.“

NABU Schleswig-Holstein, ILu, akt. 14.11.2014.
Unter: https://schleswig-holstein.nabu.de (Zugriff: 13.02.2021)

7

1 Beschreiben Sie die Entstehung von Dünen.

2 Erklären Sie die Entstehung verschiedener Wüstentypen in der Sahara.

3 MK Erstellen Sie ein Wirkungsgefüge, das die Ursachen für den Unfall auf der A19 beschreibt. Ziehen sie dafür auch weitere Quellen (Internet) heran.

4 Diskutieren Sie Maßnahmen, die zu einer Verringerung der Winderosion in Norddeutschland beitragen können.

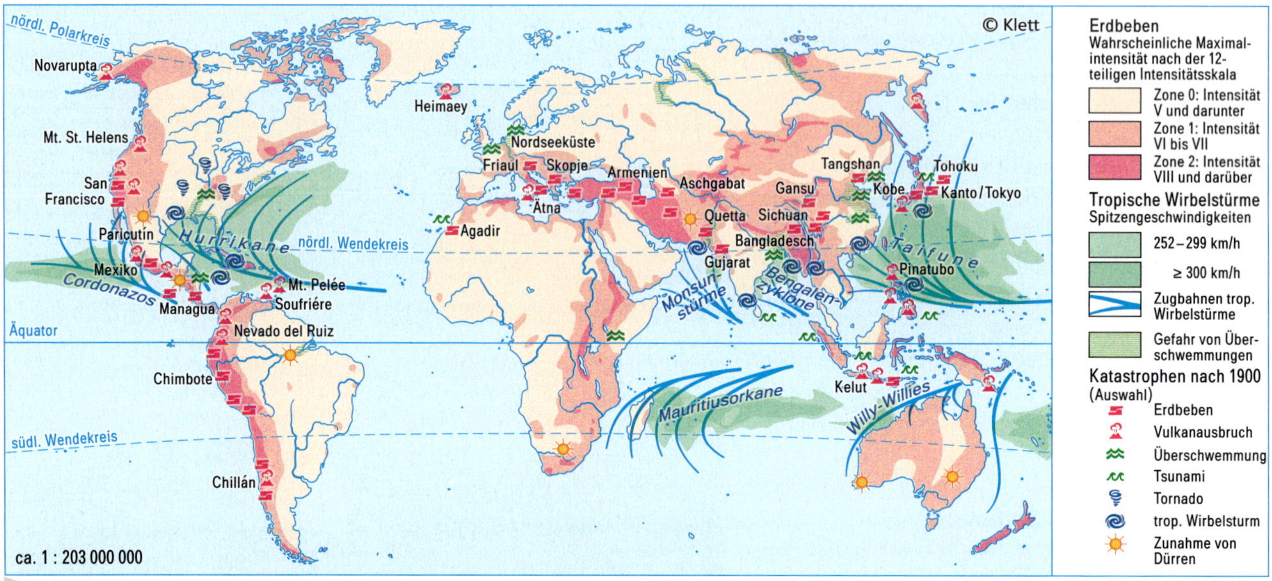

1 Weltkarte der Naturgefahren

Naturgefahren und Risiken: Massenbewegung – Erdbeben – Hochwasser

Georisiken/Naturgefahren (Auswahl)

Wetter/Klima:
- Hagelschlag, Starkregen, Hitze, Kälte, Dürre, Sturm

Hydrologie:
- Meeresspiegelanstieg, Hochwasser,Tsunami, Lawine, Mure

Geologie:
- Massenbewegung, Fels-/Bergsturz, Meteoriten, Erdbeben, Vulkane

Biologie:
- invasive Arten, Schädlinge, Krankheiten

Zu einem Georisiko werden Naturereignisse zuallermeist durch ungeeignete Inwertsetzung gefährdeter Räume oder durch eine für den Menschen nachteilige Einflussnahme auf Komponenten des Gesamtsystems. Wie können Prozesse im System Erde zu einer Bedrohung für den Lebensraum des Menschen werden?

Seit dem Beginn der kulturlandschaftlichen Erschließung unseres Planeten entwickelt der wirtschaftende Mensch Strategien, seinen Lebensraum den Naturgegebenheiten möglichst optimal anzupassen. Dabei trug der wissenschaftlich-technische Fortschritt vergangener Dekaden zu einer scheinbaren Verbesserung der Sicherheitslage in den erschlossenen Gebieten bei und verleitete den Menschen sogar zu einer Ausweitung der bewohnten Erde in vormals bewusst gemiedene Naturräume wie Flussufer, Tallagen oder küstennahe Marschländer. Andernorts zwingt armutsbedingte Alternativlosigkeit Menschen dazu, in höchstgefährdeten Räumen zu siedeln. Der immer intensiveren „Inwertsetzung" erwächst aber gleichsam eine schleichende Erhöhung der **Vulnerabilität (Verwundbarkeit)** unserer Gesellschaft, eine Situation, die durch die Auswirkungen des anthropogenen Klimawandels weiter verschärft wird. Besonders problematisch, auch in volkswirtschaftlicher Hinsicht, ist in diesem Zusammenhang die teilweise hohe Bevölkerungsdichte in potenziell gefährdeten Gebieten. Alle Jahre wieder sorgen Jahrhunderthochwasser für Schlagzeilen und setzen entlang der Flussläufe weite Landstriche unter Wasser. Niederschläge fallen immer weniger als „seichter, lang anhaltender Landregen", sondern als Hagelschlag oder kurzer Starkregen, Stürme verwüsten immer öfter menschliche Siedlungsräume oder ganze Wälder. Murenabgänge, Schlammlawinen und Felsstürze zerstören Siedlungen. Eine nachhaltige Störung von gesellschaftlichen Strukturen wie der Verlust an Menschenleben und Sachwerten, massiven Schäden im Bereich der Infrastruktur und an Umweltgütern etc. durch Naturereignisse wird als Katastrophe bezeichnet. Zur Risikoreduzierung müssen die jeweiligen Gefährdungspotenziale auf der Grundlage von wissenschaftlich fundierten Gefahrenabschätzungen (Risikoanalyse) erfasst werden, um letztendlich Präventions-, Anpassungs- und Bewältigungsstrategien zu entwickeln.

→ **Vulnerabilität S.390**

1

Beschreiben Sie die räumliche Verteilung verschiedener Georisiken anhand der Karte 1.

2 Hochwasser Juli 2021 in Marienthal, Bad Neuenahr-Ahrweiler

3 Eislast lässt Masten umknicken

Vulnerabilität, Resilienz und Adaption

Nach Robert Chambers (1989) meint **Vulnerabilität** „einen gesellschaftlichen Zustand, der durch Anfälligkeit, Unsicherheit und Schutzlosigkeit geprägt ist." In Bezug auf den Klimawandel beschreibt Vulnerabilität z. B. das Maß, „zu dem eine Person, Region oder ein System gegenüber nachteiligen Auswirkungen von Klimaänderungen anfällig ist." Inzwischen findet der Begriff auch in der Ökologie Anwendung. Betrachtet wird die Empfindlichkeit von Arten gegenüber veränderten Umweltbedingungen, wie zum Beispiel den Folgen des Klimawandels oder direkter menschlicher Eingriffe in die Ökosysteme. Sowohl Ökosysteme als auch Gesellschaftssysteme sind bis zu einem gewissen Grad in der Lage, schädigenden Einflüssen zu widerstehen und externe Störungen zu verkraften. Diese Widerstandsfähigkeit wird als **Resilienz** bezeichnet. In Bezug auf verschiedene Georisiken hängt die Resilienz in erheblichem Maße davon ab, inwiefern der Mensch in der Lage ist, sich an die veränderten Umweltbedingungen anzupassen (**Adaption**). Das kann durch veränderte Praktiken der Landnutzung oder Infrastrukturmaßnahmen geschehen. Auch die Überwindung von Armut und die Beseitigung sozialer Disparitäten steigert die Resilienz gesellschaftlicher Gruppen. Als **Mitigation** wird die Bekämpfung der Ursachen von Georisiken bezeichnet, also zum Beispiel die Reduktion von Treibhausgasemissionen durch neue Technologien.

Veränderte Extremereignisse

„Generell deutet sich in Deutschland ein weiter fortgesetzter Trend zu mehr Starkniederschlagsereignissen bei abnehmendem Dauerregen an. Kälteperioden, extremer Schneefall, Eisregen haben u. a. negative Auswirkungen auf kritische Infrastrukturen wie z. B. Energieversorgung und Transport. So knickten im sogenannten ‚Münsterländer Schneechaos' im November 2005 Strommasten aufgrund der Schneelast oder umstürzender Bäume um und führten bei etwa 250 000 Menschen zu teilweise mehrtägigem Stromausfall. Da der Klimawandel u. a. zu einer erhöhten Variabilität der Klimaparameter führt, ist eine Zunahme von Kälteextremen in Kombination mit Starkniederschlägen wahrscheinlich. Bei Winterstürmen sind in den letzten Jahrzehnten signifikante Veränderungen bei einigen ursächlich damit verbundenen Großwetterlagen zu beobachten, die mit dem Klimawandel in Zusammenhang gebracht werden können. Für bestimmte Westwindwetterlagen in Europa wurde eine signifikante Zunahme der Andauer seit den 1970erJahren festgestellt. Die Westwind-Großwetterlagen im Winter sind häufig mit extremen lokalen Niederschlägen und heftigen Stürmen verbunden [...]"

Manfred Stock, Oliver Walkenhorst: Einführung: Klimawandel, Auswirkungen und Unsicherheiten. In: Jörn Birkmann u. a. (Hrsg.): Anpassung an den Klimawandel durch räumliche Planung – Grundlagen, Strategien, Instrumente. E-Paper der ARL Nr. 13. Hannover 2012, S. 10 f.

4

„Katastrophen kennt allein der Mensch, sofern er sie überlebt; die Natur kennt keine Katastrophen".

Max Frisch

→ Adaption S. 326

→ Mitigation S. 326

2 MK

Katastrophen untersuchen

a) Recherchieren Sie Fallbeispiele verschiedener Katastrophen der jüngeren Vergangenheit.

b) Erörtern Sie diese unter Anwendung der Begriffe Georisiko, Vulnerabilität, Resilienz und Adaption.

3

Nehmen Sie Stellung zur Aussage „Naturkatastrophen treffen vor allem die Armen".

4

Ermitteln Sie mögliche Georisiken in Ihrem persönlichen Wohnumfeld.

5

Bewerten Sie die Vulnerabilität kritischer Infrastrukturen (Bild 2).

5 Felssturz nach einem Erdbeben reißt Häuser in die Tiefe, bei Christchurch, Neuseeland

6 Bergrutsch, El Salvador 2001

Georisiko gravitative Massenbewegungen

Reliefformende **Massenselbstbewegungen** sind schwerkraftbedingt. Man unterscheidet langsam und schnell verlaufende Erscheinungen, z. B. einerseits in Sekundenschnelle zu Tal gleitende Hänge, andererseits das oft sehr langsame „Hangkriechen". Während die Gravitation zentrale Ursache derartiger Materialverlagerungen ist, sind Durchfeuchtung, Erdbeben, Vulkanausbrüche oder auch Baumaßnahmen oft die Auslöser.

← Permafrost S. 116

→ Permafrost S. 322

Auch die steigenden Temperaturen erhöhen das Risiko von Massenbewegungen. In den Hochlagen der Gebirge herrscht verbreitet Permafrost vor, sodass der Untergrund teilweise bis in Tiefen von mehreren Hundert Metern gefroren ist. Taut nun der Permafrost aufgrund klimatischer Veränderungen auf, kann dies dazu führen, dass Hänge instabil werden. Eine Zunahme von Berg- und Felsstürzen bildet die unmittelbare Folge dieses Prozesses. Bei den meisten Massenbewegungen handelt es sich um flächenhafte Abtragungsprozesse (Denudation). Durchfeuchtet das Wasser die Oberfläche, führt dies zu einer Herabsetzung der Reibungskräfte. Obere Bodenschichten, Gerölle oder ganze Gesteinspakete geraten hangabwärts in Bewegung. Oft bilden Gesteinsgrenzen oder wasserundurchlässige Schichten (z. B. tonige Lagen) eine Gleitebene für das hangende Material. „Erdrutsch" ist allerdings nicht gleich Erdrutsch. Unterschieden wird zwischen Bodenfließen, Bergrutsch, Schlammstrom, Schuttlawine und Felssturz. In besiedelten Gebieten haben derartige Naturereignisse oft katastrophale Auswirkungen.

Georisiken

„Durch Georisiken, wie beispielsweise durch gravitative Massenbewegungen (Fels-, Bergstürze, Erdrutsche, Murgänge etc.) oder auch durch spontan auftretende Verkarstungsstrukturen (Erdfälle) können katastrophenartige Gefährdungen für Straßen, Schienen oder auch Siedlungen (z. B. Gebäudeschäden) entstehen. Auch wichtige Versorgungsleitungen wie beispielsweise Strom-, Gas- oder Wasserversorgungsleitungen können beschädigt werden. Gravitative Massenbewegungen entstehen in Gebieten mit ausreichender Reliefenergie und können durch Extremwetterlagen (Starkregen, Hochwasser), Erdbeben oder menschliche Eingriffe ausgelöst werden."

Ministerium für Inneres, Digitalisierung und Migration Baden-Württemberg. Unter: www.service-bw.de (Zugriff: 08.05.2021)

7

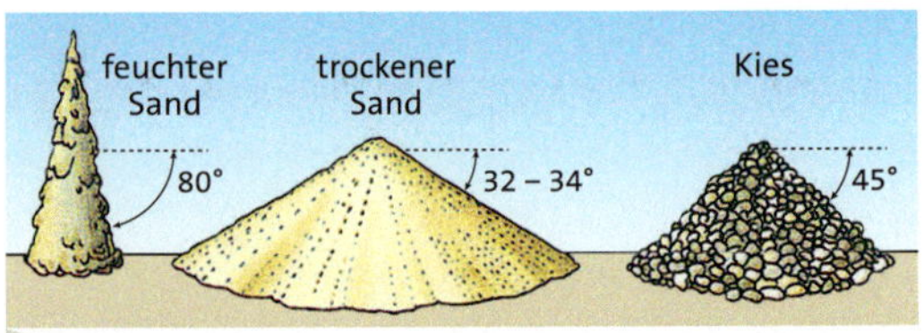

8 Maximale Hangwinkel verschiedener Materialien

Nach: Barbara W. Murck, Brian J. Skinner, Stephen C. Porter: Dangerous Earth. New York: Wiley 1997, S. 156

FALLBEISPIEL: Nepal

In den ländlichen Bergregionen wie dem Langtang-Tal stellen Lawinenabgänge, Hangrutschungen und Hochwasser ein permanentes Bedrohungspotenzial dar. Über viele Jahrhunderte haben die Kleinbauern angepasste Wirtschaftspraktiken entwickelt, die ihnen ein Überleben in den abgeschiedenen Tälern ermöglichen. Um die natürlichen Ressourcen zu schützen und den Tourismus auszubauen, wurde das Langtang-Tal im Jahr 1976 als Nationalpark ausgewiesen. Rasch entwickelte sich das Gebiet zu einer der wichtigsten Tourismusregionen des Landes. Diese Entwicklung führte zu einer Veränderung der traditionellen ökonomischen, ökologischen und sozialen Strukturen. Langtang wurde zu einem Zentrum des Trekkingtourismus ausgebaut, mehrstöckige Gebäude entstanden und viele Kleinbauern gaben ihre angestammten Beschäftigungen auf. Vom Ausbau des Tourismussektors profitierte aber weniger die Landbevölkerung, sondern vielmehr internationale Tourismusunternehmen.

Ortschaft Langtang (Nepal) nach dem Erdbeben vom 25.4.2015

Das Gorkha-Beben

„Das verheerende Hauptbeben mit einer Stärke von M 7,8 ereignete sich am 25. April 2015 in Nepal, wirkte sich aber auch auf die Nachbarländer aus. Dem Haupt- und unzähligen Nachbeben fielen rund 9 000 Menschen zum Opfer, die meisten von ihnen Nepalesen. Die Beben lösten über 4 000 Berg- und Felsstürze sowie zahlreiche Lawinenabgänge aus. Besonders hart traf es das bei Trekkingtouristen beliebte Langtang-Tal in Nepal, alleine hier starben mehr als 300 Menschen unter den Schuttmassen. Zahlreiche Ortschaften wurden vollständig verwüstet."

Übers. nach: ICIMOD and SERVIR Applied Sciences Team member contribute lessons learned from the 2015 Gorkha earthquake's induced geohazards, v. 12.05.2016, unter: https://servirglobal.net/Global/Articles/Article/2503/icimod-and-servir-applied-sciences-team-member-contribute-lessons-learned-from (Zugriff: 05.06.2021)

10

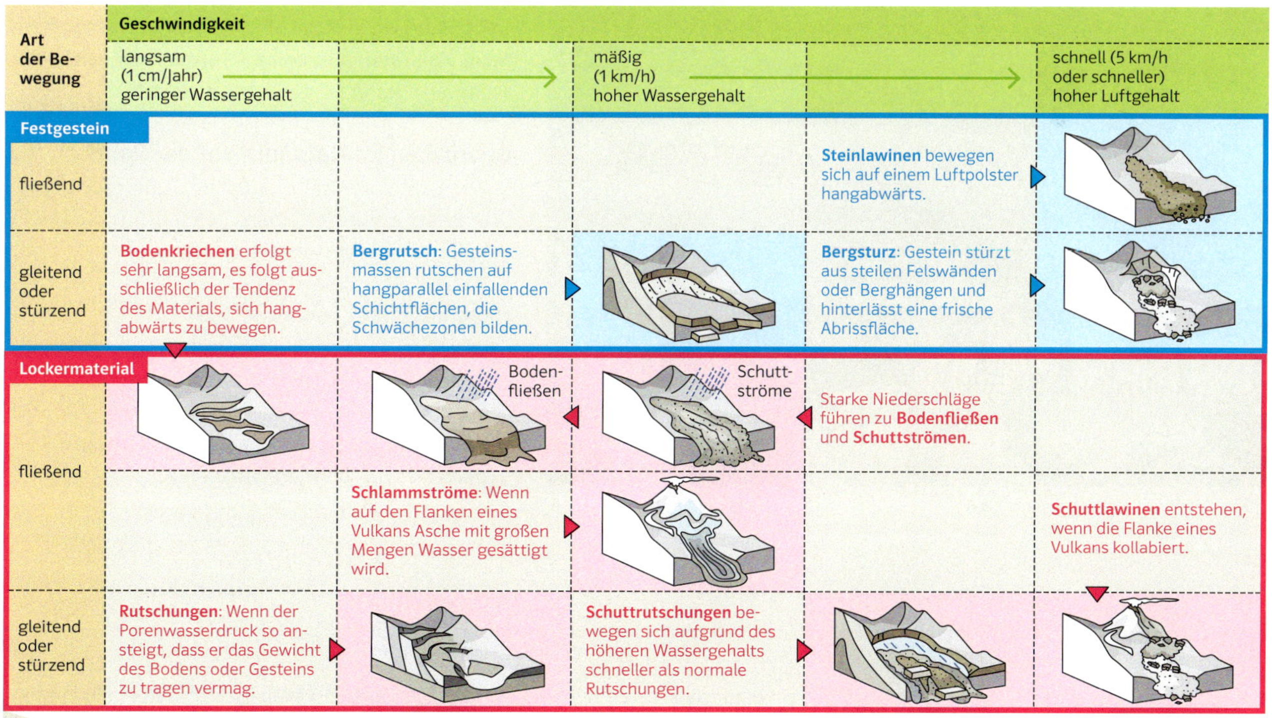

9 Verschiedene Formen von Massenbewegungen

Nach: https://media.springernature.com (Zugriff: 05.06.2021)

6 Beschreiben Sie die unterschiedlichen Formen gravitativer Massenbewegungen.

7 Erörtern Sie, inwiefern klimatische Veränderungen die Georisiken durch Massenbewegungen erhöhen.

8 Charakterisieren Sie Ursache und Art der gezeigten Massenbewegungen auf den Fotos dieser Seite.

NE Georisiken im Nahraum untersuchen

Ein Erdbeben in Kroatien, eine Sturmflut in Hamburg, Murenabgänge, Felsstürze und Lawinen in den Alpen, über die Ufer tretende Flüsse in Baden-Württemberg, verheerende Winterstürme, Erdfälle und Erdrutsche, die ganze Häuser verschlucken – alleine die Liste der „Naturkatastrophen" in Europa in den vergangenen zehn Jahren ist lang.

1 Aberfan: Haldenrutsch 1966

Weltweit steigen nach Angaben der Münchner Rückversicherung die wirtschaftlichen Schäden durch Naturkatastrophen, so auch bei uns in Europa. Und nicht selten tragen wir durch unser unangepasstes Verhalten dazu bei. So werden Siedlungen, Verkehrswege und Industrieflächen in überschwemmungsgefährdeten Flussniederungen oder am Fuße rutschungsgefährdeter Hänge errichtet. Wichtige Überschwemmungsflächen, die Hochwasserspitzen kappen könnten, werden durch Flußbegradigungen eingeengt. Bodenverdichtung in landwirtschaftlich intensiv genutzen Bereichen, die die Versickerung starker Niederschläge verhindert, führt bei Starkregen zu weitflächigen Überflutungen.

Manche Katastrophen, wie zum Beispiel der Haldenrutsch im Bergarbeiterdorf Aberfan am 21. Oktober 1966 nahe Merthyr Tydfil in Südwales, sind ausschließlich auf menschliches Fehlverhalten zurückzuführen. Damals starben 144 Menschen, darunter 116 Kinder.

Georisiken werden nicht selten unterschätzt, gerade in Regionen, die uns als vermeintlich sicher erscheinen: „Ist ja lange nichts passiert".

Georisiken im Nahraum auf der Spur

- Wie gehen wir mit möglichen Gefährdungen in unserem unmittelbaren Lebensumfeld um?
- Wie nehmen wir die Georisiken wahr?
- Welche Georisiken bedrohen tatsächlich unser unmittelbares Lebensumfeld?
- Wie wird das Risiko eingeschätzt?
- Welche Präventionsmaßnahmen werden ergriffen?
- Welchen Beitrag zur Adaption und Risikominimierung können wir leisten?

1 MK

Stellen Sie anhand einer Internetrecherche die Ursachen und Folgen einer der in den Materialien 2–4 dargestellten Katastrophenereignisse dar.

2 MK

Gestalten Sie ein Poster oder eine Präsentation zum Thema „Georisiken im Nahraum – eine unterschätzte Gefahr?" Die nachfolgenden Aspekte können Ihnen als Orientierung dienen:

a) Charakterisieren Sie potenzielle Georisiken in ihrer Heimatregion.
b) Erstellen Sie einen Fragebogen zur Einschätzung möglicher Georisiken und entsprechender Anpassungsstrategien. Befragen Sie zum Beispiel Familienangehörige, Behördenvertreter und Nachbarn.
c) Analysieren Sie die gegebenen Antworten.
d) Erörtern Sie die genannten Adaptionsstrategien.
e) Erstellen Sie eigene Fotos im Gelände, die mögliche Gefährdungspotenziale belegen.

2 **Ask-Erdrutsch**
Morgens am 30. Dezember 2020 setzte sich das Erdreich im norwegischen Ort Ask in Bewegung. Bei dem Erdrutsch kamen mehrere Menschen ums Leben. Wie kann es sein, dass das Risiko im Vorfeld nicht erkannt wurde?

„Mitten in einem Wohngebiet in der Stadt Schmalkalden ist es in der Nacht zu Montag [am 1. Nov. 2010] zu einem Erdfall gekommen, ein riesiges Loch hat sich im Boden aufgetan. Laut thüringischem Umweltministerium misst der Krater 30 mal 30 Meter und ist rund 20 Meter tief. Ein Auto stürzte in das Erdloch. [...] Am Nachmittag war klar: Der Krater [...] hat eine natürliche Ursache. Offensichtlich ist ein großer Hohlraum in sich zusammengebrochen, sagte Jan Katzschmann vom Geologischen Landesdienst [...]. Ob Steinsalze, Kalziumsulfate oder Kalkstein ausgespült wurden, könne gegenwärtig noch nicht gesagt werden."

dpa, Riesiger Krater in Wohngebiet – Keine Verletzten, dpa-Basisdienst v. 01.11.2010 © dpa Deutsche Presse-Agentur GmbH

3 **„Krater von Schmalkalden"**

„Mattmark im Wallis, 30. August 1965. 2 Millionen Kubikmeter Eis und Geröll lösen sich vom Allalingletscher und stürzen auf die Baubaracken nieder, die direkt unterhalb der Gletscherzunge für den Bau des damals größten Staudamms Europas errichtet worden waren. 88 Menschen [...], finden unter der 30 Meter hohen Eismasse den Tod. Das Unglück wird vorerst als reine Naturkatastrophe bezeichnet – man spricht von der ‚Macht der Berge'. Doch bald beginnen Presse und die Angehörigen der Opfer die Sicherheitsvorkehrungen [...] zu hinterfragen. [...]"

BearPit Films AG, Das Unglück von Mattmark, unter: www.bearpit.ch/filme/das-unglueck-von-mattmark (Zugriff: 13.07.2021)

4 **Die Naturkatastrophe von Mattmark**

Kompetenzcheck

Wichtige Begriffe

- Ästuar
- Ausgleichsküste
- Boddenküste
- Delta
- endogene Prozesse
- Erosion
- exogene Prozesse
- Flachküste
- Georisiko/Naturgefahr
- Karst
- Kerbtal
- Klamm
- Kliff
- Landschaft
- Landschaftswandel
- Löss
- Mäander
- Moräne
- nachhaltige Nutzung
- Permafrost
- Schichtstufenlandschaft
- Steilküste
- Talgletscher
- Trogtal
- Verwitterung
- Verwundbarkeit (Vulnerabilität)
- Wattenküste
- Widerstandsfähigkeit (Resilienz)

Wissen vernetzen

Alle Formen der aktuellen Erdoberfläche sind das Ergebnis des fortwährenden Zusammenwirkens unterschiedlicher exogener und endogener Prozesse. Eine wesentliche Grundlage für die Formung ist das Vorhandensein transportierbarer Materialien. Je nach Region und Klima sorgen unterschiedliche Verwitterungsarten für die Aufbereitung des Gesteins. Die Materialverlagerung übernehmen Wind, Wasser, Eis, die Schwerkraft aber auch menschliches Wirken. Reicht die Schleppkraft der Transportmedien nicht mehr aus, werden mitgeführte Sedimente abgelagert. Auch die deutschen Landschaften weisen einen sehr vielfältigen Formenschatz auf. Weite Teile des Norddeutschen Tieflandes aber auch die Alpen wurden intensiv von den eiszeitlichen Gletschern geformt. Während in Norddeutschland mächtige Ablagerungen aus Moränenmaterialien an der Oberfläche anstehen, prägen die festen Gesteine des Grundgebirges die Oberflächen der Mittelgebirgszone. Einen Einblick in die Entstehung der verschiedenen Oberflächenformen konnten Sie in diesem Kapitel gewinnen. Auch die Rolle des Menschen als „Nutzer" des Reliefs ist deutlich geworden.

Reliefformung durch ...

Materialaufbereitung (Verwitterung)	**Materialumlagerung** (Dislokation und Transport)	**Materialablagerung** (Akkumulation und Sedimentation)
Physikalische Verwitterung – thermische Verwitterung – Frostverwitterung – Salzsprengung – Wurzelsprengung – Druckentlastung **Chemische Verwitterung** – Hydrationsverwitterung – Lösung und Oxidation – biolog.-chem. Verwitterung **Biogene Verwitterung**	**bewegtes Wasser (z. B. Flüsse)** – lineare Erosion – Lösung Formen (z. B.): Täler, Dolinen **bewegtes Eis (Gletscher)** – Glazialerosion Formen: Trogtäler, Rundhöcker **bewegte Luft** – Deflation Formen: Ausblasungswannen	**Sedimentation klastischer Materialien** – Moränen – Deltas – Wattenmeer – Schwemmfächer – Dünen – Löss **Chemische Sedimentation** – Salzkrusten – Gipslager – Tropfsteine – Kalktuff **Sedimentation organischen Materials** – Muschelschalen – Moor – Torf – Kohle

exogene (z. B. Klima) und endogene Prozesse (z. B. Tektonik) bestimmen Reliefformungen

1 Das Schaubild zeigt das Prozessgefüge der Reliefformung im Überblick

Kompetenzen überprüfen

Sich orientieren

1 Charakterisieren Sie die vorherrschenden Formen der Verwitterung an folgenden Orten: Blaubeuren, Narjan-Mar, Mbandaka, Al Kufrah.

Wissen und verstehen

2 Beschreiben Sie den Einfluss menschlicher Aktivitäten auf die Formung der Landschaft.

3 Begründen Sie die Bedeutung des fließenden Wassers für die Reliefformung.

4 Vergleichen Sie die Küstenformen (M2).

5 Vergleichen Sie den eiszeitlichen Formenschatz der Alpen und Norddeutschlands.

6 Erklären Sie die Bedeutung der Anlage von Windschutzhecken.

7 Erörtern Sie die unterschiedlichen Entstehungsbedingungen für Karstformen in den Tropen und den Gemäßigten Breiten.

8 Erklären Sie die Entstehung eines Schichtvulkans.

Fachmethoden anwenden

9 Das Bild 3 ist am Strand auf Amrum aufgenommen worden. Für das gezeigte Geophänomen gibt es bislang keinen Namen.
Erörtern Sie mögliche Ursachen für die Entstehung der gezeigten Formen.

Beurteilen und bewerten

10 „Das größte Georisiko ist der Mensch selbst!" Nehmen Sie Stellung zu dieser Aussage.

Handeln

11 Erstellen Sie eine Präsentation, die potenzielle Georisiken Ihrer Heimatregion erklärt.

Basiskonzepte anwenden

12 Erläutern Sie an einem Fallbeispiel aus diesem Kapitel ein Basiskonzept der Geographie.

3 Am Strand auf Amrum

2 Küstenformen im Vergleich

Wenn Sie alle Seiten dieses Kapitels bearbeitet haben, können Sie ...

- die Entstehung der verschiedenen Landschaftsformen erklären,
- den Einfluss unterschiedlicher Geofaktoren in Bezug auf die Reliefformen charakterisieren,
- die formbildenden Kräfte der Wirkgrößen Wasser, Eis, Wind, Gravitation und menschliches Handeln in unterschiedlichen regionalen Kontexten darstellen,
- die Gefährdung durch Georisiken bewerten.

5

Prozesse in der Atmosphäre

1 Blick auf die dünne Hülle der Atmosphäre vom Space Shuttle Atlantis (8. Mai 1989)

Im Alltag nehmen wir die Atmosphäre meist als Luft zum Atmen, blauen Himmel, dunkle Wolken, Wind, Regen oder Schnee wahr. Doch sie schützt uns auch vor der Kälte des Weltraums, vor schädlicher Strahlung oder vor Meteoriten. Erst aus dem Weltall wird deutlich, wie dünn die Gashülle ist, die unser Leben ermöglicht. Der Klimawandel, das Ozonloch oder die Zunahme von extremen Wetterereignissen weisen auf tief greifende Veränderungen der Atmosphäre durch den Menschen hin.
Um dies zu verstehen, sind genaue Kenntnisse der atmosphärischen Prozesse notwendig.

Sie untersuchen ...

2 Atmosphärische Prozesse

Prozesse in der Atmosphäre

Das Satellitenbild zeigt eine Momentaufnahme der Atmosphäre. In Wirklichkeit ist die Atmosphäre ein sehr dynamisches System, das sich kurz- und langfristig verändert.

Den Zustand der Atmosphäre zu einem bestimmten Zeitpunkt an einem bestimmten Ort bezeichnen wir als **Wetter**. In Europa, aber auch in Nordamerika oder dem nördlichen Asien verändern sich die Wetterfaktoren wie Lufttemperatur, Windstärken, Luftfeuchtigkeit, Bewölkung oder Niederschlag für gewöhnlich innerhalb von Tagen. Der weitgehend stabile Zustand des Wetters über mehrere Tage hinweg wird als **Witterung** bezeichnet.

Das **Klima** einer Region oder eines Ortes gibt uns Auskunft über Zustand der Atmosphäre, wie er in der Regel für einen bestimmten Zeitpunkt zu erwarten wäre. In der Regel sind dies über 30 Jahre gemittelte Werte einer Vielzahl von Klimaelementen wie Temperatur, Niederschlag und Verdunstung an einem bestimmten Ort (**Mesoklima**) oder in einem bestimmten Gebiet oder Region (**Makroklima**). Das Klima an einem Hang in Bodennähe oder in einem Wald wird als **Mikroklima** bezeichnet. In den einzelnen Regionen sind die wesentlichen Klimafaktoren wie die geographische Breite, die Höhenlage und das Relief, die Lage zum Meer und anderen größeren Wasserflächen oder die Bodenart und die Bodenbedeckung unterschiedlich stark ausgeprägt. Auch wenn viele Gesetzmäßigkeiten bekannt sind, bleibt das atmosphärische Geschehen chaotisch. Selbst kleine Ereignisse können große Veränderungen hervorrufen.

Diesen Fragen zur Atmosphäre werden Sie nachgehen:

- Weshalb gibt es unterschiedliche Klimazonen?
- In welchem Zusammenhang stehen die großen globalen Windsysteme der Tropen und Außertropen?
- Weshalb wechseln in Europa die Wetterlagen so häufig?
- Wie entstehen regionale Winde und Niederschlag?
- Wie kann mithilfe einer Wetterkarte eine Wetterprognose erstellt werden?
- Welche atmosphärischen Besonderheiten prägen die Tropen?
- Wie beeinflussen Wechselwirkungen zwischen Atmosphäre und Hydrosphäre das Klima weltweit?
- Welche Faktoren können Klimaänderungen bewirken?

Sie knüpfen an ...

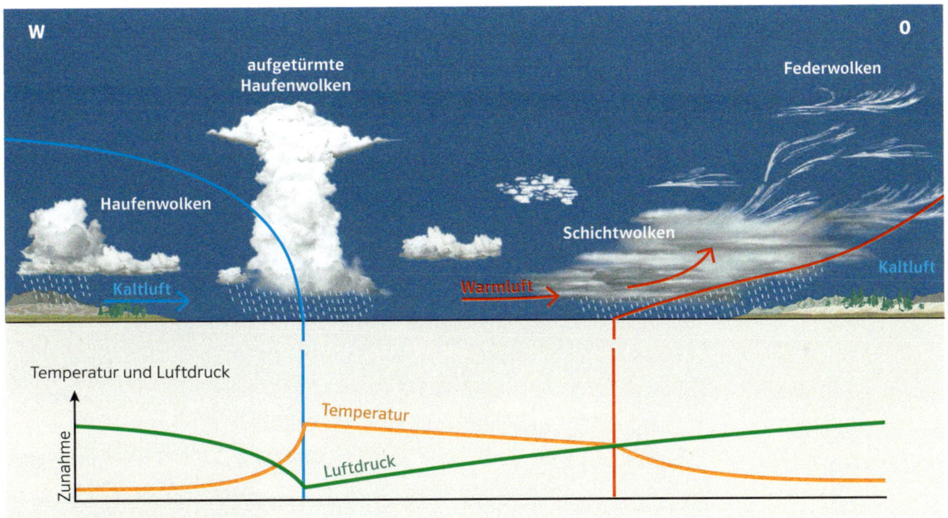

3 Durchzug einer Zyklone

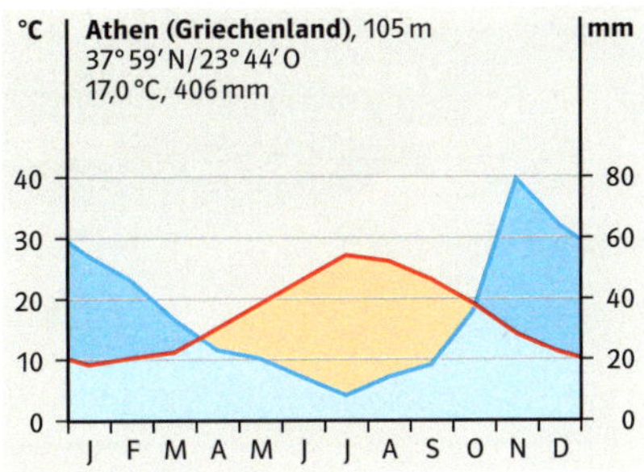

4 Klimadiagramm von Athen

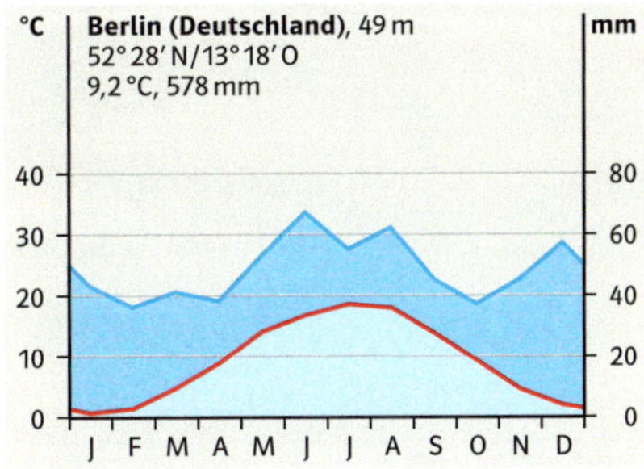

5 Klimadiagramm von Berlin

Das wissen Sie schon!

Mit Wetter und Klima haben Sie sich in allen Klassenstufen beschäftigt und ein Grundwissen erworben. Wie es zum Polartag und der Polarnacht kommt, können Sie genauso gut erklären wie die Entstehung der Jahreszeiten. Sie können Klimadiagramme analysieren und den Klimazonen zuordnen, ein ausgewähltes Wetterextrem sowie daraus resultierende Bedrohungen darstellen oder die Wetterabläufe in den Tropen mit den Wettererscheinungen in Mitteleuropa vergleichen.

Bekannte Begriffe

- arid
- Atmosphäre
- Äquator
- Beleuchtungszone
- Hochdruckgebiet (Antizyklone)
- humid
- ITC
- Jahreszeiten
- Jahreszeitenklima
- Klimadiagramm
- Luftdruck
- Luftfeuchtigkeit
- Orkan
- Passat
- Passatkreislauf
- Polarkreis
- Polarnacht/Polartag
- Regenzeit
- subtropisch-randtropische Hochdruckzone
- Tageszeitenklima
- Temperaturzone
- Tiefdruckgebiet (Zyklone)
- Tornado
- Trockenzeit
- tropischer Wirbelsturm
- Wendekreis
- Westwindzone
- Wetter
- Wind
- Zenitalregen

1 Erläutern Sie mithilfe der bekannten Begriffe die Veränderungen der Wettererscheinungen beim Durchzug einer Zyklone (M3).

2 Auswertung von Klimadiagrammen:
Vergleichen Sie das Klima der Stationen Berlin und Athen.

3 Die Prozesse in der Atmosphäre sind sehr dynamisch und verändern sich sowohl kurz- wie auch langfristig. Stellen Sie dies an Beispielen aus Ihrem Alltag dar.

4 MK Stellen Sie, nachdem Sie das Kapitel Atmosphäre durchgearbeitet haben, Zusammenhänge zwischen der Atmosphäre und den anderen Sphären des Systems Erde in einer Grafik dar.

Aufbau der Atmosphäre

Die dünne Gashülle der Erde ist lebenswichtig: Die Atmosphäre regelt die Temperatur an der Erdoberfläche und ermöglicht das Leben auf der Erde. Wie aber ist sie aufgebaut? Und wie schützt sie uns vor der Kälte des Weltraums?

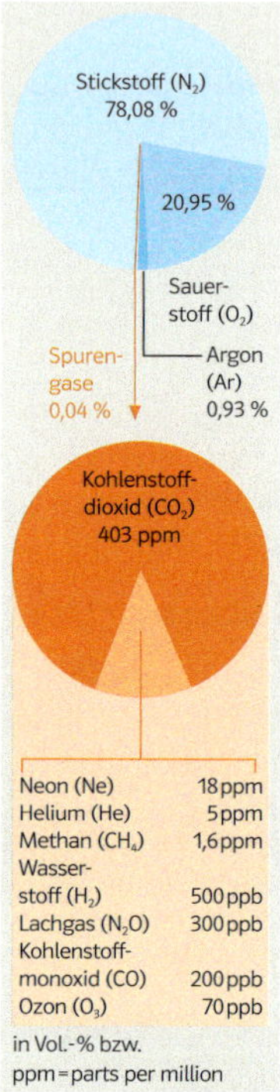

1 Zusammensetzung der Atmosphäre

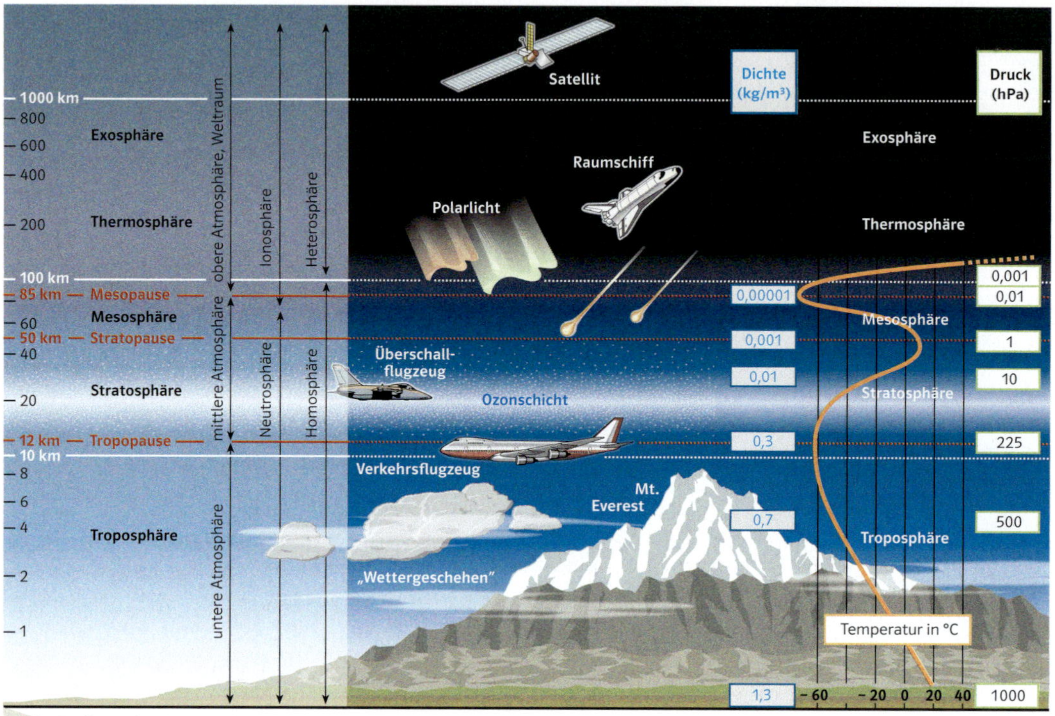

2 Aufbau der Atmosphäre

Die **Atmosphäre** ist eine durch die Schwerkraft an die Erde gebundene Gashülle. Ihre untere Grenze bildet die Erdoberfläche, nach oben wird eine fiktive Grenze von etwa 1000 km angegeben. Das ist der Bereich, in dem die Fluchtbewegung der Moleküle die Erdanziehungskraft überwindet.

Der **Luftdruck** ist der Druck, den die Atmosphäre infolge der Schwerkraft auf die Erdoberfläche ausübt. Er beträgt auf Meeresspiegelniveau durchschnittlich 1013 hPa (hPa = Hektopascal ≙ 100 Pascal). Auf jedem Quadratmeter Erdoberfläche lasten durchschnittlich 10 000 kg. Das entspricht ziemlich genau einer 10 m hohen Wassersäule. Mit der Höhe nimmt der Luftdruck jedoch stark ab: In 3 000 m Höhe beträgt der Luftdruck nur noch etwa 68 % des Wertes bei 0 m, auf dem Mount Everest sind es noch etwa 32 %.

Pascal
$1\,Pa = 1\,N \cdot m^{-2}$

99,9 % der Masse der Atmosphäre konzentrieren sich in den untersten 50 km der Lufthülle. Darüber ist die Dichte der Gasteilchen fast so gering wie in einem Vakuum.

Die Atmosphäre besteht zum größten Teil aus Stickstoff, Sauerstoff und Argon, die zusammen fast 99 % der Atmosphärengase ausmachen.

Die gebräuchliste vertikale Gliederung der Atmosphäre erfolgt nach der Temperatur, die mit zunehmender Höhe keinen linearen Verlauf zeigt. Dabei werden die Wendepunkte des Temperaturverlaufs als Pausen bezeichnet.

Die Troposphäre bildet dabei das unterste Stockwerk, auf das etwa 75 % der gesamten Gasmasse entfallen und in dem sich das Wetter- und Klimageschehen der Erde abspielt. Die Temperatur nimmt mit der Höhe im Mittel um 0,65 K pro 100 m ab. Das ist damit zu erklären, dass sich die untere Atmosphäre primär durch die von der Erdoberfläche emittierte langwellige Wärmestrahlung erwärmt. Da mit zunehmender Höhe der Luftdruck abnimmt und sich dadurch das Volumen aufsteigender Luftmassen vergrößert, wird die Intensität der Molekularbewegungen geringer, was zu einem Absinken der Temperatur führt.

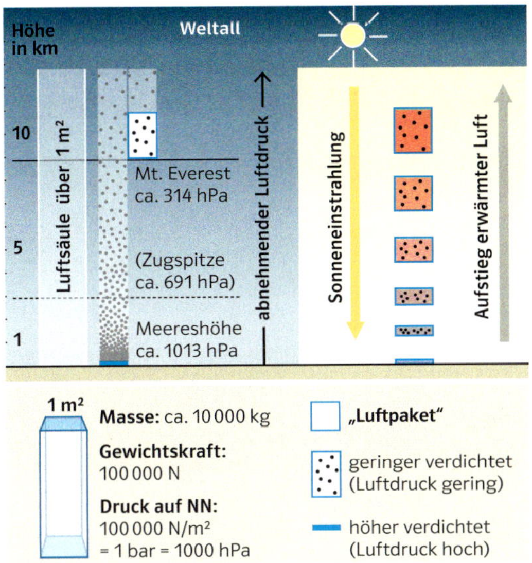

3 Luftdruck und Luftdichte

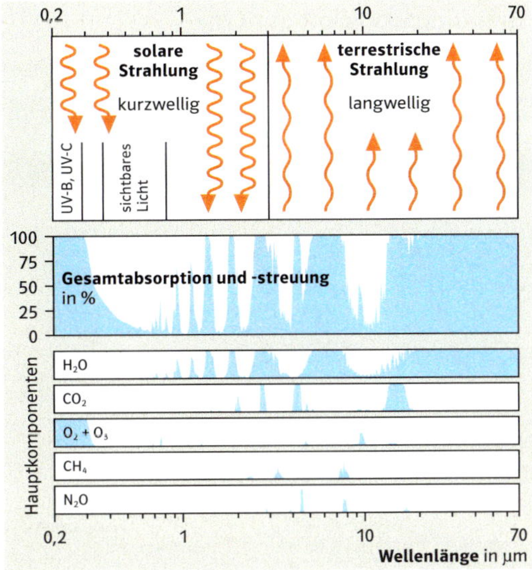

4 Strahlungsabsorption durch atmosphärische Gase

Die Tropopause trennt als Grenzschicht die darüber liegende Stratosphäre ab, ihre Höhe verändert sich mit der geographischen Breite. Sie liegt in den äquatorialen Bereichen bei 17–18 km mit Temperaturen um –75 °C, in den Gemäßigten Breiten bei etwa 12 km und –50 °C und an den Polen bei 8–10 km mit etwa –40 °C. In der Stratosphäre nimmt die Temperatur ab etwa 20 km Höhe wieder zu. Die Ursache dafür ist die Absorption von UV-Strahlung in der **Ozonschicht** und die dadurch freigesetzte Wärme. In der Mesosphäre mit ca. 60 km Mächtigkeit sinkt die Temperatur wieder. Oberhalb der Mesopause, in der Thermosphäre, steigt die Temperatur durch Absorption kurzwelliger und energiereicher UV-Strahlung wieder. In der Exosphäre ist die Atmosphäre so dünn, dass keine Wärmeleitung mehr erfolgt. Die angegebenen Temperaturen errechnen sich aus der kinetischen Energie der Atome.

Solare und terrestrische Strahlung

Der Einfluss atmosphärischer Gase auf die Ein- und Ausstrahlung ist bedeutend. Jeder Körper sendet thermische Strahlung in Form elektromagnetischer Wellen aus. Diese Strahlung, auch Wärmestrahlung genannt, zählt damit neben Wärmeleitung und Konvektion zu den drei Arten der Übertragung thermischer Energie. So wird ein Teil der Solarstrahlung durch Ozon, Wasserdampf und Kohlenstoffdioxid absorbiert und gelangt dadurch nicht zur Erdoberfläche. Die terrestrische Ausstrahlung wird vor allem durch Wasserdampf, Kohlenstoffdioxid, Methan und Distickstoffoxid eingeschränkt. Diese Gase absorbieren einen Teil dieser von der Erdoberfläche ausgehenden langwelligen Strahlung und strahlen sie zur Erde zurück.

Diese Prozesse werden als natürlicher **Treibhauseffekt** bezeichnet. Ohne Absorption und atmosphärische Gegenstrahlung würde die von der Erde abgestrahlte Energie ungehindert in den Weltraum entweichen. Die Jahresmitteltemperatur der Erde läge bei ca. –18 °C. Durch den natürlichen Treibhauseffekt beträgt sie global ca. +15 °C. Alle gasförmigen Stoffe, die zu diesem Treibhauseffekt beitragen, nennt man Treibhausgase. Dazu gehören vor allem Wasserdampf, Kohlenstoffdioxid, Methan und Distickstoffoxid.

Wellenlängenbereich der Sonnenstrahlung (Solarstrahlung) an der Obergrenze der Atmosphäre
- 9 % UV-Strahlung
- 45 % sichtbares Licht
- 46 % Infrarotstrahlung

Strahlungsabsorption
Wellenlängenabhängige Schwächung elektromagnetischer Strahlung beim Durchgang durch Materie. Dabei wird dem Strahlungsfeld Energie entzogen und in Anregungsenergie des Mediums (Gas, Flüssigkeit, Festkörper) umgewandelt.

Ausstrahlung
Wärmeabgabe der Erdoberfläche und der Atmosphäre an den Weltraum in Form langwelliger Strahlung

→ **Treibhauseffekt S. 308, 318**

1 MK
Erstellen Sie mithilfe der Materialien 1–4 eine Mindmap, welche die Bedeutung der Atmosphäre und der in ihr ablaufenden Prozesse für den Menschen darstellt.

2
Charakterisieren Sie die einzelnen Stockwerke der Atmosphäre hinsichtlich Temperaturverlauf, Luftdruck und Dichte.

3
Begründen Sie die unterschiedlichen Temperaturen der einzelnen Teilsphären der Atmosphäre.

4
Erläutern Sie die Auswirkung der Strahlungsabsorption durch atmosphärische Gase.

Strahlungshaushalt der Erde

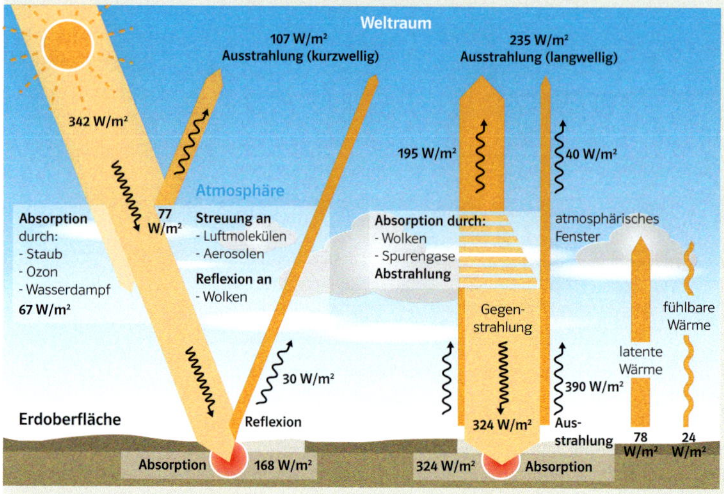

Globale Jahresmittel der Energiebilanz und Einflussgrößen

5

Albedowerte verschiedener natürlicher Oberflächen (in %)			
Neuschnee	75–95	Wasserflächen	5–22
Gletschereis	30–45	Regenwald	10–12
Dünensand	30–60	Laubwald	15–20
Ackerboden	7–17	Nadelwald	5–12

Beitrag ausgewählter Atmosphäregase zum natürlichen Treibhauseffekt

	Temperaturanstieg (K)	Anteil (%)
Wasserdampf	20,6	62,4
CO_2	7,2	22
bodennahes Ozon	2,4	7,2
N_2O (Lachgas)	1,4	4
CH_4	0,8	2,4

→ Treibhauseffekt S. 309, 318

Die Erde erhält ihre Energie von der Sonne. Nur etwa zwei Milliardstel der abgestrahlten Energie der Sonne erreichen die Erde. Wegen der großen Entfernung der Erde zur Sonne (ca. 150 Mio. km) fallen die Sonnenstrahlen annähernd parallel ein. An der Obergrenze der Atmosphäre beträgt die als Solarkonstante bezeichnete Energiemenge 1386 W · m^{-2}. Aufgrund der Kugelgestalt der Erde wird im Mittel nur etwa ein Viertel wirksam.
Die Erdoberfläche reflektiert einen Teil der kurzwelligen Strahlung. Das Verhältnis von einfallender zu reflektierter Strahlung wird als **Albedo** bezeichnet. (M5). Einfallende kurzwellige Strahlung wird an der Erdoberfläche zum größeren Teil absorbiert und in langwellige Wärmestrahlung umgewandelt. Während kurzwellige Strahlung die Atmosphäre gut verlassen kann, wird die langwellige Strahlung von Wolken und Gasen der Atmosphäre absorbiert und als Gegenstrahlung zur Erdoberfläche abgestrahlt.
Entscheidend sind vor allem Wasserdampf und Kohlenstoffdioxid, dadurch verringert sich die Ausstrahlung in den Weltraum und an der Erdoberfläche wird es wärmer. In der Fachsprache hat sich für diese Wirkung der Begriff **natürlicher Treibhauseffekt** etabliert. Ohne ihn läge die Jahresmitteltemperatur der Erde bei etwa −18 °C anstatt bei etwa +15 °C.
Insgesamt befindet sich das Energiesystem Sonne – Atmosphäre – Erdoberfläche in seiner Bilanz in einem Gleichgewicht. Werden durch menschliche Aktivitäten zusätzlich Gase wie Kohlenstoffdioxid oder Methan in die Atmosphäre gebracht, spricht man vom **anthropogenen Treibhauseffekt**, welcher den natürlichen Treibhauseffekt verstärkt. Allerdings entsprechen die Prozesse in der Atmosphäre nur zum Teil den Vorgängen in einem Treibhaus. Gemeinsam ist beiden, dass kurzwelliges Sonnenlicht fast ungehindert eingestrahlt wird. Während in der Atmosphäre ein Teil der Wärmestrahlung in den Weltraum abgegeben wird, verhindern die Glasscheiben eines Gewächshauses einerseits die Ausstrahlung der langwelligen Wärmestrahlung und die turbulente Vermischung der wärmeren Innen- mit der kälteren Außenluft. Lediglich die erwärmten Glasscheiben geben die Wärme nach außen ab.

Größen der Wärmehaushaltsgleichung
R = H + V + B + W (R = Strahlungsbilanz)
Fühlbarer Wärmestrom (H): entsteht durch Wärmeleitung und Wärmeabstrahlung und wird durch Luftbewegungen abgeführt. Diese fühlbare Wärme kann mit dem Thermometer gemessen werden.
Verdunstungswärmestrom (V): entsteht beim Verdunsten des in der Luft enthaltenen Wasserdampfes. Die dabei genutzte Energie bildet die latente Wärme (von lat. latens = verborgen). Bei der Kondensation erfolgt eine Umwandlung in fühlbare Wärme.
Bodenwärmestrom (B): verläuft zwischen Erdoberfläche und den tieferen Schichten des Festlandes und des Meeres. Seine Größe hängt von der Wärmeleitfähigkeit des Materials und beim Meer vom Durchmischungsgrad der oberen Wasserschichten ab.
Horizontaler Wärmetransport (W) der Meeresströmungen: Dabei ist der Nettobetrag der Wärmezufuhr von Bedeutung; ergibt sich aus der Differenz der durch Meeresströmungen zugeführten und durch sie abgeführten Wärmemenge.

6

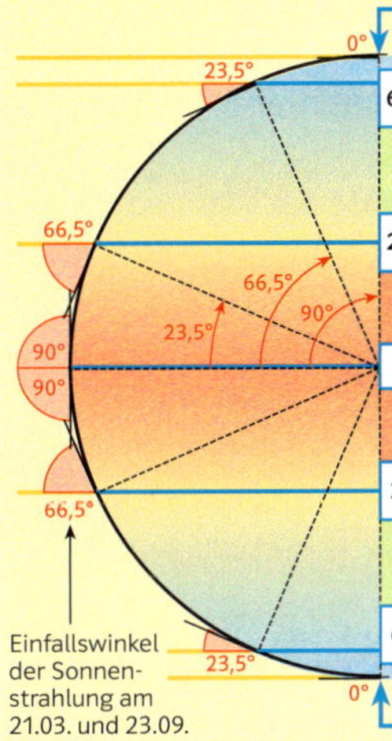

Beleuchtungszone oder Solare Klimazone	Tageslänge in Stunden am: 21.06.	21.03. 23.09.	21.12.	Mittagshöhe der Sonne: maximal	minimal	Temperatur im Jahresmittel	Temperatur ohne Wärmetransport
90°N Nordpol	24	12	0	23 ½°	–	- 23°C	- 44°C
nördl. Polarzone							
66 ½°N nördlicher Polarkreis	24	12	0	47°	0°	- 7°C	- 26°C
nördliche gemäßigte Zone							
23 ½°N nördlicher Wendekreis	13,5	12	10,5	90°	43°	+ 24°C	+ 32°C
tropische Zone							
0° Äquator	12	12	12	90°	66 ½°	+ 26°C	+ 39°C
tropische Zone							
23 ½°S südlicher Wendekreis	10,5	12	13,5	90°	43°	+ 22°C	+ 32°C
südliche gemäßigte Zone							
66 ½°S südlicher Polarkreis	0	12	24	47°	0°	- 8°C	- 30°C
südl. Polarzone							
90°S Südpol	0	12	24	23 ½°	–	- 33°C	- 44°C

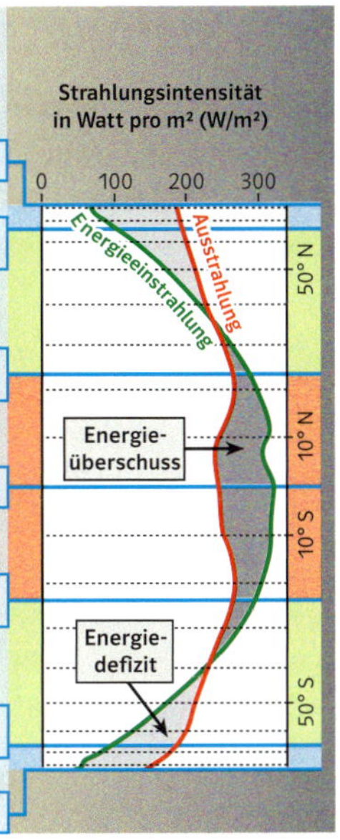

7 Solare Klimazonen

Mittlere Jahreswerte für die Wärmehaushalte (kJ/cm² · a)

Breitenzone	Nettostrahlung			Turbulenter fühlbarer Wärmestrom			Latenter Verdunstungswärmestrom			Nettowärmezufuhr der Meeresströmungen	
	RE	RF	RM	HE	HF	HM	VE	VF	VM	WE	WM
70 – 60° N	92	92	96	– 46	– 25	– 92	– 84	– 67	– 130	38	126
60 – 50° N	155	134	180	– 55	– 38	– 80	– 138	– 96	– 197	38	97
50 – 40° N	226	189	268	– 75	– 84	– 67	– 189	– 105	– 281	38	80
40 – 30° N	318	243	377	– 96	– 147	– 59	– 272	– 96	– 402	50	84
30 – 20° N	394	268	465	– 88	– 188	– 29	– 314	– 80	– 457	8	21
20 – 10° N	456	310	507	– 67	– 176	– 29	– 398	– 134	– 490	7	12
10 – 0° N	477	311	519	– 42	– 92	– 29	– 389	– 239	– 436	– 46	– 54

Die Indizes an den Symbolen für die Wärmehaushaltselemente betreffen die Bezugsfläche; es steht E für Erde, F für Festland, M für Ozeane.

Ablesebeispiel: Strahlungs- und Wärmehaushalt der Erde zwischen Äquator und 10° N: Die Nettostrahlung beträgt 477 kJ/cm². Davon werden 389 kJ/cm² für die Verdunstung verbraucht, 46 kJ gehen durch Meeresströmungen in andere Regionen, sodass 42 kJ/cm² für den fühlbaren Wärmestrom verbleiben.

8

Wärmehaushalt der Erdoberfläche

Die Erwärmung der Erdoberfläche wird durch die Höhe der Nettoeinstrahlung beeinflusst. Diese ist von der Dauer und der Intensität der Einstrahlung sowie von der Oberflächenbeschaffenheit abhängig: So erhalten auf gleicher geographischer Breite Meeresflächen eine höhere Nettostrahlung als die benachbarten Festländer. Trotzdem sind die Temperaturen über den Meeresflächen niedriger als über dem Festland. Ursache dafür sind die durch strahlungsbedingte Energiegewinne oder -verluste ausgelösten Wärmeströme.

5 Erläutern Sie das Schema 5 zum Strahlungshaushalt der Erde.

6 Begründen Sie die Verteilung der Strahlungsbilanz auf der Nordhalbkugel (Tabelle 8).

7 Erklären Sie die unterschiedliche Erwärmung von Gebieten mit gleicher Strahlungsbilanz.

Grundzüge der atmosphärischen Zirkulation

Die Tropen erhalten mehr Energie aus der Sonnenstrahlung, als sie wieder abgeben können. Umgekehrt strahlen die Polarregionen mehr Wärme ab, als sie erhalten. Um dies auszugleichen, findet ein Wärmetransport von den Tropen zu den Polen statt. Was sind die Mechanismen dieses Ausgleichs? Und was verändert das in der Atmosphäre?

Eine theoretische Möglichkeit, Wärme von den Tropen zu den Polen zu transportieren, wäre eine Zirkulation, welche bereits im 17. Jh. vom englischen Meteorologen Hadley als Modell vorgeschlagen wurde. Es besteht aus einem direkten Luftkreislauf zwischen den Polen und den Tropen (Grafik 2). Wie in einer gewaltigen Wärmepumpe werden Luftmassen sowohl in der Höhe wie auch am Boden umgewälzt. Winde sind der spürbare Ausdruck dieses Kreislaufs. Angetrieben wird dieses System durch thermische Druckgebiete und die daraus entstehenden Druckunterschiede. Die Druckgebiete entstehen durch starke Abkühlung oder Erwärmung der Atmosphäre. Infolge der starken Sonneneinstrahlung am Äquator steigt dort die erwärmte Luft schnell auf und strömt in der Höhe in Richtung der Polregionen. Am Boden bilden sich große Tiefdruckgebiete, in der Höhe ist der Luftdruck relativ zur Umgebung hoch. An den Polen sinkt die extrem kalte und damit schwere Luft nach unten. Es entsteht ein polares Kältehoch, während in der Höhe der Luftdruck relativ zur Umgebung tiefer ist. In dieser hypothetischen Konvektionszelle würden aufgrund von Druckunterschieden in der Höhe Luftmassen vom Äquator zu den Polen und am Boden in umgekehrter Richtung transportiert werden.

Über diesen Kreislauf könnte der Wärmeausgleich zwischen den Tropen mit der höchsten Nettoeinstrahlung und den Polen mit ihrer negativen Strahlungsbilanz erfolgen.
Dass dieses Modell nicht der Realität entspricht, zeigen unsere Erfahrungen. So verändern sich weder die Temperaturen stetig von den Tropen zu den Polen noch weht zum Beispiel auf der Nordhalbkugel ein beständiger Nordwind. In der Realität sind die weltweiten Zirkulationsmuster, die in ihrer Gesamtheit als atmosphärische Zirkulation oder auch planetarische Zirkulation bezeichnet werden, um einiges komplexer. Auf der Nordhalbkugel beobachtet man ausgeprägte Westwinde. In der hohen Troposphäre strömen Strahlströme oder Jetstreams mit Geschwindigkeiten von bis zu 500 km/h als Westwinde meistens in Mäandern um die Erde.

Globale Zirkulationssysteme

Global lassen sich drei große Zirkulationssysteme unterscheiden:

1. **Hadley-Zelle mit dem Passatkreislauf:** Sie bildet sich im Jahresmittel zwischen 35° N und 30° S aus. Die Hadley-Zelle ist beidseits des Äquators ausgebildet. In dieser Zelle wird die

1 The Blue Marble

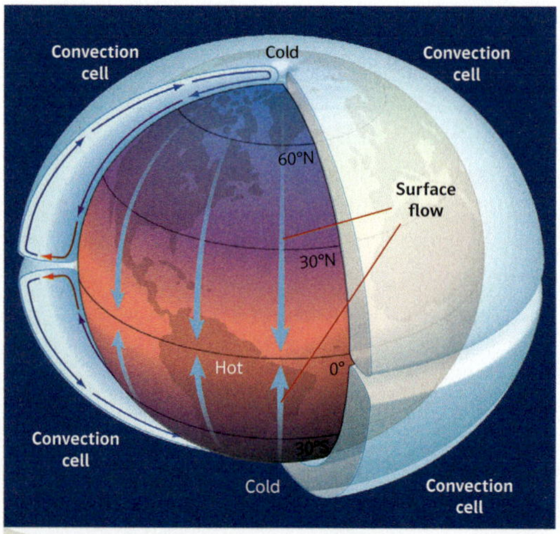

2 **Einzellenmodell der atmosphärischen Zirkulation auf einer hypothetischen, nicht rotierenden Erde**
Nach: The Atmosphere, Lutgens and Tarbuck, 2001.

Luft am Äquator erwärmt, strömt dann in der Höhe polwärts, sinkt bei etwa 30° ab und bewegt sich an der Erdoberfläche als Passatwind in Richtung des Äquators. Diese Strömungszelle (Konvektionszelle) bestimmt tropische und subtropische Klimate.

2. **Ferrell-Zelle:** Bei der außertropischen Westwind-Zirkulation der höheren Breiten sorgen die großräumigen subtropischen **Hochdruckgebiete** und die subpolaren **Tiefdruckgebiete** für einen horizontalen Luftaustausch und entsprechende Energietransporte.
3. **Polarzelle:** An den Polen strömt aus den polaren Hochdruckgebieten kalte Luft oberflächennah ab: auf der Nordhalbkugel nach Süden, auf der Südhalbkugel nach Norden. Durch die Coriolisablenkung werden sie zu Ostwinden umgelenkt.

Corioliskraft

Wie lassen sich diese unterschiedlichen **Windsysteme** erklären? Im hypothetischen Modell ist man von einer nicht rotierenden Erde ausgegangen. Tatsächlich ist ein wesentlicher Grund für die verschiedenen Zirkulationssysteme die ablenkende Kraft der Erdrotation, die nach dem französischen Mathematiker Coriolis (1792–1843) als „Coriolisablenkung oder **Corioliskraft**“ bezeichnet wird.

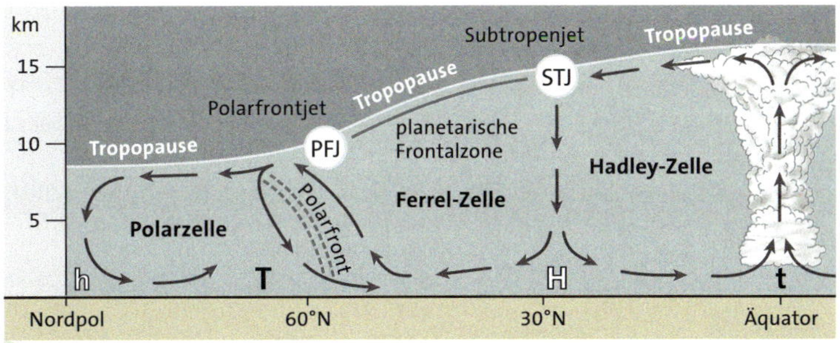

4 **Generalisiertes Modell der planetarischen Zirkulation**

Verändert nach: Hamburger Bildungsserver

Corioliskraft

„Bei der Corioliskraft C [N] handelt es sich um eine Scheinkraft, da sie eine Beschleunigungskraft (Geschwindigkeit) zur Voraussetzung hat. Sie ergibt sich aus der Tatsache, dass auf der rotierenden Erde die Erdanziehung in Verbindung mit der Bodenreibung dazu führt, dass die Lufthülle und der feste Erdkörper mit gleicher Geschwindigkeit rotieren. Luftteilchen bewegen sich deshalb wie der Erdkörper am Äquator mit einer Geschwindigkeit von 40 000 km/Tag oder 1 666 km/h, in 40° Breite von 1 277 km/h und am Pol von 0 km/h. Wegen der Massenträgheit behalten Luftteilchen bei horizontalen und vertikalen Bewegungen ihren Ausgangsimpuls bei. Auf der rotierenden Erde haben folglich vom Äquator polwärts strömende Luftteilchen gegenüber den Luftteilchen in höheren Breiten einen größeren Drehimpuls, eilen diesen also voraus, was auf der Nordhemisphäre (Südhemisphäre) einer Rechtsablenkung (Linksablenkung) entspricht. Äquatorwärts strömende Luftteilchen treffen mit abnehmender Breite auf Teilchen, die einen höheren Drehimpuls als sie selbst aufweisen. Sie bleiben deshalb hinter deren Bewegung zurück, was ebenfalls einer Rechtsablenkung (Linksablenkung) entspricht.“

Corioliskraft. In: Spektrum. Lexikon der Geowissenschaften, unter: www.spektrum.de/lexikon/geowissenschaftencorioliskraft/1442 (Zugriff: 03.05.2021)

5

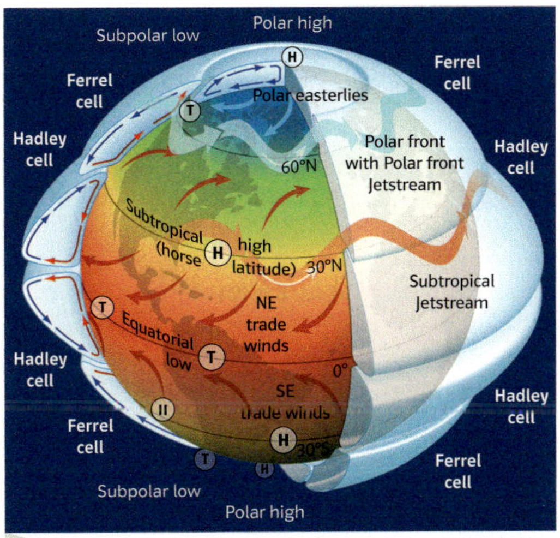

3 **Mehrzellenmodell der atmosphärischen Zirkulation**

Nach: Federation of American Scientists

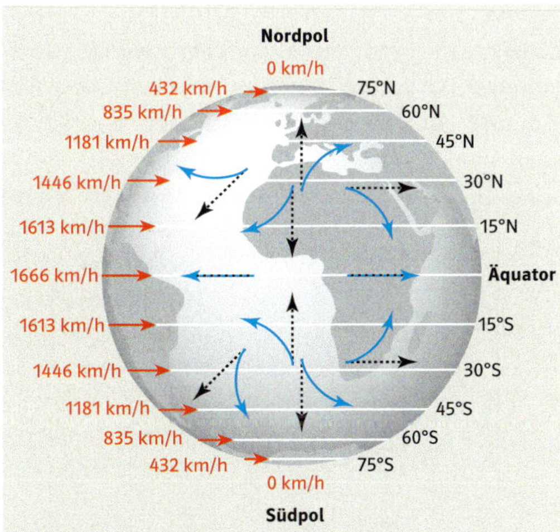

6 **Wirkung der Corioliskraft**

Geschwindigkeitsangaben: Rotationsgeschwindigkeit der Erde in Abhängigkeit von der geographischen Breite

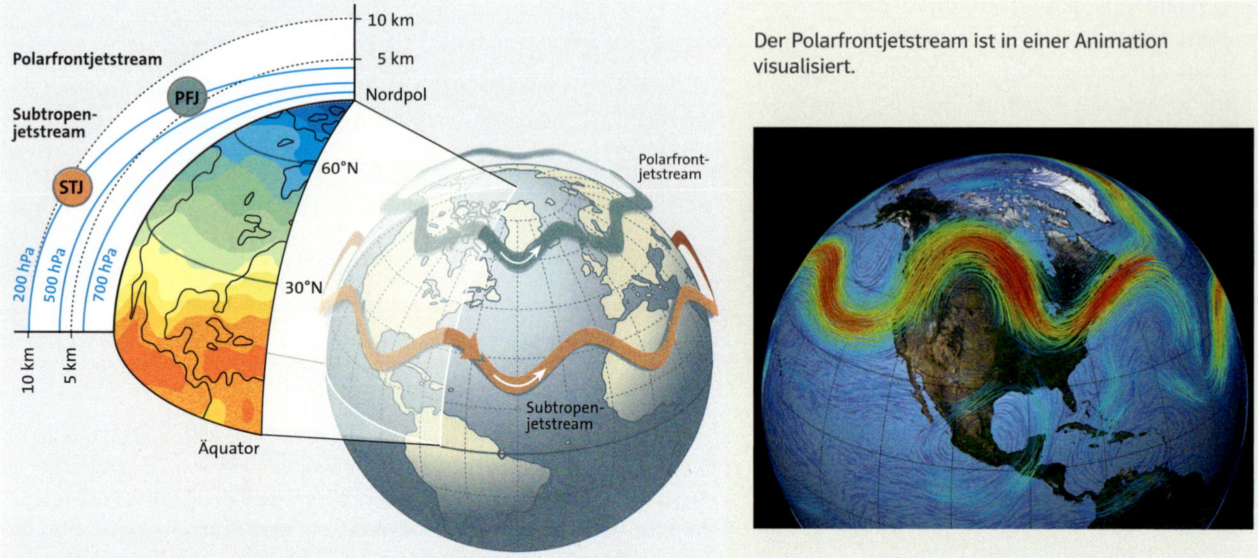

7 **Schema der Druckverhältnisse in der Troposphäre und Ausbildung des Jetstreams/Animation des nördlichen Polarfrontjetstreams**
Nach: Scientific Visualization Studio: Trent L. Schindler (Released on October 3, 2011) unter https://svs.gsfc.nasa.gov/vis/a000000/a003800/a003864/jet_stream_print_res.jpg (Zugriff: 05.06.2021)

Planetarische Frontalzone, geostrophischer Wind und Jetstream

Jetstream. In etwa 8–15 km Höhe umkreisen vier Windbänder mit Geschwindigkeiten von 200–500 km/h die Erde von West nach Ost. Die sich dynamisch verlagernden und oftmals Mäander bildenden Starkwindbänder werden **Jetstream** oder Strahlstrom genannt. Sie können 100–500 km breit sein, in der Vertikalen eine Ausdehnung von 1–4 km erreichen und mehrere Tausend Kilometer lang sein. In einem Bereich zwischen 40° und 60° nördlicher und südlicher Breite ist der Polarfrontjet von großer Bedeutung für die Wetterabläufe in Europa, den Austausch unterschiedlicher warmer Luftmassen sowie den Flugverkehr zwischen Nordamerika und Europa. Südlich davon zwischen dem 20. und 30. Breitengrad umrundet der etwas schwächer ausgeprägte Subtropenjetstream sowohl auf der nördlichen wie auch auf der südlichen Hemisphäre als eingeschlossenes Band die Erde. Was sind die Ursachen dieser Jetstreams und wie entstehen sie?

Die planetarische Frontalzone. Zwischen 35 und 65° n. Br. verläuft der Grenzbereich zwischen tropisch warmen und polaren kalten Luftmassen: die **planetarische Frontalzone**. Zwischen den beiden Luftmassen sind sehr große Temperatur- und Druckdifferenzen ausgebildet. Entlang des Druckgradienten entsteht nun eine Ausgleichsströmung mit sehr großen Geschwindigkeiten. Die Wirkung der Corioliskraft lässt diese Ausgleichsströmung in der Höhe als geostrophischer Wind erscheinen.

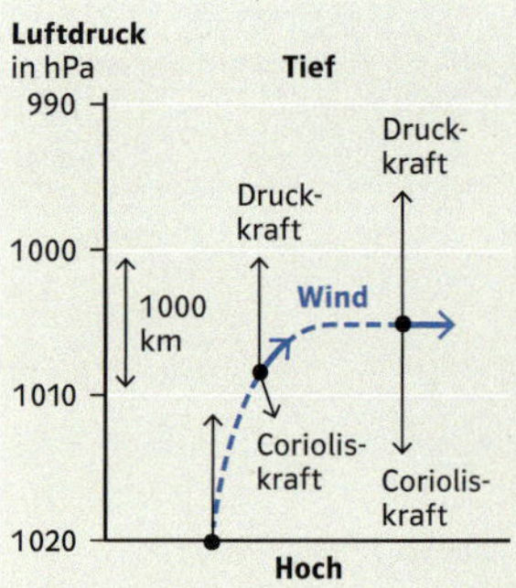

Geostrophischer Wind
Wie stark ein Wind von seiner ursprünglichen Richtung abgelenkt wird, hängt von der Windgeschwindigkeit ab. Diese ist eine Folge der Gradientkraft. Bei deren andauernder Wirkung wird die Luft beschleunigt und in der Folge davon die Coriolisablenkung größer. Wenn Gradientkraft und Coriolisablenkung gleich groß sind, strömt die Luft mit konstanter Geschwindigkeit und ohne Richtungsänderung parallel zu den Isobaren. Dies geschieht in großen Höhen. Die hier ohne Einfluss der Bodenreibung wehenden Winde werden als geostrophische Winde bezeichnet. Zu diesen gehören die in 6 bis 10 Kilometer wehenden Jetstreams auf der nördlichen Halbkugel.

8

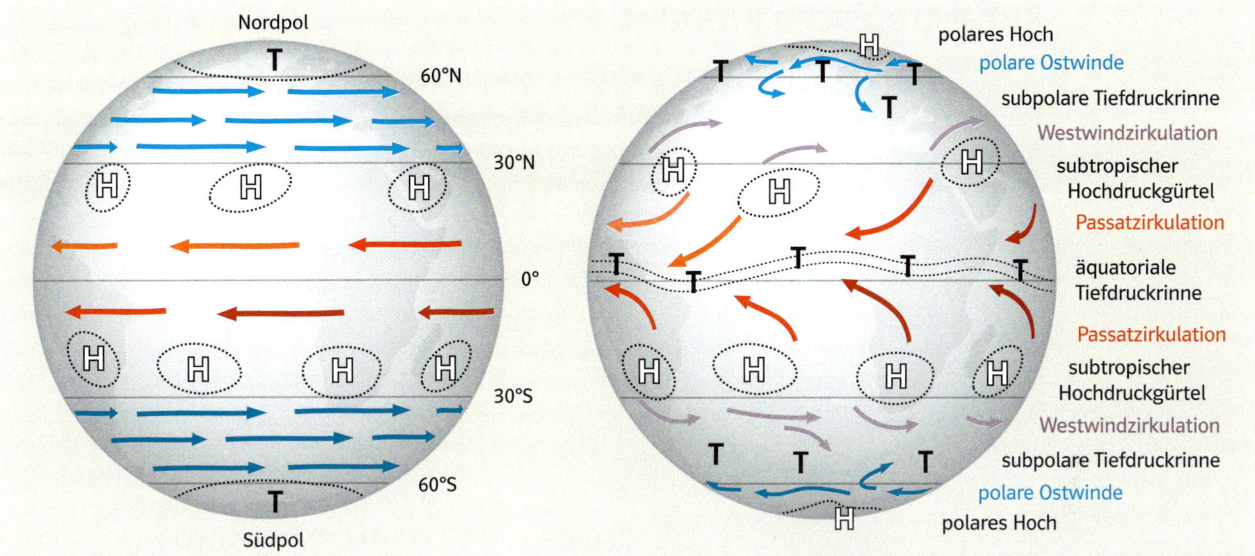

9 **Luftdruck und Windverteilung auf der Erde (stark schematisiert, links in der oberen Troposphäre, rechts in der unteren Troposphäre)**
Nach: Gerhard Bahrenberg: Die allgemeine Zirkulation der Atmosphäre. Paderborn: Schöningh, 1975, S.11

Die globale atmosphärische Zirkulation im Überblick

Aus dem generalisierten Modell der planetarischen Zirkulation lässt sich ein verfeinertes Bild mit folgenden Wind- und Drucksystemen ableiten:

- Die **polaren Ostwinde** in den Polarzonen: Aus den **Hochdruckgebieten** an den Polen strömt kalte Luft in einen subpolaren Gürtel tiefen **Luftdrucks** – auf der Nordhalbkugel nach Süden, auf der Südhalbkugel nach Norden. Durch die **Coriolisablenkung** werden sie zu Ostwinden.
- Die **außertropische Westwind-Zirkulation** der höheren Breiten: Hier bewirken die großräumigen subtropischen Hochdruckgebiete und die subpolaren **Tiefdruckgebiete** einen meridionalen Luftaustausch und entsprechende Energietransporte.
- Die **tropische Passatzirkulation** der niederen Breiten, die sich im Jahresmittel etwa zwischen 35° N und 30° S ausbildet: Sie entsteht durch das Druckgefälle zwischen dem subtropischen Hochdruckgürtel auf beiden Halbkugeln und der äquatorialen Tiefdruckrinne.

Da die Erdachse geneigt ist, verändert sich auch das Maximum der Sonneneinstrahlung. Innerhalb eines Jahres verschiebt es sich zwischen dem nördlichen Wendekreis (23,5° N) und dem südlichen Wendekreis (23,5° S) und überquert dabei zweimal den Äquator.

Das hat Auswirkungen auf die Wind- und Drucksysteme. Sie verändern sich in ihrer Stärke und ihrer Lage über das Jahr hinweg. Auch die unterschiedliche Beschaffenheit der Erdoberfläche mit Gebirgen oder Ebenen, die Verteilung von Kontinenten und Ozeanen auf der nördlichen und südlichen Hemisphäre sowie die Meeresströmungen beeinflussen die Dynamik der planetarischen Zirkulation.

1 Stellen Sie die Funktionsweise des Einzellenmodells dar.

2 „Das Einzellenmodell" der globalen atmosphärischen Zirkulation entspricht nicht der Wirklichkeit. Begründen Sie diese Aussage.

3 Erläutern Sie die Wirkung der Corioliskraft auf großräumige Luftbewegungen.

4 Planetarische Luftdruck- und Windgürtel:
a) Beschreiben Sie die Lage.
b) Stellen Sie die Entstehung dar.

5 Erläutern Sie die Zusammenhänge zwischen der Strahlungsbilanz der Erde und der Entstehung der planetarischen Frontalzone.

6 Erklären Sie die Entstehung des Polarfrontjets.

Außertropische Zirkulation

Die Satellitenaufnahme zeigt die Dynamik des Wetters in Europa: Regionen mit dünner, dichter oder keiner Bewölkung sowie einen großräumigen Wolkenwirbel. Wieso gibt es hier Wolken und dort keine? Wie entstehen diese Wolkenwirbel und welche Auswirkungen auf das Wetter haben sie?

1 Satellitenaufnahme einer Zyklone westlich von Europa vom 27.10.2004

Großwetterlagen

Mitteleuropa ist ganzjährig im Einfluss verschiedener Luftmassen, die sich je nach ihrer Herkunft in Temperatur und Luftfeuchtigkeit unterscheiden. Im Schnitt ändert sich das Wetter alle 4–5 Tage. Die Temperaturen werden weniger durch die solare Strahlungsbilanz bestimmt als durch Luftmassentransporte. Entsprechend der Lage Mitteleuropas und der Richtung der Jetstreams werden die klimatischen Verhältnisse überwiegend durch die **Westwinde** bestimmt. Generell können polare, tropische, kontinentale oder ozeanische Luftmassen wetterwirksam werden. Entsprechend der Jahreszeit und ihrer Herkunft ändern sich die Temperatureigenschaften und der Feuchtegehalt der herangeführten Luftmassen.

Großwetterlage
großräumige Verteilung von Hoch- und Tiefdruckgebieten, die für den einheitlichen Charakter eines Witterungsabschnittes verantwortlich ist

Witterung
gleichbleibendes Wetter in einem Zeitraum von einigen Tagen bis Wochen

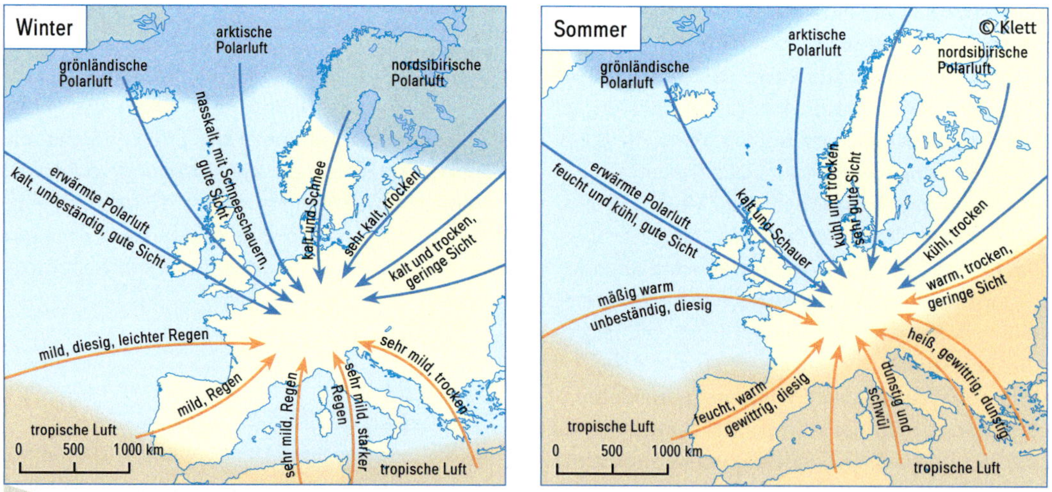

2 Typische Luftströmungen über Mitteleuropa

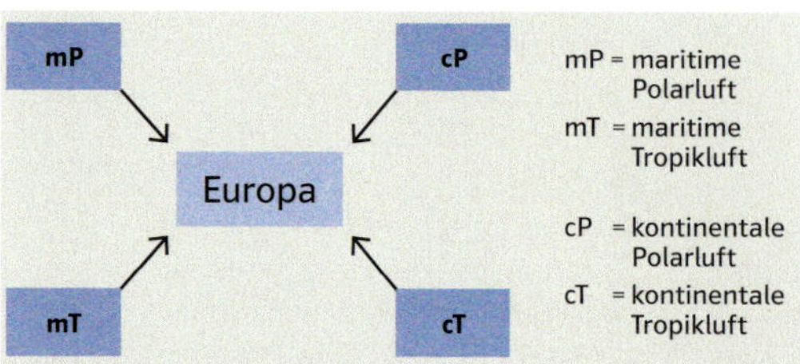

3 Wetterwirksame Hauptluftmassen (schematisch)

1

Stellen Sie die Eigenschaften der wetterwirksamen Hauptluftmassen (mP, mT, cP und cT) im Sommer und Winter in einer Tabelle dar.

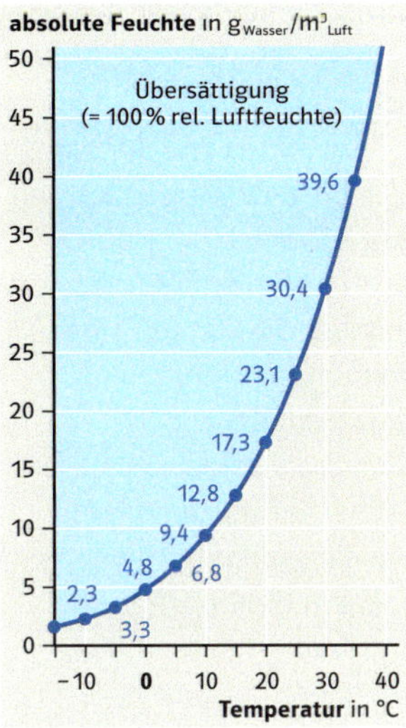

4 Taupunktkurve

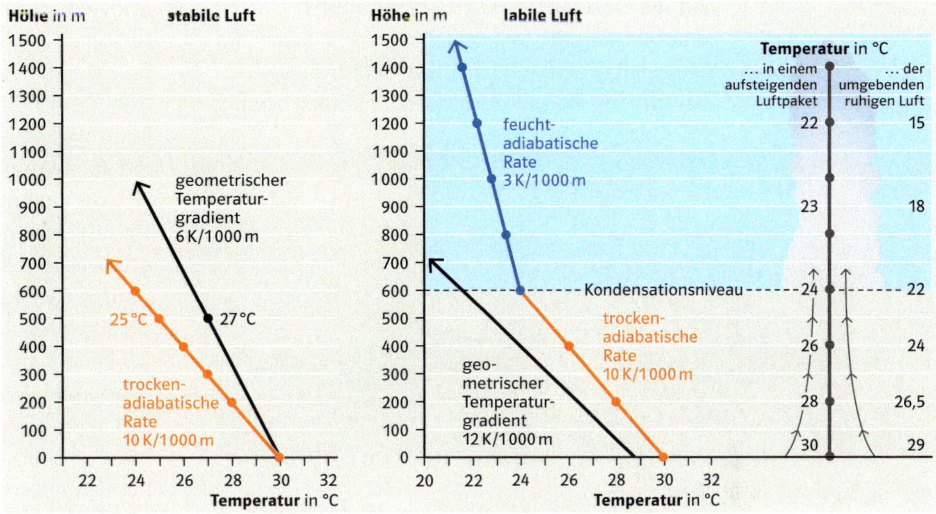

5 Luftmassenaufstieg unter trocken- und feuchtadiabatischen Bedingungen

Nach: Alan H. Strahler, Arthur N. Strahler: Physische Geographie. Stuttgart: Ulmer 1999, S.133

Wie entstehen Wolken und Niederschlag?

In der Atmosphäre kommt Wasser in allen drei Aggregatzuständen vor, wobei Wasserdampf nicht sichtbar ist. Man kann aber mithilfe eines Hygrometers den Wassergehalt der Luft als Luftfeuchte messen. Er ist von der Temperatur abhängig: Je wärmer die Luft, umso größer ist die maximale Luftfeuchtigkeit. Die absolute Luftfeuchte gibt den in der Luft enthaltenen Wasserdampf in g/m³ Luft an. Das Verhältnis der in der Luft wirklich vorhandenen Wassermenge zu der bei der herrschenden Temperatur möglichen Wassermenge wird als relative Luftfeuchte bezeichnet und in Prozent angegeben.

Damit Wolken entstehen können, müssen verschiedene Voraussetzungen erfüllt sein. Zunächst muss die Luft aufsteigen. Dabei gilt: eine bewegte Luftmasse kühlt sich zuerst **trockenadiabatisch** (1 K je 100 m) und über dem Kondensationsniveau **feuchtadiabatisch** (0,5 K je 100 m) ab.

Ob durch den Aufstieg der Luft Wolken gebildet werden, hängt von der Schichtung der umgebenden Luftmassen ab: Bei einer stabilen Schichtung (Grafik 5) ist die Temperatur in der Umgebung höher als im bewegten Luftpaket. Das Luftpaket ist also kälter und damit dichter und schwerer als Warmluft. Es kann also nicht weiter aufsteigen oder sinkt sogar ab. Die **Wolkenbildung** wird unterdrückt, bei absinkender Luft können sich Wolken sogar auflösen. Ist die Schichtung labil, ist die Temperatur in der Umgebung niedriger als im bewegten Luftpaket. Das Luftpaket ist wärmer als die Umgebung und kann weiter aufsteigen. Dabei kühlt es weiter ab. Je kälter die Luft ist, desto weniger Wasser kann sie speichern, die relative Luftfeuchte steigt an. Erreicht die relative Luftfeuchte 100 %, ist die Luft mit Wasserdampf gesättigt. Die Temperatur, bei der dieser Zustand erreicht wird, wird als Taupunkttemperatur bezeichnet. Bei weiterer Abkühlung kondensiert das Wasser.

Dazu werden noch **Aerosole** (kleinste Teilchen wie Staub) als Kondensationskerne benötigt, an denen der Wasserdampf kondensieren kann. Um diese Kerne lagern sich immer mehr kleine Wassertropfen an. Viele dieser Wassertröpfchen bilden eine Wolke. Zur **Niederschlagsbildung** kommt es aber erst, wenn Millionen von Tröpfchen oder Eiskristallen zusammenwachsen und so groß werden, dass sie ohne zu verdunsten die Erdoberfläche erreichen.

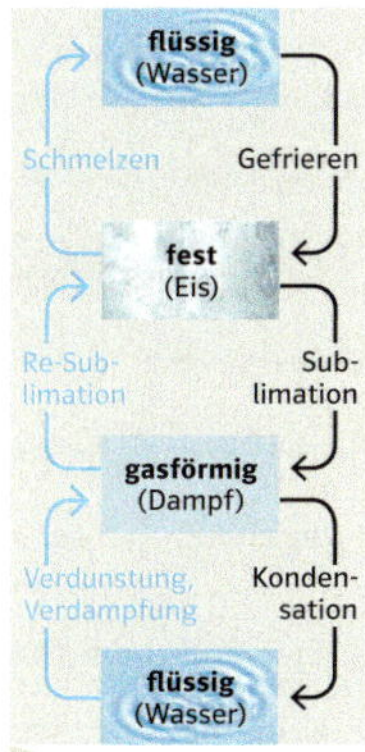

6 Wasser in der Atmosphäre

→ Wolkenformen S.159

2 Beschreiben Sie an Beispielen aus dem Alltag das Phänomen der Kondensation.

3 Ein Volumen Luft hat in 500 m Höhe eine Temperatur von 10 °C und eine relative Luftfeuchtigkeit von 24,47 %. Arbeiten Sie rechnerisch die Taupunkttemperatur und die Höhe, bei der dies erreicht wird, heraus.

4 Begründen Sie, weshalb nicht aus jeder Wolke Niederschläge fallen.

Wie werden Luftmassen angehoben?

Voraussetzung für die Entstehung von Wolken und Niederschlag sind großräumige Hebungsvorgänge von Luft. Folgende Prozesse werden unterschieden:

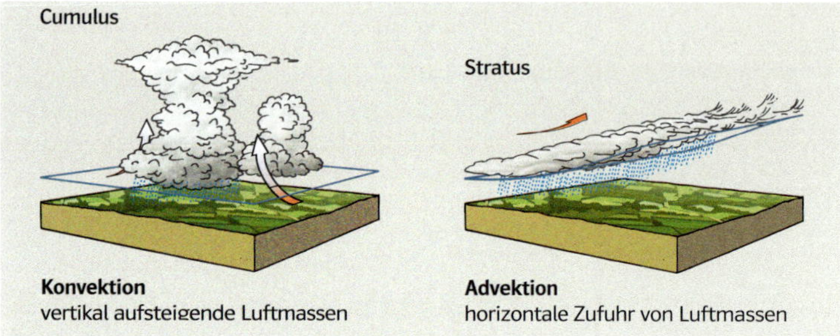

7 **Vertikale und horizontale Luftbewegungen**

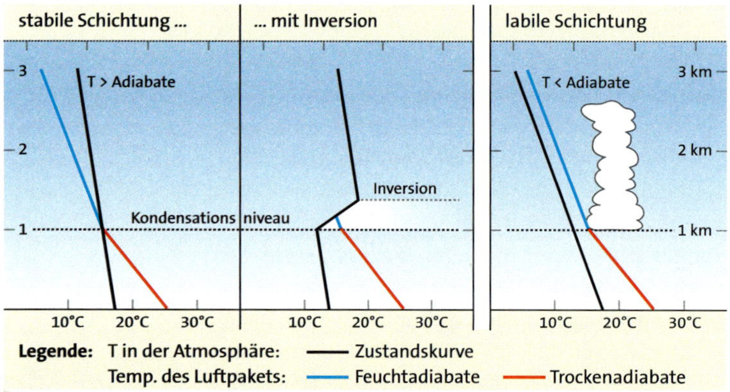

8 **Wolkenbildung bei unterschiedlicher atmosphärischer Schichtung**

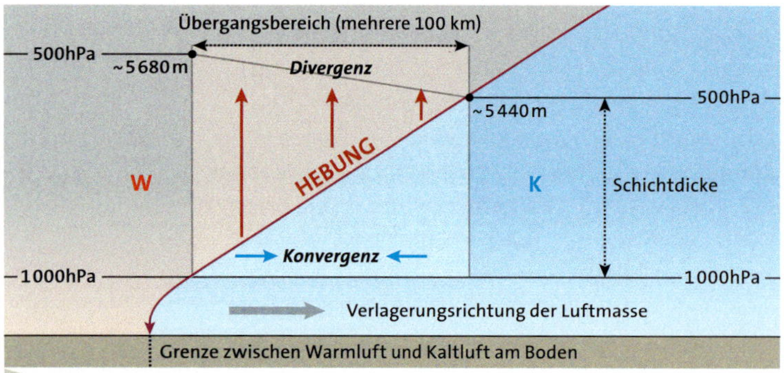

9 **Advektion von Warmluft**

Als Schichtdicke wird die vertikale Mächtigkeit der unteren Troposphärenhälfte bezeichnet, d.h. der vertikale Abstand zwischen der 500 hPa- und der 1000 hPa-Fläche. Wird eine warme Luftmasse verfrachtet, so nimmt im Übergangsbereich die Schichtdicke zu, d.h. die 500 hPa-Druckfläche wölbt sich mit dem Heranströmen der warmen Luft in Verlagerungsrichtung langsam nach oben. Dabei wird im Übergangsbereich das Druckfeld umgestaltet. Die Luftpakete, welche in den Übergangsbereich strömen, müssen sich an das neue Druckfeld anpassen. Dabei bildet sich eine Divergenz in der Höhe; diese wirkt wie ein Sog, und Luft wird nach oben gehoben. Unten wiederum strömt die Luft zusammen. Der Übergangsbereich kann sich über mehrere 100 km erstrecken. Häufig, jedoch nicht immer, liegt im Übergangsbereich eine Warmfront, an der die Vertikalbewegungen verstärkt sind.

1. **Konvektion:** Bei starker Sonneneinstrahlung erwärmt sich die Luft über der Erdoberfläche und steigt allmählich auf **(Konvektion)**. Mit dem Erreichen des **Taupunktes** und der einsetzenden Kondensation wird Wärme frei und die aufsteigende Luft kühlt sich langsamer **(feuchtadiabatisch)** ab. Dabei entstehen meist Haufenwolken (Cumulus). Sie können eine große Vertikalausdehnung erreichen und heftige Niederschläge bringen.
2. **Divergenzen und Konvergenzen als Auslöser:** Im Bereich dynamischer **Tiefdruckgebiete (Zyklonen)** kommt es aufgrund von Divergenzen in der Höhe zu einem Hebungsantrieb. In dynamischen Hochdruckgebieten führen Konvergenzen in der oberen Troposphäre zu abwärts gerichteten Luftbewegungen, die mit Wolkenauflösung verbunden sind.
3. **Advektion:** Bei der horizontalen Verfrachtung von Luft **(Advektion)** kommt es in einem Übergangsbereich zu einer Veränderung des vertikalen Abstandes zwischen den Isobaren (Schichtdicke, Grafik 9). Wird Warmluft herantransportiert, kommt es zur allmählichen Hebung von Luft. Hierbei können Schichtwolken oder Quellwolken mit entsprechenden Niederschlägen entstehen. Dringt Kaltluft gegen wärmere Luft vor, dann schiebt sich diese schnell unter die wärmere Luft und zwingt diese zum Aufsteigen.
4. **Orografische Hebung:** An Gebirgszügen, die quer zur Strömungsrichtung angeordnet sind, kommt es an der Luvseite zur erzwungenen Hebung der Luft.
   Oft verstärken sich die angeführten Effekte oder sie heben sich auf. Zusätzlich spielen dynamische Turbulenzen eine Rolle. Diese treten bei Änderungen der Windrichtung oder Windgeschwindigkeit auf. Wenn sich z.B. zwei parallel zueinander liegende Luftströmungen mit unterschiedlichen Geschwindigkeiten bewegen, entstehen Luftwirbel mit vertikalen Absink- oder Aufstiegsbewegungen.

Die Entstehung von dynamischen Tief- und Hochdruckzellen im Polarfrontjet der Nordhalbkugel

Der Polarfrontjet verhindert einen Ausgleich der meridionalen Temperatur- und Druckgegensätze. Diese Situation, in der sich eine kalte Luftmasse im Norden und eine warme im Süden, getrennt durch den Jet, gegenüberstehen, bezeichnet man als „high zonal index“. Ein Austausch von Luftmassen erfolgt, wenn die Luft in diesem Westwindband verwirbelt wird. Bei Temperaturunterschieden im 500 hPA-Niveau von mehr als 6 K pro 1000 km horizontaler Entfernung beginnt der Jetstream zu mäandrieren. Diese Situation wird als „low zonal index" mit drei bis vier sehr langen und großamplitudigen Wellen bezeichnet. In der Folge stoßen polare Kaltluftmassen äquatorwärts nach Süden vor und bilden Kaltlufttröge. Umgekehrt können tropische Warmluftmassen als Warmluftrücken weit nach Norden vorstoßen. Damit wird aber noch keine Energie ausgetauscht. Erst wenn sich aus dem mäandrierenden Jet Hoch- und Tiefdruckzellen ablösen („cut off"), kommt es zu einer Verwirbelung von polarer Kaltluft und subtropischer Warmluft und damit zum Energieaustausch im globalen Ausmaß. Die Folge ist, dass die Westwinddrift in dieser Situation blockiert wird (blocking action).

Anders als in den thermischen Tief- und Hochdruckgebieten entstehen Tief- und Hochdruckzellen hier dynamisch. Im Gegensatz zu den thermischen Druckgebilden weisen dynamische Druckgebilde hohen Druck beim Hochdruckgebiet oder tiefen Druck beim Tiefdruckgebiet sowohl am Boden wie auch in der Höhe auf. Auf der Nordhalbkugel drehen sich in einem dynamischen Tief **(Zyklone)** die Luftmassen gegen den Uhrzeigersinn, im dynamischen Hochdruckgebiet **(Antizyklone)** umgekehrt. Sie folgen dabei der Regel, dass die Luft zum Tief hin, aber vom Hoch wegströmt.

Ursachen für die Entstehung dieser Luftdruckzellen sind Konvergenzen und Divergenzen im Polarfrontjet. Sie entstehen durch das Mäandrieren des Jets. Verengt sich in einem Wellental des Jets die Luftströmung, wird die Luft zusammen – und gleichsam nach unten gedrückt. Dabei rotiert die Luft aufgrund der Wirbelbewegung (Vorticity) in dieser Strömung im Uhrzeigersinn drehend nach unten. Am Boden bildet sich hoher Luftdruck und die Luft strömt aus dem Hochdruckgebiet nach außen. Kommt es im Polarfrontjet zu Divergenz der Luftströmung, strömt die Luft auseinander und saugt Luft vom Boden nach. Die aufsteigende Luft rotiert aufgrund der Vorticity gegen den Uhrzeigersinn nach oben. Am Boden entsteht als Folge der Divergenz in der Höhe ein Tiefdruckgebiet. Sowohl Tiefdruck- als auch Hochdruckgebiete wandern durch den Polarfrontjet bewegt nach Osten. Die Zyklonen werden eher auf der Polseite der planetarischen Frontalfront gebildet und ziehen nordostwärts. Zu ihnen gehören das Island- und Aleutentief. Die dort im Jahresmittel sehr häufig auftretenden Tiefdruckgebiete bilden den subpolaren Tiefdruckgürtel. Die nach Südosten ziehenden Antizyklonen entstehen äquatorseits. Sie verstärken die Hochdruckgebiete wie das Azoren- oder das Hawaiihoch und bilden den subtropisch-randtropischen Hochdruckgürtel.

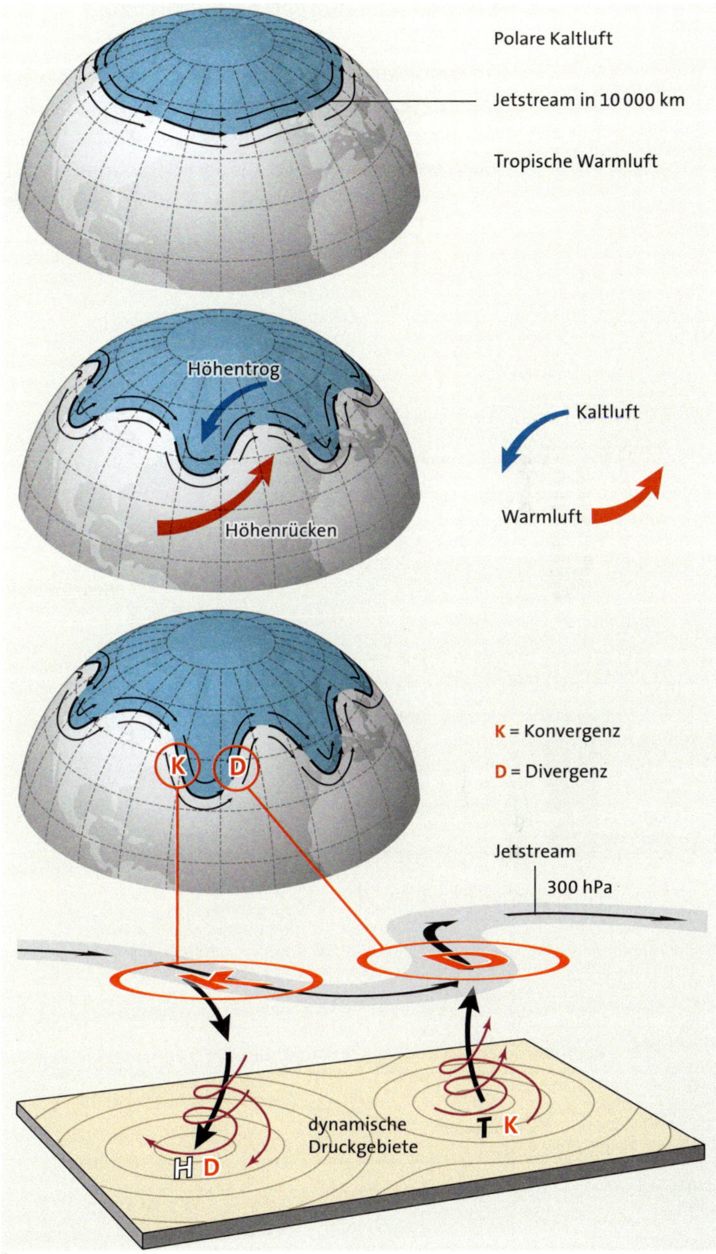

10 **Entstehung dynamischer Druckgebiete**

5

Beschreiben Sie die Hebungsvorgänge durch starke Erwärmung, horizontale Verfrachtung von Warmluft und dynamische Tiefdruckgebiete.

Wettererscheinungen beim Durchzug einer Zyklone

Ein dynamisches **Tiefdruckgebiet (Zyklone)** der planetarischen **Frontalzone** schaufelt gegen den Uhrzeigersinn subtropische Warmluft von Süden nordwärts gegen die dort lagernde polare Kaltluft und gleichzeitig auch polare Kaltluft weit nach Süden. Damit kommt es zum Wärmeaustausch zwischen Äquator und den Polen. An der Vorderseite der Zyklone wird Warmluft nach Norden transportiert und gleitet wie auf einer schräg ansteigenden Fläche auf die Kaltluft auf. Dabei ist die Höhenwarmfrontzone der Bodenwarmfrontzone in der Regel meist 100–250 km voraus, sodass man nicht von einer einheitlichen **Warmfront**, sondern eher von einer Übergangszone oder Frontalzone spricht.

Das langsame Aufgleiten der warmen Luft auf die kalte, vor ihr liegende Luft ist mit ihrer Anhebung und damit auch Abkühlung verbunden, in der Folge bilden sich Wolken. Dabei entsteht eine typische Abfolge von Schichtwolken: an der Spitze der Übergangszone Cirren, denen Cirrostratuswolken als feine, durchscheinende Schleierwolken folgen; diese werden abgelöst von hohen Schichtwolken, die sich zu mächtigen und tief liegenden Nimbostratuswolken verdichten. Die Altostratuswolken gehören dem zweiten Wolkenstockwerk an (2–7 km Höhe), die Nimbostratuswolken dem dritten Wolkenstockwerk (< 2 km Höhe); aus ihnen fällt ein lang anhaltender, gleichmäßiger Nieselregen, der auch als Landregen bezeichnet wird.

Mit dem allmählichen Verdrängen der kalten Luft steigt die Temperatur, der Luftdruck fällt und der Wind dreht von Süd auf südwestliche Richtungen. Hat die Warmluft die Kaltluft am Boden verdrängt, muss sie nicht mehr aufsteigen und es werden keine Wolken mehr gebildet.

In der wetterkartografischen Darstellung wird dieser Bereich als Warmluftsektor bezeichnet. Dort kann es lokal zur Konvektion der Luft kommen, welche zur Bildung von Cumuluswolken führt, aus denen mitunter Regen fällt.

Der Warmluftsektor wird durch die nachrückende Kaltluft polaren Ursprungs aufgelöst. Die **Kaltfront** verdrängt die Warmluft am Boden und zwingt sie zum raschen Aufsteigen. Es bilden sich hoch aufragende Cumulonimbuswolken, aus denen heftige Schauerregen mit großen Tropfen und auch Hagel fallen können. Mit dem Eintreffen des Kaltfrontbereiches sinkt die Temperatur rasch ab, der Luftdruck steigt wieder an und der Wind dreht von West auf nordwestliche Richtungen. Im Kaltluftsektor selbst ist die Sicht aufgrund der klaren Luft sehr gut. Das Wetter in diesem Abschnitt heißt Rückseitenwetter.

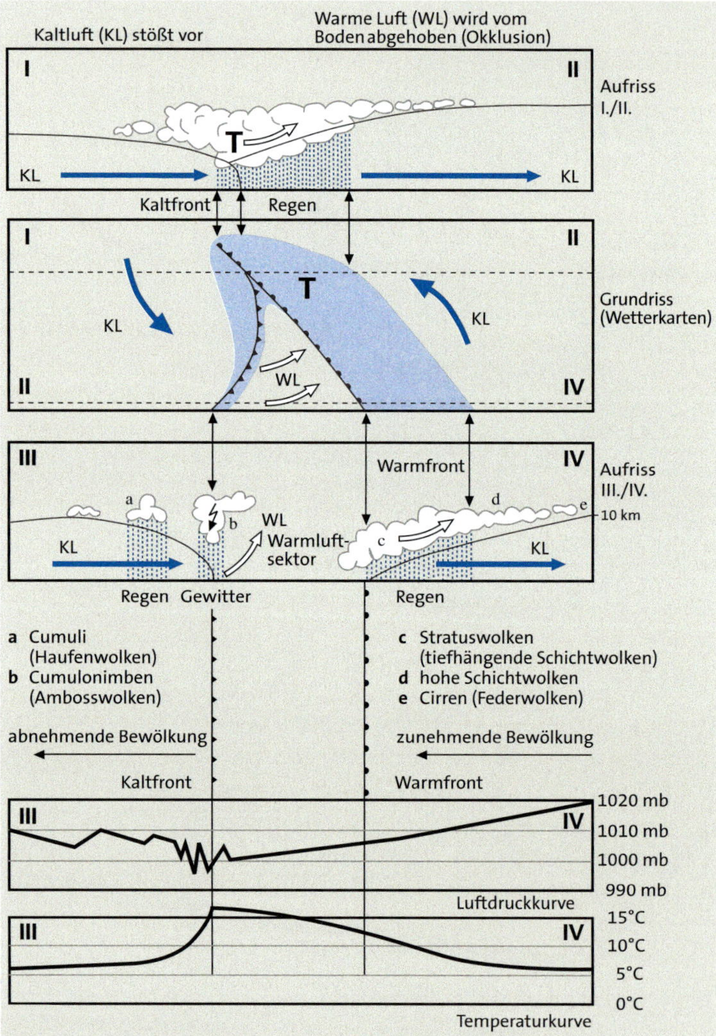

11 **Schematisches Profil einer ideal ausgebildeten Zyklone**
Nach: Hans-Ulrich Bender

12 **Bewölkung beim Durchzug einer Zyklone**

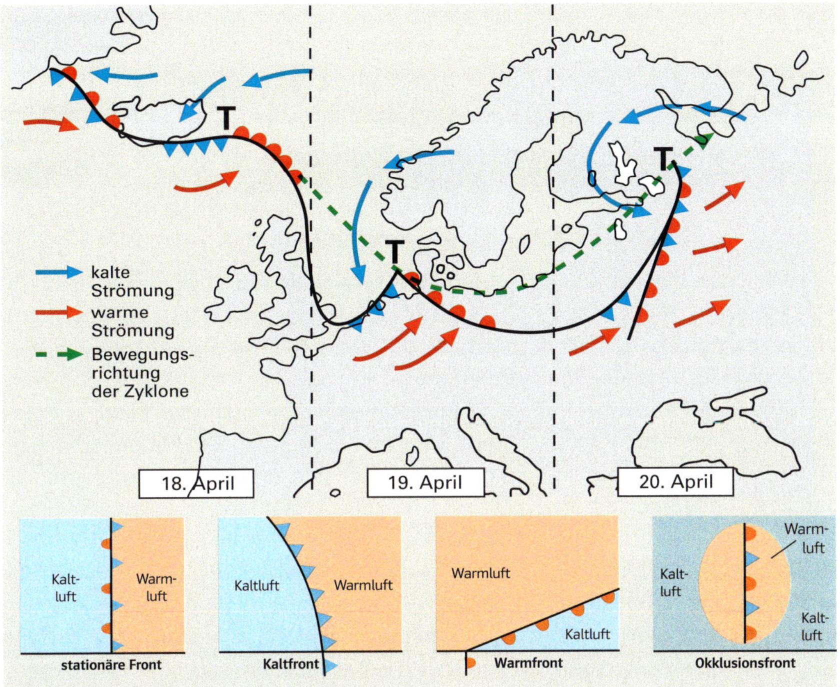

13 Idealschema der Entwicklung einer Zyklone über Europa

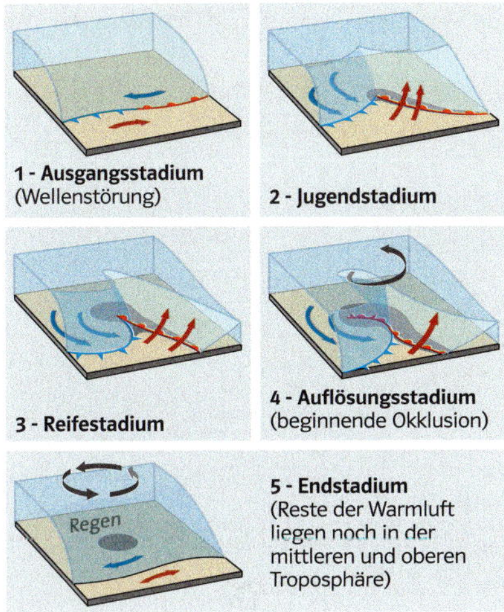

14 Entwicklung einer Zyklone (Zyklogenese)

Im Zuge der Entwicklung einer Polarfrontzyklone holt im sogenannten Reifestadium die Kaltfrontzone die Warmfrontzone ein und es erfolgt eine **Okklusion**. Dazu kommt es, weil die Warmfront beim Aufgleiten auf die vor ihr liegende Kaltfront Bewegungsenergie verliert und langsamer wird. Am Ende ist die restliche Warmluft vom Boden abgehoben und schwimmt als Warmluftlinse auf der Kaltluft, das Kerntief ist aufgefüllt.

Oft entstehen ganze Frontensysteme mit mehreren Tiefausläufern und Tiefdruckzentren, die vom Polarfrontjet von Westen nach Osten gesteuert werden und wechselhaftes Wetter verursachen. Die Zyklonen erfüllen neben dem Luftmassen- und Energieaustausch eine weitere wichtige Aufgabe: Mit ihnen wird vom Meer Wasserdampf aufs Land transportiert, der dort für Niederschläge sorgt.

Entwicklung von Frontensystemen

Im Polarfrontjet entstehen neben Zyklonen auch **Antizyklonen**. In ihnen sinkt die Luft ab und wird dabei erwärmt. Die erwärmte Luft nimmt mehr Wasserdampf auf, die Wolken lösen sich auf. Trockenes Wetter mit wolkenloser Luft und starker Einstrahlung am Tag sowie ebenso starker Ausstrahlung in der Nacht ist die Folge. Der Polarfrontjet lässt in unregelmäßiger Abfolge Zyklonen und Antizyklonen über Mitteleuropa hinwegziehen, die das Wettergeschehen nachhaltig steuern. Je nach Lage der Druckgebilde wird Mitteleuropa dabei von Luftmassen unterschiedlichen Ursprungs beeinflusst.

So können für Mitteleuropa polare, tropische, kontinentale oder ozeanische Luftmassen wirksam werden.

6 Arbeiten Sie aus den Materialien heraus, wie die Mäander des Westwindhöhenbandes entstehen.

7 Stellen Sie die Bedeutung des mäandrierenden Jetstreams für den globalen Wärmeaustausch dar.

8 Vergleichen Sie dynamische und thermische Luftdrucksysteme.

9 Erklären Sie die Entstehung von Warm- und Kaltfront.

10 Begründen Sie die Wettervorgänge an einer Warm- und Kaltfront.

11 Beschreiben Sie die Entwicklungsstadien einer Zyklone.

12 Erklären Sie das Fehlen von Warm- und Kaltfront in einer Antizyklone.

Wetterkarten

Wetterkarten begegnen uns in verschiedenen Medien. Diese stellen die Wettervorgänge in der unteren Troposphäre dar. Mithilfe der Symbole kann man die Karten relativ leicht lesen und durch Anwendung der Kenntnisse zu Wettervorgängen in Tief- und Hochdruckgebieten auch verstehen. Sogar eine grobe Wettervorhersage ist dann möglich.

Täglich müssen mehrere Millionen Messdaten für Temperatur, Luftdruck, Bewölkung, Niederschlag, Windrichtung und Windgeschwindigkeit aus allen Teilen der Erde erfasst werden. Die Messung dieser **Wetterelemente** erfolgt in Wetterstationen, auf Wetterschiffen und Leuchttürmen, mit Wetterballons oder Radiosonden, mit Flugzeugen und Bojen. Künstliche Erdsatelliten betrachten die Vorgänge in der Atmosphäre.

Die Messwerte und der Verlauf von Wetterfronten werden in Form von Symbolen in eine **Bodenwetterkarte** eingetragen. Alle drei Stunden werden dazu die Messwerte der einzelnen Wetterstationen den Wetterdienstzentralen per Datenleitung übermittelt. Weltweit hat man dafür Beobachtungstermine festgelegt. Die **Bodenwetterkarte** enthält die Messdaten der angeschlossenen Wetterstationen in Form von verschlüsselten Zahlen- und Buchstabengruppen, die maschinell auf eine Karte übertragen werden. Zur Wettervorhersage gehört auch die Erstellung von Prognosekarten für die nächsten ein bis drei Tage. Aus dem bereits vergangenen und dem aktuellen Zustand der Atmosphäre wird unter Anwendung physikalischer Regeln sowie durch einen Abgleich der gemessenen Werte mit Modellen ein zu erwartender Zustand ermittelt. Hierbei spielen auch die Erfahrungen der Meteorologen eine große Rolle.

1. Schritt: Formales/Orientierung

Ordnen Sie die Karte zeitlich und räumlich ein und beschreiben Sie die Lage der **Hoch- und Tiefdruckgebiete** sowie den Verlauf von Fronten.

2. Schritt: Vorherrschende Luftmassen ermitteln

Bestimmen Sie die aus der großräumigen Luftdruckverteilung resultierenden Hauptwindrichtungen und die damit verbundenen Luftmassen und deren Eigenschaften für ausgewählte Stationen bzw. einzelne Teilregionen Europas. Beachten Sie dabei das Datum der Wetterkarte!

3. Schritt: Wetterdaten analysieren

Ermitteln Sie für ausgewählte Stationen, zum Beispiel Berlin, die Temperatur-, Niederschlags-, Bewölkungs-, Luftdruck- und Windverhältnisse. Nutzen Sie dazu auch das Beispiel der vereinfachten Stationseintragung (siehe Grafik 1).

4. Schritt: Wettervorhersage formulieren

Formulieren Sie für ausgewählte Stationen bzw. Regionen eine begründete Wettervorhersage. Beachten Sie dabei, wie sich die Druckverhältnisse ändern oder die Fronten verlagern könnten und welche Wetterveränderungen damit verbunden wären.

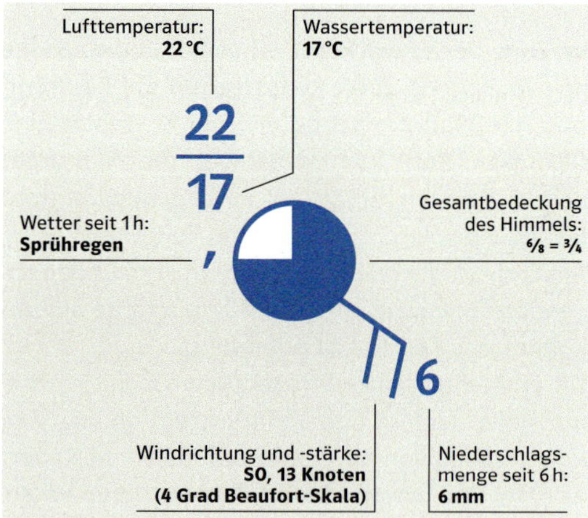

1 **Beispiel für einen Stationseintrag (vereinfacht)**

Beispielaufgabe:
Erstellen Sie mithilfe der Karte 2 eine Wettervorhersage für die Region Berlin.

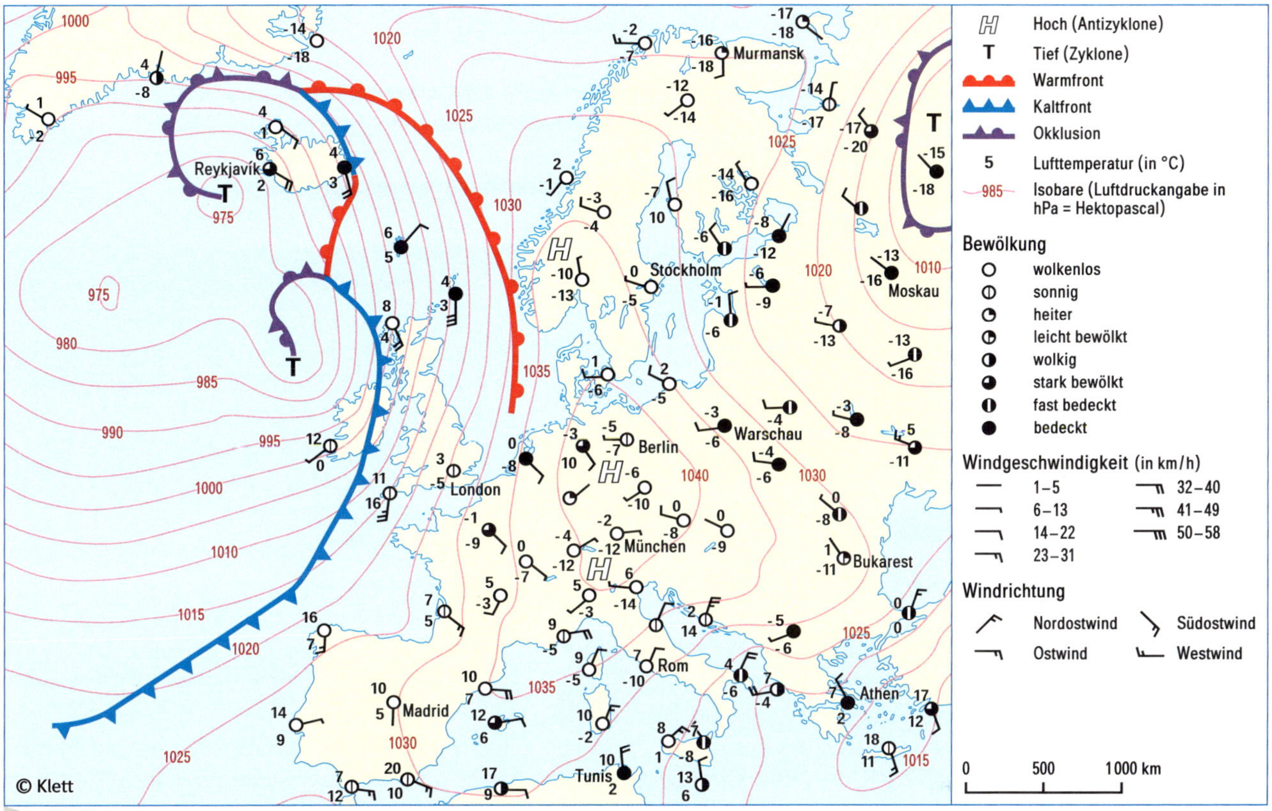

2 Vereinfachte Bodenwetterkarte von Europa am vom 14.2.2021, 0:00 Uhr

Auswertungsbeispiel

1. Schritt: Die Bodenwetterkarte zeigt den größten Teil Europas am 14. Februar 2021 um 0 Uhr. Über dem Atlantik befinden sich zwei Tiefdruckgebiete. Die Warmfront des Tiefs mit Kern südwestlich von Island liegt vor der Westküste Dänemarks und Norwegen. Die Kaltfront des zweiten Tiefdruckgebiets mit Kern und Okklusionszone nordwestlich der Britischen Inseln verläuft von Irland in südwestlicher Richtung. Von Skandinavien bis nach Norditalien erstreckt sich eine Hochdruckzone. Nordöstlich von Moskau liegt ein weiteres Tiefdruckgebiet.
Damit liegt Skandinavien im Westteil im Einflussbereich einer Warmfront, während das östliche Skandinavien wie auch Mitteleuropa und Norditalien von Hochdruck beeinflusst wird. Irland und die Britischen Inseln werden von einer Kaltfront beeinflusst.

2. Schritt: An der Ostseite der Hochdruckgebiete gelangt kalte Polarluft nach Skandinavien und Mitteleuropa. Das Hochdrucksystem über Deutschland sorgt für sonniges und trockenes Winterwetter.

3. Schritt: Wettersituation in der Region Berlin:
- Lufttemperatur −5 °C, Wassertemperatur −7 °C,
- sonnig,
- kein Niederschlag,
- Luftdruck 1040 hPa,
- Wind aus West, mit 6–13 km/h.

4. Schritt: Für die Region Berlin bleibt zunächst das Hochdruckgebiet wetterbestimmend. In den nächsten Tagen kann das westlich der Britischen Inseln liegende Tiefdruckgebiet Berlin erreichen und für die Zufuhr feuchter und milder Meeresluft sorgen.

1

Erstellen Sie mithilfe der Karte 2 eine Wettervorhersage für die französische Atlantikküste.

2

Ermitteln Sie die Temperatur-, Bewölkungs- und Windverhältnisse für die Britischen Inseln und die Iberische Halbinsel und begründen Sie diese für London und Warschau (Karte 2).

Lokale und regionale Windsysteme

An den Meeresküsten und in abgeschwächter Form auch an größeren Binnenseen kann man häufig eine „frische Brise“ genießen, die tagsüber als Seewind vom Meer kommt und nachts vom Land auf das Wasser weht. Im Alpenvorland bringt der Föhn warme Temperaturen und weite Sicht. Wie entstehen diese regionalen Winde?

Isobaren
(griech. iso = gleich und baris = Druck) sind Linien gleichen Luftdrucks. In der Wetterkarte beziehen sie sich auf die Meereshöhe.

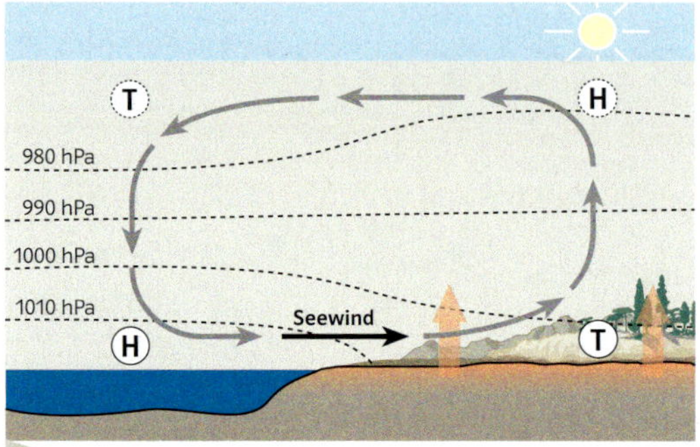

2 Seewind am Tag

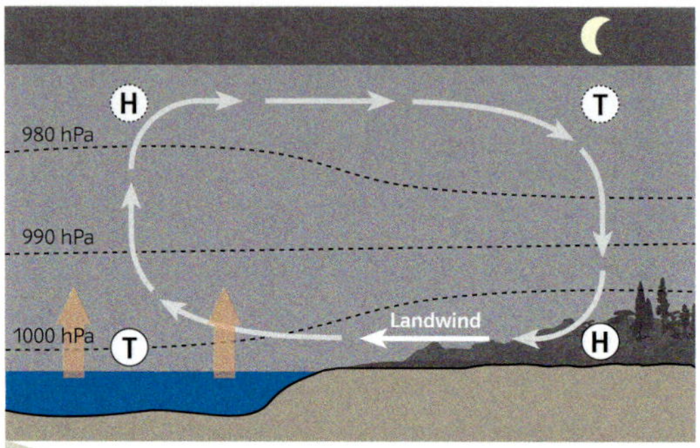

3 Landwind bei Nacht

Bezeichnung nach Beaufort und Windgeschwindigkeit (in km/h)		
0	Windstille	unter 1
1	leichter Zug	1–5
2	leichte Brise	6–11
3	schwache Brise	12–19
4	mäßige Brise	20–28
5	frische Brise	29–38
6	starker Wind	39–49
7	steifer Wind	50–61
8	stürmischer Wind	62–74
9	Sturm	75–88
10	schwerer Sturm	89–102
11	orkanartiger Sturm	103–117

1

Land- und Seewind als lokales Windsystem

Wind ist eine gerichtete Luftbewegung, die die Luftdruckunterschiede zwischen Hochdruckgebieten und Tiefdruckgebieten ausgleicht. Als Windrichtung wird stets die Richtung angegeben, aus der der Wind weht. Die Geschwindigkeit des Windes wird als Windstärke bezeichnet. Voraussetzung für die Entstehung von Wind sind aneinandergrenzende Regionen mit unterschiedlichem Luftdruck. Je stärker die Luftdruckunterschiede sind, desto stärker ist der Wind.

Bei ruhiger Wetterlage stellt sich am frühen Nachmittag auf kleinem Raum an Seeufern oder Meeresküsten ein Seewind ein, während nachts ein Landwind weht. Welche Erklärung gibt es dafür?

Land und Wasser haben unterschiedliche Wärmekapazitäten. Die des Wassers ist bis zu fünfmal höher als die einer Landfläche. Deshalb sind die Erwärmung und die Abkühlung der Atmosphäre über dem Wasser gegenüber dem Land deutlich verzögert. In der Folge entsteht bei wenig Bewölkung und geringen Luftdruckunterschieden ein sich tageszeitlich änderndes Windsystem. Am Vormittag erwärmt sich die Luft über dem Land schneller als über dem Wasser. Die Landoberfläche wirkt wie eine Heizplatte. Die erwärmte Luft steigt nach oben und verändert die Druckverhältnisse in der Höhe, wie die veränderte Lage der Isobarenflächen zeigt. Sie liegen über dem Land höher als über dem Wasser. In der Höhe entsteht dadurch ein Druckgefälle zwischen dem Höhenhoch über dem Land und dem Höhentief über dem Wasser. Je größer das Druckgefälle ist, umso stärker ist auch die Kraft, die einen Ausgleich der Druckunterschiede anstrebt. Sie wird Gradientenkraft genannt. Die sich einstellende Luftströmung führt zu einer Luftmassenabnahme über dem Land, ein Bodentief entsteht. Über dem Wasser erhöht die in der Höhe zugeflossene Luft den Luftdruck am Boden und es entsteht ein Bodenhoch. Es stellt sich am Boden ein Ausgleichswind in Richtung des Druckgradienten ein, der Seewind. Das dabei entstehende Kreislaufsystem wird als **Land-See-Windsystem** bezeichnet. Es wird so lange angetrieben, wie die Sonnenenergie eine stärkere Erwärmung des Festlandes bewirkt. Nachts kehren sich die Druck- und Windverhältnisse um. Die im Land-See-Windsystem entstehenden Luftdruckgegensätze werden als thermische Druckgebiete bezeichnet, weil sie durch unterschiedliche Erwärmung entstehen.

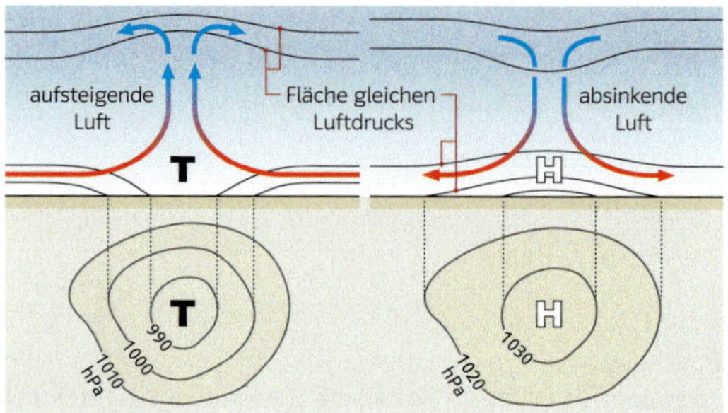

4 Bodentief und Bodenhoch

Regionales Windsystem: FALLBEISPIEL Vogesenföhn

In allen Gebirgsregionen der Erde gibt es warme, trockene und oft böige **Fallwinde**, die an der Leeseite von Gebirgen auftreten und als **Föhn** bezeichnet werden. Beispiele dafür sind der Vogesenföhn in der Oberrheinischen Tiefebene, der Föhn in den Alpen oder der Chinook am Ostabhang der Rocky Mountains.

Föhn entsteht, wenn Luftmassen als Folge von Druckunterschieden ein Gebirge überströmen müssen. Auf der Luvseite des Gebirges kommt es zur Hebung von Luft. Diese kühlt sich bis zum Erreichen des Taupunktes trockenadiabatisch (1 K/100 m) ab. Muss die Luft nach Erreichen des Taupunktes weiter aufsteigen, setzt Wolkenbildung ein und Stauniederschläge können entstehen. Durch die Kondensation wird Wärme frei. Die Abkühlung der aufsteigenden Luft wird reduziert, sie kühlt sich feuchtadiabatisch (im Mittel 0,5 K/100 m) ab. Die absolute Feuchte in den aufsteigenden Luftmassen verringert sich.

Nach Überströmen des Gebirgskammes sinkt die Luft auf der Leeseite ab. Sie erwärmt sich trockenadiabatisch und die Wolken lösen sich auf. Über dem Gebirgskamm bildet die Bewölkung eine scharfbegrenzte Wolkenwand (Föhnmauer).

Mit der „klassischen Föhntheorie“ lassen sich jedoch nicht alle Phänomene hinreichend erklären. So tritt vor allem in den österreichischen Alpen an der Luvseite nicht immer Niederschlag auf. Es stellt sich auch die Frage, warum die absteigende Luft die darunter befindliche kältere Luft verdrängen kann. So sieht man den Föhn heute vor allem als das Ergebnis eines thermodynamischen Prozesses, bei dem z. B. kleine Luftwirbel auf der Leeseite dafür sorgen, dass die wärmere Höhenluft allmählich nach unten vordringt.

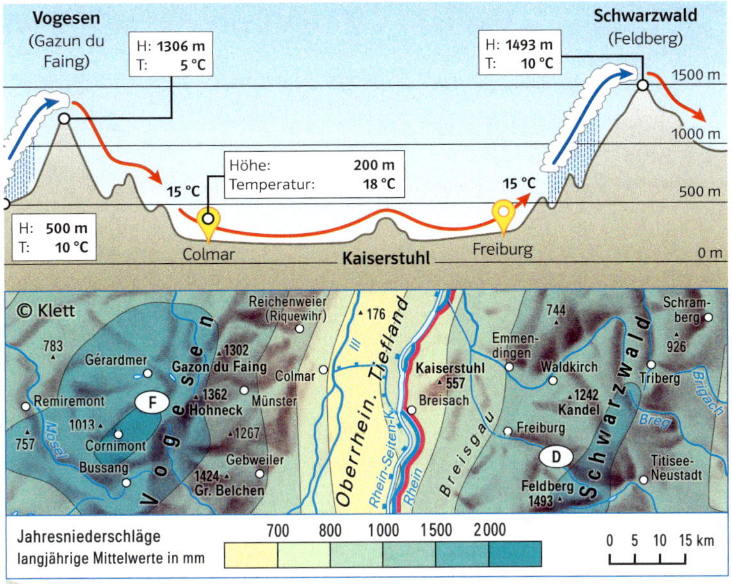

6 Vogesenföhn

Nach: Falk/Arbeitsgemeinschaft Regio-Klima-Projekt REKLIP, Klimaatlas Oberrhein Mitte-Süd

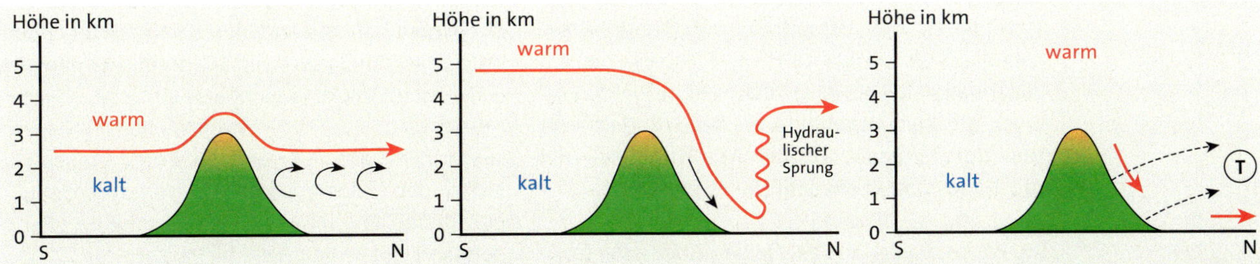

In der Höhe strömt wärmere Luft über kältere. Dabei entstehen kleine Luftwirbel, die dafür sorgen, dass die wärmere Höhenluft allmählich nach unten vordringt.

Analog einem flachen Fluss, der über ein Wehr stürzt, verhält sich die Föhnströmung im Lee-Bereich. Durch die schießende hydraulische Strömung kommt es zur Lufterwärmung (Kompressionserwärmung).

Man nimmt an, dass es mit der Annäherung eines Tiefs nördlich der Alpen zum Absaugen von Luft kommt. Die warme Höhenluft strömt dadurch bis zum Boden nach.

5 Weitere Erklärungsansätze

1 Erläutern Sie die Entstehung eines thermischen Tief- und Hochdruckgebietes.

2 Vergleichen Sie die Entstehung von Land- und Seewind.

3 Erläutern Sie die Entstehung des Vogesenföhns und seine Auswirkungen auf den östlichen Bereich der Oberrheinischen Tiefebene.

4 Während einer Föhnsituation ist auf der Luvseite des Gebirges die Temperatur auf gleicher Höhenlage geringer als auf der Leeseite. Erklären Sie diesen Sachverhalt.

5 Vergleichen Sie die modernen Erklärungsansätze zur Entstehung des Föhns (M5).

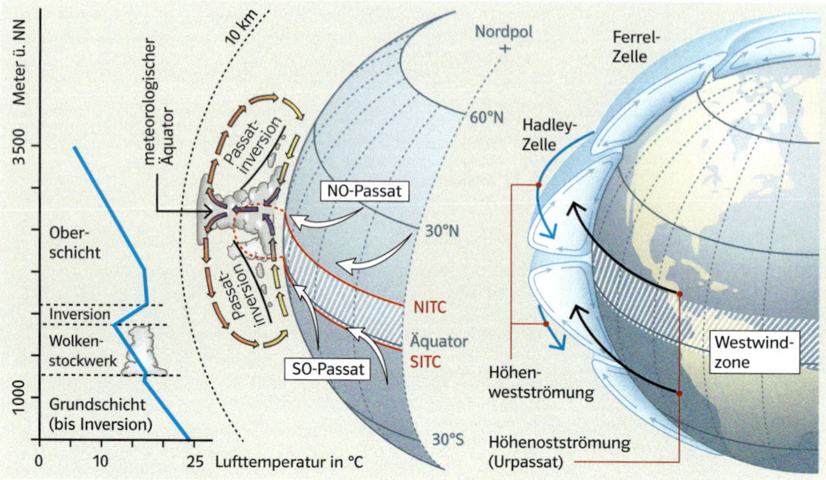

1 Tropische Zirkulation

2 Wolkencluster über Afrika im August 2001

Tropische Zirkulation

Zwei Zirkulationssysteme bestimmen die Zirkulation in den Tropen: die Hadley- oder Passatzirkulation und die Walker-Zirkulation, ein in den Tropen parallel zum Äquator angeordnetes Zirkulationssystem. Was sind die Eigenschaften und Ursachen dieser Zirkulationssysteme?

Die tropische Zirkulation wird primär durch die **Passatzirkulation** geprägt. Ganzjährig strömen die **Passatwinde** (engl. trade winds) von den subtropischen Hochdruckgürteln beider Hemisphären zur äquatorialen Tiefdruckrinne. Aufgrund des Druckgradienten und der Corioliskraft werden die Passatwinde zu einer Ostströmung: In der Höhe behalten sie als Urpassate diese Richtung bei. Im bodennahen Teil bis etwa 1000 m Höhe werden sie durch die Reibungseffekte an der Erdoberfläche zum Nordostpassat auf der Nordhalbkugel und zum Südostpassat der südlichen Hemisphäre.

Die Passatzirkulation oder Hadley-Zirkulation funktioniert als direkte thermisch getriebene Zirkulation: Im Bereich des Zenitalstandes der Sonne kommt es zu einer starken Erwärmung der unteren Luftschichten. Die warme Luft dehnt sich aus, steigt in die Höhe. Dabei bilden sich thermisch Bodentief und Höhenhoch. Die rund um den Äquator entstehenden Bodentiefdruckgebiete bilden die **ITC (Innertropische Konvergenzzone)** oder äquatoriale Tiefdruckrinne. Die im Bereich der ITC aufsteigende Luft nimmt große Mengen an Wasserdampf auf und kühlt sich adiabatisch ab. Es bilden sich mächtige Gewitterwolken mit Starkregen (Grafik 3). Aus dem Höhenhoch über der ITC strömt die bis ins Troposphärenniveau aufgestiegene Luft polwärts. Die Luftströmungen werden durch die Corioliskraft auf der Nordhalbkugel nach Nordosten bzw. auf der Südhalbkugel nach Südosten abgelenkt und als Antipassate bezeichnet. Diese Höhenwestwindströmung konvergiert im Bereich des Subtropenjets, kühlt ab und sinkt im Bereich der dynamisch entstandenen subtropischen Hochdruckzellen im Bereich von 30° nördlicher und südlicher Breite trockenadiabatisch ab. Dabei erwärmt sie sich und bildet die Passatinversion, eine Inversionsschicht, aus. Aufgrund des Druckgefälles zwischen den subtropischen Hochdruckzellen und dem tiefen Druck am Äquator entstehen als bodennahe Luftströmungen die **Passate.**

Die von George Hadley 1735 entwickelte Vorstellung über die Zirkulation in den Tropen ist in mehreren Aspekten unzureichend: So ging Hadley noch von kontinuierlichen Passaten beidseitig des Äquators aus. In der Realität trifft dies nicht zu, weil der subtropische Hochdruckgürtel aus Einzelzellen besteht. Es gibt damit auch Sektoren schwacher und zeitweilig unterbundener Passate. Ebenso fließt die im Bereich der ITC aufsteigende Luft nicht auf direktem Wege in höhere Breiten, sondern wird innerhalb der Konvergenzzone zunächst in Absink- und Aufstiegsbewegungen einbezogen, sodass große Wolkencluster entstehen. Nordost- und Südostpassate treffen im Bereich der ITC auch nicht direkt aufeinander, da es durch unterschiedlich starke Erwärmung der Nord- und Südhalbkugel zur Aufspaltung der ITC in eine stark ausgeprägte ITC (thermischer oder meteorologischer Äquator) und eine schwächere ITC am mathematischen Äquator kommt. Zwischen der nördlichen und südlichen ITC stellen sich äquatoriale Westwinde, die **Monsune**, ein.

Walker-Zirkulation

Die warmen und kalten Meeresströmungen an den Rändern der Kontinente führen im Bereich des Äquators zu einer zonalen Zirkulation, die nach ihrem Entdecker als **Walker-Zirkulation** bezeichnet wird. So steigt im Bereich der Sundainseln in Äquatornähe feuchtwarme Luft über dem warmen Oberflächenwasser auf, wobei intensive Niederschläge entstehen. Im östlichen tropischen Pazifik dagegen sinkt trockene und kühle Luft über dem kalten Oberflächenwasser des Humboldtstroms ab. Dabei bilden sich jeweils thermische Druckgebilde. Aus dem so entstandenen Druckgefälle entsteht in Bodennähe eine Luftströmung entlang des Äquators von Ost nach West, die Teil eines großen zonalen Zirkulationsrades ist.

→ Monsun S.160/161

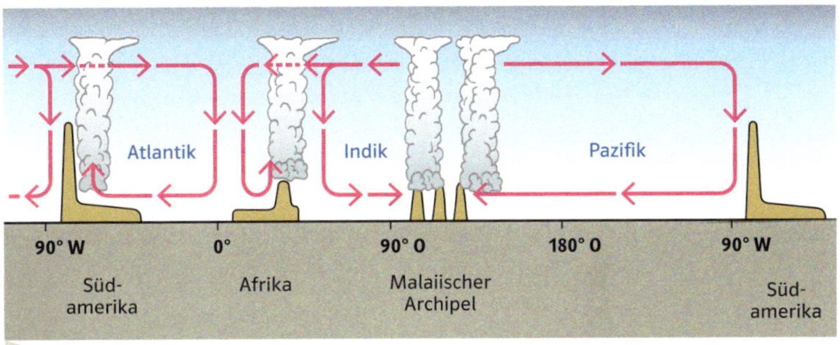

4 Schema der mittleren zonalen Walker-Zirkulation in den Tropen

3 Wolkenformen

1 Charakterisieren Sie die Passatzirkulation.

2 „Die kontinentalen Passatzonen sind die Trockengebiete der Erde." Erklären Sie diesen Sachverhalt.

3 Begründen Sie die Bedeutung von unterschiedlich warmen Meeresströmungen für die Walker-Zirkulation.

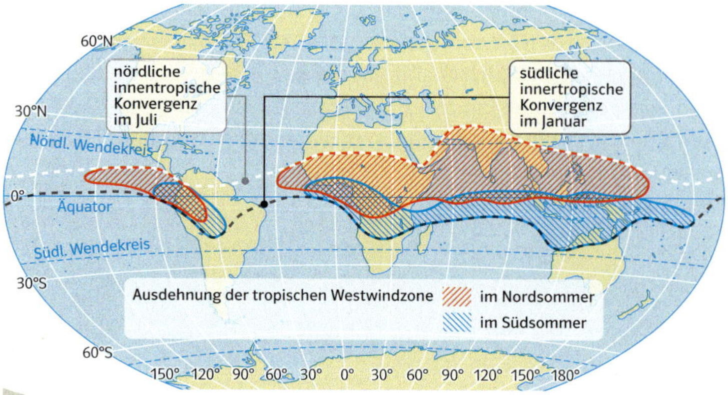

5 **Ausdehnung der tropischen Westwindzone**

verändert nach: Flohn, 1971; **zusätzliche Erklärung:** NITC im Sommer (gestrichelte Linie auf NHK); SITC im Sommer (rote durchgehende Linie); SITC im Winter (gestrichelte Linie auf SHK); NITC im Winter (blaue durchgehende Linie).

7 **Dhaka: Überflutung nach Monsunregen**

Monsun

Ein Sonderfall der Passatzirkulation ist der **Monsun** (von arab. Mausin = Jahreszeit) in Südasien. Damit wird ein beständig wehender, kontinentweiter Wind mit halbjährlichem Richtungswechsel von mindestens 120° bezeichnet. Der Sommermonsun (Südwestmonsun) bringt große Niederschlagsmengen, der ablandige Wintermonsun (Nordostmonsun) ist trocken und bringt nur dann Regen, wenn er ein Meeresgebiet überquert.

In Indien gliedert sich das Monsunjahr in drei Abschnitte (M 8):

- kühlere, trockene Jahreszeit von Dezember bis Februar durch ablandigen Nordostpassat (**ITC** auf Südhalbkugel),
- heiße, trockene Jahreszeit von März bis Anfang Juni durch höheren Sonnenstand (ITC wandert auf Nordhalbkugel) und daraus resultierender allmählicher Erwärmung (trockene und warme Luft),
- heiße, feuchte Jahreszeit ab Mitte Juni als Folge des Südwestmonsuns: die ITC liegt im Norden Indiens.

Die Nordverlagerung der ITC kommt durch die Erwärmung der ausgedehnten asiatischen Landmasse zustande. Das im Sommer entstehende asiatische Hitzetief unterbricht den subtropisch-randtropischen Hochdruckgürtel und verbindet sich mit der ITC zu einem großen Bereich tiefen Drucks. Durch die Nordlage der ITC werden die Südostpassate der südlichen Halbkugel am Äquator in südwestliche Winde (Südwestmonsun, äquatorialer Westwind) umgelenkt und können sich über dem Indischen Ozean mit Wasser vollsaugen. Durch zunehmende Flächenkonvergenz werden die wasserdampfgesättigten Luftmassen angehoben. Über der indischen Landmasse wird das Ansteigen dieser Luftmassen durch das Küstengebirge und Konvektion über der erwärmten Landmasse verstärkt, was zu heftigen Monsun-Niederschlägen führt. Klimatologen verstehen unter dem Monsun sowohl den sommerlichen Südwestmonsun als abgelenkten Südostpassat als auch den Wintermonsun, der von Oktober bis April aus Nordosten kommt und eigentlich ein Nordostpassat ist.

Äquatoriale Westwindzone

„Zone innerhalb der äquatorialen Tiefdruckrinne, die besonders dann in Erscheinung tritt, wenn sich die innertropische Konvergenzzone (ITC) in einen polwärtigen und einen äquatornahen Zweig aufspaltet. In der Regel bleibt das Druckgefälle zwischen den beiden Tiefdruckrinnen polwärts gerichtet, sodass sich unter dem Einfluss der Corioliskraft die äquatorialen Westwinde ausbilden. Die äquatoriale Westwindzone bleibt auf die unteren Troposphärenschichten begrenzt. In der mittleren und oberen Troposphäre wird sie von den tropischen Höhenostwinden (Urpassat) überlagert. Über Indien [...] tritt die äquatoriale Westwindzone im Nordsommer in Verbindung mit dem Monsun auf."

Lexikon der Geographie, www.spektrum.de/lexikon/geographie/aequatoriale-westwindzone/428 (Zugriff: 05.05.2021)

6

Infoblatt Monsun

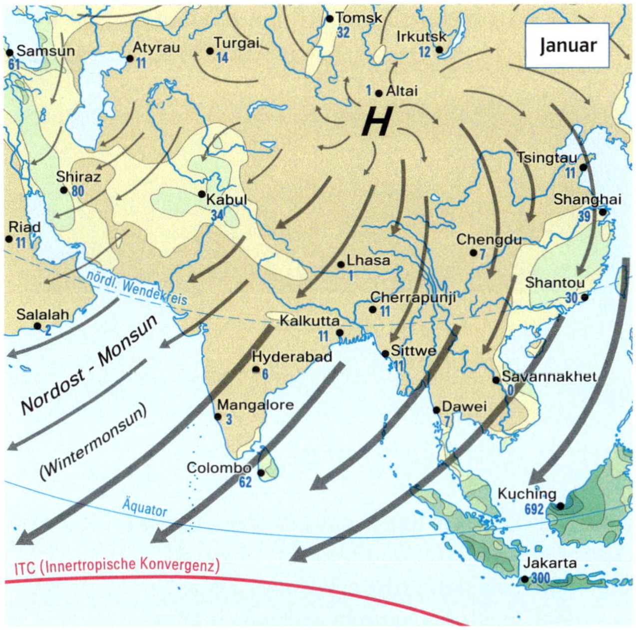

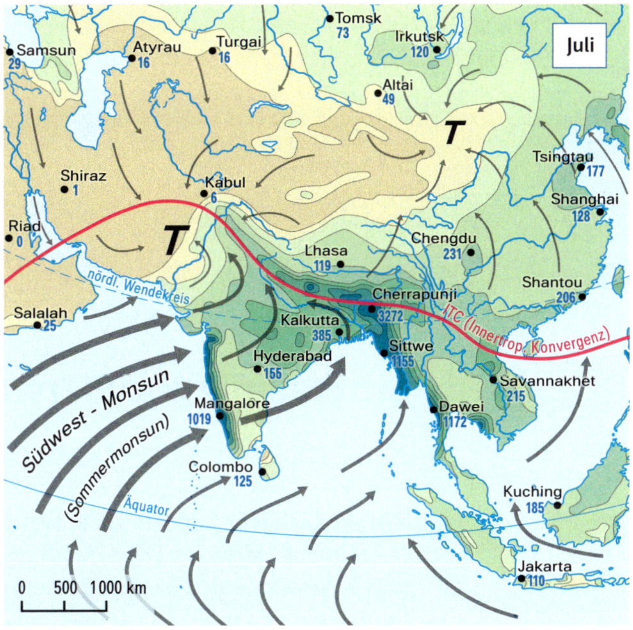

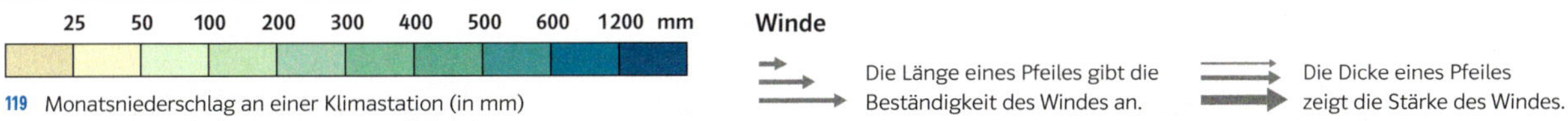

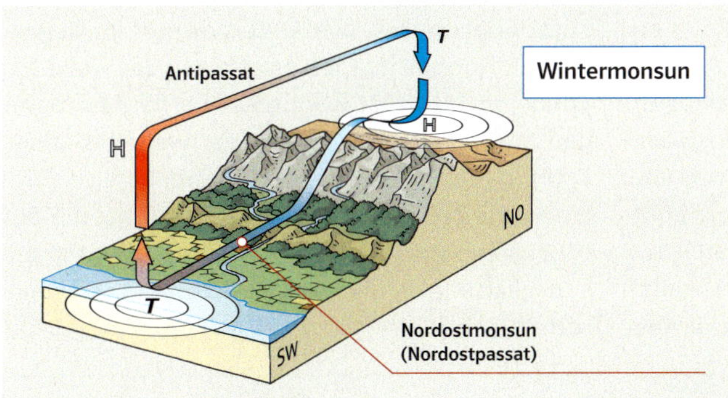

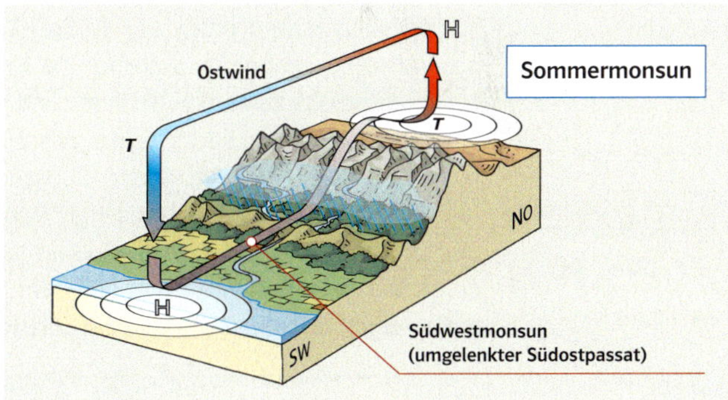

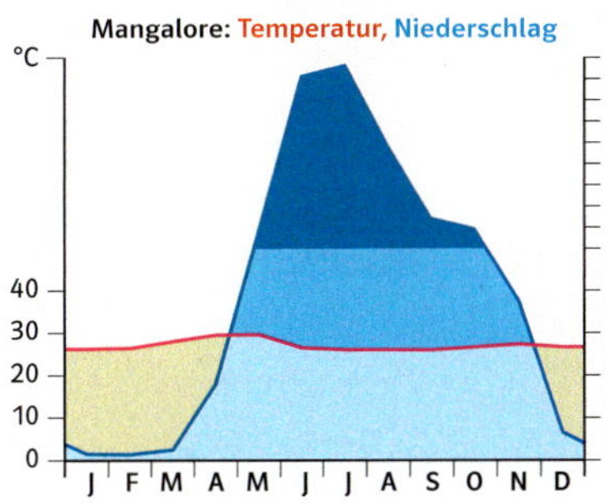

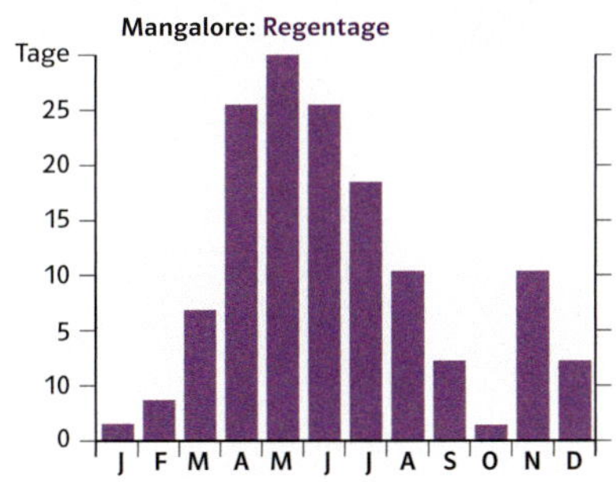

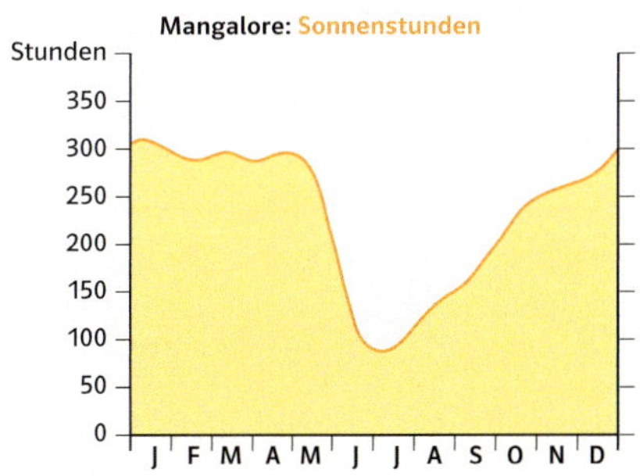

8 Tropische Monsunzirkulation in Südasien

4 Charakterisieren Sie anhand der Materialien den Monsun.

5 Überprüfen Sie die Aussage: „Beim Monsun handelt es sich um eine jahreszeitliche Entsprechung des tagesperiodischen Land-See-Windsystems".

1 Die Atacamawüste zu unterschiedlichen Zeitpunkten

Großräumig oszillierendes ozeanografisch-meteorologisches System

Alle vier bis sechs Jahre wird zur Weihnachtszeit das kalte und nährstoffreiche Wasser des Humboldtstroms an der Westküste Südamerikas durch warmes und nährstoffarmes Wasser verdrängt. Zuerst sterben die Algen ab, dann tritt ein großes Fischsterben ein und es gibt sintflutartige Regenfälle. In der hochariden Atacama blüht es. El Niño nennen die Menschen an der Küste diese immer wieder auftretende Veränderung des Wetters. Was aber verbirgt sich dahinter?

← Walker-Zirkulation S.159

In normalen Jahren prägt die **Walker-Zirkulation** das Wettergeschehen im östlichen Pazifik. Aus bislang nicht exakt geklärten Gründen schwächt sich jedoch alle vier bis sechs Jahre das südostpazifische Hoch vor der Westküste Südamerikas ab, der Luftdruck im südostasiatischen Raum erhöht und die Walker-Zirkulation verändert sich. In der Folge kehren sich auch die Luft- und Meeresströmungen um. Der Tiefenwasserauftrieb vor der Küste Südamerikas wird unterbrochen. Im Gegensatz zur Normalsituation prägen von See wehende Winde, um bis zu 5 °C wärmeres Oberflächenwasser und konvektive Niederschläge während eines El Niños das Geschehen im Küstenbereich Südamerikas. Treffen diese feuchten Luftmassen auf die küstennahen Gebirge, werden sie zum Aufsteigen gezwungen und orografische Niederschläge setzen ein.

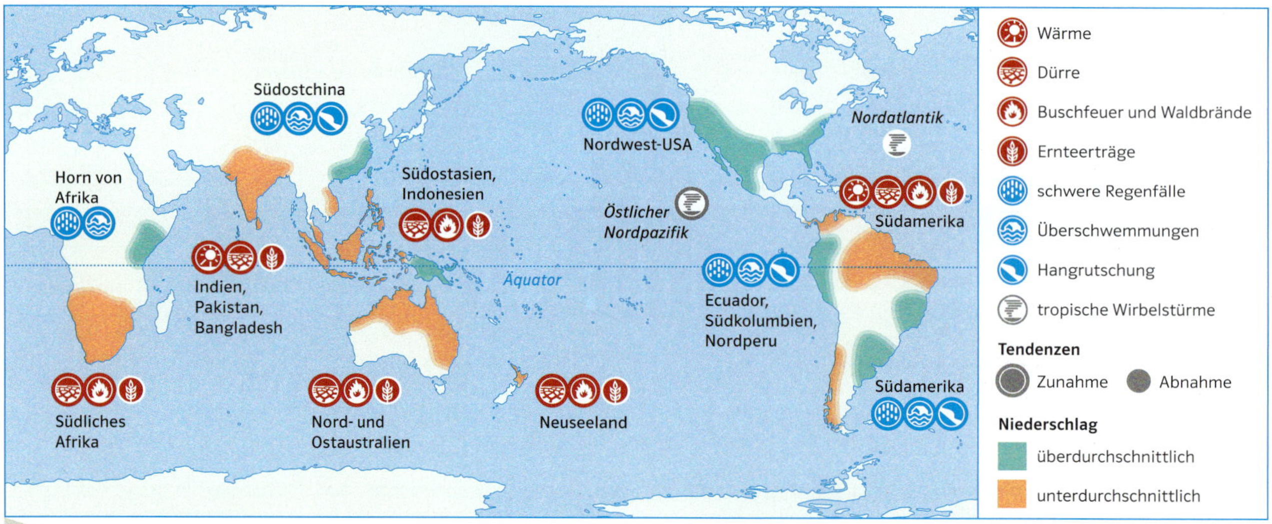

2 Globale Auswirkungen von El Niño

Nach Das ENSO-Phänomen, unter www.enso.info; P. Epstein: Krankheiten durch Treibhauseffekt. In: Spektrum der Wissenschaft, Dossier 12/2000. Heidelberg: Spektrum, S. 80 f.

FALLBEISPIEL: El Niño

Aus dem unmittelbaren Zusammenspiel der atmosphärischen und ozeanischen Strömungssysteme leitet sich der zusammengesetzte Begriff **ENSO** (EN = **El Niño** und SO = **Southern Oscillation**) ab. Das ENSO-Phänomen beeinflusst nicht nur das lokale Wettergeschehen im Ostpazifik, vielmehr ergeben sich deutliche Rückkopplungen mit anderen globalen Zirkulationssystemen. So ist beispielsweise eine unmittelbare Interaktion mit der **Nordatlantischen Oszillation (NAO)** und dem südasiatischen Monsungeschehen nachgewiesen. Die Frage, inwieweit El Niño auch das Klima in Europa beeinflusst, kann die Wissenschaft heute noch nicht beantworten.

Nach einem El-Niño-Ereignis tritt im Anschluss meist eine Situation auf, in denen sich die oberen Wasserschichten des mittleren und östlichen Pazifiks sehr stark abkühlen. Dieses gegenüber dem El Niño entgegengesetzte Wettergeschehen wird als La Niña (spanisch „das Mädchen") bezeichnet. Es ist gekennzeichnet durch eine Verstärkung der tropischen Passate und der Tiefdruckniederschläge über Südostasien.

1

Ordnen Sie die Fotos 1 begründet den verschiedenen Phasen von ENSO zu.

2

Arbeiten Sie aus der Karte 2 globale Auswirkungen eines El-Niño-Ereignisses heraus.

3

Beschreiben Sie die Wechselwirkungen zwischen Meer und Atmosphäre im Südpazifik während der Normalsituation.

4

Erläutern Sie, wie eine Veränderung der südostasiatischen und südostpazifischen Hochdruckgebiete zu einem El Niño führt.

5

Vergleichen Sie in Form einer Tabelle folgende Situationen im Pazifik: Normalsituation, El Niño und La Niña.

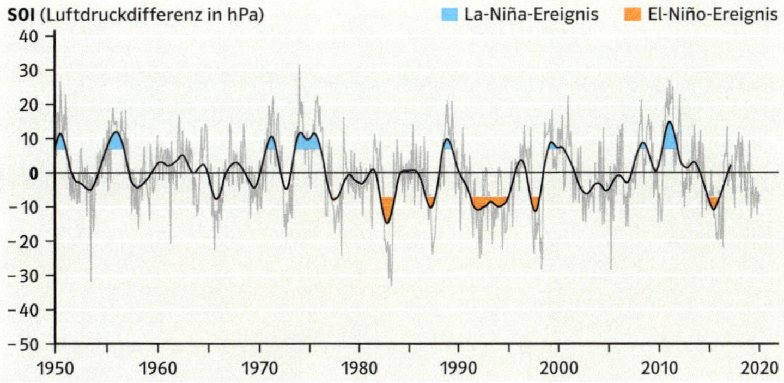

3 Southern Oscillation Index (SOI) seit 1950

Der SOI gibt die standardisierte Luftdruckdifferenz zwischen Tahiti (zentraler Pazifik) und Darwin (Nordaustralien) an. Abweichung >7: La-Niña-Ereignis, bei <−7 El-Niño-Ereignis.

Nach: US National Weather Service

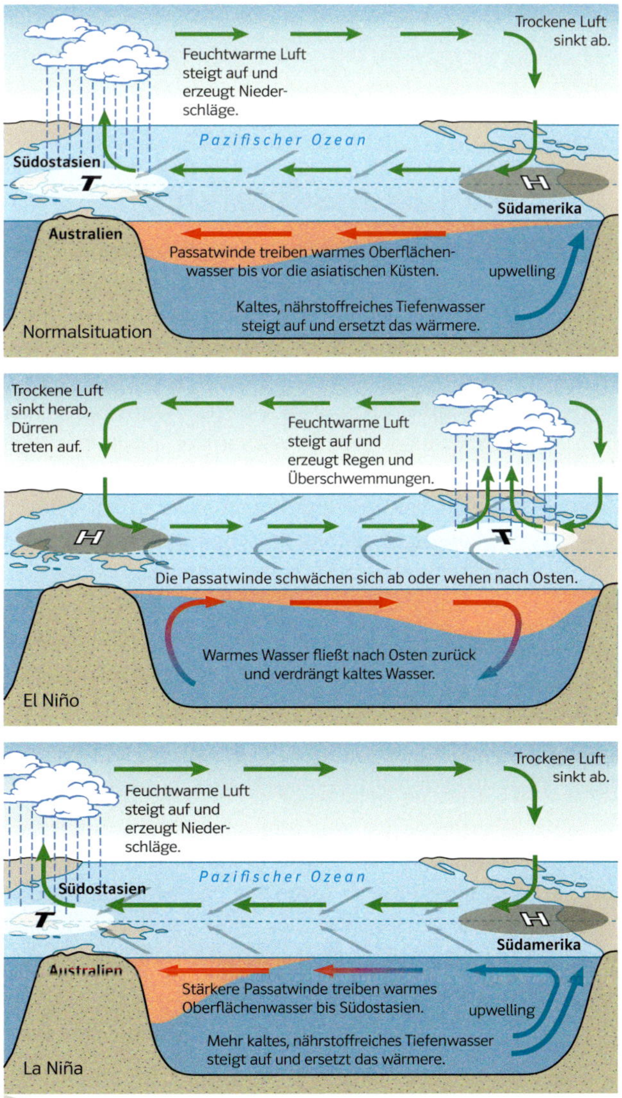

4 Die drei Phasen der El Niño–Southern Oscillation (ENSO)

Nach: Bureau of Meteorology, July 2012 unter: www.bom.gov.au (Zugriff: 05.06.2021)

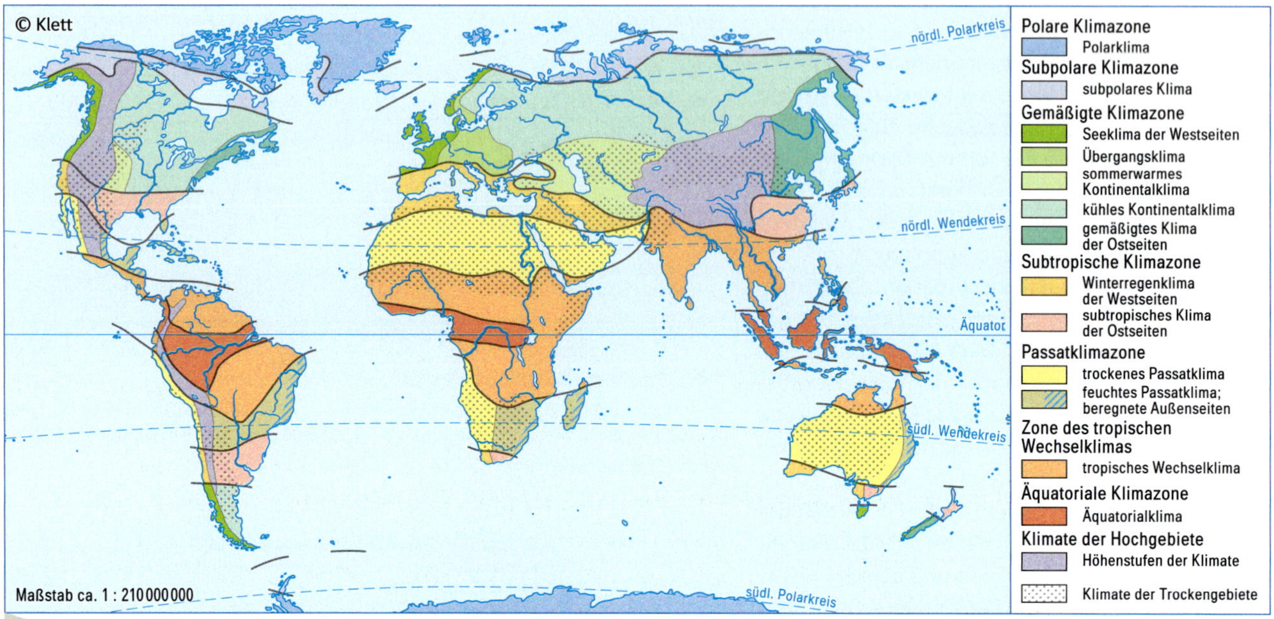

1 Klimazonen der Erde – genetische Gliederung nach Ernst Neef

Klimaklassifikationen

Klimakarten können als Entscheidungshilfe zum Beispiel bei Reisen oder bei der Regionalplanung hilfreich sein. Grundlage dafür sind unterschiedliche Klimaklassifikationen. Nach welchen Kriterien fassen die Klimaklassifikationen jeweils die regional unterschiedlichen Klimate zu Klimatypen zusammen?

Am einfachsten wäre es, die Klassifikation der Klimazonen breitenkreisparallel nach den Beleuchtungszonen (Polarzone, Gemäßigte Zone und Tropenzone) vorzunehmen. Das stößt auf Schwierigkeiten, da es z. B. zwischen den auf gleichem Breitenkreis von 50° N liegenden Städten Vancouver, Brüssel, Kiew und Komsomolsk große klimatische Unterschiede gibt. Deshalb wird das Klima differenziert mithilfe von genetischen oder effektiven Klassifikationskriterien.

Genetische Klimaklassifikationen

Sie fassen Gebiete zusammen, die gleichen Einflussbereichen der atmosphärischen Zirkulation unterliegen. Ernst Neef (Karte 1) geht z. B. für seine Klassifikation davon aus, dass sich auf der Erde aufgrund der solaren Einstrahlung und den Windsystemen der atmosphärischen Zirkulation vier stetige und drei alternierende Zonen unterscheiden. Innerhalb dieser Klimazonen gibt es Klimatypen in Abhängigkeit von der Lage zum Meer und der Niederschlagsverteilung (Tabelle 2).

Effektive Klimaklassifikationen

Am bekanntesten ist z. B. die Klassifikation von Köppen und Geiger, die die Klimadaten von verschiedenen Wetterstationen mit vegetationsgeographischen Ergebnissen ergänzten.
Die Klassifikation unterteilt mittels Temperaturschwellenwerten vier große Zonen A, C, D und E. Die Zone B unterscheidet sich von diesen durch die fehlende Feuchtigkeit (Trockengebiete). Eine weitere Aufgliederung dieser Großklimate erfolgt mit Kleinbuchstaben: zweiter Buchstabe – hygrische Differenzierung, dritter Buchstabe – eine weitere thermische Differenzierung.

1 Grundsätzlich werden genetische und effektive Klimaklassifikationen unterschieden. Charakterisieren Sie diese beiden Typen.

2 Stellen Sie beispielhaft die Bedeutung von Klimaklassifikationen für Landwirtschaft, Industrie und Dienstleistungen dar.

3 Ordnen Sie die Klimatabellen 5 einem Klimahaupttyp nach Köppen und Geiger zu.

Klimazone	bestimmende Druckgebiete bzw. Winde		Klimatyp
	Sommer	**Winter**	
Polare Klimazone	Polarhoch, polare Ostwinde		Polarklima
Subpolare Klimazone	außertropische Westwinde	polare Ostwinde	subpolares Klima
Gemäßigte Klimazone	außertropische Winde		Seeklima der Westseiten
			Übergangsklima
			kühles Kontinentalklima
			sommerwarmes Kontinentalklima
			Ostseitenklima
Subtropische Klimazone	subtropischer Hochdruckgürtel	außertropische Westwinde	Winterregenklima der Westseiten
			subtropisches Ostseitenklima
Passatklimazone	Passatwinde		trockenes Passatklima
			feuchtes Passatklima
Zone des tropischen Wechselklimas	Innertrop. Konvergenzzone	Passatwinde	tropisches Wechselklima
Äquatoriale Klimazone	Innertropische Konvergenzzone		Äquatorialklima
Klimate der Hochgebirge	mit zunehmender Höhe nehmen die Temperaturen ab, es bilden sich Höhenstufen		

2 Genetische Klimaklassifikation nach Ernst Neef

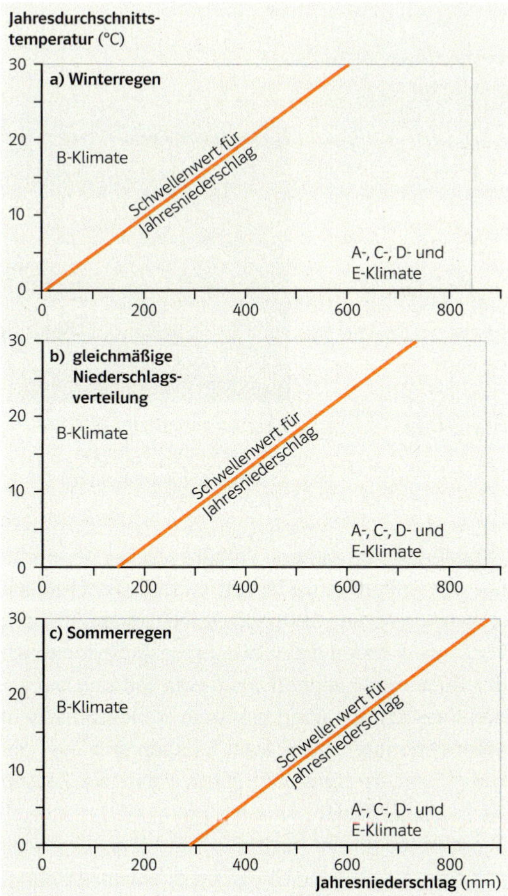

3 Schwellenwerte für B-Klimate nach Köppen und Geiger

Nach: Michael Wild, Michael Schnirch: WEBGEO – Klimaklassifikation nach Köppen und Geiger.
Unter: www.webgeo.de (Zugriff: 04.06.2021))

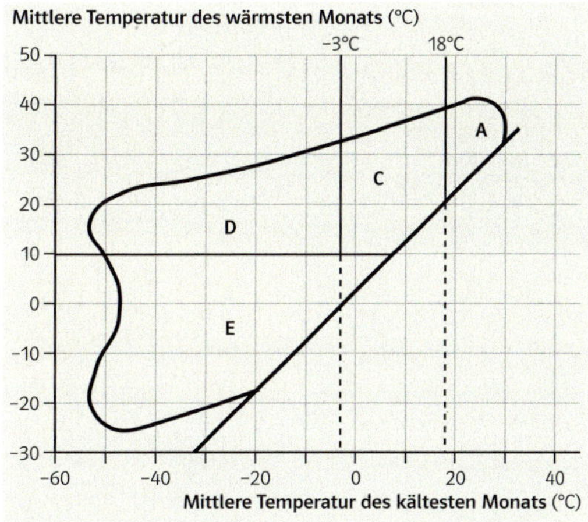

4 Schwellenwerte für thermische Klimate nach Köppen und Geiger

Nach: ebenda

Thermische Großklimatypen nach Köppen/Geiger

tropische A-Klimate: kältester Monat > 18 °C
warmgemäßigte C-Klimate: kältester Monat zwischen + 18 °C und – 3 °C
Schneeklimate D: wärmster Monat > 10 °C, kältester Monat < – 3 °C
Eisklimate E: wärmster Monat < 10 °C

A: Temperatur Jahresmittel: 17,3 °C, Niederschlagsumme: 264 mm

	J	F	M	A	M	J	J	A	S	O	N	D
°C	13	14	15	16	18	19	21	22	21	19	16	14
mm	51	55	40	20	4	1	0	2	4	12	23	52

B: Temperatur Jahresmittel: 13,7°C, Niederschlagsumme: 500 mm

	J	F	M	A	M	J	J	A	S	O	N	D
°C	9,2	10,9	11,5	12,7	14,3	15,9	16,8	17,2	16,9	15,9	12,5	9,6
mm	118	82	67	39	8	3	1	1	5	27	58	90

5 Klimatabellen

Klima ausgewählter Lebensräume

Obwohl die Atacamawüste direkt an das Meer grenzt, ist sie extrem trocken. Schnee und Eis gibt es nicht nur an den Polen, sondern auch am Äquator. Wie können diese klimatischen Besonderheiten erklärt werden?

FALLBEISPIEL: Wüsten

↩ tropische Zirkulation S.158

Aridität
liegt dann vor, wenn der jährliche Niederschlag geringer ist als die jährliche potenzielle Verdunstung.

Extreme Trockenheit und das Klimaelement Niederschlag charakterisieren die Wüsten.

Wendekreiswüsten
Die größten Wüsten finden sich an den Wendekreisen zwischen 10° und 35° geographischer Breite. Typische Wendekreiswüsten sind die Sahara in Afrika und die Wüsten Australiens (Simpson, Gibson). Die Wendekreiswüsten sind Folge der Passatzirkulation.

Binnenwüsten
Binnenwüsten oder auch Kontinentalwüsten wie die Wüste Gobi liegen im Zentrum der Kontinente und fernab von den Küsten. Niederschlagsbringende Wolken erreichen diese Gebiete kaum. Binnenwüsten können auch auf der Lee-Seite von Gebirgen entstehen, wie die Mojave-Wüste in Nordamerika.

Polare Wüsten
Die polaren Wüsten nehmen eine Sonderstellung ein, da sie völlig mit Eis bedeckt sind und nur sehr selten Temperaturen über 0 °C aufweisen.

Atacama
An der peruanisch-chilenischen Pazifikküste erstreckt sich über 2 500 km zwischen 5° S und 28° S eines der niederschlagsärmsten Gebiete der Erde – die Atacama. An manchen Stellen fiel dort jahrhundertelang kein Regen.
Man gliedert die Atacama räumlich und klimatisch in eine **Küstenwüste** mit hoher Luftfeuchtigkeit von 80 – 100 % sowie geringen jährlichen und täglichen Temperaturunterschieden sowie in eine sich östlich des Küstengebirges erstreckende „Binnenwüste" mit geringer Luftfeuchtigkeit, geringer Jahresamplitude, aber hoher Tagesamplitude der Temperatur.

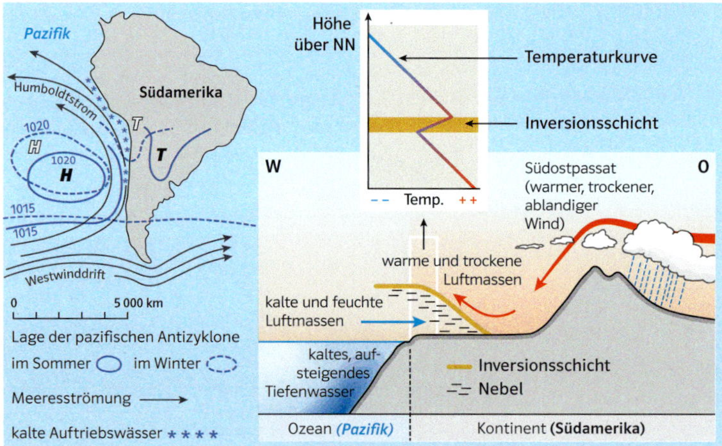

1 Strömungsverhältnisse am Westrand Südamerikas

2 Salzkruste im größten Salzsee Chiles (Salar de Atacama/Atacamawüste)

Küstenwüste Atacama
Der entscheidende Faktor für die Entstehung der Atacama ist der Humboldtstrom, der kaltes Wasser aus der Antarktis nach Norden transportiert und an der Küste für ungewöhnlich niedrige Temperaturen sorgt. Gegenüber tropischen Gebieten gleicher Breitenlage ist die Temperatur bis zu 8 K kälter. Die Winde der südostpazifischen Antizyklone verstärken den Meeresstrom und treiben das Wasser seewärts. An der Küste erfolgt ein Auftrieb von kaltem Wasser (Upwelling). Die Luftschichten über der Wasseroberfläche kühlen dadurch weiter ab. Die Passatwinde als weiterer Faktor verlieren bereits im Luv der Anden den größten Teil ihrer Feuchtigkeit und treten im Lee als trockene Fallwinde auf. Diese Vorgänge werden durch die stabile Antizyklone vor der Küste noch verstärkt. Die warmen und trockenen Passatwinde überlagern die kühlen über dem Meer liegenden Luftmassen. So kann sich über der kalten Luft in etwa 800 – 900 m Höhe die Passatinversion ausbilden. An der Unterseite der Inversionsschicht entsteht Hochnebel, aus dem keine oder nur geringste Niederschläge meist als Tau fallen.

1
Stellen Sie die Entstehung einer Küstenwüste in einem Wirkungsgefüge dar.

FALLBEISPIEL: Hochgebirge

2

Lernaufgabe

Bereits vor mehr als 200 Jahren erkannte der deutsche Naturforscher Alexander von Humboldt, dass sich die Vegetation zwischen dem tropischen Tiefland und den Eisgipfeln der Anden in verschiedene Höhenstufen gliedern lässt. Neben dem Klimaelement Temperatur sind es Winde wie der Föhn (siehe S.157) oder die Berg- und Talwinde, welche das Klima der Hochgebirge besonders kennzeichnen.

Arbeiten Sie aus den Materialien die klimatischen Besonderheiten von Hochgebirgen heraus.

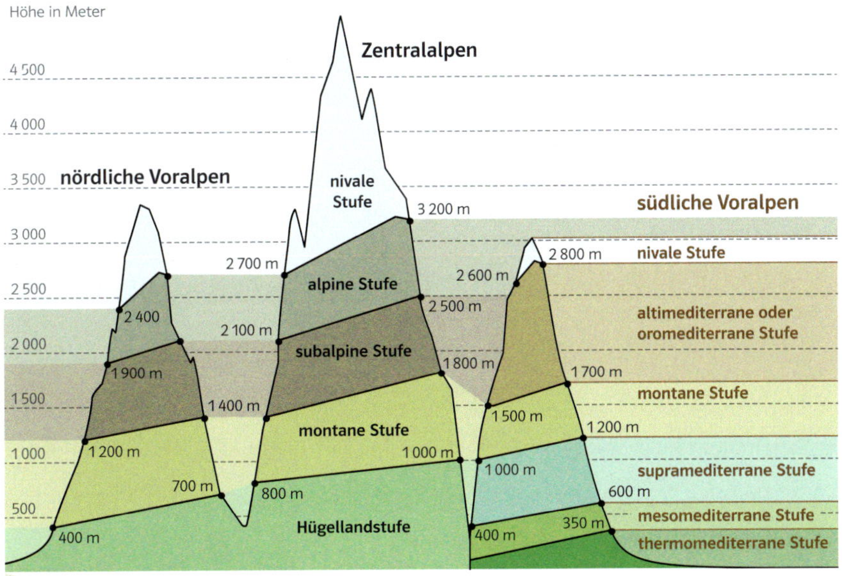

3 Höhenstufen der Alpen

Nach: www.klima-der-erde.de/gebirge.html (Zugriff: 06.05.2021)

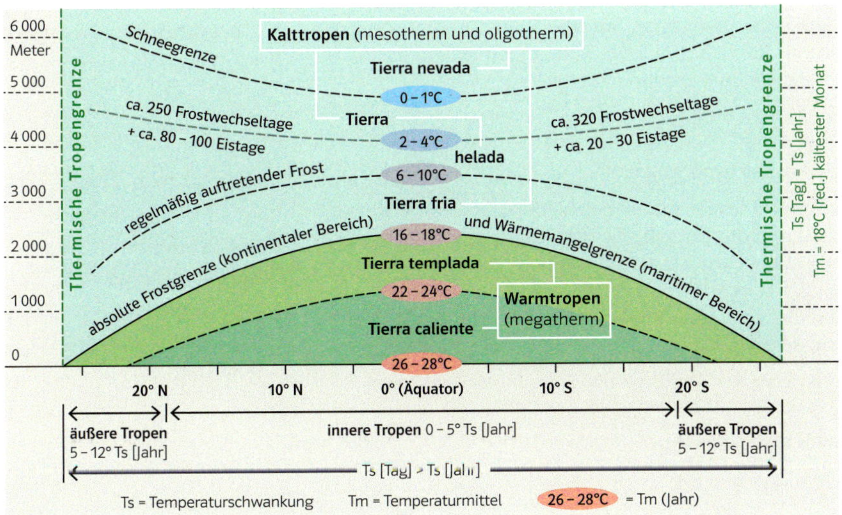

4 Thermische Höhenstufen der Tropen

Nach: www.spektrum.de/lexika (Zugriff: 04.06.2021)

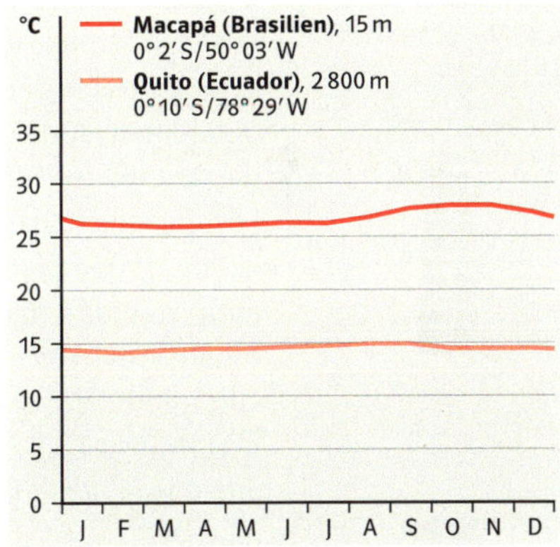

5 Monatliches Temperaturmittel im Hochgebirge und im Tiefland

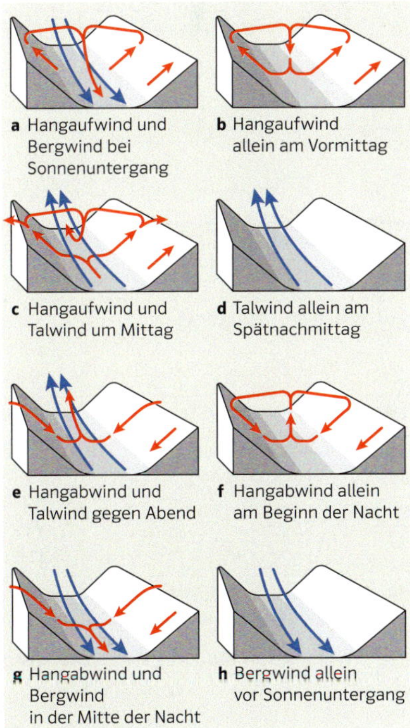

6 Unterschiedliche Stadien des Berg- und Talwindsystems

Nach: LILJEQUIST, 1994, unter www.staedtebauliche-klimafibel.de (Zugriff: 04.06.2021)

MK Oberflächentemperaturen und städtische Wärmeinseln messen

Der städtische Wärmeinseleffekt und die damit verbundene zunehmende Wärmebelastung stellen Siedlungen vor große Herausforderungen, sind sie doch für die dort lebenden Menschen sehr belastend.
Wie kann die Temperaturbelastung einer Stadt ermittelt werden? Und mit welchen Maßnahmen lassen sich sich die hohen Temperaturen verringern?

→ Stadtklima und Vulnerbilität S. 382/383

Der städtische Wärmeinseleffekt (M4) führt dazu, dass die Temperaturdifferenz zum Umland mehrere Grad betragen kann. Dieser Effekt wird durch den Klimawandel verstärkt: In den Städten nimmt die Anzahl der Hitze- und Tropentage zu (M2). Ein Lösungsansatz zur Verbesserung des Stadtklimas ist die „grüne Stadt". Begrünung und die Entsiegelung von Oberflächen können vor allem in den Innenstädten die Wärmebelastung entscheidend verringern. Mit einfachen Hilfsmitteln können Sie den Wärmeinseleffekt kartieren (vgl. S. 169) und auf dieser Grundlage Vorschläge zur Begrünung machen.

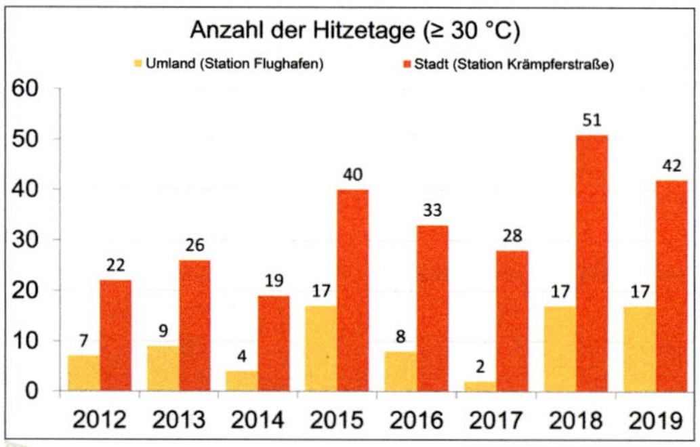

2 Hitzetage in Erfurt

Klimaelement	Wirkungstendenz bei Zunahme der Stadtvegetation	qualitative Beschreibung
Strahlung	unbeeinflusst bis sinkend	Dämpfung der Helligkeitsmaxima unter Bäumen und höheren Sträuchern (mittlere und hohe Vegetationsschicht); Absorption von Sonnenlicht (insbesondere im UV-Bereich); verschattende Wirkung
Lufttemperatur	sinkend	Anstieg der verschattenden Wirkung, insbesondere durch mittlere und hohe Vegetation; Transpiration der Pflanzen; Reflektion von Sonnenstrahlung; Kühlung unterhalb der Vegetation sowie angrenzender Bereiche
Luftfeuchte	steigend	geringerer Abfluss von Regenwasser; Zunahme der Regenwasserversickerung; Zunahme der Verdunstungsflächen; steigende Wasserdampfabgabe
Wind	sinkend	Entstehung von Temperaturunterschieden zwischen Vegetationsflächen und der Umgebung; vertikale Luftbewegungen; Ausbildung kleiner Luftkreisläufe, die den horizontalen Luftaustausch ggf. unterstützen, je nach Anordnung der Vegetation innerhalb der Struktur; Zunahme des Luftwiderstands und damit Abnahme der Windgeschwindigkeiten

Zit. nach: J. Mathey, S. Rössler, u.a.: Noch wärmer, noch trockener? Stadtnatur und Freiraumstrukturen im Klimawandel. Naturschutz und Biologische Vielfalt 111, Landwirtschaftsverlag, Münster 2011

1 Wirkung von Stadtvegetation auf ausgewählte Klimaelemente

Klimaanlage Straßenbaum
- z. B. Rotbuche: 25 m hoch
- Kronendurchmesser: 14 m
- beschattete Bodenfläche: ca. 150 m
- Blattfläche: 1 600 m²
- Sauerstoffproduktion/Std. (Sommer): 1,75 kg
- Staubbindungsvermögen/Jahr: 1 t
- Verdunstung (Sommer): 400 l/Tag

3

1 MK
Analysieren Sie für zwei Städte in Deutschland den aktuellen Wärmeinseleffekt mithilfe der Anwendung „Städtische Wärmeinsel" (vgl. Online-Code).

2
Erläutern Sie die unterschiedliche Anzahl der Hitzetage in Erfurt (Diagramm 2).

3
Arbeiten Sie aus M1 und M3 Maßnahmen zur Verringerung der Wärmebelastung in Städten heraus.

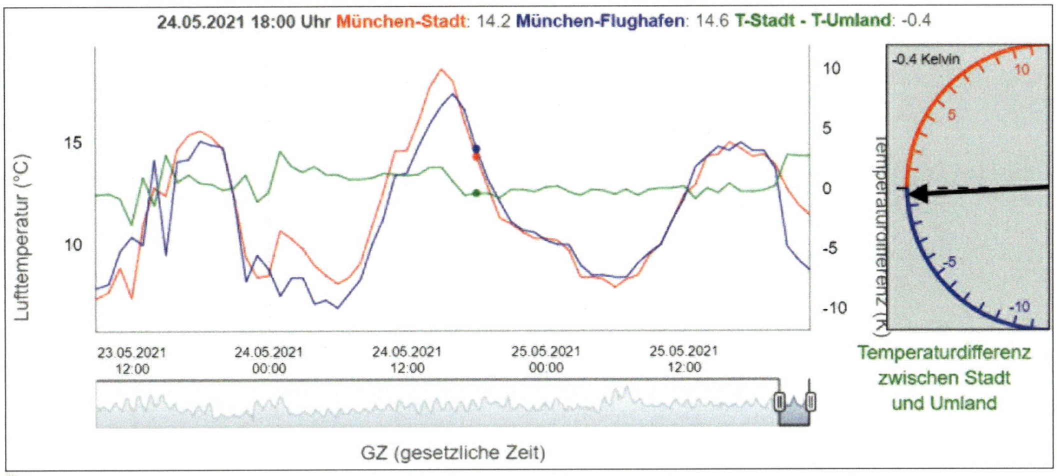

4 Stadtklimastationsmessung (Screenshot)

Kartierung der oberflächennahen Temperaturen in der Stadt – Untersuchung vor Ort

Überprüfen Sie die Behauptung, dass innerstädtische Gebiete oder Gebiete mit dichter Bebauung Wärmeinseln sind.

Vorbereitung

- Überlegen Sie, an welchen Punkten Sie Ihre Untersuchungen durchführen müssen.
- Besorgen Sie das notwendige Material: Gedruckte Karte des Untersuchungsgebietes oder digitale Karte, digitale Thermometer (eines pro Messpunkt), Protokollblätter.
- Gleichen Sie die Temperatur der Thermometer untereinander ab (handelsübliche Thermometer sind nicht geeicht und weisen untereinander Unterschiede auf). Markieren Sie dazu ein Thermometer als Referenzthermometer. Messen Sie mit diesem und den weiteren Thermometern mehrmals an verschiedenen Orten die Temperatur. Ist die Abweichung jeweils gleich, müssen Sie die Messungen mit diesem Thermometer jeweils um den Differenzbetrag berichtigen. Ist die Abweichung unterschiedlich, müssen Sie zur Berichtigung einen Mittelwert der Abweichungen bilden.
- Legen Sie Termine für die Messungen fest. Beachten Sie dabei die Tageszeit und die jeweilige Wettersituation: Strahlungsarme winterliche Hochdrucklagen in einer austauscharmen Luftschicht werden andere Ergebnisse bringen als stürmische Westwindlagen, Untersuchungen im Frühjahr andere als im Hochsommer.

Durchführung

- Ermitteln Sie an Ihrem Messpunkt die Höhenlage.
- Notieren Sie die Uhrzeit.
- Messen Sie die Temperatur jeweils in etwa 2 m über dem Boden im Schatten.
- Wiederholen Sie die Messung zu jedem vorher festgelegten Zeitpunkt im Abstand von 5 Minuten zweimal.
- Beschreiben Sie auf Ihrem Messprotokoll die Umgebung Ihres Messpunktes (z. B. Innenstadt mit engen Gassen und mehrstöckigen Häusern oder Wohnviertel im Vorort mit lockerer Reihenhausbebauung und etwa 40 % Freiflächen).
- Nehmen Sie Angaben über die Wetterlage in Ihr Messprotokoll auf, z. B. in Form solcher Aussagen: leicht bedeckt, windig, leichter Niederschlag …

Auswertung

- Ermitteln Sie den Durchschnittswert Ihres Messpunktes.
- Berücksichtigen Sie mögliche Temperaturdifferenzen zum Referenzthermometer.
- Stellen Sie auf einer geeigneten Karte (OpenStreetMap, GoogleEarth) die abgeglichenen Temperaturen der einzelnen Messpunkte mithilfe einer selbst entworfenen Temperaturskala dar (Isothermendarstellung).
- Analysieren Sie die Ergebnisse und überprüfen Sie, ob die eingangs aufgestellte Behauptung zutrifft.

4 MK
Erstellen Sie ein kommentiertes Temperaturprofil zum Wärmeinseleffekt für Ihre Heimatgemeinde.

5 NE
Analysieren Sie, welche Maßnahmen zur Begrünung in Ihrem Heimatort durchgeführt wurden bzw. vorgesehen sind.

6 MK
Erstellen Sie auf der Grundlage des Temperaturprofils eine Karte mit den Standorten, an denen eine Begrünung sinnvoll wäre.

Wichtige Begriffe

- Advektion
- Antizyklone
- Berg-Tal-Windsystem
- feuchtadiabatisch
- Föhn
- globale atmosphärische Zirkulation
- Innertropische Konvergenzzone (ITC)
- Isobare
- Jetstream
- Klimaklassifikation
- Konvektion
- Land-See-Windsystem
- Monsun
- Okklusion
- Passat
- trockenadiabatisch
- Zyklone

Wissen vernetzen

Kleidung, Zentralheizung, Klimaanlage und weitere, meist technische Entwicklungen haben uns zu einer großen Unabhängigkeit von Wetter und Klima verholfen. Meist sehen wir im Wetter vor allem nur noch einen begrenzenden Faktor für unsere Freizeitgestaltung.

Wenn ein ganzer Sommer verregnet ist, sintflutartige Niederschläge die Flüsse über die Ufer treten lassen, ganze Regionen unter Wasserknappheit leiden oder Wirbelstürme das Land verwüsten, dann wird uns klar, dass wir uns auf die Wirkung der elementaren Kräfte der Atmosphäre durch schützende Maßnahmen zwar in begrenztem Rahmen einrichten können, ihnen aber doch insgesamt gesehen relativ hilflos gegenüberstehen.

Aktuell erleben wir Veränderungen des Klimas, die regional sehr unterschiedlich sind. Gleichzeitig wird uns immer mehr bewusst, dass unser Handeln das Klima entscheidend verändern kann.

Um zu verstehen, weshalb sich das Wetter immer wieder ändert, wie Klimaunterschiede entstehen, was Klimawandel bedeutet und wie er zustande kommt, ist eine genaue Kenntnis der atmosphärischen Prozesse nötig.

Dazu hat Ihnen das vorangegangene Kapitel grundlegende Einsichten vermittelt. Es wurde unter anderem deutlich, dass Wetter und Klima auf der Erde primär durch die von der Sonne eingestrahlte Energie „angetrieben" werden und dass das System Atmosphäre nicht unabhängig von anderen Systemen, z.B. der Hydrosphäre und Biosphäre, existiert. Es steht mit diesen Systemen in ständiger, enger Wechselwirkung. Dies verdeutlicht auch noch einmal die Grafik.

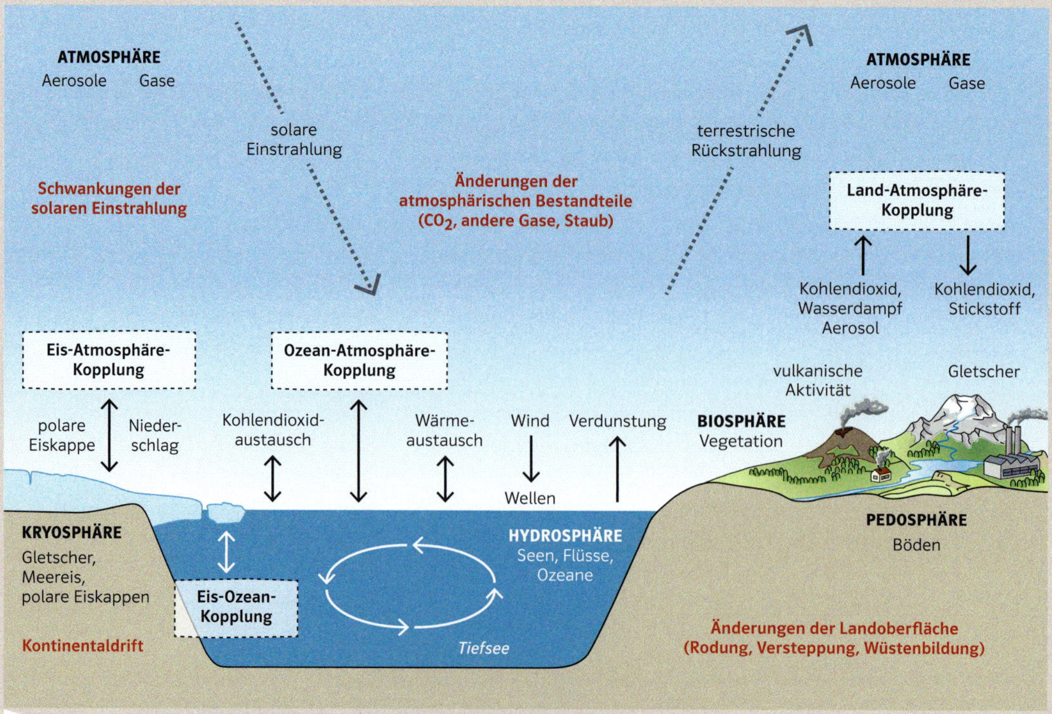

1 Schematische Darstellung des Klimasystems

Nach: www.klimafakten.de/meldung/die-wetter-und-klimamaschine-eine-einfuehrung

Kompetenzen überprüfen

Sich orientieren

1 Charakterisieren Sie das bei der Wetterlage (Karte 5) vorherrschende Wetter in Mitteleuropa im Sommer und im Winter.

Wissen und verstehen

2 Vergleichen Sie die Luftdruckverhältnisse in einem thermischen und einem dynamischen Druckgebiet (M 3).

3 Erklären Sie die Unterschiede im Jahresgang der Nettostrahlung (M 4).

4 Vergleichen Sie die Auswirkungen der Hebungsvorgänge von Luftmassen durch starke Erwärmung, horizontale Verfrachtung von Warmluft und dynamische Tiefdruckgebiete.

Fachmethoden anwenden

5 Stellen Sie anhand von Grafik 1 den Einfluss natürlicher und anthropogener Faktoren auf die Atmosphäre dar.

6 Beschreiben Sie die Bewölkung (Satellitenbild S. 148) und bestimmen Sie die Lage der Warmfront, Kaltfront und Okklusionsfront.

Beurteilen und bewerten

7 Beurteilen Sie die Eignung der Grafik zur Darstellung der atmosphärischen Zirkulation.

8 „Nur menschengemachte Emissionen von Treibhausgasen, etwa aus der Verbrennung fossiler Energieträger, können den derzeitigen Klimawandel erklären." Nehmen Sie Stellung zu dieser Aussage.

Handeln

9 Erstellen Sie eine Präsentation zu extremen Wetterereignissen in Ihrer Heimatregion.

Basiskonzepte anwenden

10 Erläutern Sie am Beispiel eines außertropischen Tiefdruckgebiets (M1, S. 148) die Basiskonzepte der Geographie.

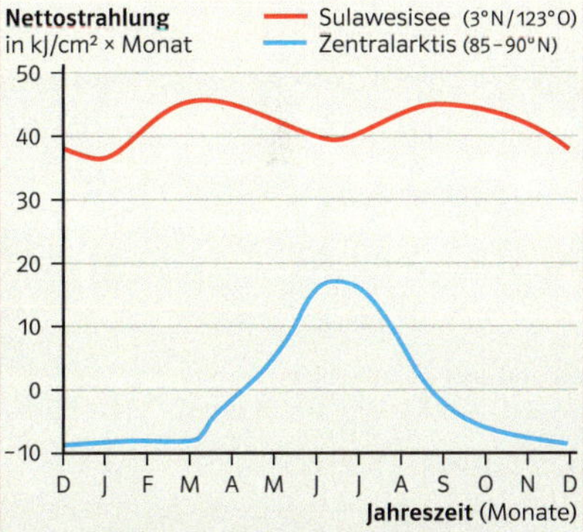

4 Jahresgang der durchschnittlichen Nettostrahlung in äquatorialen und polaren Breiten über Meeresflächen

Nach: Manfred Hendl/Herbert Liedtke: Lehrbuch der allgemeinen physischen Geographie. Gotha: Klett Perthes Verlag, 1997, S. 378

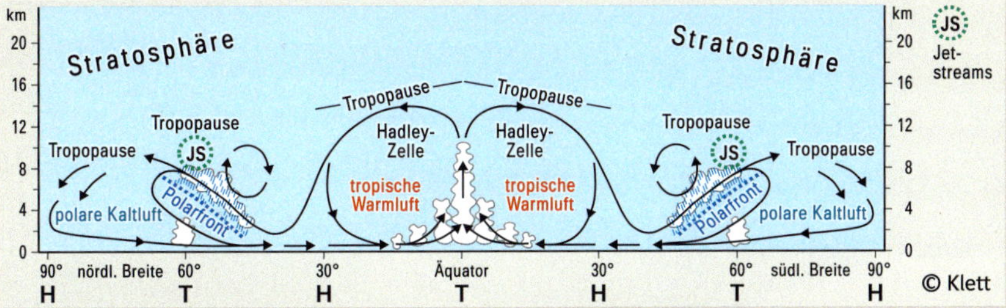

2 Schematische Darstellung der atmosphärischen Zirkulation

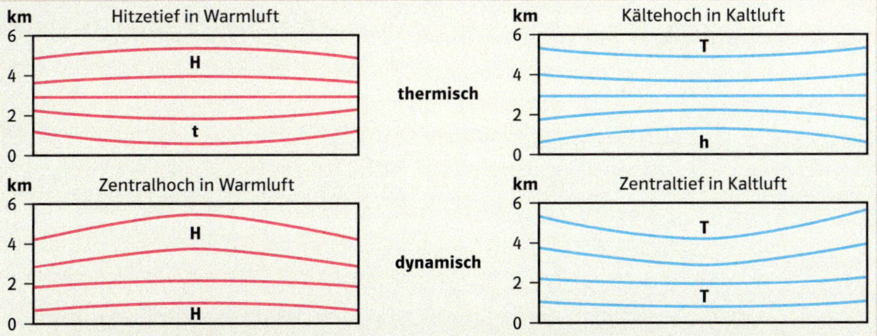

3 Schematische Darstellung des Luftdrucks und des Verlaufs der Isobaren in thermischen und dynamischen Druckgebilden

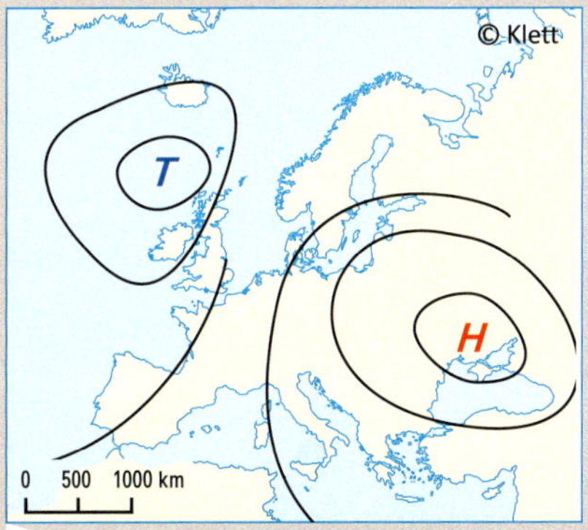

5 Luftdruckverteilung in Europa

Wenn Sie alle Seiten dieses Kapitels bearbeitet haben, können Sie ...

- lokale Wetterereignisse und Wetterlagen anhand von Wetterkarten und Satellitenbildern erklären und Wetterprognosen erstellen,
- die Vielfalt der Klimate als Folge solarer Einstrahlung und atmosphärischer Prozesse erklären,
- anhand einer Klimaklassifikation das Klima in seiner räumlichen Differenzierung darstellen,
- ein großräumig oszillierendes ozeanografisch-meteorologisches System erklären und dessen Auswirkungen darstellen,
- das spezifische Klima eines ausgewählten Lebensraumes (Hochgebirge oder Wüste) erklären.

6

Prozesse in der Hydrosphäre

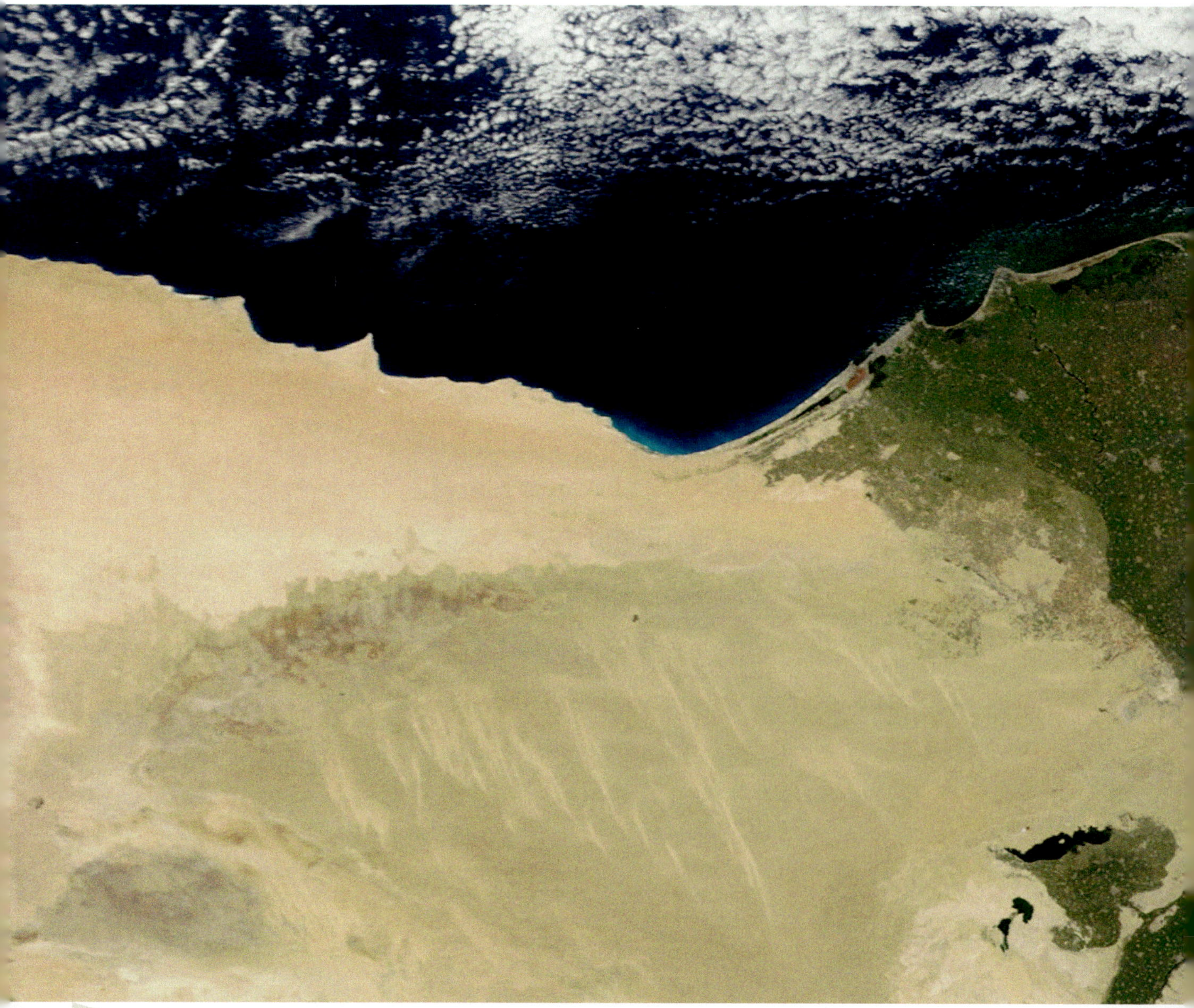

1 Wasser lässt die Wüste blühen

Die Erde wird auch der „Blaue Planet" genannt. Wasser ist die wichtigste chemische Verbindung auf unserem Planeten: Ohne Wasser wäre Leben nicht möglich. Der Anblick der Erde aus dem All lässt zunächst vermuten, dass auf dem Blauen Planeten Wasser in Fülle vorhanden ist. Würde man unabhängig vom Aggregatzustand des Wassers alle Wassermengen auf der Erde addieren, so würde diese Summe die Landmassen aller Kontinente mit einer mehr als 2500 m mächtigen Wasserschicht bedecken. Allerdings sind die lebenswichtigen Süßwasservorkommen örtlich und zeitlich begrenzt. In vielen Fällen wird der Wassermangel durch eine nicht nachhaltige Lebens- und Wirtschaftsweise verschärft. Wie kann der Umgang mit dieser begrenzten Ressource gestaltet werden?

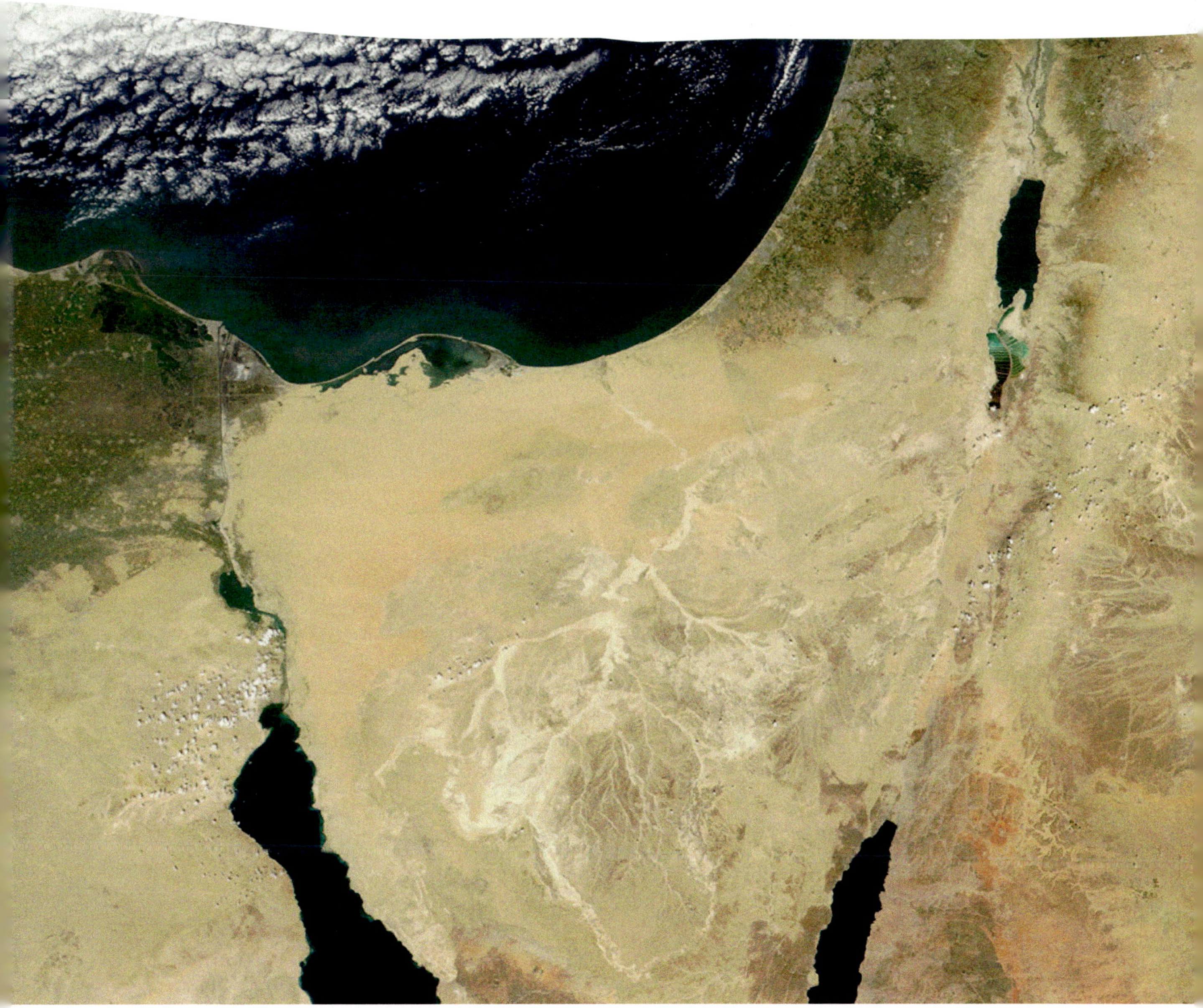

Sie untersuchen ...

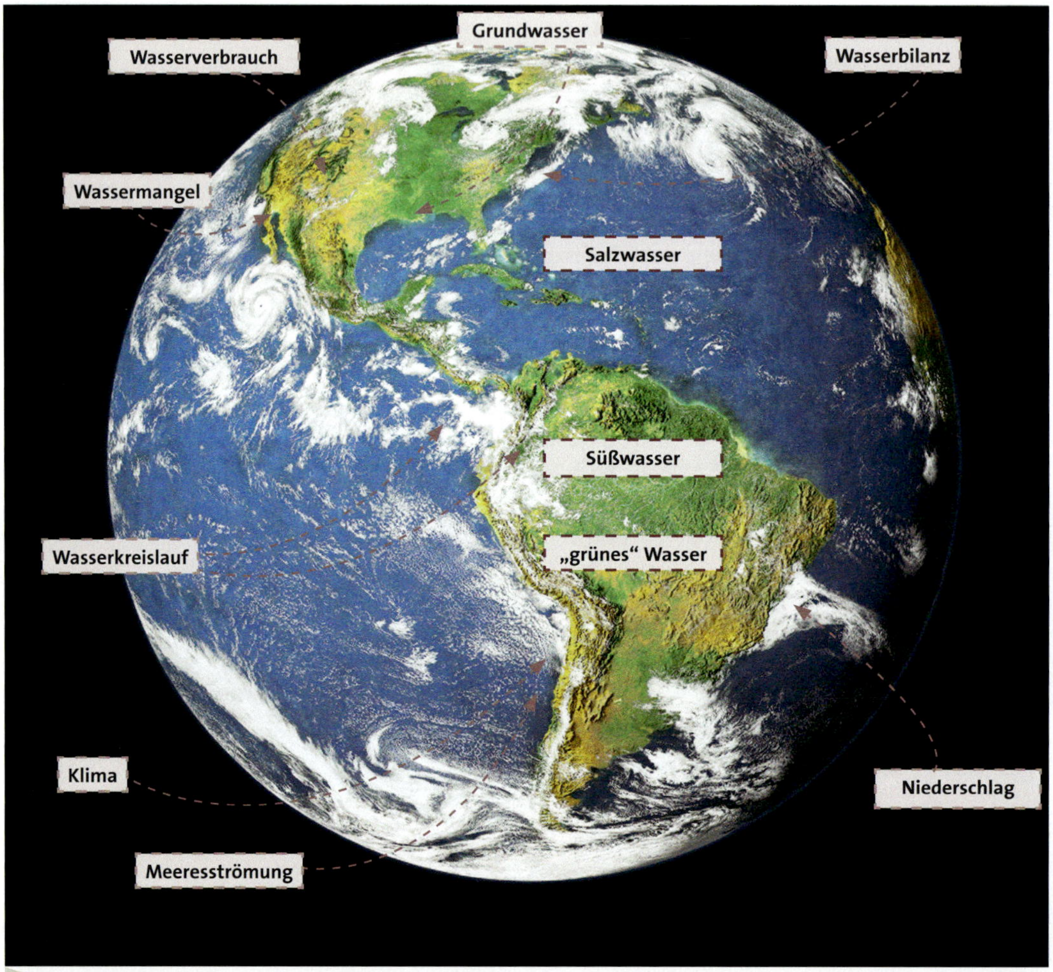

2 Der Blaue Planet: Dimensionen der Hydrosphäre

Erst aus größerer Distanz wird die Erde zum Blauen Planeten und müsste eigentlich „Wasser“ heißen. Im Vergleich zum Festland bedecken die Wasserflächen der Erde eine mehr als doppelt so große Fläche. Wasser ist das zentrale Element der Hydrosphäre. Es steht mit allen anderen Sphären in den drei Aggregatzuständen Eis, (flüssiges) Wasser und Wasserdampf in vielfältigen Wechselwirkungen. Wasser bestimmt nicht nur das Bild unseres Planeten mit den Weltmeeren, es formt beispielsweise durch verschiedene Prozesse die Erdoberfläche oder beeinflusst unser Klima durch Meeresströmungen. Ohne Wasser wäre Leben nicht möglich. Doch Wasser ist ein knappes Gut. Eine nicht nachhaltige Lebens- und Wirtschaftsweise verschärft die Problematik des knappen Süßwassers in vielen Regionen.

Diesen Fragen zur Hydrosphäre werden Sie nachgehen:

- Kann Wasser erneuert werden?
- Wie steht Wasser im globalen Wasserkreislauf mit den anderen Sphären in Wechselwirkungen?
- Weshalb ist Wasser in vielen Regionen ein knappes Gut und wie wirkt sich in diesen der Klimawandel aus?
- Wie kann das Wasserdargebot verbessert werden?
- Welche Eigenschaften hat Meerwasser?
- Wie entstehen Meeresströmungen und wie beeinflussen Sie das Klima?

Sie knüpfen an ...

Das wissen Sie schon!

Mit der Hydrosphäre haben Sie sich bereits seit der Klasse 5 vielfach beschäftigt, vor allem auch mit den Weltmeeren in der Jahrgangsstufe 9/10. Die Bedeutung des Wassers für das Klima, die landwirtschaftliche Produktion, aber auch die Gefahren durch Hochwasser an Flüssen und Küsten waren Thema. Sie sollten bereits Eigenschaften und dynamische Prozesse des Systems Meer erklären und an Beispielen die komplexen Wechselwirkungen zwischen dem Natur- und dem Wirtschaftsraum Meer erläutern können. Ausgehend von Gefährdungen des Meeres durch den Menschen haben Sie bereits die Notwendigkeit nachhaltiger Nutzungsmöglichkeiten des Meeres erörtert und an Beispielen aus verschiedenen Klimazonen die Notwendigkeit eines nachhaltigen Wassermanagements begründet.

Bekannte Begriffe

- Bewässerungsmethode
- Desertifikation
- fossiles Wasser
- Fluss
- Gezeiten
- Grundwasserspiegelabsenkung
- Hochwasser
- Kohlenstoffdioxidsenke
- Meere
- Meereisbedeckung
- Meeresspiegelanstieg
- Meeresströmung
- Meerwasserentsalzung
- Meerwassererwärmung
- nachhaltiges Wassermanagement
- Salzgehalt
- thermohaline Zirkulation
- Versauerung
- virtuelles Wasser
- Wellen
- Wasserferntransport
- Wasserpreis
- Wasserverschmutzung
- Wärmespeicher
- Wärmetransport

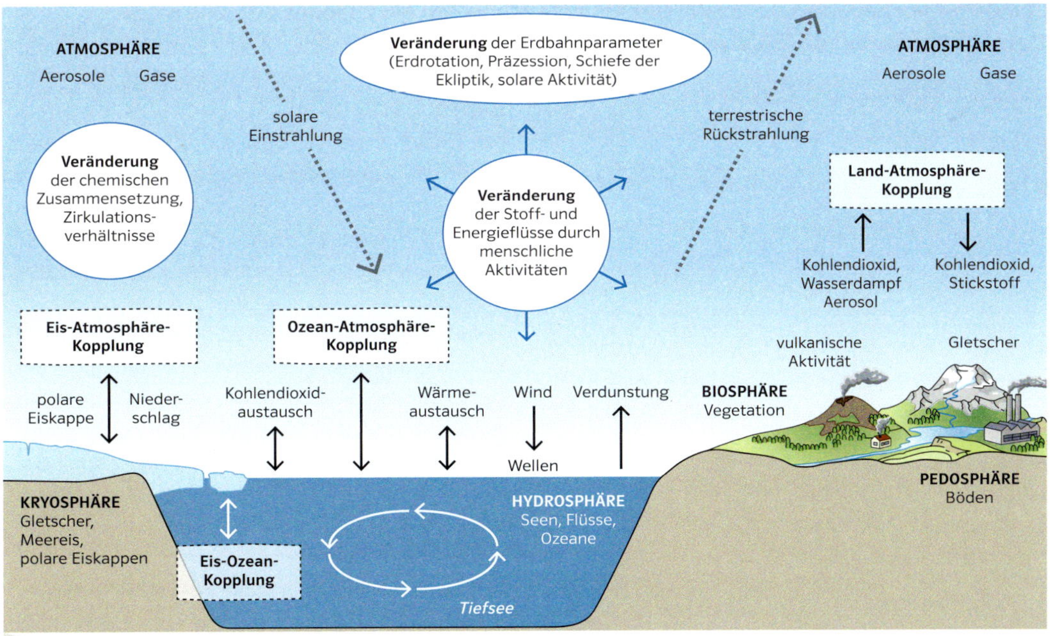

3 Interaktion zwischen Atmosphäre und Ozeanen

Nach: Wuppertal Institut 2007, nach: Gebhardt; Glaser;Rudthke; Meuber: Geographie – Physische Geographie und Humangeographie, 2007.

1 Stellen Sie Zusammenhänge zwischen den Ozeanen und der Atmosphäre an Beispielen dar (M4).

2 Stellen Sie am Beispiel des Satellitenbildes (Auftaktseite) die Bedeutung von Wasser dar.

3 „Wasser beeinflusst vielfach unseren Alltag."
Erläutern Sie diese Aussage anhand der Fachbegriffe Hochwasser, Wasserverschmutzung und virtuelles Wasser.

4 MK „Der Planet Erde müsste eigentlich Wasser heißen."
Begründen Sie diese Aussage mit Beispielen, nachdem Sie dieses Kapitel durchgearbeitet haben, und erstellen Sie dazu einen Podcast.

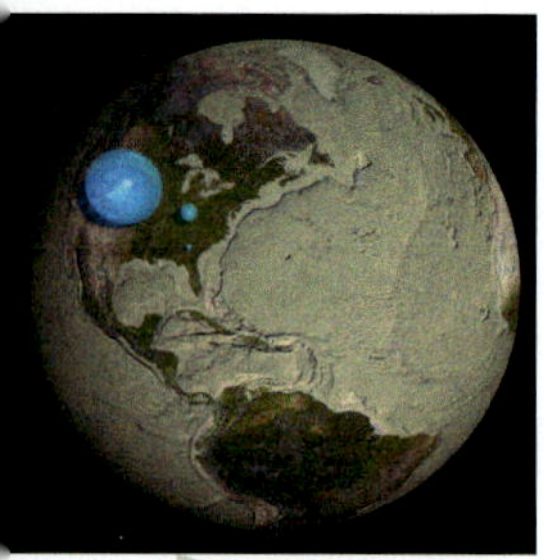

1 Das Wasser der Erde
Die große blaue Kugel entspricht allem Wasser auf der Erde, die mittlere dem Süßwasser, die kleinste dem Wasser in Seen und Flüssen.

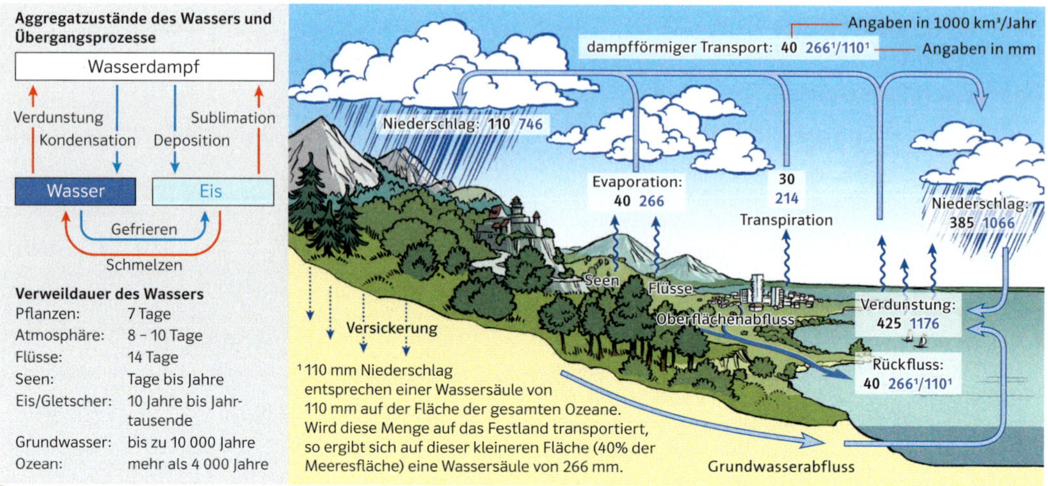

4 Aggregatzustände des Wassers und Wasserverteilung auf der Erde

Wasserplanet Erde: Der Wasserkreislauf

Süßwasser enthält maximal 0,5 ‰ Salz bei 8 – 12 °C.

Obwohl mehr als zwei Drittel der Erdoberfläche von Wasser in unterschiedlichen Zustandsformen bedeckt sind, ist Wasser für viele Menschen ein knappes Gut. Wie ist das Element Wasser auf der Erde verteilt und weshalb ist es knapp?

Wasservorkommen der Erde	
Erde zu 71 % von Wasser bedeckt, davon:	
Weltmeere (Salzwasser)	**97,39 %**
Süßwasser davon:	**2,61 %**
– Polareis, Gletscher, Schnee, Bodeneis (davon Arktis)	2,01 % *(69,6 %/61,7 %)
– Grundwasser/Bodenfeuchte	0,58 % *(30,1 %/0,05 %)
– Wasser in Seen/in Flüssen	0,02 % *(0,26 %/0,0006 %)
– Atmosphäre	0,001 % *(0,04 %)
– Organismen	0,001 % *(0,003 %)

*Werte in Klammern = Anteile am Süßwasser

Nach: Norbert Kreuzinger TU Wien, unter wasserverband-neufelderseen.at (Zugriff: 05.05.2021)

2

Wasserbilanz im geschlossenen System Erde

Der globale Wasserkreislauf kann einfach mit N = V, also Niederschlag (N) gleich Verdunstung (V), beschrieben werden. Für eine differenziertere Betrachtung lassen sich Teilkreisläufe ausgliedern. Dabei werden zum Beispiel Fließgewässer oder Luftbewegungen berücksichtigt. So muss für die Meere (M) auch der Abfluss vom Festland (A_L) in die Meere berücksichtigt werden. Es gilt dann die Formel: $V_M = N_M + A_L$. Für das Festland muss neben Niederschlag, Verdunstung und Abfluss auch berücksichtigt werden, ob Wasser im Boden als Bodenfeuchte, als Eis oder in stehenden Gewässern vorkommt. Das bezeichnet man als Rücklage (R). Mit dem Aufbrauch (B) wird die Wassermenge erfasst, die aus dem Boden durch Verdunstung, Entnahme durch Pflanzen oder durch Quellen freigesetzt wird. Zusammengefasst ergibt sich für das Festland die Gleichung:
$N_L = V_L + A_L + (R - B)$.

3

Wasserkreislauf

Die **Hydrosphäre** umfasst die Weltmeere, Flüsse, Seen, das Grundwasser sowie die ständig von Schnee und Eis bedeckten Bereiche; auch als Kryosphäre bezeichnet. Das Wasser befindet sich dank Sonnenenergie und Schwerkraft in einem stetigen Kreislauf zwischen Ozeanen, Atmosphäre und Festland, der durch Niederschlag, Abfluss sowie Verdunstung charakterisiert ist. Die durch die Sonnenstrahlung angetriebene Verdunstung erfolgt vor allem über dem Meer und bildet aus Meerwasser **Süßwasser**. Die zur Verfügung stehende Strahlungsenergie bestimmt neben der Wassertemperatur, dem Sättigungsgrad der Luft und den Luftturbulenzen die Verdunstungsrate.

Von der Luft kann nur eine bestimmte Maximalmenge von Wasser in gasförmiger Form aufgenommen werden, wobei die Aufnahmefähigkeit mit der Temperatur ansteigt.

Jede darüber hinausgehende Wasserdampfmenge führt zur Kondensation und setzt die latente Wärme des Wasserdampfes frei, sodass sich bei Wolkenbildung die Luft erwärmt.

Von entscheidender Bedeutung im **Wasserkreislauf** ist die Vegetation. Sie steuert über die **Transpiration** die Abgabe von Wasserdampf an die Atmosphäre. Ein Teil des Niederschlags wird in Pflanzen zwischengespeichert und damit der Oberflächenabfluss und die **Evaporation** reduziert.

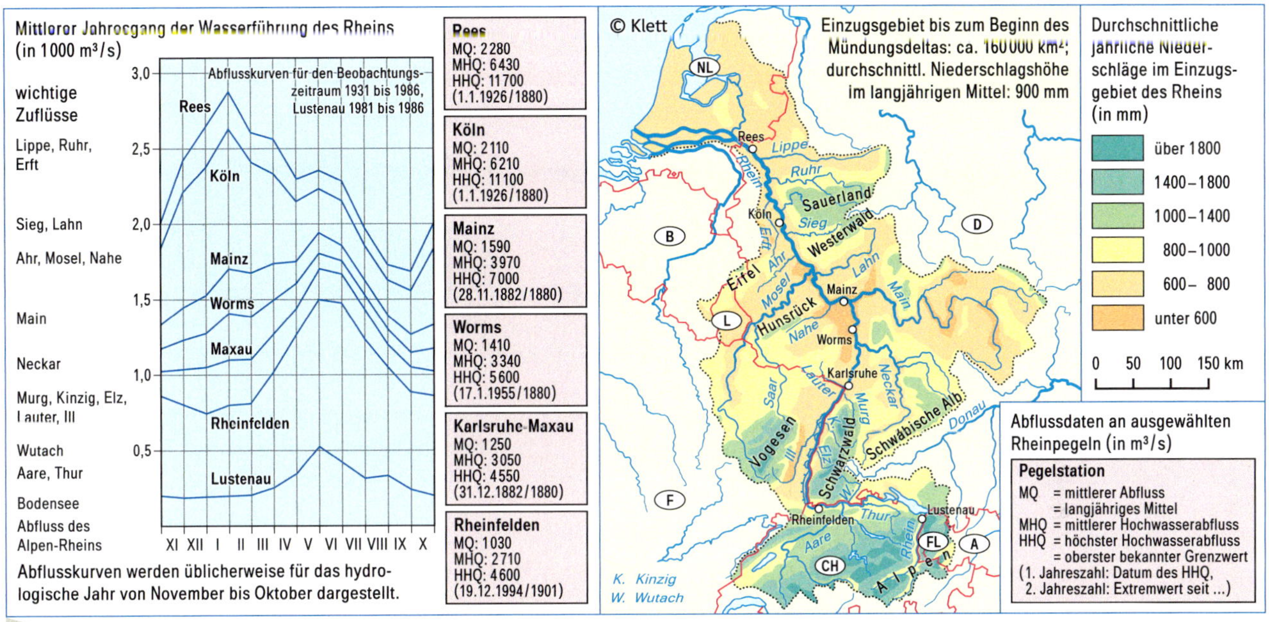

5 Der Rhein – Beispiel für ein komplexes Abflussregime

Blaues und grünes Wasser

„Der sichtbare, flüssige Wasserstrom, der sich durch Gewässer, Flüsse, Seen und das Grundwasser bewegt, wird als blaues Wasser bezeichnet. Wenn also Niederschlag auf den Erdboden trifft, kann der blaue Wasserstrom aus Oberflächenabfluss in Rinnen, auf Wegen, in Bächen und Flüssen bestehen. Er kann aber auch aus unterirdischem Abfluss bestehen [...] Demgegenüber bezeichnet man den unsichtbaren Fluss von Wasserdampf von der Erdoberfläche in die Atmosphäre durch Verdunstung als grünes Wasser. Produktives grünes Wasser bezeichnet die Verdunstung durch die Vegetation [Transpiration], da dieser Wasserfluss zur Produktion von Biomasse führt [...]"

Wolfram Mauser: Wie lange reicht die Ressource Wasser? Schriftenreihe der Bundeszentrale für politische Bildung, Bd.659. Bonn: Bundeszentrale f. pol. Bildung 2007, S.56–62

6

Fließgewässer

Über fließende Gewässer, in der Hydrologie auch als Vorfluter bezeichnet, werden oberirdisch große Flächen, die Einzugsgebiete, entwässert. Im Rhein fließt z.B Wasser aus einem fast 160 000 km² großen Gebiet ab. Aufgrund der Größe des Einzugsgebietes mit seinen Zuflüssen aus unterschiedlichen Klimaregionen, hat sich für den Rhein ein komplexes Abflussregime eingestellt. Mit dem Begriff Abflussregime wird der mittlere jahreszeitliche Verlauf des Abflusses eines Gewässers bezeichnet. Im Gegensatz zu einfachen Systemen überlagern sich hier zwei Abflusssysteme. Dies lässt sich an der Anzahl und den sich jahreszeitlich verändernden Höhen der Abflussregime erkennen, wie es Material 5 verdeutlicht. Für den Rhein sind Maxima von Juni bis Juli und mit zunehmender Flusslänge vom Februar bis März zu erkennen.

Evaporation
Verdunstung von Wasser auf unbewachsenem Land oder von Wasserflächen

Infiltration
Eindringen von Niederschlägen in den Boden

Transpiration
Verdunstung von Wasser über die Oberflächen von Pflanzen

Interzeption
Zurückhalten von Niederschlägen auf der Oberfläche von Pflanzen

1 Beschreiben Sie mithilfe von Grafik 4 den Wasserkreislauf der Erde und dessen Teilkreisläufe.

2 Erklären Sie, weshalb die Erde als Wasserplanet bezeichnet wird, obwohl nur 0,1 % des Erdvolumens Wasser ist.

3 Erläutern Sie, weshalb blaues Wasser mehrmals, aber grünes Wasser nur einmal genutzt werden kann.

4 MK Analysieren Sie die unterschiedlichen Abflusssysteme des Rheins an den Pegelstandorten Lustenau und Rees.

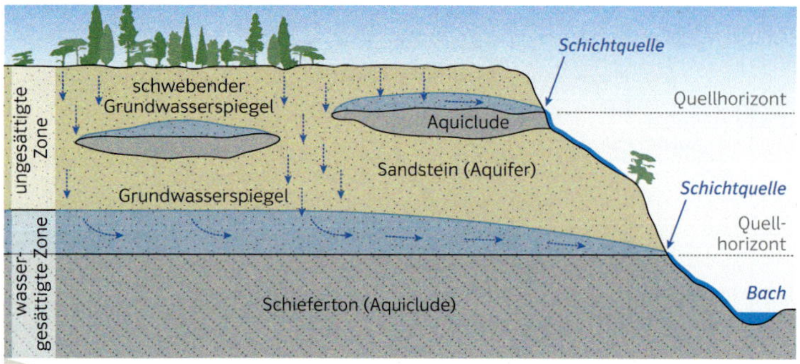

7 Grundwasser horizontaler Schichten

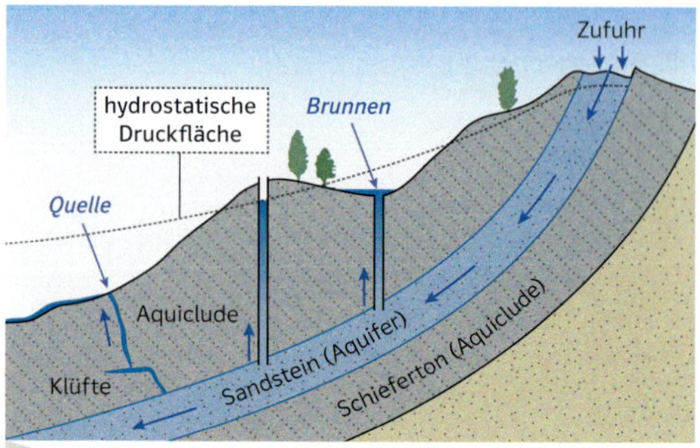

9 Artesisches Wassersystem

8 Grundwasserergiebigkeit und Wassergewinnung in Deutschland

Grundwasser

Wasser ist unter der Erdoberfläche vielfältig vorhanden: Man unterscheidet Sickerwasser, welches den Boden aufgrund der Schwerkraft durchfließt, Haftwasser, welches in den Kapillaren festgehalten wird oder an Mineralstrukturen der Gesteine gebunden ist, und Grundwasser. Der Aufstieg des Haftwassers ist in den Kapillaren von der Größe der Kapillarräume abhängig. Er nimmt mit kleiner werdendem Korndurchmesser zu. Zudem beeinflusst Klima den Wasserstrom. Im semiariden und ariden Klima ist er nach oben gerichtet, im humiden nach unten. Von **Grundwasser** spricht man erst, wenn Wasser in Hohlräumen zusammenhängend vorliegt und seine Bewegung durch die Schwerkraft bestimmt wird. Die Hohlräume können Poren in Locker- oder Festsedimenten sein, Karsthohlräume oder Klüfte entlang tektonischer Risse in kristallinen Gesteinen. Grundwasser entsteht nach Versickerung von **Oberflächenwasser** und Anreicherung in grundwasserleitenden Schichten, die auch als **Aquifere** bezeichnet werden. Der Grundwasserspiegel beschreibt die Tiefe der oberen Grenzfläche der Sättigungszone in einem Aquifer. Grundwassernichtleiter oder Aquicluden sind z.B. aus kaum wasserdurchlässigen Tonen aufgebaut. Wenn sie eine Grundwasser leitende Schicht begrenzen, können sich Grundwasserstockwerke oder Grundwasserhorizonte ausbilden. Grundwasser ist ständig in Bewegung. Bei unterschiedlicher Höhenlage des Grundwasserspiegels oder vorhandener Neigung grundwasserleitender Schichten hat das Grundwasser Gefälle und beginnt zu fließen. Allerdings sind die Fließgeschwindigkeiten relativ gering. So wurden im Untergrund von Berlin Werte von 10 bis 500 m pro Jahr gemessen. Verweildauer und Gesteinsverhältnisse geben dem Grundwasser seine Eigenschaften, wie Härtegrad oder Mineralgehalt. Das Grundwasser strömt entweder Flüssen oder Seen zu oder tritt in Quellen an der Landoberfläche aus. In Regionen mit geneigten Schichten können artesische Wassersysteme entstehen. In Grafik 9 ist der Aquifer aus Sandstein von einer Aquiclude überdeckt. Das Grundwasser im Aquifer steht unter hydrostatischem Druck. In einem artesischen Brunnen kann das Wasser spontan aus dem Aquifer bis zur Höhe der hydrostatischen Druckfläche aufsteigen. Liegt der Brunnen über der hydrostatischen Druckfläche, tritt kein Wasser aus.

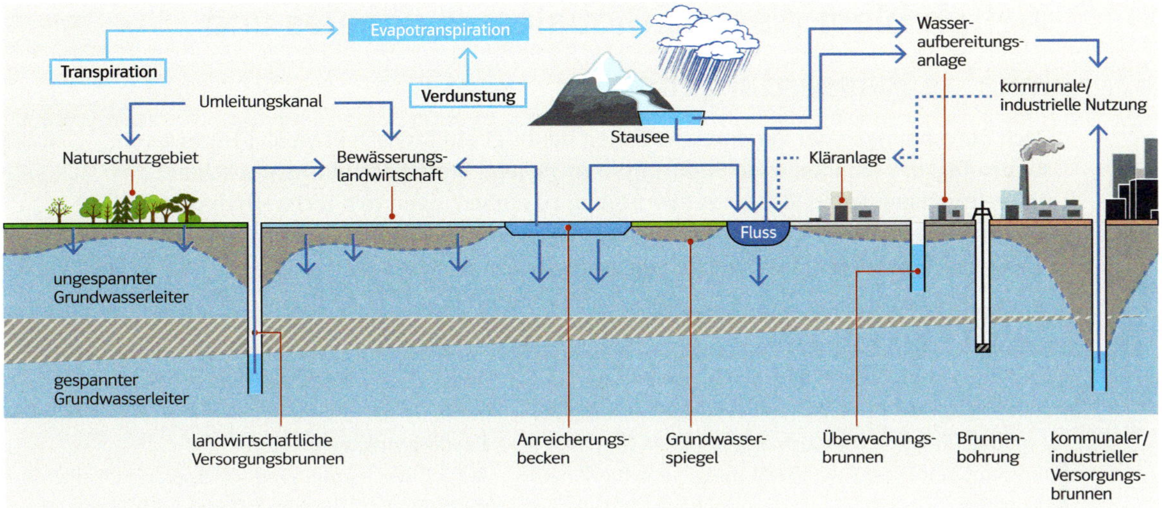

10 Grundwasser-Oberflächenwasser-Wechselwirkungen – anthropogene Einflüsse

Nach: Integration of Groundwater Management into Transboundary Basin Organizations in Africa – a Training Manual by AGW-Net, BGR, IWMI, CapNet, ANBO, & IGRAC, in: www.deutsche-rohstoffagentur.de (Zugriff: 06.06.2021)

Nicht-erneuerbares (fossiles) Grundwasser

„Der Begriff [...] Grundwasser bezeichnet Grundwasservorkommen, die gegenwärtig nicht Teil des hydrologischen Kreislaufs sind. Dies bedeutet, dass keine Erneuerung über Niederschläge oder Infiltration erfolgt bzw. dass diese Erneuerung sehr gering ist und nur in sehr langen Zeiträumen zu einer nennenswerten Grundwasserneubildung führt. Da diese Zeiträume – häufig handelt es sich um mehrere Hundert bis Tausend Jahre – den menschlichen Planungshorizont deutlich übersteigen, werden diese Ressourcen als nicht-erneuerbar betrachtet. Der Grund für die Abkoppelung vom hydrologischen Kreislauf sind Veränderungen der klimatischen Bedingungen im Einzugsgebiet. Nicht-erneuerbares Grundwasser findet sich insbesondere in ariden und semiariden Gebieten [...]"

Bundesanstalt für Geowissenschaften und Rohstoffe (BGR): Strategien für ein nachhaltiges Management nicht-erneuerbaren Grundwassers. Hannover: BGR 2007, S. 2

11

Land	Aquifer System (engl. Bezeichnung)	Ausdehnung (km²)	ausbeutbare Reserven (Mio. m³)	aktuelle Entnahme (Mio. m³/Jahr)
Ägypten, Libyen, Sudan, Tschad	Nubian Sandstone	2 200 000	14 460 000	2 170 000
Algerien, Libyen, Tunsien	North Western Sahara	1 000 000	1 280 000	2 560
Algerien, Libyen, Niger	Murzuk Basin	450 000	60 – 80 000	1 750
Mauretanien, Senegal, Gambia	Maastrichtian	200 000	480 – 580 000	265
Mali, Niger, Nigeria	Iullemeden Multilayer Continental	500 000	250 000 – 2 000 000	225
Niger, Nigeria, Tschad, Sudan, Kamerun, Libyen	Chad Basin	600 000	170 – 350 000	250
Südafrika, Namibia	Karroo Sandstone	80 000	86 000	2 890
Saudi-Arabien, Bahrain, Katar, VAE	Various	225 000 – 250 000	500 000 – 2 185 000	13 790
Jordanien (nur Staat)*	Qa Disi Aquifer	3 000	6 250	170
Australien	Great Artesian Basin	1 700 000	170 000	600

* Ausdehnung bis Saudi-Arabien, wo es im obigen Eintrag enthalten ist

12 Weltgrößte Aquifersysteme

5

Arbeiten Sie aus den Materialien die Kennzeichen von Grundwasser, Aquiferen und Aquicluden heraus.

6

Erläutern Sie die Funktionsweise eines artesischen Brunnens.

7

Erläutern Sie anhand von Grafik 10 die Wechselwirkungen zwischen Grundwasser und Oberflächenwasser.

8

Erstellen Sie eine Übersicht, an welchen Stellen in ihrer Heimatregion der Wasserkreislauf durch den Menschen beeinflusst wird.

9

Die weltweit größten Aquifersysteme liegen in ariden und semiariden Regionen. Erklären Sie ihre Entstehung.

Weltproblem Wasser: Globales, regionales und lokales Wasserdargebot

Nach Berechnungen der Vereinten Nationen benötigt ein Mensch etwa 50 l Trinkwasser pro Tag, um grundlegende Bedürfnisse zu sichern. Statistisch betrachtet scheint dafür weltweit genügend Wasser zur Verfügung zu stehen, denn rein rechnerisch würde die Trinkwassermenge ausreichen. Dennoch haben aktuell 2,1 Mrd. Menschen keinen Zugang zu trinkbarem und durchgängig verfügbarem Trinkwasser.

Mögliche Ursachen der Wasserknappheit

Aufgrund klimatischer Einflüsse kommt es regional zu einer ungleichen Verteilung von Wasser. So stehen Regionen mit Wasserüberfluss Räume gegenüber, die unter Wassermangel leiden. Die Wasserknappheit einer Region hat meist verschiedene Ursachen.

- **Übernutzung der Wasserressourcen**
  Generell wird global mehr Trinkwasser entnommen, als die Natur wieder bereitstellen kann.
- **Bevölkerungswachstum**
  Aktuell wächst die Weltbevölkerung jährlich um rund 80 Mio. Menschen. Damit verbunden ist eine Zunahme des **Wasserbedarfs** bis 2050 um 20–30 % gegenüber heute.
- **Globale Erwärmung**
  Die globale Erwärmung verändert die Niederschlagsmengen in vielen Regionen. Während in manchen Regionen die Regenfälle verstärkt sind, werden in anderen die Trockenzeiten länger. Das IPCC geht davon aus, dass sich der Anteil der Regionen, der als „sehr trocken" klassifiziert wird, seit den 1970er-Jahren mehr als verdoppelt hat.
- **Wasserverschmutzung**
  Die Verschmutzung von Trinkwasser bleibt das Hauptproblem der Wasserversorgung. Die Trinkwasservorräte werden durch industrielle und städtische Abwässer, aber auch durch die Landwirtschaft verschmutzt.

Welche Faktoren beeinflussen das regionale und lokale **Wasserdargebot**?

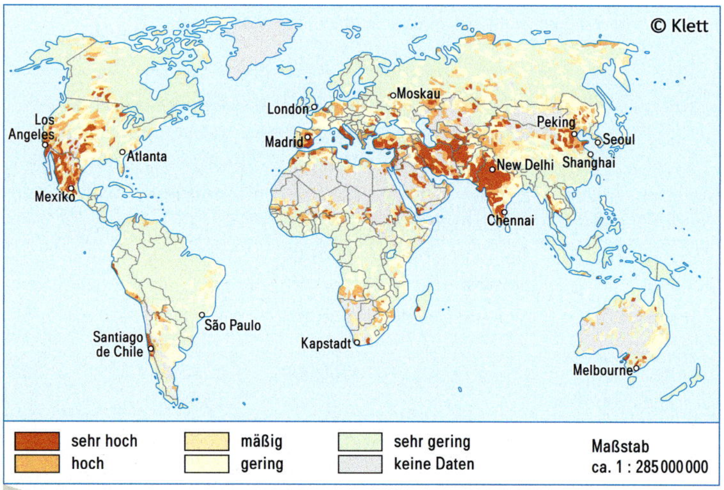

1 Wasserstress in urbanen Regionen (> 3 Mio. Einwohner)

Nach: The Learning Network New York Times 16.01.2020 unter www.nytimes.com/2020/01/16/learning/whats-going-on-in-this-graph-global-water-stress-levels.html (Zugriff: 05.05.2021)

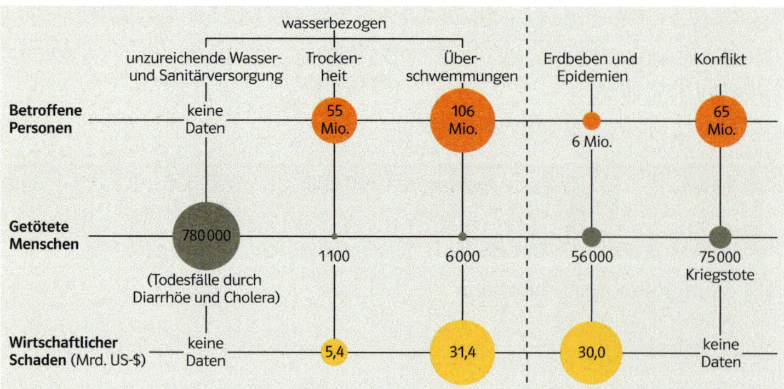

2 Jährliche Auswirkungen unzureichender Trinkwasser- und Sanitärversorgung, wasserbedingter Katastrophen, Epidemien und Erdbeben sowie Konflikte

Nach: www.unwater.org/publications/world-water-development-report-2019/ (Zugriff: 12.02.2021)

Wasserstress und Wasserknappheit

„Nach Angaben der UNESCO leiden die Menschen einer Region oder eines Staates unter ‚Wasserstress', wenn die sich erneuernden Wasserressourcen bei weniger als 1 700 m³ pro Kopf und Jahr liegen. Wasserknappheit liegt vor, wenn der entsprechende Wert unter 1 000 m³ pro Kopf fällt. Liegen die sich erneuernden Wasserressourcen bei weniger als 500 m³ pro Kopf und Jahr spricht die UNESCO von absoluter Wasserknappheit. Die weltweiten Unterschiede bei den sich erneuernden Wasserressourcen pro Jahr sind riesig und liegen zwischen gut 353 000 m³ pro Kopf in Guyana und 5 m³ pro Kopf in Kuwait."

Wasser, in: Bundeszentrale für politische Bildung (Hrsg.) 01.09.2017. Unter: www.bpb.de (Zugriff: 12.02.2021)

3

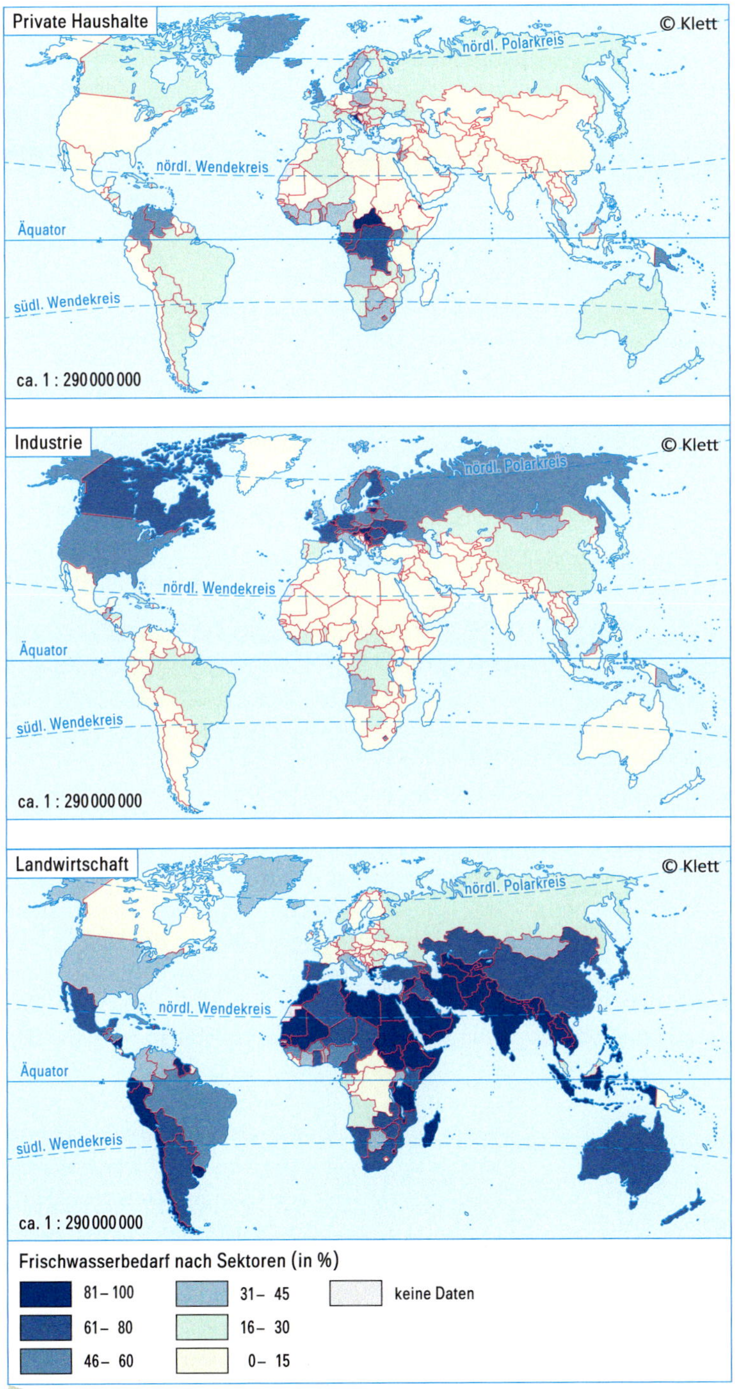

4 Weltweiter Frischwasserbedarf nach Sektoren

Nach: Institute for Studies in Development, Environment and Security (Hrsg.): Freshwater Withdrawal, by Country and Sector (2013 Update). In: The World's Water Vol. 8, Data Table 2, S. 227–235. Unter: www.worldwater.org/water-data/ (Zugriff: 01.11.2017)

Hauptaussagen des UN-Weltwasserberichts 2019

„Wasserstress besteht laut Vereinten Nationen, sobald mehr als ein Viertel der erneuerbaren Wasserressourcen genutzt wird.

– Jüngste Schätzungen zeigen, dass über 50 Staaten von Wasserstress betroffen sind: 31 Länder nutzen zwischen 25 Prozent und 70 Prozent, weitere 22 Länder mehr als 70 Prozent der erneuerbaren Wasserressourcen (UN, 2018a).
– In Deutschland werden laut Bundesumweltamt seit 15 Jahren weniger als 20 Prozent der erneuerbaren Wasserressourcen genutzt.
– Etwa vier Milliarden Menschen und damit fast zwei Drittel der Weltbevölkerung leiden aktuellen Schätzungen zufolge während mindestens eines Monats im Jahr unter schwerer Wasserknappheit (Mekonnen und Hoekstra, 2016).
– Seit den 1980er-Jahren steigt der Wasserverbrauch weltweit um etwa ein Prozent pro Jahr (AQUASTAT, n. d.). Es wird erwartet, dass der globale Wasserbedarf bis 2050 weiter in ähnlicher Größenordnung steigen wird, was einem Anstieg von 20 bis 30 Prozent über dem derzeitigen Wasserverbrauch entspricht (Burek et al., 2016).
– Der stetige globale Anstieg ist vor allem eine Folge der steigenden Nachfrage in Entwicklungs- und Schwellenländern. Der Pro-Kopf-Wasserverbrauch in den meisten dieser Länder liegt jedoch weiterhin weit unter dem Wasserverbrauch in Industrieländern.
– Die Landwirtschaft – einschließlich Bewässerungslandwirtschaft, Viehzucht und Aquakultur – ist weltweit der mit Abstand größte Wasserverbraucher. 69 Prozent der jährlichen Wasserentnahmen erfolgen durch die Landwirtschaft. Auf die Industrie – einschließlich Energieerzeugung – entfallen 19 Prozent und auf Privathaushalte 12 Prozent (AQUASTAT, n. d.).
– Prognosen zufolge wird der Anteil der Landwirtschaft am Gesamtwasserverbrauch künftig im Vergleich zu anderen Sektoren sinken, dabei jedoch der größte Nutzer im Hinblick auf Wasserentnahme und -verbrauch bleiben."

www.unesco.de/presse/pressematerial/un-weltwasserbericht-2019-daten-und-fakten (Zugriff: 15.01.2021)

5

1 MK

Stellen Sie mithilfe der Karten drei Regionen mit ausgeprägter Wasserproblematik dar.

2 NE

Arbeiten Sie aus den Materialien dieser Doppelseite die zentralen Aspekte der globalen Herausforderung Wasser heraus.

3

Überprüfen Sie folgende Aussage: „Das Wasserdargebot erzeugt die Weltwasserprobleme."

FALLBEISPIEL: Polavaram-Staudamm

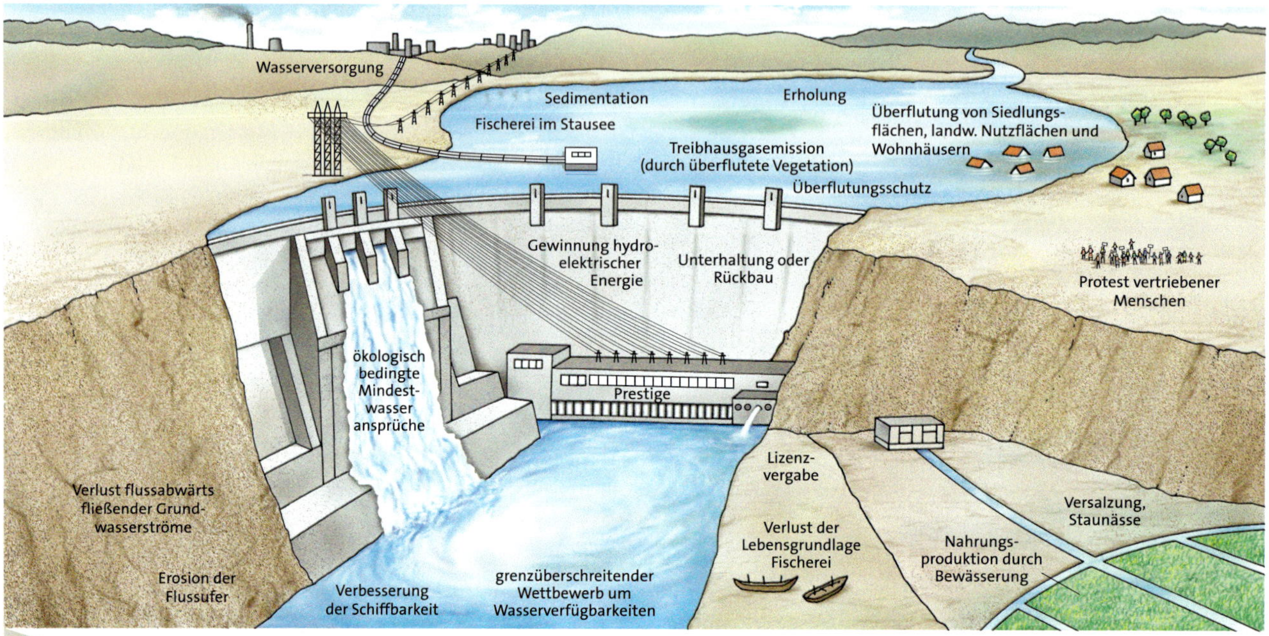

6 **Funktionen und Konfliktpotenzial von Großstaudämmen**

Nach: Dams: Official Newsletter of the World Commission on Dams. Nr. 8, 12/2000, S. 9

Großstaudammprojekte im Widerstreit

Zur Versorgung der noch immer wachsenden Bevölkerung von mehr als 1,3 Milliarden Menschen mit Trinkwasser, zur Bewässerung von landwirtschaftlichen Flächen und zur Versorgung mit Strom für die voranschreitende Industrialisierung benötigt Indien Wasser. Sind Stauseen und Staudämme die richtige Lösung?

Mögliche Auswirkungen von Staudammgroßprojekten

- Veränderung des Grundwasserspiegels und der Abflussverhältnisse
- Ausbleiben wertvoller Schwebfracht im Unterlauf
- in ariden bzw. semiariden Räumen hohe Verdunstungsverluste über großen Wasserflächen
- Veränderung des Regionalklimas
- Sedimentation durch Zuflüsse und allmähliches Auffüllen des Staubeckens
- durch hohe Projektkosten Abhängigkeit von ausländischen Kreditgebern
- Verzögerung anderer Vorhaben zur Verbesserung der Wirtschaftsstruktur durch langfristige Kapitalbelastung des Staates
- soziale Probleme durch Umsiedlung von Bevölkerungsgruppen und durch radikalen Umbruch traditioneller Strukturen
- Verdrängung von Kleinbauern und Pächtern durch Agroindustrien
- Anbau von Industriepflanzen (Cash Crops) statt Nahrungsmitteln, damit Abhängigkeit vom Weltmarkt

7

Der Polavaram-Staudamm

Dieser Staudamm entsteht bei der Stadt Polavaram im südöstlichen indischen Bundesstaat Andhra Pradesh. Aufgestaut wird der Fluss Godavari. Dafür baut man zwischen zwei Höhenrücken einen Damm, der ursprünglich 46 m, nun nach neuesten Planungen 54 m hoch werden wird. Bei der ursprünglichen Planung ging man von der Umsiedlung von 177 000 Menschen in 276 überfluteten Dörfern aus, überwiegend Adivasis, Nachkommen der Ureinwohner Indiens. Durch den höheren Staudamm wird der entstehende See jedoch deutlich größer, sodass die Zahl der betroffenen Menschen noch steigen wird. Man spricht sogar von rund 400 000. Auslöser für den Dammbau sind die klimatischen Verhältnisse, wie sie das Klimadiagramm von Hyderabad zeigt. Diese Millionenstadt zeigt das typische Klima des Binnenlandes, durch das der Godavari fließt. Hierbei handelt sich um die östlichen Ausläufer des Hochlands von Dekkan. Ausgelöst durch das Klimaphänomen El Niño kommt es immer wieder zu einer starken Abschwächung des regenbringenden Monsuns, wie z. B. 2016.

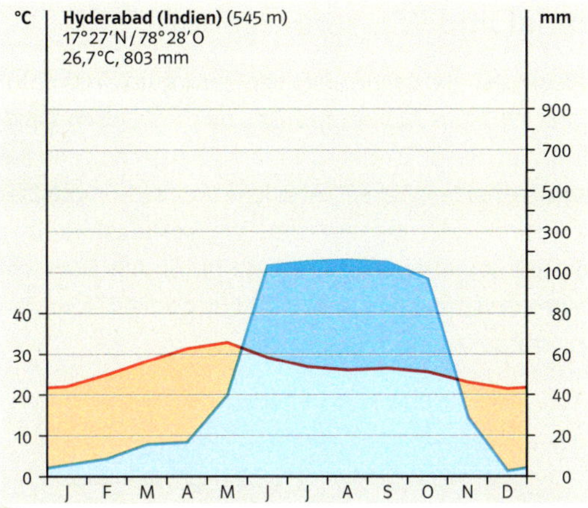

8 Klimadiagramm von Hyderabad-Rajahmundry

Kontra Staudamm-Projekt
„Der Business Standard meldet, dass [...] RS 115 crore (= ca. 16,7 Mio. €) für die Umsiedlung betroffener Dörfer [beschlossen sind]. Davon sollen RS 55 crore für West-Godavari und RS 60 crore für East Godavari eingesetzt werden. Insgesamt wurden vom Parlament laut Indian Express die Gesamtsumme von RS 8 000 crore (ca. 1,2 Mrd. €) für das Staudammprojekt freigegeben.
Eine Vorstellung davon, wie viele Dörfer von den jetzt beschlossenen 115 crore profitieren und entschädigt werden, ist schwierig. Inzwischen sind Preise und Entschädigungen gestiegen, Tribals [Ureinwohner] (Adivasi) und Nontribals bekommen unterschiedliche Entschädigungen, und wie viel Geld illegal ‚hängenbleibt' ist nicht absehbar. Auch wieweit Tribals profitieren, ist nicht ausgewiesen: Sie bekommen Land für Land und Haus für Haus, also kein Geld. Bezüglich der Dörfer im Bereich unserer Partnerkirche [der evangelischen Kirche des Autors] gibt es noch keine Berichte. Zuerst entschädigt werden jene Dörfer, die direkt im Baugebiet des Staudammes und seiner Kanäle liegen – jene, die dann durch den Stausee überschwemmt werden, kommen sicher zuletzt (oder gar nicht mehr) dran [...]
Während die Auseinandersetzungen [...] weitergehen, meldet sich nun der Nachbarstaat Chhattisgarh ebenfalls kritisch zu Wort. [...] Das Staatsgebiet von Chhattisgarh ist mit 7 000 ha landwirtschaftlich genutztem Gebiet, 8 000 ha Brachland und Wald und 40 Dörfern betroffen. Umgesiedelt werden müssen vor allem Tribals der Stämme Koya und Dorla, man schätzt, dass es ca. 45 000 Menschen sein werden."

Hermann Brünjes: A. P. Regierung beschließt Summe für Umsiedlung. Beiträge vom 09.02.2016 und 12.03.2016, auf www.fmd-online.de/indien/polavaram/news (Zugriff: 15.01.2021)

9

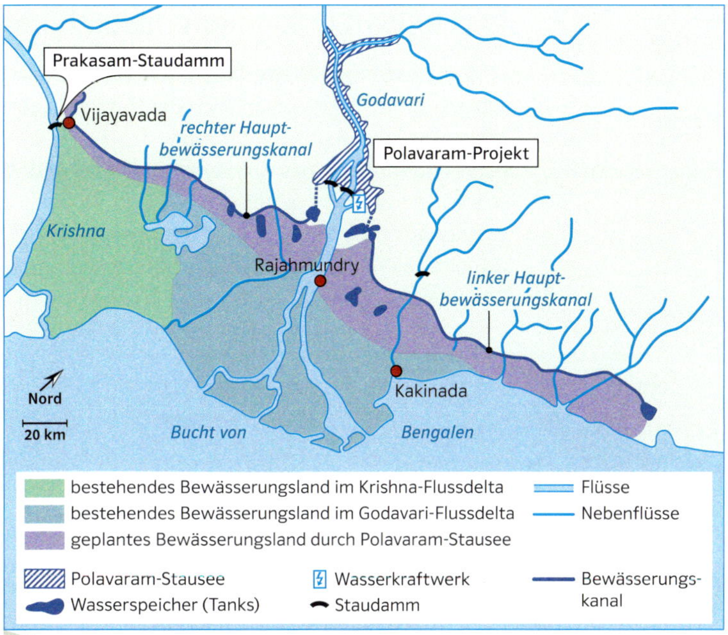

10 Plan des Polavaram-Staudamm-Projekts

Verändert Nach: Hermann Brünjes: Der Damm, das Geld und Streit der Parteien. Beitrag vom 17.02.2016, auf www.fmd-online.de/indien/polavaram/news (Zugriff: 15.01.2021)

Pro Staudamm-Projekt
„[...] Dass der Staudamm gebaut wird, scheint unaufhaltsam. Die Arbeit hat begonnen und soll 2018 fertig werden. [...] Der Minister für Wasserversorgung Devineni Umamaheswara Rao sagt zu, dass der rechte Hauptkanal bis zum Juni 2016 fertig gestellt [ist]. Er berichtet stolz, dass in den letzten 20 Monaten RS 11 000 crore (ca. 1,45 Mrd. €) für Bewässerung ausgegeben wurde. Vor wenigen Tagen hat die Regierung von A. P. durch den Finanzminister RS 4 000 crore (525 Mio. €) für die Entwicklung des Projektes freigegeben. Weitere Gelder von der Zentralregierung in Delhi werden mit dem Argument, es sei inzwischen ja ein Projekt mit ‚National-Status', beantragt. [...]"

Hermann Brünjes: Der Damm, das Geld und Streit der Parteien. Beitrag vom 17.02.2016, unter: www.fmd-online.de/indien/polavaram/news (Zugriff: 15.01.2021)

11

9

Polavaram-Staudamm
a) Beschreiben Sie das Klima in der Region und seine Risiken.
b) Charakterisieren Sie wesentliche Grundzüge des Staudammprojekts.
c) Erörtern Sie Vorzüge und Nachteile.

10 MK

Erstellen Sie ein Wirkungsgefüge zu Vor- und Nachteilen von Staudammgroßprojekten.

FALLBEISPIEL: Süddeutschland Klimawandel und Wasserdargebot

Sind die extremen Wetterlagen und Hochwasserereignisse in Süddeutschland der letzten Jahrzehnte bereits deutliche Vorboten des Klimawandels? Wie wird sich das Klima regional ändern und wie wirkt sich das auf unsere wichtige Ressource Wasser aus? Wie müssen wir darauf reagieren?
Um diesen Fragen nachzugehen, haben die Länder Baden-Württemberg, Bayern und Rheinland-Pfalz sowie der Deutsche Wetterdienst gemeinsam im Jahr 1999 die Kooperation KLIWA ins Leben gerufen. Ziel dieser länder- und fachübergreifenden Zusammenarbeit ist es, mögliche Auswirkungen der Klimaveränderung auf den **Wasserhaushalt** und die Ökologie der Flussgebiete im Süden Deutschlands aufzuzeigen und Handlungsempfehlungen zu erarbeiten.

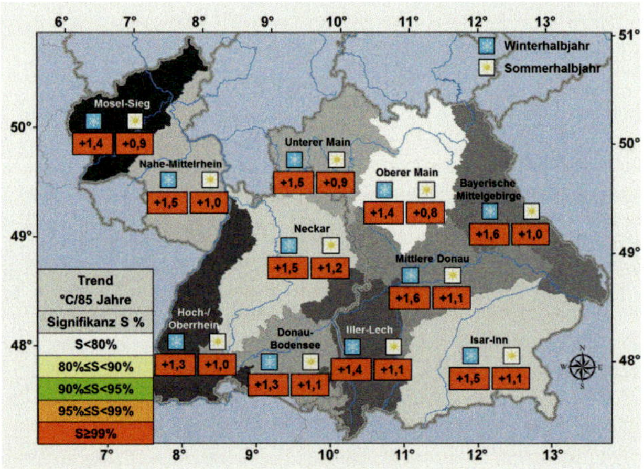

12 Zunahme der Lufttemperatur im Zeitraum 1931–2015
Die Darstellung zeigt die Änderung der Gebietsmittelwerte der Lufttemperatur in den hydrologischen Halbjahren.

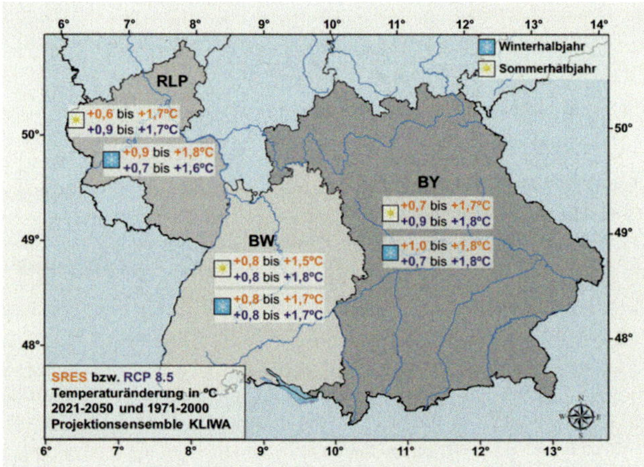

14 Zunahme der Lufttemperatur bis 2050
Die Darstellung zeigt die Änderung der Lufttemperatur im Vergleich der beiden Perioden 2021–2050 und 1971–2000.
Veränderungen basierend auf den Klimaszenarien SRES A1B und auf RCP 8.5 (15. und 85. Perzentil)

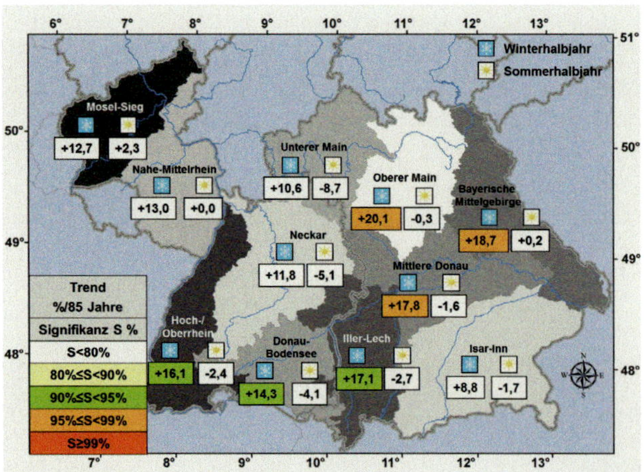

13 Änderung der Gebietsniederschläge im Zeitraum 1931–2015
Die Darstellung zeigt die Änderung der Gebietsniederschläge in den hydrologischen Halbjahren.

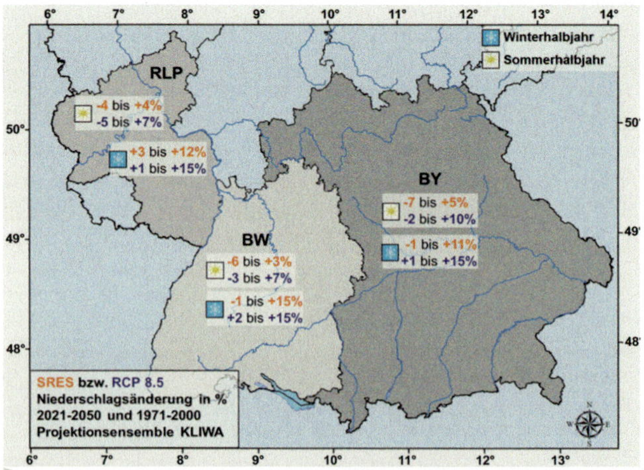

15 Änderung der Gebietsniederschläge bis 2050
Die Darstellung zeigt die Änderung der Gebietsniederschläge im Vergleich der beiden Perioden 2021–2050 und 1971–2000.
Veränderungen basierend auf den Klimaszenarien SRES A1B und auf RCP 8.5 (15. und 85. Perzentil)

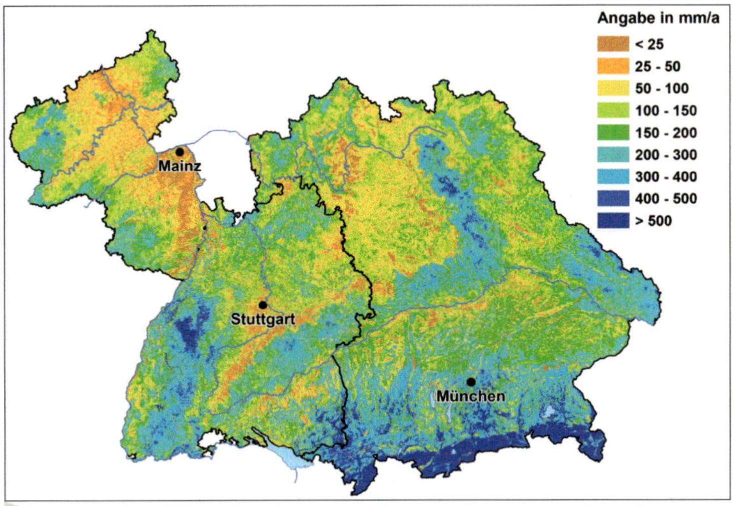

16 **Mittlere jährliche Grundwasserneubildung aus Niederschlag – langjähriges Mittel (1951 – 2015)**
Die Grundwasserneubildung ist wasserwirtschaftlich von großer Bedeutung und ein wichtiges Maß für die „natürliche Regenerationsfähigkeit" der Grundwasserressourcen.

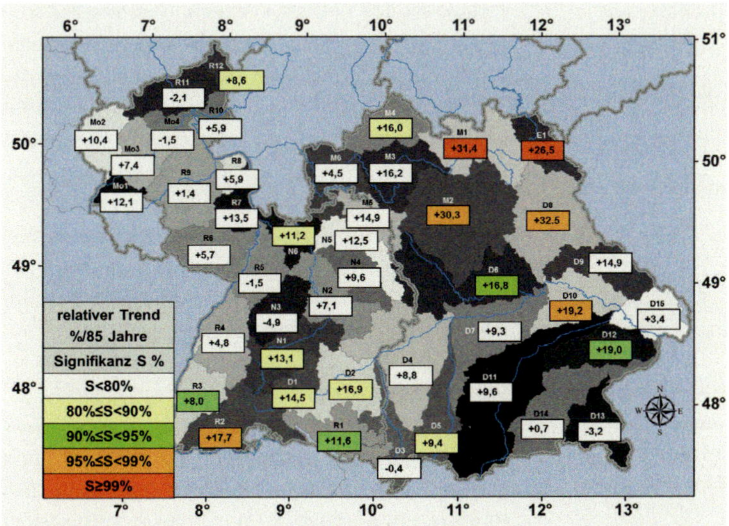

17 **Änderung der maximalen Gebietsniederschläge im Zeitraum 1931 – 2015**
Entwicklung der max. eintägigen Gebietsniederschlagshöhen im hydrologischen Winterhalbjahr, relativer Trend (Änderung in %, Abweichung vom Mittelwert 1931 – 2015).

Quelle Text und Abbildungen 19 – 24: Klimawandel im Süden Deutschlands – Herausforderungen – Anpassungen, hrsg. v. LUBW Landesanstalt für Umwelt, Messungen und Naturschutz Baden-Württemberg, Mai 2017, unter: www.kliwa.de/_download/broschueren/KLIWA-Broschuere-2016-d.pdf, S. 4

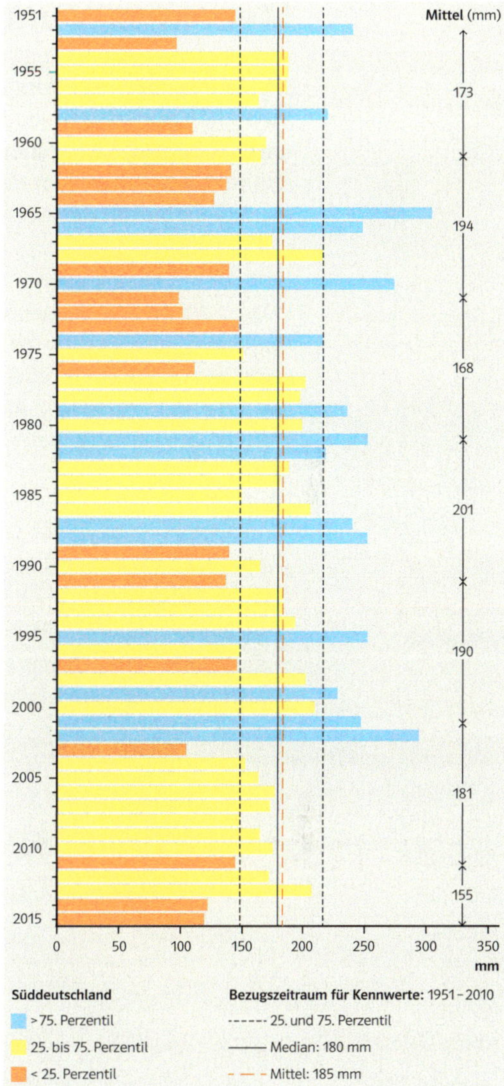

18 **Mittlere jährliche Grundwasserneubildung aus Niederschlag (1951 – 2015)**
Entwicklung der jährlichen Grundwasserneubildung aus Niederschlag in Süddeutschland (Ba-Wü, By., Rh.-Pf. 1951 – 2015). Zum Vergleich sind die langjährigen Kennwerte des Zeitraums 1951 – 2015 aufgetragen.

Nach: Klimawandel im Süden Deutschlands. Herausforderungen – Anpassungen. Karlsruhe: LUBW Landesanstalt für Umwelt, Messungen und Naturschutz Baden-Württemberg, 2017. S. 13

11 Arbeiten Sie die Veränderungen des Wasserhaushalts in Süddeutschland durch den Klimawandel heraus.

12 Stellen Sie mögliche Auswirkungen auf Ihren Heimatraum dar.

13 MK Untersuchen Sie mithilfe einer Internetrecherche mögliche Anpassungsmaßnahmen.

14 NE Nehmen Sie Stellung zu folgender Aussage: „Doch noch bedeutsamer als regionale Maßnahmen, die den Klimawandel in seinen Auswirkungen abzufedern versuchen, sind Schritte hin zu einem aktiven Klimaschutz."

Meerwasser und Meeresströmungen

Drei Viertel unseres Planeten sind von Meeren bedeckt. Dieser Lebensraum ist für Menschen nur schwer zugänglich, auch wenn er von überragender Bedeutung für unser Leben ist. So regulieren zum Beispiel Meeresströmungen unser Klima. Charakteristisch für die Meere ist das im Wasser gelöste Salz. Welche Auswirkungen hat das auf die Eigenschaften des Meerwassers und die Meeresströmungen?

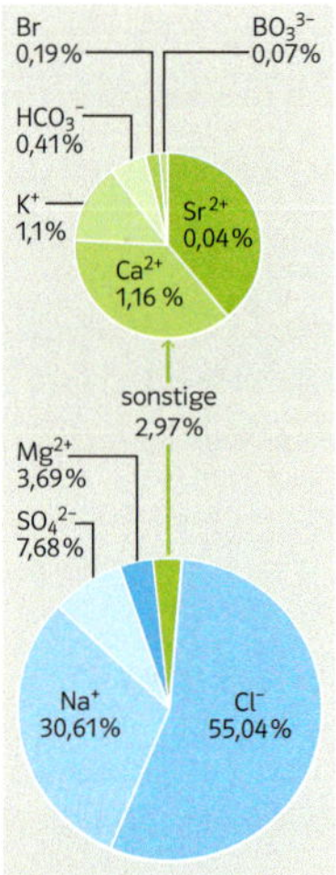

1 Hauptbestandteile des Meersalzes

Im System Erde zirkulieren mehr als 1,4 Mrd. km³ Wasser, wovon auf die **Meere** etwa 97% entfallen. Als Meere oder Ozeane bezeichnet man die zusammenhängenden großen **Salzwassermassen** der Erde. Sie bedecken einen großen Teil der Erdoberfläche. Pazifischer (178,8 Mio. km²), Atlantischer (106,2 Mio. km²) und Indischer Ozean (75,8 Mio. km²) bilden mit mehr als 90% der Wasseroberfläche die großen Meere. Mit diesen drei großen Ozeanen sind kleinere Meere verbunden:
- als Randmeere (z. B. die Nordsee)
- als Binnenmeere (z. B. die Ostsee) oder
- als Mittelmeere (z. B. das interkontinentale asiatisch-europäisch-afrikanische Mittelmeer).

Salinität ausgewählter Meere (in %)	
Rotes Meer	4,00
Mittelmeer	3,74
Atlantik	3,54
Nordsee	3,50
Pazifik	3,45
Indik	3,48
Nordpolarmeer	3,20
Südpolarmeer	3,10
Ostsee	0,80

2

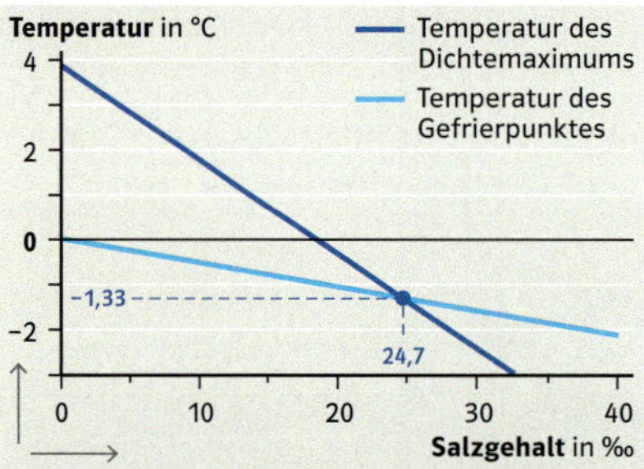

Abhängigkeit von Gefrierpunkt und Dichtemaximum des Meerwassers vom Salzgehalt

4 Gefrierpunkt, Dichtemaximum und Salzgehalt des Meereswassers

Nach: Hans-Günter Gierloff-Emden: Geographie des Meeres, Teil 2. Berlin, New York: De Gruyter 1980, S. 775

Wie kommt das Salz ins Meer?

„Vielleicht ist es bei der Bildung der Urozeane entstanden, vielleicht aber auch erst im Laufe der Erdgeschichte von vulkanischen, atmosphärischen oder festen Bestandteilen der Erdrinde allmählich zugeführt worden. Eine Einschwemmung von Salzen durch die Flüsse der Kontinente kann nicht allein die Ursache für den heutigen Salzgehalt der Meere sein, denn die Flüsse enthalten andere Salze als der Ozean. Im Meer überwiegen die Chloride, im Flusswasser die Carbonate. Gegenwärtig ist man der Meinung, dass ein erheblicher Teil der Bestandteile (Ionen) des Meersalzes, die nicht aus dem Flusswasser stammen können, durch untermeerische Quellen im Bereich der Mittelozeanischen Rücken zugeführt werden."

Walter Schumann: Das Buch der Erde, Bd. 1. München: Lexikographisches Institut 1987, S. 144 f.

3

Meerwasser

Physikalische und chemische Grundlagen

Je geringer die Wassertemperatur, desto höher ist die Dichte des Wassers. Bei einer Temperatur von 4 °C erreicht Wasser sein Dichtemaximum, darunter zeigt sich die Dichteanomalie von Wasser: Bei kälteren Temperaturen dehnt es sich wieder aus. Mit zunehmendem Salzgehalt erhöht sich die Dichte und der Gefrierpunkt sinkt ab. Mit einer mittleren Dichte von 1,027 g/cm³ (bei Temperaturen von 0 – 15 °C) enthält das Meerwasser durchschnittlich 3,5% gelöste Salze. Den salzigen Geschmack verursacht das gelöste Kochsalz, den bitteren Beigeschmack bewirken Magnesiumsalze. Verdunstung, Niederschlag, Eisbildung und salzarme Zuflüsse verändern den Salzgehalt. Den höchsten Salzgehalt in einem natürlichen Gewässer weist das Tote Meer mit 28% auf. Unabhängig vom Salzgehalt bleibt die Zusammensetzung der gelösten Salze weitgehend gleich. Die Menge der in den Weltmeeren enthaltenen Salze würde ausreichen, den Boden der Ozeane mit einer ca. 62 m mächtigen Salzschicht zu bedecken.

Farbe des Meeres

Im strahlenden Sonnenschein erscheint sauberes Meerwasser fast transparent. Es hat nur einen leichten Blauschimmer, weil die Oberfläche das Himmelsblau reflektiert. Durchdringt Sonnenlicht die Wasseroberfläche, wird ein Teil von den Wassermolekülen absorbiert – bevorzugt langwellige Strahlung, also die Farben Rot, Orange und Gelb. Die kurzwelligeren blauen und grünen Bestandteile der Lichtstrahlung werden weniger absorbiert – das Meer erscheint blau oder blaugrün. Meerwasser, das grün, grau oder gelblich gefärbt ist oder fast milchig aussieht, ist eine Folge der Sedimentfracht der dort mündenden Flüsse.

Meeresströmungen

Weshalb benötigten im 19. Jh. Schiffe zur Überquerung des Nordatlantiks in West-Ost-Richtung bis zu zwei Wochen weniger als in umgekehrter Richtung? Weshalb können in Norwegen an der Westküste hoch im Norden Erdbeeren geerntet werden? Großräumige **Meeresströmungen** wie der Golfstrom oder der Humboldtstrom beschleunigen die Schifffahrt, ermöglichen einen globalen Wärmetransport und den Austausch von Meerwasser mit den darin gelösten oder schwebenden Stoffen.

Antriebskräfte von Meeresströmungen

Neben den Gezeiten nennen Wissenschaftler zwei weitere Antriebe für Meeresströmungen:

1. **Wind**: Meeresströmungen entstehen bei beständigem Wehen des Windes. Dabei werden die Wasserschichten unter der Oberfläche durch Reibung mitbewegt und zusätzlich durch den Corioliseffekt abgelenkt. Tiefere Wasserschichten bewegen sich zunehmend langsamer und die Bewegungsrichtung weicht damit immer stärker von der Windrichtung ab.
2. **Thermohaliner Antrieb**: Temperatur- und Salzgehaltsänderungen beeinflussen die Dichte des Wassers. Hoher Salzgehalt und Kälte führen zu einer höheren Wasserdichte. Im Nordatlantik, im Ross- und Weddellmeer der Antarktis sowie im Mittelmeer werden so hohe Wasserdichten an der Oberfläche erreicht, dass das Wasser in der Tiefe sinkt. In den beiden ersteren Gebieten ist vor allem die niedrige Temperatur für die hohe Dichte verantwortlich, im Mittelmeer die Verdunstung.

Globale ozeanische Zirkulation

Das globale Strömungssystem setzt sich aus einer Vielzahl von Einzelströmungen zu einem großen marinen Förderband zusammen. Kalte Wassermassen mit einer hohen Salzkonzentration sinken ab. Nahe der Oberfläche ersetzen Rückflüsse die absinkenden Wassermassen und halten damit die thermohaline Zirkulation in Bewegung. Durch diesen Vorgang wird Tiefenwasser zugleich mit Sauerstoff angereichert. Vor allem die Polargebiete wirken als gewaltige Umwälzpumpen. Im nördlichen Atlantik sinken bis zu 17 Mio. m³ Wasser pro Sekunde in die Tiefe. Als kalte Strömung fließen die Wassermassen in 2–3 km Tiefe nach Süden zum antarktischen Zirkumpolarstrom. Dort strömen sie weiter in den Indischen und Pazifischen Ozean. Das kalte Tiefen- und **Bodenwasser** vermischt sich mit den darüberliegenden wärmeren Wassermassen, steigt auf und fließt als warme Oberflächenströmung zurück in den Atlantik. Dieses Strömungsband ist freilich stark vereinfacht. In Wirklichkeit fließen Meeresströmungen nicht so stetig und geradlinig, wie es schematisch dargestellt wird. Die meisten weisen heftige Turbulenzen, zahlreiche **Mäander** und Wirbel auf. Zudem gibt es auch im vertikalen Aufbau ein ganzes System aus Schlaufen und Ästen, in denen sich unterschiedliche Wassermengen vermischen. Wirtschaftlich und klimatologisch sind besonders Auftriebsgebiete wie vor der Westküste Südamerikas interessant. Hier strömt kaltes und nährstoffreiches Wasser an die Oberfläche. In der sonnenlichtdurchfluteten Zone bekommt das Phytoplankton genügend Nährstoffe, um hochproduktiv Fotosynthese betreiben zu können. Damit wird die Grundlage für eine Nahrungskette gelegt, an deren Ende große Fischschwärme in den weltweit wertvollsten Fischgründe stehen.

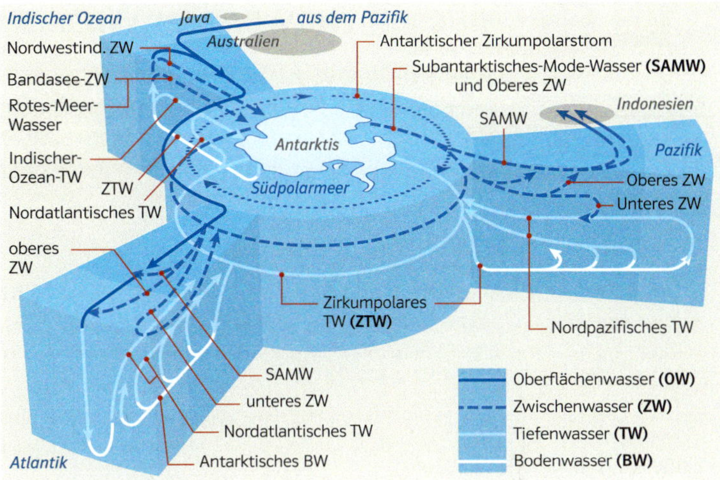

5 Globale Meeresströmungen
Nach: www.spektrum.de/lexika (Zugriff: 12.02.2021)

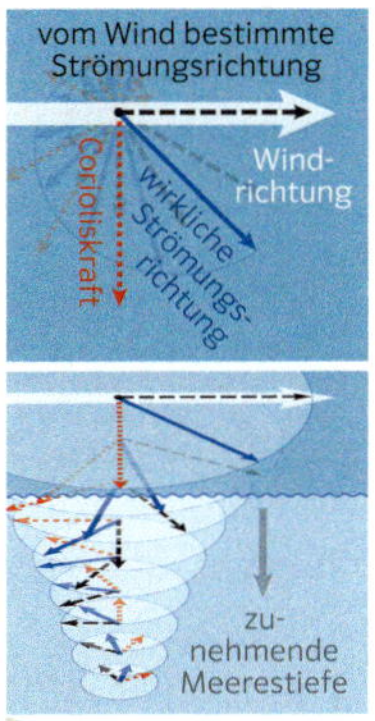

6 Veränderung der Strömungsrichtung des Meerwassers

1 MK
Beschreiben Sie das System der Meeresströmungen (Grafik 5).

2 MK
Erklären Sie, warum sehr warme und sehr kalte Meere die höchsten Salzgehalte haben. Überprüfen Sie den Sachverhalt mithilfe des Online-Codes.

3
Stellen Sie den Unterschied zwischen Oberflächen- und Tiefenwasser dar.

4
Erläutern Sie die Funktionsweise des thermohalinen Antriebs.

MK NE

Müssen wir weniger Wasser essen? – Der Wasserfußabdruck

Baden-Württemberg ist ein wasserreiches Land mit zahlreichen Oberflächengewässern und ausreichend Niederschlag. Da mutet die Forderung, mit Wasser sparsam umzugehen und weniger Wasser zu essen, fast weltfremd an. Und ist dennoch berechtigt. Weshalb?

1 Wasserfußabdruck-Rechner

Was ist der Wasserfußabdruck?

„Im Gegensatz zum direkten Wasserverbrauch rechnet der Wasserfußabdruck auch das indirekt genutzte Wasser mit ein. Die in Produkten versteckte Wassermenge wird häufig als virtuelles Wasser bezeichnet. Der Wasserfußabdruck ist die gesamte Menge Wasser, die Nationen, Unternehmen oder Verbraucherinnen und Verbraucher in Anspruch nehmen. Das Besondere des Konzepts ist, dass es die Wassermenge, die für die Produktion eingesetzt, verdunstet und/oder verschmutzt wird, mit Informationen sowohl zur verbrauchenden als auch zur erzeugenden Region der Ware verbindet. Das Einteilen des gebrauchten Wassers in Kategorien ist dabei für eine spätere Bewertung des Wasserfußabdrucks hilfreich.

‚Grünes Wasser' ist das natürlich vorkommende Boden- und Regenwasser, welches von Pflanzen aufgenommen und verdunstet wird. Es ist relevant für landwirtschaftliche Produkte. ‚Blaues Wasser' ist Grund- oder Oberflächenwasser, das zur Herstellung eines Produktes genutzt wird und nicht mehr in ein Gewässer zurückgeführt wird. In der Landwirtschaft ist es das Wasser für die Bewässerung der Pflanzen. ‚Graues Wasser' ist die Wassermenge, die während des Herstellungsprozesses verschmutzt wird.

Sowohl bei der industriellen als auch bei der landwirtschaftlichen Produktion fällt graues Wasser an. Durch Dünge- und Pflanzenschutzmittel gelangen Schadstoffe in den Boden und Gewässer. In der industriellen Produktion und in der Landwirtschaft wurden viele Abläufe optimiert und dadurch Wasser gespart. Der reduzierte Verbrauch führte nicht zwangsläufig zu weniger Schadstoffen in den Gewässern. Um den ‚grauen' Wasserfußabdruck zu verringern, muss zusätzlich der Schadstoffeintrag in die Gewässer reduziert werden."

Umweltbundesamt: Wasserfußabdruck, v. 25.07.2018, unter: www.umweltbundesamt.de/themen/wasser/wasser-bewirtschaften/wasserfussabdruck#was-ist-der-wasserfussabdruck (Zugriff: 15.07.2021)

2

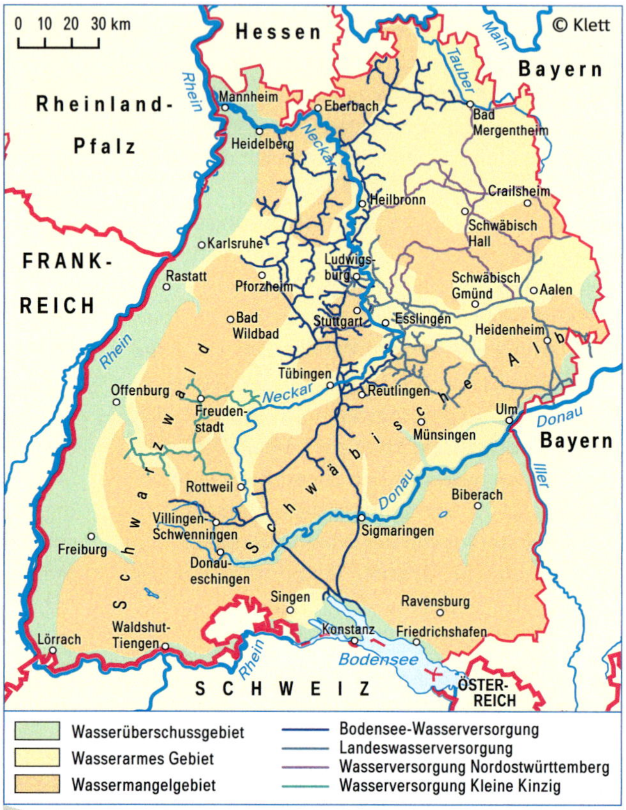

3 Wasserversorgung in Baden-Württemberg

Nach: www.lw-online.de/fileadmin/lwonline/redaktion/pdf-dateien/publikationen/Broschuere_ErlebnisweltGrundwasser.pdf (Zugriff: 15.07.2021)

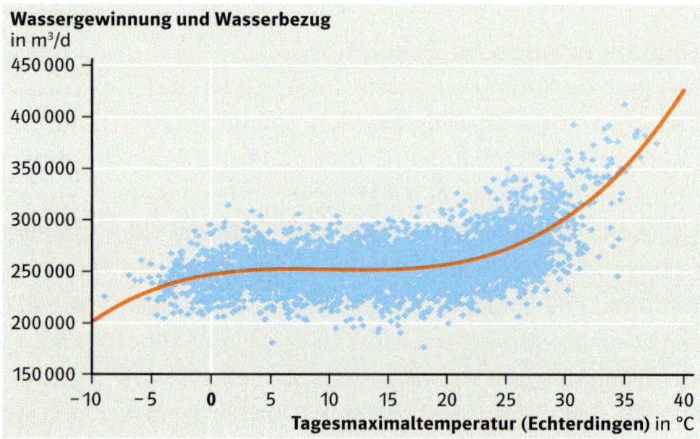

4 Zusammenhang zwischen Tagesmaximaltemperatur und Wasserbedarf

Nach: Prof. Dr.-Ing. Frieder Haak: Aktuelle Herausforderungen der Fernwasserversorgung. In: LW-Schriftenreihe 2017, S. 6, Zweckverband Wasserversorgung Stuttgart www.lw-online.de/fileadmin/lwonline/redaktion/pdf-dateien/publikationen/schriftenreihe/2017-SR-Beitrag-01.pdf (Zugriff: 15.07.2021)

Linktipp
Wasserfußabdruck-Rechner
23i9dg

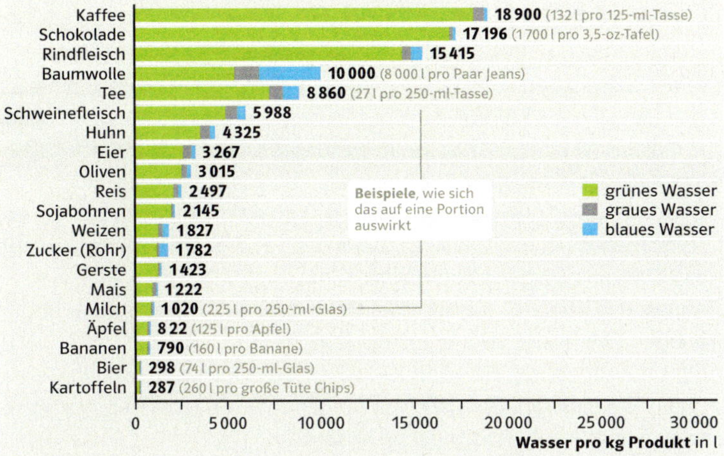

Bei den angegebenen Werten handelt es sich um global gemittelte Schätzungen, die je nach Ort, Zeit und Produktionsmittel variieren können. „Kaffee" bezieht sich auf geröstete Bohnen, „Zucker" ist raffinierter Zucker aus Zuckerrohr.

5 **Wasserbedarf bei der Produktion von Lebensmitteln**

Nach: Kathleen Cantner, AGI. Unter: www.earthmagazine.org/sites/earthmagazine.org/files/2014-Aug/Cantner_WaterFootprint_Infographic.png (Zugriff: 15.07.2021)

Dimensionen des landwirtschaftlichen Wasserverbrauchs

„Die Landwirtschaft ist für etwa 80 Prozent des weltweiten Wasserverbrauchs verantwortlich. Das sind 246 km³ pro Jahr. Würde man dieses Wasser zum Beispiel über das gesamte Land Griechenland gießen, so würde es über die Höhe eines 1,80 m großen Menschen steigen. Würde man dagegen die 24 km³ Wasser, die wir jedes Jahr in unseren Häusern verbrauchen – einschließlich Trinkwasser, Kochen, Baden, Waschen und Rasenbewässerung – über Griechenland gießen, würde das Wasser bis knapp über unsere Knöchel steigen."

University of Minnesota, Can We Eat Less Water? The Scale of Agricultural Water Consumption, Übersetzung Text über Grafik: Matthias Scholliers (Autor), www.environmentreports.com/can-eat-less-water/ (Zugriff: 15.07.2021)

7

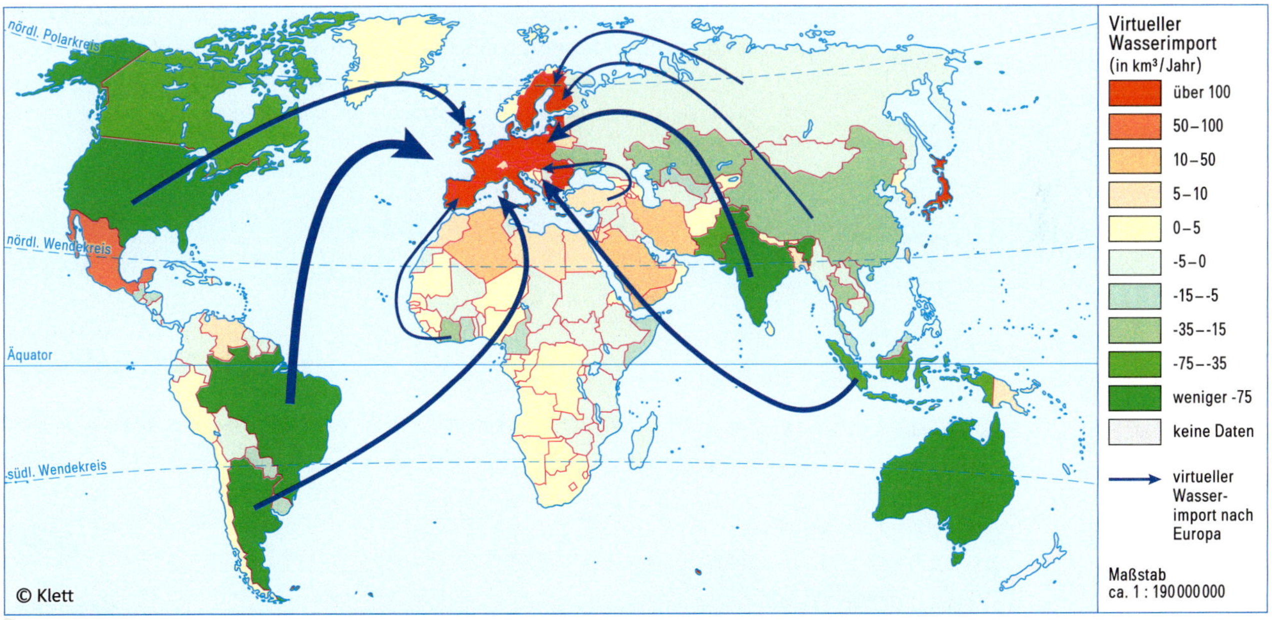

6 **Wasserimporte nach Europa – in ganz Europa liegen 40 % des Wasserfußabdrucks außerhalb der Grenzen**

Nach: M. M. Mekonnen und A. Y. Hoekstra: Nationale Wasserfußabdruckkonten: der grüne, blaue und graue Wasserfußabdruck von Produktion und Verbrauch, Value of Water Research Report Series No. 50, UNESCO-IHE (Institute of Water Education), Delft, 2011, S. 27, unter: https://waterfootprint.org/media/downloads/Report50-NationalWaterFootprints-Vol1.pdf (Zugriff: 15.07.2021), https://waterfootprint.org/en/water-footprint/national-water-footprint/virtual-water-trade (Zugriff: 01.06.2021)

1

Erstellen Sie zu zur Problematik „Wassersparen trotz Wasserreichtums" eine Präsentation ausgehend von den Materialien auf dieser Seite. Nehmen Sie in Ihre Präsentation folgende Aspekte mit auf:

- Mein persönlicher Wasserfußabdruck: Wie kann ich diesen senken?
- Das Wasserdargebot in Baden-Württemberg: Haben die Menschen in Baden-Württemberg überall ausreichend Wasser?
- Herausforderung Klimawandel: Wird an heißen Tagen genügend Wasser zur Verfügung stehen?
- Wasserimporte: Woher importiert Europa virtuelles Wasser?
- Wasser und landwirtschaftliche Produktion sowie Ernährung: Wieso sind Landwirtschaft und Ernährung die Schlüssel zum verantwortungsvollen Umgang mit Wasser?

Kompetenzcheck

Wichtige Begriffe

- Evaporation
- Grundwasser
- Meer
- Oberflächenwasser
- Salzwasser
- Süßwasser
- Transpiration
- Versickerung
- Wasserbedarf
- Wasserdargebot
- Wassergewinnung
- Wasserhaushalt
- Wasserverbrauch
- Wasserverfügbarkeit
- Wasserqualität

Wissen vernetzen

Wasser – in seiner chemischen Formel H_2O – ist weltweit das bekannteste Molekül. Als Einziges kommt es natürlich auf der Erde in drei Aggregatzuständen vor, als Wasserdampf, Flüssigkeit oder Eis. Wasser spielt für die globalen Austauschprozesse eine zentrale Rolle: Es verknüpft alle Sphären.
Ohne Wasser gäbe es kein Leben. In den meisten Ökosystemen ist Wasser ein begrenzender Faktor: Niederschläge und Grundwasser sind beispielsweise für das Wachstum von Pflanzen zwingend notwendig.
Wasser beeinflusst das Klima. Es kann große Mengen an Wärme speichern und in Meeresströmungen über weite Strecken transportieren.
Wasser gestaltet die Landschaft. Es kann z. B. durch den Wechsel zwischen Gefrieren und Auftauen Gestein sprengen und als fließendes Gewässer Gebirge abtragen. Meereswellen und Gezeiten formen die Küsten.
Wasser wird der wichtigste Rohstoff unseres Jahrhunderts sein. Es kann durch nichts ersetzt werden, auch wenn es in fast unbegrenzter und gleichbleibender Menge vorhanden zu sein scheint. Aber die Nachfrage, vor allem nach Süßwasser, steigt. Weltweit wächst die Nachfrage doppelt so schnell wie die Bevölkerung. Die UNESCO befürchtet, dass 2050 mehr als 7 Mrd. Menschen von Wasserknappheit betroffen sein werden, aktuell sind es etwa 1,5 Mrd.
Die Bewältigung der Wasserprobleme ist eine globale Herausforderung. Das in diesem Kapitel erworbene Verständnis über hydrosphärische Prozesse kann Ihr erster Schritt dahin sein, an der Lösung der Problematik mitzuwirken.

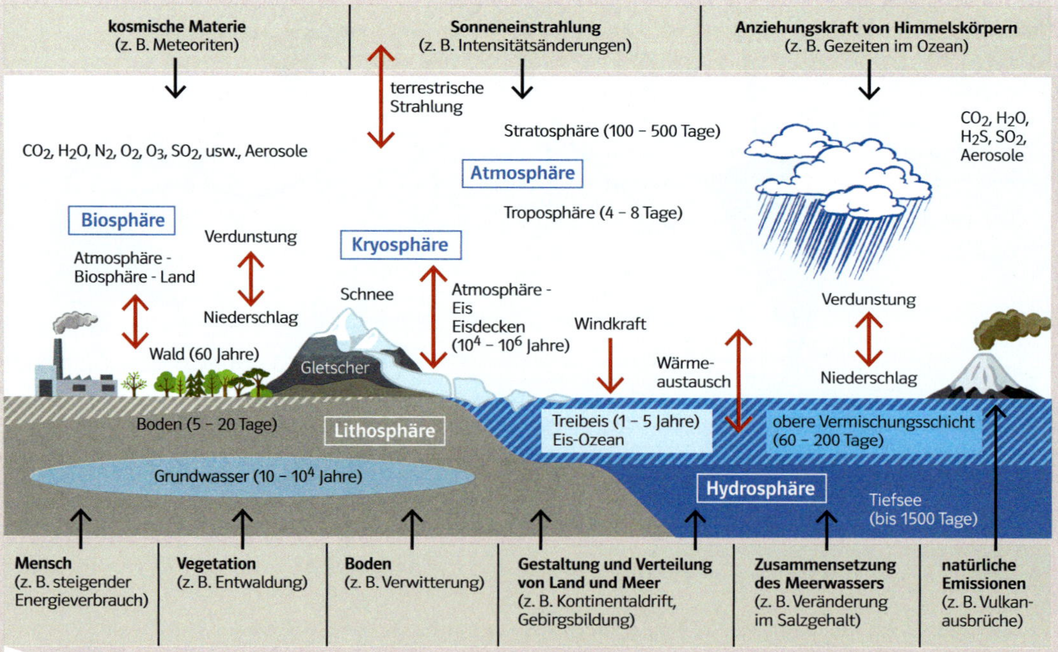

1 Wechselwirkungen in der Hydrosphäre

HJL, Hydrosphäre. In: Spektrum. Lexikon der Geowissenschaften, unter: www.spektrum.de/lexikon/geowissenschaften/hydrosphaere/7262 (Zugriff: 03.05.2021)

Kompetenzen überprüfen

Sich orientieren

1 Die Anrainer der Flüsse Colorado, Ganges, Jordan und Nil sind mit Wasserproblemen konfrontiert.
Stellen Sie in einer Karte die Flüsse, die klimatischen Bedingungen, betroffene Staaten und das jeweilige Wasserproblem dar.

Wissen und verstehen

2 Erläutern Sie anhand von Grafik 1 die Wechselwirkungen der Hydrosphäre mit den anderen Sphären und dem Einfluss des Menschen.

3 Stellen Sie die Zusammenhänge zwischen Salzgehalt, Dichte und Gefrierpunkt des Wassers dar.

4 Charakterisieren Sie Zusammenhänge zwischen Grundwasserverfügbarkeit (Karte S. 178) und geologischem Bau (Atlaskarte zur Geologie Deutschlands).

Fachmethoden anwenden

5 Erstellen Sie ein Fließschema zu den Antriebskräften des Golfsstroms in der Normalsituation.

6 Stellen Sie in zwei kommentierten Diagrammen den Wasserkreislauf in einer ariden und in einer humiden Klimazone dar.

Beurteilen und bewerten

7 Nehmen Sie Stellung zu den Aussagen der indischen Schriftstellerin Arundhati Roy (Text 2).

8 Beurteilen Sie, ob das Foto 3 die Wasserproblematik zutreffend bebildert.

Handeln

9 Analysieren Sie das Wasserdargebot in Ihrer Region.

10 Erstellen Sie eine Übersicht, an welchen Stellen in Ihrer Heimatregion der Wasserkreislauf durch den Menschen beeinflusst wird.

Basiskonzepte anwenden

11 Charakterisieren Sie am Fallbeispiel Polavaram-Staudamm die Basiskonzepte der Geographie.

Eine kritische Stimme

"Big Dams started well, but have ended badly. There was a time when everybody loved them, everybody had them – the Communists, Capitalists, Christians, Muslims, Hindus, Buddhists. There was a time when Big Dams moved man to poetry. Not any longer ... Big Dams are obsolete. They're uncool. They're undemocratic ... They're brazen means of taking water, land and irrigation away from the poor and gifting it to the rich. Their reservoirs displace huge populations of people, leaving them homeless and destitute."

Arundhati Roy (indische Schriftstellerin): The cost of living. New York: Modern Library 1999, S. 15 – 16

2

3 „Mangel im Überfluss" – Überschwemmung in Bangladesch

Wenn Sie alle Seiten dieses Kapitels bearbeitet haben, können Sie ...

- die grundlegenden Prozesse in der Hydrosphäre in ihren Auswirkungen auf verschiedenen Maßstabsebenen erklären,
- den Wasserkreislauf und seine grundlegenden Prozesse charakterisieren,
- das lokal, regional und global unterschiedliche Wasserdargebot erklären.

7

Wirkungszusammenhänge in der Biosphäre

1 Vertical farming – die neue Biosphäre

In immer größerem Ausmaß gestaltet der Mensch die Biosphäre, wie das Beispiel des Vertical Farming zeigt. Gleichzeitig schwindet in beängstigendem Ausmaß weltweit die Biodiversität: Zahlreiche Tier- und Pflanzenarten sind heute vom Aussterben bedroht, viele sind bereits für immer verschwunden. Andere Arten profitieren von der Klimaerwärmung sowie den weltweiten Warenströmen und dringen in unsere Lebensräume vor. Welche Prozesse und Wechselwirkungen charakterisieren den belebten Teil der Sphären, die Biosphäre? Welche Veränderungen werden durch den Menschen hervorgerufen?

Sie untersuchen ...

2 Für den Anbau von Ölpalmen (oben Terrassenfelder in Sarawak) werden große Regenwaldflächen vernichtet.

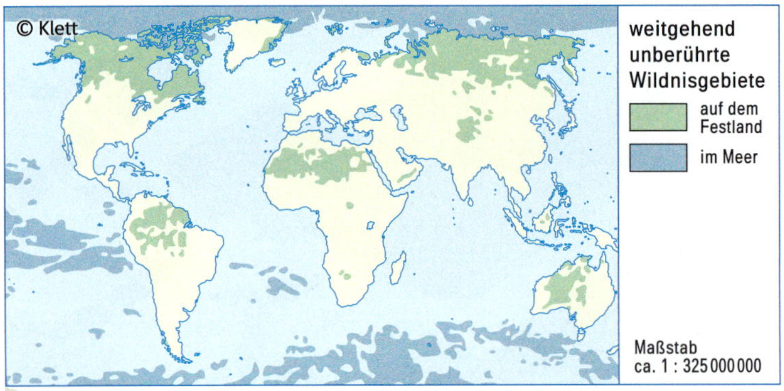

3 Beispiele für die letzten weitgehend unberührten Wildnisgebiete

Nach: James Watson u.a.: Protect the last of the wild, in: Nature, Macmillan Publishers, London, 31.10.2018, unter: www.nature.com/articles/d41586-018-07183-6 (Zugriff: 21.06.2021)

Nur noch ein geringer Teil der Biosphäre wird nicht vom Menschen beeinflusst. Nach aktuellen Untersuchungen sind die natürlichen Ökosysteme auf mehr als 75 % der Landfläche (die Arktis ist ausgenommen) und bei mehr als 87 % der Ozeane durch menschliche Aktivitäten verändert. Damit sind auch die Ökosystemleistungen wie Versorgungsleistungen, regulierende und kulturelle Leistungen für den Menschen beeinträchtigt.
Unser Wissen über diese Ökosystemleistungen ist eher gering, obwohl sie Existenzgrundlage für Mensch und Wirtschaft sind.

Diesen Fragen zur Biosphäre werden Sie nachgehen:

- In welchem Umfang wird die Biosphäre vom Menschen beeinflusst und welche Rückwirkungen auf den Menschen hat das?
- Welche Geofaktoren steuern in welchen Umfang die Verbreitung von Pflanzen?
- Welche Faktoren und Wirkungszusammenhänge bewirken die Differenzierung der Ökosysteme?
- Mit welchen Auswirkungen verändern menschliche Eingriffe die Ökosysteme?
- Der Klimawandel verändert alle Sphären. Welche Auswirkungen hat das auf die Artenzusammensetzung einer Region und die Leistungen von Ökosystemen?

Sie knüpfen an ...

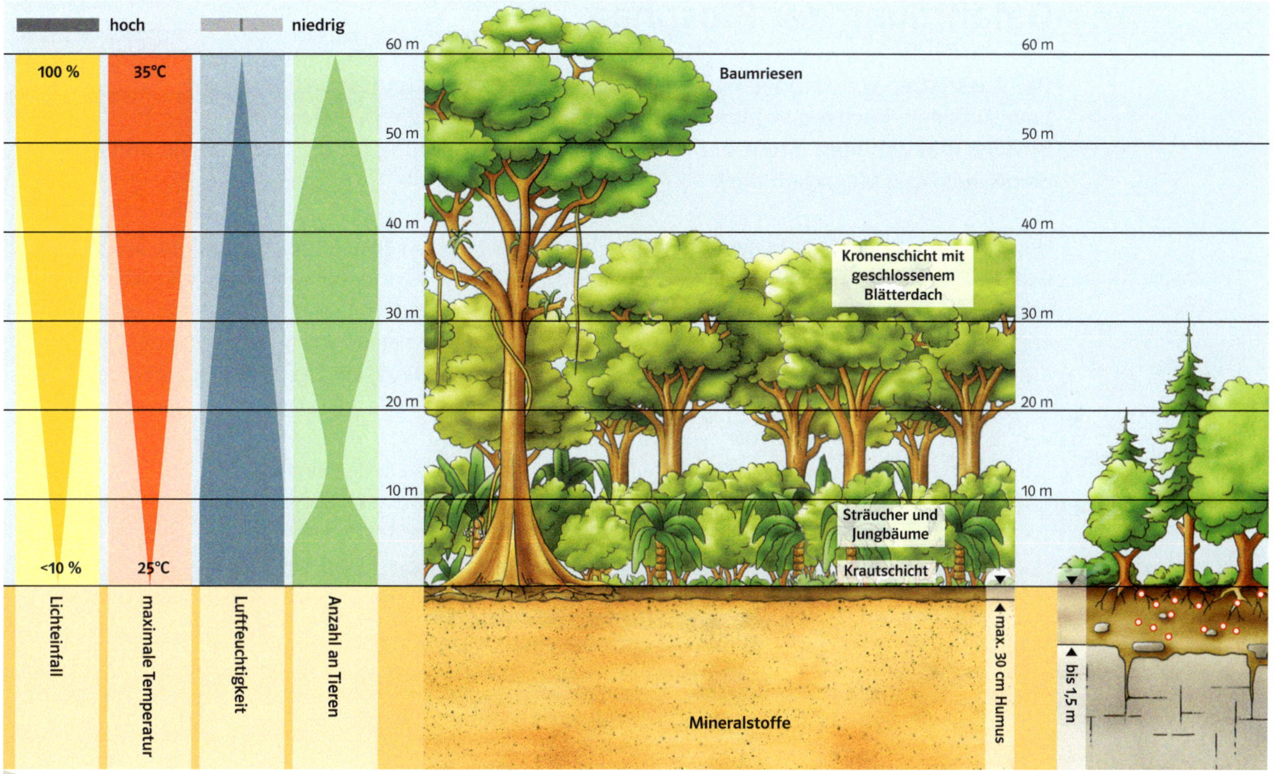

4 Ökosystem Tropischer Regenwald und sommergrüner Laubwald im Vergleich

Das wissen Sie schon!

Sie haben bereits in den Klassen 5–8 den Zusammenhang zwischen Klima und Vegetation ausgehend von regionalen Beispielen in Deutschland bis hin zu den globalen Vegetationszonen kennengelernt. Sie können die unterschiedliche landwirtschaftliche Nutzung in den Vegetationszonen und Höhenstufen erklären. Am Beispiel des tropischen Regenwaldes, der Trockenräume oder der polaren Zone können Sie Zusammenhänge zwischen naturräumlicher Ausstattung und menschlicher Nutzung sowie die Notwendigkeit einer nachhaltigen Nutzung erläutern und daraus resultierende, nachhaltige Handlungsperspektiven darstellen.

Bekannte Begriffe

- borealer Nadelwald
- Höhenstufe
- Laubwald
- Mineralstoffkreislauf
- Mischwald-Zone
- Ökosystem
- Savanne
- Steppe
- tropischer Regenwald
- Tundra
- Vegetationszone
- Wüste
- Zone der Hartlaubgewäche Subtropen)

1 Erläutern Sie anhand der Grafik 4 die Zusammenhänge zwischen klimatischen Voraussetzungen und Vegetation am Beispiel des tropischen Regenwaldes.

2 „Jeder Mensch profitiert täglich von den Leistungen der Biosphäre."
Stellen Sie dies an Beispielen Ihres Alltags dar.

3 Erstellen Sie eine Übersicht zu den Veränderungen der Biosphäre in Ihrer Region.

4 Überprüfen Sie nach Abschluss des Kapitels, ob Sie die Notwendigkeit einer nachhaltigen Nutzung der Biosphäre und Förderung der Artenvielfalt begründen und dazu Vorschläge machen können.

Weltweites und rasantes Artensterben: Gefährdung der Biosphäre

Das Aussterben von Arten gehört zur Evolution des Lebens und ist deshalb nicht beunruhigend. Höchst alarmierend ist aber die Geschwindigkeit, mit der die Biodiversität abnimmt. Stellt das eine existenzielle Bedrohung für die Ökosysteme und damit auch den Menschen dar?

Noch nie in der Geschichte der Menschheit hat sich die **Biosphäre** so schnell verändert wie in den letzten 50 Jahren. Nach einem Bericht der Umweltorganisation WWF sind in den letzten 40 Jahren die Wirbeltierbestände um mehr als 60 % zurückgegangen. Wie wertvoll die Vielfalt der verschiedenen Arten ist, machen sich die wenigsten Menschen bewusst. In ihrer Wahrnehmung wird unser tägliches Leben von technischen Systemen bestimmt. Kommunikation, Mobilität, aber auch die Versorgung mit Nahrungsmitteln erleben viele Menschen als weitestgehend von der Natur unabhängig. Dabei sind es die Leistungen der Ökosysteme, welche die Grundlage für menschliches Wohlergehen bilden. Wie sind die Wirkungszusammenhänge in der Biosphäre?

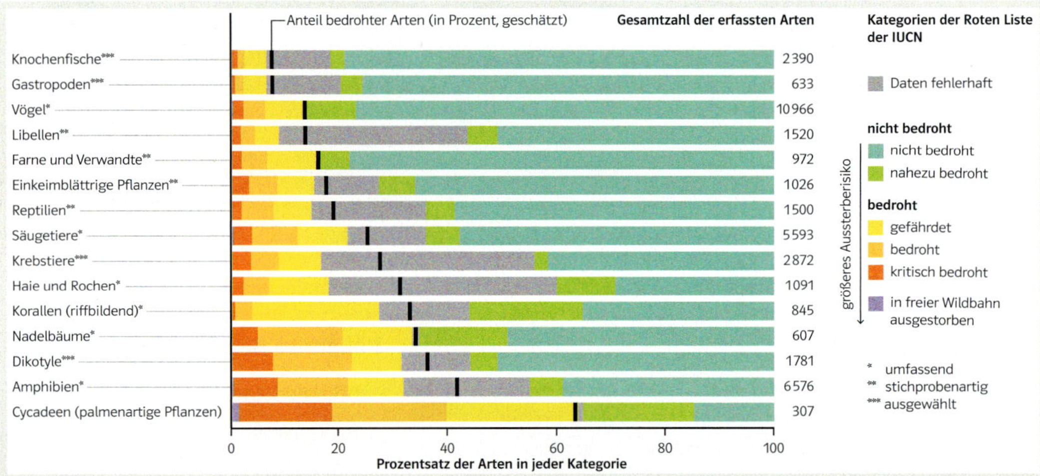

Aktuelles globales Aussterberisiko in verschiedenen Artengruppen

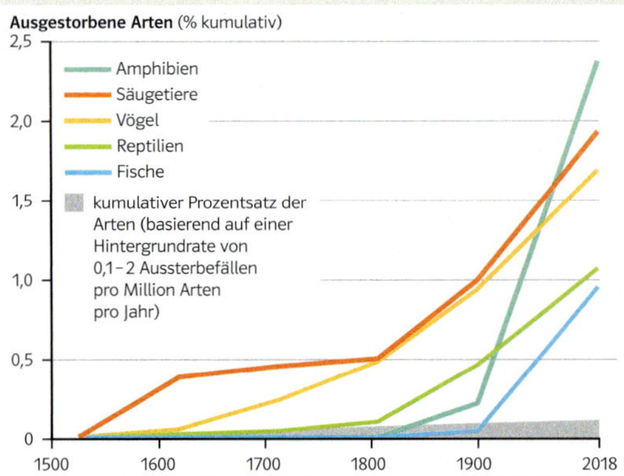

Prozentzahl der ausgestorbenen Arten seit 1500

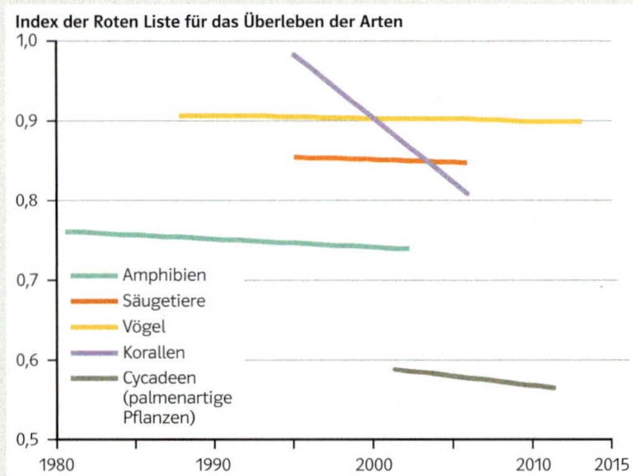

Rückgang der lebenden Arten seit 1980

Ein erheblicher Teil der bewerteten Arten ist vom Aussterben bedroht und Gesamttrends verschlechtern sich, wobei die Aussterberaten im letzten Jahrhundert stark angestiegen sind.

1 Artensterben

Nach: IPBES 2019, unter: issuu.com/marohaas/docs/2019_ipbes_global_report_spm__layout_v9_digital_, S. 26; (Zugriff: 29.04.2021)

	Leistungen der Natur für die Menschen	Globaler Trend 50 Jahre					Richtungsweisender Trend über Regionen hinweg	Ausgewählter Indikator
Regulierung von Umweltprozessen	1 Schaffung und Erhaltung von Lebensräumen	●					konsistent	– Ausmaß an geeignetem Lebensraum
		●					konsistent	– Intaktheit der Biodiversität
	2 Bestäubung und Ausbreitung von Samen und anderen Vermehrungsprodukten	●					konsistent	– Vielfalt der Bestäuber
		●					konsistent	– Ausmaß an natürlichem Lebensraum in landwirtschaftlichen Gebieten
	3 Regulierung der Luftqualität		●				variabel	– Rückhaltung und verhinderte Emission von Luftschadstoffen durch Ökosysteme
	4 Regulierung des Klimas		●				variabel	– Verhinderte Emissionen und Aufnahme von Treibhausgasen durch Ökosysteme
	5 Regulierung der Ozeanversauerung			●			variabel	– Kapazität zur Bindung von Kohlenstoff durch marine und terrestrische Umgebungen
	6 Regulierung von Süßwassermenge, -ort und -zeit		●				variabel	– Einfluss von Ökosystemen auf die Luft-Oberflächen-Grundwasser-Verteilung
	7 Regulierung der Süßwasser- und Küstenwasserqualität		●				konsistent	– Ausmaß der Ökosysteme, die Wasser filtern oder mit Bestandteilen anreichern
	8 Bildung, Schutz und Dekontamination von Böden und Sedimenten		●				variabel	– Organischer Kohlenstoff im Boden
	9 Regulierung von Gefährdungen und Extremereignissen		●				variabel	– Fähigkeit von Ökosystemen, Gefahren zu absorbieren und abzupuffern
	10 Regulierung von schädlichen Organismen und biologischen Prozessen	●					konsistent	– Ausmaß des natürlichen Lebensraums in landwirtschaftlichen Gebieten
			●				konsistent	– Vielfalt an kompetenten Wirten für vektorübertragene Krankheiten
Materialien und Unterstützung	11 Energie				●		variabel	– Umfang der landwirtschaftlich genutzten Flächen – potenzielle Flächen für die Bioenergieproduktion
			●				variabel	– Ausmaß der bewaldeten Fläche
	12 Lebens- und Futtermittel				●		variabel	– Umfang der landwirtschaftlich genutzten Flächen – Potenzial für die Produktion von Nahrungs- und Futtermitteln
		●					variabel	– Große Häufigkeit der Meeresfischbestände
	13 Materialien und Hilfsmittel				●		variabel	– Ausmaß der landwirtschaftlichen Nutzfläche – potenzielle Fläche für die Materialproduktion
			●				variabel	– Ausmaß der bewaldeten Fläche
	14 Medizinische, biochemische und genetische Ressourcen		●				konsistent	– Anteil der lokal bekannten und medizinisch genutzten Arten
		●					konsistent	– Phylogenetische Vielfalt
nicht materiell	15 Lernen und Inspiration	●					konsistent	– Anzahl der Menschen in unmittelbarer Nähe zur Natur
		●					konsistent	– Diversität des Lebens, von dem man lernen kann
	16 Physische und psychische Erfahrungen		●				konsistent	– Fläche der natürlichen und traditionellen Landschaften und Meereslandschaften
	17 Unterstützende Qualifikationen		●				konsistent	– Stabilität der Landnutzung und Landbedeckung
	18 Erhaltung von Optionen	●					konsistent	– Überlebenswahrscheinlichkeit der Arten
		●					konsistent	– Phylogenetische Vielfalt

richtungsweisender Trend — globale Trends: abnehmend ⟵⟶ zunehmend; über Regionen hinweg: konsistent, variabel

Gewisssheitsgrade: gut etabliert; etabliert, aber unvollständig; ungelöst

2 **Globale Trends in der Fähigkeit der Natur, einen Beitrag zu guter Lebensqualität zu leisten (1970 bis heute)**

Nach: IPBES 2019, unter: issuu.com/marohaas/docs/2019_ipbes_global_report_spm___layout_v9_digital_, S.23; (Zugriff: 29.04.2021)

1 Erläutern Sie ausgehend von den Materialien Dimensionen des globalen Artensterbens.

2 Beschreiben Sie an selbst gewählten Beispielen aus Ihrer Region, welche Ökosystemleistung ihr Leben bereichert.

3 NE Erklären Sie an Beispielen die vielfältigen Auswirkungen des Artensterbens auf die Lebensqualität von Menschen (M2).

1 Pflanzen wachsen unter verschiedenen Bedingungen

Wirkungszusammenhänge: Die Anordnung der Ökosysteme

Weshalb wachsen in der Wüste Arizonas Kakteen, aber nicht im Schwarzwald? Wie können Pflanzen im Hochgebirge und kleinsten Mauerritzen überleben? Weshalb wachsen Pflanzen als Epiphyten auf anderen Pflanzen? In welchem Umfang ist die Vegetation vom Menschen beeinflusst? Welche Wirkungszusammenhänge sind für die Differenzierung der Vegetation in unterschiedlichen Ökosystemen verantwortlich?

Potenziell natürliche und reale Vegetation

In weiten Teilen der Erde hat der Mensch verändernd bis zerstörend in seine Umwelt eingegriffen. Die daraus hervorgegangene „reale Vegetation" unterscheidet sich deutlich von der „potenziellen natürlichen Vegetation", die ohne diese Beeinträchtigungen aufgrund der natürlichen Standortbedingungen an einem Ort vorhanden wäre. Ein Beispiel sind die Nadelwaldforste im Alpenvorland, welche als Ersatzgesellschaften an die Stelle der Buchenmischwälder getreten sind.

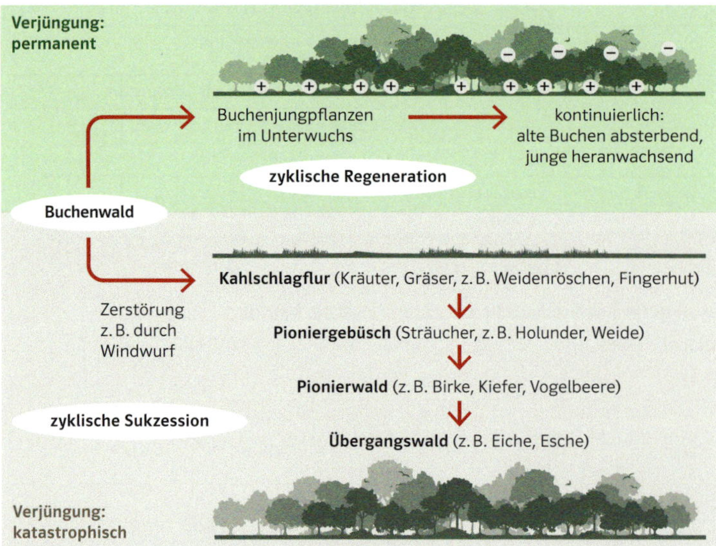

2 Sukzession in Waldgebieten Mitteleuropas

verändert nach: Fred-Günter Schröder: Lehrbuch der Pflanzengeographie. Wiebelsheim: Quelle & Meyer 1998, S. 63

Sukzession

Mit den Jahreszeiten unterliegen Pflanzen und Tiere kurzfristigen, periodisch wiederkehrenden Veränderungen. Längerfristige Veränderungen sind zum einen zyklische Prozesse, wie die ständige Regeneration von nicht forstwirtschaftlich genutzten Wäldern und Urwäldern. Daneben gibt es gerichtete Entwicklungen (**Sukzessionen**), die z. B. nach einer Veränderung der Geofaktoren wie einem Vulkanausbruch, einem Windwurf, auch Windbruch oder Sturmholz genannt, oder nach Eingriffen des Menschen ablaufen. Progressive Sukzessionen führen dabei zu Pflanzengesellschaften, die optimal an die Standortbedingungen angepasst sind. Regressive Sukzessionen sind meist mit einer **Degradation** verbunden. Ein Beispiel ist die intensive Beweidung des Moorbirkenwaldes bis hin zur Ausbildung vegetationsloser Steinpflasterwüsten in Island.

1 MK

Die Entwicklung eines Sekundärwaldes nach Brandrodung ist ein Beispiel für Sukzession in den tropischen Regenwäldern. Erläutern Sie dies mithilfe einer Internetrecherche.

2

Stellen Sie an einem Beispiel aus Ihrem Heimatraum den Unterschied zwischen realer und potenzieller Vegetation dar.

Geofaktoren und die Verbreitung von Pflanzen

Umweltfaktor Licht
Pflanzen nutzen Sonnenenergie, um aus anorganischen Stoffen Kohlenhydrate aufzubauen (Fotosynthese) und damit Energie zu gewinnen. Nicht überall sind die Bedingungen der Sonneneinstrahlung jedoch gleich. In Waldgesellschaften mit stockwerkartigem Aufbau findet man Sonnen- und Schattenpflanzen mit unterschiedlichen Ansprüchen. Selbst innerhalb einer Baumkrone lassen sich Sonnen- und Schattenblätter unterscheiden. Viele Flechten und Moose, aber auch Orchideen als Aufsitzerpflanzen (Epiphyten) in den tropischen Regenwäldern streben dem Licht zu. Licht ist auch ein wichtiger Faktor für die Tierwelt. Die Tageslänge steuert Fortpflanzungszeiten, jahreszeitliche Wanderungen wie den Vogelzug, die Vorbereitung auf den Winter oder den Gesangsbeginn bei Singvögeln. Schließlich bestimmt Licht auch unsere „innere Uhr“.

3

Umweltfaktor Wärme
Lebensnotwendige Stoffwechselprozesse wie die Fotosynthese finden zwischen 0 °C und 45 °C statt. Die Temperatur bestimmt mit anderen Faktoren die Dauer der Vegetationsperiode, die Abfolge der Vegetation in den Gebirgen und die Anordnung der Vegetationszonen. Pflanzen in Wüstengebieten und in den mittleren Breiten haben gegen Temperaturschwankungen im Tages- bzw. Jahresgang wirksame Anpassungen entwickelt wie z. B. Haarfilz oder dicke Korkschichten. Die Kugel- oder Säulenform bei Kakteen schützt aufgrund der verhältnismäßig kleinen Oberfläche vor zu viel Ein- bzw. Ausstrahlung. Weitere Möglichkeiten sind Klein- und Polsterwuchs, isolierende Knospenschuppen, Hartlaubigkeit und Blattwurf. Gefrierbeständige Pflanzen besitzen eine Art „Frostschutz“ im Zellsaft. Auch für die Ausbildung verschiedener Lebensformen sind Temperatur und die Wasserverfügbarkeit entscheidende Umweltfaktoren.

4

Umweltfaktor Wasser
Wasser ist in vielen Gebieten der limitierende Faktor und bestimmt Zusammensetzung und Verteilung der Vegetation. Die Pflanze benötigt Wasser für die Fotosynthese, für die Stabilität, als Transportmittel für Nährstoffe und als Lösungsmittel für Stoffwechselreaktionen. Durch die Transpiration, die Verdunstung an den blattunterseitig liegenden Spaltöffnungen entsteht in der Pflanze ein Sog, der sich bis in die Wurzelspitzen fortsetzt. So gelingt es ohne Energieaufwand, den Wasserstrom bis in über 100 m Höhe zu transportieren. Darüber hinaus schützt Transpiration vor Hitzeschäden. Neben der Anpassung an jahreszeitliche Veränderungen können Pflanzen mithilfe differenzierter Gewebe und Organe ihren Wasserhaushalt selbst regulieren. Je nach Spezialisierungsgrad unterscheidet man verschiedene Wasserhaushaltstypen.

5

6 **Beziehungen zwischen den indirekt und direkt auf die Pflanze wirkenden Standortfaktoren**
Nach: Hans-Jürgen Klink: Vegetationsgeographie. Das Geographische Seminar. 3. Aufl. Braunschweig: Westermann 1998, S. 108, verändert

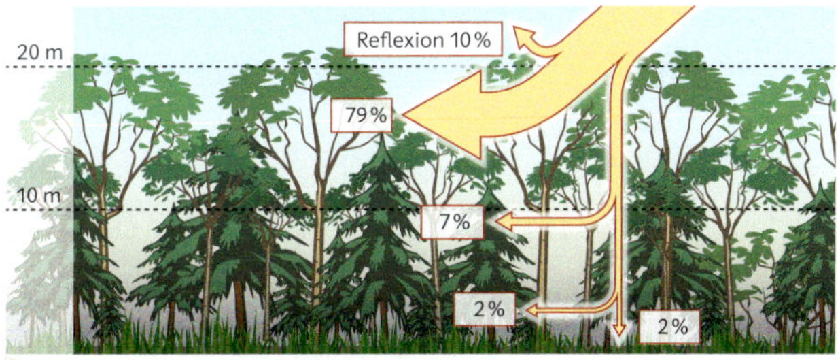

7 **Anteile an einfallender kurzwelliger Strahlung in einem stockwerkartig aufgebauten Laub-Nadel-Mischwald**
Nach: W. Lacher: Ökologie der Pflanzen auf physiologischer Grundlage, 1984

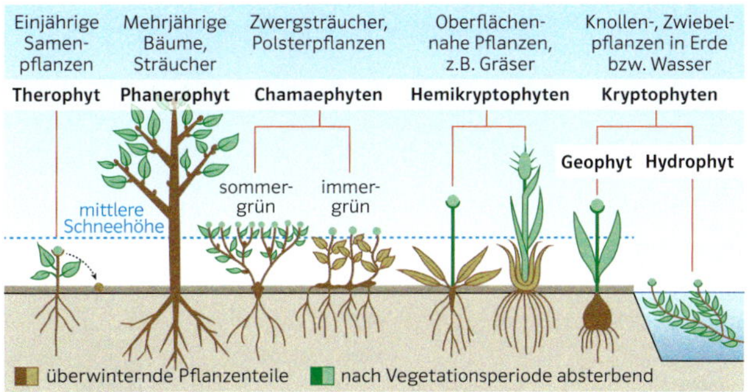

8 **Lebensformen nach Ch. Raunkiaer (1905)**
Nach: W. Lacher: Ökologie der Pflanzen auf physiologischer Grundlage, Eugen Ulmer, Stuttgart, 1984

3
Charakterisieren Sie die Wirkung von direkten und indirekten Standortfaktoren auf die Pflanze anhand konkreter Beispiele.

4
Begründen Sie, weshalb Wasser, Licht und Wärme von elementarer Bedeutung für die Pflanzen sind.

Die globale Anordnung der Ökosysteme

Auf der Erdoberfläche sind die Ökosysteme in charakteristischer Weise angeordnet. Besonders deutlich wird dies entlang eines Profils auf 15° östlicher Länge. Doch diese „ideale" Anordnung wird gestört durch Gebirge oder die Ausdehnung von Kontinenten. Welche naturräumlichen Faktoren bestimmen die globale Anordnung der Ökosysteme?

Zonale Vegetation

← Höhenstufen S.167

Wie die Klimazonen lassen sich weltweit Vegetationszonen abgrenzen, in denen bestimmte Ökosysteme vorherrschen. Diese Räume weisen eine große Übereinstimmung der klimatischen Parameter auf: Die Dauer der Vegetationsperiode, die relative Luftfeuchtigkeit, das Jahresmittel der Lufttemperatur, den jährlichen Niederschlag und die jährliche potenzielle Verdunstung steuern die Anordnung der Vegetation und damit der Ökosysteme. Ein theoretisches Beispiel ist die Anordnung der Vegetation auf einem „Idealkontinent" (Karte 1). Dabei wird von vergleichbaren sonstigen Bedingungen, wie beispielsweise ausreichend guten Böden oder vergleichbarer Höhenlage, ausgegangen. In der Realität wird diese verallgemeinerte Anordnung aber „gestört". Viele Faktoren, die ein Ökosystem bestimmen, sind nicht regelmäßig angeordnet. So unterscheiden sich trotz gleicher Breitenlage die klimatischen Bedingungen an den West- und Ostseiten der Kontinente sowie im Innern der Kontinente. Auch Gebirge unterbrechen mit der vertikalen Veränderung von Temperatur und Niederschlag die regelhafte Anordnung der Ökosysteme. Auf einer Karte sind die einzelnen Zonen meist mit einer dünnen Grenzlinie voneinander getrennt. In Wirklichkeit erfolgt der Übergang von einem Ökosystem zum anderen nicht abrupt, sondern in einer mehr oder weniger breiten Übergangszone.

Im Laufe der Zeit hat sich die Anordnung der Ökosysteme immer wieder geändert, So waren während der letzten Eiszeit die arktischen Ökosysteme auf der Nordhalbkugel weit nach Süden verschoben. Reste davon finden sich noch heute in eng abgegrenzten Arealen der Mittelgebirge und Alpen. Der aktuelle Klimawandel wird die Anordnung weiter verändern und die Ökosysteme weiter polwärts verschieben.

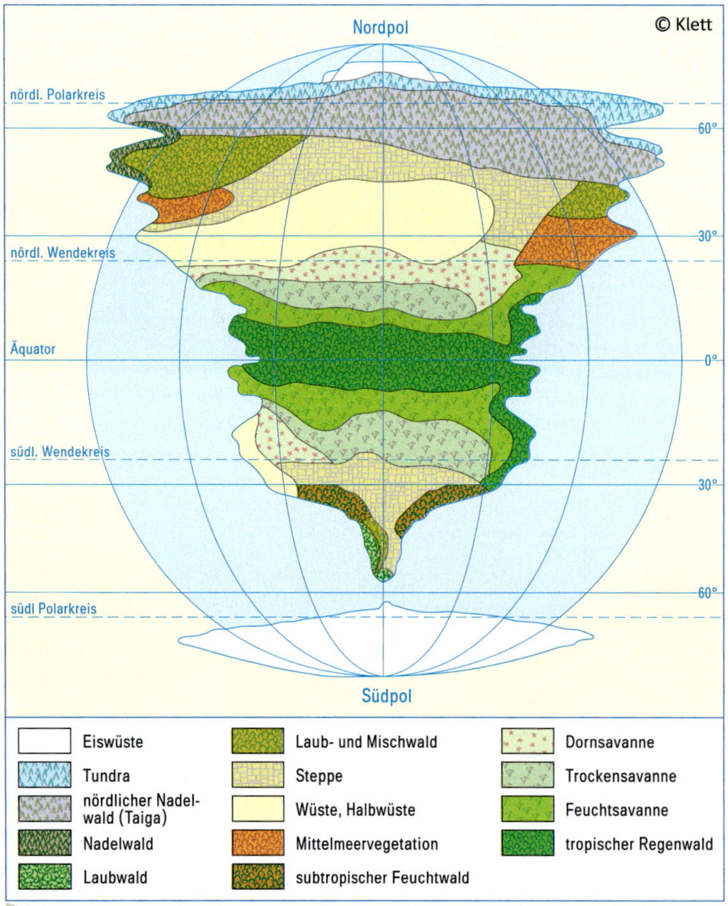

1 Abfolge der Vegetationszonen der Erde auf dem „Idealkontinent"

Nach: Asymmetrischer Vegetationsaufbau der Erde, In: Spektrum der Wissenschaft, Heidelberg, o. J., unter: www.spektrum.de/lexikon/geographie/asymmetrischer-vegetationsaufbau-der-erde/531 (Zugriff: 17.03.2021)

1 Charakterisieren Sie anhand der Abbildungen 1 und 2 die Vegetation der einzelnen Zonen.

2 Arbeiten Sie aus dem Diagramm die Zusammenhänge zwischen der jeweiligen Vegetationszone und den genannten Geofaktoren heraus und erstellen Sie dazu eine vergleichende Übersicht.

3 Erstellen Sie für Ihren Heimatraum eine Übersicht zur vorherrschenden Vegetation und den klimatischen Bedingungen.

Material
Infoblatt Vegetationszonen der Erde
3bf7mt

Multimedial arbeiten
Virtuelle Exkursion Vegetationszonen
3bf7mt

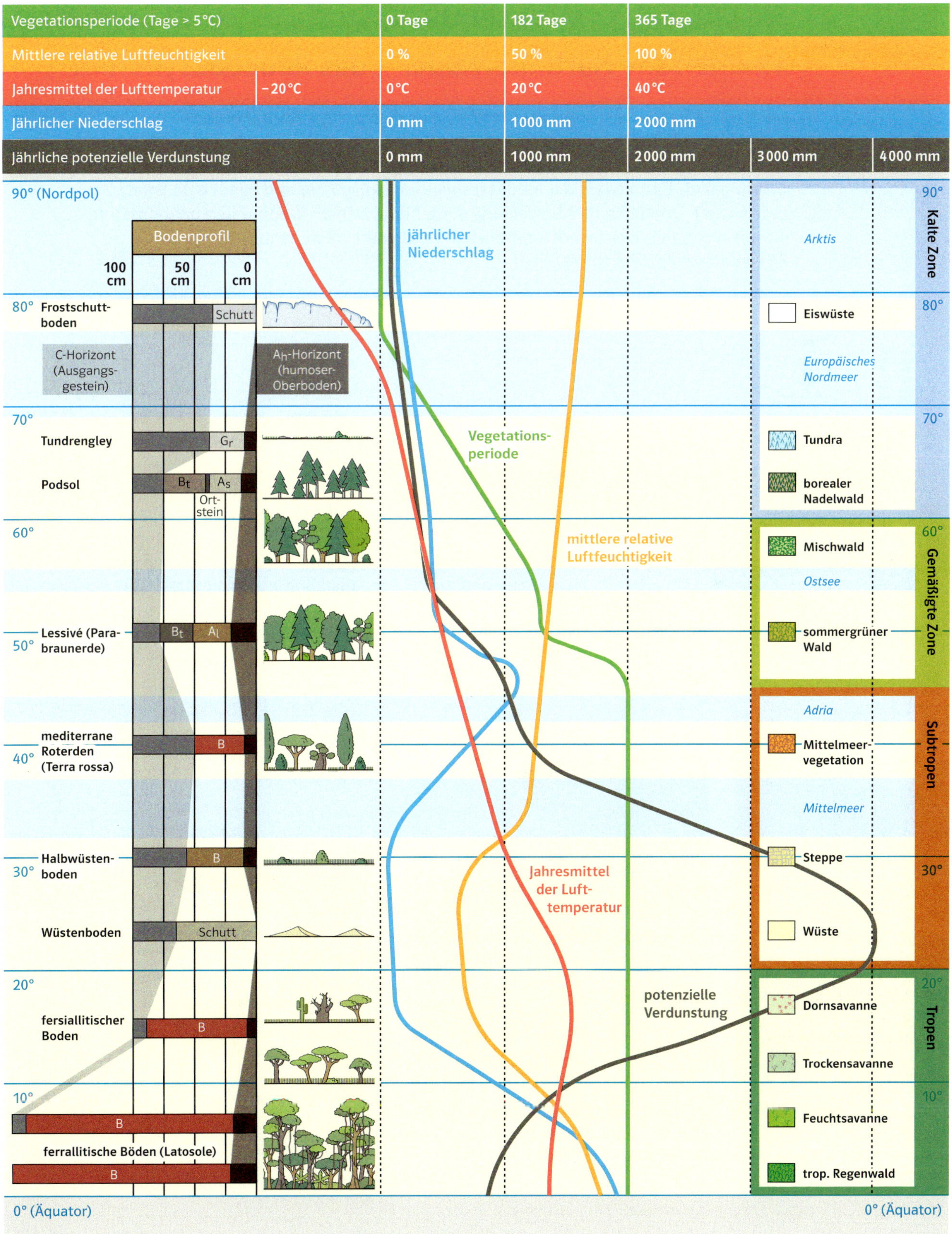

2 Anordnung der Vegetationszonen entlang 15° östlicher Länge

FALLBEISPIEL: Menschliche Eingriffe in das Ökosystem Mediterrane Hartlaubwälder – das Raubbausyndrom

Zwischen März und Mai steht die Macchie, eine einzigartige Hartlaubvegetation aus 3–5 m hohen Sträuchern, in voller Blüte und verbreitet ihren aromatischen Duft. Sie ist das Ergebnis einer über Jahrtausende erfolgten Nutzung durch Abbrennen, Überweidung und Holznutzung der mediterranen Hartlaubwälder und bildet eine Ersatzgesellschaft. Findet weitere Beweidung statt, bildet sich als weitere Degradationsstufe die aus niedrigem Buschwerk und zahlreichen Gräsern bestehende Garrigue.
Wie ist dieser Prozess zu erklären?

Das Raubbausyndrom

„Es beschreibt die rasche, bis zur Zerstörung bzw. Ausrottung reichende Übernutzung nachwachsender Ressourcen sowie die Degradation bzw. Vernichtung von Ökosystemen aufgrund kurzfristiger Nutzungsinteressen. Irreversible Verluste an Biodiversität sind die primäre Folge. Verluste für den Menschen treten teils unmittelbar, teils zeitlich versetzt und diffus auf (WBGU 2000). Von diesem Syndrom sind vor allem die globalen Waldökosysteme mit den verbleibenden Primärwäldern in tropischen und borealen Regionen betroffen. Damit ist die Funktionalität der Biosphäre insgesamt und der globalen Regel- und Stoffkreisläufe bedroht. Die Ressourcenentnahme erfolgt in einem Ausmaß, welches die Reproduktionsfähigkeit des Systems übersteigt, was im Extremfall mit der Ausrottung von Arten oder Ökosystemen einhergehen und teilweise die naturräumliche Grundlage für das Wiedererstehen der betroffenen Ökosysteme vernichtet."

Zusammengestellt nach: Martin Cassel-Gintz, GIS-geschützte Analyse globaler Muster anthropogener Waldschädigung. Potsdam 2001, S. 66, unter: www.pik-potsdam.de/en/output/publications/pikreports/.files/pr71.pdf (Zugriff: 22.05.2021)

1

2 Steineichenwald: potenziell natürliche Vegetation im Mittelmeerraum

3 Macchie und Garrigue: reale Vegetation im Mittelmeerraum

Das Syndromkonzept

Einen Erklärungsansatz für die tief greifenden Veränderungen der mediterranen Ökosysteme liefert das Raubbausyndrom. Für die Erforschung nicht nachhaltiger globaler Umwelt- und Entwicklungsprobleme hat der WBGU (Wissenschaftlicher Beirat Globale Umweltveränderungen [der Bundesregierung] seit 1992 einen eigenständigen Ansatz entwickelt, das sogenannte Syndromkonzept. Mit dem Begriff Syndrom, der aus der Medizin entliehen ist und komplexe Krankheitsbilder kennzeichnet, wird das dynamische und multifaktorielle Wirkungsgeflecht globaler Umweltprobleme beschrieben. Ziel ist es, mit einem integrativen systemischen Ansatz die naturräumlichen und gesellschaftlichen Ursachen dieser Syndrome interdisziplinär zu erfassen. Weltweit wurden 16 Syndrome des globalen Wandels identifiziert. Dabei wird das jeweilige Syndrommuster in verschiedenen Regionen und damit Ökosystemen angetroffen.

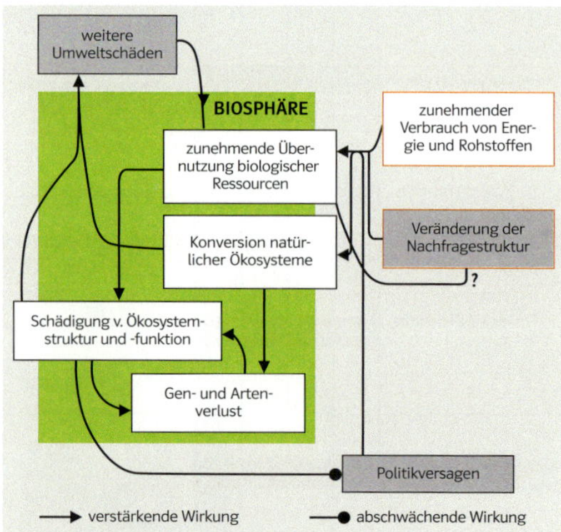

4 Syndromkern des Raubbausyndroms

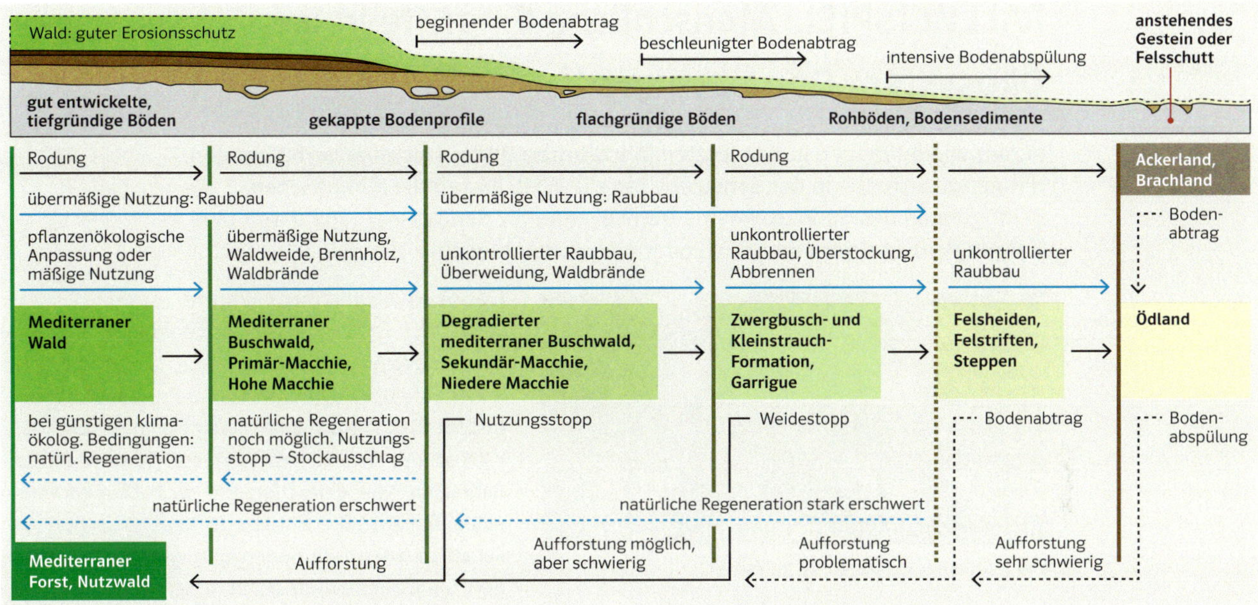

5 Degradationsstadien des mediterranen Waldes – Sukzessions- und Regenerationsstadien

Nach: BSV Band Oberstufen-Geographie: Landschaftsökologie, HRSG Wolfgang Faedrich u.a. 1997, S.153

6 Die Veränderung einer Küstenlandschaft durch menschliche Einflüsse

Nach: Guillaume Benoit/Aline Comeau: Mediterranée: Les perspectives du Plan Bleu sur l'environnement et le développement, Editions de l'aube 2005; www. planbleu. org (Zugriff: 25.05.2021)

7 Plastik, soweit das Auge reicht

Satellitenbild der intensiven Landwirtschaft mit Plastikgewächshäusern in Spanien (Contains modified Copernicus Sentinel data 2019.) Diese Aufnahme des ASTER-Satelliten der NASA illustriert eindrücklich, wie sehr wir Menschen die Landschaft verändern und Lebensräume zerstören. Das Bild zeigt ein fast vollständig mit Kunststofffolien überdecktes Gemüseanbaugebiet im spanischen Almeria – einer Region, die auch uns in Deutschland zahlreiche Lebensmittel liefert.

1 Charakterisieren Sie den Syndromansatz.

2 Erläutern Sie am Beispiel der Hartlaubwälder des Mittelmeerraums den zentralen Mechanismus des Raubbausyndroms.

3 „Unser Wunsch nach Erdbeeren im Februar zerstört die Ökosysteme des Mittelmeerraums". Begründen Sie diese Aussage.

FALLBEISPIEL: Menschliche Eingriffe in das Ökosystem Dornsavanne

Immer wieder gingen in den letzten Jahrzehnten Bilder von einer verheerenden Hungerkatastrophe in der Sahelzone um die Welt. Waren die klimatischen Bedingungen des Geoökosystems Dornsavanne für den Wasser- und damit den Nahrungsmangel verantwortlich oder war es menschliches Handeln?

2 An einer Wasserstelle im Tschad

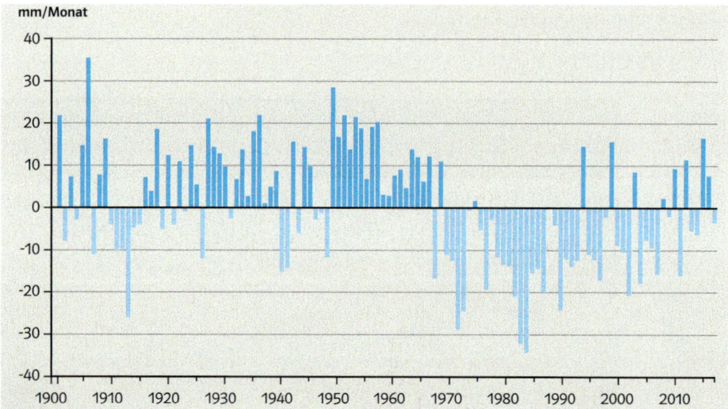

1 Niederschlagsanomalien im Sahel 1901–2017

Nach: Niederschlagsanomalien im Sahel, University of Washington, unter: http://research.jisao.washington.edu/data/sahel (Zugriff: 01.02.2021)

Geoökosystem Dornsavanne

Tatsächlich ist Wasser der entscheidende Geofaktor des Geoökosystems **Dornsavanne**, zu dem große Teile der Sahelzone gehören. Das arabische Wort Sahel bedeutet Ufer. Nach ihrem Weg durch die endlosen Weiten der Sahara erschien den Karawanen die Sahelzone wie eine Uferzone nach Durchquerung eines Ozeans. Die Sahelzone liegt zwischen den **Feuchtsavannen** im Süden und der **Wüste** im Norden. Sie ist klimatisch durch einen Wechsel von arider und humider Jahreszeit, eine Verkürzung der sommerlichen Regenzeit gekennzeichnet. Die jährlichen Niederschläge schwanken extrem (Grafik 2). Deshalb muss im Sahel jederzeit mit Dürreperioden gerechnet werden.

Die traditionellen Landnutzungssysteme sind an das Klima, die oftmals sandigen Böden und die Vegetation aus einjährigen Gräsern und Büschen angepasst. In den besonders niederschlagsarmen Räumen ist es der Nomadismus. In den Gebieten mit einer etwas längeren Regenzeit ist es die Fruchtwechselwirtschaft. Beide Nutzungsformen überstehen kürzere Dürreperioden. Treten aber mehrjährige Wassermangeljahre auf, entstehen Notsituationen und Hungerkatastrophen.

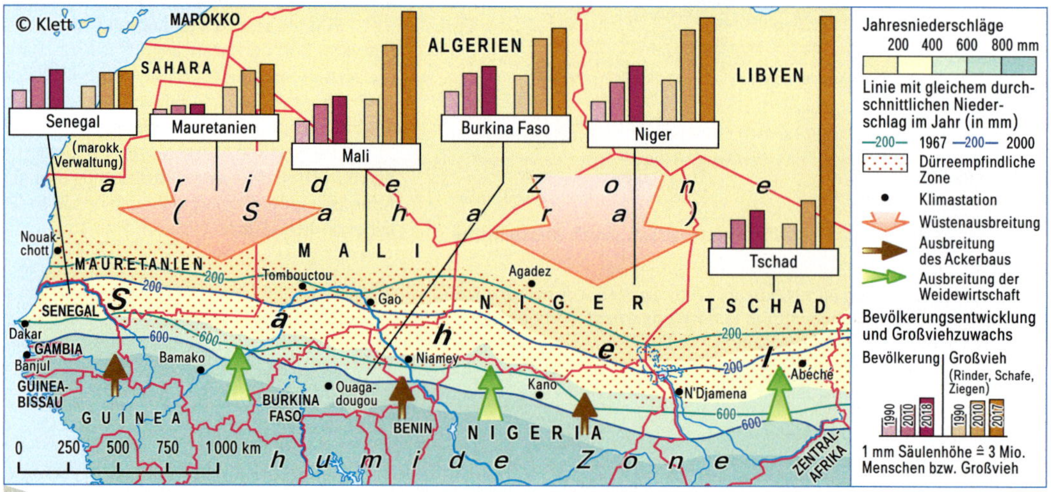

3 Die Sahelzone und ihre Grenzen

Das Sahelsyndrom

Die Aussage „Drought is part and parcel of the climatic pattern. Desertification is the work of man." weist darauf hin, dass menschliches Handeln die natürlichen Dürreereignisse verstärkt. Mit dem Begriff **Desertifikation** wird die dauerhafte Schädigung der Landnutzungsressourcen und -potenziale bezeichnet. Fortschreitende **Bodendegradation** infolge von Erosion, Versalzung oder Versandung, Zerstörung der Vegetation und Veränderung des Wasserhaushalts sind wesentliche Merkmale.

Das Sahelsyndrom beschreibt die von sozioökonomischen Bedingungen wie Bevölkerungswachstum, Ernährungslage, Armut und Energieverbrauch ausgelöste landwirtschaftliche Übernutzung marginaler Standorte. Eine Rolle für die Übernutzung spielen auch traditionelle Denkmuster, z. B. dass der Status der Männer oft noch definiert wird durch den Besitz an Vieh. Ebenfalls anthropogen bedingt ist die willkürliche Grenzziehung am Ende der Kolonialphase. Traditionelle Weidegründe wurden zerschnitten, der Nomadismus als angepasste Wirtschaftsform erschwert. Heute sind es vor allem terroristische Milizen, die Grenzüberschreitungen der wandernden Bevölkerung verhindern.

Maßnahmen gegen die Desertifikation

Wie können die durch Desertifikation bedrohten Trockengebiete der Erde, für die die Sahelzone das großräumigste Beispiel darstellt, nachhaltig genutzt werden? Die Anforderungen an eine nachhaltige Entwicklung sind hoch. Sie sollen die Biodiversität sichern, den Klimawandel begrenzen, die Armut bekämpfen und die Nahrungsmittelversorgung sichern. Wie das funktionieren könnte, zeigt das Projekt „Great Green Wall", ein 8 000 km langes Entwicklungsprojekt am Nordrand der Sahelzone.

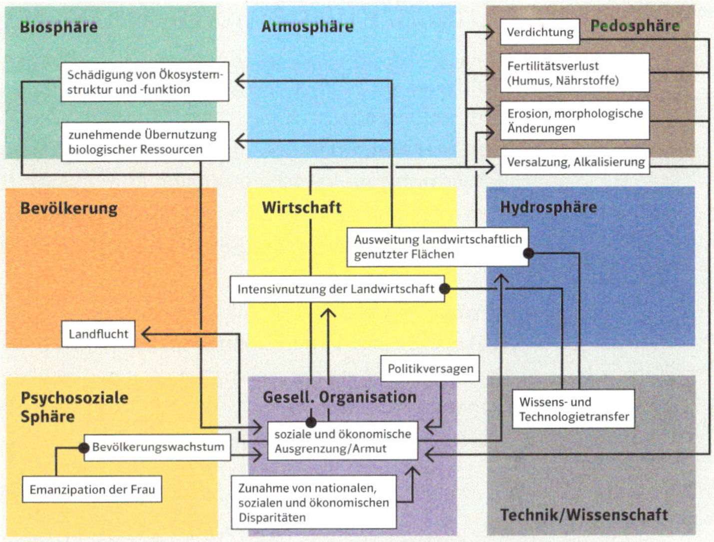

4 Sahelsyndrom – komplexes Syndrom von Umweltschädigungen

5 Bau von Steindämmen in der Sahelzone und ihre Wirkung

1 Beschreiben Sie die klimatischen Bedingungen in der Sahelzone (M1 – M3).

2 Stellen Sie für die Sahelzone zusammenfassend die natürlichen und sozioökonomischen Rahmenbedingungen dar (auch Atlas).

3 Bewerten Sie die natürlichen Voraussetzungen in der Sahelzone im Hinblick auf landwirtschaftliche Nutzungsmöglichkeiten.

4 NE Erklären Sie: Die Dürre im Sahel wird durch anthropogene Ursachen verstärkt.

5 MK NE Erörtern Sie das Projekt „Great Green Wall" (Online-Code).

6 „Technische Maßnahmen sind gut, gehen aber nicht an die Wurzel der Sahelproblematik." Beurteilen Sie diese Aussage.

Auswirkungen des Klimawandels auf die Biosphäre

Wildlebende Pflanzengesellschaften und Tiere sind an das Klima ihres Lebensraums optimal angepasst. Kleine Veränderungen des Klimas wie ein milder Winter oder nasser Sommer können in der Regel gut bewältigt werden. Was aber passiert, wenn die globale Erwärmung zur Verschiebung von Klimazonen führt und aride Klimazonen sich ausdehnen oder polare Klimazonen kleiner werden? Welche Auswirkungen hat das auf die Ökosysteme und die Leistungen, die natürliche Ökosysteme für uns Menschen erbringen?

Invasive Arten
Pflanzen- und Tierarten, die sich außerhalb ihres bisherigen Areals ausbreiten

Neophyten
in einem Gebiet ursprünglich nicht vorkommende Pflanzen

Neozoen
in einem Gebiet ursprünglich nicht vorkommende Tiere

Invasive Arten

Viele Pflanzen und Tiere können sich an eine schnelle Klimaänderung nur bedingt anpassen. Die weitgehend ortsfesten Pflanzen können im Gegensatz zu Tieren ihren Standort nicht verändern und kommen in Konkurrenz mit **invasiven Arten**. Als Neophyten bzw. Neozoen setzen sich diese dauerhaft in einer Region fest. In der Folge entstehen neue Zusammenhänge zwischen den Lebewesen in einem Ökosystem. Die Ausbreitung invasiver Arten wird in einer globalisierten Welt vor allem mithilfe von Transportmitteln des Menschen begünstigt. Beispiele für Neophyten in Deutschland sind die Beifuß-Ambrosie, das Indische Springkraut oder der Japanische Staudenknöterich. In Deutschland wurden in den vergangenen 500 Jahren rund 800 Tier- und Pflanzenarten von Menschen unbewusst eingeführt oder aktiv angesiedelt. Sie verdrängen die **Wildpflanzen**, aber auch die **Kulturpflanzen**.

Invasive gebietsfremde Arten und nachhaltige Entwicklung	
SDG 1: Keine Armut SDG 2: Kein Hunger	Der Herbstheerwurm verursacht in ganz Afrika schwere Ertragseinbußen bei Mais und beeinträchtigt Kleinbauernbetriebe.
SDG 3: Gesundheit und Wohlbefinden	Die Tigermücke ist ein Überträger für Krankheiten wie das Dengue-Fieber.
SDG 6: Sauberes Wasser	Süßwasserkrebse beeinträchtigen die Wasserqualität (Aufwirbeln des Sediments, Zerstören von Wasserpflanzen)
SDG 8: Menschenwürdige Arbeit und wirtschaftliches Wachstum	Die Wasserhyazinthe behindert die Schifffahrt, stoppt die Fischerei und verstopft Bewässerungskanäle.

Nach: www.iucn.org/sites/dev/files/styles/graphics/public/media-uploads/2018/07/examples_of_invasive_alien_species.png?itok=7js28NUP (Zugriff: 15.04.2021)

2

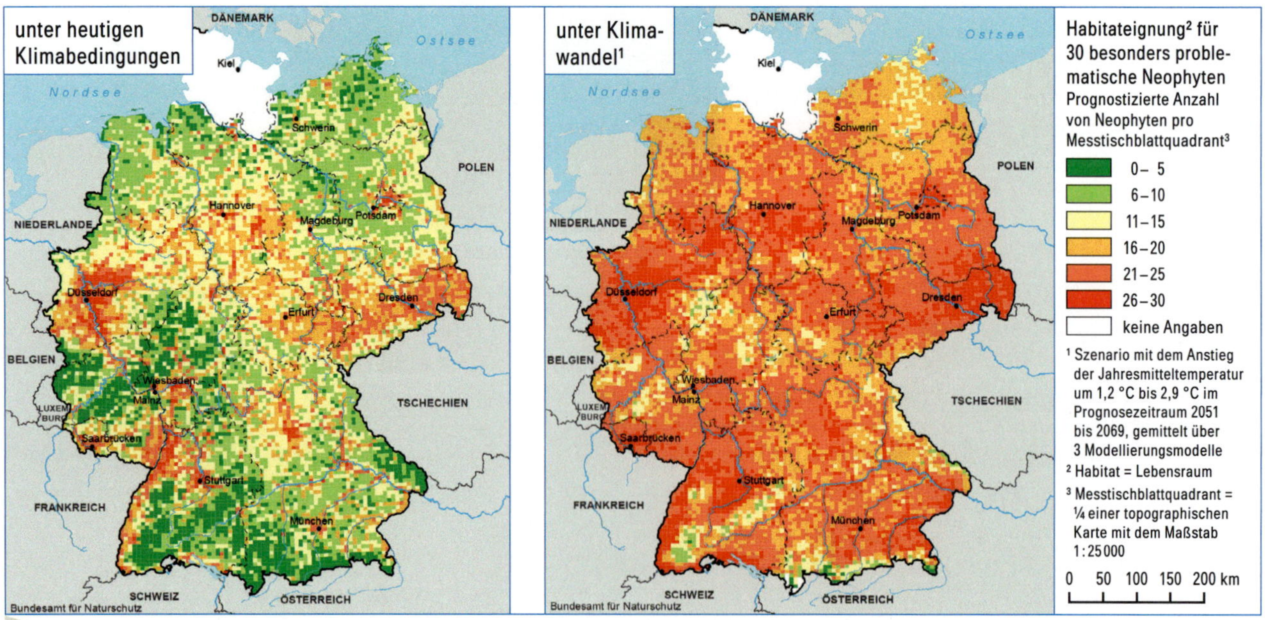

1 Klimawandel begünstigt die Verbreitung von Neophyten

FALLBEISPIEL: Ökosystem Mangroven im Klimawandel

3 UNESCO Weltnaturerbe Sundarbans: einer der wenigen noch intakten Mangrovenurwälder, bedroht durch menschliche Aktivitäten

Mangrovenwälder gelten als die produktivsten Geoökosysteme der Welt. Obwohl sie als Kohlenstoffsenke bedeutend sind, wurden in den letzten 20 Jahren 50 % der Mangrovenwälder zerstört.

Mangroven verbinden Land und Meer. Ihre Verbreitung ist auf die Tropen zwischen den Wendekreisen beschränkt. Bis zu 30 m hohe Bäume und Sträucher haben sich an die Lebensbedingungen im salzigen Meerwasser mit seinen Gezeiten angepasst. Ein komplizierter biochemischer Prozess sorgt dafür, dass die Mangrovenwurzeln, obwohl sie im Salzwasser stehen, Wasser aufnehmen können. Mit ihren Brett-, Stelz- und Kniewurzeln verankern sie sich fest im Boden. Hauptursachen für den Rückgang der Mangroven sind Trockenlegungen im Zuge des Siedlungswachstums, Holzeinschlags oder der Anlage von industriellen Aquakulturen für die Garnelenzucht.

Mangroven sind Klimaretter

„Ins Wasser gefallene Mangrovenblätter verrotten langsamer als an Land. Über Jahrtausende haben sich dort mächtige Ablagerungen gebildet, wodurch Mangroven pro Hektar 3 bis 5 Mal mehr Kohlenstoff speichern können als Tropenwälder an Land. Wenn Mangroven, die den Boden zusammenhalten, zerstört werden, dann setzt das den über Jahrtausende gespeicherten Kohlenstoff frei. Wissenschaftler haben errechnet, dass die jährlichen CO_2-Emissionen durch Mangrovenverlust größer sind als die Österreichs. Durch ihre Kohlenstoffspeicherung haben intakte und geschützte Mangroven einen positiven Einfluss auf das globale Klima. Abholzung macht aus dem ‚Klimawunder Mangroven' einen ‚Klimakiller'".

WWF Deutschland Berlin, unter www.wwf.de (Zugriff: 05.02.2021)

5

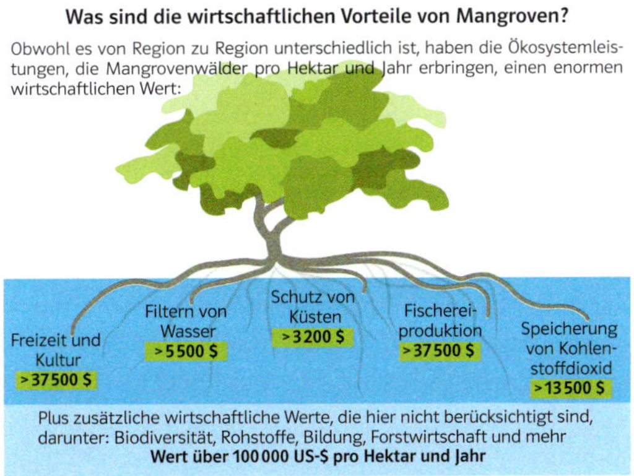

4 Ökosystemleistungen von Mangroven

Nach: Paula Ezcurra, www.TheNaturalNumbers.org (Zugriff: 05.06.2021)

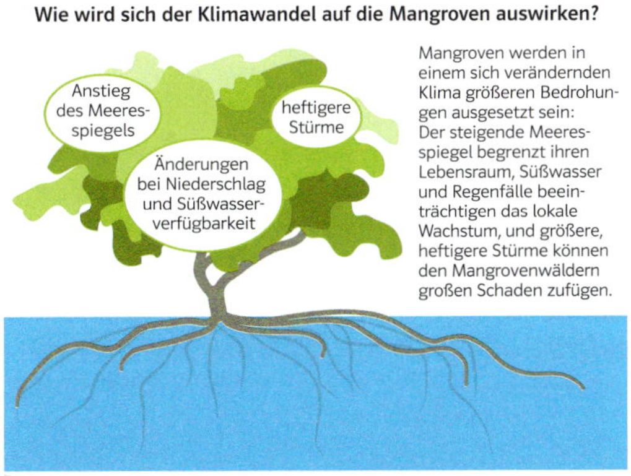

6 Klimawandel bedroht die Mangroven

Nach: Paula Ezcurra, www.TheNaturalNumbers.org (Zugriff: 05.06.2021)

1 NE Erstellen Sie eine Übersicht zu den invasiven Arten in Ihrem Heimatraum.

2 NE Erläutern Sie Beeinflussung einer nachhaltigen Entwicklung durch invasive Arten.

3 Arbeiten Sie aus M1 die zentrale Aussage heraus.

4 NE Beschreiben Sie die ökonomische und ökologische Bedeutung der Mangrovenküsten.

5 MK Erstellen Sie ein Wirkungsgefüge zu den Auswirkungen des Klimawandels auf die Mangroven.

NE

Die Artenvielfalt erhalten

Die Gefährdung der Biosphäre nimmt dramatische Ausmaße an. In einem dramatischen Appell wenden sich Wissenschaftler im Dezember 2020 an die Öffentlichkeit: „Die Zeit drängt. Ohne schnell wirksame Gegenmaßnahmen werden Erderhitzung und Biodiversitätsverlust Ausmaße annehmen, welche die Lebensweise von Menschen nicht abschätzbaren Risiken aussetzen." (Scientists for Future)
Wie kann jeder von uns Gefährdungen der Biosphäre vermeiden und Biodiversität fördern?

Angesichts der Größe der Herausforderung erscheint der eigene Beitrag zur Förderung der Biodiversität und dem Schutz der Biosphäre gering. In der Realität kann aber jeder Einzelne vielfältig und mit kleinen Änderungen im alltäglichen Leben einen entscheidenden Beitrag leisten. Die Materialien auf der folgenden Seite geben Ihnen dazu erste Anregungen für Ihr Wohnumfeld und für Ihre Essgewohnheiten.

1 Josef Settele hat als Co-Vorsitzender des Weltbiodiversitätsrats die jahrelange Arbeit am jetzt vorliegenden IPBES-Bericht* mitgeleitet. Im Interview spricht der Wissenschaftler vom Helmholtz-Zentrum für Umweltforschung darüber, warum Tiere und Pflanzen auch in Deutschland gefährdet sind und was man dagegen tun kann.

*IPBES Intergovernmental Platform on Biodiversity and Ecosystem Services

„Mehr Chaos und Störung zulassen"

Weil es an vielen Stellen so ordentlich ist, sterben immer mehr Tiere und Pflanzen aus. Ein Artenschutz-Experte erklärt, was jeder Einzelne dagegen tun kann. Interview von Tina Baier (Süddeutsche Zeitung SZ).

„Gibt es in Deutschland auch ein Artensterben?

Josef Settele: Ja natürlich! Wir verlieren viele Spezies. In Deutschland ist vor allem ein Verlust der Biodiversität zu beobachten, das heißt, es gibt immer weniger verschiedene Tier- und Pflanzenarten. Zudem geht aber auch die Zahl der Individuen zurück, zum Beispiel bei vielen Insekten. Der Artenschwund findet direkt vor unserer Haustür statt. [...]

Warum ist das so?

Die Landschaft in Deutschland ist zu aufgeräumt. In der intensiven Landwirtschaft wird jeder Zentimeter Boden effektiv genutzt. Viele Arten verlieren dadurch ihren Lebensraum. Es bleibt schlicht kein Platz mehr. Verloren gehen deshalb auch alle Lebewesen, die Chaos mögen. Interessanterweise gehören in Deutschland Truppenübungsplätze zu den artenreichsten Flächen. Das liegt unter anderem daran, dass sich dort ständig etwas verändert. Durch die Übungen entstehen zum Beispiel immer wieder offene Stellen, an denen das Erdreich aufgebrochen ist. [Das ist auch jeden Winter in den Wäldern zu beobachten, wenn große Maschinen roden und dabei den Boden aufbrechen.][...] Durch die Aktivitäten gibt es sehr viele verschiedene Strukturen, von denen die verschiedensten Arten profitieren. [...]

Was sind in Deutschland die Hauptursachen für das Artensterben?

Das größte Problem ist mit Sicherheit die Landnutzung und zwar nicht nur in der Landwirtschaft sondern beispielsweise auch in den Städten. Gärten und öffentliche Grünanlagen sind viel zu ordentlich. Kritisch ist der aktuelle Trend zu Steingärten, die als unkrautfrei und pflegeleicht gelten. Oft sind das Steinwüsten, in denen Tiere und Pflanzen keinerlei Überlebenschance haben. Ein großes Problem bei uns ist auch der Einsatz von Pestiziden und zwar sowohl in der Landwirtschaft, als auch im privaten Bereich.

Was müsste sich in Deutschland ändern, damit es den Arten wieder besser geht?

Erstens: Mehr Chaos und Störung zulassen. Zweitens: Pestizideinsatz in der Landwirtschaft reduzieren. Ich bin nicht für ein totales Verbot, weil die Landwirte dann weniger produzieren würden und wir müssen schon darauf achten, dass es keine größeren Einbußen gibt. Aber ich bin überzeugt, dass der Einsatz dieser Mittel deutlich zurückgefahren werden kann, ohne dass die Produktion darunter leidet. Drittens: Um Arten zu schützen, müssen wir auch den Temperaturanstieg durch den Klimawandel in den Griff bekommen. Was haben wir davon, Arten zu retten, wenn diese dann in zehn oder zwanzig Jahren verschwinden, weil es ihnen bei uns zu heiß wird? [...]"

Bildunterschrift M1 und Text M2: „Mehr Chaos und Störung zulassen", Interview von Tina Baier mit Josef Settele, auf: SZ.de v. 06.05.2019, unter: www.sueddeutsche.de/wissen/artenschutz-tiere-pflanzen-deutschland-1.4432562 (Zugriff: 03.08.2021)

2

Projekt Genbänkle

„Das Projekt ‚Genbänkle‘ hat sich zum Ziel gesteckt, Initiativen und Organisationen zum Thema ‚Alte und seltene Gemüsesorten‘ in Baden-Württemberg aufzulisten, zu vernetzen und sichtbar zu machen. In einer ersten Phase des Projekts soll eine Liste diesbezüglicher Kontakte in Baden-Württemberg erstellt werden. Sie kann dann als Grundlage für eine Datenbank und gegebenenfalls eine Online-Landkarte dienen. Somit soll es interessierten Menschen erleichtert werden, Zugang zu regionalem, samenfestem, d. h. aus der Pflanze selbst gewonnenem Saatgut alter und seltener Gemüsesorten zu bekommen. Eventuell soll die Datenbank später über Gemüsesorten hinaus auf andere Feldfrüchte ausgeweitet werden.“

„Mit dem Saatgutset ‚Wachsende Begeisterung‘ wollen wir alte Sorten und deren geschmackliche Vielfalt wieder in die Gärten und die Küche bringen [...] Saatguttütchen folgender historischer Sorten: Kopfsalat ‚Wunder von Stuttgart‘, Linse ‚Späths Alblinse I‘, Rettich ‚Ostergruß rosa 2‘, Weißkohl ‚Filder-Spitzkraut‘, Feuerbohne ‚Scarlet Emperor‘, Zwiebel ‚Stuttgarter Riesen‘, Lein ‚Blaues Wunder‘.“

Genbänkle – Netzwerk zur Förderung der Kulturpflanzenvielfalt in Baden-Württemberg e.V., unter: www.genbaenkle.de/

3

5 Saatgutset „Wachsende Begeisterung“ Das Set wird alle zwei Jahre mit anderen Sortenfunden und Regionalsorten befüllt

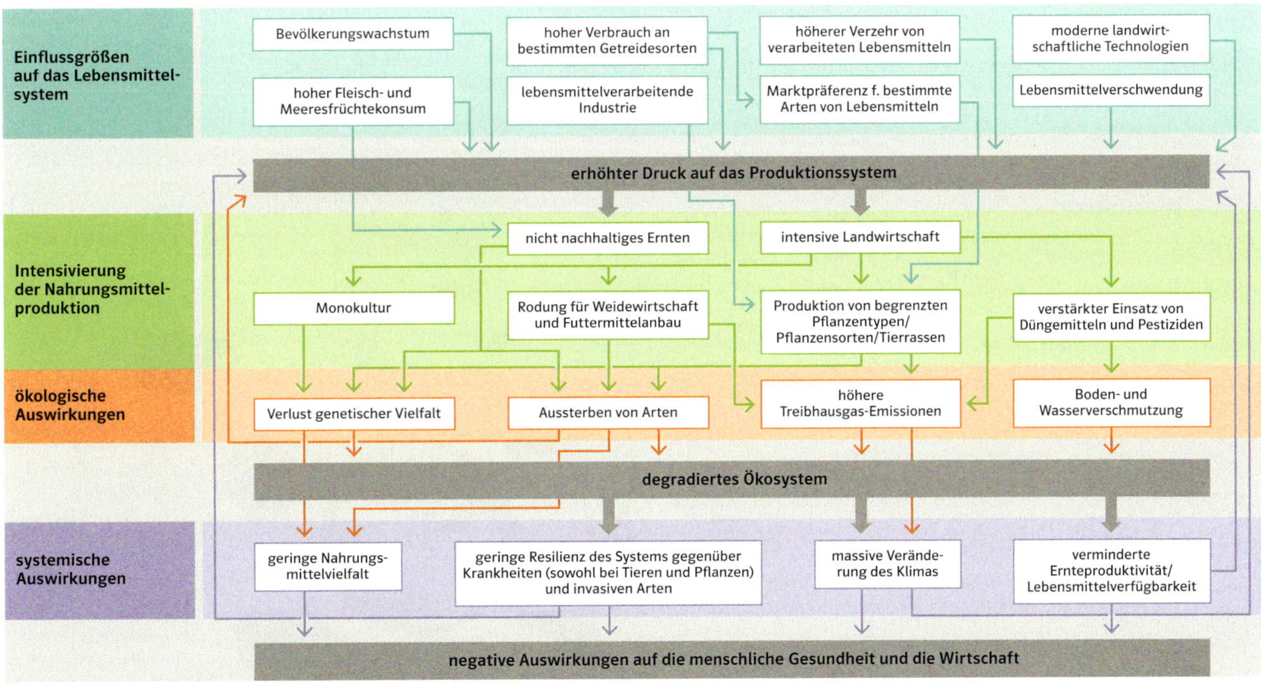

4 Das Lebensmittelsystem und seine Auswirkungen auf die biologische Vielfalt

Nach: Food system impacts on biodiversity loss: Three levers for food system transformation in support of nature. Tim G. Benton, Carling Bieg, Helen Harwatt, Roshan Pudasaini and Laura Wellesley, February 2021, S. 16, www.chathamhouse.org/sites/default/files/2021-02/2021-02-03-food-system-biodiversity-loss-benton-et-al_0.pdf (Zugriff: 16.04.2021)

1 Beschreiben Sie die Zielsetzung des Projektes Genbänkle (M4).

2 MK Erstellen Sie eine Liste der von Ihnen konsumierten Nahrungspflanzen. Befragen Sie dann ältere Menschen danach und dokumentieren Sie Ihre Befragung als Interview. Vergleichen Sie dann beide Listen.

3 NE Stellen Sie in einer Übersicht einfache Möglichkeiten zur Förderung der Biodiversität in Ihrer Umgebung und in Ihrem Haushalt dar.

4 NE „Was wir essen, ist entscheidend für die Biodiversität.“ Erläutern Sie die Aussage ausgehend von den Materialien auf dieser Doppelseite.

5 NE Stellen Sie Handlungsoptionen dar, die sich für Ihr Handeln aus der Analyse des Wirkungsgefüges 4 ergeben.

Wichtige Begriffe

- borealer Nadelwald
- Degradation
- Desertifikation
- forstwirtschaftliche Nutzung
- Halbwüste
- Höhenstufe
- Kulturpflanze
- landwirtschaftliche Nutzung
- Mangrove
- Savanne
- sommergrüner Laub- und Mischwald
- subtropisches Hartlaubgewächs
- Steppe
- tropischer Regenwald
- Tundra
- Wildpflanze
- Wüste

Wissen vernetzen

Zahlreiche Tier- und Pflanzenarten sind heute vom Aussterben bedroht, für viele kommt jede Hilfe zu spät, sie sind bereits für immer von der Erde verschwunden. So waren in Deutschland im Jahr 2020 33 % der Wirbeltiere, 34 % der wirbellosen Tiere, 31 % der Pflanzen und 20 % der Pilze bestandsgefährdet.
Andere Arten dagegen dringen unaufhaltsam in unseren Lebensraum vor, verdrängen heimische Pflanzen und Tiere und schleppen neue Krankheiten in Deutschland ein. Die anthropogen bedingte Erwärmung der Erde, die Zerstörung von Lebensräumen durch menschliche Eingriffe, aber auch ohne Einfluss des Menschen ablaufende Ereignisse und Prozesse beeinflussen und verändern die Pflanzen- und Tierwelt nachhaltig.
Der Mensch greift mit seinem wirtschaftlichen Handeln nicht nur in nahezu alle Ökosysteme ein, er ist auch ein Teil des größten Ökosystems – der Erde. Um die Biodiversität als Lebensgrundlage zu erhalten, ist es notwendig, die sich fortsetzende Zerstörung zu reduzieren und die vielfältigen Ressourcen nachhaltig und effizient zu nutzen. Das Wissen über die Wirkungszusammenhänge in der Biosphäre unterstützt Sie dabei.

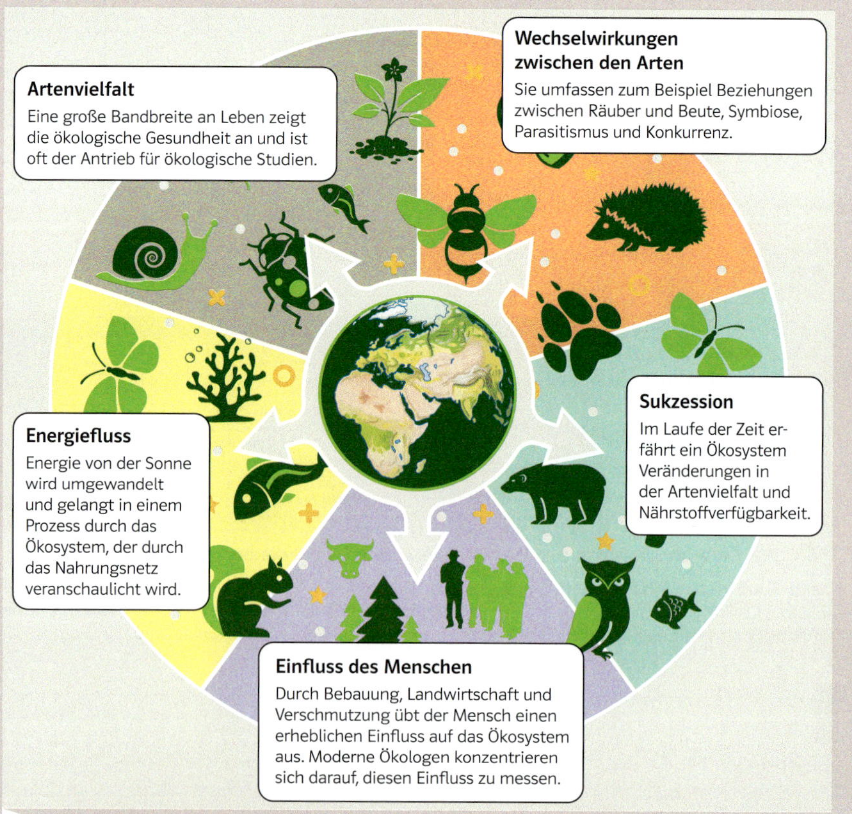

1 Zusammenhänge in der Biosphäre
Nach: 2021 Carolina Biological Supply Company, unter: www.carolina.com/teacher-resources/Interactive/infographic-ecology-the-study-of-the-place-we-live/tr37411.tr (Zugriff: 05.05.2021)

Kompetenzen überprüfen

Sich orientieren

1 Stellen Sie mithilfe geeigneter Atlaskarten dar, welche Räume weltweit klimatisch für das Sahelsyndrom disponiert sind.

Wissen und verstehen

2 Erläutern Sie die im Schema dargestellten Prozesse und Zusammenhänge für die Prärien Nordamerikas (M2).

3 Flaschengärten können allein mit Sonnenlicht über einen längeren Zeitraum existieren (M3).
Erklären Sie dies ausgehend von den Standortfaktoren von Pflanzen.

4 Stellen Sie in einer Übersicht treibende Kräfte des Rückgangs der Biodiversität dar.

Fachmethoden anwenden

5 Erläutern Sie anhand von Abbildung M4 die Degradation des mediterranen Hartlaubwaldes.

Beurteilen und bewerten

6 „Anbaumethoden wie Vertical Farming können langfristig die Biosphäre schützen".
Beurteilen Sie diese Aussage.

7 „Die Aufforstung von Mangrovenwäldern ist ein gelungenes Beispiel für nachhaltige Entwicklung".
Überprüfen Sie diese Aussage anhand der SDGs.

Handeln

8 Erstellen Sie eine Präsentation zu Herkunft, Ausbreitungsursachen, Lebensräumen und den Folgen der Ausbreitung von Neophyten.

Basiskonzepte anwenden

9 Erläutern Sie am Fallbeispiel Sahelzone die Basiskonzepte der Geographie.

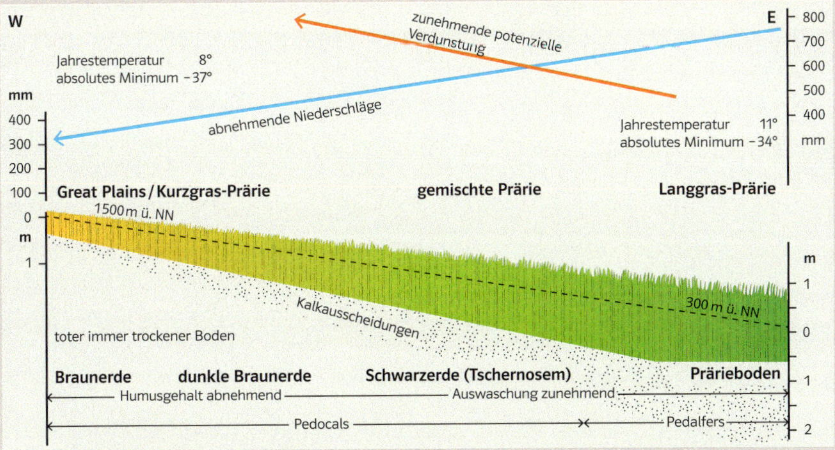

2 **Schematisches West-Ost-Profil (>1000 km) durch die Prärien Nordamerikas mit Einflussfaktoren auf Vegetation und Bodenbildung**
Nach: Vegetation und Klimazonen, 6. Aufl. Stuttgart: Ulmer 1990 o.A.

3 **Flaschengarten**

4 **Degradation des mediterranen Hartlaubwaldes auf Korsika**

Wenn Sie alle Seiten dieses Kapitels bearbeitet haben, können Sie …

- die Wirkungszusammenhänge des Teilsystems Biosphäre und seine Bedeutung für den Menschen erläutern,
- für ausgewählte Ökosysteme die Folgen menschlicher Eingriffe erörtern,
- die Verbreitung der Ökosysteme in Abhängigkeit von Klima, Relief und Höhenlage charakterisieren,
- die Folgen menschlicher Eingriffe in Ökosysteme in ihren Wirkungszusammenhängen darstellen und Konzepte einer nachhaltigen Nutzung erörtern.

8

Prozesse in der Pedosphäre

1 Bodennutzung so ...

Vielfach unbeachtet und oft mit Füßen getreten, wird den Böden in der öffentlichen Wahrnehmung oft kaum Bedeutung beigemessen. Dabei erfüllen die Böden elementare und für die Menschheit überlebenswichtige Aufgaben. Die landwirtschaftliche Nutzung der Pedosphäre sichert die Nahrungsmittelversorgung der Weltbevölkerung! Nahezu alle Pflanzen der Erde benötigen den Boden als Lebensgrundlage. Wasser wird gefiltert und gespeichert, auch beeinflusst der Boden als ein ganz wesentlicher Faktor unser Klima. Doch nicht immer wird diese wertvolle Ressource nachhaltig genutzt und mancherorts sogar langfristig zerstört. Wie entstehen Böden und wodurch sind sie gefährdet? Welche Prozesse prägen die Pedosphäre und warum sind die Böden so bedeutsam?

2 ... oder Bodennutzung so?

Sie untersuchen ...

3 Boden?

5 Boden?

Die **ökologische oder natürliche Tragfähigkeit** beschreibt die Kompensationsfähigkeit (Resilienz) eines Ökosystems gegenüber äußeren Einflüssen.
In Bezug auf die Böden können z.B. Überdüngung oder Bodenverlust durch Erosion dazu führen, dass das „natürliche" Ökosystem über die Maße des natürlichen Regenerationspotezials hinweg beansprucht wird.

Was ist Boden?

Als Pedosphäre (gr. pédon) oder Boden bezeichnet man den geringmächtigen, mit Wasser, Luft und Lebewesen durchsetzten obersten Teil der Erdkruste. Er ist durch Umwandlung mineralischer und organischer Substanzen entstanden und in der Lage, Pflanzen als Standort zu dienen.
Als „Grenzsphäre" stehen die Böden in enger und komplexer Wechselwirkung mit den anderen Sphären und sind somit ein wichtiger „Ökosystemdiensleister". Neben natürlichen Prozessen beeinflusst auch der wirtschaftende Mensch die Böden als Grundlage unserer Prozessen beeinflusst auch der wirtschaftende Mensch die Böden als Grundlage unserer Lebensmittelversorgung in erheblichem Maße. Dies geschieht nicht immer nachhaltig und oft werden die Grenzen der natürlichen Tragfähigkeit dabei überschritten. Besonders problematisch ist neben Formen unangepasster landwirtschaftlicher Nutzung die Versiegelung großer Flächen durch den Bau von Siedlungen, Industrieflächen oder Verkehrswegen. Da die Bodenbildung viele Jahrhunderte dauert, ist es besonders wichtig, diese kostbare Ressource mit Augenmaß zu nutzen und gegebenenfalls zu schützen.

4

Diesen Fragen zur Pedosphäre werden Sie nachgehen:

- Welche grundlegenden Prozesse führen zur Entstehung von Böden?
- Welche Rolle spielen die Böden im Nährstoffkreislauf?
- Wie ist ein Boden aufgebaut und welche Bodentypen gibt es?
- Kann es gelingen Böden nachhaltig zu nutzen?
- Inwiefern beeinflusst das Klima die Bodenbildung?
- In welchem systemischen Zusammenhang steht die Pedosphäre mit den anderen Sphären?
- Was macht einen Boden besonders fruchtbar und wie werden Böden genutzt?
- Warum und wodurch ist die „Ressource" Boden gefährdet?
- Kann es gelingen Böden nachhaltig zu nutzen?

Sie knüpfen an ...

Das wissen Sie schon!

Bislang ist Ihnen das Thema Boden im Unterricht meist nur indirekt begegnet. So haben Sie am Beispiel eines Betriebes den Zusammenhang von landwirtschaftlicher Produktion, naturräumlicher Ausstattung und dem Markt kennengelernt. Auch können Sie Bezüge herstellen zwischen der naturräumlichen Ausstattung eines Raumes und den Möglichkeiten der Nutzung durch den wirtschaftenden Menschen. Vor dem Hintergrund einer möglichst nachhaltigen Nutzung der Flächen können Sie unter anderem die Zukunftsfähigkeit und Entwicklung ländlicher Räume beurteilen. Kennengelernt haben Sie in diesem Zusammenhang Raumbeispiele aus ausgewählten Klimazonen wie den Tropen oder der polaren Zone mit deren Bodentypen wie Latosolen oder Permafrostböden.

Bekannte Begriffe

- Ackerbau
- Bodenart
- Bodenerosion
- Bodenfruchtbarkeit
- Bodenhorizont
- Bodenlebewesen
- Bodennutzung
- Bodenprofil
- Desertifikation
- Grünlandwirtschaft
- Humus
- Landwirtschaft
- Mineralstoffkreislauf
- Naturschutzgebiet
- Permafrostboden
- regionales Produkt
- saisonales Produkt
- Sonderkultur

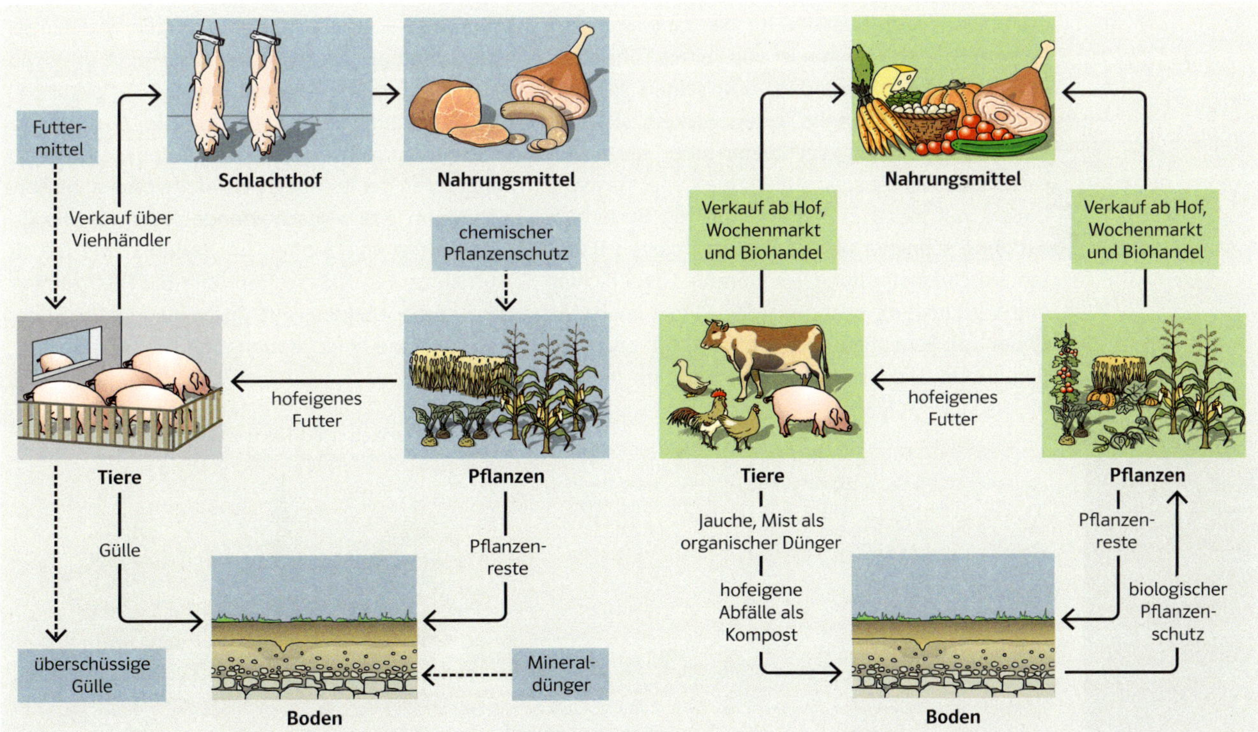

6 Unterschiedliche Formen landwirtschaftlicher Nutzung

1 MK
Erstellen Sie eine Stichwortliste oder Wordwolke zur Frage „Was ist Boden?"

2 MK
Vergleichen Sie die unterschiedlichen Formen landwirtschaftlicher Nutzung (M4). Berücksichtigen Sie dabei insbesondere die Auswirkungen auf den Boden unter Einbezug bekannter Begriffe.

3
Erstellen Sie einen Katalog offener Fragen zum Themenkreis „Boden"

4
Überprüfen Sie nach der Bearbeitung des Kapitels ihre Fragen und ergänzen Sie die von Ihnen erstellte Stichwortliste.

Bodenbildende Prozesse

Wird beim Ausheben einer Baugrube oder durch den Bau einer Straße ein Bodenprofil bis zum anstehenden Ausgangsgestein freigelegt, kann man die unterschiedlichen Schichten des Bodens gut erkennen. Verschiedene Farben und Strukturen geben Hinweise auf die ablaufenden chemischen und physikalischen Prozesse sowie die mineralische Zusammensetzung. Wie entstehen die Böden und welche Faktoren beeinflussen ihre Entwicklung?

Geofaktoren der Bodenentwicklung

Die Bodenbildung wird durch das Zusammenwirken verschiedener Geofaktoren bestimmt. Aus diesem Grund weisen die Böden hinsichtlich ihrer Ausprägung und Zusammensetzung je nach Standortbedingungen und Entwicklungszeit unterschiedliche Merkmale auf.

Durch das Einwirken physikalischer und chemischer Prozesse wird das Ausgangsgestein gelockert und aufbereitet. Die Anfälligkeit des zugrundeliegenden Gesteins für das Einwirken von Verwitterungsvorgängen ist von seiner Konsistenz (z.B. Klüftigkeit, Korngröße) und seinen Mineralbestandteilen abhängig. So entwickeln sich aus silikatischen Ausgangsgesteinen eher saure, aus carbonatischen Ausgangsgesteinen eher basische Böden. Auf lockeren Sanden läuft die Bodenentwicklung schneller ab als etwa auf harten Basalten. Durch Einstrahlung, Temperatur, Niederschlag und Verdunstung bestimmt das Klima, inwieweit Böden mit Feuchtigkeit und Wärme versorgt werden. Hohe Niederschläge können eine Auswaschung von Nährstoffen oder oberflächlichen Bodenabtrag durch Abschwemmen der Bodenkrume bewirken. Eine Austrocknung kann zur Entstehung von Schwundrissen, zum Verlust der Kohäsion der Bodenpartikel führen und somit die Winderosion (**Deflation**) fördern. Auch die Verwitterungsintensität wird durch die Temperatur und das Feuchteangebot im Boden bestimmt. So ermöglicht ein hohes Wasserangebot in Verbindung mit hohen Temperaturen intensive chemische Verwitterung, während trocken-heiße Bedingungen beziehungsweise häufiger Frostwechsel eher eine physikalische Verwitterung begünstigen.

Die **Bodenluft** ist wichtig für die Atmung der Pflanzenwurzeln. Ihr Anteil im Bodenkörper ist abhängig von der Menge des Bodenwassers, welches wiederum eine entscheidende Rolle für die Zu- und Abfuhr von Stoffen im Boden sowie für die Aufnahme von Nährstoffen über die Pflanzenwurzeln spielt. Lockere, gut durchwurzelbare Böden besitzen eine hohe „Bodengare".

1 „Garer" Boden mit lockerem Gefüge und guter Durchwurzelung

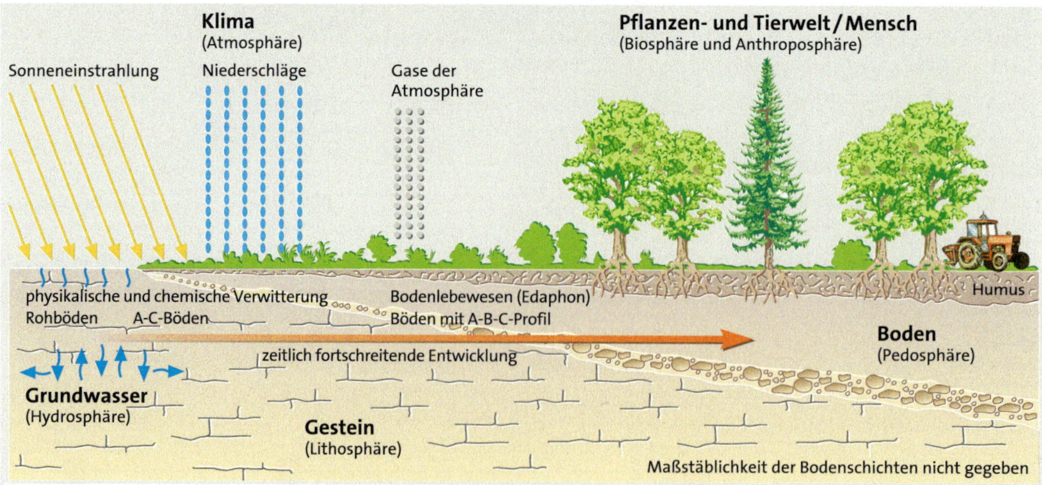

2 Schema der die Bodenbildung beeinflussenden Faktoren

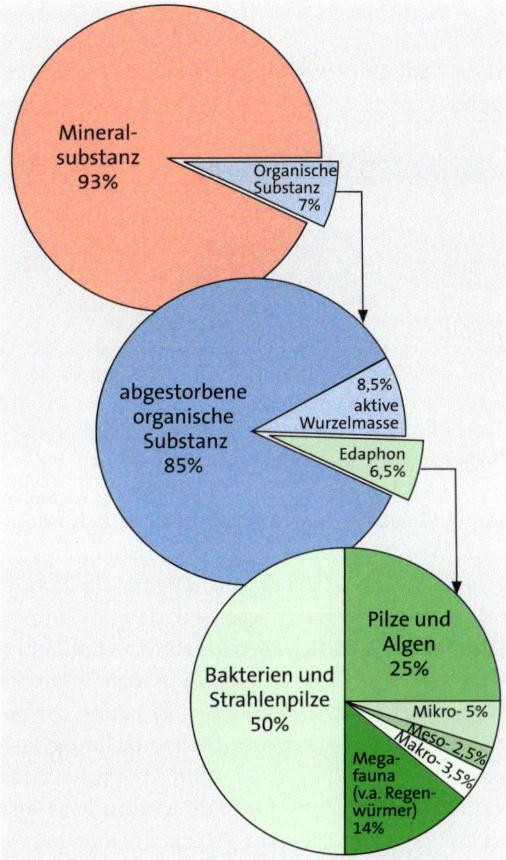

3 Beispiel für die Zusammensetzung eines Waldbodens (ohne Bodenluft und -wasser, in Vol.-%)

Nach: Gerd Hintermaier-Erhard, Wolfgang Zech: Wörterbuch der Bodenkunde. Stuttgart: Enke 1997, S.32

Die Pflanzen- und Tierwelt ist einerseits abhängig vom Nährstoff- und Wasserangebot des Bodens, führt diesem andererseits aber auch organische Substanz zu. **Bodenlebewesen** sorgen für deren Zerkleinerung, Um- bzw. Abbau und Zersetzung. Dichte Vegetation schützt den Boden vor Abtragung und Austrocknung, Wurzeln tragen zur Lockerung des Ausgangsmaterials wie auch des Bodengefüges bei. Auch das Relief hat einen nicht zu unterschätzenden Einfluss auf den Boden. So bietet z.B. ein ebenes bis schwach geneigtes Gelände gute Voraussetzungen für eine ungestörte, tiefgründige Bodenentwicklung, während an steileren Hanglagen eine beständige Abtragung und Kappung der jeweiligen oberen Bodenschichten stattfindet. Die

Fauna im Boden

Aufgrund ihrer Fähigkeit zur Zerkleinerung und Zersetzung abgestorbener pflanzlicher und tierischer Bestandteile hat die Bodenfauna (Edaphon) eine nicht zu unterschätzende ökologische Funktion. Bodenkriecher und -wühler durchmischen die mineralischen und organischen Bestandteile des Bodens (Bioturbation), wodurch der Gasaustausch zwischen Bodenluft und Atmosphäre gefördert wird. Insbesondere den Regenwürmern kommt bei diesen Prozessen eine besondere Bedeutung zu. Bis zu 2 000 Regenwürmer können auf einer Bodenfläche von einem Quadratmeter leben.

4

Exposition bestimmt den Grad der Besonnung und der Durchfeuchtung. Über die naturgegebenen Faktoren hinaus hat auch das Wirken des Menschen, meist indirekt durch Eingriffe in die Vegetation, Folgen für den Bodenhaushalt. Schon seit der Bronzezeit lassen sich in Mitteleuropa Abspülung und Auswaschung als örtliche Folge von Rodungen nachweisen. Zunehmend haben nicht standortangepasste und einseitige Beanspruchungen weltweit zur Verarmung von Böden geführt.
Neben natürlichen Prozessen beeinflusst so der wirtschaftende Mensch die Böden als Grundlage unserer Lebensmittelversorgung in erheblichem Maße. Dies geschieht nicht immer nachhaltig und oft werden die Grenzen der natürlichen Tragfähigkeit dabei überschritten. Besonders problematisch ist neben Formen unangepasster landwirtschaftlicher Nutzung die Versiegelung großer Flächen durch den Bau von Siedlungen, Industrieflächen oder Verkehrswegen.

Als **Pedosphäre** (gr. pédon) oder Boden bezeichnet man den geringmächtigen, mit Wasser, Luft und Lebewesen durchsetzten obersten Teil der Erdkruste. Er ist durch Umwandlung mineralischer und organischer Substanzen entstanden und in der Lage, Pflanzen als Standort zu dienen. Als „Grenzsphäre" stehen die Böden in enger und komplexer Wechselwirkung mit den anderen Sphären.

1 MK
Stellen Sie die Geofaktoren und ihre Auswirkungen auf den Boden und die bodenbildenden Prozesse in einem Ursachen-Wirkungs-Gefüge dar.

2
Erörtern Sie die „Aufgaben" des Regenwurms (und anderer Bodenlebewesen) in der Pedosphäre.

3 NE
Beurteilen Sie die Auswirkung großflächiger Waldrodungen auf den Boden.

Bodenart
Der Begriff bezeichnet die Korngrößenzusammensetzung des Bodens. Dabei wird zwischen Grob- (Korngröße > 2 mm) und Feinboden (Korngröße < 2 mm) unterschieden, wobei Ersterer für die Lockerheit, Letzterer für die Bodengüte (Nährstoff-, Wasserhaltevermögen) bedeutsam ist. Böden mit einem Grobbodenanteil von > 75 % werden als „Skelettböden" bezeichnet.

6 Junger Boden mit noch hohem Mineral- und Skelettanteil: wenig entwickelte Rendzina auf Kalkschotter

7 Noch rein mineralisches Substrat: Ruderalstandort ehemaliger Tagebau mit Ansätzen einer initialen Bodenbildung

Mineralisierung als bodenbildender Prozess

Der überwiegende Anteil des Bodens besteht aus dem sogenannten Mineralkörper, der hauptsächlich aus der Gesteinsverwitterung hervorgegangen ist. Das Ausgangsgestein wird durch physikalische und chemische Verwitterung in seine Mineralbestandteile zerlegt. Bei der physikalischen Verwitterung erfolgt durch Frost-, Hitze- und Salzsprengung eine Zerkleinerung des Gesteins, welches dabei allerdings chemisch unverändert bleibt. Erst die chemische Verwitterung bewirkt die weitere Zerlegung in die Mineralbestandteile. Durch den Einfluss von Säuren oder durch Lösungsvorgänge werden z. B. aus Granit die Primärminerale Feldspat, Quarz und Glimmer gebildet. In weiteren chemischen Prozessen entstehen daraus unter Freisetzung von Kationen, die den Pflanzen als Nährstoffe dienen, **Tonminerale**.

Die chemische Verwitterung vollzieht sich in den einzelnen Klimaregionen unserer Erde mit unterschiedlicher Geschwindigkeit. Je höher die Temperaturen und Niederschläge sind, desto intensiver läuft sie ab. So ist sie in den immerfeuchten Tropen vier- bis fünfmal so stark wie in den mittleren Breiten. Entsprechend besitzen die Böden der immerfeuchten Tropen eine größere Mächtigkeit als die unserer Breiten: ca. 8 – 10 m im Vergleich zu ca. 1 m. Entscheidend für die **Bodenfruchtbarkeit** ist bei der mineralischen Substanz deren chemische Eigenschaft, eine bestimmte Menge an Pflanzennährstoffen zu speichern und an die Pflanzen abzugeben (Kationenaustauschkapazität). Nur die kleinste Gruppe der mineralischen Substanz, die Tonminerale, besitzt diese Fähigkeit.

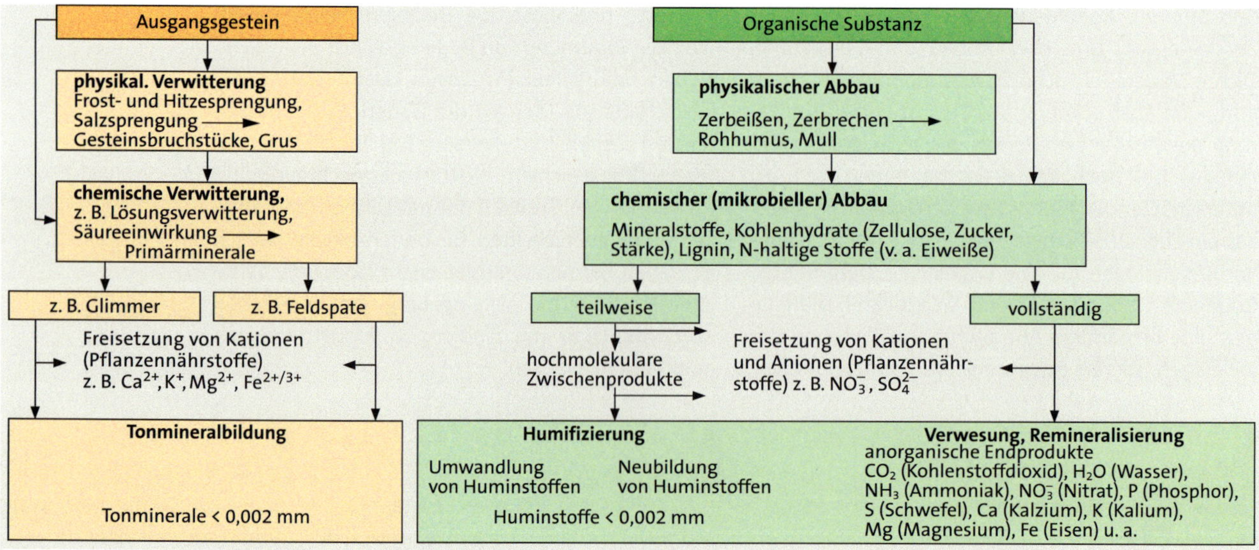

5 Verwitterungs- und Abbauprozesse im Boden

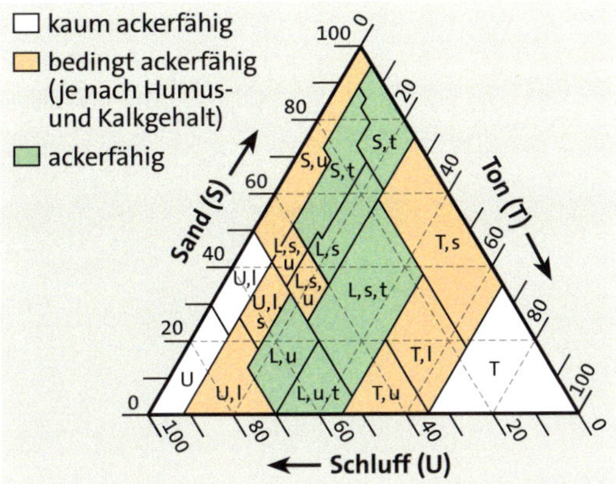

8 Korngrößendreieck zur Bestimmung gemischter Feinsubstrate (Bodenarten) und Beurteilung ihrer Bearbeitbarkeit
Es werden dabei hauptsächlich Sand-, Schluff- und Tonböden sowie als Mischform Lehmböden unterschieden. Übergangsformen werden mit Haupt- und Nebenbestandteilen angegeben (z.B. „Schluff, sandig" (Abkürzung U,s) oder „Lehm, tonig" (Abkkürzung L,t).

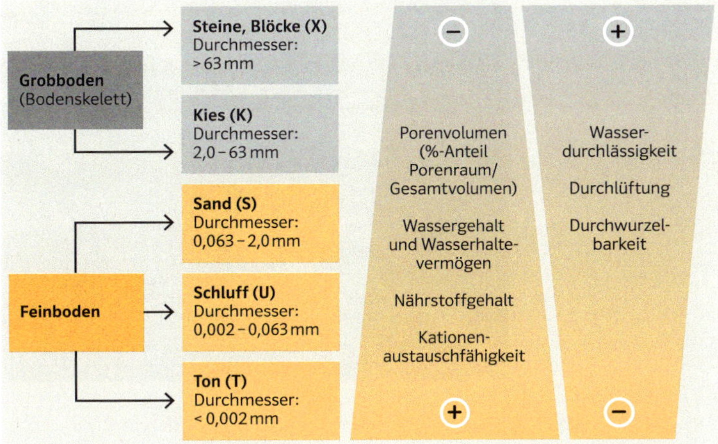

9 Korngrößenfraktionen nach DIN 4020/22 und Bodeneigenschaften in Abhängigkeit von der Bodenart

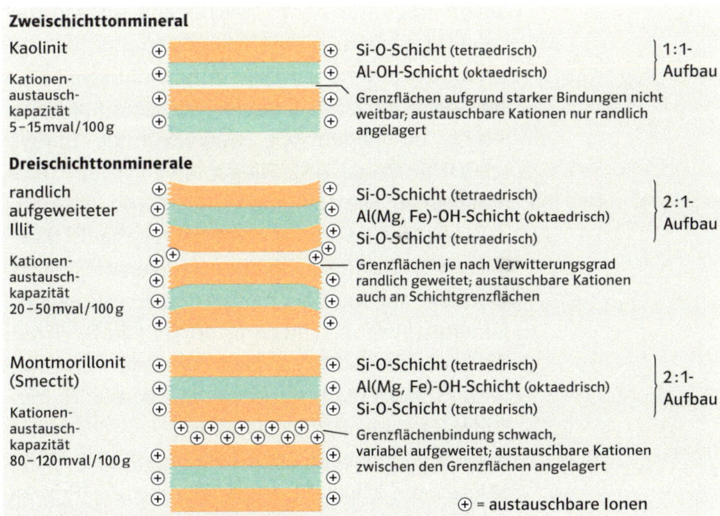

10 Aufbau und Kationenaustauschkapazität von Tonmineralen

Tonminerale

Die **Tonminerale** bestehen aus mehreren Silikat-Molekülschichten. Sie werden deshalb als Schichtsilikate bezeichnet. Ihre verschiedenen Arten unterscheiden sich strukturell durch die unterschiedliche Anzahl von Silikatschichten. Bei den Dreischichttonmineralen ist die Kationenaustauschkapazität besonders groß, da hier die Ionen zwischen den Schichten angelagert werden können. Als Kation wird ein positiv geladenes Ion bezeichnet. Die Teilchen verdanken ihren Namen der Tatsache, dass sie sich bei der Elektrolyse zur Kathode (dem Minuspol) bewegen. Kationen können aus Atomen oder Molekülen entweder durch die Abgabe von Elektronen oder durch die Aufnahme von Wasserstoff-Ionen H^+ (Protonen) gebildet werden.
Dreischichttonminerale kommen vor allem in den Böden der mittleren Breiten vor. Die austauscharmen Zweischichttonminerale herrschen in den Böden der immerfeuchten Tropen und in den niederschlagsreichen Teilen der Feuchtsavannen vor. Die unterschiedliche Austauschkapazität ist der entscheidende Grund dafür, dass die Fruchtbarkeit der meisten tropischen Böden geringer ist als die in den Außertropen.

Die **Kationenaustauschkapazität** beschreibt die Fähigkeit eines Bodens, Nährstoffe in pflanzenverfügbarer Form zu speichern, und ist somit ein wichtiger Faktor für die Beurteilung der **Bodenfruchtbarkeit**. Die Kationenaustauschkapazität wird in Milliäquivalent (mval) je 100 g trockener Bodenmasse angegeben.

4 Stellen Sie den Einfluss der Verwitterungsprozesse auf die Bodenbildung dar.

5 Charakterisieren Sie die Funktion der Tonminerale im Boden.

6 Erläutern Sie den Einfluss unterschiedlicher Korngrößenfraktionen auf die Fruchtbarkeit eines Bodens.

11 Humus

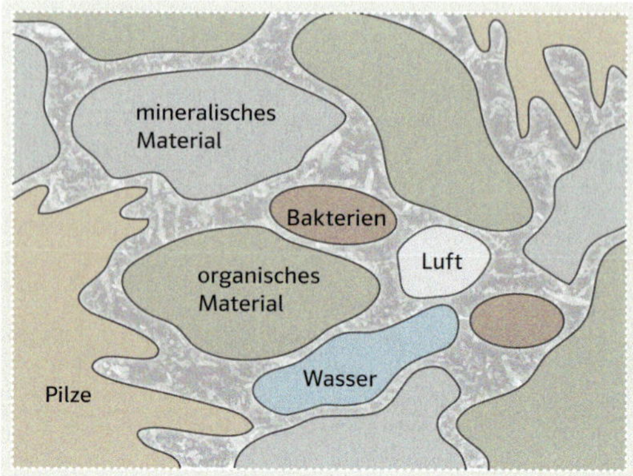

13 Ton-Humus-Komplexe

Humifizierung

Wie das Ausgangsgestein, so wird auch die organische Bodensubstanz, welche aus abgestorbenen pflanzlichen und tierischen Bestandteilen besteht, umgewandelt. Der Umwandlungsprozess geschieht durch das Edaphon, das sind Kleinlebewesen im Boden wie Regenwürmer, Springschwänze, Milben oder Fliegenlarven sowie Mikroorganismen wie Bakterien, Algen und Pilze, die das organische Material zunächst mechanisch zerkleinern und dann chemisch zersetzen.

Produkte als Ergebnis dieses Prozesses sind u.a. Mineralstoffe, verschiedene Kohlehydrate, Eiweiße und andere Stoffverbindungen. Je nach weiterem Umwandlungsgrad werden daraus **Huminstoffe** (Huminkolloide).

Die letzte Stufe beim Abbau der organischen Substanz ist die Mineralisierung. Bei diesem Prozess werden die organischen Substanzen in anorganische überführt, z.B. in Kohlenstoffdioxid, Ammonium, Phosphate oder Stickstoff. Die Huminkolloide weisen wie die Tonminerale eine Korngröße von < 0,002 mm auf und entscheiden zusammen mit diesen über die Fruchtbarkeit eines Bodens. Wie die Tonminerale haben sie die Fähigkeit, Pflanzennährstoffe in großen Mengen zu speichern. Ihre Kationenaustauschkapazität liegt jedoch um das Zwei- bis Dreifache über der der Tonminerale. Ebenso ist ihre Fähigkeit, Wasser und Gase anzulagern, im Vergleich zu den Tonmineralen um ein Vielfaches höher. Dementsprechend weisen Böden mit einem hohen Anteil an Huminstoffen, wie z.B. die Schwarzerdeböden in den kontinentalen Steppengebieten, eine außerordentlich hohe potenzielle Bodenfruchtbarkeit auf.

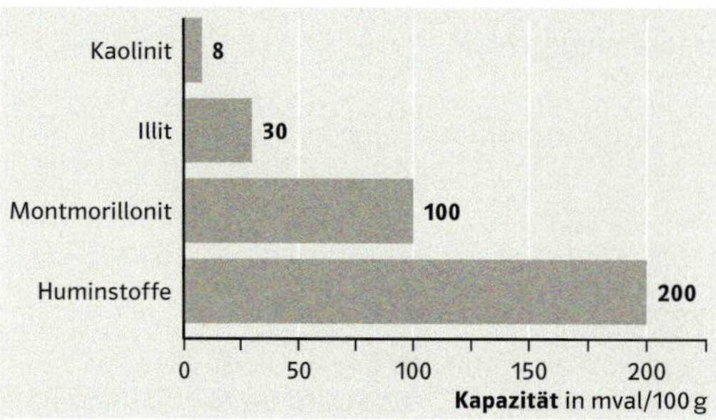

12 Kationenaustauschkapazität von Huminstoffen und Tonmineralen

Die Auflockerung und Durchmischung von mineralischen und organischen Bodenbestandteilen wird durch Bodenwühler, wie z.B. Wühlmäuse, vorgenommen (**Bioturbation**). Dadurch ist auch ein guter Gasaustausch zwischen Boden- und atmosphärischer Luft gewährleistet. Noch weitergehend ist die Rolle vieler Kleinlebewesen, allen voran der Regenwürmer, welche in ihrem Verdauungstrakt durch Verbindung von mineralischen und organischen Stoffen für die **Bodengüte** wertvolle krümelige und stabile Ton-Humus-Komplexe erzeugen.

pH-Wert

Die gesamten chemischen, biotischen und physikalischen Bodenbildungsprozesse, vor allem die Verfügbarkeit und Speicherfähigkeit der Pflanzennährstoffe, werden durch den pH-Wert gesteuert. Mit dem pH-Wert wird in diesem Falle die Säurekonzentration im Boden angegeben. Der pH-Bereich, in dem Nutzpflanzen optimal gedeihen, ist unterschiedlich. So beträgt er bei Weizen 6,5 – 7,0 (neutraler Bereich), bei Hafer ca. 6,0 (schwach saurer Bereich). Auch die chemische Verwitterung ist vom pH-Wert abhängig. Je niedriger er ist, desto stärker verläuft die chemische Verwitterung. Bei niedrigen pH-Werten kommt es ferner zu einer erheblichen Einschränkung der biotischen Aktivitäten. Dauert dieser Zustand über längere Zeit an

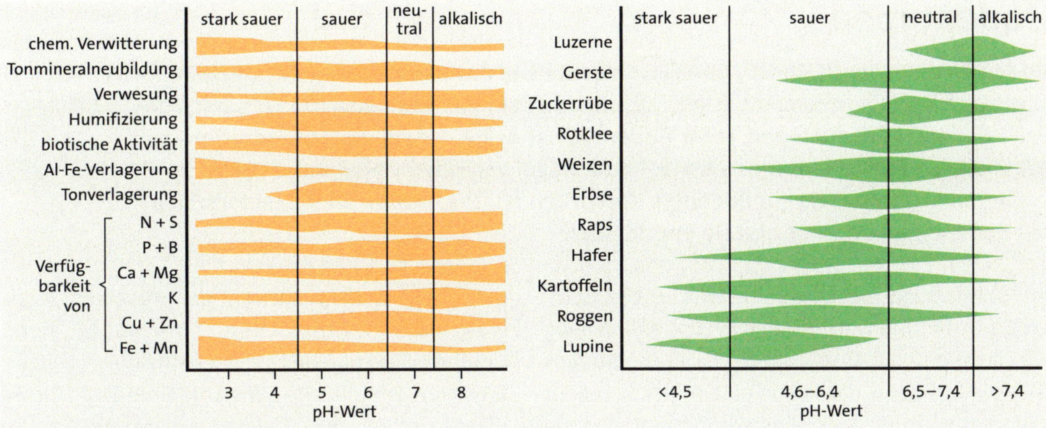

14 **Die Bedeutung des pH-Wertes**

Nach: Dietrich Schroeder: Bodenkunde in Stichworten. Kiel: Hirt 1972, S.78, und Eduard Mückenhausen: Die Bodenkunde. Frankfurt: DLG Verlag 1993, S.25

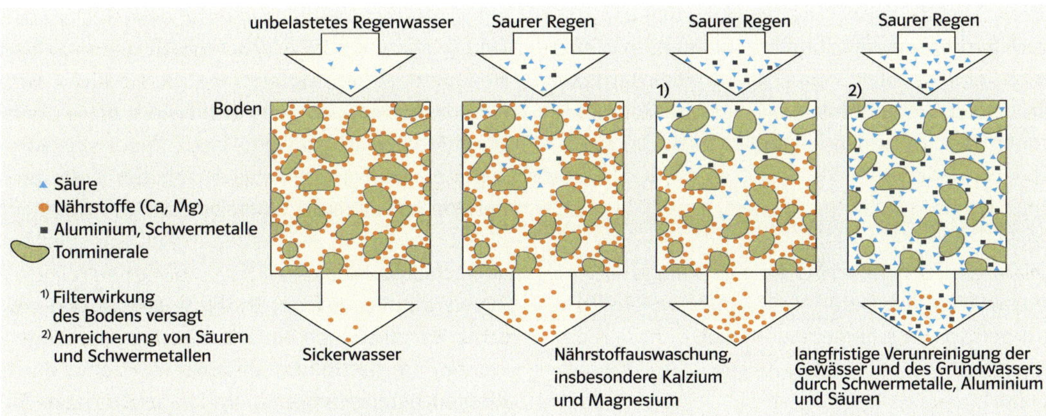

15 **Die Folgen des Säureeintrags in den Boden**

Nach: Joerg Kues, Egbert Matzner, Dieter Murach: Saurer Regen und Waldsterben. Göttingen: Verlag Die Werkstatt 1984, S.77

(z.B. durch den Eintrag saurer Niederschläge), werden die Bodenlebewesen geschädigt. Einer der ersten „Flüchtlinge" ist dann der Regenwurm.

Böden besitzen verschiedene Möglichkeiten zur **Pufferung**, mit denen der Säureeintrag über eine bestimmte Zeit ausgeglichen werden kann. Ein permanenter Säureeintrag führt jedoch zur Zerstörung dieser Pufferfunktion. Im Endstadium kommt es dann zur vollständigen Auswaschung der Pflanzennährstoffe und zur Freisetzung von Metallionen, die in zu hoher Konzentration potenziell Zellgifte sind. Im weiteren Verlauf können diese Metallionen auch ins **Grundwasser** gelangen. Problematisch ist in diesem Zusammenhang auch der Einsatz von Torfen im Garten- und Landschaftsbau, da Torfe einen sehr niedrigen pH-Wert zwischen 2,5 und 3,5 aufweisen. In diesem sauren Milieu können die meisten Pflanzen nicht wachsen.

7 Beschreiben Sie die Bedeutung des pH-Wertes für die Bodenfruchtbarkeit.

8 Erläutern Sie, welche Eigenschaften ein „idealer" Boden besitzen sollte.

9 „Torfböden" gelten aufgrund ihrer dunklen Farbe bei vielen Menschen als besonders ertragreich. Beurteilen Sie diese Meinung.

10 MK NE „Torf: Klimakiller aus dem Moor." Erörtern Sie diese Aussage (Internetrecherche).

Bodentypen

Boden ist nicht gleich Boden. Ganz im Gegenteil, je nach Klima, Ausgangsgestein, Nutzung und Vegetation entwickeln sich Böden sehr vielfältig und ganz unterschiedliche Bodentypen entstehen. Jeder Bodentyp hat seine speziellen Eigenschaften und seine eigene Entstehungsgeschichte. In der Regel vergehen viele Jahrhunderte, ja sogar Jahrtausende, bis ein Bodentyp entwickelt ist. Doch worin unterscheiden sich die Bodentypen und wie sind sie entstanden?

← Korngrößenzusammensetzung S. 219

→ Bodenprofil S. 225

Im Unterschied zur **Bodenart**, welche die Korngrößenzusammensetzung eines Bodens angibt, kennzeichnet die Bezeichnung eines **Bodentyps** diejenigen Böden, die sich in einem gleichen oder sehr ähnlichen Entwicklungszustand befinden. Da in einem Landschaftsraum mit gleichartigen Bodenbildungsfaktoren (Ausgangsgestein, Relief, Klima, Vegetation, Wasser, Bearbeitung durch den Menschen) die Verwitterungs-, Umwandlungs- und Verlagerungsprozesse ähnlich ablaufen, entstehen auch gleichartige Böden. Diese Gleichartigkeit drückt sich sichtbar in einer Folge von **Bodenhorizonten** aus. Darunter versteht man horizontal angeordnete Bodenschichten, die dieselben Merkmale und Eigenschaften hinsichtlich Farbe, Gefüge, Mineralgehalt oder Chemismus besitzen. Diese Bodenhorizonte bilden die Grundlage für die Klassifizierung der Bodentypen. Normalerweise wird ein **Bodenprofil** – von oben nach unten betrachtet – in die drei Horizonte A, B und C gegliedert. Über dem A-Horizont liegt in der Regel noch eine organische Auflage, die mit dem Buchstaben O bezeichnet wird. Die Mächtigkeit der einzelnen Horizonte ist sehr unterschiedlich, sie kann beim A-Horizont von wenigen Zentimetern bis zu mehreren Metern schwanken. Unter Umständen kann sogar ein Horizont fehlen, wie z. B. der B-Horizont bei der Schwarzerde, wo der mächtige A-Horizont direkt über dem kalkhaltigen Ausgangsgestein, vielfach **Löss**, liegt.

Zur Verdeutlichung der Prozesse, die in und zwischen den einzelnen Bodenhorizonten stattfinden, werden die Großbuchstaben der Horizonte durch Kleinbuchstaben ergänzt (vgl. nebenstehende Tabelle). Diese Systematik wird vor allem im deutschsprachigen Raum verwendet.

Kennzeichnung der Bodenhorizonte (Auswahl)	
O	organischer Auflagehorizont, Sammelbegriff für eine Auflage aus mehr oder weniger zersetzter Pflanzensubstanz (O von organisch)
Of	Vermoderungshorizont (f von engl. fermentation layer)
Oh	Humusstoff-Horizont, Horizont mit überwiegend organischer Feinsubstanz (h von Humus)
A	Oberboden, oberster Mineralhorizont, vermischt mit Humus
Ah	durch Anreicherung von Humus entstandener oberster A-Horizont
Ae	durch Auswaschung von Huminstoffen und Säuren gebleichter A-Horizont (e von eluvial = ausgeschlämmt)
Al	durch Auswaschung von Ton aufgehellter A-Horizont (l von lessiviert = ausgewaschen)
Ap	durch Pflugarbeit gewendeter und durchmischter A-Horizont (p von Pflug)
B	Unterboden, Sammelbegriff für den Verwitterungs- und/oder Anreicherungshorizont
Bv	durch Verwitterung verbraunter B-Horizont (v von verwittert)
Bh	mit Huminstoffen angereicherter B-Horizont
Bs	mit Eisen- und Aluminiumoxiden angereicherter B-Horizont (s von Sesquioxid = Al- und Fe-Oxide)
Bt	mit Ton angereicherter B-Horizont
C	Ausgangsgestein
Cv	schwach verwitterter Übergangshorizont zum Ausgangsgestein
G	durch das Grundwasser beeinflusster Horizont (G von Grundwasser)
S	durch Staunässe beeinflusster Horizont (S von Stauwasser)

1

2 Vertikaler Aufbau eines typischen dreihorizontigen Bodens

FALLBEISPIEL: Parabraunerde – „Ein Paradeboden für die heimische Landwirtschaft"

Dieser fruchtbare Bodentyp ist in Mitteleuropa weitverbreitet, vor allem in Gebieten mit höheren Niederschlägen. Er ist zonal mit der Braunerde vergesellschaftet und stellt in der Regel deren Weiterentwicklung im Sinne einer zeitlichen Abfolge dar. Hauptunterscheidungsmerkmal ist die Tatsache, dass bei der Parabraunerde feine Partikel der Tonfraktion mit dem Sickerwasser aus oberen in tiefere Bereiche des Bodenkörpers verlagert werden. Dieser an deutlich humide Bedingungen geknüpfte Vorgang wird als „Lessivierung" (Tonverschlämmung) bezeichnet. Die typische Horizontfolge dieses Bodentyps ist Ah – Al – Bt – (Bv) – C. Durch Auswaschung von **Tonmineralen**, Oxiden und organischen Stoffen nimmt der untere Teil des A-Horizonts eine fahle Farbtönung an. Ausgewaschene Partikel werden mit dem Sickerwasser abwärts verlagert und reichern sich im B-Horizont an (Bt), der dadurch bräunlich verfärbt und aufgrund der Anreicherung in den Hohlräumen verdichtet wird. Dieser Vorgang ist an gut durchspülte, zunächst wenig verdichtete Böden mit leicht saurem Milieu gebunden und somit typisch für niederschlagsreiche Regionen Mitteleuropas. Bei noch nicht vollständigem Übergang von der Braun- zur Parabraunerde ist unter dem Bt- noch ein verbliebener Bv-Horizont erkennbar. Der hohe Anteil an Mineralien und Humus, aber auch die günstige Bodenstruktur machen den Boden sehr ertragreich. Seit vielen Jahrhunderten werden die Parabraunerden in unseren Breiten intensiv landwirtschaftlich genutzt, beispielsweise zum Anbau von Weizen oder Zuckerrüben.

Ap 0–28 cm: dunkelgraubrauner, stark humoser, stark lehmiger Schluff; feinbröckeliges bis krümeliges Gefüge; gut durchwurzelt, zahlreiche Wurmröhren

Al 28–42 cm: graubrauner, schwach humoser, schluffiger Lehm; feinsubpolyedrisches bis kohärentes Gefüge; schwach durchwurzelt; Wurmröhren

Bt 42–80 cm: dunkelbrauner, schwach humoser, schluffiger Lehm; polyedrisches Gefüge; zahlreiche Wurmröhren

Cv 80–100 cm+: gelbbrauner, stark kalkhaltiger, stark lehmiger Schluff; Kalkkonkretionen; Kohärentgefüge; starke Wurmtätigkeit

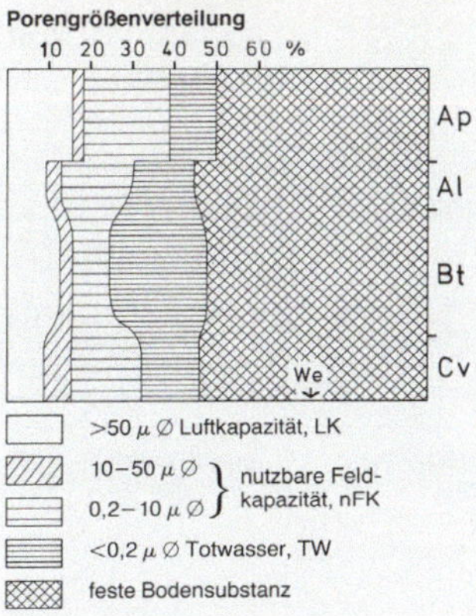

LK %	nFK %	nFK mm	TRG g/cm³	Ld	Ton %	Schluff %
15	23	64	1,37	1,52	17	79
9	21	29	1,53	1,76	26	70
12	12	46	1,46	1,77	34	63
9	24	48	1,49	1,68	21	77

Effektive Durchwurzelungstiefe (We): 100 cm

Nutzbare Feldkapazität bis 100 cm (nFK/We): 187 mm

Bodenschätzung: L 3 Lö 79/78

4 Profil und Eigenschaften einer Parabraunerde auf Löss

Bayerische Landesanstalt für Landwirtschaft (LfL) Abt. Information, Wissensmanagement R. Brandhuber, W. Seemann., unter: www.lfl.bayern.de (Zugriff: 06.05.2021), verkleinert und leicht verändert

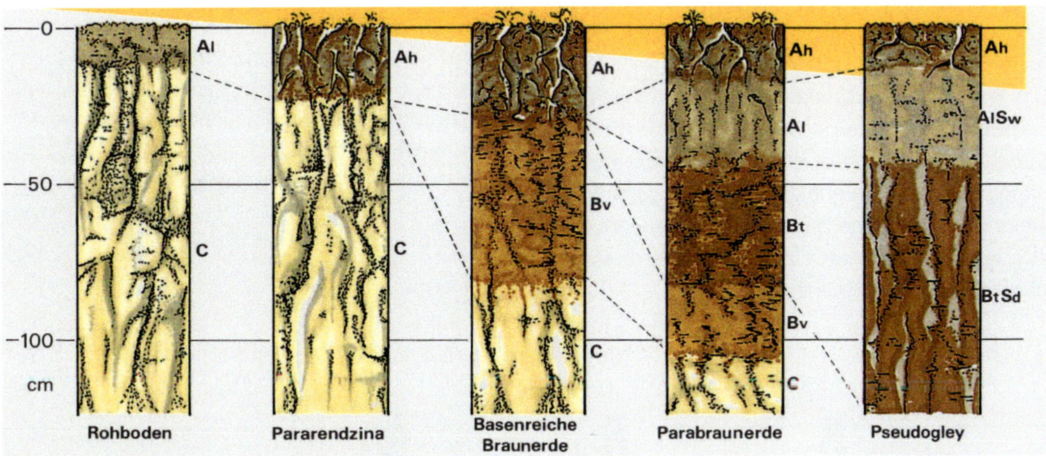

3 Bodenentwicklung auf Löss im gemäßigt warmen, humiden Klima

→ Braunerde S. 225

Ausgewählte Bodentypen

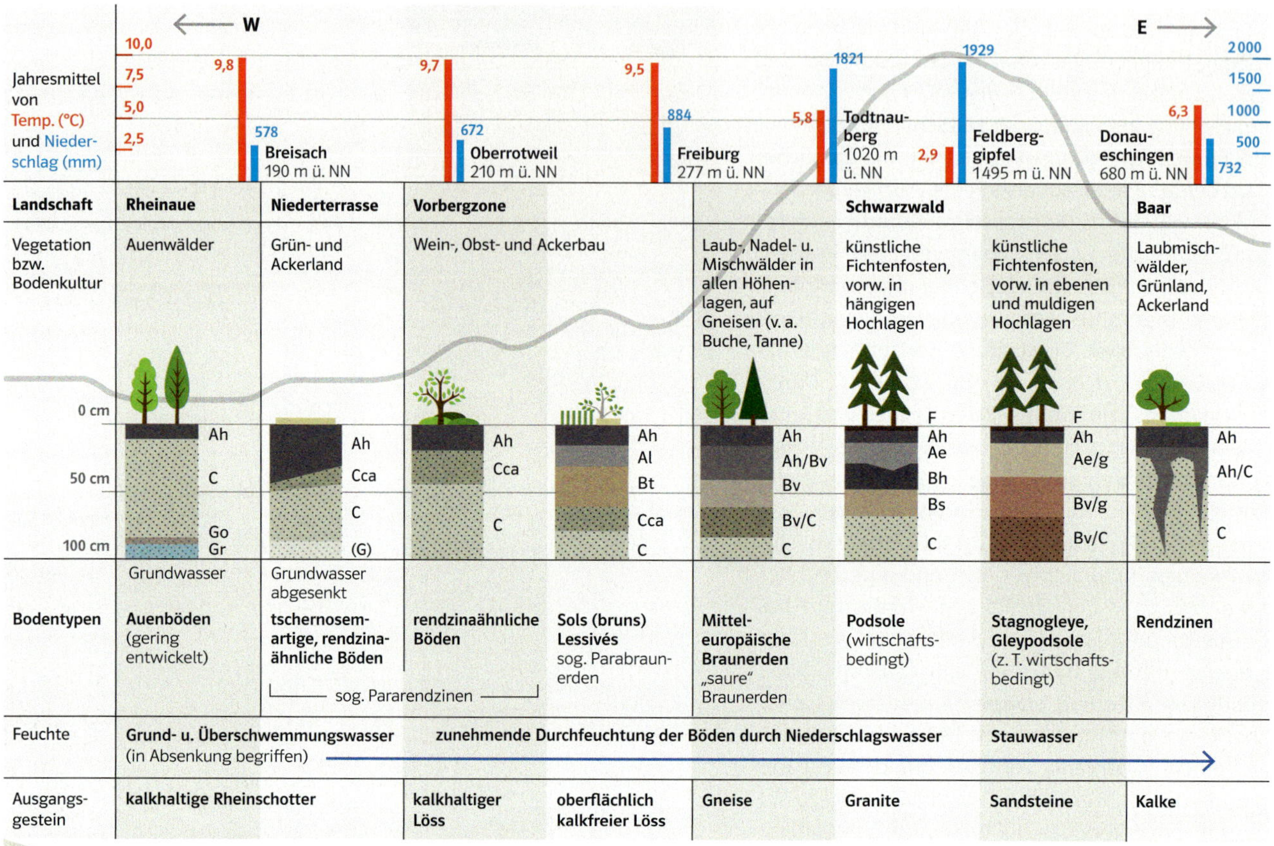

5 Bodencatena Oberrheingraben – Schwarzwald – Baar

↰ **Geofaktoren der Bodenbildung S. 216**

Die Bodenbildung ist ein sehr lang andauernder Prozess, der von den verschiedenen Geofaktoren stark beeinflusst wird. Einen wesentlichen Faktor bildet auch das Relief, das maßgeblich den Wasserhaushalt und die klimatischen Rahmenbedingungen bestimmt, unter denen sich ein Boden entwickelt.

Der Begriff Bodencatena (catena = lat. Kette) beschreibt die charakteristische Abfolge bestimmter Bodentypen entlang einer Reliefsequenz. Die Abhängigkeit der Bodenbildung vom Ausgangsgestein, der Höhenlage und der Bodenfeuchte lässt sich anhand der Catena zwischen Oberrhein und Baar sehr gut untersuchen.

Catena-Methode

„Der Grundgedanke der Catena-Methode ist so einfach und logisch, dass er nicht nur wie das Ei des Columbus, sondern schon wie eine Plattheit erscheint: In jedem natürlichen Gelände muß stets ein Transport von Bodenmaterial von den relativen Höhen nach den relativen Senken stattfinden [...], es müssen sich so ganz bestimmte Serien von ineinander übergehenden Boden- und Profiltypen anordnen.“

Nach Paul Vageler (1942): Die Untersuchung tropischer Böden und ihre Auswertung für die Praxis. Berlin: Paul Parey.

6

1 Beschreiben Sie den Unterschied zwischen den Begriffen Bodentyp, Bodenprofil, Bodenhorizont und Bodenart.

2 Stellen Sie die Prozesse bei der Entstehung einer Parabraunerde dar.

3 Erklären Sie die Lage der verschiedenen Bodentypen (M5).

4 Begründen Sie die Bedeutung der einzelnen Bodentypen für die landwirtschaftliche Nutzung.

7

Rendzina und Ranker
Hierbei handelt es sich um einen Ah-C-Boden (humoser „Oberboden" folgt direkt über Ausgangsgestein) auf kalkreichen Substraten. Häufig findet man ihn auf (verkarstetem) Kalkuntergrund. Der Ah-Horizont kann bei ausreichend langer Entwicklungszeit unter günstigen Standortbedingungen auch mehrere Dezimeter mächtig sein, dann ist dieser Boden landwirtschaftlich durchaus nutzbar. Typisch ist die Rendzina für die Kalkbereiche der Schwäbischen Alb. Der entsprechende Bodentyp auf silikatischem bzw. kalkarmem Untergrund ist der vor allem in Mittelgebirgslagen verbreitete Ranker, der in der Regel dünnmächtig und von geringer Wertigkeit ist.

8

Braunerde
Die Braunerde ist der für das gemäßigt-humide Klima Mitteleuropas prägende Bodentyp. Braunerden sind nicht an einen bestimmten Untergrund gebunden, aber vor allem für Laubmischwaldgebiete typisch. Mit fortschreitender Bodenentwicklung können sich Braunerden beispielsweise aus Rankern oder Rendzinen entwickeln. Ihren Namen erhält die Braunerde vor allem aufgrund der Färbung durch Oxidationsprozesse und hoher Tonmineralgehalte im Bv-Horizont (v steht für verbraunt, verwittert, verlehmt). Aufgrund ihres lockeren Gefüges und ihres hohen Nährstoffgehalts sind Braunerden meist gut landwirtschaftlich nutzbar.

9

Schwarzerde (Tschernosem)
Dieser Boden ist typisch für die durch starke Temperaturunterschiede zwischen Sommer und Winter gekennzeichneten kontinentalen Steppengebiete der Gemäßigten Zone (Osteuropa und Asien). Sie kommen vor allem auf Lössuntergrund vor. Aufgrund der mächtigen Humusschicht weisen sie eine hohe Fruchtbarkeit auf. Sie sind aber bei unangepasster landwirtschaftlicher Nutzung anfällig für Erosion und Deflation. In Mitteleuropa können sich unter heutigen Klimaverhältnissen keine Schwarzerden entwickeln. Entstanden sind sie nach der letzten Eiszeit, als in Mitteleuropa überwiegend eine Steppenvegetation und kontinentalere Klimabedingungen herrschten.

10

Podsol
Der Podsol findet sich in der Borealen Nadelwaldzone, aber auch in den niederschlagsreichen Mittelgebirgen auf silikatreichem Ausgangsgestein. Charakteristische Prozesse der Podsolierung sind die Freisetzung von Metallionen und ihre Verbindung mit organischen Stoffen sowie deren Verlagerung in tiefere Bodenbereiche, wo mit steigendem pH-Wert zunächst organische Stoffe angereichert (humose Schwarzfärbung) und schließlich darunter Metallionen durch Oxidation ausgefällt werden (gelbbraune Färbung). Durch Säuren angegriffene Tonminerale führen zusammen mit der Verarmung an Bodenlebewesen dazu, dass Podsole nährstoff- und ertragsarm sind.

11

Gley
Gleye sind Böden, die vom Grundwasser beeinflusst werden (hydromorphe Böden). Sie sind im Bereich von in Tälern und Senken mit hohem Grundwasserstand anzutreffen. Unter dem Ah-Horizont folgt ein Oxidationshorizont (Go), der durch gelöste und an der Oberfläche des schwankenden Grundwasserspiegels durch Oxidation ausgefällte Metallionen (vor allem Eisen) rostfarben erscheint. Darunter folgt der ständig sauerstoffarme Reduktionshorizont (Gr), in dem die dreiwertigen (braun) in zweiwertige Eisenverbindungen (grau) überführt werden, was die typisch fahlen grau-grünen Farben bewirkt. Gleye sind eher von geringem Nutzen und allenfalls als Grünland- oder Weidestandort geeignet.

12

Latosol
Dieser auch als Roterde, Oxisol oder Ferralit bezeichnete Bodentyp findet sich hautsächlich in den Tropen. Aufgrund der hohen Temperaturen und Niederschläge wird die anfallende organische Substanz schnell zersetzt; entsprechend geringmächtig ist der A-Horizont. Der B-Horizont ist aufgrund der intensiven chemischen Verwitterung mehrere Meter mächtig. Durch die intensive Verwitterung werden sogar Silikate zersetzt und mit dem abwärts gerichteten Bodenwasserstrom ausgeschwemmt. Dadurch kommt es zu einer Anreicherung von Aluminium- und Eisenoxiden, die die Rotfärbung der Böden bedingen. Ferralitische Böden sind relativ unfruchtbar.

Böden in der Landwirtschaft: Nutzung, Gefährdung und Schutz

Vor nunmehr über 10 000 Jahren begannen die Menschen, Landwirtschaft zu betreiben und somit auch den Boden für sich in Wert zu setzen. Vom ersten sesshaften Bauern bis zur heutigen hoch industrialisierten Agrarwirtschaft haben sich die Anbaumethoden dramatisch verändert und auch die genutzten Flächen wurden enorm vergrößert. Oberstes Ziel ist dabei die Effizienzsteigerung, also ein Maximum an Ertrag aus einem Boden „herauszuholen". Werden Böden aber übernutzt, kommt es langfristig auch zu finanziellen Einbußen für den Landwirt. Es stellt sich also die Frage: Kann die landwirtschaftliche Produktion nachhaltig gestaltet werden?

Bodengüte

Die wichtigste Voraussetzung für die landwirtschaftliche Nutzbarkeit bildet eine möglichst gute **Bodenfruchtbarkeit.** Sie ist abhängig von der Menge der verfügbaren Nährstoffe, die über eine günstige Bodenstruktur und ausreichend Wasser für die Pflanzen aufschließbar sein müssen. Pflanzen benötigen unterschiedliche Nährstoffe für ihren Stoffwechsel und zum Wachstum. Fruchtbare Böden sind durch einen ausgeglichenen Nährstoffhaushalt, eine hohe Produktion pflanzlicher Substanz sowie die Fähigkeit, vielfältige Vegetation tragen zu können, gekennzeichnet. Bedeutsam ist auch der Gehalt an Tonmineralen und Huminstoffen, da diese die Kationenaustauschfähigkeit und damit die Pflanzenverfügbarkeit der im Boden gespeicherten Nährstoffe bestimmt.

Durch verschiedene Maßnahmen können Landwirte den Anteil der Huminstoffe im Boden erhöhen. Dies erfolgt z. B., indem bei der Gründüngung Leguminosen (Hülsenfrüchte) als Zwischenfrucht zur Humusanreicherung angebaut werden. Knöllchenbakterien an den Wurzeln erhöhen dabei auch den Bodenstickstoffgehalt. Durch Ausbringung von Stallmist wird die Entwicklung und Erhaltung des Bakterienlebens gefördert, auf schweren, tonhaltigen Böden verbessert eingearbeitetes Stroh die Durchlüftung.

Die wichtigsten Elemente des Bodennährstoffhaushalts

Hauptnährelemente (-mineralstoffe):	**In Spuren vorhandene Nährelemente:**	**Zusätzlich wichtig:**
Stickstoff (N)	Bor (B)	C^{4+}-, O^{2-}- und H^{+}-Ionen aus Wasser (H_2O)
Schwefel (S)	Molybdän (Mo)	Kohlenstoffdioxid (CO_2)
Kalium (K)	Chlor (Cl)	
Calcium (Ca)	Eisen (Fe)	
Magnesium (Mg)	Mangan (Mn)	
	Zink (Zn)	
	Kupfer (Cu)	

Nach: Winfried E.H. Blum: Bodenkunde in Stichworten, 6. Aufl. Berlin u.a.: Borntraeger 2007, S.148

2

Bodenmelioration: Mensch-Boden-Verhältnis aus historischer und nutzungsorientierter Sicht

Ließ sich der sesshaft werdende Mensch in Mitteleuropa zunächst an Orten mit günstigen Standortbedingungen für den Ackerbau nieder, so sorgten zunehmender Bevölkerungsdruck und wachsende ackerbauliche Nutzungsintensität spätestens im Hochmittelalter dafür, dass die nutzbaren Flächen durch das Vordringen in Wälder, Moore oder Mittel- und Hochgebirgslagen erheblich erweitert wurden. Damit einher gingen Bemühungen zur Ertragssteigerung auf diesen ackerbaulich weniger günstigen Grenzertragsflächen (Bodenmelioration). Die aus den Waldrodungen hervorgegangenen Standorte wiesen oft saure, flach gründige und rasch erschöpfte Böden auf, die längerer Brachephasen bedurften. Sümpfe und Moore wurden durch Trockenlegung, z. T. auch durch Abbrennen oder Auftrag von Sand nutzbar gemacht. Die Einführung der mineralischen Düngung ab der Mitte des 19. Jh. ermöglichte eine erhebliche Nutzungsintensivierung vieler Böden. Spezifische Düngergaben erlaubten es nun, Nährstoffmangel oder anderen negativen Tendenzen, wie Versauerung, entgegenzuwirken.

1

3 Ackerbau in der Magdeburger Börde – hier gibt es die fruchtbarsten Böden Deutschlands

Faktoren der Bodenqualität
- hoher Gehalt an wertvollem Humus
- möglichst tiefgründige Entwicklung
- geringe Verdichtung mit optimalem Porenvolumen (gute Durchwurzelbarkeit, gute Wasseraufnahme und -abfuhr sowie -speicherung, guter Bodenluft- und Bodenwärmehaushalt)
- ausgeprägtes, vielfältiges Bodenleben
- nicht zu saures bzw. basisches Milieu
- günstige Zusammensetzung der Tonminerale und Huminstoffe

5

Die potenzielle Bodenfruchtbarkeit stellt einen Optimalzustand dar, bei dem alle natürlichen pedogenetischen Faktoren bestmöglich zusammenwirken. Für die Landwirtschaft ist eher die tatsächliche Bodenfruchtbarkeit von Bedeutung. Bei ihr kommt es zu Einschränkungen aufgrund nicht idealer Ausprägung eines oder mehrerer Faktoren bzw. auch zu positiven Abweichungen durch meliorative (bodenverbessernde) Eingriffe. So kann ein potenziell guter Boden wegen mangelnder Niederschläge schlechtere Ergebnisse zeigen, der Ertrag eigentlich schlechter Böden durch Düngerzugaben aber gesteigert werden. In Deutschland wird die Bodenfruchtbarkeit bzw. -güte in der Regel gemäß den Grundlagen der Reichsbodenschätzung von 1934 bewertet. Hierbei wird die Ertragsfähigkeit eines Bodens durch eine „Bodenwertzahl" ausgedrückt, die unter Berücksichtigung verschiedener Faktoren das Verhältnis zu den besten Böden Deutschlands, den Schwarzerden der Magdeburger Börde (Bodenwertzahl 100), angibt. Böden auf **Löss** in den Gäulandschaften kommen so auf rund 70–80 Punkte, Rendzinen der Schwäbisch-Fränkischen Alb auf 30–50, Grenzertragsböden auf unter 30. Diese Bewertung geht in amtliche Karten ein und dient als Grundlage etwa für die Besteuerung oder für die Wertfestsetzung bei Flurbereinigungsmaßnahmen.

4 **Bodenertrag und Klima**
Laut § 9 des Bodenschätzungsgesetzes drückt die Ertragsmesszahl die natürliche Ertragsfähigkeit einer Fläche aus.

1 Nennen Sie Maßnahmen, die zu einer Verbesserung der Bodenqualität beitragen können.

2 Erklären Sie den Begriff Bodenfruchtbarkeit.

3 Bodenertrag im räumlichen Kontext
a) Beschreiben Sie die Verteilung der verschiedenen Bodenertragszahlen (Karte 4)
b) Erörtern Sie die Ursachen für die Verteilung von höher- und geringerwertigen Flächen.

4 Ermitteln Sie die Bodengüte in Ihrem Wohnumfeld (Online-Code).

Desertifikation
von lat. desertus facere = wüst machen

← Desertifikation Sahelzone S. 204/205

Bodengefährdung

Bodengefährdung und -verlust sind weitverbreitete Phänomene in landwirtschaftlich intensiv genutzten Regionen. Auch in unseren Breiten kann man nach Regenfällen erkennen, dass Ackerkrume aus brach liegenden oder nicht komplett mit Vegetation bedeckten Flächen an Hängen ausgespült wird. Böden sind jedoch nicht nur durch **Erosion**, Denudation und Deflation gefährdet, sondern auch durch Schädigungen ihrer Eigenschaften und Konsistenz. Prozesse dieser Art werden insgesamt als **Bodendegradation** bezeichnet. Die Ursachen dafür können natürlicher Art sein (z.B. Starkregen), meist jedoch ist unangepasstes menschliches Wirken der Auslöser. Die völlige Auflösung einer ehemals landwirtschaftlich nutzbaren Oberfläche durch Erosionsrinnen wird als „Badland"-Bildung bezeichnet.

In Wüstenrandgebieten mit stark variablen Niederschlägen, wie z.B. der Sahelzone, führt unangepasste Landnutzung zur starken Degradation der Böden und mitunter sogar zur Ausbreitung der **Wüsten** in ehemals genutzte Bereiche hinein. Eine der wesentlichen Ursachen für diesen Prozess der Desertifikation stellt der enorme Nutzungsdruck durch eine wachsende Bevölkerung dar. Aber auch die Änderung der Landnutzungsform spielt eine wesentliche Rolle: Traditionell lebten in der Sahelzone Nomaden, deren Wanderungsbewegungen primär von den klimatischen Bedingungen geprägt war. Bevölkerungsdruck, Grenzziehungen und Terrorismus schränken diese traditionelle und angepasste Wirtschaftsform stark ein. Dies führt u.a. zu verstärkter Abholzung (Brennholz), Überweidung und übermäßiger Wasserentnahme zur Bewässerung.

6 Bodenerosion („Gully Erosion")

7 Nach einem der großen Staubstürme im Mittleren Westen der USA in den 1930er-Jahren

FALLBEISPIEL: „Dust Bowl"

„Dust Bowl"
In den 1930er-Jahren kam es im Mittleren Westen der USA zu einer Serie von verheerenden Staubstürmen. Die Präriestaaten South Dakota, Kansas und Nebraska bildeten dabei den Kern der sogenannten „Dust Bowl".
Über viele Jahrhunderte waren die Great Plains kaum besiedelt, lediglich indianische Bisonjäger durchstreiften die weiten Ebenen. Geprägt wurde das kontinental-trockene Gebiet von ausgedehnten Präriegrassteppen, die die darunter liegenden fruchtbaren Schwarzerden (engl. Mollisols) vor Erosion und Deflation schützten. Durch den hohen Bestand an Bisons wurde die Oberfläche überdies verfestigt, auch das wirkte der Bodenabtragung entgegen.
In der zweiten Hälfte des 19. Jh. drangen Farmer in die Ebenen vor und wandelten die Steppe in agrarisch genutztes Kulturland um („Dry Farming"). Durch das intensive Umpflügen wurden die schützende Präriegrasdecken weitgehend zerstört, sodass die Oberfläche nunmehr ungeschützt der Erosion ausgesetzt war. Gleichsam wurden auch die Bisonbestände stark dezimiert. Insbesondere in den 1930er-Jahren kam es zu besonders ausgeprägten Trockenphasen, was dazu führte, dass Tausende Millionen Tonnen wertvollen Ackerbodens von Stürmen bis in den Atlantik verfrachtet wurden. Einzelne Starkregenereignisse, die den Boden stark erodieren, verschärften die Situation zusätzlich. Entsprechend stark durch „Gully Erosion" degradierte Bereiche tragen die Bezeichnung „Badlands". Tausende Farmer verloren damals Ihre Existenz und mussten die Region verlassen. Aktuell wird durch verschiedene Maßnahmen wie der Anlage von Windschutzhecken oder dem höhenlinienparallelen Pflügen (Contour Plowing) versucht, der Bodendegradation entgegenzuwirken.

8

Bodenerosion (Wasser)
(z.B. Gully Erosion, Hangrutschungen, Denudation)

Wasserdargebot
(z.B. Reduktion des Oberflächenwassers, Wasserverschmutzung)

Bodendeflation (Wind)
(z.B. Ausblasung des Oberbodens, Dünenbildung)

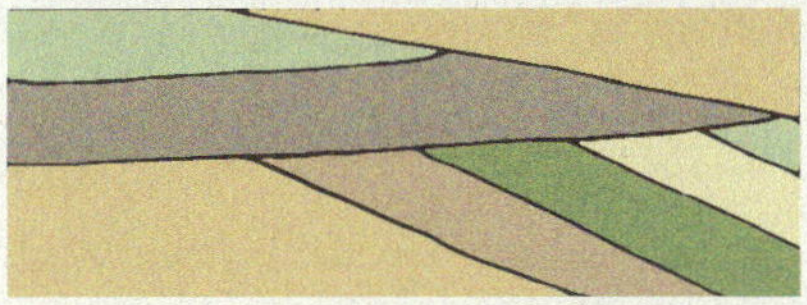

Landwirtschaft
(z.B. kaum Fruchtwechsel, Monokulturen, keine ausreichenden Brachephasen zur Regeneration)

chemische Einflüsse
(z.B. Überdüngung, Schadstoffeintrag, Versalzung)

Vegetation
(z.B. Abholzung von Hecken, fehlende Blühstreifen, keine Vegetationsinseln)

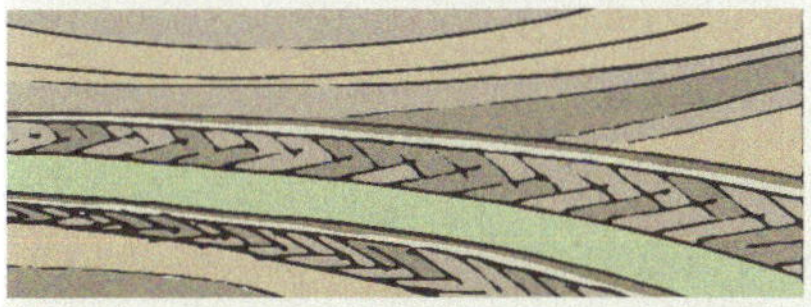

physikalische Einflüsse
(z.B. Verdichtung, Versiegelung, Entwässerung)

Strukturmaßnahmen
(z.B. falsche Terrassierung, Hangdestabilisierung, Flächenversiegelung, Wegebau)

Biologische Degradation
(z.B. Abholzung, invasive Arten, Reduktion der Biodiversität)

Management
(z.B. unzureichendes Flächenmonitoring, Arrondierungen und fehlerhafte Flurbereinigung)

9 Bodengefährdungspotenzial

Von alters her führt das Pflügen und Umbrechen des Bodens weltweit zu Veränderungen des Bodengefüges, mit teils positiven, teils negativen Folgen. Bodenverdichtung und -versiegelung sind vielerorts Kennzeichen moderner Gesellschaften, alleine in Deutschland werden pro Tag ca. 100 ha Fläche neu versiegelt. Das entspricht knapp 36 500 Fußballfeldern pro Jahr.

Geschädigt werden die Böden auch durch gasförmige und flüssige Schadstoffeinträge. Gerade in viehwirtschaftlich intensiv genutzten Gebieten stellt der übermäßige Gülleeintrag ein erhebliches Problem dar. Insbesondere der Nitratgehalt des Wassers kann stark ansteigen.

Besonders empfindlich reagieren Böden im Grenzbereich der agrarischen Nutzbarkeit. Andererseits kann der Mensch auch Maßnahmen zum Bodenschutz beziehungsweise zur Bodenverbesserung ergreifen, z.B. durch geeignete Anbaumaßnahmen, intensives Mulchen oder eine standortgerechte Düngung.

10 Anlage des Fundamentes für ein Windrad

5 Charakterisieren Sie den Wandel der Landnutzung in den Great Plains und die Folgen.

6 Überprüfen Sie die Aussage: „Der Klimawandel verschärft die Desertifikationsproblematik".

7 NE Für den Bau nur eines Windrades (Bild 10) wird in erheblichem Umfang in das lokale Ökosystem eingegriffen (Rodung, Wegebau etc.). Erörtern Sie das Für und Wider der Baumaßnahme.

8 Stellen Sie mögliche Gefährdungspotenziale von Böden in Ihrer Region dar (M9).

NE Handlungsmöglichkeiten für eine nachhaltige Nutzung

Die moderne Landwirtschaft steht in einem mehrpoligen Spannungsfeld. Zum einen soll immer mehr und zu immer günstigeren Preisen produziert werden, zum anderen kollidiert der Wunsch nach Ertragssteigerung mit ökologischen Notwendigkeiten. Wie gelingt es, dieses scheinbare Dilemma aufzulösen?

Herausforderungen der modernen Landwirtschaft

Arbeitsproduktivität
Produktionsergebnis jeder Arbeitskraft

Flächenproduktivität
Produktionsergebnis je Flächeneinheit

Die Zahlen der modernen Landwirtschaft Deutschlands sind beeindruckend:

- In den letzten hundert Jahren stiegen die Hektarerträge bei Weizen von 18,5 dt auf mehr als 74 dt im Jahr 2019.
- Die jährliche Milchleistung hat sich von 2 165 kg je Kuh im Jahr 1900 auf mehr als 8 250 kg im Jahre 2019 erhöht.
- Ein Landwirt ernährte 1949 zehn Menschen, im Jahr 2019 waren es 134.
- Die Zahl der Beschäftigten in der Land- und Forstwirtschaft ist von 4,8 Mio. im Jahr 1949 auf 639 000 Personen im Jahr 2019 zurückgegangen.
- Seit Jahren ist Deutschland weltweit einer der größten Agrarexporteure.

Dies alles erklärt sich u.a. daraus, dass in der Landwirtschaft sowohl die Arbeitsproduktivität als auch die Flächenproduktivität so stark gestiegen sind, dass sie den Vergleich mit der gewerblichen Wirtschaft nicht zu scheuen braucht.

Aus ökonomischer Sicht zwingen die niedrigen Verbraucherpreise die Landwirte zur ständigen Produktivitätssteigerung. Dies begünstigt eine industrielle Landwirtschaft mit negativen Folgen für den Landschaftshaushalt. Die Produktivität wird durch den Einsatz von Dünger, Herbiziden und

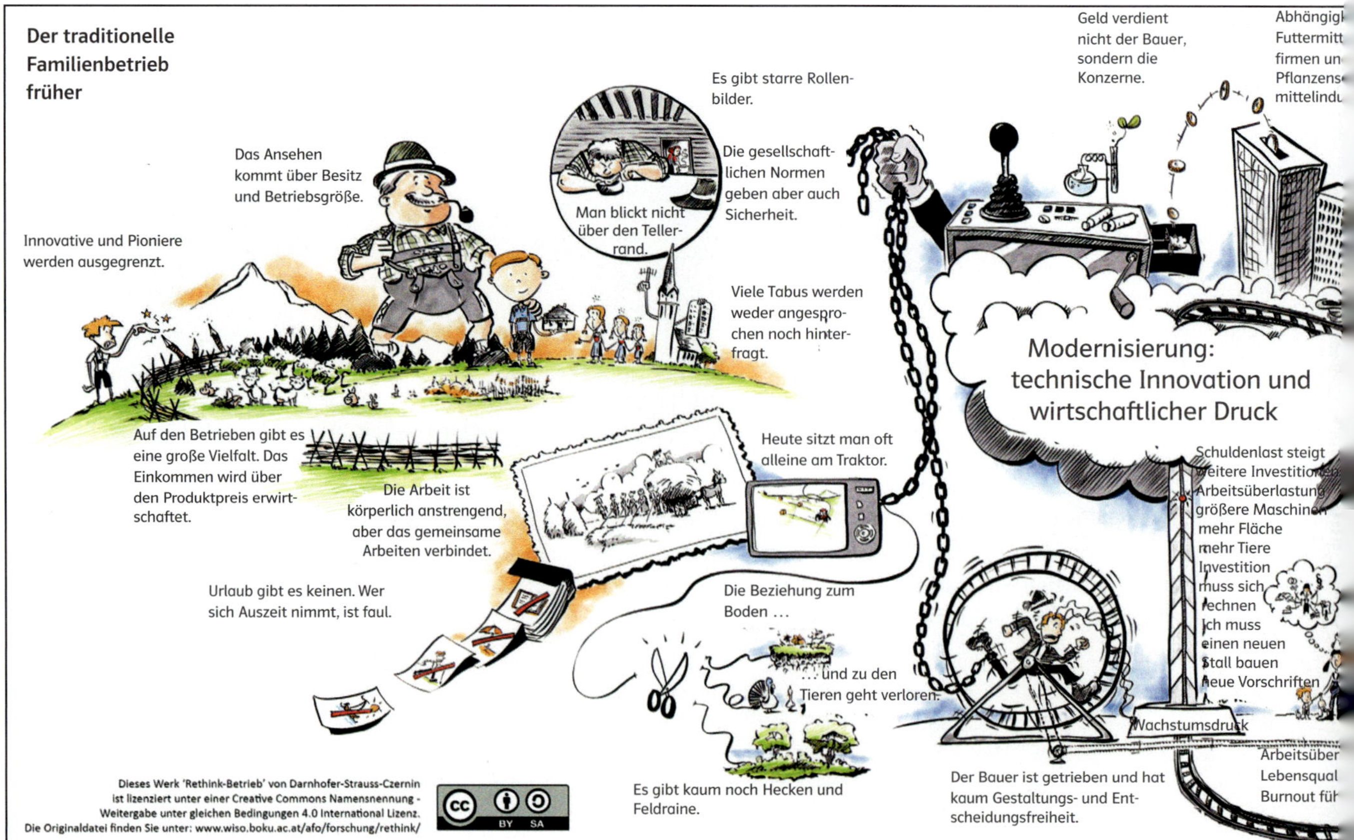

1 Der Wandel der Landwirtschaft

Pestiziden gesteigert. Gleichzeitig werden nitratverseuchtes Grundwasser, die Zerstörung wertvollen Bodens und auch der anhaltende Biotopverlust zum großen Teil der Landwirtschaft zugeschrieben.
Es sind aber noch andere Sichtweisen auf die Landwirtschaft möglich: Während 2016 noch immer fast 800 Mio. Menschen an Unter- oder Mangelernährung leiden, werden jährlich in Deutschland nach Angaben des WWF Deutschland 18 Mio. t Nahrungsmittel unbenutzt weggeworfen.

Nachhaltige Landwirtschaft

Wie soll unter diesen Voraussetzungen eine Landwirtschaft der Zukunft aussehen, die genügend Nahrung für alle bereitstellt und gleichzeitig die Umwelt nicht zerstört?
Dies wird am ehesten mit einer nachhaltigen und regional ausgerichteten landwirtschaftlichen Produktion erreicht. Entscheidend ist die Erkenntnis, dass Natur- und Ressourcenschutz, aber auch die Erhaltung der ländlichen Kulturlandschaft nur regional in Zusammenarbeit von Landwirtschaft und Naturschutz erreicht werden können. Was aber genau ist **nachhaltige Landwirtschaft**? Eine wichtige Orientierung für Verbraucher sind Lebensmittel aus ökologischem Landbau oder das Fairtrade-Zeichen für Produkte aus dem fairen Handel.

Smart Farming

Seit wenigen Jahren verändert sich die landwirtschaftliche Produktion in einem Tempo und Umfang, welche die Gegensätze zwischen ökologischer Landwirtschaft und Agrarindustrie verschwinden lassen könnten. Die Verbindung von landwirtschaftlicher Produktion und Datenverarbeitung, auch als **Smart Farming** bezeichnet, könnte den Traum von einer Welt ohne Hunger, deren Nahrungsmittel ökologisch erzeugt werden, wahr werden lassen.

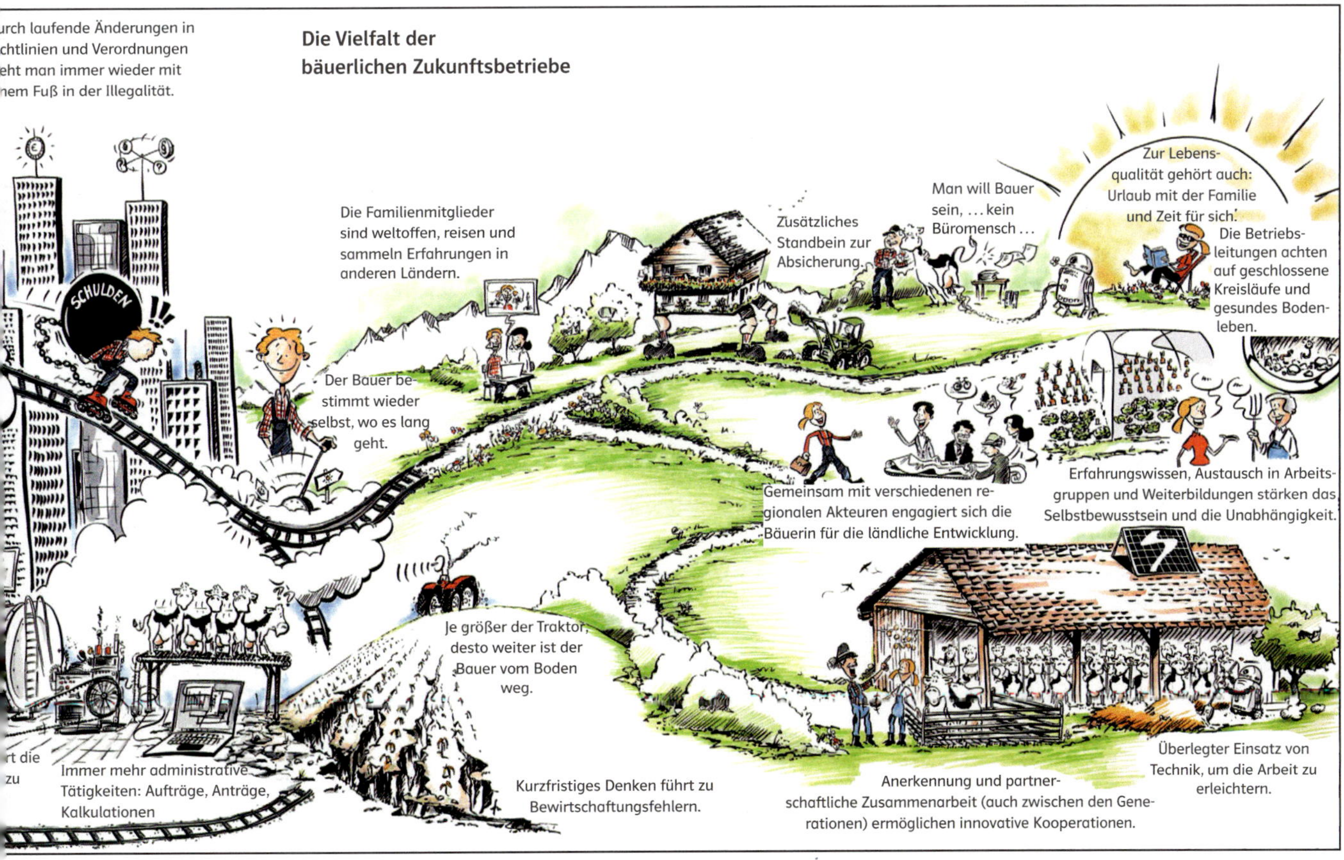

„**Eine nachhaltige Landwirtschaft**
– stellt Methoden und Verfahren in den Mittelpunkt, die die Produktivität der Böden verbessern und gleichzeitig die schädlichen Auswirkungen auf Klima, Boden, Wasser, Luft und Artenvielfalt sowie die Gesundheit der Menschen minimieren;
– zielt darauf ab, so wenig wie möglich nicht-erneuerbare und auf Erdölbasis hergestellte Betriebsmittel einzusetzen und sie durch erneuerbare zu ersetzen;
– stellt die lokale Bevölkerung mit ihren Bedarfen, ihrem Wissen, ihren Fähigkeiten und soziokulturellen Werten und institutionellen Strukturen in den Mittelpunkt;
– stellt sicher, dass die grundlegenden Bedürfnisse an Nahrung und landwirtschaftlichen Rohstoffen von heutigen und zukünftigen Generationen qualitativ und quantitativ befriedigt werden;
– sorgt für eine langfristige Beschäftigung, zufriedenstellendes Einkommen sowie würdige und gleichberechtigte Lebens- und Arbeitsbedingungen für alle in landwirtschaftlichen Wertschöpfungsketten tätigen Menschen;
– reduziert die Anfälligkeit des Landwirtschaftssektors gegenüber ungünstigen natürlichen (z. B. klimatischen) und sozio-ökonomischen (z. B. hohe Preisschwankungen) Bedingungen sowie anderen Risiken;
– fördert nachhaltige Institutionen im ländlichen Raum, die die Teilhabe aller Akteure und den Interessenausgleich fördern."

Stephan Krall: Was ist nachhaltige Landwirtschaft? Deutsche Gesellschaft für Internationale Zusammenarbeit (GIZ) GmbH (Hrsg.), S. 5. Unter www.giz.de/de/downloads/giz2015-de-nachhaltige-landwirtschaft.pdf (Zugriff: 05.05.2021)

2

Präzisionslandwirtschaft
„Sensoren, gespeicherte Daten und der Bordcomputer geben dem Landwirt die Informationen, die er zum Beispiel für das Düngen benötigt. Konkret: Auf dem Feld weiß er genau, wo mehr und wo weniger Düngestreuer benötigt wird – eine Dosierungsanleitung quasi. Durch genaue Datenauswertungen soll auch der perfekte Weg über das Feld und der richtige Moment zur Ernte ermittelt werden können. Wirtschaftlichkeit und Umweltschutz werden so verbessert."

Autonome Erntehelfer. In: WirtschaftsWoche v. 10.02.2015. Unter: www.wiwo.de/technologie/digitale-welt/innovationen-auf-dem-hof-autonome-erntehelfer/11346198.html (Zugriff: 05.05.2021)

3

Digitalisierung in der Landwirtschaft

Als übergeordnete Ziele der Digitalisierung in der Landwirtschaft stehen zwei Aspekte im Vordergrund. In ökologischer Hinsicht soll die Produktion nachhaltiger gestaltet werden. Das bedeutet vor allem eine Schonung von Ressourcen durch den optimierten Einsatz beispielsweise von Maschinen, Düngemitteln, aber auch Energiequellen. Gleichsam bestehen aus ökonomischer Sicht Chancen, die Produktivität durch eine verbesserte Effizienz zu steigern. Dazu zählt unter anderem die Optimierung des Prozessmanagements, also die Steuerung von Arbeitsabläufen oder die Materialbeschaffung.
Seit rund zwei Jahrzehnten durchdringen digitale Anwendungen zunehmend auch die Landwirtschaft, sodass inzwischen weit mehr als die Hälfte der Landwirte digitale Technologien nutzt, Tendenz deutlich steigend.
Die Anwendungsfelder des „Smart Farmings" sind vielfältig und umfassen den Einsatz von Drohnen, GPS-Daten, Sensoren, Robotern und ein breites Feld von Apps und weiteren Softwareanwendungen. Darüber hinaus spielt auch das Thema „Big Data" im Bereich der Vernetzung der betriebseigenen Prozesse mit externen Daten, wie beispielsweise den Informationen der Wetterdienste eine wichtige Rolle.

Herausforderungen

Die Art der landwirtschaftlichen Betriebe in Deutschland umfasst unterschiedliche Betriebsgrößen und reicht von Nebenerwerbs- zu Vollerwerbsbetrieben. Gerade kleinere Betriebe sehen sich oft mit kaum zu stemmenden finanziellen Investitionen konfrontiert und auch die notwendigen Fort- und Weiterbildungsmaßnahmen sind im Rahmen der zeitlichen Belastung nur schwer realisierbar. Nach wie vor hinkt auch der Ausbau der digitalen Infrastrukturen den wachsenden Anforderungen einer modernen Landwirtschaft hinterher.

Ausgewählte Anwendungsgebiete des Smart Farming
– exakte Dosierung von Düngemitteln und Pestiziden
– (teil)autonome Fahrsysteme
– Modellierung und Prognose der Erträge
– Einsatz von Fütterungs- und Melkrobotern
– Monitoring des Gesundheitszustands der Nutztiere
– Lagerhaltung, Arbeitszeiterfassung und Flottenmanagement

4

Mit der Drohne gegen Maiszünsler
„Wenn in diesen Tagen in der Politik von Drohnen die Rede ist, dann sind sie groß, teuer und vor allem eines – gefährlich. Eine ganz andere Art von Drohne wird nun einem Feind der Maisbauern gefährlich: dem Maiszünsler. In Herbolzheim wurde jetzt erstmals eine Drohne zur Schädlingsbekämpfung eingesetzt.
Die Zentralgenossenschaft (ZG) Raiffeisen Karlsruhe testet derzeit großflächig die Schädlingsbekämpfung aus der Luft. ‚Wir sind in der Region am stärksten vom Maiszünsler betroffen', erklärt Daniel Keller von der ZG deren Engagement. Weil die Genossenschaft Maissaatgut verkauft, liegt ihr die Bekämpfung des Zünslers am Herzen. Sie koordiniert die Einsätze der fliegenden Helfer am Oberrhein. [...] Landwirt Michael Hoenig aus Herbolzheim ist zufrieden. Er hat den sogenannten Multicopter für sein Feld bestellt, um den Maiszünsler mit Schlupfwespen zu bekämpfen. ‚Die Alternative wäre Genmais wie in den USA', erklärt Keller. ‚Das wollen wir aber nicht.' Für das fünf Hektar große Feld hat die Drohne gerade mal eine Viertelstunde gebraucht. ‚Zu Fuß wäre man dafür zweieinhalb Stunden beschäftigt', sagt er. Der Multicopter hingegen erledigt die Aufgabe mit fliegender Leichtigkeit.
Die Geokoordinaten des Feldes hat Landwirt Hoenig an Thomas Schönbucher weitergegeben; der Luft- und Raumfahrtingenieur macht mit seiner Stuttgarter Firma ‚aerpixx' eigentlich Luftbildaufnahmen. Am Computer erstellt er als Pilot der Drohne anhand der Daten ein Flugraster. Die Kugeln mit den Wespengelegen, zusammen dreieinhalb Kilogramm schwer, werden in den Trichter unter dem Multicopter gefüllt, und schon hebt die kleine Maschine fast lautlos ab. Aus 20 bis 50 Meter Höhe lässt die in ihrem Flug programmierte Drohne dann alle sieben Meter die kleinen Kugeln aus Maisstärke und Gelegen fallen. Der 24-jährige Schönbucher hat den autonomen Flug seiner Maschine im Blick und kann jederzeit eingreifen. [...]"

Thilo Bergmann: Mit der Drohne gegen Maiszünsler. Beitrag vom 05.06.2014. Unter www.badische-zeitung.de (Zugriff: 05.05.2021)

5

Agrarroboter Bonirob
„Bonirob fährt langsam über den Acker. Ab und zu schießt aus seinem Bauch ein Stempel heraus und saust in das Erdreich. Zielgenau trifft er eine Brennnessel- oder Kamillenpflanze und drückt sie in den Boden. Das ist das Ende fürs Unkraut, das das Wachstum der Feldfrucht behindert. Wenn der Unkraut-Roboter sein Terrain abgearbeitet hat, finden sich auf dem nur noch junge Mais-, Roggen- oder Rübenkeimlinge. Alles, was deren Wachstum behindern könnte, ist auf Nimmerwiedersehen in der Tiefe verschwunden. Und das ohne einen einzigen Tropfen Unkrautvernichtungsmittel."

Wolfgang Kempkens: So vernichtet Roboter Bonirob Unkraut. Beitrag vom 16.11.2015. Unter www.ingenieur.de/Fachbereiche/Agrartechnik/So-vernichtet-Roboter-Bonirob-Unkraut (Zugriff: 05.05.2021)

6

7 Drohne im Einsatz gegen Maiszünsler

1 Stellen Sie den Wandel in der Landwirtschaft dar.

2 Erklären Sie, weshalb die industrielle Landwirtschaft umstritten ist.

3 NE Erläutern Sie die Vorteile einer nachhaltigen Landwirtschaft.

4 Arbeiten Sie aus den Materialien dieser Doppelseite die Merkmale von Smart Farming heraus

5 Erörtern Sie, ob Smart Farming die landwirtschaftlichen Erträge bei gleichzeitiger Vermeidung von ökologischen Schäden steigern kann.

6 NE Erkunden Sie, welche Formen von Smart Farming in Ihrer Heimatregion genutzt werden.

MK Böden vor Ort erkunden

An das Wissen um das Entstehen und den Aufbau, aber auch um die große Bedeutung der Böden für unser Ökosystem schließen sich nun eine Reihe von Fragen an: Wie ist es um die Böden in unserer Region bestellt? Sind die Böden fruchtbar, um welche Bodentypen/Bodenarten handelt es sich? Wie werden die Böden genutzt und erfolgt die Nutzung nachhaltig? Welchen Beitrag kann ich leisten, gefährdete Böden zu schützen?

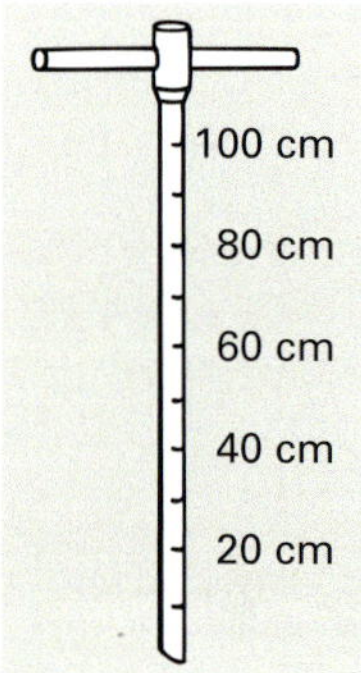

1

Antworten auf diese und weitere Fragen finden sich nicht nur im Klassenzimmer, sondern direkt vor Ort im Gelände. Im Vorfeld einer Bodenerkundung gilt es, sich zunächst einen Überblick über die zu erwartenden Böden zu verschaffen, dazu stehen online eine Reihe von geeigneten Karten zur Verfügung (M4). Im nächsten Schritt erfolgt dann die Konzeption und Umsetzung des geplanten Forschungsprojektes (siehe M2). Unerlässlich für die Arbeit vor Ort ist die Genehmigung des Grundstückseigentümers!

Die Arbeit im Gelände

Die Aufnahme eines Bodenprofils im Gelände kann auf unterschiedlichen Wegen erfolgen, im Idealfall verfügt ihre Schule über einen Pürckhauer Bohrstock, der mit einem Hammer in den Boden eingeschlagen wird. Alternativ kann ein Profil auch mit einem Spaten gegraben werden. Vor der Probenentnahme sollten zunächst einige grundlegende Standortmerkmale bestimmt werden. Dazu zählen das Relief (Höhenlage, Neigung, Exposition), die Vegetation (Pflanzenarten, Grad der Bodenbedeckung) und die aktuellen Witterungsbedingungen (Niederschlag, Bewölkung, Temperatur). Wichtig ist es auch, einen Überblick über die anthropogenen Einflüsse gewinnen. Wie wird der Boden genutzt (Landwirtschaft, Forst, Brachland, naturnah) und inwiefern wurde die Landschaft überformt (Pflügung, Terrassen, Be-, Entwässerungsgräben)?

Nach der Grabung oder Bohrung werden zunächst die einzelnen Bodenhorizonte nach markanten Merkmalen gegeneinander abgegrenzt, dabei hilft Ihnen insbesondere die Farbe. Um den Bodentyp zu bestimmen geht es nun daran, die Horizonte jeweils einzeln genauer zu untersuchen: Farbe, Feuchte, pH-Wert, Kalkgehalt, Bodenorganismen und Bodenart.

Auf Basis der gewonnenen Erkenntnisse kann der jeweilige Horizont benannt werden (z.B. Ah/Bv/C/G usw.), die Abfolge der Horizonte erlaubt nun die Bestimmung des Bodentyps. Die gesammelten Informationen erlauben Ihnen eine erste grobe Einschätzung der Bodengüte, aber auch der möglichen Gefährdung des untersuchten Bodens. In der wissenschaftlichen Praxis erfolgt die Untersuchung noch detaillierter, der ersten Ansprache im Gelände schließen sich in der Regel noch umfangreiche Untersuchungen im Labor an.

Empirische Forschung	**Unterrichtliche Forschung**
↓ Weg des wissenschaftlichen Erkenntnisgewinns:	↓ Beispielverlauf einer Bodenuntersuchung:
Phänomen Problemstellung: – Den Forschenden begegnet ein bislang von der Wissenschaft ungeklärtes Problem.	**Böden im Nahraum** Vorentlastung und Kontextualisierung: – Fachwissen aneignen – Bodenkarten sichten – Fragen und Vermutungen diskutieren
Hypothesenbildung – Fragen stellen (warum?) – Untersuchungsaspekte abgrenzen – Hypothesen abwägen und formulieren	**Hypothesenbildung** – Untersuchungsfragen konkretisieren (was, wo, wie, warum?) – Hypothesen formulieren
Forschungsdesign konzipieren – Untersuchung planen – Fragebogen entwickeln – Feldforschung konzipieren	**Forschungsdesign konzipieren** – Arbeitsschritte überlegen – Bodenuntersuchung planen – Gruppen einteilen
Forschung umsetzen – Wissenschaftler sammeln Informationen	**Forschung umsetzen** – Datenerhebung im Gelände
Ergebnisauswertung – Datensammlung/Datenbänke – Datenanalyse SPSS/GIS	**Ergebnisauswertung** – Datensammlung – Präsentation
Hypothesen prüfen – Verifikation oder Falsifikation der Arbeitshypothesen – ggf. neuen Forschungsansatz entwickeln – ggf. neue Hypothesen aufstellen	**Hypothesen prüfen** – Schüler diskutieren die Resultate – Verifikation oder Falsifikation der Vorüberlegungen
↓ **Theorie formulieren**	↓ **Schlussfolgern und handeln**

2 Wege des Erkenntnisgewinns in Wissenschaft und Unterricht

Gregor C. Falk (2007): Das Experiment. Einstieg in die Erforschung naturgeographischer Themen. In: Praxis Geographie, Heft 1, 2007

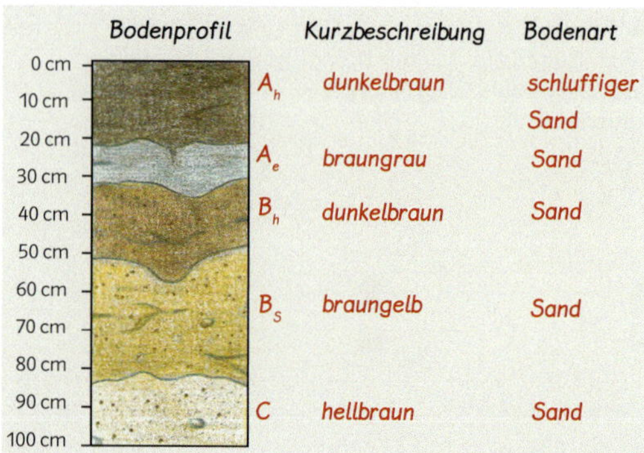

3 Beispiel für die Bestimmung der Horizonte

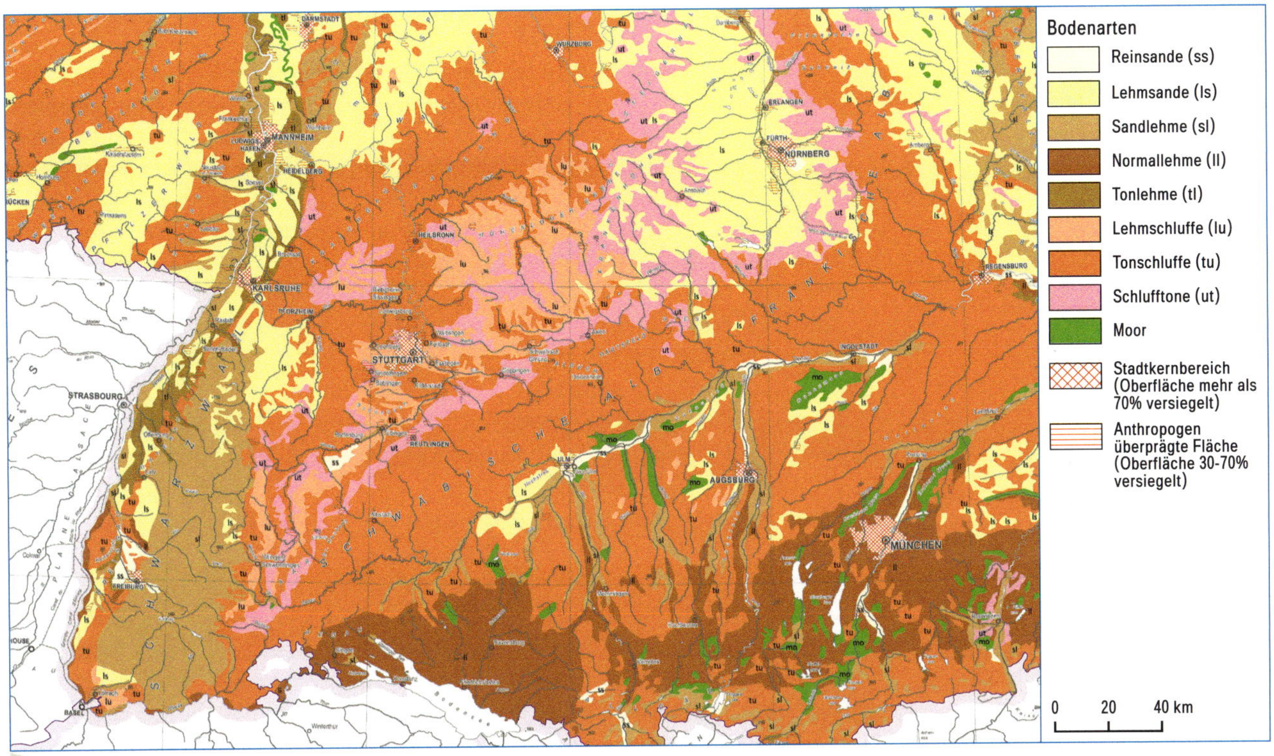

4 Karte der Bodentypen Südwestdeutschlands

Bodenart ermitteln

Die Fingerprobe bildet eine einfache Möglichkeit, die Korngrößen des Feinbodens zu ermitteln (vgl. M 5). Nach der Entnahme wird das Bodenmaterial im Handteller angefeuchtet und geknetet. Aus dem „Verhalten" des Bodens lässt sich die Korngröße ableiten (M5) und die Bodenart bestimmen.

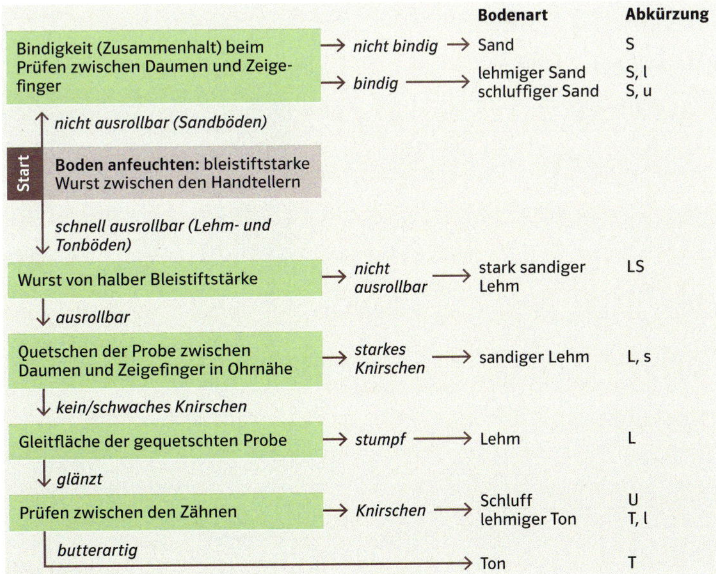

5 Bodenart mit der Fingerprobe ermitteln

1

Planen Sie zunächst wie beschrieben die praktische Bodenentnahme im Gelände und ermitteln Sie geeignete Standorte. Einen Protokollbogen und Anleitungen zur Durchführung der Untersuchungen finden Sie unter dem Online-Code: k4mw98.
Dokumentieren Sie Ihr Vorgehen mit der Kamera.

a) Beschreiben Sie die Standortbedingungen.
b) Charakterisieren Sie die Bodenhorizonte.
c) Bestimmen Sie den Bodentyp.

2

Erörtern Sie die „Qualität" des von Ihnen untersuchten Bodens.

3 MK

Stellen Sie Ihre Ergebnisse in Form einer Präsentation oder eines Posters dar.

4 MK

Ermitteln Sie mithilfe der Karte und des Online-Codes den vorherrschenden Bodentyp in Ihrer Region/Gemeinde.

Kompetenzcheck

Wichtige Begriffe

- Boden
- Bodenart
- Bodendegradation
- Bodenerosion
- Bodenfruchtbarkeit
- Bodengüte
- Bodenhorizont
- Bodenmelioration
- Bodenprofil
- Bodentyp
- Bodenwasser
- Desertifikation
- Dry Farming
- Humifizierung
- Huminstoffe
- Kationenaustausch-kapazität
- Lessivierung
- Löss
- Pedosphäre
- Podsolierung
- Ton-Humus-Komplexe
- Tonminerale

Wissen vernetzen

Durch die immer stärkere Mechanisierung und Industrialisierung der Landwirtschaft hat der Anteil der im Primären Sektor tätigen Erwerbskräfte in den letzten Dekaden immer weiter abgenommen. Dies könnte einer der Gründe sein, warum in unserer Gesellschaft der Kontakt mit dem Boden und damit das Bewusstsein für dessen Bedeutung und Wert immer weiter zu schwinden scheint. Für viele Menschen ist Boden ein käufliches Gut, das man entweder im Gartencenter als „Blumenerde“ oder auch als Baugrund erwerben kann. In der alltäglichen Wahrnehmung erfährt der Boden dann allenfalls Beachtung, wenn eine für den heimischen Garten gekaufte Pflanze nicht richtig wächst, und der Gärtner dann vielleicht erklärt, dass der Standort zu trocken oder der Boden zu „schwer“ sei oder, dass man eigentlich kalkholde Pflanzen nicht auf „saurem“ Boden anpflanzen solle. Bauherrn gilt Boden als „Aushub“, den es zu entsorgen gilt, Unkundigen im Extremfall als „Dreck“.

Möglicherweise liegt die Geringschätzung auch daran, dass Boden – ähnlich wie Wasser – in unseren Breiten einfach als gegebenes Gut angesehen wird. Anders ist das in Räumen, die akut etwa von Desertifikation oder Dürre bedroht sind. Mehr und mehr scheint in der Gesellschaft allerdings ein Umdenken stattzufinden, so werden beispielsweise Themen wie die Flächenversiegelung oder die Nitratbelastung des Grundwassers in zunehmenden Maße kritisch diskutiert.

Das vorangegangene Kapitel hat Ihnen grundlegende Informationen zum Verständnis der Vorgänge im Boden, zur Entwicklung der wichtigsten Bodentypen, zur Funktion von Böden und zu ihrer Gefährdung erschlossen.

Wie bedeutsam die Böden als „Ökosystemdienstleister“ im Rahmen des Systems Erde sind, unterstreicht auch die nachfolgende Abbildung, die den Ein- und Austrag von Mikroplastik und die damit verbundenen ökologischen Effekte darstellt.

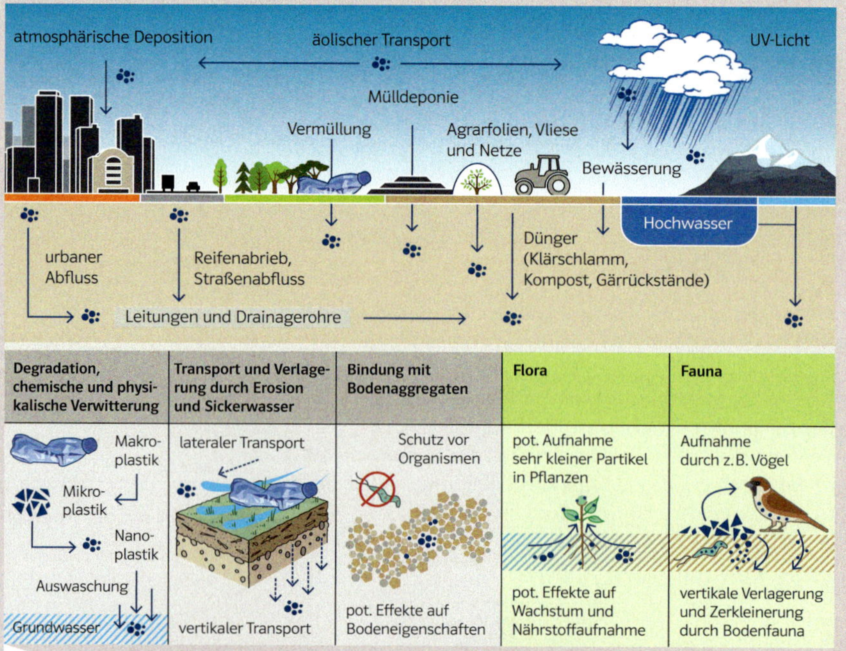

1 Mikroplastik im Boden

Nach: Geographische Rundschau 7/8 2020, S.33 (Schematische Darstellung von Emissions- und Immissionsprozessen von Mikroplastik im System Boden, einschließlich potenzieller Quellen, Eintragspfade und ökologischer Effekte (unterer Grafikbereich))

Kompetenzen überprüfen

Sich orientieren

1 Beschreiben Sie die globale Verteilung verschiedener Bodentypen (Atlas).

Wissen und verstehen

2 Beschreiben Sie den Einfluss menschlicher Aktivitäten auf die Bodenbildung.

3 Stellen Sie die Wechselwirkungen zwischen der Pedosphäre und den anderen Sphären des Systems Erde dar (M2).

4 Vergleichen Sie den Prozess der Mineralisierung und Humifizierung.

5 Vergleichen Sie den Wert von folgenden Bodentypen für die landwirtschaftliche Nutzung: Braunerde, Gley, Schwarzerde (Tschernosem).

6 Erklären Sie die wesentlichen Unterschiede bodenbildender Prozesse in den Tropen und in der Gemäßigten Zone.

Fachmethoden anwenden

7 Vergleichen Sie das Profil eines Podsols mit einem Ranker.

Beurteilen und bewerten

8 Am Ortsrand einer Gemeinde soll auf ca. 8,5 ha bislang landwirtschaftlich genutzter Fläche ein Gewerbegebiet entstehen (M3). Bewerten Sie das Vorhaben.

Handeln

9 Erstellen Sie ein „Werbeposter" für den Boden als wertvolle Ressource.

Basiskonzepte anwenden

10 Erläutern Sie am Fallbeispiel Dust Bowl ein Basiskonzept der Geographie.

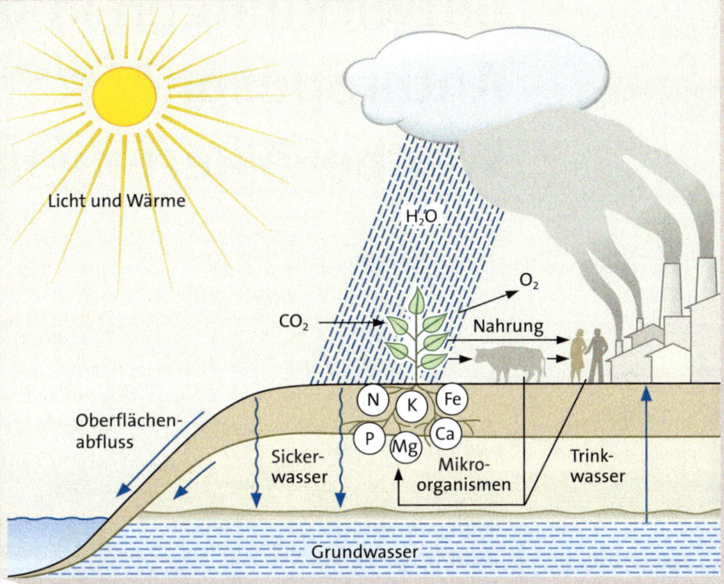

2 **Stellung und Funktion von Böden in der Geoökosphäre**

Nach: Dietmar Schröder: Böden der Erde: Entstehung, Verbreitung, Produktivität, Schädigung und Schutz. In: Geographie und Schule, 22. Jg., H. 126 (Aug. 2000), Köln: Aulis 2000, S. 11

3 **Geplante Erweiterung eines Gewerbegebiets**

Nach: Markus Zimmermann: Denzlingen will mehr Gewerbe auf neuen Flächen ansiedeln vom 30.07.2020. Unter www.badische-zeitung.de (Zugriff: 25.05.2021)

Wenn Sie alle Seiten dieses Kapitels bearbeitet haben, können Sie ...

- die grundlegenden bodenbildenden Prozesse erörtern,
- Merkmale ausgewählter Bodentypen beschreiben und regional verorten,
- unterschiedliche Nutzungsformen von Böden und deren Auswirkungen charakterisieren,
- die Bedeutung der Böden bewerten und zu anthropogenen Eingriffen kritisch Stellung nehmen,
- das Potenzial der nachhaltigen landwirtschaftlichen Nutzung beurteilen.

9

Entwicklungen in der Anthroposphäre: Weltbevölkerung und Migration

1 Straßenszene in Lagos – die Weltbevölkerung wächst gegenwärtig in jeder Sekunde um nahezu drei Menschen

Gegenwärtig wächst die Weltbevölkerung während eines Vormittags um die Einwohnerzahl einer deutschen Mittelstadt wie z. B. Böblingen (ca. 50 000). Jeder neue Erdenbürger hat prinzipiell Anspruch auf die Befriedigung seiner Grunddaseinsfunktionen. Er benötigt Wohnraum und eine gesicherte Ernährung, er will arbeiten, sich aus- und weiterbilden, er will mobil sein und mit anderen Menschen kommunizieren.

Doch auf welchem Niveau ist Konsum für alle möglich bei einer derzeit noch wachsenden Weltbevölkerung? Und wo und wie lange kann diese noch zunehmen? Die derzeit bestehenden regionalen Unterschiede in den Lebensbedingungen und Chancen verursachen umfangreiche grenzüberschreitende Wanderungsbewegungen.
Welche Herausforderungen und Chancen ergeben sich dadurch in den Herkunfts- und Zielländern?

2 Studententeam

Sie untersuchen ...

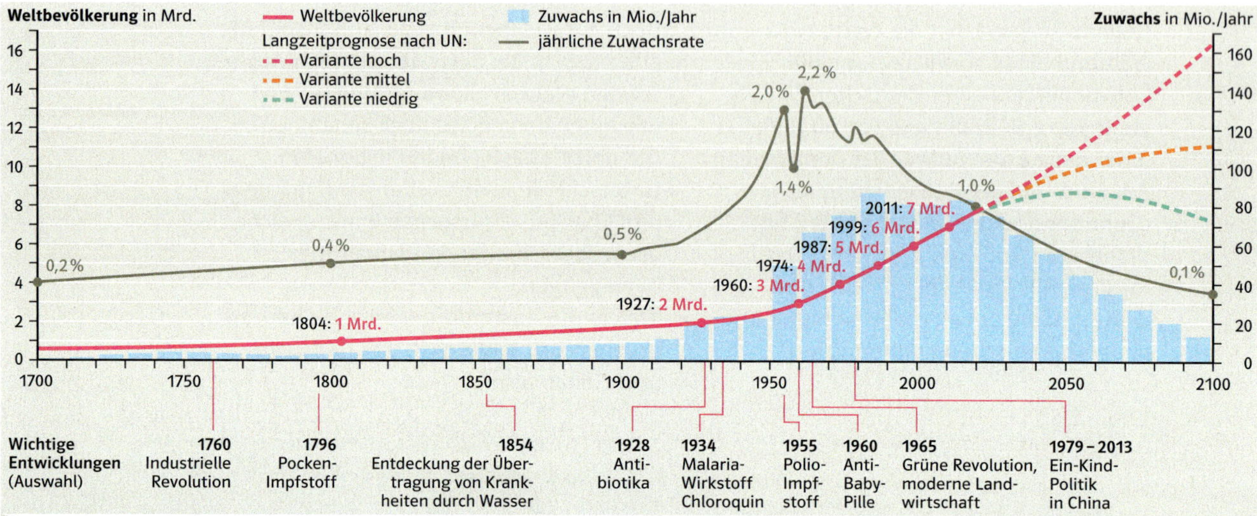

3 **Entwicklung der Weltbevölkerung**
Nach: World Population Prospekt 2020

Grafik 1 zeigt die **Bevölkerungsentwicklung** weltweit von 1700 bis zur Gegenwart sowie drei Varianten von **Bevölkerungsprognosen**. Bis weit ins 20. Jh. hinein lagen die **Geburtenraten** im globalen Durchschnitt nur leicht über den **Sterberaten**. Daraus resultierte ein nur mäßiges **Bevölkerungswachstum**. Da die Lebenserwartung niedrig war, zeigten die **Bevölkerungsstrukturdiagramme** eine breite Basis mit nach oben hin sehr rasch abnehmenden Jahrgängen.

Erst als sich die medizinischen sowie hygienischen Verhältnisse und auch die Ernährungssituation in weiten Teilen der Welt verbesserten, gingen generell die Sterberaten zurück und die Menschen wurden älter. In einigen Weltregionen blieben die Geburtenzahlen hoch, sodass die **Wachstumsraten** der Bevölkerung stiegen. Die **Bevölkerungsdichte** nahm zu. In den Ländern des „Globalen Nordens“ dagegen sinken seit Jahren die Geburtenraten. Das hat Auswirkungen auf die **Altersstruktur**. Die Jüngeren werden weniger, die Alten werden mehr. Kennzeichen dieser Gesellschaften ist eine zunehmende Überalterung.

In ihren Langzeitprognosen gehen die Vereinten Nationen davon aus, dass die durchschnittliche Kinderzahl pro Frau bis zum Ende dieses Jahrhunderts von derzeit 2,5 auf 2,0 sinken wird. Die Weltbevölkerung würde demnach auf 10,9 Mrd. Menschen wachsen. Sollten die Geburtenzahlen aber nicht wie angenommen sinken, würden im Jahr 2100 ca. 16,6 Mrd. Männer, Frauen und Kinder unseren Planeten bevölkern.

Die Bevölkerungsentwicklung eines Landes wird auch durch Zu- oder Abwanderungen beeinflusst. Diese **Migration** ist das Ergebnis verschieden wirkender **Push- und Pull-Faktoren**.

Diesen Fragen zur Bevölkerungsentwicklung und Migration werden Sie nachgehen:

- Geht das Wachstum der Weltbevölkerung unaufhörlich weiter?
- Welche Faktoren steuern das Bevölkerungswachstum?
- Wie wirkt es sich auf die Bevölkerungsdichte aus?
- Ist die Erde zu voll?
- Wie ist die Aussagekraft des „Modells vom demografischen Übergang“ zu bewerten?
- Welche Herausforderungen bringt der demografische Wandel, welche Chancen bietet er?
- Wo liegen die Ursachen und Schwerpunkte der weltweiten Migration?
- Welche Folgen hat die Arbeitsmigration für die Herkunfts- und Zielländer?
- Welche Lösungsansätze gibt es?

Sie knüpfen an ...

Das wissen Sie schon!

Sie haben sich in Klasse 7/8 bereits mit dem Thema Weltbevölkerung befasst. Dabei standen die Ursachen der Entwickung und die Verteilung jeweils in ihrer regionalen Differenzierung im Mittelpunkt. Weiterhin haben Sie Altersstrukturen ausgewählter Länder mithilfe von Bevölkerungsstrukturdiagrammen untersucht und mit der Situation in Deutschland verglichen.
Und Sie haben Menschen kennengelernt, die „Auf der Suche nach Zukunft" ihre Heimat verlassen.

Bekannte Begriffe

- Altersstruktur
- Bevölkerungsstrukturdiagramm
- Bevölkerungsdichte
- Bevölkerungsentwicklung
- Bevölkerungsprognose
- Bevölkerungswachstum
- Flucht
- Geburtenrate
- Integration
- Migration
- Sterberate
- Überalterung
- Überbevölkerung

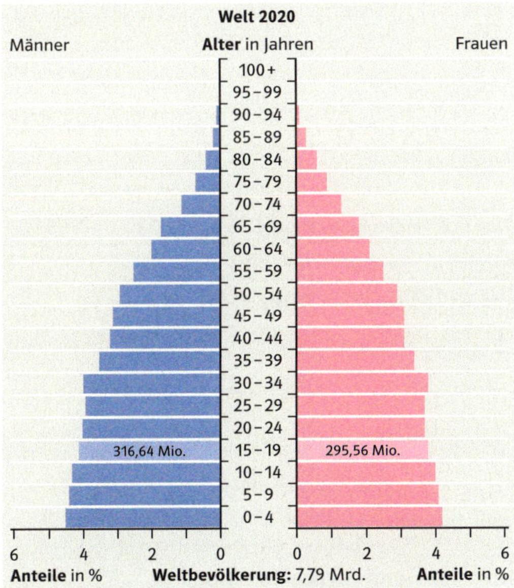

4 Bevölkerungsstrukturdiagramm Welt 2020
Nach: www.populationpyramid.net/de/welt/2020

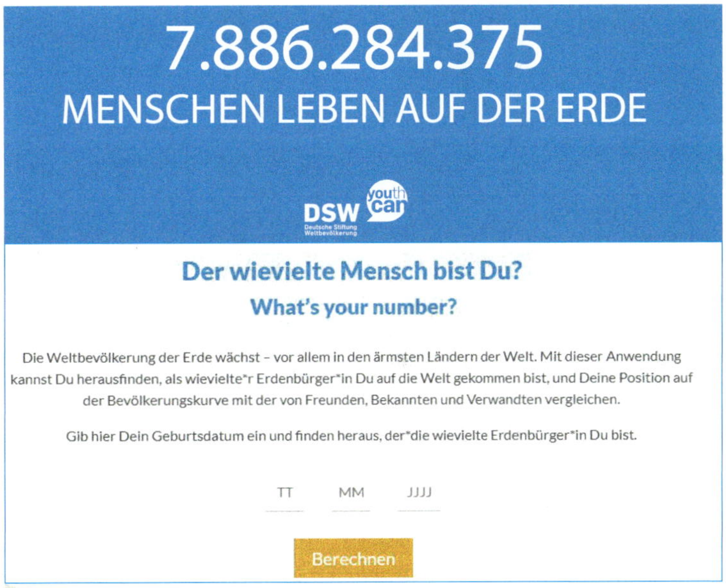

6 Weltbevölkerungsuhr
Deutsche Stiftung Weltbevölkerung, www.dsw.org (Zugriff: 03.08.2021)

5 „Reise" zur Grenze Mexiko–USA

Wachstum der Weltbevölkerung 2020

	Welt	Länder mit hohem Einkommen	Länder mit mittlerem Einkommen	Länder mit niedrigem Einkommen
Bevölkerung 2019 (Mio.)	7773	1219	5805	746
natürliche Wachstumsrate (%)	1,2	0,1	1,1	2,7

Berechnet nach Deutsche Stiftung Weltbevölkerung. DSW-Datenreport 2020

7

1 Charakterisieren Sie unter Verwendung bekannter Fachbegriffe die aktuelle globale Bevölkerungsentwicklung (Materialien 3, 4 und 7).

2 Erklären Sie die Problematik von Bevölkerungsprognosen.

3 Analysieren (Interpretieren) Sie das Bevölkerungsstrukturdiagramm 4.

4 Arbeiten Sie aus Tabelle 7 Grundaussagen heraus.

MK Bevölkerungsentwicklung – mehr als nur Statistik

Bevölkerungsentwicklung – da geht es um Geburtenziffern, Wachstumsraten, Sterbefälle. Auf den ersten Blick also lauter trockene Zahlen. Aber dahinter stecken Personen, Familien, Gesellschaften und deren Zukunftschancen. Die Zahlen können mehr als nur dokumentieren, sie können „erzählen“ – von Menschen und deren Schicksalen.

1 Christa Kellner – Bürgermeisterin in Esplingerode (Niedersachsen)

Demografische Daten: Deutschland 2000 und 2020

		2000	2020
Bevölkerung (Mio.)		82,0	83,3
Geburten (pro 1000 Ew.)		10	10
Todesfälle (pro 1000 Ew.)		10	12
Natürliches Wachstum (%)		0,0	−0,2
Gesamtfruchtbarkeitsrate (durchschnittliche Kinderzahl pro Frau)		1,3	1,6
Lebenserwartung bei der Geburt (Jahre)		77	w 78, m 83
Bevölkerung nach Alter (%)	< 15 Jahre	16	14
	> 64 Jahre	16	20
Bruttonationaleinkommen in KKP pro Einwohner (US-$)		28 280	55 980
Migrationssaldo (Nettozuwanderung pro 1000 Ew.)		2	4

Nach: DSW-Datenreport 2000 und 2020. CIA World Factbook

3

Ein Besuch im Dorf Esplingerode

„Wie tausend andere Siedlungen pendelt das tausend Jahre alte Dorf zwischen Landlust und Landfrust. Denn die Deutschen lieben zwar die Provinz. Aber sie leben zunehmend in der Stadt [...]. Und während Metropolen wie München, Berlin oder Hamburg aus allen Nähten platzen, ‚beschleunigt die demografische Entwicklung die Entleerung des ländlichen Raums‘, wie eine umfangreiche Studie der Stiftung Schloss Ettersburg zeigt.
Die düstere Prognose: [...] Deutschland [wird] [...] Einwohner verlieren – und zwar ‚tendenziell dort, wo heute schon ein Rückgang zu verzeichnen ist‘. Besonders hart trifft es also kleine Orte wie Esplingerode.
In den vergangenen hundert Jahren hat sich die Bevölkerung des Dorfes halbiert, 134 Menschen leben noch in der Gemeinde. Doch der Schwund galoppiert. In zehn Jahren, befürchtet die Dorfbürgermeisterin Christa Kellner, muss man wohl mit einer zweistelligen Einwohnerzahl rechnen. Es gibt nur noch eine Handvoll Bauern im Dorf, einen Schmied, einen Metzger und einen Baggerfahrer. Neu im Dorf sind der kleine Pferdehof, der Unternehmensberater, die Physiotherapeutin gegenüber der Kirche. Aber reicht das für die Zukunft? [...]
Esplingerode ist [...] quasi ein Museumsdorf für die Probleme des demografischen Wandels. Im Eichsfeld [...] schlägt er besonders hart zu. Die Einwohnerzahl schrumpft dort Jahr für Jahr in der Höhe eines kleinen Dorfes. In den Wirtshäusern berichtet man schon von schwarzen Listen, die bei den Eichsfelder Banken kursieren. Bei den Geldinstituten hat man manche Orte offenbar schon abgeschrieben. Wer in Problemdörfern, die unter starkem Bevölkerungsschwund leiden, trotzdem bauen will, bekommt nur noch unter zusätzlichen Auflagen einen Kredit [...]
Christa Kellner [...] weiß: Ihr Dorf steht auf der Kippe. Seit Jahren stemmt sich die Bürgermeisterin tapfer gegen den Schwund – und muss doch fast hilflos zusehen, wie ihrem Dorf die Puste ausgeht. Vor einem halben Menschenleben gab es hier noch eine Schule, mehrere Gasthäuser, Försters Lebensmittelladen und ein paar Vereine. [...]
Für die wachsenden Probleme der deutschen Provinz kann man in Esplingerode wie im Rest der Republik simple Faktoren verantwortlich machen. Es werden seit 40 Jahren weniger Menschen geboren als zu Grabe getragen. Und wer auf der Welt ist, will da wohnen, wo er Arbeit hat oder findet. Das Bauernsterben kommt erschwerend hinzu [...]
Christa Kellner [...] darf nur Mangel verwalten – und ein bisschen träumen: ‚Ikea‘, sagt sie und blickt zwinkernd auf einen Acker, ‚das wär's.‘ Aber Ikea wird sich auf dem Acker am Ortsausgang nicht niederlassen. Auch kein Bau- oder Supermarkt, das weiß Christa Kellner ganz genau. Dafür ist die nächste Autobahn einfach viel zu weit weg.“

Claus Christian Malzahn: Gebeutelte Provinz – Siechtum deutscher Dörfer. In: WELT N24 vom 22.07.2014 (Zugriff: 25.05.2021)

2

4 Abla und Amini mit ihren 5 Kindern im Dorf Namwajjolo, Uganda

Demografische Daten: Uganda 2000 und 2020		2000	2020
Bevölkerung (Mio.)		22,8	45,7
Geburten (pro 1000 Ew.)		48	39
Todesfälle (pro 1000 Ew.)		20	6
Natürliches Wachstum (%)		2,9	3,3
Gesamtfruchtbarkeitsrate (durchschnittliche Kinderzahl pro Frau)		6,9	5,0
Lebenserwartung bei der Geburt (Jahre)		42	w 61, m 65
Bevölkerung nach Alter (%)	<15 Jahre	47	47
	>64 Jahre	3	2
Bruttonationaleinkommen in KKP pro Einwohner (US-$)		330	2
Migrationssaldo (Nettozuwanderung pro 1000 Ew.)		k.A.	1780

Nach: DSW-Datenreport 2000 und 2020. CIA World Factbook

6

Im Dorf Namwajjolo in Uganda

„Der Vater blickt sich um im Kreis seiner Kinder und sagt: ‚Es hätten vielleicht auch ein paar weniger sein können.‘ Natürlich sind die Kinder der Segen der Familie, das hat der ugandische Bauer Deograsias Mutatwala immer so gesehen. [...] Aber in jüngster Zeit ist der 45-Jährige doch ins Grübeln gekommen, weil alles recht schwierig geworden ist [...]

Seine Frau Nangohi Hadisa, die ihm gegenüber sitzt, nickt stumm. Inzwischen verhütet sie, aber das tut sie erst seit ihrem achten Kind, das jetzt neun Monate alt ist. [...] Im Radio gab es zwar Programme über Familienplanung, aber sie hatte nie das Gefühl, dass das für sie wichtig sei. Die junge Frau hat niemals eine Schule besucht und musste schon sehr früh arbeiten. Ihr erstes Kind bekam sie mit zwölf Jahren. [...]

Mutter Nangohi Hadisa, die erst 30 Jahre alt ist, wirkt sehr erschöpft. Sie hat viel Arbeit auf dem Feld und im Haus, aber was die Familie verdient, reicht doch bei Weitem nicht aus, um die sechs größeren Kinder in die Schule zu schicken. Nur die beiden Ältesten, 14 und 18 Jahre alt, besuchen derzeit den Unterricht [in Kampala], die anderen bleiben zu Hause. [...]

Von den jungen Leuten gehen viele in die Stadt, die meisten nach Kampala. Die ugandische Hauptstadt wächst weit schneller als die meisten Städte der Welt. Der Zensus von 1959 verzeichnete 155 534 Einwohner [...] Heute leben in dieser Stadt zwischen zwei und drei Millionen Menschen, die genaue Zahl kennt niemand [...]

Diejenigen Ugander, die große Risiken im raschen [Bevölkerungs-]Wachstum sehen, kritisieren die Regierung, dass sie zu wenig Gewicht auf Familienplanung lege. Die Abholzung schreitet voran, Böden werden übernutzt, Wasser wird mancherorts knapp, und ein Heer perspektivloser Jugendlicher in den Städten könnte den Staat bald ins Wanken bringen. Präsident Museveni [... und] auch andere ugandische Politiker haben immer wieder argumentiert, dass weiteres Wachstum der Nation nützlich sei, sie verbinden eine große Bevölkerung mit einem größeren Markt und mit einer starken Nation. Sie blicken dabei auf China und Indien [...]

Doch wie stark ist ein wachsender Markt von armen Menschen, die kaum Kaufkraft haben? [...]

Wenn der Bauer Deograsias Mutatwala auf seine Jugend blickt, dann sagt er: ‚Wir haben früher besser gelebt.‘ [...] Schon sein Vater hatte Land verkauft, weil er Geld brauchte, dann wurde unter den Söhnen geteilt. Deograsias hat später ebenfalls ein großes Stück seines Landes weiterverkauft, um ein Haus zu bauen, in das es nicht mehr ständig hineinregnet."

Arne Perras: Uganda – Die Urzelle. In: Süddeutsche Zeitung vom 29./30.10.2011, S.V2/4–5

5

1 Arbeiten Sie für die beiden Beispieldörfer Esplingerode und Namawajjolo Grundstrukturen der demografischen Situation heraus.

2 Stellen Sie Herausforderungen dar, vor denen jeweils Staat und Gesellschaft in Deutschland und Uganda stehen.

3 MK Charakterisieren Sie die demografische Situation in Ihrem Heimatort (Befragung bei der Gemeindeverwaltung, Gemeindestatistik; Statistisches Landesamt).

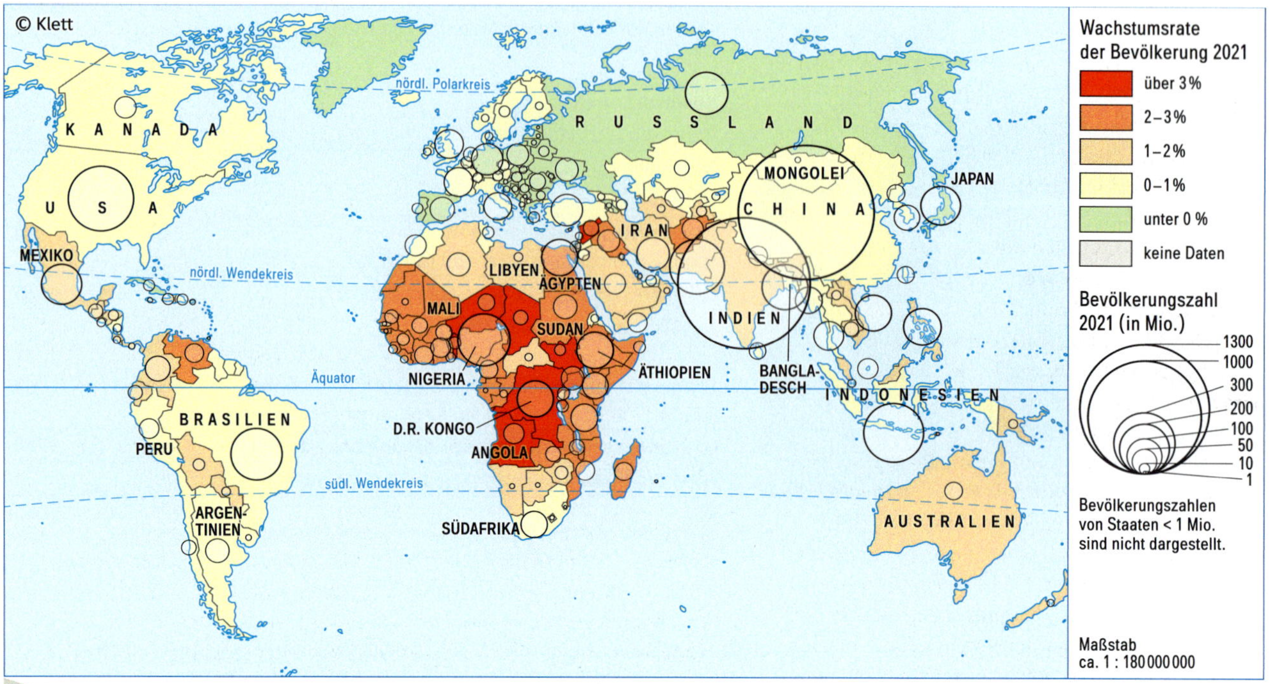

1 Regionale Verteilung der Bevölkerung und des Bevölkerungswachstums

Nach: US Census Bureau: International Data Base, unter: www.census.gov/data-tools/demo/idb/#/table?YR_ANIM=2030 (Zugriff: 01.06.2021)

Regionale Differenzierung – Bevölkerungsentwicklung und -dichte

Für das weltweite Bevölkerungswachstum gilt gegenwärtig die einfache Formel: Die einen werden mehr und jünger, die anderen eher weniger und älter. Von welchen Regionen ist jeweils die Rede? Welche Folgen hat dieser Trend für die Bevölkerungsdichte?

Unsicherheit in den Prognosen

„Ob nach Mitte des Jahrhunderts die Bevölkerung in Afrika so weiterwächst, wie in den Langfristszenarien der Vereinten Nationen unterstellt, ist fraglich. Demnach hätte Afrika im Jahr 2100 die fünffache Bevölkerungsdichte von Europa. Angesichts des heutigen Entwicklungsstandes ist es vielerorts aber kaum vorstellbar, dass diese Zahl und Dichte von Menschen überhaupt zu versorgen ist. Viele könnten gezwungen sein abzuwandern, im schlimmsten Fall könnten auch Konflikte, Hungersnöte und Epidemien das Wachstum bremsen. Sollte sich Afrika aber entgegen den derzeitigen Erwartungen besonders schnell entwickeln, etwa nach dem Vorbild der asiatischen Tigerstaaten, dann würden die Nachwuchszahlen rasch sinken und das Wachstum bis Ende des 21. Jahrhunderts fiele deutlich geringer aus als heute befürchtet."

Berlin-Institut für Bevölkerung und Entwicklung: Es wird enger. Überholt Afrika Asien? Newsletter Ausgabe 228 v. 09.07.2018, unter: www.berlin-institut.org/newsletter/detail/es-wird-enger

2

Das dynamische Wachstum der Weltbevölkerung findet zum überwiegenden Teil in Ländern des „Globalen Südens" statt. Gegenwärtig leben knapp 60 % der 7,7 Mrd. Erdenbewohner (2019) in Asien. UN-Prognosen gehen davon aus, dass auch 2050 mit 54 % (bzw. 5,3 Mrd.) noch die Mehrheit aller Menschen im asiatischen Raum ansässig ist. Aber Afrika holt rasant auf. Dieser Kontinent mit seinen gegenwärtig 1,3 Mrd. Bewohnern wird um die Jahrhundertmitte Prognosen zufolge bereits ein Viertel aller Menschen beheimaten. Jahr 2100 sollen dann in Afrika zwischen 4,5 und 4,8 Mrd. Menschen leben.

Geben diese Zahlen Anlass, Schreckensvisionen zu entwerfen? Namhafte Bevölkerungswissenschaftler sagen für das Ende dieses Jahrhunderts ein Ende des Bevölkerungswachstums voraus. Sie raten zu nüchterner Betrachtung.

Linktipp
Geoportal Bevölkerung
ry36yg

Interaktive Karte
DSW-Länderdatenbank
ry36yg

Bevölkerungsdichte
„Aus der Bevölkerungsdichte lässt sich nicht unmittelbar ablesen, wie viel Platz die Menschen zum Leben haben, denn sie unterscheidet nicht zwischen gut bewohnbarem und unwirtlichem Gelände. Dadurch werden Flächenstaaten mit Gebirgen oder Wüsten wie die Mongolei oder Australien hinsichtlich ihrer Bevölkerungsdichte ‚kleingerechnet', denn dort, wo die Menschen eine Lebensgrundlage finden, sind diese Länder oft sehr dicht besiedelt. Auch hinter den Durchschnittswerten der einzelnen Kontinente verbergen sich ganz unterschiedliche Wohn- und Lebensbedingungen [...]
In Afrika spielt insbesondere die Region südlich der Sahara eine bedeutende Rolle. Mitte des letzten Jhs. [ca. 1950] war Subsahara-Afrika mit 8 Menschen pro Quadratkilometer äußerst dünn besiedelt. Dies war ein Grund dafür, warum sich internationale Investoren in der Nachkriegszeit wenig für den Kontinent interessierten und sich stattdessen auf das menschenreiche Asien konzentrierten. Doch kurz nach dem Millenniumswechsel hatte die Region bereits die Bevölkerungsdichte Europas erreicht [...]
Bis zur Mitte des Jhs. [ca. 2050] dürfte sich die Bevölkerungsdichte in Subsahara-Afrika noch einmal mehr als verdoppeln, auf dann rund 100 Menschen pro Quadratkilometer. Schon ab etwa 2030 wäre dieses Gebiet, trotz seiner großen Wüsten und Regenwaldgebiete, dichter besiedelt als alle Länder der Erde im Durchschnitt [...]"
ebenda

3

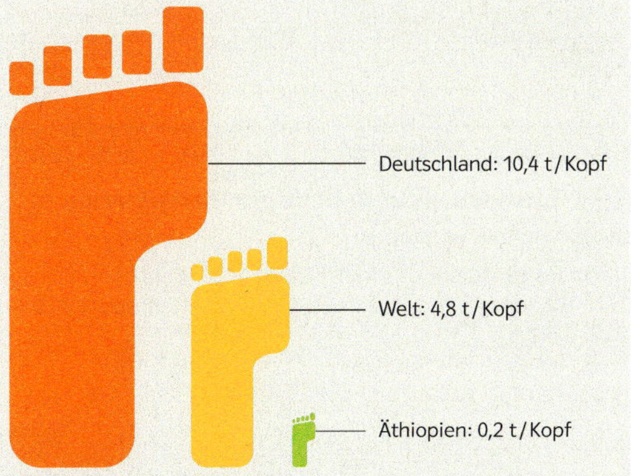

4 CO_2-Fußabdruck 2018
Der „konsumbasierte CO_2-Ausstoß" (sämtliche Treibhausgase, die zur Deckung der inländischen Nachfrage entstehen) berücksichtigt auch Emissionen, die bei der Herstellung von Importgütern im Ausland angefallen sind.
Nach: GEO 05_2021, S. 115

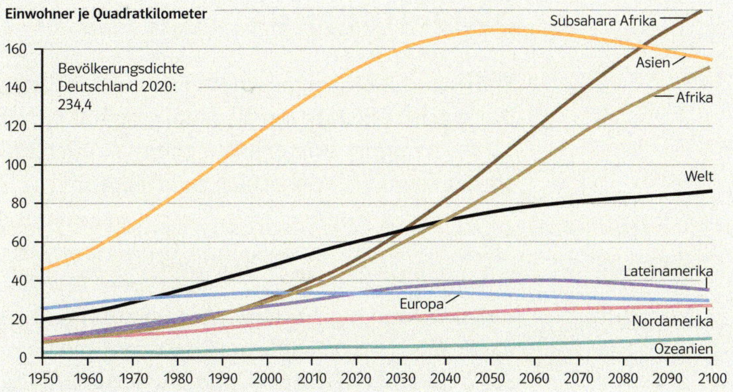

5 Bevölkerungsdichte nach Kontinenten 1950–2100
Nach: Berlin-Institut für Bevölkerung und Entwicklung: Es wird enger, 09.07.2018, Daten: UN DESA (2018)

„Doppelte Überbevölkerung"
Interview mit dem Bevölkerungswissenschaftler Reiner Klingholz.
GEO: Bei „Überbevölkerung" denken wir doch an arme Länder, in denen die Zahl der Menschen stark zunimmt (...)
Klingholz: Es gibt zwei verschiedene Phänomene, die man als Überbevölkerung definieren kann: Das erste liegt dort, wo es nicht gelingt, eine wachsende Bevölkerung mit dem zu versorgen, was sie zum Leben braucht, Nahrungsmittel, Gesundheitsdienste, Jobs und so weiter. Damit haben vor allem Länder in Westasien und Afrika zu kämpfen. Das zweite Phänomen sehen wir dort, wo die Einwohner eines Landes mehr Rohstoffe verbrauchen und mehr Müll hinterlassen, als die Umwelt nachliefern respektive abbauen kann. Wir nennen das Wohlstand, aber es ist eine Form von Überbevölkerung.
GEO: Für die eine Gruppe gibt also zu wenig, die andere nimmt sich zu viel. Was hat die eine Überbevölkerung mit der anderen zu tun?
Klingholz: Nichts. Deshalb lassen sie sich auch nur unabhängig voneinander lösen. Denn weder bekommen die Frauen in Niger weniger Kinder, wenn wir weniger Auto fahren, noch wäre es umgekehrt der Fall. Deshalb ergibt es auch keinen Sinn, mit dem Finger nach Afrika zu zeigen, weil dort eine Art Bevölkerungsexplosion herrscht. Wir müssen erst einmal vor der eigenen Haustür kehren und unsere Konsumexplosion bändigen.
Ines Possemeyer u. Marlena Waldthausen mit Reiner Klingholz im Interview: Überbevölkerung. Wege aus der Wachstumsfalle, in: GEO 05/2021, S. 108

6

1 MK
Charakterisieren Sie die regionale Differenzierung bei der aktuellen globalen Bevölkerungsentwicklung (Karte 1, Text 2 und Online-Code zur DSW).

2
Erklären Sie die Aussage, bei der Bevölkerungsentwicklung bestehe eine „demografische Spaltung."

3
Überprüfen Sie die Aussagekraft der Bevölkerungsdichte auf globaler, nationaler, regionaler und lokaler Ebene (Gemeinden).

4
Erläutern Sie Zusammenhänge zwischen Bevölkerungsentwicklung, wachsendem Wohlstand und Ressourcenverbrauch (M4 und M6).

Steuerungsfaktoren der Bevölkerungsentwicklung

Shirin und Ali leben in einem Land mit einer sehr jungen Bevölkerung, Die Wachstumsrate der Bevölkerung hat sich im Iran von 4,1 % im Jahr 1985 auf heute 1,2 % verringert. Wie Grafik 3 zeigt, ist auch die Fertilität in den letzten Jahrzehnten stark gesunken. Wie ist das zu erklären?

Mit den obigen Angaben sind die wesentlichen Steuerungsfaktoren jeder natürlichen Bevölkerungsentwicklung benannt. Ausschlaggebend ist dabei die durchschnittliche Kinderzahl pro Frau. Sie wird als Fertilität bzw. **Gesamtfruchtbarkeitsrate** (engl. „Total Fertility Rate", TFR) bezeichnet. Von ihr hängt es in der jeweiligen Gesellschaft ab, ob und um wie viel die nächste Generation größer oder kleiner sein wird als die gegenwärtige. In Ländern mit höherem Entwicklungsstand, gutem medizinischen Standard und geringer Säuglingssterblichkeit reicht z.B. eine TFR von 2,1 aus, um die jeweilige Elterngeneration zu ersetzen. Dieser auch als Bestandserhaltungsniveau bezeichnete Wert liegt in vielen Entwicklungsländern mit ihrer höheren Säuglings- und Kindersterblichkeit zwischen 2,5 und 3,0.

Besonders wichtig für die langfristige Bevölkerungsentwicklung eines Landes ist die gegenwärtige Altersstruktur. So wird z.B. eine Bevölkerung mit einem hohen Anteil von Frauen im gebärfähigen Alter (15.–44. Lebensjahr) auch die nächsten beiden Jahrzehnte noch stark wachsen, auch wenn bei der jüngeren Generation der Kinderwunsch drastisch zurückgeht. Andererseits werden sich Anstrengungen z.B. in Deutschland, durch familienpolitische Maßnahmen eine höhere Kinderzahl anzuregen, allenfalls in einer fernen Zukunft auswirken.

Die natürliche Bevölkerungsentwicklung in einem Land wird überlagert durch Migration. Grenzüberschreitende Wanderungen beeinflussen die demografische, soziale und ethnische Zusammensetzung der Bevölkerung.

1 Shirin und Ali, ein junges iranisches Ehepaar: „Zwei Kinder sind genug"

Einflussfaktoren der Gesamtfruchtbarkeitsrate

- Bedeutung von Kindern als Arbeitskraft oder Kostenfaktor
- Fehlen bzw. Vorhandensein sozialer Sicherungssysteme
- hygienisch-medizinische Verhältnisse und Möglichkeiten der Empfängnisverhütung
- gesellschaftliche Wertvorstellungen und Normen
- religiöse, traditionelle und kulturelle Bindungen
- Bildungsniveau, vor allem der Frauen
- Lebensansprüche und Lebensstandard
- Vereinbarkeit von Familie und Beruf
- Rollenverständnis der Frau
- Bedeutung der Ehe und das Heiratsalter

2

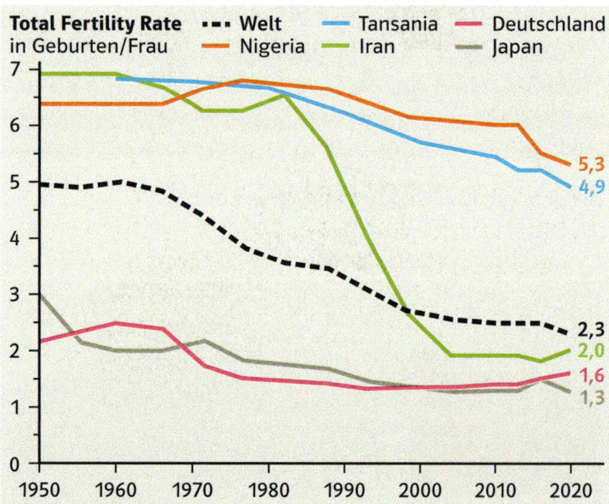

3 Entwicklung der Gesamtfruchtbarkeitsraten ausgewählter Länder

Nach: Reiner Klingholz: Iran. Stärkster Einbruch. In: DIE ZEIT 7/2014 vom 06.02.2014; nach: DWS-Datenreport 2020, aktualisiert

1 Beschreiben Sie ausgewählte Faktoren der Geburtenhäufigkeit.

2 MK Vergleichen Sie die Bevölkerungsentwicklung von Iran und Nigeria (S. 247 und Online-Link).

3 MK Erstellen Sie – ausgehend von Text 6 – ein Wirkungsgefüge zum Einfluss der Schulbildung von Frauen auf die demografische Entwicklung.

4 MK Analysieren Sie – vor dem Hintergrund der Ergebnisse aus den Aufgaben 2 und 3 – die Entwicklung in Deutschland (Geoportal).

FALLBEISPIEL: Iran und Nigeria – gegensätzliche Bevölkerungsentwicklungen

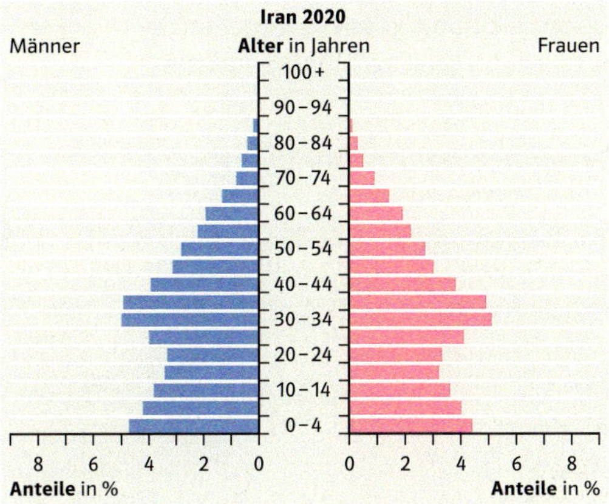

4 Iran 2020 – 84,0 Mio. Einwohner

Nach: www.populationpyramid.net (Zugriff: 25.05.2021)

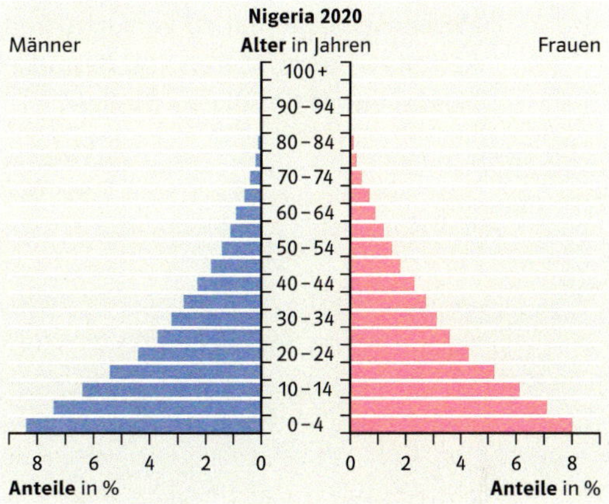

7 Nigeria 2020 – 206,1 Mio. Einwohner

Nach: www.populationpyramid.net (Zugriff: 25.05.2021)

Iran

„Angesichts der sozialen Entwicklung ist die niedrige Fertilitätsrate wenig überraschend. Der Bildungsstand der Bevölkerung ist hoch. Dies gilt insbesondere für Frauen – sie sind heute an den Universitäten schon häufiger zu finden als Männer. Die große Mehrheit der Frauen lebt einen westlich-säkularen Lebensstil. Rund siebzig Prozent der Iraner wohnen in Städten. All diese Merkmale der Moderne führen schon für sich allein überall auf der Welt zu niedrigen Kinderzahlen [...]

Dennoch wird die Bevölkerung im Iran weiterwachsen. Denn derzeit sind die geburtenstarken Kohorten aus der Zeit nach der Revolution im potenziellen Elternalter. Selbst wenn die Fertilität weiter sänke, würde diese kopfstarke Gruppe das Wachstum ankurbeln. Mit 100 Millionen Iranern ist bis 2050 in jedem Fall zu rechnen. Ebenso mit einer ungewöhnlich starken Alterung der Bevölkerung, denn zur Mitte des Jahrhunderts erreichen die letzten gut besetzten Jahrgänge das Rentenalter.“

Reiner Klingholz, Felix Lill, Joachim Budde: Wachsen und schrumpfen. In: DIE ZEIT Nr. 7/2014 (06.02.2014), unter: www.zeit.de/2014/07/demografie-iran-nigeria-japan-deutschland/ (Zugriff: 05.08.2021)

5

Nigeria

„Derzeit kommen in Nigeria im Jahr etwa sieben Millionen Kinder zur Welt – das sind mehr als zehnmal so viele wie in Deutschland. Selbst wenn das Land zwanzig Prozent seiner Öleinnahmen in den Bildungssektor stecken würde, wäre es außerstande, jene 10,5 Millionen Kinder einzuschulen und auszubilden, die heute nicht einmal eine Grundschule besuchen [...]

Etwa zwanzig Prozent aller jungen Frauen haben noch nie eine Schule von innen gesehen – mit fatalen Folgen: Die Bildungsmisere garantiert weiteres Bevölkerungswachstum, denn überall in den Entwicklungsländern bekommen Frauen ohne Schulbildung mit Abstand die meisten Kinder.

Die Verantwortung für diese Entwicklung tragen die wechselnden Regierungen Nigerias, die viel zu wenig in Bildung, Gesundheit und Aufklärung für Familienplanung investierten. Verhütungsmethoden beispielsweise werden von nicht einmal 16 Prozent aller Frauen im gebärfähigen Alter genutzt.“

Reiner Klingholz, Felix Lill, Joachim Budde: Wachsen und schrumpfen. In: DIE ZEIT Nr. 7/2014 (06.02.2014), unter: www.zeit.de/2014/07/demografie-iran-nigeria-japan-deutschland/ (Zugriff: 05.08.2021)

8

Fruchtbarkeitstransformation und sozialer Wandel in Entwicklungsländern

„Die rückläufige Geburtenhäufigkeit hängt weniger mit einer Zunahme der Wirtschaftskraft oder dem fortschreitenden Verstädterungsprozess zusammen, sondern eher mit der Diffusion [Ausbreitung] neuer Wertvorstellungen und Normen zur Familiengröße. Eng mit dieser Ausbreitung ist ein sozialer Wandel verknüpft, der sich beispielsweise im Anstieg der Alphabetenquote von Frauen ausdrückt. Die Schulbildung stärkt ihren sozialen Status, sie heiraten später, gewinnen Autonomie bei der Entscheidung über ihre Heirat sowie über die Zahl der Geburten. Frauen mit Ausbildung gehen zudem häufiger einer formalen Beschäftigung nach. [...] Familienplanung kann diese Effekte auf den Geburtenrückgang noch beschleunigen, vor allem Programme, die Familien und insbesondere die Männer einbeziehen und überall eine differenzierte Auswahl an Kontrazeptiva ermöglichen.“

Paul Gans: Bevölkerungsgeographie. In: Hans Gebhardt u.a.: Geographie. Spektrum Akademischer Verlag. Heidelberg. 3. Auflage 2019. S.778

6

Modell des demografischen Übergangs

Wissenschaftler haben versucht, in der Bevölkerungsentwicklung gewisse Regelhaftigkeiten zu identifizieren und daraus ein Modell zu entwickeln. Welche Inhalte, welche Aussagekraft hat dieses Modell?

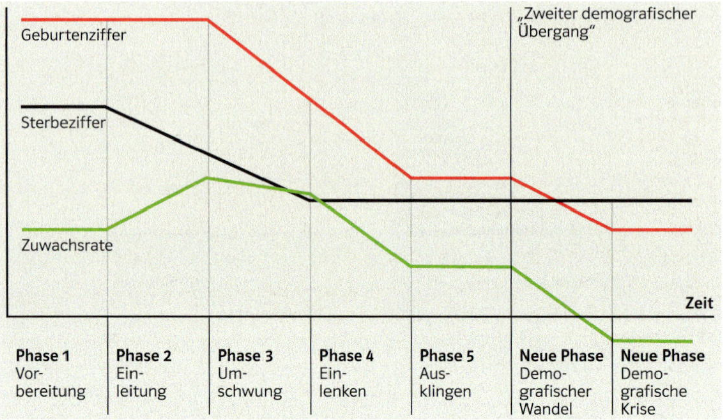

1 Modell des demografischen Übergangs

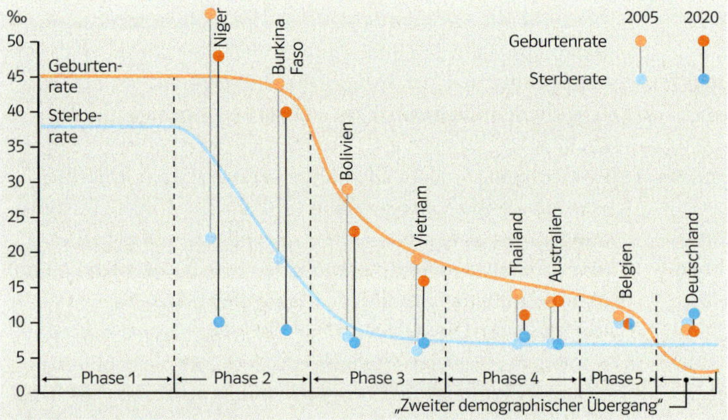

2 Stand des demografischen Übergangs in ausgewählten Ländern

Nach: DSW-Datenreport 2020

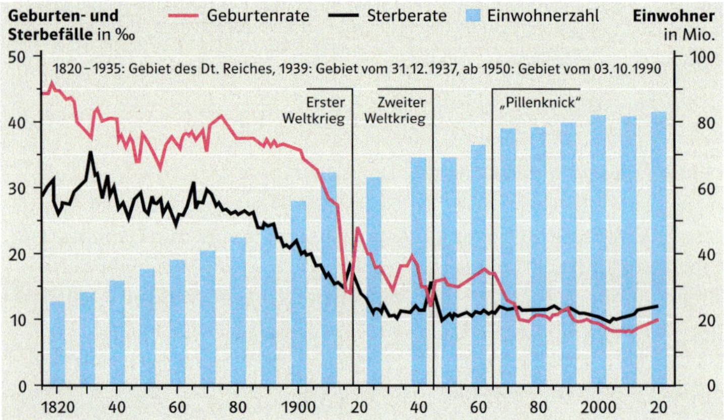

3 Demografische Entwicklung in Deutschland 1820–2020

Nach: Statistisches Bundesamt, versch. Jahrgänge und DSW-Datenreport 2020

Erster demografischer Übergang

In den 1920er-Jahren analysierten Wissenschaftler die Bevölkerungsentwicklung in den damals sehr fortgeschrittenen Industrieländern England und Wales. Sie stellten fest, dass in beiden Ländern die zunächst hohen Geburten- und Sterberaten innerhalb von 200 Jahren durch niedrige abgelöst wurden. Dabei vollzog sich dieser Transformationsprozess in deutlich voneinander unterscheidbaren Phasen. Die Wissenschaftler glaubten, aus diesem Befund eine allgemeine Aussage über die Bevölkerungsentwicklung in einer Gesellschaft ableiten zu können. Sie entwickelten das „**Modell des demografischen Übergangs**" (M1).

Untersuchungen zeigten, dass sich dieses Modell auch auf Nordamerika und andere von europäischen Zuwanderern beeinflusste überseeische Regionen (z.B. Australien, Teile von Südamerika) anwenden lässt.

Zweiter demografischer Übergang

In vielen europäischen Ländern ist seit Mitte der 1960er-Jahre die durchschnittliche Kinderzahl je Frau deutlich unter das Bestandserhaltungsniveau von 2,1 gesunken. Dieser Fruchtbarkeitsrückgang führt zum „zweiten demografischen Übergang". Seine Ursachen lassen sich mithilfe der Übersicht M2 (S. 246) erklären.

Grenzen der Aussagekraft

In der Interpretation dieses Modells wurden und werden die einzelnen Phasen häufig mit bestimmten Modernisierungsschüben in der jeweiligen Gesellschaft gleichgesetzt. Ein derartiger Zusammenhang ist bisher nicht allgemeingültig bewiesen. Auch hat sich gezeigt, dass die einzelnen Phasen in den Ländern manchmal sehr früh, manchmal sehr spät einsetzten. Auch weisen sie eine höchst unterschiedliche Dauer auf.

Das Modell eignet sich also keinesfalls zur Prognose. Es lässt sich auch nur sehr bedingt auf Entwicklungsländer übertragen. Hier können ökonomische, soziale und kulturelle Bedingungen Zeitpunkt und Dauer der einzelnen Phasen sehr verändern. Wichtig und richtig ist jedoch, dass das Modell dazu auffordert, nach Zusammenhängen mit der sozioökonomischen Entwicklung zu fragen.

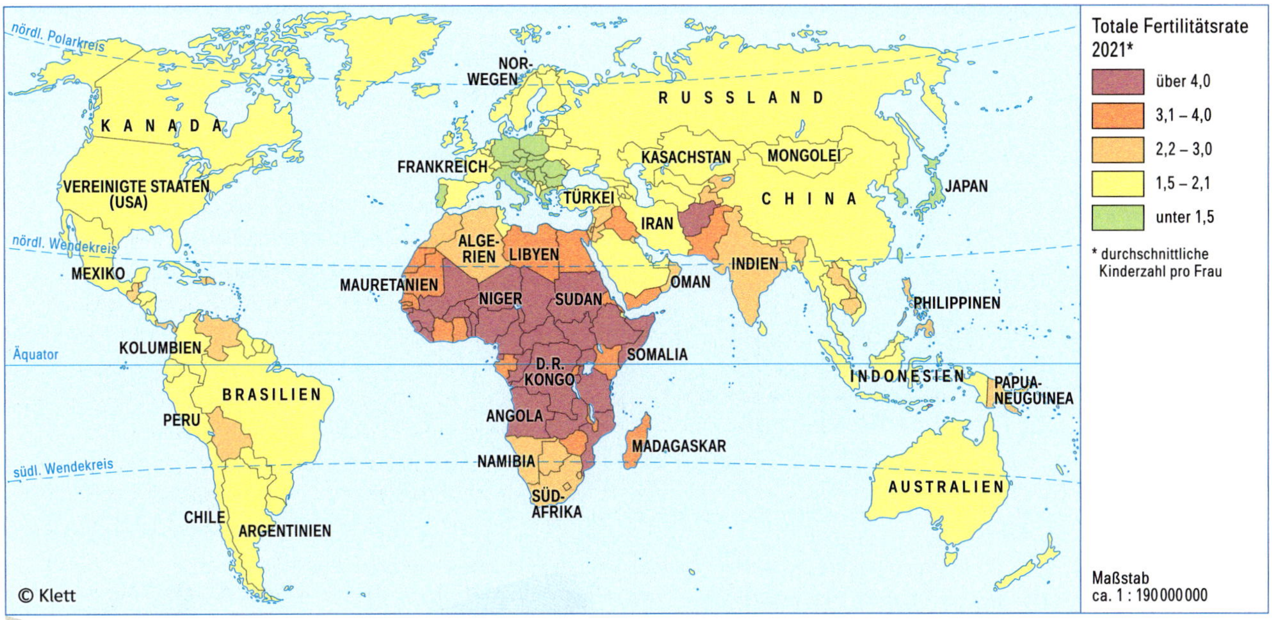

4 Gesamtfruchtbarkeitsrate in ausgewählten Schwellen- und Entwicklungsländern zwischen 1960 und 2021
Nach: US Census Bureau: International Data Base, unter: www.census.gov/data-tools/demo/idb/#/table?YR_ANIM=2030 (Zugriff: 01.06.2021)

Demografischer Übergang in Entwicklungsländern

In den Entwicklungsländern besteht ein enger Zusammenhang zwischen den Veränderungen des generativen Verhaltens und der Kolonisierung durch europäische Mächte. Nach Abschluss der Eroberungen durch die Europäer kam es in den Kolonien langfristig zu Verbesserungen in der Ernährung und im Gesundheitswesen. Damit gingen die Sterberaten zurück, die Lebenserwartung stieg. Dieser Trend wurde nach dem Zweiten Weltkrieg durch den weiteren medizinischen Fortschritt verstärkt. Die Folge war ein zunehmendes Bevölkerungswachstum. Es bleibt aber abzuwarten, wie sich die Corona-Pandemie der Jahre 2021/2022 auswirken wird.

Erst seit dem Ende des 20. und dem Beginn des 21. Jhs. geht auch in den meisten Entwicklungsländern die Geburtenhäufigkeit zurück. In den Staaten südlich der Sahara ist die Fertilitätsrate aber weiterhin sehr hoch.

Die „Wealth flow"-Theorie

„In traditionellen Gesellschaften setzen soziale Institutionen und Wertvorstellungen Bedingungen für eine hohe Fruchtbarkeit. Kinder stehen für Prestige, billige Arbeitskraft und soziale Absicherung. Der Wealth flow verläuft von den Kindern zugunsten der Eltern.

In Gesellschaften mit geringer Geburtenhäufigkeit geht er aufgrund rechtlicher, sozialer und ökonomischer Voraussetzungen von den Eltern zu den Nachkommen. Die Entscheidung über die Kinderzahl treffen die Paare selbst. Das Ziel, dem Nachwuchs zum Beispiel durch Bildung gute Lebenschancen zu sichern, begrenzt aufgrund der damit verbundenen Aufwendungen die Zahl der Geburten. Diese Umkehrung des wealth flow in Verbindung mit dem sozialen Wandel ist [...] entscheidend für einen nachhaltigen Fruchtbarkeitsrückgang. [...]

Die ‚Wealth flow'-Theorie spricht auch von den sog. ‚Opportunitätskosten'. Das heißt, die finanziellen Mittel, die die Eltern für den Nachwuchs [...] aufbringen, fehlen ihnen selbst bei der Befriedigung ihrer eigenen Bedürfnisse und Wünsche. Ihnen entgehen Gelegenheiten (‚Opportunitäten') [...]."

Aus: Paul Gans: Bevölkerungsgeographie. In: Hans Gebhardt u.a.: Geographie. Spektrum Akademischer Verlag. Heidelberg. 3. Auflage 2019 S.776

5

1

Arbeit mit dem „Modell des demografischen Übergangs" (M1)

a) Charakterisieren Sie die Bevölkerungsentwicklung in den einzelnen Phasen.
b) Analysieren Sie Grafik 2 im Hinblick auf den Stand des demografischen Übergangs in ausgewählten Ländern.
c) Ordnen Sie die Bevölkerungsentwicklung in Deutschland in das Modell ein (M3).

2

Arbeiten Sie aus Karte 4 Grundaussagen zur Gesamtfruchtbarkeitsrate heraus.

3

„Wealth flow"-Theorie

a) Erklären Sie den „demografischen Übergang" mithilfe der „Wealth flow"-Theorie.
b) Bewerten Sie die Aussagen dieser Theorie (Impuls: „Wenn Ihre Eltern so gedacht hätten ...").

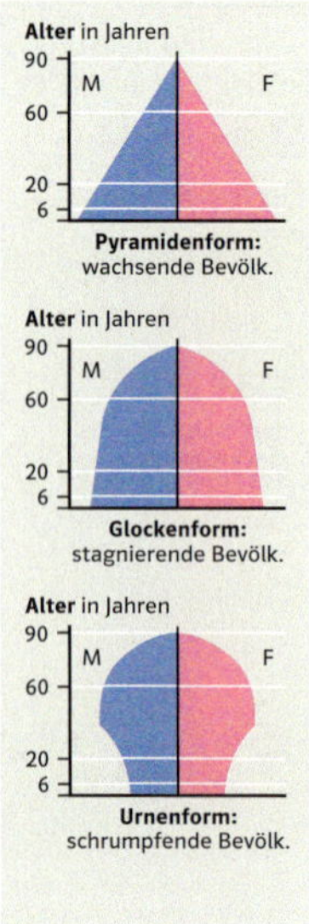

1 Grundformen von Altersstrukturen

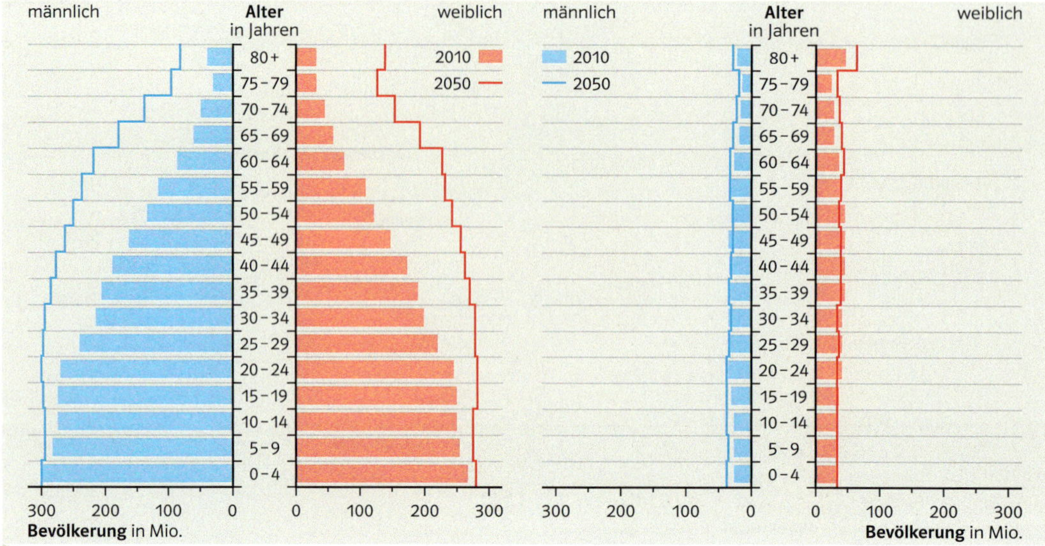

3 Altersstrukturen der Entwicklungsländer (links) und Industrieländer (rechts) 2010 und 2050

Nach: Deutsche Stiftung Weltbevölkerung

Demografischer Wandel: Herausforderung und Chance

Die aktuelle demografische Entwicklung in den Industrie- und meisten Entwicklungsländern hat eines gemeinsam: Weltweit sinken die Geburtenraten – wenn auch in den einzelnen Regionen mit unterschiedlicher Dynamik. Gleichzeitig steigt die Lebenserwartung. Es gibt also weniger junge Menschen, die Alten werden immer älter. Wie wirkt sich dieser demografische Wandel auf die Wirtschaft und die Gesellschaft aus?

Stagnation und demografische Alterung

In vielen Ländern mit hohem Entwicklungsstand und Einkommen stagniert die Bevölkerung bereits. Die demografische Alterung, also die Zunahme der Jahrgänge im Rentenalter, hat stark eingesetzt. Das wirkt sich in vielfältiger Weise auf die Wirtschaft und Gesellschaft aus, vom Schulwesen über das Arbeitskräfteangebot bis hin zum Freizeitverhalten und zur Altersversorgung. Hier sind Anpassungen des Arbeitsmarktes genauso erforderlich wie eine Reform der sozialen Sicherungssysteme. Auch müssen die Einrichtungen im Gesundheits- und Pflegebereich sowie die kommunale Daseinsvorsorge ausgebaut werden.

In Entwicklungsländern droht als Folge des Alterungsprozesses für große Teile der Bevölkerung ein Leben in Armut. Es fehlt vielfach an entsprechenden sozialen Sicherungssystemen. Die Altersversorgung muss zu einem beträchtlichen Teil die Familie übernehmen. Aber die ist in der Regel überfordert. Aber diesen Ländern bietet sich auch eine große Chance. In den nächsten Jahrzehnten steigt der Anteil der Erwerbstätigen an der Gesamtbevölkerung, gleichzeitig ist der Anteil der Kinder, der versorgt werden muss, vergleichsweise niedrig. Bevölkerungswissenschaftler sprechen von den Möglichkeiten einer „demografischen Dividende".

2

Linktipp
Animation Bevölkerungsstrukturdiagramme
ry36yg

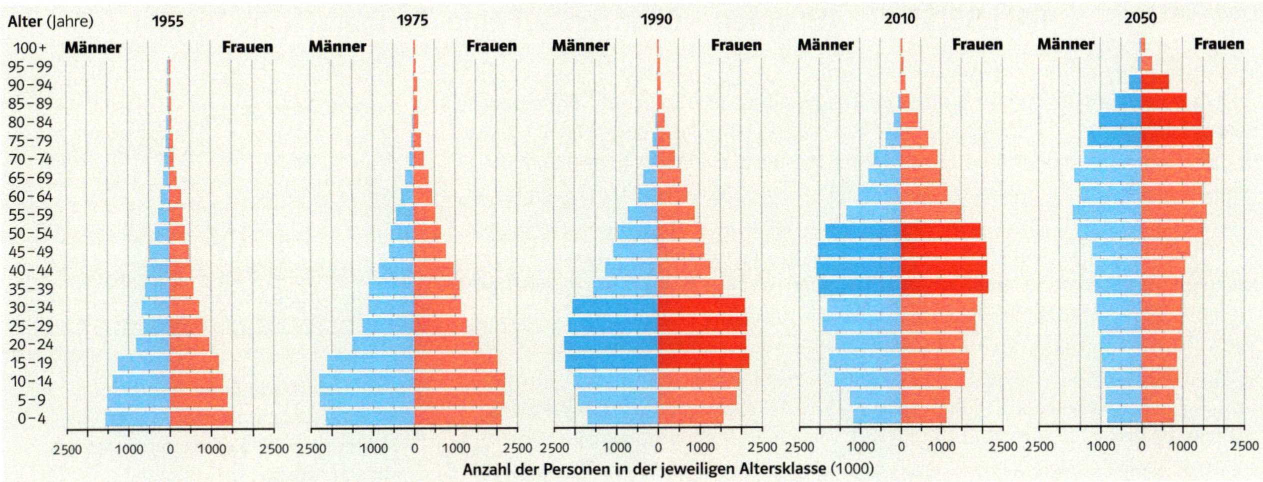

4 **Entwicklung der Altersstruktur von Südkorea 1955–2050**
Nach: Berlin-Institut für Bevölkerung und Entwicklung, 2018

Demografische Dividende

Die Bevölkerungsentwicklung von Südkorea (M3) zeigt idealtypisch die Chancen, aber auch die Risiken des demografischen Übergangs. Am Beispiel der markierten Altersgruppe ist zu erkennen, wie Kinder und Jugendliche ins erwerbsfähige Alter hineinwachsen. Bleiben die Geburtenraten niedrig, ist ab einem bestimmten Zeitpunkt der produktive Teil der Bevölkerung größer als der Anteil an jüngeren und älteren Nichterwerbstätigen. Dadurch sinken die Versorgungskosten z. B. für Ausbildung und Renten, sodass die Bürgerinnen und Bürger mehr konsumieren, sparen und investieren können. Asiatische Tigerstaaten wie Südkorea oder Thailand sind Beispiele für Länder, die eine solche „demografische Dividende" verbuchen konnten. Voraussetzung war, dass die jeweiligen Regierungen in Familienplanung, Bildung und Gesundheit investiert hatten. Auch konnte durch die Schaffung günstiger Rahmenbedingungen genügend Investitionskapital zur Schaffung von Arbeitsplätzen angelockt werden.

Allerdings öffnete sich für die demografische Dividende nur ein begrenztes Zeitfenster. Die hohe Zahl an Erwerbstätigen wächst allmählich ins Rentenalter. Bei anhaltend niedrigen Geburtenraten entsteht ein Überhang an Versorgungsempfängern. Die demografische Dividende erweist sich dann als Chance, wenn ein Land das Zeitfenster durch vorsorgende Maßnahmen für einen wirtschaftlichen Aufschwung nutzt.

Demografische und sozioökonomische Situation ausgew. Staaten 2020

	Südkorea	Thailand	Bangladesch	Nigeria
Gesamtbevölkerung (Mio.)	51,8	66,5	169,8	206,1
natürliches Wachstum (%)	0,0	0,2	1,6	2,5
Gesamtfruchtbarkeitsrate (Kinder pro Frau)	0,9	1,5	2,3	5,3
Anteil der Bevölkerung unter 15 Jahre (%)	12	17	28	44
Anteil der Bevölkerung über 65 Jahre (%)	16	12	5	3
verheiratete Frauen (15–49 Jahre), die Familienplanung anwenden (%)	80 (2019)	76	59	12
BNE bei KKP pro Einwohner (US-$)	39 630	17 650	4 760	5 040
HDI: Index HDI: Rang	0,906 22	0,755 83	0,632 133	0,532 152

Nach: Deutsche Stiftung Weltbevölkerung: DSW-Datenreport 2020

5

1 Ordnen Sie die Grundformen der Altersstrukturen (Grafik 1) den Phasen des demografischen Übergangs zu.

2 Vergleichen Sie die Altersstrukturen der Industrie- und Entwicklungsländer (Grafik 3).

3 Beschreiben Sie die Entwicklung der Altersstruktur von Südkorea.

4 Erläutern Sie die Herausbildung einer „demografischen Dividende".

FALLBEISPIEL: Äthiopien – Chancen auf eine demografische Dividende?

Starker Rückgang der Fruchtbarkeitsziffern

„In Äthiopien sind die durchschnittlichen Kinderzahlen je Frau in den vergangenen beiden Jahrzehnten [...] [stark] gesunken [S. 6, M8]. [...] Bemerkenswert ist das Tempo des Rückgangs: So schnell sind – in absoluten Zahlen betrachtet – in diesem Zeitraum nirgendwo in Subsahara-Afrika die Kinderzahlen gesunken. Für diesen Rückgang muss es Gründe geben [...] Und tatsächlich haben sich in Äthiopien genau jene Kennzahlen verbessert, die dem Lehrbuch nach zu sinkenden Kinderzahlen führen: Die Regierung hat das Gesundheitssystem aufgerüstet mit dem Erfolg, dass heute nur noch 68 von 1 000 Kindern sterben, bevor sie fünf Jahre alt sind – 1990 waren es noch 212. Ein Rückgang der Kindersterblichkeit ist der Erfahrung nach eine Voraussetzung dafür, dass der Wunsch der Eltern nach vielen Kindern sinkt. Die Zahl der Schulen ist in weniger als 20 Jahren auf das 25-Fache gestiegen. Und [...] auch die meisten Mädchen können heute damit rechnen, eine Schule besuchen zu können."

Alisa Kaps, Alexandra Reinig, Reiner Klingholz: Vom Hungerland zum Hoffnungsträger. Wird Äthiopien zum Vorbild für den afrikanischen Aufschwung? hrsg. v. Berlin-Institut für Bevölkerung und Entwicklung, Berlin, September 2018. S. 4. Unter: www.berlin-institut.org (Zugriff: 05.08.2021)

5

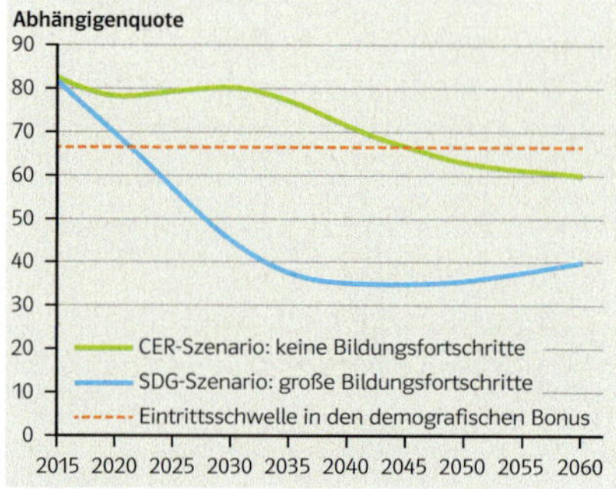

8 **Geschätzte Entwicklung der Abhängigenquote (unter 15- und über 64-Jährige je 100 Personen im erwerbsfähigen Alter)**

Nach: Wittgenstein Centre (2018), a. a. O.

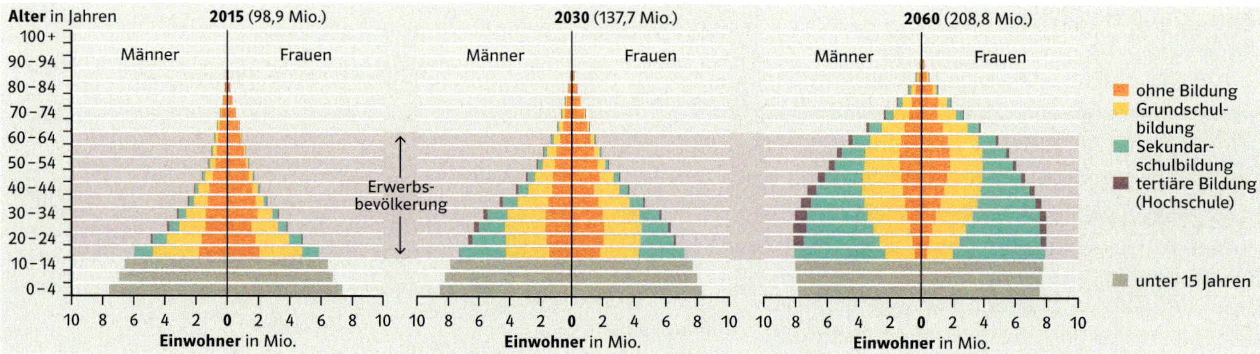

6 **Bevölkerungszusammensetzung nach Altersgruppen und Bildungsgrad, nach mittlerem Bildungsszenario, in Millionen**

Nach: Wittgenstein Centre (W. Lutz, A. Goujon, S. KC, M. Stonawski u. N. Stilianakis (Hrsg.) (2018). Demographic and human capital scenarios for the 21st century. 2018 assessment for 201 countries. Luxembourg: Publications Office of the European Union.)

Arbeitsplätze schaffen – aber wie?

„Die Regierung kann die Jobs kaum selbst zur Verfügung stellen, aber sie muss die Rahmenbedingungen schaffen, damit diese in der Privatwirtschaft entstehen können. Bislang setzt die [...]Regierung vor allem auf das verarbeitende Gewerbe und die Errichtung von Industrieparks. Bis 2025 sollen in der Fertigungsindustrie zwei Millionen neue Arbeitsplätze entstehen. Ausgehend von 2015 [...] wären das 200 000 Jobs pro Jahr. [...] Allerdings dürften bis 2025 pro Jahr zehnmal so viele [...] neu auf den Arbeitsmarkt drängen [...] Was tun?

- Rahmenbedingungen für private Investoren aus dem In- und Ausland verbessern. Dazu die Infrastruktur weiter ausbauen, Finanzierungsmöglichkeiten erleichtern sowie Bürokratie und Vetternwirtschaft bekämpfen; [...] die Kapazitäten und Kenntnisse der äthiopischen Behörden verbessern;
- Investitionsmöglichkeiten für äthiopische Unternehmen in der weiterverarbeitenden Industrie und anderen Bereichen verbessern, um einen lokalen Mittelstand aufzubauen;
- Kooperationen zwischen internationalen und lokalen Unternehmen verbessern, damit ein Transfer von Know-how und Technologien gelingt."

Alisa Kaps u. a.: Vom Hungerland zum Hoffnungsträger. Wird Äthiopien zum Vorbild für den afrikanischen Aufschwung? hrsg. v. Berlin-Institut f. Bevölkerung u. Entwicklung, Berlin, 09/2018. S. 4.

7

5 Beschreiben Sie die Bevölkerungsentwicklung von Äthiopien.

6 Analysieren Sie M6 im Hinblick auf die Entwicklung der Bevölkerungsstruktur.

7 Erörtern Sie die in der Überschrift gestellte Frage.

8 Vergleichen Sie die Entwicklung in Äthiopien und Deutschland.

FALLBEISPIEL: Deutschland – Folgen der demografischen Alterung

Schrumpfen der Erwerbsbevölkerung und Generationenvertrag

In Deutschland werden die sozialen Sicherungssysteme im Wesentlichen über Abgaben und Steuern der Erwerbstätigen, also der ca. 20- bis 65-Jährigen, finanziert. Ihr Anteil an der Gesamtbevölkerung schrumpft. Das bedeutet, die jeweils Erwerbstätigen müssen einen wachsenden Anteil an Älteren tragen.

Diese zunehmende Belastung der Erwerbsbevölkerung gefährdet insbesondere den sogenannten Generationenvertrag. Hiermit bezeichnet man eine unausgesprochene Vereinbarung aus den 1950er-Jahren zwischen den Generationen. Die monatlichen Einzahlungen von Erwerbstätigen und Arbeitgebern in die Rentenkasse ermöglichen die Auszahlungen von Ruhestandsgehältern für die Vorgängergeneration. Die arbeitende Generation wiederum erwartet, dass die Zahlungen der nachfolgenden Generation ihre Rente absichern.

9

Deutschland: Entwicklung der Erwerbsbevölkerung (20 bis Unter-60-Jährige) in Abhängigkeit von der Zuwanderung

	Bevölkerung im Erwerbstätigenalter (Mio.)					
	2018	2020	2030	2040	2050	2060
Variante 1 (ø Wanderungssaldo 147 000 Pers./Jahr)	60	60	55	53	53	51
Variante 2 (ø Wanderungssaldo 221 000 Pers./Jahr)	60	60	55	54	54	52

Statistisches Bundesamt: Bevölkerung Deutschlands bis 2060. 14. koordinierte Bevölkerungsvorausberechnung. Wiesbaden 2019, S. 9 und 22

10

Probleme der Daseinsvorsorge

„In vielen dünn besiedelten, ländlichen Räumen nimmt die Bevölkerungszahl stark ab, und das Durchschnittsalter der Bevölkerung steigt. Angesichts des demografischen Wandels ist es besonders wichtig, dort auch weiterhin ein akzeptables Minimum an Infrastrukturausstattung zu gewährleisten. Dazu gehören Einrichtungen wie Schulen, Arztpraxen und Apotheken, Post- und Bankfilialen oder Einzelhandelsgeschäfte [...].

Schon heute führt der demografische Wandel dazu, dass die Tragfähigkeit [d. h. Finanzierbarkeit] von Versorgungseinrichtungen gefährdet ist [...] In erster Linie sind es die ländlichen, dünn besiedelten Räume in den neuen Ländern, wo auch künftig eine angemessene Infrastrukturversorgung sicherzustellen ist. Diese Aufgabe ist auch deshalb besonders wichtig, da diese Räume bereits heute häufig eine stark unterdurchschnittliche Infrastrukturversorgung haben."

Bundesinstitut für Bau-, Stadt- und Raumforschung (BBSR): Regionale Disparitäten in der Infrastrukturversorgung. Fachbeitrag Juli 2012

11

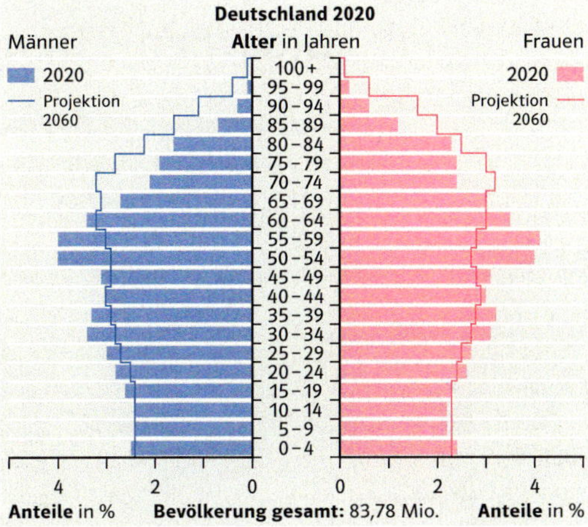

12 **Bevölkerungsstrukturdiagramm Deutschland oder Altersstruktur Deutschland**

Nach: www.populationpyramid.net/de/deutschland/2020 (Zugriff: 25.05.2021)

Gestaltung des demografischen Wandels

„Viele Erwerbstätige würden gerne mehr arbeiten, wenn die Arbeitsbedingungen stimmen, also Möglichkeiten zu flexibler Ausgestaltung von Arbeitszeiten und Arbeitsort sowie [...] angemessene Entlohnung und sinnvolle Tätigkeiten [...] Es sind vor allem gut ausgebildete Frauen, die nicht entsprechend ihren Qualifikationen und Wünschen erwerbstätig sind. Noch immer bedeutet die Mutterrolle zu oft das Ende der beruflichen Karriere [...] Wer lauthals einen vermuteten Fachkräftemangel beklagt, sollte die Arbeitsbedingungen so anpassen, dass fähige Frauen, die wollen, auch mehr arbeiten können [...]

Wenn der ländliche Raum bevölkerungsmäßig weiter ausdünnt, führt kein Weg daran vorbei, die Versorgungsfunktion mit öffentlicher Infrastruktur [...] zu konzentrieren. Eine Konzentration [...] muss keinesfalls zwangsläufig die Daseinsvorsorge im ländlichen Raum verschlechtern [...] Dank Zentralisierung können Qualität und Verfügbarkeit der Daseinsvorsorge sogar deutlich verbessert werden – auch für die Bevölkerung des ländlichen Raums."

Thomas Straubhaar: Der Untergang ist abgesagt. Edition Körber, Körber-Stiftung, Hamburg 2016.

13

9 Analysieren Sie M9 – M11 im Hinblick auf die Folgen der Alterung für Deutschland.

10 MK Gestalten Sie eine Mindmap zu möglichen positiven und problematischen Folgen der Alterung.

11 Erörtern Sie die Aussagen in Text 13.

12 Vergleichen Sie die Entwicklung in Äthiopien und Deutschland.

Migrationsprozesse: Ursachen – Dimensionen – Lösungsansätze

Weltweit steigt die Zahl der Migranten. Waren im Jahr 1970 noch 84 Mio. Migranten zu verzeichnen, so hat sich deren Zahl bis zum Jahr 2020 auf 281 Mio. mehr als verdreifacht. Welche Ursachen hat Migration? Wie wirkt sich diese auf Herkunfts- und Zielländer aus?

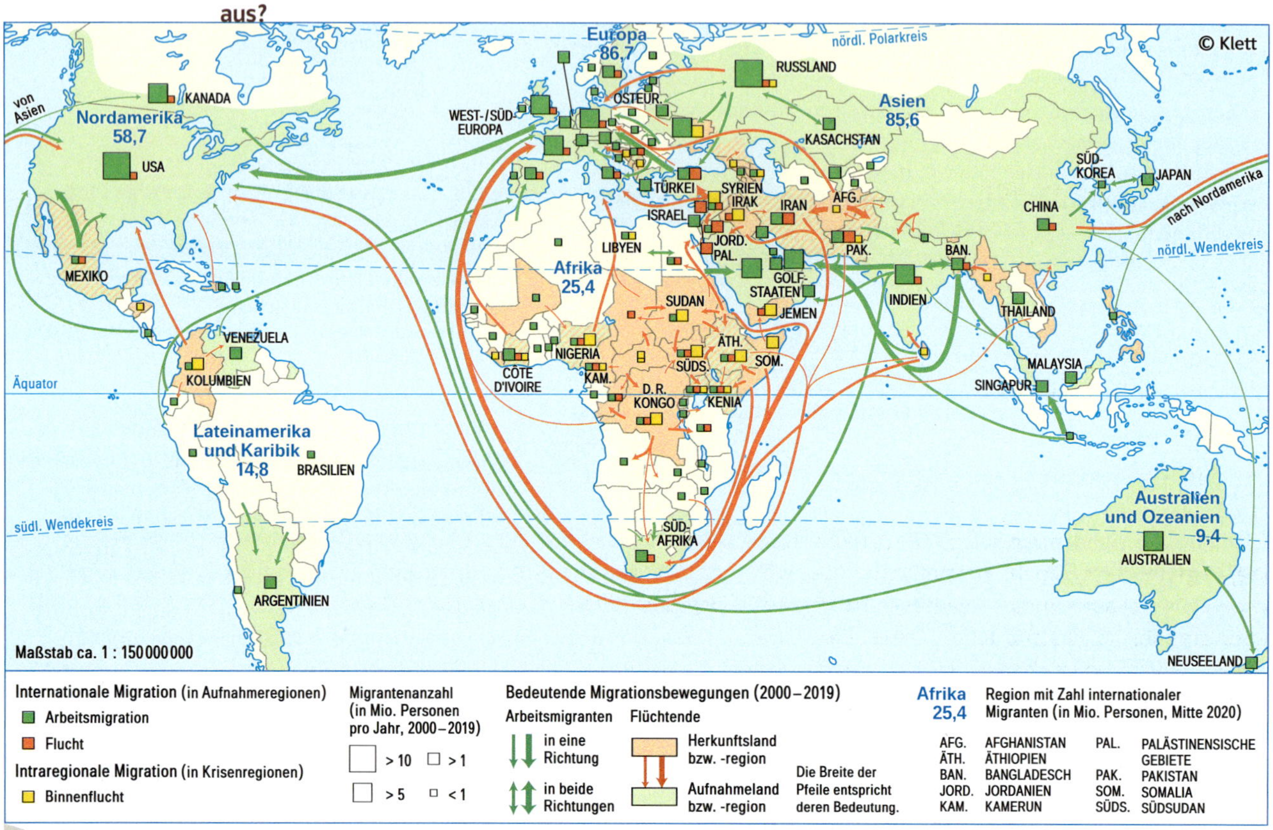

1 Globale Migration

Nach: UNDESA – Population Devision: International migrant stock 2019. UNHCR STATISTICS – The World in Numbers: Internally displaced persons. u. a.

Moussa aus Mali – auf dem Weg nach Europa

„Ich stamme aus der Landschaft Gourma im Osten von Mali. Als Kind bin ich mit meiner Familie in die Stadt Mopti gekommen. Dort habe ich durch Schuhputzen etwas Geld verdient, das ich zu einem großen Teil an meine Eltern abgeben muss. Eine Schule habe ich nie besucht.

Als ich 18 Jahre alt war, habe ich mich bis in den Süden von Algerien und dort dann bis in die Stadt Abadia durchgeschlagen. Dort habe ich mich als Wächter, Bauarbeiter, Schuhputzer oder auch Tagelöhner bei einem ägyptischen Landpächter verdingt. Endlich konnte ich etwas Geld auf die Seite legen. Einen Teil meiner Ersparnisse habe ich zurück nach Mali geschickt, um dort meine Familie zu unterstützen. Inzwischen bin ich in der Nähe von Tanger gelandet. Hier verdiene ich als Schuhputzer manchmal bis zu 200 € im Monat. Mein Traumziel ist und bleibt Europa. Die Nachrichten, die Werbung, die Spielfilme im Fernsehen, die Bilder in den Zeitungen – all das lässt uns die Länder nördlich des Mittelmeeres wie ein Paradies erscheinen. Ein Vermittler hat mir neulich einen Platz in einem Schiff angeboten, das heimlich nach Spanien fährt. 800 Dollar sollte diese Passage kosten. Dafür muss ich noch eine Weile hier arbeiten, ständig auf der Hut, dass ich nicht aufgegriffen und in ein Gefangenenlager gesteckt werde. Mein Traumziel Europa ist nur wenige Kilometer entfernt. Die Überfahrt soll gefährlich sein. Aber ich habe gehört, dass dort die spanische Seenotrettung unterwegs ist. Ich muss das wagen – was soll ich sonst machen?"

zusammengestellt anhand von Migrantenbefragungen

2

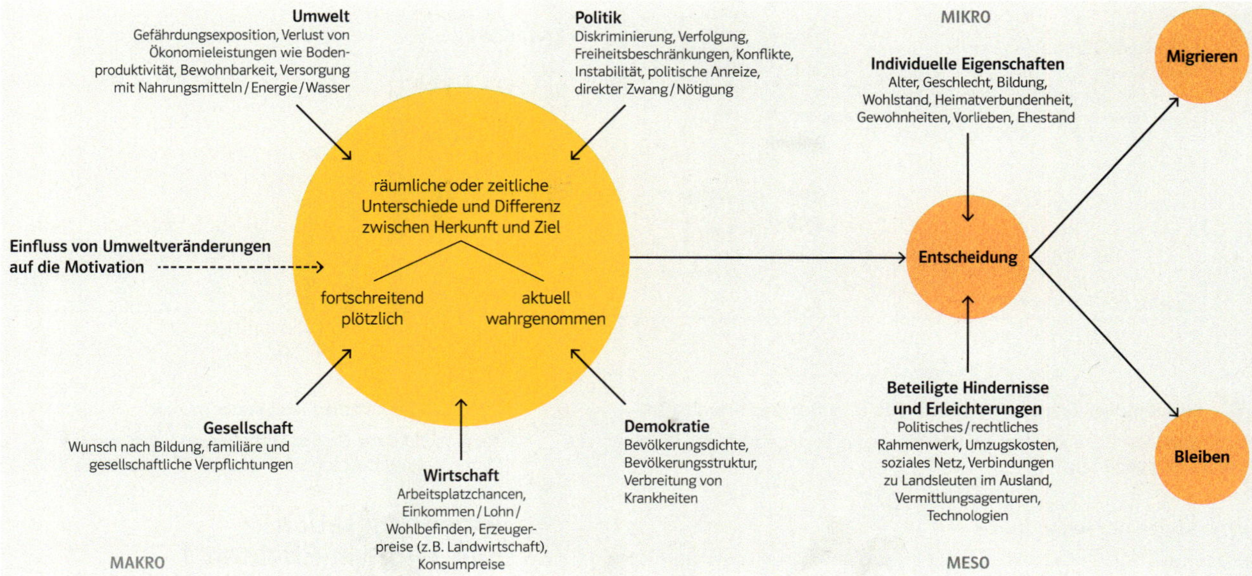

3 Faktoren/Ursachen von Migration
Nach: Dina Ioneco u.a.: Atlas der Umweltmigration. Bonn 2017

Ursachen und regionale Schwerpunkte der weltweiten Migration

Als **Migrant** werden von der UN-Statistik alle diejenigen erfasst, die ihr Heimatland – aus welchen Gründen auch immer – verlassen haben und über ein Jahr im Ausland leben. Diese etwas unscharfe Definition ist insofern problematisch, weil hier beim Auswanderungsentschluss auch eine gewisse Freiwilligkeit unterstellt werden kann. Das Flüchtlingshilfswerk der Vereinten Nationen UNHCR weist deshalb in seinen Statistiken als Untergruppe der Migranten die **Flüchtlinge** aus. Das sind Personen, die ihr Heimatland wegen politischer Verfolgung, Religionszugehörigkeit oder anderer Faktoren verlassen haben. Gegenwärtig sind das weltweit ca. 70 Mio. Menschen. Bei ihnen handelt es sich um eine erzwungene Migration. Alle Flüchtlinge sind also Migranten, aber nicht alle Migranten sind Flüchtlinge.

Die verwendeten Begriffe haben eine juristische Bedeutung. Die Genfer Flüchtlingskonvention von 1951 legt klar fest, welche Hilfe und welche Rechte Flüchtlinge von den Unterzeichnerstaaten erhalten sollen. Ihnen sind die grundlegenden Menschenrechte genauso zu gewähren wie der Zugang zu medizinischer Versorgung, zu Bildung und Sozialleistungen. Ein Asylsuchender ist jemand, der um diesen Flüchtlingsstatus ersucht hat. Die Konvention definiert aber auch die Pflichten, die ein Flüchtling dem Gastland gegenüber erfüllen muss.

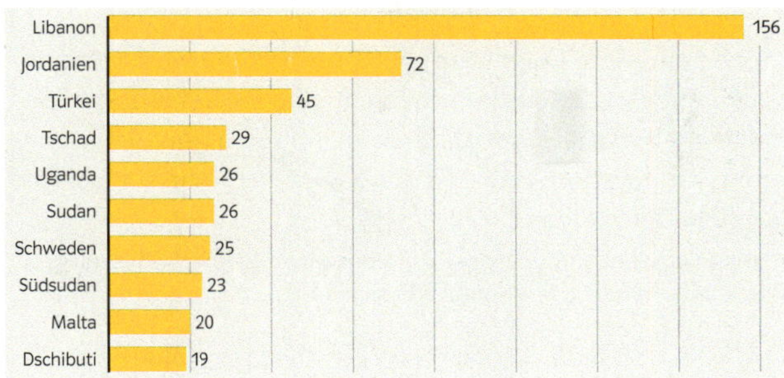

4 Die 10 Länder mit der größten Anzahl an aufgenommenen Flüchtlingen pro 1000 Einwohner (Ende 2018)
Nach: UNHCR: Global Trends 2019

1 Beschreiben Sie Moussas Weg nach Europa (Atlasarbeit).

2 Arbeiten Sie den Unterschied zwischen einem Migranten und einem Flüchtling heraus.

3 Migrationsprozess (M3)
a) Erläutern Sie Ursachen von Migration.
b) Diskutieren Sie in Ihrer Lerngruppe, wie Sie sich an Alis Stelle entschieden hätten.

4 MK Analysieren Sie die Karte 1 und die Online-Materialien im Hinblick auf regionale Schwerpunkte der weltweiten Migration und Flüchtlingsbewegung.

5 Bewerten Sie die Informationen im Diagramm 4

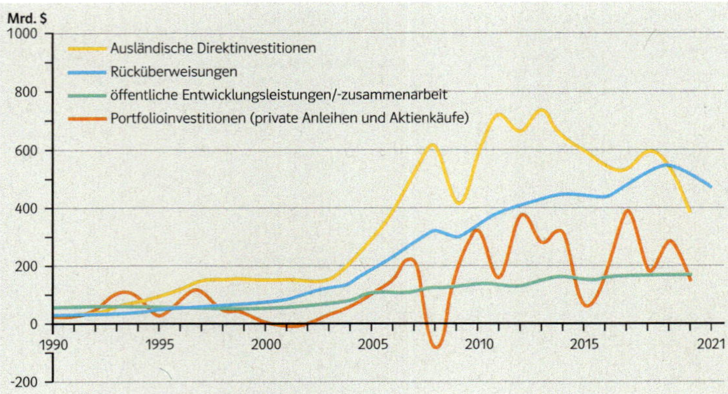

5 Rücküberweisungen im Verhältnis zu anderen Kapitaltransfers

Nach: World Bank Group: Migration and Remittances. Migration and Development Brief 33. Okt. 2020. S. 8

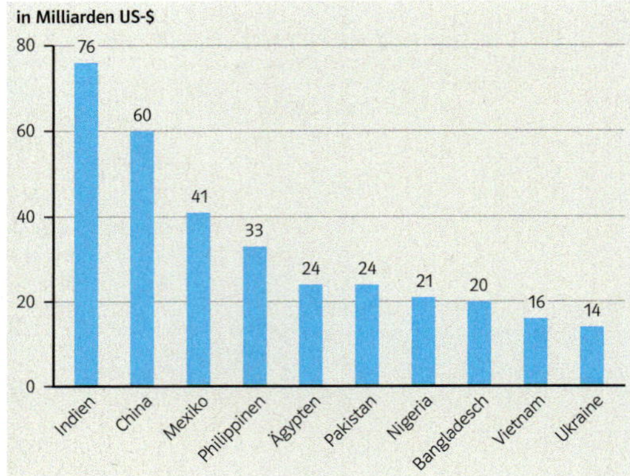

8 Top Remittance Recipients in 2018

Nach: World Bank Group: Migration and Remittances. Migration and Development Brief 33. Oktober 2020. S. 10

Wirkungen der Remittances

„Weltbank und OECD heben [...] [die] positiven makroökonomischen Effekte [der Remittances] hervor, vor allem ihre Entlastung der Zahlungsbilanzen, Verbesserung der Schuldendienst- und Importfähigkeit sowie für Investitionsspielräume der Entwicklungsländer [...] Ihnen [wird] eine mehrfache soziale Hebelwirkung zugebilligt, weil sie ohne Vermittlung irgendeiner nationalen oder internationalen Bürokratie direkt bei den [...] Familien ankommen. [Sie] verbessern deren Lebensbedingungen und ermöglichen Zugänge zum Bildungs- und Gesundheitswesen, aber auch Investitionen in den Hausbau oder den Erwerb von Land und Produktionsmitteln [...]
Fallstudien zeigen [aber], dass [...] die Abhängigkeit von Subsidien der migrierten Familienangehörigen, fördern und die Eigeninitiative der Zurückgebliebenen schwächen, [...] können. Die in der Nachbarschaft sichtbare Erfolgsprämie der Migranten schafft auch Anreize für weitere Migration [...] Es gibt auch Zweifel am nachhaltigen entwicklungspolitischen Nutzen der Remittances, vor allem dann, wenn mit ihnen nur importierte Waren zum Konsum beschafft und [...] keine Produktionsanreize im Inland geschaffen werden."

Reinhard Stockmann u. a.: Entwicklungspolitik: Theorien – Probleme – Strategien, Oldenbourg Wissenschaftsverlag, München, 2010, S. 298 f.

6

Belastungen

Die Mehrzahl der Migrantinnen und Migranten sind junge Menschen mit überdurchschnittlicher Qualifikation. Ihre Abwanderung bedeutet den Verlust von Bildungsinvestitionen. Das erworbene Wissen wird dringend benötigt, kommt aber nun dem Zielland zugute („Brain Drain"). Vor allem in ärmeren und ländlichen Regionen führt der „Care Drain" zu einem Mangel an medizinischem und auch Lehrpersonal. Insgesamt wirken sich diese Defizite auf die Produktivität der Arbeitnehmer aus.
Zurückbleibende Kinder wachsen ohne Vater, in vielen Fällen auch ohne Mutter auf. Meistens hat die Großfamilie Geld zusammengelegt, um die Migration zu finanzieren. Eine Investition mit hohen Erwartungen, aber höchst ungewisser Zukunft. Schleuser lassen sich den Transfer teuer bezahlen. Bei Grenzübertritten, bei Bootsfahrten übers Meer lauern Gefahren. Und was erwartet die Abgewanderten im Zielland?

7

Arbeitsmigration – mit „Win-win-Effekten"?

In die internationale Diskussion über Migration mischen sich in jüngster Zeit neue Töne. Es setzt sich die Einsicht durch, dass die modernen Industrie- und Dienstleistungsgesellschaften aufgrund ihrer demografischen Alterung auf die Zuwanderung qualifizierter Arbeitskräfte dringend angewiesen sind, wenn das erreichte Wohlstandsniveau gehalten werden soll.
Auch in der Entwicklungspolitik gibt es neue Argumentationslinien. Mehr und mehr werden vor allem die Chancen betont, die die Wanderbewegungen bieten. So werden z. B. die Rücküberweisungen („remittances") der Migrantinnen und Migranten als wichtiger wirtschaftlicher Impuls nicht nur für die betroffenen Familien sondern auch für die jeweiligen Herkunftsländer wahrgenommen. Die OECD spricht von einem „Gaining of Migration". Doch führt die internationale Arbeitsmigration tatsächlich zu einer „Win-win"-Situation für alle Beteiligten?

6

Arbeiten Sie aus Diagramm 5 Grundaussagen heraus.

7

„Die internationale Arbeitsmigration führt zu einer ‚Win-win-Situation' für alle Beteiligten."
Erörtern Sie diese Aussage.

8

Analysieren Sie die beiden Projektbeispiele (Texte 9 und 10) im Hinblick auf die erwarteten Wirkungen.

Soforthilfe für Flüchtlinge

Niemand verlässt Haus und Hof, Teile der Familie und Freunde leichten Herzens. Das Wagnis einer Auswanderung oder Flucht ist unkalkulierbar. Die bittere Entscheidung kann den Betroffenen erspart bleiben, wenn sie in ihrer Heimat eine Bleibeperspektive sehen. Hier müssen Maßnahmen zur Lösung der Migrations-, vor allem aber der Fluchtproblematik ansetzen. Es gilt das Motto „Fluchtursachen bekämpfen statt Flüchtlinge". Darauf zielen Projekte der Entwicklungszusammenarbeit (siehe S. 436 – 443).

Es gilt aber auch, den bereits Geflohenen ein Leben in menschenwürdigen Umständen zu ermöglichen. An diesem Grundsatz orientieren sich Soforthilfemaßnahmen Deutschlands und der EU. Sie unterstützen die geflohenen Menschen als auch die aufnehmenden Gemeinden in den Nachbarländern (z. B. im Libanon) durch den Auf- und Ausbau der Infrastruktur und der Projekte im Bildungs- sowie Gesundheitsbereich sowie in der Einkommensförderung.

Beispiel eines EU-geförderten Projektes: Mali – Job creation by improving the cashew nut sector to alleviate the causes of emigration

"The project's main objective is to contribute to the fight against poverty and to sustainable development of the population of Mali by enhancing the value chain of the cashew nut. [...]

KEY FACTS

- Target group: local populations, especially youth and women; producers and local associations and cooperatives
- Total cost: 14 000 000 €
- EU contracted amount: 13 500 000 €
- Partner contribution: 500 000 €
- Duration: September 2016 – September 2020"

Euopean Commission, 2018

9

Beispiel eines BMZ-Projektes: Beschäftigungsoffensive Nahost – Cash for Work

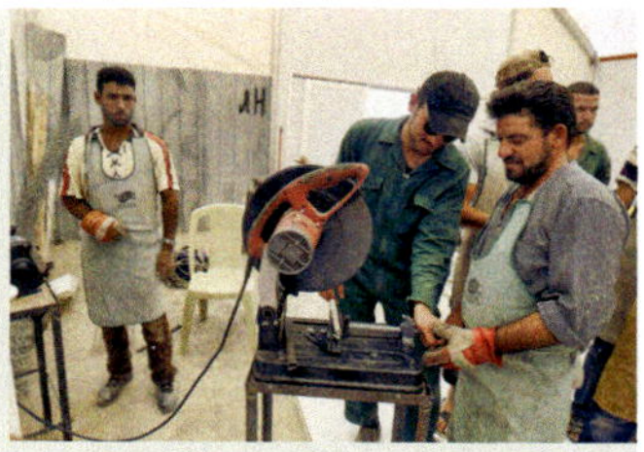

Ratreb Al Quaisi aus Jordanien nimmt an einer Schreinerausbildung im GIZ-Projekt „Beschäftigungsorientierte Qualifizierung im Handwerk" teil.

„Etwa 6,6 Millionen Syrerinnen und Syrer sind inzwischen vor dem Krieg in ihrem Land geflüchtet – die meisten von ihnen in die Nachbarländer Türkei, Libanon und Jordanien. [...]
Auch im Irak haben mehr als 240 000 Menschen aus Syrien Zuflucht gefunden. Innerhalb des Landes gibt es zudem mehr als 1,2 Millionen Binnenvertriebene. Sie haben in anderen Landesteilen Schutz vor den Angriffen der Terrororganisation „Islamischer Staat" gesucht [...] (Stand: Februar 2021)."[...]
Über die unmittelbare Sicherstellung der Grundversorgung (Ernährung, Wasser) hinaus unterstützen wir die Flüchtlinge durch Arbeitsmöglichkeiten und Einkommen. Die Bundesregierung hat daher auf der Syrienkonferenz im Februar 2016 eine „Beschäftigungsoffensive Nahost" gestartet. Über sogenannte Cash-for-Work-Maßnahmen können Flüchtlinge und Bewohner der aufnehmenden Gemeinden ein schnell verfügbares Einkommen erzielen. [...] Die finanzielle Notlage der Menschen wird gemindert, die soziale Anerkennung der Flüchtlinge im Gastland wächst und der gesellschaftliche Zusammenhalt wird gestärkt, denn an den Programmen kann auch die lokale Bevölkerung teilnehmen.

Beispiel Jordanien

„**Abfallbeseitigung und Recycling:** In vielen Gemeinden im Norden Jordaniens hat sich die Einwohnerzahl seit Beginn der Syrienkrise verdoppelt. Die Kommunen stehen vor enormen Herausforderungen – insbesondere die Abfallentsorgung ist ein großes Problem. Im Rahmen eines Cash-for-Work-Vorhabens wurden – durch das BMZ finanziert – bis Ende 2017 rund 13 800 syrische Flüchtlinge und Jordanier eingestellt, um in zahlreichen jordanischen Gemeinden und dem Flüchtlingslager Za'atari Abfall zu sammeln und zu recyceln. Parallel dazu entstehen Wertstoffhöfe mit dauerhaften Arbeitsplätzen.
Berufsbildungsangebote: Gemeinsam mit dem Zentralverband des Deutschen Handwerks (ZDH) fördert das BMZ Berufsbildungsangebote für junge Menschen. Experten beraten sie bei ihrer beruflichen Orientierung, bieten ihnen Qualifizierungsmaßnahmen und [...].
Zusätzliche Lehrkräfte: Der Bedarf an Bildungsmöglichkeiten für Kinder und Jugendliche [...] ist groß. Deshalb finanziert das BMZ in Jordanien die Gehälter von 7 200 Lehrern und administrativem Personal. Dadurch erhalten bis zu 63 000 Flüchtlingskinder einen Schulplatz.
Instandsetzung und Bau von Infrastruktur: [...] etwa 1 300 syrische Flüchtlinge und Jordanier [haben] durch die Instandsetzung oder den Bau von Infrastruktur einen Job erhalten. Sie setzen Wege und ländliche Straßen instand, legen Grünflächen an und säubern öffentliche Einrichtungen, zum Beispiel Parks und Straßen. Von diesen Maßnahmen werden die jordanischen Gemeinden auch langfristig profitieren. Zusätzlich werden bedürftige jordanische Landwirte durch den Bau von Zisternen und die Errichtung von Gewächshäusern unterstützt."

BMZ, Die Beschäftigungsoffensive Nahost,
unter: www.bmz.de/de/entwicklungspolitik/cash-for-work (Zugriff: 21.06.21)

10

11 **Herausforderungen**

Nach: Berlin-Institut für Bevölkerung und Entwicklung: Neue Potenziale. Zur Lage der Integration in Deutschland. Berlin 2014, S.15

Herausforderung für uns alle

„[...] Darüber wird morgens am Küchentisch und abends am Stammtisch diskutiert. Da gibt es Ängste bei denen, die schon lange hier leben, und denen, die neu zu uns kommen. Ängste vor Parallelgesellschaften und Kriminalität, vor der Erosion prägender Werte, vor Identitätsverlust und vor Ausgrenzung. Einwanderung und Integration verlaufen nicht nur harmonisch, sondern erzeugen auch Reibung und Konflikte im täglichen Miteinander. Viele Sorgen haben einen ganz konkreten Ursprung: Es geht um bezahlbaren Wohnraum, um das Lernumfeld in Kitas und Schulen, aber auch um Perspektiven im ländlichen Raum, berufliche Aussichten in der Arbeitswelt von morgen oder sichere Renten. An diesen Themen müssen Bund und Länder mit einer konsequenten Teilhabepolitik für alle Menschen in unserem Land arbeiten. Und ganz klar ist: Ein gutes Miteinander setzt voraus, dass alle die Werte und Regeln unserer Gesellschaft respektieren und einhalten, egal welcher Herkunft. Da kann und darf es niemals einen Rabatt geben [...]
Der Ton in der Debatte über Migration und Integration ist noch einmal rauer geworden – online und offline. Die Grenzen des Sagbaren haben sich weiter verschoben, hinein in Bereiche, die wir längst überwunden glaubten. Da werden Menschen mit Kippa oder Kopftuch antisemitisch bzw. muslimfeindlich beleidigt und angegriffen, weil sie ihre Religionszugehörigkeit öffentlich zeigen. Da wird Menschen die Zugehörigkeit zu unserer Gesellschaft abgesprochen, auch wenn sie hier geboren, aufgewachsen und deutsche Staatsbürgerinnen und -bürger sind. Das haben viele Betroffene bei den Twitter-Hashtags #metwo oder #vonhier schonungslos geschildert. Worte säen Hass und Hass kann zu Gewalt führen. Das zeigen auch die Zahlen zur politisch motivierten Kriminalität. Deshalb ist es umso wichtiger, dass wir zusammenrücken und alle Demokratinnen und Demokraten die Reihen schließen: gegen Extremismus und Fundamentalismus, für Demokratie und Zusammenhalt. Wir sind eine vielfältige Gesellschaft und müssen nicht immer einer Meinung sein, aber wir sind ein Land, eine Gemeinschaft [...]. Unsere Verfassungsordnung gilt für alle und ist von allen einzuhalten. [...]"

Die Beauftragte der Bundesregierung für Migration, Flüchtlinge und Integration (Hrsg.): 12. Bericht 04.12.2019. Drucksache 19/15740, S.10, unter: https://dserver.bundestag.de/btd/19/157/1915740.pdf (Zugriff: 05.08.2021)

12

Der Migrationsprozess als Herausforderung

Die Migrantinnen und Migranten werden in den Zielländern nicht immer mit offenen Armen empfangen. Zuwanderer nach Europa zum Beispiel stammen in der Regel aus fremden Kulturkreisen mit einer nichtchristlichen Religion. Sie bringen ihre eigenen Sitten, Gebräuche und Wertvorstellungen mit. Daraus entstehen Konflikte, was die Integration, also die Eingliederung in die Gesellschaft der Aufnahmeländer, erschwert. Insbesondere ärmere Migranten mit niedrigem Bildungsniveau stoßen auf Ressentiments. Hinzu kommen Sprachbarrieren und daraus folgend auch geringere Chancen auf dem Arbeitsmarkt.
Bei allen Problemen, vor die sich die Gesellschaften durch das Aufeinandertreffen verschiedener Kulturen gestellt sehen, sollten aber auch die Chancen zur Sprache kommen, die in solchen Begegnungen liegen. Das Kennenlernen anderer Sitten und Traditionen kann z.B. helfen, Vorurteile gegenüber Fremden abzubauen, es kann aber auch zum Nachdenken über die eigene Lebensgestaltung anregen. Zuwanderer tragen zudem in vielen Bereichen, angefangen bei der Gastronomie und anderen Dienstleistungen bis hin zu Musik, Literatur und Kunst, zu einer größeren Vielfalt unseres alltäglichen und kulturellen Lebens bei.
Sie könnten mithelfen, die demografischen Probleme der rasant alternden westlichen Gesellschaften zu lösen. Gefragt sind vor allem gut ausgebildete Männer und Frauen, denn viele Unternehmen in Europa haben zunehmend Probleme, genügend Fachkräfte zu finden. Gebraucht werden aber auch Arbeitskräfte für Stellen, die nur schwierig mit Einheimischen besetzt werden können, zum Beispiel Pflegekräfte, Haushaltshilfen, Angestellte der Gastronomie oder Saisonarbeiter.
Grundlage für die Bewältigung der aufgezeigten Probleme und für die Nutzung der angesprochenen Chancen sind Anstrengungen auf beiden Seiten (Grafik 11).

9

Analyse der Grafik 11
a) Erklären Sie anhand konkreter Beispiele (je zwei) ausgewählte Herausforderungen für die Aufnahmegesellschaft und die Migranten.
b) Nennen Sie ggf. weitere Herausforderungen.

Jugendliche mit Migrationshintergrund an den Schulen

Ümüt Yüzen – eine (ehemalige) Schülerin mit Migrationshintergrund

„‚Ich bin Deutsche geworden und ich habe meinen türkischen Pass zurückgegeben und wollte das bei meiner Arbeitsstelle feiern, dass ich jetzt Deutsche bin und bin dann mit Kuchen zu meiner Arbeitsstelle gegangen und alle waren beklommen. Die sagten dann, du bleibst doch immer Türkin. Die konnten damit gar nicht umgehen, dass ich das jetzt feiern will, Deutsche zu sein.'

Ümit Yüzen [...] [kam] mit vier Jahren als Tochter von Gastarbeitern nach Schwaben. Ihr Vater, der nur drei Jahre die Schule besuchte, drängte auf eine gute Ausbildung seiner Kinder. Ümits Lebensweg ist typisch für in Deutschland sozialisierte türkische Mädchen. Ihnen gelingt es viel eher als den Jungen, die Bildungsbenachteiligung ihrer Eltern zu kompensieren. In der Regel müssen sie früh Verantwortung für die Familie übernehmen und streben gerade deshalb nach mehr Freiheit und Bildung. Mehr als 25 Prozent von ihnen macht Abitur.

Das ist ein Erfolg – auch wenn es noch fast ein Drittel weniger ist als bei den Einheimischen. Yümet Yüzen studierte nach dem Abitur [...] Germanistik."

Michael Roehl: Migranten in Deutschland, Integrieren, Chancen nutzen, auf: Deutschlandfunk. Aus Kultur und Sozialwissenschaften v. 05.06.2014, unter: www.deutschlandfunk.de

13

15 Junge Türkin bei einem deutsch-türkischen Umzug in Berlin

Das Beispiel der Ümit Yüzen zeigt, dass das Miteinander von Migrantinnen bzw. Migranten und Deutschen zu Fragen nach der kulturellen Identität führt. Es zeigt aber auch, dass der Erfolg sozialer Integration zu wesentlichen Teilen von der schulischen Bildung und beruflichen Eingliederung abhängt. Besonders betroffen von der Integrationsproblematik sind Kinder und Jugendliche. Dabei handelt es sich in vielen Fällen um junge Ausländer der sog. „zweiten Generation", die von ihren Eltern meist erst viele Jahre nach der Emigration nachgeholt worden sind. Die primäre Sozialisation dieser Jugendlichen hat also noch im Herkunftsland stattgefunden, im Gegensatz zur „dritten Generation", die bereits hier in Deutschland geboren worden ist.

Vergleich von Schulabschlüssen der 15- bis unter 20-Jährigen mit (+ MH) und ohne Migrationshintergrund (- MH) im Zeitraum 2007 – 2017[1]

		2007	2009	2011	2013	2015	2017
FH-Reife, Abitur	+ MH (%)	7,8	9,5	12,0	16,1	17,2	19,4
	- MH (%)	12,2	13,3	14,8	21,8	23,0	28,2

[1] Anteil der Bevölkerung nach Abschlussarten und Migrationsstatus. Ohne Personen, die sich noch in schulischer Ausbildung befinden. Ohne Personen ohne Angaben zum Schulabschluss.

Die Beauftragte der Bundesregierung für Migration, Flüchtlinge und Integration (Hrsg.): a.a.O., S.144

14

Ausländische und deutsche Schülerinnen und Schüler an allgemeinbildenden Schulen im Schuljahr 2018/2019 nach Schularten[1]

	Gesamt	Gesamtschule[2]	Hauptschule	Realschule	Gymnasium
Deutsche	4 285 068	910 182	271 113	724 908	2.097 945
Anteil (%)	100	21,2	6,3	16,9	49,0
Ausländer insg.	443 019	130 677	91 944	71 220	109 311
Anteil (%)	100	29,5	20,8	16,1	24,7

[1] Ohne Abendschulen, Kollegs, schulartunabhängige Orientierungsstufe, Schularten mit mehreren Bildungsgängen und Freie Waldorfschulen. [2] Erfasst werden auch Schülerinnen und Schüler, die die Primarstufe besuchen.

Die Beauftragte der Bundesregierung für Migration, Flüchtlinge und Integration (Hrsg.): a.a.O., S.143. Quelle: Statistisches Bundesamt, Schulstatistik

16

10 Beschreiben Sie die Lebenseinstellung der jungen Türkinnen in Quelle 13 und Foto 15.

11 Auswertung der Tabellen 14 und 16
a) Vergleichen Sie die Bildungssituation deutscher und ausländischer Schülerinnen und Schüler.
b) Nennen Sie mögliche Gründe für die festgestellten Unterschiede.

12 NE Führen Sie im Rahmen einer Gruppenarbeit oder eines Projektes eine Befragung von Schülerinnen und Schülern an Ihrem Gymnasium oder in Ihrem Schulort zum Thema „Ausgrenzung und Integration von Jugendlichen im Alltag" durch (Online-Code). Werten Sie die Rückmeldungen aus und präsentieren Sie die Ergebnisse in der Schulöffentlichkeit (Schüler-, Wandzeitung, Ausstellung o.Ä.).

NE Herausforderung Migration – was können wir Schüler, was kann ich tun?

„Wir dulden es nicht, wenn Menschen abgewertet oder gar angegriffen werden [...]. Hier ist Haltung gefragt von jeder und jedem Einzelnen.“ (12. Integrationsbericht, S. 422). Das ist leicht gesagt, denn es gehören Mut und Courage dazu, dieser Forderung gerecht zu werden. Wie es gehen kann, zeigen die folgenden Beispiele.

Unser und euer Motto: Vielfalt ist unsere Stärke!
„Mit unserem Projekt wollen wir unter anderem auch die Integration der Kinder fördern, wodurch unsere Gesellschaft vielfältiger wird. Zudem schaffen wir mit unserer Deutschnachhilfe einen Raum, in den Kinder mit verschiedensten kulturellen Hintergründen kommen, um gemeinsam zu lernen und auch Freundschaften zu schließen. Ihre verschiedenen Herkünfte trennen sie nicht voneinander, sondern sie vereinen sich in dem gemeinsamen Ziel, die Sprache zu erlernen.“

Bertelsmann Stiftung: Alle Kids sind Vips, Projekt: Deutschnachhilfe für SchülerInnen mit Fluchthintergrund oder Migrationserfahrung, unter: www.allekidssindvips.de/projekte/projektdetail/?view=1439 (Zugriff: 18.06.2021)

1 Deutschnachhilfe für Migranten im Rupert-Ness-Gymnasium, Wangen im Allgäu

„Alle Kids sind VIPs“ – Jugendintegrationswettbewerb der BertelsmannStiftung
„Deutschnachhilfe für SchülerInnen mit Fluchthintergrund oder Migrationserfahrung – Rupert-Ness-Gymnasium, Wangen im Allgäu: ‚Mit unserem Projekt möchten wir Kinder mit Fluchthintergrund oder Migrationserfahrung in Deutsch fördern. Oftmals stellt die neue und leider nicht gerade einfache Sprache für die Kinder eine große Hürde da und leider reicht die geringe Zeit, die die Schüler in Vorbereitungsklassen verbringen, bei vielen nicht aus, um mit dem regulären Unterricht mithalten zu können. An dieser Stelle setzt unser Projekt an. Zwei bis dreimal die Woche treffen sich ehrenamtliche Schüler und helfen den Kindern bei ihren Hausaufgaben und Problemen im Unterricht.‘“

BertelsmannStiftung: Alle Kids sind Vips, Projekt: Deutschnachhilfe für SchülerInnen mit Fluchthintergrund oder Migrationserfahrung, unter: www.allekidssindvips.de/projekte/projektdetail/?view=1439 (Zugriff: 21.06.2021)

3

Unser und euer Motto: Vielfalt ist unsere Stärke!
„Das Projekt wird von den Klassen 8 Ganztag/der Deutschklasse (Schülern mit Fluchthintergrund) gemeinsam durchgeführt. Auch das Seminar erfolgte zusammen, damit wir uns besser kennenlernen konnten. In vielen Gesprächen erfuhren wir, wie die Menschenrechte in deren Heimatländern missachtet werden. Mitschüler der Deutschklasse erarbeiteten und rappten die Texte für den Rap in der jeweiligen Heimatsprache. Die ausgewählten Menschenrechte wurden in Arabisch, Rumänisch, Mazedonisch, Thailändisch und Griechisch übersetzt. Auch bei den Präsentationen/Auftritten sind wir gemeinsam auf der Bühne.“

Bertelsmann Stiftung: Alle Kids sind Vips, Rap für Menschenrechte, unter: www.allekidssindvips.de/projekte/projektdetail/?view=1386 (Zugriff: 03.08.2021)

2 Rap für Menschenrechte in der Mittelschule Neunburg vorm Wald, Bayern

„Alle Kids sind VIPs“ – Jugendintegrationswettbewerb der Bertelsmannstiftung
„Lernen durch Engagement #netzrevolte verbindet demokratische mit digitaler Bildung in der Schule. Wir setzen uns mit digitalen Medien/Phänomenen wie Fake News, Hate Speech, Diskriminierung im Netz auseinander. Wir wollen unsere Erkenntnisse und Erfahrungen zu den Grund- und Menschenrechten als Grundlage für ein offenes Miteinander und als Aufklärung gegen den Hass, auch im Netz, mit Gleichaltrigen teilen. Wir erkannten, dass Musik ein gutes Medium zur Vermittlung von ‚Messages‘ ist, besser als eine belehrende Präsentation.“

BertelsmannStiftung: Alle Kids sind Vips, Projekt: Rap für Menschenrechte, unter: www.allekidssindvips.de/projekte/projektdetail/?view=1386 (Zugriff: 15.07.2021)

4

Schule ohne Rassismus – Schule mit Courage: wer wir sind – was wir machen

„Was ist Schule ohne Rassismus – Schule mit Courage? Schule ohne Rassismus – Schule mit Courage ist ein Projekt für alle Schulmitglieder. Es bietet Kindern, Jugendlichen und Pädagog*innen die Möglichkeit, das Klima an ihrer Schule aktiv mitzugestalten, indem sie sich bewusst gegen jede Form von Diskriminierung, Mobbing und Gewalt wenden. Wir sind das größte Schulnetzwerk in Deutschland. Ihm gehören über 3 300 Schulen an, die von mehr als zwei Millionen Schüler*innen besucht werden (Stand: August 2020). Unterstützt werden die Schüler*innen und Pädagog*innen dabei von mehr als 100 Koordinierungsstellen und 350 außerschulischen Kooperationspartnern.

Wie wird man eine Schule ohne Rassismus – Schule mit Courage? Jede Schule kann den Titel erwerben, wenn sie folgende Voraussetzungen erfüllt: Mindestens 70 Prozent aller Menschen, die in einer Schule lernen und arbeiten (Schüler*innen, Pädagog*innen und technisches Personal) verpflichten sich, sich künftig gegen jede Form von Diskriminierung an ihrer Schule aktiv einzusetzen, bei Konflikten einzugreifen und regelmäßig Projekttage zum Thema durchzuführen [...]

Was bedeutet der Titel genau? Der Titel ist kein Preis und keine Auszeichnung für bereits geleistete Arbeit, sondern eine Selbstverpflichtung für die Gegenwart und die Zukunft [...]

Kümmert ihr euch ausschließlich um Rassismus?
Nein. Wir beschäftigen uns gleichermaßen mit Diskriminierung aufgrund der Religion, der sozialen Herkunft, des Geschlechts, körperlicher Merkmale, der politischen Weltanschauung und der sexuellen Orientierung. Darüber hinaus wenden wir uns gegen alle totalitären und demokratiegefährdenden Ideologien [...]

Wo bekomme ich mehr Informationen über das Projekt? Auf [der folgenden] Homepage findet ihr eine Fülle von Informationen zu unserer Arbeit und den Aktivitäten der Courage-Schulen. Für eure Fragen stehen euch die Mitarbeiter*innen der Bundeskoordination zur Verfügung ebenso wie die der Landes- und Regionalkoordinationen in eurer Nähe.“

schule-ohne-rassismus.org (Aktion Courage e.V.), 10 Fragen – Antworten, unter: www.schule-ohne-rassismus.org/mitmachen/weitere-tipps-at/ (Zugriff: 21.06.2021)

5 Bild: Graf-Stauffenberg-Gymnasium, Osnabrück

Wer sich zu den Zielen einer Schule ohne Rassismus – Schule mit Courage bekennt, tritt ein für folgende Selbstverpflichtung:

„1. Ich werde mich dafür einsetzen, dass es zu einer zentralen Aufgabe meiner Schule wird, nachhaltige und langfristige Projekte, Aktivitäten und Initiativen zu entwickeln, um Diskriminierungen, insbesondere Rassismus, zu überwinden.
2. Wenn an meiner Schule Gewalt geschieht, diskriminierende Äußerungen fallen oder diskriminierende Handlungen ausgeübt werden, wende ich mich dagegen und setze mich dafür ein, dass wir in einer offenen Auseinandersetzung mit diesem Problem gemeinsam Wege finden, zukünftig einander zu achten.
3. Ich setze mich dafür ein, dass an meiner Schule ein Mal pro Jahr ein Projekt zum Thema Diskriminierungen durchgeführt wird, um langfristig gegen jegliche Form von Diskriminierung, insbesondere Rassismus, vorzugehen.“

schule-ohne-rassismus.org: So werdet ihr eine Schule ohne Rassismus – Schule mit Courage, unter: www.schule-ohne-rassismus.org/mitmachen/courage-schule-werden/ (Zugriff: 18.06.2021)

6

Beispiel-Projekte von „Schulen ohne Rassismus ...“

- Menschenkette gegen Rassismus: Internationaler Tag gegen Rassismus 2019 (www.schule-ohne-rassismus.org)
- Magdeburg: „Eine Stadt für alle“ (www. schule-ohne-rassismus.org)
- Realschule Hardtberg, Bonn, Nordrhein-Westfalen: Come Together – No To Racism: Ein „Fußball-Willkommens-turnier“ – von Schülern für Schüler (www.allekidssindvips.de)

7

1 NE
Stellen Sie auf einer Weltkarte dar, aus welchen Regionen die Eltern und Großeltern der Schülerinnen und Schüler Ihrer Klassenstufe stammen und erläutern Sie jeweils die dortigen Lebensbedingungen.

2 NE
Entwickeln Sie – ausgehend von den Projektbeispielen dieser Doppelseite – praxisorientierte Ideen für ein gutes Zusammenleben von Menschen unterschiedlicher Herkunft, zum Beispiel an Ihrer Schule.

Wichtige Begriffe

- Altersstruktur
- Bevölkerungsdichte
- Bevölkerungsentwicklung
- Bevölkerungsstruktur-diagramm
- demografische Alterung
- demografischer Übergang
- Geburtenrate
- Gesamtfruchtbarkeitsrate
- Lebenserwartung
- Migration
- Sterberate
- Überalterung
- Wachstumsrate
- Weltbevölkerung

Wissen vernetzen

Im April 2021 leben über 7,8 Mrd. Menschen auf unserem Planeten. Nach wie vor wächst die Weltbevölkerung. Bis zur Mitte dieses Jahrhunderts wird die Neun-Milliarden-Grenze überschritten sein. Aber dieses Wachstum weist große räumliche Unterschiede auf. Regionen mit nach wie vor hohen Geburtenraten stehen solche mit stagnierender, teilweise bereits leicht schrumpfender Bevölkerung gegenüber. Im globalen Durchschnitt ist ein Absinken der Fruchtbarkeitsziffern vom Wert 5,0 Ende der 1960er-Jahre auf heute 2,4 zu beobachten.
Daraus ergibt sich aber nicht automatisch eine sofortige Bevölkerungsabnahme, denn die Menschen werden auch immer älter. Außerdem werden noch für einige Jahrzehnte die geburtenstarken Jahrgänge für eine große Nachkommenschaft sorgen. Aber Ende dieses Jahrhunderts dürfte der Scheitelpunkt des globalen Bevölkerungswachstums überschritten sein.
Regionen, in denen bereits heute die Fruchtbarkeitsziffern deutlich unter dem Bestandserhaltungsniveau von 2,1 liegen, müssen die zunehmenden wirtschaftlichen, sozialen und räumlichen Probleme lösen, die sich aus der demografischen Alterung ergeben. Entwicklungsländer mit zurückgehenden Kinderzahlen und noch wachsender Erwerbsbevölkerung haben für einige Jahrzehnte die Chance auf eine „demografische Dividende". Länder mit nach wie vor sehr hohen Geburtenraten dagegen stehen vor gewaltigen Herausforderungen.
Die regionalen Unterschiede in der Wirtschaftskraft und in den Lebensperspektiven erzeugen umfangreiche Migrationen. Es bleibt offen, ob sich daraus eine „Win-win"-Situation für die Herkunfts- und Zielländer ergibt. Lösungsansätze müssen sich darauf richten, Flüchtlingen in akuter Notlage zu helfen. Vor allem aber gilt es, Ursachen der Migration zu beseitigen.

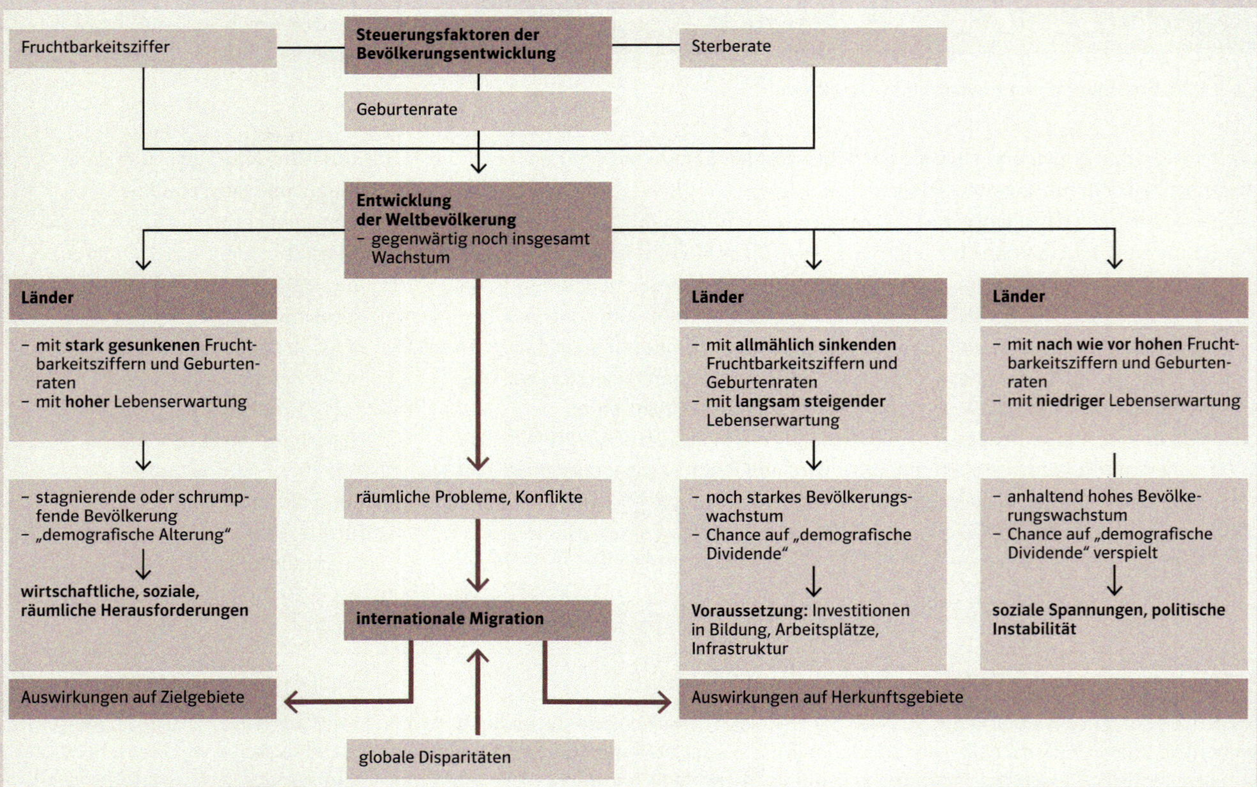

1 Bevölkerungsentwicklung und Migration

Kompetenzen überprüfen

Sich orientieren

1 Lokalisieren Sie auf der Karte

a) je zwei Regionen oder Staaten mit hohem und niedrigem Bevölkerungswachstum.

b) je zwei wichtige Herkunfts- und Aufnahmeländer der internationalen Migration.
(Weltkarte zum Ausdrucken unter Online-Code ry36yg)

Wissen und verstehen

2 Erläutern Sie Grundformen von Altersstrukturdiagrammen.

3 Stellen Sie Ursachen für den „zweiten demografischen Übergang" dar.

4 Nennen Sie Push- und Pull-Faktoren der internationalen Migration.

Fachmethoden anwenden

5 Auswertung des Diagramms 2

a) Analysieren Sie die Bevölkerungsentwicklung von 1950 – 2019.

b) Arbeiten Sie den Einfluss der Migration auf die Bevölkerungsentwicklung heraus.

6 Auswertung des Bildes 3

a) Interpretieren Sie die Zeichnung.

b) Ordnen Sie der Darstellung eine sinnvolle Überschriftergänzung zu.

Beurteilen und bewerten

7 „Die demografische Alterung bringt für Deutschland gewaltige Probleme." Beurteilen Sie diese Aussage.

8 Erörtern Sie Chancen und Probleme der Zuwanderung nach Europa für die Aufnahmeländer.

Handeln

9 Analysieren Sie auf der Grundlage einer Behördenbefragung die Bevölkerungsentwicklung und Altersstruktur Ihrer Gemeinde.

10 Gestalten Sie auf der Grundlage eines Interviews die „Migrationsgeschichte" eines Asylanten in Ihrer Gemeinde.

Basiskonzepte anwenden

11 Erläutern Sie am Beispiel der Bevölkerungsentwicklung Äthiopiens das Basiskonzept Zeithorizonte.

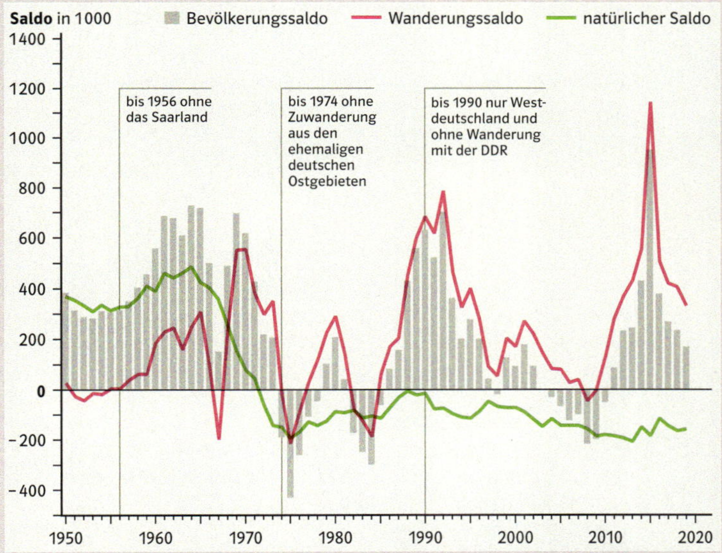

2 Entwicklung von Bevölkerungs- und Wanderungssaldo in Deutschland

Bevölkerungssaldo: Summe aus natürlichem Saldo (Geburten- minus Sterbefälle) und Wanderungssaldo (Zuwanderung minus Abwanderung)

Nach: Statistisches Bundesamt (Destatis), 2020

3 Flucht …

Wenn Sie alle Seiten dieses Kapitels bearbeitet haben, können Sie …

- die globale Bevölkerungsentwicklung in ihren Dimensionen und ihren Folgen beschreiben;
- Steuerungsfaktoren der Bevölkerungsentwicklung erläutern;
- den demografischen Übergang in Ländern unterschiedlichen Entwicklungsstandes vergleichen;
- Herausforderungen und Chancen des demografischen Wandels darstellen und beurteilen;
- Dimensionen, Ursachen und Folgen von Migrationsprozessen herausarbeiten und diskutieren.

10

Entwicklungen in der Anthroposphäre: Wirtschaftsregionen unter dem Einfluss der Globalisierung

1 Containerterminal im Hafen von Piräus, Griechenland – alter Teil (oben links) und großflächige Erweiterung; die nächste Ausbaustufe ist bereits geplant

Der Globalisierungsprozess scheint bislang – trotz der Rückkehr nationalen Denkens und protektionistischer Maßnahmen – kaum umkehrbar. Zu eng sind alle Staaten und Regionen, ja letzten Endes wir alle in globale Netze eingebunden. Räume, Ökonomien und Gesellschaften werden durch den Globalisierungsprozess zum Teil tiefgreifend verändert und umgestaltet. Auch dadurch ist jeder Einzelne von uns betroffen – sei es im Alltag oder im Beruf.

Die Einflussnahme der Globalisierung auf uns und unsere Welt wirft zwingend die Frage nach der Qualität dieses Prozesses auf: Wo liegen seine Stärken, wo seine Probleme? Wie kann es gelingen, ihn verantwortlich und gerecht zu gestalten? Was können wir persönlich dazu beitragen, dass er ökonomisch, ökologisch und sozial nachhaltig wird?

2 Palmöl-Plantage in der malaysischen Provinz Sabah auf der Insel Borneo; diese Plantagen sind im Besitz von großen Industrieunternehmen wie Felda Global Venture, Sime Darby oder IOI Group, die die Öffentlichkeit nicht kennt, die aber die gesamte Welt mit Palmöl versorgen

Sie untersuchen …

3 Globalisierung

Die Globalisierung prägt unsere heutige Welt maßgeblich. Sie ist jedoch kein Naturgesetz, das einfach so existiert, sondern es gibt zahlreiche Aspekte dieses Prozesses und auch Fehlentwicklungen, die kritisch hinterfragt werden müssen.

Um die Globalisierung zu verstehen, um uns mit ihr auseinandersetzen und sie mitgestalten zu können, müssen wir Fakten und Positionen kennen, analysieren und reflektieren.

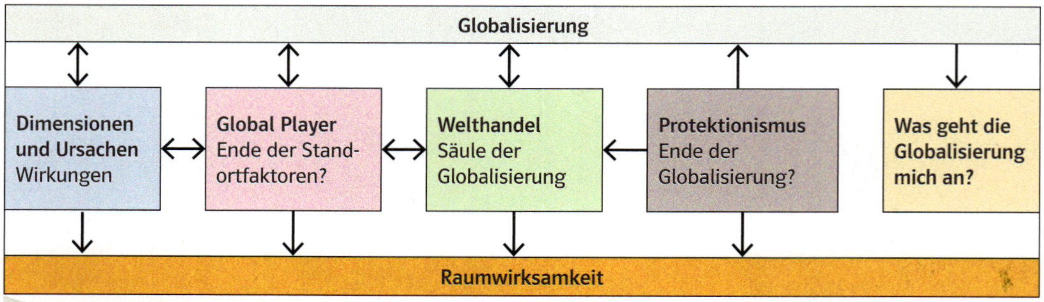

4 Struktur des Kapitels 10

Diesen Fragen zur Globalisierung werden Sie nachgehen:

- Was bedeutet Globalisierung konkret und in welchen Dimensionen verläuft sie?
- Welche Rolle spielen die transnationalen Unternehmen, die „Global Player", in diesem Prozess?
- Wie verändert die Globalisierung Standortansprüche, Standortfaktoren und Raumstrukturen?
- Können alle Staaten und Regionen die globale Integrationskraft des Welthandels als eine zentrale Säule des Globalisierungsprozesses nutzen?
- Bedroht der Protektionismus den freien Handel so sehr, dass er den Globalisierungsprozess bremsen oder sogar beenden kann?
- Und schließlich: Was geht das eigentlich mich alles an?

Sie knüpfen an ...

Das wissen Sie schon!

Sie haben sich wahrscheinlich bereits mit Fragen der **Globalisierung** beschäftigt. Dabei ging es zum einen um Aspekte des Welthandels, untersucht an Beispielen für die globale Produktion und den globalen Verbrauch. Hier wurde deutlich, dass die Standorte der Rohstoffe, der Weiterverarbeitung und des Verbrauchs weit voneinander entfernt liegen können. Dadurch ergab sich innerhalb der genannten Beispiele die Notwendigkeit eines grenzüberschreitenden weltweiten Handels.

Die Dimensionen dieses **Welthandels**, aber auch die unterschiedlichen Anteile, die einzelne Regionen und Länder an ihm haben, wurden ebenfalls thematisiert. Deutlich wurde, dass die sogenannte **Triade** (Nordamerika, EU, Ost- und Südostasien) die globalen Warenströme beherrscht und das vor allem drei Staaten – China, die USA und Deutschland – eine führende Position bei den weltweiten Ex- und Importen innehaben. Es gibt allerdings auch den Versuch, den Welthandel zu steuern und gerechter zu gestalten. Ihn unternimmt die in Genf ansässige **Welthandelsorganisation WTO**.

Zum anderen setzten Sie sich mit den ökonomischen Schwergewichten USA und China auseinander, deren (welt-) wirtschaftliche Strukturen erarbeitet wurden. Dadurch entstanden ebenfalls vertiefte Einblicke in den Globalisierungsprozess.

Einerseits ging es hier um die Analyse dieser beiden weltweit bedeutendsten Wirtschaftsregionen. Im Mittelpunkt standen Fragestellungen in verschiedenen Wirtschaftsbereichen wie Rohstoffverfügbarkeit, Agrarstrukturen, Beschäftigungsprobleme oder Infrastrukturausstattung. Andererseits wurde aber auch die Rivalität der beiden Staaten untersucht, vor allem in globalen Dimensionen. Stichwörter sind der Handelsstreit zwischen den USA und China seit 2018, der den **Freihandel** gefährdet, oder auch die „Neue Seidenstraße", ein Infrastrukturprojekt Chinas, das die drei Kontinente Asien, Afrika und Europa betrifft. Und schließlich haben Sie sich auch in unterschiedlichen Zusammenhängen mit der Frage nach Standorten beschäftigt. Eine zentrale Fragestellung war:

Wo liegen für einzelne Branchen und Unternehmen die günstigsten **Standortfaktoren** für eine Ansiedlung an einem ganz bestimmten Ort vor?

Bekannte Begriffe

- Freihandel
- Globalisierung
- Triade
- Welthandel
- Welthandelsorganisation WTO
- Standortfaktoren

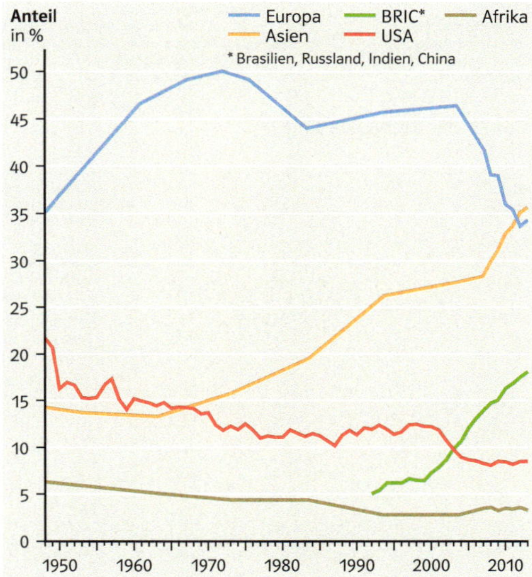

5 **Anteil einzelner Regionen am gesamten Welthandel seit 1948**
Nach UNCTADstat (2014)

6 **Wie du mir, so ich dir**

1

Erstellen Sie – ausgehend von Ihren bisherigen Kenntnissen sowie von den Texten und Abbildungen dieser Doppelseite – eine Mindmap zum Thema „Globalisierung".

2 MK

Überprüfen Sie nach Abschluss dieses Kapitels die Struktur und Vollständigkeit Ihrer Mindmap.

Globalisierung – Dimensionen, Ursachen und Wirkungen

Lange wurde die Globalisierung als ein primär wirtschaftlicher Prozess betrachtet, als das Zusammenwachsen von Märkten und die Entstehung einer „globalen Ökonomie". Mittlerweile jedoch ist deutlich geworden, dass dieser Prozess verschiedene Dimensionen zeigt.

1 Dimensionen der Globalisierung

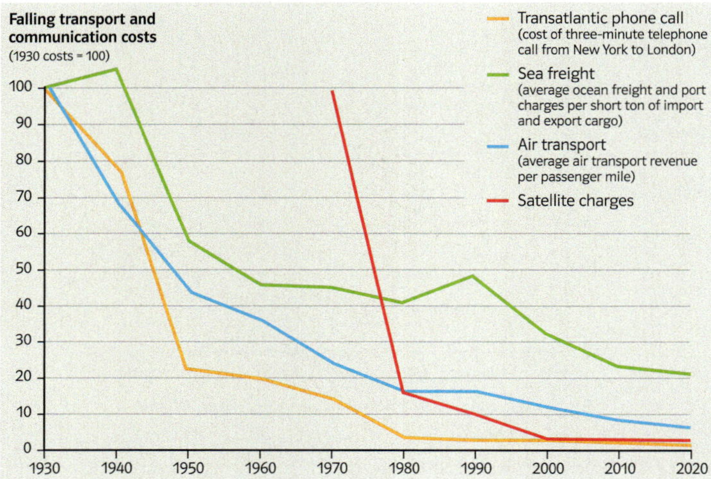

2 Entwicklung der Kosten bei Transport und Telekommunikation
Nach UNCTAD 2008, umgezeichnet und aktualisiert

3 Instrumente globaler Warenströme: Container und Containerschiffe

Weltwirtschaftliche Verflechtungen gab es auch früher schon. Die antike „Seidenstraße" z. B. verband bereits vor 2000 Jahren das östliche Mittelmeer mit asiatischen Räumen, vor allem mit China. Und die Zeit ab 1500 ist geprägt von Austauschbeziehungen zwischen den Handelsniederlassungen und späteren Kolonien in Übersee und den europäischen „Mutterländern". So könnte man die 1600 bzw. 1602 gegründete Britische bzw. Niederländische Ostindien-Kompanie zu Recht als den ersten Global Player der Welt bezeichnen.

Neu am Globalisierungsprozess im heutigen Sinne sind die Dynamik, Intensität und Reichweite der grenzüberschreitenden Aktivitäten. In der Ökonomie beziehen sie sich

- auf die industrielle Produktion mit **internationaler Arbeitsteilung,**
- auf den enorm gestiegenen weltweiten Handel von Waren und Dienstleistungen,
- auf die globalen Finanzströme,
- auf die Begünstigung dieser Prozesse durch weltumspannende Kommunikationsnetze.

Die **Globalisierung** basiert im Wesentlichen auf drei Antriebskräften: ökonomischen, technologischen und politischen.

Erstens den ökonomischen Kräften, deren wichtigste die Liberalisierung des Welthandels im Rahmen der WTO ist. Ergänzt wird sie durch eine Reduzierung von Devisen- und Kapitalmarktbeschränkungen, sodass ein globaler Finanzmarkt entstehen konnte. Schließlich gehört zu den ökonomischen Ursachen das Entstehen multinationaler Konzerne, der sogenannten **Global Player**.

Zweite wesentliche Antriebskraft sind die Fortschritte in der Verkehrstechnik sowie in der **Kommunikationstechnologie**. Hierzu gehört vor allem die Verwendung genormter Container für den immer wichtiger werdenden Transport von Fertiggütern, aber auch die Datenübertragung nahezu in Echtzeit mithilfe mobiler Endgeräte.

Als Drittes sind politische Veränderungen zu nennen. Mit der politisch-ökonomischen Öffnung Chinas seit 1978 und dem Ende der Sowjetunion und des „Ostblocks" 1989–1991 traten zahlreiche neue Akteure in die Welt wirtschaft ein.

FALLBEISPIEL Wirkungen: regionales Cluster Hamburg Aviation

Regionale Cluster

„Außerhalb der strategischen Orte [siehe Abb. 6] sind regionale Funktionszusammenhänge der Wirtschaft anzuführen, die in Form von sogenannten ‚Clustern' oder ‚New Industrial Districts' auftreten. Darunter versteht man regionale Netzwerke sozioökonomischer Interaktionsstrukturen, die einerseits eng in globale Zusammenhänge eingebunden sind, andererseits aber die Voraussetzung für die Funktionsfähigkeit der Globalökonomie darstellen. [...]

Die ‚regionalen Cluster' oder ‚New Industrial Districts' sind die wichtigsten Standorte der ‚Realökonomie', hier findet der überwiegende Teil der ökonomischen Produktion in allen Wirtschaftssektoren statt, und hier findet in Summe auch der überwiegende Teil der Konsumaktivitäten statt."

Prof. Dr. Peter Weichhart: Glocalization – Die Globalisierung und ihre Auswirkungen auf die Regionen. Wien, 2002, S. 10 f. – In: Herbert Dachs u. Roland Floimair, Hrsg., Salzburger Jahrbuch f. Politik 2001. – Salzburg, (Schriftenreihe des Landespressebüros, Sonderpublikationen, Nr. 180), S. 9–21

4

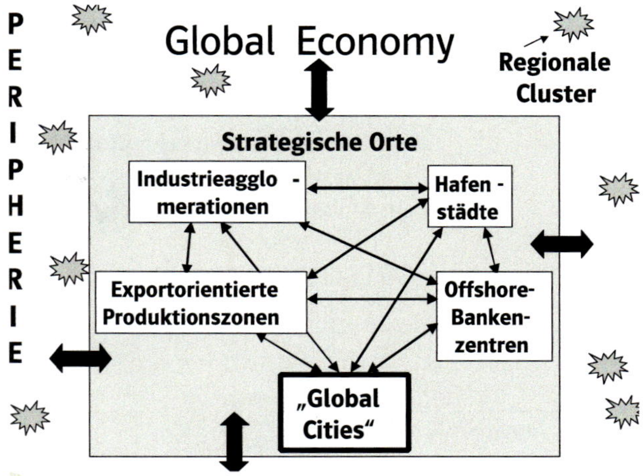

6 Standortsystem der Globalökonomie

Nach: Weichhart, Peter: Glocalization – Die Globalisierung und ihre Auswirkungen auf die Regionen. Universität Wien, o. J., S. 10

Cluster Hamburg Aviation (gegr. 2011)

„Hamburg ist einer der weltweit bedeutendsten Standorte der zivilen Luftfahrtindustrie. Insgesamt arbeiten hier mehr als 41 000 hochqualifizierte Fachkräfte an der Zukunft des Fliegens. Mit ihren Kompetenzen decken sie den gesamten Lebenszyklus eines Flugzeuges ab: von der Entwicklung, Herstellung und Montage über das Lufttransportsystem, die Wartung, Reparatur und Überholung bis zum Recycling. Hamburg Aviation vernetzt die Akteure am Standort und vermarktet den Luftfahrtstandort Metropolregion Hamburg auf nationaler und internationaler Ebene. [...]

Gemeinsam verfolgen [alle] ein Ziel: mit vernetzter Forschung und Entwicklung hochwertige Produkte und Dienstleistungen für die Luftfahrt der Zukunft auf den Markt zu bringen, die sich positiv auf die Passagiere auswirken und Maßstäbe in Sachen Ressourcenschutz setzen [...] Ein starkes Cluster braucht starke Verbündete. [...] Auf Basis einer eingehenden Analyse möglicher internationaler Zielregionen wurden dabei neben dem Cluster Aéro Montréal in Kanada die Zielregionen São José dos Campos in Brasilien und Evora/Lissabon in Portugal als prioritäre Regionen für die anstehenden Internationalisierungsaktivitäten von Hamburg Aviation ausgewählt [...]"

Bundesministerium f. Wirtschaft u. Energie, Clusterplattform Deutschland, Hamburg Aviation, unter: www.clusterplattform.de/CLUSTER/Redaktion/DE/Cluster/go-cluster/hamburg_aviation.html (Zugriff: 02.06.21)

5

Hamburg Aviation
Mitglieder/Clusterakteure (2019)

- Anzahl insgesamt: 183
- kleine und mittlere Unternehmen: 124
  Großunternehmen (darunter: Airbus, Lufthansa): 34
- Universitäten und Hochschulen: 6
- außeruniversitäre Forschungseinrichtungen: 2
- sonstige Organisationen: 17

Forschungsfelder

- Flugzeuge und spezifische Flugzeugsysteme
- Kabinen und Kabinensysteme
- Wartung, Reparatur, Überholung und Modifikation
- digitale Lösungen
- Lufttransportsysteme
- Urban Air Mobility

7

1 NE Erläutern Sie, ausgehend von Schema 1, den Satz „Globalisierung hat auch Umweltkosten".

2 Ordnen Sie Diagramm 2 den „Ursachen" für den Globalisierungsprozess zu.

3 Stellen Sie anhand des regionalen Clusters Hamburg Aviation ökonomische und räumliche Wirkungen des Globalisierungsprozesses dar.

Globalisierung und Global Player – das Ende der Standortfaktoren

Im Zuge der Globalisierung hat die Bedeutung von Unternehmen, die weltweit forschen und entwickeln, produzieren und vertreiben, enorm zugenommen. Man bezeichnet sie treffenderweise als „Global Player". Einer von ihnen ist Amazon, ein Global Player unseres digitalisierten Alltags.

FALLBEISPIEL: Amazon

Unternehmen	Land	Aktivität	Umsatz (Mrd. US-$)	Gewinn (Mrd. US-$)	Mitarbeiter
Walmart	USA	Einzelhandel	514,4	20,6	3 200 000
Sinopec Group	CHN	Öl und Gas	414,6	8,1	713 288
Royal Dutch Shell	NLD	Öl und Gas	396,6	15,8	93 000
China Nat. Petroleum	CHN	Öl und Gas	393,0	15,5*	1 266 400*
State Grit	CHN	Versorgung	387,1	9,5*	913 500*
Saudi Aramco	SAU	Öl und Gas	355,9	88,2	60 000
BP	GBR	Öl und Gas	303,7	4,1	74000
Exxon Mobil	USA	Öl und Gas	290,2	14,3	75 000
Amazon	**USA**	**Onlinehandel**	**280,5**	**14,5**	**798 000**
Volkswagen	DEU	Automobile	278,3	16,8	671 200
Toyota Motor	JPN	Automobile	272,6	15,8	370 870

Nach Global Fortune 500 List 2020 u. weiteren Quellen, z. B. Geschäftsberichte der Unternehmen

1 Top 11 der umsatzstärksten Unternehmen 2019 (* 2018)

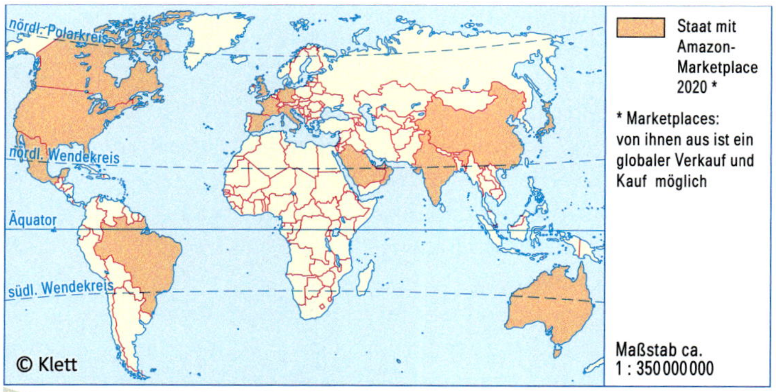

2 Die Amazon-Weltkarte (Stand 2019)

Nach: Amazon: Investor Relations, Annual Report 2020: unter: https://ir.aboutamazon.com/annual-reports-proxies-and-shareholder-letters/default.aspx (Zugriff 07.06.2021)

Amazon – ein Global Player. Zu den besonders „wertvollen" Unternehmen gehört die US-amerikanische Internetplattform Amazon. Der Konzern hat – trotz des chinesischen Konkurrenten Alibaba oder des deutschen Rivalen Zalando – eine fast weltbeherrschende Stellung im Onlinehandel inne. Amazon wurde 1994 von Jeff Bezos als Internet-Buchhandlung in einer Garage in Seattle im US-Bundesstaat Washington gegründet, mit ihm als einziger Arbeitskraft.

Globalisierung und Global Player

Global Player sind die multinationalen bzw. transnationalen Konzerne (Multis, TNCs), die das „Globale Wirtschaftsspiel" prägen. Sie nehmen durch ihre Größe und Kapitalkraft eine Vorrangstellung in der Weltwirtschaft ein. Ein Beispiel liefert die Automobilindustrie. VW und Toyota, die beiden Weltmarktführer, verkauften 2018 über 21 Mio. Kraftfahrzeuge, das entsprach rund einem Fünftel aller im gleichen Zeitraum zugelassenen Pkw, Lkw und Busse. Und in der Nahrungsmittelindustrie beherrschen wenige Konzerne wie Nestlé, Kraft Heinz oder Unilever den Markt.

In jüngerer Zeit hat sich allerdings in der Struktur und Bedeutung der Global Player ein starker Wandel vollzogen. Wie Tabelle 1 zeigt, beherrschen immer noch klassische Industrieunternehmen die Top 10 der umsatzstärksten Firmen bzw. Global Player. Bei den „wertvollsten" Konzernen, also nach ihrem Aktienwert an der Börse berechnet, ist dies jedoch nicht mehr der Fall (Tab. 4). In diesem Bereich spiegelt sich die Digitalisierung von Wirtschaft und Gesellschaft wider.

3

1

Charakterisieren Sie Amazon als Global Player.

2

Amazon Deutschland:

a) Analysieren Sie die „Amazon-Deutschlandkarte".
b) Erläutern Sie mithilfe Ihrer Kenntnisse zum Themenkomplex „Standortfaktoren" die Bedeutung des Standorts Deutschland für Amazon.

3 MK

Überprüfen Sie neueste Standortentwicklungen von Amazon Deutschland mithilfe des Internets.

Unternehmen	Land	Börsenwert (Mrd. US-$)	Beschäftigte
Saudi Aramco	SAU	1880	60 000
Apple	USA	1397	137 000
Microsoft	USA	1374	144 000
Alphabet	USA	1020	100 000
Amazon	**USA**	**925**	**650 000**
Facebook	USA	634	45 000
Alibaba	CHN	610	102 000
Berkshire Hath.	USA	562	400 000
Tencent	CHN	493	43 000
Visa Inc.	USA	442	16 000

www.pwc.de

4 10 „wertvollste" Unternehmen der Welt nach Börsenwert im Januar 2020

Jahr	Umsatz (Mio. US-$)	Netto-Gewinn (Mio. US-$)
2014	88 988	– 241
2015	107 006	596
2016	135 987	2 371 *
2017	177 866	3 033
2018	232 887	10 073 **
2019	280 500	11 600

*davon (in %): USA – 66,4, Deutschland – 10,4, Japan – 7,9, Großbritannien – 7,0, Rest der Welt – 8,2

**Steuerbelastung in den USA: 0 US-$

Eigene Zusammenstellung nach Amazon: Annual Reports, versch. Jahrgänge bis 2020

5 Amazon – Entwicklung von Umsatz und Gewinn

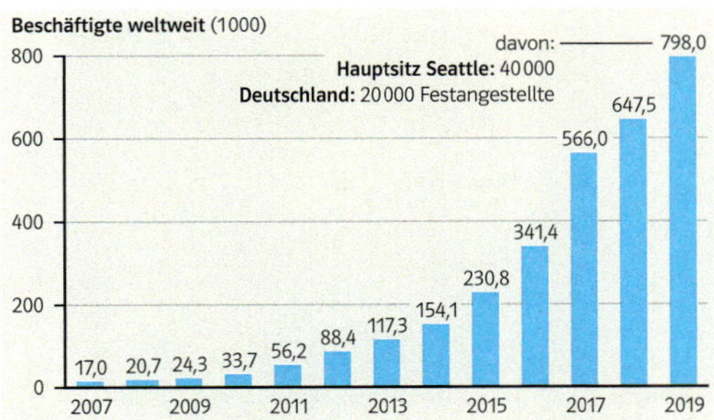

6 Amazon – Entwicklung der Beschäftigtenzahlen
Eigene Zusammenstellung nach Amazon: Annual Reports, versch. Jahrgänge bis 2020

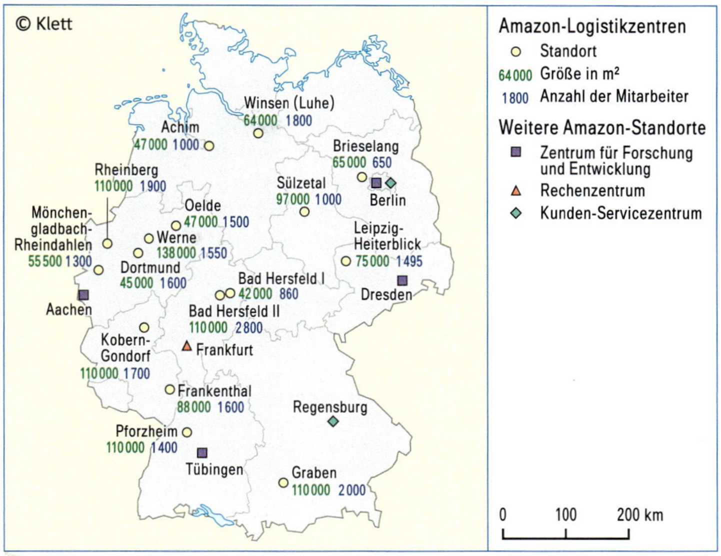

7 Die Amazon-Deutschlandkarte (Stand 2018)
Nach: Vereinte Dienstleistungsgewerkschaft – Unternehmen Amazon, unter: https://handel.verdi.de/unternehmen/a-c/amazon/ (Zugriff 07.06.2021)

Standortfaktoren
Die Wahl eines Standortes stellt für ein Unternehmen eine der wichtigsten langfristigen Entscheidungen dar. Die Kombination verschiedener **Standortfaktoren** ist entscheidend für die dauerhafte Existenz eines Betriebes. Traditionell unterscheidet man „harte" und „weiche" Standortfaktoren. Die harten sind ganz überwiegend gut messbar, die weichen dagegen weniger. Bei ihnen spielen auch subjektive Einschätzungen eine Rolle.
Standortfaktoren sind jedoch nichts Statisches. Ihre Dynamik resultiert aus zwei Vorgängen: Zum Ersten unterliegen sie selbst einem Bedeutungswandel. Das heißt, ihre Bewertung und Gewichtung verändert sich, z. T. sogar dramatisch. Zum Zweiten können Faktoren an Bedeutung gewinnen, die früher keine oder nur eine sehr geringe Rolle gespielt haben. Das hängt auch mit dem sozioökonomischen Wandel zusammen, den die hochentwickelten Länder seit Längerem durchlaufen.
Eine weitere Dimension erhalten die Überlegungen zu den Standortfaktoren durch den Globalisierungsprozess. Statt zwischen harten und weichen Faktoren unterscheiden Experten auch zwischen mobilen und immobilen Standortfaktoren (siehe Übersicht 9). Im Hinblick auf das weltweite Agieren der Global Player stellt sich allerdings die grundsätzliche Frage, ob Standortfaktoren heute überhaupt noch eine Bedeutung für Unternehmensansiedlungen haben.

8

Standortfaktoren im Zeitalter der Globalisierung
Mobile Standortfaktoren:
– Unternehmer und Unternehmen/Betriebe sowie die beiden **„harten", messbaren Standortfaktoren** (hoch-)qualifizierte Arbeitskräfte und vor allem Kapital.

Immobile Standortfaktoren:
– **„harte", messbare Standortfaktoren** wie sesshafte Arbeitskräfte, investiertes Sachkapital, Flächenverfügbarkeit und Bodenpreise, Infrastruktur, rechtliche, gesellschaftliche und ethische Normen, Gesetze plus alle
– **„weichen", nur schwer quantifizierbaren Standortfaktoren**, z. B. Wirtschaftsfreundlichkeit, soziales Klima, Standort-Image, Kostenstruktur, Versorgung, Kultur, Bildungseinrichtungen, Sport- und Freizeitinfrastruktur, Ambiente und städtisches Flair, Umweltqualität.

9

Amazon – Standort für ein zweites Headquarter in den USA
„Der Online-Handelsriese Amazon hatte im September 2017 angekündigt, einen Standort für ein zweites Hauptquartier in Nordamerika zu suchen; mehr als 200 Städte bewarben sich. Im Januar veröffentlichte der Konzern eine Liste mit 20 Städten seiner engeren Wahl. Nun ist die Entscheidung gefallen: Die beiden neuen Hauptquartiere entstehen in Washington und im New Yorker Stadtteil Queens.
Vergangene Woche dann berichteten das ‚Wall Street Journal' und die ‚New York Times', der zweite Hauptsitz werde auf zwei Städte aufgeteilt. Amazon fürchte, an einem Standort allein nicht genügend Spezialisten zu finden. Zudem verringere eine Aufteilung die Probleme, die aus der Ansiedlung folgen: Staus und hohe Mieten."

la/afp, And the winner is … Ostküste, Neue Amazon-Hauptquartiere in New York und Washington, AFP-Meldung v. 14.11.2018, unter: www.manager-magazin.de/unternehmen/handel/amazon-hauptquartiere-new-york-und-washington-neue-standorte-a-1238124.html (Zugriff: 05.08.2021)

10

Baden-Württembergs Cyber Valley und KI
„Cyber Valley ist Europas größtes Forschungskonsortium im Bereich der künstlichen Intelligenz mit Partnern aus Wissenschaft und Industrie. Das Land Baden-Württemberg, die Max-Planck-Gesellschaft mit dem Max-Planck-Institut für Intelligente Systeme, die Universitäten Stuttgart und Tübingen sowie Amazon, BMW AG, Daimler AG, IAV GmbH, Dr. Ing. h.c. F. Porsche AG, Robert Bosch GmbH und ZF Friedrichshafen AG sind die Gründungspartner dieser Initiative. Darüber hinaus ist die Fraunhofer-Gesellschaft Cyber Valley Partner. [...]
Die Cyber-Valley-Partnerschaft hat ein florierendes Ökosystem geschaffen, das einen regen Austausch zwischen Wissenschaft und Industrie fördert. Dieses Ökosystem hat die Position der Region Stuttgart-Tübingen als Teil der Weltspitze im Bereich der KI-Forschung weiter gestärkt. Zehn neu eingerichtete Forschungsgruppen und eine gleiche Anzahl von Lehrstühlen wurden eingerichtet, die den Kern von Cyber Valley bilden. [Dazu gehören unter anderem:]
- Neue Cyber-Valley-Forschungsgruppen und neue Lehrstühle für maschinelles Lernen, Robotik, Virtual und Augmented Reality und Computer Vision an den Universitäten Stuttgart und Tübingen [...];
- das ‚Tübingen AI Center' – das Kompetenzzentrum für KI und maschinelles Lernen des Bundesministeriums für Bildung und Forschung [...];
- Deutschlands erster Masterstudiengang im Bereich maschinelles Lernen an der Universität Tübingen [...];
- das neu errichtete KI-Fortschrittszentrum ‚Lernende Systeme' der Fraunhofer Gesellschaft in Stuttgart ;
- neue Forschungszentren von Bosch und Amazon in Tübingen: Bosch plant den Bau eines KI-Campus, der bis 2022 700 KI-Forschern Platz bieten wird, und Amazon wird sein Forschungszentrum in den kommenden Jahren auf 200 Mitarbeiter erweitern [...]."

Max-Planck-Gesellschaft zur Förderung der Wissenschaften e.V., (CyberValley), Europas größtes KI-Cluster und Das Cyber Valley Ökosystem im Überblick, unter: 1. Teil: https://cyber-valley.de/de/about/ 2. Teil: https://cyber-valley.de/de/ecosystem (Zugriff: 14.06.21)

11

Amazon: Standortsuche. Der US-amerikanische Internetriese hat sich in jüngerer Zeit zweimal auf Standortsuche begeben, einmal in den USA selbst, einmal in Deutschland. Ein Blick auf die jeweiligen Standortentscheidungen kann deutlich machen, welche Rolle den Standortfaktoren im Zeitalter der Globalisierung noch zukommt.
In den USA suchte Amazon einen Standort für eine zweite Firmenzentrale. Gedacht war an eine Stadt im Osten der USA, da sich im Westen in Seattle bereits der eigentliche Hauptsitz befindet. 2019 entschied sich das Unternehmen für eine Doppellösung (Text 10).
Die zweite Suche erfolgte in Deutschland. Es ging um einen Standort für ein Forschungszentrum für „maschinelles Lernen" im Rahmen künstlicher Intelligenz (KI), z.B. im Hinblick auf selbstlernende Sprachassistenten. Amazon entschied sich für das baden-württembergische Tübingen im sogenannten Cyber Valley, in dem das Unternehmen schon seit 2017 vertreten ist. Tübingen hat 89 000 Einwohner und liegt ca. 45 km südlich der Landeshauptstadt Stuttgart am Neckar. Größter Arbeitgeber ist mit etwa 10 000 Beschäftigten die Universität mit ihren 27 000 Studentinnen und Studenten. Neben dem hohen Bildungswert verfügt die Stadt über eine besondere Qualität in den Bereichen Lage, Wohnen, Kultur und Freizeit.

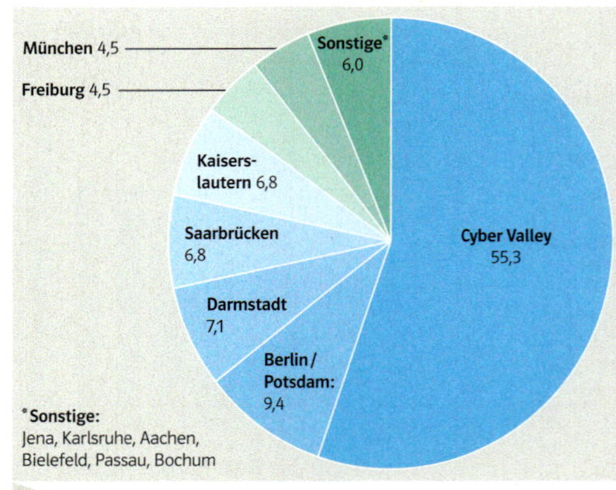

13 **Beiträge von deutschen Forschungsstandorten zu den wichtigsten internationalen Konferenzen zum maschinellen Lernen 2009 – 2019**
Nach: MPI für intelligente Systeme

4

Nehmen Sie am Beispiel von Amazon Stellung zu der Frage „Globalisierung und Global Player – das Ende der Standortfaktoren?"

Linktipp
Cyber Valley
h4g89g

Linktipp
SDG-Dashboard
h4g89g

Sonderfall „Standortfaktor Nachhaltigkeit" – in Zukunft entscheidend!

→ SDGs S. 293

14 Wichtige Sustainable Development Goals (SDGs) für den Standortfaktor Nachhaltigkeit

Auf den ersten Blick erscheint es seltsam, „Nachhaltigkeit" als eigenen Standortfaktor zu bezeichnen. Bedenkt man jedoch, dass das Konzept der Nachhaltigkeit eine mehrdimensionale Größe zeigt, so ergibt sich z. B. bei der Betrachtung der oben dargestellten SDGs eine Reihe konkreter Einzelaspekte des „Standortfaktors Nachhaltigkeit".
Wie bedeutsam solche Aspekte für eine Standortentscheidung sind, zeigt die in Tabelle 15 zitierte Studie. Bei einer Unternehmensbefragung wurden wirtschaftsbezogene, verkehrs- und kommunikationsorientierte und personenbezogene Standortfaktoren in ihrer Gewichtung abgefragt (siehe Tabelle 15).

Nachhaltigkeit als Standortfaktor
„Ökologische Folgen wie der Klimawandel und die Endlichkeit der natürlichen Ressourcen führen zu einem allmählichen Bewusstseinswandel über die langfristigen Risiken und realen Kosten bisheriger Lebensformen. Spätestens mit der Agenda 2030 ist die zentrale Bedeutung der kommunalen Ebene zur Umsetzung einer nachhaltigen Entwicklung unumstritten. Die langfristige Sicherung der Lebensgrundlagen und die Chancen auf gleichwertige Lebensbedingungen für nachfolgende Generationen sind zu einer gesellschaftlichen und auch kommunalen Aufgabe geworden. Dieses Bewusstsein prägt zunehmend nicht nur (kommunal-)politische, sondern auch unternehmerische Entscheidungen."
Deutsches Institut für Urbanistik (Hrsg.): Kurzstudie zu kommunalen Standortfaktoren. Bearb. v. Detlef Landua u.a. Berlin 2017. S. 24. Unter: www.kfw.de (Zugriff: 05.08.2021)

16

Wichtige Standortfaktoren nach einer branchenunabhängigen Unternehmensumfrage (1 = unwichtig, 4 = sehr wichtig)	
Wirtschaftsbezogene Standortfaktoren:	
Verfügbarkeit von Fachkräften	3,3
Attraktivität des Betriebsstandorts	3,2
Gehalts-/Lohnkosten	3,1
Steuern, Abgaben, Gebühren	3,0
Verkehrs- und Kommunikationsinfrastruktur	
kabelgebundenes Breitband	3,5
leistungsfähige Mobilfunkstrukturen	3,4
Verkehrsanbindung der Stadt/Region	3,3
Anbindung an überregionales Straßennetz	3,2
Personenbezogene Standortfaktoren	
Sicherheit der Stadt/Region	3,5
Gesundheitsversorgung	3,4
Luft- und Umweltqualität	3,3
Schulen	3,2
Verfügbarkeit von Wohnraum	3,2
Toleranz/Weltoffenheit	3,2
Erholungs- und Grünraumangebote	3,1
Qualität des ÖPNV	3,0

Nach: Deutsches Institut für Urbanistik (Hrsg.): Kurzstudie zu kommunalen Standortfaktoren. Berlin 2017. S. 12 ff

15

Stadthalle Reutlingen und Green Globe*
„Die grüne Liste der Besonderheiten in Reutlingens Vorzeigehaus ist ganz schön lang. Die Stromversorgung des Hauses erfolgt mittlerweile zu 100 Prozent mit wasserkrafterzeugter Energie [...] Das ist aber nur der Anfang: Eine eigene Fotovoltaikanlage auf dem Dach, Regenwasserzisternen, eine hauseigene E-Tankstelle für zwei Fahrzeuge, auf den Toiletten wurden außerdem sämtliche Papierhandtuchspender durch Handtrockner ersetzt. Sicher ist nur: Es werden nicht die letzten Verbesserungen gewesen sein.
Mehr und mehr Ausschreibungen für große Veranstaltungen setzen mittlerweile Nachhaltigkeitszertifikate voraus. Im Klartext: Reutlingens Stadthalle schont die Umwelt – und macht den Standort für viele neue große Namen, spannende Veranstaltungen und renommierte Gäste noch interessanter."
*Green Globe: eines der weltweit ersten Programme zur Zertifizierung und Leistungsverbesserung von Unternehmen; die Grundlagen bilden drei Säulen – Umweltfreundlichkeit, soziale Verantwortung und wirtschaftliche Rentabilität
MORITZ, Das Stadtmagazin: Grüne Welle in der Stadthalle Reutlingen! v. 11.03.2016, unter: www.moritz.de/journal/dies-und-das/spitzenwert-in-der-aktuellen-green-globe-zertifizierung/ (Zugriff: 05.08.2021)

17

5 NE
Erläutern Sie an ausgewählten Beispielen den Zusammenhang zwischen den dargestellten SDGs und dem Thema „Nachhaltigkeit".
Siehe hierzu auch die Kapitel 11 und 14.

6 NE
Begründen Sie anhand der Materialien 15–18, wieso man zu Recht von einem „Standortfaktor Nachhaltigkeit" sprechen kann.

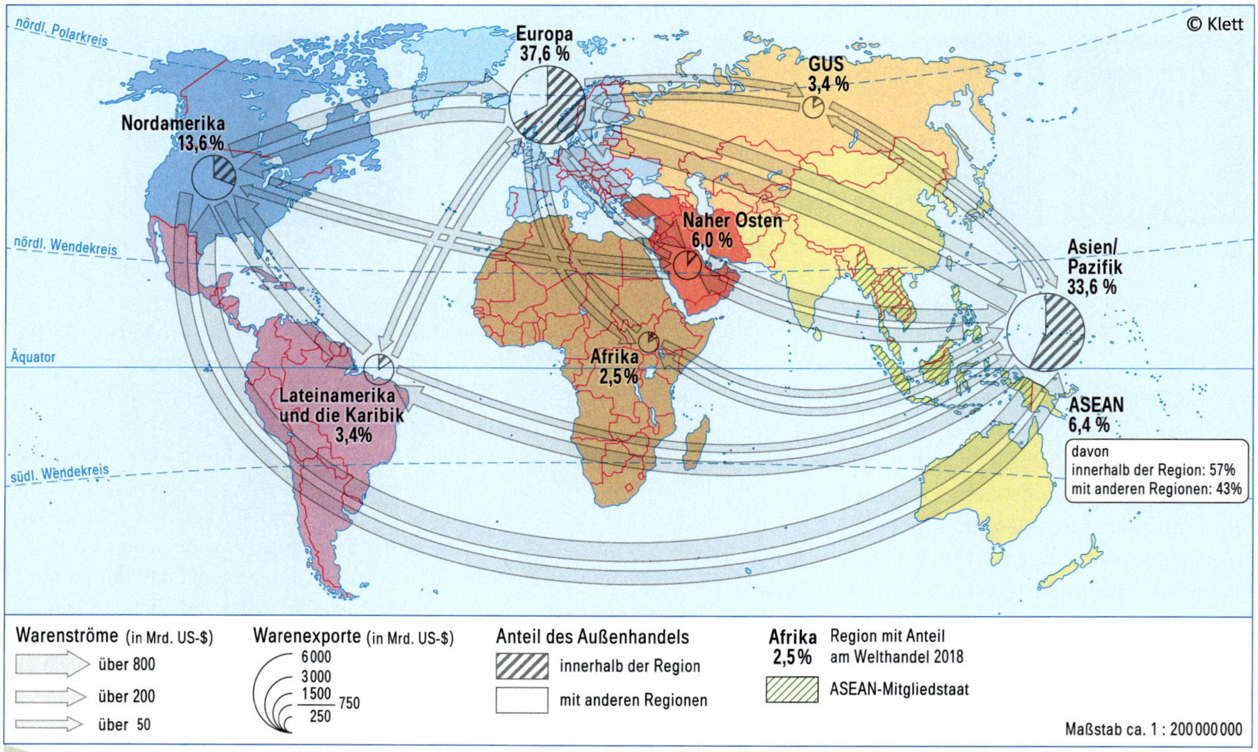

1 Welthandel

Nach: World Trade Organization (WTO): World Trade Statistical Review 2018, Genf o.J., unter: www.wto.org/english/res_e/statis_e/wts2018_e/wts2018_e.pdf (Zugriff 07.06.2021)

Welthandel und Freihandelszonen – Säulen der Globalisierung

In den letzten Jahrzehnten sind immer mehr Wirtschaftsbündnisse und Freihandelszonen entstanden. Diese Regionalisierung wurde lange als Gegenpol zur Globalisierung verstanden. Heute sieht man sie dagegen eher als ein Mittel der Regionen, ihre Rolle im Globalisierungsprozess zu stärken. Welche Strukturen kennzeichnen solche Bündnisse und welche globalen Kooperationen weisen diese auf, z. B. zwischen der ASEAN und unserer Europäischen Union?

FALLBEISPIEL: ASEAN

Die südostasiatischen Staaten sind heute ein Teil der drei den **Welthandel** beherrschenden Regionen, der sogenannten **Triade**. Denn zusammen mit den hochindustrialisierten Ländern Ostasiens – Japan, China und Südkorea – bilden sie den Wirtschaftsraum „ASEAN + 3" und damit den asiatischen Teil der Triade. Schon das macht deutlich, dass mit dem ASEAN-Bündnis, das bis auf Timor-Leste mit der Region Südostasien identisch ist, ein ökonomisches Schwergewicht entstanden ist. Von seinem BIP und von seinem Anteil am Welthandel her, der immerhin rund 7% beträgt, rangiert ASEAN unter allen Wirtschaftsbündnissen hinter EU und USMCA an dritter Stelle.

Wie auch die anderen Regionen und Staaten profitiert ASEAN von der Liberalisierung und Steuerung des Welthandels durch die **Welthandelsorganisation** WTO. Ihr gehören alle ASEAN-Staaten an.

Wirtschaftsraum	interner Handel (%)	externer Handel (%)	davon (%)	
EU28	64	36	übriges Europa	6
USMCA*	35	65		
ASEAN**	24	76	übriges Asien	33
Mercosur	13	87	übriges Lateinamerika	7

*United States-Mexico-Canada-Agreement, früher: NAFTA
** Association of Southeast Asian Nations

Eigene Zusammenstellung nach verschiedenen Quellen

2 **Außenhandel der vier bedeutendsten Wirtschaftsbündnisse (charakteristisches Beispieljahr 2018)**

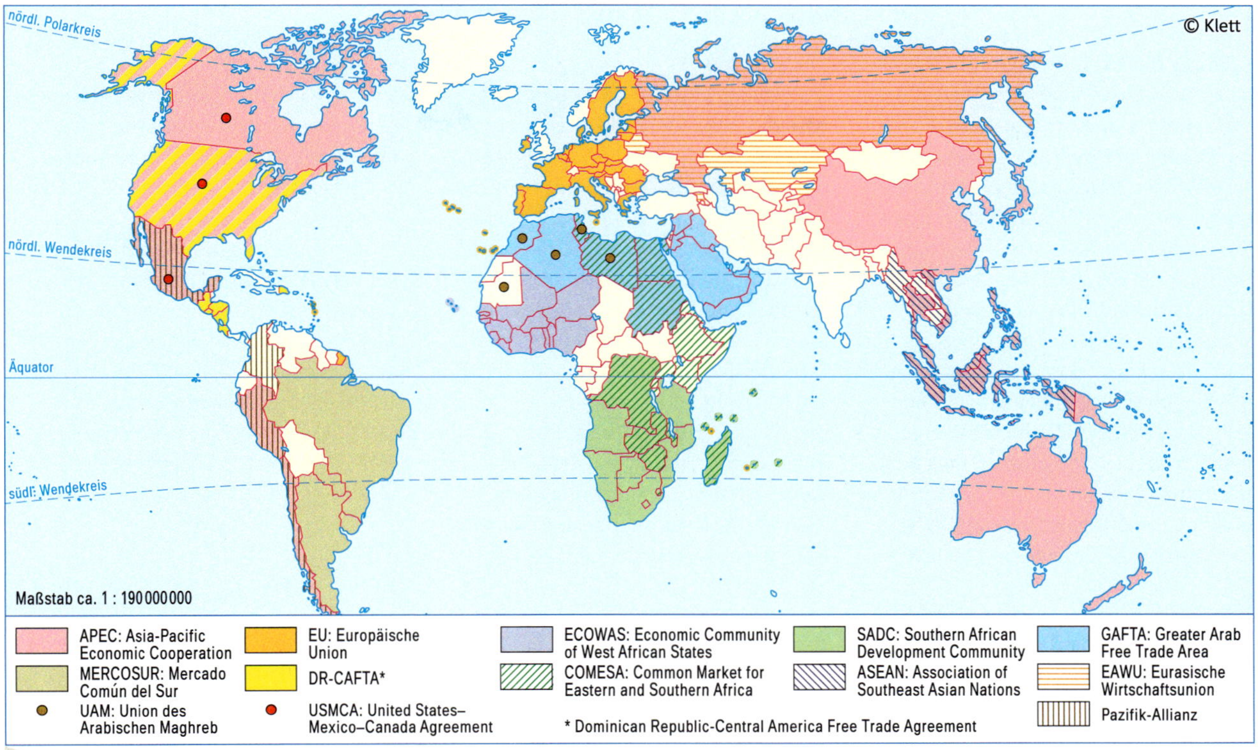

3 Die bedeutendsten Wirtschaftsbündnisse

Freihandelszonen und ASEAN
Als 1957 die heutige Europäische Union (zu diesem Zeitpunkt: Europäische Wirtschaftsgemeinschaft, EWG) gegründet wurde, entstand weltweit die erste **Freihandelszone** aus mehreren selbstständigen Staaten. Der EU folgte die Entstehung zahlreicher weiterer Wirtschaftsbündnisse, teilweise nach ihrem Vorbild. Schon ein Jahrzehnt später, 1967, schlossen sich die fünf südostasiatischen Staaten Indonesien, Malaysia, Philippinen, Singapur und Thailand zur „Association of Southeast Asian Nations" zusammen, der ASEAN (siehe Karte 3). Zu ihr gehören heute bis auf Timor-Leste alle Staaten der Region Südostasien.
Grundsätzlich erhofften sich die ASEAN-Mitgliedstaaten, dass die Integration in dieses Bündnis für einen wirtschaftlichen Aufschwung in den Ländern sorgen würde. Die Handelserleichterungen innerhalb der Assoziation sollten nicht nur zur Intensivierung des Warenaustauschs führen, sondern auf diesem Wege auch zu einer Erhöhung der Produktion. Insgesamt sollte sich also durch die Stärkung des Bündnis-Binnenmarktes auch jede der beteiligten Volkswirtschaften weiterentwickeln.

4

Land	BIP (Mrd. US-$)	BIP/Kopf (US-$, PPP)	Exporte (Mrd. US-$)	Importe (Mrd. US-$)	Arbeitslosigkeit (%)*
Brunei	16,90	61 033	6,6	5,2	9,3
Indonesien	1 019,72	12 483	249,6	223,4	5,4
Kambodscha	26,70	4 571	14,8	20,3	0,7
Laos	19,10	8 207	5,7	6,1	0,6
Malaysia	364,63	28 364	265,5	233,7	3,3
Myanmar	76,61	5 142	18,0	18,6	4,0
Philippinen	377,20	8 908	70,9	111,6	5,1
Singapur	372,09	97 341	3 390,3	359,0	2,2
Thailand	543,80	18 460	233,7	216,8	1,0
Vietnam	259,96	8 041	264,6	253,4	2,2

*Offizielle Angaben, ohne Berücksichtigung des informellen Sektors; dieser wurde z. B. 2015 für Thailand mit 42,3 % aller Beschäftigten angegeben, bei Kambodscha und Laos lag der Wert zwischen 50 % und 60 %.

Nach CIA World Factbook 2020 und anderen Quellen, vor allem GTAI Wirtschaftsdaten kompakt 2020

5 Ökonomische Vergleichsdaten der 10 ASEAN-Mitgliedstaaten, 2019

1
Erarbeiten Sie wichtige Merkmale der Welthandelsströme (Karte 1).

2
Charakterisieren Sie die Bedeutung und die Ziele der ASEAN-Freihandelszone.

3
„Die Aussagen der Tabelle 5 können als ein Hemmnis für die globale Integration der ASEAN gewertet werden." Erläutern Sie diesen Satz.

ASEAN – Raumentwicklung durch globale Integration

„Jedes Land hat individuelle Stärken“

„[...] Die Industrialisierung der ASEAN schreitet rasch voran, getrieben durch ausländische Direktinvestitionen. Das [welt]offene Singapur ist als Drehscheibe für Investitionen und Handel sowie als Anbieter für Dienstleistungen bekannt; viele Firmen haben dort ihren Hauptsitz für die Region aufgebaut. Auch über 10000 Unternehmen aus der Europäischen Union (EU) haben sich niedergelassen. [...] Wenngleich Dienstleistungen eine große Rolle in Singapur spielen, gibt es eine ganze Reihe an effizienten Industriebranchen, die immer stärker automatisiert und digitalisiert werden. Auch Thailand und Malaysia haben sich als beliebte Produktionsstandorte etabliert und streben eine Aufwertung ihrer Industrie weg von arbeitsintensiven Fertigungsprozessen an. Vietnam hat sich besonders bei Bekleidung und Elektronik als Alternative zum Produktionsstandort China einen Namen gemacht und gewinnt durch Freihandelsverträge weiter an Attraktivität. In Laos, Kambodscha und Myanmar hängt dagegen die wirtschaftliche und infrastrukturelle Entwicklung noch stärker zurück und die Länder können hauptsächlich mit niedrigen Löhnen punkten. Indonesien lebt vor allem vom Verkauf der eigenen Rohstoffe. Trotz niedriger Löhne und einem großen Arbeitskräftereservoir hat sich hier bisher relativ wenig exportorientierte Leichtindustrie angesiedelt. Die Philippinen hoffen durch ein großes Infrastrukturprogramm endlich ihr wirtschaftliches Potenzial entfalten zu können. Bislang boomt vor allem die Auslagerung von Dienstleistungen, bei der die Bevölkerung dank ihrer weitverbreiteten Englischkenntnisse glänzt.“

GTAI (Germany Trade and Invest): Wachstumsmarkt ASEAN. Chancen in Südostasien. Berlin 2019. S. 4

6

7 Raumentwicklung mit dem Ziel globaler Integration: Die Infrastrukturprojekte im Rahmen des „Mekong-India Economic Corridor

Nach: Economic Research Institute for ASIAN and East-Asia: Mekong-India Economic Corridor Development. Concept Paper 2009

4

ASEAN – globale Integration

a) Analysieren Sie unter diesem Aspekt den Text 5.

b) Ordnen Sie die Maßnahmen des Projekts „Mekong-India Economic Corridor“ (Karte 6) in das Vorhaben ein, die globale Integration des ASEAN-Bündnisses zu fördern.

Globale Partnerschaften – ASEAN und die Europäische Union

Handel (2018)	Mio. US-$	%*
Exporte in die EU	140 292	15,5
Importe aus der EU	96 982	10,6
Investments (kumuliert bis 2017)		**Mrd. US-$**
EU in ASEAN		337
ASEAN in EU		141

* Anteil am gesamten externen Außenhandel

Nach: EU Kommission 2019 und EU-Angaben

8 ASEAN – EU, Außenhandel und Investitionen

TOP-5-Exportgüter (ASEAN – EU, 2018)	Mrd. US-$	%*
Maschinen, Apparate, Metallwaren	59,895	42,7
chemische Erzeugnisse	12,990	9,3
Textilien, Bekleidung	12361	8,8
Schuhe, Hüte etc.	6,733	4,8
Kunststoffe, Gummi	6,068	4,3
TOP-5-Importgüter (ASEAN – EU, 2018)	**Mrd. US-$**	**%***
Maschinen, Apparate, Metallwaren	32,433	33,4
Fahrzeuge und andere Transportmittel	15,039	15,5
chemische Erzeugnisse	12,723	13,1
elektronische Erzeugnisse	5,210	5,4
mineralische Produkte	5,086	5,2

*Anteil an allen Ex- bzw. Importen ASEANS mit der EU

Nach: EU Kommission 2019

9 ASEAN: TOP-5-Exportgüter in die EU und TOP-5-Importgüter aus der EU

ASEAN-EU-Partnerschaft

„Die Europäische Union und der ASEAN-Verband sind in vielerlei Hinsicht natürliche Partner. Beide Organisationen fördern den friedlichen Interessenausgleich und die Zusammenarbeit in ihren jeweiligen Regionen. Sowohl die EU [...] wie auch die 10 ASEAN-Mitglieder setzen sich für eine multilaterale Weltordnung ein. Dabei eint sie die Überzeugung, dass sich die großen globalen Herausforderungen unserer Zeit, die Gestaltung der Globalisierung, der Klimawandel oder Handelsfragen, nur gemeinsam lösen lassen. [...]
Gerade in Handelsfragen ziehen beide Organisationen an einem Strang und machen sich für einen freien Welthandel stark. Die EU ist bereits heute zweitgrößter Warenhandelspartner der ASEAN-Staaten. Bei den ausländischen Investitionen steht die EU sogar an erster Stelle. Außerdem ist der ASEAN-Raum ein wichtiger Knotenpunkt für Warenströme aus Europa. Täglich werden zahllose Güter aus der EU durch die Straße von Malakka [...] transportiert, [...].
Um den Handel zwischen der wirtschaftlich dynamischen ASEAN-Region und Europa noch weiter zu erleichtern, verhandelt die EU derzeit mit mehreren ASEAN-Mitgliedstaaten über Freihandelsabkommen. Langfristig verfolgen die EU und ASEAN das ambitionierte Ziel, freien Handel zwischen den beiden Wirtschafträumen insgesamt zu ermöglichen."

Auswärtiges Amt, EU und ASEAN – Partner für gemeinsames Handeln in Europa und Asien, v. 21.01.2019, unter: www.auswaertiges-amt.de/de/aussenpolitik/regionaleschwerpunkte/asien/eu-asean-aussenministertreffen-21-01-19/2179170 (Zugriff 26.04.2021)

11

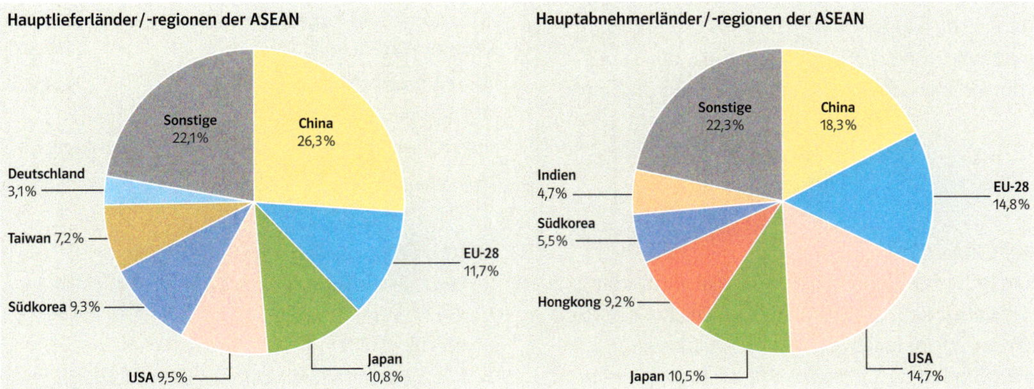

10 Wichtigste Handelspartner der ASEAN 2018

Nach: Germany Trade & Invest 2020

5

ASEAN – globale Partnerschaften

a) Arbeiten Sie aus den Materialien Aspekte der ökonomischen Partnerschaft zwischen ASEAN und der EU heraus.

b) Erläutern Sie Intentionen, die einerseits ASEAN, andererseits die Europäische Union mit der Kooperation verbinden.

Protektionismus – Ende der Globalisierung?

Der Globalisierungsprozess ist besonders in den letzten Jahren immer wieder durch protektionistische Maßnahmen unter Druck geraten. Hierzu gehören die Handels- und Investitionsbeschränkungen Chinas ebenso wie Zoll- und Steuererhöhungen der USA in Konflikten mit China und der EU. Wie wird sich der Prozess weiterentwickeln?

FALLBEISPIEL: USA – China/USA – EU

1 Der neue Ost-West-Konflikt

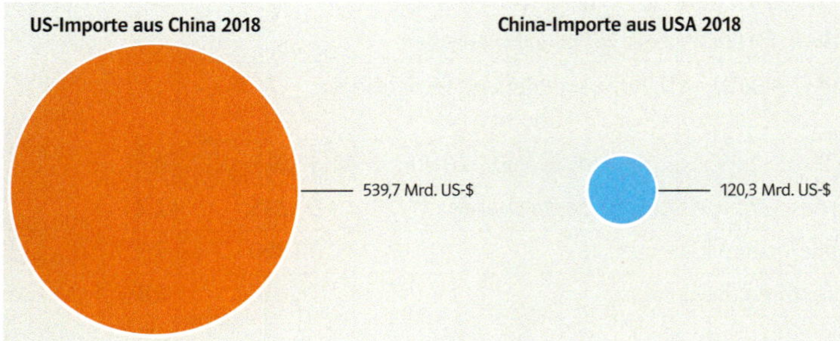

4 US-Importe aus China und China-Importe aus den USA (2018)

Nach: US Census Bureau

Unter **Protektionismus** versteht man eine Außenhandelspolitik, bei der ein Staat durch Schutzzölle oder andere Einfuhrhemmnisse der ausländischen Konkurrenz den Zugang zum Markt erschwert. Vorrangiges Ziel ist es, die eigenen inländischen Anbieter zu schützen. Solche protektionistischen Maßnahmen wurden in der Geschichte immer wieder ergriffen.
Auslöser der heutigen Situation, die seit Ende der 2010er-Jahre entstand, ist das Erstarken politisch national gesinnter Kräfte in mehreren bisher eher liberalen Staaten. In erster Linie müssen hier die USA genannt werden. Da sie ökonomisch traditionell unter einem hohen Handelsbilanzdefizit leiden, ist dessen Reduzierung zu einer wirtschaftspolitischen Kernaufgabe erklärt worden. Im Mittelpunkt steht das enorme Defizit im Handel mit China, doch spielt auch die aus US-Sicht unbefriedigende Situation bei den Ex- und Importen mit der EU eine Rolle.

2

Warengruppe	Warenwert (Mrd. US-$)
Smartphones, E-Haushaltsgeräte	71,872
Computer	47,179
Textilien und Bekleidung	43,793
Telekommunikationsausrüstung	33,883
Computerzubehör	32,501
Spielzeug, Spiele, Sportartikel	28,223
Möbel, Haushaltswaren	22,694
Elektrische Apparate	16,089
Fahrzeugteile	16,383
nichtelektrische Haushaltsgeräte	16,047
chemische und Kunststoff-Produkte	13,410
andere Waren	197,602
Gesamtwert aller USA-Importe aus China	**539,676**

Eigene Zusammenstellung nach verschiedenen Quellen

5 Warenstruktur der US-Importe aus China (2018)

Konfliktursachen USA – China
Bei dem Handelsstreit zwischen den USA und China geht es allerdings nicht nur um das US-Handelsdefizit. Die USA erheben weitere Vorwürfe gegen China wegen unfairer Wirtschafts- und Handelspraktiken:
- die Verbilligung von Produkten durch massive Subventionierung von Staatsbetrieben; ein Beispiel ist hier die Solarbranche, in der China auf diesem Weg an die Weltspitze gerückt ist,
- die Herstellung von Plagiatsprodukten (Markenpiraterie), die dann massenweise auf den Weltmarkt gelangen; hier sind beispielsweise Sportartikel und Luxuswaren zu nennen,
- die staatlich gesteuerte niedrige Bewertung des Yuan gegenüber dem Dollar; sie macht chinesische Produkte im Ausland billig und erschwert Einfuhren aus dem Ausland, da diese verteuert werden.

Als Druckmittel setzen die USA Strafzölle ein.

3

Fakten im Handelsstreit USA – China
- **US-Zollerhöhungen** um 10–25 % auf chinesische Waren zwischen 3/2018 und 9/2019; Wert ca. 700 US-$
- z. B. Eisen, Stahl, Aluminium, Flugzeugteile, Festplatten, chem. Produkte, Autozubehör, Fleisch, Weizen, Flüssiggas, Fernseher, Sportschuhe, Bücher, Windeln
- **Chinesische Zollerhöhungen** um 5–25 % auf US-Waren zwischen 4/2018 und 8/2019; Wert ca. 250 Mrd. US-$
- z. B. Schweinefleisch, Soja, Autos, Erdöl, Kohle, Stahlprodukte, Elektronik, Nahrungsmittel

6

Konflikt USA – EU

Die US-Strafzölle-Politik richtet sich aber auch gegen die EU. Das liegt daran, dass die USA im März 2018 die Zölle auf Aluminium und Stahl nicht nur aus China, sondern auch aus der EU erhöhten. Man warf der Union vor, die beiden Produkte durch Subventionierung künstlich zu verbilligen und so die amerikanischen Aluminium- und Stahlproduzenten zu benachteiligen. Umgehend reagierte die EU. Unter anderem wurden Whiskey, Jeans, Erdnussbutter und Harley-Davidson-Motorräder mit höheren Zöllen belegt, also US-Produkte, für die Europa ein wichtiger Absatzmarkt ist.
Mit der EU schwelt ein weiterer Konflikt, der das Wirtschaftsklima zwischen den beiden atlantischen Partnern belastet. Im Raum steht seit mehr als eineinhalb Jahrzehnten der Vorwurf, die EU subventioniere Airbus, den großen Konkurrenten des US-amerikanischen Flugzeugbauers Boeing. Auch hier stehen protektionistische Maßnahmen der USA zum Schutz der einheimischen Flugzeugindustrie zur Debatte. 2019 gab ein WTO-Schiedsgericht den USA Recht. Ein gleiches Verfahren gegen die USA wegen einer Subventionierung von Boeing wird 2020 entschieden.

7

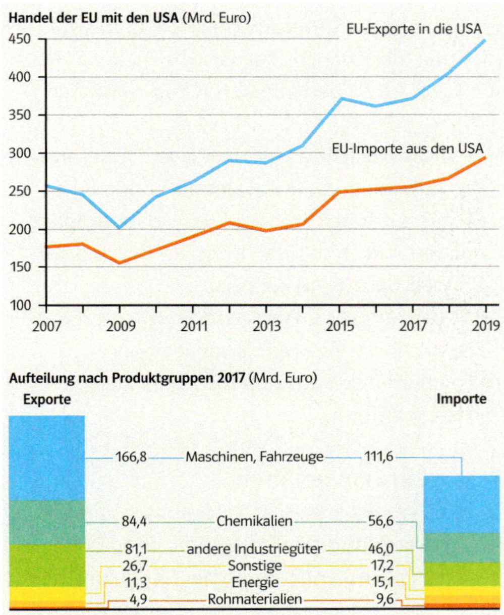

8 Handel USA – EU
Nach: Eurostat

EU und USA vereinbaren Aussetzung aller Zölle im Zusammenhang mit den Streitigkeiten um Airbus und Boeing

„Die EU und die Vereinigten Staaten haben heute vereinbart, alle im Zusammenhang mit den Streitigkeiten um Airbus und Boeing verhängten Strafzölle für einen Zeitraum von vier Monaten auszusetzen. Dadurch ist es beiden Seiten möglich, sich auf die Lösung dieses langanhaltenden Streits zu konzentrieren. Für die Exportwirtschaft in der EU bedeutet dies einen enormen Schub, da die Vereinigten Staaten dazu ermächtigt worden waren, Zölle auf EU-Ausfuhren im Wert von 7,5 Mrd. USD zu erheben. Ebenso werden die Zölle der EU auf Ausfuhren der Vereinigten Staaten im Wert von etwa 4 Mrd. USD ausgesetzt.
Der Exekutiv-Vizepräsident der Europäischen Kommission und Handelskommissar Valdis Dombrovskis erklärte: ‚Dies ist ein wichtiger Schritt nach vorn. Er bedeutet einen Neuanfang in den Beziehungen zu unserem größten und wirtschaftlich wichtigsten Partner. In einer Zeit, in der unsere Arbeitnehmer und unsere Volkswirtschaften unter der Pandemie leiden, profitieren beide Seiten vom Wegfall der Zölle. Die Aussetzung wird zur Wiederherstellung des Vertrauens beitragen und uns den nötigen Spielraum für eine umfassende und dauerhafte Verhandlungslösung verschaffen. Positive Handelsbeziehungen zwischen der EU und den USA sind nicht nur für diese selbst, sondern für den globalen Handel insgesamt von Bedeutung.'"

Europäische Kommission: EU und USA vereinbaren Aussetzung aller Zölle im Zusammenhang mit den Streitigkeiten um Airbus und Boeing v. 05.03.2021, unter: https://ec.europa.eu/commission/presscorner/detail/de/ip_21_1047, (Zugriff 26.04.2021)

9

Um das Jahr 2020 herum sind allerdings auch andere, gegenläufige Tendenzen zu beobachten. So hat die EU beispielsweise Freihandelsabkommen mit Japan (JEFTA, 2017), mit Kanada (CETA, 2019) und mit dem südamerikanischen Wirtschaftsbündnis MERCOSUR (2019) abgeschlossen. Sie sollen in Zukunft einen weitgehend zollfreien Handel mit Waren und Dienstleistungen zwischen den jeweiligen Partnern sichern.

1 Stellen Sie Ursachen und Ausmaße der Handelskonflikte USA – China und USA – EU dar.

2 Erarbeiten Sie auf der Basis einer Internetrecherche aktuelle Informationen zu diesen Konflikten.

3 MK Analysieren Sie mithilfe einer interaktiven Karte (Online-Code) die Direktinvestitionen zwischen den USA und China.

4 Interpretieren Sie vor dem Hintergrund der Aufgaben 1 – 3 die Karikatur 1.

4 Diskutieren Sie das Für und Wider protektionistischer Maßnahmen im Welthandel.

NE Globalisierung – was geht mich das an?

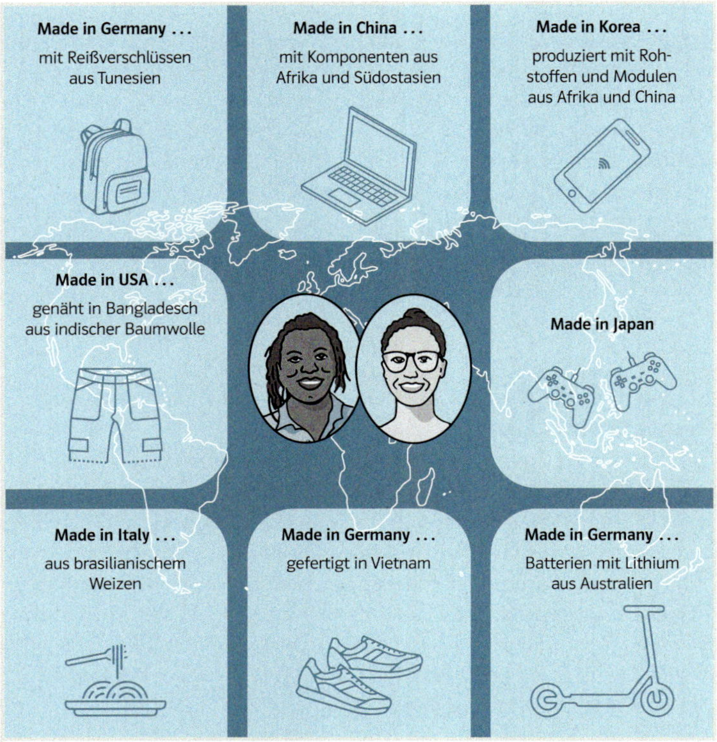

1 **Bens oder Marias globalisierte Umwelt – ein kleiner Ausschnitt**

Jahr	Anteil (%)	Jahr	Anteil (%)	Jahr	Anteil (%)
2010	3,74	2014	4,60	2018	5,28
2011	4,10	2015	4,84	2019	5,68
2012	4,32	2016	5,15	2020	6,40
2013	4,46	2017	5,21		

Nach: https://de.statista.com/statistik/daten/studie/360581/umfrage/marktanteil-von-biolebensmitteln-in-deutschland/ und www.agrarheute.com (Zugriff 26.04.2021)

2 **Anteil von Bio-Lebensmitteln am gesamten Lebensmittelumsatz in Deutschland**

Die bisherigen Kapitel könnten den Eindruck erwecken, als habe der Globalisierungsprozess primär eine Bedeutung für einzelne Staaten, für Regionen und Wirtschaftsbündnisse oder für große Konzerne, die als Global Player eine Art Welt-Monopoly spielen. Aus diesem Blickwinkel heraus resultiert fast zwingend die Frage, was die Globalisierung mich als Einzelperson angeht. Die Antwort ist einfach: Sehr viel!

Vor allem die beiden Globalisierungsdimensionen „Gesellschaft" und „Umwelt" (S.268) zeigen bereits unsere persönliche Betroffenheit. Und wem die dort genannten Unterpunkte noch zu abstrakt erscheinen, der braucht zur Konkretisierung nur einen Blick auf seinen eigenen Alltag zu werfen.

Aus dieser Einsicht erwachsen zwei Forderungen:

- Wir müssen globale Zusammenhänge und Prozesse verstehen, damit wir sie im Hinblick auf einen nachhaltigen Umgang mit unserer Umwelt beurteilen können.
- Wir müssen aus unseren Urteilen Konsequenzen für unser eigenes Handeln ziehen.

Im Folgenden soll das anhand dreier Beispiele betrachtet werden.

Unser Konsumverhalten

Nehmen wir als erstes Beispiel unsere Versorgung mit Nahrungsmitteln. Ein Burger oder Döner auf die Schnelle mit nur geringen Gedanken daran, woher das Fleisch kommt. Beim Burger ist dies oft genug Südamerika, wo Regenwald gerodet wird, um riesige Rinderherden weiden zu lassen, oder auch die USA, wo bis zu 100 000 Stück Schlachtvieh in den Feedlots auf engem Raum stehen, ohne in ihrem kurzen Leben einen Grashalm zu sehen.

Die Alternativen sind da. Neben regionalen Produkten sind vor allem Bio-Lebensmittel „in aller Munde". Supermarktketten und Discounter stellen sich hier zunehmend sichtbar um. Doch der Weg zu einer nachhaltigen Ernährung, die sich zumindest zum Teil aus globalen Netzen löst, ist anscheinend mühsam.

1 NE

Globalisierung in unserem Alltag: Geben Sie – ausgehend von Abbildung 1 – eine Antwort auf die Frage: „Wie sähe mein Alltag ohne Globalisierung aus?"

2

Analysieren Sie die Materialien 2–6 im Hinblick auf das Thema dieser Doppelseite.

3 NE

„Globalisierung ist ein Prozess, der von mächtigen Akteuren geprägt wird. Statt passiver Teilhabe ist es aber auch mir als Einzelnem möglich, in diesem Prozess aktiv zu werden." Beurteilen Sie diese Aussage. Stellen Sie in einer Tabelle konkrete Möglichkeiten dar, wo und wie Sie tätig werden können, um den Globalisierungsprozess nachhaltiger zu gestalten.

Unsere Mobilität

E-Scooter, E-Roller und E-Autos sind in aller Regel global erzeugte Produkte. Rohstoffförderung, Batteriebau, Entwicklung und Konstruktion finden oft in unterschiedlichen Ländern statt, ebenso Vermarktung und Verkauf. Insofern erscheint die Antwort auf die Frage nach der persönlichen Betroffenheit durch den Globalisierungsprozess hier einfach. Entscheide ich mich für den Kauf eines elektrogetriebenen Vehikels, bin ich automatisch Teil dieses Prozesses.

Allerdings kann die Teilhabe an der globalisierten Mobilität auch nachhaltiger sein. Wichtige Stichwörter sind „Verleih" und „Sharing". Gerade bei E-Scootern ist der kurzfristige Verleih in Großstädten schon zur Selbstverständlichkeit geworden. Und auch das Carsharing erlebt seit einigen Jahren einen deutlichen Aufschwung. Globale Netze werden also nicht beendet, aber durch den Verzicht auf persönliches Mobilitätseigentum umweltverträglicher.

Unsere Kommunikation

Weltumspannende Kommunikationsnetze, Informations- und Nachrichtenaustausch quasi in Echtzeit, der Besitz von mobilen, internetfähigen Endgeräten – alles das sind für uns keine Dinge mehr, über die wir nachdenken müssen. Und sie machen es möglich, dass wir Bilder kostenlos rund um den Globus schicken, per Video mit Freundinnen oder Freunden auf anderen Kontinenten kommunizieren, mithilfe von Streamingdiensten Sportereignisse vom anderen Ende der Welt verfolgen etc. Gerade hier ist unsere Einbindung in die Globalisierung besonders offensichtlich gegeben – gerade hier entsteht aber auch wieder Verantwortung für unsere Umwelt.

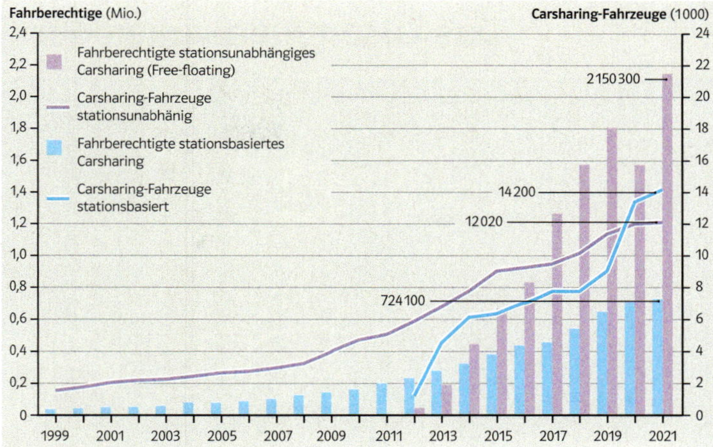

4 **Carsharing in Deutschland**

Nach: Bundesverband CarSharing e.V.

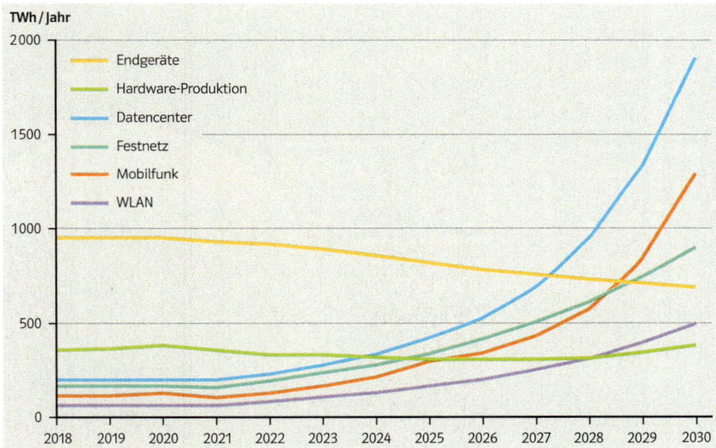

5 **Entwicklung des Stromverbrauchs bei digitalen Anwendungen**

Nach: Andrae, DOI: 10.13140/RG.2.2.25103.02724

Digitalisierung und CO_2

„‚Sie verzichten auf Flugreisen, weil Sie etwas für das Klima tun wollen? Hören Sie lieber auf, sich ständig Videos auf YouTube anzuschauen.'

Diese Empfehlung ist in mehrerlei Hinsicht nicht ganz korrekt, hat aber einen wahren Kern: Laut einer neuen Studie des französischen Think-Tanks The Shift Project ist der Digitalsektor für einen rapide wachsenden Anteil der weltweiten Emissionen von Treibhausgasen verantwortlich. Und anders als in der Wirtschaft insgesamt [...] erhöht sie sich bei Information und Kommunikation weiter deutlich.

Im kleinen Maßstab verbrauchen zehn Minuten Video-Streaming in HD auf einem Smartphone ebenso viel Energie wie ein Herd [...], der fünf Minuten lang auf höchster Stufe läuft. Zusammengenommen sind Digitaltechnologien dadurch mittlerweile [2018] für 3,7 Prozent der weltweiten Treibhausgas-Emissionen verantwortlich – während auf den zivilen Luftverkehr in 2018 lediglich 2 Prozent der Emissionen entfielen. Je nach Szenario könnte der Digital-Anteil an den weltweiten Emissionen bis 2025 auf mehr als 8 Prozent steigen, was höher wäre als der aktuelle [2018] Anteil von Autos und Motorrädern."

Sascha Mattke: Wie Digitalisierung das Klima belastet, in: MIT Technology Review v. 19.03.2019 (Heise Online), unter: www.heise.de/hintergrund/Wie-Digitalisierung-das-Klima-belastet-4339249.html (Zugriff: 05.08.2021)

3

Das Zusammenwirken der Geosphären

1

1

Beschreiben Sie ausgewählte Verflechtungen zwischen den einzelnen Sphären.

2

Wenden Sie das Zusammenwirken der Geospären auf eines der Beispielfotos (Online-Code) an.

3

Sphären aufspüren

a) Recherchieren Sie im Internet ein Foto, das möglichst viele Sphären enthält.

b) Gestalten Sie ein Poster oder eine digitale Präsentation, die die Verflechtungen zwischen den Sphären aufzeigt.

Wichtige Begriffe

- Freihandel
- Freihandelszone
- Global Player
- Globalisierung
- internationale Arbeitsteilung
- Kommunikationstechnologie
- Protektionismus
- Standortfaktoren
- Welthandel
- Welthandelsorganisation (WTO)

Wissen vernetzen

Seit den 1980er-Jahren hat der Prozess der Globalisierung stark an Dynamik gewonnen. Innovationen in der Kommunikationstechnologie und im Transportwesen, die Liberalisierung des Welthandels sowie global agierende Unternehmen, die Global Player, ließen einen „Weltbinnenmarkt" entstehen. Güter werden in internationaler Arbeitsteilung entwickelt, produziert und vermarktet. Zu wichtigen Säulen dieses Prozesses wurden der Welthandel sowie die Freihandelszonen. Wirtschaftsbündnisse wie die EU oder ASEAN stärken durch Freihandel nicht nur ihre Binnenmärkte, sondern auch ihre Position innerhalb der Globalisierung.
Dieser Prozess hat weitreichende Folgen, sowohl für uns Menschen und unsere Gesellschaften als auch für die Räume, in denen wir leben und agieren. Beispiele hierfür sind das Hamburger Aviation Cluster ebenso wie das südostasiatische Wirtschaftsbündnis ASEAN oder die Internetplattform Amazon. Letztere liefert auch ein Exempel dafür, dass Standortfaktoren in einer globalen Ökonomie weiterhin Bestand haben.
Zur Gefahr für eine weltweite Zusammenarbeit ist der Protektionismus geworden. Staaten schotten ihre Wirtschaft ab, vorgeblich um sie zu schützen. Das hat seit 2018 sogar zu „Handelskriegen" geführt, wie z. B. zwischen den USA und China.
Schließlich ist festzustellen, dass jeder von uns Teil der Globalisierung ist. Exemplarisch dafür steht die Frage nach unserer individuellen Mobilität. Hier werden wir, wie in vielen anderen Lebensbereichen auch, einbezogen in globale Verflechtungen.

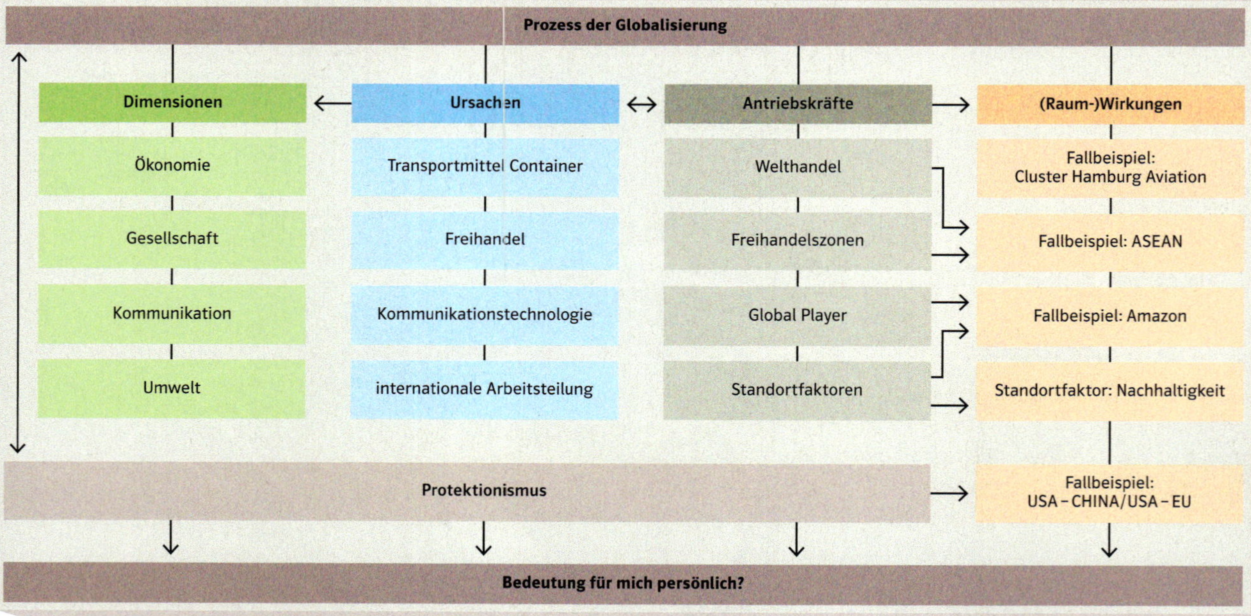

1

Kompetenzen überprüfen

Sich orientieren

1 Ordnen Sie die Räume der Fallbeispiele dieses Kapitels in eine Weltkarte ein.

2 Kennzeichnen Sie in einer Karte Südostasiens die zehn ASEAN-Staaten. Entsprechende stumme Karten: siehe Online-Codes.

Wissen und verstehen

3 Beschreiben Sie die Bedeutung der Kommunikationstechnologie für die Globalisierung.

4 Nennen Sie mobile und immobile Standortfaktoren.

5 Erläutern Sie die Entscheidung Amazons, für seinen Forschungsstandort die Region Tübingen zu wählen.

6 Stellen Sie besonders auffällige Strukturen des Welthandels dar.

7 Vergleichen Sie die wirtschaftliche Situation verschiedener ausgewählter ASEAN-Staaten.

8 Erläutern Sie die Intentionen von Staaten, eine gemeinsame Freihandelszone zu gründen.

9 „Die protektionistischen Maßnahmen der USA dienen dem Schutz der Wirtschaft des Landes."
„Protektionistische Maßnahmen sind grundsätzlich schädlich für die Weltwirtschaft und damit auch für die Wirtschaft jedes einzelnen Landes."
Vergleichen Sie diese beiden Aussagen.

Fachmethoden anwenden

10 **Eine Karikatur interpretieren (Abb. 2):**
a) Beschreiben Sie die Zeichnung.
b) Erläutern Sie die Botschaft des Karikaturisten.
c) Die Karikatur wurde vor circa 20 Jahren veröffentlicht. Bewerten Sie deren Aussagekraft vor den heutigen Gegebenheiten der Globalisierung.

11 **Ein Luftbild analysieren**
(Kapitel 9.1, S. 209, Foto 9, Airbus Hamburg-Finkenwerder):
a) Beschreiben Sie das Luftbild.
b) Ordnen Sie seine Aussage in die inhaltlichen Zusammenhänge von Kapitel 9.1 ein.

Beurteilen und bewerten

12 „Tabelle 3 verdeutlicht, dass die Beziehungen zu den drei großen asiatischen Partnern eher eine Belastung für ASEAN darstellt als einen Gewinn." Nehmen Sie Stellung zu dieser Aussage.

13 Beurteilen Sie die Entscheidung Amazons, den Standort Deutschland weiter auszubauen.

Handeln

14 **Globalisierung und Konsum:**
a) Erstellen Sie eine Übersicht mit Konsumprodukten, die eine „globale Geschichte" besitzen.
b) Erarbeiten Sie anschließend alternative Möglichkeiten zu einem „globalen Konsum".
c) Diskutieren Sie in Ihrem Kurs, mit Familie und Bekannten die Umsetzbarkeit solcher Alternativen im Alltag.

Basiskonzepte anwenden

15 Auf S. 269 behandeln die beiden Materialien 5 und 7 das Cluster „Hamburg Aviation". Wenden Sie auf diese Materialien die Ihnen bekannten Raumkonzepte an.

2 **Global Player**

	Exporte (Mrd. US-$)	Anteil (%)	Importe (Mrd. US-$)	Anteil (%)
gesamt*	**1 011,483**	**100,0**	**972,882**	**100,0**
davon:				
China	185,104	18,3	254,900	26,2
Japan	106,208	10,5	113,829	11,7
Südkorea	54,621	5,4	98,263	10,1

*ohne den Handel innerhalb der ASEAN-Staaten

Eigene Zusammenstellung nach verschiedenen Quellen, u.a. GTAI (Germany Trade and Invest)

3 **ASEAN-Außenhandel mit seinen ASEAN +3-Partnern (2017)**

Wenn Sie alle Seiten dieses Kapitels bearbeitet haben, können Sie ...

- Ursachen und Dimensionen der Globalisierung charakterisieren;
- die Rolle der Global Player in diesem Prozess erläutern;
- die Bedeutung von Standortfaktoren unter dem Einfluss der Globalisierung beurteilen;
- Welt- und Freihandel dem Globalisierungsprozess als bedeutende Elemente zuordnen;
- die Funktion von Freihandelszonen erklären;
- Ursachen und Probleme protektionistischer Maßnahmen darstellen;
- die Frage nach Ihrer eigenen Einbindung in die Globalisierung beantworten.

11

Globale Herausforderungen und Zukunftssicherung

1 Grüne Städte – die Lösung?

Mit dem Zukunftsprojekt „Morgenstadt" der Fraunhofer-Initiative ist die Idee verbunden, „lebenswerte, belastbare, nachhaltige und integrative Städte zu entwickeln". Denn Städte werden im Verlauf des 21. Jahrhunderts Lebensraum für voraussichtlich drei Viertel aller auf der Erde lebenden Menschen sein.

In ihnen bündeln sich wie in einem Brennglas die globalen Trends von Migration und Klimawandel über Armut und Wasserversorgung bis hin zu komplexen Herausforderungen. Für Städte und in den Städten müssen folglich auch die entscheidenden Lösungsansätze gefunden werden. Welche sind das Ihrer Ansicht nach?

Sie untersuchen …

2 Johannesburg, eine der größten Städte Afrikas

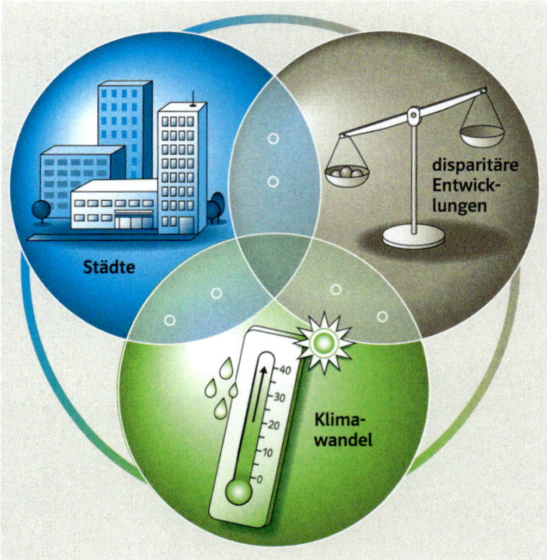

3 Globale Herausforderungen

Im „Brennglas Stadt" werden die globalen Herausforderungen unserer Zeit besonders deutlich. Das anhaltend hohe Bevölkerungswachstum verursacht in Kombination mit regionalen bis hin zu (inter-)kontinentalen Zuwanderungen die Herausbildung von immer mehr Millionenstädten, ja sogar von Megacities. In diesen leben mehr als 10, in einzelnen Fällen sogar bereits an die 30 Mio. Menschen. Sie alle müssen hinreichend mit Wasser, Nahrung, Unterkunft, Mobilität und Energie versorgt sein, was wiederum einen enormen Druck auf die ohnehin knappen Ressourcen verursacht. Und nicht alle Menschen finden Arbeit, deren Entlohnung ihnen die Befriedigung ihrer Grundbedürfnisse ermöglicht. In der Folge geht die Entwicklung zwischen armen und reichen Gesellschaftsschichten immer weiter auseinander und setzt wiederum Migrationsprozesse in Gang.

Aufgrund der dichten und hohen Bebauung, der geringen Freiflächen und der verwendeten Materialien sind die innerstädtischen Temperaturen höher als die der Umgebung. Die mit dem Klimawandel einhergehenden Temperaturanstiege werden also insbesondere in den Städten wirksam werden. Und da die Mehrzahl der großen Städte Küstenstädte sind, werden sie zudem mit dem klimawandelbedingten Anstieg des Meeresspiegels konfrontiert sein. Städtewachstum, ungleiche Entwicklung, Klimawandel sowie Ressourcenverknappung stehen im Zentrum der globalen Herausforderungen. Diese werden im Rahmen des Buches detailliert untersucht, wobei die Ressourcenknappheit nur indirekt Berücksichtigung findet.

Das Zusammenwirken dieser Prozesse bildet gleichsam das Konzentrat der globalen Herausforderungen, die wir im 21. Jh zu bewältigen haben, um die eigene Zukunft sowie die nachfolgender Generationen zu sichern. Dazu hat die Weltgemeinschaft sich auf ein allen Entscheidungen und Handlungen zugrundeliegendes Prinzip geeinigt: auf das Prinzip der nachhaltigen Entwicklung.

Diesen Fragen zu globalen Herausforderungen und zur Zukunftssicherung werden Sie nachgehen:

- Was sind globale Herausforderungen?
- Wie sieht die aktuelle Zukunftsstrategie der Weltgemeinschaft aus?
- Was bedeutet nachhaltige Entwicklung?
- Wie erreichen wir eine nachhaltige Entwicklung?
- Kann man nachhaltige Entwicklung messen?
- Wieviel Spielraum haben wir, um die Welt zukunftsfähig zu gestalten?
- Kann die Digitalisierung nachhaltige Entwicklung unterstützen?

Sie knüpfen an ...

4 Ladenstraße in Deutschland

5 Flussbett der Schwarzen Elster, Brandenburg, 2019

Das wissen Sie schon:

Mit dem Thema Disparitäten haben Sie sich bereits in der 8. Klasse auseinandergesetzt. Damals ging es vor allem um Ungleichheiten in den Lebensbereichen Bildung, Gesundheit, Ernährung und Einkommen. Dabei standen die einzelnen Disparitäten jeweils isoliert im Mittelpunkt des Interesses, also Hunger und Armut und mangelnde gesundheitliche Versorgung. Nun wird es darum gehen, diese gesellschaftlichen Entwicklungen und Unterschiede miteinander zu vernetzen. Also Fragen nachzugehen, wie Hunger und Bildung und Einkommensdisparitäten kausal verknüpft sind.
In der 9. oder 10. Klasse ging es um die Frage, wie ländliche Räume in Baden-Württemberg zukunftsfähig gestaltet werden können. Dabei standen Überlegungen im Raum, wie durch intensive Schutzkonzepte die Natur in ihrer Regenerationsfähigkeit erhalten bleiben kann. Zugleich erkannten Sie, dass Zukunftsfähigkeit nur erreicht werden kann, wenn auch Einkommensmöglichkeiten zumindest für einen Teil der Bevölkerung geschaffen werden.
Zudem haben Sie sich anhand vielfältiger Fallbeispiele intensiv mit der Frage befasst, wie mit der gegebenen Ressourcenknappheit umgegangen werden kann. Konkret standen Möglichkeiten einer nachhaltigen Nutzung der Ressourcen Wasser, Boden, Erze, Minerale, Agrargüter und Energieträger im Fokus. Dabei war in den Blick zu nehmen, wie ein gerechter Ausgleich zwischen den heute und den zukünftig auf der Welt lebenden Menschen erzielt werden kann. Dem Nachhaltigkeitsprinzip sowie der Idee eines nachhaltigen Wirtschaftskonzepts fiel große Bedeutung zu. Letzteres beschränkte sich dabei nicht auf das vertraute Recycling, sondern ging mit Konzepten des „Urban Mining“ oder des „Cradle-to-Cradle“-Ansatzes weit darüber hinaus.
Das Denken in Zusammenhängen ist Ihnen von daher ebenso vertraut wie vorausschauendes Denken oder die Entwicklung von Umsetzungsstrategien, um die formulierten Ziele erreichen zu können.

Bekannte Begriffe

- Disparität
- Effizienz der Ressourcennutzung
- Human Development Index (HDI)
- Klimawandel
- Migration
- nachhaltige Entwicklung
- Ressourcen
- Ressourcenknappheit
- Ressourcenverfügbarkeit
- Sustainable Development Goals
- Verstädterung
- zukunftsfähige Gestaltung von Räumen

1 Beschreiben Sie die „Brennglassymbolik“ für die Städte zu Beginn des 21. Jh.

2 Nennen Sie für jeden der Überschneidungsbereiche der Grafik 3 eine spezifische Problematik (z. B. Klimawandel/disparitäre Entwicklung: Umweltflucht).

3 Überprüfen Sie Ihr Wissen anhand der zentralen Begriffe vorangegangener Schuljahre.

1

3 Dorf Mopipi im Süden Botswanas

Globale Herausforderungen

„Die Welt steht angesichts von Armut, Klimawandel und vieler anderer Entwicklungen vor vielfältigen globalen Herausforderungen!" ist immer wieder als Einschätzung unserer Gegenwart und nahen Zukunft zu hören. Aber was bedeutet das eigentlich? Was sind globale Herausforderungen und wo werden diese sichtbar oder erfahrbar?

FALLBEISPIEL: Mopipi, Botswana

Der kleine Ort Mopipi liegt am südlichen Rand der Makgadikgadi-Salzton-Ebene im Zentrum Botswanas. Die Mehrzahl der etwa 3500 Einwohner führt ein sehr ärmliches Leben, denn Wassermangel, Bodenunfruchtbarkeit und kaum vorhandene landwirtschaftliche oder industrielle Arbeitsplätze eröffnen nur für einige Wenige Möglichkeiten für eine wirtschaftliche Entwicklung und ein prosperierendes Dasein. Die Mehrzahl lebt von Viehhaltung und Gelegenheitsarbeiten. Einzig die in der Region konzentrierten Diamantenminen sowie einige wenige Ansätze eines Safari-Tourismus bieten zumindest temporär die Chance auf ein monetäres Einkommen. Bedingt durch die klimatischen Veränderungen der letzten Jahre fließt der Boteti, der die Region früher verlässlich mit Wasser versorgte, nur noch in der Regenzeit. Angesichts dieser Lebensbedingungen verlassen jedes Jahr insbesondere jüngere Menschen Mopipi, um sich in der Hauptstadt Gaborone, im Tourismuszentrum Maun oder in Kasane im Norden des Landes eine Zukunft aufzubauen. Mopipi steht sinnbildlich für die Lebensbedingungen eines Großteils der Menschen im ländlichen Raum des Globalen Südens, auch wenn die (globalen) Herausforderungen, vor denen sie im Einzelnen stehen, immer wieder durch andere lokale Situationen geprägt sind.

2 Wer wird am stärksten betroffen sein?

Mit dem Begriff „**globale Herausforderungen**" sind existenzielle Problemlagen zu verstehen, die gleichzeitig auf mindestens zwei Kontinenten auftreten. Zu unterscheiden ist zwischen solchen im Bereich der naturräumlichen Teilsysteme des Systems Erde und solchen im Bereich der Gesellschaft(en). Zu ersteren zählen vor allem der Klimawandel, der Verlust an Biodiversität, die Abnahme an Bodenfruchtbarkeit oder die Veränderung des Chemismus der Ozeane. Demgegenüber kennzeichnen Armut, Hunger, Migration und Konflikte global-gesellschaftliche Entwicklungsdefizite.

Der globalen Dimension der Herausforderungen steht immer das lokale Geschehen – etwa in Mopipi – gegenüber. Dabei kann es durchaus zu Unterschieden zwischen der lokalen und der globalen Ebene kommen. So führt der Klimawandel global zu Temperaturanstiegen und -abnahmen, in Mopipi jedoch zu Temperaturanstieg mit ausgeprägtem Wassermangel.

Die globalen Herausforderungen dürfen zudem nicht als isolierte Phänomene oder Einzelentwicklungen – etwa Armut und Artensterben – verstanden werden. Vielmehr sind sie als vielfältig kausal verknüpftes Netz zu begreifen, dessen Faktoren sich zum Teil bedingen, verstärken oder widersprechen. Eine erfolgreiche Gegenstrategie kann daher nur einem integrierten, nicht aber einem isolierten Ansatz folgen.

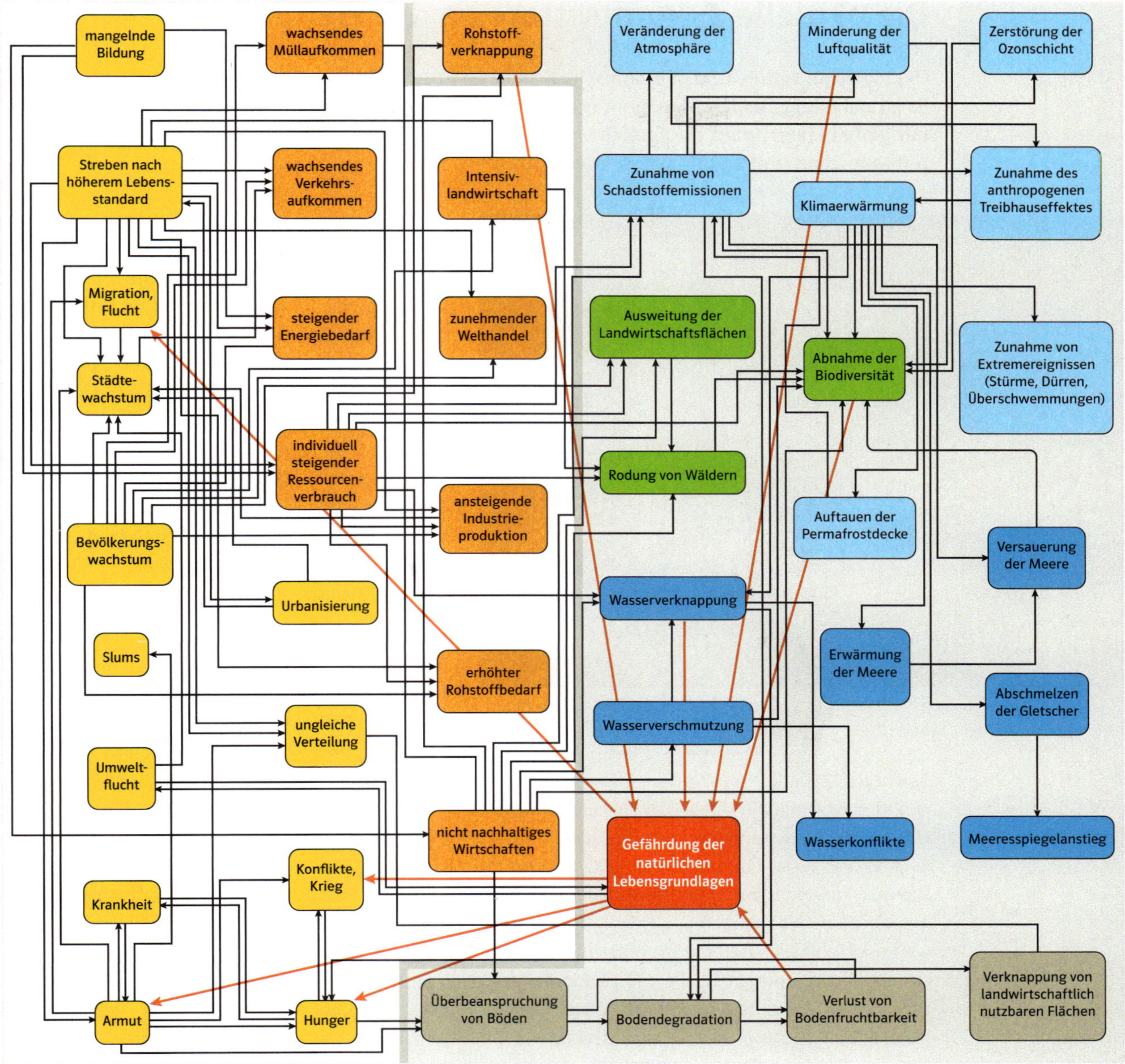

4 Netz globaler Herausforderungen

1 Stellen Sie die Situation in Mopipi dar.

2 MK Arbeiten Sie mit dem Netz der globalen Herausforderungen (M4):

a) Ordnen Sie die Situation in Mopipi in das Netz der globalen Herausforderungen ein.

b) Erstellen Sie zum Netz eine Legende.

c) Erörtern Sie Ansatzpunkte für Lösungsstrategien zur Überwindung der Situation in Mopipi.

3 Erklären Sie den Begriff globale Herausforderungen.

4 Erörtern Sie die unterschiedliche Betroffenheit der drei Personengruppen (Bilder 2) hinsichtlich der globalen Herausforderungen im Verlauf des 21. Jh.

5 „Man muss die Zukunft als Chance begreifen statt sie als Bedrohung zu empfinden". Nehmen Sie Stellung zu diesem Zitat Rüdiger Nehbergs.

NE

Die aktuelle Zukunftsstrategie der Weltgemeinschaft

Ökologische, soziale und ökonomische Probleme treten offenkundig weltweit auf. Es ist naheliegend, dass den hieraus resultierenden globalen Herausforderungen auch nur global abgestimmt erfolgreich entgegengetreten werden kann. Wer kann diese Aufgabe übernehmen und wie sieht die Strategie aus?

1 Das Hauptgebäude der Vereinten Nationen am 25.9.2015 anlässlich der Verabschiedung der „Agenda 2030"

Seit den 1960er-Jahren wiesen Experten auf die zunehmende globale Umweltzerstörung sowie die sehr ungleich verlaufende wirtschaftliche und soziale Entwicklung hin. Doch erst 1992 wurden im Rahmen der Konferenz für Umwelt und Entwicklung in Rio de Janeiro die beiden Dimensionen Umwelt und Soziales zusammengesehen. Zudem wurde mit der **„Agenda 21"**, dem Abschlussdokument der Rio-Konferenz, das Nachhaltigkeitsprinzip als oberste Handlungsmaxime des 21. Jh. vereinbart.

Wenige Jahre später nutzten die Vereinten Nationen die Symbolkraft des neuen Jahrtausends, um das **„Millennium-Entwicklungsprogramm"**, das erste Weltentwicklungsprogramm, auf den Weg zu bringen. Es war allen Entscheidungsträgern klar geworden, dass den gegebenen Herausforderungen nur gemeinsam begegnet werden kann. Mit der „Millennium-Erklärung" wurden acht Zielsetzungen zur Verbesserung der sozialen und ökologischen Probleme formuliert. Als das Programm 2015 auslief, konnten etliche Erfolge, etwa im Bereich der weltweiten Reduktion der Kindersterblichkeit sowie der HIV-Prävention, erreicht werden. Doch bestanden die Kindersterblichkeit und der Hunger insbesondere in Afrika südlich der Sahara sowie in Südasien weiter.

→ nachhaltige Entwicklungsstrategien S. 424 – 427

Zudem wurde Kritik dahingehend geäußert, dass die Millennium-Entwicklungsziele, die Millennium Development Goals (MDG), nur für Entwicklungsländer verbindlich waren und dass das Nachhaltigkeitsprinzip nur ansatzweise in den stark an sozialen Aspekten ausgerichteten Zielen zum Ausdruck kam und folglich unzureichend wirksam wurde.

Die „Agenda 2030"

Aufbauend auf dieser strukturellen Kritik entwickelte eine für Wissenschaftler, Entwicklungsakteure und Politiker offene Arbeitsgruppe ab 2012 ein Nachfolgeprogramm. Dieses wurde unter der Bezeichnung „Agenda 2030" am 25.9.2015 von der Generalversammlung der Vereinten Nationen feierlich verabschiedet und durch eine eindrucksvolle Lightshow an der Fassade des UN-Hauptquartiers in New York der Weltöffentlichkeit vorgestellt. Im Kern besteht die „Agenda 2030" aus den 17 Zielen für eine nachhaltige Entwicklung, den Sustainable Development Goals (SDGs). Diese proklamieren eine nachhaltige Entwicklung bis zum Jahr 2030 und sind für alle 192 Signatarstaaten verbindlich. Auf der Ebene unterhalb der SDGs listeten die Vereinten Nationen insgesamt 169 Unterziele, die sogenannten „Targets", auf, welche die konkreten Umsetzungsschritte beschreiben.

Damit, so meinen Experten, ist das Zeitalter der nachhaltigen Entwicklung definitiv eingeläutet und eine stärker **zukunfts- und lösungsorientierte Entwicklungsstrategie** vorgegeben.

1

Nennen Sie die zentralen Zielsetzungen des Millennium-Entwicklungsprogramms sowie die daran geübte Kritik.

2

Die 17 Ziele für eine nachhaltige Entwicklung

Ziel 1: Armut in jeder Form und überall beenden.
Ziel 2: Den Hunger beenden, Ernährungssicherheit und eine bessere Ernährung erreichen und eine nachhaltige Landwirtschaft fördern.
Ziel 3: Ein gesundes Leben für alle Menschen jeden Alters gewährleisten und ihr Wohlergehen fördern.
Ziel 4: Inklusive, gerechte und hochwertige Bildung gewährleisten und Möglichkeiten des lebenslangen Lernens für alle fördern.
Ziel 5: Geschlechtergerechtigkeit und Selbstbestimmung für alle Frauen und Mädchen erreichen.
Ziel 6: Verfügbarkeit und nachhaltige Bewirtschaftung von Wasser und Sanitärversorgung für alle gewährleisten.
Ziel 7: Zugang zu bezahlbarer, verlässlicher, nachhaltiger und zeitgemäßer Energie für alle sichern.
Ziel 8: Dauerhaftes, inklusives und nachhaltiges Wirtschaftswachstum, produktive Vollbeschäftigung und menschenwürdige Arbeit für alle fördern.
Ziel 9: Eine belastbare Infrastruktur aufbauen, inklusive und nachhaltige Industrialisierung fördern und Innovationen unterstützen.
Ziel 10: Ungleichheit innerhalb von und zwischen Staaten verringern.
Ziel 11: Städte und Siedlungen inklusiv, sicher, widerstandsfähig und nachhaltig machen.
Ziel 12: Für nachhaltige Konsum- und Produktionsmuster sorgen.
Ziel 13: Umgehend Maßnahmen zur Bekämpfung des Klimawandels und seiner Auswirkungen ergreifen.
Ziel 14: Ozeane, Meere und Meeresressourcen im Sinne einer nachhaltigen Entwicklung erhalten und nachhaltig nutzen.
Ziel 15: Landökosysteme schützen, wiederherstellen und ihre nachhaltige Nutzung fördern, Wälder nachhaltig bewirtschaften, Wüstenbildung bekämpfen, Bodenverschlechterung stoppen und umkehren und den Biodiversitätsverlust stoppen.
Ziel 16: Friedliche und inklusive Gesellschaften im Sinne einer nachhaltigen Entwicklung fördern, allen Menschen Zugang zur Justiz ermöglichen und effektive, rechenschaftspflichtige und inklusive Institutionen auf allen Ebenen aufbauen.
Ziel 17: Umsetzungsmittel stärken und die globale Partnerschaft für nachhaltige Entwicklung wiederbeleben.

3

2 Erläutern Sie die Übereinstimmung der „Agenda 2030" mit der Zielsetzung einer nachhaltigen Entwicklung.

3 MK Interpretieren Sie die Darstellung der 17 SDGs (Grafik 2 und Text 3).

4 Entwickeln Sie eine „Top 3"-Liste der Ihrer Ansicht nach bedeutendsten SDGs
- für Sie persönlich,
- für die Gesellschaft.

NE

„Nachhaltige Entwicklung" – was ist das?

Hans Carl von Carlowitz (1645–1714) entwickelte das Prinzip einer nachhaltigen Forstwirtschaft.

Rachel Carlsson (1907–1964)
In „Der stumme Frühling" (1962) beschreibt die amerikanische Biologin das Verschwinden der Vögel im Mittleren Westen aufgrund des massiven Einsatzes von toxischen Agrochemikalien. Erst als auch das Wappentier der USA, der Weißkopfseeadler, massiv betroffen ist, schreitet die Regierung ein und verbietet den Einsatz einiger Stoffe.

1 Pioniere der Nachhaltigkeit Teil 1

← Agenda 21 S. 292

Der Begriff **Nachhaltigkeit** ist heute in aller Munde. Beim Durchblättern einer Zeitschrift stoßen wir auf Angebote für „nachhaltige Investments", vielfältige Werbung für Lebensmittel verweist auf „nachhaltige Produktion" und auf allen Ebenen unserer Gesellschaft wird von **nachhaltiger Entwicklung** gesprochen. Was aber genau ist Nachhaltigkeit bzw. nachhaltige Entwicklung?
Erstmals taucht der Begriff „nachhaltend" in einem Buch über die Waldwirtschaft auf, das 1713 von Hans Carl von Carlowitz, einem sächsischen Oberberghauptmann, verfasst worden ist. Als solcher war er nicht nur für den Bergbau auf Blei und Silber im Erzgebirge verantwortlich, sondern auch für die Waldwirtschaft. Denn für den Ausbau der Bergwerksstollen wurden ebenso große Mengen an Holz benötigt wie bei der Verhüttung der gewonnenen Erze. Da im ausgehenden 17. Jh. die Wälder aufgrund vielfältiger wirtschaftlicher Nutzungen in weiten Bereichen der Mittelgebirge bereits abgeholzt waren, erkannte Carlowitz, dass sich binnen weniger Jahre die Situation dramatisch verschlechtern und nicht mehr hinreichend Holz zur Verfügung stehen würde. Dies war für ihn Anlass, darüber nachzudenken, wie auf Dauer die Holzversorgung gesichert werden könnte. Er erkannte, dass dies nur dann möglich sein wird, wenn immer nur so viel Holz eingeschlagen wird, wie in der gleichen Zeit nachwachsen kann. Seither ist diese Erkenntnis fester Bestandteil nachhaltiger Forstwirtschaft.

Die Übertragung dieses Prinzips auf alle Bereiche menschlichen Handelns erfolgte erst 1992, als 189 Staats- und Regierungschefs auf der **UN-Konferenz über Umwelt und Entwicklung** in Rio de Janeiro das Nachhaltigkeitsprinzip als Handlungsmaxime der Weltgesellschaft für das 21. Jh. festschrieben. Diesem Schritt vorausgegangen war seit den 1960er-Jahren die Erkenntnis, dass mit der voranschreitenden Industrialisierung der Ressourcenbedarf steigen wird und die vielfältigen Emissionen von Schadstoffen die natürlichen Stoffströme des Systems Erde massiv belasten werden sowie die dauerhafte Verfügbarkeit von Ressourcen infrage gestellt ist. In dieser Zeit erschien Rachel Carsons „Der stumme Frühling" als erstes Umweltbuch.

Langsam setzte sich die Einsicht in die grundsätzliche Verwundbarkeit der Erde durch. Dies kam auch in den Worten des Apollo-Astronauten Eugene Cernan zum Ausdruck, der beim Anblick der aufgehenden Erde über dem Mondhorizont sagte: „Wir brachen auf, um den Mond zu erkunden, aber tatsächlich entdeckten wir die Erde". Auf wissenschaftlicher Ebene war es vor allem Dennis Meadows, der „Die Grenzen des Wachstums" (1972) auf der Basis seiner Forschungsergebnisse formulierte.

Die seit den 1970er-Jahren insbesondere in Deutschland geführte Diskussion über das Waldsterben sowie die seit den 1980er-Jahren einsetzende Debatte über den Klimawandel brachte das Umweltthema auf die politische Agenda. Zur Vorbereitung der UN-Konferenz in Rio de Janeiro, die bereits deutlich machte, dass der Schutz der Umwelt und die Bekämpfung von Armut nicht isoliert, sondern integriert zu betrachten und anzugehen sind, wurde unter Leitung der ehemaligen norwegischen Ministerpräsidentin Gro Harlem Brundtland (*1939) eine Kommission eingerichtet, die die zentralen Leitlinien für die Konferenz erarbeiten sollte. Es war diese Kommission, die sich auf das in der Forstwirtschaft etablierte Nachhaltigkeitsprinzip besann und dessen Anwendung auf alle Bereiche menschlichen Handelns in ihrem Bericht „Our common future" vorschlug (1987). Danach ist „nachhaltige Entwicklung eine Entwicklung, welche die Bedürfnisse der gegenwärtigen Generation befriedigt, ohne die Fähigkeit zukünftiger Generationen zu gefährden, ihre eigenen Bedürfnisse zu befriedigen." Diesem Konzept folgte 1992 die Weltgemeinschaft mit ihrem zentralen Dokument „Agenda 21".

1 Arbeiten Sie die zentralen Etappen der Entwicklung des Nachhaltigkeitsprinzips heraus.

2 Vergleichen Sie die drei unterschiedlichen Ansätze des Nachhaltigkeitsprinzips (Text 3).

3 Bewerten Sie vor diesem Hintergrund die politische Bedeutung der unterschiedlichen Nachhaltigkeitsprinzipien.

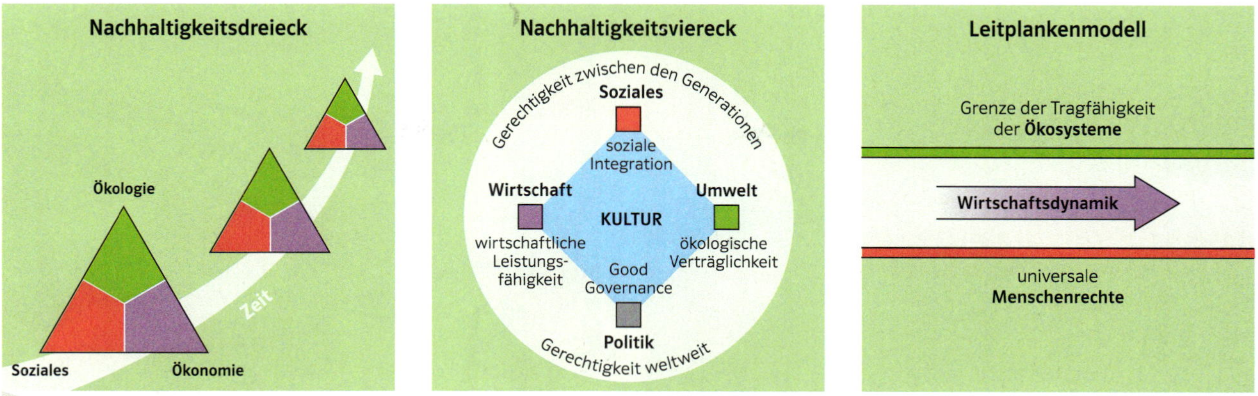

2 **Modelle des Nachhaltigkeitsprinzips**
Ergänzt nach Bundesministerium für wirtschaftliche Zusammenarbeit und Entwicklung: Foliensatz zur Entwicklungspolitik. Bonn o. J.

Dreieck, Viereck, Leitplanken – die Modelle der Nachhaltigkeit

„Der Grundgedanke des Nachhaltigkeitsprinzips wurde in den vergangenen Jahren immer wieder in neue **Nachhaltigkeitsmodelle** übersetzt.
Die wichtigsten werden hier vorgestellt:

Das Nachhaltigkeitsdreieck
Den Anfang markierte um das Jahr 1990 das Nachhaltigkeitsdreieck, dessen drei Ecken durch die Dimensionen Ökonomie, Ökologie und Soziales gebildet werden. Diese Dimensionen gilt es in allen Entscheidungen und Handlungen der Menschen in Einklang zu bringen. Dieser Grundsatz gilt dabei nicht nur für die jeweils aktuelle Situation, sondern ist ergänzt um die Dimension Zeit. Dies ist so zu verstehen, dass jede Generation die Erde nur so nutzen soll, dass nachfolgende Generationen die gleichen Entwicklungsmöglichkeiten haben wie die vorangegangenen Generationen.

Das Nachhaltigkeitsviereck
Doch längst ist dieses anfängliche Modell insbesondere im Kontext entwicklungspolitischer Diskussionen mehrfach verändert worden. Zusätzlich zu den drei genannten Komponenten wurden der Aspekt der Politik im Sinne der guten Regierungsführung („Good Governance“) sowie die Sphäre der Kultur ergänzt. Demnach ist eine nachhaltige Entwicklung nur dann zu erreichen, wenn bei Entscheidungen und daraus resultierenden Handlungen allen fünf Dimensionen angemessen und ausgleichend Rechnung getragen wird.

Leitplankenmodell
Geleitet von der Erkenntnis, dass die bisherigen Modelle zur Realisierung des Nachhaltigkeitsprinzips nur bedingt erfolgreich waren, haben Brot für die Welt, der Evangelische Entwicklungsdienst (EED) und der Bund für Umwelt- und Naturschutz (BUND) als die herausgebenden Institutionen des Werkes ‚Zukunftsfähiges Deutschland in einer globalisierten Welt‘ mit ihrem Leitplankenmodell Ende 2008 einen weiteren Anstoß zur gesellschaftlichen Debatte gegeben. Nach diesem Verständnis des Nachhaltigkeitsprinzips soll die Ökonomie ihre Dynamik ausschließlich in dem Bereich entfalten können, der durch die ökologische Tragfähigkeit von Räumen auf der einen und die Gültigkeit der universalen Menschenrechte auf der anderen Seite im Sinne von unüberschreitbaren Leitplanken begrenzt und definiert wird. Inwieweit diese aktuelle Interpretation des Nachhaltigkeitsprinzips die künftige Debatte um Nachhaltigkeit und Bildung für Nachhaltigkeit beeinflussen wird, ist derzeit noch nicht abzusehen.“

Nach Thomas Hoffmann u. a.: Unterrichtsbeispiel „Moderne Produktionskonzepte und nachhaltige Entwicklung“, auf https://lehrerfortbildung-bw.de/u_gewi/geographie/gym/bp2004/fb1/aufg/bsp/dst2/nachprinz/, Jan. 2018 (Zugriff: 27.10.2020)

3

Dennis Meadows (* 1942)
Zu Beginn der 1970er-Jahre erstellte eine Forschergruppe um den Ökonomen Meadows Vorhersagen bezüglich des Verhältnisses zwischen Bevölkerungswachstum, Industrie- und Nahrungsmittelproduktion sowie Rohstoff- und Energiebedarf. Die Ergebnisse weisen auf „Grenzen des Wachstums“ vor dem Hintergrund der Ambivalenz einer endlichen Ressourcenausstattung und uneingeschränktem Wirtschaftswachstum hin.

4 **Pioniere der Nachhaltigkeit Teil 2**

1

4

NE „Nachhaltige Entwicklung“ – wie genau geht das?

2

Die Notwendigkeit, die Zielsetzung und die Zielrichtung nachhaltiger Entwicklung sind auf den letzten Seiten deutlich geworden. Aber wie kann diese Zielsetzung erreicht werden? Dazu haben Vertreter der Wirtschaft, der Gesellschaft und des Umweltschutzes vielfältige Maßnahmen, etwa Automatisierung, Upcycling oder Verbote von Umweltgiften und zahlreiche alltagspraktische Schritte vorgeschlagen. Die Vielfalt dieser konkreten Maßnahmen zeigt dabei Gemeinsamkeiten, die wiederum unterschiedliche Nachhaltigkeitsstrategien begründen. Der schonende Umgang mit Rohstoffen, Energie und Wasser durch bewusste Lebens- und Wirtschaftsweisen oder der allgemeine Schutz der Umwelt sind nur einige der allenthalben zu beobachtenden Strategien zugunsten einer nachhaltigen Entwicklung. Manche dieser Strategien greifen dabei auf ältere Ansätze aus den 1970er-Jahren zurück, andere wurden erst in den vergangenen zwanzig Jahren entwickelt oder verfeinert.

Im Kern lässt sich die Vielfalt heute diskutierter und angewandter Nachhaltigkeitsstrategien auf drei Grundtypen reduzieren: Suffizienz-, Effizienz- und Konsistenzstrategie. Zur umfassenden Nachhaltigkeitsstrategie werden diese aber nur in ihrem Zusammenwirken.

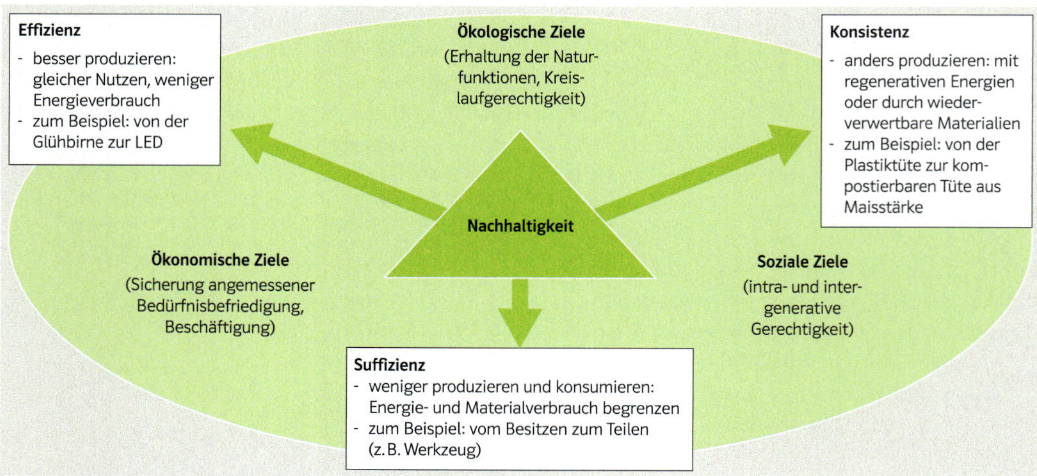

3 Dimensionen und Strategien der Nachhaltigkeit

Nach Bernd Siebenhüner: Homo sustinens. Marburg: Metropolis 2001, S. 78

Suffizienzstrategie

„Der Begriff Suffizienz (aus dem Lateinischen sufficere = ausreichen, genügen) steht für „das richtige Maß“, bzw. „ein genügend an“. Verstanden werden kann die Suffizienz als Änderungen der vorherrschenden Konsummuster.
Das Konzept der Suffizienz berücksichtigt dabei natürliche Grenzen und Ressourcen und bemüht sich somit um einen möglichst geringen Rohstoffverbrauch. Der Begriff steht hierbei für die Selbstbegrenzung und Entschleunigung sowie das richtige Maß an Konsum, Konsumverzicht und Entkommerzialisierung.“

J. Bauer: Industrielle Ökologie. Stuttgart 2008, S. 64

„Die Suffizienzstrategie basiert auf dem Grundgedanken, dass der weltweite Bedarf an Konsum und Dienstleistungen gesenkt wird, ohne dass dabei Verluste eingebüßt werden. Vor allem in einer Zeit des Wegwerf-Konsums kommt es nicht selten zum Überkonsum aufgrund fehlender regulierender Maße. Die Konsumgesellschaft basiert darauf, dass möglichst viel konsumiert wird und geht implizit von der Notwendigkeit eines stetigen Wachstums aus. Dabei werden der Wohlstand und die Lebensqualität am Konsumniveau gemessen. Die Reduzierung des eigenen Konsums ist gleichbedeutend mit Verzicht und wird somit als Rückschritt verstanden. Oftmals resultiert daraus der Gedanke: Wer nicht konsumiert, befindet sich am Rande der Gesellschaft, da er das Wachstum nicht fördert oder mit diesem nicht Schritthalten kann. Problematischerweise prägt diese Vorstellung vom Konsum unsere Wahrnehmung der Realität, die scheinbar nicht zu durchbrechen ist. Genau an dieser Stelle setzt die Suffizienzstrategie an.“

C. Fischer/R. Grießhammer: Öko-Institut Working Paper 2/2013. Mehr als nur weniger. Suffizienz: Begriff, Begründung und Potenziale, S. 7ff.

5

Konsistenzstrategie

„Der Begriff Konsistenz im Kontext der Nachhaltigkeit beschreibt die Vereinbarkeit von Natur und Technik. Alternativ kann auch der Begriff Ökoeffektivität benutzt werden. Der Grundgedanke [...] ist: In nachhaltigen Systemen gibt es keine Abfälle, sondern nur Produkte. Gemeint ist also die Vermeidung von Abfällen durch wiederverwertbare Ressourcen.“

https://redaktion.nachhaltigkeit.info/artikel/konsistenz_2033.htm?sid=18heg46brl5prckqv0849f97k5 (Zugriff: 21.09.20)

„Am Beispiel eines Baumes kann diese Idee gut verbildlicht werden: Ein Baum produziert jährlich Tausende Blüten und Früchte. Ein Großteil davon fällt zu Boden und verrottet dort. Allerdings handelt es sich bei diesen Produkten nicht um Abfälle, die der Baum nicht mehr braucht. Im Gegenteil, die am Boden liegenden Früchte und Blätter dienen als Nahrung für Kleinstorganismen und Dünger für den Kirschbaum. Hier liegt also ein in sich geschlossenes System vor, an dem sich industrielle Produktionsprozesse orientieren müssen, um das Konzept der Konsistenz realisieren zu können.
Das Ziel der Konsistenzstrategie ist die Verträglichkeit von anthropogenen Stoff- und Energieströmen mit den Strömen natürlicher Herkunft. Das menschliche Wirken und Handeln soll demnach nicht mit natürlichen Abläufen in Konflikt geraten. Dafür ist es von Bedeutung, dass die technischen Abläufe auf eine Weise organisiert werden, sodass es in der Technosphäre wie in der Natur nur recycelbare Produkte gibt und Abfälle vermieden werden. [...]“

J. Bauer 2008, a. a. O., S. 64

6

Effizienzstrategie

„Der Begriff Effizienz (Englisch: efficiency) beschreibt ein Nutzen-Aufwand-Verhältnis, welches zum Erreichen eines bestimmten Ergebnisses benötigt wird. Effizienz kann somit als ein Kriterium verstanden werden, mit dem beschrieben wird, ob ein Ziel in einer bestimmten Art und Weise zu erreichen ist. Vergleichbare deutsche Begriffe sind Wirksamkeit oder auch Wirtschaftlichkeit. Der Begriff der Effizienz ist eng verbunden mit dem Begriff der ‚Suffizienz‘. Beide Begriffe sind für nachhaltiges Konsumieren von großer Bedeutung.“

W. Irrek/S. Thomas/S. Böhler/M. Spitzner (Wuppertaler Institut für Klima, Umwelt, Energie GmbH): Definition Energieeffizienz, v. Juli 2008

„Die Effizienzstrategie macht sich [...] an dem Verhältnis von Ertrag zu Aufwand fest und setzt damit an der Technologie (T) an. Nicht die absolute Menge der Güter- oder Nutzengenerierung ist hier entscheidend, sondern wie viel Aufwand an Rohstoffen oder Umwelt dafür – relativ betrachtet – benötigt wurde. In ihr findet sich das Wirtschaftlichkeitsdenken am ehesten wieder: das Maximierungsprinzip, wonach der Ertrag bei konstantem Aufwand zu maximieren ist, und das Minimierungsprinzip, wonach der Aufwand bei konstantem Ertrag zu minimieren ist. Es wundert daher nicht, dass gerade die Effizienzstrategie gerne von wirtschaftsnahen Vertretern aufgegriffen wird. Sie steht in keinem Widerspruch zu ökonomischen Zielen, sondern unterstützt diese sogar.“

Mario Schmidt: Die Bedeutung der Effizienz für Nachhaltigkeit – Chancen und Grenzen, in: S. Hartard, A. Schaffer, J. Giegrich (Hrsg.): Ressourceneffizienz im Kontext der Nachhaltigkeitsdebatte. Nomos-Verlag Baden-Baden, 2008, S. 31–46

7

1 Arbeiten Sie die Kerngedanken der drei Nachhaltigkeitsstrategien aus den verschiedenen Materialien heraus.

2 Entwickeln Sie mithilfe der Beispiele in Grafik 3 eigene Ideen zur Umsetzung
a) jeder einzelnen der drei Nachhaltigkeitsstrategien,
b) der drei Nachhaltigkeitsstrategien in einer kombinierten Maßnahme.

2 Schwer wiegende Entscheidung: Ökologischer Rucksack

NE Kann man nachhaltige Entwicklung messen?

→ Ökologischer Fußabdruck S. 340

Mit der Übereinkunft der Weltgemeinschaft, das Nachhaltigkeitsprinzip zur Maxime menschlichen Handelns zu erheben, entstand die Notwendigkeit, Nachhaltigkeit messbar zu machen. Denn nur so kann festgestellt werden, ob die weitere Entwicklung in diesem Sinne verläuft oder nicht. Vor diesem Hintergrund wurden seit Mitte der 1990er-Jahre verschiedene Vorschläge zur Messbarkeit nachhaltiger Entwicklung unterbreitet.

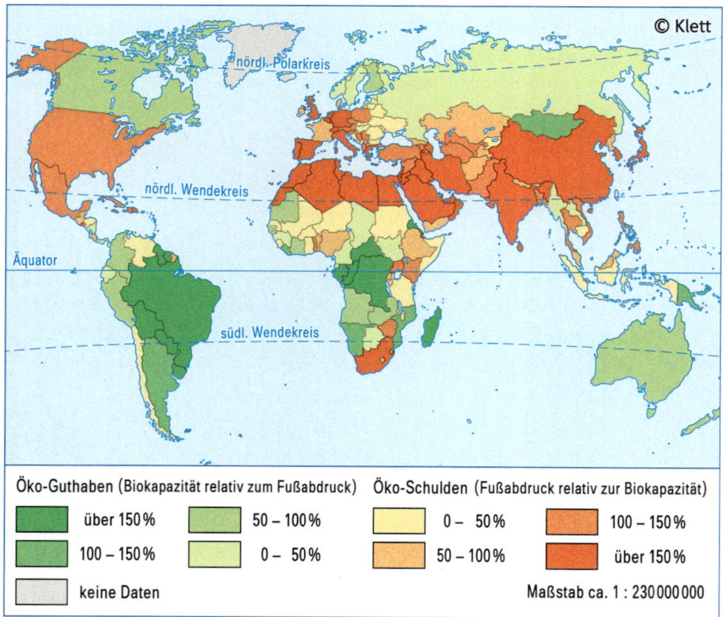

1 **Ökologischer Fußabdruck der Staaten der Erde 2019**

Biokapazität: Sie drückt aus, welche Flächen global tatsächlich zur Verfügung stehen, um Ressourcen zu erzeugen und CO_2 aufzunehmen. Ihre Größe berechnet sich aus dem Produkt der nutzbaren Fläche für Acker- und Weideland, Wälder und Fischgründe sowie der biologischen Produktivität pro Hektar. Die Biokapazität repräsentiert also die ökologische Angebotsseite, der ökologische Fußabdruck steht für die menschliche Nachfrage.

Nach Global Footprint Network: Ecological Wealth of Nations, unter: http://data.footprintnetwork.org/#/ Jun. 2017 (Zugriff: 27.10.2020)

Ökologischer Rucksack

Im „Wuppertal Institut für Klima, Umwelt, Energie" wurde 1994 ein Vorschlag erarbeitet, um Nachhaltigkeit zu messen. Man vertrat die Auffassung, dass die vielfältigen und unterschiedlichen Formen menschlichen Handelns letztlich immer dazu führen, dass Natur bewegt werden müsse, um sie zu nutzen. Daher, so die Überlegung, könne man alle Eingriffe des Menschen in die Natur als Masse bestimmen und folglich messen. Diese Überlegungen liegen dem Konzept des **ökologischen Rucksacks** zugrunde. Dieser steht für die im Rahmen der Erstellung, der Nutzung und der Entsorgung eines Produktes oder einer Dienstleistung aufgewendeten Ressourcenmenge. Das Konzept soll im Rahmen der Ökobilanz einen Vergleichsmaßstab bieten, mit dem verdeutlicht wird, welche ökologischen Folgen die Bereitstellung bestimmter Güter verursacht.

Ökologischer Fußabdruck

Der Schweizer Mathis Wackernagel und sein kalifornischer Kollege William Rees unterbreiteten 1994 den Vorschlag, dass alles menschliche Handeln und Konsumieren letztlich in benötigter Fläche ausgedrückt werden könne. Denn sowohl zur Befriedigung unserer Grund- als auch unserer Luxusbedürfnisse sowie zur Deponierung unseres Mülls und verschiedenster Emissionen benötigen wir letztlich Fläche. Aus dieser Grundüberlegung heraus entwickelten sie das Konzept des ökologischen Fußabdrucks. Dieser steht für die unter heutigen Produktionsbedingungen von einem Menschen durchschnittlich benötigte Fläche, unter der Annahme eines bestimmten Lebensstils und Lebensstandards. Da die verfügbare Fläche der Erde begrenzt ist, die Weltbevölkerung aber seit Jahrzehnten zunimmt, nimmt dieser Wert kontinuierlich ab und beträgt derzeit 1,8 globale Hektar (gha), die rechnerisch jedem Menschen weltweit zur Verfügung stehen. Liegt der Wert höher, dann übernutzen wir das System Erde. Während der ökologische Fußabdruck unser Fehlverhalten dokumentiert, setzt das Konzept des **„Handprint-Konzept"** an unseren Aktivitäten zugunsten einer nachhaltigen Entwicklung an.

1 MK

Ermitteln Sie Ihren individuellen ökologischen Fuß- und Handabdruck mithilfe eines CO_2-Rechners aus dem Internet (z. B. Suchbegriff „footprint") und eines Handprint Calculators.

Earth Overshoot Day

Von einem festen Geldbetrag kann man Zinsen erwirtschaften und von diesen leben – vorausgesetzt, man reduziert nicht das Stammkapital. Vergleichbar basiert das Konzept des „Earth Overshoot Day" auf der Überlegung, dass sich das System Erde binnen eines Jahres vollständig regenerieren und entsprechend Ressourcen zur Nutzung bereitstellen kann – vorausgesetzt, die Eingriffe des Menschen in das Systems überschreiten nicht dessen Regenerationsfähigkeit. Doch eben dies wird seit den ersten Ermittlungen des im Deutschen als „Welterschöpfungstag" bezeichneten Termins deutlich. Seit Ende der 1980er-Jahre wird der Tag im Jahresverlauf berechnet, bis zu dem die Regenerationsfähigkeit des Systems Erde die Bedürfnisse der Menschheit nach Ressourcen befriedigen kann. 1987 war dieser Tag der 19. Dezember. Schon damals also konnte das System Erde den menschlichen Ressourcenbedarf nicht mehr allein aus der Regeneration bestreiten, sondern es musste die Substanz des Systems Erde angegriffen werden: Im übertragenen Sinne also ging es an das Stammkapital. Dies wiederum führt zwangsläufig zu einer reduzierten Regenerationsfähigkeit. Durch die ständige Übernutzung des Systems Erde verschiebt sich der Earth Overshoot Day immer weiter nach vorn (siehe Tabelle 4).

HDI und ökologischer Fußabdruck

In jüngster Zeit findet ein weiteres Verfahren zur Messung von Nachhaltigkeit zunehmend Beachtung. Dieses betont die ökonomische, ökologische und soziale Dimension des Nachhaltigkeitsgedankens und geht damit über die primär ökologisch ausgerichteten anderen Ansätze hinaus. Dazu werden für einzelne Länder die Daten des Human Development Index (berechnet aus Daten zum Bruttoinlandsprodukt pro Kopf (kaufkraftbereinigt), zur durchschnittlichen Lebenserwartung sowie zur durchschnittlichen Dauer der Beschulung) mit denen des ökologischen Fußabdrucks kombiniert. Nachhaltigkeit ist nach diesem Konzept dann gegeben, wenn der durchschnittliche ökologische Fußabdruck einer Gesellschaft unter einem Grenzwert von 1,8 globalen Hektar pro Person liegt und gleichzeitig ein HDI-Wert von mindestens 0,8 erreicht wird. Der Grenzwert des ökologischen Fußabdrucks nimmt bei gleichbleibender Fläche und zunehmender Weltbevölkerung ab. Der Grenzwert des HDI wurde so festgelegt, dass ein HDI-Wert von mehr als 0,8 einen hohen und damit anzustrebenden Entwicklungsstand signalisiert. Vor dem Hintergrund dieser Definition von Nachhaltigkeit wird deutlich, dass nachhaltige Entwicklung für die Gruppe der Entwicklungsländer vor allem die Steigerung ihres HDI-Wertes bedeutet, während sie für die Gruppe der hochentwickelten, wohlhabenden Gesellschaften auf die Absenkung ihres ökologischen Fußabdrucks zielt.

Earth Overshoot Day	
1990	07. Dez.
1995	21. Nov.
2000	1. Nov.
2005	20. Okt.
2010	21. Aug.
2017	2. Aug.
2019	29. Juli

Nach www.overshootday.org, (Zugriff: 27.10.2020)

4

→ HDI S. 408/409

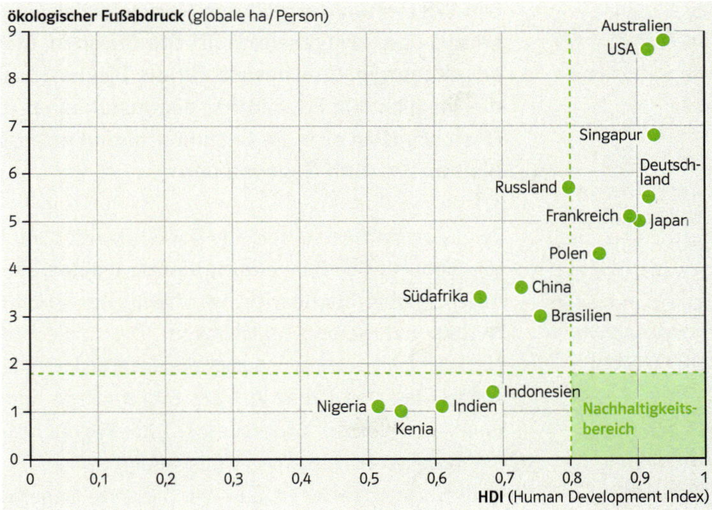

3 Nachhaltigkeit – wo stehen ausgewählte Staaten?

Nach: Deutsche Gesellschaft für die Vereinten Nationen e.V. (DGVN) (Hrsg.): Bericht über die menschliche Entwicklung 2015. Berlin: BWV 2015, S. 246 – 249/Global Footprint Network: Ecological Wealth of Nations, unter: www.footprintnetwork.org/content/images/uploads/Ecological_Wealth_of_Nations.pdf/, beide Okt. 2016 (Zugriff: 27.10.2020)

2

Führen Sie ein Gruppenpuzzle zu folgendem Arbeitsauftrag durch:

a) Stammgruppe: Erstellen Sie eine Rangliste der Ihrer Ansicht nach geeignetsten Konzepte zur Ermittlung von Nachhaltigkeit bzw. zur Bewertung nachhaltiger Prozesse. Präsentieren Sie Ihre Ergebnisse im Plenum und begründen Sie Ihre Rangfolge.

b) Expertengruppe: Arbeiten Sie den spezifischen Ansatz des vorgeschlagenen Messverfahrens heraus. Präsentieren Sie Ihr Ergebnis in Ihrer Stammgruppe.

3

Dennis Meadows, der Hauptautor des Buches „Die Grenzen des Wachstums", kommt für sich zu dem Schluss: „Der Ausdruck und damit das Programm ‚Nachhaltige Entwicklung' ist ein Oxymoron", also ein Widerspruch in sich selbst. Nehmen Sie Stellung zu dieser Aussage.

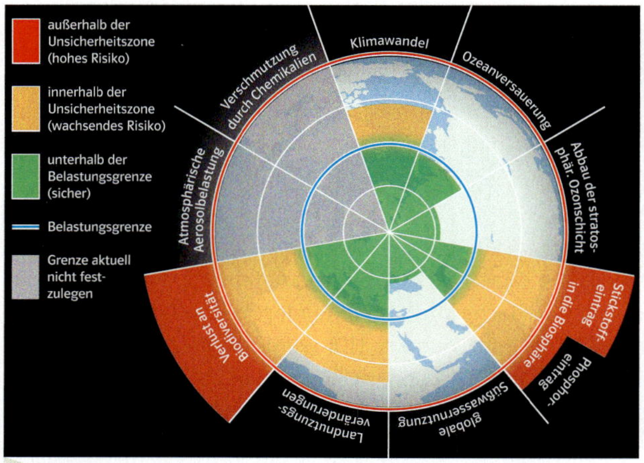

1 **Rockströms Konzept der Belastungsgrenzen des Planeten**

Nach Johan Rockström: Planetary Boundaries. Unter: www.stockholmresilience.org/research/research-news/2015-01-15-planetary-boundaries--an-update.html (Zugriff: 27.10.2020)

2 **Johan Rockström vom Stockholm Resilience Center bei seiner TED-Vorlesung „Planetary Boundaries"**

NE

Wie viel Spielraum haben wir?

Das Wissen um die globalen Herausforderungen ist längst aus der Wissenschaft heraus über zivilgesellschaftliche Gruppen, Medien und Politik auch in der Gesellschaft angekommen. Gleiches gilt für die Diskussion über geeignete Gegenstrategien sowie die Möglichkeit, Fortschritte zugunsten einer nachhaltigen Entwicklung zu messen. Doch wie lässt sich die Gesamtsituation erfassen und welche (zeitlichen) Spielräume bleiben uns zum Gegensteuern?

Stockholm Resilience Center
internationales und interdisziplinäres Forschungszentrum an der Universität Stockholm mit dem Schwerpunkt der Belastbarkeit von sozioökologischen Systemen

Resilienz
Widerstandsfähigkeit. Der Begriff wird in unterschiedlichem Kontext angewandt. Im Zusammenhang mit dem System Erde versteht man darunter dessen systemerhaltende Widerstands- bzw. Regenerationsfähigkeit.

Zwei Botschaften stellt Johan Rockström, der 2009 das Konzept der **Belastungsgrenzen unseres Planeten (global boundaries)** veröffentlichte, in den Mittelpunkt seiner Erklärungen: Die schlechte Nachricht ist, dass wir aufgrund unserer Lebensweise massiven Druck auf das System Erde ausüben und dessen Widerstands- und Regenerationsfähigkeit bereits massiv geschädigt haben. Die gute Nachricht aber ist, dass wir die erste Generation sind, die aufgrund der wissenschaftlichen Fortschritte dies überhaupt erkennt und versteht und daher die Möglichkeit hat, gegenzusteuern. Die Bedrohungen sind so groß, dass „business as usual" keine Option ist. Denn die Grenzen der planetaren Belastbarkeit sind bei einigen Kriterien erreicht, bei manchen gar weit überschritten, wie es anhand der Grafik 1 sofort ins Auge sticht.

Wie sich der aktuelle Zustand des Systems Erde im Verhältnis zu den planetaren Grenzen verhält, wird anhand der Tabelle 3 deutlich.

Die Forscher des Stockholm Resilience Centers haben zunächst Kategorien identifiziert, die für den Erhalt des Systems Erde unabdingbar sind. In einem zweiten Schritt der Forschungen wurde ermittelt, wie weit die Toleranz des Systems Erde etwa mit Blick auf den Anstieg der globalen Durchschnittstemperatur reicht, ehe das (Teil-)System Klima kollabiert. Auf dieser Grundlage konnten Grenzwerte benannt und als Belastungsgrenzen des Systems Erde gezogen werden. Auch wenn noch nicht alle Grenzen identifiziert werden konnten, lautet die Botschaft: Wir können das System stabilisieren, vorausgesetzt, wir handeln **lösungsorientiert** und **zukunftsorientiert**!

1 Erläutern Sie das Konzept der Belastungsgrenzen des Planeten Erde (Planetary Boundaries).

2 MK Arbeiten Sie anhand eines selbstgewählten Beispiels aus Grafik 1 mithilfe der Tabelle 3 den Zustand der Erde heraus.

3 „Business as usual" ist laut Johan Rockström keine Option für unseren Umgang mit dem System Erde. Bewerten Sie diese Aussage im Hinblick auf das Konzept der planetaren Belastungsgrenzen.

Belastungsgrenzen des Planeten auf dem Stand von 2014				
Erdsystem-prozesse	**Kontrollvariablen**		**Planetarische Grenze (Bereich der Ungewissheit)**	**Aktueller Wert von Kontroll-variablen**
Klimawandel	Atmosphärische CO_2-Konzentration in ppm, Energieungleichgewicht obere Erd-atmosphäre in W/m²		350 ppm CO_2 (350 – 450 ppm), Energieungleichgewicht: + 1,0 W/m² (+ 1,0 – 1,5 W/m²)	396,5 ppm CO_2, 2,3 W/m² (1,1 – 3,3 W/m²)
Unversehrt-heit der Biosphäre	Genetische Vielfalt: Aussterberate		Genetisch: < 10 E/MSY (10 – 100 E/MSY), aber mit einem angestrebten Ziel von ca. 1 E/MSY (die Hintergrundrate des Schwunds durch Aussterben). (E/MSY = Zahl der ausgestorbenen Arten pro eine Million Arten)	100 – 1 000 E/MSY
Strato-sphärischer Ozonabbau	Stratosphärische O_3-Konzentration in DU		< 5 % Reduzierung des vorindustriellen Pegels von 290 DU (5 – 10 %), bewertet nach Breitengrad, Spielraum (DU = Dobson-Unit, misst die Stärke der Ozon-schicht)	Nur im antark-tischen Frühjahr über der Antark-tis überschritten (~ 200 DU)
Meeres-versauerung	Karbonationenkonzentration, durchschnitt-liche globale Sättigung der Meeresober-fläche hinsichtlich des Aragonits (Ωarag)		≥ 80 % des Zustands vorindustrieller Aragonitsät-tigung der mittleren Meeresoberfläche, ein-schließlich 24-stündiger und saisonaler Veränder-lichkeit (≥ 80 % – ≥ 70 %)	~ 84 % des Zustands vor-industrieller Ara-gonitsättigung
Biochemische Abläufe: (P- und N-Kreisläufe)	P-Kreislauf	Global: P-Abfluss von Süßwasser-systemen ins Meer Regional: P-Abfluss von Düngern zu erosionsanfälligen Böden	Global: 11 Mt P a^{-1} (11 – 100 Mt P a^{-1}) Regional: 3,72 Mt P a^{-1} abgebaut und in (land-wirtschaftlich genutzte) erosionsanfällige Böden eingebracht. Grenze ist ein globaler Durch-schnittswert, aber regionale Verteilung ist für Einwirkungen entscheidend.	22 Mt P a^{-1} ~ 14 Mt P a^{-1}
	N-Kreislauf	Global: industrielle und beabsichtigte biologische Fixierung von N	44,0 Mt N a^{-1} (44,0 – 62,0 Mt N a^{-1}) Grenze funktioniert als ein „globales" Ventil, das die Einführung von neuem, reaktiven N ins Erd-system begrenzt, aber regionale Verteilung des Düngemittels N ist für Einwirkung entscheidend.	~ 150 Mt N a^{-1}
Land-System-wechsel	Global: Forstflächen als Anteil des ursprünglichen Waldbewuchses Biome: Forstflächen als Anteil des potenziellen Waldes		Global: 75 % (75 – 54 %) Werte sind gewichtete Mittelwerte der drei einzelnen Biomgrenzen und ihrer Unbestimmtheitsbereiche. Biome: tropisch: 85 % (85 – 60 %), gemäßigt: 50 % (50 – 30 %), nördlich: 85 % (85 – 60 %)	62 %
Süßwasser-verbrauch	Global: maximale Menge verbrauchten blauen Wassers (km³ a^{-1}) Flussgebiete: Entnahme blauen Wassers als Anteil des mittleren monatlichen Abflusses		Global: 4 000 km³ a^{-1} (4 000 – 6 000 km³ a^{-1}) Flussbecken: maximale monatliche Entnahme als ein Anteil des mittleren monatlichen Abflusses. In Monaten mit niedrigem Abfluss: 25 % (25 – 55 %), in Monaten mit mittlerem Abfluss: 30 % (30 – 60 %), in Monaten mit hohem Abfluss: 55 % (55 – 85 %).	~ 2 600 km³ a^{-1}
Atmo-sphärische Aerosol-belastung	Global: optische Dicke der Aerosole (AOD), aber große regionale Abweichungen; Regional: AOD als saisonaler Durchschnitt über einer Region, südasiatischer Monsun als Fallstudie		Regional (südasiatischer Monsun als Fallstudie): von Menschen gemachte totale AOD (absorbie-ren und streuen) über dem indischen Subkonti-nent von 0,25 (0,25 – 0,50), absorbierende AOD (Erwärmung) weniger als 10 % der totalen AOD	0,30 AOD über der süd-asiatischen Region

Nach Johan Rockström, Mattias Klum: Big World Small Planet. Wie wir die Zukunft unseres Planeten gestalten. Ullstein: Berlin 2016, S. 78

3

NE Können wir die Welt durch die Digitalisierung nachhaltiger gestalten?

Die Digitalisierung verändert in immer schnellerem Tempo alle Bereiche unseres Arbeits- und Privatlebens. Dabei steigt der Bedarf an Rechnerkapazität weltweit enorm an und mit ihr der Energiebedarf. Dieser wiederum kann nur durch einen erhöhten Ressourceneinsatz gedeckt werden. Das gilt für eine regenerative Energiebereitstellung ebenso wie für eine auf dem Verbrennen fossiler Energieträger beruhende Technologie. Trotz dieses offenkundigen Mehrbedarfs an Energie wächst die Überzeugung, dass durch die Digitalisierung gewaltige Chancen zugunsten einer nachhaltigen Entwicklung entstehen. Wie kann das sein?

Einigkeit besteht dahingehend, dass der Prozess der Digitalisierung zunächst wirklich eine deutliche Steigerung des Energiebedarfs mit sich bringt, dass aber mittel- und langfristig insbesondere durch große Effizienzsteigerungsraten der mineralische, metallische wie energetische Ressourcenbedarf stark rückläufig sein wird. Denn sowohl die Produktionsprozesse als auch der Betrieb der hergestellten Güter werden weniger Rohstoffe und Energie benötigen.

Ist die digitale Infrastruktur erst weltweit installiert, kann ein großer Teil der Geschäftsreisen entfallen, da Videokonferenzen diese ersetzen und somit zur Reduktion von verkehrsbedingten Treibhausgasen beitragen. Gleiches bewirkt die über alle Zeitzonen hinweg digital organisierte Kooperation an Dokumenten und Produkten. Auch eine satellitengesteuerte Präzisionslandwirtschaft kann z. B. durch Digitalsteuerung die Ausgabe von Dünger und Pestiziden punktgenau optimieren, sodass deren Negativeffekte minimiert werden.

Ebenso im gesellschaftlichen Bereich kann die Digitalisierung im Sinne der „Agenda 2030" einen großen Beitrag zur nachhaltigen Entwicklung leisten. Dieser konzentriert sich zum einen auf den Bereich der Bildung. Hier können Schülerinnen und Schüler mittels „Open Resources Education" (OER) kostenfrei an Unterrichtsmaterialien gelangen, auch über große Distanzen hinweg an Lehrveranstaltungen teilnehmen und Prüfungen ablegen. Damit könnte – so erste Erfahrungen – ein Schritt hin zur Reduktion gesellschaftlicher Unterschiede erreicht werden. Zum anderen ermöglichen QR-Codes an Waren wie Mangos, Avocados oder Textilien, dass man sich direkt über Produktionsbedingungen, Transportwege, die Einhaltung von Sozial- und Umweltstandards sowie über die Aufteilung der erzielten Umsätze informieren kann. Diese Daten können Grundlage unserer individuellen Kaufentscheidungen im Sinne der „Agenda 2030" sein.

1 E-Learning, Indien

2 Bananen mit QR-Code zur Produktinformation

3 Präzisionslandwirtschaft

Eine steigende Bildung geht häufig, bei Weitem aber nicht immer mit einer größeren Beachtung nachhaltiger Entwicklung einher. Dennoch ist hier das Potenzial für einen sich selbst verstärkenden Prozess gegeben.

Im ökologischen Bereich eröffnen sich vielfältige Chancen und Wirkungen insbesondere durch die Dokumentation von positiven wie negativen Umweltaspekten. So hat etwa der Naturschutzbund Deutschland (NABU) sowohl für die heimische Vogel- als auch die Insektenwelt eine App (Material 4) erstellt, die kostenfrei genutzt werden kann. Der Gedanke dahinter ist angelehnt an die Idee der „civil science", also von Bürgern durchgeführten wissenschaftlichen Untersuchungen, und basiert auf dem Prinzip „Information gegen Meldung". Fotografiere ich eine mir unbekannte Vogel- oder Insektenart, dann informiert mich die App mittels Bilderkennung über den Namen, das Vorkommen und die Bedrohung dieser Art. Zugleich gehen Ort und Zeitpunkt der Sichtung des Tieres in eine übergeordnete Datenbank ein. Auf der Basis dieser Daten kann die Gesamtsituation besser erfasst werden und die Wissenschaftler können, wo nötig, entsprechende Schutzkonzepte erstellen und umsetzen.

Ähnliche Apps werden auch zur Lokalisierung von Flussverschmutzungen eingesetzt. Eine besondere ist das von der südafrikanischen Umweltschutz-Organisation WESSA entwickelte Tool „MiniSASS". Dieses digitale Instrument unterstützt die Bestimmung der Wasserqualität von Fließgewässern anhand von Kleinstlebewesen. Die Ergebnisse der Untersuchung werden wiederum in eine Datenbank eingetragen und lassen sukzessive eine Gewässergütekarte Südafrikas entstehen (Karte 5), die wiederum als Entscheidungsgrundlage für umweltpolitische Maßnahmen herangezogen werden kann.

Der größte Beitrag der Digitalisierung zugunsten einer nachhaltigen Entwicklung liegt offensichtlich im Bereich der schnellen Informationsbereitstellung für sehr viele Menschen. Dies gilt etwa auch für den Bereich der „Sharing Economy", deren Grundidee das gemeinsame Nutzen von Geräten ist. Wer ein Bild aufhängen möchte, muss nicht wirklich eine Bohrmaschine besitzen. Es reicht, wenn er sie nutzen kann. Ist die erforderliche Information verfügbar, kann diese Idee leichter umgesetzt werden. Dies gilt für den Kauf von Mobilität statt des Fahrzeugs ebenso wie für den Kauf von Waschgängen statt von Waschmaschinen und vieler anderer Dienstleistungen.

4 **NABU-App Vogelwelt und Insektenwelt**

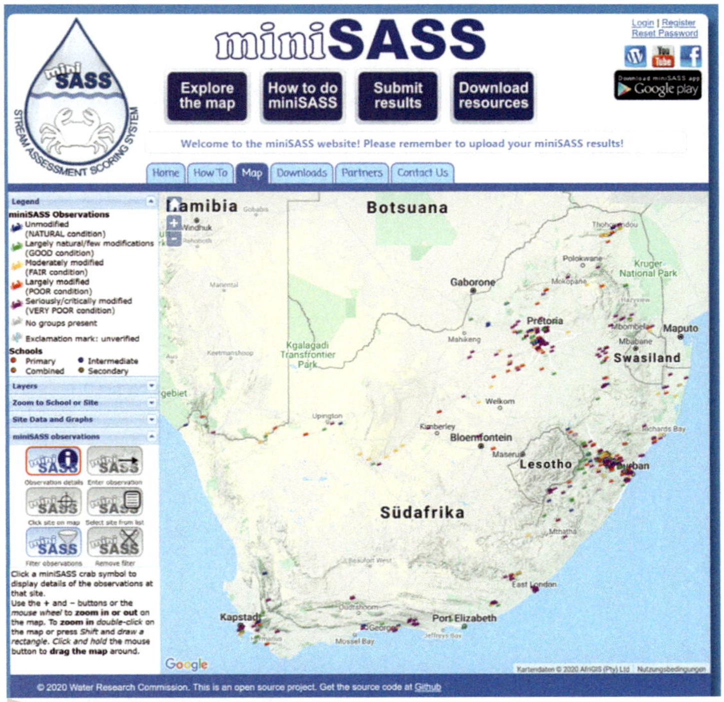

5 **Flussverschmutzungen lokalisieren und dokumentieren**

1

Arbeiten Sie mögliche Beiträge der Digitalisierung zugunsten der nachhaltigen Entwicklung heraus.

2

Erörtern Sie Vor- und Nachteile dieses Prozesses.

3 MK

Bewerten Sie den Beitrag der Digitalisierung zur nachhaltigen Entwicklung anhand

a) einer App zur nachhaltigen Mobilität für eine Fahrt von Lauf/Schwarzwald über Linsenhofen/Schwäbische Alb nach Konstanz/Bodensee oder

b) eines QR-Codes zur Produktinformation für Lebensmittel oder Kosmetika oder

c) einer App zum Arten- oder Umweltschutz.

Wichtige Begriffe

- Disparitäten
- globale Herausforderungen
- Klimawandel
- nachhaltige Entwicklung
- Problemlösungsorientierung
- Ressourcenknappheit
- Stadtentwicklung
- Ziele für eine nachhaltige Entwicklung/Sustainable Development Goals
- Zukunftsorientierung

Wissen vernetzen

Ob Klimaveränderungen, Bodenbildung, Artensterben oder Stoffströme in Ökosystemen: Natürliche Prozesse sind, jeder für sich, hochkomplex. Gleiches gilt für das Zusammenleben, das Handeln und Wirtschaften von menschlichen Gesellschaften unterschiedlicher Kulturen. Umso komplexer ist das über lange Zeiträume anhaltende Zusammenwirken all dieser Teilsysteme. Und die Dynamik dieses Prozesses nimmt in unserer zunehmend globalisierten Welt zusätzlich an Fahrt auf. Eine komplexe von globalen Herausforderungen geprägte Wirklichkeit, so muss man erkennen, erfordert die Fähigkeit zum komplexen Denken. Denn nur so können wir als Weltgesellschaft diese bewältigen und die weitere Entwicklung des Systems Erde so sichern, dass unsere Lebensgrundlage erhalten bleibt.
Das ist eine große Aufgabe. Denn allein um die Ursachen der unsere Zeit prägenden globalen Herausforderungen zu verstehen, benötigen wir die Kompetenz, systemisch zu denken und zu entscheiden. Beides ist Voraussetzung zur nachhaltigen Gestaltung der Erde.
Doch oft werden die globalen Herausforderungen isoliert betrachtet und in den Medien wird entsprechend darüber berichtet. So entsteht der Eindruck, wir hätten es mit dem Problem des Klimawandels auf der einen, der Problematik Armut auf der anderen und dem Problem der Verstädterung auf einer dritten Seite zu tun. Und jede diese Herausforderungen könnte isoliert angegangen werden. Die Wirklichkeit ist sehr viel komplexer und lässt erkennen, dass die globalen Herausforderungen miteinander ursächlich verbunden sind und sich teilweise gegenseitig verstärken. Eine Lösungsstrategie zur Überwindung der globalen Herausforderungen kann daher nur integrativ, also verschiedene Aspekte und Teilprozesse berücksichtigend, angelegt sein. Das Nachhaltigkeitsprinzip bildet dabei die konzeptionelle Grundlage und verknüpft die unterschiedlichen Ansätze zu einer Gesamtstrategie. Zudem lässt die weitere Digitalisierung große Chancen zugunsten einer nachhaltigen Entwicklung erkennen.

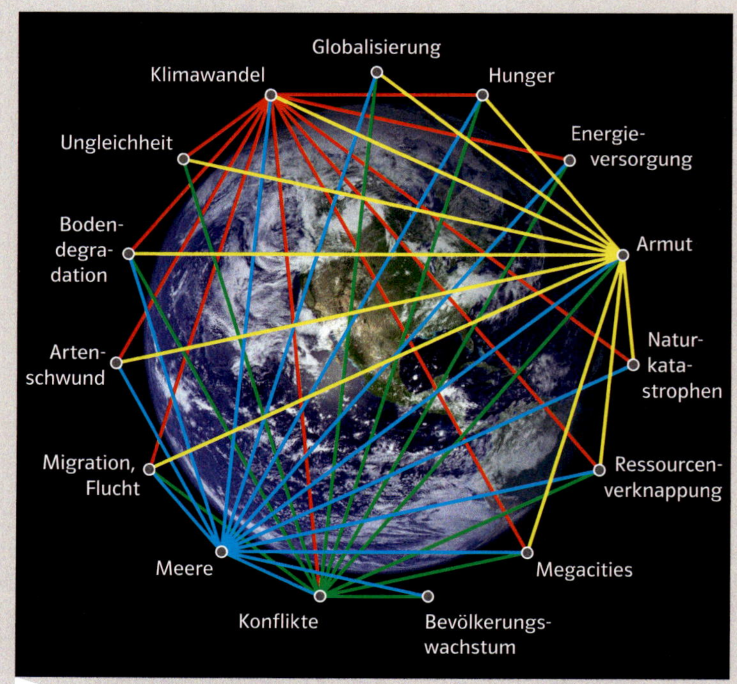

1 Netz der globalen Herausforderungen

Kompetenzen überprüfen

Überprüfen Sie Ihre in diesem Kapitel erworbenen Kompetenzen entsprechend der Anweisungen auf S. 43.

Sich orientieren

1 Nennen Sie mindestens jeweils drei Staaten, deren nachhaltige Entwicklung extrem negativ bzw. sehr positiv ist, und verorten Sie diese auf einer Weltkarte.

Wissen und verstehen

2 Erklären Sie das Konzept der planetaren Grenzen.

3 Erläutern Sie das zentrale Ziel der „Agenda 2030".

4 Vergleichen Sie mindestens zwei Verfahren zur Messung nachhaltiger Entwicklung.

5 Stellen Sie anhand von Karte 2 den Zusammenhang zwischen dem fragilen Gleichgewicht im System Erde und den globalen Herausforderungen dar.

Fachmethoden anwenden

6 Arbeiten Sie aus der Grafik 1 die drei wirksamsten globalen Herausforderungen heraus.

7 Interpretieren Sie die Karikatur 3.

8 Erstellen Sie auf der Grundlage der Daten (Tabelle 4) ein Diagramm zum Vergleich der nachhaltigen Entwicklung ausgewählter Staaten.

Beurteilen und bewerten

9 Beurteilen Sie die aktuelle Regenerationsfähigkeit des Systems Erde anhand des World Overshoot Day.

10 Bewerten Sie die Wirksamkeit mindestens zwei verschiedener Nachhaltigkeitsstrategien.

Handeln

11 Überprüfen Sie Ihren möglichen Beitrag zur Realisierung eines ausgewählten Ziels für nachhaltige Entwicklung.

12 Entwickeln Sie Ideen, Ihr digitales Endgerät zugunsten einer SDG-Zielsetzung zu nutzen.

3 Karikatur Horst Haitzinger

Basiskonzepte anwenden

13 Erläutern Sie an einem Fallbeispiel aus diesem Kapitel die Basiskonzepte der Geographie.

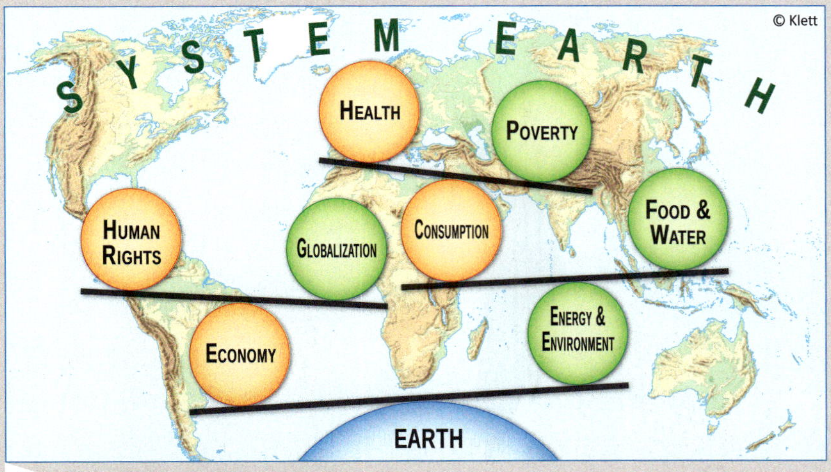

2 Die Fragilität des Systems Erde

HDI und ökologischer Fußabdruck ausgewählter Staaten

Staat	ökologischer Fußabdruck	HDI
Norwegen	4,8	0,944
Neuseeland	4,3	0,913
USA	7,2	0,915
Katar	11,6	0,850
Indien	0,9	0,609
Tschad	1,7	0,392

HDI: http://hdr.undp.org/en/data
Ökolg. Fußabdruck: http://data.footprintnetwork.org/?_ga=2.265652559.1162257214.1595921827-245365562.1595921827#/ (Zugriff: 27.10.2020)

4

Wenn Sie alle Seiten dieses Kapitels bearbeitet haben, können Sie ...

- drei zentrale Bereiche der globalen Herausforderungen nennen,
- das Netz der globalen Herausforderungen erläutern,
- die Grundidee der nachhaltigen Entwicklung darlegen,
- mögliche Maßnahmen zur Umsetzung der nachhaltigen Entwicklung erklären,
- unterschiedliche Verfahren zur Messung von nachhaltiger Entwicklung beurteilen,
- das Konzept der planetaren Grenzen erläutern,
- das Potenzial der Digitalisierung zugunsten der nachhaltigen Entwicklung bewerten.

12

Globale Herausforderung: Klimawandel

1 Bild oben: Windfarm in Kalifornien. Kalifornien will bis 2048 in der Stromerzeugung klimaneutral sein, Dänemark hingegen will dieses Ziel schon 2028 erreichen.

Wie in Kalifornien reagieren weltweit Menschen, Organisationen, Unternehmen, Kommunen und Staaten auf die globale Herausforderung Klimawandel.

In seinen Auswirkungen ist der Klimawandel allgegenwärtig: Doch während man in einigen Regionen nur kleine Veränderungen feststellen kann, sind andere Regionen von extremen Wetterereignissen wie zum Beispiel Starkregen, deutlich steigenden Temperaturen, sich verändernden Jahreszeiten, dem Abschmelzen von Gletschern oder vom ansteigenden Meeresspiegel betroffen.

Wie wird die Menschheit diese gewaltige Herausforderung bewältigen können?

2 Farbstreifen unten: Abweichung der weltweiten Durchschnittstemperatur im Zeitraum 1850 bis 2017 nach unten (blau) oder nach oben (rot). Jeder Streifen steht für ein Jahr.

Sie untersuchen ...

3 Engagement für einen Wandel in der Klimapolitik 2019

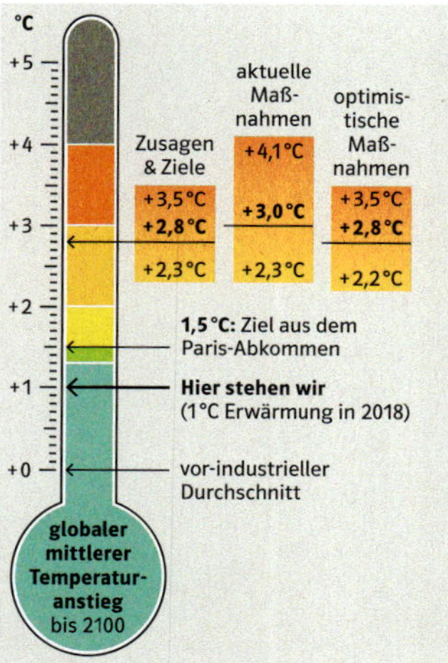

Die Temperaturen auf dem CAT-Thermometer sind Schätzungen der mittleren globalen Durchschnittstemperatur für 2100 mit einer Wahrscheinlichkeit von 50 %.
Als Beispiel: Bleibt es bei den bisherigen Ankündigungen, dann wird die mittlere globale Erwärmung im Jahr 2100 2,8 °C betragen.

Übers. nach: https://climateactiontracker.org/global/cat-thermometer/

4 Climate Action Tracker

2019 wird in der Geschichte möglicherweise das Jahr sein, in dem die globale Herausforderung Klimawandel für sehr viele Menschen Realität wurde.

Weltweit werden wie in Kalifornien (S. 54/55) Anstrengungen unternommen, den Kohlenstoffdioxid-Ausstoß zu stoppen und damit die globale Erwärmung auf 1,5 °C im Vergleich zur vorindustriellen Zeit mit dem Bezugszeitpunkt 1850 zu begrenzen. Weil die Fortschritte bislang jedoch gering sind, fordern Klimaschutzbewegungen wie „Fridays for Future" mehr und schnellere Maßnahmen.

Diesen Fragen zum Klimawandel werden Sie nachgehen:

- Ändert sich unser Klima tatsächlich durch menschlichen Einfluss oder sind es nur normale Temperaturschwankungen, wie es sie schon immer gab?
- Gibt es bereits Fakten, die einen Klimawandel belegen?
- Wie wird sich der Klimawandel auswirken?
- Wie lösen Treibhausgase wie Kohlenstoffdioxid (CO_2) die globale Erwärmung aus?
- Woher kommt das CO_2?
- Wie lässt sich die Erderwärmung auf 1,5 °C begrenzen?
- Welche Maßnahmen treffen die Weltgemeinschaft und einzelne Regierungen?
- Kann ich als Einzelner überhaupt etwas bewegen?

Die folgenden Seiten unterstützen Sie in der Beantwortung dieser Fragen und informieren, wie Sie zu einer klimaneutralen Lebensweise beitragen können.

Sie knüpfen an ...

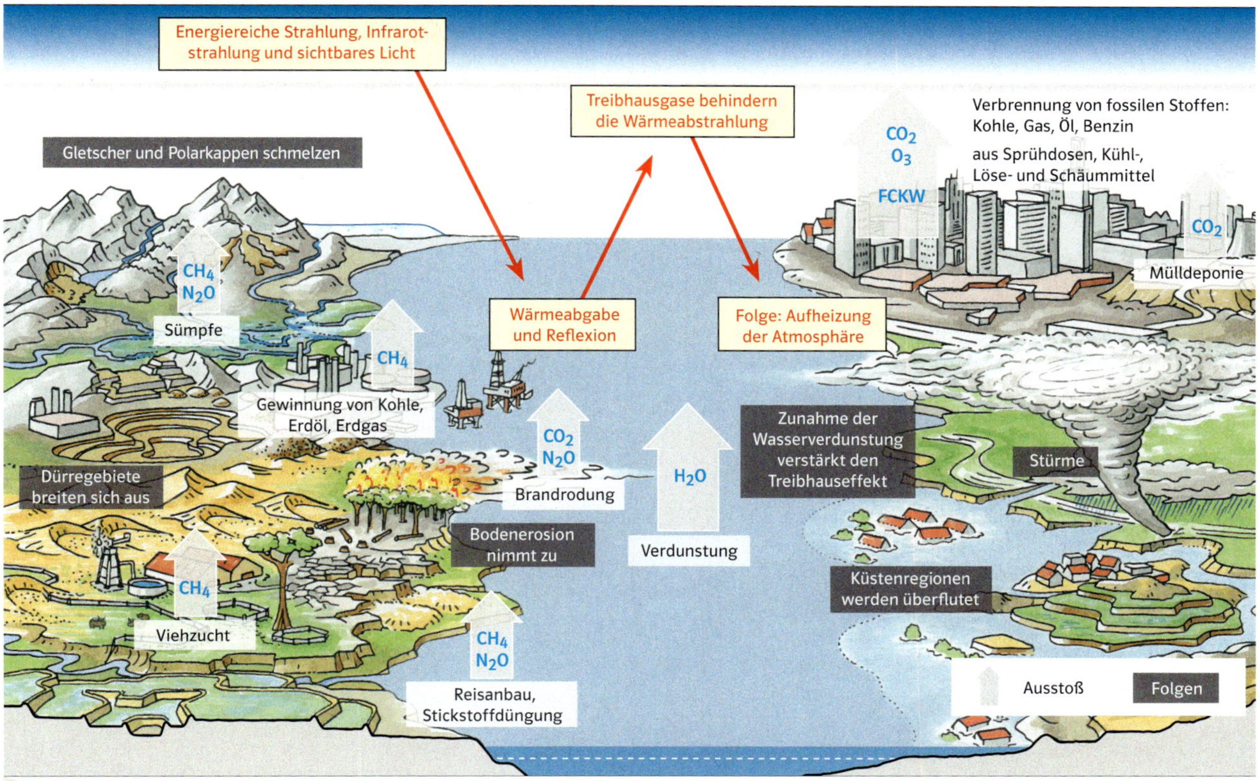

5 Der anthropogene Treibhauseffekt und seine Folgen

Das wissen Sie schon!

Mit dem Klimawandel und der globalen Erwärmung haben Sie sich nicht nur im Fach Geographie, sondern auch beispielsweise in Physik und Chemie beschäftigt.
Thema waren die Auswirkungen des Klimawandels in der Arktis wie das Abschmelzen der Inlandsgletscher auf Grönland oder der Rückgang des arktischen Meereises, aber auch weltweite Wetter- und Klimaereignisse, die auf die globale Erwärmung zurückzuführen sind. Der Unterschied zwischen dem natürlichen und anthropogen verstärkten Treibhauseffekt und seinen Ursachen führte zu folgenden Fragen: „Weshalb ist Kohlenstoffdioxid das bedeutendste Treibhausgas?" und „Wie sind Maßnahmen zum Klimaschutz durch eine Verringerung der privaten Treibhausgasemissionen zu beurteilen?"

Bekannte Begriffe

- Antarktis
- anthropogener Treibhauseffekt
- Arktis
- Atmosphäre
- Dürre
- Emission
- Inlandeis
- Klimawandel
- Kohlenstoffdioxid
- Meereis
- Meeresspiegelanstieg
- natürlicher Treibhauseffekt
- Permafrost
- Temperaturanstieg
- Treibhausgas
- Überschwemmungen

1 MK
Erläutern Sie den anthropogenen Treibhauseffekt und seine Folgen (Grafik 5) mit den Fachbegriffen, die Sie bereits kennen.

2
Beschreiben Sie, wie Sie im alltäglichen Leben mit dem Thema Klimawandel oder globale Erwärmung konfrontiert werden.

3 MK
Stellen Sie in einer Übersicht die für Sie noch offenen Fragen zum Thema Klimawandel und globale Erwärmung dar.

4
Überprüfen Sie nach Abschluss dieses Kapitels, ob die von Ihnen genannten Fragen beantwortet werden konnten.

MK

Dimensionen des Klimawandels

Der Klimawandel ist da. Die Veränderungen des Klimas sind nicht nur mit Instrumenten messbar, sondern betreffen in ihren Auswirkungen Menschen weltweit, auch in Deutschland. Weil die Veränderungen vielfältig, manchmal widersprüchlich und die zukünftigen Folgen unklar sind, entsteht bei vielen Menschen der Wunsch nach Informationen. Welche Folgen wird der Klimawandel in Zukunft haben? Welche Fakten dokumentieren die Dimensionen des Klimawandels in der Atmosphäre, der Kryosphäre, der Hydrosphäre, der Pedosphäre und Anthropospäre?

FALLBEISPIEL: Veränderungen in der Atmosphäre

Extreme Hitze – ein Szenario für das Jahr 2070

Wenn der Klimawandel nicht gemindert wird, dann könnten 2070 mehr als 3 Mrd. Menschen unter extremer Hitze leiden. Bei einer Jahresdurchschnittstemperatur von dann 29 °C (in Deutschland aktuell ca. 10 °C) sind die meisten Tage des Jahres Wüstentage. Die Bezeichnung Wüstentag wurde von den Meteorologen erst jetzt für extrem heiße Tage mit einer Tageshöchsttemperatur von über 35 °C eingeführt. Die bisherige Klassifizierung „Heißer Tag" mit Temperaturen von über 30 °C war nicht mehr aussagekräftig. Wüstentage sind für den größten Teil der Bevölkerung sehr belastend und die Sterblichkeit nimmt an diesen Tagen zu.

Quelle Karte: Chi Xu, Timothy A. Kohler, Timothy M. Lenton u.a.: Future of the human climate niche. Unter: www.pnas.org/content/117/21/11350/tab-figures-data (Zugriff: 03.09.2020)

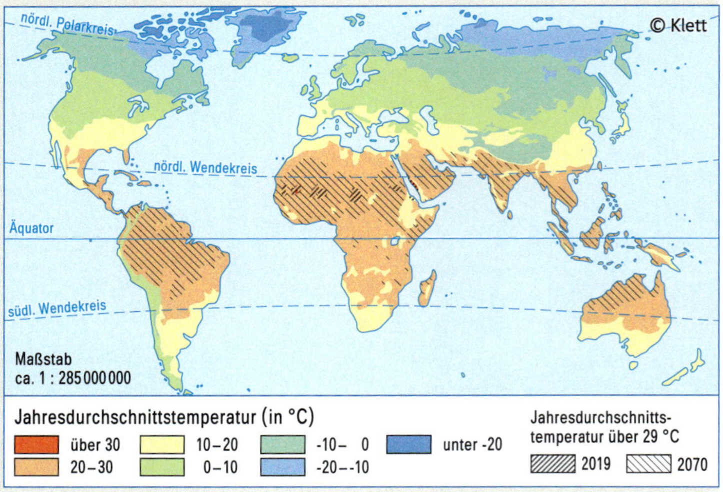

1

Greenland.com: Was denkst du über den Klimawandel und seine Auswirkungen auf deinen Garten?

Salik: „Wir können definitiv spüren, dass das Klima wärmer geworden ist. Ganz persönlich freue ich mich darüber; für einen Gärtner ist die Erwärmung kein totales Desaster. Wenn die Winter milder sind, werden neben meinen Kartoffeln auch meine Erdbeeren deutlich besser. Die überwinternden Erdbeerpflanzen überleben sehr gut unter der Erde, wenn ich sie mit viel trockenem Heu und Gewebematerial bedecke. Sie kommen früher zurück. Plötzlich haben wir den ganzen Sommer über Erdbeeren und darüber freue ich mich so richtig."

Kartoffelfeld in Grönland

Sarah Woodall: URBAN GARDENING – Wie man Grönland grün macht. Unter: https://visitgreenland.com/de/artikel/urban-gardening-wie-man-groenland-gruen-macht/ (Zugriff: 27.10.2020)

2

Australien 2019

„Das Ausmaß der Feuer ist gewaltig: Insgesamt 186 000 Quadratkilometer sind verbrannt, eine Fläche halb so groß wie Deutschland. Mehr als 6 000 Häuser wurden zerstört, mindestens 34 Menschen starben und schätzungsweise anderthalb Milliarden Tiere. Am schlimmsten wüteten die Flammen in New South Wales im Südosten des Landes, wo die Rauchschwaden über Wochen am Himmel standen, und erst Anfang März meldete die Feuerwehr, es gebe dort nach 240 Tagen derzeit keine aktiven Busch- oder Grasfeuer mehr. Noch verheerendere Brände gab es in Australien nur in den Jahren 1974/75 und 2002, allerdings in Gebieten, in denen Feuer jedes Jahr vorkommen und zum natürlichen Kreislauf gehören."

Andreas Frey: Warum brannte Australien?, FAZ.NET v. 18.03.2020, unter: www.faz.net/aktuell/wissen/erde-klima/klimawandel-warum-brannteaustralien-16684925.html (Zugriff: 27.10.2020)

Vom Feuer erfasste Siedlung

3

Was wir wissen – Fakten zum Klimawandel in der Atmosphäre

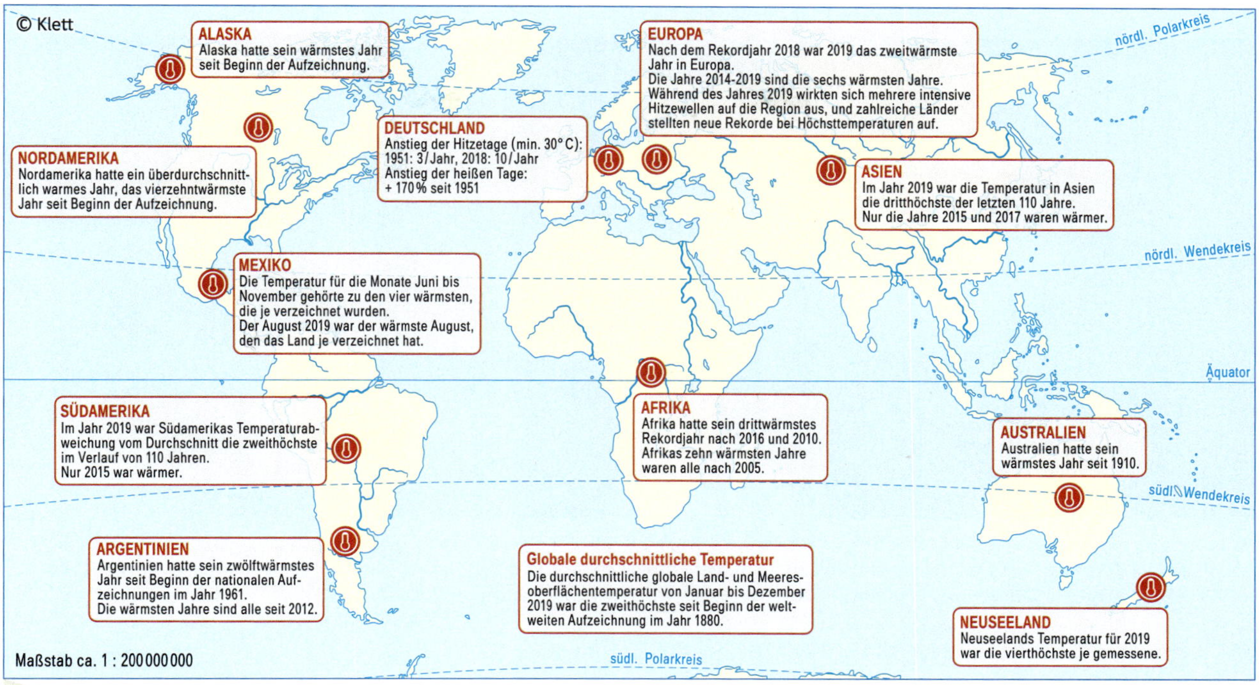

4 Temperaturanomalien 2019

Nach: National Oceanic and Atmospheric Administration: Global Climate Report – July 2020. Unter: www.ncdc.noaa.gov/sotc/global/202007 (Zugriff: 3.9.2020)

Seit 150 Jahren liegen weltweit genügend verlässliche Daten vor, welche die Zunahme der **globalen Durchschnittstemperatur** in oberflächennahen Luftschichten dokumentieren (M5). Natürlich findet die Erwärmung nicht kontinuierlich und linear statt. Faktoren wie Vulkanausbrüche oder die Veränderungen der El-Niño-Oszillation können über die globale atmosphärische Zirkulation das Klima kurzfristig beeinflussen.

Fakt ist auch, dass sich die Erwärmung regional deutlich unterscheidet. So gibt es Regionen, die sich stärker erwärmt haben, während sich andere weniger stark erwärmt oder gar leicht abgekühlt haben. So kann es durchaus in Mitteleuropa in einem Jahr zu einem kühlen Sommer oder schneereichen und kalten Winter kommen, auch wenn langfristig die Durchschnittstemperatur ansteigt.

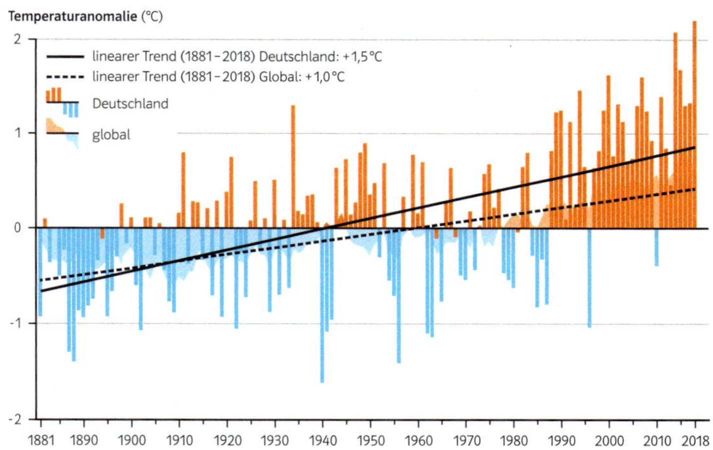

5 Temperaturanomalie Deutschland/global 1881 – 2018

Nach: DWD NOAA; unter www.umweltbundesamt.de/monitoringbericht-2015-klima entwicklung-in#undefined, Abb. 2

1 NE
Arbeiten Sie aus den Materialien wesentliche Aussagen zur globalen Erwärmung heraus.

2 NE
Vergleichen Sie Chancen und Risiken einer globalen Erwärmung.

3 NE
„Die nächsten Generationen werden in einer Welt aufwachsen, in der Schutz vor Hitze zur Überlebensfrage für einen sehr großen Teil der Menschheit wird.“ Nehmen Sie mithilfe der Karte 1 Stellung zu dieser Aussage.

4 MK
Karte 4: Überprüfen Sie mithilfe des Online-Code (Global Climate), ob es sich um singuläre Ereignisse handelt.

5 MK
Stellen Sie die Temperaturveränderungen in Ihrer Region für die letzten 50 Jahre dar. (Link Geoportal Klima)

FALLBEISPIEL: Veränderungen in der Kryosphäre

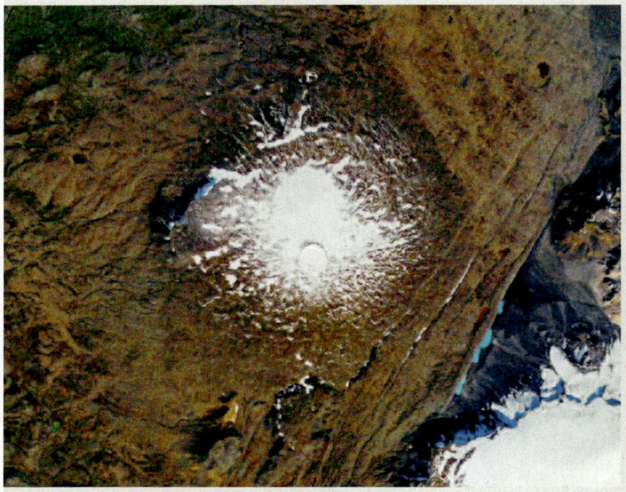

Auf Island ist offiziell der erste Gletscher für „tot" erklärt worden. Vom 700 Jahre alten Okjökull gibt es nur noch einen kümmerlichen Rest mit einer Eisdecke von 15 m. Damit kann sich das Eis nicht mehr bewegen und wird als Toteis bezeichnet. Die beiden Satellitenbilder der NASA zeigen links den Gletscher im September 1986 und rechts seine Reste im August 2019. © NASA/AP/dpa

6 Der Okjökull-Gletscher auf Island 1986 und 2019

Das Containerschiff Venta Maersk bei der Durchfahrt durch die weitgehend eisfreie Nordostpassage

Klimawandel führt zu mehr Schiffsverkehr in der Arktis

„In rund 30 Tagen vom Fernen Osten in die Ostsee – für ein Schiff ist das rekordverdächtig flott. Die ‚Venta Maersk' nahm eine Abkürzung. Am 22. August 2018 stach das 200 Meter lange Containerschiff in Wladiwostok in See. Dann passierte es die Beringstraße sowie die Ostsibirische See und legte am 28. September in St. Petersburg an. Damit befuhr erstmals ein Containerschiff die sogenannte Nordostpassage durchs arktische Polarmeer. [...]

Mit gut 14 000 Kilometern ist die Nordostpassage rund ein Drittel kürzer als der traditionelle Seeweg von Asien nach Europa [...] Dadurch könnte die Containerschifffahrt in Zukunft viel Zeit und Treibstoff einsparen. Zudem ließen sich russische und norwegische Häfen entlang des Polarmeeres ausbauen und stärker für die Versorgung der nördlichen Regionen nutzen, die entlang der Routen leben."

Jan Oliver Löfken: Das erste Containerschiff bewältigt die Nordostpassage, Technology Review v. 03.01.2019, unter: www.heise.de/hintergrund/Das-erste-Containerschiff-bewaeltigt-die-Nordostpassage-4232227.html (Zugriff: 27.10.2020)

Eisfreie Arktis – in vielen Sommern

„Das ‚Ewige Eis' verliert seinen Nimbus: Hamburger Forschern zufolge wird die Arktis bis 2050 in vielen Sommern eisfrei sein – selbst dann, wenn ehrgeizige Klimaschutzziele umgesetzt werden. [...] ‚Wenn wir die CO_2-Emissionen weltweit schnell und deutlich reduzieren und so das Zwei-Grad-Ziel erreichen, wird das Arktiseis trotzdem noch vor 2050 im Sommer immer mal wieder weitestgehend abschmelzen', sagte der leitende Autor der Studie, Dirk Notz vom Centrum für Erdsystemforschung und Nachhaltigkeit der Universität Hamburg. ‚Das hat uns überrascht.' [...]

Die Arktis sei ein ‚Großschauplatz des Klimawandels', so Notz. Das Meereis reagiere sehr sensibel und vergleichsweise linear auf die Klimaerwärmung. Jede Tonne CO_2, die ausgestoßen werde, lasse drei Quadratmeter Eis schmelzen. Sollte die Klimaerwärmung auf zwei Grad begrenzt werden, wäre der Nordpol wahrscheinlich in der Hälfte der Sommer bis 2050 weitgehend eisfrei – das heißt, die Packeisfläche wäre kleiner als eine Million Quadratkilometer. Würde sich das Klima dagegen nur um 1,5 Grad erwärmen, so bliebe eine eisfreie Arktis eher die Ausnahme, so Notz – aber: ‚Selbst im alleroptimistischsten Szenario wird das Eis in manchen Jahren verschwinden. Es ist voraussichtlich schon zu spät.'"

Eisfreie Arktis – in vielen Sommern, tagesschau.de v. 27.04.2020, unter: www.tagesschau.de/ausland/arktis-klimawandel-eisfrei-101.html; (Zugriff: 27.10.2020)

7 Meereis

Was wir wissen – Fakten zum Klimawandel in der Kryosphäre

Die Gletscherregionen der Gebirge, die großen Inlandeismassen Grönlands, die Polargebiete und die weltweiten Permafrostregionen reagieren auf den Klimawandel weitaus rascher und in einem größeren Ausmaß als alle anderen Regionen. Das geht aus einem 2019 veröffentlichten Sonderbericht des IPCC (Intergovernmental Panel on Climate Change der Vereinten Nationen) über den Ozean und die Kryosphäre in einem sich wandelnden Klima hervor.

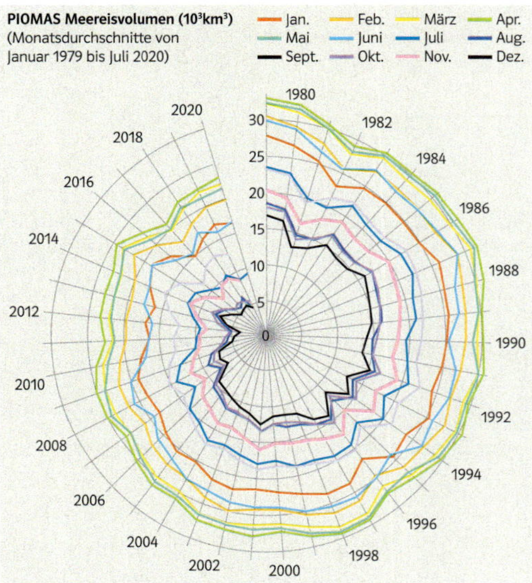

8 **Veränderung des Meereisvolumens**

Nach: http://psc.apl.uw.edu/research/projects/arctic-sea-ice-volume-anomaly/ ©2020 lee Robinson @ahaeland Vorlage: https://haveland.com/

Kryosphäre

Beobachtete physische Veränderungen

„Im Verlauf der vergangenen Jahrzehnte hat die globale Erwärmung dazu geführt, dass die Kryosphäre weiträumig geschrumpft ist; dies beinhaltet Massenverluste von Eisschilden und Gletschern (*A), Rückgänge der Schneebedeckung (*B) und der arktischen Meereisausdehnung und -dicke (*A) sowie erhöhte Permafrosttemperaturen (*A)."

Beobachtete Folgen für Ökosysteme

„Veränderungen der Kryosphäre und damit verbundene hydrologische Veränderungen hatten Folgen für Land- und Süßwasserarten und -ökosysteme in Hochgebirgs- und Polarregionen durch das Freiwerden von ehemals eisbedecktem Land, Änderungen der Schneebedeckung und dem Tauen von Permafrost. Diese Veränderungen haben dazu beigetragen, die saisonalen Aktivitäten, den Bestand und die Verbreitung von ökologisch, kulturell und wirtschaftlich wichtigen Pflanzen- und Tierarten, ökologische Störungen und die Funktionsfähigkeit von Ökosystemen zu verändern. (*B)."

Beobachtete Folgen für Menschen und Ökosystemleistungen

„Seit Mitte des 20. Jahrhunderts hat die schrumpfende Kryosphäre in der Arktis und in Hochgebirgsregionen zu überwiegend negativen Folgen für Ernährungssicherheit, Wasserressourcen, Wasserqualität, Lebensgrundlagen, Gesundheit und Wohlergehen, Infrastruktur, Verkehr, Tourismus und Erholung sowie für die Kultur menschlicher Gesellschaften geführt, insbesondere für indigene Völker (*B). Kosten und Nutzen wurden ungleichmäßig unter Bevölkerungen und Regionen verteilt. Anpassungsanstrengungen haben von der Einbeziehung indigenen Wissens und lokalen Wissens profitiert (*B)."

*(A) sehr hohes Vertrauen (die Aussage ist in mindestens 9 von 10 Fällen richtig)
*(B) hohes Vertrauen (die Aussage ist in etwa 8 von 10 Fällen richtig)

Vorläufige Übersetzung, Version vom 8. Mai 2020 IPCC-Sonderbericht über den Ozean und die Kryosphäre in einem sich wandelnden Klima (SROCC), v. 08.05.2020, unter: www.de-ipcc.de/media/content/Hauptaussagen_SROCC.pdf; (Zugriff: 27.10.2020)

10

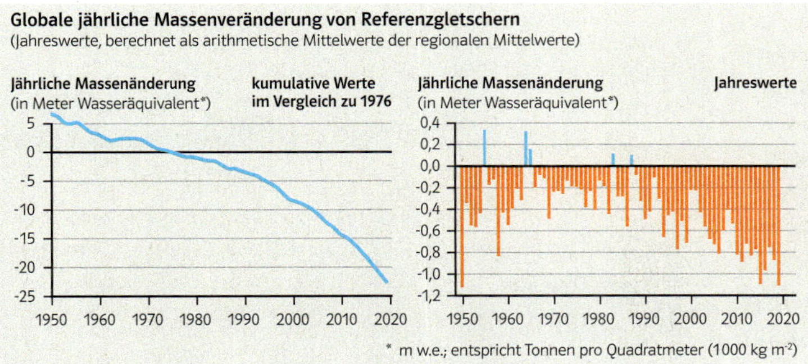

Jährliche Massenbilanz von 41 Referenzgletschern mit mehr als 30 Jahren laufender glaziologischer Messungen.
Lesehilfe: Jährliche Massenänderungswerte werden auf der y-Achse in der Einheit Meter Wasseräquivalent (m w.e.) angegeben, was Tonnen pro Quadratmeter (1000 kg m^{-2}) entspricht.

9 **Massenveränderung von weltweit 41 Gletschern**

Nach: world glacier monitoring service; unter: https://wgms.ch/global-glacier-state/

6 MK NE

Partnerarbeit: Arbeiten Sie aus den Materialien Aussagen zu den Veränderungen der Kryosphäre durch den Klimawandel heraus. Nutzen Sie auch die Online-Codes.

7

Vergleichen Sie Chancen und Risiken, die durch das Abschmelzen der Gletscher und des arktischen Meereises entstehen.

8

„Das Abschmelzen von Eis hat es immer schon gegeben. Das ist kein Hinweis auf einen Klimawandel." Beurteilen Sie diese Aussage.

FALLBEISPIEL: Veränderungen in der Hydrosphäre

IPCC-Sonderbericht warnt vor verheerenden Auswirkungen auf unsere Ozeane

„‚Das Schmelzwasser der Gletscher und Eisschilde ist mittlerweile die Hauptursache für den Anstieg des Meeresspiegels.‘ Der immer rasantere Anstieg bedroht dabei die Existenz von rund 680 Millionen Menschen, die in Küstenregionen unterhalb von zehn Metern Höhe zum Meeresspiegel wohnen. In Deutschland wären Städte wie Hamburg, Bremerhaven, Kiel oder auch Wilhelmshaven direkt betroffen. ‚Die Zukunft für tief liegende Küstengemeinden sieht äußerst trostlos aus. Die Konsequenzen werden von uns allen zu spüren sein.‘

Die jährlichen Schäden durch Überschwemmungen werden bis zum Jahr 2100 auf das 100- bis 1 000-fache ansteigen, und einige Inselstaaten dürften dabei sogar ‚unbewohnbar werden‘, so die Studie weiterhin. Während der Meeresspiegel im 20. Jahrhundert weltweit um rund 15 cm angestiegen ist, steigt er derzeit mit 3,6 mm pro Jahr mehr als doppelt so schnell an. Dabei beschleunigt er sich mit dem Abschmelzen der grönländischen und antarktischen Eisdecke immer mehr. Nach derzeitigem Erkenntnisstand wird der Anstieg des Meeresspiegels auch nicht mehr kurzfristig gestoppt werden können, ungeachtet zukünftiger Klimaziele.“

Andreas Krebs: Düstere Zukunft für unseren Planeten, TELEPOLIS v. 29.9.2019, unter: www.heise.de/tp/features/Duestere-Zukunft-fuer-unsere-Planeten-4539541.html (Zugriff: 27.10.2020)

Überflutungen in Hamburg – in Zukunft öfter?

Nach: Climate Central – Coastal Risk Screening Tool.
Unter: https://coastal.climatecentral.org/map (Zugriff: 07.09.2020)

11 Meeresspiegelanstieg

Klimawandel verschärft Dürren in Europa

„Erwärmt sich die Erde um drei Grad Celsius gegenüber vorindustrieller Zeit, wird sich die Fläche der europäischen Dürregebiete im Vergleich zum Referenzzeitraum von 1971 bis 2000 von 13 auf 26 Prozent verdoppeln. Und mit Ausnahme von Teilen Skandinaviens werden die größten Dürreereignisse drei- bis viermal länger dauern als bisher.

Besonders hart würde es in Europa die Region rund um das Mittelmeer treffen. Schon bei einer Erwärmung um 1,5 bis zwei Grad sei die im mediterranen Raum zu erwartende Trockenheit größer denn je als im vergangenen Jahrtausend. Erreicht die Erwärmung gar drei Grad, würden Südspanien und wohl auch Italien und Griechenland ‚in eine Wüste verwandelt‘ […]. Für einige Regionen der Iberischen Halbinsel würde sich die durchschnittliche Dauer der Dürren sehr deutlich von etwas mehr als zwei auf mehr als sieben Monate pro Jahr erhöhen. […]

Wenn die Menschheit nur eine Erwärmung um 1,5 Grad gegenüber vorindustrieller Zeit zulässt, hätte das gemäß der Studie weniger dramatische Folgen. Statt um 26 Prozent wie bei drei Grad würde die von Dürre betroffene Fläche in Europa bei einer Erwärmung um 1,5 Grad nur um 19 Prozent zunehmen. Die Dauer der Dürren würde bei 1,5 Grad um einen Faktor zwei bis drei geringer ausfallen als bei drei Grad. Auch wären weniger zusätzliche Menschen von extremen Dürren betroffen, nämlich 120 Millionen statt 170 Millionen.“

Joachim Laukemann: Dürre wird zum Normalfall, in: SonntagsZeitung v. 29.07.2018, unter: www.tagesanzeiger.ch/sonntagszeitung/duerre-wird-zum-normalfall/story/23449290 (Zugriff: 30.10.2020)

Kartoffelfeld in Deutschland 2018 – Wo bleibt der Regen?

12 Dürren

Was wir wissen – Fakten zum Klimawandel in der Hydrosphäre

Aus dem 20. IPCC-Sonderbericht: Beobachtete physische Veränderungen des Ozeans

„Es ist praktisch sicher, dass sich der globale Ozean seit 1970 ungemindert erwärmt hat und mehr als 90 % der zusätzlichen Wärme im Klimasystem aufgenommen hat (hohes Vertrauen). Seit 1993 hat sich die Geschwindigkeit der Ozeanerwärmung mehr als verdoppelt (wahrscheinlich). Die Häufigkeit von marinen Hitzewellen hat sich seit 1982 sehr wahrscheinlich verdoppelt, und ihre Intensität nimmt zu (sehr hohes Vertrauen). Durch die Aufnahme von mehr CO_2 ist die Ozeanoberfläche zunehmend versauert (praktisch sicher). Sauerstoffverlust fand von der Oberfläche bis in 1 000 m Tiefe statt (mittleres Vertrauen)."

Vorläufige Übersetzung, Version vom 8. Mai 2020, IPCC-Sonderbericht über den Ozean und die Kryosphäre in einem sich wandelnden Klima (SROCC), v. 08.05.2020, unter: www.de-ipcc.de/media/content/Hauptaussagen_SROCC.pdf, S.3; (Zugriff: 27.10.2020)

13

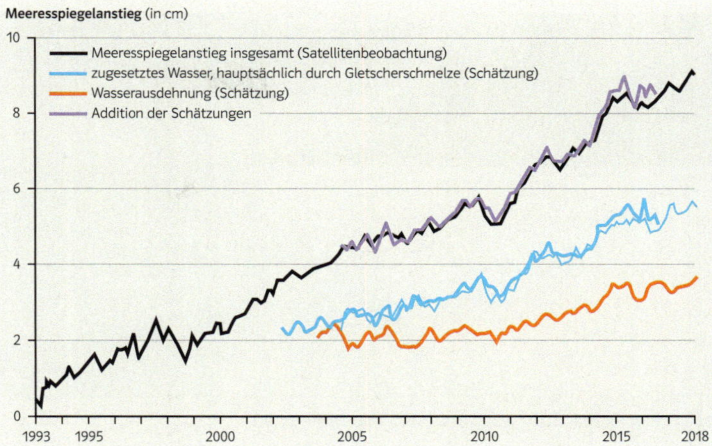

14 Anstieg des Meeresspiegels (globales Mittel) zwischen 1993 und 2018 (schwarze Linie) im Vergleich zu den Ursachen
www.climate.gov/sites/default/files/sealevel_contributors_graph_SOTC2018_620.jpg

Zunehmende Dürre in Deutschland. Das Wort Dürre kann missverständlich sein. Wissenschaftlich gesehen kann ein Boden auch dann dürr sein, wenn er an der Oberfläche feucht ist. Die Feuchte eines Bodens wird bis zur Tiefe von 1,80 Meter gemessen. Erst wenn die Bodenfeuchte weniger als ein Fünftel des langjährigen Mittelwertes beträgt, wird ein Boden als dürr bezeichnet.

Für den Wert Dürremagnitude wurden Daten zur Bodenfeuchte, der Dauer einer Dürre und der geographischen Lage kombiniert und jeweils mit dem Normalzustand verglichen. Das dunkelste Rot (außergewöhnliche Dürre) gibt an, dass der Boden so trocken ist wie sonst nur in 2 % der Aprilmonate zwischen 1951 und 2015. Das helle Gelb (ungewöhnliche Trockenheit) bedeutet, dass die aktuelle Bodenfeuchte so niedrig ist wie in 30 % der Fälle von 1951 – 2015.

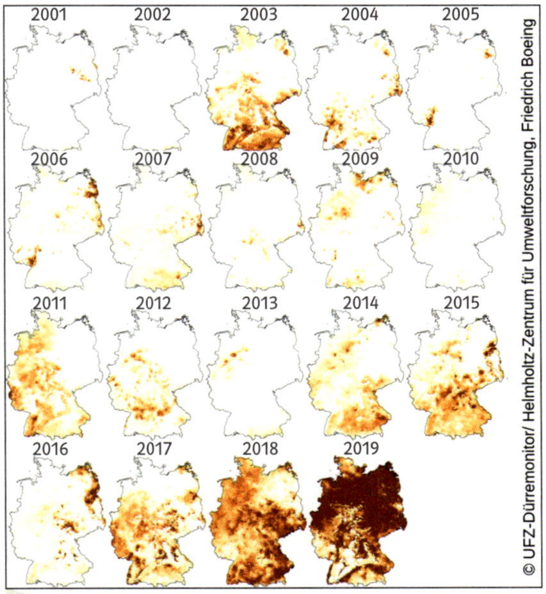

15 Dürremagnitude von April bis Oktober

9 NE
Arbeiten Sie aus den Materialien wesentliche Aussagen zu Veränderungen in der Hydrosphäre durch Klimawandel heraus.

10 MK
Stellen Sie die Auswirkungen eines steigenden Meeresspiegels für die deutsche Nordseeküste dar. Nutzen Sie auch den Online-Code.

11
a) Erklären Sie den Anstieg des Meeresspiegels.
b) Beurteilen Sie mithilfe Diagramm 14 die Wahrscheinlichkeit eines Anstiegs um 1 m (Karte 11) im 21. Jahrhundert.

12 MK
„Deutschland ist ein wasserreiches Land." Nehmen Sie mithilfe der Karte 15 „Dürremagnitude" Stellung zu dieser Aussage. Nutzen Sie dazu auch den Dürremonitor (Online-Code).

13 MK
Stellen Sie mithilfe des Dürremonitors die Auswirkungen der Trockenheit seit dem Jahr 2015 in Baden-Württemberg dar.

FALLBEISPIEL: Malediven – Land unter im Tropenparadies?

16 Tropisches Strandparadies auf den Malediven

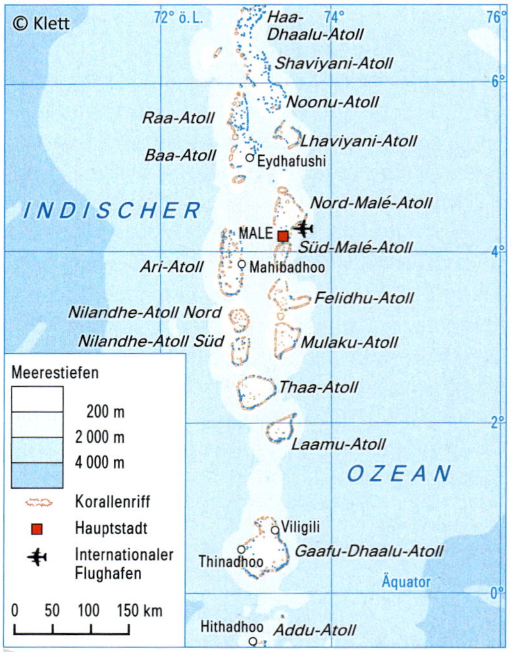

19 Die Malediven: 26 Atolle im Indischen Ozean

Schlagzeilen
„Malediven: 2100 vom Meer verschluckt"
Meldung vom 11.3.2010 in der BZ

„Malediven könnten mit steigendem Meeresspiegel mitwachsen"
Meldung vom 13.1.2010, Der Standard

17

Mit einer spektakulären Kabinettsitzung der Regierung der Malediven unter Wasser sollte der Weltöffentlichkeit die dramatische Situation auf dem Inselarchipel vor Augen geführt werden: Die Malediven versinken aufgrund des steigenden Meeresspiegels im Meer. Dem gegenüber stehen die Forschungsergebnisse der Geowissenschaften.

Die Entstehung der Malediven

Die Malediven bestehen aus 1190 Koralleninseln, die sich im Indischen Ozean erstrecken und rund 90 000 km² einnehmen. Es ist das niedrigste Land der Welt mit einer mittleren Höhe der Inseln von nur 1,5 m über NN. Die Inselgruppe liegt im Bereich der Feuchttropen. Von Mai bis Oktober gelangt die Region in den Einfluss des Südwestmonsuns mit seinen feuchteren Luftmassen.

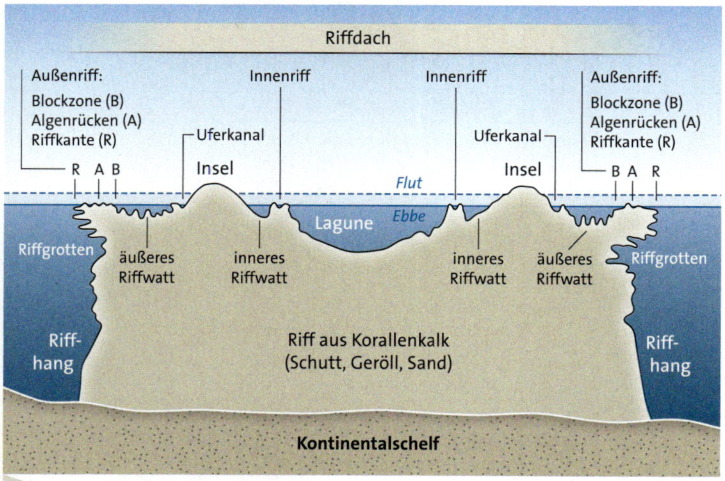

18 Schematische Darstellung eines Riffs

Nach: Oliver Arndt: Malediven. Geographie eines Inselstaates. Hamburg u.a.: LIT-Verlag 2006

Die Riffinseln liegen auf einem untermeerischen Rücken von 960 km Länge und umschließen dessen Erhebungen jeweils wie ein Ring. Jedes Riff wird von lebenden Korallenstöcken aufgebaut, die sich auf den Resten abgestorbener Korallen neu bilden. Das Wachstum der Riffe begann vor rund 8 000 Jahren und konnte mit dem rasanten nacheiszeitlichen Meeresspiegelanstieg mithalten. Je stärker der Meeresspiegel steigt, desto rascher wachsen die Korallenstöcke. Sehr gut ist die Geschwindigkeit des Meeresspiegelanstiegs an Bohrungen durch die Korallenriffe ablesbar. Sind die Korallenschichten weniger kompakt ausgebildet, so weist das auf einen beschleunigten Anstieg des Meeresspiegels und rasches Wachstum hin.

Es ist davon auszugehen, dass das Wachstum der **Korallenriffe** unter natürlichen Bedingungen auch weiterhin mit dem Anstieg des Meeresspiegels Schritt halten kann. So dokumentieren Luft- und Satellitenbilder der letzten Jahrzehnte, dass fast die Hälfte der Inseln deutlich gewachsen ist. Lediglich 14 % zeigen eine Verringerung der Inselfläche. Dabei handelt es sich fast ausschließlich um besiedelte Inseln, auf denen menschliche Aktivitäten die ökologischen Rahmenbedingungen für das Wachstum der Korallen nachhaltig gestört haben.

20 Male, Hauptstadt der Malediven

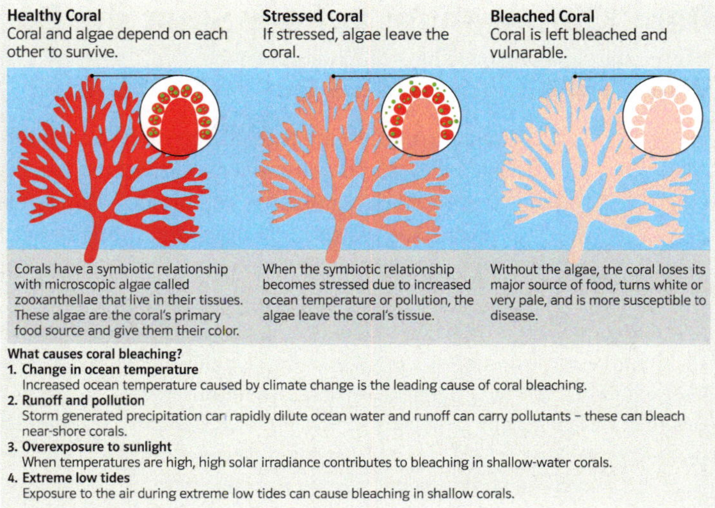

21 Korallenbleiche: Ursachen

Nach: NOAA's Coral Reef Conservation Program

Von einer Natur- zur Kulturlandschaft

Im Laufe der letzten Jahrzehnte haben einige der Maledivеninseln durch intensive Wirtschafts- und Siedlungstätigkeiten ihr Gesicht völlig verändert. Die Landnutzung durch den Menschen stellt einen massiven Eingriff in das fragile Ökosystem vieler Inseln dar. Problematisch sind das Eigengewicht vieler Gebäude, die Störung der marinen Fauna und Flora durch die Einleitung von Abwässern, die intensive touristische Erschließung, aber auch Küstenschutzmaßnahmen. Unter normalen Bedingungen spülen Sturm und Hochwasser Korallensand in die Inselkerne und unterstützen so das natürliche Wachstum. Die Anlage von Deichen unterbindet diese Sedimentanlieferung fast vollständig.

Korallenbleiche durch Klimawandel

Korallen sind Organismen, die unter anderem mit einer Algenart, den Zooxanthellen, in Symbiose leben. Diese Algen reagieren sehr empfindlich auf eine Erhöhung der Wassertemperatur und beginnen, Giftstoffe zu produzieren, sodass sie von den Korallen abgestoßen werden. Zunächst bleichen die Korallen aus, um schließlich ebenfalls abzusterben. Insgesamt hat sich die Temperatur der tropischen Meere in den letzten Jahren durch den Klimawandel im Mittel um mehr als 1 °C erhöht, Tendenz steigend. Zusätzlich bewirken El-Niño-Ereignisse eine zeitlich begrenzte Erhöhung der Wassertemperaturen im tropischen Pazifik und im Indischen Ozean. Dies sorgt für zusätzlichen Hitzestress und beschleunigt das Absterben der Korallen.

Die Korallenbleiche ist ein globales Phänomen und betrifft eine Vielzahl der Riffe dieser Erde. Zu den in jüngster Vergangenheit stärksten Korallenbleichen kam es in den Jahren 1998 und 2002. Seit 2014 hat sich das Phänomen erneut verstärkt. Vor dem Hintergrund der hohen Bedeutung dieser marinen Ökosysteme ist dies besonders problematisch. Neben den tropischen Regenwäldern bilden die Korallenriffe die artenreichsten und ältesten Ökosysteme der Welt. Schon vor über 225 Mio. Jahren stellten Riffsysteme wichtige marine Lebensräume dar.

24 Beschreiben Sie die Entstehung der Malediven.

25 Erläutern Sie den Zusammenhang zwischen Klimawandel und Korallenbleiche.

26 NE Stellen Sie den Einfluss menschlicher Aktivitäten auf das Ökosystem der Koralleninseln in einem Wirkungsgefüge dar.

27 Überprüfen Sie die Aussagen der beiden Zeitungsschlagzeilen (Material 17).

Dem Klimawandel auf der Spur: die Beeinflussung des Strahlungs- und Wärmehaushalts der Atmosphäre durch den Menschen

Die unvorstellbare Menge von mehr als 1,5 Billionen Tonnen Kohlenstoffdioxid wurden seit 1751 durch menschliche Aktivitäten freigesetzt. Wie kann dieser Wert ermittelt werden? Wie verändern sich die CO_2-Mengen im System Erde durch menschliche Aktivitäten? Aus welchen Quellen stammt das emittierte CO_2? Wer hat bislang am meisten zu den Kohlenstoffdioxid-Emissionen beigetragen?

Wie die Treibhausgase die Erwärmung verursachen – Crashkurs in Strahlungsbilanz und Treibhausgas-Heizung

„[...] Damit etwas wärmer wird, muss man Energie zuführen. Das sagt das Gesetz der Energieerhaltung, auch bekannt als der erste Hauptsatz der Thermodynamik. Für die Erde kann diese Energie nur aus der [...] Strahlungsbilanz kommen, also dem Austausch von Strahlung mit dem uns umgebenden All. Von der Sonne empfangen wir kurzwellige Strahlung und zwar 342 Watt pro Quadratmeter Erdoberfläche. Davon werden 107 Watt zurückgespiegelt – vor allem durch helle Flächen wie Wolken, Schnee und Eis. Die restlichen 235 Watt werden [...] durch die Abstrahlung von Wärme ausgeglichen.

Die Atmosphäre ist für die kurzwelligen Sonnenstrahlen durchlässig, aber die langwelligen Wärmestrahlen werden zum großen Teil unterwegs von [...] Treibhausgasen abgefangen und teils wieder zurückgestrahlt. [...] Die Strahlungsbilanz von Planeten bestimmt deren Temperatur [...]

Es gibt genau drei Möglichkeiten, diese Strahlungsbilanz zu verändern und unseren Heimatplaneten aufzuheizen:

- Die Sonneneinstrahlung nimmt aufgrund der Sonnenaktivität oder der Erdbahnparameter zu.
- Der reflektierte Anteil der Sonnenstrahlung nimmt ab, weil die Helligkeit der Erdoberfläche oder der Wolkendecke abnimmt.
- Die Abstrahlung von Wärme ins All nimmt ab.

Die ankommende und abgehende Strahlung wird ständig gemessen [...] Diese Messungen zeigen:

Option 1 scheidet aus, denn die ankommende Sonnenstrahlung hat seit Mitte des letzten Jahrhunderts sogar etwas abgenommen.

Option 2 trifft zwar teilweise zu – doch der Mensch hat die Erde sogar heller gemacht, durch Abholzung von dunklen Wäldern und deren Ersatz durch hellere Ackerflächen. Dunkler wird die Erde nur als Reaktion auf die Erwärmung, weil die Schnee- und Eisbedeckung abnimmt. Das verstärkt die globale Erwärmung, ist aber nicht deren Ursache.

Option 3 muss also die Ursache der Erwärmung sein: Zunehmende Treibhausgasmengen in der Atmosphäre behindern die Abstrahlung von Wärme ins All, und dadurch nimmt die Erde ständig mehr Sonnenstrahlung auf, als wir durch Wärmestrahlung wieder abgeben. Deshalb wird es wärmer. [...]

Die von den Treibhausgasen aufgefangene und zur Erdoberfläche zurückgestrahlte Wärmestrahlung ist eine Messtatsache. Diese Wärmestrahlung wärmt die Erdoberfläche sogar wesentlich mehr an als die ankommende Sonnenstrahlung. [...]

Auch die Zunahme an Rückstrahlung aus der Atmosphäre im Lauf der Jahre entspricht genau dem, was die Physik aufgrund der zunehmenden CO_2-Menge in der Luft vorhersagt. Die dadurch entstehende Heizleistung beträgt inzwischen rund zwei Watt pro Quadratmeter, Tag und Nacht, rund um den Globus. Insgesamt ist das eine ein Petawatt starke Heizung – eine Leistung, die mehr als dem Fünfzigfachen des Energieverbrauchs der gesamten Menschheit entspricht.

Aber könnte Wärme nicht auch von unten kommen? Aus dem Erdinneren? Es gibt den geothermischen Wärmefluss – doch der ist mit nur 0,09 Watt/m^2 für das Klima vernachlässigbar klein und ändert sich auch nicht innerhalb von hundert Jahren. Oder aus dem Ozean? Der ist zwar ein großer Wärmespeicher, der vorübergehend (etwa bei einem El-Niño-Ereignis) durchaus nennenswert Wärme an die Luft abgeben kann. Doch in den letzten Jahrzehnten hat der Ozean keine Wärme abgegeben, sondern ganz im Gegenteil Wärme aufgenommen. Damit hat er die globale Erwärmung durch Treibhausgase verlangsamt. [...]

Es führt also schlicht kein Weg daran vorbei, dass die Wärmeenergie, die unserem Planeten einheizt, aus der Strahlungsbilanz kommen muss. Und die ist überwiegend durch die wachsenden Treibhausgasmengen in der Atmosphäre aus dem Gleichgewicht geraten. Natürliche Faktoren haben dabei eine sehr geringe Rolle gespielt und haben der Erwärmung sogar ganz leicht entgegengewirkt. [...] Bleibt noch die Frage zu klären, ob nicht vielleicht der Anstieg der Treibhausgase in der Atmosphäre, allen voran von CO_2, eine natürliche Ursache haben könnte? (Es wurde) auch schon mal behauptet, das CO_2 käme aus dem Ozean. Auch diese These verleugnet Messtatsachen: nämlich, dass die CO_2-Menge im Ozean ebenfalls zunimmt. Wir haben durch die Verbrennung von Kohle, Öl und Gas rund doppelt so viel CO_2 in die Luft gepustet, wie sich dort angesammelt hat. Mit anderen Worten: Das zusätzliche CO_2 in der Luft kommt nicht etwa irgendwo aus dem natürlichen Erdsystem, sondern ganz im Gegenteil: Die Natur hat uns sogar etwa die Hälfte unserer Emissionen gratis abgenommen. Teils hat der Ozean sie aus der Luft aufgenommen, teils die Wälder. [...]“

Stephan Rahmstorf: Woher die gewaltige Energie des Klimawandels stammt. SPIEGEL Wissenschaft v. 25.01.2020. Unter: www.spiegel.de/ (Zugriff: 26.10.2020)

1

Beeinflussung des globalen Kohlenstoffkreislaufs

Das Treibhausgas Kohlenstoffdioxid wird im System Erde als Bestandteil des Kohlenstoffkreislaufs immer wieder umgesetzt. Ein großer Teil des Kohlenstoffs findet sich in den Kohlenstoffsenken. Das sind große, natürliche Kohlenstoffspeicher in der Atmosphäre, der Biosphäre, der Pedosphäre und der marinen Hydrosphäre, die miteinander in Austausch stehen und CO_2 über einen längeren Zeitraum speichern können. Die Lagerstätten fossiler Energieträger wie Erdgas, Erdöl und Kohle sind ebenfalls Kohlenstoffsenken. Erst seit etwa 200 Jahren werden sie intensiv genutzt und sind damit am Kohlenstoffkreislauf beteiligt. Bei Verbrennung werden große Mengen an CO_2 frei.

Die **kumulierten Beiträge zum globalen Kohlenstoffbudget** seit 1850. Der noch unausgeglichene Teil zwischen CO_2-Quellen und CO_2-Senken ist auf ein nicht vollständiges Verständnis von Quellen und Senken zurückzuführen.

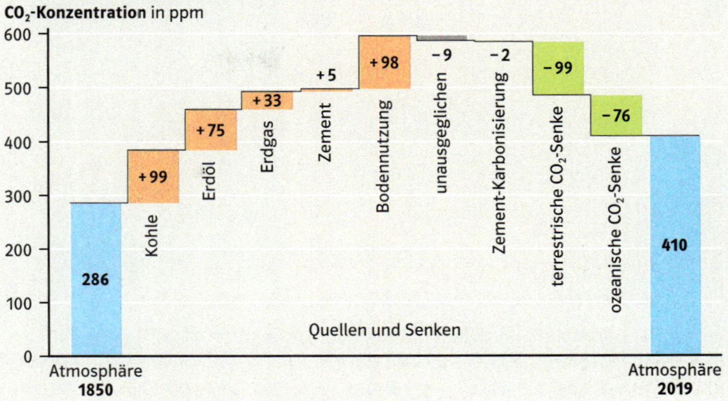

3 Beiträge zum Kohlenstoffbudget seit 1850

Nach: GCP/CDIAC/NOAA-ESRL/UNFCCC

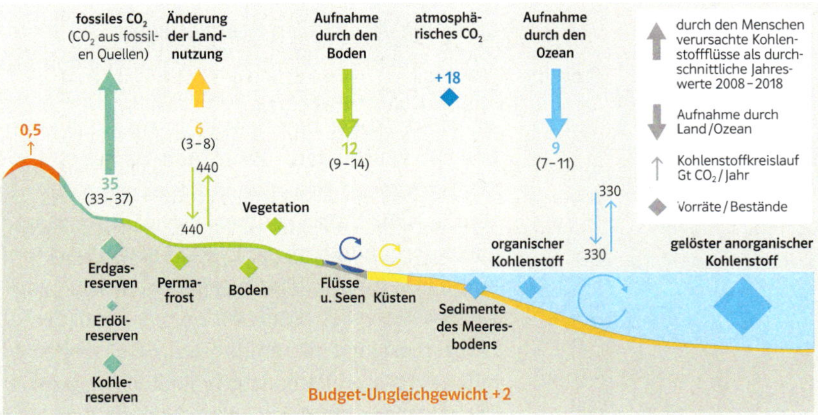

2 Veränderung der CO_2-Mengen im System Erde durch menschliche Aktivitäten

Nach: www.researchgate.net/figure/Schematic-representation-of-the-overall-perturbation-of-the-global-carbon-cycle-caused-by_fig2_337742746 (Zugriff: 26.10.2020)

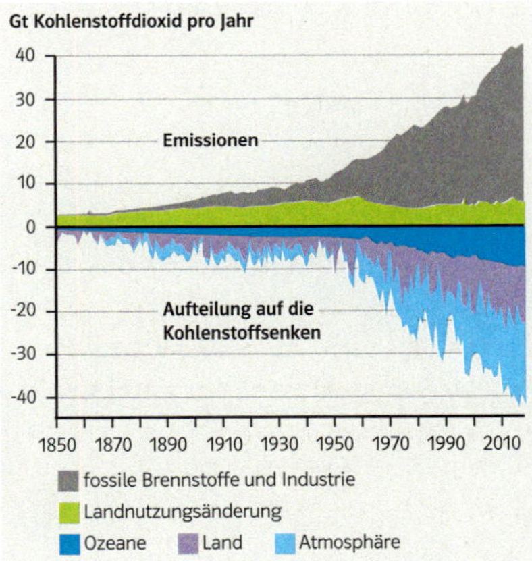

4 Globale fossile CO_2-Emissionen und und ihre Aufteilung auf die CO_2-Senken

Nach: Ebenda

1 MK

Gase wie Kohlenstoffdioxid beeinflussen die Temperatur an Erdoberfläche. Erklären Sie diese Aussage (siehe auch S. 140-143 Kapitel Atmosphäre, Strahlungshaushalt).

2 MK

Arbeiten Sie die wesentlichen Aussagen zur Bedeutung von Treibhausgasen für den Klimawandel aus den Texten 1 heraus.

3 MK

Beschreiben Sie die durch den Menschen verursachten Veränderungen des globalen Kohlenstoffkreislaufs (Grafiken 2-4).

4 MK

Begründen Sie die herausragende Bedeutung von Ozeanen und Wäldern für den Kohlenstoffkreislauf (Grafik 2)

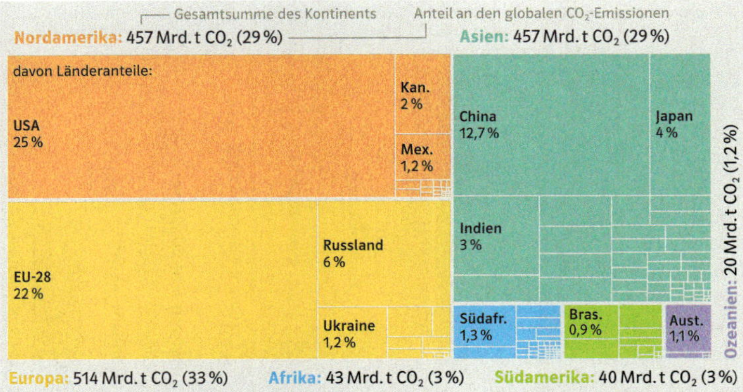

Lesehilfe: Dargestellt ist die kumulative Gesamtsumme der CO_2-Emissionen. Die Größe der einzelnen Rechtecke entspricht den kumulativen Kohlenstoffdioxid-Emissionen des jeweiligen Landes zwischen 1751 und 2017. Die Zahlen basieren auf produktionsbasierten Emissionen im Inland durch das Verbrennen fossiler Brennstoffe und Zement.

5 **CO_2-Emisssionen weltweit seit 1751**

Nach: Calculated by Our World in Data based on data from the Global Carbon Project (GCP) and Carbon Dioxide Analysis Center (CDIAC)

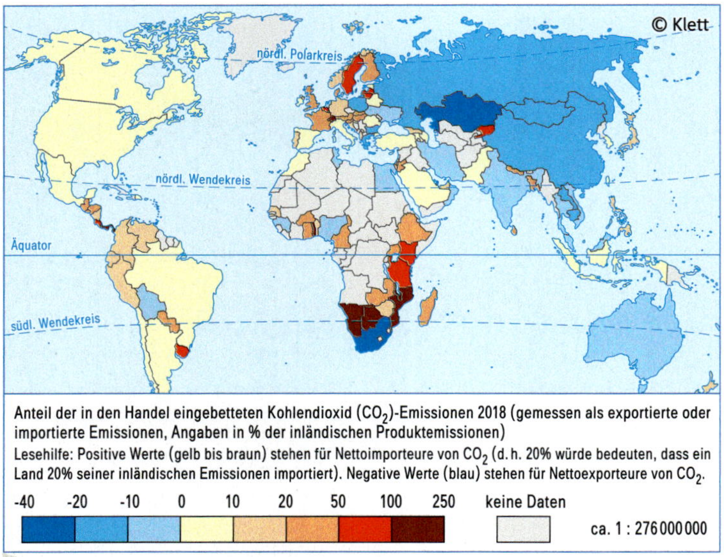

6 **Anteil der durch Handel verursachten CO_2-Emissionen.**
In der Regel werden CO_2-Emissionen auf der Basis der „Produktion" für jedes Land gemessen. Allerdings nutzen wir auch Produkte und Dienstleistungen, die im Ausland hergestellt worden sind und die dortige Bilanz an Kohlenstoffdioxid-Emissionen belasten und unsere entlasten. Deshalb muss in den nationalen Kohlenstoffdioxid-Bilanzen mit aufgeführt werden, welche CO_2-Emissionen bei der Produktion eines importierten Produkts oder einer Dienstleistung anfallen. Und entsprechend müssen alle CO_2-Emissionen abgezogen werden, die bei der Herstellung von Exportgütern und exportierten Dienstleistungen entstanden sind.

Nach: https://ourworldindata.org/grapher/share-co2-embedded-in-trade?region=World

Wer hat seit 1751 am meisten zu den CO_2-Emissionen beigetragen?

Die Verteilung der kumulativen Emissionen auf der Welt wird in einem Kacheldiagramm (englisch „treemap") dargestellt. Bei dieser Abbildung bildet das gesamte Diagramm die kumulative Gesamtsumme der Emissionen. Die Größe der einzelnen Rechtecke entspricht den kumulativen Kohlenstoffdioxid-Emissionen des jeweiligen Landes zwischen 1751 und 2017.

Wie werden die CO_2-Emissionen eines Landes ermittelt?

CO_2-Emissionen können für einzelne Länder bis ins Jahr 1751 rekonstruiert werden. Wie ist dies möglich? Man muss sich klar machen, dass die CO_2-Emissionen eines Landes nicht gemessen, sondern indirekt ermittelt werden: Grundlage ist die Freisetzung von Kohlenstoffdioxid bei der Verbrennung von fossilen Energieträgern, bei chemischen Prozessen wie der Zementproduktion und bei der Änderung der Landnutzung. Wenn bekannt ist, wieviel Kohle zum Beispiel in einem Land verbraucht wurde, dann kann man daraus auf die CO_2-Emissionen schließen. Konkret sammelt man zum Beispiel Daten darüber, wieviel Kohle, Braunkohle, Torf und Rohöl ein Land in einem bestimmten Jahr verbrannt hat. In einem nächsten Schritt werden für jeden Energieträger anhand der erzeugten Energie die emittierten CO_2-Mengen ermittelt. Da der Kohlenstoffgehalt der einzelnen Energieträger unterschiedlich ist, werden auch unterschiedliche Mengen CO_2 emittiert.

Energieträger	CO_2-Emissionen bei 100 % Verbrennung (pro t)	Heizwert (pro t)	CO_2-Emissionen pro bereitgestellter Energie (pro TJ)
Benzin	3,15 t	0,0426 TJ	73,8 t CO_2
Erdgas	2,67 t	0,0473 TJ	56,3 t CO_2
Steinkohle	2,36 t	0,0255 TJ	92,7 t CO_2
Braunkohle	2,26 t	0,0236 TJ	96,1 t CO_2

7 **Kennzahlen bei der Nutzung fossiler Energieträger**

5
Erklären Sie, wie man die Kohlenstoffdioxid-Emissionen der Vergangenheit ermitteln kann, auch wenn keine Messwerte über die Kohlenstoffdioxidemissionen dieser Zeit vorliegen (M5).

6
„Für die Stromerzeugung ist es sinnvoll, Erdgas statt Kohle einzusetzen."
Begründen Sie diese Aussage (M 7, M 8).

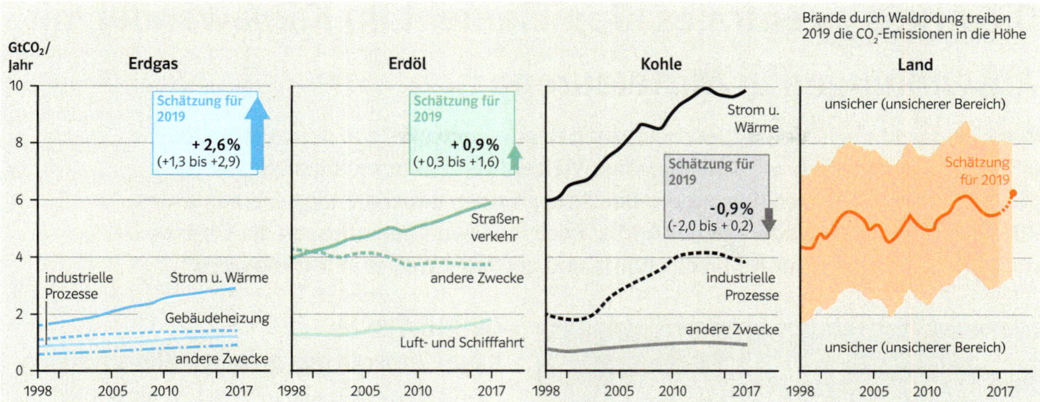

8 CO_2-Emissionen aus der Nutzung von fossilen Energieträgern und durch Landschaftsveränderung

Nach: www.globalcarbonproject.org/global/images/carbonbudget/19/infographics.htm (Zugriff: 26.10.2020)

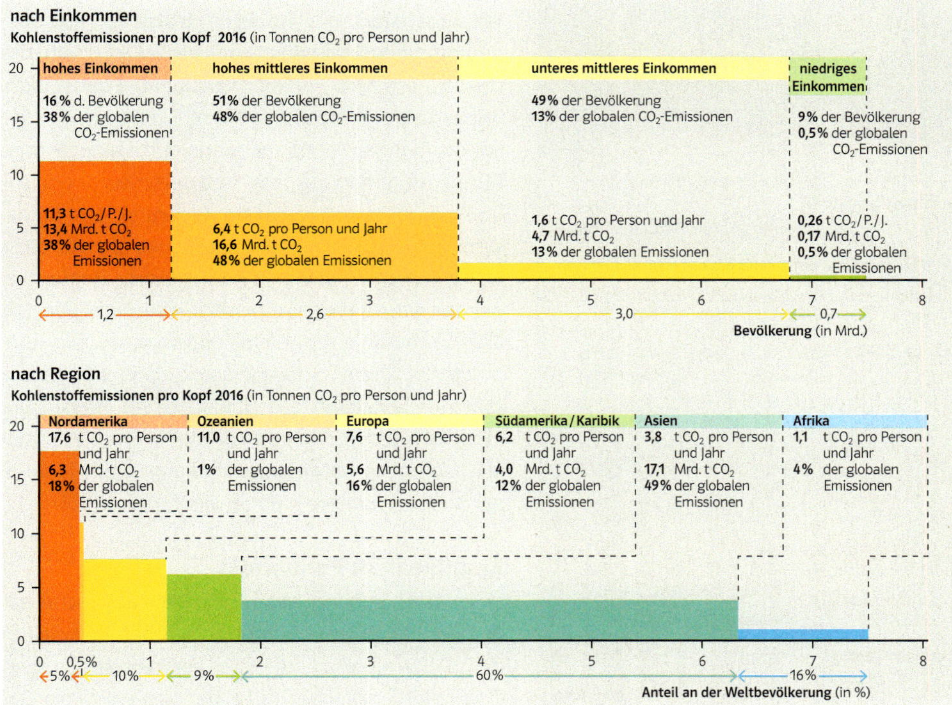

Die Emissionen stellen die inländische Produktion dar und beinhalten nicht die grenzüberschreitenden Emissionen. Die Darstellung nach Einkommen basiert auf den Gesamtemissionen der Länder innerhalb der einzelnen Einkommensgruppen der Weltbank. Sie spiegelt durchschnittliche Nationaleinkommen und nicht die Verteilung der Einkommen innerhalb der Länder.

Einkommensgruppen	
Einkommen	**USD pro Kopf und Jahr**
gering	unter 1045
unteres Mittel	1046 – 4125
oberes Mittel	4126 – 12745
hoch	über 12745

9 Globale CO_2-Emissionen nach Einkommen und Region 2016

Nach: https://ourworldindata.org/co2-by-income-region; Zugriff: 26.10.2020

7 MK

„Wärmeerzeugung, Stromproduktion der Straßenverkehr sind weltweit die Ursache für wachsende CO_2-Emissionen."
Beurteilen Sie diese Aussage.

8 MK

„Um die CO_2-Emissionen eines Landes zu bestimmen, reicht die Erfassung der bei Herstellung von Produkten und Dienstleistungen sowie bei der Mobilität und Wärmeerzeugung entstehenden CO_2-Emissionen nicht aus."
Begründen Sie diese Aussage.

9

Analysieren Sie die CO_2-Emissionen nach Einkommensgruppen und Regionen (M 9).

10 MK NE

Die Reduktion von Kohlenstoffdioxid soll global gerecht erfolgen! Gestalten Sie dazu auf der Grundlage der Materialen dieser Doppelseite einen Vorschlag zu einer gerechten Reduktion von Kohlenstoffdioxid-Emissionen.

Die Arktis – zentrales Kipp-Element im Klimawandel mit Auswirkungen in Mitteleuropa

Wie sich das Klima in den unterschiedlichen Regionen der Erde in den kommenden Jahrzehnten entwickeln wird, ist von einer Vielzahl von Faktoren abhängig, die sich gegenseitig beeinflussen. Besondere Beachtung finden dabei die Kipp-Elemente des Klimasystems, insbesondere in der Arktis. Doch inwieweit beeinflussen die Veränderungen des Klimas in der Arktis das Klima und auch das Wetter in Mitteleuropa?

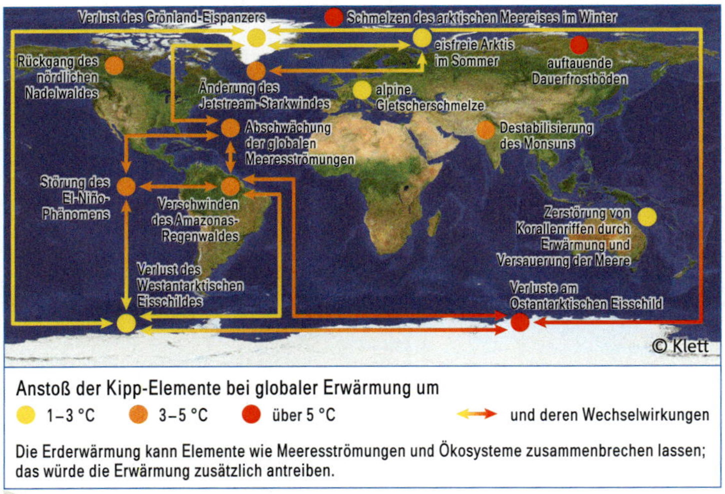

1 Kipp-Elemente im Erdklima

Nach: Will Steffen/Johan Rockström/Katherine Richardson u. a.: Trajectories of the Earth System in the Anthropocene, 06.07.2018. Unter: www.pnas.org/content/115/33/8252 (Zugriff: 01.09.2020)

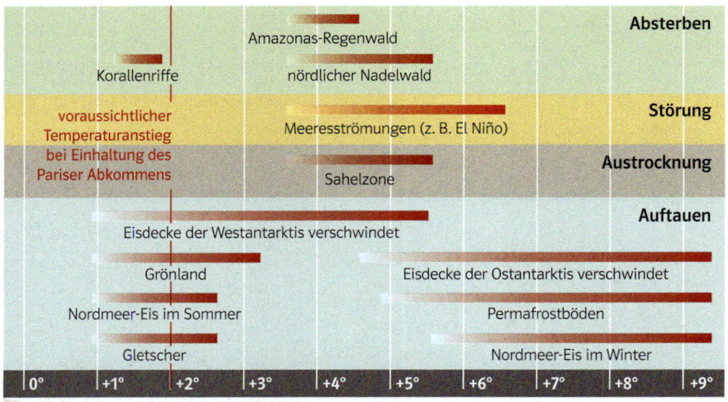

2 Folgen des Klimawandel in Abhängigkeit vom Temperaturanstieg

Nach: PIK/Schellnhuber, Rahmsdorf, Winkelmann: Nature Climate Change 2, 2016. In: Zeit 30.1.2020, S. 38

1

Erklären Sie das Konzept der Kipp-Elemente.

2

Der Klimaforscher Stefan Rahmstorf äußert im Hinblick auf Kipp-Elemente: „Das Klimasystem ist kein träges und gutmütiges Faultier, sondern es kann sehr abrupt und heftig reagieren.“
Erläutern Sie diese Aussage.

GRUNDWISSEN

Kipp-Elemente des globalen Klimasystems

Führt der globale Klimawandel zu einer eher langsamen, linearen Zunahme der globalen Durchschnittstemperatur? Oder ändert sich das Klima abrupt, geradeso als würde man einen Schalter umlegen? Wissenschaftler am Potsdam-Institut für Klimafolgenforschung (PIK) haben potenzielle **Kipp-Elemente (früher auch Kipp-Punkte oder Tipping Points)** identifiziert, zum Beispiel den Permafrost in der Polarregion. Taut der Permafrost, kann durch eine geringe Temperaturerhöhung ein Schwellenwert erreicht und damit eine qualitative Änderung des Klimasystems ausgelöst werden. Ein neuer, oftmals nicht umkehrbarer Zustand wird erreicht. Begünstigt werden solche Prozesse durch Rückkopplungen. Die Kipp-Elemente erreichen bei unterschiedlichen Temperaturen ihren Schwellenwert. Wie bei einem Dominoeffekt kann das Überschreiten eines Kipp-Elements die Überschreitung eines anderen auslösen. Über Wechselwirkungen können sich wie in einer Kaskade weitere Kipp-Elemente ändern.

Kipp-Element Permafrost

Permafrost bedeckt etwa 25 % der Landfläche auf der Nordhalbkugel. Der größte Teil befindet sich in den Polarregionen, kleinere Vorkommen in den Hochgebirgen. Permafrost bildet sich, wenn der Boden in zwei aufeinanderfolgenden Jahren dauerhaft gefroren ist. Im arktischen Permafrost sind gewaltige Mengen organischen Kohlenstoffs in Pflanzen und Tierresten wie in einer Gefriertruhe eingeschlossen. Insgesamt werden dort zwischen 1300 und 1600 Gigatonnen (Gt) Kohlenstoff gespeichert, in der Atmosphäre etwa 860 Gt. Bis 2100 könnten bis zu 92 Gt Kohlenstoff aus dem Permafrost in die Atmosphäre gelangen. Taut der Permafrost auf, zersetzen Mikroorganismen die Tier und Pflanzenreste und produzieren Kohlenstoffdioxid und Methan. Bisher wurde vermutet, dass nur sehr geringe Mengen Methan gebildet werden. Nach einer neuen Studie entsteht aber genau so viel Methan wie CO_2.

FALLBEISPIEL: Ursachen und Auswirkungen des Klimawandels in der Arktis

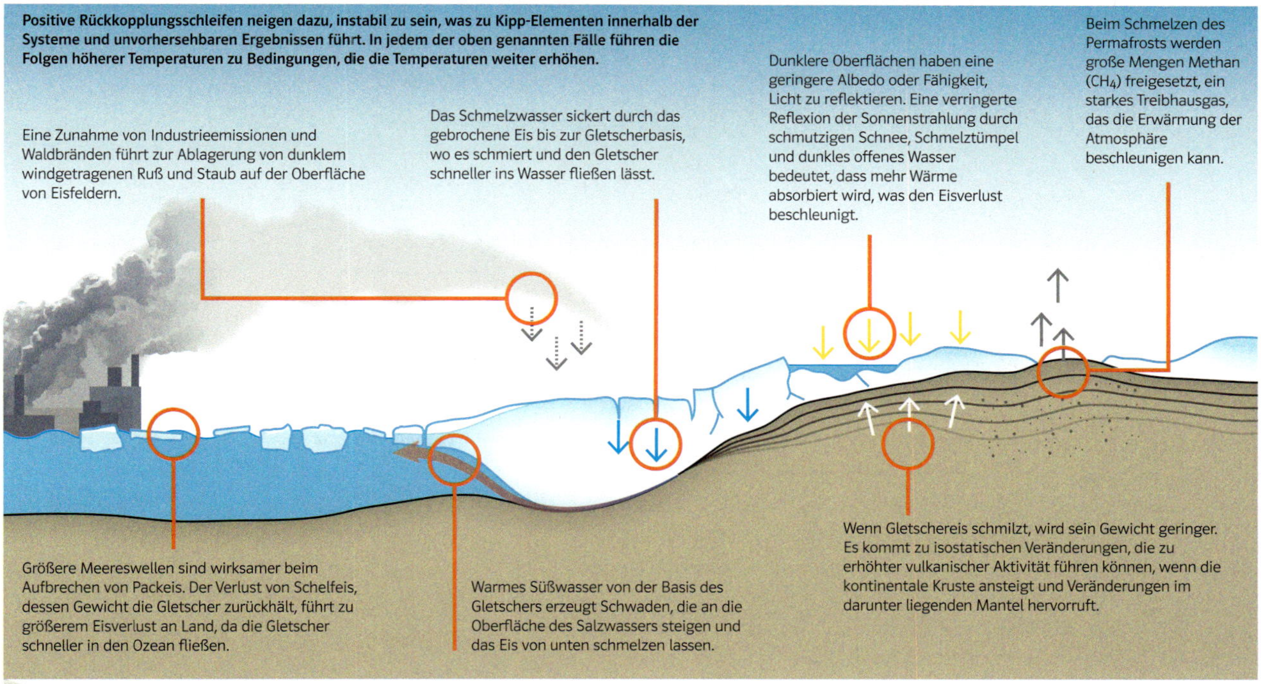

3 Rückkopplungsschleifen durch Abschmelzvorgänge

Nach: www.alternativesjournal.ca/sites/default/files/article/40n4_Feedback_Loops_INFOGRAPHIC_lg.jpg (Zugriff: 02.10.2020)

Der Einfluss der Arktis auf globale Kipp-Elemente

In der Arktis steigen die Temperaturen doppelt so schnell wie im weltweiten Durchschnitt. Das hat Auswirkungen auf die arktischen Kipp-Elemente:

Abschwächung der thermohalinen Zirkulation. Im Nordatlantik hat das Wasser aufgrund der tieferen Temperaturen und eines höheren Salzgehaltes eine höhere Dichte und sinkt in die Tiefe. Konzentrations- und Temperaturunterschiede sind damit der Motor der thermohaline Zirkulation. Erwärmt sich die Arktis, wird die Zirkulation abgeschwächt. Die Zufuhr von Süßwasser aus geschmolzenem Inlandeis und die zunehmende Niederschläge verringern den Salzgehalt und damit die Dichte des Meerwassers. Verstärkt wird dieser Prozess durch höhere Wassertemperaturen.

Verlust des arktischen Meereises. Aktuell schmelzen bereits 80 % des neu gebildeten Eises, welches alljährlich in den russischen Randmeeren der Arktis entsteht, im gleichen Jahr wieder ab. Auch berichten Forscher, dass das Meereis bis zu 30 % dünner ist als vor 15 Jahren.

Tauender Permafrost produziert große Mengen an Kohlenstoffdioxid und Methan, verstärkt die globale Erwärmung und damit auch das Tauen des Permafrosts. Allerdings werden sich auf dem aufgetauten Boden Pflanzen ansiedeln, die Kohlenstoffdioxid aus der Atmosphäre aufnehmen und die Erwärmung etwas abschwächen. Der Pflanzenbewuchs verringert die Albedo und verstärkt die Erwärmung. Einen weiteres Kipp-Element, die thermohaline Zirkulation, wird ebenfalls beeinflusst: Der Abfluss von großen Wassermengen aus den tauenden Permafrostgebieten wird den Salzgehalt des arktischen Meeres weiter senken.

Schmelzen des Grönlandeises. Durch Risse im Eis dringt Schmelzwasser in die Tiefe, wirkt dort wie ein Schmiermittel und beschleunigt die Bewegung des Eises in Richtung Meer. Die Oberfläche des Eisschildes absorbiert zudem mehr Sonnenenergie, da der aufgetaute und überfrorene Schnee weniger Sonnenstrahlung reflektiert.

Zwischen 1970 und 1979 hat die Eismasse in Grönland noch um 47 Mrd. t zugenommen. Seit 2000 beträgt der Eisverlust in Grönland jährlich mehr als 500 Mrd. t bei einem Zuwachs von nur 450 Mrd t. Damit hat das Abschmelzen den Punkt überschritten, an dem es noch rückgängig gemacht werden kann.

4

3 „Tauender Permafrost verstärkt den Klimawandel." Erklären Sie diese Aussage.

4 Beschreiben Sie die Auswirkungen des Klimawandels in der Arktis (Materialien 3 u. 4).

5 MK Stellen Sie die sich selbst verstärkenden Mechanismen der Erwärmung in der Arktis mithilfe der Grafik 3 in einem Wirkungsgefüge dar.

FALLBEISPIEL:
Extreme Wetterereignisse in Deutschland – Auswirkungen des Klimawandels in der Arktis?

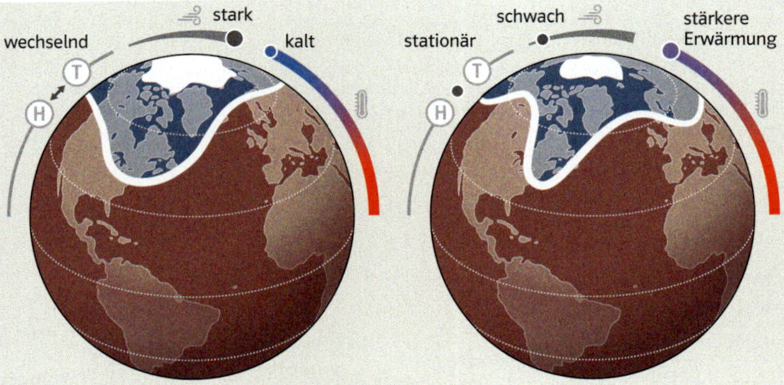

Auswirkungen einer Erwärmung in der Arktis auf die Wettersituation im Winter auf der Nordhalbkugel

„Bisheriger Zustand (linke Abbildung): Durch hohe Temperaturunterschiede zwischen den Tropen und der Arktis ist der Jetstream stark ausgeprägt. Er mäandriert nur wenig und die arktische Kaltluft bleibt im Norden. Die Winter in Nordamerika und Europa sind dann durch wechselnde Hoch- und Tiefdruckgebiete gekennzeichnet.
Zustand als Folge des Klimawandels (rechts): Erwärmt sich die Arktis, sind die Temperaturunterschiede zwischen Tropen und Arktis geringer. Der Jetstream ist dann schwächer ausgeprägt und verläuft in sehr starken Wellen. Die Kaltluft dringt weit nach Süden vor und die Druckgebiete sind oft über Wochen stationär. Diese Situation prägte den Winter 2019 in Nordamerika."

Nach: Ralf Jaiser (AWI), Jana Kandarr (ESKP): Wie beeinflusst der Klimawandel den Jetstream? v. 25.10.2019, unter: www.eskp.de/klimawandel/wie-beeinflusst-der-klimawandel-den-jetstream-9351059/ (Zugriff: 27.10.2020)

5

6 Überschwemmungen an der Mulde beim „Jahrhundert-Hochwasser" im Juni 2013

7 Trockenheit am Rhein in Düsseldorf 2018

In den letzten Jahren nehmen in Mitteleuropa Wetterextreme wie Starkniederschläge oder extreme Trockenheit zu. Bislang war es problematisch, einzelne Wetterereignisse auf den Klimawandel zurückzuführen. Doch nun können Wissenschaftler einen Zusammenhang zwischen dem Klimawandel und Wetterextremen herstellen.

Zum einen können extreme Wettersituationen in Mitteleuropa auf eine Erwärmung der Arktis zurückgeführt werden. Verbindendes Element ist der Polar-Front-Jetstream. Damit wird ein Starkwindband bezeichnet, welches in der oberen Troposphäre zwischen 40° und 60° n. Br. mit Windgeschwindigkeiten von 200–500 km/h die Erde umrundet. Wissenschaftler haben einen Mechanismus beschrieben, der erklärt, wie eine Erwärmung in der Arktis den Polar-Front-Jetstream und damit unser Wetter verändert.

Zum anderen kann die Zuordnungswissenschaft nun untersuchen, ob es natürliche oder durch den Klimawandel verursachte Extremwetterereignisse sind (Text 8).

6 MK

Stellen Sie mithilfe einer Internetrecherche in einer Übersicht wichtige Extremwetterereignisse in Deutschland und ihrer Heimatregion für die letzten 10 Jahre dar.

7

Erklären Sie mithilfe von Grafik 5 den Zusammenhang zwischen einer Erwärmung der Arktis und dem Wettergeschehen in Mitteleuropa.

8

Erläutern Sie die Schwierigkeiten, einen Zusammenhang zwischen lokalem Extremwetter und dem Klimawandel herzustellen (Text 8).

9 MK

Stellen Sie mithilfe der Online-Version der Karte 9 (siehe Online-Code) für zwei extreme Wetterereignisse den Einfluss des Klimawandels dar.

Wer ist schuld am Sturm?

Friederike Otto berechnet am Environmental Change Institut an der Universität von Oxford, welche Rolle die globale Erwärmung bei extremen Wetterereignissen spielt. Die Disziplin heißt „Attribution Science", zu Deutsch: „Zuordnungswissenschaft".

„[...]

fluter.de: Frau Otto, können Sie mit Ihrer Forschung stichhaltig beweisen, dass der von Menschen gemachte Klimawandel für Extremwetterereignisse verantwortlich ist?

Friederike Otto: Wirbelstürme, Starkregen oder extreme Dürren hat es schon immer gegeben. Sie haben ganz unterschiedliche klimatische Ursachen. Mit unserer Methode [...] können wir nun beschreiben, wie sich die Wahrscheinlichkeit für solche Ereignisse durch die globale Erwärmung verändert. Das ist ein bisschen wie beim Lungenkrebs. Rauchen ist sicher nicht immer der einzige Grund für die Tumorerkrankung, aber es erhöht die Gefahr deutlich.

Wie wirkt sich der Klimawandel auf das Wetter aus?

Es gibt im Prinzip zwei Arten, wie der Klimawandel unser Wetter verändert. Erstens mit dem sogenannten thermodynamischen Effekt: Durch höhere Temperaturen in der Atmosphäre steigt zum Beispiel die Wahrscheinlichkeit für Hitzewellen. Außerdem nimmt die Atmosphäre mehr Wasserdampf auf. Das führt im globalen Mittel zu mehr Starkregen. Der zweite Effekt ist der dynamische: Die veränderte Konzentration von Treibhausgasen und Wasserdampf verändert auch die Zirkulation in der Atmosphäre – das heißt, wann Wettersysteme wohin ziehen. Diese Veränderungen können wir beobachten und durch Wahrscheinlichkeiten belegen.

Wie funktioniert Ihre Methode der Attribution Science?

Im ersten Schritt berechnen wir die Wahrscheinlichkeit für ein vergangenes Wetterereignis, zum Beispiel eine Hitzewelle oder Starkregen. Dafür simulieren wir einige Tausend Mal mögliche Wetterszenarien für eine bestimmte Region und einen bestimmten Zeitraum. Dadurch können wir berechnen, wie häufig dort Extremwetterereignisse wie Starkregen oder Wirbelstürme vorkommen können. Anschließend wiederholen wir das Experiment mit einer Treibhausgas-Konzentration in der Atmosphäre, wie sie ohne den menschengemachten Klimawandel wäre. So kann man berechnen, wie wahrscheinlich das Extremwetterereignis in einer simulierten Welt ohne Klimawandel wäre, und indem man beide Ergebnisse vergleicht, weiß man, wie stark sich die Wahrscheinlichkeit durch menschliche Einflüsse verändert.

Wie stark ist die Wahrscheinlichkeit denn gestiegen?

Wir können zum Beispiel sagen, dass der von Menschen gemachte Klimawandel einen Wirbelsturm oder eine Überschwemmung mancherorts um 50 oder sogar 500 Prozent wahrscheinlicher gemacht hat. Manchmal bleibt aber auch die Erkenntnis, dass der menschliche Einfluss kaum messbar war. Manche Ereignisse werden auch weniger wahrscheinlich. Geradlinige Kausalität können wir mit diesen Aussagen nicht bieten, aber eine statistisch sehr gut gesicherte Wahrscheinlichkeit. Natürlich sind solche Ergebnisse für die Öffentlichkeit ziemlich abstrakt. Deshalb müssen wir unsere Erkenntnisse verständlich einordnen und genau erklären, welchen Anteil der Klimawandel an bestimmten Extremwetterereignissen hat. [...]

Lassen sich auch die für den Klimawandel verantwortlichen Staaten ausmachen?

Ja, das war der Ansatz unserer neuesten Studie. Am Beispiel einer Hitzewelle in Argentinien haben wir die Verantwortlichkeit einzelner Staaten berechnet. Diese Hitzewelle ist durch den allgemeinen Klimawandel fünfmal wahrscheinlicher geworden. Durch die Emissionen der USA wurde sie um 30 Prozent, durch die von ganz Europa sogar um 35 Prozent wahrscheinlicher. Diese Aussagen ließen sich sogar auf einzelne Länder herunterbrechen. Für Debatten um eine mögliche Entschädigung von klimawandelbedingen Schäden könnten solche Erkenntnisse eine gute Grundlage bieten. [...]

Birk Grüling im Interview mit Friederike Otto: Wer ist schuld am Sturm?, in fluter v. 22.11.2017, unter: www.fluter.de/extremwetter-als-folge-des-klimawandels (Zugriff: 27.10.2020)

8

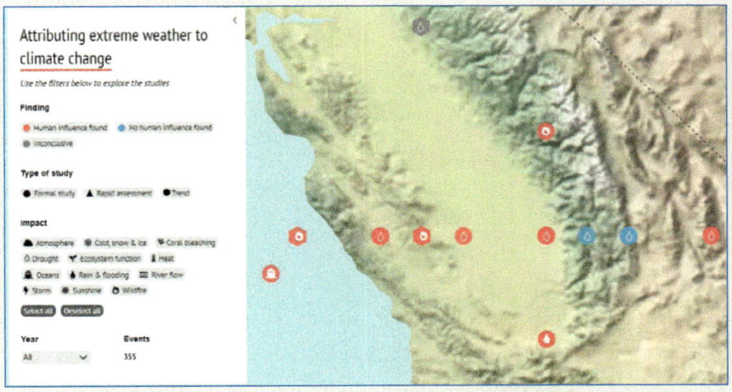

Wie der Klimawandel Extremwetter auf der ganzen Welt beeinflusst

„69 % der 355 extremen Wetterereignisse und -trends in der Karte wurden durch den vom Menschen verursachten Klimawandel als wahrscheinlicher oder schwerwiegender eingestuft.
[...] Nur 22 % der Ereignisse und Trends zeigten keinen erkennbaren menschlichen Einfluss oder waren nicht schlüssig."

Attributing extreme weather to climate change 15.04.2020, unter: www.carbonbrief.org/mapped-how-climate-change-affects-extreme-weather-around-the-world, übers. v. Matthias Scholliers (Zugriff: 27.10.2020)

9

NE Den Klimawandel begrenzen: das 1,5-Grad-Ziel

Je stärker die globale Erwärmung voranschreitet, desto mehr sind die weltweiten Ökosysteme einschließlich der Menschen von gravierenden Veränderungen betroffen. Umso dringender wird es deshalb, den Temperaturanstieg im Vergleich zu den vorindustriellen Werten zu begrenzen. Die Weltgemeinschaft hat sich im Pariser Klimaabkommen 2015 verpflichtet, den Anstieg der globalen Durchschnittstemperatur auf unter 2 Grad, möglichst auf 1,5 Grad zu begrenzen. Weshalb ist die Festlegung auf diesen Wert so wichtig und wie kann er erreicht werden?

Paris-Abkommen

„Artikel 2

(1) Dieses Übereinkommen zielt darauf ab, durch Verbesserung der Durchführung des Rahmenübereinkommens einschließlich seines Zieles die weltweite Reaktion auf die Bedrohung durch Klimaänderungen im Zusammenhang mit nachhaltiger Entwicklung und den Bemühungen zur Beseitigung der Armut zu verstärken, indem unter anderem

a) der Anstieg der durchschnittlichen Erdtemperatur deutlich unter 2 °C über dem vorindustriellen Niveau gehalten wird und Anstrengungen unternommen werden, um den Temperaturanstieg auf 1,5 °C über dem vorindustriellen Niveau zu begrenzen, da erkannt wurde, dass dies die Risiken und Auswirkungen der Klimaänderungen erheblich verringern wurde;

b) die Fähigkeit zur Anpassung an die nachteiligen Auswirkungen der Klimaänderungen erhöht und die Widerstandsfähigkeit gegenüber Klimaänderungen sowie eine hinsichtlich der Treibhausgase emissionsarme Entwicklung so gefördert wird, dass die Nahrungsmittelerzeugung nicht bedroht wird;

c) die Finanzmittelflüsse in Einklang gebracht werden mit einem Weg hin zu einer hinsichtlich der Treibhausgase emissionsarmen und gegenüber Klimaänderungen widerstandsfähigen Entwicklung.

(2) Dieses Übereinkommen wird als Ausdruck der Gerechtigkeit und des Grundsatzes der gemeinsamen, aber unterschiedlichen Verantwortlichkeiten und jeweiligen Fähigkeiten angesichts der unterschiedlichen nationalen Gegebenheiten durchgeführt."

www.bmu.de/gesetz/uebereinkommen-von-paris/ und www.bmu.de/fileadmin/Daten_BMU/Download_PDF/Klimaschutz/paris_abkommen_bf.pdf (Zugriff: 27.10.2020)

1

Je stärker die mittlere globale Durchschnittstemperatur von den Werten vor der Industrialisierung abweicht, desto stärker sind die Folgen. Wissenschaftler nennen

- eine deutliche Zunahme von Wassermangel und Hungersnöten,
- eine Beeinträchtigung der Gesundheit durch Hitzewellen vor allem in urbanen Regionen,
- hohe Kosten für die Anpassung von Infrastruktur, Land- und Forstwirtschaft, Tourismus sowie Küsten- und Hochwasserschutz an die veränderten Bedingungen.

Dazu veröffentlich das IPCC im Auftrag der Vereinten Nationen den aktuellen Kenntnisstand zum Klimawandel und bewertet ihn aus wissenschaftlicher Sicht (siehe Online-Code).

Mit internationalen Vereinbarungen versucht die Staatengemeinschaft, den Klimawandel zu begrenzen. Auf der von vielen Seiten als erfolgreich bewerteten Pariser Klimakonferenz von 2015 wurden Ziele vereinbart, aber keine konkreten Maßnahmen. Ob die Ziele erfolgreich verfolgt werden, können Sie anhand der Materialien überprüfen. Wie schwierig es ist, sich trotz unterschiedlicher Vorstellungen auf ein Ziel zu einigen, können Sie mit dem simulationsgestützten Rollenspiel auf den Seiten 74/75 erfahren.

Das Intergovernmental Panel on Climate Change (IPCC) wurde 1988 von der Weltorganisation für Meteorologie und dem Umweltprogramm der UNO eingesetzt. Es hat die Aufgabe, etwa alle fünf Jahre den Zustand des Klimasystems und seine Auswirkungen festzustellen und Möglichkeiten der Gegensteuerung zu benennen. Das IPCC betreibt keine eigene Forschung, sondern nutzt veröffentlichte wissenschaftliche Ergebnisse.

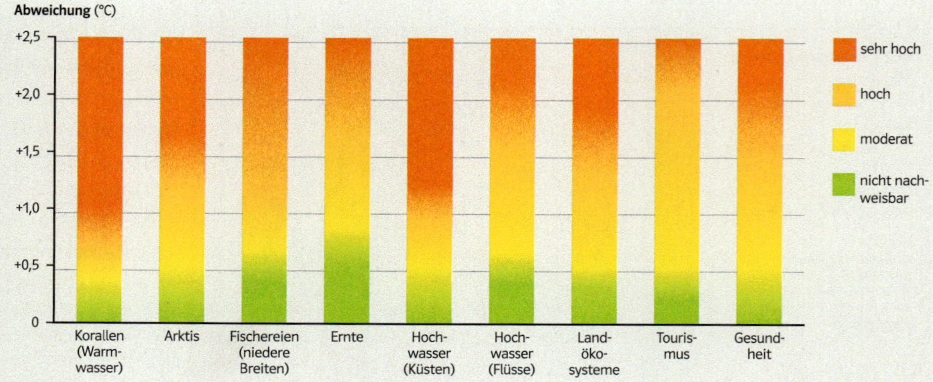

2 Auswirkungen des Klimawandels auf Ökosysteme bei bestimmter Temperaturabweichung gegenüber dem vorindustriellen Niveau

Nach: IPCC

Risiko	globale Erwärmung	
	1,5 °C	2 °C
Extremwetterereignisse: z. B. Überflutungen	100 %	170 %
Artenvielfalt: Anteil der Arten, die beeinträchtigt sind	6 % Insekten, 8 % Pflanzen, 4 % Wirbeltiere	18 % Insekten, 16 % Pflanzen, 8 % Wirbeltiere
Wasser: Anzahl der Stadtbewohner, die bis 2100 extremer Trockenheit ausgesetzt sind	350 Mio.	410 Mio.
arktisches Meer: eisfreie Sommer	mind. einmal in 100 J.	mind. einmal in 10 J.
Bevölkerung: Anteil, der mind. einmal in 20 J. extremer Hitze ausgesetzt sein wird	9 % (700 Mio. Menschen)	28 % (2 Mrd. Menschen)
Meeresspiegelanstieg bis 2100	48 cm (46 Mio. Menschen)	56 cm (49 Mio. Menschen)
Korallenbleiche: Korallensterben bis 2100	70 %	100 %
Ozeane: Einbußen der Artenvielfalt, Schwankungen im Ökosystem, Beeinträchtigung von ökologischen Funktionen und Diensten		
Nahrungsmittel: jedes halbe Grad mehr Erwärmung verringert Erträge und Nährstoffe in tropischen Regionen		
Kosten: sinkendes Wirtschaftswachstum v. a. in Niedriglohnländern		

Nach: www.klimafakten.de/meldung/neue-infografik-macht-ein-halbes-grad-weniger-erderwaermung-einen-unterschied (Zugriff: 30.10.2020) und wwf

3 Klimarisiken bei einer globalen Erwärmung von 1,5 °C oder 2 °C

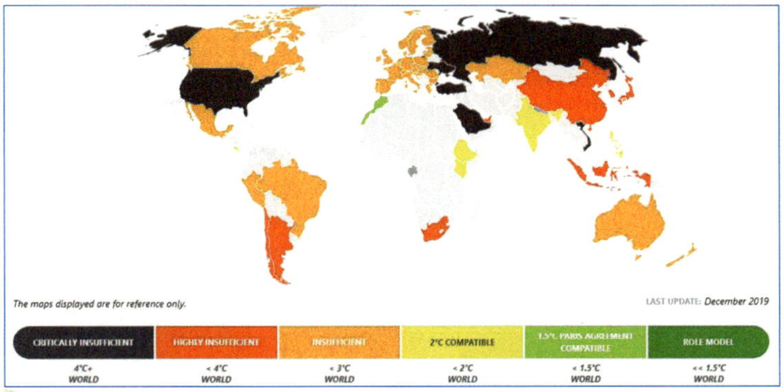

4 Climate Action Tracker

Lesehilfe: Der Climate Action Tracker stellt auf dieser Weltkarte dar, inwieweit die NDCs (Nationally Determined Contributions, also die national festgelegten Beiträge), die Zusagen für 2020, die langfristigen Ziele und die derzeitige Politik der einzelnen Staaten mit dem Temperaturziel des Pariser Abkommens von 1,5 °C vereinbar sind.

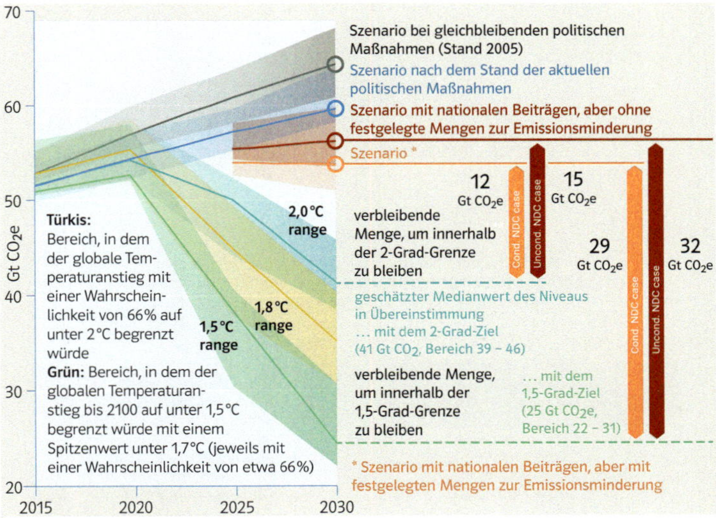

5 Klimawandelprojektion

Lesehilfe: Die graue Linie zeigt ein Szenario ohne neue Klimapolitiken nach 2005, blau zeigt bestehende, bereits von Regierungen umgesetzte Politiken, rote und orange Linien zeigen zusätzliche bedingte und unbedingte NDCs, die blaue Linie zeigt Emissionen, welche zu einer Erwärmung von unter 2 °C führen, die gelbe Linie von unter 1,8 °C und die grüne von unter 1,5 °C.
NDC = nationally determined contributions (national festgelegte Beiträge)

Nach: United Nations Environment Programme (2019). Emissions Gap Report 2019. UNEP, Nairobi, p.XIX, Fig. ES.4

1
Arbeiten Sie die wesentlichen Ziele des Pariser Abkommens heraus (Text 1).

2 NE
Begründen Sie die Notwendigkeit des 1,5-Grad-Ziels. Nutzen Sie auch den 6. IPCC-Bericht (Online Code).

3 MK
Analysieren Sie die weltweite Umsetzung des 1,5-Grad-Ziels ausgehend von Tabelle 3 und Grafik 4.

4 MK
Jedes Jahr entscheidet, wie stark sich der Klimawandel auswirkt. Beurteilen Sie diese Aussage (Grafiken 4 und 5).

MK NE Klimaverhandlungen zur Begrenzung der Erderwärmung auf 1,5 Grad – ein simulationsgestütztes Rollenspiel

1 Schüler des Ferdinand-Porsche-Gymnasiums in Stuttgart simulieren eine UN-Klimakonferenz

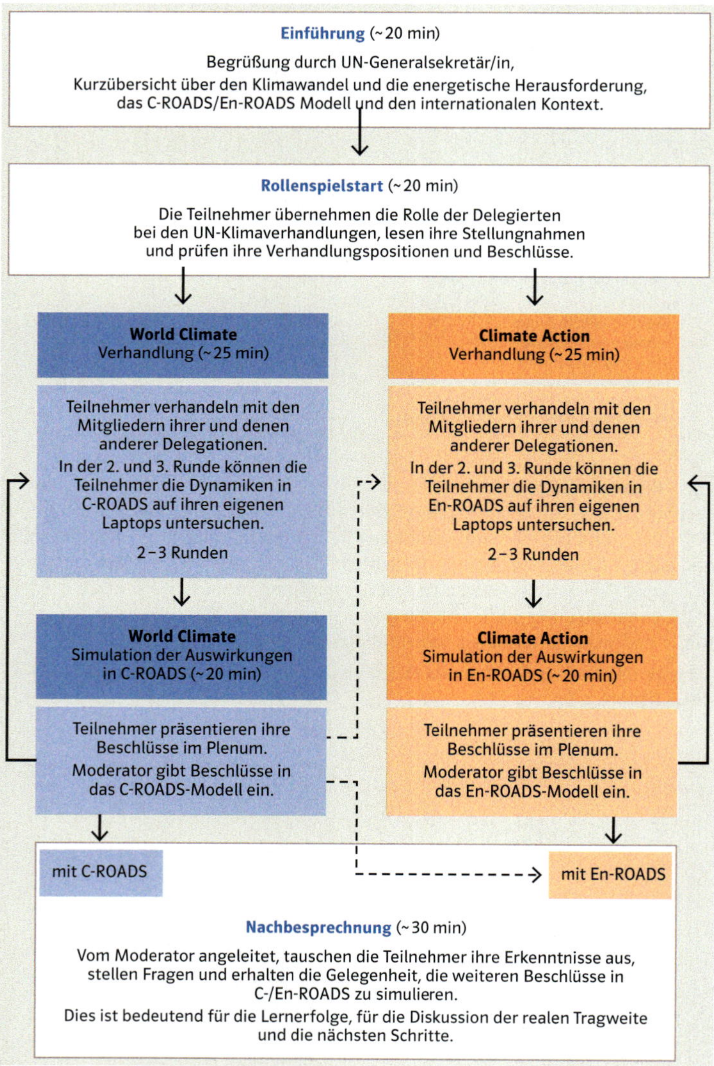

2 Rollenspiel-Verlauf

World Climate und Climate Action Simulation
Untersuchungen belegen, dass das Zeigen von Forschungsergebnissen nicht zu den nötigen oder gewünschten Handlungs- und Politikveränderung führen. Menschen treten häufiger in Aktion, wenn ihre Gefühle angesprochen werden. Mit den beiden Rollenspielen World Climate und Climate Action Simulation werden die voraussichtlichen Konsequenzen eigener Entscheidungen unmittelbar durch das Simulationsmodell deutlich. Untersuchungsergebnisse mit der verwandten World Climate Simulation zeigen, dass sich mehr als 80 % der Teilnehmenden im Anschluss für mehr Klimaschutz engagieren.
Das Rollenspiel **World Climate** bildet die Verhandlungen bei den UN-Klimakonferenzen ab. Die Teilnehmer verhandeln in der Rolle von Verhandlungsführern der USA, der EU, von anderen Industrienationen, China, Indien und anderen Entwicklungsländern, wann in ihren Ländern der Anstieg an Treibhausgas-Emissionen gestoppt wird und ab wann und mit welcher Geschwindigkeit die Emissionen reduziert werden. Die Verhandlungsergebnisse werden mit dem **Klimasimulationsmodell C-ROADS** auf ihre Wirksamkeit getestet.
Im Rollenspiel Climate Action Simulation verhandeln die Teilnehmenden als Vertreter von Staaten, Industrie und Handel, Landwirtschaft, Klimaaktivisten und Energieunternehmen über konkrete Maßnahmen zur Begrenzung der Temperaturerhöhung bis zum Jahr 2100 auf 1,5 Grad. Die Vorschläge werden mit dem **Klima-Energiesimulationsmodell En-ROADS** (Energy Rapid Overview and Decision Support) getestet und analysiert.

3

1 MK NE

Führen Sie das Rollenspiel in ihrem Kurs entsprechend dem Ablaufschema durch. Sie können zwischen dem Rollenspiel World Climate und der Climate Action Simulation wählen, die beiden Rollenspiele auch kombinieren oder den Simulator En-ROADS für die Nachbesprechung von World Climate nutzen.
Die notwendigen Informationen und Materialien zum World-Climate-Rollenspiel finden Sie unter dem Online-Code 2n79n6.

Climate Action Simulation

Ziel der Simulation
ist das Erstellen eines weltweiten Maßnahmenplans,
- mit dem die Temperaturerhöhung bis zum Jahre 2100 auf 1,5 °C beschränkt wird und
- der von allen Interessensgruppenvertretern getragen wird.

1. Delegationsbesprechungen – Vorbereitungen
Lesen Sie Ihre vertraulichen Briefings und machen Sie sich mit der En-ROADS-Systemsteuerung vertraut. Sie können wählen:
- **Fügen Sie eine neue Lösung hinzu**, indem Sie einen der 18 Schieberegler ändern.

oder
- **Machen Sie eine vorherige Aktion rückgängig**, die eine andere Gruppe vorgeschlagen hat.

2. Delegationsbesprechungen – Strategie
Überlegen Sie mit Ihrer Delegation Ihre Gesamtstrategie und einigen Sie sich auf die bevorzugte(n) erste(n) Aktion(en).
- Jedes Team kann **pro Runde eine Aktion vorschlagen.**
- Sie sollten jedoch **drei bevorzugte Aktionen vorbereiten** (falls eine andere Gruppe dieselbe Aktion vorschlägt).
- Berücksichtigen Sie diese Punkte bei Ihren Überlegungen:
  - Was ist Ihnen und Ihrer Delegation wichtig?
  - Was ist politisch machbar?
  - Was brauchen Sie von den anderen Delegationen?
  - Was können Sie den anderen Delegationen bieten?

3. Delegationsbesprechungen – Multiple Lösungen und Gerechtigkeit
Berücksichtigen Sie bei der Auswahl Ihrer Aktionen folgende Überlegungen:
- Was wäre ein kurzfristiger Co-Benefit zu Ihrem Vorschlag? Wie lässt sich mit nur einer Maßnahme mehr als ein Problem lösen?
- Wie könnte die Umsetzung dieser Vorgaben benachteiligten Gemeinschaften schaden?

Das FLOWER-Konzept (**F**ramework for **Lo**ng-term, **W**hole-system, **E**quity-based **R**eflection) hilft Ihnen bei der Lösungssuche (siehe Online-Code).

4. Delegationsbesprechungen – Bereiten Sie eine Rede vor
Ihr/e Delegationsleiter/in wird eine 1-minütige Rede vor den anderen Delegationen halten, in der sie/er um Unterstützung für diese Aktion wirbt.
- Erklären Sie, warum Ihre Delegation diese Aktion gewählt hat.
- Wenn Zeit ist, schlagen Sie den anderen Delegationen vor, was sie machen sollen.

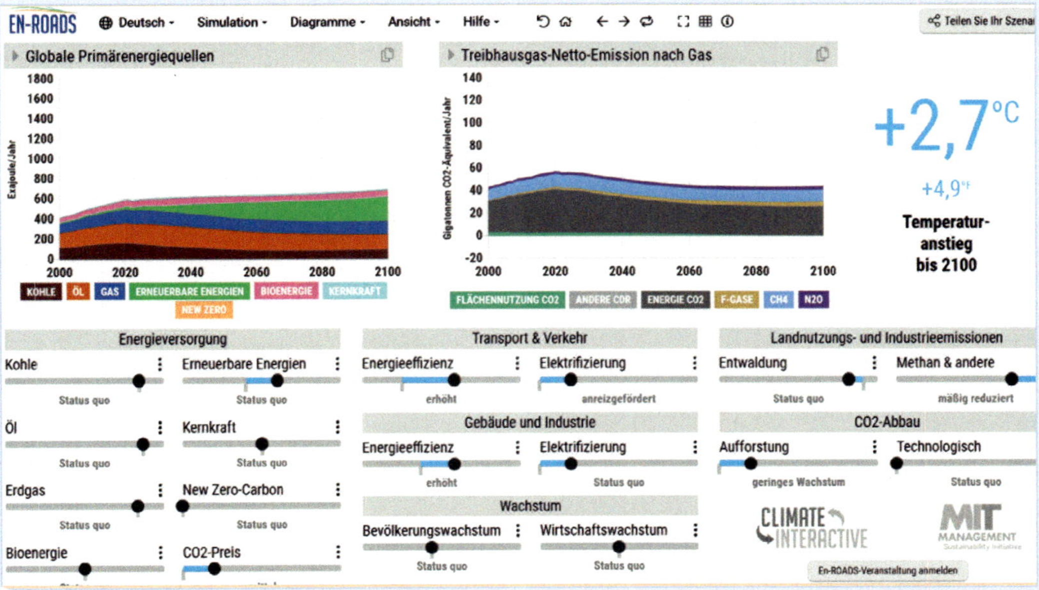

5 Das Simulationsmodell En-ROADS (Screenshot)

Lesehilfe:
Mit En-ROADS können in Echtzeit Lösungsvorschläge zum Erreichen des Klimaziels getestet werden. Das Modellverhalten ist anhand historischer Daten kalibriert und zukünftiger Emissionspfad-Szenarien dreidimensionaler Klimamodelle getestet. Die Benutzeroberfläche von En-ROADS ermöglicht die Darstellung einer Vielzahl von Abbildungen. Die Standardeinstellungen zeigen oben links den Energiemix vom Jahr 2000 bis zum Jahr 2100, in der Mitte die daraus resultierenden Treibhausgas-Nettoemissionen und rechts daneben die sich ergebende Temperaturerhöhung bis zum Jahr 2100. Unten können verschiedene Maßnahmen zum Erreichen des Klimaziels getestet werden. In einem weiteren Schritt können Annahmen nach den Vorstellungen der Nutzer verändert werden.

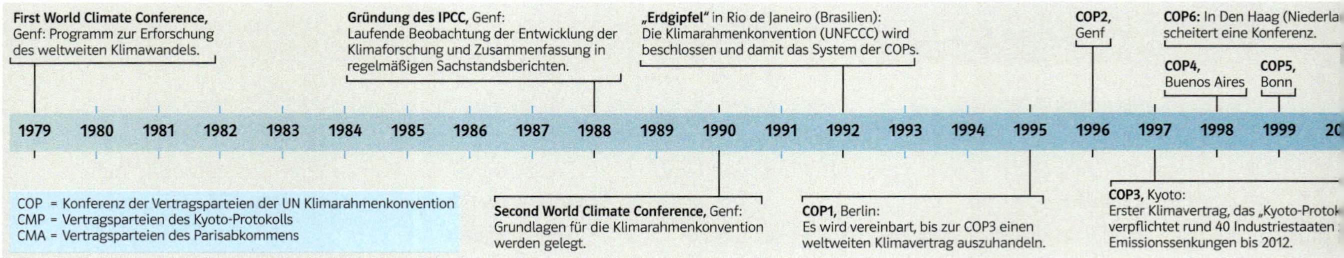

1 Der „Konferenzweg" zu einer klimaneutralen Welt

NE

Den Klimawandel begrenzen: Dekarbonisierung – der Weg zur CO_2-neutralen Welt

Wie können die Auswirkungen des Klimawandels und der globale Temperaturanstieg auf 2 Grad Celsius, möglichst aber 1,5 Grad begrenzt werden? Den Handlungsspielraum dazu beschreiben die Konzepte **Adaption** (Anpassung an den Klimawandel) und **Mitigation** (Reduktion der Treibhausgasemissionen). Das Ziel der Mitigation ist eine CO_2-neutrale Energieerzeugung bis Mitte des 21. Jh. **CO_2-Neutralität** bedeutet, dass kein CO_2 freigesetzt wird oder die CO_2-Emissionen werden vollständig kompensiert, zum Beispiel durch Pflanzenwachstum. Die Abkehr von der Nutzung kohlenstoffhaltiger Energieträger wird als **Dekarbonisierung** bezeichnet. Sie wirft allerdings Fragen auf:

- Wieviel CO_2 darf die Menschheit noch emittieren, um das Pariser Klimaziel zu erreichen?
- Welcher Staat reduziert die CO_2-Emissionen in welchem Umfang und ab wann?
- Ist eine Reduktion der Emissionen ausreichend oder müssen zusätzliche Maßnahmen wie zum Beispiel das Geo-Engineering ergriffen werden?
- Auch ein Temperaturanstieg von 1,5 oder 2 Grad wird zu großen Veränderungen führen. Wie kann man diese Herausforderung mit Anpassungsmaßnahmen bewältigen?
- Wie sieht eine CO_2-neutrale Lebensweise auf der lokalen Ebene aus?

Zusätzliche Erwärmung gegenüber dem Zeitraum von 2006–2015 (°C)	Ungefähre Erwärmung gegenüber dem Zeitraum von 1850–1900 (°C)	Verbleibendes Kohlenstoff-Budget (ohne zusätzliche Rückkopplungen aus dem Erdsystem) (Gt CO_2 ab dem 1.1.2018)		
		Wahrscheinlichkeit, unter einer bestimmten Erwärmungsgrenze zu bleiben		
		33 %	*50 %*	*67 %*
0,53	~1,5 °C	840	580	420
0,6		1010	710	530
0,63		1080	770	570
0,7		1240	900	680
0,78		1440	1040	800
0,8		1480	1080	830
0,9		1720	1260	980
1,0		1960	1450	1130
1,03	~2,0 °C	2030	1500	1170
1,1		2200	1630	1280
1,13		2270	1690	1320
1,2		2440	1820	1430

https://scilogs.spektrum.de/klimalounge/files/IPCC-SR15-Table-2.2-1024x643.jpg (Zugriff: 27.10.2020)

2 Ab Anfang 2018 verbleibendes globales CO_2-Emissionsbudget

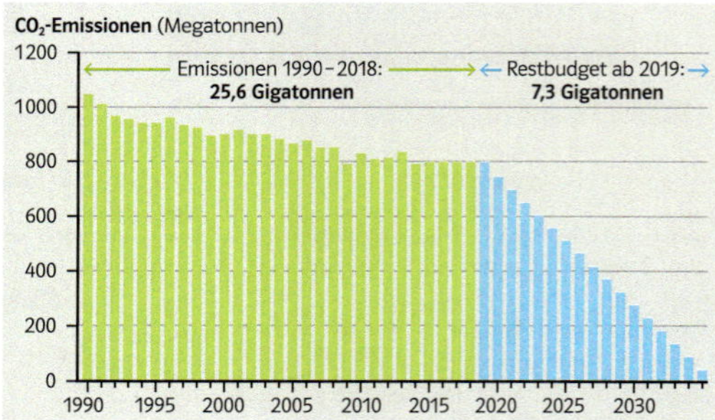

3 CO_2-Budget/-Emissionen in Deutschland bis 2035

Das Emissionsbudget Deutschlands entspricht seinem Anteil von 1,1 % an der Weltbevölkerung: Anfang 2016 also 9,7 Gt. Der jährliche CO_2-Ausstoß in Deutschland beträgt 0,8 Gt.

Grün: Emissionen bis 2018 nach Zahlen des Umweltbundesamtes.

Blau: exemplarische lineare Emissionsminderung, die einem fairen Beitrag Deutschlands zu den Paris-Zielen entsprechen könnte.

Grafik nach: Prof. Stefan Rahmstorf, unter: https://scilogs.spektrum.de/klimalounge/files/CO2-Emissionen-Deutschland-1024x551.jpg, (Zugriff: 26.10.2020)

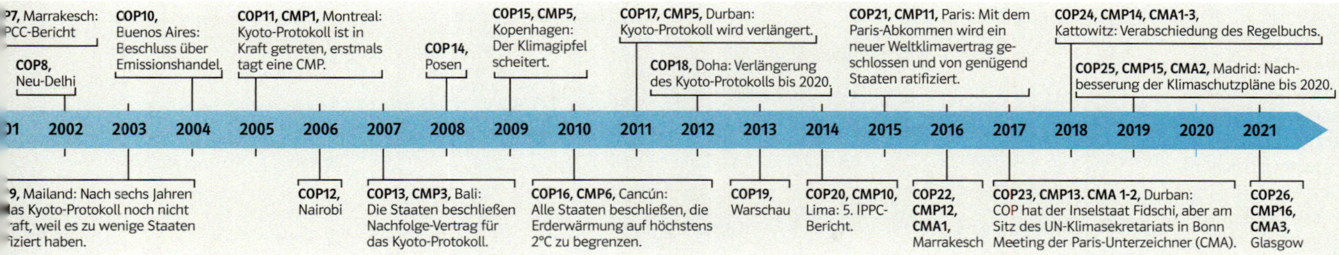

Der Budgetansatz – mehr Kohlenstoffdioxid darf nicht emittiert werden

Anlässlich der Klimakonferenz von Kopenhagen 2009 wurde der Budget*-Ansatz zur Begrenzung der CO_2-Emissionen vorgestellt. Der Ansatz konzentriert sich auf die CO_2-Emissionen, weil sie mengenmäßig sowie in ihrer Wirkung bedeutsam sind. Die Forscher schlagen eine maximale Emissionsmenge von 900 Gt CO_2 für den Zeitraum 2010 – 2050 vor. Je mehr dieses Budget unterschritten wird, desto größer ist die Wahrscheinlichkeit, dass das 2- oder besser sogar das 1,5-Grad-Ziel erreicht werden kann.

Ausgehend vom globalen Budget berechnen sich die nationalen Budgets (M3). Sie ermöglichen den Staaten eine souveräne und angepasste Emissionsminderung.

Mit Kooperationen lässt sich das gemeinsame Ziel leichter erreichen. So könnte sich ein für alle Länder hilfreicher globaler Handel mit CO_2-Emissionsrechten entwickeln. Länder mit hohen CO_2-Emissionen könnten sich zum Beispiel durch den Kauf von Emissionsrechten Zeit für eine Umstellung ihrer Wirtschaft erkaufen. Möglich wäre auch ein Transfer von emissionsarmen Technologien in die Länder der Gruppe 3.

* **Budget (aus dem Französischen): Haushaltsplan mit zukünftig zu erwartenden Einnahmen und Ausgaben**

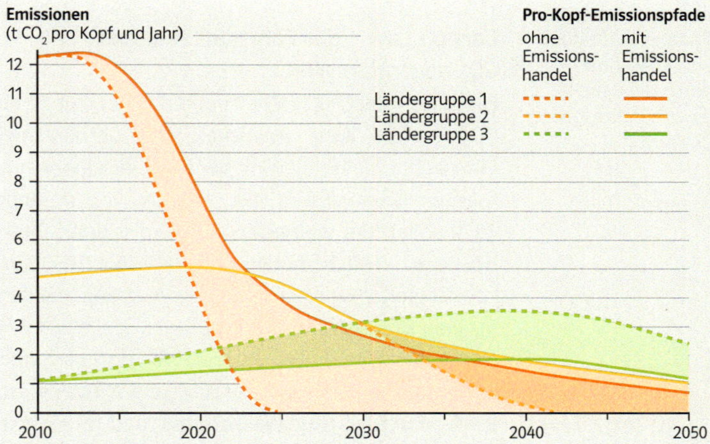

Beispiele für Pro-Kopf-Emissionsverläufe von CO_2 aus fossilen Quellen für 3 Ländergruppen nach dem Budgetansatz, die sich durch einen Emissionshandel ergeben könnten (durchgezogene Kurven). Dabei wurde angenommen, dass die Länder der Gruppe 1 ihr Budget um 75 % erhöhen, indem sie Emissionsrechte für 122 Mrd. t CO_2 hinzukaufen. Die Länder in Gruppe 2 kaufen Emissionsrechte im Umfang von insgesamt 41 Mrd. t CO_2 hinzu. Als Verkäufer der insgesamt 163 Mrd. t CO_2 treten die Länder der Gruppe 3 auf, deren Budget damit um etwa 43 % sinkt.

Ländergruppen nach CO_2-Emissionen aus fossilen Quellen pro Kopf und Jahr:

Rot: Ländergruppe 1 (> 5,4 t): Industrieländer (z. B. EU, USA,), ölexport. Länder (z. B. Saudi-Arabien, Venezuela) und wenige Schwellenländer (z. B. Südafrika).

Orange: Ländergruppe 2 (2,7 – 5,4 t), hier finden sich viele Schwellenländer (z. B. China, Mexiko, Thailand).

Grün: Ländergruppe 3 (< 2,7 t), Entwicklungsländer (z. B. Burkina Faso, Vietnam) und einige große Schwellenländer (z. B. Indien, Brasilien).

4 Budget-Ansatz und Emissionshandel

Nach: WBGU: Kassensturz für den Weltklimavertrag – der Budgetansatz. Sondergutachten. Berlin: WBGU 2009, S. 4

1 MK
Vervollständigen Sie den Zeitstrahl 1 mit den Ergebnissen der jüngsten Weltklimakonferenzen.

2
Beschreiben Sie den Grundgedanken des Budgetansatzes.

3
Erklären Sie: Der Budgetansatz verdeutlicht den Handlungsdruck für die Menschheit (Tabelle 2).

4 MK
Das deutsche CO_2-Budget (Grafik 3)
a) Begründen Sie den Wert für das deutsche CO_2-Budget von 7,3 Gt ab 2019.
b) Berechnen Sie das Pro-Kopf-Budget in Deutschland bis 2038.

5
Erläutern Sie den Vorteil des CO_2-Emissionshandels für den Budgetansatz.

6 NE
„Der Budgetansatz sorgt für mehr Gerechtigkeit bei der Reduktion von Emissionen." Nehmen Sie Stellung zu dieser Aussage.

Lesehilfe: Im Jahr 2040 betragen die anthropogenen Netto-CO_2-Emissionen etwa 14 Gt CO_2 im Jahr. Zwar werden in diesem Jahr etwa 35 Gt CO_2 ausgestoßen, aber das CO_2 wird durch Geo-Engineering (Nutzung von Bioenergie mit CO_2-Abscheidung und -Speicherung), Pflanzenwachstum und Aufnahme durch die Ozeane aus der Atmosphäre entfernt.

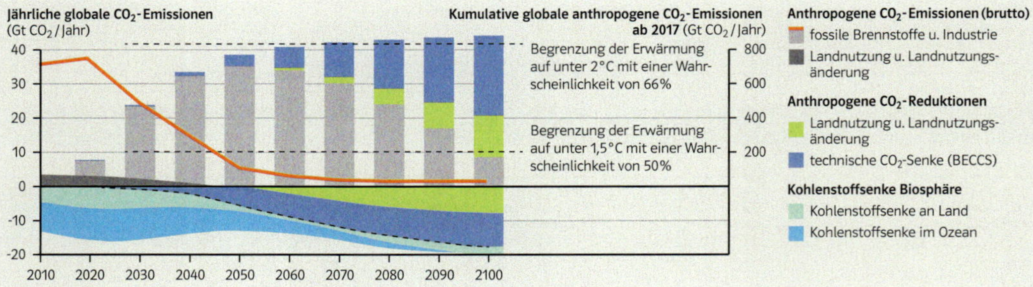

5 Dekarbonisierungspfad, um das Pariser Abkommen zu erreichen

Nach: Science: A roadmap for rapid decarbonization, 24.03.2017, https://science.sciencemag.org/ (Zugriff: 26.10.2020)

Carbon Law – der Fahrplan zu einer CO_2-neutralen Welt

Forscher des PIK haben einen Plan für eine CO_2-neutrale Welt entwickelt. Der Carbon-Law-Plan sieht eine Halbierung der CO_2-Emissionen aus fossilen Brennstoffen alle 10 Jahre vor. Im Jahr 2020 sollen die weltweiten CO_2-Emissionen ihren Hochwert erreicht haben und dann bis 2050 sinken. Begleitet werden soll dieser Ausstieg aus den fossilen Brennstoffen Kohle, Erdöl und Erdgas von einem beschleunigten Ausbau der erneuerbaren Energien. Der Anteil von Sonnen- und Windenergie sowie Energie aus Wasserkraft und Biomasse muss dazu alle 5–7 Jahre verdoppelt werden. Aktuell wird dieses Ziel mit einer Verdopplung alle 5,5 Jahre bereits erreicht. Ergänzt werden müssen diese Maßnahmen mit der aktiven Entfernung von CO_2 aus der Atmosphäre mittels der Technik der Bioenergie-Kohlenstoffabscheidung und -speicherung (BECCS) (blau) und der Landnutzung mit Aufforstung (grün). Das ist schon deshalb notwendig, weil auch die CO_2-Senke Ozean aufgrund der Erwärmung und die CO_2-Senke Biosphäre aufgrund von Landnutzungsveränderungen weniger CO_2 aufnehmen werden.

Der Klimaforscher Schellnhuber sagt: „Unsere Zivilisation muss bald einen sozioökonomischen Wendepunkt erreichen, und diese Roadmap (M7) zeigt, wie dies geschehen kann. Insbesondere zeigen wir konkrete Schritte zur vollständigen Dekarbonisierung bis 2050 auf. Unternehmen, die versuchen, diese Schritte zu vermeiden und auf Zehenspitzen zu gehen, werden die nächste industrielle Revolution und damit ihre beste Chance für eine profitable Zukunft verpassen."

Die wichtigsten Meilensteine auf dem Weg zur Dekarbonisierung

bis 2050

„Jedes Jahrzehnt muss ein Meilenstein erreicht werden:

2020: 40 Gt CO_2
2030: 20 Gt CO_2
2040: 10 Gt CO_2
2050: 5 Gt CO_2

Der Weg dorthin:

2020: Abbau der Subventionen für fossile Brennstoffe. Einführung eines CO_2-Preises, der bei 50 US-Dollar pro Tonne beginnt und bis 2050 auf 400 US-Dollar pro Tonne steigt. Großskalige Steigerung von Energieeffizienz-Maßnahmen und der Erprobung der CO_2-Abspaltung, beginnend mit 100–500 Mt CO_2 pro Jahr.

2030: Die Kohle scheidet aus dem Energiemix aus. Das Bauen wird komplett CO_2-neutral oder speichert sogar Kohlenstoff, mehrere Städte erreichen die CO_2-Neutralität. Die CO_2-Abtrennung von 1–2 Gt CO_2 beginnt.

2040: Öl scheidet aus dem Energiemix schon früh in diesem Jahrzehnt aus. Europa ist ebenfalls schon zu Beginn dieser Dekade nahe bei null Emissionen. Andere Kontinente beenden das Jahrzehnt nahe bei null Emissionen.

2050: Die Weltwirtschaft ist CO_2-neutral."

Potsdam Institute for Climate Impact Research (PIK) e.V., Mit einem „Carbon Law" Emissionen bis 2050 auf Netto-Null bringen, Pressemitteilung v. 24.03.2017, unter: www.pik-potsdam.de/aktuelles/pressemitteilungen/use-a-carbon-law201d-to-achieve-net-zero-emissions-by-2050 (Zugriff: 27.10.2020)

6

7 Erläutern Sie mithilfe des Textes das Carbon Law.

8 MK Begründen Sie: Eine Reduktion der CO_2-Emissionen reicht nicht aus, die Pariser Klimaziele zu erreichen (M 5). Überprüfen Sie das mithilfe der Simmulationsprogramme C-/En-ROADS (S. 329).

9 Erörtern Sie Chancen einer Dekarbonisierung für die Weltwirtschaft.

Geo-Engineering – Techniken für eine CO_2-neutrale Welt?

Mittlerweile gibt es eine Vielzahl an technischen Vorschlägen, die CO_2-Menge in der Atmosphäre zu reduzieren oder den Strahlungshaushalt zu verändern. Ungeklärt sind mögliche Risken. Es wird befürchtet, dass einige dieser Maßnahmen zu irreparablen Folgen führen.

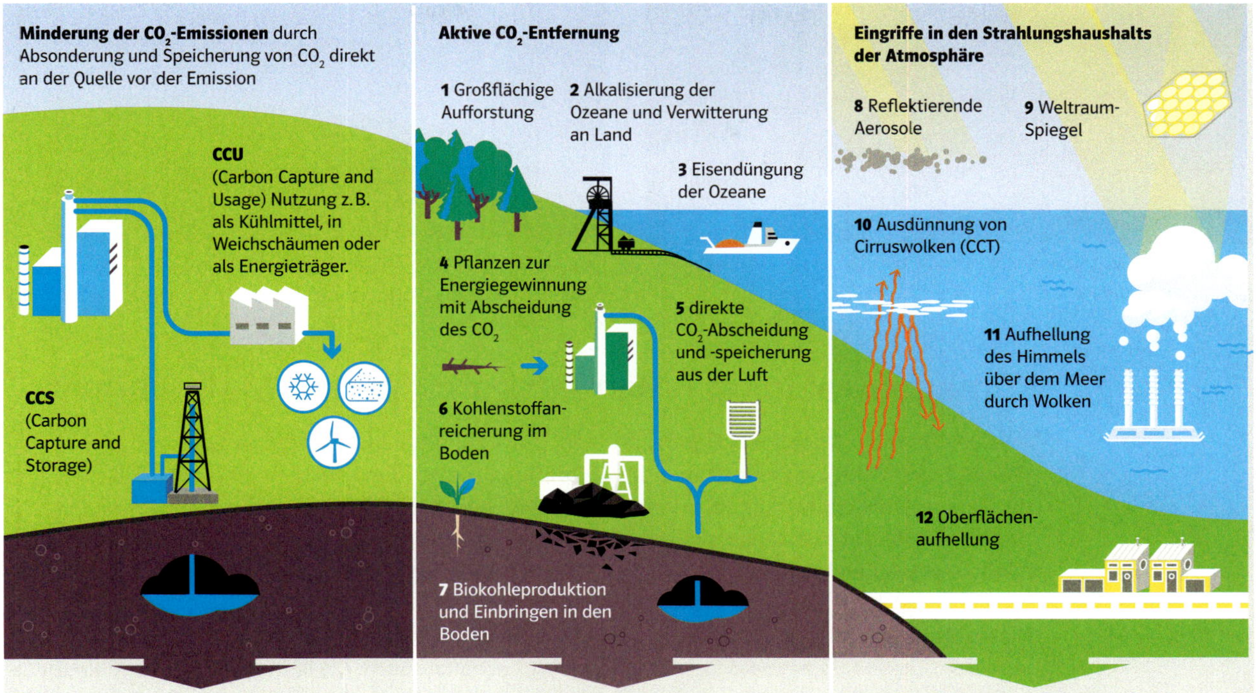

Bsp. CO_2-Abscheidung und Speicherung (CCS)

Idee Bei der Verbrennung von Brennstoffen wie Kohle oder Erdgas entsteht CO_2. Dieses könnte aus dem Abgas einer Anlage (beispielsweise eines Kohlekraftwerkes) abgenommen und gelagert werden.

Potenzial Bei sofortigem Start ließen sich ab dem Jahr 2050 jährlich zwischen 2,4 und 11 Milliarden Tonnen CO_2 aus der Atmosphäre entfernen.

Risiken CCS verbraucht viel Energie. Der Wirkungsgrad der Kraftwerke verschlechtert sich durch die energieintensive CO_2-Abscheidung erheblich. Die Speicherung von CO_2 ist in Deutschland hoch umstritten.

Bsp. Alkalisierung der Ozeane (2)

Idee Verschiedene Gesteine enthalten Minerale, die mit CO_2 chemisch reagieren und es binden. Durch das Ausbringen solcher Gesteinspulver im Meer oder an Land ließe sich die CO_2-Aufnahme künstlich verstärken.

Potenzial Durch das Ausbringen von Mineralen im Meer könnte zwischen zehn Millionen und fünf Milliarden Tonnen CO_2 aus der Atmosphäre entfernt werden; an Land circa zwei bis vier Milliarden Tonnen.

Risiken Es müssten mit hohem Energieeinsatz jährlich bis zu zwölf Milliarden Tonnen Gesteine gewonnen, gemahlen und ausgebracht werden. Dafür wäre eine Art neue Bergbauindustrie notwendig. Giftige Schwermetalle könnten freigesetzt werden.

Bsp. Reflektierende Aerosole (8)

Idee Feste Schwebstoffe wie beispielsweise Sulfatpartikel werden in der Stratosphäre ausgebracht und reflektieren einfallendes Sonnenlicht.

Potenzial Das Vorbild sind Vulkanausbrüche, bei denen Asche und Schwefeldioxid eine Abkühlung von bis zu einigen Zehntel Grad Celsius hervorrufen. Neuere Studien zeigen aber, dass dafür mehr Sulfat ausgebracht werden müsste als bislang angenommen.

Risiken Die Atmosphäre würde sich verdunkeln und die Methode wahrscheinlich dazu führen, dass sich Regengebiete verlagern. Das Sulfat könnte den Ozonabbau in der Stratosphäre verstärken. Pflanzen und Tiere könnten größere Anpassungsprobleme haben.

7 Potenzial und Risiken von ausgewählten Geo-Engineering-Maßnahmen zur Reduktion der globalen Erwärmung

Nach: Nature communications, Evaluating climate geoengineering proposals in the context of the Paris Agreement temperature goals, 13.09.2018, Texte der Beispiele aus: Helmholtz Perspektiven, Klempnern am Klima, 04/2018

10 MK

Erläutern Sie die verschiedenen Vorschläge zur Reduktion von CO_2 in der Atmosphäre (Grafik 7).

11

Erklären Sie die Funktionsweise von Eingriffen in den Strahlungshaushalt (Grafik 7).

12

Erläutern Sie Chancen und Risiken von Geo-Engineering-Maßnahmen (Grafik 7).

1 Ein Nutzgarten auf dem Hausdach – die richtige Maßnahme gegen den Klimawandel?

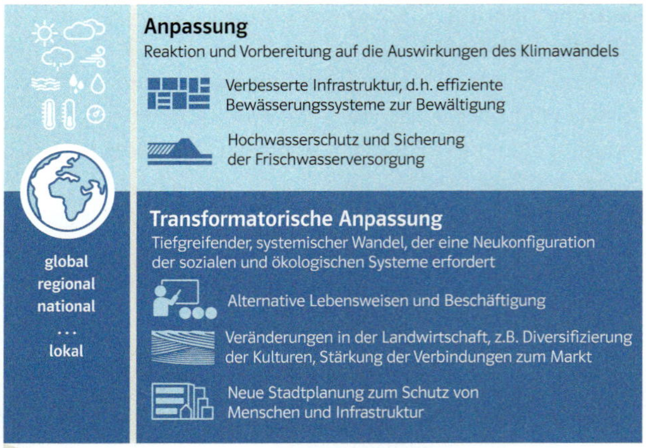

2 Unterschiedliche Möglichkeiten der Adaption

Nach: Daniela Jacob u.a.: Summary for Urban Policymakers – What the IPCC Special Report on 1.5C Means for Cities (2018); S.13

NE Klimaneutral lokal – Handlungsfelder und Maßnahmen

Weltweit handeln Menschen, Organisationen, Unternehmen und Staaten, um die globale Erwärmung zu stoppen und die Auswirkungen des Klimawandels zu reduzieren. Was sind die notwendigen, unerlässlichen Maßnahmen? Ist die schnelle Reduzierung der Treibhausgase ausreichend? Wie können wir uns auf die Folgen des Klimawandels einstellen? Kann ich als einzelner Mensch überhaupt etwas dazu beitragen?

Erfolge wird es geben, wenn eine rasche **Reduktion der Treibhausgasemissionen** (Mitigation) ergänzt wird mit **Strategien der Anpassung** (Adaption) an die unvermeidbaren Folgen des Klimawandels, die bereits bei 1,5 oder 2 Grad Temperaturanstieg auftreten. Die Adaption hat das Ziel, die klimaverursachte Verwundbarkeit (Vulnerabilität) in den Handlungsfeldern Wald und Forstwirtschaft, Landwirtschaft, Boden, Naturschutz und Biodiversität, Wasserhaushalt, Tourismus, Gesundheit, Stadt-und Raumplanung sowie Wirtschaft und Energiewirtschaft zu reduzieren.

Deutschland hat schon 2008 eine **Anpassungsstrategie** verabschiedet. Damit sollen sowohl kurzfristige wie auch langfristige Folgen des Klimawandels bei Planungen bedacht werden. Im Blick sind zum Beispiel die Sicherung der Stromerzeugung, nachhaltiger Hochwasserschutz, der Anbau neuer Nutzpflanzen, die Reduzierung der Hitzebelastung in Ballungsräumen, aber auch die Veränderung von Lebensgewohnheiten und Wirtschaftsformen. Diese Maßnahmen zielen auf eine langfristige und vorbeugende, die **Resilienz** (Widerstandsfähigkeit) stärkende Anpassung. Sie unterscheiden sich von kurzfristigen Maßnahmen wie der Bewässerung von Feldern oder der Erhöhung von Dämmen.

Resilienz im Klimawandel – eine Herausforderung für Städte

Mehr als die Hälfte der Weltbevölkerung lebt in Städten. In ihnen konzentrieren sich weltweit die meisten wirtschaftlichen Aktivitäten auf engem Raum. Heißere Temperaturen, intensivere Dürreperioden oder extreme Regenfälle sowie ein steigender Meeresspiegel gefährden die dicht besiedelten urbanen Gebiete und damit die Lebensqualität und den Zugang zu grundlegenden Dienstleistungen.

1 „Die Auswirkungen des Klimawandels können nicht allein durch eine Reduktion der Treibhausemissionen begrenzt werden." Begründen Sie diese Aussage.

2 Vergleichen Sie Adaption und transformationelle Adaption mithilfe von Schaubild 2.

3 Überprüfen Sie am Ende des Kapitels, ob der Nutzgarten auf dem Hausdach eine sinnvolle Maßnahme gegen den Klimawandel ist.

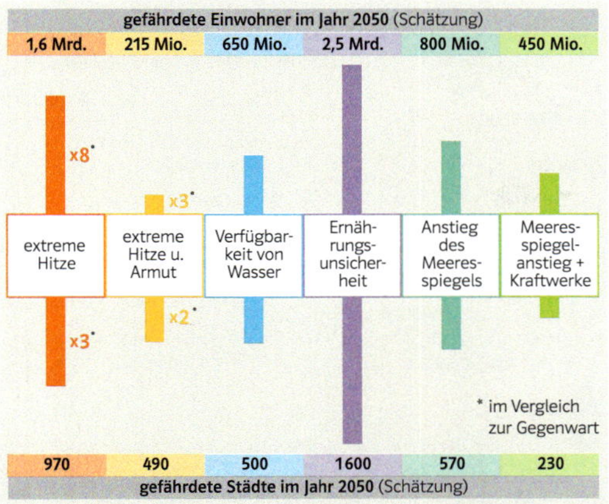

3 Kritische Risiken für Städte und ihre Bewohner infolge des Klimawandels

Nach: The Future of Urban Cosumption in a 1.5°C World. C40 CITIES Headline Report. June 2019, S. 34/35

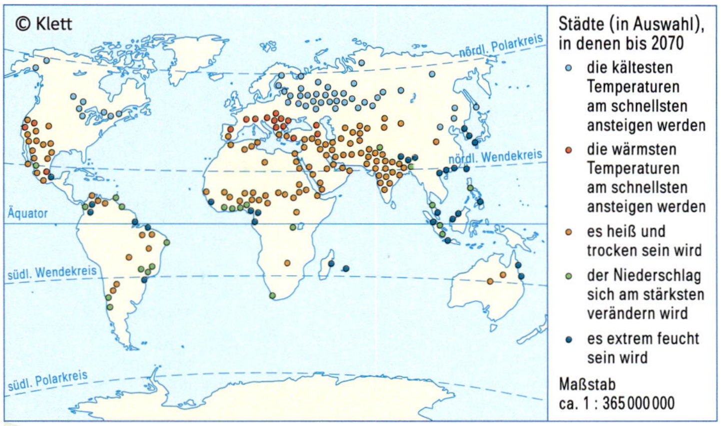

5 Städte im Klimawandel: Veränderung von Temperaturen und Niederschlag bis 2070 für ausgewählte Städte

Nach: National Geographic – See which cities will feel the brunt of climate change. Unter: www.nationalgeographic.com/ (Zugriff: 27.10.2020)

Mit welchen Maßnahmen können Städte ihre Resilienz im Klimawandel stärken? Es gibt keinen allgemeingültigen Plan für urbane Anpassungsmöglichkeiten an den Klimawandel, vor allem da die Folgen des Klimawandels wie die Hitzebelastung, die Zunahme der Sturmintensität oder der Anstieg des Meeresspiegels für die einzelnen Städte sehr unterschiedlich sind. Lokal treffen sie auf unterschiedliche, meist verstärkende Faktoren. Neben einer wachsenden Einwohnerzahl können dies zum Beispiel der Zustand der Infrastruktur, sozioökonomische Entwicklungen wie das Wirtschaftswachstum oder die Veränderung von Geoökosystemen durch menschliche Aktivitäten sein.

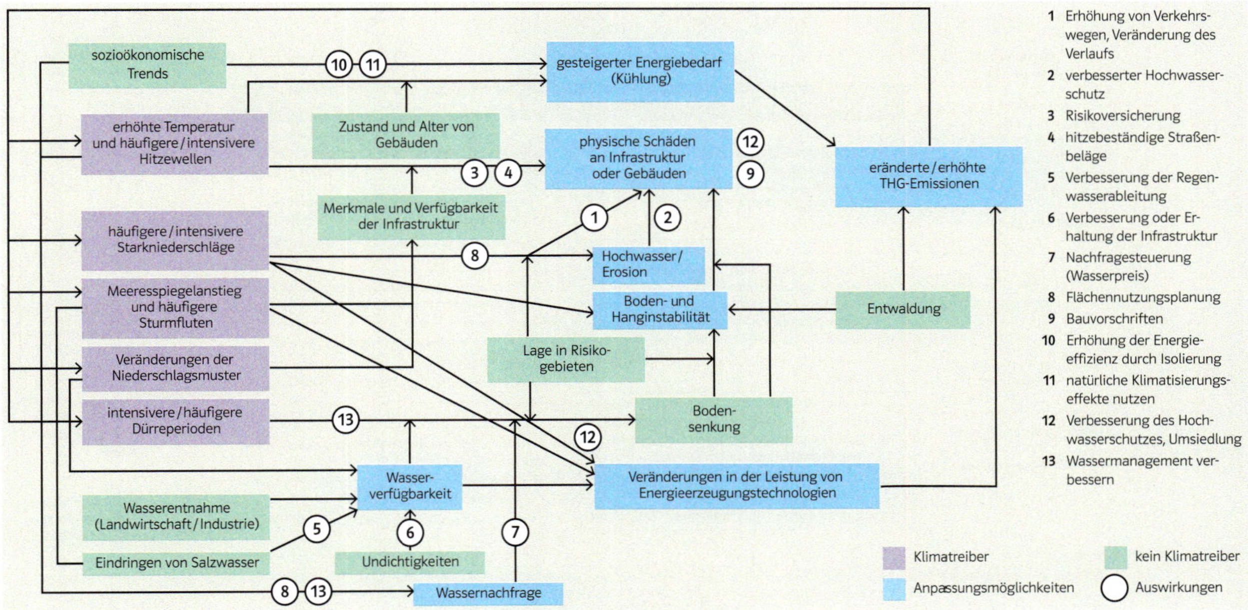

4 Wirkungsgefüge der Verwundbarkeit von städtischen Räumen im Klimawandel

Nach: Climate Service Center Germany (GERICS) and KfW Development Bank, 2015, Climate Focus Paper: Cities and Climate Change, Hamburg and Frankfurt am Main, S. 3, unter: www.gerics.de/imperia/md/content/csc/cities_focus_paper_tou.pdf (Zugriff: 27.10.2020)

4 MK

Arbeiten Sie die Hauptaussage zur Gefährdung von Städten im Klimawandel heraus (Grafik 3 und Wirkungsgefüge 4).

5 NE

Stellen Sie die Folgen einer Zunahme von Hitzewellen und von Starkregenfällen in Städten sowie Anpassungsmaßnahmen dar.

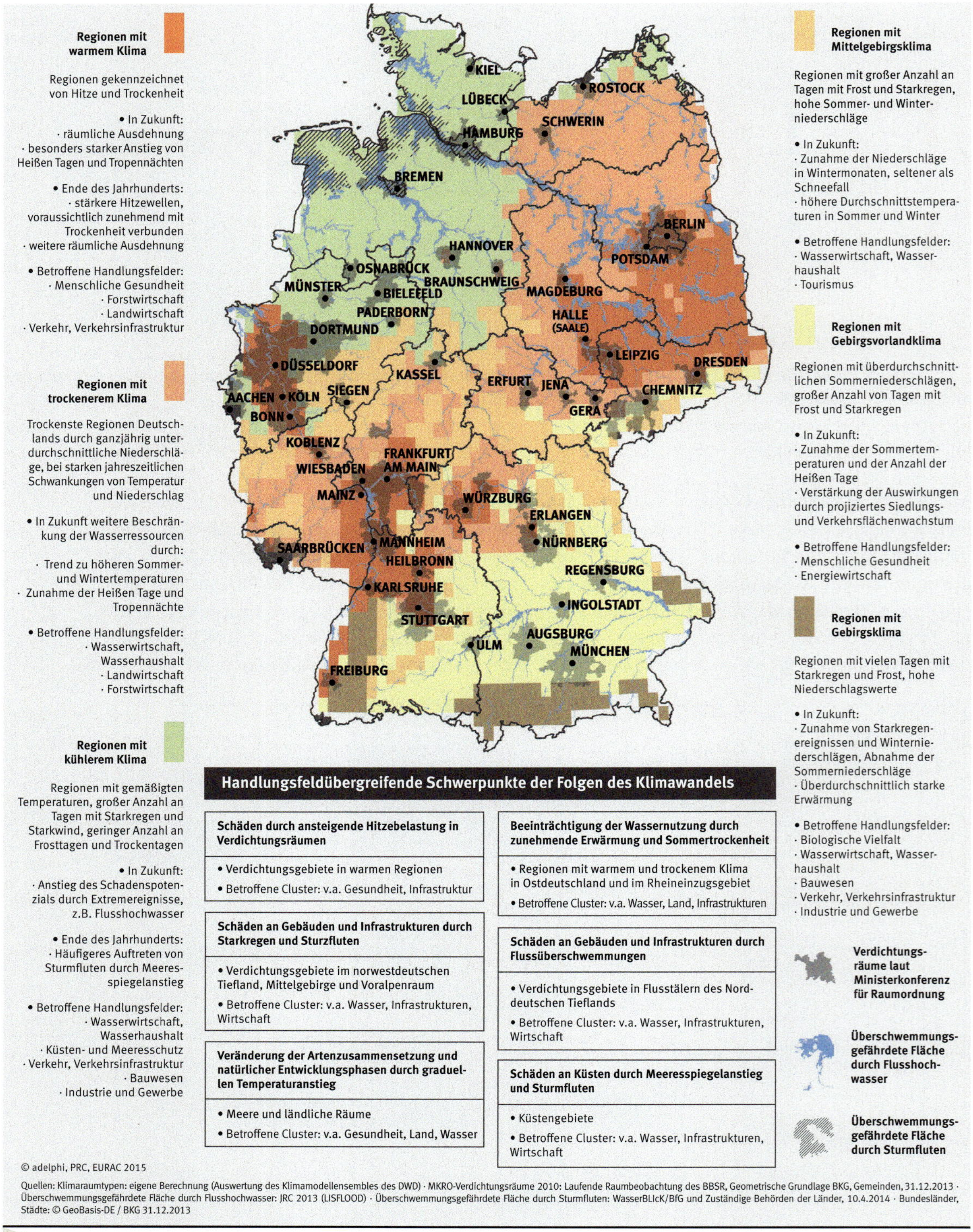

6 Regionale Betroffenheit und handlungsübergreifende Folgen des Klimawandels in Deutschland (Mitte des Jahrhunderts)

© adelphi, PRC, EURAC 2015; www.umweltbundesamt.de/sites/default/files/medien/378/publikationen/umid_02-2015_gesamt_internet.pdf

6

Arbeiten Sie aus Karte 6 die erforderlichen Anpassungen an den Klimawandel in Ballungsräumen, an Flüssen und an Küsten sowie Mittelgebirgen heraus.

Baden-Württemberg – lokale Anpassungen an den Klimawandel

Heiße, trockene Sommer wie 2003 und 2018 bringen wirtschaftliche Risiken für die Landwirtschaft. Starkregen wie im Frühsommer 2016 erhöhen die Hochwassergefahr. Von besonderer Bedeutung in der Klimaanpassungsstrategie des Landes Baden-Württemberg sind deshalb die Handlungsfelder Wasserhaushalt mit dem Hochwasserschutz und Landwirtschaft.

Handlungsfeld Wasserhaushalt

Braunsbach (Hohenlohekreis) im Mai 2016

Sintflutartige Regenfälle können im Mai 2016 bei Braunsbach im Hohenlohekreis nicht mehr im Boden versickern. Innerhalb kürzester Zeit fluten nicht vorstellbare Wassermassen das Tal der kleinen Gemeinde Braunsbach. Über 50 000 t Schlamm und Geröll zerstören große Teile des Ortes.

Der Klimawandel führt zu mehr und regional begrenzten Wetterextremen in Baden-Württemberg. Mit dem Klimawandel wird in Baden-Württemberg die Gefahr von unwetterartigen Niederschlägen fast überall steigen und auch abseits von größeren Flüssen zu gefährlichen Überschwemmungen, Erosion und Hangrutschungen führen. Die Zerstörungskraft dieser Wetterextreme richtet in einzelnen Ortschaften oder Stadtteilen hohe Schäden an. In Baden-Württemberg sind zum Beispiel Starkregenfälle mit einer Dauer von weniger als 12 h für etwa die Hälfte aller Überflutungsschäden verantwortlich.

7

Maßnahmen der Klimawandelanpassung
- Technischen Hochwasserschutz wirtschaftlich einsetzen;
- Betroffene an der Festlegung der Anpassungsmaßnahmen beteiligen und informieren;
- natürlichen Wasserrückhalt in der Fläche fördern;
- Niedrigwasserabflüsse genauer erfassen, Vorhersagen auf kleine Einzugsgebiete erweitern.
- ...

Nach: Monitoring-Bericht zum Klimaschutzgesetz Baden-Württemberg. Ministerium für Umwelt, Klima und Energiewirtschaft Baden-Württemberg Juni 2017, S. 139 ff

9

Handlungsfeld Landwirtschaft

Hagelschutz im Obstanbau

Im Juli 2019 hat ein heftiger Hagelschauer Apfelplantagen am Bodensee verwüstet. Landwirte berichten, dass extreme Wetterlagen von Jahr zu Jahr heftiger werden. Sorgen bereiten auch Temperaturschwankungen und Nachtfröste. Für die Landwirtschaft ist der Klimawandel Chance und Risiko zugleich.

Pflanzen können auf ein erhöhtes Angebot an Kohlenstoffdioxid oder höheren Temperaturen das Wachstum intensivieren. Die Verlängerung der Vegetationszeit und die Erhöhung der Durchschnittstemperatur ermöglichen den stärkeren Anbau wärmeliebender Pflanzen wie Körnermais, Hirse, Soja oder Weinsorten aus dem Mittelmeerraum. Andererseits können mehrjährige Pflanzen nicht den Standort wechseln wie Tiere. Höhere Temperaturen und Trockenheit beeinträchtigen den Anbau von Raps oder Kartoffeln. Milde Winter und höhere Temperaturen begünstigen Schadinsekten, Pilze oder Bakterien.

8

Maßnahmen der Klimawandelanpassung
- Fruchtfolge erweitern und verschiedene Sorten pro Kulturart anbauen;
- etablierte und neu auftretende Schaderreger überwachen und Vorsorge treffen;
- Bewässerung aufbauen und Verfahren optimieren.
- ...

Ebenda, S. 135

10

7 Begründen Sie die Notwendigkeit von unterschiedlichen Maßnahmen zur Reduzierung der klimaverursachten Vulnerabilität in Baden-Württemberg (Karte 6).

8 „Die Anpassungsmaßnahmen beim Hochwasserschutz und in der Landwirtschaft sind für ganz Baden-Württemberg wichtig." Begründen Sie diese Aussage.

9 MK NE Stellen Sie für Ihre Heimatregion Risiken von Hochwasser und Chancen und Risiken für die Landwirtschaft dar.

10 Beschreiben Sie weitere Maßnahmen der Klimawandel-Anpassungen beim Hochwasserschutz und in der Landwirtschaft (Texte 9 und 10).

Eine höhere Lebensqualität in klimaneutralen Städten?

Städte sind derzeit für rund 70 % des weltweiten Energieverbrauchs verantwortlich und verursachen etwa 71 % der energiebedingten globalen CO_2-Emissionen.

Ob **Klimaneutralität** gelingen kann, hängt im Wesentlichen von den Städten und zwei Fragen ab: Ist es möglich, die Einwohner für die Klimaschutzmaßnahmen zu gewinnen? Angesichts der Vielzahl von möglichen Maßnahmen ist es für eine Stadt, aber auch für die Bürgerinnen und Bürger schwierig festzustellen, welche der geplanten oder durchgeführten Maßnahmen eine wirkungsvolle Reduzierung der Treibhausgasemissionen zur Folge hat. Digitale Geoinformationssysteme (GIS) können innerhalb der Städte eine transparente Kommunikation ermöglich. In Echtzeit können so Informationen über den Rückgang von Emissionen und die damit verknüpften Maßnahmen angezeigt werden. Digitale Lösungen ermöglichen es, eine gemeinsame Vision zu präsentieren, Fortschritte zu zeigen, die Bürger in die Prozesse einzubeziehen sowie eine hohe Zustimmung und Identifikation zu schaffen, welche die Verantwortlichkeit für den gemeinsamen Prozess stärkt.

→ Nachhaltige Stadtentwicklung S. 392 – 397

Die zweite Frage nimmt die Finanzierung der Klimaneutralität in den Blick: Wird die Reduzierung der Treibhausgasemissionen in den Städten zu Einschränkungen und Wohlstandsverlust führen? Mit diesem Problem hat sich die „C40 Cities Climate Leadership Group" auseinandergesetzt. Das ist eine Gruppe von ursprünglich 20 Städten, die später auf 40 Städte anwachsen wollte – daher der Name C40 – und die mittlerweile weltweit mehr als 100 Städte umfasst. Sie repräsentiert etwa ein Zwölftel der Weltbevölkerung und 25 % der weltweiten Wirtschaftsleistung.

Mit ihrem Programm „Deadline 2020" verpflichten sich die C40-Städte, ehrgeizige Klimaschutzmaßnahmen zu ergreifen. Dazu soll jede C40-Stadt soll bis Ende 2020 einen **Klimaaktionsplan** entwickelt und mit seiner Umsetzung begonnen haben. Das Ziel ist es, die Treibhausgasemissionen bis spätestens 2050 auf Netto-Null zu reduzieren. Um dieses Ziel mit einer 50%-igen Chance zu erreichen, müssen die Städte im Zeitraum von 2020 – 2030 die Emissionen um mindestens die Hälfte reduzieren. Mit der Umsetzung des Plans sollen aber auch die Gesundheit, das Wohlbefinden und die wirtschaftlichen Chancen der städtischen Bürger erhöht werden (M12).

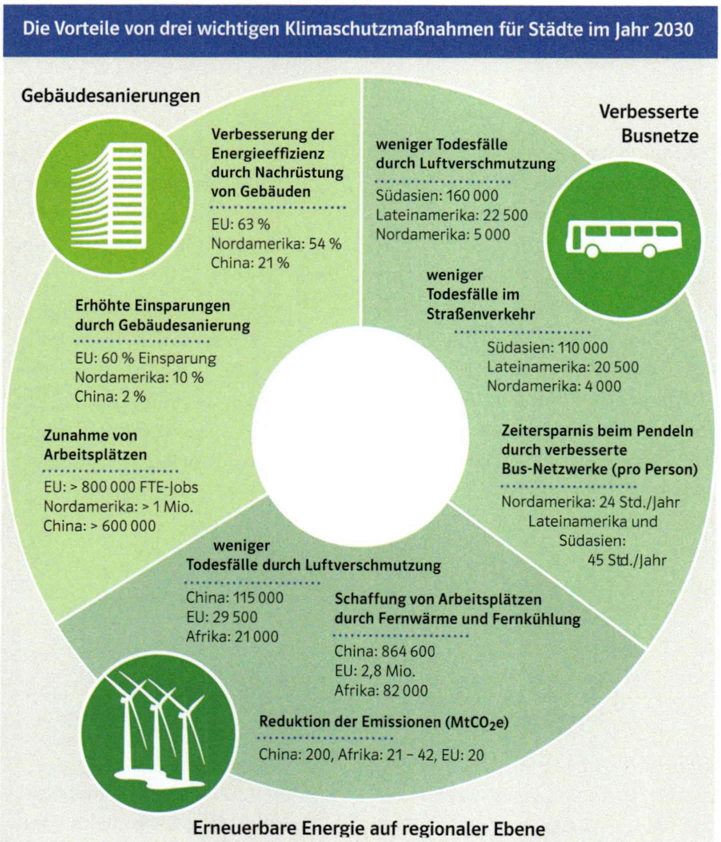

11 Drei wichtige Klimaschutzmaßnahmen für Städte im Jahr 2030

Nach: www.c40knowledgehub.org/s/article/Climate-Opportunity-More-jobs-better-health-liveable-cities?language=en_US (Zugriff: 30.10.2020)

Lokale Agenda 21

„Die Agenda 21 wurde im Juni 1992 auf der Konferenz für Umwelt und Entwicklung der Vereinten Nationen in Rio de Janeiro beschlossen. Sie ist ein Aktionsprogramm für das 21. Jahrhundert und wurde von über 170 Staaten verabschiedet. Der Grundsatz der Agenda 21 ist die Integration der Nachhaltigkeit in alle Bereiche von Leben und Politik. Eine besondere Rolle im Agenda-Prozess wird den Kommunen und Nichtregierungsorganisationen (z. B. Kirchen, Vereinen und Verbänden) zugewiesen. Die Gemeinden und Städte sollen mit ihren Bürgerinnen und Bürgern sowie den örtlichen Organisationen, Vereinen und der Privatwirtschaft in einen Dialog darüber treten, wie eine nachhaltige und zukunftsfähige Entwicklung gestaltet werden kann. Aus diesem Dialog soll eine gemeinsame, lokale Agenda 21 entstehen."

Lars Pennig, Infoblatt Agenda 21, unter: www.klett.de/alias/1015520

12

FALLBEISPIEL: C40-Stadt Heidelberg – Lokale Agenda 21 und Masterplan Klimaschutz

Masterplan Klimaschutz. Die Stadt Heidelberg hat im Rahmen ihrer Nachhaltigkeitsstrategie einen Masterplan Klimaschutz entwickeln lassen. Ausgehend vom Energiebedarf der Stadt und den damit verbundenen Treibhausgasemissionen zeigen zwei Szenarien einen möglichen Verlauf der Reduzierung von Treibhausgasemissionen. In beiden wird die Entwicklung des Endenergiebedarfs und daraus abgeleitet die Treibhausgasemissionen berechnet. Während das **TREND-Szenario** von den aktuell gültigen Maßnahmen ausgeht, verdeutlicht das darauf aufbauende **MASTERPLAN-Szenario**, welche Reduktion erreicht wird, wenn die Maßnahmen in den einzelnen Handlungsfeldern konsequent und optimal umgesetzt werden.

Heidelberg: Global denken, lokal handeln

„[...] Die erste Konferenz der Vereinten Nationen über Umwelt und Entwicklung fand im Jahr 1992 in Rio de Janeiro statt. Die Konferenz verabschiedete damals die „Agenda 21“. Wichtigste Akteure für die Umsetzung sollten die Kommunen sein. Die Impulse von Rio haben auch die Heidelberger Stadtentwicklungspolitik stark beeinflusst. Unter dem Motto ‚Rio verhandelt – Heidelberg handelt‘ startete die Stadt Heidelberg damals ihre Klimaschutzkampagne. Grundlage war das bereits vorhandene Klimaschutzkonzept – eines der ersten in Deutschland. Rio gab einen sehr starken Anstoß, den lokalen Klimaschutz und die nachhaltige Kommunalpolitik zu intensivieren. Der 1997 verabschiedete Stadtentwicklungsplan ist heute noch der Maßnahmenkatalog, der die Richtung vorgibt hin zu einer nachhaltigen und damit zukunftsfähigen Kommune. [...] Ziel des aktuellen Klimaschutzkonzeptes ‚Masterplan 100 % Klimaschutz‘ ist die Klimaneutralität bis zum Jahr 2050.“

Stadt Heidelberg, Heidelberg, 25 Jahre nach Rio: Global denken, lokal handeln, v. 20.11.2017, unter: www.heidelberg.de/hd/HD/service/20_11_2017+heidelberg_+25+jahre+nach+rio_+global+denken_+lokal+handeln.html (Zugriff: 26.10.2020)

14

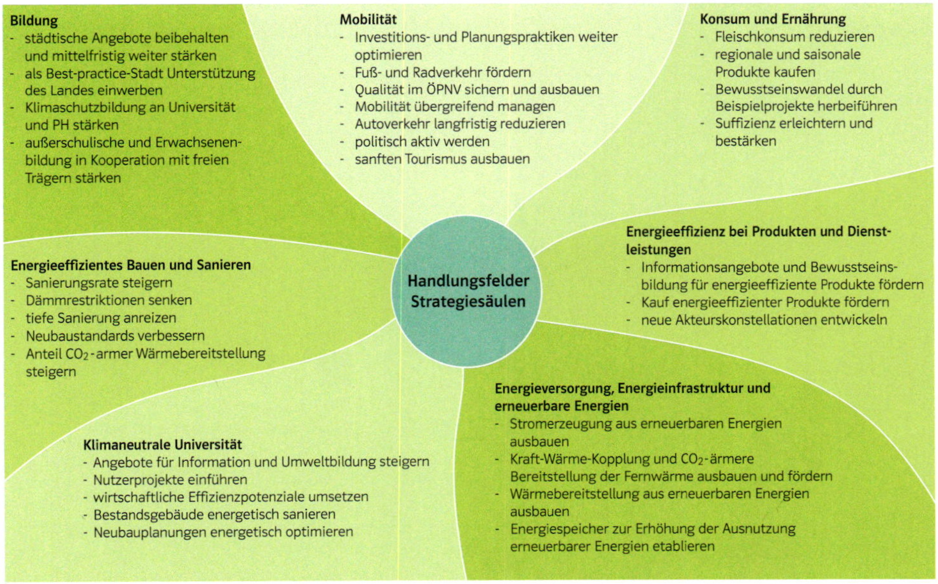

13 **Handlungsfelder der Stadt Heidelberg auf dem Weg zur Klimaneutralität**

Nach: Konzept für den Masterplan 100 % Klimaschutz für die Stadt Heidelberg. Endbericht im Auftrag der Stadt Heidelberg. IFEU: Heidelberg 2013, S. 12

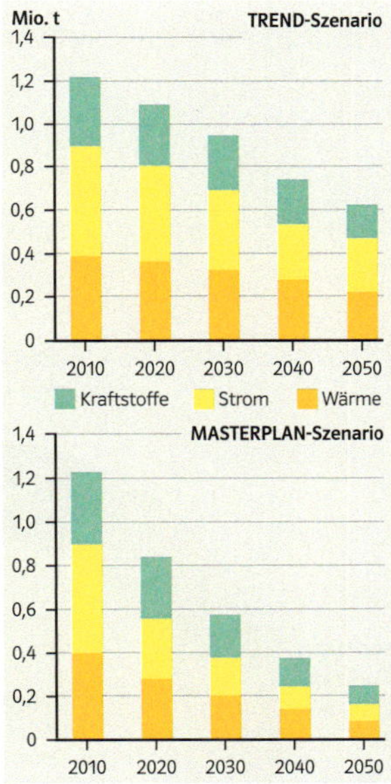

15 **Treibhausgasemissionen für Heidelberg im TREND- und MASTERPLAN-Szenario**

Ebenda S. 10

11 NE

Erläutern Sie die besondere Bedeutung von Städten für den Klimaschutz.

12

„Mehr Klimaschutz erhöht die Lebensqualität und den Wohlstand in Städten.“ (Grafik 11). Begründen Sie diese Aussage.

13 MK

Erläutern Sie die Maßnahmen der Stadt Heidelberg zur Reduktion der Treibhausgasemissionen (Grafiken 13 und 15, Text 14 und Online-Code).

14 NE

Der Klimaschutz und die Lokale Agenda 21 ergänzen sich. Begründen Sie diese Aussage am Beispiel Heidelbergs (Text 14).

15 MK NE

Stellen Sie ausgehend von Grafik 13 Maßnahmen ihrer Gemeinde zum Klimaschutz dar und bewerten Sie diese.

NE

Auf dem Weg zur klimaneutralen Gesellschaft: wir entscheiden selbst!

Können wir tatsächlich selbst entscheiden, wie hoch unser Ausstoß an Treibhausgasemissionen ist? Ist es möglich, dass wir tonnenweise Treibhausgas-Emissionen vermeiden? Und können wir tatsächlich die durchschnittlichen Treibhausgasemissionen pro Kopf und Jahr von aktuell etwa 11,6 Tonnen CO_2-Emissionen auf unter 1 Tonne pro Kopf und Jahr senken?

Die Treibhausgasemissionen stammen aus verschiedenen Quellen (Grafik 1). Damit werden die zentralen Stellschrauben zur Reduktion der persönlichen CO_2-Bilanz deutlich.

Die Einsparung von Treibhausgasemissionen hat nicht nur Auswirkungen auf die globale Erwärmung, sondern beeinflusst auch unser Wirtschaftssystem oder Ökosysteme.

Beispiel Ernährung. Mehr als Zweidrittel der direkten Treibhausgasemissionen unserer Ernährung können tierischen Produkten zugeordnet werden. Die Produktion von pflanzlichen Nahrungsmitteln verursacht dagegen nur etwa ein Drittel der Treibhausgasemissionen. Weltweit werden 4,58 Mrd. ha oder 91,6 % der weltweit zur Verfügung stehenden Agrarfläche als Weide oder zur Produktion von Futtermittel verwendet. Produkte aus ökologischer Landwirtschaft schneiden in ihrer CO_2-Bilanz insgesamt besser ab als Produkte aus konventionellem Anbau. Zusätzlich ist ein regionaler und saisonaler Einkauf von Lebensmitteln gut fürs Klima.

Eine sinnvoll geplante Vorratshaltung sowie Verwertung von Resten können Lebensmittelabfälle und damit auch CO_2-Emissionen verringern.

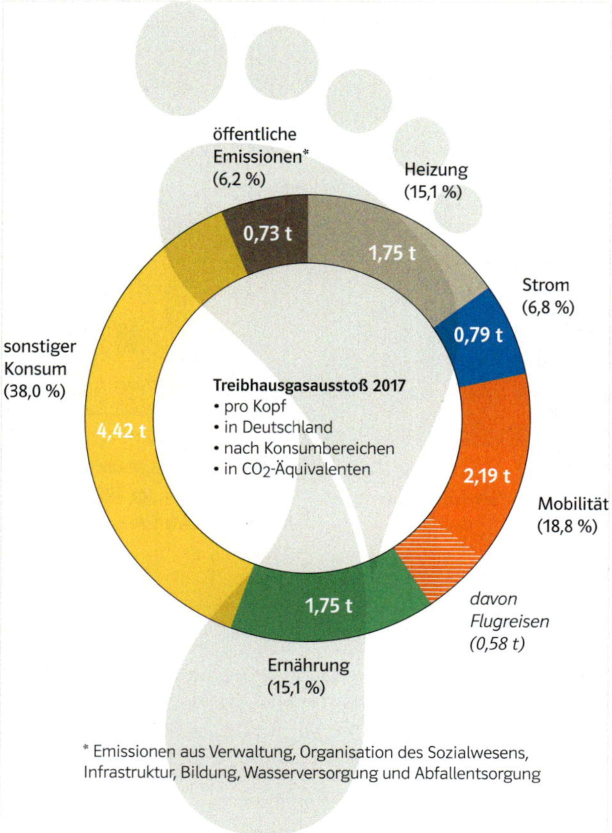

1 Durchschnittlicher CO_2-Fußabdruck pro Kopf (2017: 11,63 t) nach Konsumbereichen in Deutschland

Nach: Umweltbundesamt: UBA-CO_2-Rechner 2017

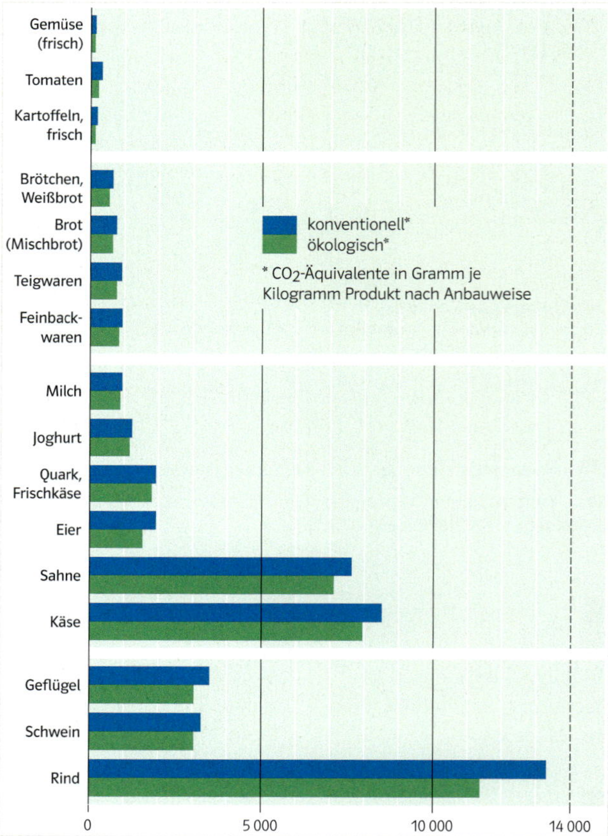

2 Treibhausgasemissionen von Nahrungssprodukten nach Anbau- und Haltungsart

Nach: https://ourworldindata.org/food-choice-vs-eating-local, (Zugriff: 27.10.2020)

Meine CO_2-Bilanz

Start | Wohnen | Strom | Mobilität | Ernährung | Sonstiger Konsum | Mein Ergebnis

Mein Ergebnis

im Vergleich | mit Vermeidung

	CO_2-Ausstoß	Deutscher Durchschnitt
Wohnen	1,90 t	2,04 t
Strom	0,53 t	0,70 t
Mobilität	2,77 t	2,09 t
Ernährung	1,68 t	1,69 t
Sonstiger Konsum	2,34 t	3,79 t
Öffentliche Emissionen	0,86 t	0,86 t
Ergebnis	10,06 t	11,17 t

Wie Sie Ihre CO_2-Bilanz für die Zukunft optimieren, erfahren Sie in **Mein CO_2-Szenario**.

Oder packen Sie es jetzt einfach direkt an: **Die Klimawette** - eine Kampagne zum Klimaschutz!

Weitere Ideen und Hinweise finden Sie im UBA-Portal **Umwelttipps für den Alltag**.

„Überprüfen Sie Ihre CO_2-Bilanz."

Zehn wirksame Energiespartipps für das Klima

1. Strom vom unabhängigen Öko-Anbieter
Der Wechsel ist ganz einfach – und bringt enorm viel für das Klima. Ein durchschnittlicher Drei- bis Vier-Personen-Haushalt kann dadurch im Jahr bis zu 1,9 Tonnen CO_2 einsparen.

2. Mit dem Fahrrad, Bus oder Bahn zur Arbeit
Wer pro Tag rund 20 Kilometer Arbeitsweg zurücklegt, spart bei einem Pkw-Durchschnittsverbrauch von acht Litern auf 100 Kilometer rund 640 Kilogramm CO_2 im Jahr.

3. Weniger Fleisch auf dem Teller
Wer sich ausgewogen und fleischreduziert ernährt (oder sogar Vegetarier ist), erspart dem Weltklima rund 400 Kilogramm CO_2 im Jahr.

4. Kurzstreckenflüge canceln
Ein einziger Hin- und Rückflug Hamburg–München verursacht 340 Kilogramm CO_2. Die Bahnfahrt dauert länger, ist aber viel umweltfreundlicher.

5. Bio aus der Region ins Körbchen
Beim Bioanbau wird nur etwa die Hälfte der Energiemenge benötigt, die konventionelle Landwirtschaft braucht. Bei langen Transportwegen entstehen außerdem überflüssige Emissionen: Eine Mahlzeit von 100 Gramm Spargel aus Chile verursacht allein durch den Transport 1,7 Kilogramm CO_2-Ausstoß. Aus der eigenen Region zur Spargelzeit sind es nur 60 Gramm.

6. Heizung runterdrehen
Keiner soll im Kalten sitzen! Aber die Absenkung der Raumtemperatur um nur ein Grad senkt die CO_2-Emissionen eines Vier-Personen-Haushalts pro Jahr um rund 350 Kilogramm. Senkt man die Temperatur in der Nacht in der Wohnung generell auf 15 bis 16 Grad, spart das noch einmal knapp 300 Kilogramm CO_2.

7. Volle Maschine, niedrige Temperatur
Die Vorwäsche weglassen und grundsätzlich mit höchstens 60 Grad waschen – nur in Ausnahmefällen mit 95 Grad. Die meiste Wäsche wird auch bei 30 bis 40 Grad sauber. Anschließend nicht in den Trockner, sondern auf die Leine. Einsparpotenzial: bis zu 330 Kilogramm CO_2/Person und Jahr.

8. Energiefresser im Laden lassen
Wer Neuanschaffungen macht, sollte auf die Energieeffizienz der Geräte achten: Nicht immer ist das billigste Gerät auf Dauer auch das preisgünstigste. Einsparungen bis 50 Prozent sind möglich!

9. Bye-bye Standby
Standby-Schaltungen sind praktisch, weil man nicht mehr von Sofa runter muss, um Fernseher oder Stereoanlage einzuschalten. Aber die Geräte verbrauchen auch in diesem Zustand Energie – oft unnötig viel. Geräte, die keinen „Ausknopf" haben, sollten an eine schaltbare Steckerleiste angeschlossen werden. So lassen sich pro Haushalt bis zu 300 Kilogramm CO_2 sparen.

10. Erleuchtung mit LEDs
LED-Leuchtmittel benötigen bis zu 90 Prozent weniger Energie als herkömmliche Glühbirnen.
Eine Schätzung aus Großbritannien besagt: Wenn pro Haushalt nur eine normale Glühbirne gegen eine LED ausgetauscht wird, kann dafür ein (Kohle-)Kraftwerk abgeschaltet werden.

ergänzt nach Greenpeace e.V., Sparen Sie sich das!, 10 Tipps, was Sie für das Klima tun können, unter: www.greenpeace.de/themen/klimawandel/klimaschutz/die-zehn-wichtigsten-tipps-was-sie-fuer-das-klima-tun-koennen (Zugriff: 27.10.2020)

3

1
Beschreiben Sie den durchschnittlichen CO_2-Fußabdruck (Grafik 1).

2
Erläutern Sie ausgehend von Grafik 2 die Bedeutung der Ernährung für den Klimawandel und die Umwelt.

3 MK
Vergleichen Sie für eine geplante Reise den CO_2-Ausstoss und die Reisedauer für Pkw, Bahn und Flugzeug mithilfe von www.umweltmobilcheck.de

4 NE
Überprüfen Sie ausgehend von Text 3 ihre Handlungsmöglichkeiten zur Reduktion von Treibhausgasen.

5
„Der Beitrag eines jeden Menschen zum Klimaschutz ist wesentlich." Begründen Sie diese Aussage.

6 MK NE
Und jetzt entscheiden Sie, wie Ihr Beitrag zum Klimaschutz aussieht. Dabei hilft Ihnen Ihr persönlicher CO_2-Rechner (s. Online-Code).

Wichtige Begriffe

- Anpassungsstrategie
- Geo-Engineering
- globale Durchschnittstemperatur
- Kipp-Element
- Klimaneutralität
- Klimaschutz
- Klimawandel
- Klimaziele
- Kohlenstoffdioxid-Senke
- Lokale Agenda 21
- ökologischer Fußabdruck
- Reduktion der Treibhausgase
- Tipping Point/Kippschalter
- Treibhausgas
- Treibhauseffekt

Wissen vernetzen

Der Klimawandel hat weltweit längst eingesetzt. Seine Auswirkungen sind komplex und regional unterschiedlich. Besonders weitreichend sind die Veränderungen durch die globale Erwärmung in der Atmosphäre, der Kryosphäre und der Hydrosphäre. Die Auswirkungen reichen von der Zunahme von Extremwetterlagen wie Hitzewellen und Starkregenereignissen über den Anstieg des Meeresspiegels bis hin zum Schmelzen der Gletscher und des Meereises. Die Ursache des Klimawandels ist die Freisetzung von Treibhausgasen, insbesondere von CO_2 durch die Verbrennung fossiler Energierohstoffe. In der Atmosphäre absorbieren die Treibhausgase Wärmestrahlung und heizen so die Atmosphäre auf. Die Veränderungen bleiben nicht auf den Naturraum begrenzt. Sie beeinflussen auch maßgeblich die menschlichen Lebensbedingungen.
Brennpunkte des Klimawandels sind die Städte. Meeresspiegelanstieg, Überflutungen oder extreme Hitze beeinträchtigen die Lebensgrundlagen in den Städten und richten enorme wirtschaftliche Schäden an. Seit dem Ende des 20. Jh verstärken Menschen, Unternehmen und Staaten ihre Anstrengungen, den Klimawandel zu begrenzen. Auf der Klimakonferenz von Paris 2015 hat sich die Weltgemeinschaft das Ziel gesetzt, den globalen Temperaturanstieg gegenüber der vorindustriellen Zeit auf 2 Grad, besser 1,5 Grad zu begrenzen. Wie dieses Ziel erreicht werden kann, wird zum Beispiel durch die Roadmap „Carbon Law" beschrieben. Weltweit wird es das Zusammenwirken vieler kleiner und unterschiedlicher Maßnahmen sein, die unter einer gemeinsamen Prämisse wirksam den Klimawandel begrenzen. Letztendlich entscheidet aber jeder Einzelne von uns mit seinem Lebensstil, ob wir bis 2050 eine klimaneutrale Welt erreichen.

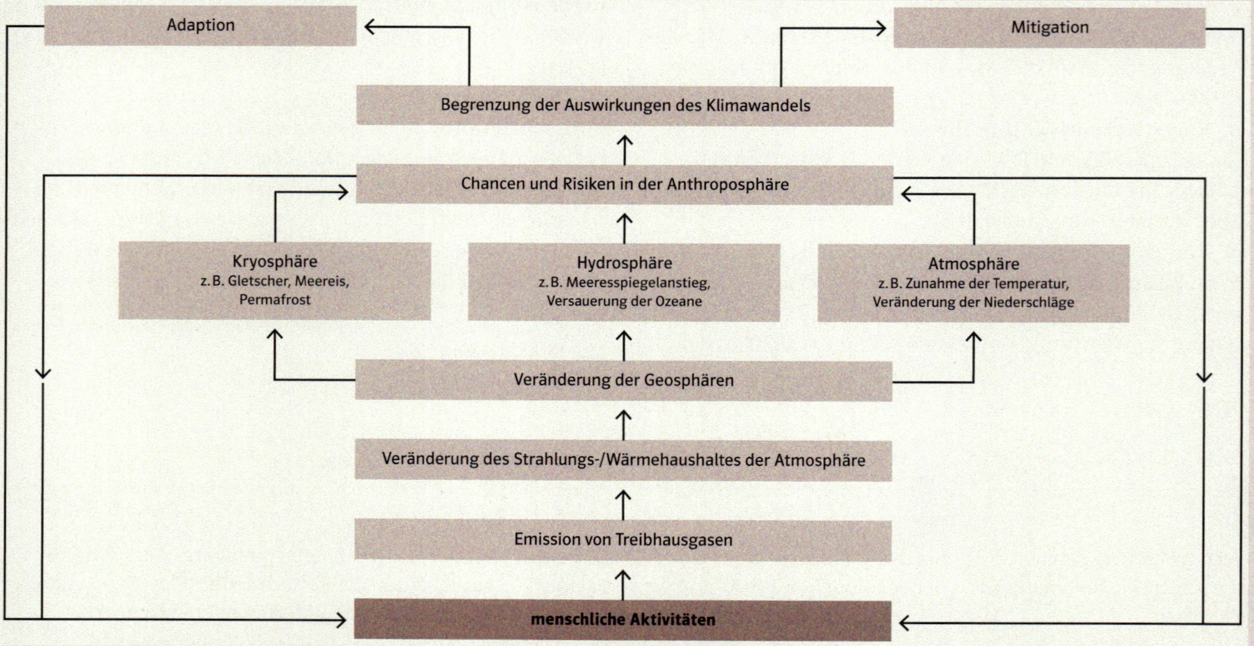

1 Globale Herausforderung: Klimawandel

Kompetenzen überprüfen

Sich orientieren

1 Der Klimawandel führt auch in Deutschland zu unterschiedlichen Folgen. Erstellen Sie dazu eine Karte, welche an Beispielen unterschiedliche Auswirkungen darstellt.

2 Stellen Sie in einer Karte der Arktis Auswirkungen des Klimawandels und die daraus resultierenden Chancen und Risiken dar.

Wissen und verstehen

3 Erläutern Sie die Bedeutung von Treibhausgasen wie CO_2 für den globalen Wärmehaushalt.

4 Erstellen Sie eine Infografik, welche die unterschiedlichen Ursachen des Meeresspiegelanstiegs verdeutlicht.

5 Begründen Sie mithilfe von Diagramm 3 die Notwendigkeit einer raschen Umsetzung des Carbon Law.

Fachmethoden anwenden

6 **Eine Karikatur interpretieren (Abb. 4):**
a) Beschreiben Sie die Zeichnung.
b) Erläutern Sie die Botschaft des Karikaturisten.

7 **Eine Grafik analysieren (Abb. 2):** Arbeiten Sie aus der Grafik die Bedeutung des Menschen für den Strahlungsantrieb heraus.

Beurteilen und bewerten

8 „Um den Klimawandel zu begrenzen ist eine Reduktion der CO_2-Emissionen ausreichend." Nehmen Sie Stellung zu dieser Aussage.

9 Bewerten Sie Chancen und Risiken des Klimawandels.

Handeln

10 Was unternimmt meine Gemeinde zur Reduktion von CO_2-Emissionen? Erstellen Sie dazu eine Übersicht.

4 Prima Klima

11 In Deutschland lebt etwa 1 % der Weltbevölkerung, aber Deutschland verursacht mehr als 2 % der Welt-Emissionen von CO_2.
Entwickeln Sie ausgehend von dieser Feststellung eigene Handlungsoptionen zur Verringerung der Treibhausgasemissionen.

Basiskonzepte anwenden

12 Erläutern Sie an einem Fallbeispiel aus diesem Kapitel die Basiskonzepte der Geographie.

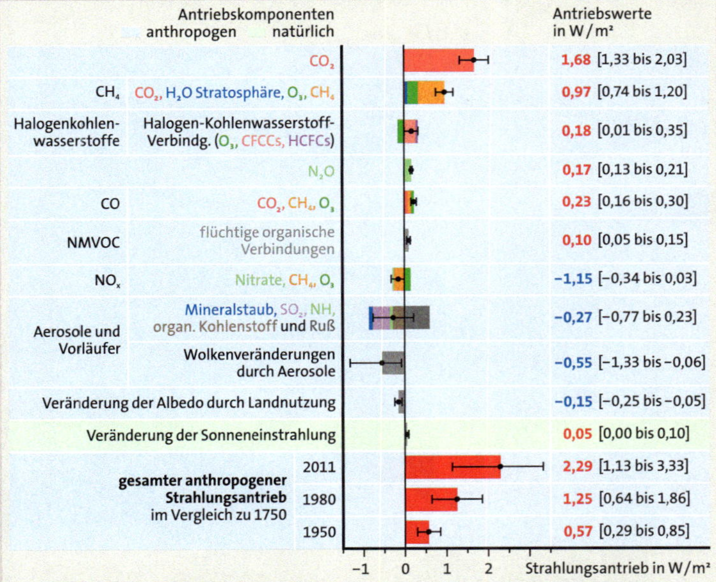

2 Veränderung der Komponenten des Strahlungsantriebs zwischen der Mitte des 18. Jh und dem Beginn unseres Jahrtausends

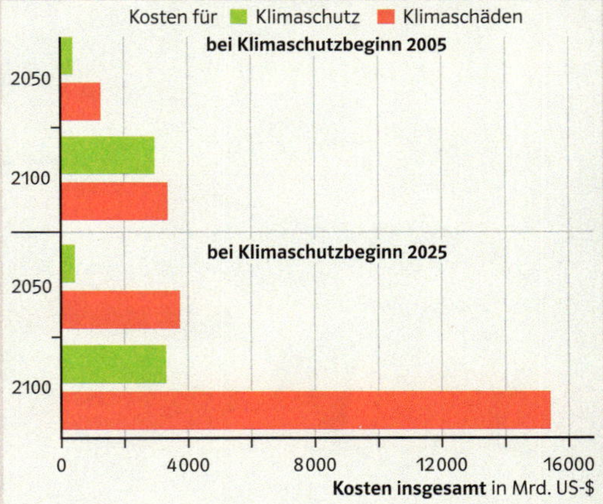

3 Klimaschutzkosten und Klimaschäden weltweit
Nach: Wuppertal Institut, basierend auf DIW 2007

Wenn Sie alle Seiten dieses Kapitels bearbeitet haben, können Sie …

- Ursachen und Dimensionen des Klimawandels auf der Grundlage aktueller wissenschaftlicher Erkenntnisse erläutern,
- den Klimawandel unter dem Aspekt einer nachhaltigen Entwicklung bewerten sowie aktuelle Maßnahmen und Anpassungsstrategien gegen den Klimawandel beurteilen,
- eine Simulation zur CO_2-Begrenzung durchführen,
- klimaneutrale Lebens- und Arbeitsweisen beschreiben und eigene Handlungsansätze dazu entwickeln.

13

Globale Herausforderung: Verstädterung und Stadtentwicklung

1 Blick über Mailand mit den Tre Tori im Vordergrund

Im Jahr 2008 hat die Menschheit eine wichtige Grenzlinie überschritten: Sie ist eingetreten in das „Jahrtausend der Städte". Seit diesem Zeitpunkt leben weltweit mehr Menschen in Städten als auf dem Land, mit stark steigender Tendenz. Bis zur Mitte des Jahrtausends werden mehr als zwei Drittel aller Menschen ein „urbanes Leben" führen.

Aus dieser dynamischen Verstädterung ergeben sich gewaltige Herausforderungen. Es gilt, Arbeitsplätze und Wohnraum zu schaffen. Dabei müssen Umwelt- und Ressourcenschutz genauso berücksichtigt werden wie soziale und ökonomische Prinzipien einer nachhaltigen Stadtentwicklung. Die zentrale Frage lautet: Wie soll die lebenswerte Stadt von morgen aussehen?

Sie untersuchen ...

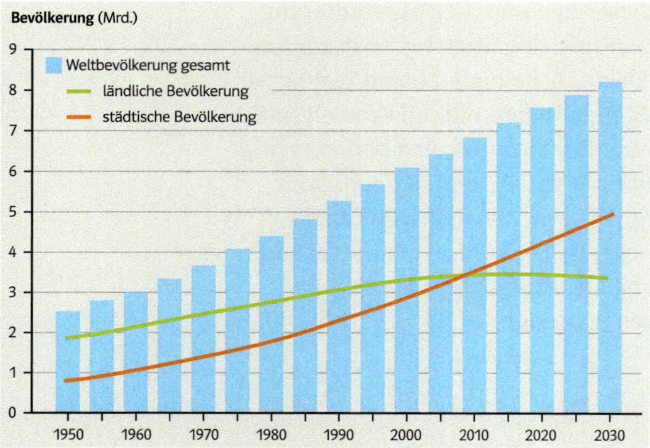

2 Wachstum der städtischen und ländlichen Bevölkerung

Nach: https://population.un.org/

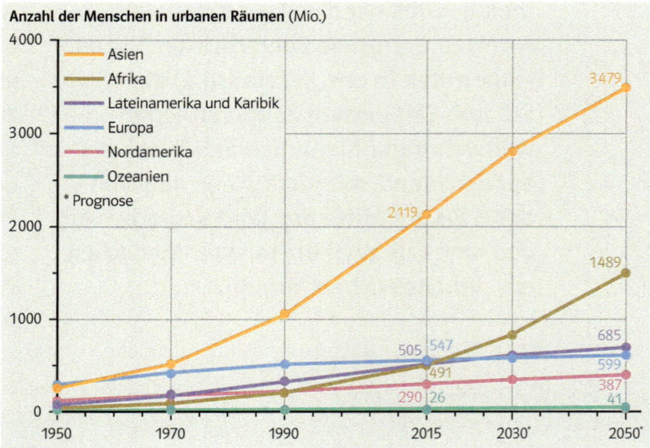

3 Wachstum der städtischen Bevölkerung nach Kontinenten 1950–2050

Nach: Statista 2020

Der Begriff **„Verstädterung"** geht über den rein demografischen Aspekt (Grafik 3) hinaus. Er umfasst auch das Wachstum der Städte im Hinblick auf ihre Fläche. Diese physiognomische Verstädterung beschreibt die Expansion urbaner Bau- bzw. Siedlungsformen. Sie ist verbunden mit einem wachsenden Flächenbedarf und führt zu einer entsprechenden Umgestaltung des ländlichen Umlandes.

Unter dem Einfluss ökonomischer Rahmenbedingungen wie z.B. der Industrialisierung oder Tertiärisierung verändern Städte auch ihre Funktionen und inneren Strukturen. Das zeigt sich u.a. in einer Binnendifferenzierung durch die räumliche Anordnung unterschiedlicher Flächennutzungsarten. Es kommt zur Ausbildung einer funktionalen Gliederung mit Hauptgeschäftszentrum (City), Nebengeschäftszentren, Industrievororten sowie einem Pendlereinzugsbereich im Umland. Auch in den Wohnvierteln zeigt sich eine Differenzierung in Abhängigkeit vom sozialen Status. Besonders deutlich wird das in den Gated Communities, die sich in den letzten Jahrzehnten – ausgehend von Nord- und Lateinamerika – entwickelt haben.

Verbunden mit der physiognomischen und funktionalen Verstädterung sind Ausbreitungs- und Diffusionsprozesse urbaner Lebensformen. Bestimmte Formen des Zusammenlebens (z.B. Ein- oder Zwei-Personen-Haushalte), Konsummuster und Wertevorstellungen breiten sich in den ländlichen Raum hinein aus. Für diesen soziologischen Aspekt der Verstädterung ist der Begriff **„Urbanisierung"** geprägt worden. Die Begriffe „Verstädterung" und „Urbanisierung" werden aber gelegentlich synonym verwendet.

Diesen Fragen zu Verstädterung und Stadtentwicklung werden Sie nachgehen:

- In welchen Dimensionen vollzieht sich der Prozess der Verstädterung und wo liegen seine Ursachen?
- Wie verändern sich die Strukturen der Städte?
- Wo liegen die Ursachen für die besondere Vulnerabilität städtischer Lebensräume unter dem Einfluss des Klimawandels?
- Gibt es Strategien und Möglichkeiten, unsere Städte im Sinne einer nachhaltigen Entwicklung zu gestalten?
- In welcher Art von Stadt wollen, werden wir morgen leben?

1

Erklären Sie anhand konkreter Beispiele die Begriffe „Verstädterung" und „Urbanisierung".

2

Stellen Sie mögliche Zusammenhänge zwischen den „Globalen Herausforderungen" dar.

Multimedial arbeiten
Raumbeispiele in Google Earth
hc4d48

Sie knüpfen an ...

I love New York

"I love New York *[repeat 3 times]*
There isn't another like it.
No matter where you go.
And nobody can compare it.
It's win and place and show.
New York is special.
New York is diff'rent 'cause there's no place else
on earth quite like New York and that's why
I love New York." *[repeat 3 times]*

I love New York – Text: Steve Karmen © Elsmere-Music Inc

4

Das wissen Sie schon:

Sie haben bereits in Klasse 5/6 die Merkmale von Städten in Deutschland mit einer ländlichen Siedlungen verglichen und die funktionale Gliederung einer Stadt untersucht und vielleicht bereits kartiert. Außerdem haben Sie die Lebensverhältnisse in der Stadt und auf dem Land bewertet und sich bereits mit der Zukunft des Lebensraumes Stadt auseinandergesetzt.
In der Klasse 7/8 stand das Phänomen der globalen Verstädterung mit seinen Ursachen und Folgen im Fokus. Sie haben dies gegebenenfalls am Beispiel einer Megacity wie zum Beispiel Mexiko-Stadt untersucht und sich bereits mit der globalen Verteilung von Megacities beschäftigt.

Bekannte Begriffe

- Agglomeration
- Armutsviertel
- Flächenbedarf
- Gated Communities
- informeller Sektor
- Infrastruktur
- Landflucht
- Megacity
- Push- und Pullfaktoren
- Slum
- Smog
- Umweltbelastung
- Verstädterung
- Verstädterungsgrad

Adegoke Taylor in Lagos, Nigeria

„Der 32 Jahre alte Adegoke Taylor, ein magerer, ernsthafter Wanderhändler [...], teilt sich in Lagos mit drei anderen jungen Männern ein sechs Quadratmeter großes Zimmer [...] Taylor kam 1999 aus Ile-Oluju, einer rund 200 Kilometer nordöstlich von Lagos gelegenen Kleinstadt. Mit einem Bergbau-Abschluss des lokalen Polytechnikums in der Tasche hoffte er, in Lagos einen richtigen Beruf ergreifen zu können. Bei seiner Ankunft in der Stadt ging er in einen Klub, [...] und blieb dort bis zwei Uhr morgens. ‚Dieser Abend allein hat gereicht, mich davon zu überzeugen, dass ich jetzt ein neues Leben habe', [...]. ‚Zu jeder Zeit sind überall Massen von Menschen unterwegs. Das motiviert mich. Auf dem Dorf hast du keine Freiheit, und was immer du heute tust, wirst du auch am nächsten Tag tun.' Es dauerte nicht lange, bis Taylor erkannte, dass er keine Chance auf eine der wenigen Stellen im Bergbau hatte, die in den Zeitungen von Lagos inseriert wurden. [...] ' Taylor hatte mehrere Gelegenheitsjobs: Als Geldwechsler, als Schreibwarenhändler, als Perückenverkäufer und als Packer in einem Lagerhaus für einen Lohn von 400 Naira am Tag – rund drei US-Dollar. [...] Anfangs wohnte er in Mushin bei der Schwester eines alten Freundes aus Kindertagen, bis er eine günstige Unterkunft in einem Gemeinschaftszimmer für sieben Dollar im Monat fand. [...]
Manchmal überkommt ihn die Sehnsucht nach seiner Heimat, aber eine Rückkehr nach Ile-Oluju, wo die Abende früh enden, die Tage keine Abwechslung bieten und das Leben vor allem aus harter körperlicher Arbeit besteht, ist für ihn unvorstellbar. Seine Zukunft liegt in Lagos ... ‚Es gibt keinen Ausweg außer es zu schaffen', sagt Taylor."

Deutsche Stiftung Weltbevölkerung (Hrsg.): Weltbevölkerungsbericht 2007. Hannover 2007, S. 7–8

5

3 Beschreiben Sie die in den Texten 4 und 5 jeweils dargestellten Merkmale von Stadt mithilfe der bekannten Fachbegriffe.

4 Analysieren Sie diese Materialien im Hinblick darauf, wie der Lebensraum Stadt jeweils bewertet bzw. vermittelt wird.

5 Vergleichen Sie diese Bewertung mit Ihrer persönlichen Wahrnehmung von Stadt.

6 MK Vergleichen Sie Liedtext 4 mit den Aussagen des Songs „Big City Life" von Mattafix.

NE Zukunftswerkstatt: nachhaltige Stadt

Eine Werkstatt ist ein Ort, an dem etwas repariert oder hergestellt wird. Auch in einer „Zukunftswerkstatt“ wird gearbeitet, und zwar gedanklich und handwerklich an der zentralen Frage: Welche Zukunft wollen wir haben? Bezogen auf das Thema Stadtentwicklung lautet der Arbeitsauftrag: Wie kann der „Lebensraum Stadt“ im Sinne der Nachhaltigkeit gestaltet werden?

Es geht also darum, Vorstellungen und Modelle einer wünschbaren Zukunft zu entwerfen. Die wichtigsten Handwerkszeuge sind dabei zunächst einmal Fantasie und Kreativität. Ohne Rücksicht auf reale Zwänge sollen unkonventionelle Ideen, Lösungsansätze oder Utopien entwickelt werden. Das unterscheidet die Zukunftswerkstatt vom Einsatz einer sachlich-analytischen Szenariotechnik. Erst wenn in der Werkstatt die Zukunftsbilder erstellt sind, erfolgt die Konfrontation mit der Realität. Jetzt wird die Frage der Umsetzung diskutiert.

Der gegenwärtige Zustand unserer Städte wird von vielen als unbefriedigend angesehen (Verkehrsinfarkt, Umweltbelastung, Wärmeinseleffekt), die Aussichten werden als bedrohlich empfunden (Kriminalität, Anonymität). Ein derartiges gesellschaftliches Problem, das als dringend lösungsbedürftig, aber auch als lösbar gilt, ist der geeignete Ausgangspunkt für eine Zukunftswerkstatt.
In dieser Werkstatt sollen unter bewusstem Bruch mit der gegenwärtigen Realität Merkmale einer wünschbaren Zukunft erarbeitet werden.

Durchführung einer Zukunftswerkstatt

1. Schritt: Vorbereitung (Plenum)
- Auswahl des Problemfeldes „Nachhaltige Stadt“ mit Einstiegsdiskussion;
- Klärung der Rahmenbedingungen (Material, Räumlichkeiten, Zeitbudget, Ziele).

2. Schritt: Kritikphase (Plenum)
- Präzise Kritik gegenwärtiger Missstände und ungelöster Problem („Was stört Sie? Was kritiseren Sie? Worüber empfinden Sie Wut und Empörung?“);
- Bildung thematischer Schwerpunkte und klare, schriftlich fixierte Problemfomulierung.

3. Schritt: Fantasie- und Utopiephase (Kleingruppen)
- Suche nach positiven Alternativen zu jedem Kritikpunkt; Ideensammlung unter der Vorgabe, alle Macht und ausreichend Finanzmittel zu haben;
- Entwicklung von Vorschlägen zur Problemlösung ohne Rücksicht auf Vorschriften, ökonomisch oder soziale Zwänge;
- Ausarbeitung eines umfassenden Zukunftsbildes, eines „utopischen Entwurfs“;
- Präsentation des Gruppenergebnisses in anschaulicher Form im Plenum (z. B. Wandzeitung, Collage, Modell, Comic ...).

4. Schritt: Realisierungs- und Umsetzungsphase (Plenum)
- Konfrontation der utopischen Entwürfe mit der Realität (z. B. Einfluss von Staat, Wirtschaft und Verkehrslobby oder sonstigen Interessengruppen);
- Entwicklung von Durchsetzungsstrategien (z. B. Suche nach Möglichkeiten, das individuelle Verkehrsverhalten, die Entwicklung des ÖPNV oder Positionen der Automobilindustrie im Sinne der positiven Entwürfe zu beeinflussen);
- Planung eines gemeinsamen realisierbaren Projekts;
- Frage nach möglichen Beiträgen des Einzelnen (z. B. Mitwirkung in einer „Lokale-Agenda-21-Gruppe), der Schule, der Politik, von Betrieben und Verbänden, von Wissenschaft und Kirche.

5. Schritt: Nachbereitungsphase
- Reflexion der Methode und des Vorgehens;
- Überprüfung von Aufwand und Ertrag (z. B. persönlicher Zugewinn in der Urteils- oder Kommunikationskompetenz?).

1 MK

Nennen Sie Gründe für die existenzielle Notwendigkeit, den „Lebensraum Stadt“ nachhaltig zu gestalten.

1 Stuttgart in den 1930er-Jahren

2 Vision der autogerechten Stadt 1950

3 Autogerechte Stadt – Stuttgart heute

2 NE

Führen Sie eine „Zukunftswerkstatt" zum Thema „Nachhaltige und lebenswerte Stadt" durch.

4 Mexiko City 2012

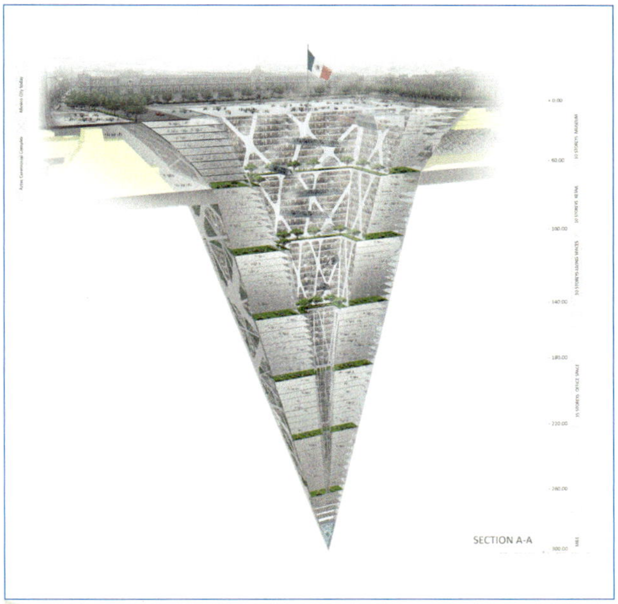

5 Vision „Earth scraper", Mexico City

6 Ihre Vision für Ihre Stadt

1 Schon eine Stadt? Arnis in Schleswig Holstein, mit 280 Einwohnern (2017) die kleinste Stadt Deutschlands

3 Noch eine Stadt? Tokio mit 38,5 Mio. Einwohner (2019) die größte Stadt der Welt

Was ist eine Stadt?

Das Phänomen „Stadt“ wird in unterschiedlicher Weise wahrgenommen. Den subjektiven Eindrücken und Bewertungen muss eine objektive Erfassung wesentlicher gemeinsamer Grundmerkmale urbaner Räume gegenübergestellt werden.
Welche Eigenschaften und Funktionen, welche Mindestgröße muss eine Siedlung aufweisen, damit sie als Stadt bezeichnet werden kann?

Rechtlich-historischer Stadtbegriff
Er bezeichnet jede Gemeinde, die irgendwann im Laufe ihrer Geschichte das Stadtrecht erhalten hat, als Stadt („Titularstadt“). Mit diesem Stadtrecht waren im europäischen Mittelalter besondere Privilegien verbunden. Hierzu gehörten das Markt- und Zollrecht genauso wie die Gerichtsbarkeit oder die Aufhebung jeglicher Leibeigenschaft innerhalb des städtischen Raumes („Stadtluft macht frei“). Die Stadtmauer diente ja nicht nur der Befestigung und Verteidigung, sie stellte eine klar definierte Rechtsgrenze dar.
Im Zuge der Industrialisierung hat sich die auf alten Stadtansichten noch erkennbare räumlich scharfe Trennung zwischen Stadt und Umland mehr und mehr aufgelöst. Darüber hinaus verloren vor allem in Deutschland ab Anfang des 19. Jhs. viele Titularstädte ihr Landgericht oder andere zentrale Einrichtungen. Sie mussten als Folge des Abzugs der Behörden meist auch einen deutlichen Rückgang von Handel und Handwerk hinnehmen. Ein solcher Bedeutungsverlust führte also dazu, dass derartige Kommunen ihre ursprünglich städtischen Funktionen nicht mehr oder nur begrenzt ausübten, allerdings ohne den Stadttitel zu verlieren. Damit ist auch dieser Stadtbegriff wenig praktikabel.

2

Statistischer Stadtbegriff
Die Frage nach der Mindestgröße einer Stadt ist nicht leicht zu beantworten.
So gilt in Deutschland jede Gemeinde mit einer Einwohnerzahl von über 5 000 Einwohner als Stadt. Aber dieser Schwellenwert variiert sehr stark von Staat zu Staat. Er liegt zum Beispiel in den skandinavischen Ländern bei 200 Einwohnern, in Japan dagegen bei 50 000. Die internationalen Statisiken der UNO gehen von einer Mindestgröße von 2 000 Einwohnern aus.
Das Bundesamt für Bau- Stadt und Raumforschung (BBSR) im Bundesamt für Bauwesen und Raumordnung gliedert die städtischen Siedlungen in Deutschland wie folgt:

Großstadt	> 100 000 Ew.
Mittelstadt	20 000 – 100 000 Ew.
größere Kleinstadt	10 000 – 20 000 Ew.
kleinere Kleinstadt	5 000 – 10 000 Ew.

4

Soziologischer Stadtbegriff
Die Soziologie erfasst Stadt als einen von der Gesellschaft geprägten Raum, der bestimmte Lebensweisen sowie Wertehaltungen ermöglicht und hervorbringt. Ihr geht es um die spezifische Art des menschlichen Zusammenlebens in Gruppen, die den städtischen vom ländlichen Raum unterscheidet. Wesentliche Kriterien bei dieser Unterscheidung sind die sozialen Beziehungen, Kontrollen und Differenzierungen. Das heißt konkret, dass Städte – im Gegensatz zum ländlichen Raum – z. B. in hohem Maße durch Anonymität, Toleranz oder Gleichgültigkeit und starke soziale Gliederung geprägt sind. Die Soziologie definiert also die Stadt nicht als einen statistisch erfassbaren und geographisch abgrenzbaren Ausschnitt der Erdoberfläche. Für sie ist Stadt eine Lebensform.

5

Lagetypen von Städten
Zu den geographischen Merkmalen einer Stadt gehört auch deren topografische Lage. Aus zahlreichen Möglichkeiten seien exemplarisch Küsten- oder Passstädte sowie Städte in Brückenlage genannt. Die Lage steht in der Regel in enger Beziehung zur Genese einer Stadt oder zu deren wichtigsten Funktione. Verwiesen sei auf die Küstenstädte mit ihren Hafenfunktionen.

6

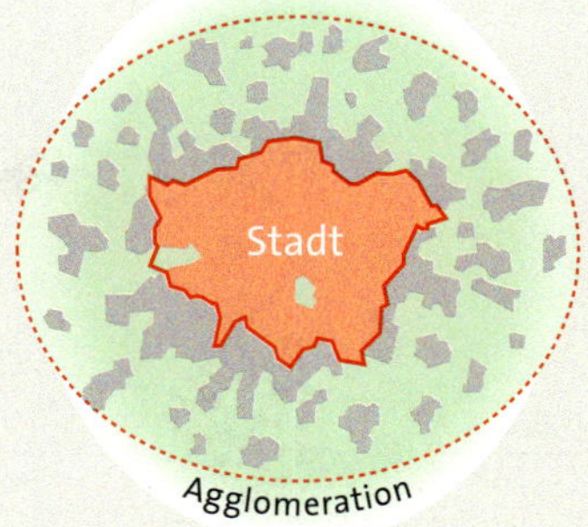

Stadt ist eine geschlossene Ortsform innerhalb verwaltungsrechtlich festgelegter Grenzen.
Unter **Agglomeration** versteht man die räumliche Verdichtung von Bevölkerung, Wirtschaft und Infrastruktur über die Grenzen einer Großstadt hinaus.
In manchen Ländern spricht man auch von **Metropolregion.**

Beispiel Tokio (2019)
- Präfektur Tokio (23 Bezirke) als Kernstadt mit 9,6 Mio. Ew. und einer Fläche von 622 km² (entspricht der doppelten Stadtfläche von München)
- Metropolregion Tokio mit mehreren Millionenstädten (z. B. Yokohama) und 38,5 Mio. Ew. sowie einer Fläche von 14 034 km² (entspricht annähernd der Fläche von Schleswig-Holstein)

8 Die größte Stadt der Welt? Eine Frage der Abgrenzung

Merkmale des geographischen Stadtbegriffs
Der geographische Stadtbegriff erweitert die angeführten Aspekte um räumliche Kriterien. An diesem Stadtbegriff orientieren wir uns im vorliegenden Kapitel.

- „Geschlossenheit der Siedlung (kompakter Siedlungskörper),
- hohe Bebauungsdichte,
- überwiegende Mehrstöckigkeit der Gebäude (zumindest im Stadtkern),
- deutliche funktionale Gliederung (z. B. mit City oder Hauptgeschäftszentrum, Wohnvierteln, Naherholungsgebieten,
- differenzierte innere sozialräumliche Gliederung,
- Bevölkerungswachstum v. a. durch Wanderungsgewinn (in Entwicklungsländern allerdings auch durch z. T. sogar dominante natürliche Bevölkerungsentwicklung),
- hohe Wohn- und Arbeitsstätten-/Arbeitsplatzdichte,
- Dominanz sekundär- und tertiärwirtschaftlicher Tätigkeiten bei gleichzeitig großer Arbeitsteilung,
- Einpendlerüberschuss [...],
- Vorherrschen städtischer Lebens-, Kultur- und Wirtschaftsformen (z. B. spezielle kulturelle Bedarfsdeckung der Bewohner),
- Mindestmaß an Zentralität (d. h. Bedeutungsüberschuss von Funktionen, die auf das Umland gerichtet sind, z. B. Einzelhandel, Dienstleistungen, Arbeitsmarkt,
- relativ hohe Verkehrswertigkeit (Bündelung wichtiger Verkehrswege, hohe Verkehrsdichte),
- weitgehend künstliche Umweltgestaltung mit z. T. hoher Umweltbelastung."

Heinz Heineberg: Stadtgeographie. Paderborn: Verlag Ferdinand Schöningh. 5. Auflage 2017, S. 28

7

1
„Arnis – die kleinste Stadt Deutschlands" –und „Tokio – die größte Stadt der Welt": Überprüfen Sie diese beiden Aussagen.

2
Begründen Sie die Verwendung des geographischen Stadtbegriffs für dieses Kapitel.

3 MK
Untersuchung der Heimatstadt:
a) Überprüfen Sie den geographischen Stadtbegriff, indem Sie fünf ausgewählte Kriterien auf Ihre Heimatstadt anwenden.
b) Gestalten Sie zu Ihren Ergebissen eine Präsentation mithilfe von Fotos, Satellitenbildern oder eines Stadtplans.

Wie sind Städte gegliedert?

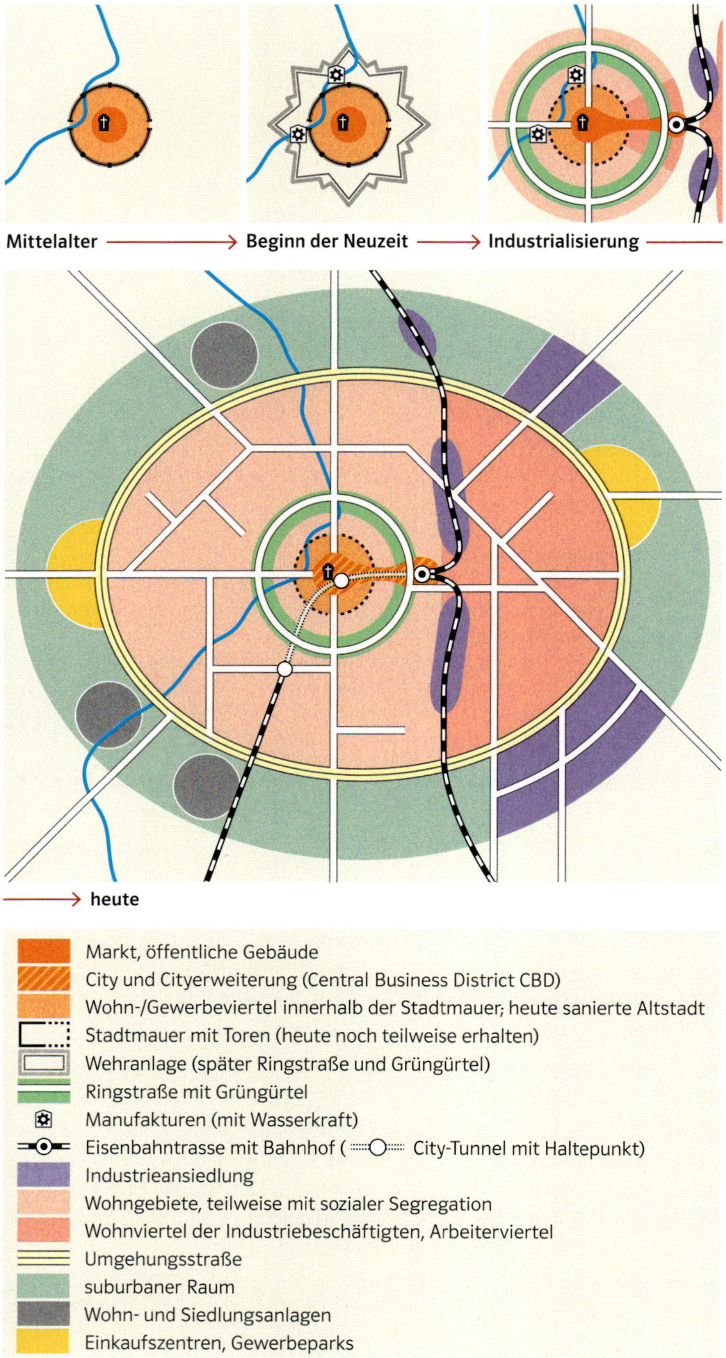

1 Entwicklung der funktionalen Gliederung im Modell

Funktionale Gliederung

Im Laufe ihrer Entwicklung sind die Städte nicht nur flächenmäßig gewachsen, sie haben auch ihre Angebote an die Bevölkerung erweitert und differenziert. Sie befriedigen damit die Bedürfnisse, die Daseinsgrundfunktionen ihrer Bewohner. Städte sind nicht nur Wohn- und Arbeitsorte, sondern auch Standorte von Güterproduzenten und Dienstleistungsunternehmen, Versorgungs- und Kommunikationszentren. Hier hat die öffentliche Verwaltung ihre wichtigen Sitze, hier suchen die Bürger nach Erholungs- und Freizeitmöglichkeiten. Daher gibt es die Möglichkeit, die Stadt in verschiedene Viertel zu gliedern.

Diese Funktionen siedeln sich innerhalb des Stadtgebietes oftmals in bestimmten Zonen oder Quartieren an. Ihr Standort wird beeinflusst durch Faktoren wie Verkehrsanbindung, Transportkosten und Flächenbedarf. Auch politische oder stadtplanerische Vorgaben wirken mit. Eine wichtige Rolle spielen die Grundstückseigentümer. Sie streben nach einer optimalen bzw. rentablen Nutzung ihrer Ressource.

„City" – „Altstadt" – „Innenstadt". In der Stadtgeographie kennzeichnet der Begriff **„City"** das funktionale Zentrum größerer Städte mit der Konzentration des Tertiären Sektors. Er ist abgeleitet von der „City of London" mit ihrem sich seit dem 18. Jh. entfaltenden Banken-, Versicherungs- und Zeitungswesen. In der westlich davon gelegenen „City of Westminster" konzentrierten sich öffentliche Einrichtungen, insbesondere die Regierungsfunktionen Großbritanniens. Zwischen diesen beiden Polen haben sich die Hauptgeschäftsstraßen Londons entwickelt. Daher beinhaltet der Begriff „City" heute allgemein den Standort hochrangiger Wirtschafts- und Verwaltungsfunktionen. Im angloamerikanischen Sprachraum ist hierfür „Central Business District" (CBD) gebräuchlich.

Die „City" ist nicht identisch mit der „Altstadt", die den in vielen europäischen Städten bis ins Mittelalter zurückreichenden historischen Kern umfasst. Sie bildet zusammen mit der City und den zwischen beiden eingeschlossenen Vierteln die „Innenstadt".

1 MK

Arbeiten Sie mit Modell 1:

a) Beschreiben Sie die Entwicklung der funktionalen Gliederung.

b) Vergleichen Sie auf der Grundlage eines Stadtplanes dieses Modell mit der funktionalen Gliederung Ihres Schulortes.

c) Beurteilen Sie dann die Aussagekraft des Modells 1.

FALLBEISPIEL: Mannheim – funktionale Gliederung

2 Schrägluftbild Mannheim (Google Earth)

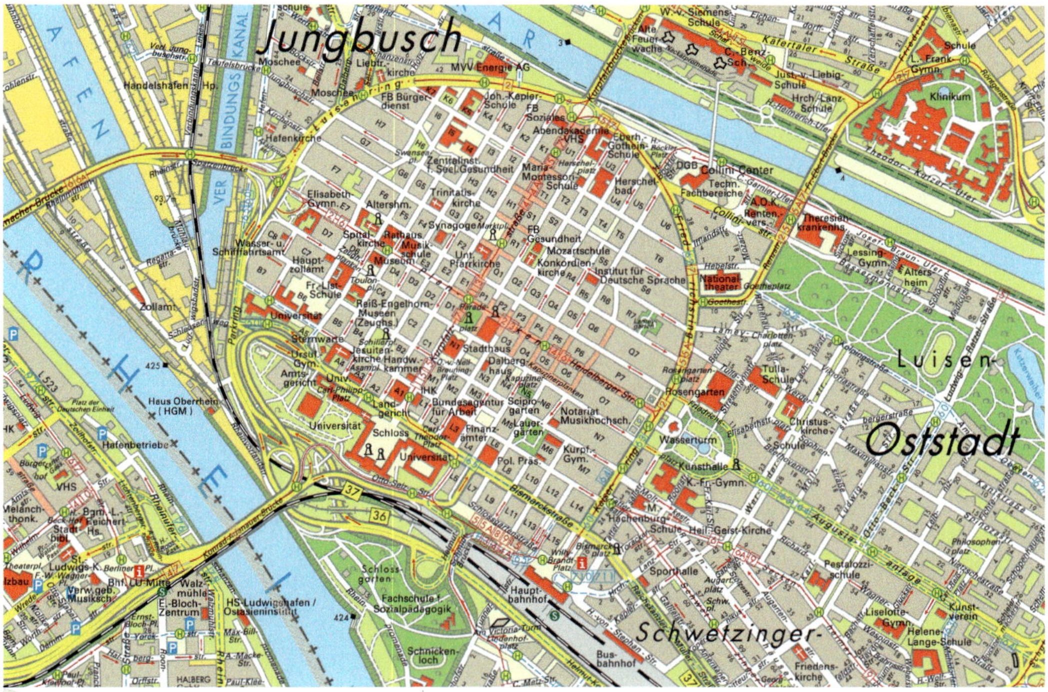

3 Stadtplan Mannheim

2 MK

Arbeiten Sie mithilfe von Modell 1 und Karte 3 die funktionale Gliederung von Mannheim heraus.

3 MK

Kennzeichnen Sie – auch mithilfe einer Internetrecherche – die Innenstadt und die City.

4 MK

Ordnen Sie mithilfe einer virtuellen Exkursion (Google Earth) ausgewählten funktionalen Stadtbereichen charakteristische Fotos zu.

Stadt – ein Ökosystem?

Von der Stadt als einem Ökosystem zu sprechen, scheint auf den ersten Blick widersinnig zu sein, verbindet man doch mit dem Begriff „Ökosystem" spontan die Vorstellung von natürlichen Systemen. „Stadt" dagegen ruft Assoziationen von „Anti-Natur" hervor. Warum spricht man dennoch von einem Ökosystem Stadt? Wie und mit welchen Folgen hat der Mensch in dieses eingegriffen?

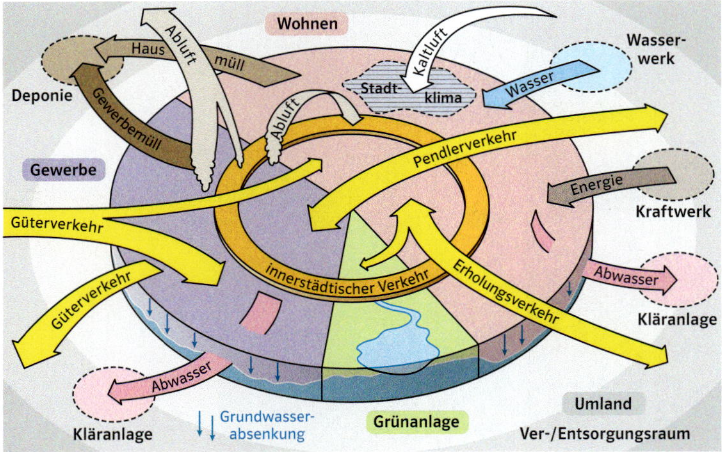

1 Modell eines urbanen Ökosystems

Stofflüsse zur Ver- und Entsorgung

„‚Ökosysteme gleich welcher Art werden von (Licht-)Energie angetrieben. Die Pflanzen [...] speichern diese Energie. Über die Nahrung wird sie weitergegeben an Tiere, Menschen und an die Mikrowelt der Organismen im Boden.' So steht es in den Lehrbüchern zum Thema Ökosystem. Dieses Denkmodell ist auch bei einer [...] [Stadt] anzuwenden [...]. Denn auch hier sind die vernetzten Stoffflüsse zwischen Lebewelt, Luft, Wasser und Boden vorhanden, die ein Ökosystem kennzeichnen. In diesem Sinne sind Pflanzen in der Stadt mehr als gestalterisches Beiwerk [...] und Boden ist mehr als lukrativer Baugrund! Was aber das Ökosystem Stadt von einem natürlichen Ökosystem unterscheidet, ist das mengenmäßige Verhältnis zwischen Tieren und Pflanzen: In einem natürlichen Ökosystem stellen die Pflanzen, die ‚Produzenten', rund 99 Prozent der Biomasse dar, während die Tiere, als ‚Konsumenten', nur ein Prozent ausmachen. In der Stadt herrschen natürlich ganz andere Verhältnisse und das künstliche Ungleichgewicht kann nur dadurch ausgeglichen werden, dass in stark erhöhtem Ausmaß Stoffe und Energie von außen in das Ökosystem Stadt eingebracht werden. Wie in einem natürlichen Ökosystem bewegen sich diese Stoffflüsse aber nicht nur von außen in die Stadt hinein (input) und innerhalb der Stadt, sie verlassen sie auch wieder (output). Dabei können sie in einem heutigen städtischen Ökosystem teilweise weltumspannende Umwege machen!"

Richard Obernosterer und Wolfgang Punz: Der „Stoffwechsel" der Stadt: Was fließt hinein, was strömt hinaus und was wird gespeichert? In: Roland Berger und Friedrich Ehrendorfer (Hg.): Ökosystem Wien. Böhlau Verlag Wien – Köln – Weimar. 2011. S. 605

2

Ein „Ökosystem" ist eine Funktionseinheit aus biotischen und abiotischen Faktoren, die in Wechselwirkung zueinander stehen. Laut dieser Begriffsbestimmung ist auch die Stadt ein Ökosystem, wenn auch ein künstlich geschaffenes.

In urbanen Räumen hat der Mensch besonders intensiv in den Naturhaushalt eingegriffen. Er hat ein „Ökosystem Stadt" geschaffen, in dem alle natürlichen Geofaktoren – Klima, Relief, Boden, Vegetation und Wasserhaushalt – tiefgreifenden Veränderungen unterworfen sind. Auch in ihrem Umland hinterlässt eine Stadt ihre „ökologischen Fußabdrücke". So sind z. B. Mülldeponien oder durch Industrieabfälle kontaminierte Flüsse häufige Begleiterscheinungen urbaner Agglomerationen. Im Gegensatz zu natürlichen Ökosystemen können städtische ohne Stoff- und Energiezufuhr von außen und ohne die Möglichkeit, Abfälle ins Umland zu exportieren, nicht existieren.

Folgende Faktoren der Verstädterung tragen wesentlich zur Umwandlung eines natürlichen in ein städtisches Ökosystem bei:

- unzureichende Stadtentwicklungsmaßnahmen, z. B. fehlende Ausweisung bzw. Verbauung von Frischluftschneisen,
- Einengung der Lebensräume für Lebewesen,
- Emissionen aus Industrie und Verkehr sowie Abwärme von Kraftwerken und Heizungen,
- Versiegelung von Freiflächen durch Überbauung und damit Zurückdrängen der natürlichen Vegetation sowie Veränderungen des Wasserhaushalts.

Importe	in t/Ew. pro Jahr	Exporte	in t/Ew. pro Jahr
Wasser	147	Abwasser	144
Frischluft	36	Abluft	43
Brennstoffe	2	Abfälle	3
Baustoffe u. Konsumgüter	12–18	Restmüll	0,3
Summe	**ca. 191**		**ca. 191**

www.umweltbundesamt.de/daten/flaeche-boden-land-oekosysteme/boden/bodenversiegelung#textpart-1 (Nov. 2019) (Zugriff: 27.10.2020)

3 Güterfluss einer (fiktiven) Stadt – Beispiele

FALLBEISPIEL: Flächenversiegelung

Immer mehr Menschen leben in urbanen, hochverdichteten Räumen. Damit wächst auch die in Anspruch genommene Fläche. Jedes Jahr werden z.B. in Deutschland rund 350 km² Fläche versiegelt, in erster Linie für Siedlungen, Gewerbe und Verkehrsinfrastruktur. Es gehört zu den Aufgaben einer verantwortungsvollen Stadtplanung, diesen Flächenverbrauch einzudämmen und seine Wirkungen zu reduzieren.

Flächenversiegelung: Folgen für das Ökosystem

„Etwa 46 Prozent der Siedlungs- und Verkehrsflächen sind [bereits] versiegelt, das heißt bebaut, betoniert, asphaltiert, gepflastert oder anderweitig befestigt [...]. Bodenversiegelung bedeutet, dass [...] Regenwasser nicht oder nur unter erschwerten Bedingungen versickern kann und auch der Gasaustausch des Bodens mit der Atmosphäre gedrosselt wird.

Eine übermäßige Bodenversiegelung hat unmittelbare Auswirkungen auf den Wasserhaushalt: Zum einen kann Regenwasser weniger gut versickern und die Grundwasservorräte auffüllen, zum anderen steigt das Risiko, dass bei starken Regenfällen die Kanalisation oder die Vorfluter die oberflächlich abfließenden Wassermassen nicht fassen können und es somit zu örtlichen Überschwemmungen kommt.

Auch das Kleinklima wird negativ beeinflusst: Versiegelte Böden können kein Wasser verdunsten, weshalb sie im Sommer nicht zur Kühlung der Luft beitragen. Hinzu kommt, dass sie als Standort für Pflanzen ungeeignet sind, welche somit als Wasserverdunster und als Schattenspender ausfallen.

Vor allem wird die natürliche Bodenfruchtbarkeit durch eine Versiegelung der Böden massiv beeinträchtigt. Wenn der Boden dauerhaft von Luft und Wasser abgeschlossen ist, geht die Bodenfauna zugrunde, welche wiederum wichtige Funktionen für den Erhalt und die Neubildung von fruchtbaren Böden erfüllt."

Umweltbundesamt: Bodenversiegelung. Stand 25.06.2019

4

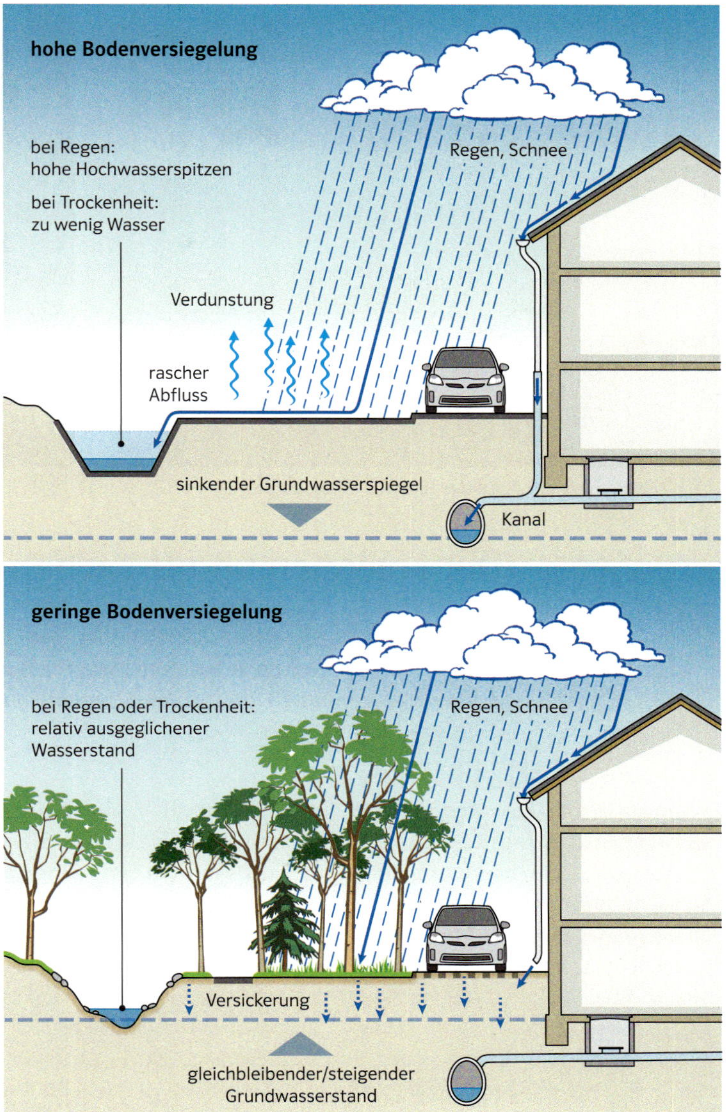

5 Wirkung der Bodenversiegelung

Nach: LUBW Landesanstalt für Umwelt, Messungen und Naturschutz Baden-Württemberg

1 NE

Arbeiten Sie Besonderheiten des städtischen Ökosystems heraus (Modell 1 und Text 2).

2

Stellen Sie ökologische Folgen der Flächenversiegelung dar.

3

Vergleichen Sie die Wirkung hoher und geringer Bodenversiegelung (Grafik 5).

4 MK NE

Gestalten Sie eine Präsentation zum Thema „‚Die deutsche Nachhaltigkeitsstrategie 2020' und das 30-Hektar-Ziel – ein erfolgversprechender Ansatz?"

5 MK NE

Erstellen Sie eine Karte mit entsiegelungswürdigen Flächen in Ihrer Schulumgebung.

1 Mexiko-City am Fuße des Vulkans Popocatépetl

3 Slum in Mexico-City

Dimensionen und Ursachen weltweiter Verstädterung

Das Beispiel der Megastadt Mexiko-City zeigt eindrucksvoll wesentliche Erscheinungsformen des weltweiten Verstädterungsprozesses. Wo liegen dessen Ursachen? In welchen Ausmaßen, mit welcher Dynamik vollzieht sich dieser Prozess?

Mexiko-City – eine Megastadt

„Mehr als 20 Millionen Menschen, eingeschlossen in einem Tal. Es gibt kaum Trinkwasser, der Boden ist sumpfig, die Luft schmutzig. Ein Vulkan spuckt in unregelmäßigen Abständen Asche. Es herrscht dauernde Erdbebengefahr. Mexiko-Stadts geografische Nachteile sind superlativ-verdächtig. So wie fast alles an dieser Stadt: uralt, wunderschön, riesengroß, superlebendig – eine echte Megacity eben.

Bis 1950 war Mexiko-Stadt einfach eine sehr große Stadt. Mit reicher Geschichte und stolzer Architektur – der einstige Mittelpunkt des Aztekenreiches und die ehemalige Hauptstadt der spanischen Kolonialherren in Lateinamerika. Dann kam die Industrialisierung – und die Bevölkerungszahl explodierte. Das wirtschaftliche Wachstum zog Millionen Menschen an. Aber es konnte nicht alle ernähren. Und die Stadt konnte nicht alle fassen. Um das Zentrum herum entstanden Slums aus selbst gezimmerten Elendshütten, ohne Wasser, ohne Strom [...]

Mexiko-Stadt ist eine Stadt voller Kontraste: Beverly Hills mit angeschlossenem Slum. Die Erste und die Dritte Welt liegen hier sehr dicht beisammen. Wer es sich leisten kann, lebt heute im Süden und Westen der Stadt – hinter hohen Zäunen, festen Mauern, umgeben von Wachpersonal.

Mexiko-Stadt [...] wurde inmitten eines Sees gebaut [...] Damit die Stadt wachsen konnte, wurde der See trockengelegt. Das führt heute zu einem Mangel an Trinkwasser. Die heftige Drainage hat außerdem Verwerfungen zur Folge: Im Stadtzentrum kann man Kirchen und Gebäude sehen, die bis zu 8,50 Meter tief im Boden versunken sind. Auch die Grundversorgung ist betroffen: Durch die Senkung gibt es Brüche in den Wasser- und den Abwasserleitungen. Dadurch wird das Wasser verunreinigt [...]

Die hohen Berge, die Mexiko-Stadt umgeben, sind toll anzuschauen – wenn man sie denn sieht. Jahrzehntelang war das eher selten der Fall. Die Stadt war gefangen unter einer undurchsichtigen Glocke aus Smog. Die Luftqualität war so katastrophal, dass es lange hieß, Mexiko-Stadt sei die schmutzigste Stadt der Welt. Die Kessellage verhinderte einen schnellen Luftaustausch und hielt die riesigen Mengen Schwefeldioxid und Kohlenmonoxid in der Stadt. An manchen Tagen drohte den Bewohnern von Mexiko-Stadt tatsächlich die Luft auszugehen. Dabei fällt das Atmen wegen der extremen Höhenlage der Stadt auf 2 308 Metern ohnehin schon schwer. Die Luft enthält circa 23 Prozent weniger Sauerstoff als auf Höhe des Meeresspiegels [...]

Auch heute gibt es noch Tage, an denen Mexiko im Dunst verschwindet. Und es werden immer noch hohe Konzentrationen krebserregender Stoffe in der Luft gemessen. Aber die ganz schlimmen Tage gibt es nicht mehr. Die Politik hat hier viel tun können: Eine große Ölraffinerie wurde geschlossen. Weniger Müllberge werden verbrannt. Benzin enthält kein Blei mehr und die Autos haben Katalysatoren."

Christine Buth: Mexiko-Stadt. In: Planet Wissen vom 14.07.2020

2

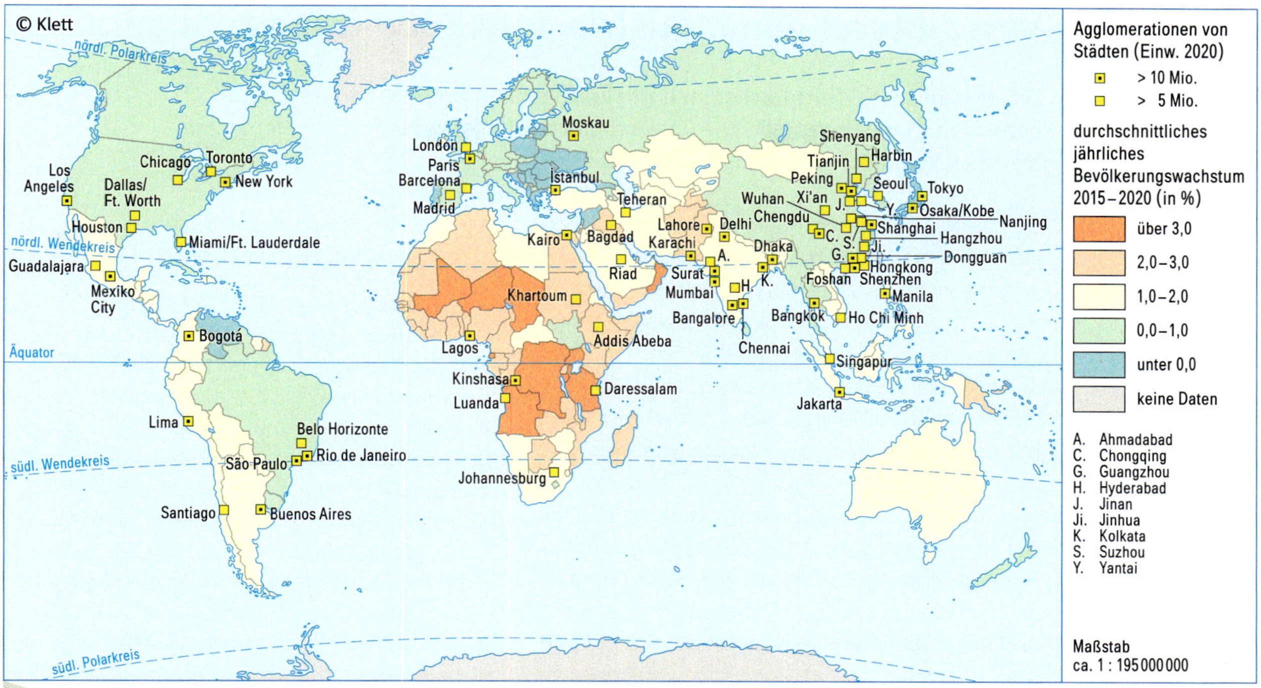

4 Jährliche Wachstumsrate der Bevölkerung 2015–2020 und Agglomerationen 2020

Mit dem Jahr 2008 ist die Welt in das „Jahrtausend der Städte" eingetreten. Seitdem lebt die Mehrheit der Erdenbürger in urbanen Räumen. Der Verstädterungsprozess lässt sich auf drei Ursachen zurückführen. An erster Stelle muss noch immer das natürliche Eigenwachstum aufgrund der Geburtenüberschüsse genannt werden. Hinzukommen die städtischen Nettogewinne durch Zuwanderungen aus dem ländlichen Raum. Außerdem erhöht sich die Zahl der urbanen Bevölkerung durch die Einstufung vormals ländlicher Siedlungen in den Rang einer Stadt. Das Gewicht dieser drei Faktoren ist je nach Region und deren Entwicklungsstand sehr unterschiedlich.

Gegenwärtig leben 55 % der über 7,7 Mrd. Menschen in urbanen Räumen (2020). In dreißig Jahren werden es – laut einer UN-Projektion – zwei Drittel aller Menschen sein. Das Ausmaß und die Geschwindigkeit des Verstädterungsprozesses werden noch deutlicher, wenn man bedenkt, dass der Anteil der „Städter" zu Beginn des 19. Jhs. erst bei 3 % lag.

Heute wächst die städtische Bevölkerung weltweit Jahr für Jahr um über 60 Mio. Menschen. Mit ca. 90 % entfällt der weitaus größte Teil dieser **Verstädterung** auf Entwicklungs- und Schwellenländer. Ursache sind in den meisten Fällen die nach wie vor hohen Geburtenüberschüsse. Hinzu kommen die Migrationsgewinne. Unter den meist jungen städtischen Zuwanderern ist der Anteil von Frauen im gebärfähigen Alter sehr hoch. Viele orientieren sich zudem auch im neuen urbanen Umfeld noch immer an den traditionellen Werten. Kindern werden oft die gleichen Funktionen wie auf dem Land zugewiesen (z.B. Alterssicherung, Arbeitskraft). Das führt zu einer hohen Kinderzahl pro Frau auch in den Städten. Überträgt man diese Zuwachsraten auf Europa, so müsste zum Beispiel Berlin jährlich mehr als 150 000 Einwohner zusätzlich aufnehmen, unterbringen und versorgen. Die Großstädte in den Entwicklungsländern stehen also vor gewaltigen Herausforderungen – wie das Beispiel Mexiko-City zeigt.

Verstädterungsgrad
Anteil der Stadtbevölkerung an der Gesamtbevölkerung eines Landes oder einer Region

Verstädterungsrate
Zuwachs der städtischen Bevölkerung oder des Verstädterungsgrades in einem bestimmten Zeitraum

1
Arbeiten Sie aus den Materialien auf S. 356 Merkmale der demografischen und sozialen Situation von Mexiko-City heraus.

2
Analysieren Sie Karte 4 im Hinblick auf Tendenzen des globalen Verstädterungsprozesses.

3
Erörtern Sie – ausgehend vom Beispiel Mexiko-City – mögliche Folgen der anhaltenden Verstädterung.

Verstädterung in Industrie- und Entwicklungsländern

Das dynamische Städtewachstum hatte im „Globalen Norden" bereits im ausgehenden 19. Jh. eingesetzt. Wie unterscheidet sich dieser Prozess von der gegenwärtigen Verstädterung in der Dritten Welt?

Die Faszination, die von Städten ausgeht, war schon immer ein wesentlicher Faktor für Wanderungsbewegungen. Im Zeitalter der **Industrialisierung** wurde die Attraktivität erhöht durch das vielfältige Angebot neuer Erwerbsmöglichkeiten in den aufblühenden Wirtschaftszentren. Das hat Binnenwanderungen von erheblichem Ausmaß ausgelöst. Mit dem Übergang zur Dienstleistungsgesellschaft verstärkte sich dieser Prozess. Viele Standorte von Dienstleistungen (Banken, Versicherungen, öffentliche Verwaltung) sind an (Groß-)Städte gebunden. Nur so können diese Zentren ihre umlandbezogenen Funktionen erfüllen. Sie bieten bis in das von der Suburbanisierung erfasste Umland hinein attraktive Arbeitsplätze an. Voraussetzung für die damit verbundene räumliche Trennung von Wohn- und Arbeitsplatz ist die gestiegene Mobilität auf der Grundlage des Verkehrsausbaus und der Motorisierung. Sie sind die Antriebskräfte einer flächenhaften Verstädterung im urbanen Umland.

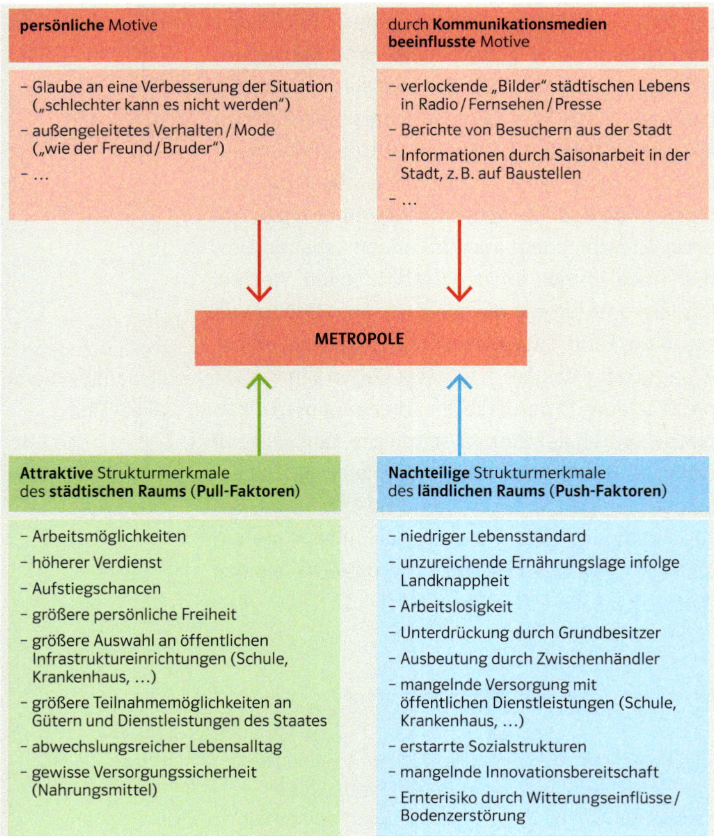

1 Motive der Land-Stadt-Wanderungen in Entwicklungsländern

Unterschiedliche Ursachen und Folgen

„Das Städtewachstum der Industrienationen im 19. Jh. war in erster Linie eine Folge der [...] Land-Industrie- bzw. Land-Stadt-Wanderungen. Sie waren meist ausgelöst durch Strukturwandlungen in der Landwirtschaft (Agrarische Revolution) und die Ansiedlung von Industrie in alten und neuen städtischen Zentren (Industrielle Revolution).
Demgegenüber spielten die Geburtenüberschüsse in den Industriestädten des 19. Jhs.eine wesentlich geringere Rolle; die Sterberaten waren noch relativ hoch. So war die Sterberate in den englischen Städten [damals] noch um ein Drittel höher als auf dem Lande. Charakteristisch war die geringe Lebenserwartung; sie lag z. B. in Liverpool und Manchester im Jahre 1841 bei nur 26 Jahren.
Auf den Städten der Entwicklungsländer liegt heute ein doppelter Druck: hohe Zuwanderungen (meist 40–50 % des Zuwachses) und hohes natürliches Bevölkerungswachstum. In den Entwicklungsländern werden natürliche Wachstumsraten erreicht, wie sie Europa und Nordamerika nie kannten, und die nationalen Durchschnittswerte werden in den Städten noch übertroffen. Letzteres resultiert daraus, dass die Sterblichkeit in den Städten i. Allg. niedriger ist als auf dem Lande und die Geburtenraten – bedingt durch die jugendliche Altersstruktur – den Landesdurchschnitt übersteigen [...].
Die Problematik liegt nun – im Gegensatz zur Situation der Industrieländer im 19. Jh. – u. a. darin, dass die Städte den vom Lande Abgewanderten i. Allg. keine oder nur sehr beschränkte wirtschaftliche Alternativen bieten können, da den hohen städtischen Wachstumsraten meist keine entsprechende Zunahme der Arbeitsplätze, insbesondere im industriellen Sektor, entspricht.
In den Entwicklungsländern konzentriert sich heute [...] die Verstädterung sehr viel stärker auf Groß- und Millionenstädte [...], als dies in den Industrieländern [...] der Fall war. Charakteristisch für die Verstädterung in Entwicklungsländern ist [...] heute die Metropolisierung."

Heinz Heineberg: Stadtgeographie. Paderborn: Schöningh: 2017. S. 35/36

2

Linktipp
Bevölkerungsstrukturdiagramm Lagos
hc4d48

FALLBEISPIEL: Lagos/Nigeria – Aufstieg einer Megacity

3 Megacity Lagos: Wirtschaftsboom und Chaos

7 „Area Boys": lose organisierte und zumeist kriminelle Jugendgangs in Lagos

Heimliche Hauptstadt

„Lagos [war] im 18. Jahrhundert bis in die 1850er-Jahre eines der Zentren des Sklavenhandels. [...] Nach der Unabhängigkeit Nigerias mit einer föderalen Verfassung wurde 1968 der Bundesstaat Lagos gegründet und Lagos zu dessen Hauptstadt [...] Bereits Mitte der 1970er-Jahre [wurde] auf Regierungsebene beschlossen, eine neue Bundeshauptstadt [...] im Zentrum Nigerias zu bauen. Es gingen noch ein paar Jahre ins Land, doch am Ende entstand die Planhauptstadt Abuja [...], die 1991 zur politischen Hauptstadt Nigerias wurde. Die Stadt zählt heute rund 450000 Menschen, den Bevölkerungsdruck auf Lagos konnte sie nicht eindämmen. Doch bis heute ist Lagos [...] das Zentrum für Handel, Wirtschaft und Kultur [...] Lagos ist [heute] neben Kairo die bevölkerungsreichste Metropole Afrikas."

Sonja Ernst: Lagos. Hyperwachstum – ungebremst und informell. Dossier Megastädte v.19.10.2006, hrsg. v. Bundeszentrale für politische Bildung, unter: www.bpb.de/internationales/weltweit/megastaedte/64606/lagos?p=all (Zugriff 25.05.2021)

4

Lagos: Welthauptstadt der Jugend

„Wegen der Landflucht [...] ist die Bevölkerung von Lagos seit 1960, als Nigeria von Grossbritannien unabhängig wurde, noch viel schneller gewachsen als die Gesamtbevölkerung. Während Nigerias Einwohnerzahl von 40 Millionen auf heute 200 Millionen stieg, das heisst sich verfünffacht hat, ist die Einwohnerzahl von Lagos von 350000 hochgeschnellt auf 19 bis 23 Millionen. Sie ist jetzt also ungefähr sechzig Mal grösser. [...] Städte mit mehr als 10 Millionen Einwohnern [gelten] als Megacities. Lagos ist eine Megamegacity. Und da überwiegend Jugendliche nach Lagos strömen, gegenwärtig rund 800000 pro Jahr, und dann dort selbst Kinder haben, ist der Anteil von Minderjährigen ständig gestiegen. In den Slumvierteln, wo über zwei Drittel aller Einwohner und noch mehr der Neuankömmlinge leben, sind mehr als 90 Prozent jünger als 30 Jahre."

Stephen Smith: Nigeria – Rette sich wer kann, in: Neue Zürcher Zeitung v. 25.02.2019, unter: www.nzz.ch/folio/nigeria-rette-sich-wer-kann-ld.1623088

6

What's the solution?

"More than half the population in Lagos is already under 25, and if there was work for them to do, and the birth rate was to slow down, the economy would get a welcome boost. This is where the 'demographic dividend' [vgl. S. 251] comes in [...].

But if enough jobs aren't created, the country suffers from the other side of that coin. Too many unemployed young people provides a fertile recruiting ground for Islamists like Boko Haram or a market for the people-smugglers peddling dreams of wealth and a better life in Europe. [. . .] what's the solution? The company, Afrione, wants to tap into the big market for devices that a fast-growing young population provides, by producing cheap phones and tablets with the tagline 'Made in Nigeria'. At the moment at least 90 % of the components are imported, but company director Lekan Akinjide wants to steadily decrease that by 4 or 5 % a year. No one else has really tried, no one else has really invested in a factory and the training of a skilled workforce', he says. 'We've looked at China, we've looked at India [...] China had a fast growing population. It had deep and pervasive poverty, it was a rural economy and it turned itself around in a generation, mainly through manufacturing."

Alastair Leithead: The city that won't stop growing. In: BBC NEWS vom 21.08.2017 www.bbc.co.uk/news/resources/idt-sh/lagos (Zugriff 25.05.2021)

5

1 MK
Beschreiben Sie die demografische Situation von Lagos (s. auch Online-Code).

2
Erläutern Sie die Entwicklung von Lagos zur Megastadt.

3
Beurteilen Sie die Erfolgsaussichten des in Text 5 vorgestellten Lösungsweges.

MK Megastädte und Shrinking Cities

Im Zuge des Verstädterungsprozesses entstehen weltweit riesige Megastädte. Diese „Megapolisierung“ ist ein relativ junges Phänomen im Rahmen der weltweiten Urbanisierung. Gleichzeitig ist zu beobachten, dass in einigen Regionen der Welt, auch bei uns in Deutschland, Städte deutlich schrumpfen. Wo liegen die Ursachen dieser gegensätzlichen Entwicklungen? Welche Folgen haben Megapolisierung und Schrumpfung?

1 Entwicklung der Megacities und Verstädterung

UNDESA Population Division – World Urbanization Prospects: The 2018 Revision. Unter: https://population.un.org/wup/ (Zugriff: 18.09.2020)

Herausbildung von Megastädten

Setzt man als Schwellenwert für Megastädte eine Einwohnerzahl von mindestens 10 Mio. an, dann hatte bis zum Jahr 1930 mit New York erst eine Stadt der Welt diesen Wert erreicht. In den letzten vier Jahrzehnten hat sich ihre Zahl aber – vor allem auch als Folge der Globalisierung – rasant erhöht.

Megapolisierung und Metropolisierung

„Hauptstädte [bzw. Metropolen] erhalten ihre Wachstumsdynamik aus vielfältigen Gründen:

- Hier konzentrieren sich mit Regierung und Parlament überproportional Arbeitsplätze des öffentlichen Dienstes.
- Private und staatliche Investitionen werden aufgrund vielfältiger Agglomerationsvorteile oder aus Prestigegründen vornehmlich hier getätigt.
- Die Hauptstadt ist besser als andere Städte in das nationale und internationale Kommunikations- und Verkehrssystem eingebunden.
- Hier finden die großen Messen und internationalen Konferenzen statt.
- Hier haben die wichtigsten kulturellen und medizinischen Einrichtungen des Landes ihren Standort (u. a. Universitäten, Hospitäler, Rundfunk- und TV-Sender, Verlage großer Zeitungen, Museen).
- Hier sind die großen Banken, Versicherungskonzerne und Wirtschaftsverbände ansässig.
- Hier arbeiten diplomatische Vertretungen der Staaten und internationalen Organisationen [...]
- Aufgrund ihrer Großflughäfen und eigener Attraktivität sind die Hauptstädte auch bedeutende Tourismuszentren.

Aufgrund dieses Standortmix hochrangiger Einrichtungen kumuliert sich die Standortgunst; die Metropole ist attraktivstes Zentrum für unqualifizierte, v. a. aber für hoch qualifizierte Arbeitskräfte und damit für Massenzuwanderung aus dem Lande und aus anderen Städten. Für Industriebetriebe ist der große Arbeitsmarkt ein bedeutender Standortfaktor; die große und auch rasant wachsende Bevölkerung mit einem im Vergleich zum Landesdurchschnitt höheren Einkommen bietet einen kaufkräftigen und nahen Markt. In einem kumulativen Prozess werden so die Standortvorteile gegenüber anderen Städten stetig ausgeweitet und so die Wachstumsdynamik angetrieben.“

Karl Vorlaufer: Südostasien. Darmstadt: Wissenschaftliche Buchgesellschaft 2018. S. 97

2

Entwicklung von Shrinking Cities

Sowohl in den hoch entwickelten Staaten Europas und Nordamerikas als auch in Asien, Afrika und Mittelamerika gibt es Städte, die deutlich schrumpfen. Ein wesentlicher Grund liegt darin, dass die betroffenen urbanen Räume aufgrund ihrer Wirtschaftsstruktur im globalen Wettbewerb der Standorte zu den Verlierern gehören.

Die Folgen einer solchen Schrumpfung sind gravierend. Der Verlust von Arbeitsplätzen und der Rückgang der Bevölkerung setzen einen Prozess in Gang, der sich zum Teil selbst verstärkt. Es ziehen die weg, die es sich leisten können, die noch eine Perspektive und den Willen zur Veränderung haben. Zurück bleiben Alte und sozial Schwache, alle Resignierenden. Damit sinken die Steuereinnahmen der Gemeinden und die Sozialausgaben nehmen zu. Durch die geringeren Einwohnerzahlen steigen die anteiligen Kosten für die Infrastruktur, die kaum noch bezahlt werden kann. Die Folgen sind am Stadtbild ablesbar. Allgemeiner Verfall und allmähliches Absterben eines normalen urbanen Lebens sind sichtbare Kennzeichen des Niedergangs.

Derartige Prozesse sind auch in Deutschland zu beobachten. Auch bei uns gibt es Regionen, in denen Städte schrumpfen, und auch in Baden-Württemberg tritt dieses Phänomen teilweise auf.

Der wirtschaftliche Strukturwandel seit den 1970er-Jahren in Westdeutschland und nach der Wende in Ostdeutschland verursachte einen Niedergang traditioneller Industrieregionen. Symptome für die regionalen Deindustrialisierungsprozesse waren und sind hohe Arbeitslosigkeit, Abwanderung und Leerstände von Wohn- und Gewerbeimmobilien. Die betroffenen Menschen wandern dorthin, wo es bessere Perspektiven v.a. in Form von Arbeitsplätzen gibt. In der Regel befinden sich diese Orte in boomenden Gebieten mit wachstumsstarken Zukunftsbranchen, z.B. in Süddeutschland.

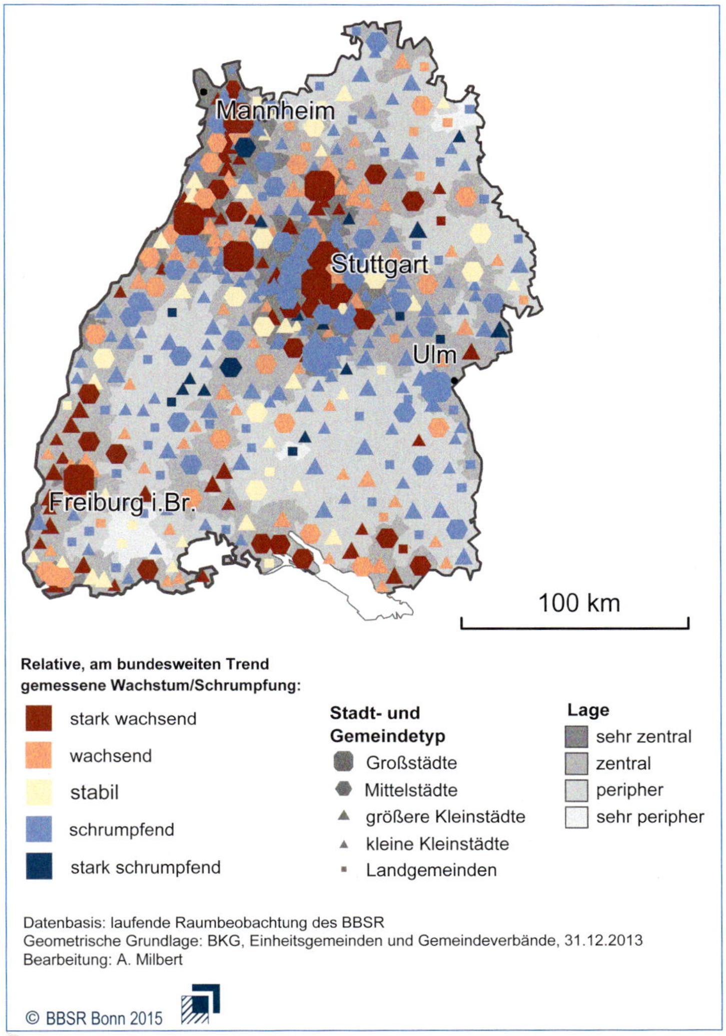

3 Wachsende und schrumpfende Städte in Baden-Württemberg

1 MK
Arbeiten Sie mit Karte 1:
a) Charakterisieren Sie die weltweite Verteilung der Megastädte 1950 bis 2020.
b) Untersuchen Sie die erwartete Entwicklung bis 2030.

2 MK
Vergleichen Sie analoge und interaktive Karten zum Städtewachstum (Online-Code).
a) Beurteilen Sie die Aussagemöglichkeiten der Karte 1 im Vergleich zu den interaktiven Kartenangeboten.
b) Arbeiten Sie den Mehrwert der interaktiven Kartendarstellung heraus.

3
Nennen Sie mögliche Folgen der Megapolisierung.

4
„Die Metropolisierung ist eine Folge zunehmender weltwirtschaftlicher Verflechtungen bzw. der Globalisierung."
Erläutern Sie diese Aussage mithilfe von Text 2.

5 MK
Arbeiten Sie aus Karte 3 Grundaussagen heraus.

6
Erklären Sie mögliche Ursachen für Ihren Befund aus Aufgabe 5.

Wege aus der Krise

In den 1970er-Jahren geriet in allen westlichen Industrienationen die Montanindustrie in eine schwere Krise. Der daraus folgende Strukturwandel war verbunden mit massiven Arbeitsplatz- und Bevölkerungsverlusten. Betroffen waren auch die „Stahlstadt" Pittsburgh und das Ruhrgebiet mit dem Standort Duisburg. Beide gingen unterschiedlich mit der Situation um.

1 MK

Gruppenarbeit

Untersuchen je eines der beiden Fallbeispiele S. 362 – 365:

a) Erstellen Sie zu Ursachen und Folgen der Schrumpfung ein Wirkungsgeflecht.

b) Vergleichen Sie die Lösungsansätze (siehe Vergleichsmatrix – Online-Code). '

c) Diskutieren Sie Ihre Ergebnisse im Plenum.

FALLBEISPIEL: Pittsburgh – Phönix aus der Asche

1 Stahlwerk in Pittsburgh 1980

Phönix aus der Asche

Sprecher: „Eine Fabrik steht neben der anderen. Ihre Schornsteine qualmen und spucken stinkenden, rußschwarzen Rauch gen Himmel. Er fällt auf Häuser, Straßen, Menschen, setzt sich fest in Lungen und auf Wänden. Alles in dieser Stadt ist dreckig. […]"

Michaela Vieser: Phönix aus der Asche, auf: Deutschlandfunk Kultur v. 02.04.2014, unter: www.deutschlandfunkkultur.de

2

Ein Zeitzeuge

„[…] ‚Es war furchtbar, die Selbstmordrate schnellte hoch, überall häusliche Gewalt, ein Haus nach dem anderen wurde zwangsversteigert', sagt Bill Flanagan über seine ersten Jahre in Pittsburgh. Zwischen 1980 und 1983 fielen fast 250 000 Jobs im Stahl und in verwandten Industrien weg. ‚Und statt etwas zu tun, haben alle gehofft, dass sich die Branche irgendwann erholt', erzählt er. ‚Erst als die Konzerne die Fabriken auseinandergebaut und als Altmetall verkauft haben, wurde allen klar, dass wir etwas tun müssen. Das war der Weckruf.'"

Kathrin Werner: Stadt aus Stahl, SZ.de v. 06.11.2015, unter: www.sueddeutsche.de/wirtschaft/report-stadt-aus-stahl-1.2725137 (Zugriff: 25.05.2021)

3

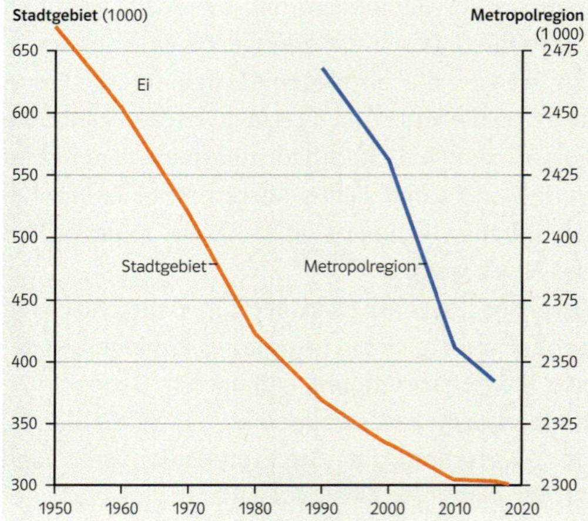

4 Bevölkerungsentwicklung Pittsburghs

Nach: www.citypopulation.de/de/usa/metro/38300__pittsburgh/ (Zugriff: 25.05.2021)

Einleitung des Strukturwandels

„In den 1980er- und 90er-Jahren ging es um den Strukturwandel, die Konzernchefs schlossen sich mit Universitätspräsidenten, den Stiftungen der reichen Industriebarone, dem Bürgermeister […] und Pennsylvanias Regierung zusammen […]. Sie haben gemeinsam Geld für die Renovierung der Innenstadt und den Umbau der Fabriken aufgetrieben und Umschulungen finanziert. Sie haben Förderprogramme für junge Unternehmen ins Leben gerufen […]. Größter Erfolg: bessere Zuschüsse für die Universitäten, vor allem für die zwei größten Unis Carnegie Mellon und University of Pittsburgh […]. Die Universitäten gründeten erste Unternehmen aus, Carnegie Mellon konzentrierte sich auf Hightech, zum Beispiel auf Roboter, U Pitt war Spezialist für Pharma und Medizintechnik."

Kathrin Werner: Stadt aus Stahl. A. a. O.

5

5 Pittsburgh: An iconic city and region where next is now
In seiner ersten Rede im Weißen Haus bezeichnete Präsident Obama Pittsburgh als "bold example of how to create new jobs and industries while transitioning to a 21th century economy." (The White House, 2009) Doch es ist nicht nur der wirtschaftliche Erfolg …

Wirtschaftliche Erfolge
„In der Carnegie Mellon University [in Pittsburgh] wurde Anfang der 1980er-Jahre auch das fahrerlose Fahren erfunden, um die Schäden des Reaktorunglücks im Kernkraftwerk Harrisburg zu begutachten, ohne Menschenleben zu gefährden. Seither hat die Technologie längst die Straßen erobert. Auch in Pittsburgh: Uber hat die Stadt seit dem Jahr 2015 als Standort für seine Advanced Technologies Group auserkoren. Hier findet das Unternehmen genügend Technologieenthusiasten und Fachleute, aber auch ausreichend hügeliges und kurvenreiches Terrain, um die künstliche Intelligenz in den autonomen Autos mit wertvollen Daten über knifflige Fahrsituationen zu füttern. Pittsburgh ist inzwischen zu einem wahren Hotspot für Hightech avanciert. Statt rauchender Schornsteine und grauer Fabriken schießen hier Start-ups wie Pilze aus dem Boden, die Eliteuniversitäten Carnegie Mellon und Pittsburgh University ziehen die klügsten Köpfe Amerikas an. Die Stadt erzielt Spitzenwerte beim autonomen Fahren, Roboterbau, in der Weltraum-, Gen- und Medizintechnik. Es wundert also kaum, dass sich Technologiegiganten wie Uber, Apple und Google hier niedergelassen haben."
Ullrich Mann: Auf Mission. Markets International v. Mai 2019, unter: www.marketsinternational.de/auf-mission/ (Zugriff: 25.05.2021)

6

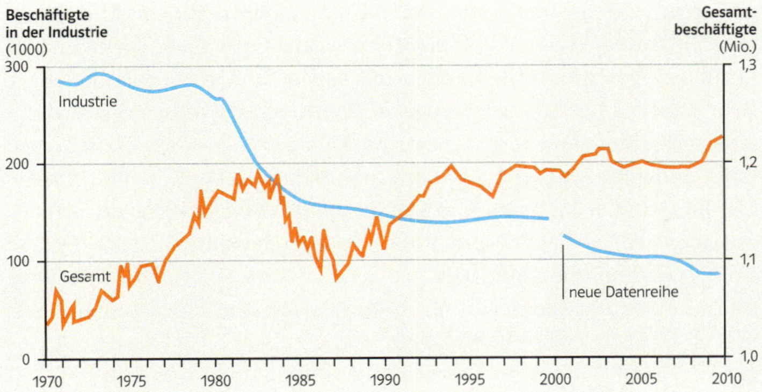

7 Die Region Pittsburgh hat die Verluste mehr als wettgemacht
Nach: Christopher Briem, University of Pittsburgh

Studienabschluss an der Universität
"[…] Home to 34 colleges and universities – four of them among U.S. News & World Report's Best Colleges rankings – Pittsburgh also has 25 high schools that made the magazine's 'best of' list and several elementary schools that won the prestigious Blue Ribbon designation from the U.S. Department of Education."
Dream Bigger. Live Better. Unter: https://pittsburghregion.org/living-in-pittsburgh/ (Zugriff: 04.06.2021)

8

Eines der grünsten Gebäude der Welt
„Das Center for Sustainable Landscapes (CSL) im Phipps Conservatory and Botanical Gardens erzeugt seine gesamte Energie selbst und klärt das gesamte Regen- und Brauchwasser vor Ort. Als Bildungs-, Forschungs- und Verwaltungseinrichtung von Phipps ist das CSL ein integraler Bestandteil des Phipps-Besuchererlebnisses als ‚lebendes Museum'. Es […] zeigt, dass die Gesundheit von Mensch und Umwelt untrennbar miteinander verbunden sind."
Phipps: Center for Sustainable Landcapes, unter: www.phipps.conservatory.org/green-innovation/at-phipps/center-for-sustainable-landscapes-greenest-building-museum-garden-in-the-world, Übersetzer: Matthias Scholliers

9

Like living in a National Park
- 15,000 acres of public parks
- 400 miles of biking, hiking, walking trails
- 91 % of Pittsburgh are a 10-minute walk from a park or green space
- 10 skiing and snowboarding resorts within 100 miles of Pittsburgh

Dream Bigger. Live Better. Unter: https://pittsburghregion.org/living-in-pittsburgh/

10

FALLBEISPIEL: Duisburg gibt nicht auf

Arbeitslosigkeit, vermeintliche „No-go-Areas“ und das Loveparade-Unglück

„Um das Image von Duisburg ist es schlecht bestellt. Doch die Stadt gibt nicht auf und sieht sich auf einem guten Weg, die Folgen des Strukturwandels zu meistern. Duisburg, das war mal eine echte Malocherstadt: Hier fuhren die Kumpel unter Tage und hier kochten die Männer in den Hochöfen den weltbesten Stahl. Tun sie auch heute noch, betont Duisburgs Oberbürgermeister Sören Link: ‚Wir sind der größte Stahlstandort Europas. Das wollen wir auch bleiben. Hier wird Hightech produziert und hier arbeiten rund 20000 Menschen, sogar einen Ticken mehr, im Bereich Stahl. Immer noch.‘“

Stephanie Kowalewski, Strukturwandel im Ruhrgebiet. Duisburg gibt nicht auf, Deutschlandfunk Kultur. Zeitfragen v. 12.06.2018, unter: www.deutschlandfunkkultur.de/strukturwandel-im-ruhrgebiet-duisburg-gibt-nicht-auf.976.de.html?dram:article_id=420198 (Zugriff 25.05.2021)

11

14 Blick auf das Hüttenwerk Duisburg

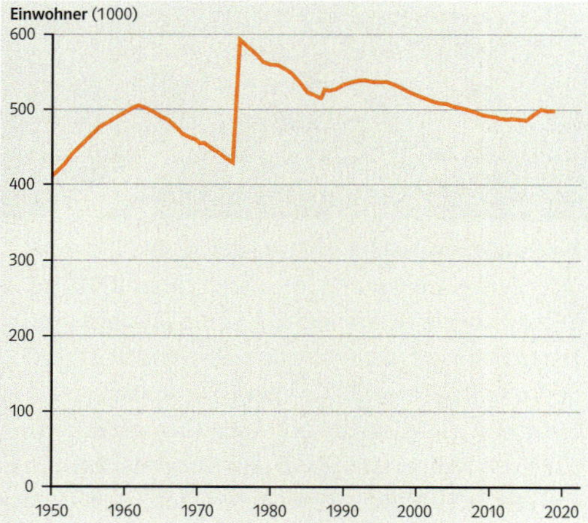

12 Bevölkerungsentwicklung Duisburgs

Nach: Stadt Duisburg (bis 1970), Landesbetrieb Information und Technik NRW (ab 1971)

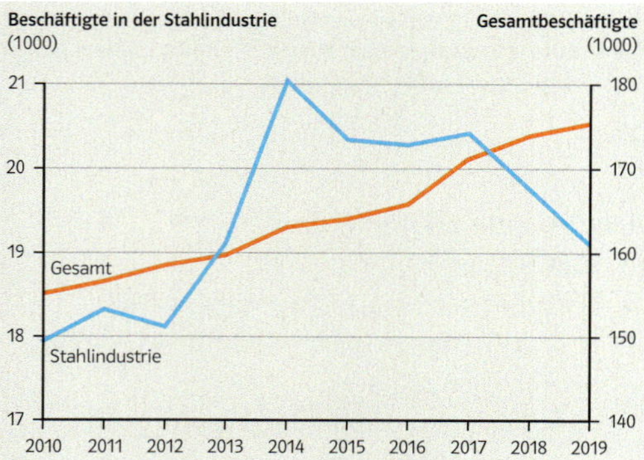

13 Beschäftigte in der Stahlindustrie

Nach: Stadt Duisburg

Carbon2Chem

„Um die CO_2-Emissionen bei der Stahlproduktion zu reduzieren, arbeitet thyssenkrupp im Forschungsprojekt ‚Carbon2Chem‘ mit Partnern aus Wissenschaft und Industrie an einer stofflichen Nutzung von Hüttengasen. Als Rohstoff für Chemikalien können die Prozessgase aus dem Hochofen beispielsweise für die Produktion von Kraftstoffen, Kunststoffen und Düngemitteln genutzt werden. Im Stahlwerk von thyssenkrupp in Duisburg werden Hüttengase bislang thermisch verwertet. Dabei entstehen jedoch CO_2-Emissionen, die das Unternehmen und seine Partner, die sich im Rahmen von IN4climate.NRW für eine klimaneutrale Zukunft der Industrie engagieren, vermeiden wollen. Ein möglicher Lösungsweg ist die stoffliche Nutzung, bei der die Gase in chemische Grundstoffe umgewandelt werden. [...] Hüttengase stofflich verwertbar zu machen birgt ein enormes Potenzial auf dem Weg zu einer klimaneutralen Industrie. Mittelfristig können jährlich rund 20 Millionen Tonnen CO_2-Emissionen der deutschen Stahlbranche wirtschaftlich verwertbar gemacht werden. Das entspricht zehn Prozent der jährlichen CO_2-Emissionen der deutschen Industrie.“

IN4climate.NRW, Best Practice, Carbon2Chem, unter: www.in4climate.nrw/best-practice/projekte/2019/carbon2chem/ (Zugriff: 04.06.2021)

15

16 Industrienahtstelle Grüngürtel Nord

19 Ankunft des ersten Zuges aus China

Der Grüngürtel als Teil der Stadterneuerung

„Der Grüngürtel ist eine von Land, Bund, EU und Thyssen-Krupp finanzierte Stadterneuerungsmaßnahme in den drei Nord-Stadtteilen Marxloh, Bruckhausen und Beeck. Mit der Umsetzung des Projektes wurde im Jahr 2008 begonnen. Erklärtes Ziel war es , durch Abriss von oft auch leerstehenden Häusern in schlechtem Zustand die Wohn- und Lebensqualität der Einwohner vor Ort in den Stadtteilen zu stabilisieren und zu verbessern. Dafür wurden zwischen 2008 und 2015 bislang 161 Wohngebäude abgerissen und 450 Haushalte mit mehr als 1 000 Bewohnern in neue Wohnungen umgesiedelt. Jeder zweite von ihnen ließ sich im eigenen Stadtteil wieder ansiedeln."

Stefan Endell: Der Grüngürtel in Duisburg-Bruckhausen ist endlich fertig. In: Der WESTEN vom 11.05.2016, www.derwesten.de/staedte/duisburg/der-gruenguertel-in-duisburg-bruckhausen-ist-endlich-fertig-id11814777.html (Zugriff 25.05.2021)

17

Probleme und Potentiale im Duisburger Norden

„Für den Rundgang durch Bruckhausen und Beeck braucht man etwa zwei Stunden. [...] Man sieht Armut und baulichen Verfall, aber man sieht auch interessante historische Strukturen, die überlebt haben, weil keine renditeorientierte Bauwut die Stadtteile auf links gedreht hat. Die Stadtentwicklung der letzten Jahre hat einige interessante Entwicklungen in Gang gesetzt; allen voran hat der Grüngürtel die Lebensqualität in den Stadtteilen erhöht. Die jetzt vorhandene Struktur bietet durchaus Voraussetzungen, um Bruckhausen und Beeck in den kommenden Jahren zu urbanen Quartieren mit vielfältiger Nutzung zu entwickeln. Ob die Stadtteile den Weg dorthin finden, ist ungewiss. Momentan dominieren die negativen Vorzeichen. Sollte aber die Anziehungskraft der Städte weiterwachsen, dann wachsen in der Metropolregion des Ruhrgebiets auch die Chancen der Stadtteile, die bislang noch nicht entdeckt sind – Stadtteile mit Geschichte und Charakter."

Andreas Pilger, 24.01.2021, https://thingstodo.nrw

18

Der Hafen wird zur Drehscheibe

„[...] Seit 30 Jahren gestaltet Erich Staake nun schon den Strukturwandel des Duisburger Hafens: Statt Schüttgut werden hier heute Container bewegt, vier Millionen pro Jahr. Und von Anfang an setzte er auf das Zusammenspiel von Wasser, Straße und Schiene. Die Zauberformel für moderne Logistik und für Duisburg. [...] Unter der Dachmarke „logport" entwickelt und vermarktet der Hafen auf ehemaligen Industrieflächen moderne Logistikareale. [...] „Über 500 Hektar vermarktet. [...] Das gibt es in ganz Europa kein zweites Mal."

Hunderte Firmen haben sich auf den Logistikflächen angesiedelt, mehrmals pro Woche fahren vom Duisburger Hafen aus Züge über die Neue Seidenstraße nach China. Das alles sorgt für mehr als 45 000 Arbeitsplätze. Aus dem einstigen Montanhafen ist ein hochmoderner Logistikriese geworden. Ein Vorbild für Häfen in aller Welt und ein gelungenes Beispiel für erfolgreichen Strukturwandel."

Stephanie Kowalewski, Duisburg gibt nicht auf, Deutschlandfunk Kultur v. 12.06.2018, unter: www.deutschlandfunkkultur.de/strukturwandel-im-ruhrgebiet-duisburg-gibtnicht-auf. 976.de.html?dram:article_id=420198 (Zugriff 05.07.2021)

20

Unterstützung durch den Bund

„Seit 1970 unterstützt der Bund gemeinsam mit den Ländern die Städte und Kommunen bei der Bewältigung des demografischen und wirtschaftlichen Strukturwandels.

Wichtigstes Instrument ist dabei die „Städtebauförderung". Aus diesem Programm werden Finanzhilfen für Stadtumbaumaßnahmen zur Verfügung gestellt.Im Bundeshaushalt stehen hierfür zum Beispiel im Jahr 2021 insgesamt 790 Mio. Euro zur Verfügung."

21

1

Lernaufgabe

Globalisierung umfasst mehr als nur das weltweite Zusammenwachsen von Märkten. Der globale Wettbewerb der Standorte um Unternehmen, hochqualifizierte Fachkräfte und Investitionskapital verschärft sich. Finanzinvestoren suchen nach Anlagemöglichkeiten. Die globale Vernetzung wird immer dichter. Lebensstile und Bauformen gleichen sich an. All das hat Auswirkungen auf die Entwicklung der Städte mit folgenden Prozessen: Citybildung, Tertiärisierung und Quartärisierung, Suburbanisierung und Reurbanisierung, sozialräumliche Differenzierung wie Gentrifizierung, Segregation oder Fragmentierung.

„Globalisierung verändert weltweit Strukturen unserer Städte." Überprüfen Sie diese Aussage – ggf. im Rahmen einer Gruppenarbeit – anhand der Seiten 366 – 377.

1 Shenzen, New York, London: Wer ist was?

Stadtveränderung in der globalisierten Welt: Citybildung

Alle Städte, insbesondere die Großstädte, haben einen urbanen Kern, in dem „ihr Herz schlägt". Das ist die City. Was sind deren Merkmale? Wie hat sie sich entwickelt? Vor welchen aktuellen Herausforderungen steht sie?

City: Unterschied Europa – USA

Während man mit dem Begriff „City" in europäischen Städten deren zentralen Kernraum bezeichnet, versteht man in den USA darunter eine Stadt in ihren Verwaltungsgrenzen (z. B. die Stadt New York = New York City). Anstelle unseres City-Begriffs spricht man in den USA von „Downtown" oder auch von „CBD" (Central Business District).

Die Assoziationen, die man mit der **City** verbindet, sind überall ähnlich. Man denkt an ‚pulsierendes Leben', ‚Bummeln und Shopping', ‚Vergnügen und Unterhaltung', an ‚große Menschenmengen'. Für manch einen definiert sich eine Stadt sogar über ihre City. Für Gäste und Touristen ist sie der Raum, der am ehesten aufgesucht wird.

In der Geographie versteht man unter City das funktionale Zentrum der Stadt. Sie weist die höchste Konzentration an Arbeitsstätten des Tertiären Sektors auf und ist der Standort hochrangiger Wirtschafts- und Verwaltungsfunktionen.

Die Citys haben sich vor allem seit den 1960er-Jahren aus den damaligen „Stadtkernen" entwickelt. Diese waren noch von Wohnbevölkerung und von Geschäften des täglichen Bedarfs geprägt. Durch die Herausbildung einer City-Struktur wurden diese städtischen Kerne dann funktional und physiognomisch gänzlich überformt und verändert. Es fehlt den meisten europäischen Citys jedoch die charakteristische Skyline New Yorks, Chicagos oder San Franciscos. Eine Ausnahme macht in Deutschland nur Frankfurt mit seiner auffälligen Silhouette.

Aufgrund ihrer gewachsenen Strukturen zeigt die mitteleuropäische City Überschneidungen mit anderen Teilräumen. So ist sie zwar nicht identisch mit der „Altstadt", aber doch meist in Teilen überlappend oder eng benachbart. Darüber hinaus bilden beide zusammen – ergänzt durch die angrenzenden Räume mit geschlossener Bebauung und häufiger Mischnutzung – die „Innenstadt".

Aktuelle Probleme und Tendenzen

Die Citys waren lange Zeit die Wachstumsräume unserer Städte. Man hatte sie seit den 1960er-Jahren „autogerecht" entwickelt. Zahlreiche Geschäfte und Kaufhäuser siedelten sich an, auch Verwaltung, Banken und andere Dienstleister drängten in den Stadtkern. Das ließ die Bodenpreise und Mieten steigen. Die hierdurch bedingte Verdrängung der Wohnbevölkerung schien ein zu akzeptierender Preis für die Attraktivitätssteigerung zu sein.

2 Frankfurt-Innenstadt: Rush-hour-Verkehr

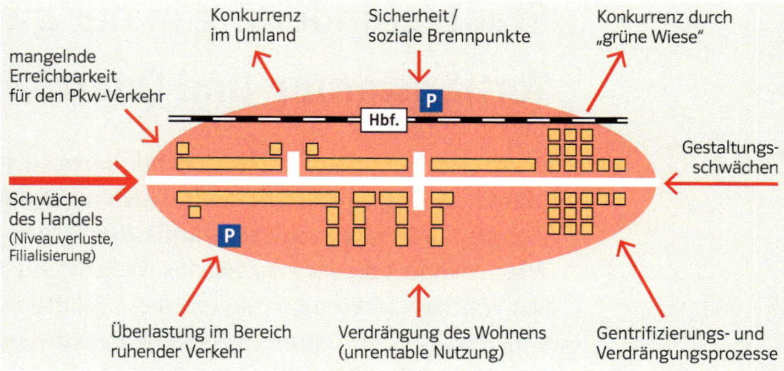

4 Problemfelder der Innenstädte

Nach: Ernst Brunotte u.a.: Lexikon der Geographie, Bd. 1. Spektrum Akademischer Verlag Heidelberg und Berlin 2002, S. 419

Schon in den 1970er-Jahren gerieten die Innenstädte und speziell die Citys in eine Krise. Die räumliche Enge und die mit der zunehmenden Automobilisierung steigenden Kundenfrequenzen erzeugten massive Verkehrsbelastungen. Die Stadtplaner versuchten, diesen Problemen durch die Anlage von Fußgängerzonen und den Bau citynaher Parkhäuser entgegenzuwirken. Dennoch führten Beengtheit, Autolärm und Abgase zu einer Stagnation in der Cityentwicklung. Hinzu kamen weitere Problemfelder (M3, M4). In- und ausländische Investoren errichteten im Umland Shopping Center, Business Parks, Freizeitkomplexe – in Konkurrenz zur City.

In allen Städten ist heute das Bemühen unverkennbar, dem Funktionsverlust der City entgegenzuwirken. Die Innenstädte sollen sich wieder als attraktive Orte profilieren, die zum Einkaufen, Flanieren, Verweilen und Wohnen einladen.

→ Nachhaltige Stadtentwicklung S. 392 – 397

Das Ende der Einkaufsmeile?

„Bevor der Wandel in ganzer Breite richtig greifbar wird, hat er sich meistens schon vollzogen. Die Königstraße [in Stuttgart] ist ein passendes Beispiel [...]. [Es] ist das bekannte Thema Online-Handel. Bisher macht das Internetgeschäft in Deutschland von 480 Milliarden Euro [Einzelhandelsumsatz] bereits 15 Prozent aus. Bis 2020 soll die Marke auf 20 Prozent steigen.

Für die Königstraße bedeutet das: Aus der einstigen Konsummeile wird langsam aber sicher eine bunte Mix-Meile. Wo früher der Handel dominierte, komen immer mehr Büros, Gastronomie und Luxuswohnungen hinzu. Weil das Angebot an Bürofläche auf einen historischen Tiefstand gesunken ist, steigen hier die Mieten [...]. Die Folge: Eigentümer auf der Königstraße können bei der Bürovermietung teilweise mehr Geld verdienen als durch die Vermietung von Handelsflächen [...].

Wie sich der Beginn einer Konversion auf die Stuttgarter 1a-Lage niederschlägt, zeigen [...] Beispiele [...].

Königstraße 37: Das Schuhhaus Werdich konnte die Mietpreise nicht mehr bezahlen und gab den Standort zum 31. Juli auf. Stattdessen zieht in den unteren zwei Etagen ein Burger-Restaurant ein, darüber sollen Büros entstehen [...].

Königstraße 29, das Waldbauer Haus: Eigentlich wollte Schuh[haus] Werdich nach dem zweijährigen Umbau dort neu eröffnen. Doch die Verhandlungen [...] platzten in letzter Sekunde. Auch wegen der Miethöhe. Nun wird vom zweiten bis zum fünften Stock Bürofläche vermietet, im sechsten und siebten OG Luxus-Penthouses zwischen 150 und 180 Quadratmeter. Aus Sicht der Experten werden diese Beispiele Schule machen [...].

Zudem prognostizieren die Experten, dass die Lebensmittelbranche in Kleinflächenformaten in die Topadressen einzieht. Ein Aldi auf der Königstraße – zum Beispiel im Haus 38 – ist nicht mehr ausgeschlossen.

Mehr Raum werden Gastronomiebetriebe einnehmen [...]. Eine Umnutzung der Immobilie ist [...] keineswegs einfach. Dennoch deutet sich die Amerikanisierung der Königstraße an [...]. In Stuttgart liegt die Gastronomiequote bisher bei drei Prozent. In anderen Städten sind es bereits 30 Prozent.“

Martin Haar: Droht das Ende der Einkaufsmeile?, Stuttgarter Zeitung v. 09.08.2019

3

2 Arbeiten Sie wesentliche Merkmale der City heraus.

3 Beschreiben Sie die Entwicklung der City.

4 Erläutern Sie aktuelle Problemfelder der Citys und Innenstädte.

5 Nennen Sie mögliche Veränderungen der City durch die Globalisierung.

6 MK Überprüfen Sie die Innenstadt Ihres Schulortes im Hinblick auf die angesprochenen Probleme und Entwicklungen (Befragung bei Stadtverwaltung, Geschäftsinhabern, Kunden).

Stadtveränderung in der globalisierten Welt: Tertiärisierung und Quartärisierung

Die im letzten Drittel des 20. Jahrhunderts einsetzende Entwicklung hin zu einer Dienstleistungsgesellschaft wirkt sich nicht nur auf die Struktur unserer Wirtschaft aus, sie verändert auch den städtischen Raum.
Wie verändert dieser Prozess das Gesicht und die Funktionen der städtischen Räume? Mit welchen Strategien reagieren die Städte auf den international sich verschärfenden Wettbewerb um zukunftsweisende Investitionen und Arbeitsplätze, um Besucher und Bewohner? Der Düsseldorfer „Medienhafen“ ist hierfür ein eindrucksvolles Beispiel.

Tertiärisierung
Zunahme der Beschäftigtenanteile im Dienstleistungsbereich zulasten des Primären und Sekundären Sektors

Quartärisierung
Ausbildung eines Dienstleistungssektors mit höherwertigen Tätigkeiten und spezialisierten Kenntnissen der Beschäftigten

Die urbanen Zentren wurden entindustrialisiert. Unternehmen und Einrichtungen des Tertiären Sektors (z. B. öffentliche Verwaltung, Handel, Servicebetriebe aller Art) und des Quartären Sektors (z. B. Banken und Versicherungen, Finanzdienstleistungen, Institutionen zur Forschung und Entwicklung) bestimmen heute die Wirtschaftsstruktur. Damit wandelten sich das Bild und die Funktion insbesondere der Innenstädte.
Diese Entwicklung erfasst inzwischen den gesamten urbanen Raum. An den Stadträndern, „auf der grünen Wiese“, auf zentrennahen Industriebrachen entstehen Malls und Shopping Center, Industrie und Business Parks, Technologiezentren und Forschungslabors, „Erlebniswelten“ und Themenparks.
Eine wachsende Bedeutung für die Stadtentwicklung erfährt in diesem Zusammenhang die Kultur bzw. die mit ihr verbundenen architektonischen Projekte. Dieser Trend wird als „Kulturalisierung der Stadtentwicklung“ bezeichnet. Stadt wird auf diese Weise zum „inszenierten“, zum „konstruierten“ Raum.

2 Hafen Düsseldorf – früher

3 „Medienhafen“ Düsseldorf – heute

Vom Industrie- und Handelshafen zum „Medienhafen“
Bis vor wenigen Jahren war der Düsseldorfer Rheinauhafen noch ein wichtiger Industriestandort und Handelshafen an Deutschlands bedeutendstem Wasserweg. Auf die Zerstörungen des Zweiten Weltkriegs und den Wiederaufbau folgte Mitte der 1960er-Jahre seine größte Ausdehnung mit acht Hafenbecken und 55 ha Wasserfläche. Schon einige Jahre später traf jedoch der insgesamt einsetzende Prozess der Deindustrialisierung auch den Düsseldorfer Hafen. Deshalb beschloss der Stadtrat eine Verkleinerung der Fläche um 33 ha. Die Stadt brauchte diese innenstadtnahen Flächen (nur ca. 900 m Luftlinie zur Altstadt), um ihren Aufgaben als Landeshauptstadt und internationale Wirtschaftsmetropole gerecht zu werden. So entstand im ersten Schritt der Bereich um Landtag und Rheinturm, danach folgte der Medienhafen. In ihm arbeiten heute über 800 Firmen und rund 8 000 Menschen in den verschiedensten Branchen des Dienstleistungssektors. Dazu gehören z. B. Unternehmens-, Rechts- und Steuerberater genauso wie Betriebe aus den Bereichen Printmedien, Werbung, Gastronomie, Unterhaltung und Kultur.

1

„Kulturhauptstadt Europas“

Diesen Titel vergibt die Europäische Union jährlich an eine, seit 2004 an mindestens zwei Städte. Ursprüngliches Ziel dieser Aktion war, die kulturelle Zusammenarbeit in Europa zu fördern. Es galt, den Reichtum des gemeinsamen kulturellen Erbes herauszustellen und so die Entwicklung eines „europäischen Bewusstseins“ zu fördern. Inzwischen hat sich diese EU-Gemeinschaftsaktion zu einem Instrument entwickelt, das von den ausgewählten Städten äußerst bereitwillig aufgegriffen wird. Der Titel verspricht für ein Jahr hohe internationale Aufmerksamkeit und wird in die Image- und Marketingstrategien eingebunden. Im Vordergrund steht das Ziel, den Städtetourismus zu steigern.

5 Guggenheim-Museum in Bilbao

Ruhr.2010 Kulturhauptstadt Europas

„Dem faktischen Bankrott des Ruhrgebiets wollen die Organisatoren der Ruhr 2010 die Kultur entgegensetzen. Kultur, die nicht nur Freude macht, sondern Arbeitsplätze schafft. So stellt sich das jedenfalls der Geschäftsführer der Ruhr 2010 vor: Fritz Pleitgen, der frühere Intendant des Westdeutschen Rundfunks [...]. ‚Wir glauben, dass Kultur die Menschen und auch die Gesellschaft inspiriert, Inspiration schafft Kreativität und Kreativität produziert auch Arbeitsplätze. Und das ist auch das, was die Europäische Kommission von uns erwartet: Wir sollen die Kulturwirtschaft ankurbeln oder eher dort Impulse setzen, wir sollen den Kulturtourismus fördern [...].‘ Der Anspruch [...] ist riesig: Es geht [...] nicht bloß um die Künste, nein: Es geht [...] um die Schaffung einer starken, gemeinsamen ‚Metropole Ruhr‘.“

Christoph Gehring: Ruhr.2010: Kulturhauptstadt Europas mit sprödem Charme. Deutschlandfunk Kultur 01.01.2010

4

Kulturwirtschaft und Stadtentwicklung

„Charakteristisch für den beschriebenen Trend [...], der sich heute in ganz Europa beobachten lässt, ist eine Stadtentwicklung [...] die nicht nur spektakuläre Museumsbauten oder Konzerthallen umfasst, sondern mit Events und Festivals auch zentrale Elemente der Populärkultur („Festivalisierung“) einschließt. Diese dienen einerseits der ökonomischen Entwicklung der Stadt und sollen andererseits ihr [...] ein positives Image verleihen... Während früher das Vorhandensein von Kultureinrichtungen wie Museen als Indikator für die Prosperität einer Region interpretiert werden konnte, fungieren Museumsbauten heute häufig als Anker urbaner Revitalisierung. Die spektakuläre Bauweise solcher ‚Flagship-Museen‘ bewirkt, dass die Gebäude schon durch ihr bloßes Erscheinen zu einer touristischen Attraktion werden... Als bekanntestes Beispiel gilt die baskische Stadt Bilbao, die es mit der Eröffnung einer Filiale des Guggeneim-Museums [...] auf einer brachen Industriefläche [...] geschafft hat, ihren Bekanntheitsgrad deutlich zu erhöhen und positive Imageeffekte zu erzielen [...]. Das Museum zieht [...] jährlich fast 1 Mio. Besucher an und gehört damit zu den 20 besucherstärksten Museen in Europa (Platz 1: Louvre/Paris, ca. 8,5 Mio.).“

Heinz Heineberg: Stadtgeographie. Paderborn: Ferdinand Schöningh 2017. S. 418–419

6

1 Beschreiben Sie das heutige Erscheinungsbild des Hafens von Düsseldorf mithilfe der Materialien 1–3.

2 Arbeiten Sie Veränderungen unsere Städte unter dem Einfluss von Tertiärisierung und Quartärisierung heraus.

3 MK Untersuchen Sie eine Stadt in Ihrem Heimatraum im Hinblick auf Tertiärisierung und Quartiärisierung.

4 MK Gestalten Sie für eine Großstadt Ihrer Wahl eine Präsentation, in der Sie Strategien der Festivalisierung oder Kulturalisierung vorstellen.

MK Stadtveränderung in der globalisierten Welt: von der Suburbanisierung zur Reurbanisierung?

„Immer mehr Menschen ziehen aus Deutschlands Großstädten weg" – „Die großen Städte in unserem Land wachsen": Zwischen diesen beiden Schlagzeilen liegen nur wenige Monate. Was stimmt denn nun?

Suburbanisierungsprozesse

„Der gestiegene Wohlstand breiter Bevölkerungsgruppen und der Wunsch nach Wohnen im Grünen haben [...] zu einer flächenhaften Ausbreitung von Wohngebieten in das Stadt-Umland geführt [...]. In der Nachkriegszeit [...] [war] die Bevölkerung weder bereit noch in der Lage, große Distanzen zu den [...] Arbeitsplätzen in der Kernstadt zurückzulegen. Erst mit der Festigung der europäischen Volkswirtschaften und der beginnenden Vollmotorisierung war es einer wachsenden Anzahl von Haushalten möglich, ihren Wohnsitz zu verlegen. Dazu kamen die finanzielle Förderung des Eigenheimbaues durch die öffentliche Hand [...] und [...] steuerliche Erleichterungen (z. B. Pendlerpauschale) [...].
Mit der Suburbanisierung der Wohnbevölkerung, die hauptsächlich von mittleren und höheren Einkommensgruppen getragen wird, geht in den Kernstädten Kaufkraft verloren. In den [...] Wohnquartieren [...] bleiben überdurchschnittlich oft ärmere, ausländische, ältere und arbeitslose Bevölkerungsgruppen zurück. Diese Innenstadtbereiche geraten damit sehr leicht in einen kumulativen Abwertungsprozess [...].
Mit der [...] Abwanderung der Bevölkerung aus den Kernstädten dehnt sich die Suburbia [...] aus. Dort, wo sich die Stadt-Umland-Wanderer [...] niedergelassen haben, steigt der Bodenpreis [...]. Die Stadt-Umland-Wanderer der Folgeperiode [...] ziehen weiter in das Umland, wo das Bauland noch günstiger ist [...]. Die verstädterten Gebiete im suburbanen Raum entwickeln sich zu einem weitflächigen, unscharf gegliederten Siedlungssystem.
Der Wohnsuburbanisierung folgend, kommt es in vielen Fällen zu einer verstärkten Auslagerung von Industrie- und Dienstleistungsunternehmen [...]. [Sie] finden nur eingeschränkte Erweiterungsmöglichkeiten im dichtverbauten Stadtgebiet."

Heinz Fassmann: Stadtgeographie I. Braunschweig: Westermann 2009, S. 183–187

1

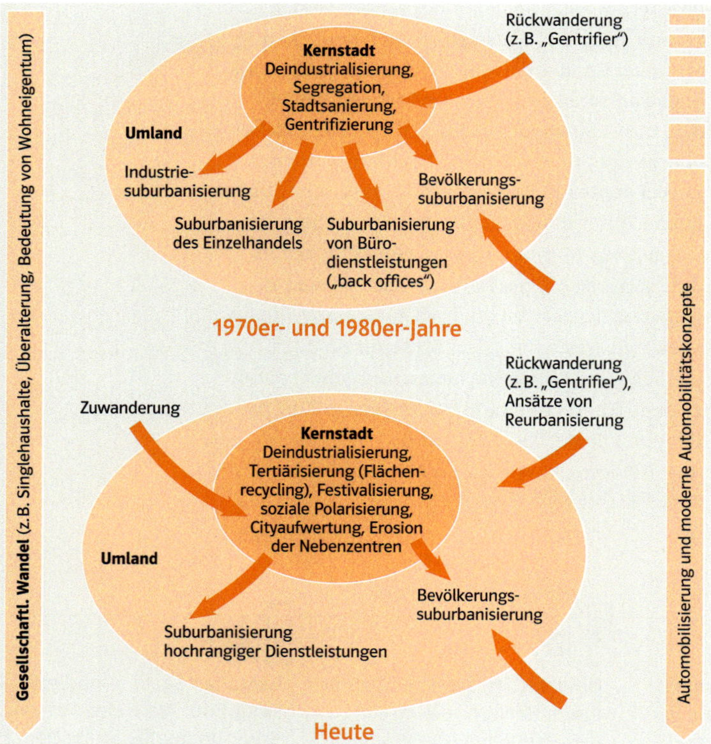

2 Entwicklungsprozesse in Kernstadt und Umland

Nach: Klaus Zehner: Stadtgeographie. Gotha/Stuttgart: Klett-Perthes 2001, S. 126

Auch wenn bei der **Suburbanisierung** ein Teil der städtischen Funktionen ins Umland verlagert wurde, blieben doch auch viele Arbeitsplätze im Stadtbereich selbst erhalten. Die Trennung von Wohn- und Arbeitsstätten führte daher zu einem stark ansteigenden Pendlerverkehr. Darüber hinaus werden die zentralen Dienstleistungen (Verwaltung, kulturelle Angebote, medizinische Einrichtungen usw.) auch von den Bewohnern des Umlandes genutzt, was das Verkehrsaufkommen weiter erhöht.
Ein weiteres Problem stellt der Funktionswandel der Kernstadt dar. Von ihr wird erwartet, dass sie nach wie vor hochwertige Einrichtungen der Infrastruktur (z. B. Krankenhausplätze und Spezialkliniken, Opernhaus und Messehallen) bereitstellt.
Es gibt verschiedene Anzeichen, dass es einigen Kernstädten gelingt, Bevölkerung und Beschäftigungsmöglichkeiten zurückzugewinnen. Kernstädte gewinnen wieder an Attraktivität. Experten sprechen in diesen Fällen von **„Reurbanisierung"**. Voraussetzungen einer solchen Entwicklung sind

- private oder kommunale Investitionen in die Stadterneuerung,

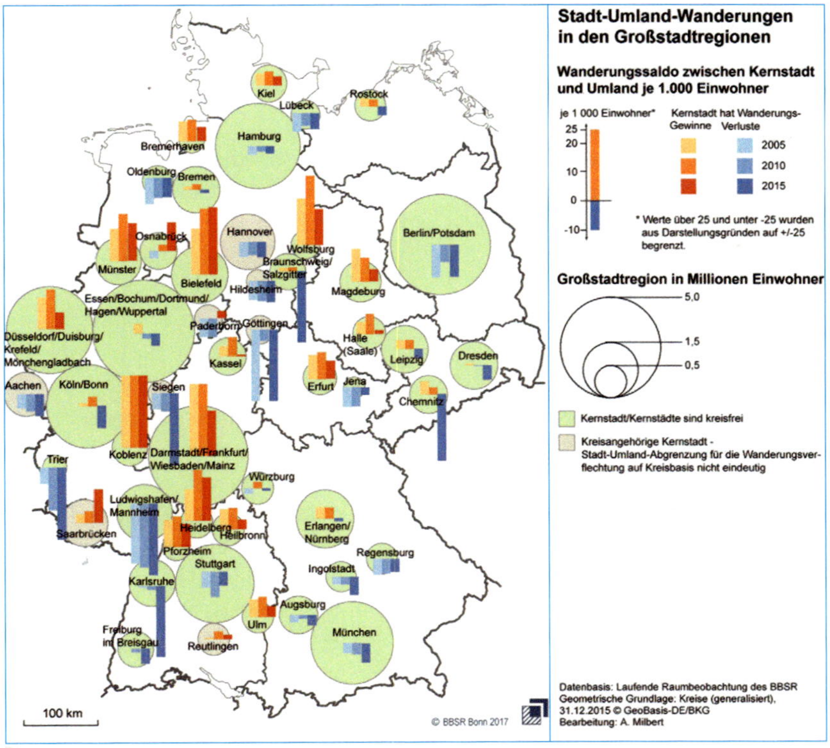

3 Stadt-Umland-Wanderungen in den Großstadtregionen

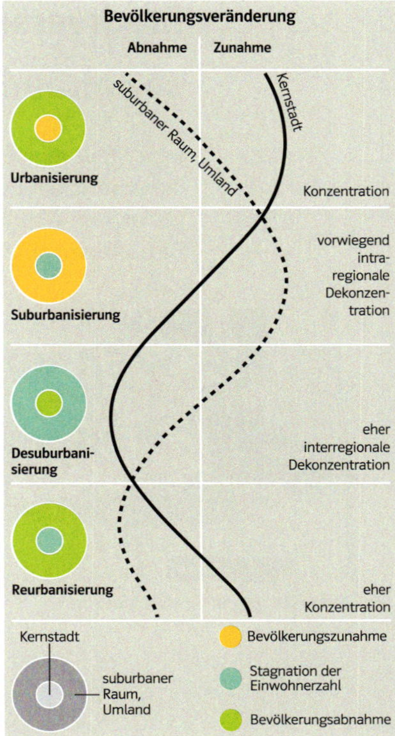

5 Stadtentwicklungsmodell

Ebenda

- Steigerung der innerstädtischen Attraktivität durch Projekte einer nachhaltigen Stadtentwicklung,
- intensiv betriebene Marketingstrategien zur Verbesserung des Stadtimage,
- Ausbau der innerstädtischen Verkehrsinfrastruktur mit benutzerfreundlicher Gestaltung des ÖPNV,
- kommunale Unterstützung für Unternehmensinvestitionen im Sinne eines zukunftsfähigen, attraktive Branchenmix.

Die Sanierungen und Attraktivitätssteigerungen können aber auch zu einer selektiven Rückwanderung bestimmter Bevölkerungsgruppen führen. Hingewiesen sei in diesem Zusammenhang auf die Probleme der Gentrifizierung.

Stadtentwicklungsmodell

Nach diesem Modell vollzieht sich Stadtentwicklung in einer Art Urbanisierungszyklus. Es stützt sich auf Untersuchungen in europäischen Städten und unterscheidet nur zwischen Kernstadt und suburbanem Umland. Es sagt auch nichts aus über die zeitliche Dauer der einzelnen Phasen.

Der Begriff Desurbanisation (engl. ‚counterurbanization') erfasst den Prozess der Entstädterung bzw. des Schrumpfens von Städten. Ursache sind tiefgreifende strukturelle Veränderungen, wie sie zum Beispiel in altindustrialisierten Räumen mit dem Niedergang der Montanindustrie zu beobachten waren. Das Phänomen der Reurbanisierung lässt sich gegenwärtig anhand markanter Städtebeispiele nachweisen. So war Wien in der zweiten Hälfte des 20. Jhs eine schrumpfende Stadt. Mit dem gezielten Ausbau zum Dienstleistungszentrum wächst die Donaumetropole nun wieder kräftig.

Ernst Brunotte u.a. (Hrsg.): Lexikon der Geographie. Heidelberg, Berlin: Spektrum Akademischer Verlag 2002

4

1 Charakterisieren Sie den Prozess der Suburbanisierung und seine Folgen.

2 Erklären Sie das Stadtentwicklungsmodell 5.

3 MK „Stadt- oder Landflucht – was stimmt denn nun?" – Analysieren Sie zur Beantwortung die Materialien auf dieser Seite.

4 MK „Landluft oder Stadtduft" – Erörtern Sie im Hinblick auf Ihre eigenen Wohnwünsche.

Stadtveränderung in der globalisierten Welt: sozialräumliche Differenzierungen

↜ Von der Suburbanisierung zur Reurbanisierung S. 370/371

Jede Stadt gliedert sich in einzelne markante Viertel. Unter dem Einfluss sozialer, ökonomischer, demografischer oder ethnischer Faktoren können sich deren Strukturen verändern. Welche Kräfte bewirken diesen Wandel? Wie wirkt der sich auf die Betroffenen aus?

1 Proteste gegen Gentrifizierung

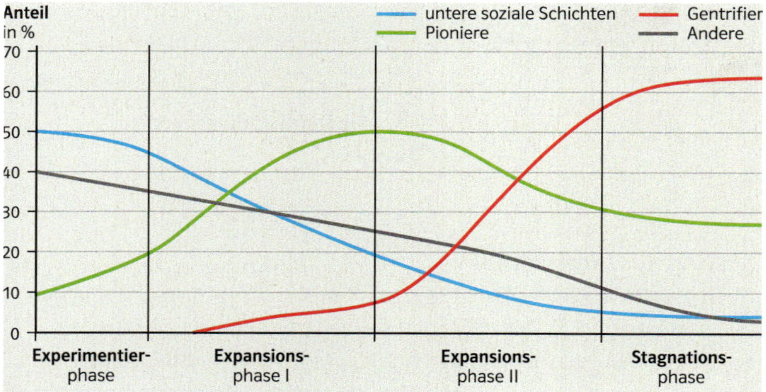

2 Phasen des Gentrifizierungsprozesses

Nach: Klaus Zehner: Stadtgeographie. Gotha/Stuttgart: Klett-Perthes 2001, S. 146

Gentrifizierung

In jüngster Zeit ist ein Trend zu einer gewissen Reurbanisierung zu beobachten. Der ist in engem Zusammenhang mit Gentrifizierungsprozessen zu sehen. Die Aufwertung innerstädtischer Quartiere als Wohnstandorte ist das Ziel aller Städte. Sie wollen die Attraktivität ihrer Zentren steigern, um Bevölkerung, Gewerbe und Kaufkraft aus dem suburbanen Raum zurückzugewinnen. Indem sie vom Verfall bedrohte Quartiere als Sanierungsgebiete ausweisen, Stadtumbaumaßnahmen einleiten und Investitionen steuerlich begünstigen, geben sie selbst Impulse zur Gentrifizierung. Aus erwünschten Aufwertungsprozessen entstehen häufig unerwünschte Verdrängungseffekte. Es sind ja gerade zahlungskräftige Bevölkerungsgruppen, die zurück in die Stadt ziehen. Diese neuen Bewohner von luxuriös sanierten Altbauten, Penthouse-Etagen oder Lofts werden ironisch als „gentry" (engl. „niederer Adel") bezeichnet – daher der Begriff **„Gentrifizierung"**.

Formen und Phasen der Gentrifizierung

„Betroffen sind vor allem zentrale, innerstädtische Lagen mit Altbaubestand oder kleinteiliger industrieller Nutzung in Gebäuden aus dem frühen 20. Jahrhundert [...].
Die sogenannten ‚Pioniere' der ersten Phase haben wenig Geld, aber in der Regel ‚kulturelles Kapital' und ihre eigenen Lebensentwürfe, die sie verwirklichen wollen. [...] Ohne es zu intendieren, bereiten sie die Infrastruktur für die zweite Phase vor, machen das Viertel durch Kneipen, Galerien usw. für Außenstehende interessant.
Dadurch ziehen sie weitere Pioniere an, aber auch die erste [...] Gentrifizierer, Paare mit höherer Schulbildung und höherem Einkommen [...]. Einzelne Modernisierungen werden vorgenommen, die Mieten steigen, sind aber noch immer günstig. Erste alteingesessene Haushalte ziehen aus, [...]
In der dritten Phase verstärkt sich der Zuzug der ‚Gentrifizierer' [...] Die Infrastruktur der Restaurants und Geschäfte ändert sich, auch die Gewerbemieten steigen und mit ihnen die Preise der angebotenen Leistungen. Modernisierungen nehmen zu, ebenso die Umwandlung in Eigentumswohnungen. Vermehrt verlassen Bewohner aus der ersten Phase, [...], das Viertel, [...]
In der vierten Phase schließlich ziehen die einkommensstärksten Haushalte nach [...]. In dieser Phase kann das Viertel, je nach Lage,selbst für Angehörige der Mittelklassen zu teuer werden, [...]"

Martin Kronauer: Gentrifizierung – Ursachen, Formen und Folgen, Dossier. Stadt und Gesellschaft v. 09.07.2018, unter: www.bpb.de/politik/innenpolitik/stadt-und-gesellschaft/216871/gentrifizierung-ursachen-formen-und-folgen?p=all (Zugriff: 27.10.2020)

3

FALLBEISPIEL: Berlin-Prenzlauer Berg – gelungene Sanierung oder Gentrifizierung?

Fiktive Aussagen über die Bewohner eines Berliner Stadtviertels im Gentrifizierungsprozess

1) Bildhauer Franz Romann (29 Jahre) findet in einem Gründerzeithaus ausreichenden und günstigen Wohn- und Arbeitsraum.
2) Michael (24 Jahre, Student) und seine WG-Mitbewohner müssen aufgrund steigender Mieten aus „ihrer" Wohnung raus.
3) Herr und Frau Meier (beide 35 Jahre, Arzt und Lehrerin) entscheiden sich für die sehr schön sanierte, aber teure Altbauwohnung. Die gute Lage und die Einkaufsmöglichkeiten rechtfertigen für sie den Preis.
4) Klaus, Mats und Tim, BWL-Studenten, eröffnen in einer selbst renovierten Erdgeschosswohnung einen Secondhand- und Antiquitätenladen.
5) Herr Schmid (45 Jahre, Arbeiter, im Moment arbeitslos) ist sauer auf die Neuen.
6) Herr Müller-Schulze (34 Jahre, Manager) kauft eine Altbauwohnung und hofft, damit eine Investition getätigt zu haben, die sich für ihn rechnet.
7) Herr Wulff (44 Jahre, Künstler) findet die perfekten Räumlichkeiten für seine Galerie, die er bald eröffnen möchte.
8) Ilse Müller (71 Jahre, Rentnerin), seit 40 Jahren im Viertel, macht sich große Sorgen, sie informiert sich nun über Möglichkeiten des betreuten Wohnens.
9) Eva-Franziska Klimke (22 Jahre, Studentin) zieht mit ihren drei Freundinnen in eine 150 m² große WG. Das Haus ist zwar etwas heruntergekommen, aber die günstige Lage zur Uni und zur Innenstadt sowie die preiswerte Miete überzeugen die jungen Frauen.
10) Der Pächter des Gemüseladens muss aufgeben. Die Räumlichkeiten übernimmt das Gourmet-Restaurant „Délicatesse".

4

5 Sanierung Prenzlauer Berg

Fazit des Senats von Berlin

„Für große Teile des Stadtumbaugebiets typisch ist die dichte gründerzeitliche Bebauung. Heute zählt Prenzlauer Berg insbesondere bei jungen Menschen und Familien zu den beliebtesten innerstädtischen Wohngebieten Berlins. Das war Anfang der 1990er-Jahre anders: Fast flächendeckend prägten marode Bausubstanz mit Kohleöfen und geringer Ausstattung im Sanitärbereich, desolate und unzureichende Infrastruktur, fehlende Grün- und Freiflächen sowie durch Abgase belastete Luft die Quartiere. Die heutige Attraktivität des Gebiets ist das Ergebnis eines mehr als 23-jährigen Sanierungsprozesses der Wohn- und Gewerbebauten aus privaten und öffentlichen Mitteln."

Senatsverwaltung für Stadtentwicklung und Wohnen: Das Fördergebiet Prenzlauer Berg. (Stand Mai 2019)

Kritische Stimmen in der Presse

„Es gibt hier [am Prenzlauer Berg] mittlerweile Häuser, in denen Neumieter das Zehnfache dessen zahlen, was der Nachbar mit dem Mietvertrag aus Ostzeiten noch an den Vermieter überweist. Solche Nachbarn aus Ostzeiten aber gibt es immer weniger. [...].
Anfang der 1990er-Jahre galt der Prenzlauer Berg als grösstes Sanierungsgebiet Europas, seitdem haben sich wohl 80 Prozent der Bevölkerung ausgetauscht, so haben es Statistiker ausgerechnet [...]. Die meisten der knapp 160000 Einwohner sind Akademiker zwischen 25 und 45 Jahren, kaum von den Leistungen des Staates abhängig, oft selbstständige Kreative. [...]"

Inna Hartwich: Berlins großes Missverständnis. In: NZZ vom 31.01.2017

6

1 MK

Werten Sie die Materialien 1–4 aus:
a) Charakterisieren Sie die Phasen des Gentrifizierungsprozesses.
b) Ordnen Sie die Aussagen in Text 4 einzelnen Phasen des Modells 2 zu.

2

Charakterisieren Sie auf der Grundlage Ihrer Ergebnisse aus Aufgabe 1 den Begriff „Gentrifizierung".

3

Nehmen Sie aus der Sicht eines Mieters, eines Investors und eines Vertreters der Senatsverwaltung Stellung zur Stadtteilaufwertung von Berlin-Prenzlauer Berg.

4 MK

Erstellen Sie ein Referat zum Thema „Mietpreisdeckel in Berlin – eine wirksame Maßnahme zur Lösung des Wohnungsproblems?" (Internetrecherche).

7 Straßenszenen in Berlin-Kreuzberg – Klein-Istanbul?

Soziale und ethnische Segregation

Die Untersuchung der Gentrifizierungsprozesse hat gezeigt, dass die soziale Spaltung in unseren Städten zunimmt. Arme und reichere Menschen leben zunehmend getrennt voneinander in eigenen Stadtquartieren. Zu diesem Ergebnis kommt auch eine 2018 veröffentlichte Studie des „Wissenschaftszentrums Berlin für Sozialforschung" (WZB), die die Entwicklung von 2002 – 2014 untersucht hat.

Die deutliche lokale Konzentration bestimmter Gruppen, die in ihrer sozialen Lage, in Bildungsstand, Beruf und Einkommen große Gemeinsamkeiten aufweisen, wird als soziale **Segregation** bezeichnet. Sie ist in erster Linie auf die Mietpreise, auf die Zahlungsfähigkeit und damit auf die Zugangsmöglichkeiten zum Wohnungsmarkt zurückzuführen.

Ist in bestimmten Stadtvierteln der Anteil von Personen besonders hoch, die dieselben Merkmale im Hinblick auf Staatsangehörigkeit, Herkunft und Sprache aufweisen, wird von ethnischer Segregation gesprochen. Eine besondere Form stellen hierbei die vorwiegend von bestimmten Minderheitengruppen bewohnten Stadtteile dar. So entwickeln sich in einigen europäischen Großstädten die Viertel mit einem hohen Anteil von Migranten teilweise zu sozialen Brennpunkten.

Soziale oder ethnische Segregation ist nicht in jedem Falle das Ergebnis einer erzwungenen räumlichen Trennung von Bevölkerungsgruppen. Häufig stellt sie auch eine selbst gewählte Wohnform dar. Die Mehrheit der Bevölkerung strebt in der Regel eine sozial, demografisch und ethnisch homogene Nachbarschaft an. Ursache hierfür ist die Erfahrung, dass durch ähnliche Wertvorstellungen das Konfliktpotenzial sinkt und sich dadurch ein Sicherheitsgefühl entwickelt. Wenn der Nachbar denselben sozialen Hintergrund aufweist oder aus derselben ethnischen Gruppe stammt und womöglich auch noch zur gleichen Altersklasse gehört, dann erhöht dies das Verständnis untereinander. Dadurch werden jene Konflikte minimiert, die sich aus unterschiedlichen Lebensweisen ergeben könnten. Insbesondere bei Zuwanderern oder religiösen Gemeinden besteht möglicherweise die Gefahr der völligen Abschottung und der Ausbildung von Parallelgesellschaften.

Zunehmende Segregation

„In vielen deutschen Städten ballen sich Personen mit Bezug von Leistungen nach dem Sozialgesetzbuch II (SGB-II-Bezieher) zunehmend in bestimmten Stadtteilen. Besonders hat sich die Situation in den meisten ostdeutschen Städten verschärft [...].

Im Gegensatz zur sozialen Segregation hat die räumlich ungleiche Verteilung von Ausländern in den deutschen Städten abgenommen. War die Segregation der Armen lange Zeit geringer als die von Personen ohne deutschen Pass, so ist es mittlerweile umgekehrt [...].

In den deutschen Städten [kommt es auch] zu einer zunehmenden Segregation nach Altersgruppen. Genauer gesagt, ballen sich sowohl die 15- bis 29-Jährigen als auch die ab 65-Jährigen immer stärker in bestimmten Stadtteilen."

Marcel Helbig, Stefanie Jähnen: Wie brüchig ist die soziale Architektur unserer Städte? Berlin, Mai 2018. S. 1

8

FALLBEISPIEL: Stuttgart – gelungene ethnische Integration?

Musterstadt für Integration ...

Stuttgart beherbergt Menschen aus 190 Nationen. Fast jeder zweite Stadtbewohner hat Wurzeln außerhalb Deutschlands. Trotz dieser ethnischen und kulturellen Vielfalt bleibt es in der Landeshauptstadt weitgehend friedlich. Es gibt keine abgehängten Stadtviertel, keine Straßengangs, auch keine Ghettos mit hoher Gewaltbereitschaft insbesondere unter Jugendlichen.
Woran liegt es, dass Stuttgart über seine Grenzen hinaus als Beispiel für gelungene Integrationsarbeit gilt? Für die zahlreichen Neuankömmlinge, die Jahr für Jahr aus aller Welt in die Stadt ziehen, steht im „Welcome Center Stuttgart" ein differenziertes Beratungs- und Betreuungsangebot zur Verfügung. Der wichtigste Motor der Integration sind aber die Arbeitsplätze, die der wirtschaftsstarke Mittlere Neckarraum bietet. Knapp die Hälfte der Neubürgerinnen und Neubürger stammt aus anderen EU-Ländern – z. T. gezielt angeworben als Fachkräfte. Im Gegensatz zu anderen europäischen Ländern liegt die Arbeitslosenquote selbst unter Jugendlichen im unteren einstelligen Bereich.

9

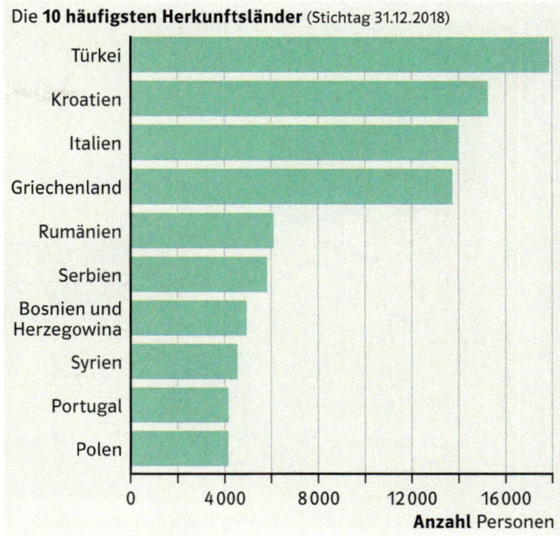

11 Ausländer in Stuttgart

Nach: Statistisches Amt, Landeshauptstadt Stuttgart https://statistik.stuttgart.de/statistiken/statistikat-las/atlas/atlas.html?indikator=i0&select=00 (Zugriff: 27.10.2020)

... und trotzdem Integrationsprobleme?

„Eda Selçuk hat schon längere Zeit dieses komische Gefühl gehabt, dass irgendetwas nicht mehr stimmt in ihrer Umgebung. Aus diesem Gefühl der 37 Jahre alten Unternehmerin aus Stuttgart wurde spätestens nach einem Gespräch mit einer Bekannten Gewissheit. Die ebenfalls türkischstämmige Ärztin eröffnete Eda Selçuk, dass sie und ihre Familie für unbestimmte Zeit in das Land der Großeltern ziehen würden [...]. Die Kinder [könnten] so ihre eigene Identität finden. Ein Grund sei aber auch die aktuelle Unklarheit darüber, ob man in Deutschland denn überhaupt noch erwünscht sei [...].
Seit 1995 sinkt hierzulande die Zahl der türkischstämmigen Menschen. Es gibt viele Rückkehrer, die in Deutschland ausgebildet wurden, aber hier nun viel schlechtere Perspektiven sehen. Sie stoßen dabei offenbar nicht nur beruflich immer wieder an unsichtbare Grenzen [...]. ‚Mein Bruder sucht als sehr gut integrierter und gut verdienender Mechaniker seit Jahren eine Wohnung und findet keine. Es ist offensichtlich, dass ein türkischer Name ein K.-o.-Kriterium ist', erzählt Eda Selçuk."

Peter Stolterfoht: Stuttgart – Viele Deutschtürken fühlen sich missverstanden, in: Stuttgarter Zeitung v. 20.07.2018, unter: www.stuttgarter-zeitung.de/inhalt.deutschtuerken-in-stuttgart-stolz-und-vorurteil.c9fd92c9-c697-4165-af2b-2d37922feecc.html (Zugriff: 27.10.2020)

10

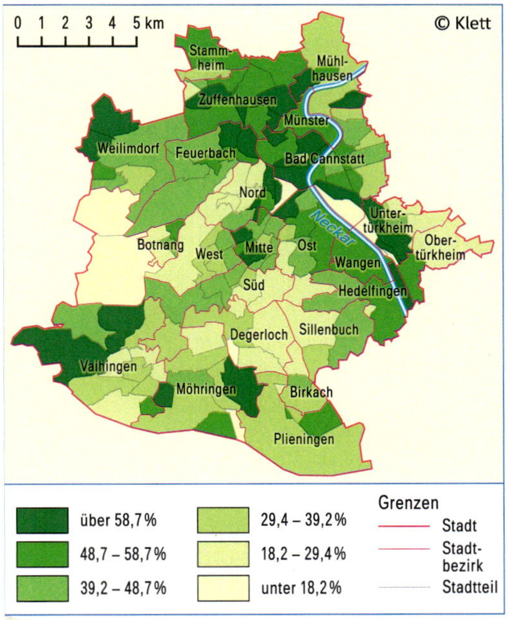

12 Stuttgart: Anteil der Bewohner mit Migrationshintergrund in den Stadtbezirken 2019

Nach: Landeshauptstadt Stuttgart, Statistisches Amt – Statistikatlas Stuttgart. Unter: https://statistik.stuttgart.de/statistiken/statistikatlas/atlas/atlas.html?indikator=i0&select=00 (Zugriff: 27.10.2020)

5
Sozialräumliche Gliederung von Stuttgart (Karte 12):
a) Arbeiten Sie Grundzüge der sozialräumlichen Gliederung von Stuttgart heraus.
b) Stellen Sie mögliche Ursachen für Ihren Befund dar.

6 NE
Erläutern Sie mögliche Probleme der sozialräumlichen Segregation für den gesamten Stadtraum.

7
„Stuttgart – gelungene ethnische Integration?".
Diskutieren Sie diese Frage.

FALLBEISPIEL: São Paulo – sozialräumliche Differenzierungen

13 São Paulo – eine fragmentierte Stadt: die Favela Paraisopolis auf der einen Seite und Villenhochhäuser auf der anderen

Soziale Polarisierung
„Die zunehmende Industrialisierung [seit den 1930er-Jahren] ging mit einem starken Anstieg der Einwohnerzahlen einher. [...] Getragen wurde das demografische Wachstum zunächst überwiegend von Wanderungen. Insbesondere aus dem ‚Armenhaus' Brasiliens, dem Nordosten, strömten viele Menschen in den industrialisierten Südosten [...]. Die außergewöhnlich starke Zuwanderung armer Bevölkerungsschichten einerseits und die zunehmende Konzentration führender Unternehmen des Industrie-, Handels- und Dienstleistungssektors andererseits haben zur Verschärfung der sozialen Gegensätze beigetragen [...].
Im Stadtbild manifestiert sich die soziale Polarisierung im Gegensatz zwischen den Wohnvierteln der Oberschicht, die nach wie vor vorwiegend in Zentrumsnähe liegen, und den verschiedenen Typen der Unterschichtviertel, die heute vor allem die Peripherie bestimmen. [...] Wenn dennoch einzelne Oberschichtviertel in jüngerer Zeit außerhalb des geschlossenen Siedlungskerns entstanden sind, so hat das in erster Linie mit Sicherheitsproblemen zu tun. Gated Communities sind auf der ‚grünen Wiese' leichter zu realisieren"
Jürgen Bähr und Ulrich Jürgens: Stadtgeographie II. Regionale Stadtgeographie. Westermann, Braunschweig 2009. S. 294–295

14

Gated Communities
„Seit den 1980er-Jahren sind [...] [Gated Communities] überall in Brasilien auf dem Vormarsch. Diese Condomínos Fechados [oder ‚Barrios Cerrados', wie sie im spanischen Kulturraum genannt werden] spiegeln den zunehmenden Trend zur Selbstsegregation wider. Teilweise handelt es sich um reine Wohngebiete (sowohl in Form von luxuriösen Apartments als auch von Einfamilienhäusern), häufig mit Freizeiteinrichtungen verbunden, teilweise treten ergänzend Einzelhandels-, Büro- und Dienstleistungsfunktionen hinzu, wie im Falle von Alphaville, der größten und ältesten Gated Community Lateinamerikas, ca. 30 km vom Zentrum São Paulos entfernt gelegen. [...] Mehr als 1 000 Personen Wachpersonal sind hier beschäftigt.
Die zugangskontrollierten Enklaven entwickeln sich zu ‚exterritorialen Räumen', die sich weitgehend der öffentlichen Kontrolle entziehen. Sie sind deutlichster Ausdruck der kleinräumig fragmentierten Stadt. Nicht selten grenzen gut bewachte Apartment-Hochhäuser unmittelbar an Favelas."
Jürgen Bähr und Ulrich Jürgens: Stadtgeographie II. a.a.O. S. 295–296

16

Marginalisierung – Leben am Rande der Gesellschaft
„Die andere Seite der sozialräumlichen Stadtgliederung [von São Paolo] wird von Cortiços und Favelas bestimmt. Unter Cortiços (= Bienenstöcke) versteht man degradierte Massenunterkünfte in der Innenstadt, während Favela als Sammelbezeichnung für illegale bzw. halblegale Hüttenviertel [bzw. Marginalviertel] verwendet wird [...]. Den größten Teil der Unterschichtbevölkerung nehmen heute die Favelas auf. Diese liegen vorwiegend an der Peripherie. Nach groben Schätzungen kann man davon ausgehen, dass etwa ein Viertel der Bewohner des Ballungsraumes in Favelas lebt. In geringerer Zahl sind Favelas auch in Innenstadtnähe zu finden, und zwar in der Regel auf Flächen, die eigentlich nicht bebaut werden dürften (Grünanlagen, Grünstreifen an Schnellstraßen, freie Flächen unter Brücken und an steilen Hängen). Die hygienischen Bedingungen, Wasserver- und entsorgung sowie Lärmbelästigungen sind in diesen Vierteln meist noch erheblich problematischer als in peripheren Favelas."
Jürgen Bähr und Ulrich Jürgens: Stadtgeographie II. a.a.O. S. 296–297

15

Fragmentierung

„Es ist augenfällig, dass die großräumige Bipolarität zwischen einer ‚reichen' und der ‚armen Stadt' sich zunehmend auf ein filigranes Muster reicher und armer Zellen im Stadtgebiet verlagert. [...] Der Kontrast zwischen Arm und Reich wird durch hohe Mauern, Zäune und streng bewachte Eingänge zu den einzelnen Vierteln akzentuiert, die [...] die sicheren Territorien der Reichen vor den Sturmfluten der Armen schützen sollen. Da zugleich auch [...] Hypermärkte, Malls, Fachmärkte, aber auch Bürohausquartiere von ihrer bisherigen Orientierung an der ‚reichen Stadt' ablassen und sich scheinbar regellos über das Stadtgebiet verteilen, ist die Fragmentierung das wichtigste Kennzeichen der neueren Stadtentwicklung."

Leicht verändert nach: Axel Borsdorf: Lateinamerika – Globalisierung und Stadtentwicklung. In: Politisches Lernen 3–4, 2008

17

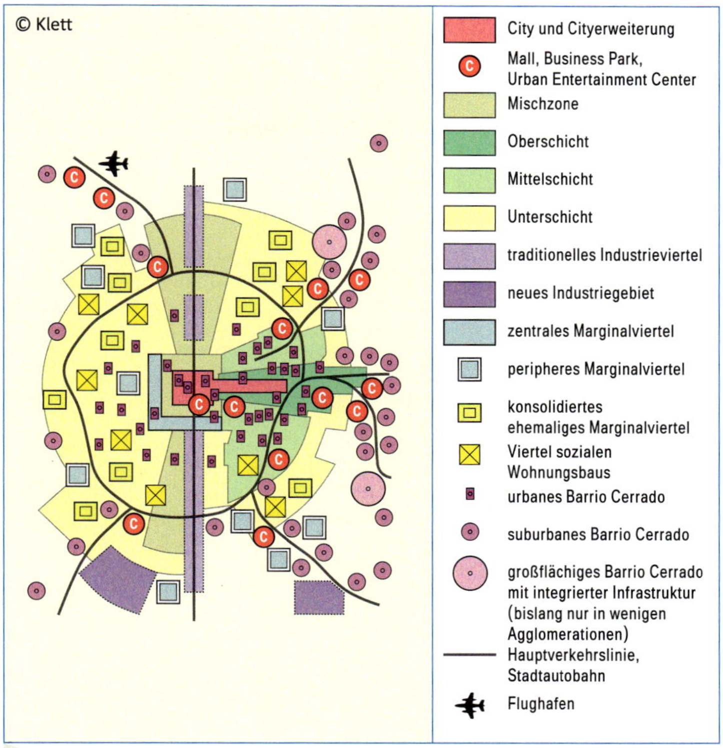

18 Modell der fragmentierten Stadt in Lateinamerika

Nach: Axel Borsdorf: Das Ende der Stadt in Lateinamerika? In: Mitteilungen der Österreichischen Geographischen Gesellschaft, 50. Jg., Heft 4/2006, S. 245

Chancen im informellen Sektor

Für das Heer der Armen ohne berufliche Ausbildung, für die Frauen und Kinder, die mithelfen müssen, den Unterhalt der Familie zu sichern, gehört die Arbeit im informellen Sektor zu den wenigen Einkommensmöglichkeiten. Das bedeutet Jobs ohne Lizenzen, aber auch ohne Steuern zu zahlen. Chancen für einen Minimalverdienst bieten sich zum Beispiel beim

- Waschen oder Bewachen von Autos,
- Sammeln von Flaschen, Altpapier, Metall, Elektroschrott,
- Schuhputzen.

Die Liste ließe sich fortsetzen. Die Nachfrage der Mittel- und Oberschicht nach derartigen Dienstleistungen ist groß. Die Verdienste gewähren einen bescheidenen Lebensunterhalt. Untersuchungen zeigen, dass Kinder, die in Favelas oder Slums aufwachsen, häufiger zur Schule gehen als die im ländlichen Raum.

8
Charakterisieren Sie mithilfe der Materialien 13–16 die sozialräumliche Differenzierung in São Paulo.

9 MK
Ordnen Sie das Foto 13 in das Modell 18 ein.

10
Arbeiten Sie Entstehungsursachen und Strukturen von Gated Communities heraus.

11
Leben am Rande der Gesellschaft
a) Erklären Sie möglichst umfassend den Begriff „Marginalisierung".
b) Stellen Sie Auswirkungen der Marginalisierung auf den Alltag der Betroffenen dar. NE

12
Bedeutung des informellen Sektors
a) Versetzen Sie sich in die Lage eines Jugendlichen Ihres Alters in einer Favela: Beschreiben Sie Ihre Überlebensstrategie.
b) Erörtern Sie Chancen, die Arbeit und das Leben im informellen Sektor in den formellen zu überführen. NE

13
Erläutern Sie am Beispiel der lateinamerikanischen Stadt den Begriff „Fragmentierung".

Global Cities: Schaltstellen der Weltwirtschaft

Einigen Weltstädten und Metropolen wie zum Beispiel New York und Singapur wird eine überragende Bedeutung im Rahmen des Globalisierungsprozesses zugeschrieben. Doch in welchen Bereichen zeigt sich diese Bedeutung und wie wirkt diese global? Wie lässt sich diese Bedeutung messen und eine Rangfolge festlegen?

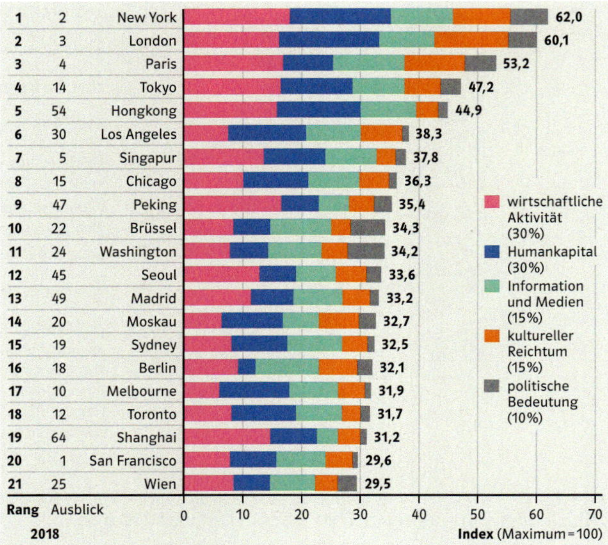

1 Global Cities Ranking (Rang) und Global Cities Outlook (Ausblick) 2018 laut Global Cities Index

Nach: A.T. Kearney 2018 Global Cities Report, www.kearney.com/global-cities/2018 (Zugriff: 04.11.2020)

Bestimmte Megastädte bzw. Metropolen haben sich zu sogenannten **Global Cities** entwickelt. Deren Entstehung ist in einem unmittelbaren Zusammenhang mit der Globalisierung zu sehen. Die räumliche und sektorale Zersplitterung der Produktionsprozesse verlangt nach einer Zentralisierung der Managementfunktionen. Deren Standorte sind die Global Cities. Sie sind Knotenpunkte und Schaltstellen einer transnational organisierten Ökonomie. Hier konzentrieren sich Unternehmen des Finanz- und Handelssektors sowie unternehmensnahe Dienstleister. Das alles unterscheidet sie von der Mehrzahl der Megastädte, die trotz ihrer Größe häufig nur als nationale Zentren fungieren.

Zur Messung der „Globalität" einer Stadt wurden verschiedene Verfahren entwickelt. Eine der bekanntesten Studien ist der seit 2008 erstellte „Global Cities Index".

Bestimmung des „Global Cities Index"

Die Globalität und Rangfolge von urbanen Zentren wird z. B. mithilfe des „Global Cities Index" bestimmt. Er erhebt Daten zur Bedeutung einer Stadt. Die Auswahl und Gewichtung dieser Messgrößen erfolgt zwar nach der subjektiven Einschätzung der Autoren. Trotzdem lassen sich über die globale Stellung einer Stadt wesentliche Aussagen ableiten.

Für folgende Kategorien werden die hier in einer Auswahl vorgestellten Daten gemessen (in Klammern ihre prozentuale Gewichtung):

1. Wirtschaftsaktivitäten (30 %): Größe des Kapitalmarktes, Anzahl der Hauptquartiere der weltweit 500 umsatzstärksten Firmen, Volumen der in der jeweiligen Stadt gehandelten Güter;
2. Humankapital (30 %): Qualität der städtischen Universitäten, Anzahl der internationalen Schulen, Prozentanteil der Einwohner mit Universitätsabschluss;
3. Information und Medien (15 %): Anzahl internationaler Nachrichtenbüros, Anteil von Nachrichten aus aller Welt in den lokalen Zeitungen;
4. Kulturangebot (15 %): Anzahl bedeutender Sporterereignisse, kultureller Events und Kunst- bzw. Kulturstätten in der Stadt, Attraktivität der kulinarischen Angebote, Umfang und Ausmaß der Partnerstadtbeziehungen;
5. Politische Bedeutung (10 %): Anzahl der Botschaften, Konsulate, „Denkfabriken", internationalen Organisationen und Konferenzen.

1

Global Cities Index

a) Erläutern Sie die Berechnung der „Globalität" einer Stadt anhand des „Global Cities Index".

b) Analysieren Sie die räumliche Verteilung der Global Cities.

2

Partnerarbeit

Fallbeispiele New York und Singapur

a) Begründen Sie mithilfe der Materialien die Stellung Singapurs und New Yorks unter den Top 10 des GCI und des GCO. MK

b) Entwickeln Sie auf dieser Grundlage eine SWOT-Analyse. MK

c) Erörtern Sie mögliche Gefährdungen der Position New Yorks und Singapurs.

FALLBEISPIEL: Global City New York

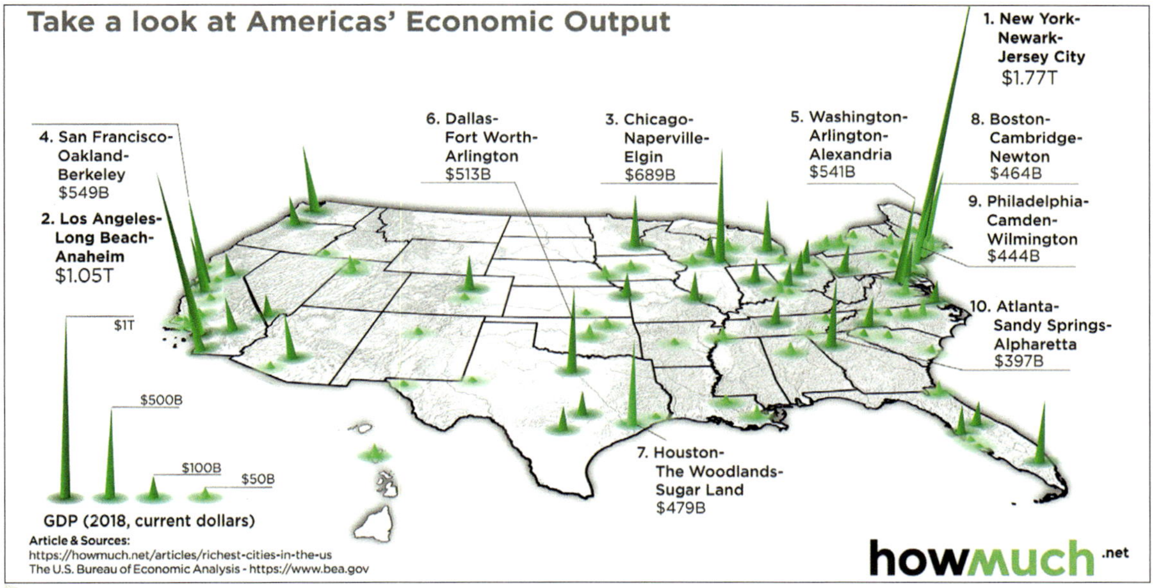

2 Beitrag US-amerikanischer Stadtregionen zum BIP der USA

Business Activity in New York

"The state of New York has the third-largest economy in the United States, trailing only Texas and California. New York's economy is so large, it would rank as the 15th or 16th largest economy in the world if it were its own country; the exact ranking depends on the source.
Its signature metropolitan center, New York City, is the single largest regional urban economy in the country. New York City is the leading job hub for banking, finance and communication in the U.S. New York is also a major manufacturing center and shipping port, and it has a thriving technological sector. There are more books, magazines and newspapers published in New York than in any other state in the country. In short, the leading industries in New York are not just driving the state's economy; they are leading the charge on a national and global scale. [...]
Financial services are highly concentrated in New York City. According to the New York Bureau of Labor Market Information, more than 90 % of jobs in securities, commodities and other investments are located in downtown New York City. Nearly every such job outside of downtown is located in Long Island or the Hudson Valley region. All told, there are more than 330,000 financial services workers in New York."

Sean Ross, New York's Economy: The 6 Industries Driving GDP Growth, Investopedia from Jun 25, 2019, under: www.investopedia.com/articles/investing/011516/new-yorks-economy-6-industries-driving-gdp-growth.asp (Zugriff: 27.10.2020)

3

Best Student Cities ranking

"From architecture and arts to finance and innovation, NY City is one of the world's leaders in almost every field imaginable – and this includes higher education. With a large selection of prestigious universities located in and around the city, it's long been a magnet for international students seeking the finest education money can buy [...].
Few other cities can rival the high concentration of world-class universities in the NYC area – NY is one of the highest scoring cities in the QS World University Rankings® 2020, with world famous Columbia University placing at an impressive joint 18th place, and New York University (NYU) close behind it at 39th. The main factor preventing NYC from getting a higher overall position in the index is its low score for affordability; top-dollar tuition fees combine with relatively high overall living costs to make this one of the world's more expensive study options."

QS, New York, Best Student Cities ranking: 19th, from Jul 31, 2019, under: www.topuniversities.com/university-rankings-articles/qs-best-student-cities/new-york (Zugriff: 27.10.2020)

5

Branche	ausgewählte Unternehmen	Branche	ausgewählte Unternehmen
Mode	Ann Taylor, Calvin Klein, DKNY, Michael Kors, Polo Ralph Lauren	Museen	Museum of Modern Art (MOMA), Metropolitan Museum of Art, Guggenheim Museum,
Finanzdienstleistungen	American Express, Bank of America, Citigroup, Goldman Sachs, JP Morgan Chase	Einzelhandel	Barnes & Noble, Bloomingdale's, Foot Locker, Macy's, Tiffany & Co.
Medien	ABC, CBS, HBO, MTV Networks, NBC, The New York Times, Time Warner	Versicherungen	Alleghany, AXA Insurance Company, MetLife

4 Auswahl an Unternehmen mit Hauptsitz (Headquarter) in New York City

FALLBEISPIEL: Global City Singapur

6 Singapur: Stadt- und Wirtschaftsstruktur

Zunehmende Dominanz des Dientleistungssektors

„Über 75 Prozent des singapurischen BIP werden im Dienstleistungssektor erwirtschaftet. Gleichzeitig beschäftigt der Wirtschaftszweig fast 85 Prozent aller Erwerbspersonen. Der Trend ist eindeutig. Trotz des sehr effizienten industriellen Sektors wird die Dominanz des Dienstleistungsgewerbes weiter zunehmen. [...]

Wichtigste Bereiche sind Finanzdienstleistungen, Transport und Logistik, Tourismus sowie Groß- und Einzelhandel. Der Stadtstaat mit seinen fast 6 Millionen Einwohnern ist Heim von über 200 Banken. Außerdem haben etliche internationale Finanzdienstleister ihr regionales Headquarter dort etabliert. Nicht umsonst nennt man Singapur auch ‚die Schweiz Asiens'.

Singapurs Hafen ist einer der wichtigsten Warenumschlagsplätze der Welt, noch vor Hongkong oder Rotterdam. Was die reine Tonnage angeht, lag er 2016 nach Angaben der Lloyd's List One Hundred Ports 2017 mit 31 Millionen Twenty-foot Equivalent Unit auf Platz zwei hinter Shanghai mit 37 Millionen Twenty-foot Equivalent Unit.

Der Inselstaat wird jedes Jahr von rund 10 Millionen Touristen besucht. Der wachsende Touristenstrom macht sich positiv auf den Einzelhandel bemerkbar. Neben reinen Urlaubern gesellt sich auch eine stetig wachsende Zahl an Medizintouristen hinzu. Sie kommen wegen der gut ausgebildeten Ärzte und des sehr gut ausgestatteten medizinischen Sektors."

Werner Kemper: Wirtschaftsstruktur – Singapur, Germany Trade and Invest v. Juli 2018, unter: www.gtai.de/gtai-de/trade/wirtschaftsumfeld/wirtschaftsstruktur/singapur/wirtschaftsstruktur-singapur-14586 (Zugriff: 27.10.2020)

7

Industriepolitik

„Die vorhandene Industrie fokussiert auf technologisch fortgeschrittene Produkte, wie Elektronikerzeugnisse, Präzisions- und Medizintechnik sowie Arzneimittel. Es werden aber auch Ölplattformen und Schiffbau-Produkte gefertigt. Ein wichtiger Industriezweig ist zudem die chemische Industrie, wobei der Trend zu höherwertigen Erzeugnissen und Spezialchemikalien geht. Vorhanden sind aber auch die Basis- und Petrochemie. So befindet sich auf Jurong Island ein Chemiecluster auf Weltklasseniveau, das weiter ausgebaut wird. Auch der Biotechnologiesektor gewinnt – nicht zuletzt dank starker staatlicher Förderung – zunehmend an Bedeutung.

Trotz begrenztem Raum, [Fehlen jeglicher Rohstoffe] und teurer Arbeitskräfte will die Regierung das verarbeitende Gewerbe als relevanten Wirtschaftszweig beibehalten. Der Stadtstaat soll nicht zu einem reinen Dienstleistungszentrum werden. [...]

Die Regierung ist bei ihrer Industriepolitik wählerisch: Lohn- und flächenintensive Industrien sollen in kostengünstigere Länder abwandern. Willkommen sind hingegen Fertigungen von hochwertigen und wissensbasierten Produkten. Beispiele sind Präzisions- und Medizintechnik, Pharma- und Biotechnologie, Luftfahrttechnik sowie Hightech-Elektronik und IT-Technologie.

Aber die Regierung will [...] auch zunehmend Forschungs- und Entwicklungsvorhaben. Hierfür winkt sie mit attraktiven Anreizen."

Werner Kemper: Wirtschaftsstruktur – Singapur, Germany Trade and Invest v. Juli 2018 a.a.O.

8

Bildung und Wissenschaft

„Singapur verfügt über ein hervorragendes Bildungssystem mit wenigen, aber sehr guten Universitäten. Bildung und Ausbildung nehmen eine strategisch wichtige Stellung in der singapurischen Regierungspolitik ein. Da es sich um einen Stadtstaat handelt, setzt Singapur ganz auf eine wissensbasierte Ökonomie und rekrutiert qualifizierten Nachwuchs aus der ganzen Welt und besonders aus den ASEAN-Nachbarstaaten, Indien und China. Im Ranking der führenden Innovationsstandorte der World International Property Organisation (WIPO) rangiert Singapur 2016 auf Platz sechs hinter der Schweiz, Schweden, Großbritannien, den USA und Finnland.

Die National University of Singapore (NUS) [zum Beispiel] wurde 1905 gegründet und hat circa 38 000 Studierende.

Es ist eine Volluniversität mit breitem Fächerspektrum, die in internationalen Rankings regelmäßig sehr gut abschneidet. [...]

Die NUS sieht sich als führende forschungsorientierte Universität und beherbergt neben 30 universitären Forschungsinstituten und Zentren auch drei von Singapurs fünf Research Centres of Excellence – spezialisiert auf Quantentechnologien, Krebsforschung und Mechanobiologie. Diese Zentren werden von der National Research Foundation und dem Bildungsministerium finanziert."

Claudia Finner: Singapur: Bildung und Wissenschaft, unter www.daad.de/de/laenderinformationen/asien/singapur/ueberblick-bildung-und-wissenschaft (Zugriff: 26.10.2020)

9

Kunst und Kultur

„Singapur hat in diesem Bereich eine Menge zu bieten. Zahlreiche Museen laden zu einem Besuch ein, besonders das National Museum of Singapore (NMS), das Asian Civilization Museum (ACM) und das Peranakan Museum. Die drei wurden wunderschön restauriert und bieten ständig wechselnde Ausstellungen und Veranstaltungen an. [...]

Für Kunstinteressierte gibt es eine große Anzahl kleinerer und größerer Galerien, die u. a. asiatische Kunst anbieten. Eine der etablierteren Galerien ist etwa die Art-2 Gallery. Beliebt ist auch das 2002 eröffnete Kulturzentrum ‚Esplanade – Theatres on the Bay', das über einen Theater- bzw. Opernsaal mit 2 000 und einen Konzertsaal mit 1 600 Sitzplätzen verfügt. In und vor der Esplanade werden hin und wieder kostenlose Konzerte angeboten.

Darüber hinaus gibt es zahlreiche kleine Theater (z. B. Singapore Repertory Theatre, The Stage Club, The Substation, Wild Rice, The Necessary Stage).

Für Liebhaber klassischer Musik gibt es das Singapore Symphony Orchestra, dessen Konzerte zumeist im neuen Kulturzentrum aufgeführt werden."

Deutsche Botschaft Singapur: Kunst und Kultur in Singapur, unter: https://singapur.diplo.de/sg-de/themen/willkommen/willkommen-in-singapur/1262852#content_17 (Zugriff: 27.10.2020)

10

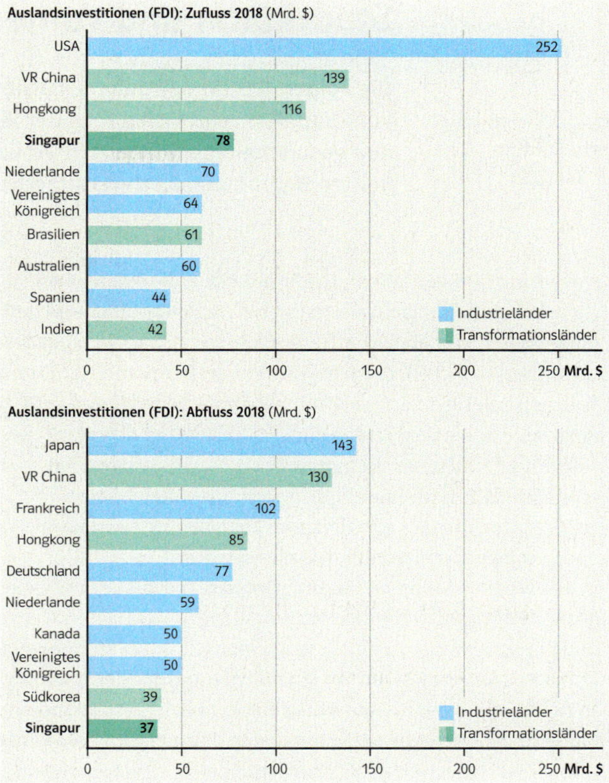

11 Ausländische Direktinvestitionen 2018

Nach: UNCTAD: World Investment Report 2019. Key Messages and Overview

	Singapur	New York	Deutschland
BIP/Einw. KKP (in US-$)	101 386	85 746	52 386
HDI-Wert	0,935	0,941	0,939
HDI-Rang (von 191 Staaten)	9	k. A.	4
Lebenserwartung (in Jahren)	w: 85 m: 81	k. A.	w: 83 m: 78
Fruchtbarkeitsziffer (Kinder je Frau)	1,2	k. A.	1,6

zusammengestellt nach verschiedenen Quellen

12 Vergleichsdaten Singapur – New York – Deutschland

	Unternehmen	Branche	Umsatz (in Mrd. US-$)
1	Wilmar International	Landwirtschaft	44,7
2	Flex	Elektronik	26,5
3	Olam International	Landwirtschaft	22,6
4	DBS	Bank	13,6
5	SingTel	Telekommunikation	12,9
6	Singapore Airlines	Fluggesellschaft	12,1

www.weltexporte.de/unternehmen-singapur/ (Zugriff: 27.10.2020)

13 Top 10 der umsatzstärksten singapurischen Unternehmen 2018

Stadtklima und Vulnerabilität

Vulnerabilität von Städten S. 334/335

Die Folgen des Klimawandels machen Städte in besonderer Weise verwundbar. Die Vulnerabilität zeigt sich z. B. in der Verstärkung des Wärmeinseleffekts, in zunehmenden gesundheitsgefährdenden Umweltbelastungen wie durch Feinstaub und der erhöhten Bedrohung durch Naturgefahren wie Überschwemmungen oder Stürme.

Auswirkungen des Wärmeinseleffekts auf den Menschen

„In urbanen Ballungsräumen sind im Vergleich zur ländlichen Umgebung bodennah höhere Lufttemperaturen zu beobachten. Diese Überwärmung wird als städtische Wärmeinsel bezeichnet. [...] Die durch den Wärmeinseleffekt verursachten höheren bodennahen Lufttemperaturen in Städten beeinflussen das tägliche Leben und den Menschen. Die Auswirkungen sind dabei nicht immer als negativ anzusehen. In den kalten Monaten (Wintermonate) führen höhere Lufttemperaturen zu einem verringerten Einsatz von Heizungsanlagen und sparen somit Energie und verringern den Treibhausgasausstoß. [...]
In den warmen Monaten (Sommermonate) bewirkt der Wärmeinseleffekt eine Erhöhung der thermischen Belastung in städtischen Gebieten. Dies führt beispielsweise zu einem verstärkten Einsatz von Kühlanlagen wie Klimaanlagen verbunden mit einer Erhöhung des Energieverbrauchs und so zu höheren Treibhausgasemissionen. In den Sommermonaten auftretende Hitzeperioden werden durch den Wärmeinseleffekt verstärkt und zeitlich verlängert. Der auf den Menschen wirkende Hitzestress wird durch den Wärmeinseleffekt verstärkt und die Anzahl der Tage mit auftretendem Hitzestress wird erhöht. Die Verstärkung des Hitzestresses in Städten ist von großer Bedeutung, da vom Hitzestress eine Gefährdung der menschlichen Gesundheit vor allem bei Kindern und älteren Menschen ausgeht. Wissenschaftliche Studien zeigen, dass eine Erhöhung des Hitzestresses mit einer Steigerung der Mortalitätsraten korreliert."

Landeshauptstadt Stuttgart, Amt für Umweltschutz, Abt. Stadtklimatologie: Auswirkungen des Wärmeinseleffekts; www.stadtklima-stuttgart.de/index.php?klima_waermeinsel_auswirkungen (Okt. 2019) (Zugriff: 28.10.2020)

1

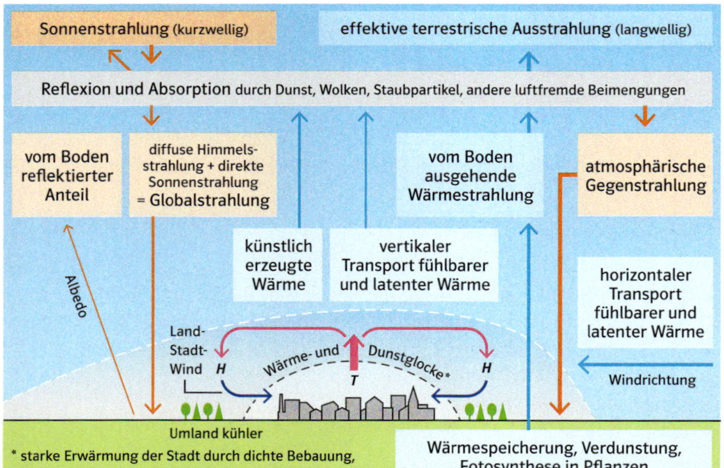

2 Urbaner Strahlungs- und Wärmehaushalt: Einflussgrößen und Phänomene

Nach: www.klima-der-erde.de – Regionale Windsysteme, www.klima-der-erde.de/winde.html (Zugriff: 27.10.2020)

Städtische Wärmeinsel

In großen Städten kann die Temperaturdifferenz zum Umland bis zu 10 K betragen. Mit dem fortschreitenden Klimawandel wird sich dieser Wärmeinseleffekt noch verstärken. Wo liegen die Ursachen dieser Überwärmung?

Über der Stadtoberfläche reichern sich in der Luftschicht Spurengase, Kondensationskerne und Wasserdampf an. Sie stammen von Haushalten, der Industrie und dem Verkehr. Es bildet sich eine Dunstglocke, die – wie im Treibhauseffekt – eine höhere Gegenstrahlung bewirkt.

Zur Temperaturerhöhung tragen aber auch die Baukörper mit wärmespeichernden Materialien wie Beton und Stein bei. Sie absorbieren die eingestrahlte Energie besonders gut und strahlen sie an die Umgebung ab. Dadurch wird die nächtliche Abkühlung deutlich reduziert. Weitere Erklärungen der positiven Wärmeanomalie städtischer Räume finden sich z. B. in den Gebäudeheizungen, im Betrieb von Maschinen oder im Kfz-Verkehr. Hinzu kommt, dass die niedrigeren Windgeschwindigkeiten in den dichtbebauten Stadtgebieten den Wärmestrom sowie den Abtransport wärmerer Luft verringern.

Schließlich gilt: Der städtische Wärmeinseleffekt verstärkt sich mit zunehmendem Versiegelungsgrad. Je geringer der Anteil vegetationsbedeckter Flächen in einer Stadt, desto höher sind die Temperaturen. Ursache dafür ist die geringere Verdunstung. Ein Baum kann an einem Sommertag bis zu 400 l Wasser verdunsten. Weil er dafür Wärme benötigt, kühlt sich seine Umgebung ab. Gleichzeitig erhöht sich im Umfeld der Baumkrone die Luftfeuchtigkeit um bis zu 10 %. Demzufolge leisten zusammenhängende Park- oder gar Waldflächen im Stadtgebiet einen bedeutenden Beitrag zur Verminderung des städtischen Wärmeinseleffekts.

1 Beschreiben Sie den urbanen Strahlungs- und Wärmehaushalt.

2 MK Erstellen Sie zur Entstehung des „Wärmeinseleffekts" ein Fließdiagramm.

Merkmale des Stadtklimas

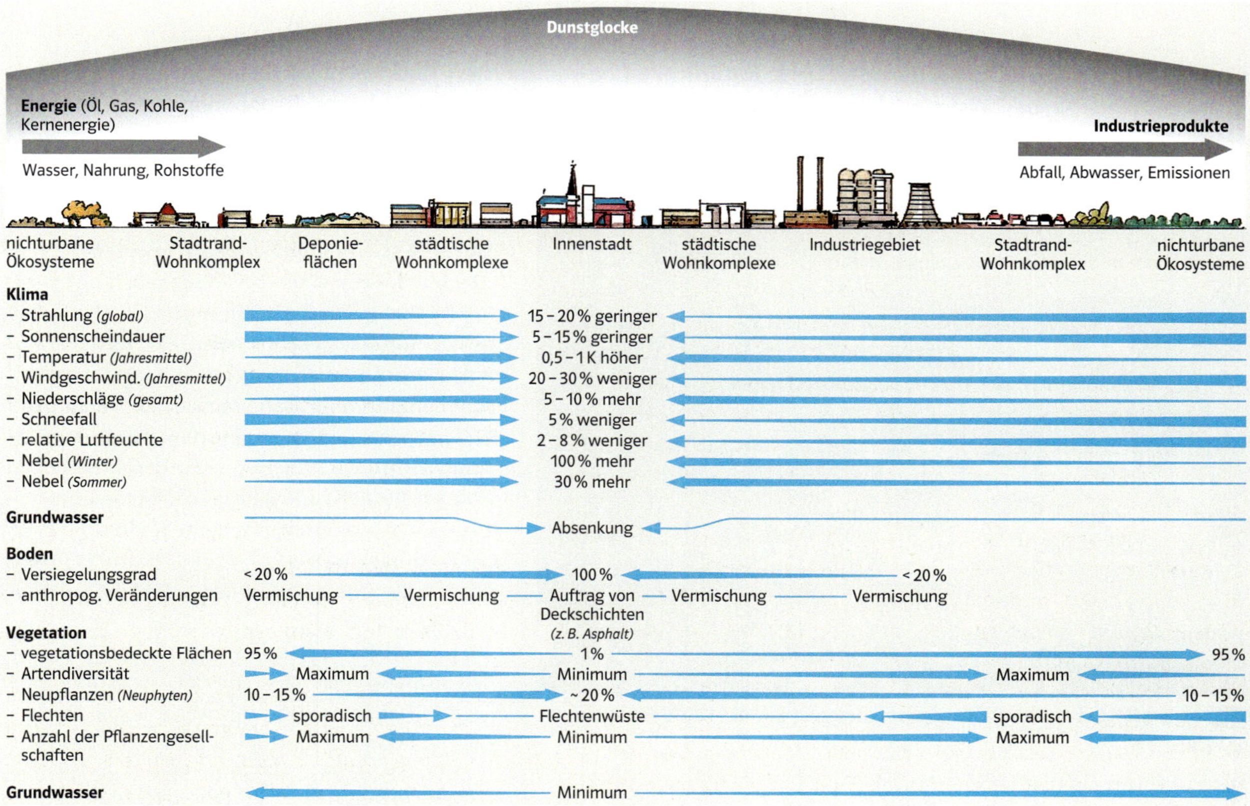

3 Typische Abweichungen der Klimafaktoren zwischen Stadt und Umland

Nach: Almut Gerhardt-Dircksen/Ulrike Letschert: Die Stadt – ein von Menschen organisiertes Ökosystem. In: Praxis der Naturwissenschaften – Biologie 1990, H. 7. Aulis Verlag Köln 1990, S. 3

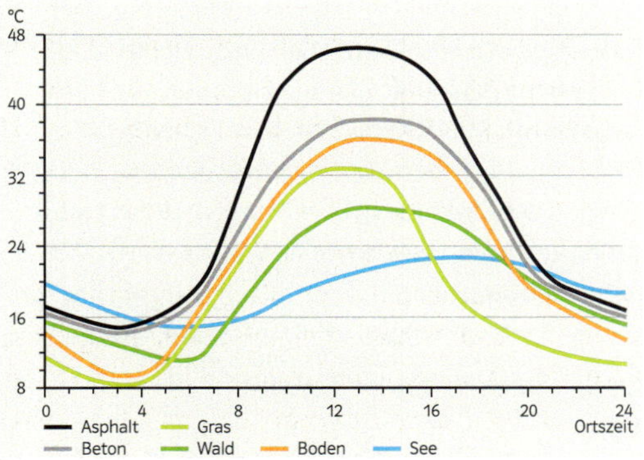

4 Temperaturen verschiedener Oberflächen an einem Hochsommertag

Nach: F. Fezer: Lokalklimatologische Interpretation von Thermal-Luftbildern. In Bildmessung und Luftbildwesen, H. 4/1975, S. 152 – 158

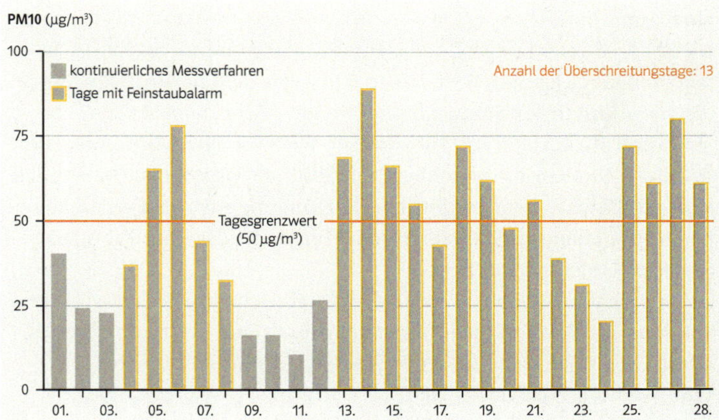

5 Stuttgart – „Am Neckartor": Feinstaub-Tagesmittelwerte Februar 2019

Nach: LUBW www.stadtklima-stuttgart.de/index.php?luft_messdaten_ueberschreitungen (Zugriff: 28.10.2020)

3 Arbeiten Sie mithilfe der Abbildung 3 Besonderheiten des Stadtklimas heraus.

4 Erklären Sie die Entstehung des Flurwinds (Diagramm 2).

5 MK Analysieren Sie Medienberichte im Hinblick auf Meldungen zur besonderen Gefährdung bzw. Vulnerabilität von Städten.

6 MK NE Ermitteln Sie Informationen über die Feinstaubsituation (oder Luftqualität) in Ihrer Heimatstadt oder -gemeinde.

NE

Macht Stadtluft krank?

„Stadtluft macht frei" – so hieß es im Mittelalter, also in einer Zeit, als sich unsere Städte noch eine gewisse Natürlichkeit bewahrt hatten. Doch damit ist es längst vorbei? Wie stark belasten Lärm, Abgase und Feinstaub belasten heute die Bewohner der Städte und wie lässt sich Abhilfe schaffen?

FALLBEISPIEL: Stuttgart

1 Als erste Stadt in Deutschland löste Stuttgart am 18.01.2016 Feinstaubalarm aus

Experte: Zahl der Kranken durch miese Stadtluft steigt

„In Stuttgart [...] [gibt] es ab 2018 Fahrverbote für bestimmte Dieselfahrzeuge [...]. In Heilbronn ist die Stickoxid-Belastung nach wie vor deutlich zu hoch. Einig sind sich die Experten darin: [...] Stadtluft macht offenbar eher krank als frei.

Die Zahl schwerer Lungen- und Herzerkrankungen wird nach Ansicht von Professor Christian Witt, Lungenkoryphäe der Charité Berlin, durch die miese Luft in den Städten immer weiter steigen. Bedroht von Feinstaub und Stickoxiden aus Autoabgasen seien vor allem Anwohner stark belasteter Straßen, die ohnehin schon Gesundheitsprobleme haben. ‚Die Schadstoffe lösen in erste Linie eine Entzündung aus – und verstärken bereits bestehende Erkrankungen der Lunge oder des Herz-Kreislauf-Systems', erklärte Witt.

340 000 Deutsche lebten an belasteten Straßen, mehrere Studien gingen von rund 73 000 vorzeitigen Todesfällen durch Luftverschmutzung aus. Europaweit seien es eine halbe Million – Kinder, Ältere, Kranke [...] Die Luftverschmutzung sei der weltweit viertgrößte Risikofaktor, gleich nach dem Rauchen. Tendenz: steigend. Hinzu komme der Klimawandel. ‚In den Städten wird es heißer und trockener, damit steigt die Belastung [...]' Ein gesunder Mensch werde an Deutschlands dreckigster Straßenkreuzung am Stuttgarter Neckartor wenig Probleme haben. Trotzdem: ‚Jogging an einer befahrenen Hauptstraße, an der man vielfach so viele Schadstoffe atmet, ist nicht die beste Idee.' Auch die Nutzung eines Radwegs an stark befahrenen Straßen sei nicht zu empfehlen"

dpa, Umwelthilfe will Fahrverbote für fast alle Diesel ab 2018, dpa-Meldung v. 24.02.2017

2

Warum hat es den Feinstaubalarm gegeben?

„Der bundesweit einmalige Feinstaubalarm ist als Instrument der Luftreinhaltung im Jahr 2016 eingeführt worden. Er sollte helfen, die Luftqualität – und damit auch die Lebensqualität – in Stuttgart nachhaltig zu verbessern. Dank eines vielfältigen Maßnahmenbündels, zu dem neben dem Feinstaubalarm auch Investitionen in den öffentlichen Nahverkehr, Fuß- und Radverkehr, Maßnahmen zur Verkehrsverflüssigung, mehr Stadtgrün für das Stadtklima sowie Projekte wie Luftfiltersäulen oder Straßenreinigung gehören, sinkt die Luftbelastung nachweislich.

2018 und 2019 wurden an allen Luft-Messstationen im Stadtgebiet – also auch am Neckartor – die gesetzlichen Feinstaub-Grenzwerte eingehalten. Die Landesanstalt für Umwelt Baden-Württemberg (LUBW) hat im Jahr 2018 an der Messstelle ‚Am Neckartor' 20 Überschreitungstage gravimetrisch erfasst, im Jahr 2019 waren es 27 Überschreitungstage. Gesetzlich zulässig sind 35 Überschreitungstage über 50 Mikrogramm pro Kubikmeter Luft im Jahr. 2017 waren es noch 41 Überschreitungstage (schon abgezogen Streusalz und natürliche Quellen). Die zulässigen Jahresmittelgrenzwerte von 40 Mikrogramm pro Kubikmeter Luft werden bereits seit 2011 an sämtlichen Stationen eingehalten.

Wegen der Einhaltung der Grenzwerte zwei Jahre in Folge ist der Feinstaubalarm Mitte April 2020 eingestellt worden."

Landeshauptstadt Stuttgart, Warum hat es den Feinstaubalarm gegeben?, unter: https://feinstaubalarm.stuttgart.de/item/show/584398 (Zugriff: 14:06.2021)

3

Folgen austauscharmer Wetterlagen

„[...] Hohe Belastungen durch Feinstaub und Stickstoffdioxide gibt es vor allem im Winter. Dann tritt besonders oft das Inversionswetter auf: Kalte Luft liegt am Boden, wärmere Luft breitet sich darüber aus. Die Luft kann nicht mehr zirkulieren und Schadstoffe sammeln sich in tieferen Lagen an. [...]"

Landeshauptstadt Stuttgart, Luftqualität, unter: www.stuttgart.de/leben/umwelt/luft/luftqualitaet.php (Zugriff: 04:06.2021)

4

Lösungsansätze: Einrichtung von Umweltzonen und Fahrverbote

Früher waren es besonders die Heizungsanlagen in den Wohnungen, die Industrie und Kohlekraftwerke, die mit ihren Emissionen die Umwelt schädigten. Heute ist es der Verkehr, der insbesondere die Stadtluft als Teil des urbanen Ökosystems belastet. Eine hohe Konzentration von Feinstäuben oder Stickoxiden ist gesundheitsschädlich. Diese Schadstoffe sind – neben dem Ozon – die wichtigsten, wenn es um die Verbesserung der Luftqualität in städtischen Räumen geht.

Bei Feinstaub (PM – Particulate Matter) handelt es sich um in die Luft abgesetzte Schwebstoffe mit Korngrößen kleiner als 10 µm (PM10). Sie entstehen im Straßenverkehr sowohl durch direkte Emissionen aus den Motoren – vorrangig Dieselmotoren – als auch durch Reifenabrieb und aufgewirbelten Straßenstaub. Hauptquelle der Stickoxide (NO_x) sind Kraftfahrzeugmotoren und Feuerungsanlagen.

6 **Umweltzonen in Deutschland zum 25.05.2021**
Nach: Umweltbundesamt

Diesel-Fahrverbot
„Seit dem 1. Januar 2019 gilt in der Umweltzone Stuttgart – also im gesamten Stadtgebiet – ein ganzjähriges Verkehrsverbot für alle Kraftfahrzeuge mit Dieselmotoren der Abgasnorm Euro 4/IV und schlechter. Das hat das Land Baden-Württemberg beschlossen [. . .]. Personen, die ihren Wohnsitz in Stuttgart haben, betrifft das Diesel-Verkehrsverbot seit dem 1. April 2019 [...]
Zuzüglich Gebühren und Auslagen erwarten den Verkehrsteilnehmer bei Missachtung der Vorschrift Kosten in Höhe von 108,50 Euro. Es gibt keinen Punkteeintrag im Fahrerlaubnisregister.“
Landeshauptstadt Stuttgart, Was steckt hinter den Diesel-Verkehrsverboten?, unter: https://diesel-verkehrsverbot.stuttgart.de/item/show/668796 (Zugriff: 04.06.2021)

5

Umweltzonen
„Die Umweltzone ist eine europaweite Form kommunaler Maßnahmen gegen verkehrsbedingte Luftbelastungen, wenn die Luftqualitätsgrenzwerte nach Gemeinschafts- oder Landesrecht nicht eingehalten werden. Es sind Gebiete in städtischen Agglomerationen, in denen das Befahren durch stärker emittierende Fahrzeuge verboten wird [...]
Die Fahrzeuge (Pkw und Lkw) müssen mit Plaketten auf der Windschutzscheibe gekennzeichnet sein. Ziel dieser Umweltzonen ist, dass die Schadstoffemissionen, die durch den Straßenverkehr verursacht werden, reduziert werden. Vorrangig geht es momentan darum, die Partikel [Feinstaub] und NO_x-Emissionen zu senken [...]
In den Umweltzonen dürfen nur die Fahrzeuge fahren, die hierfür mit einer grünen Plakette gekennzeichnet sind [...].“
Umweltbundesamt: Umweltzonen in Deutschland v. 01.11.2020, unter: www.umweltbundesamt.de/themen/luft/luftschadstoffe/feinstaub/umweltzonen-in-deutschland#6-welche-kraftfahrzeuge-erhalten-welche-feinstaubplakette (Zugriff: 05.08.2021)

7

1 Beschreiben Sie die Wirkung „mieser Stadtluft“ auf den Menschen.

2 Erklären Sie – unter Einbeziehung von M3 und M5, S. 383 den Anstieg der Feinstaubbelastung in Stuttgart im Februar 2019.

3 Beurteilen Sie die Effektivität eines Feinstaubalarms.

4 Nennen Sie mögliche Gründe für die unterschiedliche regionale Verteilung der Umweltzonen in Deutschland.

5 MK NE Erörtern Sie – auch auf der Grundlage einer Internetrecherche – das Pro und Kontra der Errichtung von Umweltzonen und von Diesel-Fahrverboten.

6 MK Ermitteln Sie Informationen über die Feinstaubsituation (oder Luftqualität) in Ihrer Heimatstadt oder -gemeinde.

1 Gruppenarbeit

Untersuchen Sie die folgenden beiden Fallbeispiele (S. 386–389):

a) Charakterisieren Sie jeweils die naturräumliche Situation.

b) Arbeiten Sie die natürlichen und anthropogen bedingten Ursachen der Hochwasseranfälligkeit heraus.

c) Analysieren Sie mithilfe einer Simulation die Landüberflutung im Mississippi-Delta (Online-Code). MK

d) Stellen Sie jeweils die Auswirkungen einer Naturkatastrophe auf verschiedene Bevölkerungsgruppen dar.

MK Großstädte als Orte besonderer Verwundbarkeit

Viele Groß- und Megastädte weisen aufgrund ihrer geographischen Lage gegenüber Naturgefahren wie Erdbeben, Stürmen oder Überschwemmungen eine hohe Verwundbarkeit auf. Die Gefährdungen ergeben sich allein schon aus ihrer Größe und Bevölkerungsdichte. Die genannten Naturereignisse wirken sich aber auf die Einwohner einer betroffenen Megastadt in unterschiedlicher Weise aus.

FALLBEISPIEL: New Orleans – Vulnerabilität durch Klimawandel und Eingriffe in die Flusslandschaft

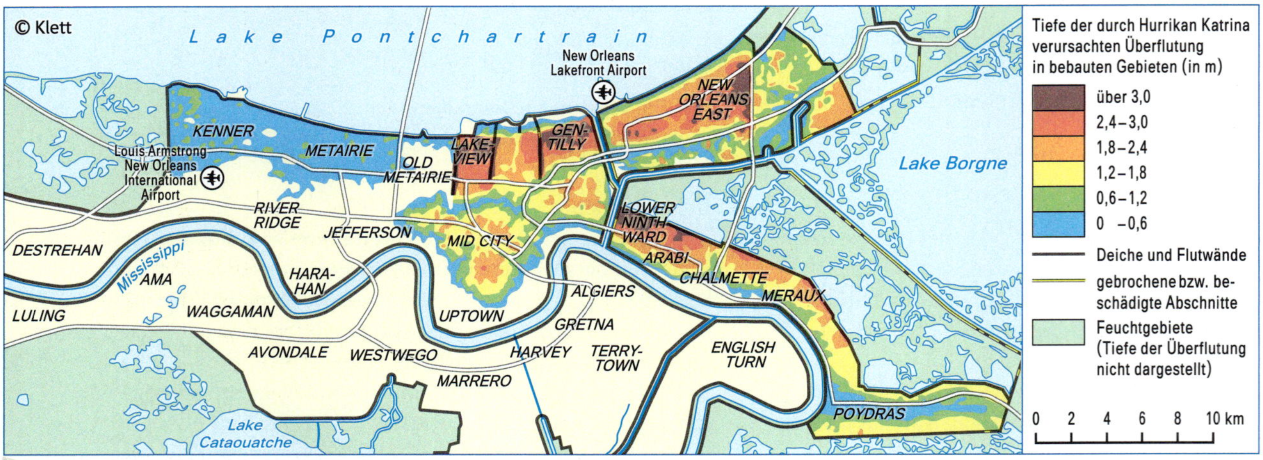

1 New Orleans nach dem Hurrikan „Katrina" am 29.08.2005

Nach: The Times-Picayune/The New Orleans Advocate – HurricaneKatrina flooding compared to a 500-year storm today: Graphic. Unter: www.nola.com/news/weather/article_a07212b9-6057-5ed6-8914-07b8135a430b.html (Zugriff: 28.10.2020)

„Katrina" – der folgenschwerste Hurrikan in der Geschichte von New Orleans

„Mit rund 280 Kilometern pro Stunde traf Katrina auf die Küste und fegte über die 450 000-Einwohnerstadt hinweg. Am Nachmittag brachen auf 150 Metern die Dämme und die Wassermassen schossen ins Zentrum. Hinzu kamen sintflutartige Regenfälle; Menschen, Autos und ganze Häuser wurden einfach weggefegt.

In der Stadt, die von Natur aus an drei Seiten von Wasser umgeben ist (Mississippi, Golf von Mexiko, Lake Pontchartrain), stieg das Wasser auf 7,60 Meter. Das Zentrum war zu 80 Prozent überschwemmt. New Orleans war von der Außenwelt fast völlig abgeschnitten, es gab kein Trinkwasser, keinen Strom, es kam zu Plünderungen, Gewalt und Schießereien. [...]

Mindestens 1 800 Tote und ein Schaden von rund 125 Milliarden US-Dollar, so lautet die Bilanz der staatlichen Wetter- und Ozeanografiebehörde der USA. Rund eine Million Einwohner verloren ihr Zuhause, vor allem in den US-Staaten Louisiana und Mississippi."

Annika Frank: Hurrikan Katrina. In: Planet Wissen vom 12.12.2019; unter: www.planet-wissen.de/natur/naturgewalten/stuerme/pwiehurrikankatrina100.html (Zugriff: 26.10.2020)

2

New Orleans: Grundinformationen

- Stadtfläche von 907 km²; davon 51 % Land, 49 % Wasser
- Einwohnerzahl vor „Katrina": 455 900, heute: 391 500
- Lage der Stadt im Delta des Mississippi auf angeschwemmten Flusssedimenten
- wegen ausbleibender Ablagerungen Absinken der Sedimente um ca. 8 mm pro Jahr
- 70 % der Stadt bis zu 1,60 m unter dem Meeresspiegel, geschützt durch 4–7 m hohe Deiche

3

4 Nach Katrina: vielfach angewiesen auf Selbsthilfe

Die Hauptbetroffenen

„Von der Katastrophe waren hauptsächlich Arme betroffen, denn etwa $^1/_4$ der Bevölkerung New Orleans, (zu 70 % Schwarze) lebte in Armut, meist von der monatlichen Fürsorge. Etwa 100 000 Einwohner besaßen kein eigenes Auto und waren bei der angeordneten Evakuierung auf ein öffentliches Notfall-Transportsystem angewiesen, das zuvor nie erprobt wurde und dann auch versagte. Vielen war zudem zum Monatsende das Geld knapp geworden, sodass sie sich die Evakuierung bzw. eine privat organisierte Abreise nicht leisten konnten oder wollten; ein Hauptgrund, warum so viele Menschen sich nicht rechtzeitig in Sicherheit brachten. [...]
Nachdem wirksame Hilfe von außen tagelang unterblieb, wurde der Rassismus-Vorwurf unter den Betroffenen immer lauter: Wären mehr Weiße von der Katastrophe betroffen gewesen, hätten die Verantwortlichen schnell und effektiv gehandelt."

Wera Wojtkiewicz: Infoblatt Hurrikan Katrina. Klett Geographie Infothek 18.05.2012

5

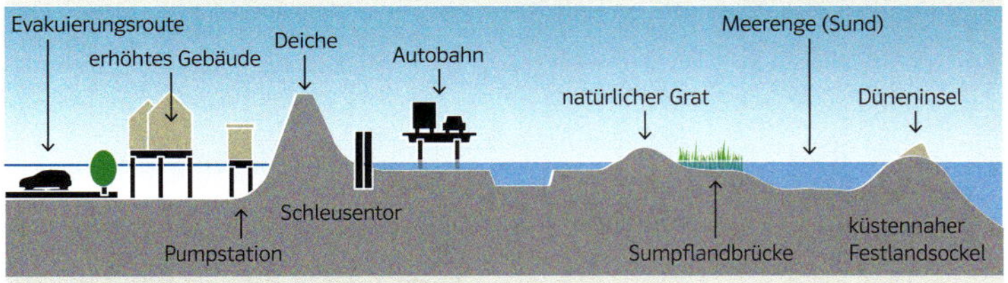

Maßnahmen gegen erneute Überflutungen

Adaption:
- Erhöhung des Deichsystems
- Reduzierung von Entwässerungsmaßnahmen
- Schutz und Wiederherstellung der Küstengebiete
- Anpassung der Infrastruktur
- Entwicklung von Evakuierungsplänen

Mitigation:
- Bindung von Treibhausgasen durch Wiederherstellung von Feuchtgebieten
- Verminderung des Treibhausgasausstoßes aus der Öl- und Gasindustrie
- Investitionen in erneuerbare Energien

Nach: Sebastian Mitulla: Case Study – Großstädte und Klimawandel. Institute of Geography, Humboldt Universität Berlin, WS 2009/2010

6

Land unter im Mississippi-Delta

„Einen entscheidenden Einschnitt in die Fluss- und Deltageschichte gab es ab den 1930er-Jahren durch den Menschen. Der Mississippi war ab dieser Zeit vollständig eingedeicht und dadurch von seinen Schwemmlandschaften und Marschen abgeschnitten. Von der Sedimentfracht blieb kaum noch etwas in seinem Delta zurück.
Die Folge: Seit den 1930er-Jahren sind rund 450 000 ha Küstenmarschland in Louisiana verlorengegangen. Das sind 80 Prozent aller Landverluste in küstennahen Feuchtgebieten in den gesamten USA .
Ein weiterer Schritt in die Katastrophe war die Entwicklung der Öl- und Gasindustrie im Delta und vor der Küste. Durch die dazu angelegten zahlreichen Kanäle für die Schifffahrt und Landabsenkungen durch die Förderanlagen konnte das Salzwasser des Meeres immer tiefer in das Hinterland eindringen. Dort wurden die Auwälder und Marschgraslandschaften zerstört, was der Erosion Vorschub leistete. Der mittlere Meeresspiegelanstieg beträgt seit 1947 etwa 9 mm pro Jahr und ist in der Region damit ungewöhnlich hoch. Die Experten führen dies auf das Absenken des Bodens durch die Öl- und Gasförderung [...] zurück.
Das Absinken des Landes und der dadurch indirekt steigende Meeresspiegel waren bereits Anlass genug für düstere Prognosen für die Zukunft des Mississippi-Deltas. Durch den Klimawandel mit der Erwärmung der Erdatmosphäre und ihre Folgen kommen nun der weltweite Meeresspiegelanstieg und immer stärkere Hurrikane in der Golfregion als weitere Bedrohungen hinzu [...]. Der Hurrikan Katrina am 29. August 2005 hat die Dimensionen der möglichen und noch zu erwartenden Katastrophen deutlich gemacht."

Eberhard Pyritz: Land unter im Mississippi-Delta – Totengräber Klimawandel?! In: Terrasse online v. 15.11.2016 © Ernst Klett Verlag, unter: www.klett.de/alias/1105894

7

FALLBEISPIEL: Dhaka – hohe Vulnerabilität der unteren Sozialschichten

Dhaka: bedroht durch Klimawandel und Überschwemmungen

„Der Fluss [Buriganga] mit seinem stinkenden, schwarzen Wasser teilt die Stadt [...]. Den südlichen, armen Teil nennen die Bewohner ‚Asien', die wohlhabenderen Quartiere im Norden [...] ‚Europa'. Zwischen diesen Welten strampelt der Rikschafahrer Jahangir Alam um sein Leben. [...] Er lebt in einem Slum im westlichen Zentrum der Stadt [...]. [Er und seine Frau] sind Neuankömmlinge und haben es immerhin besser getroffen als diejenigen, die auf Gehsteigen übernachten müssen. Aber im Gegensatz zu den anderen Bewohnern des Slums, deren Hütten zum Schutz vor dem alljährlichen Hochwasser auf Holzstelzen stehen, hausen die beiden auf einer sechs Quadratmeter-Fläche direkt am Boden. [...]

[Bangladesch] ist [...] eine der Regionen, die am stärksten vom Klimawandel getroffen ist. Der Anstieg des Meeresspiegels bedroht die Küstenregionen [...], Zyklone berauben in immer kürzeren Abständen Hunderttausende Menschen ihrer Existenz. ‚Eine der Tragödien des Klimawandels: Er trifft besonders die Armen', sagt der Klimaexperte Atiq Rahman. Sie hätten keine Möglichkeit, sich zu schützen – etwa indem sie in stabilere Steinhäuser umzögen. [...]

Die Hochhäuser im ‚Europa' Dhakas sind dagegen massiv gebaut, viele mit Aufzug und einem großen Parkplatz im Untergeschoss. [...] In einem solchen Viertel lebt und arbeitet auch Atiq Rahman [...]. Für den Klimawandel macht er die Industrieländer verantwortlich."

Gerhard Klas: Endstation Dhaka. In: der Freitag vom 05.04.2011, unter: www.freitag.de (Zugriff: 28.10.2020)

8

9 Bangladesch: Nutzungs- und Überschwemmungsgefahren

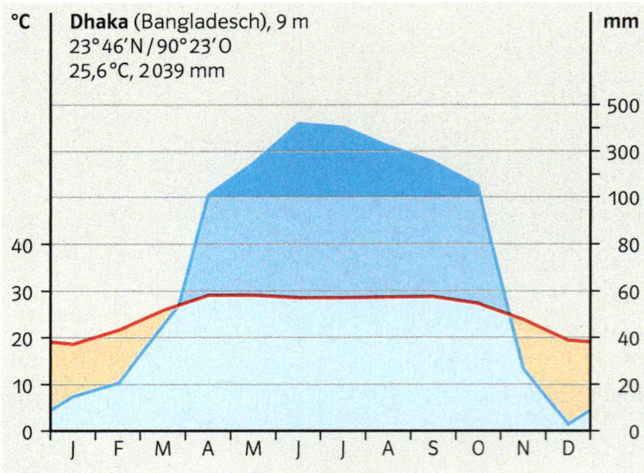

10 Klimadiagramm von Dhaka

11 Dhaka: Überflutung nach Monsunregen

Dhaka – willkommen im Chaos

„Selbst Wochen nach dem Monsun schimmern jenseits des grauen Häusermeers weite Überschwemmungsgebiete. Die Stadt liegt in einer Tiefebene voller Sümpfe, mitten im weiten Mündungsdelta, das Ganges, Brahmaputra und Meghna [...] bilden. Deren Zuflüsse und ein komplexes Kanalsystem regulierten jahrhundertelang den Wasserhaushalt, bildeten als Transportwege Dhakas Lebensadern [...]
Heute fließt der Straßenverkehr durch die einstigen Wasserwege. Sie sind mit Sand, Bauschutt und Müll aufgefüllt worden, ebenso Sümpfe und Teiche. Darauf wachsen Wohn- und Geschäftshäuser, häufig ohne Genehmigung. [...]
In Dhaka wächst neben den Slums auch die Mittel- und Oberschicht. Viele haben am Bauboom verdient, an Wucherzinsen und -mieten oder Billigindustrien. Seit die Löhne in China und Vietnam steigen, sprießen in Bangladesch noch mehr Textilfabriken aus dem Boden. Der Wirtschaftsboom produziert ein explosives Wachstum. Der Boden wird versiegelt, es bildet sich weniger Trinkwasser, Regen läuft über Asphalt rasch ab. Überschwemmungen werden von müllverstopften Abwasserkanälen verschlimmert, wenn während des Monsuns die Flusspegel steigen.
Bei Hochwasser leidet besonders Karail, der größte Slum der Stadt am Rande des Banani-Sees. Dann stehen seine Hütten unter Wasser."

Christiane Grefe: Metropole Dhaka – Willkommen im Chaos. In: DIE ZEIT Nr. 15/2013 (04.04.2013), auch unter: www.zeit.de/2013/15/megacity-dhaka-urbanisierung (Juli 2016) (Zugriff: 30.10.2020)

12

Staaten beim Katastrophenmanagement überfordert

„Indien, Nepal und Bangladesch gehören zu den Ländern mit dem höchsten Flutrisiko [...]. Dass kaum Vorsorgemaßnahmen ergriffen werden, liegt häufig an den fehlenden Möglichkeiten. Weder haben die Menschen genügend finanzielle Mittel, noch helfen staatliche Stellen ausreichend, geeignete Lösungen zu identifizieren und umzusetzen. Direkte staatliche Schutzinitiativen sind ebenfalls rar."

Wolfgang Kron: Die fast übersehene Katastrophe. Münchener Rückversicherungs-Gesellschaft v. 04.01.2018. Unter: www.munichre.com/topics-online/de/climate-change-and-natural-disasters/natural-disasters/floods/huston-flooding-overshadowes-asian-floodings-2018.html (Zugriff: 26.10.2020)

13

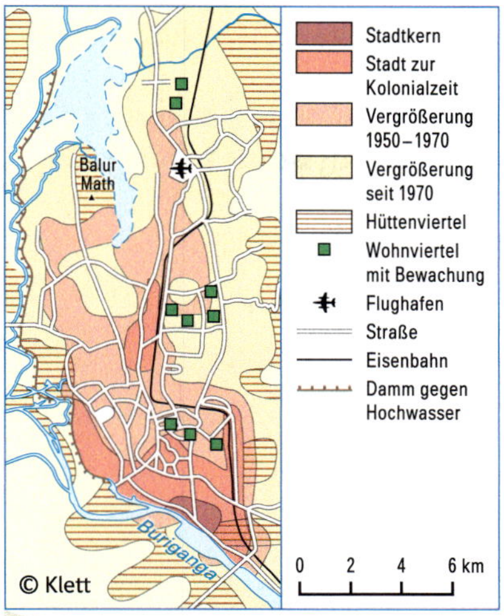

Jahr	Agglomeration Dhaka (Mio. Ew.)	Bangladesch (Mio. Ew.)
1950	0,41	41
1960	0,69	51
1970	1,47	64
1980	3,25	82
1990	6,52	104
2000	10,15	128
2005	12,43	141
2010	14,62	154
2015	17,60	169
2019	19,58	170

14 Dhaka: Stadtgliederung und Bevölkerungsentwicklung*

* Nach: Sonja Ernst: Dhaka – Das Zentrum Bangladeschs. Dossier Megastädte v. 24.08.2006,; unter: www.bpb.de/internationales/weltweit/megastaedte/64489/dhaka, Juni 2011, 2015 ergänzt (Zugriff: 30.10.2020)

Bevölkerung in den Slums von Bangladesch stärken

„Die Slums liegen [...] in den meisten Fällen in marginalisierten und unbewohnbaren Gebieten der Städte, das heißt an den Rändern, nahe Müllkippen, an großen Straßen oder Wasserläufen und in Überschwemmungsgebieten. In vielen Fällen bestehen die Behausungen nur aus einfachen Holzhütten oder Bretterverschlägen mit Plastikplanen, die häufig auch noch über mafiöse Strukturen überteuert angemietet werden müssen. Pro Familie, die im Durchschnitt aus sechs Personen besteht, steht meistens nur ein Raum zur Verfügung. Die Unterkünfte stehen dicht an dicht. Es wird mit einfachsten Öfen bei offenem Feuer gekocht. Größere Brände sind daher eine alltägliche Bedrohung für die Slumbewohner [...] Die Wege sind nicht befestigt und schlammig. Es gibt mangelhafte Versorgung mit Wasser. Latrinen sind kaum vorhanden oder unzureichend. Es gibt weder Drainage- noch Abwassersysteme. Die hygienische Situation ist dramatisch und führt insbesondere in den Regenzeiten zu [...] Infektionskrankheiten."

Jan Gruss: Bevölkerung in den Slums von Bangladesch stärken. In: Städtewachstum als eine Folge von Klimawandel und Überbevölkerung – Mediendienst 9/2017.

15

Staatliche Maßnahmen und Selbsthilfestrategien

„[In den 1990er-Jahren] schüttete man im Westen der Stadt einen rund 30 Kilometer langen Deich auf. Hier ist ein etwa 136 Quadratkilometer großes Gebiet entstanden, das zumindest vor Wasser, das von außen eindringt, relativ gut geschützt ist. Der Osten hingegen bleibt weitgehend schutzlos. [...]
Die Menschen versuchen [bei Überschwemmungen] zunächst, in den Hütten oder auf den Dächern zu bleiben und Möbel oder Wertgegenstände mit aufgestapelten ‚Türmen' aus Ziegeln zu schützen. Falls das nicht ausreicht, suchen sie Unterschlupf in Notunterkünften, bei Verwandten und Bekannten oder in Rohbauten mehrgeschossiger Häuser, auf Deichen und am Rand höher gelegener Straßen."

Boris Braun: Risikoraum Dhaka. In: Bauwelt 48/2011

16

Das Vulnerabilitätskonzept

Warum treffen wie im Beispiel Dhaka die „Tragödien des Klimawandels ... besonders die Armen“, wie der Klimaexperte Atiq Rahman feststellt?

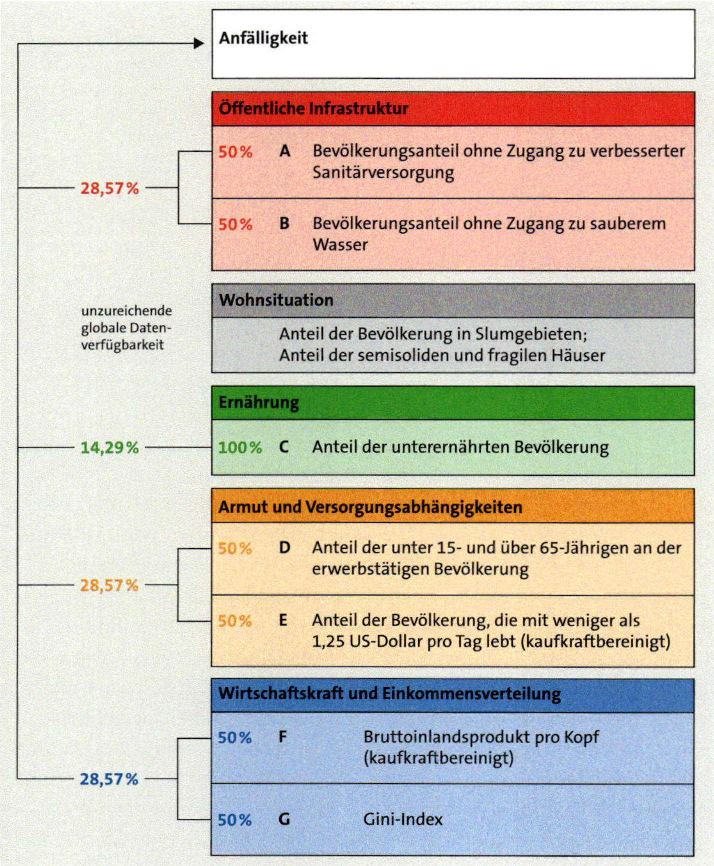

1 Messung des Faktors „Anfälligkeit“
Nach: Bündnis Entwicklung hilft (Hrsg.): Weltrisikobericht 2016, S. 44

Zur Beantwortung dieser Fragen ist in der geographischen Entwicklungs- und Katastrophenforschung bereits in den 1980er-Jahren das Konzept der Vulnerabilität (lateinisch vulnus ‚Wunde‘) erarbeitet worden. Die Verwundbarkeit beschreibt das Ausmaß von Anfälligkeit, Unsicherheit und Schutzlosigkeit einer Gesellschaft, einer Bevölkerungsgruppe oder einzelner Menschen gegenüber Naturgefahren oder sonstigen Gefährdungen.

Dieses Konzept bietet eine Möglichkeit, die Reaktionsmöglichkeiten von Betroffenen zu bewerten. Vulnerabilität wird dabei im Hinblick auf die Komponenten Anfälligkeit, Bewältigungskapazität und Anpassungsfähigkeit erfasst. Für jede dieser drei Komponenten werden unterschiedliche Indikatoren analysiert, denen weltweit verfügbare und öffentliche Daten zugrunde liegen. Hierzu gehören physische, soziale, ökonomische und technische Rahmenbedingungen genauso wie institutionelle Strukturen und Prozesse.

Die Grafik 1 zeigt am Beispiel der Komponente „Anfälligkeit“, welche Indikatoren wie gemessen und gewichtet werden. Das Ergebnis dient dazu, die Fähigkeit einer Gesellschaft abzuschätzen, zerstörerische Auswirkungen von Naturgefahren mittels direkter Aktionen oder zur Verfügung stehender Ressourcen zu minimieren. Aus festgestellten Defiziten sollen notwendige Präventivmaßnahmen abgeleitet werden, um die Resilienz zu stärken.

Natur	Gesellschaft		
Gefährdung	Vulnerabilität		
Exposition: Staaten, Städte, Gesellschaften, Bevölkerungsgruppen, Einzelne sind mit ihren Gütern (z. B. Gebäude, Infrastruktureinrichtungen) – bedingt durch die geographische Lage – in unterschiedlicher Weise den Auswirkungen einer oder mehrerer Naturgefahren ausgesetzt.	**Anfälligkeit:** Aufgrund bestimmter struktureller Merkmale (z. B. Zustand der Wirtschaft, Ernährungs- und Gesundheitssituation, Funktionstüchtigkeit der Infrastruktur) können Gesellschaften, Gruppen bzw. Einzelne besser oder schlechter auf Gefährdungen reagieren.	**Mangel an Bewältigungskapazitäten:** Betroffene Länder, Gruppen oder Einzelne verfügen in unterschiedlichem Maße über Ressourcen, aber auch über die Bereitschaft, Fähigkeit und Institutionen, um Auswirkungen einer Gefährdung zu minimieren sowie Vorkehrungen zu treffen.	**Mangel an Anpassungskapazitäten:** Im Vergleich zur Bewältigungskapazität beschreibt dieser Faktor die Kapazitäten, Maßnahmen und vor allem auch die Bereitschaft der Verantwortlichen, existierende Strukturen an erwartete Auswirkungen einer Gefährdung anzupassen.

2 Komponenten des WeltRisikoIndex (Vulnerabilitätskonzept)

1 NE
Stellen Sie Ziele und Inhalte des Vulnerabilitätskonzeptes dar.

2
Erklären Sie, wie der Faktor „Anfälligkeit“ gemessen wird.

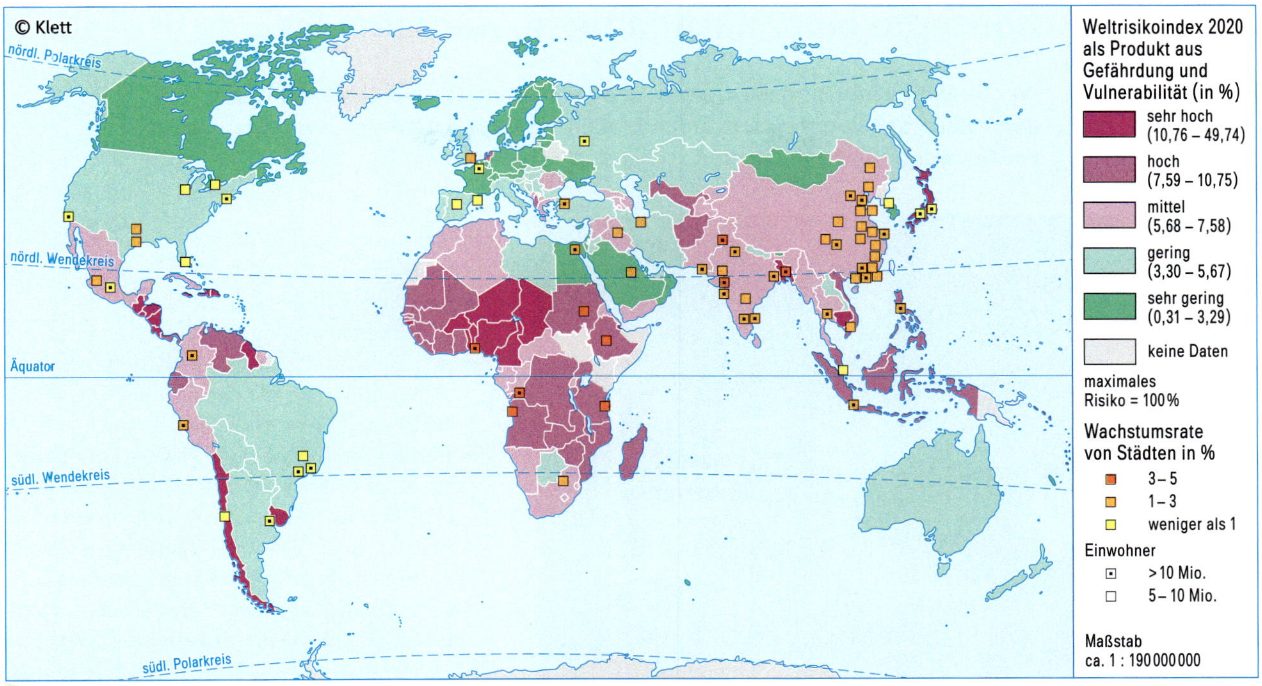

3 **Weltrisikoindex 2020 und Wachstumsrate der Städte >5 Mio. Einwohner**

Nach: Bündnis Entwicklung hilft und United Nations University (Hrsg.): Weltrisikoindex 2020. S. 71

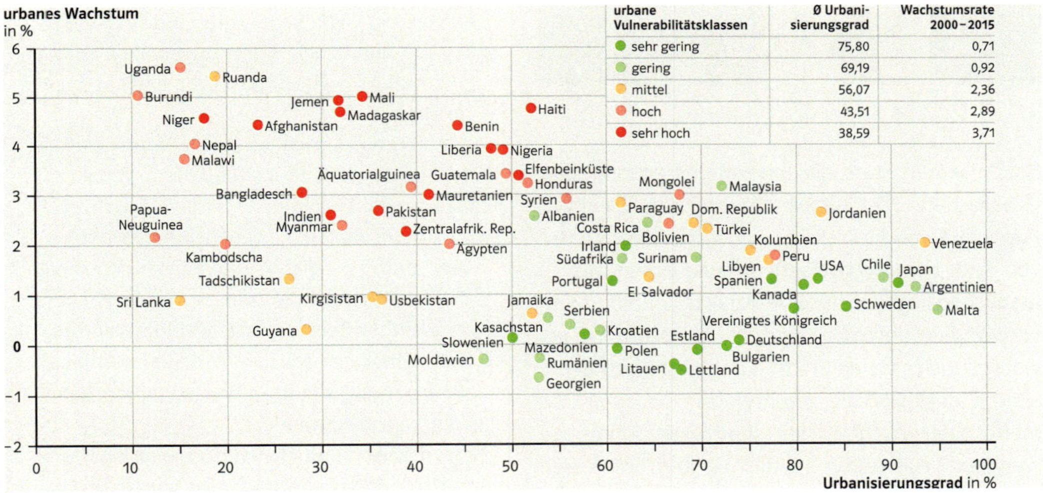

urbane Vulnerabilitätsklassen	Ø Urbanisierungsgrad	Wachstumsrate 2000–2015
sehr gering	75,80	0,71
gering	69,19	0,92
mittel	56,07	2,36
hoch	43,51	2,89
sehr hoch	38,59	3,71

4 **Zusammenhang zwischen Verstädterung und Verwundbarkeit**

Nach: Bündnis Entwicklung hilft und United Nations University (Hrsg.): Weltrisikobericht 2014 – EHS, S. 50

3

Arbeiten Sie aus Karte 3 Grundaussagen heraus.

4 MK

Erstellen Sie mithilfe der Grafik 4 eine Weltkarte der urbanen Vulnerabilität.

5 MK

Arbeit mit Grafik 4

a) Nennen Sie mindestens zwei Staaten, in denen die urbane Bevölkerung in starkem Maße Naturgefahren ausgesetzt ist (Karte 3/Online-Code) und die trotzdem eine geringe Vulnerabilität aufweisen.

b) Erklären Sie diesen Befund.

c) Stellen Sie mögliche Ursachen für die hohe urbane Vulnerabilität vieler Staaten Afrikas dar (z. B. Uganda).

NE

Konzepte einer nachhaltigen Stadtentwicklung

Wer die Welt verändern will, muss in den Städten ansetzen und hier Konzepte der Nachhaltigkeit entwickeln und erproben. Wie sehen derartige Konzepte aus? Welche Wege zur Nachhaltigkeit schlagen die Städte ein?

1 Green City Freiburg

	Stadt
1	London
2	Stockholm
3	Edinburgh
4	Singapur
5	Wien
6	Zürich
7	München
8	Oslo
9	Hongkong
10	Frankfurt

www.arcadis.com

2 Sustainable Cities Index 2018

Städte waren stets die Innovationszentren einer Gesellschaft. Hier sitzen die meisten kreativen Köpfe, hier arbeiten Politik und Wirtschaft intensiver und richtungsweisender zusammen als in ländlichen Räumen. Ihr Potenzial, nachhaltige Entwicklung zu befördern und zu realisieren, ist gewaltig. Und in vielen Städten der Welt ist zu beobachten, dass sich die Verantwortlichen mehr und mehr einer nachhaltigen Stadtentwicklung zuwenden – mit unterschiedlichen Konzepten und Maßnahmen.

Inzwischen gibt es auch schon Versuche, die Nachhaltigkeit von Städten zu messen und ein Ranking aufzustellen. Ein solches bietet der „Sustainable Cities Index" (siehe Online-Code). Dort schaffen es zum Beispiel unter 100 untersuchten Großstädten Wien auf Platz 5 und Kopenhagen auf 11. An erster Stelle steht London.

Kompakte und durchmischte Stadt der kurzen Wege

„Als räumliche Ordnungssprinzipien der nachhaltigen Stadtentwicklung [...] werden seit den 1990er-Jahren u.a drei Punkte diskutiert:

(1) Schaffung kompakterer und dennoch hochwertiger baulicher Strukturen, die ein Ausufern der Siedlungen in die Fläche verhindern sollen. Dies sollte sicherlich nicht durch Wiederbelebung des Baus neuer Großwohnsiedlungen im Stil der 1960er-/70er-Jahre geschehen, sondern durch bessere Ausschöpfung [...] von Nutzungspotenzialen im bereits bebauten Bereich der städtischen Innenentwicklung. [...]

(2) Ziel der nachhaltigen Stadtentwicklung ist u.a. die funktionale Mischung innerhalb von Stadtquartieren durch Verflechtungen von Wohnen und Arbeiten, aber auch von Versorgung und Freizeit [...]. Von Bedeutung sind auch die Förderung sozialer Mischungen nach Einkommensklassen, Haushaltstypen und Lebensstilgruppen [...].
So fördert die nachhaltige Stadtentwicklung als neues partielles Leitbild die ‚Kompakte Stadt' oder auch die ‚Stadt der kurzen Wege' [...], darin sollten die Lebensbereiche Wohnen, Arbeiten, Sich-bilden, Einkaufen und Erholen [...] gut durchmischt sein [...]. [Dadurch] kann es auch zur Reduzierung des motorisierten Individualverkehrs bzw. zu dessen stärkerer Verlagerung auf umweltverträglichere Verkehrsmittel kommen.

(3) Als drittes räumliches Ordnungsprinzip wird die sog. Polyzentralität, insbesondere in Gestalt der sog. dezentralen Konzentration, angestrebt. Dieses Prinzip ist uns schon aus der Gartenstadtidee Howards bekannt. Dadurch können der anhaltende Siedlungsdruck im Umland der Städte auf ausgewählte Siedlungsschwerpunkte gebündelt und auch eine größere Tragfähigkeit des ÖPNV erreicht werden."

Heinz Heineberg: Stadtgeographie. Ferdinand Schöningh: Paderborn. 2017. S. 142–144

3

Nachhaltige Stadtentwicklung		
Ökonomie	**Ökologie**	**Soziales**
Nutzung von Synergien	Flächensparsamkeit	Einbeziehung der betroffenen Menschen
Verwendung des vorhandenen Bestandes	Ressourcenschonung	Partizipation der betroffenen Menschen an Freizeitangeboten
regionale Lieferanten und Produkte	Energieeffizienz	Schaffung gemeinnütziger Angebote
lokale Wirtschaftsförderung	Reduzierung von Emissionen / Immissionen	Erhalt des Telekommunikationswesens
	Recycling	Ausbau des Angebotes an bezahlbarem Wohnraum für alle
	Erhalt der Biodiversität	

4 Die drei Säulen einer nachhaltigen Stadtentwicklung

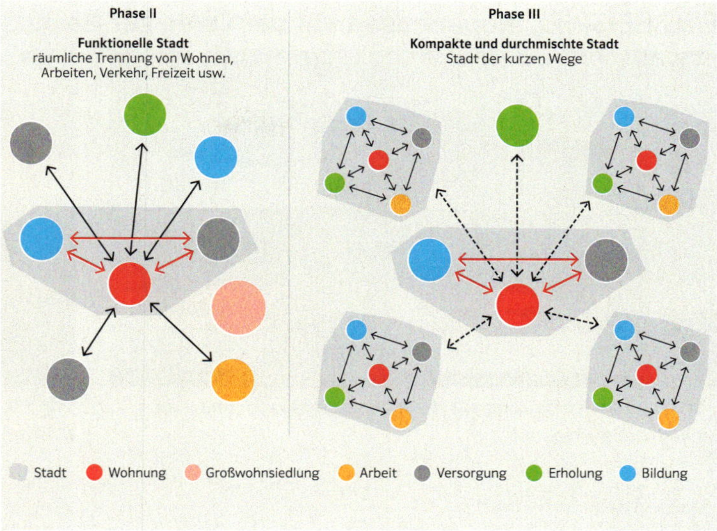

6 Von der funktionellen zur durchmischten Stadt mit mehr Nachhaltigkeit

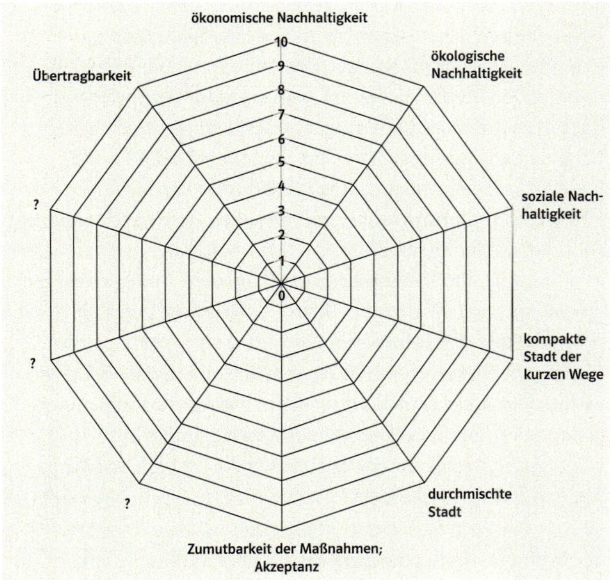

5 Analysespinne

Kriterien (Erfolgsfaktoren)	Beurteilung						
	schwächer ausgeprägt			gleichwertig	besser ausgeprägt		
	−3	−2	−1	0	+1	+2	+3
ökonomische Nachhaltigkeit							
ökologische Nachhaltigkeit							
soziale Nachhaltigkeit							
kompakte Stadt der kurzen Wege							
durchmischte Stadt							
Zumutbarkeit der Maßnahmen; Akzeptanz							
Übertragbarkeit							

7 Stärken-Schwächen-Profil

1

Partnerarbeit

Auf dem Weg zur Nachhaltigkeit verfolgen die Städte verschiedene Strategien. Die beiden folgenden Doppelseiten stellen Ihnen einige der in den Hauptstädten Kopenhagen (S 128/129) und Wien (S. 130/131) ergriffenen Maßnahmen vor. Untersuchen Sie in Partnerarbeit diese beiden Fallbeispiele anhand folgender Aufgaben:

a) Analysieren Sie die eingeschlagenen Entwicklungswege.
b) Bewerten Sie Ihre Analyseergebnisse z. B. mithilfe eines Stärken-Schwächen-Profils (M7) und/oder einer Analysespinne (M5).
c) Beurteilen Sie die ergriffenen Maßnahmen unter der Frage: Welche Stadt ist auf dem besseren Weg zur Nachhaltigkeit bzw. eignet sich eher als Vorbild für nachhaltige Entwicklung?
d) Untersuchen Sie die Nachhaltigkeitsstrategie Ihrer Heimatstadt. MK

FALLBEISPIEL: Kopenhagen auf dem Weg zur Nachhaltigkeit

8 Quartiersgestaltung mit Niedrigenergiehäusern und nahen Einkaufsmöglichkeiten

Stadtentwicklungspolitik

Bis 2025 will Kopenhagen die Lebens- und Wirtschaftsweise ihrer Bewohner auf vollständige Kohlenstoffneutralität umstellen. Sämtliche Aktivitäten, von der Mobilität und Arbeit bis zur Freizeit, sollen dann so funktionieren, dass entweder keine Treibhausgasemissionen verursacht oder diese durch [...] z. B. die Begrünung kompensiert werden.
Ein herausragendes Projekt zur Umsetzung dieser Ziele ist „Nordhavn“. Auf [...] dem stillgelegten, aus dem 19. Jh. stammenden Teil des Hafens, entsteht [...] ein neuer Stadtteil. Innerhalb der kommenden 30–40 Jahre sollen hier Wohnhäuser für 40000 Menschen und ebenso viele Arbeitsplätze entstehen. Wesentliche Merkmale der Quartiersgestaltung ist eine dichte Stadtstruktur aus Niedrigenergiehäusern mit kurzen Wegen zu Einkaufsmöglichkeiten, öffentlichen Verkehrsmitteln und einladenden Aufenthaltsbereichen direkt am Wasser. Die Strom- und Wärmeversorgung sollen erneuerbare Energieträger wie Windkraft, Geothermie und Biomasse gewährleisten.

9

Copenhagen, Denmark – Intercultural City

“Copenhagen wants to be the most **inclusive city** in Europe. This ambition is based on the belief that ‘an integrated city is a better city’. The key definition is that ‘if you feel you are a Copenhagener, this means you are included in the city.’ Inclusion means partnership, shared responsibility, mutual respect, and recognition of the value of diversity. [...]
The city will focus on pressure points that limit participation. In education, this means starting as early as daycare to enhance language skills and monitoring fair access to higher education. In the workplace, this means valuing multiple cultures and languages, offering training widely, teaching Danish to jobseekers who need this skill and fighting discrimination. Copenhagen will be made safer for everyone, with an effort to enhance socioeconomic mixing in neighbourhoods.”

Council of Europe, Copenhagen, Denmark – Intercultural City, unter: www.coe.int/en/web/interculturalcities/copenhagen (Zugriff: 28.10.2020)

10

11 Kopenhagen: Trockenskipiste auf einer modernen Müllverbrennungsanlage als Heizkraftwerk

Grüne Hauptstadt für Dänemark

„Angetrieben vom Ostseewind liefern die Turbinen den Großteil der Energie für die Stadt – saubere Energie. ‚An einem Tag wie heute [...] kommen 77 Prozent der Energie aus Wind und Sonne [...]‘, sagt Christoffer Greisen vom Forschungsprojekt EnergyLab. Wie kann man noch mehr Energie sparen, um den Ausstoß von Treibhausgasen zu vermindern? Das ist eine der drängenden Fragen. Vor allem, weil die Stadt kontinuierlich wächst. Jeden Monat kommen etwa 1000 Einwohner dazu. [...] Nicht alle können es sich leisten, im neugebauten Viertel Nordhavn [...] zu wohnen. Hier kann man sehen, wie nachhaltige Stadtplanung funktionieren kann. Auch bei Gebäuden achtet die Stadt auf den Klimaschutz – mit intelligenten Fassaden. Das Ziel für alle Häuser ist es, 20 Prozent weniger Energie zu verbrauchen. Ein riesiges blaues Gebäude ist eines der Vorzeigeprojekte. Die Internationale Schule von Kopenhagen. Christoffer Greisen erklärt: ‚Die Schule ist mit Solarpaneelen verkleidet – also vertikal. Die gesamte Fassade besteht aus Solarmodulen. Die Schule produziert ihren eigenen Strom.‘
Die Energieproduktion ist der wichtigste Bereich des Klimaplans von Kopenhagen. 98 Prozent der Haushalte der Stadt sind an das Fernwärmenetz angeschlossen. Dazu trägt selbst der Müll bei. Täglich bringen bis zu 300 Lastwagen Abfall in die neue Verbrennungsanlage Amager Bakke. Bei der Müllverbrennung wird Wärme erzeugt, die reicht für etwa 72000 Haushalte aus und liefert zusätzlich auch noch für Strom für 30000 Haushalte.
‚Damit Ruß und Stickoxide im Gegenzug aber nicht die Luft verpesten, wurden hochmoderne Filteranlagen eingebaut.‘ [...] Seit 2017 ist die Anlage in Betrieb. Und alle Welt scheint sich dafür zu interessieren. Aber Scheibye [Pressesprecher] weiß auch, dass es dabei weniger um die Technik geht. Auf dem Dach der Müllverbrennungsanlage wurde eine Skipiste gebaut – 400 Meter lang. Man fährt auf Kunststoff statt Kunstschnee.“

Nadja Kriewald: Wie Kopenhagen klimaneutral werden will. n-tv Panorama vom 10.09.2019; unter: www.n-tv.de (Zugriff: 26.10.2020)

12

13 Familienfreundliche Holzreihenhäuser in Modulbauweise

16 „Bicycle Snake" – eine Brücke durch den Kopenhagener Hafen und nur für Radfahrer zugelassen

Wohnungsbau

„Seit gut zwei Jahrzehnten wandeln die Stadtplaner [von Kopenhagen] aufgelassene Flächen des alten Hafens, ehemalige Industriegebiete und umliegendes Marschland in Bauland für Wohnungen um. [...] Trotz der neuen Baugründe aber wartenTausende Interessenten auf eine kostengünstige Wohnung. Darum, so die Stadtarchitektin Tina Saaby, spiele in Kopenhagen ‚Almen bolig', der soziale Wohnungsbau, eine große Rolle: ‚20 Prozent aller Neubauten in Kopenhagen sollen in Zukunft Sozialwohnungen sein [...]'.
Ein Beispiel für die hauptstädtischen Neubauten sind [...] familienfreudliche Holz-Reihenhäuser. [...] Trotz der Modulbauweise erlauben sie eine architektonisch vielfältige Gestaltung. Im hochpreisigen Dänemark gelingt es mit diesem Konzept, die monatlichen Wohnkosten für Familien auf weniger als 10000 Dänische Kronen zu drücken. Die umgerechnet 1350 Euro sind [...] aber für eine Metropole noch erträglich."

Wie baut man Wohnungen im Ausland?, unter: www.haus.de/bauen/wie-baut-man-wohnungen-im-ausland (Zugriff: 28.10.2020)

14

Kopenhagen als Wirtschaftsstandort

„[...] Die Stadt gilt als eine der führenden Bildungs- und Wirtschaftsstandorte Westeuropas. In der [Hauptstadt] Region Hovedstaten gibt es vier Universitäten mit insgesamt mehr als 60000 Studierenden (Stand 2018) [...]
Die zentralen Branchen in Kopenhagen sind Life Sciences, Cleantech, Informations- und Kommunikationstechnik (IKT), Transport und Logistik, die Kreativindustrie sowie die Lebensmittelindustrie. In diesen Bereichen hat Kopenhagen verschiedene Cluster mit weltweit führenden Unternehmen, Forschungs- und Bildungsinstituten. Beispielhaft hierfür sind das dänisch-schwedische Life Science Cluster Medicon-Valley sowie das Cleantech Cluster CLEAN, das 2009 in Kopenhagen gegründet wurde."

Kooperation international: Greater Copenhagen, unter: www.kooperation-international.de/laender/hightech-regionen/greater-copenhagen/ (Zugriff: 14.10.2020)

15

Fahrradstadt

„Tatsächlich. Die grüne Welle für Radler. Die Ampeln, die ein paar Sekunden früher auf Grün schalten als bei den Autos. Die breiten Radwege. Die Haltelinien an den Kreuzungen, die für die Fahrradfahrer jeweils ein paar Meter vor den Autos liegen, damit die rechtsabbiegenden Lkw-Fahrer stets die Radler im Blick haben. Die Kreisverkehre, die teils in konzentrischen Ringen angelegt sind, der knallblaue äußere Ring gehört dann den Radlern. [...]
In gewisser Weise ist Kopenhagen mittlerweile Opfer seines eigenen Erfolgs. Wenn auf zentralen Straßen am Tag 45000 Radfahrer unterwegs sind, dann sind auch die breiten dänischen Radwege schlicht zu schmal: Fahrradstaus sind heute Alltag an manchen Stellen. ‚Wir müssen weiter ausbauen', sagt Marie Kåstrup [Leiterin des Fahrradreferats]. ‚Und wir brauchen auch viel mehr Fahrradgaragen.'
Die gute Nachricht sei, sagt Morten Kabell [Stadtparlamentarier], dass das Rad nicht nur die effizienteste, sondern für die Stadt auch die billigste Investition sei. ‚Kopenhagen hat in all den Jahren 280 Millionen Euro in die Fahrrad-Infrastruktur investiert', sagt er. ‚Das ist zufällig genau die Summe, die uns eine drei Kilometer lange Autoumgehung im Norden Kopenhagens gekostet hat.'

Kai Strittmacher: Blaupause für die Fahrradstadt. In: Süddeutsche Zeitung vom 16.01.2019

17

Die (Fahrrad-)Hauptstadt Dänemarks in Zahlen

Einwohner gesamt: *	602 481
Fahrräder gesamt: **	675 000
Stadtfläche gesamt: *	87 km²
Verkehrsmittelwahl (Modal Split): **	Autoverkehr 34 %
	Fahrradverkehr 29 %
	Fußverkehr 19 %
	ÖPNV 18 %
Gesamtlänge des Radwegnetzes *	400 km

* Stand 2018; ** Stand 2016

18

FALLBEISPIEL: Wien auf dem Weg zur Nachhaltigkeit

19 Wien: „Kühle Meile" Zieglergasse

Kühle Meile Zieglergasse: erste klimaangepasste Straße Wiens

„Die zunehmend heißen Sommertage sind eine große Belastung für die BewohnerInnen der Stadt. [...] Um nachhaltig Abhilfe zu schaffen, wird die Zieglergasse eine sogenannte ‚Kühle Meile' [...].

Entlang von gut einem Kilometer sorgen 24 Bäume für Beschattung. Wasserentnahmestellen bieten Erfrischung für Menschen und Tiere. Kühlbögen sollen bestimmte Straßenabschnitte effektiv um mehrere Grad kühlen. Diese Maßnahmen helfen die Lebensqualität auch bei zunehmender Hitze in der Stadt zu erhalten. [...] Mit den Bepflanzungen, Möblierungen, Bänken, Wasserentnahmestellen und Kühlelementen entstehen natürlich beschattete Orte für Begegnung."

Stadt Wien: Die erste klimaangepasste Straße Wiens, unter: https://smartcity.wien.gv.at/site/kuehle-meile-zieglergasse/ (Zugriff: 28.10.2020)

20

Freiraumnetz Wien

„In Zukunft soll jede Wienerin und jeder Wiener in 250 Metern den nächstgelegenen Abschnitt des Freiraumnetzes erreichen. Diesem Gedanken liegt die Idee der Vernetzung qualitativ hochwertiger Grün- und Freiräume von unterschiedlicher Ausprägung zugrunde. Großgrünräume, Parks, kleinere ökologisch bedeutende Flächen, Straßen mit Grünelementen – sie alle werden miteinander verbunden.

Die Vernetzung trägt aber nicht nur zur attraktiven fußläufigen Durchwegung der Stadt bei, sie steigert auch die Aufenthalts- und Erholungsqualität im direkten Wohn- bzw. Arbeitsumfeld. Sie wirkt sich positiv auf das Stadtklima als auch auf Flora und Fauna aus.

Das enge Maschennetz stellt sicher, dass auch mobilitätseingeschränkte Personen Zugang zu qualitätsvollen Aufenthalts- und Bewegungsräumen in ihrem Nahbereich finden."

Stadt Wien, Freiraumnetz Wien – Fachkonzept Grün- und Freiraum, unter: www.wien.gv.at/stadtentwicklung/strategien/step/step2025/fachkonzepte/gruen-freiraum/freiraumnetz/index.html (Zugriff: 28.10.2020)

21

Gestaltung des öffentlichen Raumes

„Durch Neubau und Schließung von Baulücken reduzieren sich mancherorts die verfügbaren öffentlichen Flächen. Dadurch wird eine effiziente und durchdachte Nutzungsplanung verstärkt zur Herausforderung. Freiräume in der Stadt sollen hohe Aufenthaltsqualität bieten und für alle Bürgerinnen und Bürger gleichermaßen zugänglich sein. Kinder, Jugendliche, ältere Menschen oder Menschen mit beengten Wohnverhältnissen sind besonders darauf angewiesen.

Die Qualität von öffentlichen Räumen steht in engem Zusammenhang mit der Lebensqualität einer Stadt. [...] Bei jeder Neu- oder Umgestaltung von öffentlichem Raum werden künftig mit mehr Bäumen, mehr Wasserflächen und helleren Bodenbelägen Maßnahmen gegen Hitze gesetzt. Beispielsweise können Hitzeinseln reduziert, Bedingungen für Gehen und Radfahren verbessert und verkehrsberuhigte Bereiche geschaffen werden.

Außerdem wird geprüft, ob für Kinder Spiel- und Bewegungsmöglichkeiten vorgesehen sind. Kinder haben andere Bedürfnisse als Erwachsene. Sie wollen spielen und lieben die Bewegung. [...]

Bis 2025 werden in Wiens öffentlichem Raum
- 10 000 zusätzliche Bäume gepflanzt,
- 800 zusätzliche Sitzmöbel in den Straßen und auf Plätzen aufgestellt und
- 400 neue Spielangebote entstehen."

Stadt Wien, Trends, Herausforderungen und Ziele – Öffentlicher Raum, unter: www.wien.gv.at/stadtentwicklung/... (Zugriff: 28.10.2020)

22

Wiener Wege zur Inklusion

„Viele Menschen mit Behinderung fahren nicht mit den Öffis [öffentlichen Verkehrsmitteln], weil sie sich nicht auskennen. [...] Die Menschen brauchen eine Begleitung [...]. Die Betreuerinnen und Betreuer von behinderten Menschen haben dafür zu wenig Zeit. Sie müssen andere Aufgaben erledigen [...].

Unsere Idee: Es gibt Menschen, die gerne andere unterstützen. Sie helfen freiwillig [...]. Wir wollen sie mit den behinderten Menschen zusammenbringen. Eine Person kennt sich gut mit den Öffis aus. Sie kann jemanden beim Fahren mit den Öffis begleiten. Wir nennen diese Begleitperson Buddy. Buddy ist das englische Wort für Kameradin oder Kamerad."

Fonds Soziales Wien, Buddy-System, unter: www.wiener-wege-zur-inklusion.at/buddy-system/ (Zugriff: 28.10.2020)

23

Mehr Platz für ÖPNV, Rad- und Fußverkehr

„Vor Schulen und Kindergärten werden verkehrsfreie und -beruhigte Zonen geschaffen. Als Pilotprojekte werden auch temporäre Fahrverbote vor Schulen [...] getestet.
Geeignete Straßenabschnitte werden an Wochenenden zu temporären Fußgängerzonen, wie zum Beispiel zu Spielstraßen. Temporäre Fußgängerzonen sollen [...] auch in den äußeren Bezirken Wiens eingerichtet werden.
Wo dies möglich ist, werden derzeit als Fahr-, Abbiege- oder Parkstreifen genutzte Flächen für Aufenthalt, Zu-Fuß-gehen, öffentlichen Verkehr oder Radfahren zur Verfügung gestellt."

Stadt Wien: Handlungsfeld „Öffentlicher Raum" – Fachkonzept Mobilität, unter: www.wien.gv.at/stadtentwicklung/strategien/step/step2025/fachkonzepte/... (Zugriff: 28.10.2020)

24

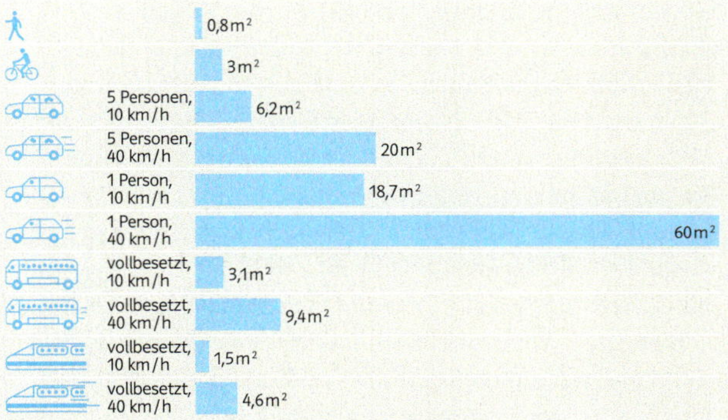

25 Raumverbrauch pro Person nach Verkehrsmittel

Nach: www.wien.gv.at/stadtentwicklung/strategien... a.a.O.

Die (Fahrrad-)Hauptstadt Österreichs in Zahlen (2018)

Einwohner gesamt:	1 899 000
Fahrräder gesamt:	1 600.000
Stadtfläche gesamt:	414 km²
Verkehrsmittelwahl (Modal Split):	Autoverkehr 28 %
	Fahrradverkehr 26 %
	Fußverkehr 19 %
	ÖPNV 39 %
Gesamtlänge des Radwegnetzes *	1 431 km

26

Energieraumplanung

„Wien rüstet sich für eine CO_2-freie Zukunft. Das Fachkonzept Energieraumplanung unterstützt die Dekarbonisierung der Energieversorgung. [...] Bis zum Jahr 2050 soll das Energiesystem der Stadt weitgehend frei sein von fossilen Energieträgern und den damit verbundenen CO_2-Emissionen. [...]
1999 beschloss die Stadt Wien ein ambitioniertes Klimaschutzprogramm (KliP Wien) [...]. Bisher konnten durch die KliP-Umsetzung die Wiener Pro-Kopf-Emissionen schon über 34,8 Prozent gegenüber 1990 gesenkt werden."

Stadt Wien: Fachkonzept „Energieraumplanung" – STEP 2025. A.a.O.

27

28 Wien: sozialer Wohnungsbau mit langer Tradition

Sozialer Wohnungsbau

„62 Prozent der Wiener wohnen in einer dieser [Gemeindebau-]Wohnungen mit gedeckelten Mieten. Das wirkt sich auf den gesamten Mietmarkt aus und drückt die Preise nach unten. Die Stadt lässt sich das einiges kosten, sagt Kurt Stürzenbecher, sozialdemokratischer Gemeinderat und Vorsitzender des Wohnausschusses der Stadt. 600 Millionen Euro im Jahr gehen in die Wohnbauförderung: „Das ist einfach gesellschaftlich akzeptiert, dass 0,5 Prozent der Bruttolohnsumme sowohl von Arbeitgeber als auch Arbeitnehmer abgezogen werden und in diesen Topf Wohnbauförderung fließen [...]
Der soziale Wohnungsbau hat in Wien eine fast 100-jährige Tradition. Im Gegensatz zu vielen anderen europäischen Großstädten hat die Stadt außerdem ihren Wohnungsbestand im Laufe der Jahre behalten und nicht verkauft. ... Das Grundprinzip der Stadt könne [...] als Orientierungshilfe dienen, sagt Gemeinderat Kurt Stürzenbecher: „Das Wichtigste ist: Nicht auf den Markt alleine vertrauen, sondern den Markt korrigieren und Wohnen als Menschenrecht sehen und dieses Menschenrecht muss mit den staatlichen und kommunalen Mitteln durchgesetzt werden."

Srdjan Govedarica: Warum Wiener günstig wohnen, Deutschlandfunk. Wirtschaft und Gesellschaft v. 20.09.2018, unter: www.deutschlandfunk.de/ (Zugriff: 28.10.2020)

29

Produktive Stadt

„[...] Wien positioniert sich mit dem Fachkonzept ‚Produktive Stadt' als international etablierter Wirtschaftsstandort, der neben dem Dienstleistungssektor auch dem produzierenden Bereich einen hohen Stellenwert beimisst [...].
Der produzierende Bereich ist mit Lebensgrundlage für Wiens Bevölkerung. Konkret bedeutet dies auch Mut zu neuen Formen von Durchmischung: Anstelle ausschließlich monofunktionaler Betriebs- und Wohngebiete sollen neue Mischformen von Arbeiten und Wohnen eine nachhaltige Stadtentwicklung sicherstellen. Allerdings: Nicht alle produktiven Tätigkeiten lassen sich in durchmischte Quartiere integrieren. Hier braucht es auch in Zukunft Flächen für ausschließlich industriell-gewerbliche Betriebe."

Stadt Wien: Fachkonzept „Produktive Stadt". A.a.O.

30

Smart City – das Stadtkonzept der Zukunft?

Die Städte der Zukunft sollen mehr als der Hälfte der Weltbevölkerung Platz bieten und gleichzeitig Ressourcen schonen und nachhaltig wirtschaften. Kann eine Antwort auf diese Herausforderungen die Vernetzung von Informationen und die Digitalisierung von vielen Bereichen des alltäglichen Lebens in der Smart City sein?

1 Smart City

2 Smart City: Erfassung von Informationen

Intelligente Städte – Utopie oder Horrorvision?
„Was für eine Utopie: Sensoren registrieren jede Aktivität der Bürger, Kameras haben alle im Blick, die sich in einer Stadt bewegen, die gesamte öffentliche Infrastruktur ist mit dem Internet verbunden. Intelligente Algorithmen berechnen aus all diesen Daten den effizientesten Ablauf des Lebens: welcher Verkehrsteilnehmer auf welcher Route am schnellsten zum Ziel kommt, welche Mülleimer geleert werden müssen, auf welchen öffentlichen Toiletten das Klopapier aufgefüllt werden und in welchen Gebäuden die Klimaanlage wie viel kühlen muss und welche Jalousien wann heruntergefahren werden. Die Stadtoberen treffen keine irrationalen Entscheidungen mehr, [...] und setzen es auch gleich um: Pragmatismus statt Vetternwirtschaft. Und der Stadtbewohner muss sich um vieles nicht mehr selbst kümmern, er hat wieder Zeit für das Wesentliche im Leben.
Für manche ist diese Vision einer Smart City aber auch eine Horrorvision. ‚Wenn der öffentliche Bereich einem nahtlosen Funktionieren unterworfen wird, hört die Stadt auf, ein Ort der öffentlichen Auseinandersetzung zu sein, und verkommt zu einem banalen Konsumparadies', fürchtet der Züricher Architekturtheoretiker Hans Frei."

Eva Wolfangel: Wie intelligent darf die Stadt der Zukunft sein?, Spektrum.de v. 29.07.2015, unter: www.spektrum.de/news/wie-intelligent-darf-die-stadt-der-zukunft-sein/1358136 (Zugriff: 28.10.2020)

3

Die Bedeutung von digitalen Informationen
„Daten entwickeln sich immer mehr zur Währung [...]. Ob Passagierflüsse im ÖPNV, Energiedaten in dezentralen Netzen, WLAN-Nutzung im öffentlichen Raum, [...] Luftqualitätsmessung oder Fußgängerströme bei großen Veranstaltungen: Alle Informationen können zunehmend digital und in Echtzeit bereitgestellt werden, damit unsere Städte effizienter, die Umwelt sauberer, der Verkehr ruhiger und das Leben lebenswerter wird. Bei der ganzen Euphorie um Smart Cities haben wir aber vergessen, uns zu fragen: Welchen Wert schaffen wir durch die Daten und für wen? [...] Eine Vielzahl an Daten sind für Städte schwer oder nur käuflich zu erhalten. Sie bräuchten sie aber, um bessere Entscheidungen treffen zu können und ihr Geld effizienter einzusetzen. Unternehmen haben das erkannt und bieten immer öfter Infrastruktur und Dienstleistungen umsonst an, machen dann aber ihr Geschäft mit den Daten [...]."

Alanus von Radecki: Financing the Smart City – was sind die Daten wert? Fraunhofer IAO Social Media v. 11.09.2017, unter: https://blog.iao.fraunhofer.de/financing-the-smart-city-was-sind-die-daten-wert (Zugriff: 28.10.2020)

4

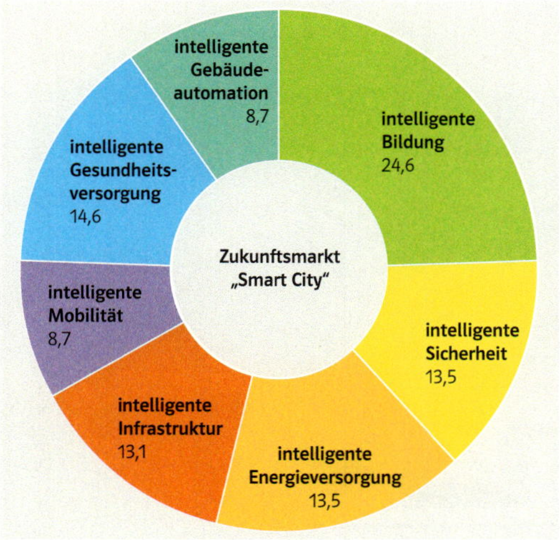

5 Anteile verschiedener Geschäftsfelder weltweit am Zukunftsmarkt „Smart City“ 2012 – 2020

Nach: European Cyber Security Organisation (ECSO): Smart Cities ans Smart Buildings Sector Report, 2018, S. 12, Fig. 1, www.ecs-org.eu/... (Zugriff: 30.10.2020)

Smart Economy	Smart Environment	Smart Government
Startup-Ökosystem Innovationsförderung Industrie 4.0 Last-Mile-Logistik Einzelhandel 2.0 Smarte Landwirtschaft Zirkuläre Wirtschaft Digitale Tourismusangebote	Umweltschutz Fotovoltaikanlagen Smart Grid Dichtheitsprüfung Mini-Windkraftanlagen Wassermanagement Smart Metering Umweltsensorik	Digitale Dienstleistungen Smart Lighting Öffentliche Sicherheit Breitband-Versorgung Abfallmanagement Freies WiFi Open Data
Smart Living	**Smart Mobility**	**Smart People**
Intelligente Gebäude Smart Home Digitale Gesundheit und Pflege Kultur Grünflächen Bibliotheken	Elektromobilität Verkehrsregelung Radverkehrsinfrastruktur Car-/Bike-Sharing Smart Parking Integrierte Mobilität Verkehrssicherheit	Digitale Inklusion Digitale Bildung Lebenslanges Lernen MINT-Ausbildung Digitalisierung des Arbeitsmarktes

Nach: bee smart city GmbH, Mülheim an der Ruhr, Jan. 2019, S. 12

7 Beispiele für Handlungsfelder in der Smart City

Strategie der Digitalstadt Darmstadt – Bürgerbeteiligung und Projektauswahl

Entdecken Sie die Projekte der Digitalstadt Darmstadt
Wie sieht das digitale Darmstadt der Zukunft aus? Und mit welchen Projektlösungen begegnen wir aktuell den digitalen Herausforderungen? Unsere Projekte warten auf Ihre Meinung, Mitgestaltung und Vor-Ort-Unterstützung.

Projektauswahl	**Digitales Schaufenster:** Normale Schaufenster bieten meist nur begrenzt Platz. Zudem haben nicht alle Geschäfte die Chance, ihr Angebot in den meistbesuchten Einkaufslagen zu präsentieren. Das Projekt „Digitales Schaufenster“ ermöglicht dem Darmstädter Einzelhandel, sich auf einer zentralen Plattform online zu präsentieren.	**Digital für alle – neue Möglichkeiten der medialen Teilhabe:** Digitalisierung ist nur etwas für die jüngere, medienerfahrene Gesellschaft? Ganz und gar nicht! Das Projekt „Digital für alle“ beschäftigt sich mit der Frage, wie auch Menschen mit geringer Medienkompetenz einen Zugang zur digitalen Medienkultur erhalten und als Nutzerinnen und Nutzer partizipieren können.	**Stadtlabor:** Die Digitalisierung findet in der Mitte unserer Gesellschaft statt und betrifft alle Bereiche unseres Lebens. Dennoch ist das Thema oft nur schwer zu fassen. Doch wie kann Digitalisierung greifbar gemacht werden?	**Datenplattform:** In einer intelligenten Stadt entstehen durch die Sensoren viele Daten und neue Informationen. Wie können diese Informationen gebündelt und allen Teilnehmenden zur Verfügung gestellt werden?	**Future History – „Mathildenhöhe Darmstadt“:** Die „Future History“-App ist eine „virtuelle Zeitreise“, die Stadtführungen durch Darmstadt digital und damit interaktiver gestaltet.

Zusammengestellt nach: www.digitalstadt-darmstadt.de/digitalstadt/de/flexPrjList/51535, (Zugriff: 04.11.2020)

6

1 NE
Erläutern Sie das Smart-City-Konzept.

2
„Daten sind die Voraussetzung für das Smart-City-Konzept.“ Erklären Sie diese Aussage.

3
Stellen Sie Veränderungen im Erscheinungsbild unserer Städte dar, wenn das Smart-City-Konzept konsequent umgesetzt wird.

4
„Der Erfolg Darmstadts als Smart City/Digitalstadt beruht auf der Bürgerbeteiligung.“ Begründen Sie diese Aussage (M6).

5 NE
Erörtern Sie Chancen und Risiken des Smart-City-Konzepts vor dem Hintergrund der Agenda-2030-Ziele.

6 MK
Erstellen Sie eine Übersicht von Smart-City-Maßnahmen Ihrer Gemeinde (M7).

Zukunftsvisionen überprüfen

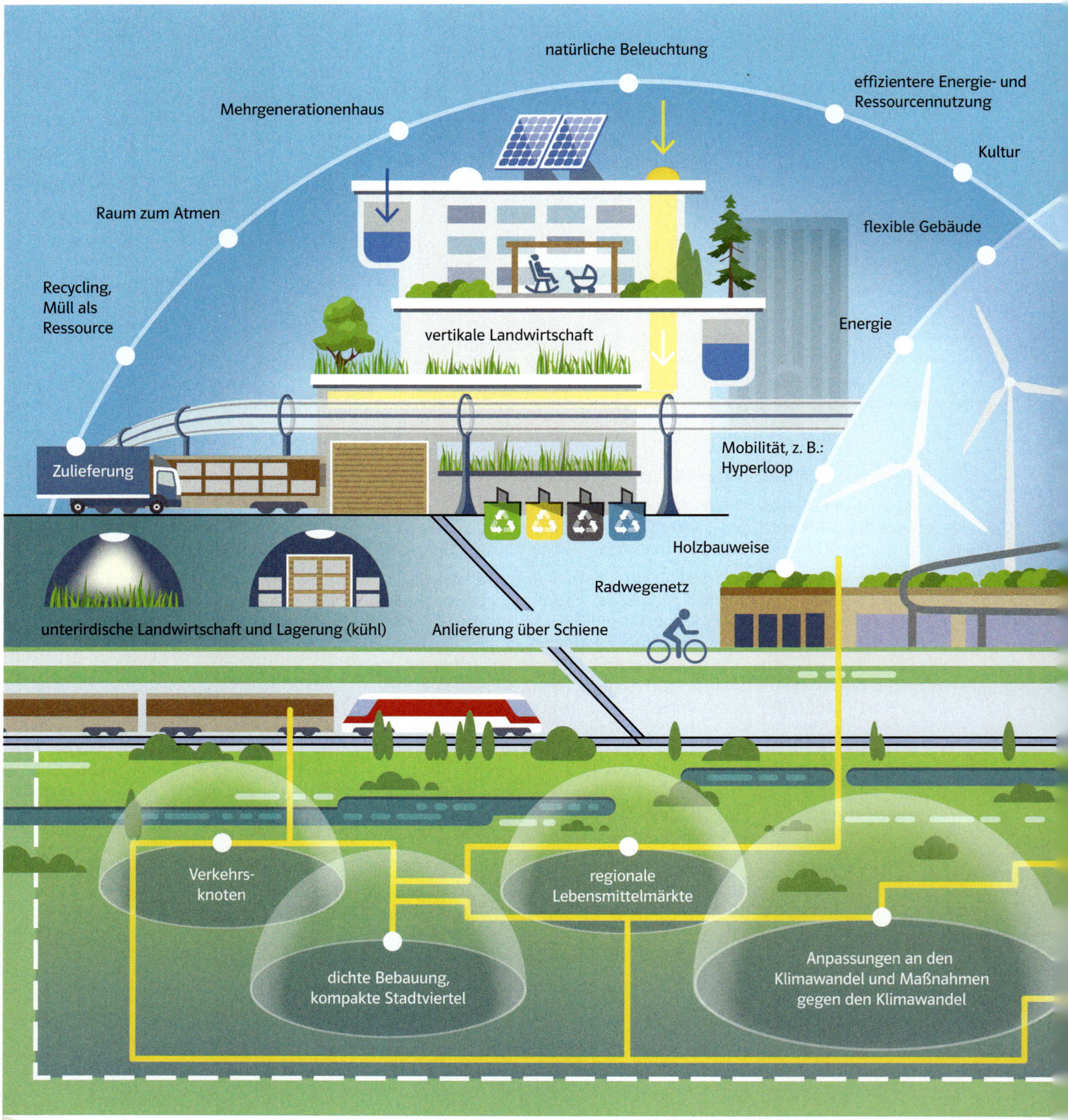

1 Stadt der Zukunft

1 NE

Überprüfen Sie Ihre in der „Zukunftswerkstatt" (S. 94/95) erarbeitete Vision einer nachhaltigen Stadt der Zukunft.

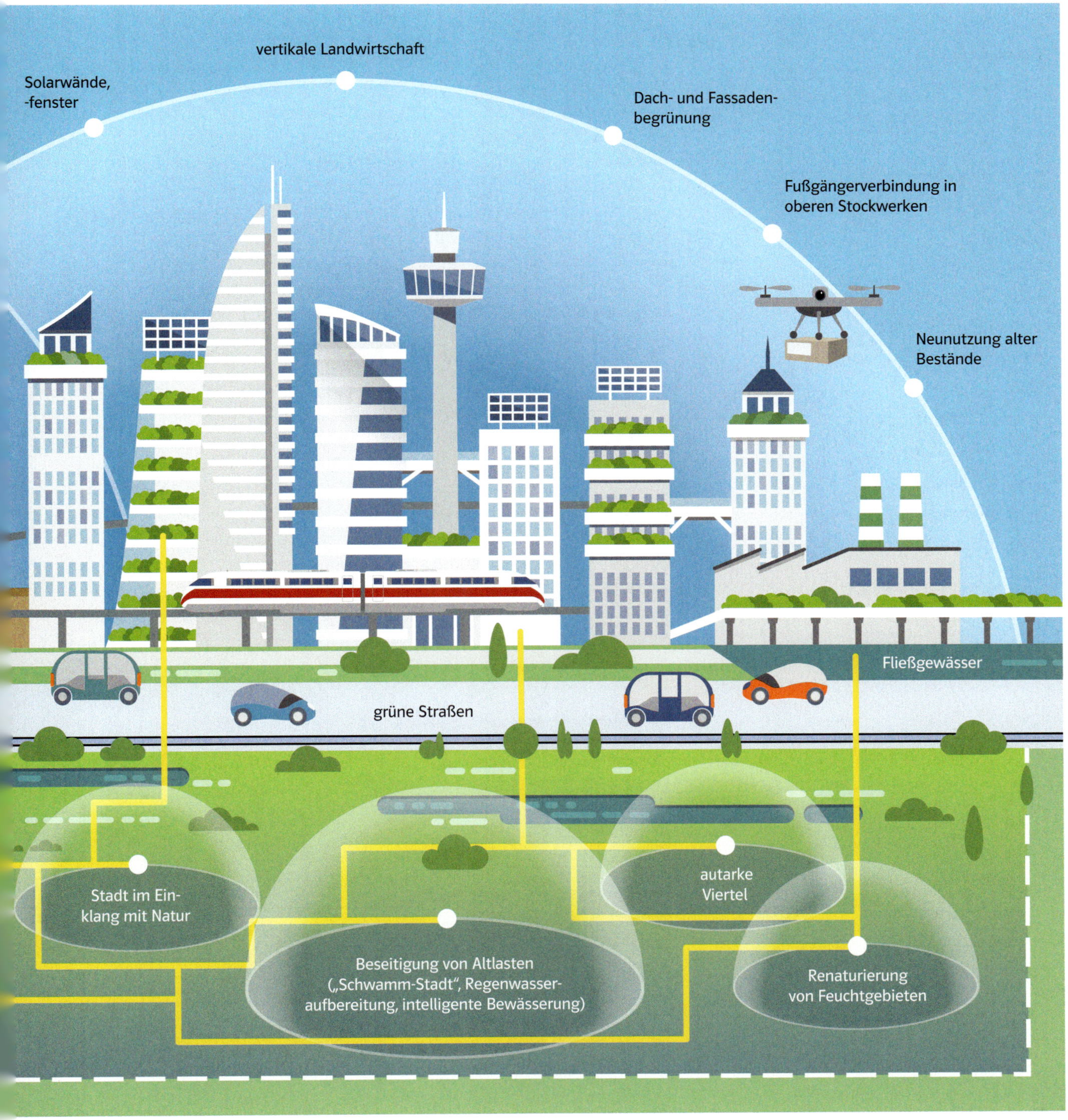

2 NE

Vergleichen Sie Ihre Vision mit dem Zukunftsbild dieser Doppelseite.

3 NE

Erstellen Sie einen Plan Ihres Wohnortes mit Zukunftselementen.

Wichtige Begriffe

- City
- funktionale Stadtgliederung
- Gated Community
- Gentrifizierung
- Lokale Agenda 21
- Marginalsiedlung
- Megacity
- nachhaltige Stadtentwicklung
- Reurbanisierung
- Segregation
- Shrinking City
- Slum
- städtische Wärmeinsel
- Suburbanisierung
- Urbanisierung
- Verstädterung
- Vulnerabilität

Wissen vernetzen

Die städtische Bevölkerung wächst heute weltweit doppelt so schnell wie die des ländlichen Raumes. Lebte 1975 nur rund ein Drittel der Weltbevölkerung in Städten, so ist es gegenwärtig bereits über die Hälfte.
Bei der Entwicklung der Städte bilden sich Strukturen heraus, die einem dauernden Wandel unterworfen sind. Trotz aller kulturräumlich bedingten Unterschiede ist in der Gegenwart zu beobachten, dass weltweit die Städte immer stärker durch gemeinsame bzw. ähnliche Prozesse und Problemfelder geprägt werden. Sie unterliegen bei fortschreitender Globalisierung denselben Einflussfaktoren.
Die urbanen Räume werden dadurch zu Brennpunkten unserer Gegenwartsprobleme. In ihnen spiegeln sich die Belastungen der Ökosysteme genauso wider wie die weltweiten demografischen, ökonomischen und sozialen Veränderungen. Besonders hier müssen also die Innovationen entstehen, die Konzepte entwickelt und erprobt werden, die für eine nachhaltige Lebens- und Wirtschaftsweise unerlässlich sind.
Die zukunftsfähige Gestaltung unserer Städte wird damit zu einer der wichtigsten Zukunftsaufgaben. Offen bleibt, ob bzw. inwieweit diese Gestaltungsaufgabe gelingen wird. Können die Entwicklungs- und Schwellenländer erfolgreiche Maßnahmen zur Bewältigung des enormen städtischen Wachstums einleiten? Schaffen wir die Wende zu umfassender Nachhaltigkeit in der Stadtentwicklung?
Die Stadt stellt für die meisten von uns den Lebensraum dar, in dem wir wohnen, uns bilden, uns versorgen, arbeiten und unsere Freizeit verbringen. Die oben angesprochenen Probleme und Aufgaben betreffen uns also existenziell. Aus dieser Erkenntnis heraus müssen wir fragen, was für den Einzelnen, was für uns das Leben und Wohnen in der Stadt bedeutet. Uns muss bewusst sein, dass wir uns – zum Beispiel im Rahmen des Lokale-Agenda-21-Prozesses – aktiv in die Gestaltung unserer Heimatstadt einbringen können. Grundlage für ein solches Engagement bieten die in diesem Kapitel gewonnenen Erkenntnisse und Kompetenzen.

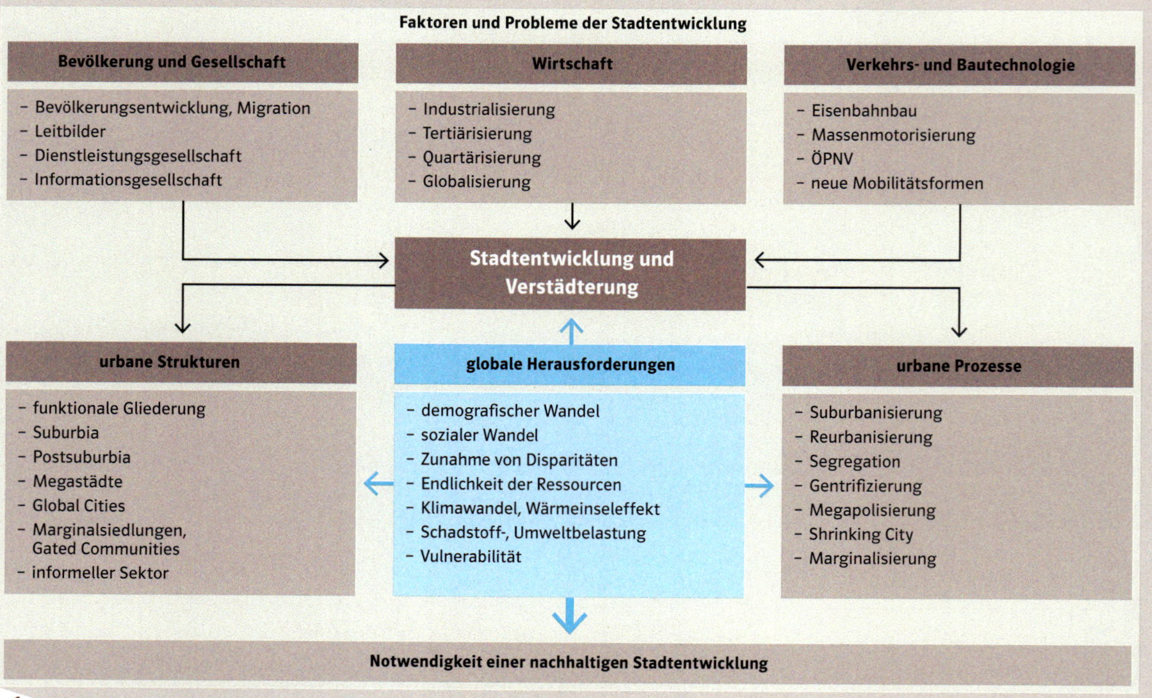

1 Globale Herausforderung: Stadtentwicklung und Verstädterung

Kompetenzen überprüfen

Sich orientieren

1 Lokalisieren Sie auf der Karte
(Weltkarte zum Ausdrucken unter Online-Code hc4d48)
a) zwei Regionen mit einem aktuell sehr hohen Verstädterungsgrad,
b) in fünf Kontinenten je eine Megastadt,
c) drei Global Cities.

Wissen und verstehen

2 Charakterisieren Sie den gegenwärtigen Verstädterungsprozess.

3 Stellen Sie aktuelle Problemfelder der Innenstädte bzw. Citys dar.

4 Erklären Sie den Begriff „Vulnerabilität“.

Fachmethoden anwenden

5 Interpretation der thematischen Karte 3
a) Arbeiten Sie Grundzüge der Entwicklung heraus.
b) Erklären Sie Ursachen und Folgen dieses Prozesses.

6 Erstellen Sie – ausgehend von der Grafik 2 – ein Fließdiagramm zu den Ursachen und Folgen städtischer Marginalisierung in Entwicklungsländern.

Beurteilen und bewerten

7 „Die Suburbanisierung bedeutet das Ende der Kernstädte.“
Bewerten Sie diese Aussage.

8 „Probleme und Verödung der City“: Beurteilen Sie diese Schlagzeile vor dem Hintergrund Ihrer eigenen Wahrnehmung von Innenstädten.

Handeln

9 Erforschung des eigenen Schulortes
Bewerten Sie anhand des vorgestellten Fragebogens (Online-Code hc4d48) Ihren Schul- oder Heimatort als Lebensraum.

10 Nachhaltige Stadtentwicklung
a) Analysieren Sie – auch durch eine Befragung beim Stadtbauamt – eine aktuelle Sanierungs- oder Entwicklungsmaßnahme Ihrer Gemeinde.
b) Vergleichen Sie diese Maßnahme mit den Konzepten nachhaltiger Stadtentwicklung.
c) Gestalten Sie zu Ihren Untersuchungsergebnissen eine Präsentation im Plenum.

Basiskonzepte anwenden

11 Erläutern Sie an einem Fallbeispiel aus diesem Kapitel die Raumkonzepte der Geographie.

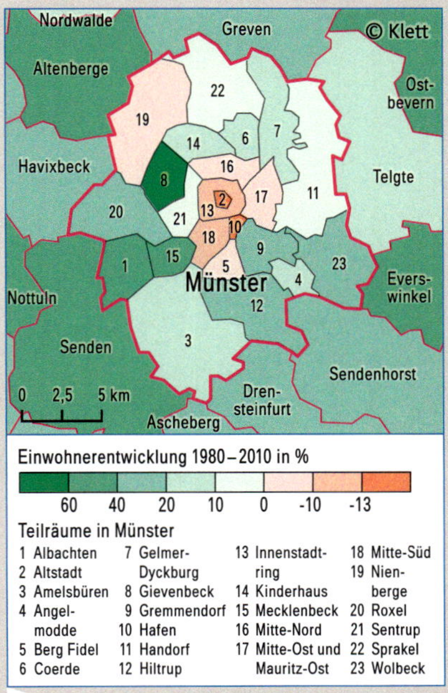

3 Bevölkerungsentwicklung in der Stadtregion Münster
Nach: Heinz Heineberg: Stadtgeographie 4. Auflage. UTB GmbH, Stuttgart 2013, S. 45

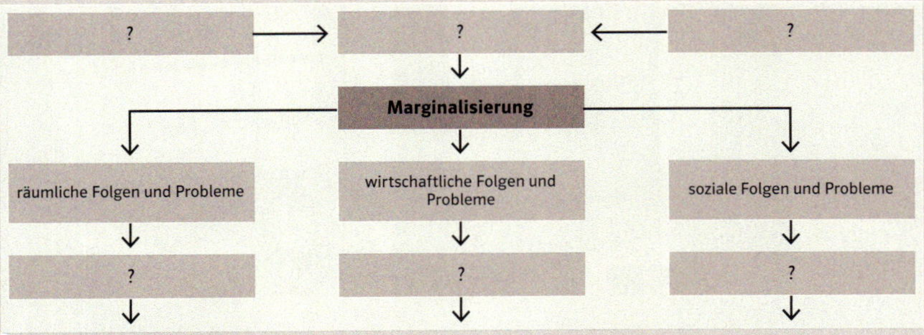

2 Städtische Marginalisierung in Entwicklungsländern: Ursachen und Folgen

Wenn Sie alle Seiten dieses Kapitels bearbeitet haben, können Sie ...

- den urbanen Lebensraum mit seinen wesentlichen stadtgeographischen Merkmalen beschreiben und gliedern;
- Ausmaß, Erscheinungsformen und Ursachen des weltweiten Verstädterungsprozesses herausarbeiten;
- Auswirkungen der Globalisierung auf die städtische Entwicklung analysieren;
- die Besonderheiten des Stadtklimas und die Vulnerabilität urbaner Lebensräume darstellen;
- Konzepte einer nachhaltigen Stadtentwicklung beurteilen und mit einem eigenen Entwurf für eine „Stadt der Zukunft“ vergleichen.

14

Globale Herausforderung: disparitäre Entwicklungen

1

2

Die tägliche Begegnung mit vielen Menschen, der Eindruck von Märkten, die Erfahrungen in der Schule und die Wahrnehmung unserer sozialen Umwelt offenbaren vielfältige, zum Teil fundamentale Unterschiede hinsichtlich Wohlstand, Bildung, Gesundheit und vielen anderen Merkmalen.
Diese Disparitäten sind Ausdruck tieferliegender Probleme. Jeder Lösung eines erkannten Problems muss stets eine saubere Analyse vorangehen. Dabei gilt es auch, die eigenen Klischees und Voreingenommenheiten zu überwinden.
Formulieren Sie für jedes Bild einen Titel. Ordnen Sie die Bilder sodann vier der nachfolgend genannten Länder begründet zu: Rumänien, Südafrika, Deutschland, Indien, Russland, Mexiko, USA, Japan.

3

4

Sie untersuchen ...

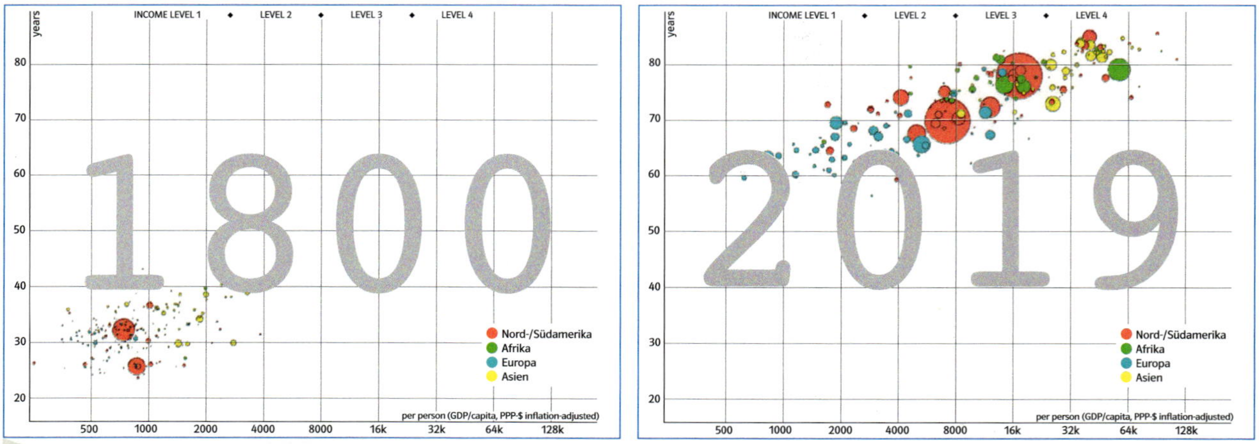

5 Lebenserwartung und durchschnittliches Einkommen 1800 und 2019 (Screenshot www.gapminder.org/tools)

Disparität
Der Ausdruck Disparität bezeichnet ein Nebeneinander von Ungleichem. Übersetzen lässt er sich mit „Verschiedenheit" oder „Anderssein". Disparitäten kommen im gesellschaftlichen Gefüge als soziale Disparitäten sowie mit Blick auf die regionale Verbreitung als räumliche Disparitäten zum Ausdruck.

Ungleich und doch gleich?

Gesellschaftliche und räumliche Disparitäten sind weltweit zu beobachten. Insbesondere in den großen Metropolen verdichtet sich das Aufeinandertreffen teils gewaltiger Unterschiede auf engstem Raum. Welche Ursachen, Ausdrucksformen und Auswirkungen sind diesbezüglich zu identifizieren? Und können sie überwunden werden?

Der Altkleidermarkt im Ruhrgebiet, das moderne Bürogebäude in Mumbai, Indien, die gut ausgestattete High School in Mexico City und die großen Reichtum illustrierende Villa im südafrikanischen Johannesburg repräsentieren ohne Zweifel globale Realitäten. Zugleich irritiert uns die Zuordnung der Bilder zu den genannten Staaten, da unsere Vorstellung von armen und reichen Ländern mit Blick auf Indien, Mexiko und Südafrika durch Bilder von Slums, Armut, Hunger und Zerfall bestimmt sind, die von Deutschland hingegen von weit verbreitetem Wohlstand. Wie aber ist der wirkliche Entwicklungsstand dieser Gesellschaften? Sind die Aufnahmen repräsentativ oder spiegeln sie Ausnahmesituationen?

Offensichtlich können wir uns nicht auf bestehende Vorstellungen verlassen, die etwa durch Erzählungen, einzelne Erfahrungen oder Medien transportiert und verstärkt werden. Um herauszufinden, welchen Entwicklungsstand einzelne Länder haben, benötigen wir offensichtlich andere Instrumente. Disparitäten bestehen demnach sowohl zwischen verschiedenen Ländern als auch innerhalb von Gesellschaften. Und weltweit gibt es heute offensichtlich auch Gemeinsamkeiten.

Zu fragen ist, ob das immer so gewesen ist oder ob sich der Unterschied zwischen Ländern in den vergangenen zweihundert Jahren der „Moderne" vergrößert, verkleinert oder anderweitig verändert hat. Vor allem aber gilt es, die Ursachen dieser verschiedenen Disparitäten zu verstehen.

Die Entwicklung der Staaten der Erde hat in den vergangenen zweihundert Jahren eine gewaltige Verbesserung der Lebensverhältnisse für Hunderte Millionen, wahrscheinlich für Milliarden von Menschen gebracht. Zum Ausdruck kommt dies etwa durch die Indikatoren Lebenserwartung und Einkommen. Während zu Beginn des 19. Jh die durchschnittliche Lebenserwartung der Weltbevölke-

Diesen Fragen zu disparitären Entwicklungen werden Sie nachgehen:

- Was sind Disparitäten?
- Welche Merkmale kennzeichnen Unterentwicklung?
- Kann man Entwicklung messen?
- Welcher Ursachen und Erklärungsansätze für Unterentwicklung werden diskutiert?
- Wo verlaufen die Grenzen zwischen Entwicklung und Unterentwicklung?
- Führt die Globalisierung zu Unterentwicklung oder zu deren Überwindung?
- Welche Folgen haben disparitäre Entwicklungen?
- Welcher Zielsetzung folgt der Entwicklungsgedanke?

Sie knüpfen an ...

6 Soziale Gegensätze in New York

Bekannte Begriffe

- Armutsviertel
- Disparität
- Entwicklungszusammenarbeit
- Flucht
- Human Development Index
- Land-Stadt-Wanderung
- Migration
- Migrationsursachen
- Menschenrechte
- nachhaltige Entwicklung
- Umweltflucht
- Ziele für eine nachhaltige Entwicklung/ Sustainable Development Goals

rung bei lediglich 30 – 40 Jahren lag, umfasst diese Spanne heute zwischen 60 und über 80 Jahren. Trotz einer für alle Menschen festzustellenden Verbesserung ist doch eine größer gewordene Kluft zu konstatieren. Zugleich leiden nach wie vor etwa 700 Mio. Menschen an Hunger, während gleichzeitig eineinhalb Milliarden weltweit übergewichtig sind. Diese wenigen Daten machen deutlich, dass die Entwicklung ungleich verläuft und aufgrund der regionalen Schwerpunktsetzungen sich **Räume unterschiedlichen Entwicklungsstandes** herausgebildet haben. Diese sind in der Regel durch das Auftreten mehrerer Entwicklungsindikatoren charakterisiert. Dazu zählen u.a. die Verfügbarkeit von Einkommen und Kaufkraft, das Auftreten von Hunger, die Gesundheitsversorgung und das Bildungsangebot.
Angesichts dieses Ist-Zustandes stellt sich die Frage, zu welchem Ziel Entwicklung führen soll. Welchen Ideen folgt dies? Geht es um Verteilungs- oder **Chancengerechtigkeit**? Geht es um Wohlstand oder eine ökologisch tragfähige Entwicklung?

Das wissen Sie schon!

Dass Arm und Reich nicht allein durch Ländergrenzen voneinander getrennt sind, sondern dass jede Gesellschaft Arme und Reiche hervorbringt, das haben Sie ausgehend von diesem Bild bereits kennengelernt. Ging es in Klasse 8 vor allem um das Phänomen der Disparitäten, so richten sich nun die Fragen vor allem auf die Ursachen und Auswirkungen gesellschaftlicher Ungleichheiten, die nicht nur hinsichtlich Einkommen, Bildung, Ernährung und medizinischer Versorgung bestehen. Wiederum ist zu fragen, ob und wie Disparitäten zu erfassen sind und wie sie im Rahmen der „Agenda 2030" und ihren 17 Zielen für eine nachhaltige Entwicklung (SDG) auf allen Ebenen überwunden werden können.

1 Überprüfen Sie Ihre Zuordnung der Bilder von Seite 138/139 zu vier der genannten Länder.

2 Begründen Sie Ihre ursprüngliche Zuordnung.

3 Erläutern Sie die Fachbegriffe aus Klasse 8 anhand der Abbildung 6.

4

Kapitelübergreifende Aufgabe/Instruktion
Die Frage nach den Ursachen disparitärer Entwicklung von Gesellschaften wird sehr unterschiedlich beantwortet. Führen Sie eine intensive und fachlich gut fundierte Debatte zur Frage „Wie können disparitäre Entwicklungen überwunden werden?" durch.
Organisieren Sie sich in verschiedenen Gruppen und arbeiten Sie zur Vorbereitung der Debatte die Seiten dieses Kapitels gründlich durch.

1

MK

Kann man Entwicklung messen?

Der Begriff „Entwicklung" ist grundsätzlich positiv belegt, obwohl das Wort per se im Grunde inhaltsleer ist. Was genau damit gemeint ist, in welche Richtung die Entwicklung geht und ob diese als richtig oder falsch bewertet wird, erfordert Konkretisierung. Um festzustellen, ob eine angestrebte Entwicklung auf dem richtigen Weg ist, bedarf es Indikatoren, die sich je nach Entwicklungsidee voneinander unterscheiden. Welche sind die gängigsten?

Indikatoren geben uns Hinweise, zeigen Veränderungen an und sind somit hilfreich für den Erkenntnisgewinn. So sind Schulnoten ein zentraler Indikator für die Entwicklung der individuellen schulischen Leistung. Ungleich komplexer und somit anspruchsvoller ist es hingegen, den Entwicklungsstand oder -prozess einer Gesellschaft zu erfassen. Denn zum einen konkurrieren unterschiedliche Vorstellungen von Entwicklung und zum anderen sind Indikatoren nur begrenzt aussagekräftig. Hinzu kommt, dass sich im Laufe der Zeit die Rahmenbedingungen und damit wiederum die Konzepte von Entwicklung ändern.
So erachtet die Weltbank das **Bruttonationaleinkommen** pro Kopf (BNE/Kopf), das früher unter der Bezeichnung Bruttosozialprodukt firmierte, als aussagekräftigen Indikator für die wirtschaftliche Entwicklung eines Landes. Das BNE erfasst alle Waren und Dienstleistungen, die in einem Zeitraum (meist 1 Jahr) von Staatsangehörigen eines Landes hergestellt wurden, gleichgültig ob dies im In- oder Ausland erfolgte. Kritiker aber merkten schon früh an, dass lediglich ein einzelner ökonomischer Indikator, der zudem nur einen begrenzten Aspekt abdecke, nicht geeignet sei, denn das BSP/Kopf wie auch das BNE/Kopf

- sei ein mathematischer Durchschnittswert, und ein solcher habe grundsätzlich begrenzte Aussagekraft,
- berücksichtige nur formale Einkommensquellen und lasse den insbesondere für die Wirtschaft der Entwicklungsländer so wichtigen informellen Sektor unbeachtet,
- erfasse nicht die vor allem für die Nahrungsversorgung in Ländern des Globalen Südens bedeutende Subsistenzwirtschaft,
- berücksichtige auch nicht die marktspezifische Kaufkraft der angegebenen Geldmenge.

Der „Index der menschlichen Entwicklung"

Angesichts dieser Kritik entwickelte die UNO einen anderen Indikator, um den Entwicklungsstand von Gesellschaften zu erfassen: den **Human Development Index (HDI)**, also den Index der menschlichen Entwicklung. In diesen gehen folgende Messgrößen ein:

- die durchschnittliche Lebenserwartung,
- die durchschnittliche Dauer der Beschulung,
- das kaufkraftbereinigte Bruttonationaleinkommen pro Kopf.

Aus diesen Teilwerten wird ein Index-Wert errechnet, der zwischen 0 und 1 liegt. Dabei gilt: je höher der Wert, desto höher der Entwicklungsstand eines Landes. Liegt der Wert über 0,8, ist ein hoher Entwicklungsstand erreicht. Doch auch der HDI kann die Wirklichkeit nur bedingt abbilden.

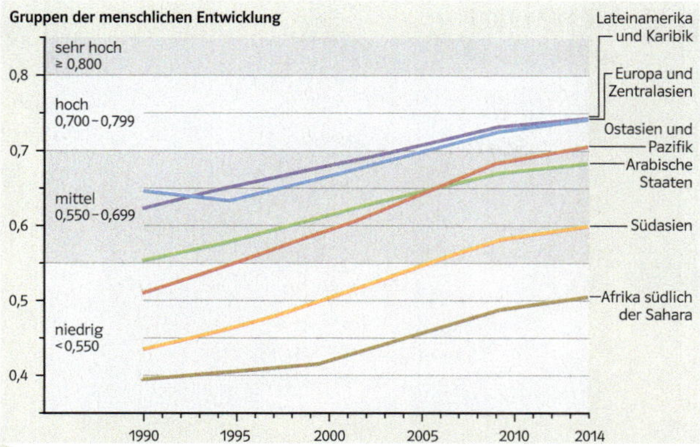

2 Der Index der menschlichen Entwicklung nach Regionen

Nach: United Nations Development Programme

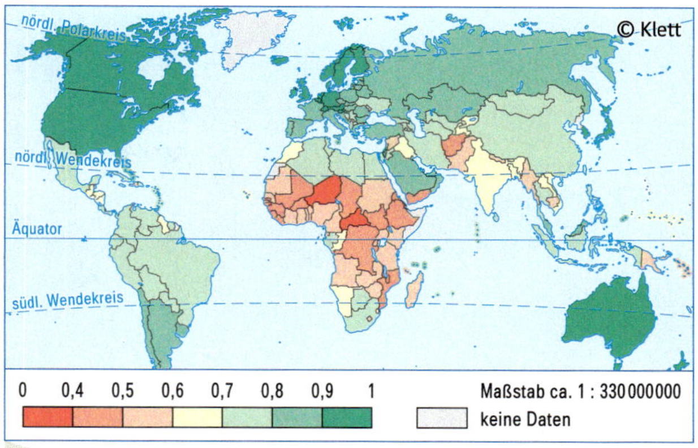

3 Der Index der menschlichen Entwicklung nach Ländern

Nach: UNDP Human Development Reports – Human Development Report 2019. Unter: http://hdr.undp.org/en/2019-report (Zugriff: 28.10.2020)

Weitere Entwicklungsindikatoren

Denn, so die Kritiker des HDI, dieser lasse die im Rahmen einer nachhaltigen Entwicklung bedeutenden ökologischen Aspekte außer Acht. Diese berechtigte Kritik führte 2010 zur Fortentwicklung des HDI hin zum HSDI, dem Human Sustainable Development Index, der neben den bereits bekannten Aspekten auch die Pro-Kopf-Treibhausgasemissionen in CO_2-Äquivalenten erfasst und in die Gesamtberechnung des Index-Wertes einbezieht.

Andere Entwicklungsindikatoren, wie der Happy-Planet-Index, rücken den Wohlstand und die Lebenszufriedenheit in Kombination mit dem ökologischen Fußabdruck in den Fokus.

Einen ganz anderen Weg geht Bhutan. Das Königreich im Himalaja drückt die eigene Entwicklung mithilfe des Indikators Bruttonationalglück aus. Dazu werden mithilfe von 33 Indikatoren neun verschiedene Lebensbereiche erfasst. Diese umfassen das subjektive Wohlbefinden, Gesundheit, Bildung, Kultur, die Aufteilung zwischen Arbeitszeit und Freizeit, die Politik, das Gemeinschafts- und Familienleben, die Natur sowie den Lebensstandard.

Der Nationale Wohlfahrtsindex (NWI) schließlich berücksichtigt insgesamt 20 wohlfahrtsstiftende und wohlfahrtsmindernde Aktivitäten.

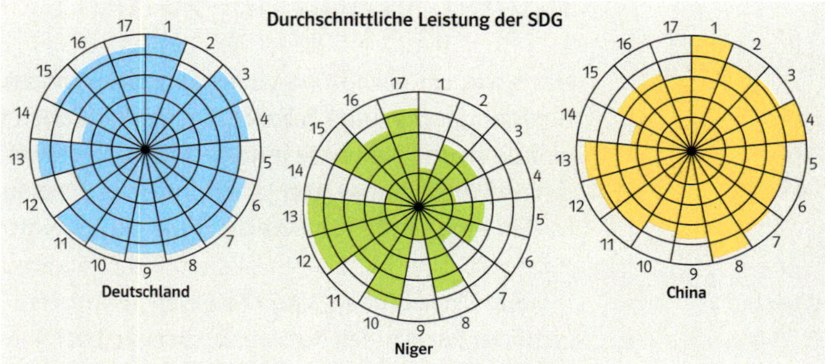

4 Entwicklungsstände nach den SDG der „Agenda 2030"

Nach: https://s3.amazonaws.com/sustainabledevelopment.report/2019/2019_sustainable_development_report.pdf (Zugriff 28.10.2020)

Mit dem Start der „Agenda 2030" und ihren 17 Zielen für eine nachhaltige Entwicklung zum 1.1.2016 finden neue Verfahren zur Messung des Entwicklungsstandes der Staaten der Erde Eingang in die Diskussion. In einem jährlichen Bericht erfasst der „Sustainable Development Report" den Entwicklungsstand und -prozess der Länder entlang der Zielformulierungen, die in den **17 Zielen für eine nachhaltige Entwicklung (= Sustainable Development Goals, SDG)** und den diesen zugeordneten 169 Teilzielen festgelegt sind. Die erreichten Fortschritte werden für jedes Land in einer Analysespinne dargestellt.

→ Nachhaltige Entwicklung/ Agenda 2030 S. 427

1 NE

Partnerarbeit: Erklären Sie sich gegenseitig je zwei verschiedene Indikatoren zur Erfassung des Entwicklungsstandes eines Landes.

2 MK

Erstellen Sie eine Tabelle der folgenden Länder nach den hier angeführten Entwicklungsindizes: Deutschland, China, Niger (Grafik 4). Nutzen Sie dazu auch den Online-Code.

3

Bewerten Sie auf dieser Grundlage den Entwicklungsstand der drei analysierten Länder unter Berücksichtigung der unterschiedlichen Entwicklungsindikatoren.

1 Etwa 90 Millionen Inder leben unter der absoluten Armutsgrenze

2 Das teuerste private Wohnhaus der Welt (1 Mrd. US-$) steht in Mumbai

Indien – Land der Armut?

Nach wie vor verbinden viele Menschen Indien mit Bildern ausgeprägter Armut, riesigen Slums und rückständigem ländlichen Leben. Diese Vorstellung wird Indien nicht gerecht, denn sie ignoriert die wirtschaftliche, technische und gesellschaftliche Entwicklung der letzten Jahrzehnte. Gemessen am Human Development Index hat Indien eine bemerkenswerte Entwicklung vollzogen. Ganz Indien?

Wussten Sie, dass Indien ...

... bereits 2008 ein eigenes Mondererforschungsprogramm erfolgreich durchführte?

... 2014 mit einer eigenen Rakete den Mars erreichte?

... in den nächsten Jahren sein eigenes Programm bemannter Raumfahrt realisieren wird?

... weltweit führende IT-Entwicklungsstandorte unterhält?

Indiens Dimensionen sind die eines Kontinents – nicht nur hinsichtlich der Größe, sondern auch hinsichtlich der gesellschaftlichen und kulturellen Vielfalt. Diversität und regional sehr unterschiedlich verlaufende Entwicklungen prägen das Land. Dennoch konnte Indien in den vergangenen vier Jahrzehnten seinen HDI von unter 0,3 und damit einem sehr niedrigen Entwicklungsstand bis 2018 auf 0,647, also einen mittleren Entwicklungsstand steigern. Im weltweiten Ranking nimmt das Land damit Platz 129 ein.

Einen wesentlichen Beitrag zur Entwicklung Indiens wird den Wirtschaftsreformen zu Beginn der 1990er-Jahre zugeschrieben. Sie zielten vor allem auf die Öffnung und Liberalisierung des bis dahin nur wenig in die Weltwirtschaft integrierten Landes ab. Mit den Reformen wurden folgende Ziele verfolgt:

- die Sanierung der zerrütteten Staatsfinanzen durch massive Ausgabenkürzungen, insbesondere bei Subventionen;
- die Liberalisierung des indischen Außenhandels u.a. durch die Lockerung von Importbeschränkungen;
- die Deregulierung des Binnenmarktes durch die Vergabe zahlreicher Lizenzen für privatwirtschaftliche Unternehmen sowie den Abbau von Hemmnissen für ausländische Unternehmen.

Die Reformen führten einerseits zur erhofften wirtschaftlichen Dynamik, brachten aber auch die Verschärfung sozialer und regionaler Disparitäten mit sich. Die jährlichen Wachstumsraten der indischen Wirtschaft liegen seither zwischen 5 und 10 %. Regional konzentriert sich diese Entwicklung jedoch vor allem auf „Die großen Vier", also die Ballungsgebiete Delhi, Mumbai – Pune, Chennai und Kolkata, aber auch auf Bangalore, Hyderabad und Ahmedabad. Während der industrielle Sektor in etwa gleich bleibt, verliert der Primäre und gewinnt der Tertiäre Sektor an Bedeutung. Letzteres ist stark mit der in Indien ausgeprägten, global agierenden IT-Industrie verbunden.

Demgegenüber sind weite Teile des landwirtschaftlich geprägten Zentralindiens sowie des Ostens deutlich weniger entwickelt, sodass hinsichtlich der Einkommensdisparitäten ein klares West-Ost-Gefälle existiert. Scharfe soziale Gegensätze sind auch in den Städten erfahrbar, wie etwa in Mumbai, wo ausgedehnte Slumgebiete wie Daravi direkt neben weltmarktorientierten Dienstleistern des IT- oder Finanzsektors angesiedelt sind.

Statistisch entkommen jede Minute 44 Menschen in Indien der absoluten Armut, sodass die Mittelschicht mittlerweile auf etwa 600 Mio. Menschen angewachsen ist. Aber nach wie vor leben mindestens so viele Menschen in Armut.

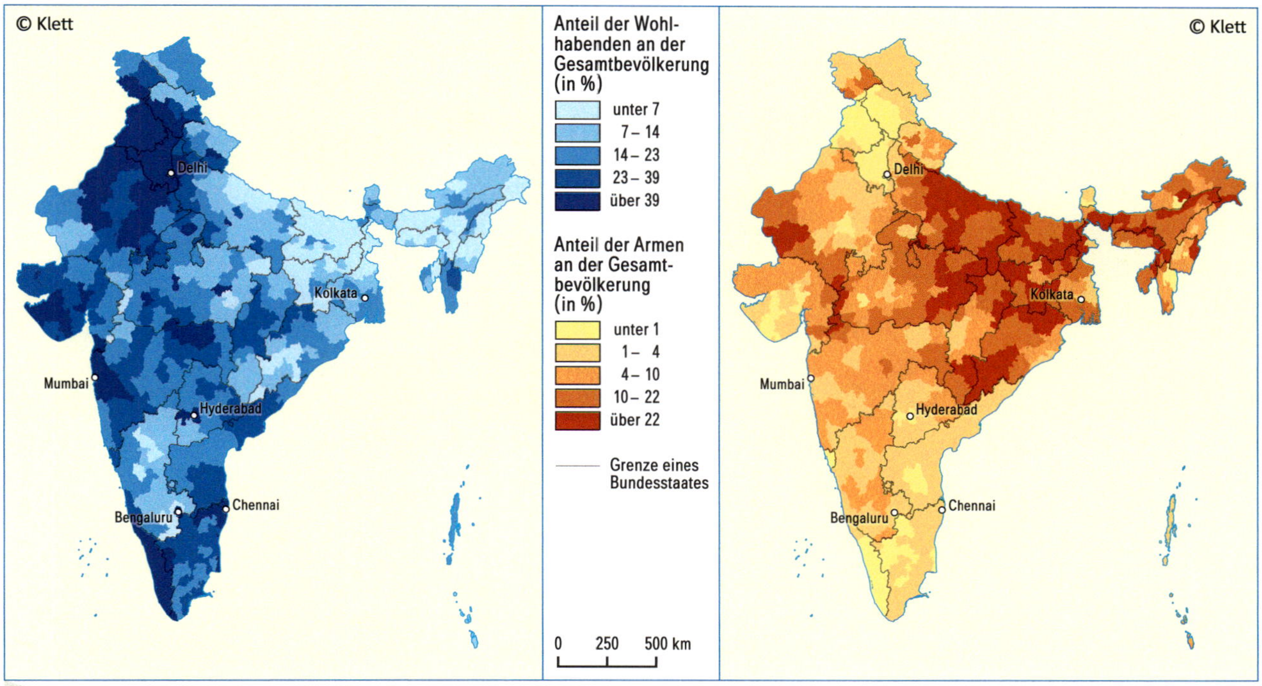

3 Anteil der Wohlhabenden und der armen Bevölkerung in Indien

Nach: National Family Health Survey. NFHS 4 unit-level data (2015-2016). Unter: http://rchiips.org/NFHS/nfhs4.shtml (Zugriff 13.08.2020)

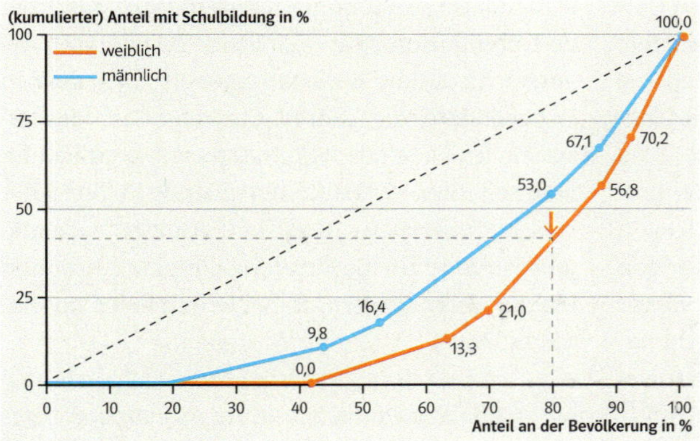

4 Bildung, Lorenzkurve Indien

Lesebeispiel: 80 % der Bevölkerung Indiens steht lediglich ein männlicher Bevölkerungsanteil von 53 % mit Schulbildung gegenüber, bei Mädchen und Frauen sogar nur 40%.

Nach: www.epdc.org/epdc-data-points/epdc-spotlight-india.html (Zugriff 02.11.2020)

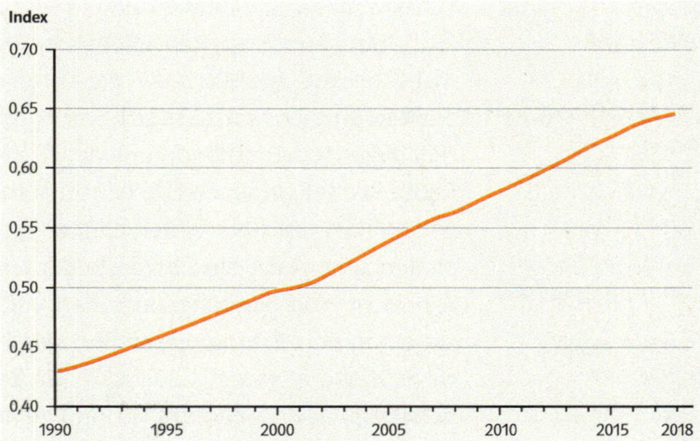

5 Entwicklung des HDI in Indien 1990 – 2018

Nach: Human Development Report, 2019 Statistical Update auf https://knoema.de/atlas/Indien/topics/Weltrankings/Weltrankings/Human-Development-Index (Zugriff 28.10.2020)

1 Beschreiben Sie verschiedene Aspekte disparitärer Entwicklungen in Indien.

2 Erläutern Sie Ursachen dieser Entwicklung.

3 NE Vergleichen Sie die Entwicklung Indiens, Deutschlands und der USA auf der Grundlage des HDI.

4 Vergleichen Sie anhand der Seiten 411 – 415 die Situation in Indien mit der in den USA und/oder in Deutschland.

5 Bewerten Sie die jüngste Entwicklung in Indien.

1 Gated Community, Florida

2 Slum, Detroit, Michigan

USA – Land des Reichtums?

Insbesondere in der zweiten Hälfte des 20. Jahrhunderts haben die USA weltweit Orientierung gegeben. Aber das „Land der unbegrenzten Möglichkeiten" zeigt zunehmend disparitäre Entwicklungen sozialer und räumlicher Art. Zwar sind die USA nach wie vor eines der reichsten Länder der Erde, doch seit geraumer Zeit greift auch eine andere Wirklichkeit Platz. Wie sieht das im Einzelnen aus?

Wussten Sie, dass in den USA …

… mehr als 600 Milliardäre leben?

… etwa 30 Millionen Menschen keine Krankenversicherung haben?

… jeder achte Bürger arm ist?

… je 1000 Einwohner weniger Autos verfügbar sind als in Deutschland?

Disparitäre soziale Entwicklungen sind in den USA auf vielen verschiedenen Ebenen zu beobachten. Insbesondere mit Blick auf die Lohnentwicklung stellten Studien fest, dass sich seit den 1980er-Jahren diese so auseinanderentwickelt haben, dass heute wieder Unterschiede wie zu Zeiten der großen Wirtschaftskrise in den 1930er-Jahren festzustellen sind. Auch die Abstände der Gehälter von Arbeitern und Führungspersonen haben weiter zugenommen. Betrug dieser 1965 das 24-fache, so ist es heute etwa das 200-fache. Die Zahl der Obdachlosen stieg ebenfalls an und zwar auf etwa 3,5 Mio. Menschen. Zudem ist zu beobachten, dass höhere Bildungsabschlüsse nicht mehr automatisch zu höheren Einkommen führen. Zwar stiegen die Frauen gezahlten Löhne von ca. 60 % in den 1960er-Jahren auf etwa 80 % der Männern gezahlten Löhne, doch eine darüber hinaus gehende Angleichung ist nicht zu erkennen. Noch immer sind deutliche Unterschiede zwischen der Schulbildung weißer Amerikaner, Schwarzer und Hispanics festzustellen. Dies lässt sich auch auf dem Arbeitsmarkt beobachten. Schließlich sind disparitäre Entwicklungen mit Blick auf Chancen zum beruflichen Aufstieg, den Zugang zu medizinischer Versorgung, Mobilität im Alter sowie Integration von Migranten in den Arbeitsmarkt nicht zu übersehen.

Viele dieser sozial ungleichen Entwicklungen finden ihren Ausdruck in räumlichen Disparitäten auf unterschiedlichen Maßstabsebenen. Lokal sind es insbesondere die „Gated Communities", die ursprünglich Ende des 19. Jh. in New Jersey aufkamen und seit den 1970er-Jahren überall in den USA massiv zunehmen. In diesen schotten sich die „oberen 20 %" der Bevölkerung hinter schützenden Mauern von weniger wohlhabenden Teilen der Bevölkerung ab.

Auf nationaler Ebene ist – trotz Ausnahmen – generell ein Nord-Süd-Gefälle hinsichtlich der Einkommensverteilung zu erkennen, das zugleich von einem Küsten-Binnenlage-Gefälle überlagert ist. Mit Blick auf die allgemeine, mithilfe des HDI erfasste Entwicklung ist Folgendes festzustellen: Zwar konnte der HDI-Wert der USA in den vergangenen dreißig Jahren von 0,86 auf 0,92 gesteigert werden. Doch diese Entwicklung geht nicht mit einer regionalen Vereinheitlichung der Lebensverhältnisse einher. So liegen die am weitesten entwickelten Bundesstaaten mit Ausnahme von Colorado im Norden der USA, wohingegen sich die relativ schwächer, im internationalen Vergleich aber sehr hoch entwickelten Bundesstaaten im Südosten konzentrieren.

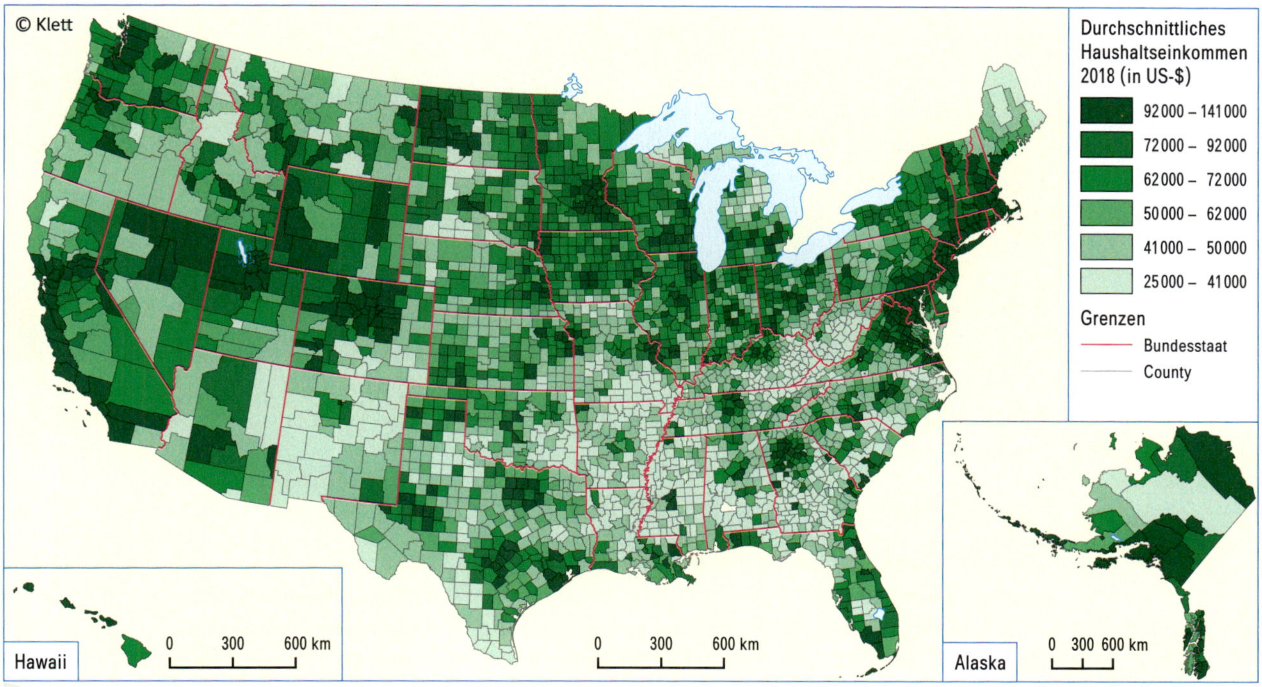

3 Durchschnittliche Haushaltseinkommen

Nach: U.S. Department of Commerce, Bureau of the Census, Small Area Income and Poverty Estimates (SAIPE) Program – Median Household Income of the Total Populationby County: 2018. Unter: www.census.gov/library/publications/2020/demo/p30-06.html (Zugriff 07.09.2020)

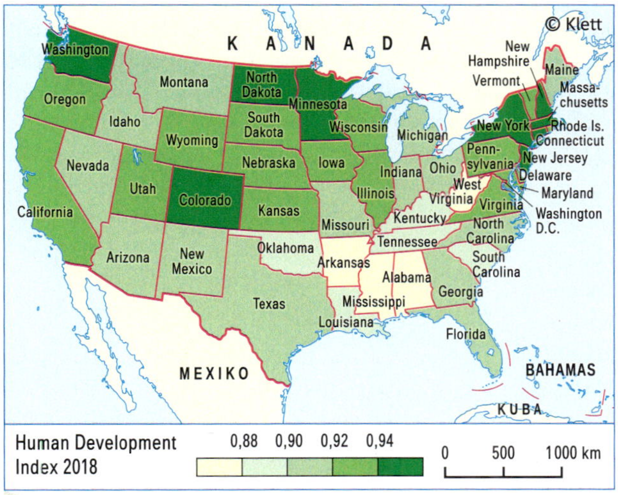

4 HDI USA nach Bundesstaaten 2018

Nach: Radboud University, Institute for Management Research – Global Data Lab. Unter: https://globaldatalab.org/shdi/ (Zugriff 08.09.2020)

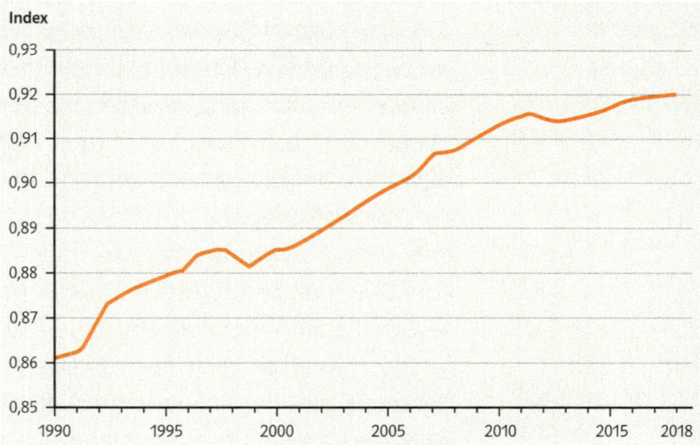

5 Entwicklung des HDI in den USA 1990 – 2018

Nach: https://knoema.com/atlas/United-States-of-America/Human-development-index. Quelle: UNDP (Zugriff 28.10.2020)

1 Beschreiben Sie verschiedene Aspekte disparitärer Entwicklungen in den USA.

2 Erläutern Sie Ursachen dieser Entwicklung.

3 NE Vergleichen Sie die Entwicklung Indiens, Deutschlands und der USA auf der Grundlage des HDI.

4 Vergleichen Sie anhand der Seiten 411 – 415 die Situation in den USA mit der in Indien und/oder in Deutschland.

5 Bewerten Sie die jüngste Entwicklung in den USA.

1 Sanierungsbedürftiges Viertel, Ueckermünde/Mecklenburg-Vorpommern

2 Hamburg-Blankenese

Deutschland – Land der Mittelschicht?

Seit den wirtschaftspolitischen Reformen der „Agenda 2010" entwickelte sich der „kranke Mann Europas" zum Wirtschaftszentrum des Kontinents. Neben diesen arbeitsmarkt- und sozialpolitischen Maßnahmen trug insbesondere der im internationalen Vergleich günstige Euro zur Stärkung der exportorientierten deutschen Wirtschaft bei. Doch diese Entwicklung zeigt regional wie sozial deutlich disparitäre Merkmale. Wie gestaltet sich dies im Einzelnen?

Wussten Sie, dass in Deutschland ...

... als arm gilt, wer über weniger als 60 % des mittleren Einkommens verfügt?

... diese sogenannte „relative Armut" Menschen von sozialer Teilhabe ausgrenzt?

... in vielen Ländern des Südens Menschen unter „absoluter Armut" leiden , die das Überleben infrage stellt?

... als absolut arm gilt, wer weniger als 1,90 US-$ pro Tag zur Verfügung hat?

Deutschland wird sowohl international als auch von der eigenen Bevölkerung als wohlhabend angesehen. Diesen Eindruck bestätigen auch die gängigen Entwicklungsindikatoren. Der HDI konnte seit 1990 bis heute von einem bereits hohen Wert (0,8) auf 0,94 gesteigert werden. Angesichts der Herausforderung des Einigungsprozesses ist dies eine beachtenswerte Leistung. Die im Artikel 72 (2) des Grundgesetzes als Richtschnur gesellschafts- und regionalpolitischer Entwicklungen festgeschriebene „Gleichwertigkeit der Lebensverhältnisse" nimmt ganz wesentlich Einfluss darauf, dass die sozialen wie regionalen Disparitäten in Deutschland nicht zu groß werden. Dennoch ist zu konstatieren, dass die soziale Schere seit den vergangenen zwei Jahrzehnten auseinandergeht und die lange Zeit für Deutschland charakteristische Mittelschicht abnimmt. Einkommensunterschiede nehmen zu und mit Blick auf die Entwicklungsindikatoren Einkommen, Verschuldung, Armut, Abwanderung und andere mehr ist die historisch-politische Zweiteilung Deutschlands statistisch nach wie vor sichtbar. Regional ist ein sehr klares Süd-Nord-Gefälle zu erkennen, das zugleich von einem West-Ost-Gefälle überlagert ist.

Armutsbericht 2019

„Im Jahr 2018 waren 15,5 Prozent der Menschen in Deutschland von Armut betroffen. Im Vergleich zu 2017 sank die Armutsquote damit um 0,3 Prozentpunkte. Für Hunderttausende bedeutete dieser prozentual kleine Rückgang einen Fortschritt: 210 000 Menschen weniger als noch im Vorjahr mussten rechnerisch unterhalb der Armutsgrenze leben. Dabei ist dieser Rückgang keineswegs typisch für die vergangene Dekade. Nur in zwei der vorherigen zehn Jahre gab es überhaupt einen Rückgang der Armut, und zwar 2010 und 2014 um jeweils 0,1 Prozentpunkte. [...] Ebenso hat sich am Arbeitsmarkt der Rückgang der Arbeitslosenquote fortgesetzt und lag 2018 bei 5,2 Prozent. Haupttreiber des deutschlandweiten Rückgangs der Armut war die positive Entwicklung in drei bevölkerungsreichen Bundesländern: Nordrhein-Westfalen, Niedersachsen und Bayern.
Im Vergleich der Bundesländer müssen wir auch im Jahr 2018 weiterhin eine tiefe Spaltung feststellen. Die Spanne der Armutsquote reicht von 11,7 Prozent in Bayern bis zu 22,7 Prozent in Bremen. Im Ranking der Bundesländer haben Bayern und Baden-Württemberg die ersten beiden Plätze der Bundesländer mit der niedrigsten Armutsquote getauscht. [...]"

www.der-paritaetische.de/schwerpunkt/armutsbericht/ (Zugriff 28.10.2020)

3

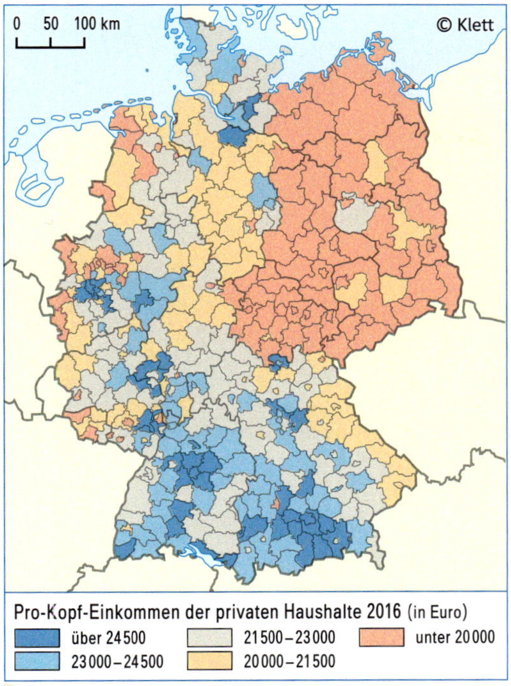

4 Haushaltseinkommen in Deutschland 2016

Nach: Wirtschafts- und Sozialwissenschaftliche Institut – verfügbare Pro-Kopf-Einkommen, regional. Unter: www.wsi.de/de/einkommen-14582-17976.htm (Zugriff 03.09.2020)

6 HDI Deutschland nach Bundesländern 2018

Nach: Radboud University, Institute for Management Research – Global Data Lab. Unter: https://globaldatalab.org/shdi/ (Zugriff 08.09.2020)

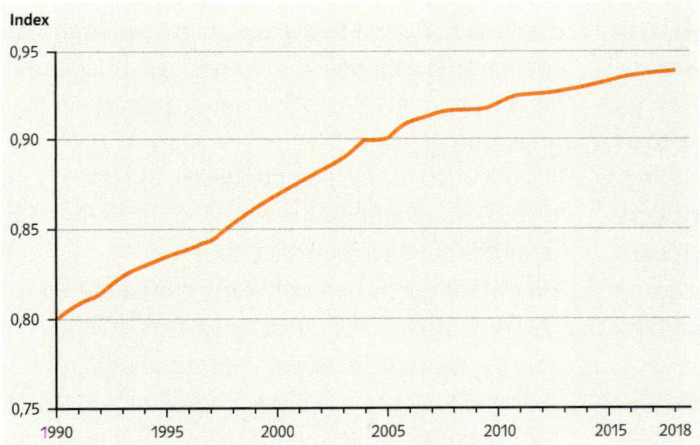

5 Entwicklung des HDI in Deutschland 1990 – 2018

Nach: Human Development Report, 2019 Statistical Update auf https://knoema.de/atlas/Deutschland/topics/Weltrankings/Weltrankings/Human-Development-Index (Zugriff 28.10.2020)

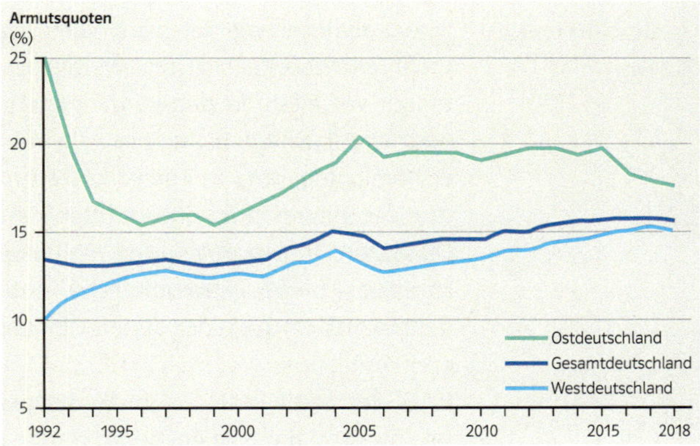

7 Armutsentwicklung in Deutschland seit 1992

Nach: Der Paritätische Gesamtverband: Der Paritätische Armutsbericht 2019, S.12/13 Grafik 4. Datenquelle: Statistische Ämter des Bundes und der Länder, BMAS, eigene Berechnungen des Paritätischen Gesamtverbandes

1 Beschreiben Sie Aspekte disparitärer Entwicklungen in Deutschland.

2 Erläutern Sie Ursachen dieser Entwicklung.

3 NE Vergleichen Sie die Entwicklung Indiens, Deutschlands und der USA auf der Grundlage des HDI.

4 Vergleichen Sie anhand der Seiten 411 – 415 die Situation in Deutschland mit der in Indien und/oder in den USA.

5 Bewerten Sie die jüngste Entwicklung in Deutschland.

1 Chinas Tor nach Europa: die „Cosco Shipping Pisces“, eines der weltgrößten Containerschiffe, läuft den Hafen von Piräus bei Athen an

2 Assoziationen zur Globalisierung

Globalisierung – Ursache disparitärer Entwicklungen?

Wir leben im Zeitalter der Globalisierung. Diese ist keine Naturgesetzen folgende Realität, sondern eine von Menschen geschaffene weltwirtschaftliche und -politische Ordnung intensiver Verflechtungen mit vielfältigen Auswirkungen in allen Teilen der Welt. Ob die Globalisierung mehr Segen als Fluch mit sich bringt, stellt sich – je nach Perspektive – sehr unterschiedlich dar.

↖ Globalisierung S. 268

Die **Globalisierung** fiel nicht vom Himmel! Vielmehr entwickelte sich der weltweite Warenaustausch vor allem in den vergangenen 500 Jahren permanent, wobei die technischen Neuerungen es ermöglichten, dass in immer kürzerer Zeit immer größere Volumina an Gütern über immer größere Distanzen transportiert und gehandelt werden konnten. Diese kontinuierliche Intensivierung dehnte sich im Zuge der ersten Globalisierung immer weiter aus.

Fand der Fernhandel bis in das ausgehende Mittelalter in erster Linie im mediterranen Raum statt, verlagerte er sich mit dem Beginn der europäischen Expansion seit dem 16. Jh. vor allem in Richtung Karibik einerseits und Südostasien andererseits. Im Zentrum des globalen Warenhandels aber stand im 19. und über weite Strecken des 20. Jh. der Atlantik. Heute sind wir Zeuge einer neuerlichen Verlagerung weltwirtschaftlicher Ströme, die nun mehr und mehr im pazifischen Raum zu beobachten sind.

Die intensiven Handelsbeziehungen haben Auswirkungen weit über den Wirtschaftssektor hinaus. Sie beeinflussen politische Entscheidungen ebenso wie Kleidung, Essen, Kultur oder Verhaltensweisen. Diese Effekte traten in allen Weltregionen und Phasen der Menschheitsgeschichte auf. Dabei wurden stets positive neben negativen Auswirkungen deutlich.

Dies gilt auch für die seit der weltpolitischen Wende 1989/91 anhaltende zweite Globalisierung. Damit einhergehend zeigt sich, dass

- der Staat durch Deregulierung gegenüber den Marktkräften an Bedeutung verliert,
- der Weltwirtschaft keine Weltregierung gegenübersteht, um diese zu ordnen und somit offenkundig der Primat der Wirtschaft über die Politik auf globaler Ebene gegeben ist,
- ein umfangreiches Warenangebot zu niederen Preisen für immer mehr Menschen zugängig wird,
- der freie Austausch von Waren weltweit zunimmt und daher globale Produkte häufig günstiger sind als nationale Produkte. Dies führt einerseits zu negativen Auswirkungen auf tradierte Wirtschaftsstrukturen, andererseits aber auch zu Wachstumsprozessen,
- die globale Konkurrenzsituation regional unterschiedlich mal Arbeitslosigkeit und mal Beschäftigungsimpulse befördert,

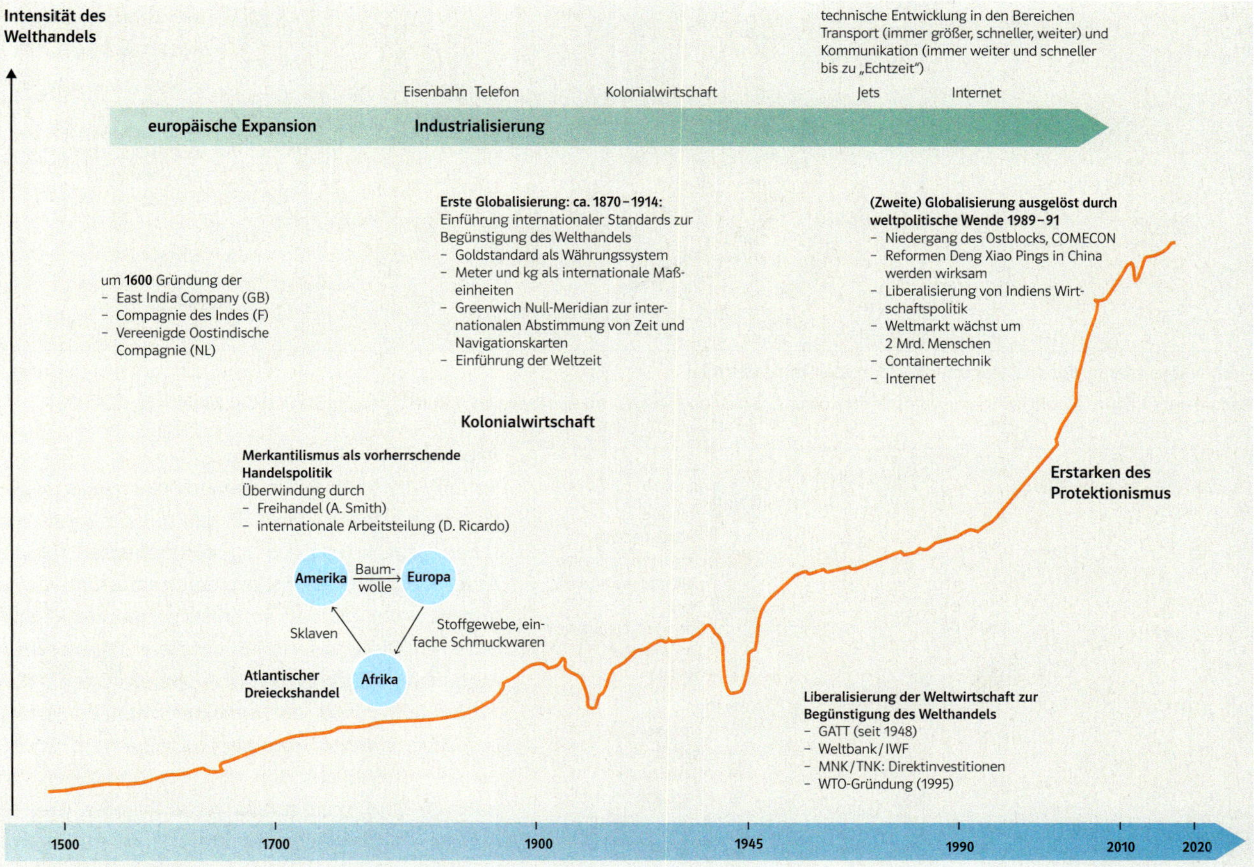

3 **Entwicklung der Weltwirtschaft und Globalisierung**
Nach: Thomas Hoffmann, 2020

- ein sozialer Aufstieg insbesondere in den Niedriglohnländern kaum zu realisieren ist,
- eine umfassende „nachholende Entwicklung" für die Masse der Menschen des Südens unmöglich ist, da die Globalisierung grundsätzlich „fragmentierend" wirkt,
- selbst eine reiche Ausstattung mit Ressourcen nicht zwingend zu wirtschaftlicher und gesellschaftlicher Entwicklung führt, sondern vielfach konfliktgeladene Konstellationen, wie im Kongo oder in Venezuela („Ressourcenfluch") hervorruft,
- der globale Wettbewerbsdruck letztlich zur Schwächung umweltpolitischer Regelungen führt,
- durch nicht-nachhaltige Wirtschaftsweisen und Verkehrszunahme Umweltprobleme in allen Bereichen (Wasserverschmutzung, Artenschwund, Treibhausgasemissionen, Übernutzung und Vermüllung der Ozeane, Bodendegradation u.a.) zunehmen,
- Krankheiten sich weltweit schneller ausbreiten (z.B. das Corona-Virus),
- die zunehmende Verflechtung per se mehr Konflikte schafft (z.B. Kriminalität, kulturelle Differenzen),
- das Zusammenwachsen der Kulturen befördert wird und somit einen positiven Beitrag zugunsten einer global friedlichen Entwicklung leisten kann.

→ „nachholende Entwicklung" und „Ressourcenfluch" S. 424

1 **Partnerarbeit:** Beschreiben Sie Ihrem Lernpartner die Geschichte der Globalisierung anhand der Grafik 3.

2 Erstellen Sie eine Pro- und Contra-Tabelle hinsichtlich der Auswirkungen der Globalisierung auf disparitäre Entwicklungen.

3 Bewerten Sie die Globalisierung aus Ihrer persönlichen Sicht.

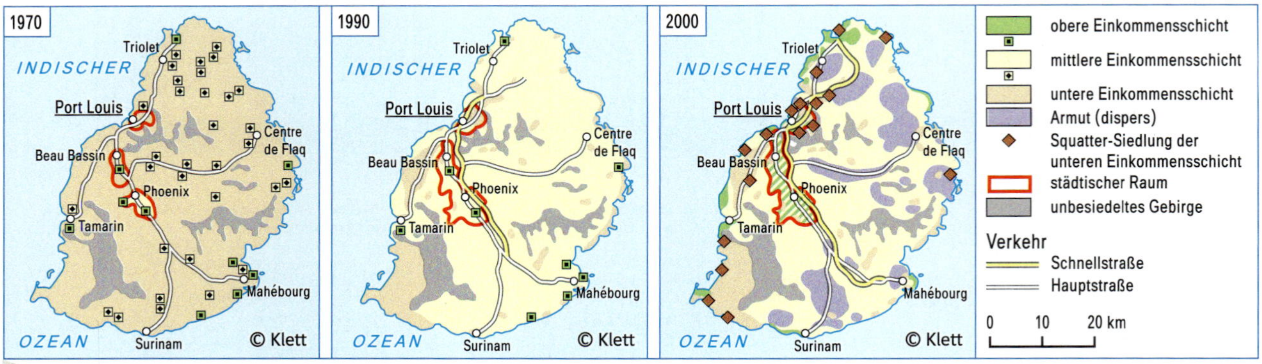

4 **Veränderung der sozialräumlichen Struktur auf Mauritius**

Nach: Kirsten Koop: Mauritius – Erfolgsgeschichte eines Entwicklungslandes. In: Geographische Rundschau, Jg. 54/Oktober 2002/H. 10, S. 24–30

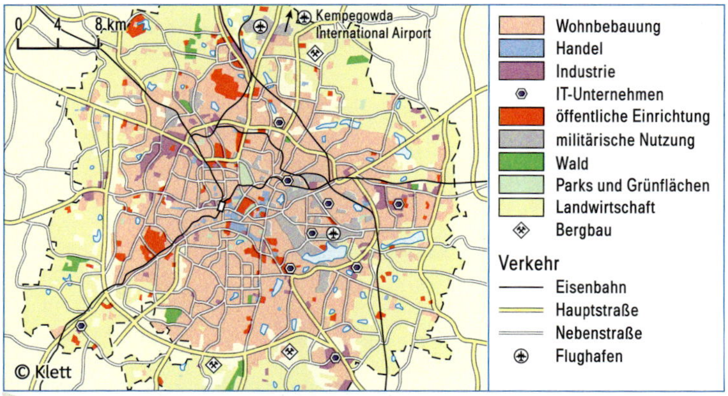

5 **Bangalore: fragmentierte Raummuster unter dem Einfluss der Globalisierung**

Nach: OpenCity – Urban Data Portal – BDA Revised Master Plan 2031, Existing Land Use Composite Map on Revised Master Plan 2015. Unter: https://opencity.in/documents/bda-revised-master-plan-2031-existing-land-use-composite-map-revised-master-plan-2015 (Zugriff: 02.11.2020)

Anhand dreier Raumbeispiele wird deutlich, wie ambivalent die Globalisierung bereits um die Jahrtausendwende wirkte.

Mauritius

Mauritius hat als ehemalige Kolonie und heutiger AKP-Staat besonderen Zugang zum europäischen Markt. Diese Sonderregulierung machte die Insel interessant für Investoren der Textilbranche, insbesondere aus China. Denn die Einfuhr chinesischer Textilien auf den europäischen Markt unterliegt klaren Mengenbegrenzungen. Diese Beschränkungen können durch eine Investition auf Mauritius umgangen werden. Die chinesischen Investitionen führten seit den 1990er-Jahren für etwa ein Jahrzehnt zu einem wirtschaftlichen Aufschwung auf Mauritius, der eine breitenwirksame Entwicklung in Gang setzte. Doch mit dem Anstieg des Lohn- und allgemeinen Preisniveaus endete dieser temporäre Vorteil, die Investoren wichen auf lohnkostengünstigere Standorte, etwa nach Madagaskar, aus.

Mexiko

Entlang der US-amerikanisch-mexikanischen Grenze lassen internationale Firmen auf der mexikanischen Seite kostengünstig Komponenten für die Automobilindustrie, Elektrokleingeräte und vieles andere mehr für den amerikanischen Markt produzieren. Die Investitionen für diese sogenannten Maquiladora-Industrien, die bereits seit den 1950er-Jahren von der mexikanischen Regierung gefördert werden, kommen aus Europa, Fernost, vor allem aber aus den USA. Sie profitieren am meisten vom Lohngefälle jenseits ihrer Grenze. Auf mexikanischer Seite profitieren im nationalen Vergleich die Grenzprovinzen, die ihrerseits Arbeitsmigranten aus dem ganzen Land anziehen. Sie finden Arbeit, allerdings für eine sehr geringe Bezahlung. Die Maquiladora-Industrien sind ein Beispiel dafür, wie regional Vorteile der Globalisierung für Unternehmer wie Arbeiter zum Tragen kommen können. Ähnliche Effekte erzielen Sonderwirtschaftszonen, deren besonderer unternehmerischer Anreiz in deren weitreichender Steuerbefreiung liegt. **Migration** ist die logische Folge.

Indien

Die indischen IT-Zentren etwa in Hyderabad, Bangalore oder Delhi genießen unter Finanzdienstleistern, Rechenzentren oder Verwaltungen weltweit einen guten Ruf. Sie bieten zum einen IT-Dienstleistungen und zum anderen IT-Entwicklungen für relativ geringe Kosten auf dem Weltmarkt an. Diese Standorte bilden gleichsam branchenspezifische prosperierende Inseln im Land. Diese sind geprägt von höheren Einkommen, einer kaufkräftigen Mittelschicht, modernen Appartementhäusern und internationalen Unternehmen. Diese Entwicklung ist aber nicht charakteristisch, weil eine umfassende, alle gesellschaftlichen Gruppen berücksichtigende positive Entwicklung nicht stattfindet.

Here is globalization's greatest success story. "China's rise can be measured in many ways, but the most impressive number is the 700 million people that state-led reform has lifted from poverty over the past four decades. In 1986, China's per capita GDP was $282. In 2016, it climbed above $8,100. The country's middle class represented 4 percent of the population in 2002 and 31 percent in 2013. For the future, the Communist Party leadership says it can educate enough people, create enough jobs, stoke enough growth, and provide enough health care to boost 50 million more from the lowest income brackets by 2020. Despite predictions from many people over many years that a crash of China's economy is long overdue, the world's biggest emerging market and its aspirations remain aloft.
Yet, for a variety of reasons – all of them inevitable – the country's growth rates continue to slow, and its gains are under pressure. The 2008–2010 financial crisis in the West made clear to China's leaders that they must move more urgently to relieve the country's dependence for growth on the willingness of U.S. and European consumers to buy China's cheaply made manufactured goods. To lock in long-term economic stability, China needs to build and bolster its own middle class, one that can afford to buy much more of those factory-made consumer products. Success has pushed Chinese wages higher. But as pay rises, China loses the advantage that brought so many foreign companies to the country in the first place. Even Chinese companies have begun to move production to poorer countries, particularly in Southeast Asia, where labor is cheaper. Higher wages can't help you if you don't have a job."

Auszug aus: Ian Bremmer, Us vs. them. The failure of globalism, Portfolio/ Penguin, New York 2018

6

Globaler Konsum der Mittelklasse (in %)

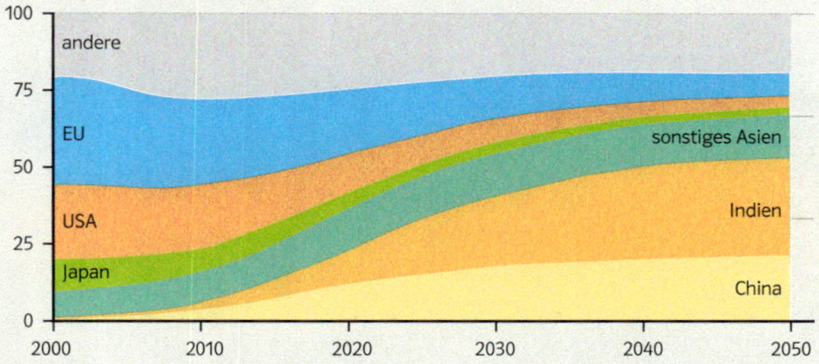

Der weltweite Konsum der Mittelklasse wird sich stark nach China, Indien und in andere asiatische Staaten (außer Japan) verlagern, da die Anteile der Länder mit hohem Einkommen sinken.

7 The global middle-class wave

Nach: H. Kharas (2010). The Emerging Middle Class in Developing Countries. OECD Development Centre Working Paper No. 285

Anteil am Nationaleinkommen (%)

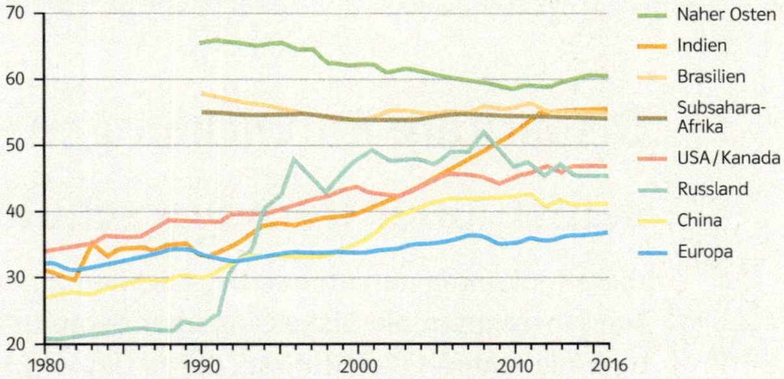

8 Einkommensanteile der obersten 10 Prozent weltweit

Nach: Bericht zur weltweiten Ungleichheit 2018, S. 7

Anzahl der Milliardär/innen, deren gemeinsames Vermögen so groß ist wie das der ärmeren Hälfte der Menschheit

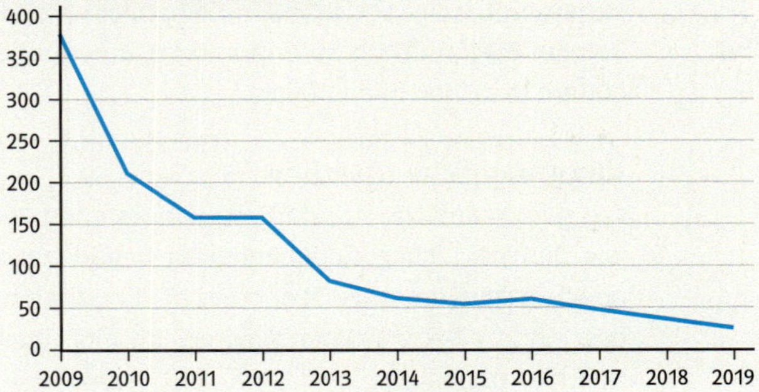

9 Milliardäre versus ärmere Hälfte der Welt

Nach: Oxfam/Credit Suisse auf www.welt.de/wirtschaft/article172684758/Oxfam-42-Milliardaere-besitzen-so-viel-wie-die-halbe-Welt.html; (Zugriff 28.10.2020)

4 MK

Arbeiten Sie aus der Wordcloud 2 auf S. 416 thesenartig die Antriebskräfte der Globalisierung heraus.

5

Beschreiben Sie anhand von Karte 4 Veränderungen, die auf Mauritius zwischen 1970 und 2000 zu beobachten waren.

6

Charakterisieren Sie die spezifischen Vorteile der Globalisierung am Beispiel von Mexiko, Indien und Mauritius.

7

Analysieren Sie anhand der Materialien 6–9 die Auswirkungen der Globalisierung.

8

Überprüfen Sie Ihre persönliche Bewertung der Globalisierung (Aufgabe 3, S. 417).

1 Verladen von Kaffee für den Weltmarkt

2 Kaffee immer billiger?

Disparitäre Entwicklungen – selbst- oder fremdverschuldet?

Die offenkundig anhaltende Ungleichheit innerhalb und zwischen den Ländern hält seit Jahrzehnten die Diskussion über deren Ursache lebendig. Sind es die äußeren oder die inneren Verhältnisse, die zu Ungleichheit führen? Oder spielen noch andere Faktoren eine Rolle und nehmen positiv oder negativ Einfluss auf die Chancengerechtigkeit der betroffenen Länder?

Die Ansätze zur Erklärung von Unterentwicklung nehmen, ob isoliert oder aber miteinander verbunden, im Wesentlichen naturräumliche, innere und äußere Ursachen in den Blick.

Naturräumliche Ursachen

Die naturräumliche Ausstattung von Räumen sowie die natürlichen Gegebenheiten begünstigen oder erschweren sozioökonomische Entwicklungen, ohne diese zu determinieren. Im Einzelnen sind hier zu nennen:

- Ressourcenausstattung
  Insbesondere Vorkommen mineralischer, metallischer oder energetischer Rohstoffe nehmen maßgeblich Einfluss auf die Entwicklung. Die ölfördernden Staaten dokumentieren, dass dies zu enormem Reichtum, aber auch zu innerer Zerrissenheit führen kann (z. B. Venezuela). Zugleich können auch rohstoffarme Länder, etwa die Schweiz oder Taiwan, eine außerordentlich positive Entwicklung durchlaufen.
- klimatische Extreme
  Insbesondere die durch hohe Temperaturen und Wasserarmut gekennzeichneten randtropischen Länder, etwa des Sahel oder Südasiens, erfahren die klimatischen Extrembedingungen als entwicklungshemmend. Dabei ist es primär die Wasserarmut, die als ausschlaggebender Faktor limitierte landwirtschaftliche Produktion, aber auch begrenzte Siedlungsmöglichkeiten verursacht. Dennoch sind ausgesprochen erfolgreiche Entwicklungen inmitten der Tropen, etwa Singapur, bis in ausgesprochen kalte Regionen, Beispiel Island, zu konstatieren.

Endogene Ursachen

Innere Ursachen der Unterentwicklung zielen darauf ab, dass vor allem gesellschaftspolitische und kulturelle Eigenheiten und Entscheidungen ursächlich für die Unterentwicklung sind. Dazu zählen folgende Aspekte:

- Hohe Geburtenraten und das daraus resultierende hohe Bevölkerungswachstum, das erzielte Entwicklungserfolge letztlich wieder zunichtemache. Das ist in dieser Eindeutigkeit umstritten, wenngleich Konsens dahingehend besteht, dass ein starkes Bevölkerungswachstum Entwicklung zumindest erschwert.

- Unzureichende Kapitalverfügbarkeit mindert die Möglichkeiten, zu investieren und somit den Entwicklungsprozess anzustoßen.
- Tradierte Wertvorstellungen sowie kulturelle oder religiöse Eigenheiten sind oftmals nicht mit einem auf kontinuierliches Wachstum ausgerichteten, westlichen Wirtschaftsmodell kompatibel. So setzen etwa die gesellschaftliche Orientierung am Glück in Bhutan oder die religiöse Ordnung wie in einigen nahöstlichen Staaten andere Wertmaßstäbe. Dies mag seinen Einfluss haben, überzeugt jedoch nicht als Ursache, da Entwicklungserfolge und -misserfolge in allen Kulturen auftreten.
- Die in vielen Ländern des Globalen Südens dokumentierte Korruption gilt als ein Haupthindernis für nachhaltige Entwicklung sowie wirtschaftliche Investitionen und ist zugleich Ursache gewaltiger wirtschaftlicher Schäden und Vertrauensverluste in den Staat.

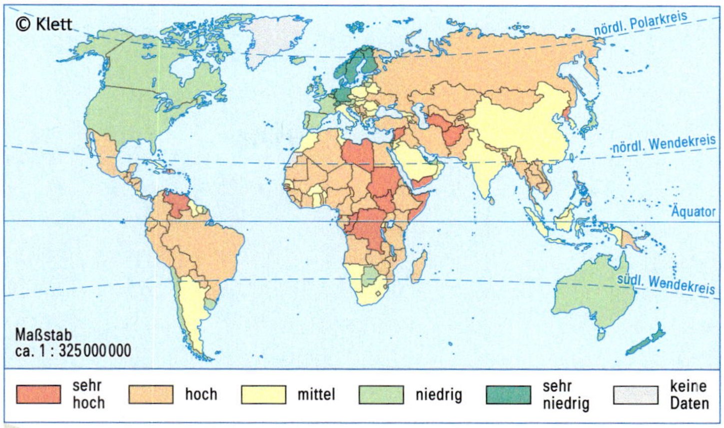

3 **Korruptionsindex von Transparency International**

Nach: Transparency International – Corruption Perceptions Index 2019. Unter: www.transparency.org/en/cpi (Zugriff: 28.10.2020)

4 **Eisenbahnlinien in Afrika**

Exogene Ursachen

Als äußere Ursachen zur Erklärung von Unterentwicklung werden Faktoren, Strukturen und Mechanismen angeführt, auf die Länder selbst keinen Einfluss haben.

- Die Kolonisierung Afrikas, Asiens und Lateinamerikas zerstörte eine Vielzahl funktionierender Gesellschafts- und Wirtschaftsmodelle sowie Kulturen und ersetzte sie durch ein allein am Profit ausgerichtetes kapitalistisches System. Die Kolonien wurden zu Rohstofflieferanten und zugleich zu Absatzmärkten degradiert und in ein System internationaler Arbeitsteilung gezwungen. Positive Effekte dieses Systems waren verbesserte medizinische Versorgung, Bildungseinrichtungen, Investitionen in Bergbau und Plantagen sowie der Ausbau einer exportorientierten Verkehrsinfrastruktur, insbesondere Eisenbahnlinien und Häfen. Willkürliche Grenzziehungen und Exportabhängigkeit von einem oder wenigen Agrargütern wirken bis heute nach.
- Die Regelungen des Weltmarktes nach der Dekolonisierung führten zur außenwirtschaftlichen Ausbeutung der ehemaligen Kolonien. Während sie Rohstoffe lieferten, konnte die technologische und wissenschaftliche Entwicklung des Globalen Nordens voranschreiten und die ungleichen Austauschbeziehungen konnten anwachsen.
- Manche Wissenschaftler sprechen nicht nur von außenwirtschaftlicher Ausbeutung, sondern von struktureller Abhängigkeit.

1 Beschreiben Sie die Eisenbahnlinien Afrikas südlich der Sahara (Karte 4).

2 MK Vergleichen Sie die Weltkarte der Korruption (Karte 3 und Online-Code) mit der des HDI (s. S. 408/409).

3 NE Entwickeln Sie ein eigenes Statement zur Diskussion um die Ursachen von Entwicklungsunterschieden.

1 Truck nahe Agadez, dem Tor zur Sahara für Migranten aus dem südlichen Afrika

Folgen disparitärer Entwicklungen

In dem Maß, in dem regionale und soziale Entwicklungen sehr unterschiedlich verlaufen, nehmen bereits bestehende Disparitäten weiter zu. Dieses Phänomen tritt innerhalb von Ländern ebenso auf wie zwischen Staaten und verursacht wiederum weitreichende Folgen. Welche sind das?

← HDI S. 408/409

Die bestehende weltwirtschaftliche Ordnung sowie der multilaterale Politikansatz hat in den vergangenen Jahrzehnten in allen Weltregionen zum Anstieg des Human Development Index geführt. Doch bei genauerer Betrachtung zeigt sich, dass mit Ausnahme der Region Ostasien/Pazifik die Abstände zwischen den einzelnen Weltregionen mehr oder weniger gleich geblieben sind. Der vermeintliche Abbau von Disparitäten ist in Wirklichkeit der Erhalt derselben auf unterschiedlichen Niveaus. Angesichts der offenkundig anhaltenden Unterschiede ist nach den damit einhergehenden Konsequenzen zu fragen.

Zum einen kommen die Folgen in den Merkmalen unterentwickelter Staaten zum Ausdruck. Diese umfassen:

- niedriges Volkseinkommen,
- ungleiche Einkommensverteilung,
- unzureichende Nahrungsmittelproduktion,
- allgemeine Unterernährung und schlechter Gesundheitszustand der Bevölkerung,
- überdurchschnittliches Bevölkerungswachstum,
- hohe Arbeitslosigkeit,
- mangelhafte staatliche Infrastruktur (Verkehr, Kommunikation, Bildung, Gesundheit),
- wirtschaftliche Dominanz des Primären Sektors,
- veraltete Produktionsmethoden,
- defizitäre Handelsbilanz.

Zum anderen stehen die durch die Ungleichheit initiierten oder verstärkten Prozesse im Fokus. Dazu zählen:

- die Nichtgewährleistung der allgemeinen **Menschenrechte**,
- weltweite **Migrationsprozesse**, die primär wirtschaftlich begründet sind, aber zudem von Fluchtbewegungen aus Krisenregionen, etwa dem Nahen Osten, überlagert werden,
- die zunehmende Zerstörung natürlicher Ökosysteme, wie sie etwa im Amazonastiefland oder auch im Kongobecken durch Landnahme oder unkontrollierte Rohstoffgewinnung zu beobachten ist,
- der Zukauf von Landwirtschaftsflächen in armen Staaten zur eigenen Nahrungsmittelproduktion („**Land Grabbing**"), wie es etwa China, Saudi-Arabien und andere in vielen Staaten Afrikas praktizieren,
- zunehmende innerstaatliche wie grenzüberschreitende Kriminalität.

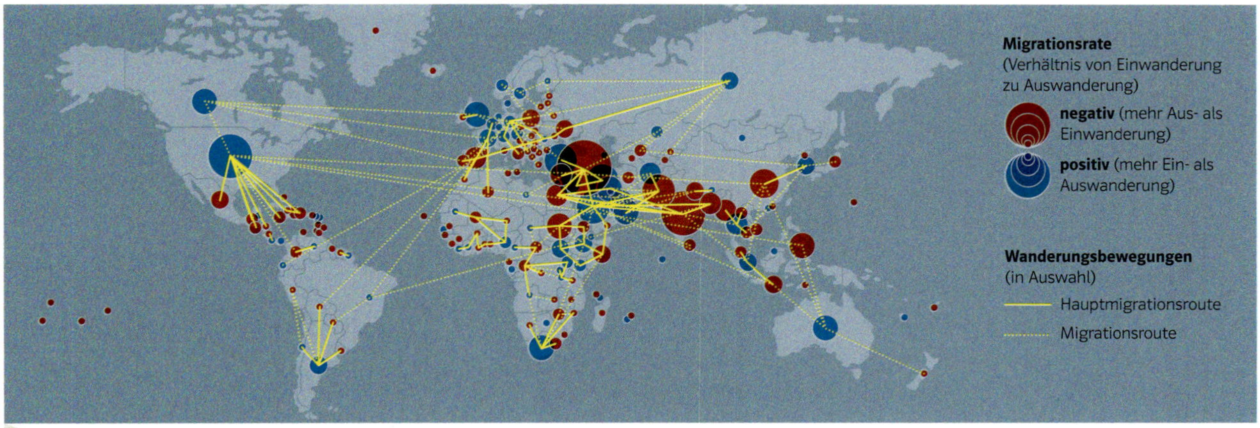

2 **Migrationsprozesse weltweit**

Nach http://metrocosm.com/global-immigration-map; Daten: U.N. Population Division

Lohndisparitäten und Arbeitsmigration

„Die Anziehungskräfte, die durch bessere Lebensbedingungen in den reichen Ländern und Regionen des Globalen Nordens entstehen, sind genauso stark wie die Abstoßungskräfte in den armen Ländern und Regionen des Globalen Südens. Die Folge ist grenzüberschreitende Migration. Unter den wirtschaftlichen Faktoren, die als Auslöser von Migration angesehen werden, spielen die Lohndisparitäten zwischen dem Globalen Norden und dem Globalen Süden eine Schlüsselrolle. Nach Schätzungen der ILO gibt es derzeit um die 150 Mio. Arbeitsmigrant/innen weltweit. Dabei werden als Arbeitsmigrant/innen nur die Personen gezählt, die als ‚Gastarbeiter/innen' in Zielländern beschäftigt oder auf Arbeitssuche sind. Mehr als 48 Prozent der Arbeitsmigrant/innen leben in Nordamerika und in der EU. Die meisten internationalen Migrant/innen bewegen sich von Niedrig- zu Hochlohnländern. Das erklärt, warum 60 % der weltweiten Migrant/innen in Ländern des Globalen Nordens leben, in denen lediglich 16 % der weltweit Beschäftigten beheimatet sind. In den Ländern des Globalen Südens sieht die Situation anders aus. Die 32 Mio. Arbeitsmigrant/innen in diesen Ländern machen nur ein Prozent der drei Milliarden Arbeitskräfte aus. Dabei reichen diese Anteile von null Prozent in China und Vietnam bis hin zu 70 % in den Öl exportierenden Ländern des Mittleren Ostens. Demografische, ökonomische und soziale Nord-Süd-Ungleichheiten sind inzwischen wichtige Treiber von Migration."

Gekürzt nach: Pedro Morazán, 10 – Migration und Flucht in Zeiten der Globalisierung. In: Großbaustelle Nachhaltigkeit. Deutschland und die globale Nachhaltigkeitsagenda. 2017, S. 131, auch unter: www.2030report.de/de/bericht/1400/kapitel/10-migration-und-flucht-zeiten-der-globalisierung (Zugriff 28.10.2020)

3

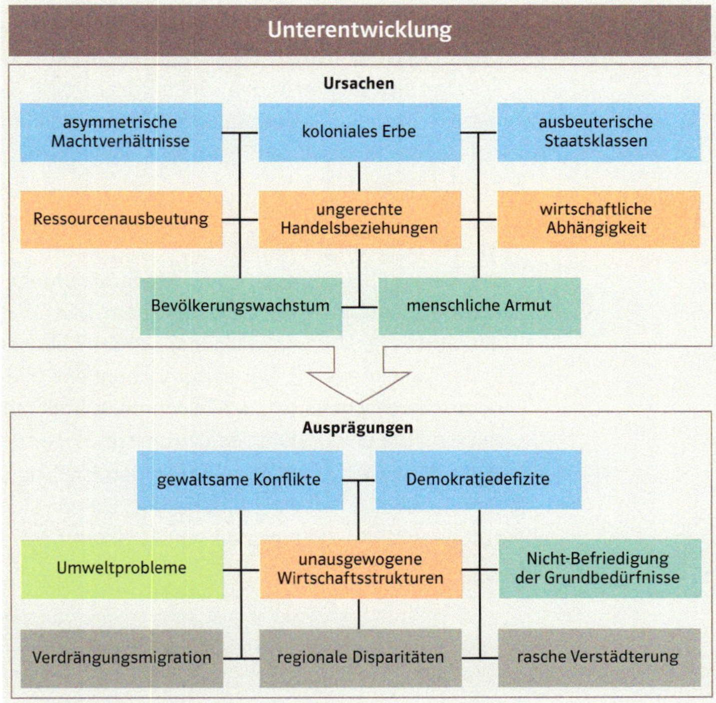

4 **Ursachen und Ausprägungen von Unterentwicklung**

Nach: Universität Innsbruck, Institut für Geographie: Grafiken Entwicklungsländerforschung, Grafik 6 (Martin Coy 2004), www.uibk.ac.at/geographie/agef/gallery/grafiken/ (Zugriff 28.10.2020)

1 Fassen Sie die Folgen disparitärer Entwicklungen zusammen.

2 MK Beschreiben Sie die Hauptrouten internationaler Migration anhand von Karte 2 oder dem Online-Code.

3 Erläutern Sie den Zusammenhang zwischen Globalisierung und Migration (Text 3).

4 NE Erörtern Sie das Phänomen Migration im Kontext globaler Ungleichentwicklungen.

Entwicklungstheorien und Entwicklungsstrategien

10 WENIGER UNGLEICHHEITEN

Seit dem Ende des Zweiten Weltkriegs bis in die 1990er-Jahre hinein erlangte eine Vielzahl vormaliger Kolonien in Afrika und Asien ihre staatliche Souveränität. Der überwiegenden Zahl dieser neuen Staaten sind bis heute weit verbreitete Armut und defizitäre wirtschaftliche und soziale Entwicklung gemein. Welche Erklärungstheorien und Strategien zur Überwindung dieser Realitäten stehen seither in der Diskussion?

Die aus den ehemaligen Kolonien hervorgegangenen neuen Staaten Afrikas und Asiens sowie die bereits im 19. Jh unabhängig gewordenen Staaten Lateinamerikas zeigten allesamt auch Jahrzehnte nach ihrer Eigenständigkeit ausgeprägte Armutsmerkmale und Entwicklungsdefizite. Um dieses Problem überwinden zu können, bedurfte und bedarf es der sauberen Ursachenanalyse, die ihrerseits zur Grundlage einer erfolgversprechenden Strategie werden kann. Davon ausgehend, kristallisierten sich bereits in den 1960er-Jahren zwei einander entgegengesetzte Entwicklungstheorien heraus: die Modernisierungstheorie sowie die Dependenztheorie.

Modernisierungstheorie

Die Grundüberlegungen der **Modernisierungstheorie** entstanden nicht erst mit dem Erkennen des Problems Unterentwicklung, sondern bereits in der Nachkriegszeit. Der damit verbundene ökonomische Wachstumsgedanke wurde später mit Blick auf die Entwicklungsländer um soziologische Perspektiven erweitert. Kern der Modernisierungstheorie ist die Vorstellung, dass alle Länder sich auf einem Entwicklungspfad hin zu einem besseren Zustand befinden. Dabei gibt es Staaten mit einem gewissen Entwicklungsvorsprung – damit waren die Staaten des Westens gemeint. Dem stehen jene gegenüber, die auf diesem Entwicklungspfad noch nicht so weit vorangekommen sind, womit die Entwicklungsländer, aber auch der „Ostblock" gemeint waren.

Die Vertreter dieses Erklärungsansatzes teilen die Überzeugung, dass dieses Entwicklungsdefizit nur dann überwunden werden kann, wenn die als ausschlaggebend angesehenen inneren, also **endogenen Entwicklungsursachen** wie traditionelle Wirtschafts- und Gesellschaftsstrukturen überwunden werden. Der angestrebte Entwicklungsprozess könne dabei durchaus von außen angestoßen werden. Als bedeutende Ansatzpunkte wurden modernes städtisches Leben, vor allem aber die Überwindung traditioneller Wirtschaftssektoren und Wirtschaftsweisen identifiziert. So könne der Prozess **„nachholender Entwicklung"** gelingen. Zu den bedeutendsten Großprojekten dieser theoriebasierten Entwicklungsstrategie gehört die „Grüne Revolution". Im Rahmen dieses in Indien und anderen asiatischen Staaten sowie besonders auch in Mexiko realisierten Projektes wur-

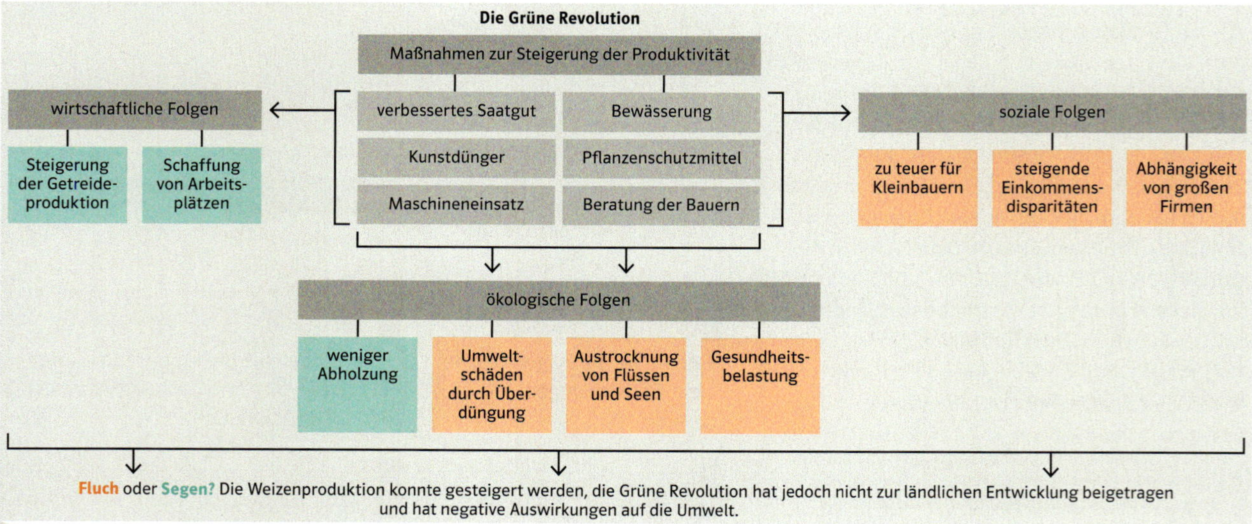

1 Grüne Revolution und Folgen

Nach GeoHilfe: Die „Grüne Revolution" in Indien – Fluch oder Segen?, https://geohilfe.de/die-gruene-revolution-in-indien-fluch-oder-segen/. Bildquelle: geohilfe.de 2019 (Zugriff 02.11.2020) den Hochleistungssorten von Reis und Weizen zur Flächenertragssteigerung eingeführt. Dies sollte nicht nur den Agrarsektor modernisieren, sondern zugleich den entscheidenden Beitrag zur Versorgung der massiv anwachsenden Bevölkerungen leisten. Parallel dazu wurden industrielle Großprojekte in Angriff genommen, etwa das lange als Renommee-Projekt angesehene Stahlwerk Rourkela im Osten Indiens. Beide Maßnahmen zeitigten positive, aber eben auch eine Fülle negativer Effekte, sei es im gesellschaftlichen, wirtschaftlichen oder ökologischen Kontext. Die Kritik an der Modernisierungstheorie konzentriert sich vor allem auf die einseitige Orientierung des Modernisierungsbegriffs am westlich-kapitalistischen Wirtschaftsmodell. Dies lasse alternative Vorstellungen von Modernität außen vor, und wertschätze weder traditionelle Gesellschaftsmodelle noch kulturelle Traditionen oder indigenes Wissen.

Dependenztheorie

Der Modernisierungstheorie gegenüber steht die in den 1960er-Jahren im Kontext der Entwicklungen in Lateinamerika formulierte **Dependenztheorie**. Deren Vertreter teilen die Überzeugung, dass Entwicklungsprozesse nicht isoliert voneinander stattfinden, sondern sich gegenseitig bedingen. Oder anders ausgedrückt: Der Reichtum der einen ist nur möglich aufgrund der Armut der anderen. Übertragen auf die Vorstellung, dass die Industrienationen gleichsam das ökonomische Zentrum der Welt bilden, während die Entwicklungsländer deren Peripherie repräsentieren, wird die Abhängigkeit Letzterer deutlich und wirksam. Nach diesem Ansatz ist Unterentwicklung also nicht der Abstand zweier Akteure auf einem Entwicklungspfad, wie es die Vertreter der Modernisierungstheorie sahen, sondern das Resultat von struktureller Abhängigkeit und somit von außen, also durch **exogene Ursachen** bedingt. Entwicklung wäre nach diesen Überlegungen also nur möglich, wenn sich die Entwicklungsländer aus der Abhängigkeit von den Industrienationen befreien. Folgerichtig propagierten sie die Dissoziation, also das Herauslösen aus dem Weltmarkt zugunsten eines isolierten, auf Autarkie ausgerichteten Wirtschaftsmodells.

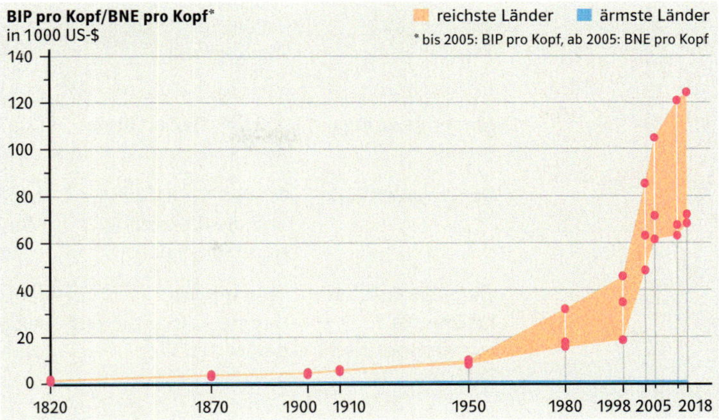

2 Entwicklung der Einkommensschere
Nach: Fischer Weltalmanach

Dieser Grundgedanke der **Dissoziationsstrategie** ist mehrfach umgesetzt worden, etwa in Birma, dem heutigen Myanmar, in Kambodscha oder in Kuba. Den extremsten Weg gingen die kambodschanischen „Roten Khmer“ unter ihrem Anführer Pol Pot. Zwischen 1975 und 1979 schickten sie sich an, das Land vollkommen abzuriegeln und aus dem Nichts heraus die Versorgung der eigenen Bevölkerung zu erzwingen. Die „Killing Fields“, auf denen Zigtausende Kambodschaner getötet wurden, dokumentieren, dass dieses Gesellschaftsmodell scheiterte und zudem unendliche Gewalt nach sich zog.

Alternativ zur Dissoziation favorisieren andere die Neuordnung der Weltwirtschaft als Lösungsansatz. Kritiker werfen den Vertretern der Dependenztheorie in erster Linie deren ausschließliche Fokussierung auf externe Ursachen für Unterentwicklung vor. Der Aspekt der Eigenverantwortlichkeit bliebe damit unberücksichtigt.

Die anhaltende Armut, die nicht erreichte **Befriedigung der Grundbedürfnisse** und damit die weiterhin bestehenden Entwicklungsdefizite in weiten Teilen der Welt führten im Verlauf der 1980er-Jahre zur Krise dieser beiden großen Entwicklungstheorien. Ihr Anspruch, Entwicklung und Unterentwicklung weltweit mittels einer Theorie zu erklären und zu überwinden, war gescheitert. Es bedurfte eines neuen Erklärungsansatzes.

1 **Partnerarbeit.** Erläutern Sie sich gegenseitig die Modernisierungs- bzw. die Dependenztheorie (Grafiken 1 und 2).

2 Bewerten Sie die Dissoziationsstrategie.

3 Entwickeln Sie Ihre eigene Position hinsichtlich der hier diskutierten Entwicklungstheorien.

entwicklungs-theoretische Ansätze	zeitlich-politischer Hintergrund	Hauptkennzeichen von Unterentwicklung	Erklärung von Unter-entwicklung	Hauptziel von Entwicklung
Modernisierungs-theorie	1950er-/1960er-Jahre: Nachkriegsboom	Dualismus, traditionell-modern	endogen	
Dependenztheorie	1960er-/1970er-Jahre: Entkolonialisierung, Nord-Süd-Gefälle	Abhängigkeit, Marginalität, strukturelle Heterogenität	exogen	(Dissoziation) self-reliance
Theorien „mittlerer Reichweite“: regionalspezifische Theorien	1980er-Jahre: interne Differenzierung der Dritten Welt	regionalspezifische Ausprägungen und Differenzierungen	exogen und endogen	regionalspezifisch zu definieren, Valorisierung der Überlebens-ökonomie
Theorien der Globalisierung	1990er-Jahre: Auflösung der Blöcke, ökonomische/kulturelle Globalisierung	Peripherisierung, Fragmentierung	unspezifisch	globale Regimebildung

Nach: www.spektrum.de/lexikon/geographie/entwicklungstheorie/2082 (Zugriff 02.11.2020)

3 Übersicht Entwicklungstheorien

Theorien mittlerer Reichweite

Mit der Krise der universalen Entwicklungstheorien setzte sich die Einsicht durch, dass die Grundannahmen von Modernisierung und Abhängigkeit zwar zutreffend seien, dass aber die spezifischen nationalen, regionalen, gesellschaftlichen und kulturellen Eigenheiten stärker berücksichtigt werden müssen. Diese Überlegungen führten zu neuen Ansätzen, die unter dem Begriff „**Theorien mittlerer Reichweite**“ in die entwicklungspolitische Diskussion eingingen. Erklärungen von Armut und Unterentwicklung wurden so entideologisiert, kamen zu klareren Analysen und damit zu potenziell geeigneteren **Entwicklungsstrategien** mit dem Ziel, die **Grundbedürfnisbefriedigung** weiter Teile der Weltbevölkerung sicherzustellen.

Mit der weltpolitischen Wende 1989/91 trat eine vollkommen neue globale Situation ein. Der Kalte Krieg und damit die Aufteilung der Welt in drei Welten waren beendet, das kapitalistische Weltsystem schien den globalen Wettlauf um die beste Ordnung gewonnen zu haben. Die Globalisierung nahm Fahrt auf und bestimmt seither die weltweite Entwicklung. Dieser Realität, die strukturell, temporär und regional sehr ambivalente Wirkungen entfaltet, trug auch die entwicklungstheoretische Forschung Rechnung.

← Globalisierung in Mexiko, Mauritius, Indien S. 418

Theorie der fragmentierenden Entwicklung

Während die Vertreter der Modernisierungs- und der Dependenztheorie noch der Ansicht waren, dass die Grenze zwischen Arm und Reich, zwischen entwickelt und unterentwickelt, entlang nationalstaatlicher Grenzen verliefe, erkannte der Geograph Fred Scholz, dass in jedem Land beide Phänomene und dazu gehörende Entwicklungen nebeneinander entstehen. Daher sind in allen Ländern heute sehr unterschiedlich entwickelte Teilbereiche, also Fragmente, gegeben. Auf dieser Beobachtung aufbauend, entwickelte er die **Theorie der fragmentierenden Entwicklung**, die typisch sei für den aktuellen Prozess der Globalisierung. Charakteristisch für die fragmentierende Entwicklung sind punktuelle Konzentrationen globaler Akteure wie Global Cities, Exportenklaven, Sonderwirtschaftszonen, touristische Destinationen, Standorte der Rohstoffförderung und Massenproduktion, wobei immer nur Teile der Bevölkerung profitieren. Diese, als „global agierende Milieus“ bezeichneten Profiteure der Globalisierung, greifen die gewinnversprechenden Entwicklungsimpulse der Globalisierung auf und realisieren die Neuerungen in ihrem Umfeld, meist den global ausgerichteten Wirtschaftsmetropolen ihrer Länder. Dazu zählen etwa die am Im- und Exporthandel beteiligten Großhändler in Lagos oder Mumbai ebenso wie die Investoren international ansässiger Hotelketten.

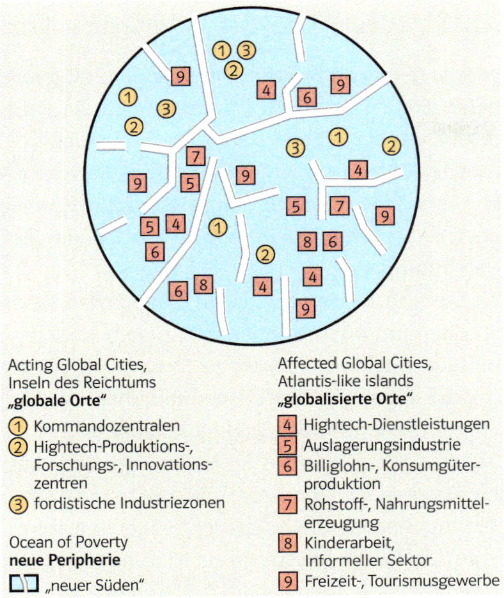

4 Modell der globalen Fragmentierung

Nach Fred Scholz: Perspektiven des „Südens" im Zeitalter der Globalisierung. In: Geographische Zeitschrift, 88. Jg., H. 1, Stuttgart: Franz Steiner Verlag 2000, S. 10

In jeder Gesellschaft aber finden sich auch gesellschaftliche Gruppen, die nicht von der Globalisierung profitieren, sondern zu deren Verlierern zählen. Diese als „stagnierende, regressive Milieus" bezeichneten Gruppen lehnen die hereingetragenen ökonomischen und kulturellen Impulse häufig ab. Sie zählen dieser Theorie zufolge zu den Verlierern der Globalisierung. Die ehemaligen Industriearbeiter in den westlichen Industrienationen zählen ebenso zu dieser Gruppe wie an traditionellen Lebensweisen festhaltende ländliche Bevölkerungsgruppen in vielen Ländern des Globalen Südens.

NE Strategien nachhaltiger Entwicklung

Seit den 1970er-, vor allem aber in den 1980er-Jahren nahm die Erkenntnis der umweltzerstörenden Eingriffe einer auf rigoroses Wachstum setzenden Wirtschaftsstrategie zu. Parallel zur voranschreitenden Globalisierung wurden die „Grenzen des Wachstums" intensiv diskutiert, vor allem aber wurden Entwicklung und Umweltschutz zusammengeführt. Mit der „Konferenz für Umwelt und Entwicklung", die 1992 in Rio de Janeiro stattfand, wurden erstmals die beiden zuvor stets isoliert betrachteten Problembereiche in ihren gegenseitigen Beeinflussungen zusammengedacht. Mit der „Agenda 21" vereinbarten nahezu alle Staaten der Erde das Nachhaltigkeitsprinzip (s. S. 42/43) zur Handlungsmaxime des 21. Jh. zu machen und **nachhaltige Entwicklung** in den Vordergrund zu rücken. Ausgehend von diesem Impuls wurden weltweit Lokale-Agenda-21-Gruppen gegründet und Nachhaltigkeitsstrategien entworfen.

NE Das Millennium-Entwicklungsprogramm

Den ersten Ansatz zur Realisierung eines globalen Entwicklungsprojektes unternahmen die Vereinten Nationen zur Jahrtausendwende mit dem „Millennium-Projekt". Für dieses wurden acht Ziele formuliert. Danach sollte bis 2015 Folgendes erreicht werden:

- die Anzahl der Hungernden und Armen halbieren,
- allen Kindern eine Grundschulausbildung ermöglichen,
- die Gleichstellung der Geschlechter fördern und die Rechte von Frauen stärken,
- die Kindersterblichkeit verringern,
- die Gesundheit der Mütter verbessern,
- HIV/Aids, Malaria und andere übertragbare Krankheiten bekämpfen,
- den Schutz der Umwelt verbessern,
- eine weltweite Entwicklungspartnerschaft aufbauen.

Mit Ablauf des Programms konnten sektoral vor allem im Gesundheitsbereich Erfolge verzeichnet werden, regional insbesondere in Südostasien. Andere Probleme bestanden weiter, insbesondere in Afrika südlich der Sahara sowie in Südasien. Mit der „Agenda 2030" und ihren 17 SDG setzt das aktuelle globale Entwicklungsprogramm neue Maßstäbe.

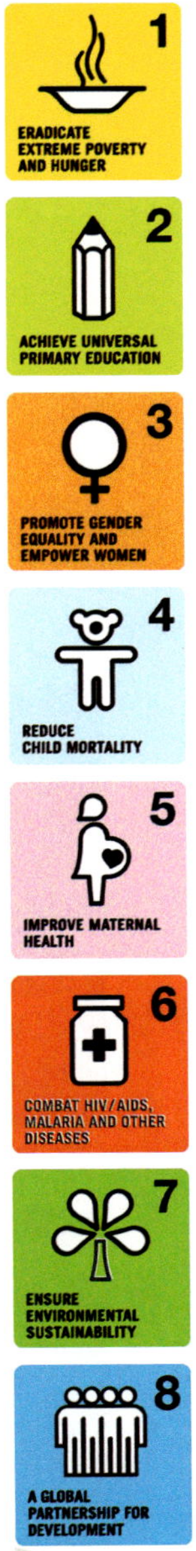

5 Die Millennium-Entwicklungsziele (2000 – 2015)

← SDGs S. 292/293

4 Erläutern Sie die Theorie der fragmentierenden Entwicklung anhand der Bilder der Auftaktseite dieses Kapitels (S. 404/405).

5 Ordnen Sie die Theorie der fragmentierenden Entwicklung in die Geschichte der Entwicklungstheorien ein.

6 Bewerten Sie die Theorie der fragmentierenden Entwicklung.

NE Die „Agenda 2030" in meiner Stadt – wo tragen wir dazu bei?

Weltweite Vereinbarungen zwischen Regierungen können nur dann ihre Wirkung entfalten, wenn viele Menschen sie vor Ort umsetzen. Dies gilt für Friedensverhandlungen ebenso wie für Handelsabkommen oder die „Agenda 2030".

Wie kann das im Einzelnen aussehen und wie kann jeder dazu einen Beitrag leisten?

Das kann auch im Rahmen eines Schulprojektes erfolgen. Ziel dieses Projektvorschlags ist es, die Einwohner Ihrer Stadt über die laufende „Agenda 2030" und die 17 Ziele für eine nachhaltige Entwicklung vor Ort zu informieren, indem an geeigneten Stellen der Stadt Informationstafeln angebracht werden. Diese sollen die Leser über die ausgewählte Einrichtung vor Ort, die Notwendigkeit und Zielsetzung der einzelnen Ziele für eine nachhaltige Entwicklung sowie den lokalen Beitrag informieren.

Da Sie nicht eigenmächtig im öffentlichen Raum Schilder anbringen können und zudem vielfältige Hintergrundinformationen zu Ihrer Stadt recherchieren müssen, ist die Zusammenarbeit mit dem Bürgermeisteramt der Stadt unabdingbar.

Darüber hinaus wird es im Verlauf des Projektes zur Kooperation mit einer Fülle unterschiedlicher Institutionen kommen. Partner können u.a. sein:

- der/die Bürgermeister/in zur Klärung vielfältiger Fragen zur Stadt wie zu den Umsetzungsmöglichkeiten des Projektes,
- das städtische Bauamt zur rechtlichen Beratung, wo Schilder in welcher Form angebracht werden dürfen,
- die meist für die Energie- und Wasserversorgung zuständigen Stadtwerke,
- das städtische Krankenhaus sowie andere Einrichtungen des Gesundheitswesens,
- der Eine-Welt-Laden,
- die Geschäftsführungen der ansässigen Industriebetriebe,
- das Amtsgericht oder andere Institutionen der Rechtspflege.

1 Tafelladen, SDG 1: Armut überwinden

2 Wochenmarkt, SDG 12: nachhaltiger Konsum

3 Wasserschutzgebiet, SDG 6: sauberes Wasser

1

Zur Umsetzung des Projektes werden Sie sowohl an der Schule als auch an verschiedenen Stellen Ihrer Stadt unterwegs sein. Die Erarbeitung erfolgt zum Teil im Plenum und zum Teil in Arbeitsgruppen.

a) Teilen Sie die 17 SDG unter den verschiedenen Arbeitsgruppen auf.

b) Analysieren Sie die Situation in Ihrer Stadt (im Plenum und vor Ort) hinsichtlich potenzieller Beiträge verschiedener Einrichtungen zur Realisierung der „Agenda 2030". Nutzen Sie dazu den Analysebogen.

c) Beurteilen Sie den Beitrag diverser Institutionen Ihrer Stadt zur Realisierung der „Agenda 2030".

d) Erörtern Sie geeignete Standorte für Ihre SDG-Informationstafeln.

e) Gestalten Sie Entwürfe für die Informationstafeln.

f) Entwickeln Sie Ideen für gegebenenfalls fehlende Beiträge zur „Agenda 2030" in Ihrer Stadt.

	Nachhaltiges Entwicklungsziel	Ansatzpunkt vor Ort	Ideen
1	Armut in jeder Form und überall beenden.	Sozialamt? Pfarramt?	
2	Den Hunger beenden, Ernährungssicherheit und eine bessere Ernährung erreichen und eine nachhaltige Landwirtschaft fördern.	Tafelladen? Sozialamt? Obdachlosenheim?	
3	Ein gesundes Leben für alle Menschen jeden Alters gewährleisten und ihr Wohlergehen fördern.	Krankenhaus? Fachärzte? Rotes Kreuz?	Erste-Hilfe-Kurs machen?
4	Inklusive, gerechte und hochwertige Bildung gewährleisten und Möglichkeiten des lebenslangen Lernens für alle fördern.	Schule? VHS? Uni? Nachhilfeeinrichtung?	Eigenes Angebot starten?
5	Geschlechtergerechtigkeit und Selbstbestimmung für alle Frauen und Mädchen erreichen.		
6	Verfügbarkeit und nachhaltige Bewirtschaftung von Wasser und Sanitärversorgung für alle gewährleisten.	Stadtwerke? Wasserschutzgebiet?	
7	Zugang zu bezahlbarer, verlässlicher, nachhaltiger und zeitgemäßer Energie für alle sichern.		
8	Dauerhaftes, inklusives und nachhaltiges Wirtschaftswachstum, produktive Vollbeschäftigung und menschenwürdige Arbeit für alle fördern.		
9	Eine belastbare Infrastruktur aufbauen, inklusive und nachhaltige Industrialisierung fördern und Innovationen unterstützen.	Bauamt? Planungsbehörde?	
10	Ungleichheit innerhalb von und zwischen Staaten verringern.		
11	Städte und Siedlungen inklusiv, sicher, widerstandsfähig und nachhaltig machen.		
12	Für nachhaltige Konsum- und Produktionsmuster sorgen.		Meinen Konsum hinterfragen?
13	Umgehend Maßnahmen zur Bekämpfung des Klimawandels und seiner Auswirkungen ergreifen.		
14	Ozeane, Meere und Meeresressourcen im Sinne einer nachhaltigen Entwicklung erhalten und nachhaltig nutzen.		
15	Landökosysteme schützen, wiederherstellen und ihre nachhaltige Nutzung fördern, Wälder nachhaltig bewirtschaften, Wüstenbildung bekämpfen, Bodenverschlechterung stoppen und umkehren und den Biodiversitätsverlust stoppen.		
16	Friedliche und inklusive Gesellschaften im Sinne einer nachhaltigen Entwicklung fördern, allen Menschen Zugang zur Justiz ermöglichen und effektive, rechenschaftspflichtige und inklusive Institutionen auf allen Ebenen aufbauen.		
17	Umsetzungsmittel stärken und die globale Partnerschaft für nachhaltige Entwicklung wiederbeleben.		

4 **Analysebogen zur „Agenda 2030“ in meiner Stadt**

2 MK NE

Alternativ zur Aufstellung von SDG-Informationstafeln in Ihrer Stadt:

a) Entwickeln Sie einen Stadtplan, in den Sie geeignete Standorte für SDG-Schilder eintragen.
b) Gestalten Sie eine virtuelle Exkursion zu SDG-Stellen in Ihrer Stadt.

Wichtige Begriffe

- Befriedigung der Grundbedürfnisse
- Bruttonationaleinkommen
- Chancengerechtigkeit
- Disparität
- Dissoziationsstrategie
- endogene Ursachen
- Entwicklungsindikatoren
- Entwicklungsstrategien
- exogene Ursachen
- Globalisierung
- HDI
- Land Grabbing
- Menschenrecht
- Migration
- nachhaltige Entwicklung
- nachholende Entwicklung
- Räume unterschiedlichen Entwicklungsstandes
- Ziele für eine nachhaltige Entwicklung/ Sustainable Development Goals

Wissen vernetzen

Die Entwicklung der Lebenswirklichkeiten von Gesellschaften zeigt weltweit sehr unterschiedliche Ergebnisse. Die Grenze zwischen Arm und Reich verläuft dabei nicht entlang nationalstaatlicher Grenzen, sondern mitten durch alle Gesellschaften. Dies gilt für vermeintlich arme Länder wie Indien ebenso wie auf den ersten Blick reiche Staaten wie Deutschland oder die USA. Dieser Tatsache versuchen Staaten sowie zivilgesellschaftliche Gruppen (Kirchen, Vereine, NGOs, ...) insbesondere seit der Unabhängigkeit ehemaliger Kolonien entgegenzuwirken und so den Wohlstandsunterschied zwischen Industrie- und Entwicklungsländern zu verringern.
Dabei war von Anfang an umstritten, welche Theorie zur Erklärung der Unterentwicklung zutrifft und welche Strategie am geeignetsten sei, um die weiter zunehmenden Entwicklungsunterschiede zu überwinden. Grundsätzlich standen sich zwei Auffassungen gegenüber: die Modernisierungstheorie und die Dependenztheorie. Die Anhänger der Modernisierungstheorie sind der Auffassung, dass jede Gesellschaft eine feste Abfolge von Entwicklungsschritten durchlaufen würde. Vor diesem Hintergrund sahen sie die Länder der Erde schlicht auf unterschiedlichen Stufen dieses Prozesses. Demgegenüber vertreten die Dependenztheoretiker die Meinung, dass die einen nur reich sein können, weil die anderen arm sind. Demzufolge besteht ein fundamentales Abhängigkeitsverhältnis zwischen beiden.
Erhoben diese Theorien anfangs universellen Geltungsanspruch, setzte sich im Verlauf der 1980er-Jahre die Überzeugung durch, dass die spezifischen Gegebenheiten von Kulturen und Gesellschaften viel stärker berücksichtigt werden müssen. Daher könne man Entwicklung nur für kleinere Gebiete mithilfe von Theorien mittlerer Reichweite erklären. Mit der Ausrichtung der weltweiten Entwicklung am Nachhaltigkeitsprinzip formulierten die UNO mit den Millenniumszielen für die Zeit von 2000–2015 erstmals eine globale Vorstellung von Entwicklung. Dieses Programm wurde 2016 durch den aktuell gültigen, in der „Agenda 2030" mit seinen 17 Zielen für eine nachhaltige Entwicklung (SDG) festgelegten Konsens abgelöst.
Um feststellen zu können, ob die beabsichtigten Fortschritte stattfinden, wurden verschiedene Indikatoren festgelegt. Der aktuell bedeutendste Index zur Messung von Entwicklung ist der HDI.

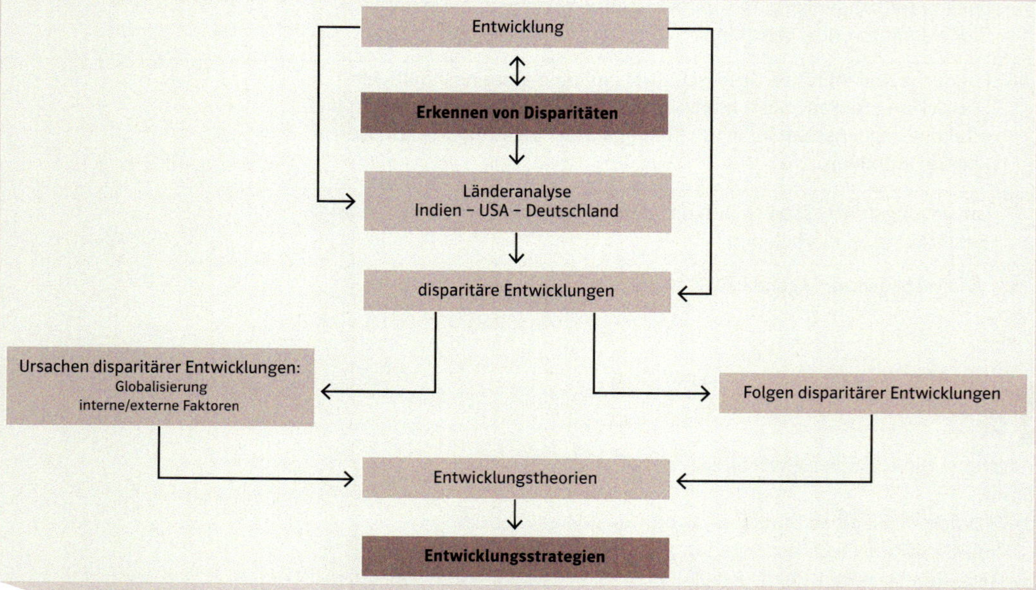

1 Vom Erkennen disparitärer Entwicklungen zur Entwicklungsstrategie

Kompetenzen überprüfen

Sich orientieren

1 Ordnen Sie in eine Weltkarte 10 Länder mit geringem und 10 Länder mit hohem Entwicklungsstand ein.

2 Überprüfen Sie Ihre Zuordnung mithilfe eines Atlas.

Wissen und verstehen

3 Erklären Sie den Human Development Index (HDI).

4 Vergleichen Sie die Kernaussagen der Modernisierungstheorie mit denen der Dependenztheorie.

5 Bewerten Sie das aktuelle globale Entwicklungsprogramm „Agenda 2030".

Fachmethoden anwenden

6 Beschreiben Sie den Entwicklungsstand von Marokko, Chile und Finnland anhand des HDI.
Nutzen Sie dazu auch ein bereits in diesem Kapitel bereits angewendetes Tool.

7 Erläutern Sie die Teufelskreise der Armut (Grafik 3) am Beispiel Indiens oder der USA oder Deutschlands. Nutzen Sie dazu auch den Atlas.

8 Stellen Sie die Grundstruktur der entwicklungspolitischen Diskussion in einem Schaubild dar.

Beurteilen und bewerten

9 Beurteilen Sie die Aussagekraft von Grafik 2.

10 Bewerten Sie die Theorie der fragmentierenden Entwicklung.

Handeln

11 Entwickeln Sie Ihren Diskussionsbeitrag über die richtige Theorie und Strategie zur Überwindung von Unterentwicklung.

12 Entwickeln Sie Ideen zur Durchbrechung der sich selbst verstärkenden Problemkreisläufe.

Basiskonzepte anwenden

13 Erläutern Sie an einem Fallbeispiel aus diesem Kapitel die Basiskonzepte der Geographie.

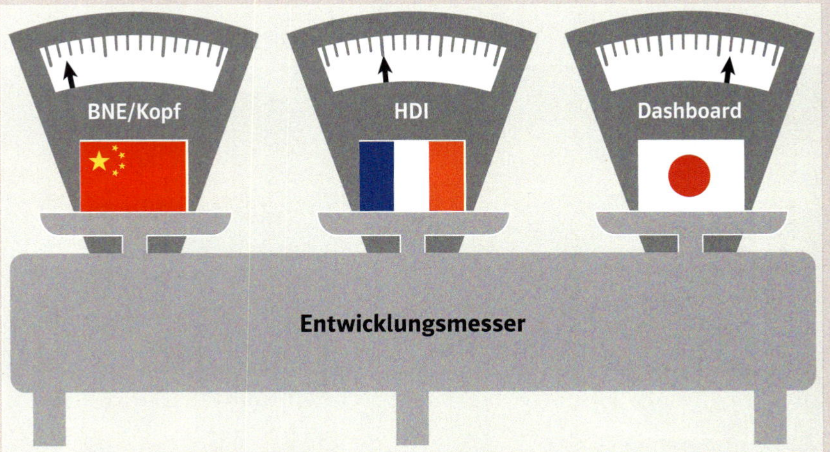

2 Entwicklungsstände messen

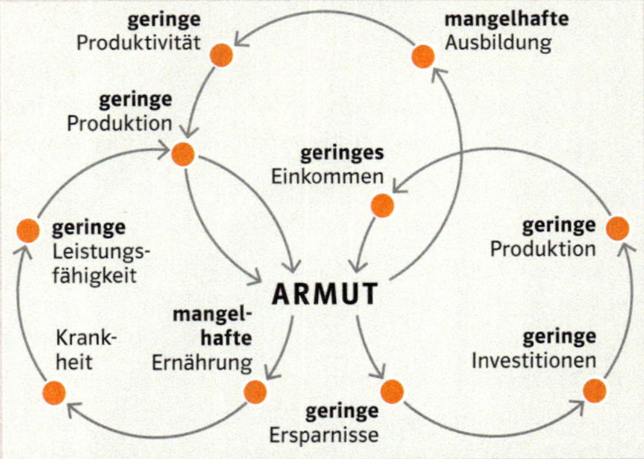

3 Sich selbst verstärkende Problemkreisläufe

Wenn Sie alle Seiten dieses Kapitels bearbeitet haben, können Sie ...

- verschiedene Entwicklungsindikatoren nennen;
- den Entwicklungsstand von Ländern beurteilen;
- anhand verschiedener Theorien eine Erklärung für disparitäre Entwicklung darlegen;
- die Bedeutung der Globalisierung im Entwicklungsprozess beurteilen;
- das aktuelle Weltentwicklungsprogramm der Vereinten Nationen, die „Agenda 2030", erläutern.

15

Entwicklungszusammenarbeit zum Abbau von Disparitäten

1

Jede Kaufentscheidung schlägt durch die erstandenen Waren eine Brücke zu den Menschen, die diese hergestellt haben. Mit jedem Kauf einer Jeans, eines Smartphones oder einer Tafel Schokolade bestätigen wir folglich auch die damit verbundenen Arbeits- und Lebensbedingungen der Arbeiterinnen und Arbeiter, die irgendwo auf der Welt Rohstoffe, Zwischen- und Fertigprodukte aller Art herstellen.

Nach wie vor lebt und arbeitet der größte Teil der Menschheit unter sehr prekären Bedingungen. Deren Ursachen sind nicht nur komplex, sondern werden – wie im vorangegangenen Kapitel gesehen – sehr unterschiedlich begründet. Entsprechend vielfältig sind die Vorschläge, wie gegen diese dramatische Ungleichheit vorgegangen werden kann.
Haben Sie einen Vorschlag?

2

3

Sie untersuchen ...

4 Von der Entwicklungshilfe zur Entwicklungszusammenarbeit

Das **Bundesministerium für wirtschaftliche Zusammenarbeit und Entwicklung (BMZ)** ist die oberste Bundesbehörde der Bundesrepublik Deutschland für Entwicklungszusammenarbeit. Das Ministerium unterhält zwei Dienstsitze. Erster Dienstsitz ist Bonn, der zweite Dienstsitz ist in Berlin.

Die beiden Szenen der vorangegangenen Doppelseite zeigen die Extreme unserer heutigen Welt, die in dem Begriffspaar Hochgenuss versus Kinderarbeit pointiert zum Ausdruck kommen.

Der Weg aus dieser inakzeptablen Realität beginnt mit der Analyse der Ursachen, der Formulierung einer erklärenden Theorie und führt zur Ausarbeitung einer Entwicklungsstrategie. Deren Umsetzung erfolgt in Form von Entwicklungsprojekten. Ein Projekt hat über einen definierten Zeitraum hinweg die Aufgabe, ein klar formuliertes Ziel durch aufeinander abgestimmte Aktivitäten zu erreichen. Die finanziellen, organisatorischen und rechtlichen Rahmenbedingungen werden vorab festgelegt. Zur Umsetzung werden Teams gebildet, die bei internationalen Entwicklungsprojekten aus Partnern aller Parteien bestehen (sollten).

Vom Problem zum Projekt der Entwicklungszusammenarbeit

Die **Deutsche Gesellschaft für Internationale Zusammenarbeit (GIZ) GmbH** ist eine Organisation der Entwicklungszusammenarbeit (EZ), die im Auftrag verschiedener Ministerien der Bundesrepublik Deutschland international tätig ist.

Entwicklungsprojekte entstehen auf der Basis partnerschaftlichen Kooperationsverständnisses. Die Regierung eines Landes des Globalen Südens wendet sich an die Regierung der Bundesrepublik Deutschland mit einem konkreten Anliegen, z.B. einer Infrastrukturmaßnahme oder der Lösung eines ökonomischen Problems etwa im Bereich der Produktqualität, des betrieblichen Managements oder der Vermarktung. Die Bundesregierung prüft durch das zuständige Bundesministerium für wirtschaftliche Zusammenarbeit und Entwicklung (BMZ), inwieweit die Problematik und der damit einhergehende Lösungsansatz mit den Grundsätzen der deutschen Entwicklungspolitik vereinbar ist. Derzeit richtet sich das BMZ an den Zielsetzungen der „Agenda 2030" aus. Sind die Anfrage und die Leitsätze des BMZ kompatibel, entwickeln beide Partner gemeinsam Zielsetzung, Maßnahmen, Laufzeit und Finanzierung des Projektes, das meist von der GIZ dann realisiert wird.

Das BMZ führt durch die GIZ weltweit kooperative Entwicklungsprojekte durch. Dabei gilt, es den jeweiligen kulturellen, politischen, religiösen Kontext ebenso zu berücksichtigen, wie konkrete Zielgruppen zu identifizieren, um nicht nur Symptome nicht-nachhaltiger Entwicklungen anzugehen, sondern nach Möglichkeit die kausal maßgeblichen Strukturen zu ändern.

Diesen Fragen zur Entwicklungszusammenarbeit werden Sie nachgehen:

- In welchen Bereichen werden Entwicklungsprojekte umgesetzt?
- Welche Zielgruppen haben Entwicklungsprojekte im Blick?
- Welche Ziele verfolgen Entwicklungsprojekte?
- Tragen Entwicklungsprojekte zum Erreichen der „Agenda-2030"-Ziele bei?
- Werden auch hier in Baden-Württemberg Entwicklungsprojekte umgesetzt?
- Kann ich mich in einem Entwicklungsprojekt engagieren?

Sie knüpfen an ...

5 Kakao-Kooperative

6 Farmer Business School

Bekannte Begriffe

- Armutsviertel
- Disparität
- Entwicklungszusammenarbeit
- Flucht
- Human Development Index
- Land-Stadt-Wanderung
- Menschenrechte
- Migration
- Migrationsursachen
- nachhaltige Entwicklung
- nachhaltige Entwicklungsziele/ Sustainable Development Goals
- Umweltflucht

Das wissen Sie schon!

Dass die schlechten Arbeits- und Lebenssituationen vieler Männer, Frauen und Kinder in den Kakaoplantagen Westafrikas nicht so sein müssen, das haben Sie bereits in Klasse 8 erfahren. Am Beispiel des Entwicklungsprojektes „Nachhaltige kleinbäuerliche Kakao- und Nahrungswirtschaft" wurde deutlich, wie Kleinbauern aus Côte d'Ivoire, Ghana, Togo, Nigeria und Kamerun in „Farmer Business Schools" zu Unternehmern werden. Auf diesem Weg sind insbesondere die finanziellen Engpässe sowie Mängel ihres technischen Wissens bei der Verarbeitung der Kakaobohnen zu überwinden sowie ihre Fähigkeiten der effektiven Betriebsführung zu fördern. Mithilfe dieser Maßnahmen wird das Ziel verfolgt, die Einkommenssituation der Kakaobauern und ihre Nahrungsversorgung aus vielfältigem Anbau nachhaltig zu verbessern, indem sie die Organisation ihrer Betriebe effektiv gestalten. Die Wirkungen des von der Deutschen Gesellschaft für internationale Zusammenarbeit (GIZ) durchgeführten Entwicklungsprojektes zeigen deutliche Steigerungen der Produktionszahlen, eine verbesserte finanzielle Situation der Teilnehmenden sowie effektivere Formen der Betriebsführung.

Entwicklungszusammenarbeit oder Entwicklungshilfe?

„In den Medien oder in Gesprächen wird statt ‚Entwicklungszusammenarbeit' oft der Begriff ‚Entwicklungshilfe' verwendet. [...] Die meisten Fachleute und auch das BMZ benutzen diesen Ausdruck trotzdem nicht, denn er klingt so, als wären Entwicklungsländer hilflos und vollständig auf die Wohltätigkeit der reichen Länder angewiesen. Bei der modernen Entwicklungszusammenarbeit sind sie aber gleichberechtigte Partner. Alle Projekte werden gemeinsam geplant und verwirklicht.
Auch die Verantwortung für Erfolge und Misserfolge wird gemeinsam übernommen. Und die Entwicklungsländer bezahlen in vielen Fällen einen großen Teil der Programme selbst.
Außerdem: Die sogenannten Geberstaaten wie Deutschland sind bei der Entwicklungszusammenarbeit gleichzeitig auch Empfänger. Sie lernen von ihren Partnerländern, knüpfen wirtschaftliche Kontakte und verbessern dadurch auch ihre wirtschaftliche Situation. Der Begriff Entwicklungszusammenarbeit beschreibt diese intensive Partnerschaft viel besser als der früher übliche Name Entwicklungshilfe."

Bundesministerium für wirtschaftliche Zusammenarbeit und Entwicklung, Entwicklungszusammenarbeit oder Entwicklungshilfe?, unter: www.checkdeinewelt.de/wissen/e/entwicklungszusammenarbeit/index.jsp (Zugriff: 28.10.2020)

7

1 Erklären Sie die in Klasse 8 thematisierten Fachbegriffe.

2 Erläutern Sie die Merkmale eines Projektes.

3 Fassen Sie die Schritte von einem erkannten Entwicklungsdefizit hin zu einem Entwicklungsprojekt zusammen.

4 **Arbeitsauftrag für die Seiten 170–177:** Erfolgreiche Entwicklungszusammenarbeit setzt voraus, dass laufende und abgeschlossene Entwicklungsprojekte bewertet werden.
Analysieren Sie mithilfe der Analysematrix (Online-Code) mindestens eines der dargestellten Entwicklungsprojekte.

10 WENIGER UNGLEICHHEITEN

12 NACHHALTIGE/R KONSUM UND PRODUKTION

2 Cashewverarbeitung in Gambia (a) und in Goa/Indien (b und c)

Von harten Schalen und grünen Knöpfen – Entwicklungsprojekte im Bereich Produktion und Handel

Arbeit und gerechtes Einkommen sind zentrale Pfeiler gesellschaftlicher Entwicklung. Aber vielerorts ist Arbeit rar, womöglich gefährlich und gesundheitsschädigend und die Entlohnung ungerecht. Die Ursachen für diese Realitäten sind nicht nur vor Ort zu suchen, sondern oftmals Ausdruck übergeordneter Strukturen. Wie können entwicklungspolitische Maßnahmen hier positiven Einfluss nehmen?

1 Cashewpflanze

Die Cashewpflanze kommt ursprünglich aus dem Amazonas-Tiefland, wurde von den Portugiesen jedoch bereits im 16. Jh. zunächst nach Goa/Indien, weiter nach Südostasien sowie nach Ost- und Westafrika verbracht. Das Interesse der Portugiesen galt dabei nicht den Kernen, sondern der Frucht, aus der ein alkoholisches Getränk hergestellt wird.

In den letzten zwei, drei Jahrzehnten ist die weltweite Nachfrage nach Cashewkernen gewaltig gestiegen. Das hängt sehr stark mit veränderten Essgewohnheiten in den Ländern des Globalen Nordens zusammen, wo Snacks eine immer größere Rolle gegenüber tradierten Ernährungsgewohnheiten einnehmen. Zu den Hauptanbaugebieten zählen neben Indien, Vietnam, Indonesien und Honduras vor allem die westafrikanischen Staaten von Guinea-Bissau bis nach Nigeria. Die Verarbeitung der Cashewkerne ist sehr arbeitsaufwendig und daher kostenintensiv. Nach einem Trocknungsprozess müssen die Kerne aus der sehr harten Schale herausgelöst werden, ehe sie erneut getrocknet, geschält und nach Größe und Qualität sortiert in den Export gehen. Insbesondere in Indien und Vietnam erfolgt ein Großteil der Verarbeitung vor Ort, wohingegen in vielen Staaten Westafrikas zwar im großen Stil Cashew angebaut, nicht aber verarbeitet werden. Stattdessen werden diese in ihren Schalen großenteils nach Süd- und Südostasien zur Veredelung exportiert. Damit liegt die eigentliche Wertschöpfung der hochpreisigen Cashewkerne nicht in den westafrikanischen Ländern. Eben dies zu ändern, ist das Ziel des vom BMZ in Auftrag gegebenen und von der GIZ durchgeführten Projekts „Competitive Cashew Initiative (ComCashew)".

Competitive Cashew Initiative (ComCashew)

Das Projekt wird in den afrikanischen Ländern Benin, Burkina Faso, Côte d'Ivoire, Ghana, Mosambik und Sierra Leone zusammen mit Ministerien, Unternehmen der Snack-Industrie sowie dem Handel seit 2009 umgesetzt. Eine Verlängerung über das Jahr 2020 hinaus ist zu erwarten.

Die Ausgangssituation ist durch die geringe Wettbewerbsfähigkeit in den afrikanischen Ländern bestimmt. Mit den beschlossenen Maßnahmen soll die Wettbewerbsfähigkeit verbessert und die Wertschöpfung erhöht werden, vor allem durch:

- Steigerung von Quantität und Qualität der Produktion,
- Verbesserung von Effizienz, Quantität und Qualität der Verarbeitung,
- Aufbau nachhaltiger Marktverknüpfungen: national, regional und international,
- Schaffen eines förderlichen Umfeldes, die den Cashew-Sektor begünstigen.

Erzielte Wirkungen: Mehr als 420 000 Landwirte, davon 22 % Frauen, wurden fortgebildet, die Einkommen verdoppelt und die Erträge um etwa 80 % gesteigert. Durch lokale Verarbeitung wurden 5 800 Arbeitsplätze geschaffen – 75 % davon für Frauen – und 26 Mio. US-$ Umsatz erzielt.

Nach: www.giz.de/de/weltweit/19011.html (Zugriff: 02.10.2020)

3

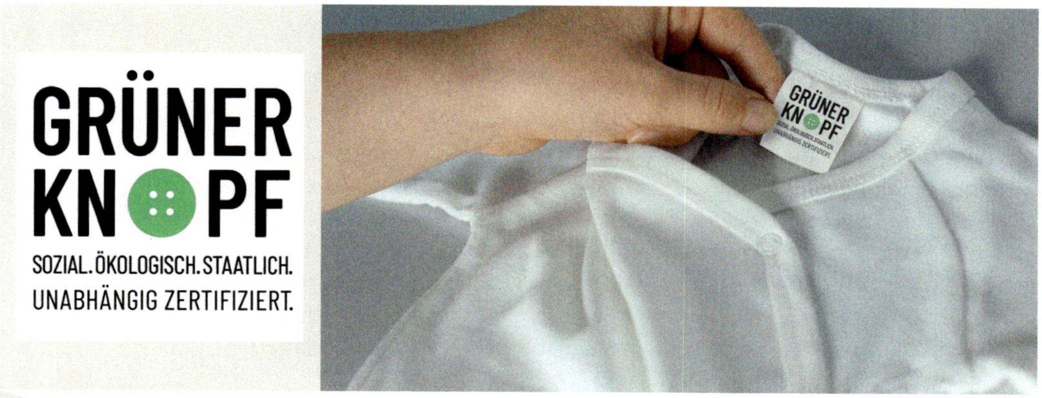

4 Grüner Knopf

Das Siegel Grüner Knopf

„Der ‚Grüne Knopf' ist ein 2019 eingeführtes staatliches Siegel für nachhaltig produzierte Kleidung. Das Besondere an diesem staatlichen Siegel ist ein umfassenderes Nachhaltigkeitsverständnis, das sowohl auf die ökologische Verträglichkeit als auch auf die Einhaltung sozialer Gerechtigkeit, z.B. in Form von Zahlung von Mindestlöhnen, achtet. Damit reiht sich der ‚Grüne Knopf' ein in die aktuellen Bestrebungen die globalen Lieferketten sozial gerechter und naturverträglicher zu gestalten. Das Bundesministerium für wirtschaftliche Zusammenarbeit und Entwicklung (BMZ) legte dabei folgende Produkt- und Unternehmenskriterien fest:

Produktkriterien: „Ein Textilprodukt mit Grünem Knopf muss soziale und ökologische Mindeststandards einhalten. Zu den sozialen Standards gehören unter anderem die Zahlung von Mindestlöhnen, die Einhaltung von Arbeitszeiten und das Verbot von Kinder- und Zwangsarbeit. Die ökologischen Standards umfassen zum Beispiel das Verbot von gefährlichen Chemikalien sowie Grenzwerte für Abwässer, die bei der Produktion anfallen.

In seiner Startphase prüft der Grüne Knopf die Herstellungsschritte ‚Zuschneiden und Nähen' sowie ‚Bleichen und Färben'. Die sozialen und ökologischen Herausforderungen sind in diesen Produktionsstufen besonders groß. In den kommenden Jahren wird das Siegel auf weitere Arbeitsschritte ausgeweitet. Letztlich soll der Grüne Knopf Mensch und Umwelt in der gesamten Lieferkette schützen – vom Baumwollfeld bis zum Bügel.

Unternehmenskriterien: Ein Unternehmen muss anhand von weiteren Kriterien nachweisen, dass es menschenrechtliche, soziale und ökologische Verantwortung übernimmt.

Grundlage für die Unternehmenskriterien sind die Leitprinzipien der Vereinten Nationen für Wirtschaft und Menschenrechte sowie die Empfehlungen der Organisation für wirtschaftliche Zusammenarbeit und Entwicklung (OECD) für den Textilsektor. Geprüft werden unter anderem Fragen wie: Gibt es Beschwerdemechanismen für die Näherinnen vor Ort? Schafft das Unternehmen Missstände ab? Legt es Risiken in seiner Lieferkette offen?"

Nach: www.gruener-knopf.de/gruener-knopf.html, www.gruener-knopf.de/kriterien.html und www.bmz.de/de/themen/textilwirtschaft/gruener_knopf/index.html (Zugriff: 02.11.2020)

5

Unabhängige Prüfer kontrollieren die Einhaltung der Unternehmens- und Produktkriterien. Sofern diese von den Unternehmen eingehalten werden, können sie Produkte mit dem Siegel „Grüner Knopf" auszeichnen. Direkt am zertifizierten Textilprodukt angebracht, werden potenzielle Kunden über die Einhaltung von Sozial- und Umweltstandards informiert. Zusammen mit dem nationalen Netzwerk nachhaltiger Konsum beschreitet das BMZ zudem konkrete Schritte hin zu einer nachhaltigen Entwicklung im umfassenden Sinn.

SOZIAL

Gut für den Menschen
„Der Grüne Knopf stellt verbindliche Anforderungen für menschenwürdige Arbeit – von der Zahlung von Mindestlöhnen, über die Einhaltung von Arbeitszeiten bis zum Verbot von Kinder- und Zwangsarbeit."
Ebenda

ÖKOLOGISCH

Gut für die Umwelt
„Der Grüne Knopf verbietet z.B. den Einsatz gefährlicher Chemikalien und setzt verbindliche Grenzwerte für Abwasser in der Produktion. Weichmacher und Tenside müssen biologisch abbaubar sein."
Ebenda

Fairer Handel überlässt die Preisbildung nicht allein den Marktkräften, sondern garantiert den Erzeugern einen Mindestpreis. Dieser Preis soll den Produzenten, ein zuverlässiges Einkommen ermöglichen. Zudem sollen langfristige Beziehungen zwischen Produzenten und Abnehmern etabliert sowie Sozial- und Umweltstandards für die Arbeiter garantiert werden.

1 **Arbeiten Sie als Tandem.** Fassen Sie mithilfe der Analysematrix (Online-Code) je eines der beiden Projekte zusammen.

2 Stellen Sie sich die Projekte gegenseitig vor.

3 Bewerten Sie die Wirksamkeit der Projekte gemeinsam.

5 GESCHLECHTER-GLEICHHEIT

Von Schulen und Ausbildung – Entwicklungsprojekte im Bereich Frauenförderung

Die Gleichberechtigung der Frau ist weltweit nach wie vor eine Herausforderung, wenngleich regional und kulturell sehr unterschiedliche Fortschritte zu verzeichnen sind. In vielen Teilen der Welt fehlt es an gleichen Rechten und damit auch an gleichen Chancen. Frauen sind in der formalen Arbeitswelt unterrepräsentiert, selbst bei gleicher Arbeit schlechter bezahlt als Männer und zudem oft vielfältiger Gewalt ausgesetzt. Wie können Frauen gezielt gefördert werden, um für sich, aber auch für die Gesellschaft eine deutliche Verbesserung ihrer Situation zu erreichen?

Studien der Weltbank belegen, dass mit zunehmender Gleichstellung der Geschlechter sich sowohl die Wettbewerbsfähigkeit als auch der Wohlstand ganzer Gesellschaften verbessert. Wird Frauen der Zugang zu wirtschaftlichen Ressourcen ermöglich, ihre Diskriminierung überwunden und werden ihre Rechte garantiert, kommt dies offensichtlich allen zugute. Dennoch sind Hunderte Millionen von Frauen Lebenswirklichkeiten ausgesetzt, die

- ihnen keinen Zugang zu Bildung ermöglichen,
- ihnen Beschäftigungsmöglichkeiten vorenthalten,
- ihnen gesundheitliche Versorgung und körperliche Selbstbestimmungsrechte verweigern,
- sie sexueller Gewalt aussetzen,
- sie in Kinderehen zwingen,
- ihnen die Verstümmelung ihrer Genitalien antun,
- ihnen übermäßig die Pflicht zur Wasserversorgung aufbürden, ohne akzeptable sanitäre Verhältnisse bereitzustellen.

Diese Realitäten zu durchbrechen ist Ziel des folgenden Globalprogramms. Dieses wurde vom BMZ in Auftrag gegeben und wird von der GIZ umgesetzt.

1 Die Schulbildung von Mädchen – nur wenige Jahre?

2 Wasserholen – nur eine Aufgabe von Mädchen und Frauen?

Förderung von Gleichberechtigung der Geschlechter und Frauenrechten
Das Ziel des Globalprojektes ist, die Überwindung geschlechtsbedingter Ungleichheiten zu erreichen.
Die Notwendigkeit für das global ansetzende Projekt ergibt sich aus der gegebenen Situation von Frauen und Mädchen weltweit. Zumeist liegen diesen „schädliche traditionelle Praktiken, Gesetze oder diskriminierende Normen und Geschlechterrollen“ zugrunde, die es ebenso zu überwinden gilt wie Gewalt gegen Frauen. Dies hat das BMZ in seinem sektorübergreifenden Konzept zur „Gleichberechtigung der Geschlechter in der deutschen Entwicklungspolitik“ festgeschrieben und zur Zielsetzung erhoben. Der Gleichberechtigung der Geschlechter kommt somit in der deutschen Entwicklungszusammenarbeit ein hoher Stellenwert zu und lässt sich als durchgängiges Gestaltungsprinzip und Qualitätsmerkmal erkennen.
Dieses Konzept umfasst drei Ansätze:

- Die Gleichberechtigung der Geschlechter wird als Querschnittsaufgabe in allen Strategien und Projekten der Entwicklungszusammenarbeit realisiert, etwa hinsichtlich der Arbeitsbedingungen in der Kommunikationsbranche Ägyptens.
- Projekte zur Förderung von Frauen und Mädchen werden ganz gezielt unterstützt, etwa im Bankensektor Marokkos und Tunesiens.
- Im internationalen entwicklungspolitischen Prozess werden Gleichberechtigung und Frauenrechten fest verankert, etwa in der IT-Branche Jordaniens.

Nach: Deutsche Gesellschaft für Internationale Zusammenarbeit (GIZ) GmbH, Gleichberechtigung und Frauenrechte fördern, unter: www.giz.de/de/weltweit/65544.html (Zugriff: 02.11.2020)

3

4 Frauenförderung in Nepal

6 Berufsausbildung in technischen Berufen in der MENA-Region

Frauenförderung in Nepal: INCLUDE
Das in Nepal durchgeführte Projekt „INCLUDE" verfolgt die Zielsetzung, im ländlichen Bereich Arbeitsplätze für junge Frauen zu schaffen. Mit der Verbesserung ihrer wirtschaftlichen Situation soll die Zahl der aus den Armutsschichten des Landes kommenden Mädchen und Frauen, die jedes Jahr in die Prostitution des indischen Subkontinents verkauft werden, deutlich reduziert werden. Vor diesem Hintergrund ist das deutsche Engagement in Nepal zu sehen: Das BMZ unterstützt die nepalesische Regierung dabei, neue Einkommensmöglichkeiten zu schaffen und den Migrationsdruck für die Bevölkerung zu senken. Folgende Wertschöpfungsketten wurden im Rahmen des Programms INCLUDE ausgebaut und verbessert:
- Honig,
- Heil- und Gewürzpflanzenanbau,
- Milchprodukte,
- Gemüse- und Früchteanbau in Flussbetten,
- sozial und ökologisch verantwortlicher Tourismus.

Als größtes Problem, ein sicheres Leben zu führen, erweist sich dabei die Landlosigkeit der betroffenen jungen Frauen und deren Familien. Denn wenn die alltägliche Versorgung in Gänze durch den Kauf von Lebensmitteln auf dem Markt erfolgen muss, setzt dies entsprechende monetäre Einkünfte voraus, die meist nicht ausreichend verfügbar sind. Daher werden Ansätze gesucht, die auch ohne eigenen Landbesitz erfolgreich sein können.

Nach: Gegen Ausgrenzung: Arbeit für Arme und Landlose, unter: www.bmz.de/de/themen/2030_agenda/deutscher_beitrag/fallstudien/fallstudie_nepal_wirtschaft/index.html (Zugriff: 02.11.2020)

5

Beschäftigungsförderung von jungen Frauen in der MENA-Region
Das von BMZ in Auftrag gegebene und von der GIZ in Ägypten, Jordanien, Marokko und Tunesien durchgeführte Projekt läuft mindestens bis 2021. Die Ausgangslage in der MENA-Region (Middle East and North Africa) ist durch die weltweit geringste Beteiligung von Frauen am Wirtschaftsleben (nur etwa 20 % aller Erwerbstätigen) sowie einer trotz offener Stellen sehr hohen Arbeitslosigkeit unter Akademikerinnen (etwa 50 %) gekennzeichnet. Zudem arbeiten selbst hochqualifizierte Frauen häufig in schlecht bezahlten Jobs. Grund dafür sind religiös-kulturelle Traditionen und Rollenvorstellungen.
Erreicht werden soll die Verbesserung der Situation durch folgende Maßnahmen:
- Förderung der wirtschaftlichen Integration von Frauen,
- professionelles Management der Chancengleichheit,
- Einführung flexibler Arbeitszeiten,
- Frauenquoten bei Einstellungen,
- sozialverträgliches und familienfreundliches Arbeitsumfeld,
- Schaffung einer Plattform zum Wissensaustausch zwischen Unternehmen der MENA-Region und Deutschland bzw. Europa,
- Unterstützung von Schülerinnen beim Einstieg in MINT-Berufe.

Die Umsetzung zeigt bereits deutlich erkennbare Wirkungen. So haben Hunderte von Unternehmen der Region an Projekten teilgenommen, und 30 von ihnen Kooperationsprojekte mit der GIZ abgeschlossen. Bereits mehrere Tausend Frauen konnten von diesen Maßnahmen profitieren.

Nach: www.giz.de/de/weltweit/37953.html und www.giz.de/de/weltweit/73447.html (Zugriff: 02.11.2020)

7

1 **Arbeiten Sie als Tandem.**
Fassen Sie Anlass, Zielsetzung und Maßnahmen des Globalprojekts zur Frauenförderung zusammen.

2 Analysieren Sie die Frauenförderprogramme mithilfe der Analysematrix.

3 Bewerten Sie die Wirksamkeit der Projekte gemeinsam.

13 MASSNAHMEN ZUM KLIMASCHUTZ

15 LEBEN AN LAND

1 Solarbetriebene Kühlung des Fischfangs auf den Seychellen

2 Hauskühlung über Solarstrom

Von Kühltechnik und Bienen – Entwicklungsprojekte im Bereich Klima und Umwelt

Der Klimawandel schreitet voran und es besteht Konsens, dass dieser globalen Herausforderung nur gemeinsam erfolgreich begegnet werden kann. Aber wie kann das im Einzelnen aussehen? Was genau können Entwicklungsprojekte in diesem Bereich angehen und bewirken?

Der Klimawandel hat ohne Frage eingesetzt und längst geht es darum, das Unvermeidbare zu beherrschen und das Unbeherrschbare des Klimawandels zu vermeiden. Der Grenzwert zwischen diesen beiden Szenarien wird vonseiten der Wissenschaft auf eine globale Durchschnittstemperatur von etwa +2 °C gegenüber der vorindustriellen Zeit beziffert. Um diese Zielmarke erreichen zu können, muss weltweit die emissionsintensive Energieversorgung auf den Prüfstand gestellt werden. Im Mittelpunkte stehen dabei die Bereiche Stromerzeugung, Gebäudetechnik, Mobilität, Wärmeversorgung, Klimaanlagen und auch Kühltechniken, wie sie etwa in Geschäften zur Erhaltung von Lebensmitteln eingesetzt werden. In all diesen Anwendungsbereichen stehen emissionsarme oder gar emissionsfreie alternative Technologien zur Verfügung. Aber eine entsprechende Umrüstung erfordert zum Teil hohe Investitionen. Klimaschutz kostet viel Geld, aber das spätere oder gar ausbleibende Handeln wird noch entschieden teurer, wie erstmals im Stern-Report 2007 dargelegt. Nach damaligen Berechnungen wurden die Kosten des Klimaschutzes auf 5–20 % der globalen Wirtschaftsleistung beziffert.

↜ Kapitel Klimawandel S. 306–343

Globalprojekt Proklima
Das vom Bundesministerium für wirtschaftliche Zusammenarbeit (BMZ) in Auftrag gegebene und von der Deutschen Gesellschaft für internationale Zusammenarbeit (GIZ) weltweit durchgeführte Projekt läuft seit 2016 und wird voraussichtlich auch nach 2020 noch weitergeführt werden. Es handelt sich dabei um ein Sektorvorhaben, also nicht primär um ein regional gebundenes Projekt, sondern ein einen gesamten Entwicklungsbereich abdeckendes Großprojekt.
Anlass für das Projekt ist die Tatsache, dass nach wie vor im industriellen wie landwirtschaftlichen Produktionsprozess Gase entstehen oder verwendet werden, welche die Ozonschicht zersetzen und somit den natürlichen Schutzschild gegen die gesundheitsgefährdende ultraviolette Strahlung schwächen. Um dieses zu verhindern, einigten sich führende Industrienationen bereits 1987 im Montreal-Protokoll auf ein Verbot von Fluorchlorkohlenwasserstoffen, die als Kühlmittel Verwendung fanden, aber eben auch die Ozonschicht zersetzen. Mit der Gründung von Proklima 1995 verlangt die deutsche (Entwicklungs-)Politik einen Ozon- und Klimaschutz kombinierenden Ansatz.

Nach: GIZ: Proklima – Weltweite Förderung von umweltfreundlichen und energieeffizienten Kühltechnologien, unter: www.giz.de/de/weltweit/71271.html (Zugriff: 02.11.2020)

3

Im Rahmen des Globalprogramms „Pro Klima" wurde auf den Seychellen folgendes Projekt realisiert:

Green Cooling-Projekt, Seychellen

"All local refrigeration technicians in Seychelles must be certified as having been trained as part of the third phase of the Green Cooling Africa Initiative. 'We want to ensure that those involved in refrigeration are legit and receive proper training. Now people are operating without proper certification,' said Inese Chang-Waye, the ozone coordinator. She added that the local authorities are also working on a new regulation under which certified technicians will need to bring an identification card with them for jobs they do.

The workshop was aimed at establishing a suitable infrastructure for implementing the scheme within the local context for both the formal and informal sector. It was organised by the German development agency GIZ in collaboration with the Seychelles Ozone Unit in the Ministry of Environment, Energy and Climate Change. The Seychelles joined the second phase of the Green Cooling Africa Initiative program in 2017. The program is supporting its partner countries to create a shift in the cooling sector towards more sustainable technology and a low mitigation pathway.

In an effort to reduce energy use in Seychelles, the Energy Commission has also set energy efficiency standards for five types of electrical home appliances entering the country. Under the new standards, it is mandatory for bulbs, freezers and refrigerators, air conditioners, electric water heaters and washing machines to meet the required minimum standard.

The Green Cooling Initiative estimates the refrigeration and air conditioning (RAC) sector to account for 13 percent of the global greenhouse gas emissions by 2030, making the RAC sector a rapidly increasing contributor to climate change."

Seychelles News Agency (Daniel Laurence), Keeping it green and chilly: Refrigerator techs must be certified, Seychelles says, from 22.10.2018, unter: www.seychellesnewsagency.com/articles/9935/%20Keeping+it+green+and+chilly+Refrigerator+techs+%C2%ACmust+be+certified%2C+Seychelles+says (Zugriff: 02.11.2020)

4

Bienenprojekt in Kenia

Neben Ackerbau und Viehzucht haben die Bienenzucht und der Verkauf von Honig eine große ökonomische Bedeutung für viele Bauern in Kenia. Zunehmend zum Problem wird für die Imker nun, dass immer mehr geeignete Flächen verschwinden, da sie für ackerbauliche Zwecke oder als Bauland genutzt werden. Der Lebensraum der Bienen nimmt stark ab.

Im Rahmen eines von der GIZ unterstützten und durch das europäische Bienengesundheitsprogramm finanzierten Projektes, das in Zusammenarbeit mit dem Internationalen Insektenzentrum in Nairobi (ICIPE) umgesetzt wird, kartiert ein IT-Spezialist für Geo-Informationssysteme und Fernerkundung nun alle für die Bienenzucht und relevanten Informationen. Dazu zählen die Verteilung, Vielfalt und Blühzyklen von Blütenpflanzen. Auf der Grundlage dieser Informationen soll erreicht werden, dass Bienenweiden besser geschützt und optimal genutzt werden. Zudem sollen Erkenntnisse über die Wirkung des Klimawandels auf die Bienenzucht gewonnen werden. Für die konkrete Umsetzung kommen Satelliten- und Luftbilder zum Einsatz. Zudem wurde eine App entwickelt und den Bauern Smartphones zur Verfügung gestellt. Mit deren Hilfe liefern die Bauern vor Ort Informationen, die auf nationaler Ebene zusammengeführt werden und zu Nutzungsempfehlungen führen. Durch das Projekt konnte die durchschnittliche jährliche Honigproduktion von 30 auf 60 kg pro Imker verdoppelt werden.

5

1

Arbeiten Sie als Tandem.
Fassen Sie Anlass, Zielsetzung und Maßnahmen des Globalprojekts zum Klimaschutz zusammen.

2

Analysieren Sie die Projekte „Green Cooling, Seychelles" und „Bienenhaltung in Kenia" mithilfe der Analysematrix.

3

Bewerten Sie die Wirksamkeit der Projekte gemeinsam.

12 NACHHALTIGE/R KONSUM UND PRODUKTION

Von Zukunftsmode und Selbstbestimmung – Entwicklungsprojekte aus Baden-Württemberg

Entwicklungsprojekte werden nicht nur zwischen Staaten und der Bundesrepublik Deutschland beschlossen und realisiert. Vielmehr engagiert sich eine große Zahl an Institutionen, etwa die Bundesländer oder Kommunen, Kirchen oder Stiftungen sowie eine Vielzahl zivilgesellschaftlicher Gruppen und Vereine in der Entwicklungszusammenarbeit. Wie sieht das in Baden-Württemberg aus?

Stiftung Entwicklungs-Zusammenarbeit Baden-Württemberg (SEZ)
Die SEZ wurde 1991 vom Landtag von Baden-Württemberg als gemeinnützige und unabhängige Stiftung errichtet. Ihr Auftrag ist Bewusstseinsbildung für globale Verantwortung sowie die Stärkung entwicklungspolitischen Engagements in Baden-Württemberg.
www.sez.de

In der entwicklungspolitischen Szene Baden-Württembergs spielt die SEZ, die Stiftung Entwicklungs-Zusammenarbeit Baden-Württemberg, eine besondere Rolle. Diese besteht darin, dass die SEZ Projekte baden-württembergischer Initiativen der Entwicklungszusammenarbeit organisatorisch und auch finanziell unterstützt. Dabei können Projekte im Ausland ebenso aus Landes- wie Stiftungsmitteln gefördert werden wie solche in Baden-Württemberg. Als offiziellem Partnerland Baden-Württembergs kommt dem ostafrikanischen Staat Burundi eine Sonderrolle zu. Wenngleich die angespannte innenpolitische Situation und autoritäre Entwicklung in Burundi die durch einen Staatsvertrag besiegelte Partnerschaft erschwert, sind die entwicklungspolitischen Akteure bemüht, die zivilgesellschaftliche Kooperation aufrechtzuerhalten. Die seit etwa drei Jahrzehnten bestehende Partnerschaft findet ihren Ausdruck in einer Vielzahl lokaler Kleinprojekte, aber auch größerer Initiativen wie den „Burundi Kids". Die SEZ unterstützt dieses auf eine private Initiative zur Verbesserung der Schulbildung in Burundi zurückgehende Engagement ebenso wie andere Projekte zugunsten der Zivilbevölkerung. Dazu wurde eigens das „Kompetenzzentrum Burundi" geschaffen, das Austausch und Vernetzung der Akteure ermöglicht und befördert.
Die in Baden-Württemberg (ko-)finanzierten Projekte wirken in der Regel auf die Bewusstseinsbildung der Bürger für globale Verantwortung hin, etwa im Bereich des Konsumverhaltens.

Be aware – wear Future Fashion!
„Future Fashion ist die neue Bewegung der SEZ für nachhaltige Textilien und bewusstes Konsumverhalten in Baden-Württemberg. Slow Fashion erobert mehr und mehr den Mainstream, zahlreiche Eco- und Fair-Fashion-Labels erreichen eine stetig wachsende Anhängerschaft. Soziale und ökologische Missstände in der Wertschöpfungskette bis hin zu skandalösen Katastrophen in Textilproduktionsstätten weltweit sind alarmierend. Sie rütteln Hersteller und Verbraucher auf, eine Veränderung in Produktion und Konsum herbeizuführen. Die Spirale des nachhaltigen Textilsektors fängt bei der Gewinnung der Rohstoffe an, geht über den bewussten Konsum und die langlebige Nutzung der Ware bis hin zu ihrer Verwertung. Future Fashion übernimmt Verantwortung für einen zukunftsfähigen Textilkonsum und leistet dadurch einen Beitrag zur Agenda 2030 für nachhaltige Entwicklung. [...] Der Future Fashion Store x SECONTIQUE im Kaufhaus Gerber in der Stuttgarter Innenstadt [...] macht Fashion, Nachhaltigkeit und globale Verantwortung für alle erlebbar. Hochwertige Second Hand Mode, gebrandete First Hand Mode z. B. von afrikanischen Designerinnen und Designern sowie Bildungsangebote gibt es hier [...] Der Future Fashion Store X SECONTIQUE ist eine junge Unternehmung der SEZ und der Aktion Hoffnung. Das Gemeinschaftsprojekt denkt Wirtschaftlichkeit und Nachhaltigkeit zusammen."
Nach: SEZ: Future Fashion, unter: https://sez.de/themen/fair-handeln/future-fashion (Zugriff: 02.11.2020)

2

1 Future Fashion

3 Kooperative Aprolma In Honduras

Andere Gruppen, etwa die Amber Foundation, engagieren sich aus Baden-Württemberg heraus in lokalen Projekten in Indien und Honduras. Die Amber Foundation unterstützt Kleinbauern bei der Verbesserung herkömmlicher Anbauweisen und bei der Umstellung auf eine nachhaltige Landwirtschaft. Durch die Förderung von eigenverantwortlichem Wirtschaften werden die Lebensgrundlagen der Familien und soziale Strukturen nachhaltig verbessert. Natürliche Ressourcen sollen dauerhaft und generationsbewusst nutzbar gemacht werden.

APROLMA – Frauenkooperative für Kaffee

„Die Kooperative Aprolma (Asociacion de Productoras Libres de Marcala) wurde 2013 gegründet und ist eine im Kaffeesektor äußerst seltene reine Frauenorganisation mit derzeit 69 ausschließlich weiblichen Mitgliedern. Jedes Mitglied bewirtschaftet durchschnittlich 1,5 Hektar in Mischkultur. Ziel der Kooperative ist die Produktion und Vermarktung äußerst hochwertigen Kaffees, aber auch den Frauen eine gewissen Selbstständigkeit zu ermöglichen und zum Familieneinkommen beizutragen – und das in einem Land, in dem die Rechte von Frauen permanent missachtet werden und das eine der höchsten Mordraten an Frauen weltweit hat. Ziel dieses Projektes ist die Finanzierung einer zentralen Verarbeitungsanlage für Aprolma. Denn bislang müssen die Kaffeekirschen zu einer externen, angemieteten Anlage transportiert werden, was zusätzliche Kosten produziert."

Amber Foundation: APROLMA – honduranische Frauenkooperative für Kaffee, unter: www.amberfoundation.de/index.php?id=40 (Zugriff: 02.11.2020)

4

5 Frauenprojekt in Kerala/Indien

Einkommensdiversifizierung indigener Gemeinschaften in Wayanad/Kerala, Indien

„Den im Südwesten Indiens gelegenen Bundesstaat Kerala durchziehen die Malabar-Berge. Etwa ein Fünftel der lokalen Bevölkerung lebt dort. Im Verlauf des 20. Jahrhunderts verlor sie ihre wirtschaftliche Eigenständigkeit als Eigenversorger und wurde weitgehend entrechtet und enteignet. Ihren Lebensunterhalt bestreiten die Menschen als Landarbeiter, Träger oder Hausangestellte. Zwar hat sich ihre rechtliche Situation in den vergangenen Jahren verbessert, nicht aber ihre wirtschaftliche Abhängigkeit und ausgeprägte Armut. Angesichts dieser Situation ist auch der Fortbestand ihrer Kultur, inklusive ihres traditionellen Wissens gefährdet. Die Verbesserung der Lebensbedingungen ist das Ziel dieses Projektes. Erreicht werden soll dieses Ziel durch den Aufbau und die Förderung einer biozertifizierten Kaffeeproduktion für den fairen Handel. Dazu werden den Adivasi Siedlungs- und Nutzungsrechte innerhalb eines staatlichen Waldes zugesprochen. Eine weitere Unterstützung durch den Staat, etwa beim Bau fester Häuser oder von Bildungseinrichtungen entfällt weitgehend. Da die bisherigen Einkünfte aus der Kaffeeproduktion nicht ausreichend sind, soll der landwirtschaftliche Anbau nun auf organisch angebauten, hochwertigen Pfeffer und Kurkuma ausgeweitet werden. Das Entwicklungsprojekt stellt den Adivasi dafür kostenfrei Pfeffer- und Kurkumapflanzen zur Verfügung."

Amber Foundation, Einkommensdiversifizierung indigener Gemeinschaften in Wayanad/Kerala, Indien, unter: www.amberfoundation.de/index.php?id=40 (Zugriff: 02.11.2020)

6

1

Beschreiben Sie das entwicklungspolitische Engagement Baden-Württembergs.

2 NE

Begründen Sie die Bezeichnung der hier vorgestellten Projekte als „nachhaltiges Entwicklungsprojekt".

Und was kann ich machen?

Das Engagement zugunsten einer nachhaltigen Entwicklung kann so vielfältig sein wie die Herausforderungen. Jungen Menschen steht eine Fülle von Möglichkeiten offen, sich zugunsten der Umwelt, nachhaltiger Produktion oder in sozialen Bereichen im eigenen Land oder weltweit zu engagieren. Aber was könnte zu mir passen?

Mit dem Abitur in der Tasche und noch unentschieden, für welche Berufsausbildung oder welches Studium Sie sich entscheiden werden, eröffnet sich für viele von Ihnen eine einerseits etwas unsichere, andererseits aber auch sehr spannende Zeit. Wie finde ich heraus, welchen Beruf ich ergreifen möchte, welcher Beruf ist zukunftsträchtig und welche Betätigung ist sinnstiftend? Diese und andere Fragen stehen oft im Mittelpunkt.
Eine Vielzahl staatlicher und nicht-staatlicher Institutionen und Organisationen bieten die Möglichkeit, im Rahmen von mehrmonatigen Praktika Erfahrungen zu sammeln. Diese ermöglichen einen aktiven Beitrag zur nachhaltigen Entwicklung zu leisten und gleichzeitig eine Erfahrung zu machen, die bei vielen Teilnehmenden berufsentscheidend wirken kann.

2

17 Ziele – SDGs S. 293

„**17 Ziele für eine nachhaltige Entwicklung auf dieser Welt** – das klingt erst einmal wie eine wirklich große Aufgabe. Das sieht auch unser Kollege Christian Mäntele, Leiter des Projekts #17Ziele hier bei Engagement Global so. ‚Mit den Zielen haben wir jetzt aber erstmals einen Plan für nachhaltige Entwicklung, eine Landkarte dafür, wie wir vorgehen wollen', erklärt er. Dabei handele es sich nicht nur um Themen, die allein von Politik und Wirtschaft auf der ganzen Welt behandelt werden sollten – die Umsetzung fange im Kleinen an, bei jedem einzelnen Menschen – auch hier in Deutschland. ‚Die Frage ist doch: Was kann ich beitragen, um die 17 Ziele Wirklichkeit werden zu lassen?'
Daher suchen wir ständig nach kreativen Wegen, um gerade auch junge Menschen für die 17 Ziele der Agenda 2030 zu begeistern. Auf Bierdeckeln in lokalen Dialekten, in kurzweiligen Spots, die Studierende im Rahmen von Hochschulkooperationen produzieren, oder bei Poetry Slams – wir platzieren die 17 Ziele überall. Unsere Devise: Die Ziele sollen Spaß machen. So sind wir mit einem eigens umgebauten Schäferwagen auf Musikfestivals, Messen oder Veranstaltungen unterwegs. Wo immer das farbenfrohe 17-Ziele-Mobil auftaucht: Es ist ein Hingucker und weckt Neugier. Ob beim Haldern Pop, Lollapalooza oder auf der Fanmeile der Leichtathletik-Europameisterschaft in Berlin: Die Menschen schauen vorbei, kommen ins Gespräch, probieren einfach mal aus, mit einem Fahrrad zur Energiegewinnung ihr Handy aufzuladen oder stapeln riesige Jenga-Würfel im 17-Ziele-Look.
Im Gespräch erleben wir oft, dass sich gerade junge Menschen intensiv mit Nachhaltigkeitsthemen beschäftigen. Konsum, Mobilität und Umweltschutz stehen dabei im Fokus. Das gilt es mit den 17 Zielen zu verknüpfen und gleichzeitig aufzuzeigen, was die jungen Menschen direkt in ihrem Umfeld wie Schule, Freunde, Familien, Verein oder Stadt tun können.
Letztlich hängt der Erfolg der Agenda 2030 aber davon ab, dass alle mitmachen, dass alle etwas tun. Staaten und Organisationen genauso wie jede und jeder Einzelne – alle können einen Beitrag leisten: Sei es Verpackungsmüll zu vermeiden, mehr Fahrrad zu fahren oder in einer Bürgerinitiative aktiv zu werden. Je mehr Menschen mitmachen, desto eher gelingt es, gemeinsam eine bessere, gerechtere und nachhaltigere Welt zu gestalten.
Tu Du's für die 17 Ziele!"

Leicht gekürzt nach: Engagement Global, 17 Ziele für eine nachhaltige Entwicklung, unter: https://17ziele.de/artikel/detail/nimms-persoenlich.html (Zugriff: 02.11.2020)

1

3

13 MASSNAHMEN ZUM KLIMASCHUTZ

5 Jahre Paris – (K)ein Grund zu feiern

Die Wissenschaft ist sich einig: um das 2015 in Paris vereinbarte Klimaziel noch zu erreichen dürfen seit 2018 weltweit nur noch 580 Gt CO_2 emittiert werden. Dazu muss jedes einzelne Land seine Emissionen konsequent nach unten fahren. Denn seit 2015 ist schlicht zu wenig umgesetzt worden. Angesichts der 2019 bilanzierten Emissionen von 805 Millionen Tonnen bleibt kein Spielraum. Konkret rechnet das Wuppertal-Institut in einer neuen Studie im Auftrag von Fridays for Future vor: Bis 2025 müssen die Emissionen faktisch halbiert werden und bis 2035 muss Klimaneutralität erreicht sein. Dazu müssen alle Bereiche der Wirtschaft und Gesellschaft in diesen Prozess proaktiv einbezogen werden. Geht es weiter wie bisher, laufen wir eher auf eine +4°-Welt zu.

Fridays for Future

„**Unsere Forderungen an die Politik:** In den letzten Wochen und Monaten haben wir intensiv mit zahlreichen Wissenschaftlern und Wissenschaftlerinnen zusammengearbeitet, um konkrete Forderungen an die Politik aufzustellen. Diesen Folge zu leisten ist notwendig, um die Ziele des Pariser Klimaabkommens einzuhalten und die globale Erwärmung auf unter 1,5 °C zu begrenzen.

Die Klimakrise stellt für die Stabilität der Ökosysteme unseres Planeten und für Millionen von Menschen eine existenzielle Bedrohung dar. Eine ungebremste Erderwärmung ist eine enorme Gefahr für Frieden und Wohlstand weltweit.

Seit Beginn der Industrialisierung hat sich die Erde laut IPCC bereits um circa 1 °C erwärmt. Es bleibt daher wenig Zeit, den Klimawandel aufzuhalten und so zu verhindern, dass die Kipp-Punkte im Klimasystem überschritten werden. Tun wir das nicht, werden die verursachten Schäden weit höhere Kosten mit sich bringen als alle Investitionen in konkrete Maßnahmen zur Vermeidung der Klimakatastrophe.

Fridays for Future pocht auf die Einhaltung der Ziele des Pariser Abkommens und des 1,5 °C-Ziels. Explizit fordern wir für Deutschland:
- Nettonull 2035 erreichen;
- Kohleausstieg bis 2030;
- 100 % erneuerbare Energieversorgung bis 2035.

Entscheidend für die Einhaltung des 1,5 °C-Ziels ist, die Treibhausgasemissionen so schnell wie möglich stark zu reduzieren. Deshalb fordern wir ab sofort:
- das Ende der Subventionen für fossile Energieträger;
- 1/4 der Kohlekraft abschalten;
- eine CO_2-Steuer auf alle Treibhausgasemissionen. Der Preis für den Ausstoß von Treibhausgasen muss schnell so hoch werden wie die Kosten, die dadurch uns und zukünftigen Generationen entstehen. Laut UBA sind das 180 € pro Tonne CO_2."

Leicht gekürzt nach: Fridays for Future, Unsere Forderungen an die Politik, unter: https://fridaysforfuture.de/forderungen/ (Zugriff: 02.11.2020)

4

Mareike: Ich hatte an der Förderschule auch mit Schüler*innen zu tun, bei denen ich z.B. pflegerische Tätigkeiten übernommen habe, und an genau diesen Aufgaben bin ich extrem gewachsen! Genau deshalb würde ich auch jedem ein FSJ oder BFD empfehlen, denn in diesem Jahr lernst du ganz viel. Über dich und über das Leben. Ich hätte nie gedacht, dass ich in so kurzer Zeit so reifen kann. Doch genau das ist der Fall! Vor allem habe ich gelernt, dass es am wichtigsten ist, glücklich zu sein und das ist momentan die beste Beschreibung für mich, weil ich das bisher schönste Jahr in meinem Leben erleben durfte.

„**Der Förderverein Ökologische Freiwilligendienste e. V.** (FÖF e.V.) ist der Dachverband der 52 Träger des Freiwilligen Ökologischen Jahres (FÖJ) in Deutschland. Die Träger bieten neben etwa 3000 Plätzen im FÖJ über die beim FÖF e.V. angesiedelte Zentralstelle ÖBFD zusätzlich etwa 600 Plätze im Ökologischen Bundesfreiwilligendienst (ÖBFD) an. Einsatzstellen können beispielsweise Naturschutzverbände, Einrichtungen der Umweltbildung, Schulbauernhöfe, Tierpflegestationen oder Naturparkzentren sein.
Mit seinen Einsatzstellen bildet das FÖJ über ganz Deutschland ein Netzwerk, das bis tief in abgelegene ländliche Regionen hineinreicht. So leistet das FÖJ einen wichtigen Beitrag zur Stärkung strukturschwacher Regionen. FÖJ und ÖBFD befähigen die Teilnehmenden zu bürgerschaftlichem Engagement. Durch Seminare und individuelles Coaching wird im Sinne einer Bildung für nachhaltige Entwicklung Gestaltungskompetenz gefördert. Zentrales Element der pädagogischen Konzepte ist die politische Bildung. Die Freiwilligen lernen Demokratie zu leben, insbesondere in den Gremien des Sprechersystems.
Der FÖF e. V. unterstützt Freiwillige und Träger bei der Umsetzung eigener Projektideen, fördert den Erfahrungsaustausch der Träger untereinander, bündelt ihre politischen Interessen und stärkt durch Öffentlichkeitsarbeit die Bedeutung der ökologischen Freiwilligendienste in der Gesellschaft."

Förderverein Ökologische Freiwilligendienste (FÖF) e. V., Eigendarstellung, unter: https://foej.de/ (Zugriff: 02.11.2020)

6

„In einem **Freiwilligen Sozialen Jahr** – kurz ‚FSJ' – hilfst du in einer sozialen Einrichtung. Von Altenhilfe, Kindergarten über Krankenhaus, Kultur und Technik – im FSJ ist für jeden etwas dabei. Die möglichen Einsatzbereiche sind vielfältig. Das FSJ ist ein praktisches Bildungs- und Orientierungsangebot, das seit über 50 Jahren besteht.
Anders als der Name sagt, muss ein Freiwilliges Soziales Jahr nicht ein Jahr dauern. Viele nutzen die Zeit aus und engagieren sich 12 Monate.
Die Dienstdauer kann zwischen 6 und 18 Monaten liegen. Damit du eine FSJ-Bescheinigung bekommst, solltest du ein FSJ mindestens ein halbes Jahr machen.
Quereinstiege ins FSJ sind ebenfalls möglich. Bewerbungsfristen gibt es bei uns nicht. Beginn und Dauer deines FSJ kannst du flexibel mit der Einsatzstelle absprechen.
Es gibt viele gute Gründe für ein FSJ. Du kannst dich
- sozial engagieren und Gutes tun,
- persönlich weiterentwickeln,
- beruflich orientieren,
- praktische Erfahrung sammeln,
- Anrechnung für Fachhochschulreife, Vorpraktikum, Anerkennungsjahr,
- Auszeit und Zeit gewinnen,
- Horizont erweitern und Neues erleben."

Gekürzt nach: Freiwilliges Soziales Jahr: Was ist ein FSJ?, unter: https://ich-will-fsj.de/informiere-dich/was-ist-ein-fsj (Zugriff: 02.11.2020)

7

5

8

9 **Interkulturelle Begegnungen und Erfahrungen im Rahmen eines weltwärts-Projektes**

weltwärts

„Seit **weltwärts** 2008 durch das Bundesministerium für wirtschaftliche Zusammenarbeit und Entwicklung (BMZ) ins Leben gerufen wurde, sind rund 34 000 Freiwillige ausgereist. Sie engagieren sich in einem Entwicklungsprojekt und nehmen Erfahrungen mit, die sie ihr ganzes Leben lang begleiten.
Durch die Förderung des BMZ haben alle interessierten jungen Menschen zwischen 18 und 28 Jahren die Chance, einen Freiwilligendienst in einem sogenannten Entwicklungs- oder Schwellenland zu leisten. Jährlich gehen rund 3 500 junge Menschen weltwärts. Sie engagieren sich zwischen 6 und 24 Monaten bei einer lokalen Partnerorganisation für Bildung, Gesundheit, Umwelt, Landwirtschaft, Kultur oder Menschenrechte.
weltwärts ist ein Lerndienst. Der Nord-Süd-Austausch und das gemeinsame interkulturelle Lernen stehen im Mittelpunkt. Die Freiwilligen sammeln Auslandserfahrungen und erwerben Sprachkenntnisse sowie persönliche Kompetenzen. Seit 2013 können auch junge Menschen aus den Partnerländern einen entwicklungspolitischen Freiwilligendienst in Deutschland leisten und dazu beitragen, dass der gleichberechtigte Austausch zwischen den Partnern gefördert und bestehende Partnerschaften weiter gestärkt werden.
Nach ihrem Freiwilligendienst engagieren sich die Rückkehrerinnen und Rückkehrer weiter in der entwicklungspolitischen Arbeit. Somit tragen sie ihre Erfahrungen in die Gesellschaft und leisten über ihren Auslandseinsatz hinaus einen persönlichen Beitrag für eine gerechtere Welt."

Gekürzt nach: weltwärts, unter: www.weltwaerts.de/de/startseite.html (Zugriff: 02.11.2020)

10

Esther Rubinal Srinivasan: Ich bin Menschen mit unterschiedlichsten Hintergründen und Lebensstilen begegnet. Ich hatte Gelegenheit, richtige Beziehungen aufzubauen, die einen dauerhaften Eindruck in meinem Leben hinterlassen werden. Ich bin viel selbstständiger geworden, weil ich in einem völlig fremden Land zurechtkommen musste und dadurch, dass ich bei der Arbeit so viele verschiedene Dinge tun durfte.

1 NE
Arbeiten Sie die Möglichkeiten, sich zugunsten einer nachhaltigen Entwicklung zu engagieren, thesenartig heraus.

2 NE
Analysieren Sie den Beitrag eines Engagements in den dargestellten Programmen entlang der 17 SDG.

3 NE
Gestalten Sie mithilfe des Reflexionsbogens (Online-Code) für sich eine individuelle Entscheidungsgrundlage für oder gegen Ihr persönliches Engagement im Kontext der nachhaltigen Entwicklung.

Wichtige Begriffe

- Entwicklungsprojekt
- Entwicklungs-zusammenarbeit
- Fairer Handel
- Frauenförderung
- Freiwilliges Soziales/Ökologisches Jahr
- „Grüner Knopf"
- Kooperation
- Teilhabe

Wissen vernetzen

Entwicklungszusammenarbeit ist seit mehr als fünfzig Jahren ein fester Bestandteil der Beziehungen zwischen Ländern des Globalen Nordens und des Globalen Südens. Waren die damit einhergehenden Entwicklungsprojekte in den ersten Jahrzehnten im Sinne der Entwicklungshilfe sehr paternalistisch geprägt, hat sich dies seit den 1990er-Jahren zunehmend hin zu einer partnerschaftlich ausgerichteten Entwicklungszusammenarbeit verändert.
Im Laufe der Zeit passten sich auch die Zielrichtung und die Zielgruppen der Entwicklungsprojekte an. Entsprechend der globalen entwicklungspolitischen Rahmensetzung durch die von den Vereinten Nationen verabschiedete „Agenda 2030" sind aktuelle Projekte kooperativ geplant und grundsätzlich an der Leitidee einer nachhaltigen Entwicklung ausgerichtet.
Mithilfe von Entwicklungsprojekten sollen bestehende Strukturen sowie strukturelle Defizite überwunden und Verbesserungen in Bereichen wie der Produktion, der Betriebsorganisation, dem (fairen) Handel, der Bildung, der technischen oder auch der finanziellen Kooperation umgesetzt werden. Damit stehen immer wieder andere gesellschaftliche Gruppen im Fokus, wobei der Frauenförderung in den letzten Jahrzehnten besondere Bedeutung zukommt.
Die Förderung einzelner Gruppen und Sektoren ist dabei in aller Regel so angelegt, dass die Entwicklungsprojekte nicht isoliert wirken. Vielmehr besteht die Intention, dass mit ihnen weiterreichende Effekte gesamtgesellschaftlich positiver Veränderungen in Gang gesetzt werden.
Entwicklungsprojekte werden nicht nur von Ministerien in Auftrag gegeben und von der Gesellschaft für internationale Zusammenarbeit (GIZ) umgesetzt. Darüber hinaus führen auch andere Institutionen und zivilgesellschaftliche Gruppen Projekte durch.

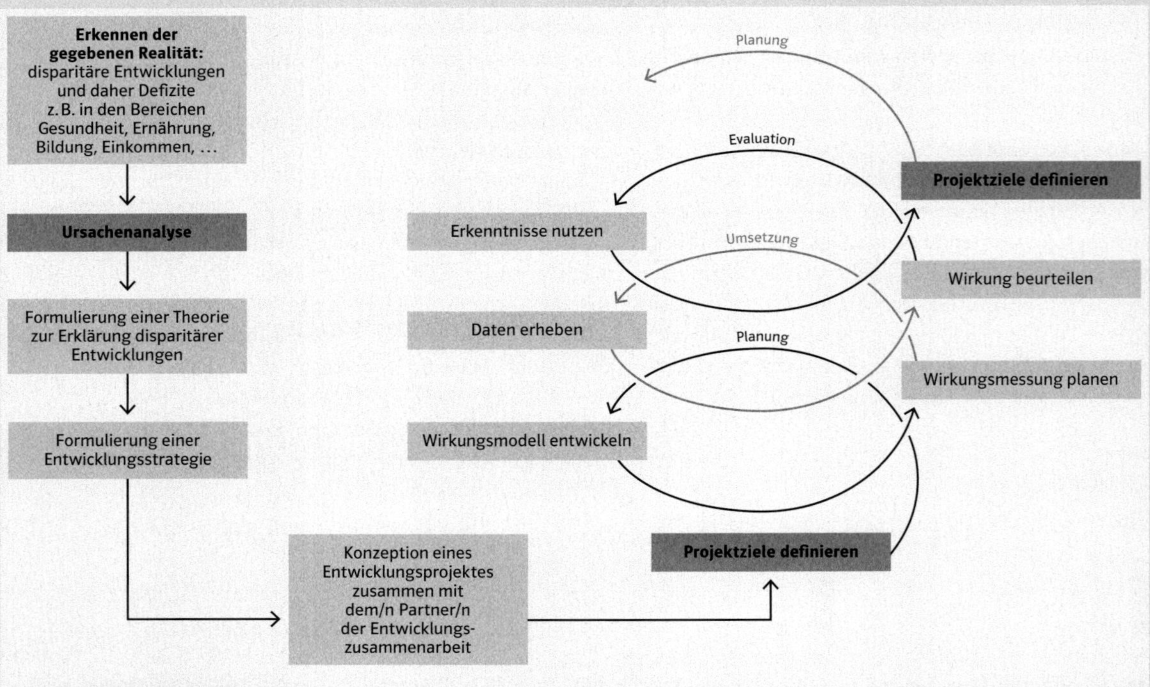

1 Entwicklungsprojekte: von der Analyse zur Umsetzung

Nach: Stiftung Zewo: Wirkungsmessung in der Entwicklungszusammenarbeit, https://zewo.ch/de/wirkungsmessung-in-der-entwicklungszusammenarbeit (Zugriff: 02.11.2020)

Kompetenzen überprüfen

Sich orientieren

1 Ordnen Sie mindestens drei der Entwicklungsprojekte, die Sie im Rahmen dieses Kapitels kennengelernt haben, in eine Weltkarte ein.

2 Ordnen Sie in dieselbe Karte aktuelle Angebote des weltwärts-Programms ein.

Wissen und verstehen

3 Beschreiben Sie die Entstehung eines Entwicklungsprojektes.

4 Erklären Sie den Unterschied zwischen Entwicklungshilfe und Entwicklungszusammenarbeit.

5 Erörtern Sie die Sinnhaftigkeit von Bildungsprojekten zugunsten der Entwicklung einer Gesellschaft.

Fachmethoden anwenden

6 Beschreiben Sie den allgemeinen Planungsablauf entwicklungspolitischer Maßnahmen anhand von M1.

7 Analysieren Sie die Karikatur (M2).

8 Erstellen Sie ein Wirkungsgefüge zu einem konkreten Entwicklungsprojekt. Berücksichtigen Sie dabei die Aspekte Anlass, Rahmenbedingungen, Maßnahmen, Folgen.

Beurteilen und bewerten

9 Beurteilen Sie ausgehend von M3 den Nutzen von Entwicklungsprojekten.

10 Bewerten Sie die Aussage „Den größten Beitrag hin zu einer nachhaltigen Entwicklung erreichen wir durch die maximale Steigerung der Frauenförderung!".

Handeln

11 Überprüfen Sie Ihren möglichen Beitrag zu einem Entwicklungsprojekt Ihrer Wahl.

Basiskonzepte anwenden

12 Erläutern Sie an einem Fallbeispiel aus diesem Kapitel die Basiskonzepte der Geographie.

2

Bilanz der Entwicklungspolitik

„Die Bilanz der staatlichen Entwicklungspolitik ist seit Jahrzehnten unter Praktikern der öffentlichen Entwicklungshilfe wie Beobachtern in Medien und Wissenschaft äußerst umstritten. Fehlschläge von Programmen und Projekten (‚Weiße Riesen') haben große Aufmerksamkeit auf sich gezogen und teilweise vernichtende Pauschalurteile provoziert. Fundamentalkritik fand auch in der Wissenschaft weite Verbreitung. Einige kamen zu dem Ergebnis, Entwicklungshilfe nütze vor allem den herrschenden Eliten, stabilisiere verkrustete Machtstrukturen und hemme politische und institutionelle Reformen. Andere machten geltend, wegen der Korruptheit und Reformunwilligkeit der politischen Eliten in diesen Ländern sei eine kontinuierliche entwicklungspolitische Aufbauarbeit weitgehend ausgeschlossen. Die Konsequenz: Entwicklungshilfe sei strikt auf Armuts- und Katastrophenhilfe zu beschränken."

Leicht verändert nach: Bilanz der Entwicklungspolitik. In: Paul Kevenhörster, Politikwissenschaft. VS Verlag für Sozialwissenschaften, Wiesbaden 2006, S.135f., auch unter: https://doi.org/10.1007/978-3-531-90035-3_4 (Zugriff: 02.11.2020)

3

Wenn Sie alle Seiten dieses Kapitels bearbeitet haben, können Sie ...

- den Unterschied zwischen Entwicklungshilfe und Entwicklungszusammenarbeit erklären,
- die Bedeutung von zielgruppen- und sektorspezifischen Entwicklungsprojekten darstellen,
- Entwicklungsprojekte hinsichtlich ihrer Zielsetzung und ihres Beitrags zur nachhaltigen Entwicklung bewerten,
- Möglichkeiten für ein eigenes Engagement im Rahmen eines Entwicklungsprojektes bewerten,
- Ihre eigene Meinung zur Entwicklungspolitik entwickeln.

16

Arbeitsanhang

Dieser Anhang gibt Ihnen wertvolle Hilfen für die Arbeit im Fach Geographie. Er enthält eine Seite mit Tipps zum Bearbeiten einer Klausur, ein Klausurbeispiel, ein Glossar mit Definitionen aller Grundbegriffe sowie ein zugehöriges Register, einen Methodenanhang, Lösungshilfen zu Aufgaben sowie Hinweise zu Materialien und schließlich die Übersicht der Operatoren und Anforderungsbereiche im hinteren Buchumschlag mit einem Online-Material „Aufgaben richtig lösen".

Klausuren zählen zu den wichtigsten Leistungsnachweisen der gymnasialen Oberstufe. Auch wenn ihr stofflicher Umfang geringer ist, so unterscheiden sie sich doch weder in ihrem Aufbau noch in ihrem Anforderungsniveau von den Abiturprüfungsaufgaben. Es ist daher wichtig, das Schreiben von Klausuren zu trainieren.

Für die Bearbeitung dieses Klausurbeispiels ist es hilfreich, sich einen Überblick über die Anforderungsbereiche und Operatoren (hinterer Buchumschlag) zu verschaffen.

10 Tipps zum Bearbeiten einer Klausur

1. Die Struktur der Antwort steckt meistens schon in der Aufgabenstellung.
- Lesen Sie die Aufgabenstellung gründlich durch und überlegen Sie: Was wird gefordert? Welches Material kann welchen Aufgaben zugeordnet werden?
- Markieren Sie Schlüsselbegriffe, die Ihnen die gestellten Anforderungen erschließen.

2. Beachten Sie die Operatoren.
- Bei den Operatoren handelt es sich um Verben, die genau angeben, was von Ihnen verlangt wird.
- Sie können den Anforderungsbereichen zugeordnet werden, die durch einen ansteigenden Schwierigkeitsgrad gekennzeichnet sind.

3. Klären Sie die Lage des Untersuchungsraums.
- Gliedern Sie soweit möglich den Untersuchungsraum in Teilräume.

4. Strukturieren Sie die Ihnen zur Verfügung stehende Zeit.
- Nehmen Sie sich ausreichend Zeit zum strukturierten Lesen der Aufgaben und Materialien.
- Legen Sie einen groben Zeitplan fest und bedenken Sie, dass ausreichend Zeit für das abschließende Lesen zur Verfügung stehen muss.

5. Bearbeiten Sie sorgfältig die vorliegenden Materialien.
- Sichten Sie das Material und ordnen Sie es den Teilaufgaben und -aspekten zu.
- Markieren Sie dabei wichtige Inhalte, Fach- und Schlüsselbegriffe auf den Materialseiten.
- Analysieren Sie die Materialien und fertigen Sie eine erste Lösungsskizze an.

6. Formulieren Sie einen griffigen Einstieg.
- Es ist häufig sinnvoll, mit einer geographischen Lageeinordnung zu beginnen.
- Der weitere Einstieg sollte noch einmal kurz den thematischen Schwerpunkt aufgreifen.

7. Gliedern Sie Ihre Ausführungen und setzen Sie Akzente.
- Achten Sie darauf, inhaltliche Schwerpunkte zu setzen.
- Gliedern Sie Ihre Ausführungen nicht nur inhaltlich, sondern auch formal.

8. Formulieren Sie ansprechend.
- Formulieren Sie in Sätzen und beachten Sie die Fachsprache.
- Verknüpfen Sie die einzelnen Inhaltsaspekte auch sprachlich.

9. Ziehen Sie am Ende der Klausur ein abschließendes Fazit.
- Fassen Sie noch einmal kurz die wesentlichen Aussagen zusammen und formulieren Sie, wenn notwendig, Ihre eigene Meinung.

10. Schauen Sie Ihre Klausur noch einmal im Gesamten durch.
- Achten Sie hierbei vor allem auf die Lesbarkeit Ihres Textes, Rechtschreibung und Grammatik, sprachliche Exaktheit, Logik in Ihren Ausführungen und Vollständigkeit.

Klausurvorschlag

System Erde

Zeitbedarf: 60 Minuten

Lefkada ist die nördlichste der im Nordwesten Griechenlands gelegenen Ionischen Inseln. Die Aufnahme zeigt idealtypisch das Nebeneinander und Zusammenwirken der Geosphären.

1 Charakterisieren Sie ausgehend von M1 mindestens vier Geosphären und zeichnen Sie diese in die Abbildung ein.

2 Erklären Sie den Begriff „System".

3 Erläutern Sie anhand M1 das Zusammenwirken von mindestens drei Geosphären im System Erde.

4 Bewerten Sie die Stimmigkeit des Systemansatzes anhand des in M1 dargestellten Raumbeispiels.

1 **Lefkada, Griechenland**

A

Abrasion: abtragende Kraft des Meeres; ausgelöst durch die Bewegungsenergie der Brandung und durch Geröllmaterialien, die von den Wellen gegen die Küste geschleudert werden.

Advektion: (von lat. advectio = Zufuhr), horizontale Zufuhr von Luftmassen im Gegensatz zur → Konvektion.

Aerosol: winzige Schwebstoffteilchen in der Luft; sie spielen bei Strahlungsprozessen eine wichtige Rolle; vgl. → Treibhauseffekt.

Agenda 21: Abschlussdokument der Rio-Konferenz 1992. In diesem ist das globale Aktionsprogramm zur Zukunftssicherung der Erde auf der Grundlage des Nachhaltigkeitsprinzips für das 21. Jh. festgeschrieben worden. Ziel ist eine nachhaltige Entwicklung, d.h., nicht nur die Bedürfnisse der heutigen Generation sollen erfüllt werden, sondern auch die unserer Nachkommen.

Agenda 2030: im Jahr 2015 beschlossenes Aktionsprogramm zur Zukunftssicherung unserer Erde. Die beschlossenen Ziele gelten für alle Staaten der Welt und sollen zu einer nachhaltigen Entwicklung auf der lokalen Ebene führen. Insgesamt 17 Ziele (→ SDGs) berücksichtigen gleichermaßen Umwelt, Soziales und Wirtschaft.

Agglomeration: bezeichnet eine räumliche Ballung bzw. Verdichtung von Bevölkerung und/oder Wirtschaft in einem Gebiet.

Akkumulation: Ansammlung von Abtragungs-, Verwitterungs- und Bodenmaterial.

Albedo: Verhältnis der reflektierten Strahlung zur gesamten auf die Erdoberfläche einfallenden Strahlung; helle Flächen wie z. B. Dünensand haben einen hohen Albedowert, das Absorptionsvermögen der Oberfläche ist daher klein.

Altersstruktur: altersmäßige Zusammensetzung der Bevölkerung eines bestimmten Raumes (z. B. eines Landes oder einer Gemeinde); sie wird meist in Fünf-Jahres-Abständen nach Männern und Frauen getrennt in Form eines Alters- oder → Bevölkerungsstrukturdiagramms dargestellt; der Altersaufbau einer Bevölkerung steht in Relation zur jeweiligen Fruchtbarkeit und Sterblichkeit.

Anpassungsstrategie: bezeichnet das Bündel der Maßnahmen, die zur Anpassung an den bereits eingetretenen bzw. zu erwartenden Klimawandel ergriffen werden. So nutzen Landwirte und Weinbauern wärme- und trockenheitsresistentere Sorten als früher oder im Bereich der Innenstädte werden Verschattungen und Kaltluftschneisen installiert.

anthropogener Treibhauseffekt: → Treibhauseffekt

Anthroposphäre: bezeichnet den vom Menschen geschaffenen und beeinflussten Raum auf, über und unter der Erdoberfläche. In diesem Raum spielt sich alles raumrelevante menschliche Handeln ab.

Anthropozän: Geologische Erdzeitalter werden in der Regel nach dem prägendsten Geofaktor bezeichnet. Da seit der Industrialisierung und vor allem seit den 1950erJahren der Mensch sich als mächtigster Geofaktor im Entwicklungsprozess des Systems Erde erweist, wurde der Vorschlag unterbreitet, die aktuelle erdgeschichtliche Phase als „Anthropozän" zu bezeichnen.

Antizyklone: Bezeichnung für ein → Hochdruckgebiet; man unterscheidet dynamische Hochdruckgebiete, die durch Luftakkumulation (Konvergenz) in der Höhe entstehen und thermische Hochdruckgebiete, die das Ergebnis strahlungsbedingter Abkühlung (Kältehoch) oder von → Konvektion (Höhenhoch) sind; vgl. → Zyklone.

Asthenosphäre (Fließzone): Schale des oberen Erdmantels, die sich unter der → Lithosphäre anschließt; diese Zone gilt als Gleitzone, auf der sich die starren Platten der Lithosphäre bewegen, befindet sich in Tiefen zwischen etwa 100 und 250 km und enthält geringe Schmelzanteile.

Ästuar: Trichtermündung von Flüssen im Einflussbereich der Gezeiten, die an → Flachküsten mit großem Tidenhub entsteht.

Atmosphäre: Gashülle von Himmelskörpern, speziell die Lufthülle der Erde. Diese wird nach der vertikalen Änderung der Temperatur in Troposphäre, Stratosphäre, Mesosphäre, Thermosphäre und Exosphäre eingeteilt. Die Atmosphäre besteht aus einem Gemisch verschiedener Gase.

atmosphärische Zirkulation (planetarische Zirkulation): globales → System von → Winden, die durch die unterschiedliche Sonneneinstrahlung und das thermische Verhalten von Land und Meer in den einzelnen Klimagürteln der Erde hervorgerufen werden.

Ausgleichsküste: eine fast geradlinig verlaufende Küste; ehemalige Vorsprünge und Einbuchtungen wurden durch das → Meer (Abtragung und Ablagerung) begradigt, es entstehen Nehrungen, deren Außensaum schließlich eine ausgeglichene Küstenlinie bildet, eine Voraussetzung dafür ist ein gezeitenarmes Meer.

B

Basiskonzepte der Geographie: bezeichnen die Zusammenführung zentraler geographischer Fragestellungen an den geographischen Raum. Insgesamt sind folgende Basiskonzepte der Geographie im Rahmen fragengeleiteter Raumanalysen zu berücksichtigen: Mensch-Umwelt-System, Maßstabsebenen/-wechsel, Struktur – Funktion – Prozess, Zeithorizonte, Raumkonzepte.

Baumgrenze: klimatisch bedingte Grenze, jenseits derer kein normaler Baumwuchs mehr möglich ist (zu kurze Vegetationsperiode, zu niedrige Temperaturen, Wassermangel).

Befriedigung der Grundbedürfnisse: Entwicklungsstrategie, die insbesondere auf die Befriedigung elementarer Grundbedürfnisse abzielt.

Belastungsgrenzen unseres Planeten (global boundaries): ein vom „Stockholm Resilience Center" entwickeltes Modell, das das funktionsgefährdende Ausmaß von neun Teilsystemen – darunter Stoffkreisläufe, die Ozeanversauerung, das Weltklima, die Artenvielfalt mit ihrem genetischen Pool oder die Verfügbarkeit von Süßwasser – und damit des Gesamtsystems Erde veranschaulicht und bewertet; nur solange diese planetaren Grenzen nicht überschritten werden, kann von einem in seiner Funktions- und Regenerationsfähigkeit intakten → System Erde gesprochen werden.

Berg- und Talwindsystem: ein lokales tagesperiodisches Windsystem im Hügelland und Gebirge; am Tag erfolgt die Erwärmung der Luft zuerst an den Berghängen (Hangaufwind), sie steigt auf, wodurch die Luft in der Talmitte als Ausgleich zum → Boden absinkt (talaufwärts gerichteter Talwind); in der Nacht kühlt die Luft an den Hängen ab, sinkt zur Talmitte (Hangabwind) und führt zu einem talauswärts wehenden Bergwind.

Bevölkerungsentwicklung: Veränderung bzw. Entwicklung der Bevölkerung eines Gebietes, die sich aus dem Saldo von Geburten und Sterbefällen (= natürliche Bevölkerungsentwicklung) sowie durch Zu- und Abwanderungen (= räumliche Bevölkerungsentwicklung) ergibt.

Bevölkerungswachstum: absolute Zunahme der Bevölkerung in einem bestimmten Gebiet.

Binnenwüste: → Wüste

Biosphäre: der von lebenden Organismen besiedelte Bereich der Erde; er umfasst den belebten Teil der Erdkruste, die terrestrischen Gewässer und Ozeane sowie die unteren Luftschichten.

Boddenküste: Küstenform mit seichten Meeresbuchten, die nur einen schmalen Zugang zum offenen → Meer hat und die durch die Überflutung einer Jungmoränenlandschaft in der Nacheiszeit entstanden ist; z. B. Ostseeküste in Mecklenburg-Vorpommern.

Boden: das an der Erdoberfläche mit Luft, Wasser und Lebewesen durchsetzte Umwandlungsprodukt aus mineralischen und organischen Substanzen, welches in der Lage ist, höheren Pflanzen als Standort zu dienen.

Bodenart: Bezeichnung bzw. Klassifizierung der → Böden nach den Bestandteilen unterschiedlicher Korngröße, z. B. Sand-, Schluff- und Tonböden.

Bodendegradation (Degradation): Verschlechterung der Bodenqualität durch natürliche Einflüsse (Änderung des Klimas und anderer Umweltbedingungen) und/oder menschliche Eingriffe, z. B. durch Bodenerosion, Auswaschung von Nährstoffen oder durch zu intensive Nutzung; oft irreversibel.

Bodenfruchtbarkeit: Fähigkeit des → Bodens, Pflanzen ein ertragreiches Wachstum zu ermöglichen; je größer sein Humusanteil, je besser seine Durchlüftung, je ausreichender die Feuchtigkeit sowie sein Mineral- bzw. Nährstoffgehalt ist, desto fruchtbarer ist der Boden.

Bodenhorizonte: Bezeichnung für die unterschiedlichen, etwa parallel verlaufenden Abschnitte eines → Bodenprofils, die als Ergebnis der Bodenbildung entstanden sind; sie unterscheiden sich nach ihren Eigenschaften (Farbe, Wasserhaushalt, Körnung, Belebtheit, chemische Eigenschaften) und sie werden durch eine Kombination von Groß- und Kleinbuchstaben beschrieben (Bodenhorizontsymbole), z. B. Ah für humosen Oberboden, Bt für Unterboden mit Tonanreicherung.

Bodenmelioration: technische Maßnahmen zur Werterhöhung des → Bodens und zur Steigerung seiner Ertragsfähigkeit, z. B. durch Entwässerung, Düngung.

Bodenprofil: charakteristische Abfolge von → Bodenhorizonten, die zusammen einen → Bodentyp kennzeichnen.

Bodentyp: → Böden mit ähnlichem oder gleichem Entwicklungsstand und damit gleichem → Bodenprofil, d. h. gleicher Ausprägung der einzelnen → Bodenhorizonte, werden zu einem Bodentyp zusammengefasst; z. B. Podsol, Schwarzerde, Latosol.

Bodenwasser: das gesamte im → Boden enthaltene Wasser mit Ausnahme des mineralisch gebundenen Kristallwassers; es setzt sich aus dem → Grundwasser und dem Bodenwasser i. e. S. (Haftwasser, Stauwasser, Sickerwasser) zusammen und spielt eine wichtige Rolle für die Bodenbildung und den Pflanzenwuchs.

Bodenwetterkarte: allgemein übliche Form der Wetterkarte, in die die in den Messstationen des Gebietes ermittelten Luftdruckwerte am → Boden eingetragen, daraufhin die → Hoch- und → Tiefdruckgebiete bestimmt und die → Isobaren und Wetterfronten eingetragen werden.

borealer Nadelwald (Nadelwaldzone, in Russland Taiga): sich südlich an die → Tundra anschließende Vegetationszone der Nordhalbkugel, in der aufgrund langer, kalter Winter ein artenarmer Nadelwald mit Fichten, Kiefern, Tannen und Lärchen als natürliche Vegetation vorherrscht; als Laubbaum ist die Birke verbreitet, der spärliche Unterwuchs des Waldes besteht aus Zwergsträuchern, Gräsern, Moosen und Flechten.

Bruttonationaleinkommen (BNE) (früher Bruttosozialprodukt (BSP)): Gesamtwert aller in der Regel während eines Jahres produzierten Güter und Dienstleistungen, die mit Produktionsfaktoren im Eigentum von Inländern erzeugt werden, unabhängig davon, ob die Produktion der Unternehmen im In- oder Ausland erfolgt (Inländerkonzept).

C

Chancengerechtigkeit: Im Gegensatz zur Verteilungsgerechtigkeit, die die Gleichverteilung von Gütern, Kapital, Boden usw. auf die in einer Gesellschaft lebenden Menschen anstrebt, zielt die Chancengerechtigkeit darauf ab, dass jedem Mitglied einer Gesellschaft die gleichen Entwicklungschancen offenstehen.

chemische Verwitterung: alle Prozesse, die zur chemischen Veränderung bzw. vollständigen Lösung von Mineralien führen, z. B. die Anfälligkeit von Kalkgestein für die Wirkung der im Regen- und Bodenwasser enthaltenen Kohlensäure.
City: bezeichnet den Stadtkern großer Städte. Dieser ist durch Dienstleistungs-, Handels-, Versorgungs-, Bildungs-, Administrations- sowie Kultureinrichtungen geprägt.
Coriolisablenkung (Corioliseffekt, Corioliskraft): Trägheitskraft (Scheinkraft), die bei der Bewegung auf rotierende Körper wirkt; sie verursacht, z. B. infolge der Erdrotation, die Ablenkung der → Winde auf der Nordhalbkugel nach rechts und auf der Südhalbkugel nach links.

D

Deflation: Abtragung durch den → Wind, auch als Ausblasung und äolische Abtragung bezeichnet; intensive Deflation geht oft mit Staubstürmen einher.
Degradation (Degradierung): neben der synonymen Verwendung für → Bodendegradation Begriff für den Prozess des Vegetationswandels von Wald über Strauchgesellschaften zu Grasland oder sogar zu wüstenähnlichen Gebieten infolge der Übernutzung durch den Menschen (z. B. Abholzung), insbesondere in ariden Gebieten; geht einher mit der Reduktion der Artenvielfalt von Fauna und Flora und der Verbreitung invasiver Arten.
Delta: Mündungsbereich eines Flusses mit einem Netz von Flussarmen, der aufgrund der großen Mengen an mitgeführten Schwebestoffen und Flussgeröllen immer weiter ins → Meer hinauswächst und mit der Zeit eine dreieckige Form annimmt, die dem griechischen Buchstaben Delta gleicht.
Denudation: flächenhafte Abtragung durch fließendes Wasser.
Dependenztheorie: Theorie, die die Unterentwicklung von Entwicklungsländern im Wesentlichen auf äußere, also externe Faktoren zurückführt, z. B. durch die Ausbeutung während des Kolonialismus oder infolge der von den Industrieländern beherrschten und zu ihren Gunsten wirkenden Struktur der Weltwirtschaft.
Desertifikation: Übernutzung einer → Landschaft durch den Menschen, wodurch die natürliche Vegetation beseitigt wird (z. B. durch übermäßigen Holzeinschlag, Zerstörung der Grasnarbe in der Trockensteppe, Überweidung, wüstennahen Ackerbau ohne bodenschützende Maßnahmen); dadurch kommt es zu einer Ausbreitung von → Wüsten; besonders gefährdet sind große Bereiche der Dorn- und Trockensavanne in der Sahelzone.
Disparitäten: soziale und/oder räumliche Ungleichheiten zwischen Ländern bzw. Regionen hinsichtlich wirtschaftlicher, sozialer und demografischer Merkmale. Damit sind unterschiedliche Lebensbedingungen und Entwicklungsmöglichkeiten verbunden.
Dissoziationsstrategie: bezeichnet eine Entwicklungsstrategie, nach der die beste Entwicklung eines Landes dann gelingt, wenn es sich aus den internationalen wirtschaftlichen Verflechtungen des Weltmarktes fernhält und stattdessen weitegehende Autarkie anstrebt.
Dünen: Reliefform des äolischen Formenschatzes; vom → Wind angewehter und abgelagerter Sand; Voraussetzung der Dünenbildung ist das Fehlen einer geschlossenen Pflanzendecke; sie bilden sich daher bevorzugt in trockenen (ariden) Räumen, können aber auch in humiden Gebieten auftreten, sofern die befestigende Vegetation beseitigt wurde.
Dürre: Trockenperiode von mehreren Wochen bis zu einigen Jahren, in der die sonst üblichen Niederschläge ausbleiben.

E

Eins-Komma-fünf-Grad-Ziel (1,5-Grad-Ziel): → Klimaziele
El Niño: ein natürliches klimatisches Phänomen, bei dem durchschnittlich alle vier Jahre um die Weihnachtszeit vor der Westküste Südamerikas das kalte und nährstoffreiche Wasser des Humboldtstroms durch warmes und nährstoffreiches Wasser verdrängt wird; während eines El- Niño-Ereignisses ist in der Region die Oberflächentemperatur des Pazifischen Ozeans um sechs bis acht Grad Celsius gegenüber der Normaltemperatur erhöht, gleichzeitig steigt der Wasserspiegel während des Phänomens um ca. 30 cm; El Niño bedingt Klimaanomalien in weiten Gebieten der Erde.
endogene Geofaktoren: → Geofaktoren
endogene Ursachen: bezeichnen die in einer Gesellschaft selbst verursachten entwicklungshemmenden Faktoren, etwa Tribalismus, Nepotismus oder Korruption.
Entsorgung: Beseitigung von festen Abfällen über Deponien und Müllverbrennungsanlagen sowie Abwässern über Kläranlagen.
Entwicklungsindikatoren: bezeichnen messbare Merkmale einer Gesellschaft, deren Veränderungen im zeitlichen Verlauf Aufschluss über die Qualität ihrer Entwicklung geben können. Entwicklungsindikatoren sind etwa die durchschnittliche Lebenserwartung, der Bildungsgrad einer Gesellschaft, die Ärztedichte pro 100 000 Einwohner, die Pro-Kopf-Wirtschaftsleistung oder auch die Zahl der Internetnutzer.
Entwicklungsprojekt: Ein Entwicklungsprojekt verfolgt über einen klar definierten Zeitraum hinweg ein ebenso klar formuliertes Ziel, indem aufeinander abgestimmte, gesteuerte Aktivitäten durchgeführt werden. Die finanziellen, organisatorischen, rechtlichen u. a. Rahmenbedingungen werden vorab festgelegt. Zur Umsetzung werden Teams gebildet, die bei internationalen Entwicklungsprojekten aus Partnern aller Parteien bestehen (sollten). Dabei bestimmt das Projektziel in aller Regel die Umsetzungsstrategie.

Entwicklungsstrategie: Strategie zur Umsetzung entwicklungspolitischer Zielsetzungen, z. B. der Leitbilder Modernisierung, nachholende Industrialisierung, Grundbedürfnisstrategie, nachhaltige Entwicklung.
Entwicklungszusammenarbeit: im amtlichen Sprachgebrauch verwendeter Begriff für die Kooperation mit Ländern des Globalen Südens (früher als →„Entwicklungshilfe" bezeichnet). Der Terminus soll das partnerschaftliche Verhalten zum Ausdruck bringen und nicht die Unterscheidung in Geber- und Nehmerländer, wie sie in „Entwicklungshilfe" unterschwellig anklingt.
Erdbeben: Erschütterungen an der Erdoberfläche, die durch Bewegungen von Gesteinsschichten im Erdinneren hervorgerufen werden; Erdbeben, die durch ruckartige Plattenbewegungen zustande kommen, werden tektonische Beben genannt; etwa 90 % aller Beben sind tektonisch; am häufigsten treten Erdbeben an → Plattengrenzen auf; daneben gibt es noch „vulkanische Beben" und „Einsturzbeben".
Erosion: Abtragung und damit auch Zerstörung von Gestein und → Boden durch exogene Kräfte wie fließendes Wasser, Küstenströmung und Brandung, → Wind sowie Gletscher und Inlandeis; die Abtragungsprozesse können linienhaft und flächenhaft wirken: ist die abtragende Wirkung von fließendem Wasser stärker auf den Untergrund ausgerichtet, führt das zur Tiefenerosion., wirkt das Wasser in Flussschlingen (→ Mäander) stärker an den seitlichen Uferbereichen, tritt Seitenerosion ein; bei rückschreitender Erosion verlegt ein Fluss aufgrund der Tiefenerosion sein Bett immer mehr stromaufwärts.
Evaporation: Verdunstung von Wasser auf unbewachsenem Land und von Wasserflächen; → Transpiration.
exogene Geofaktoren: → Geofaktoren
exogene Ursachen: bezeichnen die außerhalb einer Gesellschaft verursachten entwicklungshemmenden Faktoren, etwa unfaire Handelsbeziehungen oder Kolonialismus.

F

Fairer Handel/Fairtrade: Handel mit Produkten, bei dem darauf geachtet wird, dass die Handelsgüter ökologisch verträglich produziert werden und die Produzenten, vor allem in Entwicklungsländern, gerechter bezahlt werden. Er ist ein Modell für mehr Gerechtigkeit im Welthandel und der Wertschöpfungskette.
Feinstaubbelastung: Feinstaub sind Teilchen in der Luft, die einen Durchmesser von weniger als 10 Mikrometern (μm) haben und die nicht sofort zu Boden sinken. Feinstaub kann aus natürlichen Quellen, z. B. Vulkanausbrüchen stammen oder von Menschen verursacht sein, z. B. Verbrennungsprozesse von Heizungen oder Autos sowie Reifenabrieb. Je kleiner die Staubpartikel, umso tiefer können diese in die Lunge eindringen und zu Gesundheitsschäden, z. B. Atemwegsbeschwerden führen.
feuchtadiabatisch: aufsteigende Luft kühlt sich zunächst → trockenadiabatisch um 1 K je 100 m ab, nach Erreichen des → Taupunktes mit einsetzender Kondensation wird Wärme frei, wodurch sich die Abkühlung feuchtadiabatisch auf 0,5 K je 100 m verlangsamt.
Flachküste: eine Küstenform aus lockerem Material wie Sand und Kies, bei der das Land allmählich ins → Meer übergeht und der Strand sehr breit ist; der → Wind transportiert feine Sandkörner über die → Dünen ins Land, das Meer spült Geröll und Sand von der Küste ab und lagert es an anderen Stellen an; entsteht entweder durch Abrasion von Lockermaterial oder durch Meerestransgression in flach ansteigendes Land.
Föhn: warmer, trockener Fallwind an der Leeseite hoher Gebirge, besonders der Alpen.
forstwirtschaftliche Nutzung: nach der → landwirtschaftlichen Nutzung die bedeutendste Landnutzungsform; beinhaltet die planmäßige Nutzung von Wäldern durch die Forstwirtschaft zur Rohstoffgewinnung von Holz (Holzeinschlag, Aufforstung) und anderen Naturmaterialien und hat Auswirkungen auf die Umwelt.
Fragmentierung: räumliche Trennung nach Funktionen oder sozialen Schichten in Städten.
Frauenförderung: eine gezielt auf die Förderung von Mädchen und Frauen ausgerichtete Entwicklungsstrategie mit dem Ziel, deren soziale wie ökonomische und politische Position in ihren Gesellschaften zu stärken. Dieser Prozess wird auch „Empowerment" genannt.
Freiwilliges Soziales/Ökologisches Jahr: ist eine für junge Menschen geschaffene, staatlich finanziell unterstützte Möglichkeit, um sich, etwa nach dem Abitur oder nach einer Berufsausbildung, im sozialen oder Umweltbereich zu engagieren, spezifische Erfahrungen zu machen und Kontakte zu knüpfen, die für die individuelle wie auch weitere berufliche Entwicklung sehr prägend und förderlich sein können.
Frontalzone: Bereich starker Luftdruckgegensätze zwischen etwa 40 und 60 Grad geographischer Breite.
funktionale Stadtgliederung: teilt eine Stadt nach unterschiedlichen Funktionen, etwa Wohnen, Erholung, Industrie, Verkehr, Dienstleistung in verschiedene Stadtbereiche oder -viertel ein.

G

Gated Community: moderne Luxus-Wohnanlagen für privilegierte Bevölkerungsschichten, die zum Schutz vor kriminellen Übergriffen eingezäunt, meist bewacht und elektronisch gesichert sind.
Gentrifizierung: beschreibt die soziale Aufwertung von meist innenstadtnahen Stadtvierteln durch den Zuzug kaufkräftiger Bevölkerungsgruppen. Häufig erfolgt dieser Zuzug im Kontext von Stadtsanierungsprozessen. Zugleich erzwingt dieser Prozess den Wegzug von Menschen aus diesen Vierteln, die sich die einsetzende massive Erhöhung des Mietniveaus nicht leisten können und so verdrängt werden.

Geo-Engineering: fasst alle vom Menschen erdachten ingenieurtechnischen Maßnahmen zusammen, deren Anwendung zur Behebung eingetretener Umweltprobleme diskutiert oder auch umgesetzt werden. Diese reichen von der Verpressung von Kohlenstoffdioxid im geologischen Untergrund über die Installation von Sonnenspiegeln bis hin zur Düngung des Meeres mit Eisen zur Aktivierung von Algenwachstum und damit einhergehender Sauerstoffproduktion.

Geofaktoren: natürliche Gegebenheiten, die das Aussehen einer Landschaft bestimmen (z.B. Relief, Klima, Vegetation); i.w.S. auch Gegebenheiten, die vom Menschen geschaffen wurden (z.B. Siedlungen, Verkehrswege); unterschieden werden **endogene Geofaktoren**, d.h. Kräfte, die im Innern der Erde ihren Ursprung haben (z.B. Gebirgsbildung, Vulkanismus), und **exogene Geofaktoren**, d.h. Kräfte, die von außen gestaltend auf die Erdoberfläche einwirken (z.B. Niederschläge, Wind).

geographischer Stadtbegriff: Beschreibung der → Stadt mit quantitativen und qualitativen Merkmalen

geographische Zone: → Geozone

Geosphäre: dreidimensionale Bereiche der Erdoberfläche, an denen sich alle Sphären der Erde durchdringen; → Atmosphäre, → Lithosphäre, → Hydrosphäre, → Biosphäre, → Pedosphäre und Reliefspäre, im Bereich des Festlandes wird die Geosphäre als Landschaftssphäre bezeichnet.

Geozone (Landschaftszone, geographische Zone, Landschaftsgürtel): Großlandschaftstyp mit einer typischen breitenkreisparallelen Ausprägung bei Klima (Klimazone), Vegetation (Vegetationszone) und z.T. auch bei den Böden, die ihn von anderen Großlandschaften unterscheidet und die auf dem in den Klimazonen der Erde unterschiedlichen → Strahlungshaushalt beruht; z.B. Zone der immerfeuchten Tropen.

global boundaries: → Belastungsgrenzen unseres Planeten

Global City: eine Weltstadt mit besonders starker Integration in die Weltwirtschaft; Kriterien: hohe Einwohnerzahl, internationales Finanzzentrum, Standort von Hauptquartieren oder Regionalzentren multinationaler Unternehmen (Global Playern), hohe (welt-)politische Bedeutung, Sitz großer internationaler Institutionen, rapides Anwachsen des Dienstleitungssektors, Knotenpunkt internationaler Transportnetze.

globale atmosphärische Zirkulation: → atmosphärische Zirkulation

globale Durchschnittstemperatur: ist die über die gesamte Erdoberfläche, also über Land und Wasser, gemittelte Temperatur in einem bestimmten Zeitraum, in der Regel in einem Jahr; die globale Durchschnittstemperatur liegt heute knapp 1 °C über dem sich aus dem natürlichen Treibhauseffekt ergebenden Mittelwert von ca. +14 °C.

globale Herausforderung: existenzielle Problemlagen für die menschliche Entwicklung, die gleichzeitig auf mindestens zwei Kontinenten auftreten; z.B. Bodendegradation, Wassermangel, Klimawandel, Artensterben; Armut, Hunger.

Globalisierung: seit Ende des 20. Jh. besonders dynamisch ablaufender Prozess, in dem Rohstoffbeschaffung, Produktion, Handel mit Gütern und Dienstleistungen, Kapital, Kommunikation und Technologie über nationale Grenzen hinweg zu einem Weltbinnenmarkt zusammenwachsen bei abnehmenden nationalen Kontroll- und Steuerungsmöglichkeiten; Kennzeichen ist eine zunehmende transnationale Vernetzung der politischen Systeme, Gesellschaften und Märkte.

Global Player (multinationaler Konzern/Multi, transnationaler Konzern/TNC): Unternehmen, das weltweit wirtschaftlich tätig ist, indem es an verschiedenen Standorten in mehreren Ländern entwickelt, produziert und vermarktet; Ausrichtung der Unternehmenspolitik nach den Vor- und Nachteilen der jeweiligen Länder (z.B. Lohn- und Steuerniveau, Umweltvorschriften, Zugang zu den Märkten).

Globalstrahlung: Gesamtheit der an der Erdoberfläche auf eine horizontale Empfangsfläche eintreffende Solarstrahlung, zusammengesetzt aus der direkten Einstrahlung und der diffusen Himmelsstrahlung, die über Streuung an Wolken, Wasser- und Staubteilchen die Erdoberfläche erreicht.

Grabenbruch: Oberflächenform in Gestalt eines riesigen „Tales", bei welcher ein längliches Stück der Erdkruste zwischen zwei parallel verlaufenden Verwerfungen im Ergebnis der Dehnung der → Lithosphäre durch aufsteigendes Magma abgesunken ist; z.B. Oberrheingraben, ostafrikanisches Rift Valley.

Green City: Stadtentwicklungskonzept, das auf ein nachhaltiges und gesundes Leben für die Stadtbewohner abzielt.

Großwetterlage: Wetterlage, die einen Großraum (z.B. Europa oder Nordafrika) beeinflusst und über mehrere Tage anhält.

Grundwasser: unterirdisches Wasser, das die Hohlräume der Erdkruste zusammenhängend ausfüllt; der Gesteinskörper, in dem sich das Grundwasser befindet und fließt, wird als Grundwasserleiter bzw. Aquifer bezeichnet; Grundwasser in tieferen Schichten, das in früheren Klimaperioden entstanden ist, bezeichnet man als fossiles Grundwasser.

H

Halbwüste: zwischen der Dornsavanne bzw. Steppe und der → Wüste liegende Landschaftszone, mit einer relativ gleichmäßig verteilten Vegetation mit einem Bodenbedeckungsgrad von meist unter 25 % aufgrund von nur ca. 150–400 mm → Niederschlag pro Jahr.

Hochdruckgebiet (Antizyklone): Luftmasse mit hohem Druck im Vergleich zu benachbarten Gebieten; die Luftströmung in einem Hochdruckgebiet ist nach unten gerichtet, sodass die Luft dort nach außen abfließt; man unterscheidet dynamische Hochdruckgebiete, die durch Luftakkumulation

(Konvergenz) in der Höhe entstehen, und thermische Hochdruckgebiete, die das Ergebnis strahlungsbedingter Abkühlung (Kältehoch) oder von → Konvektion (Höhenhoch) sind; Gegenteil: → Tiefdruckgebiet (Zyklone).
Höhenstufen: die typische Abfolge unterschiedlicher Vegetation mit zunehmender Höhe; Ursachen für die Ausbildung der Höhenstufen sind die mit der Höhe sinkenden Temperaturen und zunehmenden → Niederschläge.
Höhenwetterkarte: Wetterkarte, in der die Höhen eines bestimmten Luftdruckwertes (z. B. 500 hPa) mittels Isohypsen ähnlich wie in einer topographischen Karte dargestellt werden; aus der Karte können Rückschlüsse auf z. B. den Zug der Luftdruckgebiete am → Boden, Bodentemperatur, → Wind gezogen werden.
Hotspot: ein ortsfester Aufschmelzungspunkt im Erdmantel unterhalb der → Lithosphäre, meist über röhrenförmigen Gesteinskörpern (→ Plumes oder Manteldiapire); bewirkt an der Erdoberfläche häufig Vulkanismus.
Human Development Index (HDI): von der Entwicklungsorganisation der Vereinten Nationen (UNDP) seit 1990 verwendeter Indikator, der als Index den Stand der menschlichen Entwicklung in den Staaten der Welt misst. Grundlage sind Sozialindikatoren (Lebenserwartung, Alphabetisierungs-/Einschulungsrate) sowie die reale Kaufkraft pro Kopf. Ab dem Bericht über die menschliche Entwicklung 2010 werden die drei Dimensionen wie folgt berechnet:
- Lebenserwartungsindex: Lebenserwartung bei Geburt;
- Bildungsindex: durchschnittliche Schulbesuchsdauer und voraussichtliche Schulbesuchsdauer in Jahren;
- Lebensstandard: Bruttonationaleinkommen (BNE) pro Kopf in Kaufkraftparität (KKP).

Humifizierung: biochemischer Teilprozess der Huminstoffbildung im Zuge der Zersetzung der abgestorbenen organischen Substanz im → Boden bei der Bodenbildung.
Hydrosphäre: der von Wasser erfüllte Teil der Geosphäre; er umfasst die Weltmeere, Flüsse, Seen, das Grundwasser sowie die ständig von Schnee und Eis bedeckten Bereiche, die auch als → Kryosphäre bezeichnet werden.

I

Ingressionsküste: eine durch das Eindringen des → Meeres in ein vorher bestehendes Festlandsrelief infolge von Landabsenkung oder Meeresspiegelanstieg entstandene Küstenform.
Innere Differenzierung: Gliederung einer Stadt in verschiedene Viertel mit vorherrschenden Funktionen.
Innertropische Konvergenzzone (ITC): (von lat. convergere), Bereich der äquatorialen Tiefdruckrinne, in dem die → Passate der Nord- und Südhalbkugel der Erde aufeinandertreffen und aufsteigen (→ Konvektion, Quellbewölkung); die ITC verlagert sich jahreszeitlich mit dem Sonnenstand nach Norden bzw. nach Süden.
internationale Arbeitsteilung: bedeutet in der Wirtschaft, dass nicht in jedem Land nur das erzeugt wird, was dort auch verbraucht wird und umgekehrt. Auch kann die Aufteilung der unterschiedlichen Prozesse bei der Produktentwicklung (Forschung/Entwicklung, Produktion, Vertrieb) in unterschiedlichen Staaten erfolgen. Im Rahmen der Arbeitsteilung werden auch Produktionen mit hohen Lohnkosten in Länder mit niedrigen Lohnkosten (z. B. Textilindustrie) verlagert.
Isobare: (von griech. iso = gleich, baris = Druck) eine Isolinie gleichen Luftdrucks, die z. B. in → Bodenwetterkarten eingetragen wird und deren Abstand zu anderen Isobaren ein Maß für das Druckgefälle ist.
Isostasie: Theorie vom Gleichgewicht zwischen dem unteren und dem oberen Teil der Erdkruste; danach werden die oberirdischen Gebirgserhebungen durch eine unterirdische Massenanordnung ausgeglichen.

J

Jetstream (Strahlstrom): eng begrenztes Band extrem hoher Windgeschwindigkeiten (bis zu 600 km/h) in der oberen Troposphäre in etwa 12 km Höhe; wird im Bereich der planetarischen → Frontalzone hervorgerufen durch das starke Temperatur- und Luftdruckgefälle in der Höhe, innerhalb der Troposphäre treten auf jeder Halbkugel je zwei Jetstreamsysteme auf; der Subtropenjetstream als beständiges Starkwindband westlicher Richtung und der Polarfrontjetstream als weniger beständige, viel stärker mäandrierende bis über 1 000 km lange Starkwindbänder.

K

Kaltfront: Grenzbereich zwischen kalten und warmen Luftmassen, wobei die Kaltluft gegen die Warmluft vorrückt und diese verdrängt; im Bereich einer → Zyklone bildet die Kaltfront die Rückseite des Warmluftsektors; → Warmfront.
Karst: alle Oberflächenformen, die in wasserlöslichen Gesteinen, vor allem Kalkstein, entstehen; durch Korrosion, ausgelöst vom → Grundwasser und einsickerndem Niederschlagswasser, verbreitern sich Risse und Spalten im Gestein und werden im Verlauf von Jahrtausenden zu größeren Hohlräumen; typische Karstformen sind z. B. unterirdisch verlaufende Flüsse, Höhlen mit Tropfsteinen, trichterförmige Vertiefungen (Dolinen), große wannenförmige Einsenkungen (Poljen).
Kationenaustausch/-kapazität: Fähigkeit von → Tonmineralen und Huminkolloiden, Nährstoffe in pflanzenverfügbarer Form zu speichern; wichtiger Faktor für die → Bodenfruchtbarkeit.
Kerbtal: Talform, die durch starke, von Fließwasser erzeugte Tiefen- und Seitenerosion entstanden ist; besonders in Gebieten mit kräftigen → Niederschlägen und tektonischer Hebung des Geländes vorkommend; meist nimmt der Fluss die Breite der Talsohle ein.
Kipp-Element: → Tipping point

Klamm: häufig im Hochgebirge vorkommende Steilschlucht mit nahezu senkrechten Talwänden und meist von Flüssen oder Bächen mit Wildwassercharakter durchflossen; Entstehungsvoraussetzungen sind ein sehr starkes Gefälle, starke Tiefenerosion und festes Gestein.

Kliff: durch die ständige Abtragung der Meeresbrandung (Abrasion) entstandener Steilabfall an der Küste, der im Laufe der Zeit immer weiter ins Landesinnere vorrückt.

Klima: der mittlere Zustand der → Atmosphäre innerhalb eines längeren Zeitraumes (mindestens einige Jahre, auch gleiche Monate mehrerer Jahre) für einen bestimmten Ort oder ein bestimmtes Gebiet sowie die Häufigkeit seltener, aber für diesen Ort/dieses Gebiet charakteristischer meteorologischer Ereignisse (z. B. Gewitterhäufigkeit, strenge Winter, Orkane usw.); als Bezugsperiode dient üblicherweise ein 30-jähriger Zeitraum, man unterscheidet je nach Gebietsgröße Makro-, Meso- und Mikroklima.

Klimaklassifikation: eine Einteilung der Erde unter verschiedenen Gesichtspunkten in Klimazonen; sie wird auf Weltkarten dargestellt und gibt eine Übersicht über die in einer bestimmten Region zu erwartenden klimatischen Verhältnisse; zur Klassifizierung kann z. B. der → Strahlungshaushalt, hydrologische Verhältnisse (→ Wasserhaushalt), der Vegetationsbestand, die Land-Meer-Verteilung oder das Relief herangezogen werden; man unterscheidet effektive Klimaklassifikationen, die auf messbaren Klimaelementen (z. B. Temperatur, → Niederschlag) basieren, wie z. B. die Klimaklassifikationen nach Köppen und Geiger (1931), Troll und Paffen (1964), Schreiber (1973), Lauer und Frankenberg (1987) sowie genetische Klimaklassifikationen auf Grundlage der Dynamik der Zirkulation wie z. B. die Klimaklassifikationen nach Hettner (1930), Flohn (1950), Hendl (1963), Terjung und Louie (1972).

Klimaneutralität: bezeichnet die klimarelevante Konsequenz einer wirtschaftlichen oder privaten Produktion oder Handlung. Hat diese keinen Anstieg von klimarelevanten Gasen in der Atmosphäre zur Folge, wird von Klimaneutralität gesprochen. Wird dies durch die Verlagerung der Produktion ins Ausland erreicht, ist Klimaneutralität nur scheinbar gegeben. Wird dies durch Kompensation, etwa durch Aufforstungsmaßnahmen im Umfang der produktions- oder handlungsbedingt entstandenen Treibhausgase erreicht, kann von wirklicher Klimaneutralität gesprochen werden.

Klimaschutz: bezeichnet die Gesamtheit juristischer, technischer, kultureller u. a. Maßnahmen, die zur Eindämmung des erwarteten Klimawandels führen. Insbesondere sind damit Maßnahmen gemeint, die geeignet sind die Emission von klimawirksamen → Treibhausgasen zu reduzieren.

Klimawandel: Bezeichnung für die Veränderung des Klimas auf der Erde, unabhängig davon, ob die Ursachen auf natürlichen oder menschlichen (anthropogenen) Einflüssen beruhen. Die gegenwärtige, vor allem durch Menschen verursachte globale Erwärmung ist ein Beispiel für einen Klimawandel.

Klimaziele: werden die festgeschriebenen Ziele genannt, wonach mit Blick auf die künftige globale Durchschnittstemperatur bestimmte Grenzwerte nicht überschreiten sollen. So hat die Weltgemeinschaft im November 2015 „weniger als + 2 °C, wenn möglich + 1,5 °C Temperaturanstieg bis zum Ende des 21. Jh." in Paris als internationales Klimaziel festgeschrieben.

Kohlenstoffdioxidsenke: Bereiche, die Kohlenstoffdioxid aufnehmen und speichern können. In Zusammenhang mit dem Klimawandel werden Kohlenstoffdioxidsenken immer wichtiger, weil sie das Treibhausgas Kohlendioxid aufnehmen und damit die Erderwärmung verlangsamen können. Wichtige Kohlenstoffdioxidsenken sind zum Beispiel Wälder oder Ozeane.

Kohlenstoffkreislauf: Kreislauf von Kohlenstoff (C), der etwa 1‰ der Gesamtmasse der Erde ausmacht und der während der Entstehung des Planeten gasförmig als Kohlendioxid (CO_2) entwich; ein erheblicher Teil dieses in Form von CO_2 gebundenen Kohlenstoffs wurde durch die Urozeane absorbiert und in Form von Kalkgestein über lange geologische Zeiträume gebunden.

Kommunikationstechnologie: ermöglicht den analogen oder digitalen Austausch von Informationen zwischen mehreren Personen über größere Entfernungen.

Konvektion: thermisch bedingter Aufstieg von Luftmassen, z. B. in der Zenitalregenzone oder bei sommerlichen Wärmegewittern.

Konvektionsströme: Fließbewegungen des zähplastischen Magmas im Erdmantel; sie werden durch unterschiedliche Temperaturen in der Gesteinsschmelze ausgelöst und bilden mit ihren aufsteigenden (wärmeres Material), horizontalen und absteigenden (kälteres Material aufgrund seiner größeren Dichte), Ästen einzelne Konvektionszellen; sie sind die Ursache für die plattentektonischen Vorgänge.

Kryosphäre: zur → Hydrosphäre gehörender Teil der → Geosphäre, in dem Wasser in fester Form vorkommt, der also ständig von Eis und Schnee bedeckt ist (Gletscher, Meereis, polare Eiskappen, Eis in Permafrostböden).

Kulturpflanze: aus einer → Wildpflanze u. a. durch Kreuzung, Auslese oder Genmanipulation gezüchtete Pflanze, die als Nutz- oder Zierpflanze angebaut wird.

Küstenwüste: Wüstentyp im Küstenbereich der Tropen und Subtropen, der sich unter Einfluss kalter → Meeresströmungen entwickelt; trockene und warme ablandige Passatwinde verhindern das Aufsteigen der kühlen und feuchten Luftmassen über dem kalten Meereswasser an der → Küste und damit Wolkenbildung und → Niederschlag; z. B. Atacama.

L

Lage: geographisches Merkmal einer Stadt, z. B. Fluss-, Küsten- oder Passlage
Lagerstätten: natürliche Konzentrationen von → Rohstoffen in der Erdkruste, die abbauwürdig sind bzw. deren Abbau sich in naher Zukunft rentieren wird; unterschieden werden: magmatische Lagerstätten, die im Zusammenhang mit plutonischen Vorgängen entstanden, und sedimentäre Lagerstätten, die sich durch Ablagerungen bildeten (Sedimente).
Land Grabbing: Landraub; Begriff für den großflächigen Erwerb von Boden durch in- oder ausländische Privatpersonen, Konsortien oder sogar Staaten in wirtschaftlich schwachen Staaten; häufig aus spekulativen ökonomischen Überlegungen, oft verbunden mit illegalen Praktiken gegenüber den bisherigen Bodenbesitzern/-nutzern (Bestechung, Erpressung u. a.).
Landschaft: umgangssprachliche Bezeichnung für einen räumlichen Ausschnitt der Erdoberfläche; in der Geographie versteht man unter Landschaft ein Ökosystem, das durch die Überprägung bestimmter Natur- und/oder Humanfaktoren spezifische Merkmale aufweist; je nach Vorherrschen der Art der Faktoren spricht man von Natur- oder Kulturlandschaft.
Landschaftswandel: Ausdruck für die Veränderung des Landschaftsbildes durch den Einfluss des Menschen.
Landschaftszone (Landschaftsgürtel): → Geozone
Land- und Seewindsystem: ein lokales tagesperiodisches Windsystem an Meeresküsten oder Seeufern; am Tag kommt der → Wind als Seewind vom Wasser und nachts weht er vom Land auf das Wasser (Landwind); Ursache ist die deutlich verzögerte Erwärmung und Abkühlung der Luft über dem Wasser im Gegensatz zum Land (unterschiedliche Wärmekapazitäten).
landwirtschaftliche Nutzung: bedeutendste Landnutzungsform; beinhaltet die planmäßige Nutzung von unbebautem → Boden durch die Landwirtschaft zum Anbau von → Kulturpflanzen (Ackerbau, Obstbau, Weinbau usw.) und zur Haltung bzw. Zucht von Nutztieren.
Lebensqualität: von den Lebensbedingungen abhängende, an Zufriedenheit und Wohlbefinden messbare Qualität des Lebens.
Lessivierung: zonal gebundener → Boden bildender Prozess bei überschüssigem Sickerwasser, das Kalkauswaschung, Eisen- und Tonverlagerung aus dem Oberboden (Al-Horizont) in den darunter liegenden Anreicherungshorizont (Bt-Horizont) bewirkt.; es entstehen sog. Fahlerden.
Lithosphäre: äußere, feste Gesteinshülle, aus der die Platten aufgebaut sind; dazu gehören die kontinentale und ozeanische Kruste und der obere Mantel bis zur Asthenosphäre.
Lokale Agenda 21: Die auf der kommunalen Ebene erfolgende Umsetzung der in der → „Agenda 21", dem Abschlussdokument der Rio-Konferenz 1992, festgeschriebenen Zielsetzungen für das 21. Jh.
lokale/regionale Windsysteme: zu den Windsystemen mit einer lokalen oder regionalen Ausdehnung im Gegensatz zu den großräumigen Windsystemen (→ Monsun, → Passat) gehören die tagesperiodischen Windsysteme mit Richtungsumkehr (→ Berg- und Talwindsystem, → Land- und Seewindsystem) und die reliefbedingten Fallwinde (→ Föhn; Chinook).
Löss: kalkreiches Lockersediment von sehr geringer Korngröße, das während der letzten Kaltzeiten (Eiszeiten) aus den Moränen, Sander- und Schotterflächen vom → Wind ausgeblasen und in den Randzonen der vereisten Gebiete bzw. am Rande von Mittelgebirgen abgelagert wurde; Löss besitzt ausgezeichnete Eigenschaften und bildet aufgrund seiner komplexen Kapillarstruktur sehr fruchtbare Böden.
Luftdruck: Druck, den die Luft infolge der Schwerkraft auf eine Fläche ausübt; eine gedachte vertikale Luftsäule, die vom Erdboden bis an den Rand der → Atmosphäre reicht, übt auf eine Einheitsfläche im Durchschnitt das Gewicht (die „Gewichtskraft") von 1013,2 Hektopascal (hPa) aus; der Luftdruck nimmt mit der Höhe alle 5 km auf etwa die Hälfte ab.

M

Mäander: eine weit ausschwingende Flussschleife; typisch ist die Abfolge von durch → Erosion gebildeten steilen Prallhängen und flachen Gleithängen, an denen der Fluss Material ablagert.
Mangrove: an tropischen Küsten im Gezeitenbereich wachsender bestandsbildender Baum mit Stelzwurzeln.
Marginalisierung: sozialer Abstieg von Bevölkerungsgruppen in eine wirtschaftliche, gesellschaftliche und physische Randexistenz, besonders verbreitet in den Entwicklungsländern; in den Industrieländern weisen Bezeichnungen wie „Neue Armut" oder „Working Poor" auf die Folgen derartiger Prozesse hin; räumlicher Ausdruck der Marginalisierung sind die → Slums bzw. → Marginalsiedlungen.
Marginalsiedlung: Elendssiedlung in Großstädten der Entwicklungsländer.
Massenselbstbewegung: gravitative Massenbewegung mit unterschiedlicher Form und Geschwindigkeit infolge von starker Durchfeuchtung, Erdbeben oder Baumaßnamen.
Meer (Weltmeer): die die Kontinente umgebende zusammenhängende Wassermasse der Erde (Weltmeer) bedeckt ca. 71 % der Erdoberfläche und gliedert sich in den Pazifischen, den Atlantischen und den Indischen Ozean mit einer Anzahl von Rand- und Binnenmeeren; die größte Tiefe wird im Marianengraben mit rund 11 000 m erreicht; das Meer spielt eine große Rolle bei Produktion von Sauerstoff (Meeresflora) und hat eine große wirtschaftliche Bedeutung (z. B. Fischfang, Schifffahrt; Energiegewinnung); Meerwasser hat durchschnittlich einen Salzgehalt von ca. 3,5 % (→ Salzwasser).
Meeresspiegelanstieg: Anstieg des mittleren Wasserspiegels der Ozeane. Ursachen sind das Abschmelzen

grönländischer und antarktischer Eismassen, die Wärmeausdehnung des Wassers, das bei höheren Temperaturen ein größeres Volumen besitzt, sowie weiträumige Hebungen durch erdinnere Kräfte. Das Abschmelzen des arktischen Meereises hingegen hat keine Auswirkungen auf die Höhe des Meeresspiegels. Der UN-Klimarat prognostiziert einen Anstieg von bis zu 82 cm. Besonders Inselstaaten sind demnach durch den Klimawandel direkt in ihrer Existenz bedroht.

Meeresströmungen: starke und beständige horizontale sowie vertikale Wassermassentransporte in den Weltmeeren; die mittlere Strömungsgeschwindigkeit beträgt 35–60 km pro Tag; man unterscheidet Oberflächenströme, Tiefen- und Auftriebsströmungen.

Megacity (auch Megastadt): Großstadt, die mindestens 8 Mio. oder 10 Mio. Einwohner hat. In der Regel sind diese Städte politisch-ökonomisches Zentrum sowie Knotenpunkt von Verkehrs- und Informationsströmen.

Menschenrecht: für alle Menschen auf der ganzen Welt geltende Rechte, die niemals abgesprochen werden können. Dafür wurden 30 Grundrechte 1948 von den Vereinten Nationen (= UNO) in der Allgemeinen Erklärung der Menschenrechte festgeschrieben.

Mensch-Umwelt-System: System, in dem die Umwelt alle für die menschliche Existenz erforderlichen Lebensgrundlagen wie Luft, Wasser, Boden, Vegetation und Rohstoffe bereithält. Je nach Art, wie wir Menschen diese Ressourcen nutzen, wirkt sich dies auf die Umwelt aus.

Metropole: Stadt, meist die Hauptstadt, die gegenüber den anderen Großstädten des Landes eine überragende Stellung im Hinblick auf Verkehr, Wirtschaft, Wissenschaft und Verwaltung einnimmt.

Metropolisierung: Verstädterungsprozess, meist in Entwicklungsländern, der auf eine einzige Stadt, meist die Hauptstadt, ausgerichtet ist, sodass diese zur das ganze Land beherrschenden → Metropole wird.

Migration: freiwillige oder unfreiwillige, dauerhafte Verlagerung des Wohnsitzes von Personen oder Gruppen. Dies kann sowohl innerhalb eines Landes (Binnenmigration) als auch über Ländergrenzen hinweg (internationale Migration) geschehen. Dabei wird Auswanderung als Emigration und Einwanderung als Immigration bezeichnet.

Millenniumsziele: Entwicklungsziele, die im Jahr 2000 von einer Arbeitsgruppe der UNO, der Weltbank, der OECD und mehreren Nichtregierungsorganisation (NGOs) formuliert wurden und bis zum Jahre 2015 umgesetzt werden sollten.

Mittelozeanische Rücken (MOR): mehrere Tausend Kilometer lange Gebirge, die vom → Boden der → Ozeane aufragen und aus parallel zu einem zentralen → Graben (Rift) verlaufenden symmetrischen Bergketten bestehen; die Mittelozeanischen Rücken markieren die Linien, an denen sich die → Konvektionsströme teilen und somit die Grenze von zwei sich auseinander bewegenden Krustenplatten.

Modell des demographischen Übergangs: Modellvorstellung, die auf der Annahme basiert, dass das generative Verhalten sich im Verlauf des Entwicklungsprozesses einer Gesellschaft vom vor- zum nachindustriellen Stadium verändert; das für die traditionellen Industrieländer untersuchte Modell gilt für die Entwicklungsländer nur mit Einschränkung; dort sinkt z. B. die Sterberate auch durch von außen induzierte medizinische Fortschritte, ohne dass eine entsprechende Entwicklung im Lande selbst vorliegen muss.

Modernisierungstheorie: Theorie, die die Unterentwicklung eines Landes in endogenen Ursachen (z. B. traditionsverhafteten Gesellschaftsstrukturen) sucht und Entwicklung als Modernisierung im Sinne eines Nachahmens der Industrieländer sieht (nachholende Industrialisierung).

Monsun: großräumiges Luftzirkulationssystem der unteren Troposphäre im Gebiet der Tropen und Subtropen, besonders ausgeprägt in Süd- und Südostasien; Kennzeichen: halbjährlicher Richtungswechsel der → Winde, verursacht durch die jahreszeitliche Verschiebung der Windsysteme und den jahreszeitlichen Wechsel der Luftdruckverhältnisse.

N

nachhaltige Entwicklung (Sustainable Development): → Entwicklungsstrategie, mit der die Lebens- und Wirtschaftsweise der heutigen Generation in Einklang mit den naturräumlich ökologischen Rahmenbedingungen gebracht wird, um die Funktions- und Regenerationsfähigkeit des → Systems Erde zu erhalten und so künftigen Generationen die Möglichkeiten für eine eigene Entwicklung zu sichern.

nachhaltige Stadt: eine Stadt, in der die Prinzipien der nachhaltigen Stadtentwicklung realisiert wurden: die ökonomische Effizienz bei der Nutzung von Entwicklungsressourcen, die soziale Gerechtigkeit bei der Verteilung von Entwicklungserfolgen und den damit verbundenen Kosten sowie eine zukunftsfähige Entwicklungsbasis; zu den Indikatoren einer nachhaltigen Stadt zählen z. B. ein geringer Energieverbrauch, die nachhaltige ökologische, ökonomische und soziale Nutzung des Raumes durch den Abbau von Disparitäten.

nachhaltige Stadtentwicklung: Überbegriff einer am Nachhaltigkeitsprinzip ausgerichteten städtischen Entwicklung. Diese kann unterschiedliche Konzepte verfolgen, etwa → Smart City, Transition Town, Slow City oder CO_2-freie Stadt. Allen gemeinsam ist ein ressourcenschonender und umweltverträglicher Städtebau; Ziel nachhaltiger Stadtentwicklung ist es, die städtischen Lebensverhältnisse zu verbessern und dabei den Schutz der Umwelt, stabile wirtschaftliche Entwicklungen und eine gerechte

Verteilung der Lebenschancen der Bewohner in Einklang zu bringen ohne die Chancen künftiger Generationen einzuschränken.

Nachhaltigkeit: Berücksichtigung ökonomischer, sozialer und ökologischer Aspekte bei der Nutzung und Entwicklung. Seit Beginn der 1990er-Jahre gilt dieser Begriff als Leitbild für eine zukunftsfähige Entwicklung der Menschheit, die die Lebensbedingungen der heutigen Generation verbessern soll, ohne die Chancen für zukünftige Generationen einzuschränken.

Nachhaltigkeitsmodelle: Um nachhaltige Entwicklungsprozesse in Gang zu setzen, bedarf es eines gemeinsamen Verständnisses von Nachhaltigkeit und den damit verbundenen Dimensionen. Dem dienen Nachhaltigkeitsmodelle. Sie können zugleich als Grundlage für Umsetzungsstrategien und Planungen herangezogen werden. Beispiele: Nachhaltigkeitsdreieck, Nachhaltigkeitsviereck, Leitplankenmodell der Nachhaltigkeit.

nachholende Entwicklung: bezeichnet ein Konzept der Entwicklungspolitik auf der Grundlage der Modernisierungstheorie. Nach dieser Vorstellung durchlaufen alle Staaten bzw. Gesellschaft einen mehr oder weniger gleichen Entwicklungsgang hin zu einem höheren Lebensstandard, befinden sich aber auf unterschiedlichen Etappen auf diesem Weg. Mit dem Ausdruck „nachholende Entwicklung" wird damit die Vorstellung des vor den einzelnen Staaten noch liegenden Wegs angedeutet.

natürlicher Treibhauseffekt: → Treibhauseffekt.

Nichtregierungsorganisation/Non-Governmental Organization (NRO, NGO): nichtstaatliche Organisation oder Institution, die beispielsweise im Rahmen der Entwicklungszusammenarbeit entwicklungspolitisch tätig ist, z. B. Kirchen, Deutscher Caritasverband, terre des hommes, Komitee Ärzte für die Dritte Welt.

Niederschlag: alle Formen von Wasser, die aus der → Atmosphäre auf die Erde gelangen; Niederschlag entsteht, wenn sich Luft unter den → Taupunkt abkühlt und dadurch Kondensation einsetzt; er ist ein Hauptelement des → Wasserkreislaufs; man unterscheidet flüssigen Niederschlag (Regen, Nebel, Tau) und festen Niederschlag (Schnee, Graupel, Hagel, Reif).

O

Oberflächenwasser: Wasser, das sich offen und ungebunden auf der Erdoberfläche befindet; dazu zählen Gewässer wie Flüsse und Seen und noch nicht versickertes Niederschlagswasser; vgl. → Grundwasser.

ökologischer Fußabdruck: Methode zur Erkennung und Quantifizierung der Umweltauswirkungen bestimmter menschlicher Aktivitäten; mit dem ökologischen Fußabdruck lässt sich insbesondere der Ressourcenverbrauch des Menschen bildlich in Form des Flächenverbrauchs darstellen – mit dem Ziel, Bewertungskriterien für ein ressourcenschonendes und nachhaltiges Wirtschaften zu entwickeln.

Ökosystem: ein Wirkungsgefüge, das sich aus biotischen (lebenden) und abiotischen (unbelebten) Faktoren zusammensetzt, welche untereinander sowie mit ihrer Umwelt in energetischen und stofflichen Wechselwirkungen stehen.

Ökosystem Stadt: eine räumliche Funktionseinheit, in der biotische und abiotische Faktoren in Wechselwirkung zueinander stehen und ein Wirkungsgefüge bilden (→ Ökosystem), das durch die besonderen Bedingungen urbaner Räume beeinflusst wird (z. B. Flächenversiegelung, hohe Abwärme, Mangel an Frischluftschneisen).

Okklusion: Luftfront, die durch die Vereinigung einer → Kaltfront mit einer → Warmfront entsteht.

Ozonschicht: Teil der Stratosphäre in 15 – 50 km Höhe, in der unter Einwirkung der UV-Strahlung der Sonne Sauerstoff (O_2) in Ozon (O_3) umgewandelt wird, absorbiert größtenteils die schädliche energiereiche UV-Strahlung aus dem Sonnenlicht und ermöglicht so erst das Leben auf der Erde.

P

Passat: ganzjährige, richtungsbeständig wehende, trockene → Winde, die aus den subtropischen Hochdruckgürteln in Richtung der äquatorialen Tiefdruckrinne wehen; durch die → Corioliskraft werden sie auf der Nordhalbkugel nach rechts (NO-Passat) und auf der Südhalbkugel nach links (SO-Passat) abgelenkt; die Passatzirkulation ist Teil der allgemeinen → planetarischen Zirkulation in den niederen Breiten zwischen etwa 35° N und 30° S im Jahresmittel; Passatwinde bringen kaum → Niederschläge; nur an Gebirgsrändern führen sie zu Steigungsregen.

Pedosphäre: oberster Bereich der Erdkruste, in dem die Bodenbildungsprozesse ablaufen; oberste Schicht der → Lithosphäre.

Permafrost: Zustand eines in den tieferen Horizonten ganzjährig gefrorenen → Bodens; nur die obere, wenige Dezimeter dicke Schicht taut in den kurzen Sommern auf; etwa ein Fünftel der Erdoberfläche ist vom Permafrostboden bedeckt; er reicht manchmal bis in eine Tiefe von 1000 m; weil → Niederschläge und Schmelzwasser nicht versickern können, kommt es in diesen Gebieten zu starker Sumpfbildung.

planetarische Zirkulation: → atmosphärische Zirkulation

planetary boundaries: → Belastungsgrenzen unseres Planeten

Plattentektonik: geowissenschaftliche Theorie über den Krustenbau der Erde sowie die Entwicklung der Kontinente und Ozeane; der Plattentektonik zufolge besteht die Erdkruste aus Platten, die sich auf dem oberen zähflüssigen Teil des Erdmantels (→ Asthenosphäre) mit unterschiedlicher Geschwindigkeit verschieben, dies führt zur Veränderung der Erdoberfläche durch Erdbeben, Vulkanismus und die Entstehung von Gebirgen.

Plumes (Manteldiapire): schlauchförmige Zonen von 100 bis 1000 km Durchmesser im Erdmantel, in denen heißes Material aus großen Tiefen nach oben steigt; über ihnen bilden sich häufig → Hotspots.
Podsolierung: Bodenbildungsprozesse zur Entstehung eines stark sauren und nährstoffarmen Podsols (Bleicherde), die durch starke, von saurem Sickerwasserstrom ausgelöste Verlagerungen von Eisen- und Aluminiumoxiden sowie von → Huminstoffen in den B-Horizont gekennzeichnet sind und die durch die Rohhumusauflage im Nadelwald oder durch Umweltverschmutzung begünstigt werden.
Problemlösungsorientierung: Strategie, den globalen Herausforderungen mit Lösungsansätzen zu begegnen.
Protektionismus: Form der Politik, den Inlandsmarkt vor ausländischen Anbietern zu schützen, z. B durch Handelszölle.
Push- und Pull-Faktoren: Pull-Faktoren sind die Gründe, die für die Bevölkerung oder Wirtschaft anziehend wirken und damit eine Wanderbewegung auslösen; i. e. S. die Anziehungskraft der großen Städte in den Entwicklungsländern auf die Bevölkerung in den ländlichen Räumen; Push-Faktoren sind dagegen die Gründe, die die Bevölkerung oder die Wirtschaft zum Abwandern bewegen, vor allem die unzureichenden Lebensumstände und Einkommensmöglichkeiten in den ländlichen Räumen der Entwicklungsländer.

Q

Quartärisierung: Zunahme der Arbeitsplätze im Quartären Sektor, dem höherwertige und hochspezialisierte Dienstleistungen, z. B. aus den Bereichen Banken, Beratung, Forschung und Entwicklung angehören.

R

Raumkonzepte: Verschiedene Perspektiven bedingen unterschiedliche Raumbegriffe. Man unterscheidet z. B. den Raum als konkreten Naturraum (Container), als System von Lagebeziehungen, als Ergebnis der individuellen Wahrnehmung oder als soziale Konstruktion. Die unterschiedlichen Perspektiven bedingen die Schwerpunktsetzung bei der Raumentwicklung.
Reduktion der Treibhausgase: Verringerung der Treibhausgase um Anteil an der Erderwärmung zu reduzieren.
regionales Windsystem: → lokales Windsystem
Reliefsphäre: ist das morphologisch sichtbare Ergebnis des landschaftsprägenden Zusammenwirkens der → Litho-, → Pedo-, → Bio-, → Hydro-, Kryo-, → Atmo- und → Anthroposphäre.
Ressourcen: die natürlichen Produktionsmittel für die Wirtschaft, also Rohstoffe, Wasser, Energie usw.; i. e. S. die Rohstoffvorkommen, die zusätzlich zu den Reserven weitgehend bekannt, aber noch nicht abbauwürdig sind.
Ressourcenknappheit: bezeichnet das durch überhöhte Nachfrage, Übernutzung, Erschöpfung, machtpolitisch entschiedene Zugangsbeschränkungen oder Erschöpfung bekannter Lagerstätten entstehende Phänomen der unzureichenden Verfügbarkeit von Ressourcen.
Reurbanisierung: bezeichnet den etwa durch stadtplanerische Entscheidungen oder Investitionen verursachten Prozess der erneut einsetzenden Bevölkerungs- und Beschäftigungszunahme von → Innenstädten, nachdem diese in vorangegangenen Jahrzehnten eine Entvölkerung erlebten. Die → Kernstädte erfahren in diesem Prozess eine Aufwertung.
Rift: schmale Spalte oder Bruch in ozeanischer oder kontinentaler Erdkruste.
Rohstoffe: Teil der Ressourcen, die in der Natur vorkommen und die vom Menschen verwendet werden, um Gebrauchsgegenstände sowie Konsumgüter herzustellen oder Energie zu gewinnen; nach ihrer Herkunft bzw. Entstehung unterscheidet man mineralische (bergbauliche), pflanzliche und tierische Rohstoffe; mineralische Rohstoffe werden auch Bodenschätze genannt; man unterscheidet auch zwischen Energieträgern (z. B. Kohle, Erdöl) und Nichtenergieträgern (z. B. Metall, Erz, Steine).

S

Salzwasser: durch gelöste Salze angereichertes Wasser mit einem Salzgehalt von mindestens 1,8 %, das einen Großteil des auf der Erde vorkommenden Wassers ausmacht.
Savanne: Vegetationszone der wechselfeuchten Tropen und Subtropen; nach Dauer der Regen- und Trockenzeiten verändern sich die Anteile von Gras- und Holzgewächsen; man unterscheidet: Feuchtsavanne, mit einer Dauer der Regenzeit von 7 – 9½ Monaten und hohem Elefantengras sowie größeren Baumgruppen; Trockensavanne, mit einer Dauer der Regenzeit von 4½ – 7 Monaten und nur noch etwa ein Meter hohen Gräsern sowie vereinzelten geschlossenen Baumgruppen; Dornsavanne, mit einer Dauer der Regenzeit von 2 – 4½ Monaten und überwiegend dornigen Busch- und Baumarten; eine geschlossene Grasdecke bildet sich hier nicht mehr aus.
Schalenbau der Erde: innerer Aufbau des Erdkörpers aus konzentrisch angeordneten Schalen verschiedener Beschaffenheit (innerer und äußerer Erdkern, unterer und oberer Erdmantel, ozeanische und kontinentale Erdkruste).
Schichtstufenlandschaft: Landschaftstyp, der aus mehreren leicht geneigten Flächen besteht, die durch jeweils einen markanten Steilabfall (Schichtstufe) voneinander getrennt sind; z. B. Schwäbisch-Fränkisches Stufenland, Pariser Becken.
Schneegrenze: die Höhengrenze zwischen den ganzjährig schneebedeckten und den im Sommer schneefreien Gebieten.

SDG (Sustainable Development Goals): → Ziele für eine nachhaltige Entwicklung

Segregation: Prozess der räumlichen Trennung und Abgrenzung unterschiedlicher gesellschaftlicher Gruppen, Ethnien, Religionsgemeinschaften usw.; innerhalb einer Stadt kann dies zu einer Fragmentierung führen, d.h. zu deren Auflösen in sozial stark gegensätzliche Viertel.

Shrinking City: schrumpfende Städte als ein Phänomen krisenhafter Stadtentwicklung, das durch Strukturkrisen bzw. Strukturwandel, Abwanderung und generellen Bevölkerungsrückgang durch das Ungleichgewicht von Geburtenrate und Sterberate verursacht wird.

Slum: Elendssiedlung, meist in den Großstädten der Entwicklungsländer; man unterscheidet die innerstädtischen Elendssiedlungen (Slums im engeren Sinne) und die randstädtischen Elendssiedlungen (→ Marginalsiedlungen).

Smart City: zusammenfassender Begriff für umfassende, nachhaltige Entwicklungskonzepte von Städten, die durch technologische, wirtschaftliche und gesellschaftliche Innovationen und Investitionen energieeffizienter, ökologisch intakter und sozial inklusiver gestaltet werden sollen.

sommergrüner Laub- und Mischwald: Vegetationszone der gemäßigten Zone auf der Nordhalbkugel der Erde mit einer relativ langen Vegetationszeit ohne ausgeprägte Trockenperioden und einer mäßig kalten, drei bis vier Monate langen Winterzeit; besteht vorwiegend aus Buchen, Eichen, Sträuchern und einer ausgeprägten Krautschicht, in höheren und kühleren Lagen auch aus immergrünen Nadelhölzern (Fichten, Kiefern).

Stadt: Bezeichnung für eine Siedlung mit einer dichteren Bebauung, innerer Differenzierung und mit einem Bedeutungsüberschuss für das Umland.

Stadtentwicklung: bezeichnet die Gesamtheit städtischer Entwicklungsprozesse. Diese können vom Flächenwachstum über die interne Umstrukturierung bis hin zu Funktionszuwächsen sowie Schrumpfungen reichen.

städtische Wärmeinsel/städtischer Wärmeinseleffekt: Phänomen des Stadtklimas, gekennzeichnet durch im Vergleich zum ländlichen Umland höhere Lufttemperaturen in städtischen Ballungsräumen in Bodennähe; die Intensität des Effekts ist abhängig von der Größe der Stadt, der Stadtstruktur, topografischen und klimatischen Bedingungen.

Stadtklima: lokales Klima, das sich in größeren Städten und Ballungsräumen entwickelt; die fehlende Vegetation, die Versiegelung großer Flächen und die Wärme- und Abgaserzeugung aus Haushalten, Verkehr und Industrie bewirken spürbare klimatische Unterschiede zur umgebenden Landschaft.

Standortfaktoren: Bedingungen, die für die Standortwahl eines Unternehmens maßgebend sind: z.B. Rohstoffquellen, Energieversorgung, Arbeitskräftepotenzial, Lohnkosten, Infrastruktur, Steuerbelastungen, Absatz- und Beschaffungsmarktnähe, Investitionsförderung (harte Standortfaktoren); Bedingungen, die sich nicht unmittelbar im Unternehmenskalkül niederschlagen, werden als weiche Standortfaktoren bezeichnet (z.B. Kultur- und Freizeitangebote, Wohnraumangebot, Image der Region).

Steilküste: Küstenform, die steil zum → Meer abfällt und sich in die Schorre, den Strand (teilweise mit Gesteinsbrocken) und das → Kliff gliedern lässt; durch die Brandung wird das Kliff am Fuße ausgehöhlt und allmählich zurückverlegt.

Steppe: Gebiet mit einer überwiegend baumlosen, aus Gräsern und Kräutern bestehenden Vegetation; durch das vorherrschende kontinentale Klima wird die Vegetationszeit im Zuge der Winterkälte und Sommerdürre mehrmals unterbrochen; an diese Bedingungen sind Gräser besonders gut angepasst; in der Gemäßigten Zone bilden Steppen die Übergangszone zwischen den → sommergrünen Laub- und Mischwäldern und den → Wüsten.

Stoffkreisläufe: in Ökosystemen auf globaler, regionaler oder lokaler Ebene ablaufende kreislaufförmige Stoffbewegungen chemischer Verbindungen, die mit Auf- und Abbauprozessen verbunden sind, (z.B. → Wasserkreislauf, Nährstoffkreislauf, → Kohlenstoffkreislauf).

Strahlstrom: → Jetstream

Strahlungshaushalt: Differenz aller auf einer Fläche eintreffenden und abgehenden Energien; für die Erdoberfläche müssen die Prozesse Absorption, Reemission, Reflexion und Streuung berücksichtigt werden, die Erdoberfläche empfängt (absorbiert) nur 49% der Sonneneinstrahlung, der Rest wird reflektiert, genau diesen Prozentsatz verliert sie wieder durch Ausstrahlung (Reemission), → Konvektion und Verdunstung an die → Atmosphäre; diese absorbiert 20% der solaren Strahlung, der Rest wird reflektiert und erhält die oben genannten 49% langwelliger Strahlung von der Erdoberfläche; die Summe (69%) gibt sie wieder an die Atmosphäre ab (Reemission). Erdoberfläche und Erdatmosphäre zusammen nehmen also 69% der Solarstrahlung auf und geben diese zu 69% auch wieder an den Weltraum ab, die restlichen ca. 30% der Solartrahlung werden reflektiert.

Subduktion: Begriff aus der → Plattentektonik; Untertauchen und teilweises Einschmelzen einer Platte beim Zusammenstoß von zwei Platten, verbunden mit Erdbeben und Vulkanismus.

subtropische Hartlaubgewäche: in subtropischen Winterregengebieten mit mediterranem Klima wachsende immergrüne Pflanzen mit lederartigen, harten und oft sehr kleinen Blättern und einem großen Wurzelsystem, die an periodische Trockenzeiten angepasst sind (z.B. Lorbeer, Korkeiche, Steineiche, Oliven, Rosmarin); sie wachsen vor allem in mediterranen Hartlaubwäldern und Gebüschformationen (Macchie).

Suburbanisierung: flächenhaftes Wachstum der Städte am Stadtrand, vor allem durch Abwanderung der Wohnbevölkerung aus dem inneren Stadtgebiet, häufig über die Stadtgrenzen hinaus ins nahe Umland; der Bevölkerung folgen vielfach Industriebetriebe (Industriesuburbanisierung) sowie Handel und Dienstleistungsbetriebe (tertiäre Suburbanisierung).
Süßwasser: Teil des auf der Erde frei verfügbaren Wassers, in dem kein oder nur in geringstem Maße Salze gelöst sind.
Sustainable Development Goals (SDG): → Ziele nachhaltige Entwicklung
System Erde: Mit „sýstēma" bezeichneten die alten Griechen ein aus mehreren Einzelteilen zusammengesetztes Ganzes; dieses ist dabei nicht im Sinne der Summe aller Einzelteile zu verstehen, sondern vielmehr als ein interagierender Verbund von Teilsystemen, der eine aufgaben-, sinn- oder zweckgebundene Einheit bildet; das System Erde besteht aus einer Fülle von Teilsystemen, u.a. dem Klimasystem, dem ökologischen System, dem System → Boden, dem System → Meer oder den Systemen menschlicher Gesellschaften oder der Wirtschaft.

T

Talgletscher: längliche Gletscherform, die in Tälern langsam bergab fließt; charakteristische Gletscherform der Hochgebirge (z.B. Alpen, Himalaja).
Teilhabe, soziale: beschreibt die von finanziellen Mindestmöglichkeiten des Einzelnen abhängige Partizipation an gesellschaftlichen und kulturellen Ereignissen, etwa Vereine, Kino-, Theater-Opernbesuche, aber auch Schwimmbad- oder Restaurantbesuche.
Tertiärisierung: Reduzierung von Arbeitsplätzen des Sekundären Sektors und Wachstum der Arbeitsplätze im Tertiären Sektor.
Theorie der Plattentektonik: → Plattentektonik
Tiefdruckgebiet (Zyklone): Gebiet mit relativ (im Vergleich zur Umgebung) niedrigem Luftdruck; die Luftbewegung innerhalb eines Tiefdruckgebietes ist nach oben gerichtet, wodurch in den unteren Schichten Luft in das Tiefdruckgebiet einfließt; Gegenteil: → Hochdruckgebiet (Antizyklone).
Tiefseerinne: an die Subduktionszonen der Erdkruste gebundene schmale, lang gestreckte Tiefenstrukturen des Meeresbodens, die im Durchschnitt 40 km breit und 6 000 m tief sind.
Tipping Points (Kipp-Elemente, früher Kippschalter): bezeichnen das Erreichen von nicht konkret bekannten Schwellenwerten, ab denen Teilsysteme des Weltklimas irreversible Veränderungen erfahren oder gar kollabieren – mit massiv negativen Auswirkungen für die Lebensgrundlage der Menschen auf der Erde. Das Konzept der Kippschalter verdeutlicht vor allem die Tatsache, dass Veränderungen des Weltklimas oder seiner Teilsysteme nicht einer unendlichen linearen Veränderung unterliegen, sondern an einem gewissen Punkt zu deren Zusammenbruch führen.
Ton-Humus-Komplexe: Verbindungen von → Tonmineralen und Huminkolloiden; ihr Vorkommen bestimmt entscheidend die Fruchtbarkeit eines → Bodens; → Huminstoffe, → Tonminerale.
Tonminerale: Schichtsilikate mit großen spezifischen Oberflächen; sie besitzen die Fähigkeit Wassermoleküle und Ionen (Nährstoffe) zu binden und an die Pflanzenwurzeln abzugeben; deshalb haben sie für die → Bodenfruchtbarkeit eine große Bedeutung; → Huminstoffe.
Transformstörung: Störungszone an Plattengrenzen, die ozeanische oder kontinentale → Lithosphäre durchschneidet und einzelne Abschnitte von → Mittelozeanischen Rücken oder Subduktionszonen verbindet; die horizontalen Plattenbewegungen führen zur Seitenverschiebung.
Transpiration: Verdunstung von Wasser über die Vegetation, also die Oberflächen von Pflanzen; → Evaporation.
Treibhauseffekt: Unter dem natürlichen Treibhauseffekt versteht man die Fähigkeit der → Atmosphäre, die Energieverluste der Erdoberfläche durch Ausstrahlung zu kompensieren und so ein Auskühlen der Erde zu verhindern. Dabei wird die von der Erdoberfläche abgegebene langwellige Wärmestrahlung durch Wasserdampf oder Kohlenstoffdioxid als Gegenstrahlung zur Erde zurückgestrahlt. Wird dieser Mechanismus durch zusätzliche → Treibhausgase des Menschen verstärkt, spricht man vom anthropogenen Treibhauseffekt.
Treibhausgase: die Gase innerhalb der Atmosphäre, die einen Teil der von der Erdoberfläche ausgehenden Wärmestrahlung absorbieren und in alle Richtungen abstrahlen. Die Folge ist eine Erwärmung der Atmosphäre. Treibhausgase sind z.B. Wasserdampf, Kohlenstoffdioxid, Methan, Stickstoffoxid.
trockenadiabatisch: aufsteigende Luft kühlt sich zunächst trockenadiabatisch um 1 K je 100 m ab, nach Erreichen des → Taupunktes mit einsetzender Kondensation wird Wärme frei, wodurch sich die Abkühlung → feuchtadiabatisch verlangsamt.
Trogtal: Talform mit einem U-förmigen Querschnitt, muldenförmigem Talboden und steilen Trogwänden, die meist durch die Überformung eines ehemaligen → Kerbtals infolge starker Tiefen- und Seitenerosion durch Gletschereis, vor allem im Bereich ehemaliger → Talgletscher entstand.
tropischer Regenwald: Vegetationsform der immerfeuchten Tropen mit mehr als 2000 mm Niederschlag pro Jahr und gleichmäßig hoher Temperatur von 25 – 28 °C; ein Merkmal ist der große Artenreichtum (ca. 3 000 immergrüne Baumarten, Schling- und Kletterpflanzen) und ein üppiges Wachstum mit Baumriesen über 60 m Höhe; der Regenwald zeigt einen ausgeprägten Aufbau der Pflanzen in 4 – 5 Stockwerken (Stockwerkbau); er ist ein wichtiger Sauerstofflieferant und Klimaregulator der Erde.

Tundra: baumfreie bzw. baumarme niedrige Vegetation der Subpolargebiete.

U

Urbanisierung: häufig synonym verwendeter Begriff zu → Verstädterung; im engeren Sinne meint Urbanisierung die Ausbreitung städtischer Lebens- und Bauformen, Haushaltsstrukturen (z. B. Singles), Konsummuster und Wertvorstellungen in ehemals ländlichen Gebieten.

V

Vernetzung: die Vernetzung einzelner Teilbereiche des → Systems Erde, etwa der Prozesse der → Pedo- mit der → Bio- und der → Hydrosphäre zeigen vielfältige (gegenseitige) Abhängigkeiten und bedingen die zunehmende Komplexität des Gesamtsystems.
Versickerung: das Eindringen von → Niederschlag und Oberflächenwasser unter Einwirkung der Schwerkraft in den → Boden (Sickerwasser).
Versorgung: Bereitstellung benötigter Güter und Dienstleistungen.
Verstädterung: 1. Wachstum der Städte eines Staates hinsichtlich ihrer Einwohnerzahl und/oder Fläche;
2. Vermehrung der städtischen Siedlungen eines Landes;
3. Wachsen des Anteils der Stadtbevölkerung eines Landes.
Verwitterung: die an der Erdoberfläche ablaufende Veränderung, Zerstörung und Umwandlung von Gesteinen durch physikalische und chemische Prozesse (physikalische bzw. chemische Verwitterung), an der auch Lebewesen beteiligt sind.
Vulkanformen: Sie entstehen in Abhängigkeit von den Eigenschaften der Förderprodukte (flüssig,fest,gasförmig) und und den naturräumlichen Voraussetzungen.
Vulnerabilität: Grad der Gefährdung durch existenzbedrohende Ereignisse sowie das Fehlen von Reaktionsmöglichkeiten zur Folgeneindämmung

W

Walker-Zirkulation: ein parallel zum Äquator angeordnetes tropisches Zirkulationssystem: in Äquatornähe im Westpazifik steigt feuchtwarme Luft über warmem Oberflächenwasser auf, im östlichen tropischen Pazifik sinkt dagegen trockene und kühle Luft über dem kalten Oberflächenwasser des Humboldtstroms ab; es bilden sich ein → Hochdruckgebiet über dem Ostpazifik und ein → Tiefdruckgebiet über dem Westpazifik, sodass Luftmassen entlang des Äquators vom Ostpazifik über das → Meer zum Westpazifik strömen und in der Höhe in umgekehrter Richtung zurückströmen.
Warmfront: Grenzbereich zwischen kalten und warmen Luftmassen, wobei die Warmluft großflächig an der Kaltluft aufgleitet, sich abkühlt und es somit zu → Wolkenbildung und oft länger andauernden → Niederschlägen (Landregen) kommt; im Bereich einer → Zyklone bildet die Warmfront die Vorderseite des Warmluftsektors; → Kaltfront.
Wasserbedarf: die Menge an Wasser, die in Abhängigkeit von den konkreten Bedingungen zur Versorgung eines einzelnen Menschen, eines Gebietes, global oder auch zum Überleben von Tieren und Pflanzen benötigt wird; aufgrund des Bevölkerungswachstums steigt der globale Wasserbedarf stark an.
Wasserdargebot: die nutzbare Menge an → Süßwasser, die in einem bestimmten Gebiet innerhalb eines bestimmten Zeitraums aus dem natürlichen → Wasserkreislauf in Form von → Oberflächen- und → Grundwasser zur Verfügung steht.
Wassergewinnung: Gewinnung von Trink- und Brauchwasser aus verschiedenen Quellen (→ Grundwasser, → Oberflächenwasser aus Flüssen, Seen, Talsperren und → Meeren, Sickerwasser, Niederschlagswasser) mit unterschiedlicher Technik und Technologien (Entsalzung bei → Salzwasser, Pump- und Schöpfwerke, Brunnen, Quellen, Zisternen, Regentonnen); das gewonnene Rohwasser muss meist mit unterschiedlichem Aufwand aufbereitet werden.
Wasserhaushalt: Beziehungen zwischen Gesamtniederschlag, Abfluss und Verdunstung bei der Umsetzung des Wassers für die Erde oder einzelne Teilräume; im Durchschnitt mehrerer Jahre ist er ausgeglichen und kann mit der vereinfachten Wasserhaushaltsgleichung → Niederschlag (N) = Abfluss (A) + Verdunstung (V) für ein Gebiet quantitativ beschrieben werden; die Einteilung in arides und humides Klima beruht im Wesentlichen auf Unterschieden im Wasserhaushalt.
Wasserkreislauf: angetrieben durch die Sonnenenergie und die Wirkung der Schwerkraft, umfasst er den ständigen Transport von Wasser zwischen → Meeren, Landflächen und der → Atmosphäre; seine Hauptelemente sind → Niederschlag (N), Verdunstung (V) und Abfluss (A); da die Erde ein geschlossenes System darstellt, kann der globale Wasserkreislauf einfach mit der Gleichung N = V beschrieben werden; vereinfacht stellt sich der Wasserkreislauf so dar: Wasser verdunstet über den Ozeanen und wird von der Atmosphäre aufgenommen; mit Luftströmungen gelangt es über das Festland, wo es nach Kondensation infolge vertikaler Luftbewegungen als Niederschlag auf die Erde niedergeht; ein Teil des Niederschlagswassers verdunstet von der Landoberfläche (→ Evaporation) oder von der Oberfläche von Pflanzen (→ Transpiration); ein anderer Teil des Niederschlagswassers versickert in den Boden (Infiltration) oder in tiefere Gesteinsschichten (Perkolation), wo er in den Grundwasserkörper eingeht; ein weiterer Teil des Niederschlagswassers fließt über ober- und unterirdische Wasserläufe den Ozeanen bzw. abflusslosen Senken an der Erdoberfläche zu (Seen); ein restlicher Teil des Niederschlagswassers wird an der Oberfläche von Pflanzen gespeichert (Interzeption).

Wasserqualität: Bezeichnung für die Nutzbarkeit von Wasser für menschliche oder natürliche Zwecke und Prozesse; Kriterien ergeben sich aus den Anforderungen der jeweiligen Nutzung (z. B. Trinkwasser, Bewässerung).
Wasserverbrauch: die für den menschlichen Gebrauch (u. a. Trinkwasser, Körperpflege, Haushalt, Landwirtschaft, Industrie, Gewerbe) verwendete Wassermenge; sie steigt mit wachsender Bevölkerung, der Entwicklung der Industrie und zunehmender Bewässerung in der Landwirtschaft.
Wasserverfügbarkeit: 1. das den Menschen zur Verfügung stehende Wasser hängt sowohl von den Wasserressourcen als auch vom Wasserverbrauch ab, Einflussfaktoren sind u. a. der Klimawandel, Bevölkerungswachstum, wirtschaftliche Entwicklung, Verstädterung, Landnutzung;
2. Bezeichnung für die Anzahl der Tage mit optimaler Wasserversorgung während der Wachstumsperiode der Pflanzen, sie wirkt sich bei Nutzpflanzen stark auf deren Ertrag aus.
Wattenküste: küstennaher Teil eines unter starkem Gezeiteneinfluss stehenden → Meeres, von dem große Flächen bei Ebbe trockenfallen und bei Flut vollständig überspült werden.
Weltbevölkerung: die zu einem bestimmten oder prognostizierten Zeitpunkt auf der Erde lebende Anzahl von Menschen.
Welthandel: der gesamte über die Ländergrenzen hinausgehende Außenhandel (Export und Import) von Waren, Dienstleistungen und Kapital aller Staaten der Erde.
Wetter: das Zusammenwirken von Temperatur, Luftdruck, Bewölkung, Windrichtung und Windstärke sowie → Niederschlag zu einem bestimmten Zeitpunkt und an einem bestimmten Ort; es beschreibt also einen augenblicklichen Zustand der Lufthülle der Erde.
Wildpflanze: im Gegensatz zur → Kulturpflanze ohne Hilfe durch den Menschen in der Natur wachsende Pflanze, die sich im Ergebnis der Evolution an ihre Umweltbedingungen angepasst hat.
Wind: Ausgleichsströmung der Luft zwischen Gebieten unterschiedlichen Luftdrucks; die Luft strömt immer vom hohen zum niedrigen Luftdruck; die Himmelsrichtung, aus der der Wind weht, bestimmt seinen Namen: Südwind weht von Süden nach Norden.
Witterung: das allgemeine, durchschnittliche oder vorherrschende → Wetter über einen bestimmten Zeitraum (von mehreren Tagen bis zu einer Jahreszeit) bezogen auf einen bestimmten Ort oder ein bestimmtes Gebiet.
Wolkenbildung: die Entstehung von Wolken durch Kondensation von Wasserdampf und die Bildung von Wassertröpfchen nach Übersättigung der Luft infolge von Abkühlung; diese kann erfolgen durch Aufsteigen der Luft (→ Konvektion) oder durch Aufgleitvorgänge unterschiedlich temperierter Luftmassen (→ Advektion).
Wolkentypen (Wolkenformen): Wolken werden nach Höhenlage in vier Wolkenfamilien (hohe, mittlere, tiefe Wolken, Wolken mit starkem vertikalen Aufbau) klassifiziert, die sich nach verschiedenen Merkmalen in zehn Wolkengattungen und diese in weitere Wolkenarten und -unterarten unterteilen lassen.
Wüste: Gebiet, in dem aufgrund großer Trockenheit (Trockenwüste) oder geringer Temperaturen (Kälte- oder Eiswüste) von Natur aus nur spärliches Pflanzenwachstum möglich ist; auf der Erde sind Trockenwüsten in den Tropen (z. B. Sahara) und Außertropen (z. B. Gobi) verbreitet, Kältewüsten in den Hochgebirgen und den Polargebieten; in Trockengebieten unterscheidet man nach der Oberflächenbeschaffenheit Felswüste (Hamada), Kieswüste (Serir) und Sandwüste (Erg) und hinsichtlich ihrer Entstehung die Wüstentypen Wendekreis-, Binnen- und → Küstenwüsten; die höchste Temperatur der Erde wurde in der Sahara mit 57,7 °C gemessen; nachts kann es in der Wüste aber auch sehr kalt werden.

Z

Zentralität: Stadt oder Gebiet kann für eine größere Raumeinheit einen Mittelpunkt im Hinblick auf Arbeitsplätze, Einkaufsmöglichkeiten, Dienstleistungen und sonstige Angebote darstellen.
Ziele für eine nachhaltige Entwicklung/Sustainable Development Goals (SDGs): beschreiben den für das Jahr 2030 angestrebten Entwicklungsstand der Welt. Die Ziele für eine nachhaltige Entwicklung sind der Kern der → „Agenda 2030". Sie beschreiben die Entwicklungsdimensionen der Weltgesellschaft bis zum Jahr 2030. Die SDGs werden durch insgesamt 169 „Targets" konkretisiert.
Zukunftsorientierung: zentrale Betrachtungs- und Problemlösungsperspektive der Geographie in allen Fragen der Raumplanung und Raumgestaltung mit dem Ziel einen aktiven Beitrag zum Erhalt unserer Einen Welt zu leisten.
Zuordnungswissenschaft: Diese hat das Ziel, die Ursachen von Extremwetterereignissen zu klären. Sie vergleicht mögliches Wetter heute mit möglichem Wetter in einer Welt, wie sie ohne menschengemachten Klimawandel gewesen wäre. Dafür rekonstruieren die Forscher den Ablauf eines Extremwetterereignisses, indem sie ausgewerteten Wetterdaten Wettersimulationen aus komplexen Klima- und Wettermodellen gegenüberstellen.
Zwei-Grad-Ziel: die maximale Zunahme der → globalen Durchschnittstemperatur, deren Folgen noch als beherrschbar gelten; die aus einem Anstieg über 2 °C erwachsenen Konsequenzen werden von Wissenschaftlern als nicht mehr beherrschbar eingeschätzt, da damit tiefgreifende Veränderungen bis hin zum Kollaps von Teilsystemen des Weltklimas einhergehen würden.
Zyklone: Bezeichnung für dynamische → Tiefdruckgebiete, die an der planetarischen Frontalzone entstehen, sich in Europa mit der Westwinddrift nach Osten verlagern und das Wettergeschehen maßgeblich beeinflussen.

Sachregister

Alle **fett** gedruckten Begriffe sind als „Wichtige Begriffe" im Glossar dieses Arbeitsanhangs definiert.

Lösungshilfen

2 System Erde

Seite 21, Aufgabe 4
Verschaffen Sie sich zunächst einen Überblick über die in der Grafik dargestellten Geosphären und skizzieren Sie diese auf einem Blatt. Überlegen Sie sodann, welche Verbindungen, Prozesse und wechselseitigen Beziehungen zwischen diesen Sphären bestehen.

Seite 29, Aufgabe 3
Rufen Sie sich zuerst Ihr Arbeitsergebnis der Bearbeitung von Frage 4, Seite 17 in Erinnerung. Dabei standen bereits die zwischen den Sphären bestehenden Verknüpfungen und Prozesse im Fokus. Konzentrieren Sie sich erneut auf diese Verknüpfungen und benennen Sie die dominanten geo-biochemischen Prozesse zwischen den Geosphären.

Seite 37, Aufgabe 3
Lesen Sie den Text M5 zunächst gründlich durch. Notieren Sie sich sodann zentrale Begriffe und Gedanken. Lesen Sie den Text nochmals und ergänzen bzw. korrigieren Sie Ihre Notizen. Ermitteln Sie nun auf der Grundlage Ihrer Notizen den zentralen Gedanken des Anthropozän-Konzepts.

Seite 39, Aufgabe 4
Vergegenwärtigen Sie sich zunächst den mit dem Operator „bewerten" verbundenen Arbeitsauftrag. Danach legen Sie dar, aus welcher Perspektive und aufgrund welcher Werte Sie sich dieser Aufgabe stellen. Fühlen Sie sich z. B. einer religiös ausgerichteten Werteorientierung verpflichtet, werden Sie mit Blick auf die in der Debatte um den Anthropozän-Ansatz angebrachten Vorwürfe der menschlichen Anmaßung gegenüber der göttlichen Schöpfung anders bewerten, als wenn Sie sich aus einer primär naturwissenschaftlichen Perspektive der Aufgabe nähern. Klären Sie daher zunächst Ihre grundsätzliche Haltung und reflektieren Sie aus dieser Perspektive den hier zu bewertenden Anthropozän-Ansatz.

3 Formen und Prozesse der Lithosphäre

Seite 49, Aufgabe 4
Beginnen Sie mit der Beschreibung des Borlochverlaufes (M4), sowohl in Bezug der Neigungskorrekturen als auch der Abweichungen von der Senkrechten. Analysieren Sie dann den Text (M3) und fertigen Sie eine Tabelle an. Im Text finden Sie vier neue Erkenntnisse, die durch das Kontinentale Tiefbohrprojekt gewonnen wurden. Finden Sie jeweils eine Kurzbeschreibung für die Erkenntnis und formulieren Sie das Wesentliche dieser. Die erste Erkenntnis könnte man mit „Schnelle Temperaturzunahme" beschreiben.

Seite 51, Karte 4
Beschreiben Sie in einem ersten Schritt die Lage Zealandias in Bezug zum australischen Kontinent und der Indisch-Australischen und Pazifischen Platte. Nutzen Sie dafür geeignete Atlaskarten. Arbeiten Sie dann mit der Legende und beschreiben Sie den Verlauf und die Art der Plattengrenze. Mithilfe des Mineralienatlasses (www.mineralienatlas.de/) können Sie die Gesteine, welche unter anderem als Beleg für die Theorie des 8. Kontinentes herangezogen werden, einordnen.

Seite 55, M16
Verschaffen sie sich zunächst einen Überblick über den Plattentektonischen Zyklus nach Wilson. Achten sie dabei besonders auf das Grabenbruchstadium. Mit Hilfe einer tektonischen Karte (Atlas) ordnen Sie die in M16 dargestellte Situation Afrikas begründet in den Zyklus ein. Analysieren sie die Bewegung von Teilen der afrikanischen Lithosphäre unter Beachtung der Westafrikanischen, Zentralafrikanischen und Ostafrikanischen Rifts.

Seite 57, Aufgabe 3
Wiederholen Sie ihr Wissen über die „Seafloor-Spreading"-Hypothese aus der Klassenstufe 10. Beschreiben Sie mit Hilfe der Grafik aus M24 das paläomagnetische Streifenmuster und klären Sie die Begriffe normale und inverse Magnetisierung. Stellen Sie den Erkenntnisgewinn, der sich aus dem Wissen über das paläomagnetische Streifenmuster ergibt, dar.

Seite 58, Aufgabe 7
Beschreiben Sie den Vorgang der Subduktion. Betrachten Sie dann den Rand der Plattengrenze genauer und definieren Sie den Begriff Akkretionskeil (M25). Analysieren Sie das Material M26, und erklären Sie das Auftreten von Akkretionskeilen.

Seite 61, Aufgabe 10 und Grafik 32
Suchen sie zuerst die Gemeinsamkeiten zu den Vorstellungen zur Plattentektonik und Struktur des Erdmantels mit und ohne Plumes heraus. Nutzen sie dafür die Grafik 32. Finden sie dann Vergleichskriterien, wie zum Beispiel der Aufbau des Erdmantels oder die Antriebskräfte, welche es Ihnen ermöglicht, einen Vergleich anzustellen. Notieren Sie die Ergebnisse in Form einer Tabelle.

Seite 62, Aufgabe 2
Definieren Sie den Begriff Magnitude (https://www.geothermie.de/bibliothek/lexikon-der-geothermie/m/magnitude.html). Ermitteln Sie dann in der Aufgabe a) für ausgewählte Magnitudenwerte die Energiemenge, die dabei freigesetzt wird (M2). Mithilfe von Tabelle 4 können Sie die Aufgabe b) lösen, indem Sie den Zusammenhang zwischen Magnitude, Intensität und Erdbebenfolgen erläutern.

Seite 65, Aufgabe 6

Zur Lösung der Aufgabe benötigen sie die Ergebnisse der Aufgabe 5 und Karte (M6). Stellen Sie in einem ersten Schritt einen Zusammenhang zwischen den Plattenbewegungen, den entsprechenden Plattengrenzen und dem Auftreten von Erdbeben her. In dem zweiten Schritt erläutern sie diesen Zusammenhang mithilfe von Text M7.

Seite 67, Aufgabe 10
Beginen Sie die Lösung der Aufgabe mit der Beschreibung der Magmenproduktionsrate in Grafik (M13). Voraussetzung dafür ist das Verständnis über den Zusammenhang von

Temperatur, Druck und Wasser bei der Entstehung von Basaltmagma (M11) Zum besseren Verständnis dieser Grafik beachten Sie das Ablesebeispiel. Im Anschluss analysieren Sie den Text (M14) und stellen in einer Tabelle die Magmenbildung an Mittelozeanischen Rücken und in Subduktionszonen gegenüber.

Seite 69, Aufgabe 4
Beschreiben Sie die Lagerstättensituation von konventionellem und nichtkonventionellem Erdöl mithilfe der Grafik M2. Beachten Sie dabei vor allem die Lagerung und die umgebenden Schichten. Achten sie bei der Analyse des Textes vor allem auf die Konsistenz und die Form (gebunden oder nicht gebunden), in welcher das Erdöl vorkommen kann.

Seite 70, Aufgabe 6
Untersuchen Sie den Zusammenhang zwischen den Lagerstättenbedingungen und der Kohlequalität (M4). Achten Sie dabei besonders auf die Einflussfaktoren, welche den Inkohlungsprozess beeinflussen können.

Seite 72, Grafik 1
Beschreiben Sie in einem ersten Schritt die stofflichen und energetischen Wechselwirkungen zwischen der Biosphäre, der Geosphäre und der solaren Beeinflussung auf die natürliche Umwelt (linker Teil der Grafik M1). Erläutern Sie dann die Wirkungen innerhalb des anthropogenen Stoffwechselkreislaufes zwischen Produktion, Nutzung, Verwertung und Wiederaufbereitung. Im letzten Schritt prüfen Sie die Wechselwirkungen zwischen der natürlichen Umwelt und der Anthroposhäre.

4 Formen und Prozesse der Reliefsphäre

Seite 81, Aufgabe 3
Identifizieren Sie zunächst die einzelnen Geofaktoren und ordnen Sie diese so an, dass sie der naturräumlichen Wirklichkeit entsprechen, also die Geofaktoren der Atmosphäre oben, die der Lithosphäre unten, usw. Drücken Sie die Wirkung der Geofaktoren auf die Landschaft in Gestalt von Pfeilen aus.

Seite 83, Aufgabe 2
Analysieren Sie anhand der Materialien die Schnittmengen im Wirkgefüge von Gesellschaft und Naturraum. Arbeiten Sie zunächst ökologische, ökonomische und soziale Veränderungen im jeweiligen historischen Kontext heraus (M2 und M5). Beachten Sie dabei, wie sich diese auf natürliche Energie- und Stoffkreisläufe auswirken.

Seite 89, Aufgabe 4
Lokalisieren Sie die Orte zunächst auf einer Weltkarte. Ziehen Sie sodann eine Klimakarte heran, anhand derer Sie die vorherrschenden thermischen und niederschlagsbezogen Informationen der Orte ermitteln können. Überlegen Sie dann, welche klimatischen Verhältnisse, welche Verwitterungsprozesse besonders begünstigen.

Seite 95, Aufgabe 10
Suchen Sie zunächst eine geologische Karte Deutschlands. Ziehen Sie dazu den Atlas oder das Internet heran. Identifizieren Sie nun mithilfe der Legende mindestens drei Vulkanlandschaften in Deutschland und benennen Sie diese. Führen Sie Ihre Internetrecherche nun mit den konkreten Landschaftsnamen fort und tragen Sie grundlegende Informationen über die Entstehungszeit und die aktive Phase der einzelnen Landschaften, ihre geologischen Besonderheiten und Erscheinungsformen zusammen.

Seite 97, Aufgabe 4
Nutzen Sie zur Beantwortung dieser Frage einen Atlas. Identifizieren Sie in einer geeigneten topographischen Karte Flüsse, die etwa nur im Mittel- oder Hochgebirge oder aber nur im Flachland fließen. Überlegen Sie sodann die Konsequenzen dieser Verläufe auf das Längsprofil des untersuchten Flusses.
Alternativ können Sie auch das Geo-Tool „Profillinien ziehen" des GEOPORTALS am Landesmedienzentrum nutzen und sich das Profil des Flussverlaufs oder von mehreren Abschnitten des Flussverlaufs erstellen und auswerten.

Seite 101, Aufgabe 3
Starten Sie Ihre Darstellung zunächst mit einer Beschreibung der Karte M4. Nutzen Sie hierfür auch die Grundbegriffe (M5). Nutzen Sie überdies die Materialien M16 – M18 auf Seite 105. Ermitteln Sie darüber hinaus wichtige ökonomische Aspekte (z. B. Tourismus), aber auch durchgeführte Küstenschutzmaßnahmen (z. B. Sandvorspülung) auf Basis einer ergänzenden Internetrecherche.

Seite 109, Aufgabe 17
Vielfach wird der klimawandelbedingte Meeresspiegelanstieg als alleiniger Sündenbock für die Probleme Bangladeschs dargestellt. Dieser Ansatz greift jedoch zu kurz. Beziehen Sie in Ihre Argumentation die Materialien 25 und 28 sowie die Texte der Doppelseite ein.

Seite 111, Aufgabe 4
M6: Gegen Ende des 20. Jahrhunderts wuchsen vor allem Gletscher in Norwegen, Neuseeland und Island. Wichtige Aspekte zur Bewertung sind: veränderte Niederschläge im Nährgebiet und die besondere Höhenlage einiger Gletscher (klimawandelbedingt fällt mancherorts sogar mehr Niederschlag in Form von Schnee …).

Seite 115, Aufgabe 8
Sehen Sie sich zunächst die Legende an und suchen Sie die entsprechenden Farb- und Formsignaturen in der Karte. Überlegen Sie sodann die Herkunft bzw. die Ausbreitungsrichtung des Inlandseises. Aktivieren Sie nun Ihr Wissen über die „Glaziale Serie". Erläutern Sie anschließend von Norden nach Süden vorgehend die quartäre Landschaftsgliederung Norddeutschlands.

Seite 119, Aufgabe 3
Beginnen Sie Ihre Informationssuche mit einer vergleichenden Auswertung der Formen, die in M1 und M6 gezeigt werden. Beziehen Sie in Ihre Tabelle auch die jeweiligen, im Text erläuterten, klimatischen Besonderheiten (unter Berücksichtigung des CO_2-Haushalts) ein.

Seite 125, Aufgabe 3
Beginnen Sie die Interpretation der Karte (M3) mit einer detaillierten Beschreibung, ausgehend von der Legende und der jeweiligen Verteilung der Farbsignaturen. Informationen zur Lage der jeweiligen Gesteine liefert der Text auf Seite 124. Beziehen Sie diese auf das Kartenblatt (räumliche Verortung).

Seite 129, Aufgabe 4
Verschaffen Sie sich zunächst einen Überblick über die Georisiken (Randspalte und Text auf Seite 128). Folgende Aspekte können bei der Lösung der Aufgabe helfen: Lage von Siedlungen und Verkehrswegen, vorhandene Schutzmaßnahmen, geplante Anpassungsstrategien, klimatische und geologische Situation. Die weiterführende Aufgabe 2 auf Seite 133 regt dazu an, die identifizierten Georisiken mit den spezifischen Besonderheiten in Ihrer Region zu verknüpfen.

5 Prozesse in der Atmosphäre

Seite 141, Aufgabe 1
Analysieren Sie zunächst die Materialien auf Aspekte und Prozesse, die für den Menschen relevant sein können: Zusammensetzung der Atmosphäre, Schichtung der Atmosphäre, Luftdruck und Luftdichte, Strahlungsabsorption. Ordnen Sie dann davon ausgehend die zusammengetragenen Informationen in einer Mindmap an.

Seite 143, Aufgabe 5
Starten Sie mit Strahlung, die von der Sonne kommt, und beschreiben Sie, was in der Atmosphäre und was an der Erdoberfläche passiert. Berechnen Sie jeweils für die Erdoberfläche, die Atmosphäre und den Weltraum die Strahlungsbilanz.

Seite 147, Aufgabe 3
Verwenden Sie für Ihre Antwort die Abbildungen 3, 5 und 6 auf Seite 115. Ausgangspunkt für Ihre Überlegungen ist die Beschreibung der Passate (trade winds) in Abbildung 3 und ihre Ablenkung. Für die Erklärung verwenden Sie dann Abbildung 6 und Textbaustein 5.

Seite 151, Aufgabe 5
Für Ihre Beschreibung verwenden Sie die Abbildungen 7 und 9 auf Seite 120 sowie den Text auf Seite 120. Fertigen Sie eine Tabelle mit drei Zeilen für starke Erwärmung, horizontale Verfrachtung von Warmluft und dynamische Tiefdruckgebiete an. In zwei Spalten können Sie dann den jeweiligen Vorgang in Stichworten beschreiben und die jeweilige Ursache nennen.

Seite 153, Aufgabe 8
Informationen zu den thermischen Luftdrucksystemen finden Sie auf Seite 114. Zum Vergleich bieten sich folgende Aspekte an: Beschreibung der jeweiligen Luftdruckverhältnisse am Boden und in der Höhe, Luftbewegungen im jeweiligen System, Ursache der jeweiligen Systeme.

Seite 157, Aufgabe 4
Um diese Aufgabe lösen zu können, müssen Sie den Luftmassenaufstieg unter trocken- und feuchtadiabatischen Bedingungen (Seite 119, 5) anwenden und berücksichtigen, dass der Luftmassenabstieg unter trockenadiabatischen Bedingungen stattfindet.

Seite 161, Aufgabe 4
Aus den Materialien lassen sich folgende Aussagen zum Monsun herausarbeiten und damit der Monsun charakterisieren: Vorherrschende Windrichtungen über dem indischen Subkontinent im Sommer- und im Winterhalbjahr, dazu jeweils eine dreidimensionale Darstellung der Luftdrucksituation und des damit verbunden Zirkulationsmusters sowie das Klima mit Niederschlag- und Temperaturverlauf, Anzahl der monatlichen Regentage und Sonnenstunden.

Seite 163, Aufgabe 4
Für den Vergleich sollten Sie folgende Aspekte berücksichtigen: Druckverhältnisse, Luftströmungen, Niederschlag, Zirkulation im Meer mit warmem bzw. kaltem Wasser.

Seite 167, Aufgabe 2
Die Abbildungen 3–6 stellen unterschiedliche Aspekte des Klimas der Hochgebirge dar. Analysieren Sie zunächst jedes Material unter der Leitfrage: Welche Besonderheiten des Klimas der Hochgebirge werden hier deutlich? Welche Unterschiede gibt es in verschiedenen Regionen?

6 Prozesse in der Hydrosphäre

Seite 177, Aufgabe 1
Die Abbildung 4 zeigt neben den Zustandsformen von Wasser ein idealisiertes Abbild der Erdoberfläche und damit die Sphären, in denen Wasser vorkommt. Wenn Sie davon ausgehend die einzelnen Sphären benennen, können Sie damit Verbindungen zwischen den Sphären herstellen und den Wasserkreislauf sowie Teilkreisläufe beschreiben.

Seite 179, Aufgabe 8
Als Grundlage für Ihre Recherchen kann zum Beispiel die Abbildung 10 dienen: Hier werden anthropogene Einflüsse auf den Wasserkreislauf deutlich, zum Beispiel durch Wasserentnahmen, landwirtschaftliche Nutzung oder Veränderung von Gewässern.

Seite 181, Aufgabe 3
Die Abbildung 4 zeigt unterschiedliche Wirtschaftssektoren und ihren Frischwasserbedarf. Dies lässt sich mit Niederschlags- und Verdunstungskarten vergleichen und diese Aussage lässt sich damit an regionalen Beispielen überprüfen.

Seite 183, Aufgabe 10
Analysieren Sie die Materialien auf dieser Doppelseite auf Vor- und Nachteile von Großstaudammprojekten. Das Wirkungsgeflecht könnte dann die Vor- und Nachteile unter dem Aspekt der Nachhaltigkeit darstellen.

Seite 185, Aufgabe 12
Die Aufgabe bezieht sich auf die Veränderungen des Wasserhaushalts in Süddeutschland durch den Klimawandel. Ausgehend von Karten können Sie in einer Übersicht die Auswirkungen in Ihrem Heimatraum darstellen.

7 Wirkungszusammenhänge in der Biosphäre

Seite 197, Aufgabe 1
In Ihrer Antwort sollten Sie folgende Dimensionen berücksichtigen: Die Bedeutung für verschiedene Artengruppen, die zeitliche Dimension, die Auswirkungen auf die Lebensqualität von Menschen.

Seite 199, Aufgabe 3
Anhand eines konkreten Beispiels (Straßenbaum, Zimmerpflanze o.a.) können sie anhand von M6 die Wirkung von Standortfaktoren verdeutlichen, zum Beispiel die Wirkung von Licht, Temperatur oder Niederschlag.

Seite 200, Aufgabe 2
Die Abbildung 2 zeigt für die Vegetationszonen der Erde entlang 15° östlicher Länge die Dauer der Vegetationsperiode, die mittlere relative Luftfeuchte, das Jahresmittel der Lufttemperatur, den jährlichen Niederschlag und die jährliche potenzielle Verdunstung. So ist zum Beispiel in der Wüste das Jahresmittel der Temperatur hoch. Damit erhöht sich die potenzielle Verdunstung. Da auch der Niederschlag gering ist und damit die Vegetation sehr eingeschränkt, wird die potenzielle Verdunstung auf weitgehend vegetationslosen Flächen nochmals gesteigert. Fehlende Vegetation und Niederschlag begrenzen die chemische Verwitterung, sodass skelettartige Wüstenböden ohne große Humusschicht entstehen.

Seite 203, Aufgabe 2
Analysieren Sie in einem ersten Schritt den Syndromkern des Raubsyndroms (M4). Wenden Sie dies dann auf die Degradation des mediterranen Hartlaubwaldes (M5) und in Teilen M6 an.

Seite 205, Aufgabe 3
Für Ihre Antwort ist es hilfreich, die Ergebnisse aus den Aufgaben 1 und 2 zu verwenden und daraus potenzielle landwirtschaftliche Nutzungsmöglichkeiten abzuleiten. Unterstützend sind dabei die Abbildung 1, 3 und 4.

Seite 207, Aufgabe 5
Sammeln Sie zunächst in einer Übersicht mögliche Veränderungen durch den Klimawandel (zum Beispiel Veränderungen des Niederschlags, mehr Stürme …) und stellen Sie dann die Auswirkungen auf die Mangroven sowie mögliche Rückkopplungen dar.

8 Prozesse in der Pedosphäre

Seite 217, Aufgabe 1
Erstellen sie zunächst eine Liste der Geofaktoren. Ausgehend von dieser Liste verwenden sie die Abbildung 2 und ordnen den Geofaktoren Auswirkungen auf den Boden und die bodenbildenden Prozesse zu. Danach können Sie die Auswirkungen der einzelnen Geofaktoren auf den Boden als Ursache und die daraus resultierenden Auswirkungen in einem Wirkungsgefüge darstellen.

Seite 217, Aufgabe 3
Die Abbildung M2 auf Seite 216 zeigt das Schema der die Bodenbildung beeinflussenden Faktoren. Ermitteln Sie zunächst die Bedeutung der Vegetation, insbesondere des Waldes, im Zusammenhang mit der Bodenbildung. Berücksichtigen bei der Beurteilung unter anderem die im Text genannten Aspekte Feuchtigkeitshaushalt, Erosion, Durchwurzelung und Humusbildung.

Seite 221, Aufgabe 7
Der Operator „beschreiben" verlangt von Ihnen, einen oder mehrere Sachverhalte schlüssig wiederzugeben. Für Ihre Antwort dient als Grundlage die Abbildung 14. In diesem Diagramm wird mit unterschiedlich dicken Balken für verschiedene pH-Werte (stark, sauer, sauer, neutral und alkalisch) die Wirkung auf bodenbildende Prozesse und auf das Wachstum bestimmter Pflanzen angezeigt. Ihre Aufgabe besteht nun darin, diese Tabelle zu verschriftlichen. Beispiel: Einen besonders großen Einfluss auf die chemische Verwitterung hat ein niedriger pH-Wert (stark sauer). Oder: Gerste wächst besonders gut, wenn der pH-Wert im neutralen Bereich ist.

Seite 224, Aufgabe 3
Die Aufgabe bezieht sich auf die etwas komplexere Darstellung in M5: Bodencatena vom Oberrheingraben über den Schwarzwald bis zur Baar. Im oberen Teil der Abbildung finden Sie die klimatischen Daten für dieses Profil. Im unteren Teil ist die Veränderung der Feuchte und die Ausgangsgesteine entlang des Profils eingetragen. Charakterisieren Sie zunächst die Lage der einzelnen Bodentypen und ordnen Sie den einzelnen Bodentypen dann jeweils die klimatischen Werte sowie die Aussagen über Feuchte und Ausgangsgestein zu. Vergleichen Sie dann die notwendigen Bedingungen für die Herausbildung der jeweiligen Bodentypen mit den mit den dort vorherrschenden Bedingungen und Sie haben die Erklärung.

Seite 229, Aufgabe 5
Beschreiben Sie zunächst die Fotos M6 und M7. Sie zeigen eindrücklich die Folgen der unangepassten Landnutzung. Dem Text M8 können Sie die grundlegenden Merkmale des Landnutzungswandels in den Great Plains entnehmen. Gehen Sie bei der Charakterisierung chronologisch vor. Folgende Fragen helfen Ihnen bei der Strukturierung Ihres Antworttexts: Wann trat welche Veränderung durch wen ein? Welche Folgen ergaben sich aus den Veränderungen für die Böden, die Landwirtschaft, das Relief, die Bevölkerung?

Seite 233, Aufgabe 4
Die Materialien dieser Doppelseite beschreiben und erklären einzelne Beispiele und Anwendungsfelder des Smart Farming (Drohneneinsatz, Sensoren, Roboter etc). Stellen Sie diese zusammen und beschreiben Sie die jeweiligen Anwendungsbereiche.

9 Entwicklungen in der Anthroposphäre: Weltbevölkerung und Migration

Seiten 240/241, Diagramm 3, Aufgabe 1
Stellen Sie sich vor, in M3 würde die x-Achse etwa um die Hälfte verkürzt. Die Weltbevölkerungskurve würde dann entsprechend steiler verlaufen. Das könnte den Eindruck einer „Bevölkerungsexplosion" erzeugen. Die Art der Darstellung sagt also auch etwas aus über die Intentionen des jeweiligen Autors.

Seiten 242/243, Tabellen 3 und 6
Die „Kaufkraftparität" (KKP in US-$) wird von internationalen Organisationen (z. B. Weltbank) empirisch für internationale Einkommensvergleiche ermittelt. Um das Einkommen von Personen aus Staaten mit unterschiedlichen Währungen vergleichen zu können, wird die Kaufkraft des Dollar in die jeweilige Währung umgerechnet. Die Einkommen pro Einwohner in den beiden Tabellen für Deutschland und Uganda sind also „kaufkraftbereinigt" (englisch: „purchasing power parity" = PPP).

Seite 245, Aufgabe 3
Beispiele für die zum Teil begrenzte Aussagekraft der Bevölkerungsdichte auf den verschiedenen Maßstabsebenen finden sich im Text 3. Vor diesem Hintergrund ist die Darstellung in Grafik 5 entsprechend kritisch zu bewerten.

Seite 246, Grafik 3
Die y-Achse zeigt die Total Fertillity Rate an. Entlang einer gedachten Linie bei TFR 2,1 verläuft die Grenze zwischen den Ländern, in denen die Bevölkerung wächst bzw. stagniert oder schrumpft.

Seite 249, Aufgabe 3b)
Die Bewertung kann von der folgenden radikalen Schlussfolgerung aus der „Wealth-flow-Theorie" ausgehen: „Wenn meine Eltern so gedacht hätten", wenn sie also den Wunsch nach einem Kind wegen u. U. entgehender „Opportunitäten" verdrängt hätten, würde es mich nicht geben. Was hat meine Eltern bewogen, sich anders zu entscheiden?

Seite 251, Aufgabe 4
Bei der „demografischen Dividende" ist Folgendes zu beachten: Bei deutlich zurückgehenden Geburtenzahlen ergibt sich nach etwa einer Generation ein günstiges Bevölkerungsverhältnis zwischen Erwerbsfähigen und Nichterwerbsfähigen. Daraus erwächst aber nicht automatisch eine „Dividende". Die ergibt sich erst, wenn dem produktiven Teil der Bevölkerung auch entsprechende Ausbildungs- und Arbeitsplätze angeboten werden können. Das setzt langfristige, umfassende und sinnvolle Investitionen in allen Teilen der Gesellschaft und Wirtschaft voraus. Für die „demografische Dividende" gibt es also keine Garantie!

Seite 253, Aufgabe 12
Bei den positiven Folgen kann z. B. der Ressourcenverbrauch thematisiert werden. Zu denken ist auch an neue Nachfragestrukturen und Marktsegmente.

Seite 255, Grafik 4 und Aufgabe 5
Das Säulendiagramm zeigt die 10 Länder, wie weltweit pro 1 000 Einwohner die meisten Flüchtlinge aufnehmen. Sie befinden sich in der Regel in unmittelbarer Nachbarschaft oder Nähe zu den aktuellen Krisenherden. Ihre Wirtschaftskraft liegt deutlich unter der vieler Staaten in Europa oder Nordamerika.

Seite 256, Grafik 5
Bei den „Portfolioinvestitionen (private Anleihen und Aktienkäufe)" handelt es sich um indirekte ausländische Investitionen. Die Kapitalgeber kaufen Wertpapiere wie Aktien oder Investmentzertifikate auf. Sie wollen also in Form von Renditen an den Gewinnen ausländischer Unternehmen profitieren. Bei den Direktinvestitionen bestimmen sie dagegen bei der gesamten Unternehmensführung mit. Hier steht der kontrollierende Aspekt im Vordergrund.

Seite 258, Text 12
Die „Beauftragten der Bundesregierung für Migration, Flüchtlinge und Integration" erstellen seit 2005 jährlich einen Bericht über das Migrationsgeschehen in Deutschland. Neben einem umfassenden Überblick über die jährlichen Entwicklungen von Zu- und Abwanderungen werden darin auch Integrationsprobleme und entsprechende Maßnahmen thematisiert.

10 Entwicklungen in der Anthroposphäre: Wirtschaftsregionen im Wandel unter dem Einfluss der Globalisierung

Seite 273, Aufgabe 6
Bedenken Sie zwei grundsätzliche Dinge: Erstens besitzt „Nachhaltigkeit" sowohl eine ökonomische als auch eine soziale und eine ökologische Dimension. Zweitens sind Standortfaktoren diejenigen Bedingungen, die die Standortwahl eines Unternehmens entscheiden. Sie können Ihre Aufgabenlösung mit diesem Gedanken beginnen: „Für eine Standortentscheidung ist in der Regel ein Bündel aus harten und weichen Standortfaktoren entscheidend. Hierbei spielen auch die verschiedenen Nachhaltigkeitsdimensionen eine Rolle, wie einzelne Faktoren in Tabelle 15 zeigen. Das Vorhandensein von Fachkräften oder von einer überzeugenden Kommunikationsinfrastruktur sind z. B. der ökonomischen Dimension zuzuordnen (SDG 9), eine gute Schullandschaft beispielsweise der sozialen (SDG 4). Aber auch Nachhaltigkeit im engeren, ökologischen Sinn ist offensichtlich zu einem bedeutenden Standortfaktor geworden …" → Hierzu folgen nun ihre Ausführungen anhand der Materialien dieser Seite.

Seite 279, Aufgabe 4
Grundsätzlich erleichtert eine klare inhaltliche Dreiteilung Ihre Aufgabenlösung: zuerst die Beschreibung des Dargestellten, dann seine Erläuterung mit einem Ausblick auf die Intention des Zeichners und schließlich eine kurze Stellungnahme, inwieweit die

Karikatur den Sachverhalt trifft. In dieser Stellungnahme sollte im Übrigen ein wesentliches Merkmal jeder Karikatur aufgenommen werden, nämlich die Überspitzung, z. B. so: „Karikaturen sind keine ausgewogene Auseinandersetzung mit einem Sachverhalt, sondern sie vereinfachen und überspitzen ihn im Sinne der Meinung des Zeichners. Insofern trifft auch diese Karikatur einen entscheidenden Aspekt von Protektionismus und Handelskrieg: Am Ende schaden sie immer allen Seiten."

11 Globale Herausforderungen und Zukunftssicherung

Seite 289, Aufgabe 1
Vergegenwärtigen Sie sich zunächst, dass ein Brennglas die Sonnenstrahlen bündelt und auf einen Punkt, den Brennpunkt, hin konzentriert. Überlegen Sie nun ausgehend von dieser Vorstellung, welche dominanten Entwicklungen das 21. Jh prägen und inwieweit sich diese unterschiedlichen Herausforderungen in Städten wiederfinden.

Seite 291, Aufgabe 2
a) Analysieren Sie zunächst das Bild M1 sowie den Text Seite 38. Notieren Sie alle zu erkennenden globalen Herausforderungen, die Mopipi betreffen. Suchen Sie nun die entsprechenden Stellen im Netz der globalen Herausforderungen und markieren diese:
b) Identifizieren Sie, welche Elemente im Netz der globalen Herausforderungen Informationen transportieren. Das können neben den Schriftfeldern auch Pfeile und Farben sein. Überlegen Sie nun, welche übergeordnete Kategorie z. B. der Farbe Gelb zugeordnet werden kann. Erstellen Sie entsprechend dieser Überlegungen nun Ihre Legende.
c) Identifizieren Sie aufgrund Ihrer Einordnung der Situation in Mopipi in das Netz der globalen Herausforderungen die Stellen, von denen besonders viele Folgewirkungen ausgehen. Gelingt es, diese zu überwinden, kann die Herausforderung entschärft werden.

Seite 291, Aufgabe 4
Sehen Sie sich die drei Bilder zunächst genau an. Notieren Sie, inwieweit die hier dargestellten Personen sich hinsichtlich der Merkmale Alter, regionale Herkunft, Wohlstand unterscheiden. Identifizieren Sie dann die zentralen globalen Herausforderungen des 21. Jh. Entscheiden Sie nun, welche Region und/oder Personengruppe von den einzelnen globalen Herausforderungen am stärksten betroffen sein wird. Fassen Sie Ihre Ergebnisse zusammen.

Seite 293, Aufgabe 2
Vergegenwärtigen Sie sich zunächst die Zielsetzung einer nachhaltigen Entwicklung. Dabei können die nachfolgenden Seiten sehr hilfreich sein, insbesondere Seiten 43/44 sowie 46/47. Gehen Sie sodann die 17 Ziele für eine nachhaltige Entwicklung detailliert durch und achten Sie auf möglicherweise auftretende Widersprüche der Zielbeschreibungen untereinander bzw. vor dem Hintergrund des Konzepts der nachhaltigen Entwicklung.

Seite 294, Aufgabe 3
Nachdem Sie in Aufgabe 2 bereits die unterschiedlichen Ansätze des Nachhaltigkeitsprinzips untereinander verglichen, machen Sie sich nun weiterführende Gedanken. Dabei richten Sie Ihr Augenmerk insbesondere auf die Frage, was die Unterordnung einer Nachhaltigkeitsdimension unter eine oder mehrere an realer oder potenzieller (gesellschafts-)politischer Wirkung bedeutet.

Seite 299, Aufgabe 3
Überlegen Sie, welche Zielsetzungen einer „nachhaltigen Entwicklung", an welche Voraussetzungen gebunden sind (etwa wirtschaftliches Wachstum an Rohstoffverfügbarkeit). Suchen Sie nun nach Widersprüchen in dieser Zielsetzung. Dabei kann Ihnen auch Ihr Arbeitsergebnis der Aufgabe 2, Seite 41 weiterhelfen.
Nehmen Sie sodann auf der Grundlage Ihrer Vorüberlegungen Stellung zu der Aussage von Dennis Meadows.

Seite 300, Aufgabe 2
Entscheiden Sie sich auf der Grundlage der Grafik 1 für ein spezifisches Themenfeld der Grenzen des globalen Systems. Berücksichtigen Sie dabei, dass die in die Grafik eingetragenen Fragezeichen offene Forschungsfragen kennzeichnen, zu denen derzeit noch keine abschließenden Erkenntnisse und folglich auch keine Bewertungen vorliegen. Entnehmen Sie nun an der entsprechenden Stelle der Tabelle 3 detaillierte Informationen zu dem gewählten Erdsystemprozess, insbesondere der spezifischen Kontrollvariablen, der von der Forschung definierten planetaren Grenzen sowie den aktuell ermittelten Werten zur abschließenden Einschätzung des Zustands des Systems Erde für das von Ihnen gewählte Teilgebiet.

12 Globale Herausforderung: Klimawandel

Seite 311, Aufgabe 2
Stellen Sie Bereiche zusammen, die von einer globalen Erwärmung betroffen sein könnten, zum Beispiel das Wetter, die Landwirtschaft, der Urlaub, das Wohnen, aber auch die Versorgung mit Wasser. Überlegen Sie so sodann, was sich verändert, wenn die globale Erwärmung fortschreitet, und ordnen Sie dies jeweils „Chancen" oder „Risiken" zu.

Seite 315, Aufgabe 12
Überprüfen Sie zunächst mithilfe des Atlas und von Klimadiagrammen die Niederschlagssituation in Deutschland. Analysieren Sie dann die Karte 15. Jetzt sind Sie in der Lage, zur Aussage begründet Stellung zu nehmen.

Seite 319, Aufgabe 2
Analysieren Sie zunächst die beiden Grafiken. Berechnen Sie in Grafik 3 die Strahlungsbilanz an der Erdoberfläche, für die Atmosphäre und für den Grenzbereich Atmosphäre – Weltraum. Als nächsten Schritt können Sie beschreiben, was mit der am Oberrand der Atmosphäre einfallenden Sonnenstrahlung geschieht. Als Erklärung für

die unterschiedlichen Prozesse können Sie die Grafik 4 verwenden, welche die Absorption der Strahlung durch die atmosphärischen Gase verdeutlicht.

Seite 321, Aufgabe 9
Verdeutlichen Sie sich zunächst die Achsenbeschriftungen. Klären Sie dann z.B. für den Bereich „Einkommen": Welche Einkommensgruppen gibt es? Wie viele Menschen gehören zu dieser Gruppe? Wie hoch sind die CO_2-Emissionen dieser Gruppe in Relation zu ihrem Anteil der Weltbevölkerung?

Seite 323, Aufgabe 5
Notieren Sie sich zunächst anhand von Grafik 3 diejenigen Begriffe und Prozesse, die bei der Erwärmung der Arktis eine Rolle spielen auf einer Karteikarte. Dann können Sie die Karteikarten zueinander in Beziehung setzen, z.B.: Schmelzender Permafrost führt zu einem Anstieg von CO_2 in der Atmosphäre. Mehr CO_2 in der Atmosphäre …

Seite 327, Aufgabe 4
Tipp: Analysieren Sie zunächst die Abbildung 3. Auf der Grundlage dieser Analyse können Sie dann das Kriterium (z.B. CO_2-Emissionen) festlegen, das Sie für eine Beurteilung benötigen.

Seite 331, Aufgabe 4a)
Vergegenwärtigen Sie sich zunächst einmal, wie das globale CO_2-Emissionsbudget ermittelt wird (M2). Daraus können Sie dann den Anteil für Deutschland begründen.

Seite 339, Aufgabe 15
Die Grafik 15 gibt Ihnen einen Hinweis, welche Handlungsfelder Sie für Ihre Gemeinde untersuchen können. Die anschließende Bewertung verlangt von Ihnen, dass Sie zunächst die Maßnahmen anhand eines oder mehrerer Kriterien beurteilen.

Seite 341, Aufgabe 5
Vergegenwärtigen Sie sich, was passieren würde, wenn Sie keinen Beitrag zum Klimaschutz leisten und wenn das die Empfehlung für weitere oder gar alle Menschen wäre.

13 Globale Herausforderung: Verstädterung und Stadtentwicklung

Seite 351, Aufgabe 2
Überlegen Sie sich einfache Messeinheiten oder Kartierungsmethoden. Die „Geschlossenheit der Siedlung" ließe sich z.B. mithilfe der Einwohnerzahl pro Flächeneinheit messen. Die „funktionale Gliederung" kann dadurch dokumentiert werden, dass die vorherrschende Nutzung in den einzelnen Stadtvierteln kartiert wird.

Seiten 354/355, Aufgabe 4, Modell 1 und Tabelle 3
Die Stoffflüsse sind in Modell 1 sehr abstrakt dargestellt. Sie werden in ihren Dimensionen durch die Mengenangaben in Tabelle 3 etwas konkretisiert. Das Gefühl für die Größenordnung wird noch intensiver, wenn man sich klarmacht, dass der durchschnittliche Stadtbürger pro Jahr zum Beispiel
- etwa 810 kg feste Nahrung konsumiert,
- 7 500 kg Sauerstoff verbraucht und 6 400 kg Kohlendioxid ausatmet,
- 30 000 KWh Energie in Form von Strom, Erdgas, Erdöl und Kohle importiert.

Seite 357, Aufgabe 3
Das Beispiel Mexiko-City lenkt den Blick zunächst auf negative Folgen des Verstädterungsprozesses. Ein Rückgriff auf die „Merkmale des geographischen Stadtbegriffs" (⟶ Seite 351) offenbart aber auch mögliche positive Aspekte der weiteren Entwicklung. Zu denken ist z.B. an die Chancen, die sich aus den städtischen Angeboten für Zuwanderer aus dem ländlichen Raum, insbesondere auch für die Frauen, ergeben können.

Seite 358, Text 2
Die Unterschiede zwischen Industrie- und Entwicklungsländern im Verstädterungsprozess lassen sich anhand der folgenden Kriterien herausarbeiten und gegenüberstellen: Grundlagen der Verstädterung, Ausmaß, Ursachen, Erscheinungsformen und Probleme.

Seite 362, Aufgabe 1b)
Bei den Lösungsansätzen für Pittsburgh ist zu beachten, dass sich in den USA Maßnahmen des Staates im Rahmen der Daseinsfürsorge auf ein Minimum beschränken. In Deutschland finanzieren bei einer regionalen Strukturkrise Bund, Länder und Gemeinden einschlägige Förderprogramme, um so ihrer sozialstaatlichen Verantwortung gerecht zu werden. Im wirtschaftsliberalen System der USA gilt dagegen, dass sich jeder Einzelne, jede Kommune zunächst einmal selbst helfen muss.

Seite 367, Aufgabe 4, Quellentext 3 und Grafik 4
Achten Sie auf aktuelle Meldungen in den Medien und beobachten Sie vor allem die Entwicklung in den Zentren der Städte. Experten sprechen hier gegenwärtig von einem „dreifachen Tsunami": dem Strukturwandel im Einzelhandel, den Folgen der Digitalisierung und den Auswirkungen der Corona-Pandemie. Laut Handelsverband Deutschland droht in den deutschen Innenstädten bis zu 50 000 Geschäften das Aus. Das wird die Innenstädte tiefgreifend verändern. Überprüfen Sie die Entwicklung bei Ihrem nächsten Shopping.

Seite 369, Aufgabe 4
Als aktuelles Beispiel für eine anschauliche Präsentation bietet sich u.a. Hamburg mit seinem 2016 fertiggestellten Konzerthaus „Elbphilharmonie" an. Es wurde mit dem Ziel geplant, ein neues Wahrzeichen und Image für die Hansestadt zu schaffen.

Seite 371, Aufgabe 4
Überlegen Sie zunächst, an welchen Kriterien Sie sich bei Ihren (künftigen) Wohnwünschen orientieren:
Für den ländlichen Raum sprechen
- die Bezahlbarkeit des Wohneigentums,
- die hohe Umweltqualität, die Freizeitmöglichkeiten in Naturnähe,
- die Ruhe,
- die „Hilfe unter Freunden und Nachbarn".

Für die Stadt sprechen
- das große kulturelle Angebot,
- die (wahrgenommene) Offenheit, Kontaktfreudigkeit, vorurteilsfreie Aufgeschlossenheit der Menschen,
- die Erreichbarkeit aller Angebote und Dienstleistungen zu Fuß oder mit öffentlichen Verkehrsmitteln.

Seiten 372/373, Diagramm 2 und Quellentext 4
Gentrifizierung ist nicht nur in Deutschland zu bobachten. Ein markantes Beispiel stellen die Sanierungen der „Docklands" in London dar. Es ist eine interessante Aufgabe, die gewonnenen Erkenntnisse und Kompetenzen auf dieses Fallbeispiel anzuwenden. Eine erste Übersicht bietet der folgende Link: https://en.wikipedia.org/wiki/London_Docklands

Seiten 374/375, Texte 8 und 9
Die Beauftragte der Bundesregierung für Migration, Flüchtlinge und Integration legt ca. alle zwei Jahre einen „Integrationsbericht" vor. Der 12. Bericht mit dem Titel „Deutschland kann Integration: Potenziale fördern, Integration fordern, Zusammenhalt stärken" ist 2019 erschienen.
www.integrationsbeauftragte.de/ib-de

Seite 377, Aufgabe 12b)
Die Lösung der Aufgabe kann z. B. von folgenden Fragen ausgehen:
- Was kann von staatlicher oder kommunaler Seite getan werden?
- Welche Wirkung hätte z. B. eine Legalisierung von bisher „informellen" Wohn- und Eigentumsrechten oder provisorischen Infrastruktureinrichtungen in den Marginalsiedlungen?
- Welcher Beitrag müsste von den Bewohnern der Marginalsiedlungen eingefordert werden, welchen können sie erbringen?

Seite 378, Grafik 1
Grafik 1 enthält in der Spalte 2 („Outlook") auch das Ranking des „Global Cities Outlook". Während der Global Cities Index (GCI) das aktuelle Erscheinungsbild der Städte misst, ermittelt der „Global Cities Outlook" (GCO) das Potenzial für die künftige Entwicklung. Er stützt sich auf die Faktoren Lebensqualität, Ökonomie, Innovation und Regierungsführung (Governance). Städte, die sowohl im GCI wie auch im GCO auftauchen, gehören zur globalen urbanen Elite.

Seite 385, Aufgabe 2
Hier empfiehlt sich ein Rückgriff auf die „Merkmale des Stadtklimas" (⟶ Seiten 382 – 385).

Seiten 392/393, Text 3 und Grafik 4
Das „Sustainable Development Goal 11" beschreibt mit den Schlagworten „inklusiv, sicher, widerstandsfähig und nachhaltig" die Inhalte der angestrebten Stadtentwicklung. Sie sehen im globalen Maßstab u. a. vor:
- angemessenen, sicheren, bezahlbaren Wohnraum zu schaffen und Slums zu sanieren,
- den Zugang zu bezahlbaren, nachhaltigen Verkehrssystemen zu sichern mit besonderem Augenmerk auf den Bedürfnissen von Kindern, Behinderten oder Älteren,
- den Schutz gegen Naturkatastrophen zu verstärken mit Schwerpunkt auf Menschen in prekären Situationen,
- Umweltbelastungen zu senken,
- den Zugang zu sicheren und inklusiven Grünflächen sowie öffentlichen Räumen zu gewährleisten,
- Inklusion, Ressourceneffizienz, Abschwächung des Klimawandels und Klimaanpassung zu fördern.

Seite 399, Aufgabe 6
Verschaffen Sie sich zunächst einen Überblick über die in der Grafik dargestellten Handlungsfelder in der Smart City (M7). Die in den Handlungsfeldern dargestellten Maßnahmen können als Grundlage für die zu erstellende Übersicht dienen.

Seite 401, Aufgabe 3
Stellen Sie zunächst in einer Übersicht wesentliche Elemente der Zukunftsstadt dar. Besorgen Sie sich einen Plan Ihrer Stadt (ausgedruckt oder digital). Nun können Sie auf dem Plan diejenigen Standorte markieren, an denen sich bereits Elemente der Zukunftsstadt befinden. Eine Legende oder eine kurze Beschreibung zu den jeweiligen Standorten sollte Auskunft über die bereits verwirklichten Aspekte geben.

14 Globale Herausforderung: disparitäre Entwicklungen

Seite 409, Aufgaben 2 und 3
Lesen Sie zunächst die Seiten 142/143 gründlich durch und notieren Sie die verschiedenen genannten Entwicklungsindizes. Tragen Sie diese sodann in eine Tabelle zusammen mit den Ländernamen ein.

Entwicklungs-index	DE	CN	NE
BNE			
HDI			
HSDI			
HPI			
Brutto-nationalglück			
SDG Dashboard			
NWI			

Tragen Sie mithilfe der Grafiken bzw. des Online-Codes die Werte ein und bewerten Sie vergleichend die sich ergebenden Unterschiede.

Seiten 411/413/415, Aufgabe 4
Zur Bewältigung dieser Aufgabe erstellen Sie am besten eine Tabelle, in die Sie einerseits die drei zu vergleichenden Länder und andererseits die auf den genannten Seiten den Texten und Grafiken zu entnehmenden Indikatoren bzw. Informationen eintragen. Auf der Grundlage Ihrer Analysetabelle können Sie sodann den oder die Vergleiche vornehmen.

Indikator	US	DE	IN
HDI	0,92	0,938	0,64
regionale Unterschiede			
Kaufkraft			
…			
…			
…			

Seite 417, Aufgabe 3
Vergegenwärtigen Sie sich zunächst die Bedeutung des Operators „bewerten". Danach gelangen Sie auf der Basis von Fachkenntnissen, Materialinformationen oder eigenen Schlussfolgerungen unter Offenlegung der angewendeten Wertmaßstäbe zu einer sachlich fundierten, qualifizierenden Einschätzung bzw. entwickeln Ihre eigene begründete Meinung zu einem Sachverhalt.
Dies bedeutet, dass Sie sich zunächst mit der Frage auseinandersetzen, ob Sie sich mit der Globalisierung aus einer Position der nachhaltigen Entwicklung, der sozialen Gerechtigkeit, des Multikulturalismus, der nationalen Wohlfahrt, der Gewinnmaximierung, einer religiös-ethischen Perspektive oder einer anderen Position wertend nähern wollen. Nach dieser persönlichen Grundsatzentscheidung analysieren Sie die mit dem Globalisierungsprozess einhergehenden Phänomene und Konsequenzen und bewerten diese entsprechend Ihres individuellen Wertekanons.

Seite 419, Aufgabe 7
Überlegen Sie sich zunächst, in welchen Bereichen, etwa der Gesellschaft, der Wirtschaft oder der Umwelt, Auswirkungen zu erwarten sind, und legen Sie ein entsprechendes Raster an. Setzen Sie sich nun mit den genannten Materialien auseinander und tragen Sie Ihre Erkenntnisse in das Raster ein. Dieses dient Ihnen nach der Fertigstellung als Grundlage für eine strukturierte Beantwortung der Aufgabe.

Seite 421, Aufgabe 3
Legen Sie sich unter den Überschriften „naturräumliche Ursachen", „endogene Ursachen" und „exogene Ursachen" eine Analysematrix an. Gehen Sie sodann die Materialien und Texte der Seiten 154/155 durch und notieren Sie sich entsprechend Stichworte in Ihrer Matrix. Finden Sie auf der Grundlage dieser Analysematrix zu Ihrer eigenen Position und formulieren Sie diese entsprechend. Reflektieren Sie dabei, inwieweit Sie sich vorherrschenden Meinungen unterwerfen und inwieweit Ihre Position Ihrem eigenen auf sachlicher Analyse basierendem Ergebnis beruht.

Seite 425, Aufgabe 3
Legen Sie sich zunächst ein Raster oder eine Analysematrix an, deren Spalten Sie mit den Entwicklungstheorien „Modernisierungstheorie" und „Dependenztheorie" betiteln. Überlegen Sie in einem zweiten Schritt, nach welchen Kriterien Sie die Analyse der beiden Entwicklungstheorien vornehmen möchten. Denkbar wären sicherlich die Kriterien „Vorteile", „Nachteile", „Wer profitiert?", „Wer verliert?" und andere mehr. Erweitern Sie Ihre Matrix entsprechend und gehen Sie sodann den Text dieser Doppelseite gründlich durch. Ergänzen Sie Ihre Tabelle um entsprechende Eintragungen und weitere Kriterien. Formulieren Sie abschließend auf der Grundlage der Tabelle Ihre eigene Postion und begründen Sie diese.

Seite 427, Aufgabe 5
Tipp: Legen Sie einen Zeitstrahl an, der ca. 1950 beginnt und bis in unsere Zeit reicht. Tragen Sie über diesem Zeitstrahl in der entsprechenden chronologischen Reihenfolge die in Diskussion stehenden Entwicklungstheorien ein und erweitern Sie Ihre Notizen zu den einzelnen Theorien stichwortartig hinsichtlich zentraler Merkmale, Überzeugungen, Annahmen und/oder Kritikpunkte. Mithilfe von Pfeilen können Sie deutlich machen, welche theoretischen Überlegungen sich gegenüberstehen bzw. welche aufgrund welcher Kritikpunkte auseinander hervorgegangen sind. Versprachlichen Sie nun auf dieser Grundlage die Einordnung der Theorie der fragmentierenden Entwicklung in die Geschichte der Entwicklungstheorien.

15 Entwicklungszusammenarbeit zum Abbau von Disparitäten

Seite 435, Aufgabe 3
Legen Sie zunächst eine Grobstruktur mit den Stichworten „Entwicklungsdefizit", „Ursachen", „Antragstellung", „Kooperationspartner" und „Projektplanung" an und ordnen Sie Ihre aus der gründlichen Lektüre der Erläuterungen hervorgehenden Notizen entsprechend zu. Erstellen Sie abschließend auf dieser Grundlage die Antwort auf den gegebenen Arbeitsauftrag.

Seiten 437, 439, 441, Aufgabe 3
Vergegenwärtigen Sie sich zunächst die Bedeutung des Operators „bewerten". Danach gelangen Sie auf der Basis von Fachkenntnissen, Materialinformationen oder eigenen Schlussfolgerungen unter Offenlegung der angewendeten Wertmaßstäbe zu einer sachlich fundierten, qualifizierenden Einschätzung bzw. entwickeln Ihre eigene begründete Meinung zu einem Sachverhalt. Dies bedeutet, dass Sie sich zunächst mit der Frage auseinandersetzen, ob Sie sich mit der Wirksamkeit der untersuchten Entwicklungsprojekte aus einer Position der nachhaltigen Entwicklung, der sozialen Gerechtigkeit, des Multikulturalismus, der nationalen Wohlfahrt, der Gewinnmaximierung, einer religiös-ethischen Perspektive, der Frauenförderung, der Bildungspolitik oder einer anderen Position wertend nähern wollen. Nach dieser gemeinsam getroffenen Entscheidung analysieren und bewerten Sie die Wirkung der Projekte und halten Ihre Ergebnisse schriftlich fest.

Seite 443, Aufgabe 2
Vergewissern Sie sich zunächst nochmals der Charakteristika einer nachhaltigen Entwicklung. Ein Rückgriff auf die Seiten 294–297 kann dabei hilfreich sein. Notieren Sie sich sodann zentrale Merkmale einer nachhaltigen Entwicklung und ordnen diesen Charakteristika der hier vorgestellten Entwicklungsprojekte zu. Beantworten Sie nun auf der Grundlage dieser Analyse den vorliegenden Arbeitsauftrag.

MK Ausgewählte Methoden im Überblick

Ein Luftbild auswerten

(Band 1, S. 60/61)

1. Schritt: Sich orientieren
- Stelle die Bildart fest: Ist es eine Schräg- oder Senkrechtaufnahme?
- Stelle, wenn möglich, Titel und Aufnahmezeitpunkt des Bildes fest.
- Ermittle mit einer geeigneten Karte, wo und in welcher Blickrichtung die Aufnahme gemacht wurde.

2. Schritt: Den Bildinhalt beschreiben
- Beschreibe zuerst auffällige Einzelobjekte. Stelle dann die überwiegende Form der Flächennutzung und der Bebauung dar.
- Gliedere das Bild und unterscheide dabei bestimmte Bereiche/Elemente. Fertige hierzu am besten eine Skizze an: Lege Transparentpapier auf das Bild und übertrage wichtige Linien und Flächen.

3. Schritt: Den Bildinhalt deuten
Ermittle die Ursachen für die im zweiten Schritt beschriebene Verteilung.
- Werte Einzelheiten des Bildes aus. Unterscheide zum Beispiel: alt und neu bebaute Gebiete, gering bebaute und stark bebaute Flächen.
- Stelle Beziehungen zwischen einzelnen Bildelementen her und suche nach Zusammenhängen. Nutze zur Deutung des Bildes auch andere Informationsquellen.

4. Schritt: Ergebnisse darstellen
Halte das Ergebnis deiner Bildauswertung in Form eines Berichtes oder einer Skizze fest.

Ein Satellitenbild auswerten

1. Schritt: Bild verorten
Ermittle mithilfe des Atlas die Lage des Gebietes und lege die Nordrichtung des Bildausschnittes fest.

2. Schritt: Bildinhalt auswerten
Suche auf dem Satellitenbild Merkmale, die du im Atlas wiederfindest. Gliedere das Bild nach verschiedenen Kriterien, unterscheide dabei z. B. Land- und Wasserfläche oder zwischen linien- und punktförmigen Bildelementen.

3. Schritt: Bildinhalt deuten
Stelle Beziehungen zwischen den einzelnen Bildelementen her und suche nach Zusammenhängen, z. B. zwischen Verkehrswegen und einzelnen Nutzungen.
Ermittle mithilfe anderer Informationsquellen Ursachen für die in Schritt 2 beschriebene Verteilung.

4. Schritt: Bildinhalte darstellen
Lege eine Folie auf das Satellitenbild und zeichne mit dem Folienstift deutlich erkennbare Umrisse nach. Unterscheide Gebiete mit ähnlichen Strukturen. Lege Grenzen zwischen den Räumen fest und trage diese als dünne Linien ein.
Lege eine Farblegende an.
Trage einige wichtige Orientierungshilfen in die Skizze ein.

Klimadiagramme auswerten

(Band 2, S. 36/37)

1. Schritt: Klimastation verorten
- Lies den Namen (1) und die Höhenlage (2) der Klimastation ab.
- Schau im Atlas nach und beschreibe die Lage des Ortes im Gradnetz (3).

2. Schritt: Jahreswerte bestimmen
- Lies die mittlere Jahrestemperatur (4) und den Jahresniederschlag (5) ab.
- Benenne den kältesten und den wärmsten Monat.

3. Schritt: Jahresverlauf beschreiben
Beschreibe jetzt den Kurvenverlauf der Temperatur (6) und des Niederschlags (7).

4. Schritt: Niederschlagstyp erkennen
- Stelle fest, wie viele Monate die Regenzeit (8) und die Trockenzeit (9) dauern.
- Ordne dann das Klimadiagramm einem Niederschlagstyp zu.
- Erläutere dann z. B. die Auswirkungen des Klimas auf das Pflanzenwachstum.

Eine thematische Karte auswerten

(Band 2, S. 54/55)

1. Schritt: Aufgabenstellung lesen und verstehen

Um die Aufgabenstellung richtig zu bearbeiten, musst du den Operator beachten. Jeder Operator hat seine eigene Bedeutung (siehe S. 210). Die Aufgabenstellung sagt dir, welche Aussagen der thematischen Karte du beachten musst und welche du weglassen kannst.

2. Schritt: Karteninhalte dekodieren

Deine Ausführungen erfordern eine Einleitung. In dieser beschreibst du die verwendeten Farben, Signaturen, Zeiträume und räumliche Einheiten der Kartendarstellung. Diese Informationen findest du in der Legende.

3. Schritt: Räumliche Verteilung darstellen

Beschreibe zunächst, welche Besonderheiten du wo im Raum findest. Prüfe anschließend, ob du Regelmäßigkeiten bei der Verteilung feststellen kannst.

4. Schritt: Karteninhalte erklären

Finde Ursachen für die von dir erkannten Besonderheiten und deren Verteilung. Dazu musst du zusätzliche Informationen aus dem Unterricht oder andere Quellen hinzuziehen.

5. Schritt: Schlussfolgerungen ziehen und Karteninhalt beurteilen

Beende deine Ausführungen mit einer kurzen Zusammenfassung der wesentlichen Inhalte. Im Anschluss daran kannst du Kritik z. B. an der Kartendarstellung und der Aktualität der Karte üben.

Statistiken richtig auswerten

(Band 2, S. 146/147)

1. Schritt: Sich orientieren

Überprüfe die Statistik hinsichtlich formaler Kriterien: Überschrift, Quellenangabe, Aktualität und Plausibilität der Angaben. Erfasse mithilfe der Legende, um welche Indikatoren es sich handelt und wie diese dargestellt werden.

2. Schritt: Darstellung und Aussageinhalt prüfen

Über wen oder was werden Aussagen gemacht?
Ermittle Maximal- und Minimalwerte, Veränderungen oder Entwicklungen. Vergleiche zwischen einzelnen, räumlichen oder zeitlichen Angaben und stelle eine Beziehung zwischen einzelnen Daten her. Folgende Fragestellungen helfen dir dabei:

- Wie sind die dargestellten Indikatoren definiert?
- Welche Zahlenangaben liegen vor (absolute, relative oder Indexzahlen) und in welchen Größenklassen sind diese gebildet worden?

3. Schritt: Statistiken beurteilen

Beurteile die Darstellungsform und die Aussagekraft der Statistik vor dem Hintergrund der zu lösenden Aufgabe. Kläre dazu u. a. folgende Fragestellungen:

- Sind die Angaben eindeutig?
- Sind Manipulationen erkennbar? (unangemessene Veränderung der Achsen; bei Zeitreihen wird die x-Achse nicht in gleich große Schritte eingeteilt; mangelnde Proportionalität zwischen Zahlen und dargestellten Flächen etc.)

Bevölkerungsdiagramme auswerten

(Band 2, S. 148/149)

1. Schritt: Sich orientieren

- Stelle fest, für welches Land und für welches Jahr die Angaben gemacht werden.
- Bestimme die Einteilung der Achsen.
- Überprüfe, ob die Bevölkerungsanteile in absoluten oder in relativen Zahlen angegeben werden.

2. Schritt: Beschreiben und zuordnen

- Lies die geschlechtsspezifischen Anteile in den Altersgruppen ab.
- Gib die Gesamtanteile für ausgewählte Bevölkerungsgruppen an.
- Beschreibe den Altersaufbau der Bevölkerung. Gibt es Auffälligkeiten bzw. Unregelmäßigkeiten?
- Ordne das Diagramm einem der vier Grundmodelle zu.

3. Schritt: Erklären

Sammle Hintergrundinformationen, die die Auffälligkeiten im Altersaufbau erklären.

4. Schritt: Eine Prognose erstellen

- Beurteile mithilfe der Grundformen die zukünftige Bevölkerungsentwicklung des Landes (steigend, stagnierend oder fallend).
- Formuliere dann auch Aussagen zur Auswirkung der Altersstruktur auf die Gesellschaft.

Ein Wirkungsgefüge erstellen

(Band 2, S. 166/167)

1. Schritt: Zielsetzung klären
Erfasse die Problemstellung. Achte darauf, welche Zusammenhänge im Wirkungsgefüge dargestellt werden sollen.

2. Schritt: Stichwörter sammeln
Sammle ausgehend vom Problem alle Stichwörter, die dir in diesem Zusammenhang einfallen und notiere diese auf Kärtchen.

3. Schritt: Stichwörter ordnen
- Wähle geeignete Stichwörter aus. Sortiere die Kärtchen nach über- und untergeordneten Begriffen.
- Finde zunächst den Begriff, der die wesentlichsten Merkmale einer Sache umfasst und ordne diesem weitere Begriffe zu.
- Ergänze weitere untergeordnete Begriffe auf neuen Kärtchen.

4. Schritt: Zusammenhänge durch Pfeile verdeutlichen
Welche Zusammenhänge bestehen zwischen den einzelnen Begriffen? Achte auf Ursachen und Auswirkungen. Verschiebe die Kärtchen so, um möglichst viele Begriffe mit Pfeilen zu verbinden.

5. Schritt: Zusammenhänge erklären
Begründe ausgewählte Zusammenhänge, die von dir durch Pfeile markiert wurden.

6. Schritt: Überschrift formulieren
Ergänze das Wirkungsgefüge durch eine Überschrift. Beachte, dass ein Wirkungsgefüge immer nur eine Vereinfachung der Wirklichkeit darstellt. Das Wirkungsgefüge kann ggf. durch weitere Eintragungen ergänzt werden.

Ein Kartogramm auswerten und erstellen

(Band 2, S. 182/183)

1. Schritt: Überblick verschaffen
Verschaffe dir einen Überblick über den Raum, das Thema, die Art der Zahlenangaben und ihre Darstellungsform.

2. Schritt: Beschreiben
Beschreibe die sachlichen Aussagen, wie Maximal- oder Minimalwerte, Zu- oder Abnahmen bzw. Abweichungen von Durchschnittswerten.

3. Schritt: Auswerten
Wo und wieviel z. B. Kakao angebaut wird und wieviel im jeweiligen Land oder Teil der Welt produziert wird, muss man aus den Legendensymbolen ablesen.

4. Schritt: Gesamtaussage bewerten
Bewerte das Kartogramm hinsichtlich der Überschrift und der Übersichtlichkeit.
Formuliere einen Abschlusssatz mit der zentralen Aussage.

Eine fragengeleitete Raumanalyse durchführen

(Band 2, S. 210/211)

1. Schritt: gewählten Raum abgrenzen
Kennzeichne die geographische Lage des Raumes und grenze diesen ab. Beschreibe dann stichpunktartig die prägenden Merkmale des Raumes.

2. Schritt: Eine Leitfrage formulieren
Formuliere eine Leitfrage, die dich bei diesem Raum interessiert.

3. Schritt: Arbeitsschritte planen und Material suchen
Plane deine Arbeitsschritte. Berücksichtige dabei vorgegebene Termine, um in der Zeit, die zur Verfügung steht, das Material suchen, ordnen, analysieren, bewerten und darstellen zu können.

4. Schritt: Faktoren analysieren
Sortiere das Material danach, ob es zur Beantwortung der Leitfrage beiträgt. Notiere die Faktoren, die für die Beantwortung der Leitfrage wichtig sind.

5. Schritt: Die Leitfrage beantworten
Erkläre zunächst die besonderen Merkmale und Strukturen des untersuchten Raumes und fasse die Ergebnisse der Faktorenanalyse zusammenfassen.

6. Schritt: Zusammenhänge darstellen
Präsentiere deine Ergebnisse anschaulich mithilfe von Karten, Texten, Fotos, Diagrammen. Zeige die Zusammenhänge zwischen den Einzelfaktoren des Raumes auf, z. B. als Wirkungsschemas.

7. Schritt: Ergebnisse reflektieren
War der Raumes richtig abgegrenzt?
Waren die verwendeten Methoden und Materialien der Fragestellung und dem Raum angemessen?
Sind die Ergebnisse auf andere Räume übertragbar?
Was wirst du künftig anders machen?

Mit Modellen arbeiten

(Band 3, S. 22/23)

1. Schritt: Merkmale des Modells beschreiben
Überlege, was im Modell vereinfacht wird, und erfasse die Grundaussagen bzw. wesentliche Merkmale.

2. Schritt: Voraussetzungen der Modellbildung bestimmen
Ermittle mit zusätzlichen Informationen wesentliche Annahmen, die dem Modell zugrunde liegen.

3. Schritt: Modell mit der Wirklichkeit vergleichen und Hypothesen formulieren
Vergleiche das Modell mit der Wirklichkeit und formuliere Schlussfolgerungen.
Bewerte auch die Eignung des Modells zur Beantwortung der Aufgabenstellung.

Systemisch denken

(Band 3, S. 84/85)

1. Schritt: Einzelne Faktoren identifizieren
Erstelle eine Liste mit allen Faktoren, die für das Thema von zentraler Bedeutung sind.

2. Schritt: Die Verbindungen oder Wirkungszusammenhänge zwischen den Faktoren benennen
Identifiziere die Zusammenhänge zwischen den vorliegenden Faktoren und notiere diese.

3. Schritt: Faktoren logisch zueinander anordnen und durch Linien und Pfeile zueinander in Beziehung setzen
Überführe die bereits zusammengetragenen Notizen schrittweise in eine Skizze. Notiere diese zunächst auf Zetteln zum leichteren Verschieben.
Verdeutliche die unterschiedlichen Wirkzusammenhänge zwischen den Faktoren durch unterschiedliche Pfeile, aber auch durch deren Beschriftung.

4. Schritt: Das dargestellte System versprachlichen und ggf. korrigieren
Die Versprachlichung mündlich oder schriftlich dient dazu die systemischen Zusammenhänge klar zu durchdringen und ggf. zu korrigieren.

5. Schritt: Zu erwartende künftige Entwicklungen ableiten
Je besser du ein System verstanden hast, desto klarer kannst du zukünftige Entwicklungen und Veränderungen ableiten.

Karikaturen auswerten

(Band 3, S. 110/111)

1. Schritt: Allgemeine Informationen erkunden
Wer ist der Karikaturist?
In welcher Zeitung/Zeitschrift oder Internetseite ist die Karikatur veröffentlicht?

2. Schritt: Inhaltliche Annäherung durch Beschreibung der Karikatur
Was ist in der Karikatur zu sehen?
Was muss der Betrachter wissen, um die Karikatur zu verstehen?
Welches Thema bzw. Problem wird dargestellt?
Was fällt besonders auf?
Welche Mittel werden eingesetzt?

3. Schritt: Deutung
Wird ein Widerspruch dargestellt?
Sind versteckte Aussagen enthalten?
Wird eine Gegenposition dargestellt?
Wer und was wird angegriffen?
Wessen Partei ergreift der Karikaturist?
Welche Ziele verfolgt der Karikaturist?
Was wird ausgesagt?

4. Schritt: Wirkung
Was will der Karikaturist bewirken?
Hat der Karikaturist Recht mit seiner Aussage?

5. Schritt: Bewertung
Ist die Karikatur berechtigt?
Wie wirkt die Karikatur auf mich?
Wird die Karikatur der dargestellten Problematik gerecht?
Dient die Karikatur der Lösung der dargestellten Problematik?
Welche Gefahren können von der Karikatur ausgehen?

Eine Infografik auswerten und erstellen
(Band 3, S. 142/143)

Eine Infografik auswerten

1. Schritt: Thema klären
Kläre das Thema und finde heraus, ob es sich um einen Prozess oder einen Sachverhalt handelt.

2. Schritt: Faktoren identifizieren
Identifiziere als nächstes die dominant dargestellten Faktoren.

3. Schritt: Verbindungen identifizieren
Identifiziere sodann die Art und Bedeutung der zwischen diesen Hauptfaktoren dargestellten Verknüpfungen. Beachte dabei die Richtung, Stärke und Farbe der Pfeile.

4. Schritt: Infografik versprachlichen
Stelle den in der Grafik dargestellten Prozess oder Sachverhalt mündlich oder schriftlich dar.

5. Schritt: Fazit ziehen
Schließe deine Darstellung mit einem Fazit, gegebenenfalls mit einer Wertung ab.

Eine Infografik erstellen

1. Schritt: Thema klären
Kläre, ob es sich beim zu visualisierenden Thema um einen Prozess oder einen Sachverhalt handelt.

2. Schritt: Faktoren identifizieren
Überführe die Informationen des Textes in Symbole, Schlagworte, Fachausdrücke usw.

3. Schritt: Verbindungen und Zusammenhänge identifizieren

4. Schritt: Infografik erstellen
Verknüpfe die einzelnen Informationselemente durch Pfeile, setze Rahmen oder Felder ein und nutze auch Farben.

5. Schritt: Überschrift formulieren
Formuliere eine kurze und treffende Überschrift.

Disparitäten mit einem Web-GIS analysieren
(Band 2, S. 112/113)

1. Schritt: Web-GIS öffnen
Öffne das Web-GIS https://webgis.sachsen.schule/.

2. Schritt: Abfragemanager öffnen
Öffne den Abfragemanager („Daten filtern").

3. Schritt: Bedingung im Abfragemanager erstellen
a) Wähle den Indikator aus (HDI 2013).
b) Lege die Relation fest (>).
c) Trage den Wert ein, über dem der HDI der Länder, die ausgewählt werden sollen, liegt (zwischen 0 und 1). Beginne mit dem Wert 0.91.
d) Klicke auf „Anwenden".

4. Schritt: Ergebnisse betrachten
a) Klicke mit dem Mauszeiger auf die blau umrandeten Länder in der Karte und betrachte die Länderdaten.
b) Betrachte die ausgewählten Länder in der Treffertabelle.
c) Klicke auf „Nur Auswahl anzeigen".
d) Vergleiche den HDI-Wert der Länder und ermittle darunter die vier Länder mit den höchsten HDI-Werten (notiere dir die Länder und ihre Werte.

5. Schritt: Ergebnisse eingrenzen
Öffne nochmals den Abfragemanager (Symbol „Daten filtern") und ändere den Wert für den HDI in der Abfrage, sodass nur noch drei Länder übrig bleiben.

6. Schritt: Fragestellung auswerten
Beschreibe die räumliche Verteilung der Länder mit den höchsten Werten für den HDI.

Einen Text auswerten

1. Schritt: Formales/Orientierung
- Erscheinungsjahr, Textart (wissenschaftlicher Text, Kommentar, Unternehmensveröffentlichung, Zeitungsartikel, Leserbrief o. Ä.),
- Vollständigkeit.

2. Schritt: Übersicht
- Gliederungsmerkmale (Einleitung, Überschriften, Absätze, Spiegelstriche),
- wichtige bzw. unbekannte Begriffe,
- regionale Einordnung.

3. Schritt: Erfassung
- Schlüsselbegriffe und Hauptaussagen markieren,
- Sachaussagen und Meinungen bzw. Wertungen farbig unterstreichen,
- Text in Sinnabschnitte gliedern und dazu Thesen formulieren,
- unbekannte Begriffe klären.

4. Schritt: Untersuchung
- Sprachebene analysieren (Umgangs- oder Fachsprache, emotionale Begriffe),
- Prämissen, Grundsätze und Argumentationslinien des Verfassers herausarbeiten.

5. Schritt: Erklärung
- Einordnen der Aussagen in größere Zusammenhänge,
- Informationen zum Verfasser, seinen Absichten und zum Adressatenkreis,
- Lösungsangebote, Schwerpunkte,
- Vergleich mit anderen Veröffentlichungen zum Thema.

6. Schritt: Bewertung
- klare Trennung von Information und Meinung,
- Begründung und Nachprüfbarkeit der Aussagen,
- Ausgewogenheit der Darstellung.

Virtuelle Exkursionen durchführen und erstellen

1. Schritt: Inhaltliche Themen- bzw. Fragestellungen und Zielsetzung der virtuelle Exkursion erfassen

2. Schritt: Überblick über das Medium der virtuellen Exkursion verschaffen
- Art der Darstellung des virtuellen Raumes erfassen (digitale Karte, Geländemodell, Street-View, 360°Bilder, Simulation, Virtual Reality usw.).
- Prüfen, in welchem Ausschnitt und Maßstab der Raum vorliegt.
- Prüfen, welche Informationen im virtuellen Raum vorliegen und ob es weitere Ebenen mit Informationen (Wetter, Fotos usw.) gibt.
- Analysemöglichkeiten feststellen (Informationsebenen, Messung von Lange und Fläche usw.).

3. Schritt: Virtuelle Exkursion erstellen bzw. durchführen
Erstellung:
- Stationen sowie inhaltliche Themen und methodische Aufgaben für die Stationen festlegen.
- Notwendige Zusatzinformationen festlegen und Art des Mediums abklären.
- Stationen gestalten und Art der Ergebnissicherung festlegen.
- Erwartungshorizont für die Aufgaben formulieren und bei Bedarf Aufgabenstellung ändern.

Durchführung:
- Überblick über die Stationen verschaffen.
- Stationen bearbeiten, inhaltliche und methodische Aufgaben lösen.
- Entsprechend der Vorgabe Ergebnisse dokumentieren.
- Exkursionsergebnisse gemäß der Fragestellung(en) auswerten.

4. Schritt: Bewerten
- Exkursionsergebnisse und Eignung des virtuellen Raumes für die Themen- bzw. Fragestellung bewerten.

Mit interaktiven Karten arbeiten

1. Schritt: Thema der Karte erfassen
Weist die Karte einen thematischen Schwerpunkt auf?

2. Schritt: räumliche Dimensionen erfassen
Auf welcher Maßstabsebene werden die Informationen dargestellt?
Können unterschiedliche Maßstabsebenen dargestellt werden?
Verändern sich die Informationen auf unterschiedlichen Maßstabsebenen?

3. Schritt: inhaltliche Dimensionen erfassen
Welche Informationen werden dargestellt?
Welche inhaltlichen Fragestellungen können beantwortet werden?
Können die Informationen dazu- und weggeschaltet werden?
Ist eine Legende vorhanden?

4. Schritt: grafische Dimensionen erfassen
Werden die Informationen ausschließlich kartografisch dargestellt?
Welche Elemente werden zur Informationsvermittung zusätzlich genutzt?

5. Schritt: Funktionen erfassen
Wie lassen sich die Informationen bearbeiten? Ist nur Dazu- und Wegschalten möglich oder sind Informationen und Daten auswählbar und bearbeitbar?

6. Schritt: Karteninhalte beschreiben
Auf welchen Raum beziehen sich die Informationen?
Welcher Sachverhalt ist sofort, welcher erst durch die Interaktivität ersichtlich?

7. Schritt: Karteninhalte auswerten
Fragestellung entsprechend der technischen, inhaltlichen und methodischen Rahmenbedingungen beantworten.

8. Schritt: Ergebnisse bewerten
Ergebnisse im Zusammenhang mit den Rahmenbedingungen wie Aktualität, Verknüpfungsmöglichkeit grafischer und textlicher Infos etc. bewerten.

Erkundungen vor Ort mit einem virtuellen Globus

1. Schritt: Digitalen Kartendienst öffnen
Den digitalen Satelliten-/Luftbilddienst Google Earth online öffnen: www.google.com/intl/de_de/earth/.

2. Schritt: Ort suchen
Die rote Markierung des gefundenen Ortes zeigt die Verwaltungsgrenze entsprechend der amtlichen Gliederung.

3. Schritt: neues Projekt anlegen
Links in der Symbolleiste ein neues Projekt anlegen: <Projekte>/<Neues Projekt>/<KML-Datei erstellen>.
Das Projekt benennen, dafür auf das Stiftsymbol klicken: <Projekt bearbeiten>.

4. Schritt: Raum und Ort festlegen
Je nach Untersuchungsgegenstad den Ausschnitt der Kartenskizze festlegen.

5. Raum gemäß der Themenstellung erkunden
Mit Drehen des Mausrades zoomen und gedrückt gehaltenem Mausrad den Neigungswinkel verstellen. Visuelle Hilfsmittel wie Streetview nutzen.

6. Schritt: Elemente benennen und darstellen
Mit <Neues Element> hinzufügen lassen sich ein Ort suchen, eine Ortsmarkierung hinzufügen, Linie oder Form zeichnen.
Ortsmarken (Punkte) sowie Linien und Pfade zu einem Polygon verbinden, um ggf. eine Kartenskizze zu erstellen. Diese dann benennen und abspeichern.

7. Schritt: Projekt speichern
In dem Dreipunkt-Menü (links oben) das Projekt als KML-Datei exportieren. Die KML-Datei wird im Download-Ordner abgelegt.

8. Schritt: Präsentation der Ergebnisse
Im Präsentationsmodus können die Ergebnisse vorgestellt werden.

Quellennachweis

Texte

30.2 Alexander von Humboldt 1807 zit. Nach Falk, Gregor C. (2021): Alexander von Humboldt, a liberal ecologist. An Essay. In: Falk, G. C., Strecker, M. R., Schneider, S. (eds.): Alexander von Humboldt – Multiperspective Approaches. Cham, Switzerland: Springer; **33.6** Andrew Goudie: Physische Geographie. Eine Einführung. Aus dem Engl. übers. von Peter Wittmann und Jürg Rohner. Heidelberg: Spektrum, 4. Aufl. 2002, S. 412; **41.2** https://scilogs.spektrum.de/der-anthropozaeniker/wp-content/blogs.dir/194/files/anthrokritik.jpg; **41.3** Harald Welzer, in: Kay Müllges, Rolle und Verantwortung der Wissenschaft in der Epoche der Menschheit, Deutschlandfunk. Aus Kultur- und Sozialwissenschaften v. 27.11.2014, unter: www.deutschlandfunk.de/anthropozaen-debatte-rolle-und-verantwortung-der.1148.de.html?dram:article_id=304621; **49.3** Marcus Anhäuser, Was die Wissenschaftler fanden, Ergebnisse der KTB, auf: scinexx das wissensmagazin v. 21.12.2001, unter: www.scinexx.de/service/dossier_print_all.php?dossierID=91842; **50.1** Heinrich Bahlburg, Christoph Breitkreuz: Grundlagen der Geologie, Springer Spektrum Akademischer Verlag, München, 5. Aufl., 2004, S. 219; **51.5** Alexander Walter: Warum Zealandia offiziell der achte Kontinent der Erde werden könnte, auf: WEB.DE v. 01.10.2020, unter: https://web.de/magazine/wissen/natur-umwelt/zealandia-offiziell-achte-kontinent-erde-35026340; **52.7** Wolfgang Frisch, Martin Meschede: „Plattentektonik – Kontinentverschiebung und Gebirgsbildung", Primus Verlag, S. 10 f, 6. Auflage 2021; **53.11** Alfred-Wegener-Institut: Der Kopernikus der Geowissenschaften: Vor fast 100 Jahren verkündete Alfred Wegener seine revolutionäre Theorie von der Verschiebung der Kontinente, Pressemitteilung v. 21.12.2011, unter: www.awi.de/ueber-uns/service/presse/presse-detailansicht/der-kopernikus-der-geowissenschaften-vor-fast-100-jahren-verkuendete-alfred-wegener-seine-revolutionaere-theorie-von-der-verschiebung-der-kontinente.html; **54.13** Wolfgang Frisch, Martin Meschede: „Plattentektonik – Kontinentverschiebung und Gebirgsbildung", Primus Verlag, 6. Auflage 2021, S. 24; **54.14 u.** Wolfgang Frisch, Martin Meschede: „Plattentektonik – Kontinentverschiebung und Gebirgsbildung", Primus Verlag, 6. Auflage 2021, S. 24; **55.16 li.** Brune, Sascha u. Münch, Ute (v. 19.07.2016). Gondwana: Ein Kontinent bricht auseinander. Earth System Knowledge Platform (eskp.de), unter: www.eskp.de/naturgefahren/gondwana-plattentektonik-935839/; **56.20** Wolfgang Frisch, Martin Meschede: „Plattentektonik – Kontinentverschiebung und Gebirgsbildung", Primus Verlag, 6. Auflage 2021, S. 32 f.; **57.24 u.** Wolfgang Frisch, Martin Meschede: „Plattentektonik – Kontinentverschiebung und Gebirgsbildung", Primus Verlag, 6. Auflage 2021, S. 16 f.; **58.27** Wolfgang Frisch, Martin Meschede: „Plattentektonik – Kontinentverschiebung und Gebirgsbildung", Primus Verlag, 6. Auflage 2021, S. 101 f.; **60.33** Heinrich Bahlburg/ Christoph Breitkreuz: Grundlagen der Geologie. Stuttgart: Enke 1998, S. 219; **60.34** Wolfgang Frisch, Martin Meschede: „Plattentektonik – Kontinentverschiebung und Gebirgsbildung", Primus Verlag, 6. Auflage 2021, S. 88; **61.35** Nach Max Dieck, Dilara Ayhan: Die Vulkaninsel Hawaii und La Réunion. Leitmodelle für die Entstehung von Vulkaninseln über Hotspots?, Norderstedt: GRIN Verlag 2016, S. 5 ff.; **63.5** Helmholtz-Zentrum Potsdam, Dt. GeoForschungsZentrum GFZ (Hrsg.), Johannes Leicht: Fokus: Erde. Von der Erdvermessung zum System Erde = Focus: Earth. übers. v. Ronald Dunham, Deutscher Kunstverlag Berlin, München, 2017. S. 139 f.; **64.7** Wolfgang Frisch, Martin Meschede: „Plattentektonik – Kontinentverschiebung und Gebirgsbildung", Primus Verlag, 6. Auflage 2021, S. 17 f.; **65.9** Helmholtz-Zentrum Potsdam Deutsches GeoforschungsZentrum: Erdbeben in Tajikistan, Poster v. 10.12.2015. Poster ID: gfz2015xxuo, unter: http://media.gfz-potsdam.de/gfz/sec21/regina/2015internet poster/gfz2015xxuo_tajikistan_2015/poster.pdf; **66.14** Heinrich Bahlburg, Christoph Breitkreuz: Grundlagen der Geologie. München: Elsevier 2004, S. 273 f; **67.16 u.** Nach Sobolev, Stephan V., Steinberger, Bernhard (2012): Geodynamische Modellierung: Zusammenhänge zwischen Struktur der tiefen Erde, Vulkanismus und Umweltkatastrophen. System Erde, Heft 2, S. 61, auch unter: https://doi.org/10.2312/GFZ.syserde.02.02.9; **67.17** Simone Ulmer: Heisse Schwaden im Erdinneren, in: Neue Zürcher Zeitung v. 12.12.2012, unter: www.nzz.ch/wissen/wissenschaft/heisse-schwaden-im-erdinneren-1.17885107; **72.3** Felix Müller u. a.: „Urban Mining – Ressourcenschonung im Anthropozän", Umweltbundesamt, März 2017, S. 40, auch unter: www.umweltbundesamt.de/publikationen/urban-mining-ressourcenschonung-im-anthropozaen; **73.5** Fischer, Daniel, Nemnich, Claudia: Die Rohstoff-Expedition – Entdecke, was in (d)einem Handy steckt!, Lern und Arbeitsmaterial. Bundesministerium für Bildung und Forschung, 2012, S. 54, unter: www.handy-aktion.de/fileadmin/mediapool/gemeinden/E_handyaktion/Bilder_und_Dokumente/Unterrichtsmaterialien/Die_Rohstoff_Expedition_-_Lern-_und_Arbeitsmaterial.pdf; **91.4** Nach Falk, Gregor C. (2016): Deltagebiete Asiens. Amphibische Räume im Spannungsfeld ökologischer und ökonomischer Dynamik. In: Geographische Rundschau, H. 7/8/ Juli 2016; **92.2** Roland Knauer: Gefahr von den Kanaren, in: Frankfurter Allgemeine Zeitung v. 28.12.2004 Nr. 303, S. 9, auch unter: www.faz.net/aktuell/gesellschaft/tsunami-simulation-gefahr-von-den-kanaren-1194921.html; **93.4** Christina Bonanati: Warnsysteme für Vulkanausbrüche, unter: www.eskp.de/naturgefahren/warnsysteme-fuer-vulkanausbrueche-935705/ (Zugriff: 26.05.21); **94.7** Katrin Tominski, Campi Flegrei bei Neapel, Supervulkan in Europa aktiver als gedacht, auf: mdr Wissen v. 29.04.2019, unter: www.mdr.de/wissen/umwelt/supervulkan-in-europa-aktiver-als-gedacht-100.html; **95.13** Matthias Geyer, Vulkane im Hegau. Pilotprojekt für grenzüberschreitenden Geotourismus. Ergebnis einer effizienten Zusammenarbeit, unter: www.geotourist-freiburg.de/vulkane-im-hegau/ (Zugriff: 26.05.2021); **101.5** Nach Hans Kugler, Daniel Schaub in: Manfred Hendl, Herbert Liedtke (Hrsg.): Lehrbuch der Allgemeinen Physischen Geographie. Gotha: Perthes 1997, S. 209; **108.26** Matthias Gebauer: In der Todeszone des Klimawandels.Auf: SPIEGEL Wissenschaft v. 23.4.2007, unter: www.spiegel.de/wissenschaft/natur/bangladesch-in-der-todeszone-des-klimawandels-a-477669.html; **111.6** Jens Oppermann in: scinexx vom 26.03.2003, unter: www.scinexx.de/dossier/gletscher/, geringfügig verändert; **118.4** Gregor. C. Falk, übersetzt und verändert nach: Barbara W. Murck, Brian J. Skinner, Stephen C. Porter: Dangerous Earth. New York: Wiley 1997, S. 173.; **122.16 u.** Geopark Schwäbische Alb e.V.: Blautopf, unter: www.geopark-alb.de/de/Blautopf (Zugriff: 21.07.21); **125.4** Gekürzt nach Beyer, Ingo und Schmidt, Karl-Heinz: Schichtstufenlandschaften. In: Nationalatlas Bundesrepublik Deutschland. Bd. 2. Relief, Boden und Wasser, hrsg. v. Leibniz-Institut für Länderkunde, Heidelberg: Spektrum Akademischer Verlag 2003, S. 84, auch unter: http://archiv.nationalatlas.de/wp-content/art_pdf/Band2_84-87_archiv.pdf; **127.7 o.** Katrin Schüler, Sandsturm-Inferno auf der Autobahn mit vielen Toten, in: WELT v. 8.4.2011, unter: www.welt.de/vermischtes/weltgeschehen/article13117138/Sandsturm-Inferno-auf-der-Autobahn-mit-vielen-Toten.html; **127.7 u.** NABU Schleswig-Holstein (ILu), ‚Schnee-Katastrophen' oft hausgemacht, akt. 14.11.2014, unter: https://schleswig-holstein.nabu.de/natur-und-landschaft/knicks/geschichte/13161.html (Zugriff: 13.02.2021); **129.4** Manfred Stock, Oliver Walkenhorst: Einführung: Klimawandel, Auswirkungen und Unsicherheiten. In: Jörn Birkmann u. a. (Hrsg.): Anpassung an den Klimawandel durch räumliche Planung – Grundlagen, Strategien, Instrumente. E-Paper der ARL Nr. 13. Hannover 2012, S. 10 f.; **130.7** Ministerium für Inneres, Digitalisierung und Migration Baden-Württemberg, Hochwasser- und Georisiken, v. 17.04.2020, unter: www.service-bw.de/lebenslage/-/sbw/Hochwasser+und+Georisiken-5001097-lebenslage-0; **131.10** übers. nach: ICIMOD and SERVIR Applied Sciences Team member contribute lessons learned from the 2015 Gorkha earthquake's induced geohazards, v. 12.05.2016, unter: https://servirglobal.net/Global/Articles/Article/2503/icimod-and-servir-applied-sciences-team-member-contribute-lessons-learned-from; **133.3 u.** dpa, Riesiger Krater in Wohngebiet - Keine Verletzten, dpa-Basisdienst v. 01.11.2010 © dpa Deutsche Presse-Agentur GmbH; **133.4 u.** BearPit Films AG, Das Unglück von Mattmark, unter: www.bearpit.ch/filme/das-unglueck-von-mattmark (Zugriff: 26.05.2021); **145.5** Corioliskraft, unter: www.spektrum.de/lexikon/geographie/corioliskraft/1442; **160.6** Äquatoriale Westwindzone, unter: www.spektrum.de/lexikon/geographie/aequatoriale-westwindzone/428; **168.1** zit. nach: Mathey, J., Rössler, S., Lehmann, I., Bräuer, A., Goldberg, V., Kurbjuhn, C., Westbeld, A., Hennersdorf, J.: Noch wärmer, noch trockener? Stadtnatur und Freiraumstrukturen im Klimawandel. Naturschutz und Biologische Vielfalt 111, Landwirtschaftsverlag, Münster 2011, auch in: Ökosystemleistungen in der Stadt, S. 57, unter: www.ufz.de/export/data/global/190508_TEEB_DE_Stadtbericht_Langfassung.pdf; **176.2** Wasserverband Neufelderseen-Gebiet, unter: https://wasserverband-neufelderseen.at/infothek/kids-corner#&gid=lightbox-group-238&pid=0; **177.6** Wolfram Mauser: Wie lange reicht die Ressource Wasser?: vom Umgang mit dem blauen Gold, Fischer Tb, Frankfurt/Main 2007, S. 56 – 62; **179.11** Bundesanstalt für Geowissenschaften und Rohstoffe (BGR): Strategien für ein nachhaltiges Management nicht-erneuerbaren Grundwassers. Hannover: BGR 2007, S. 2, unter: www.bgr.bund.de/DE/Themen/Wasser/Produkte/Downloads/grundwasser management_nicht_erneuerbar.pdf?__blob=publicationFile&v=3; **180.3** Christian Hartmann, Jürgen Beyer: Begriff Wasser, in: Bundeszentrale für politische Bildung (Hrsg.), Zahlen und Fakten. Globalisierung, v. 01.09.2017, unter: www.bpb.de/nachschlagen/zahlen-und-fakten/globalisierung/52730/wasserverbrauch; **181.5** UN-Weltwasserbericht 2019: Daten und Fakten, unter: www.unesco.de/presse/pressematerial/un-weltwasser bericht-2019-daten-und-fakten; **183.9** Hermann Brünjes: Regierung beschließt Summe für Umsiedlung. Beiträge vom 09.02.2016 und 12.03.2016, unter: www.fmd-online.de/indien/polavaram/news (Zugriff: 15.01.2021); **183.11** Hermann Brünjes: Der Damm, das Geld und Streit der Parteien. FMD v. 17.02.2016, auf: www.fmd-online.de/indien/polavaram/news (Zugriff: 15.01.2021); **184.o.** Text und Abbildung aus: Klimawandel im Süden Deutschlands – Herausforderungen – Anpassungen, hrsg. v. LUBW Landesanstalt für Umwelt, Messungen und Naturschutz Baden-Württemberg, Mai 2017, unter: www.kliwa.de/_download/broschueren/KLIWA-Broschuere-2016-d.pdf, S. 4; **186.3** Walter Schumann: Das Buch der Erde, Bd. 1. München: Lexikographisches Institut 1987, S. 144 f.; **188.1** aiforia, Screenshot zum Wasser-Fußabdruck, unter: http://aquapath-project.eu/calculator-ge/calculator.html (Zugang über: http://aquapath-project.eu/footprint/?lang=de), Zugriff: 27.05.2021; **188.2** Umweltbundesamt: Wasserfußabdruck, v. 25.07.2018, unter: www.umweltbundesamt.de/themen/wasser/wasser-bewirtschaften/wasserfussabdruck#was-ist-der-wasserfussabdruck; **189.7** University of Minnesota, Can We Eat Less Water? The Scale of Agricultural Water Consumption, Übersetzung Text über Grafik: Matthias Scholliers (Autor), unter: www.environmentreports.com/can-eat-less-water/ (Zugriff: 27.05.2021); **191.2** Arundhati Roy (indische Schriftstellerin): The cost of living. London: Flamingo 1999, S. 15 – 16; **202.1** Zusammengestellt nach: Martin Cassel-Gintz, Potsdam-Institut für Klimafolgenforschung e.V.: GIS-geschützte Analyse globaler Muster anthropogener Waldschädigung. Eine sektorale Anwendung des Syndromkonzepts, Potsdam 2001, S. 66 ff, unter: www.pik-potsdam.de/en/output/publications/pikreports/.files/pr71.pdf; **206.2** Nach: www.iucn.org/sites/dev/files/styles/graphics/public/media-uploads/2018/07/examples_of_invasive_alien_species.png?itok=7js28NUP (Zugriff: 15.04.2021); **207.5** WWF Deutschland Berlin, Mangroven: Alleskönner in

Gefahr, v. 18.12.2019, unter: www.wwf.de/themen-projekte/meere-kuesten/schutz-der-kuesten/mangroven (Zugriff: 05.02.2021); **208.1 u.** „Mehr Chaos und Störung zulassen", Interview von Tina Baier mit Josef Settele, auf: SZ.de v. 06.05.2019, unter: www.sueddeutsche.de/wissen/artenschutz-tiere-pflanzen-deutschland-1.4432562; **208.2** „Mehr Chaos und Störung zulassen", Interview von Tina Baier mit Josef Settele, auf: SZ.de v. 06.05.2019, unter: www.sueddeutsche.de/wissen/artenschutz-tiere-pflanzen-deutschland-1.4432562; **209.3** Genbänkle – Netzwerk zur Förderung der Kulturpflanzenvielfalt in Baden-Württemberg e.V., 1. Teil des Textes, unter: www.genbaenkle.de/das-genbaenkle/die-idee/ und 2. Teil des Textes, unter: www.genbaenkle.de/; **224.6** Nach Vageler, Paul (1942): Die Untersuchung tropischer Böden und ihre Auswertung für die Praxis. Berlin: Paul Parey; **226.2** Nach Winfried E.H. Blum: Bodenkunde in Stichworten, 6. Aufl. Berlin u.a.: Borntraeger 2007, S.148; **232.2** Stephan Krall: Was ist nachhaltige Landwirtschaft? Deutsche Gesellschaft für Internationale Zusammenarbeit (GIZ) GmbH (Hrsg.), S.5, unter: www.giz.de/de/downloads/giz2015-de-nachhaltige-landwirtschaft.pdf, Mai 2017; **232.3 u.** Autonome Erntehelfer. In: WirtschaftsWoche v. 10.02.2015. Unter: www.wiwo.de/technologie/digitale-welt/innovationen-auf-dem-hof-autonome-erntehelfer/11346198.html (Zugriff: 05.05.2021); **233.5** Thilo Bergmann: Mit der Drohne gegen Maiszünsler. In: Badische Zeitung v. 05.06.2014, unter: www.badische-zeitung.de/mit-der-drohne-gegen-maiszuensler--87049128.html (Jan. 2017); **233.6** Wolfgang Kempkens: So vernichtet Roboter Bonirob Unkraut. Auf: ingenieur.de v. 16.11.2015, unter: www.ingenieur.de/technik/fachbereiche/landtechnik/so-vernichtet-roboter-bonirob-unkraut/, (Jan. 2017); **234.2** Falk, Gregor C. (2007): Das Experiment. Einstieg in die Erforschung naturgeographischer Themen. In: Praxis Geographie, Heft 1, 2007; **241.7** Berechnet nach Deutsche Stiftung Weltbevölkerung. DSW-Datenreport 2020; **242.2** Claus Christian Malzahn: Gebeutelte Provinz – Siechtum deutscher Dörfer. In: WELT Online v. 22.07.2014, unter: www.welt.de/politik/deutschland/article130409389/Gebeutelte-Provinz-Siechtum-deutscher-Doerfer.html (19.03.2017); **242.3** Nach: DSW-Datenreport 2000 und 2020. CIA World Factbook; **243.5** Arne Perras: Uganda – Die Urzelle. In: Süddeutsche Zeitung v. 29.10.2011, S.V2/4 – 5; **243.6** Nach: DSW-Datenreport 2000 und 2020. CIA World Factbook; **244.2** Berlin-Institut für Bevölkerung und Entwicklung: Es wird enger. Überholt Afrika Asien? Newsletter Ausgabe 228 v. 09.07.2018, unter: www.berlin-institut.org/newsletter/detail/es-wird-enger; **245.3** Berlin-Institut für Bevölkerung und Entwicklung: Es wird enger. Newsletter Ausgabe 228 v. 09.07.2018, unter: www.berlin-institut.org/newsletter/detail/es-wird-enger; **245.6** Ines Possemeyer u. Marlena Waldthausen mit Reiner Klingholz im Interview, Überbevölkerung. Wege aus der Wachstumsfalle, in: GEO 05/2021, S.108; **247.5** Reiner Klingholz, Felix Lill, Joachim Budde: Wachsen und schrumpfen. In: DIE ZEIT Nr. 7/2014 (06.02.2014), unter: www.zeit.de/2014/07/demografie-iran-nigeria-japan-deutschland/; **247.6** Paul Gans: Bevölkerungsgeographie. In: Hans Gebhardt u.a.: Geographie. Spektrum Akademischer Verlag. Heidelberg. 3. Auflage 2019. S.778; **247.8** Reiner Klingholz, Felix Lill, Joachim Budde: Wachsen und schrumpfen. In: DIE ZEIT Nr. 7/2014 (06.02.2014), unter: www.zeit.de/2014/07/demografie-iran-nigeria-japan-deutschland/; **251.5** Nach: Deutsche Stiftung Weltbevölkerung: DSW-Datenreport 2020; **252.5** Alisa Kaps, Alexandra Reinig, Reiner Klingholz: Vom Hungerland zum Hoffnungsträger. Wird Äthiopien zum Vorbild für den afrikanischen Aufschwung? hrsg. v. Berlin-Institut für Bevölkerung und Entwicklung, Berlin, September 2018. S.4, unter: www.berlin-institut.org/studien-analysen/detail/vom-hungerland-zum-hoffnungstraeger; **252.7** Alisa Kaps, Alexandra Reinig, Reiner Klingholz: Vom Hungerland zum Hoffnungsträger. Wird Äthiopien zum Vorbild für den afrikanischen Aufschwung? hrsg. v. Berlin-Institut für Bevölkerung und Entwicklung, Berlin, September 2018. S.4, unter: www.berlin-institut.org/studien-analysen/detail/vom-hungerland-zum-hoffnungstraeger; **253.10** Statistisches Bundesamt: Bevölkerung Deutschlands bis 2060. 14. koordinierte Bevölkerungsvorausberechnung. Wiesbaden 2019, S.9 und 22; **253.11** Bundesinstitut für Bau-, Stadt- und Raumforschung (BBSR): Regionale Disparitäten in der Infrastrukturversorgung. Fachbeitrag Juli 2012; **253.13** Thomas Straubhaar: Der Untergang ist abgesagt. Edition Körber, Körber-Stiftung, Hamburg 2016.; **256.6** Reinhard Stockmann, Ulrich Menzel, Franz Nuscheler: Entwicklungspolitik: Theorien – Probleme – Strategien, Oldenbourg Wissenschaftsverlag, München, 2010, S.298 f.; **257.9** European Commission, 2018; **257.10 o.** BMZ, Die Beschäftigungsoffensive Nahost, unter: www.bmz.de/de/entwicklungspolitik/cash-for-work (Zugriff: 21.06.21); **257.10 u.** BMZ, Beispiele für das deutsche Engagement in Jordanien, unter: www.bmz.de/de/entwicklungspolitik/cash-for-work/beispiel-jordanien-8598 (Zugriff: 21.06.21); **258.12** Die Beauftragte der Bundesregierung für Migration, Flüchtlinge und Integration (Hrsg.): 12. Bericht. 04.12.2019. Drucksache 19/15740, S.10, unter: https://dserver.bundestag.de/btd/19/157/1915740.pdf; **259.13** Michael Roehl: Migranten in Deutschland, Integrieren, Chancen nutzen, auf: Deutschlandfunk. Aus Kultur und Sozialwissenschaften v. 05.06.2014, unter: www.deutschlandfunk.de/migranten-in-deutschland-integrieren-chancen-nutzen.1148.de.html?dram:article_id=288420; **259.14** Die Beauftragte der Bundesregierung für Migration, Flüchtlinge und Integration (Hrsg.): 12. Bericht der Beauftragten der Bundesregierung für Migration, Flüchtlinge und Integration, 04.12.2019. S.144. https://dserver.bundestag.de/btd/19/157/1915740.pdf, Quelle: Statistisches Bundesamt, Sonderauswertung des Mikrozensus; **259.16** Die Beauftragte der Bundesregierung für Migration, Flüchtlinge und Integration (Hrsg.): 12. Bericht der Beauftragten der Bundesregierung für Migration, Flüchtlinge und Integration, 04.12.2019. S.143. https://dserver.bundestag.de/btd/19/157/1915740.pdf, Quelle: Statistisches Bundesamt, Schulstatistik; **260.1 u.** BertelsmannStiftung: Alle Kids sind Vips, Projekt: Deutschnachhilfe für SchülerInnen mit Fluchthintergrund oder Migrationserfahrung, unter: www.allekidssindvips.de/projekte/projektdetail/?view=1439 (Zugriff: 18.06.2021); **260.2** Bertelsmann Stiftung: Alle Kids sind Vips, Projekt: Rap für Menschenrechte, unter: www.allekidssindvips.de/projekte/projektdetail/?view=1386 (Zugriff: 15.07.2021); **260.3** BertelsmannStiftung: Alle Kids sind Vips, Projekt: Deutschnachhilfe für SchülerInnen mit Fluchthintergrund oder Migrationserfahrung, unter: www.allekidssindvips.de/projekte/projektdetail/?view=1439 (Zugriff: 18.06.2021); **260.4** BertelsmannStiftung: Alle Kids sind Vips, Projekt: Rap für Menschenrechte, unter: www.allekidssindvips.de/projekte/projektdetail/?view=1386 (Zugriff: 15.07.2021); **261.5** schule-ohne-rassismus.org (Aktion Courage e. V.), 10 Fragen – 10 Antworten, unter: www.schule-ohne-rassismus.org/mitmachen/weitere-tipps-at/ (Zugriff: 18.06.2021); **261.6** schule-ohne-rassismus.org (Aktion Courage e.V.), So werdet ihr eine Schule ohne Rassismus – Schule mit Courage, unter: www.schule-ohne-rassismus.org/mitmachen/courage-schule-werden/ (Zugriff: 18.06.2021); **269.4** Weichhart, Prof. Dr. Peter: Glocalization – Die Globalisierung und ihre Auswirkungen auf die Regionen. Wien, 2002, S.10 f. – In: Herbert Dachs und Roland Floimair, Hrsg., Salzburger Jahrbuch für Politik 2001. – Salzburg, (Schriftenreihe des Landespressebüros, Sonderpublikationen, Nr. 180), S.9 – 21, auch unter: https://homepage.univie.ac.at/peter.weichhart/Homepage/P198GlocZellDr01KorrA2.pdf; **269.5** Bundesministerium für Wirtschaft und Energie, Clusterplattform Deutschland, Hamburg Aviation, unter: www.clusterplattform.de/CLUSTER/Redaktion/DE/Cluster/go-cluster/hamburg_aviation.html (Zugriff: 02.06.21); **271.4** PricewaterhouseCoopers, Ranking der 100 wertvollsten Unternehmen der Welt 2020, v. 03.06.2020, unter: www.pwc.de/de/kapitalmarktorientierte-unternehmen/ranking-der-100-wertvollsten-unternehmen-der-welt-2020.html; **271.5** eigene Zusammenstellung nach Amazon: Annual Reports, verschiedene Jahrgänge bis 2020; **272.10** la/afp, And the winner is ... Ostküste, Neue Amazon-Hauptquartiere in New York und Washington, AFP-Meldung v. 14.11.2018, unter: www.manager-magazin.de/unternehmen/handel/amazon-hauptquartiere-new-york-und-washington-neue-standorte-a-1238124.html; **272.11** Max-Planck-Gesellschaft zur Förderung der Wissenschaften e.V., (CyberValley), Europas größtes KI-Cluster und Das Cyber-Valley-Ökosystem im Überblick, unter: 1. Teil: https://cyber-valley.de/de/about/ 2. Teil: https://cyber-valley.de/de/ecosystem (Zugriff: 14.06.21); **273.15** Nach: Deutsches Institut für Urbanistik (Hrsg.): Kurzstudie zu kommunalen Standortfaktoren. Berlin 2017. S.12ff; **273.16** Deutsches Institut für Urbanistik (Hrsg.): Kurzstudie zu kommunalen Standortfaktoren. Bearb. v. Detlef Landua, Sandra Wagner-Endres, Ulrike Wolf, Berlin 16.02.2017. S.24, unter: www.kfw.de/PDF/Download-Center/Konzernthemen/Research/PDF-Dokumente-Studien-und-Materialien/KfW_Kurzstudie_Standortfaktoren_final.pdf; **273.17** MORITZ, Das Stadtmagazin: Grüne Welle in der Stadthalle Reutlingen! v. 11.03.2016, unter: www.moritz.de/journal/dies-und-das/spitzenwert-in-der-aktuellen-green-globe-zertifizierung/; **275.5** Nach CIA World Factbook 2020 und anderen Quellen, vor allem GTAI Wirtschaftsdaten kompakt 2020; **276.6** GTAI Germany Trade & Invest, Wachstumsmarkt ASEAN - Chancen in Südostasien, S.4, unter: www.gtai.de/gtai-de/trade/wirtschaftsumfeld/im-fokus/asean/wachstumsmarkt-asean-chancen-in-suedostasien-46602; **277.8** Nach: EU Kommission 2019 und EU-Angaben; **277.9** Nach: EU Kommission 2019; **277.11** Auswärtiges Amt, EU und ASEAN – Partner für gemeinsames Handeln in Europa und Asien, v. 21.01.2019, unter: www.auswaertiges-amt.de/de/aussenpolitik/regionaleschwerpunkte/asien/eu-asean-aussenministertreffen-21-01-19/2179170; **279.9** Europäische Kommission: EU und USA vereinbaren Aussetzung aller Zölle im Zusammenhang mit den Streitigkeiten um Airbus und Boeing v. 05.03.2021, unter: https://ec.europa.eu/commission/presscorner/detail/de/ip_21_1047,; **280.2** Nach: https://de.statista.com/statistik/daten/studie/360581/umfrage/marktanteil-von-biolebensmitteln-in-deutschland/ und www.agrarheute.com; **281.3** Sascha Mattke, Wie Digitalisierung das Klima belastet, in: MIT Technology Review v. 19.03.2019 (Heise Online), unter: www.heise.de/hintergrund/Wie-Digitalisierung-das-Klima-belastet-4339249.html; **285.3** Nach: www.gtai.de/GTAI/Content/DE/Trade/Fachdaten/MKT/2016/11/mkt201611222039_12922_wirtschaftsdaten-kompakt---asean.pdf?v=6, S.3 und 4; **295.3** Nach Thomas Hoffmann u.a.: Unterrichtsbeispiel „Moderne Produktionskonzepte und nachhaltige Entwicklung",auf: https://lehrerfortbildung-bw.de/u_gewi/geographie/gym/bp2004/fb1/aufg/bsp/dst2/nachprinz/, Jan. 2018; **297.5 li.** Joa Bauer, Industrielle Ökologie. Theoretische Annäherung an ein Konzept nachhaltiger Produktionsweisen, Institut für Volkswirtschaftslehre und Recht der Universität Stuttgart 2008, unter: https://elib.uni-stuttgart.de/bitstream/11682/5515/1/Dissertation_Bauer_.pdf; **297.5 re.** Corinna Fischer/ Rainer Grießhammer, Öko-Institut Working Paper 2/2013. Mehr als nur weniger. Suffizienz: Begriff, Begründung und Potenziale, S.7ff. unter: www.oeko.de/oekodoc/1836/2013-505-de.pdf; **297.6 o.** Lexikon der Nachhaltigkeit, Konsistenz, unter: https://redaktion.nachhaltigkeit.info/artikel/konsistenz_2033.htm?sid=18heg46brl5prckqv0849f97k5 (Zugriff: 21.09.20); **297.6 u.** Joa Bauer, Industrielle Ökologie. Theoretische Annäherung an ein Konzept nachhaltiger Produktionsweisen, Institut für Volkswirtschaftslehre und Recht der Universität Stuttgart 2008, S.64, unter: https://elib.uni-stuttgart.de/bitstream/11682/5515/1/Dissertation_Bauer_.pdf; **297.7 o.** Wolfgang Irrek/ Stefan Thomas/ Susanne Böhler/ Meike Spitzner (Wuppertaler Institut für Klima, Umwelt, Energie GmbH), Definition Energieeffizienz, v. Juli 2008, unter: https://wupperinst.org/uploads/tx_wupperinst/energieeffizienz_definition.pdf; **297.7 u.** Mario Schmidt, Die Bedeutung der Effizienz für Nachhaltigkeit –

Chancen und Grenzen, in: Susanne Hartard, Axel Schaffer, Jürgen Giegrich (Hrsg.): Ressourceneffizienz im Kontext der Nachhaltigkeitsdebatte. Nomos-Verlag Baden-Baden, 2008, S. 31–46, auch unter: www.hs-pforzheim.de/fileadmin/user_upload/uploads_redakteur/Forschung/INEC/Dokumente/Team___Publikationen_/Effizienz_Suffizienz.pdf; **299.4** Nach www.overshootday.org, (Zugriff: 27.07.2020); **301.3** Nach Johan Rockström, Mattias Klum: Big World Small Planet. Wie wir die Zukunft unseres Planeten gestalten. Ullstein: Berlin 2016, S. 78; **305.4** HDI. Unter: http://hdr.undp.org/en/data (Zugriff: 28.10.2020, bearb.); Ökolog. Fußabdruck. Unter: http://data.footprintnetwork.org/?_ga=2.265652559.1162257214.1595921827-245365562.1595921827#/ (Zugriff: 28.10.2020, bearb.); **308.4 re.** übers. nach: https://climateactiontracker.org/global/cat-thermometer/; **310.2** Sarah Woodall, URBAN GARDENING – Wie man Grönland grün macht, unter: https://visitgreenland.com/de/artikel/urban-gardening-wie-man-groenland-gruen-macht/ (letzter Zugriff: 16.09.2020); **310.3** Andreas Frey, Warum brannte Australien?, FAZ.NET v. 18.03.2020, unter: www.faz.net/aktuell/wissen/erde-klima/klimawandel-warum-brannteaustralien-16684925.html; **312.7 re.** Eisfreie Arktis – in vielen Sommern, tagesschau.de v. 27.04.2020, unter: www.tagesschau.de/ausland/arktis-klimawandel-eisfrei-101.html; **312.7 u.li.** Jan Oliver Löfken, Das erste Containerschiff bewältigt die Nordostpassage, Technology Review v. 03.01.2019, unter: www.heise.de/hintergrund/Das-erste-Containerschiff-bewaeltigt-die-Nordostpassage-4232227.html; **313.10** Vorläufige Übersetzung, Version vom 8. Mai 20201IPCC-Sonderbericht über den Ozean und die Kryosphäre in einem sich wandelnden Klima(SROCC), v. 08.05.2020, unter: www.de-ipcc.de/media/content/Hauptaussagen_SROCC.pdf; **314.11 li.** Andreas Krebs, Düstere Zukunft für unseren Planeten, TELEPOLIS v. 29.9.2019, unter: www.heise.de/tp/features/Duestere-Zukunft-fuer-unseren-Planeten-4539541.html; **314.12 li.** Joachim Laukemann, Dürre wird zum Normalfall, in: SonntagsZeitung v. 29.07.2018, unter: www.tagesanzeiger.ch/sonntagszeitung/duerre-wird-zum-normalfall/story/23449290; **315.13** Vorläufige Übersetzung, Version vom 8. Mai 2020: IPCC-Sonderbericht über den Ozean und die Kryosphäre in einem sich wandelnden Klima (SROCC), v. 08.05.2020, unter: www.de-ipcc.de/media/content/Hauptaussagen_SROCC.pdf, S. 3; **318.1 li.** Stefan Rahmstorf: Woher die gewaltige Energie des Klimawandels stammt, SPIEGEL Wissenschaft v. 25.01.2020, unter: www.spiegel.de/wissenschaft/mensch/klimawandel-woher-die-gewaltige-energie-der-erderhitzung-stammt-a-692ebf01-faf1-4ffe-828a-16493d24715b; **318.1 re.** Stefan Rahmstorf: Woher die gewaltige Energie des Klimawandels stammt, SPIEGEL Wissenschaft v. 25.01.2020, unter: www.spiegel.de/wissenschaft/mensch/klimawandel-woher-die-gewaltige-energie-der-erderhitzung-stammt-a-692ebf01-faf1-4ffe-828a-16493d24715b; **324.5 u.** Nach, Ralf Jaiser (AWI), Jana Kandarr (ESKP), Wie beeinflusst der Klimawandel den Jetstream? v. 25.10.2019, unter: www.eskp.de/klimawandel/wie-beeinflusst-der-klimawandel-den-jetstream-9351059/; **325.8** Birk Grüling im Interview mit Friederike Otto, Wer ist schuld am Sturm?, in fluter v. v. 22.11.2017, unter: www.fluter.de/extremwetter-als-folge-des-klimawandels; **325.9 re.** Attributing extreme weather to climate change 15.04.2020, unter: www.carbonbrief.org/mapped-how-climate-change-affects-extreme-weather-around-the-world, übers. v. Matthias Scholliers; **326.1** www.bmu.de/gesetz/uebereinkommen-von-paris/ und www.bmu.de/fileadmin/Daten_BMU/Download_PDF/Klimaschutz/paris_abkommen_bf.pdf; **327.3** Nach: www.klimafakten.de/meldung/neue-infografik-macht-ein-halbes-grad-weniger-erderwaermung-einen-unterschied-und-wwf; **330.2** https://scilogs.spektrum.de/klimalounge/files/IPCC-SR15-Table-2.2-1024x643.jpg, übers. v. Matthias Schollier; **332.6** Potsdam Institute for Climate Impact Research (PIK) e.V., Mit einem „Carbon Law" Emissionen bis 2050 auf Netto-Null bringen, Pressemitteilung v. 24.03.2017, unter: www.pik-potsdam.de/de/aktuelles-archiv/pressemitteilungen/use-a-carbon-law201d-to-achieve-net-zero-emissions-by-2050; **337.9** Nach: Monitoring-Bericht zum Klimaschutzgesetz Baden-Württemberg Ministerium für Umwelt, Klima und Energiewirtschaft Baden-Württemberg Juni 2017, S. 139 f. unter: https://um.baden-wuerttemberg.de/fileadmin/redaktion/m-um/intern/Dateien/Dokumente/2_Presse_und_Service/Publikationen/Klima/20170705_Monitoringbericht_zum_Klimaschutzgesetz_Teil1_Klimafolgen_und_Anpassung.pdf; **337.10** Nach: Monitoring-Bericht zum Klimaschutzgesetz Baden-Württemberg Ministerium für Umwelt, Klima und Energiewirtschaft Baden-Württemberg Juni 2017, S. 130 ff., unter: https://um.baden-wuerttemberg.de/fileadmin/redaktion/m-um/intern/Dateien/Dokumente/2_Presse_und_Service/Publikationen/Klima/20170705_Monitoringbericht_zum_Klimaschutzgesetz_Teil1_Klimafolgen_und_Anpassung.pdf; **338.12** Lars Pennig, Infoblatt Agenda 21, unter: www.klett.de/alias/1015520; **339.14** Stadt Heidelberg, Heidelberg, 25 Jahre nach Rio: Global denken, lokal handeln, v. 20.11.2017, unter: www.heidelberg.de/hd/HD/Leben/m_20_11_2017+heidelberg_+25+jahre+nach+rio_+global+denken_+lokal+handeln.html; **341.3** ergänzt nach: Greenpeace e.V., Sparen Sie sich das!, 10 Tipps, was Sie für das Klima tun können, unter: www.greenpeace.de/themen/klimawandel/klimaschutz/die-zehn-wichtigsten-tipps-was-sie-fuer-das-klima-tun-koennen (Zugriff: 21.09.2020); **347.4** I love New York – Text: Steve Karmen © Elsmere-Music Inc.; **347.5** Deutsche Stiftung Weltbevölkerung (Hrsg.): Weltbevölkerungsbericht 2007. Hannover 2007, S. 7–8; **351.7** Heinz Heineberg: Stadtgeographie. Paderborn: Verlag Ferdinand Schöningh. 5. Auflage 2017, S. 28; **354.2** Richard Obernosterer und Wolfgang Punz: Der „Stoffwechsel" der Stadt: Was fließt hinein, was strömt hinaus und was wird gespeichert? In: Roland Berger und Friedrich Ehrendorfer (Hg.): Ökosystem Wien. Böhlau Verlag Wien – Köln – Weimar. 2011. S. 605; **354.3** www.umweltbundesamt.de/daten/flaeche-boden-landoekosysteme/boden/bodenversiegelung#textpart-1 (November 2019); **355.4** Umweltbundesamt: Bodenversiegelung (Stand 25.06.2019), unter: www.umweltbundesamt.de/daten/flaeche-boden-land-oekosysteme/boden/bodenversiegelung; **356.2** Christine Buth: Mexiko-Stadt. In: Planet Wissen vom 14.07.2020, unter: www.planet-wissen.de/kultur/metropolen/mexiko_stadt_mega_city_vor_mega_herausforderung/index.html; **358.2** Heinz Heineberg: Stadtgeographie. Paderborn: Schöningh: 2017. S. 35/36; **359.4** Sonja Ernst: Lagos. Hyperwachstum – ungebremst und informell. Dossier Megastädte v. 19.10.2006, hrsg. v. Bundeszentrale für politische Bildung, unter: www.bpb.de/internationales/weltweit/megastaedte/64606/lagos?p=all; **359.5** Alastair Leithead: The City that won't Stopp growing. In: BBC NEWS v. 21.08.2017, unter: www.bbc.co.uk/news/resources/idt-sh/lagos (Zugriff: 25.05.2021); **359.6** Stephen Smith: Nigeria – Rette sich wer kann, in: Neue Zürcher Zeitung v. 25.02.2019, unter: www.nzz.ch/folio/nigeria-rette-sich-wer-kann-ld.1623088; **360.2** Karl Vorlaufer: Südostasien. Darmstadt: Wissenschaftliche Buchgesellschaft 2018. S. 97; **362.2** Michaela Vieser, Phönix aus der Asche, auf: Deutschlandfunk Kultur v. 02.04.2014, unter: www.deutschlandfunkkultur.de/phonix-aus-der-asche-zeitreise-von-michaela-vieser.media.b5c1e3de497fbd0e0bad04009bf84d09.pdf; **362.3** Kathrin Werner: Stadt aus Stahl, SZ.de v. 06.11.2015, unter: www.sueddeutsche.de/wirtschaft/report-stadt-aus-stahl-1.2725137; **362.5** Kathrin Werner: Stadt aus Stahl. In: Süddeutsche Zeitung vom 06.11.2015, unter: www.sueddeutsche.de/wirtschaft/report-stadt-aus-stahl-1.2725137, Feb. 2018; **363.6** Ullrich Mann: Auf Mission. Markets International v. Mai 2019, unter: www.marketsinternational.de/auf-mission/; **363.8 u.** Pittsburgh Region, Living in Pittsburgh, Dream Bigger. Live Better, unter: https://pittsburghregion.org/living-in-pittsburgh/ (Zugriff: 04.06.2021); **363.9 u.** Phipps: Center for Sustainable Landcapes, unter: www.phipps.conservatory.org/green-innovation/at-phipps/center-for-sustainable-landscapes-greenest-building-museum-garden-in-the-world, Übersetzer: Matthias Scholliers (Autor); **363.10** Dream Bigger. Live Better., unter: https://pittsburghregion.org/living-in-pittsburgh/; **364.11** Stephanie Kowalewski, Strukturwandel im Ruhrgebiet. Duisburg gibt nicht auf, Deutschlandfunk Kultur. Zeitfragen v. 12.06.2018, unter: www.deutschlandfunkkultur.de/strukturwandel-im-ruhrgebiet-duisburg-gibt-nicht-auf.976.de.html?dram:article_id=420198; **364.15 u.** IN4climate.NRW, Best Practice, Carbon2Chem, unter: www.in4climate.nrw/best-practice/projekte/2019/carbon2chem/ (Zugriff: 04.06.2021); **365.17** Stefan Endell: Der Grüngürtel in Duisburg-Bruckhausen ist endlich fertig. In: Der WESTEN v. 11.05.2016, unter: www.derwesten.de/staedte/duisburg/der-gruenguertel-in-duisburg-bruckhausen-ist-endlich-fertig-id11814777.html; **365.18** Andreas Pilger, 24.01.2021, https://thingstodo.nrw; **365.20** Stephanie Kowalewski, Duisburg gibt nicht auf, Deutschlandfunk Kultur v. 12.06.2018, unter: www.deutschlandfunkkultur.de/strukturwandel-im-ruhrgebiet-duisburg-gibt-nicht-auf.976.de.html?dram:article_id=420198; **367.3** Martin Haar: Droht das Ende der Einkaufsmeile?, Stuttgarter Zeitung v. 09.08.2019, auch unter: www.stuttgarter-zeitung.de/inhalt.koenigstrasse-in-stuttgart-droht-das-ende-der-einkaufsmeile.5d5fa2a3-4792-4228-8e2b-f201515ae1a0.html?reduced=true; **369.4** Christoph Gehring: Ruhr.2010: Kulturhauptstadt Europas mit sprödem Charme, Deutschlandfunk Kultur v. 01.01.2010 auf: www.deutschlandfunkkultur.de/ruhr-2010-kulturhauptstadt-europas-mit-sproedem-charme.1013.de.html?dram:article_id=169963; **369.6** Heinz Heineberg: Stadtgeographie. Paderborn: Ferdinand Schöningh 2017. S. 418–419; **370.1** Heinz Fassmann: Stadtgeographie I. Braunschweig: Westermann 2009, S. 183–187; **371.4** Ernst Brunotte u.a. (Hrsg.): Lexikon der Geographie. Heidelberg, Berlin: Spektrum Akademischer Verlag 2002; **372.3** Martin Kronauer: Gentrifizierung – Ursachen, Formen und Folgen, Dossier. Stadt und Gesellschaft v. 09.07.2018, unter: www.bpb.de/politik/innenpolitik/stadt-und-gesellschaft/216871/gentrifizierung-ursachen-formen-und-folgen?p=all; **373.6 o.** Senatsverwaltung für Stadtentwicklung und Wohnen (Anka Stahl): Das Fördergebiet Prenzlauer Berg. (Stand Mai 2019), unter: www.stadtentwicklung.berlin.de/staedtebau/foerderprogramme/nachhaltige-erneuerung/Prenzlauer-Berg.12.0.html; **373.6 u.** Inna Hartwich: Berlins großes Missverständnis. In: Neue Zürcher Zeitung v. 31.01.2017, unter: www.nzz.ch/international/prenzlauer-berg-berlins-grosses-missverstaendnis-ld.142678; **374.8** Marcel Helbig, Stefanie Jähnen: Wie brüchig ist die soziale Architektur unserer Städte? Discussion Paper P 2018–001, Berlin, WZB, Mai 2018. S. 1, auch unter: https://bibliothek.wzb.eu/pdf/2018/p18-001.pdf; **375.10** Peter Stolterfoht: Stuttgart – Viele Deutschtürken fühlen sich missverstanden, in: Stuttgarter Zeitung v. 20.07.2018, unter: www.stuttgarter-zeitung.de/inhalt.deutschtuerken-in-stuttgart-stolz-und-vorurteil.c9fd92c9-c697-4165-af2b-2d37922feecc.html; **376.14** Jürgen Bähr, Ulrich Jürgens: Stadtgeographie II. Regionale Stadtgeographie. Westermann, Braunschweig 2009. S. 294–295; **376.15** Jürgen Bähr, Ulrich Jürgens: Stadtgeographie II. Regionale Stadtgeographie. Westermann, Braunschweig 2009. S. 296–297; **376.16** Jürgen Bähr, Ulrich Jürgens: Stadtgeographie II. Regionale Stadtgeographie. Westermann, Braunschweig 2009. S. 295–296; **377.17** leicht verändert nach: Axel Borsdorf: Lateinamerika – Globalisierung und Stadtentwicklung. In: Politisches Lernen 3–4, 2008; **379.3** Sean Ross, New York's Economy: The 6 Industries Driving GDP Growth, Investopedia from Jun 25, 2019, under: www.investopedia.com/articles/investing/011516/new-yorks-economy-6-industries-driving-gdp-growth.asp; **379.5** QS, New York, Best Student Cities ranking: 19th, from Jul 31, 2019, under: www.topuniversities.com/university-rankings-articles/qs-best-student-cities/new-york; **380.7** Werner Kemper, Wirtschaftsstruktur – Singapur, Germany Trade and Invest v. Juli 2018, unter: www.gtai.de/gtai-de/trade/wirtschaftsumfeld/wirtschaftsstruktur/singapur/wirtschaftsstruktur-singapur-14586; **380.8** Werner Kemper, Wirtschaftsstruktur – Singapur, Germany Trade and Invest v. Juli 2018, unter: www.gtai.de/gtai-de/trade/wirtschaftsumfeld/wirtschaftsstruktur/singapur/wirtschaftsstruktur-singapur-14586; **381.9** Claudia Finner, Singapur: Bildung und Wissenschaft, unter: www.daad.de/de/laenderinformationen/asien/singapur/ueberblick-bildung-und-wissenschaft/ (Zugriff: 30.09.2020); **381.10** Deutsche Botschaft Singapur, Kunst und Kultur in Singapur, unter: https://singapur.diplo.de/sg-de/themen/willkommen/willkommen-in-singapur/1262852#content_17 (Zugriff: 30.09.2020); **381.13** www.weltexporte.de/unternehmen-singapur/; **382.1** Landeshauptstadt Stuttgart, Amt für Umweltschutz, Abt. Stadtklimatologie: Auswirkungen des Wärmeinseleffekts; (Okt. 2019), unter: www.stadtklima-stuttgart.de/index.php?klima_waerme insel_auswirkungen; **384.2** dpa, Umwelthilfe will Fahrverbote für fast alle Diesel ab 2018, dpa-Meldung v. 24.02.2017 © dpa Deutsche Presse-Agentur GmbH; **384.3** Landeshauptstadt Stuttgart, Warum hat es den Feinstaubalarm gegeben?, unter: https://feinstaubalarm.stuttgart.de/item/show/584398 (Zugriff: 14.06.2021); **384.4** Landeshauptstadt Stuttgart, Luftqualität, unter: www.stuttgart.de/leben/umwelt/luft/luftqualitaet.php; **385.5** Landeshauptstadt Stuttgart, Was steckt hinter den Diesel-Verkehrsverboten?, unter: https://diesel-verkehrsverbot.stuttgart.de/item/show/668796 (Zugriff: 04.06.2021); **385.7** Umweltbundesamt: Umweltzonen in Deutschland v. 01.11.2020, unter: www.umweltbundesamt.de/themen/luft/luftschadstoffe/feinstaub/umweltzonen-in-deutschland#6-welche-kraftfahrzeuge-erhalten-welche-feinstaubplakette; **386.2** Annika Franck: Hurrikan Katrina. In: Planet Wissen vom 12.12.2019, unter: www.planet-wissen.de/natur/naturgewalten/stuerme/pwiehurrikankatrina100.html; **387.5** Wera Wojtkiewicz: Infoblatt Hurrikan Katrina. Klett Geographie Infothek 18.05.2012, TERRASSE online © Ernst Klett Verlag, unter: www.klett.de/sixcms/detail.php?template=terrasse_artikel__layout__pdf&art_id=1015980; **387.6** Nach: Sebastian Mitulla: Case Study – Großstädte und Klimawandel. Institut of Geography Humboldt Universität Berlin, WS 2009/2010, unter: www.pik-potsdam.de/en/institute/departments/climate-resilience/research/urban-transformations/teaching/referate/sebastian-mitulla; **387.7** Eberhard Pyritz: Land unter im Mississippi-Delta – Totengräber Klimawandel?! In: TERRASSE online v. 15.11.2016 © Ernst Klett Verlag, unter: www.klett.de/alias/1105894; **388.8** Gerhard Klas: Endstation Dhaka. In: der Freitag vom 05.04.2011, unter: www.freitag.de/autoren/der-freitag/endstation-dhaka; **389.12** Christiane Grefe: Metropole Dhaka – Willkommen im Chaos. In: DIE ZEIT Nr. 15/2013 (04.04.2013), auch unter: www.zeit.de/2013/15/megacity-dhaka-urbanisierung (Juli 2016); **389.13** Wolfgang Kron: Die fast übersehene Katastrophe. Münchener Rückversicherungs-Gesellschaft v. 04.01.2018, unter: www.munichre.com/topics-online/de/climate-change-and-natural-disasters/natural-disasters/floods/huston-flooding-overshadowes-asian-floodings-2018.html; **389.14 re.** Nach Sonja Ernst: Dhaka – Das Zentrum Bangladeschs. Dossier Megastädte v. 24.08.2006, unter: www.bpb.de/internationales/weltweit/megastaedte/64489/dhaka, Juni 2011, 2015 ergänzt; **389.15** Jan Gruss: Bevölkerung in den Slums von Bangladesch stärken. v. 14.09.2017, In: Städtewachstum als eine Folge von Klimawandel und Überbevölkerung – Mediendienst 9/2017, auch unter: www.caritas.ch/de/artikel/blog/bevoelkerung-in-den-slums-von-bangladesch-staerken.html?no_cache=1; **389.16** Boris Braun, Risikoraum Dhaka, Bauwelt 48.2011, unter: www.bauwelt.de/themen/Risikoraum-Dhaka-Risikoraum-Dhaka-Ueberschwemmung-Flussdelta-Klimawandel-2098696.html; **392.2** www.arcadis.com; **392.3** Heinz Heineberg: Stadtgeographie. Ferdinand Schöningh: Paderborn. 2017. S. 142 – 144; **394.10** Council of Europe, Copenhagen, Denmark – Intercultural City, unter: www.coe.int/en/web/interculturalcities/copenhagen; **394.12** Nadja Kriewald: Wie Kopenhagen Klimaneutral werden will. n-tv Panorama vom 10.09.2019, unter: www.n-tv.de/panorama/Wie-Kopenhagen-klimaneutral-werden-will-article21196916.html; **395.14** Wie baut man Wohnungen im Ausland?, unter: www.haus.de/bauen/wie-baut-man-wohnungen-im-ausland; **395.15** Kooperation international, Greater Copenhagen, unter: www.kooperation-international.de/laender/hightech-regionen/greater-copenhagen/ (Zugriff: 14.10.2020); **395.17** Kai Strittmatter: Blaupause für die Fahrradstadt. In: Süddeutsche Zeitung v. 16.01.2019, unter: www.sueddeutsche.de/wirtschaft/kopenhagen-blaupause-fuer-die-fahrradstadt-1.4290142; **396.20** Stadt Wien, Die erste Klimaangepasste Straße Wiens, unter: https://smartcity.wien.gv.at/site/kuehle-meile-zieglergasse/ (Zugriff: 30.09.2020); **396.21** Stadt Wien, Freiraumnetz Wien – Fachkonzept Grün- und Freiraum, unter: www.wien.gv.at/stadtentwicklung/strategien/step/step2025/fachkonzepte/gruen-freiraum/freiraumnetz/index.html (Zugriff: 30.09.2020); **396.22** Stadt Wien, Trends, Herausforderungen und Ziele – Öffentlicher Raum, unter: www.wien.gv.at/stadtentwicklung/architektur/oeffentlicher-raum/nutzung-trends-gestaltung.html (Zugriff: 14.10.2020); **396.23** Fonds Soziales Wien, Buddy-System, unter: www.wiener-wege-zur-inklusion.at/buddy-system/ (Zugriff: 30.09.2020); **397.24** Stadt Wien, Handlungsfeld „Öffentlicher Raum" – Fachkonzept Mobilität, unter: www.wien.gv.at/stadtentwicklung/strategien/step/step2025/fachkonzepte/mobilitaet/handlungsfelder/oeffentlicher-raum.html (Zugriff: 30.09.2020); **397.27** Stadt Wien, Fachkonzept Energieraumplanung – STEP 2025, unter: www.wien.gv.at/stadtentwicklung/strategien/step/step2025/fachkonzepte/energieraumplanung/ (Zugriff: 30.09.2020); **397.29** Srdjan Govedarica, Warum Wiener günstig wohnen, Deutschlandfunk. Wirtschaft und Gesellschaft v. 20.09.2018, unter: www.deutschlandfunk.de/sozialer-wohnungsbau-warum-wiener-guenstig-wohnen.769.de.html?dram:article_id=428615; **397.30** Stadt Wien, Gesicherter Platz für die Wiener Wirtschaft – Fachkonzept „Produktive Stadt", unter: www.wien.gv.at/stadtentwicklung/strategien/step/step2025/fachkonzepte/fachkonzept-produktive-stadt.html (Zugriff: 30.09.2020); **398.3** Eva Wolfangel, Wie intelligent darf die Stadt der Zukunft sein?, Spektrum.de v. 29.07.2015, unter: www.spektrum.de/news/wie-intelligent-darf-die-stadt-der-zukunft-sein/1358136 Nutzung genehmigt durch Spektrum der Wissenschaft Verlagsgesellschaft mbH, Heidelberg 2020; **398.4** Alanus von Radecki, Financing the Smart City – was sind die Daten wert? Fraunhofer IAO Social Media v. 11.09.2017, unter: https://blog.iao.fraunhofer.de/financing-the-smart-city-was-sind-die-daten-wert/; **399.6** Zusammengestellt nach: https://dabei.digitalstadt-darmstadt.de/digitalstadt/de/flexPrjList/51535; **399.7** bee smart city GmbH Wiesenstraße 35 45473 Mülheim an der Ruhr, Januar 2019, S. 12; **414.3** Gekürzt nach: Der Paritätische Armutsbericht 2019, unter: www.der-paritaetische.de/schwerpunkt/armutsbericht/; **419.6** Auszug aus: Ian Bremmer, Us vs. them. the failure of globalism, Portfolio/Penguin, New York 2018; **423.3** gekürzt nach: Pedro Morazán, 10—Migration und Flucht in Zeiten der Globalisierung, in: Großbaustelle Nachhaltigkeit. Deutschland und die globale Nachhaltigkeitsagenda. 2017, S. 131, auch unter: www.2030report.de/de/bericht/1400/kapitel/10-migration-und-flucht-zeiten-der-globalisierung; **426.3** Nach: www.spektrum.de/lexikon/geographie/entwicklungstheorie/2082; **435.7** Bundesministerium für wirtschaftliche Zusammenarbeit und Entwicklung, Entwicklungszusammenarbeit oder Entwicklungshilfe?, unter: www.checkdeinewelt.de/wissen/e/entwicklungszusammenarbeit/index.jsp (Zugriff: 02.10.2020); **436.3** Nach: Deutsche Gesellschaft für Internationale Zusammenarbeit (GIZ) GmbH, Competitive Cashew Initiative (ComCashew), unter: www.giz.de/de/weltweit/19011.html (Zugriff: 02.10.2020); **437.5** Nach: www.gruener-knopf.de/gruener-knopf.html, www.gruener-knopf.de/kriterien.html und www.bmz.de/de/themen/textilwirtschaft/gruener_knopf/index.html; **437.o.re** Der Grüne Knopf. Unser Zeichen für Verantwortung, unter: www.gruener-knopf.de/gruener-knopf.html (Zugriff: 02.10.2020); **437.o.re.** Der Grüne Knopf. Unser Zeichen für Verantwortung, unter: www.gruener-knopf.de/gruener-knopf.html (Zugriff: 02.10.2020); **438.3** Nach: Deutsche Gesellschaft für Internationale Zusammenarbeit (GIZ) GmbH, Gleichberechtigung und Frauenrechte fördern, unter: www.giz.de/de/weltweit/65544.html (Zugriff: 02.10.2020); **439.5** Nach: Gegen Ausgrenzung: Arbeit für Arme und Landlose, unter: www.bmz.de/de/themen/2030_agenda/deutscher_beitrag/fallstudien/fallstudie_nepal_wirtschaft/index.html (Zugriff: 02.10.2020); **439.7** Nach: www.giz.de/de/weltweit/37953.html und www.giz.de/de/weltweit/73447.html; **440.3** Nach: Deutsche Gesellschaft für Internationale Zusammenarbeit (GIZ) GmbH, Proklima – Weltweite Förderung von umweltfreundlichen und energieeffizienten Kühltechnologien, unter: www.giz.de/de/weltweit/71271.html (Zugriff: 02.10.2020); **441.4** Seychelles News Agency (Daniel Laurence), Keeping it green and chilly: Refrigerator techs must be certified, Seychelles says, from 22.10.2018, unter: www.seychellesnewsagency.com/articles/9935/%20Keeping+it+green+and+chilly+Refrigerator+techs+%C2%ACmust+be+certified%2C+Seychelles+says; **442.2** nach: Stiftung Entwicklungs-Zusammenarbeit Baden-Württemberg (SEZ), Future Fashion, unter: https://sez.de/themen/fair-handeln/future-fashion (Zugriff: 02.10.2020); **443.4** Amber Foundation, APROLMA – honduranische Frauenkooperative für Kaffee, unter: www.amberfoundation.de/index.php?id=40 (Zugriff: 02.10.2020); **443.6** Amber Foundation, Einkommensdiversifizierung indigener Gemeinschaften in Wayanad/Kerala, Indien, unter: www.amberfoundation.de/index.php?id=40 (Zugriff: 02.10.2020); **444.1** Leicht gekürzt nach: Engagement Global, 17 Ziele für eine nachhaltige Entwicklung, unter: https://17ziele.de/artikel/detail/nimms-persoenlich.html (Zugriff: 02.10.2020); **445.4** Leicht gekürzt nach: Fridays for Future, Unsere Forderungen an die Politik, unter: https://fridaysforfuture.de/forderungen/ (Zugriff: 02.10.2020); **446.6 u.** Förderverein Ökologische Freiwilligendienste (FÖF) e.V., Eigendarstellung, unter: https://foej.de/ (Zugriff: 02.10.2020); **446.7 u.** Gekürzt nach: Freiwilliges Soziales Jahr: Was ist ein FSJ?, unter: https://ich-will-fsj.de/informiere-dich/was-ist-ein-fsj (Zugriff: 02.10.2020); **447.10** Gekürzt nach: weltwärts, unter: www.weltwaerts.de/de/startseite.html (Zugriff: 02.10.2020); **449.3** Leicht verändert nach: Bilanz der Entwicklungspolitik. In: Paul Kevenhörster, Politikwissenschaft. VS Verlag für Sozialwissenschaften, Wiesbaden 2006, S. 135 f., auch unter: https://doi.org/10.1007/978-3-531-90035-3_4;

Bilder

Cover.o. ShutterStock.com RF, New York (Yossef Zilberman); **Cover.u.** Bundesgartenschau Heilbronn 2019 GmbH, Heilbronn (Jürgen Häffner); **10.1** Google Earth. Data SIO, NOAA, U.S. Navy, NGA, GEBCO; Image Landsat/Copernicus; Image IBCAO. ©2020 Google LLC, used with permission. Google and the Google logo are registered trademarks of Google LLC., Mountain View, CA 94043; **12.3** ShutterStock.com RF, New York (CatwalkPhotos); **15.10** Getty Images, München (Getty Images News/Ulet Ifansasti); **18.1** Alamy stock photo, Abingdon (g. thielmann); **19.2** Hoffmann, Dr. Thomas, Lauf; **20.3** Alamy stock photo, Abingdon (g.thielmann); **20.4** Hoffmann, Dr. Thomas, Lauf; **22.1** Alamy stock photo, Abingdon (g. thielmann); **22.2** Hoffmann, Dr. Thomas, Lauf; **23.3** Alamy stock photo, Abingdon (g.thielmann); **23.4** Hoffmann, Dr. Thomas, Lauf; **24.5** Alamy stock photo, Abingdon (g. thielmann); **24.6** Hoffmann, Dr. Thomas, Lauf; **25.7** Alamy stock photo, Abingdon (g.thielmann); **25.8** Hoffmann, Dr. Thomas, Lauf; **26.9** Alamy stock photo, Abingdon (g. thielmann); **26.10** Hoffmann, Dr. Thomas, Lauf; **27.11** Alamy stock photo, Abingdon (g.thielmann); **27.12** Hoffmann, Dr. Thomas, Lauf; **28.13** Alamy stock photo, Abingdon (g.thielmann); **28.14** Hoffmann, Dr. Thomas, Lauf; **30.1** Alamy stock photo, Abingdon (Paralaxis); **33.7** stock.adobe.com, Dublin (paradoxel); **34.1** Picture-Alliance, Frankfurt/M. (Jens Wolf); **34.2** gemeinfrei (Leo Bagrow und Raleigh A. Skelton: Meister der

Kartographie. 6. Aufl. Berlin: Gebr. Mann 1994); **36.1** akg-images, Berlin (euroluftbild.de / Mario Hagen); **36.2** ShutterStock.com RF, New York (THINK A); **37.3** Alamy stock photo, Abingdon (Debbie Hill); **37.6** Northwest Passage Project, Chevy Chase, MD (Camera: Duncan Clark); **38.1** ShutterStock.com RF, New York (MK Majid); **40.1** Picture-Alliance, Frankfurt/M. (Lefteris Karagiannopoulos / Reuters); **44.1** Edmaier, Bernhard, Ampfing; **45.2** ShutterStock.com RF, New York (muratart); **49.4 li.** Picture-Alliance, Frankfurt/M. (Armin Weigel); **53.9** ullstein bild, Berlin (Granger); **61.36** Shutter Stock.com RF, New York (Zamir Popat); **63.3** Getty Images, München (Woohae Cho); **65.10** imago images, Berlin (Stefan Trappe); **66.12** Alamy stock photo, Abingdon (Diana Meister); **67.16 o.** ddp media GmbH, Hamburg (zastavkin); **71.6** Picture-Alliance, Frankfurt/M. (Arne Dedert); **76.1** Prof. Dr. Gregor C. Falk, Denzlingen; **76.2** ShutterStock.com RF, New York (movit); **78.3** Picture-Alliance, Frankfurt/M. (AP Photo / Moises Castillo); **79.5A** Picture-Alliance, Frankfurt/M. (ZB/ euroluftbild.de/Martin Elsen); **79.5B** stock.adobe.com, Dublin (Animaflora PicsStock); **79.5C** Picture-Alliance, Frankfurt/M. (Westend61/Holger Spiering); **79.5D** Alamy stock photo, Abingdon (Uwe Grün); **82.1** Alamy stock photo, Abingdon (Brother Luck); **82.3** BPK, Berlin (Scala); **83.4** ullstein bild, Berlin (ullstein Bild); **83.7** Getty Images Plus, München (Thomas Barwick); **84.8** laif, Köln (Christian Heeb); **84.9** ullstein bild, Berlin (Lineair); **84.10** stock.adobe.com, Dublin (contributor_aerial); **85.13** Google Earth, Image Landsat/Copernicus; **86.1** Alamy stock photo, Abingdon (Universal Images Group North America LLC / DeAgostini); **87.3 o.** Rother, Lothar, Schwäbisch Gmünd; **87.3 u.** Nolzen, Heinz, Stegen; **88.5** Brodengeier, Dr. Egbert, Lichtenberg; **88.6** Rausch, Marion, Linsenhofen; **89.7** Rausch, Marion, Linsenhofen; **90.1** Alamy stock photo, Abingdon (aerial-photos.com); **90.2** Alamy stock photo, Abingdon (Georg Berg); **91.5** ShutterStock.com RF, New York (Krishna8412); **91.6** NASA, Washington , D.C.; **92.1** Getty Images Plus, München (Paul Souders); **94.6** Picture-Alliance, Frankfurt/M. (Ufficio Stampa / Istituto Nazionale di Vulcanologia / ANSA); **94.9** ShutterStock.com RF, New York (13threephoto-graphy); **95.12** stock.adobe.com, Dublin (Markus Keller); **95.14** https://creativecommons.org/licenses/by-sa/4.0/ deed.de, Mountain View (Kauk0r); CC-BY-SA-4.0 Lizenzbestimmungen: https://creativecommons.org/ licenses/by-sa/4.0/legalcode; **98.6 o.** F1online digitale Bildagentur, Frankfurt (All Canada Photos); **99.10** Landesmedienzentrum Baden-Württemberg, Stuttgart (Lutz Hecker); **100.1** stock.adobe.com, Dublin (wiw); **102.7** Prof. Dr. Gregor C. Falk, Denzlingen; **102.9** NASA, Washington , D.C.; **104.12** Picture-Alliance, Frankfurt/M.; **104.13 o.** stock.adobe.com, Dublin (Andy Nowack); **104.13 u.** Prof. Dr. Gregor C. Falk, Denzlingen; **104.15** Alamy stock photo, Abingdon (3QuarksMedia); **105.16** Johannes Mejer / PD; **106.19** ESA/Envisat – CC BY-SA IGO 3.0; CC-BY-SA-4.0 Creative Commons Weitergabe unter gleichen Bedingungen + Namensnennung, Mountain View; CC-BY-SA-4.0 Lizenzbestimmungen: https:// creativecommons.org/licenses/by-sa/4.0/legalcode; **106.20** Google Earth, Image Landsat/Copernicus. ©2020 Google LLC, used with permission. Google and the Google logo are registered trademarks of Google LLC., Mountain View, CA 94043; **107.21** Getty Images, München (Mike Hewitt); **108.25 A** Prof. Dr. Gregor C. Falk, Denzlingen; **108.25 B** Prof. Dr. Gregor C. Falk, Denzlingen; **108.25 C** Prof. Dr. Gregor C. Falk, Denzlingen; **109.27** Getty Images, München (Jeff Holt / Bloomberg); **109.28** NASA, Washington , D.C.; **110.1** Action Press GmbH, Hamburg (Exklusivepix Media); **110.3** Prof. Dr. Gregor C. Falk, Denzlingen; **110.5** stock.adobe.com, Dublin (bill_17); **112.8** Alfred-Wegener-Institut, Bremerhaven (Stefan Hendricks); **113.12** Prof. Dr. Gregor C. Falk, Denzlingen; **114.14** Prof. Dr. Gregor C. Falk, Denzlingen; **114.15** Alamy stock photo, Abingdon (Hans Blossey); **116.17** Shutter Stock.com RF, New York (zebra0209); **116.18** Picture-Alliance, Frankfurt/M. (Dr. Hinrich Bäsemann / OKAPIA); **116.19** Alamy stock photo, Abingdon (Natural History Archive); **117.23** Alamy stock photo, Abingdon (Arndt Sven-Erik); **118.3** Enkelmann, Reiner, Filderstadt; **119.5** ShutterStock.com RF, New York (Sunil Onamkulam); **119.6 o.** ShutterStock.com RF, New York (aphotostory); **119.7** Prof. Dr. Gregor C. Falk, Denzlingen; **120.8** ShutterStock. com RF, New York (fritz16); **121.14** Getty Images Plus, München (OlyaSolodenko); **122.16 o.** Getty Images Plus, München (Naman Sukhija); **123.17** Enkelmann, Reiner, Filderstadt; **123.18** Enkelmann, Reiner, Filderstadt; **124.1** Schweizer, Jelena, Freiburg; **126.1** Rother, Lothar, Schwäbisch Gmünd; **126.3 u.li.** Wilhelmi, Prof. Dr. Volker, Wackernheim; **126.3 u.m.** Mauritius Images, Mittenwald (Thonig); **126.3 u.re.** Getty Images RF, München (PhotoDisc); **127.6** ullstein bild, Berlin (Jens Köhler); **129.2** Picture-Alliance, Frankfurt/M.; **129.3** Picture-Alliance, Frankfurt/M. (Anze Petkovsek / Zurnal24 / PIXSELL); **130.5** Prof. Dr. Gregor C. Falk, Denzlingen; **130.6** Picture-Alliance, Frankfurt/M. (AP Photo / Victor Ruiz Caballero); **131.10 o.li.** imago images, Berlin (ZUMA Press); **132.1** laif, Köln (Terence Spencer / CAMERA PRESS); **133.2** Getty Images, München (Gorm Kallestad); **133.3 o.** Picture-Alliance, Frankfurt/M. (AP Photo / Jens Meyer); **133.4 o.** Alamy stock photo, Abingdon (360b); **134.1 li.** Rausch, Marion, Linsenhofen; **134.1 m.** stock. adobe.com, Dublin (Thomas Reimer); **134.1 re.** Alamy stock photo, Abingdon (Jean-Yves Grospas); **135.2 li.** Prof. Dr. Gregor C. Falk, Denzlingen; **135.2 re.** Prof. Dr. Gregor C. Falk, Denzlingen; **135.3** Prof. Dr. Gregor C. Falk, Denzlingen; **136.1** Getty Images, München (Space Frontiers); **138.2** NASA Goddard Space Flight Center Image by Reto Stöckli (land surface, shallow water, clouds). Enhancements by Robert Simmon (ocean color, compositing, 3D globes, animation).; **144.1** NASA, Washington , D.C.; **146.7 re.** NASA, Washington , D.C. (Goddard Space Flight Center / Scientific Visualization Studio); **148.1** Deutscher Wetterdienst, Offenbach; **152.12** Nolzen, Heinz, Stegen; **158.2** Mauritius Images, Mittenwald (Marcel Clemens / Alamy); **160.7** Alamy stock photo, Abingdon (Nazmul Islam); **162.1 li.** Alamy stock photo, Abingdon (Mike Finn-Kelcey); **162.1 re.** Alamy stock photo, Abingdon (Danita Delimont); **166.2** Brodengeier, Dr. Egbert, Lichtenberg; **168.3** imago images, Berlin; **169.4** Deutscher Wetterdienst, Offenbach; **172.1** Getty Images Plus, München (Stocktrek Images); **174.2** stock.adobe.com, Dublin (robert); **176.1** Illustration by Jack Cook, Woods Hole Oceanographic Institution; **188.1** ShutterStock.com RF, New York (matthew hyatt); **191.3** Picture-Alliance, Frankfurt/M. (Andreea Campeanu / Reuters); **192.1** Aprilli Design Studio, Toronto, ON; **194.2** Getty Images, München (Bay Ismoyo / AFP); **198.1 li.** ShutterStock.com RF, New York (Nelson Sirlin); **198.1 m.li.** ddp media GmbH, Hamburg (Arndt); **198.1 m.re.** Neumann, Patricia, Altenburg; **198.1 re.** stock.adobe.com, Dublin (Wlodzimierz); **202.2** Picture-Alliance, Frankfurt/M. (Alberto Nardi / NHPA / Photoshot); **202.3** Neumann, Patricia, Altenburg; **203.7** Alamy stock photo, Abingdon (Christian Pauschert); **204.2** Mauritius Images, Mittenwald (John Warburton-Lee); **205.5 o.** laif, Köln (Michael Riehle); **205.5 u.** laif, Köln (Michael Riehle); **207.3 li.** Prof. Dr. Gregor C. Falk, Denzlingen; **207.3 re.** Prof. Dr. Gregor C. Falk, Denzlingen; **208.1 o.** Picture-Alliance, Frankfurt/M. (Fabrizio Bensch); **209.5** Genbänkle e.V., Nürtingen; **211.3** ShutterStock.com RF, New York (qnula); **212.1** stock.adobe.com, Dublin (rsooll); **213.2** Alamy stock photo, Abingdon (Julia Gavin); **214.3** ShutterStock.com RF, New York (Marijs); **214.5** stock.adobe.com, Dublin (H.D.Volz); **216.1** Bayerische Landesanstalt für Landwirtschaft (LfL), Freising; **217.4** Neumann, Patricia, Altenburg; **218.6** Schneider, Prof. Dr. Thomas, Neusäß; **218.7** Neumann, Patricia, Altenburg; **220.11** stock.adobe. com, Dublin (jbphotographylt); **223.4** Bayerische Landesanstalt für Landwirtschaft (LfL), Freising; **225.7** https://creativecommons.org/licenses/by-sa/4.0/deed. de, Mountain View (Yak); CC-BY-SA-4.0 Lizenzbestimmungen: https://creativecommons.org/ licenses/by-sa/4.0/legalcode; **225.8** Bayerische Landesanstalt für Landwirtschaft (LfL), Freising; **225.9** Bayerische Landesanstalt für Landwirtschaft (LfL), Freising; **225.10** Bayerische Landesanstalt für Landwirtschaft (LfL), Freising; **225.11** Landesanstalt für Umweltschutz, Karlsruhe (Dr. Volker Schweikle); **225.12** BASF AG Agrarzentrum, Limburgerhof; **227.3** Enkelmann, Reiner, Filderstadt; **228.6** ShutterStock.com RF, New York (Lynette Knott Rudman); **228.7** USDA - U.S. Department of Agriculture -PD, Washington; **229.10** ddp media GmbH, Hamburg (Erich Meyer); **232.3 o.** Claas KGaA, Harsewinkel; **233.6 o.li.** Picture-Alliance, Frankfurt/M. (Daniel Maurer); **233.7** Picture-Alliance, Frankfurt/M. (Rainer Jensen); **238.1** Getty Images Plus, München (peeterv); **239.2** Getty Images Plus, München (monkeybusinessimages); **241.5** Picture-Alliance, Frankfurt/M. (dpa/Juan De Dios Garcia Davish); **241.6 o.** Deutsche Stiftung Weltbevölkerung, Hannover; **241.6 u.** Deutsche Stiftung Weltbevölkerung, Hannover; **242.1 re.** laif, Köln (Michael Loewa); **243.4** ddp media GmbH, Hamburg (Wolfgang Veeser); **246.1** Alamy stock photo, Abingdon (Rodolfo Contreras); **254.2 o.re.** stock.adobe. com, Dublin (Diversity Studio); **257.9 o.** Getty Images, München (Photothek); **257.10 o.re.** Picture-Alliance, Frankfurt/M. (Muhammad Hamed / Reuters); **259.15** Alamy stock photo, Abingdon (OnTheRoad); **260.1 o.** stock.adobe.com, Dublin (WavebreakmediaMicro); **261.5 u.** Graf-Stauffenberg-Gymnasium, Osnabrück; **264.1** Picture-Alliance, Frankfurt/M. (Photoshot); **265.2** Alamy stock photo, Abingdon (RGB Ventures / SuperStock); **266.3** ShutterStock.com RF, New York (Rawpixel.com); **267.6** dreamstime.com, Brentwood, TN; **268.3** stock. adobe.com, Dublin (VanderWolf Images); **269.7** Süddeutsche Zeitung Photo, München (euroluftbild.de / Hans Blossey); **285.2** Walter Hanel (Künstler), Haus der Geschichte, Bonn; **286.1** Getty Images, München (Stone/ Tim Robberts); **288.2** Alamy stock photo, Abingdon (domonabikeSouthAfrica); **289.4** Picture-Alliance, Frankfurt/M. (Martin Gerten); **289.5** Picture-Alliance, Frankfurt/M. (Patrick Pleul); **290.2 m.** Alamy stock photo, Abingdon (christian kober); **290.2 o.** stock.adobe.com, Dublin (Renate Wefers); **290.2 u.** Getty Images Plus, München (The Image Bank/Darren Robb); **290.3** Hoffmann, Dr. Thomas, Lauf; **292.1** imago images, Berlin (Xinhua); **293.2.6** United Nations Department of Global Communications, New York, NY; **294.1 m.** Verlag C. H. Beck oHG, München; **294.1 o.** BPK, Berlin (Staatliche Kunstsammlungen Dresden | Herbert Boswank); **295.4** ddp media GmbH, Hamburg (David Hecker); **296.1** Getty Images Plus, München (iStock/baytunc); **296.2** RAL gemeinnützige GmbH, Bonn; **296.3** imago images, Berlin (Westend61); **298.2** Leinonen, Seppo, Orivesi; **300.2** imago images, Berlin (Rüdiger Wölk); **302.1** Alamy stock photo, Abingdon (Maciej Dakowicz); **302.2** REWE Markt GmbH, Köln; **302.3** ShutterStock.com RF, New York (MONOPOLY919); **303.4.1** NABU Naturschutzbund Deutschland e.V., Berlin; **303.4.2** NABU Naturschutzbund Deutschland e.V., Berlin; **303.4.3** NABU Naturschutzbund Deutschland e.V., Berlin; **303.4.4** NABU Naturschutzbund Deutschland e.V., Berlin; **303.5** GroundTruth, Hilton, KZN; **304.1** 123rf Germany, c/o Inmagine GmbH, Nidderau (smn); **305.3** Haitzinger, Horst, München; **306.1** Alamy stock photo, Abingdon (Andrew Hasson); **308.3** Picture-Alliance, Frankfurt/M. (SULUPRESS.DE); **310.2 u.li.** Alamy stock photo, Abingdon (Cindy Hopkins); **310.3 u.re.** laif, Köln (Dean Sewell/Oculi/Agence VU); **312.6** NASA, Washington , D.C. (Joshua Stevens, using Landsat data from the USGS); **312.6** NASA, Washington , D.C. (Joshua Stevens, using Landsat data from the USGS); **312.7 o.li.** Picture-Alliance, Frankfurt/M. (Yuri Maltsev / Reuters); **314.11 o.re.** Getty Images, München (AFP/Patrick Lux); **314.12 re.** Alamy stock photo, Abingdon (Tanja Esser); **316.16** ShutterStock.com RF, New York (icemanphotos); **317.20** ShutterStock.com RF, New York (Chumash Maxim); **324.6** Süddeutsche Zeitung Photo, München (euroluftbild.de); **324.7** Picture-Alliance, Frankfurt/M. (imageBROKER); **328.1** Kapmeier, Prof. Dr. Florian, Reutlingen; **329.5** Climate Interactive, Washington, DC; **334.1** Getty Images Plus, München (fotografixx); **336.6** adelphi consult GmbH, aus www.umweltbundesamt.de/ sites/default/files/medien/378/publikationen/umid_ 02-2015_gesamt_internet.pdf, S.36; www.umwelt bundesamt.de/publikationen/vulnerabilitaet-deutsch lands-gegenueber-dem; **337.7** Picture-Alliance,

Frankfurt/M. (Marijan Murat); **337.8** Getty Images Plus, München (nedomacki); **341.3 o.li.** CO2-Rechner des Umweltbundesamtes von KlimAktiv gGmbH; **343.4** Greser & Lenz, Aschaffenburg; **344.1** Zaha Hadid Architects, London; **347.4 o.** Getty Images Plus, München (iStock Editorial/AndreyKrav); **349.1** akg-images, Berlin; **349.2** Bürgle, Klaus; **349.3** laif, Köln (Berthold Steinhilber); **349.4** stock.adobe.com, Dublin (mikelaptev); **349.5** Action Press GmbH, Hamburg (BNKR Arquitectura / Rex Features); **350.1** ddp media GmbH, Hamburg (Bernt Hoffmann); **350.3** ShutterStock.com RF, New York (cdrw); **353.2** Google Earth; **353.3** Stadt Mannheim, Geoinformation und Stadtplanung, Mannheim; **356.1** iStockphoto, Calgary, Alberta (chameleonseye); **356.3** stock.adobe.com, Dublin (zsuriel); **359.3** Getty Images Plus, München (peeterv); **359.7** Alamy stock photo, Abingdon (Adeyinka Yusuf); **361.3** BBSR-Analysen KOMPAKT 12/2015, S. 11 (Antonia Milbert: Wachsen oder schrumpfen? (c) BBSR; **362.1** Alamy stock photo, Abingdon (Amy Cicconi); **363.5** Getty Images Plus, München (Ken Redding); **363.8 o.** ShutterStock.com RF, New York (Malachi Jacobs); **363.9 o.** stock.adobe.com, Dublin (white_bcgrd); **364.14** Blickwinkel, Witten (Hans Blossey); **364.15 o.** Picture-Alliance, Frankfurt/M. (Roland Weihrauch); **365.16** Alamy stock photo, Abingdon (Hans Blossey); **365.19** Picture-Alliance, Frankfurt/M. (Christian Charisius); **366.1 li.** Thinkstock, München (Digital Vision); **366.1 m.** ShutterStock.com RF, New York (allensima); **366.1 re.** ShutterStock.com RF, New York (Aerial-motion); **367.2** Alamy stock photo, Abingdon (CHROMORANGE / Ralph Peters); **368.2** Picture-Alliance, Frankfurt/M. (arkivi); **368.3** ShutterStock.com RF, New York (Inspired By Maps); **369.4 o.** Picture-Alliance, Frankfurt/M. (Julian Stratenschulte); **369.5** Getty Images Plus, München (MadrugadaVerde); **372.1** Picture-Alliance, Frankfurt/M. (dpa / Wolfram Stein); **373.5** imago images, Berlin; **374.7 li.** imago images, Berlin (Winfried Rothermel); **374.7 re.** Blickwinkel, Witten (McPHOTO / I. Schulz); **376.13** Alamy stock photo, Abingdon (Pulsar Imagens); **379.2** HowMuch.net, Wilmington, DE; **384.1** Picture-Alliance, Frankfurt/M. (Marijan Murat); **387.4** Picture-Alliance, Frankfurt/M. (epa / Dan Anderson); **388.11** Alamy stock photo, Abingdon (Mamunur Rashid); **392.1** Alamy stock photo, Abingdon (imageBROKER); **394.8** ullstein bild, Berlin (euroluftbild.de / Robert Grahn); **394.11** ddp media GmbH, Hamburg (Ferrari Press); **395.13** ONV Arkitekter, Kopenhagen; **395.16** Alamy stock photo, Abingdon (Niels Quist); **396.19** Getty Images Plus, München (iStock / millionhope); **397.28** Süddeutsche Zeitung Photo, München (Caro / Eckelt); **398.1** ShutterStock.com RF, New York (monicaodo); **398.2** ShutterStock.com RF, New York (Zapp2Photo); **404.1** ddp media GmbH, Hamburg (Walter G. Allgöwer); **404.2** Alamy stock photo, Abingdon (Tim Graham); **405.3** Winpenny Ciudad de México, Cuajimalpa, C.P.; **405.4** Alamy stock photo, Abingdon (Sunshine Seeds); **406.5 li.** Source: Free material from www.gapminder.org; **406.5 re.** Source: Free material from www.gapminder.org; **407.6** Picture-Alliance, Frankfurt/M. (Reuters / Lucas Jackson); **410.1** ShutterStock.com RF, New York (WorldStockStudio); **410.2** Getty Images, München (Bloomberg/Adeel Halim); **412.1** Getty Images, München (Universal Images Group/ Jeffrey Greenberg); **412.2** stock.adobe.com, Dublin (James Martin); **414.1** FOCUS, Hamburg (Agentur Focus / Sven Doering); **414.2** Getty Images Plus, München (iStock / tupungato); **416.1** Picture-Alliance, Frankfurt/M. (Photoshot); **416.2** Getty Images Plus, München (Yuri_ Arcurs); **420.1** Alamy stock photo, Abingdon (Michael Dwyer); **420.2** ShutterStock.com RF, New York (defotoberg); **422.1** Picture-Alliance, Frankfurt/M. (REUTERS / Joe Penney); **427.5** UNDP, New York, NY; **427.5** UNDP, New York, NY; **427.5** UNDP, New York, NY; **427.5** UNDP, New York, NY; **427.5** UNDP, New York, NY; **427.5** UNDP, New York, NY; **427.5** UNDP, New York, NY; **427.5** UNDP, New York, NY; **428.1** Gabriel, Michaela, Achern-Oberachern; **428.2** ShutterStock.com RF, New York (makasana photo); **428.3** stock.adobe.com, Dublin (sonne_fleckl); **432.1** Rausch, Marion, Linsenhofen (Mädchen), ShutterStock.com RF (Sorbis), New York, NY (Hintergrund); **433.2** laif, Köln (Daniel Rosenthal); **433.3** Picture Press, Hamburg (Clara Molden); **434.4** version-foto, Eichwalde; **435.5** Klaus Wohlmann, Dortmund; **435.6** imago images, Berlin (Thomas Imo / photothek.net); **436.1** ShutterStock.com RF, New York (luis2499); **436.2A** Alamy stock photo, Abingdon (Flowerphotos); **436.2B** Alamy stock photo, Abingdon (agence FOB); **436.2C** Alamy stock photo, Abingdon (Joerg Boethling); **437.4 re.** RAL gemeinnützige GmbH, Bonn; **438.1** VISUM Foto GmbH, München (Panos Pictures); **438.2** ShutterStock.com RF, New York (Riccardo Mayer); **439.4** FOCUS, Hamburg (Chris Steele-Perkins); **439.6** Bridgemanimages.com, Berlin; **440.1** VISUM Foto GmbH, München (Andrew Esiebo / Panos Pictures); **440.2** ShutterStock.com RF, New York (Olga Kashubin); **441.5 o.** Alamy stock photo, Abingdon (ZUMA Press); **442.1** SEZ / Markus Karl; **443.3** imago images, Berlin (Thomas Koehler); **443.5** Elephant Beans, Freiburg (Jörg Volkmann); **444.2 u.** Engagement Global gGmbH, Bonn (Thomas Kierok); **445.3** Picture-Alliance, Frankfurt/M. (AP Photo / Martin Meissner); **446.5** Picture-Alliance, Frankfurt/M. (Patrick Pleul); **446.6 o.** Bundesarbeitskreis (BAK) der Träger im Freiwilligen Ökologischen Jahr (FÖJ) in Deutschland; **446.7 o.** Freiwilligendienste Diözese Rottenburg-Stuttgart, Wernau; **446.8** ShutterStock.com RF, New York (Lucky Business); **447.9** Freunde der Erziehungskunst Rudolf Steiners e.V., Karlsruhe; **450** ullstein bild, Berlin (Spiegl); **453.1** ShutterStock.com RF, New York (Lucian Bolca)

*3 Lizenzbestimmungen zu CC-BY-SA-4.0 siehe: http://creativecommons.org/licenses/by-sa/4.0/legalcode

Karten und Grafiken

11.2 Schaar, Wolfgang, Grafing. Quelle: Fögele, J. (2016). Entwicklung basiskonzeptionellen Verständnisses in geographischen Lehrerfortbildungen: Rekonstruktive Typenbildung | Relationale Prozessanalyse | Responsive Evaluation. Geographiedidaktische Forschungen: Vol. 61. Münster: Monsenstein und Vannerdat, S. 73.; **13.4** Schaar, Wolfgang, Grafing. Quelle: Fögele, J. (2016). Entwicklung basiskonzeptionellen Verständnisses in geographischen Lehrerfortbildungen: Rekonstruktive Typenbildung | Relationale Prozessanalyse | Responsive Evaluation. Geographiedidaktische Forschungen: Vol. 61. Münster: Monsenstein und Vannerdat, S. 73.; **13.5** Ernst Klett Verlag, Stuttgart nach Garschagen/Surtiari: Hochwasser in Jakarta – zwischen steigendem Risiko und umstrittenen Anpassungsmaßnahmen, In: Geographische Rundschau, Heft 4, Braunschweig 2018, S. 11; **14.6** Ernst Klett Verlag GmbH, Stuttgart; **14.7** Schaar, Wolfgang, Grafing. Quelle: Fögele, J. (2016). Entwicklung basiskonzeptionellen Verständnisses in geographischen Lehrerfortbildungen: Rekonstruktive Typenbildung | Relationale Prozessanalyse | Responsive Evaluation. Geographiedidaktische Forschungen: Vol. 61. Münster: Monsenstein und Vannerdat, S. 73.; **15.8** Schaar, Wolfgang, Grafing. Quelle: Fögele, J. (2016). Entwicklung basiskonzeptionellen Verständnisses in geographischen Lehrerfortbildungen: Rekonstruktive Typenbildung | Relationale Prozessanalyse | Responsive Evaluation. Geographiedidaktische Forschungen: Vol. 61. Münster: Monsenstein und Vannerdat, S.73.; **15.9** Ernst Klett Verlag, Stuttgart, nach Deutsches Klima Konsortium / Konsortium Deutsche Meeresforschung – Zukunft der Meeresspiegel, Berlin 2019 Unter: www.deutsches-klima-konsortium.de/de/meeresspiegel.html (Zugriff: 30.07.2020); **16.11** Schaar, Wolfgang, Grafing nach www.conventuslaw.com/report/indonesia-moves-capital-city-an-illusion-or-an-era; **16.12** Schaar, Wolfgang, Grafing. Quelle: Fögele, J. (2016). Entwicklung basiskonzeptionellen Verständnisses in geographischen Lehrerfortbildungen: Rekonstruktive Typenbildung | Relationale Prozessanalyse | Responsive Evaluation. Geographiedidaktische Forschungen: Vol. 61. Münster: Monsenstein und Vannerdat, S. 73.; **17.13** Schaar, Wolfgang, Grafing. Quelle: Fögele, J. (2016). Entwicklung basiskonzeptionellen Verständnisses in geographischen Lehrerfortbildungen: Rekonstruktive Typenbildung | Relationale Prozessanalyse | Responsive Evaluation. Geographiedidaktische Forschungen: Vol. 61. Münster: Monsenstein und Vannerdat, S. 73.; **17.14** Schaar, Wolfgang, Grafing, nach Straits Times Graphics, www.straitstimes.com/asia/can-the-great-garuda-stop-jakarta-floods (Grafik); Google Earth, Image (c) 2020 Maxar Technologies, Data SIO, NOAA, U.S. Navy, NGA, GEBCO, Image (c) 2020 TerraMetrics (Hintergrundbild); **21.5** Schaar, Wolfgang, Grafing; **22.o.li.** Schaar, Wolfgang, Grafing; **22.u.li.** Schaar, Wolfgang, Grafing; **23.o.re.** Schaar, Wolfgang, Grafing; **23.u.re.** Schaar, Wolfgang, Grafing; **24.o.li.** Schaar, Wolfgang, Grafing; **24.u.li.** Schaar, Wolfgang, Grafing; **25.o.re.** Schaar, Wolfgang, Grafing; **25.u.re.** Schaar, Wolfgang, Grafing; **26.o.li.** Schaar, Wolfgang, Grafing; **26.u.li.** Schaar, Wolfgang, Grafing; **27.o.re.** Schaar, Wolfgang, Grafing; **27.u.re.** Schaar, Wolfgang, Grafing; **28.o.li.** Schaar, Wolfgang, Grafing; **28.u.li.** Schaar, Wolfgang, Grafing; **29.15** Schaar, Wolfgang, Grafing, nach IPCC, 2007: Climate Change 2007: The Physical Science Basis. Contribution of Working Group I to the Fourth Assessment Report of the Intergovernmental Panel on Climate Change, S. 104, FAQ 1.2, Figure 1, www.ipcc.ch/site/assets/uploads/2018/05/ar4_wg1_full_report-1.pdf; **30.3** Eckenfelder, Bettina, Eisenach; **31.4** Schaar, Wolfgang, Grafing, nach U.S. Department of Energy, Office of Biological and Environmental Research; **32.5** Schaar, Wolfgang, Grafing; **35.3** Ernst Klett Verlag, Stuttgart, nach Klaus Müller-Hohenstein: Die Landschaftsgürtel der Erde. Stuttgart: Teubner 1981, S. 7; **37.7** Ernst Klett Verlag, Stuttgart, nach International Commission on Stratigraphy – International Chronostratigraphic Chart. Unter: https://stratigraphy.org/timescale/ (Zugriff: 29.07.2020); **39.2** Eckenfelder, Bettina, Eisenach, nach Will Steffen u.a.: The trajectory of the Anthropocene: The Great Acceleration. The Anthropocene Review, 2015, Figure 1, 3; **39.3** Mensch, Mario, Hamburg; **42.1** Schaar, Wolfgang, Grafing; **43.2** Simonds, David, London; **46.3** Schaar, Wolfgang, Grafing; **46.4** Schaar, Wolfgang, Grafing, nach Wolfgang Frisch und Martin Meschede: Plattentektonik. Darmstadt: Primus, S. 117; **47.5** Schaar, Wolfgang, Grafing. Quelle: NASA.; **47.6** Ernst Klett Verlag GmbH, Stuttgart; **48.1** Schaar, Wolfgang, Grafing; **49.4 re.** Schaar, Wolfgang, Grafing, nach www.geozentrum-ktb.de; **50.2** Ernst Klett Verlag, Stuttgart nach https://pubs.usgs.gov/gip/dynamic/continents.html (Zugriff: 01.06.2021); **51.3** Ernst Klett Verlag, Stuttgart nach van Hinsbergen, D.: Mountain range formation and plate tectonics in the Mediterranean region integrally studied for the first time, Utrecht University 02.09.2019, unter: www.uu.nl/en/news/mountain-range-formation-and-plate-tectonics-in-the-mediterranean-region-integrally-studied-for-the (Zugriff: 01.06.2021); **51.4** Ernst Klett Verlag, Stuttgart nach Warum Zealandia offiziell der achte Kontinent der Erde werden könnte, unter: https://web.de/magazine/wissen/natur-umwelt/zealandia-offiziell-achte-kontinent-erde-35026340 (Zugriff: 02.06.2021); **52.6** Schaar, Wolfgang, Grafing; **52.8** Ernst Klett Verlag, Stuttgart nach Frisch, W. und M. Meschede, Plattentektonik: Kontinentverschiebung und Gebirgsbildung, wbg Academic, Darmstadt 2021, S. 11 unter: www.wbg-wissenverbindet.de/shop/35022/plattentektonik (Zugriff: 02.06.2021); **53.10 o.** Jäckel, Diana, Erfurt; **54.12** Ernst Klett Verlag GmbH, Stuttgart; **54.14 o.** Schaar, Wolfgang, Grafing, nach Wolfgang Frisch und Martin Meschede: Plattentektonik. Darmstadt: Primus, S. 24; **54.15** Ernst Klett Verlag GmbH, Stuttgart; **55.16 re.** Ernst Klett Verlag, Stuttgart nach Brune, S., & Münch U.: Gondwana: Ein Kontinent bricht auseinander. Earth System Knowledge Platform [eskp.de], 2016, unter: www.eskp.de/naturgefahren/gondwana-plattentektonik-935839/ (Zugriff: 02.06.2021); **55.17** Eckenfelder, Bettina, Eisenach; **56.18** Schaar, Wolfgang, Grafing; **56.19** Schaar, Wolfgang, Grafing; **56.21** Schaar, Wolfgang, Grafing; **57.22** Ernst Klett Verlag GmbH, Stuttgart; **57.23 o.** Meschede, Prof. Dr. Martin, Greifswald; **57.24 o.** Meschede, Prof. Dr. Martin, Greifswald; **58.25** Schaar, Wolfgang, Grafing;

59.28 Schaar, Wolfgang, Grafing; **59.29** Schaar, Wolfgang, Grafing; **59.30** Schaar, Wolfgang, Grafing; **60.31** Schaar, Wolfgang, Grafing; **60.32** Jäckel, Diana, Erfurt nach: Anderson, Don L.: Scoring Hotspots, the Plume & Plate paradigms. In: G.R. Foulger, D.L. Anderson, J.H. Natland and D.C. Presnall (Hrsg.): Melting Anomalies: Their Nature and Origin. Special Paper, Geological Society of America, 2004; **61 o.re.** Schaar, Wolfgang, Grafing; **61.37** Schaar, Wolfgang, Grafing, nach http://cilaosguide.reseau.re/cultures/?page=formation; **62.1** Jäckel, Diana, Erfurt; **63.2** Eckenfelder, Bettina, Eisenach; **64.6** Ernst Klett Verlag, Stuttgart nach BGR (Bundesanstalt für Geowissenschaften und Rohstoffe) (Hrsg.): Weltweite Erdbeben der Stärke M >= 5.0 in den letzten 12 Monaten, Hannover o.J. unter: www.seismologie.bgr.de/sdac/erdbeben/welt_jahr.htm (Zugriff: 01.06.2020); **65.8** Jäckel, Diana, Erfurt, nach www.gfz-potsdam.de/en/events/detail/article/earthquakes-and-tectonics-in-pamir-tien-shan; **66.11** Jäckel, Diana, Erfurt; **66.13** Jäckel, Diana, Erfurt, nach Norbert Deisenroth, Heringen: Vulkanismus: Bedrohung und Segen für die Menschheit. In: Gezähekiste. Zeitschrift des Hessischen Landesverbandes e.V. im Bund Deutscher Bergmanns-, Hütten- und Knappenvereine e.V., Heft 16, 02/2015, S.8, Abb. 9; **67.15** Schaar, Wolfgang, Grafing, nach www.nzz.ch/wissen/wissenschaft/heisse-schwaden-im-erdinneren-1.17885107; **68.1** Schaar, Wolfgang, Grafing; **69.2** Schaar, Wolfgang, Grafing, nach www.bgr.bund.de; **70.3** Schaar, Wolfgang, Grafing; **71.5** Schaar, Wolfgang, Grafing; **72.1** Schaar, Wolfgang, Grafing, nach Baccini, P. und Brunner, P.H.: Metabolism of the anthroposphere: Analysis, evaluation, design. 2012, The MIT Press: Cambridge, MA; **72.2** Jäckel, Diana, Erfurt, nach Urban Mining – Ressourcenschonung im Anthropozän. Umweltbundesamt, 2017; **73.4** Eckenfelder, Bettina, Eisenach, nach BITKOM 2012; **73.6** Eckenfelder, Bettina, Eisenach, nach Wuppertal Institut 2012, basierend auf BITKOM 2011, Laga 2009, Hellige 2009; **73.7** Jäckel, Diana, Erfurt Quellen: „Die Rohstoff-Expedition", Bundesministerium für Bildung und Forschung (2012); Wuppertal Institut für Klima, Umwelt, Energie GmbH (2013); **74.1** Jäckel, Diana, Erfurt; **75.2** Schaar, Wolfgang, Grafing; **75.3** Eckenfelder, Bettina, Eisenach nach Heinrich Bahlburg/Christoph Breitkreuz: Grundlagen der Geologie. Stuttgart: Enke 1998, S.189; **78.4** Jäckel, Diana, Erfurt, nach www.munichre.com/de/risks/natural-disasters-losses-are-trending-upwards.html; **79.5 o.** Schaar, Wolfgang, Grafing; **80.1** Schaar, Wolfgang, Grafing; **81.2** Jäckel, Diana, Erfurt; **81.3** Jäckel, Diana, Erfurt; **81.4** Jäckel, Diana, Erfurt; **82.2** Eckenfelder, Bettina, Eisenach nach: Hartmut Leser (Hrsg.): Umwelt: Geoökosysteme und Umweltschutz. Handbuch des Geographieunterrichts, Bd.11. Köln: Aulis 1997, S.255; **83.5** Eckenfelder, Bettina, Eisenach, nach Wolfgang Haber: Kulturlandschaft versus Naturlandschaft. In: Raumerfassung und Raumordnung, 4. Jg., H. 2/3. Köln: Heymann 1991, S.110; **85.14** Schaar, Wolfgang, Grafing; **88.4** Schaar, Wolfgang, Grafing; **89.8** Marzell, Alfred, Schwäbisch Gmünd; **90.3** Jäckel, Diana, Erfurt nach: Julius Büdel, in Herbert Wilhelmy: Geomorphologie in Stichworten, Bd.2. 6. Aufl. Berlin/Stuttgart: Bornträger 2002, S.II/132; **93.3** https://creativecommons.org/licenses/by/4.0/deed.de, Mountain View (eskp.de); CC-BY-4.0 Lizenzbestimmungen: http://creativecommons.org/licenses/by/4.0/legalcode; **94.8** Jäckel, Diana, Erfurt, nach Istituto Nazionale di Geofisica e Vulcanologia; **94.10** Science Photo Library, München (Mikkel Juul Jensen); **95.11** Schaar, Wolfgang, Grafing Quelle: Von Kauk0r - Eigenes Werk, CC BY-SA 3.0, https://commons.wikimedia.org/w/index.php?curid=6647281.; **96.1** Schaar, Wolfgang, Grafing; **96.2** Schaar, Wolfgang, Grafing; **96.3** Jäckel, Diana, Erfurt; **97.4** Schaar, Wolfgang, Grafing; **97.5** Schaar, Wolfgang, Grafing; **98.6 u.** Schaar, Wolfgang, Grafing, nach Frank Press , Raymond Sievers: Understanding Earth, 2. Aufl. New York: W. H. Freeman 1998, S.325; **98.7** Schaar, Wolfgang, Grafing; **99.8** Schaar, Wolfgang, Grafing; **99.9** Schaar, Wolfgang, Grafing; **100.2** Schaar, Wolfgang, Grafing, nach Frank Press, Raymond Sievers: Understanding Earth, 2. Aufl. New York: W. H. Freeman 1998, S.422 f.; **100.3** Jäckel, Diana, Erfurt nach Hans Kugler, Daniel Schaub in: Manfred Hendl, Herbert Liedtke (Hrsg.): Lehrbuch der Allgemeinen Physischen Geographie. Gotha: Perthes 1997, S.210; **101.4** Ernst Klett Verlag GmbH, Stuttgart; **101.6** Schaar, Wolfgang, Grafing nach: Otto Maull, in Herbert Wilhelmy: Geomorphologie in Stichworten, Bd.3. 5. Aufl. Berlin/Stuttgart: Bornträger 1992, S.III/117; **102.8** Hungreder, Rudolf, Leinfelden-Echterdingen; **103.10** Schaar, Wolfgang, Grafing nach Otfried Wagenbreth/Walter Steiner: Geologische Streifzüge. Leipzig: Verlag für Grundstoffindustrie, 1982; **103.11** Schaar, Wolfgang, Grafing; **104.14** Jäckel, Diana, Erfurt, nach: Bruno P. Kremer: Wasserreservoire der Erde. Köln 2001; **105.17** Jäckel, Diana, Erfurt, nach Holger Freund , Hansjörg Streif: Natürliche Pegelmarken für Meeresspiegelschwankungen der letzten 2000 Jahre im Bereich der Insel Juist. In: Peterm. Geogr. Mitt., 134. Jg., Pilotheft. Gotha: Klett-Perthes 2000, S. 35; **105.18** Schaar, Wolfgang, Grafing; **107.23** Google Earth. ©2020 Google LLC, used with permission. Google and the Google logo are registered trademarks of Google LLC., Mountain View, CA 94043 (Google Earth, Image Landsat/Copernicus, Data SIO, NOAA, U.S. Navy, NGA, GEBCO, ergänzt durch Grafik von Schaar, Wolfgang, Grafing); **107.24** Schaar, Wolfgang, Grafing; **109.29** Eckenfelder, Bettina, Eisenach; **110.2** Jäckel, Diana, Erfurt; **110.4** Schaar, Wolfgang, Grafing, nach John May 1988; in: Wolf Dieter Blümel: Physische Geographie der Polargebiete. Stuttgart u.a.: Teubner 1999, S.59; **111.7** Schaar, Wolfgang, Grafing; **113.10** Ernst Klett Verlag GmbH, Stuttgart; **113.11** Jäckel, Diana, Erfurt; **114.13** Ernst Klett Verlag GmbH, Stuttgart; **115.16** Schaar, Wolfgang, Grafing; **117.20** Ernst Klett Verlag GmbH, Stuttgart; **117.21** Jäckel, Diana, Erfurt, nach Samuel Weber: Permafrostein – ein unsichtbares Phänomen; **117.22** Jäckel, Diana, Erfurt, nach: Romanovsky et al. 2002, unter: web.stanford.edu/class/ee380/Abstracts/060405-permafrost.ccsm3.stanford.2006.pdf, S.7 (Zugriff: 08.05.2021); **118.1** Schaar, Wolfgang, Grafing; **118.2** Schaar, Wolfgang, Grafing, translated and adapted after: Barbara W. Murck, Brian J. Skinner, Stephen C. Porter: Dangerous Earth. New York: Wiley 1997, p.177. Reprinted with permission of John Wiley & Sons, Inc.; **119.6 u.** Ernst Klett Verlag GmbH, Stuttgart (nach: H. Wilhelmy: Geomorphologie in Stichworten. Bd. 3, S.III, 54, Berlin: Hirt); **120.9** Schaar, Wolfgang, Grafing nach Channel NewsAsia; Standard.co.uk; **120.10** Schaar, Wolfgang, Grafing, nach Strahler, A. & Strahler, A. (2003): Introducing Physical geography, S. 488; **121.11** Schaar, Wolfgang, Grafing; **121.12** Jäckel, Diana, Erfurt, https://creativecommons.org/licenses/by-sa/4.0/deed.de (Ty von Sevelingen); **122.15** Schaar, Wolfgang, Grafing, nach Strahler, A. & Strahler, A. (2003): Introducing Physical geography, S. 488; **124.2** Eckenfelder, Bettina, Eisenach; **125.3** Ernst Klett Verlag GmbH, Stuttgart; **125.5** Hungreder, Rudolf, Leinfelden-Echterdingen; **126.2** Schaar, Wolfgang, Grafing; **126.3 o.** Schaar, Wolfgang, Grafing; **126.4** Schaar, Wolfgang, Grafing; **127.5** Jäckel, Diana, Erfurt; **128.1** Ernst Klett Verlag, Stuttgart, nach Münchner Rückversicherung 2011; **130.8** Schaar, Wolfgang, Grafing, nach: Barbara W. Murck, Brian J. Skinner, Stephen C. Porter: Dangerous Earth. New York: Wiley 1997, S.156; **131.9** Schaar, Wolfgang, Grafing, nach https://media.springernature.com; **139.3** Schaar, Wolfgang, Grafing; **139.4** Jäckel, Diana, Erfurt; **139.5** Jäckel, Diana, Erfurt; **140.1** Eckenfelder, Bettina, Eisenach; **140.2** Schaar, Wolfgang, Grafing; **141.3** Schaar, Wolfgang, Grafing; **141.4** Jäckel, Diana, Erfurt, nach Hans Gebhardt / Rüdiger Glaser u.a.: Geographie. Heidelberg: Elsevier, Spektrum Akad. Verlag 2007, S.202; **142.5** Eckenfelder, Bettina, Eisenach; **143.7** Schaar, Wolfgang, Grafing; **144.2** Schaar, Wolfgang, Grafing, nach http://klimat.czn.uj.edu.pl/media/archive; **145.3** Schaar, Wolfgang, Grafing, nach Federation of American Scientists; **145.4** Schaar, Wolfgang, Grafing, nach Hamburger Bildungsserver; **145.6** Schaar, Wolfgang, Grafing; **146.7 li.** Schaar, Wolfgang, Grafing nach: Scientific Visualization Studio: Trent L. Schindler (Released on October 3, 2011) unter https://svs.gsfc.nasa.gov/vis/a000000/a003800/a003864/jet_stream_print_res.jpg (Zugriff: 05.06.2021); **146.8** Jäckel, Diana, Erfurt; **147.9** Schaar, Wolfgang, Grafing, nach Gerhard Bahrenberg: Die allgemeine Zirkulation der Atmosphäre. Paderborn: Schöningh, 1975, S.11; **148.2** Ernst Klett Verlag GmbH, Stuttgart; **148.3** Jäckel, Diana, Erfurt; **149.4** Jäckel, Diana, Erfurt; **149.5** Jäckel, Diana, Erfurt nach Alan H. Strahler, Arthur N. Strahler: Physische Geographie. Stuttgart: UTB 1999., S.133; **149.6** Jäckel, Diana, Erfurt; **150.7** Schaar, Wolfgang, Grafing; **150.8** Schaar, Wolfgang, Grafing; **150.9** Schaar, Wolfgang, Grafing; **151.10** Schaar, Wolfgang, Grafing; **152.11** Eckenfelder, Bettina, Eisenach, nach Hans-Ulrich Bender; **153.13 o.** Hungreder, Rudolf, Leinfelden-Echterdingen; **153.13 u.** Eckenfelder, Bettina, Eisenach; **153.14** Schaar, Wolfgang, Grafing; **154.1** Jäckel, Diana, Erfurt; **155.2** Ernst Klett Verlag GmbH, Stuttgart; **156.2** Schaar, Wolfgang, Grafing, nach Hans Gebhardt/Rüdiger Glaser/Ulrich Radtke/Paul Reuber (Hrsg.): Geographie: Physische Geographie und Humangeographie, S.653; **156.3** Schaar, Wolfgang, Grafing, nach Hans Gebhardt/Rüdiger Glaser/Ulrich Radtke/Paul Reuber (Hrsg.): Geographie: Physische Geographie und Humangeographie, S.653; **156.4** Schaar, Wolfgang, Grafing; **157.5** Jäckel, Diana, Erfurt; **157.6 o.** Schaar, Wolfgang, Grafing, nach Falk / Arbeitsgemeinschaft Regio-Klima-Projekt REKLIP, Klimaatlas Oberrhein Mitte-Süd; **157.6 u.** Ernst Klett Verlag GmbH, Stuttgart; **158.1** Schaar, Wolfgang, Grafing; **159.3** Schaar, Wolfgang, Grafing; **159.4** Jäckel, Diana, Erfurt; **160.5** Schaar, Wolfgang, Grafing, nach Flohn, 1971; **161.8** Schaar, Wolfgang, Grafing; **162.2** Schaar, Wolfgang, Grafing nach Das ENSO-Phänomen, unter www.enso.info; P. Epstein: Krankheiten durch Treibhauseffekt. In: Spektrum der Wissenschaft, Dossier 12/2000. Heidelberg: Spektrum, S.80 f.; **163.3** Jäckel, Diana, Erfurt, Quelle: US National Weather Service; **163.4** Schaar, Wolfgang, Grafing, nach Australian Government, Bureau of Meteorology, July 2012; **164.1** Ernst Klett Verlag GmbH, Stuttgart; **165.3** Eckenfelder, Bettina, Eisenach, nach Michael Wild, Michael Schnirch: WEBGEO – Klimaklassifikation nach Köppen und Geiger. Auf: www.webgeo.de (Febr. 2009); **165.4** Eckenfelder, Bettina, Eisenach, nach Michael Wild / Michael Schnirch: WEBGEO – Klimaklassifikation nach Köppen und Geiger; **166.1** Schaar, Wolfgang, Grafing; **167.3** Schaar, Wolfgang, Grafing, https://creativecommons.org/licenses/by-sa/4.0/deed.de, Mountain View (Delphi234); CC-BY-SA-4.0 Lizenzbestimmungen: https://creativecommons.org/licenses/by-sa/4.0/legalcode; Matthias Forkel; **167.4** Schaar, Wolfgang, Grafing, nach www.spektrum.de/lexikon; **167.5** Jäckel, Diana, Erfurt; **167.6** Schaar, Wolfgang, Grafing, nach Liljequist, 1994; **168.2** Landeshauptstadt Erfurt, Umwelt- und Naturschutzamt; **170.1** Schaar, Wolfgang, Grafing, nach www.klimafakten.de/meldung/die-wetter-und-klima maschine-eine-einfuehrung; **171.2** Ernst Klett Verlag GmbH, Stuttgart; **171.3** Jäckel, Diana, Erfurt; **171.4** Jäckel, Diana, Erfurt, Quelle: Manfred Hendl/Herbert Liedtke: Lehrbuch der allgemeinen physischen Geographie. Gotha: Klett Perthes Verlag, 1997, S.378; **171.5** Ernst Klett Verlag GmbH, Stuttgart; **175.3** Schaar, Wolfgang, Grafing. Quelle: Wuppertal Institut 2007, nach: Gebhardt; Glaser;Rudthke; Meuber: Geographie – Physische Geographie und Humangeographie, 2007.; **176.4** Schaar, Wolfgang, Grafing; **177.5** Ernst Klett Verlag GmbH, Stuttgart; **178.7** Schaar, Wolfgang, Grafing; **178.8** Ernst Klett Verlag GmbH, Stuttgart; **178.9** Schaar, Wolfgang, Grafing; **179.10** Schaar, Wolfgang, Grafing, nach California Department of Water Resources, Aug 2017; **180.1** Ernst Klett Verlag, Stuttgart nach The Learning Network: What's Going On in This Graph? Global Water Stress Levels, In: New York Times, 16.01.2020 , unter: New York https://static01.nyt.com/images/2020/01/15/learning/WaterStressGraphLN/WaterStressGraphLN-superJumbo-v3.png (Zugriff: 11.03.2021); **180.2** Eckenfelder, Bettina, Eisenach, nach UN World Water Development Report 2019; **181.4** Ernst Klett Verlag, Stuttgart nach Institute for Studies in Development, Environment and Security (Hrsg.): Freshwater Withdrawal, by Country and Sector (2013 Update). In: The World's Water Vol. 8, Data Table 2, S.227–235. Unter: www.worldwater.org/water-data/ (Zugriff: 01.11.2017);

182.6 Hungreder, Rudolf, Leinfelden-Echterdingen nach Dams: Official Newsletter of the World Commission on Dams. Nr.8, 12/2000, S.9; **183.8** Jäckel, Diana, Erfurt; **183.10** Schaar, Wolfgang, Grafing, nach Hermann Brünjes: Der Damm, das Geld und Streit der Parteien; **184.12** Quelle: KLIWA - Kooperation der Bundesländer Baden-Württemberg, Bayern und Rheinland-Pfalz sowie des Deutschen Wetterdienstes; **184.13** Quelle: KLIWA – Kooperation der Bundesländer Baden-Württemberg, Bayern und Rheinland-Pfalz sowie des Deutschen Wetterdienstes; **184.14** Quelle: KLIWA – Kooperation der Bundesländer Baden-Württemberg, Bayern und Rheinland-Pfalz sowie des Deutschen Wetterdienstes; **184.15** Quelle: KLIWA – Kooperation der Bundesländer Baden-Württemberg, Bayern und Rheinland-Pfalz sowie des Deutschen Wetterdienstes; **185.16** Quelle: KLIWA – Kooperation der Bundesländer Baden-Württemberg, Bayern und Rheinland-Pfalz sowie des Deutschen Wetterdienstes; **185.17** Quelle: KLIWA – Kooperation der Bundesländer Baden-Württemberg, Bayern und Rheinland-Pfalz sowie des Deutschen Wetterdienstes; **185.18** Eckenfelder, Bettina, Eisenach, nach Klimawandel im Süden Deutschlands. Herausforderungen – Anpassungen. Karlsruhe: LUBW Landesanstalt für Umwelt, Messungen und Naturschutz Baden-Württemberg, 2017. S.13; **186.1** Eckenfelder, Bettina, Eisenach; **186.4** Jäckel, Diana, Erfurt nach: Hans-Günter Gierloff-Emden: Geographie des Meeres, Teil 2. Berlin, New York: De Gruyter 1980, S.775; **187.5** Schaar, Wolfgang, Grafing, nach www.spektrum.de/lexika; **187.6** Schaar, Wolfgang, Grafing; **188.3** Ernst Klett Verlag, Stuttgart nach Zweckverband Landeswasserversorgung Stuttgart (Hrsg.), unter: www.lw-online.de/fileadmin/lwonline/redaktion/pdf-dateien/publikationen/Unternehmens praesentation_LW.pdf, S.7 und 8 (Zugriff: 02.06.2021); **188.4** Jäckel, Diana, Erfurt, nach Prof. Dr.-Ing. Frieder Haak: Aktuelle Herausforderungen der Fernwasserversorgung, S.6; **189.5** Jäckel, Diana, Erfurt, nach Kathleen Cantner, AGI; **189.6** Ernst Klett Verlag, Stuttgart nach Mekonnen, M. M. und A. Y. Hoekstra: Nationale Wasserfußabdruckkonten: der grüne, blaue und graue Wasserfußabdruck von Produktion und Verbrauch, Value of Water Research Report Series No.50, UNESCO-IHE (Institute of Water Education), Delft, 2011, S. 27, unter: https://waterfootprint.org/media/downloads/Report50-NationalWater Footprints-Vol1.pdf (Zugriff: 01.06.2021) https://waterfootprint.org/en/water-footprint/national-water-footprint/virtual-water-trade (Zugriff: 01.06.2021); **190.1** Schaar, Wolfgang, Grafing, nach HJL, Hydrosphäre. In: Spektrum. Lexikon der Geowissenschaften; **194.3** Ernst Klett Verlag, Stuttgart nach Watson, Jaames u.a.: Protect the last of the wild, in: Nature, Macmillan Publishers, London, 31.10.2018, unter: www.nature.com/articles/d41586-018-07183-6 (Zugriff: 21.06.2021); **195.4** Schaar, Wolfgang, Grafing; **196.1** Eckenfelder, Bettina, Eisenach, nach The global assessment report on Biodiversity and Ecosystem Services. IPBES, 2019. S.26; **197.2** Eckenfelder, Bettina, Eisenach, nach The global assessment report on Biodiversity and Ecosystem Services. IPBES, 2019. S.23; **198.2** Wolfgang Schaar, Grafing. Verändert nach Fred-Günter Schröder: Lehrbuch der Pflanzengeographie. Wiebelsheim: Quelle & Meyer1998, S.63; **199.6** Diana Jäckel, Erfurt nach: Hans-Jürgen Klink: Vegetationsgeographie. Das Geographische Seminar. 3. Aufl. 1998, Bildungshaus Schulbuchverlage Westermann Schroedel Diesterweg Schöningh Winklers GmbH, Braunschweig; **199.7** Schaar, Wolfgang, Grafing, nach W. Lacher: Ökologie der Pflanzen auf physiologischer Grundlage, 1984; **199.8** Schaar, Wolfgang, Grafing, nach W. Lacher: Ökologie der Pflanzen auf physiologischer Grundlage, Eugen Ulmer, Stuttgart, 1984; **200.1** Ernst Klett Verlag, Stuttgart nach Asymmetrischer Vegetationsaufbau der Erde, In: Spektrum der Wissenschaft, Heidelberg, o.J., unter: www.spektrum.de/lexikon/geographie/asymmetrischer-vegetationsaufbau-der-erde/531 (Zugriff: 17.03.2021); **201.2** Schaar, Wolfgang, Grafing; **202.4** Eckenfelder, Bettina, Eisenach; **203.5** Schaar, Wolfgang, Grafing, nach BSV Band Oberstufen-Geographie: Landschaftsökologie, Hrsg. Wolfgang Faedrich u.a., 1997, S.153 und Gießner 1990, S.36; **203.6** Schaar, Wolfgang, Grafing, nach Guillaume Benoit / Aline Comeau Mediterrande: Les perpectives du Plan Bieu sur l'environement et le dèveloppement, Editions de l'aube 2005; **204.1** Eckenfelder, Bettina, Eisenach, nach University of Washington, Joint Institute for the Study of the Atmosphere and Ocean, unter http://jisao.washington.edu/data/sahel/sahelprecip19 002 012.ps, Mai 2014; **204.3** Ernst Klett Verlag GmbH, Stuttgart; **205.4** Jäckel, Diana, Erfurt nach Martin Cassel-Gintz/Dorothee Harenberg: Syndrome des Globalen Wandels als Ansatz interdisziplinären Lernens in der Sekundarstuf. Ein Handbuch mit Basis- und Hintergrundmaterial für Lehrerinnen und Lehrer. Bundesministerium für Bildung und Forschung, u.a., BLK Programm „21", Berlin 2002, S.22; **206.1** Bundesamt für Naturschutz: Verbreitungszentren von Neophyten (gebietsfremde Pflanzenarten) in Deutschland: aktuell und prognostiziert für den Klimawande, Bonn 2016, unter: www.bfn.de/fileadmin/BfN/daten_fakten/Dokumente/II_1_2_17_Verbreitungs zentren_Neophyten_D.pdf (Zugriff: 19.04.2021); **207.4** Eckenfelder, Bettina, Eisenach, nach www.TheNatural Numbers.org; **207.6** Eckenfelder, Bettina, Eisenach, nach www.TheNaturalNumbers.org; **209.4** Jäckel, Diana, Erfurt, nach Food system impacts on biodversity loss: Three levers for food system transformat on in support of nature. Tim G. Benton, Carling Bieg, Helen Harwatt, Roshan Pudasaini and Laura Wellesley, February 2021, S.16; **210.1** Schaar, Wolfgang, Grafing, nach 2021 Carolina Biological Supply Company, unter: www.carolina.com/teacher-resources/Interactive/infographic-ecology-the-study-of-the-place-we-live/tr37411.tr; **211.2** Ernst Klett Verlag, Stuttgart nach: Vegetation und Klimazonen, 6. Aufl. Stuttgart: Ulmer 1990 o.A.; **211.4** Schaar, Wolfgang, Grafing; **214.4** Eckenfelder, Bettina, Eisenach; **215.6** Schaar, Wolfgang, Grafing; **216.2** Jäckel, Diana, Erfurt; **217.3** Eckenfelder, Bettina, Eisenach, nach Gerd Hintermaier-Erhard / Wolfgang Zech: Wörterbuch der Bodenkunde. Stuttgart: Enke 1997, S.32; **218.5** Eckenfelder, Bettina, Eisenach; **219.8** Jäckel, Diana, Erfurt; **219.9** Jäckel, Diana, Erfurt; **219.10** Jäckel, Diana, Erfurt; **220.12** Jäckel, Diana, Erfurt; **220.13** Schaar, Wolfgang, Grafing, nach Ulrich Gisi et al.: Bodenökologie. Stuttgart: Thieme 1997; **221.14** Jäckel, Diana, Erfurt nach: Dietrich Schroeder: Bodenkunde in Stichworten. Kiel: Hirt 1972, S.78, und Eduard Mückenhausen: Die Bodenkunde. Frankfurt: DLG Verlag 1993, S.25; **221.15** Hungreder, Rudolf, Leinfelden-Echterdingen, nach Joerg Kues/Egbert Matzner/Dieter Murach: Saurer Regen und Waldsterben. Göttingen: Verlag Die Werkstatt 1984, S.77; **222.2** Jäckel, Diana, Erfurt; **223.3** Ernst Klett Verlag GmbH, Stuttgart; **224.5** Schaar, Wolfgang, Grafing; **227.4** Ernst Klett Verlag GmbH, Stuttgart; **229.9** Schaar, Wolfgang, Grafing; **230.1** https://creativecommons.org/licenses/by-sa/4.0/deed.de, Mountain View; Darnhofer-Strauss-Czernin; CC-BY-SA-4.0 Lizenzbestimmungen: https://creativecommons.org/licenses/by-sa/4.0/legalcode; **234.1** Hungreder, Rudolf, Leinfelden-Echterdingen; **234.2** Jäckel, Diana, Erfurt; **234.3** Ernst Klett Verlag GmbH, Stuttgart; **235.4** Bundesanstalt für Geowissenschaften und Rohstoffe (BGR) im GEOZENTRUM Hannover, Hannover; (Deutschland, Bodenübersichtskarte, 1:1.000.000, BÜK1000); **235.5** Jäckel, Diana, Erfurt; **236.1** Schaar, Wolfgang, Grafing, nach Geographische Rundschau 7/8 2020, S.33; **237.2** Eckenfelder, Bettina, Eisenach nach Dietmar Schröder: Böden der Erde: Entstehung, Verbreitung, Produktivität, Schädigung und Schutz. In: Geographie und Schule, 22. Jg., H. 126 (August 2000), Köln: Aulis 2000, S.11; **237.3** Ernst Klett Verlag, Stuttgart nach Zimmermann, Markus: Denzlingen will mehr Gewerbe auf neuen Flächen ansiedeln, In: Badische Zeitung, Freiburg, 30.07.2020, unter: www.badische-zeitung.de/denzlingen-will-mehr-gewerbe-auf-neuen-flaechen-ansiedeln--189823435.html; **240.3** Jäckel, Diana, Erfurt, nach World Population Prospects 2020; **241.4** Jäckel, Diana, Erfurt, nach www.populationpyramid.net/de/welt/2020; **242.1 li.** Schaar, Wolfgang, Grafing; **244.1** Ernst Klett Verlag, Stuttgart nach US Census Bureau: International Data Base, unter: www.census.gov/data-tools/demo/idb/#/table?YR_ANIM=2030 (Zugriff: 01.06.2021); **245.4** Eckenfelder, Bettina, Eisenach, nach Geo 5/2021, S. 115; **245.5** Eckenfelder, Bettina, Eisenach, nach Berlin-Institut für Bevölkerung und Entwicklung: Es wird enger, 09.07.2018, Daten: UN DESA (2018); **246.3** Jäckel, Diana, Erfurt, nach Reiner Klingholz: Iran. Stärkster Einbruch. In Die Zeit 07/2014 vom 06.02.2014; nach DSW-Datenreport 2017 und 2020 aktualisiert; **247.4** Jäckel, Diana, Erfurt, nach www.populationpyramid.net/de/iran/2020; **247.7** Jäckel, Diana, Erfurt, nach www.populationpyramid.net/de/nigeria/2020; **248.1** Jäckel, Diana, Erfurt; **248.2** Eckenfelder, Bettina, Eisenach, nach DSW-Datenreport 2020, S.8ff.; **248.3** Jäckel, Diana, Erfurt, nach Statistisches Bundesamt, Wiesbaden 2014, 2016 und DSW-Datenreport 2020; **249.4** Ernst Klett Verlag, Stuttgart nach US Census Bureau: International Data Base, unter: www.census.gov/data-tools/demo/idb/#/table?YR_ANIM=2030 (Zugriff: 01.06.2021); **250.1** Jäckel, Diana, Erfurt; **250.2** Plaßmann, Thomas, Essen; **250.3** Jäckel, Diana, Erfurt nach Deutsche Stiftung Weltbevölkerung, www.weltbevoelkerung.de; **251.4** Eckenfelder, Bettina, Eisenach Datengrundlage: United Nations. Nach Berlin-Institut für Bevölkerung und Entwicklung: Online-Handbuch Demografie/Demografische Dividende (www.berlin-institut.org/themenspecials/demografische-dividende/humankapital.html).; **252.6** Jäckel, Diana, Erfurt, nach Wittgenstein Centre (Lutz, W., Goujon, A., KC, S., Stonawski, M. & Stilianakis, N. (Hrsg.) (2018). Demographic and human capital scenarios for the 21st century. 2018 assessment for 201 countries. Luxembourg: Publications Office of the European Union.); **252.8** Jäckel, Diana, Erfurt, nach Wittgenstein Centre (Lutz, W., Goujon, A., KC, S., Stonawski, M. & Stilianakis, N. (Hrsg.) (2018). Demographic and human capital scenarios for the 21st century. 2018 assessment for 201 countries. Luxembourg: Publications Office of the European Union.); **253.12** Jäckel, Diana, Erfurt, nach www.populationpyramid.net/de/deutschland/2020; **254.1** Ernst Klett Verlag, Stuttgart nach UNDESA – Population Devision: International migrant stock 2019. Unter: www.un.org/en/development/desa/population/migration/data/estimates2/estimates19.asp (Zugriff: 16.10.2019), UNHCR STATISTICS – The World in Numbers: Internally displaced persons. Unter: http://popstats.unhcr.org/en/overview (Zugriff: 16.10.2019), https://migrationdataportal.org/de/node/3085 (Zugriff: 02.06.2021); **255.3** Eckenfelder, Bettina, Eisenach, nach Dina Ioneco u.a.: Atlas der Umweltmigration. Bundeszentrale für Politische Bildung, Bonn, 2017. Quelle Figure 3; **255.4** Eckenfelder, Bettina, Eisenach, nach UNHCR: Global Trends 2019; **256.5** Eckenfelder, Bettina, Eisenach, nach World Bank Group: Migration and Remittances. Migration and Development Brief 33. Oktober 2020. S.8; **256.8** Eckenfelder, Bettina, Eisenach, nach World Bank Group: Migration and Remittances. Migration and Development Brief 33. Oktober 2020. S.10; **258.11** Eckenfelder, Bettina, Eisenach nach Berlin-Institut für Bevölkerung und Entwicklung: Neue Potenziale. Zur Lage der Integration in Deutschland. Berlin 2014, S. 15; **262.1** Jäckel, Diana, Erfurt; **263.2** Jäckel, Diana, Erfurt, nach Statistisches Bundesamt (Destatis), 2020; **263.3** Schwarwel, Leipzig; **267.5** Jäckel, Diana, Erfurt: nach UNCTADstat (2014): Values and shares of merchandise exports and imports, annual, 1948–2013; **268.1** Jäckel, Diana, Erfurt, nach Gerhard Fuchs: „Global denken lernen" … In: Martina Flath/Gerhard Fuchs (Hrsg.): Globalisierung. Beispiele und Perspektiven für den Geographieunterricht. Gotha: Klett-Perthes 1998, S.69, verändert; **268.2** Eckenfelder, Bettina, Eisenach nach UNCTAD auf BBCNews unter https://news.bbc.co.uk/nol/shared/spl/hi/guides/457000/457022/img/1169220846.gif, Jan. 2008, umgezeichnet, ergänzt, Quelle: HM Treasury; **269.6** aus Peter Weichhart, 2002, Glocalization – Die Globalisierung und ihre Auswirkungen auf die Regionen. In: H. Dachs und R. Floimair, Hrsg., Salzburger Jahrbuch für Politik 2001. Salzburg, (Schriftenreihe des Landespressebüros, Sonderpublikationen, Nr. 180), S.9–21.; **270.2** Ernst Klett Verlag, Stuttgart nach Amazon: Investor Relations,

Annual Report 2020: unter: https://ir.aboutamazon.com/annual-reports-proxies-and-shareholder-letters/default.aspx (Zugriff: 07.06.2021); **271.6** Eckenfelder, Bettina, Eisenach, nach Amazon: Annual Reports, versch. Jahrgänge bis 2020; **271.7** Ernst Klett Verlag, Stuttgart nach Vereinte Dienstleistungsgewerkschaft – Unternehmen Amazon, unter: https://handel.verdi.de/unternehmen/a-c/amazon/ (Zugriff: 07.06.2021); **272.13** Eckenfelder, Bettina, Eisenach, nach MPI für intelligente Systeme; **273.14** United Nations Publications, New York; **274.1** Ernst Klett Verlag, Stuttgart nach World Trade Organization (WTO): World Trade Statistical Review 2018, Genf o.J., unter: www.wto.org/english/res_e/statis_e/wts2018_e/wts2018_e.pdf (Zugriff: 07.06.2021); **275.3** Ernst Klett Verlag GmbH, Stuttgart; **276.7** Ernst Klett Verlag, Stuttgart nach Economic Research Institute for ASEAN and East-Asia: Mekong-India Economic Corridor Development. Concept Paper 2009; **277.10** Eckenfelder, Bettina, Eisenach, nach Germany Trade & Invest 2020; **278.1** toonpool.com, Berlin (Harm Bengen); **278.4** Eckenfelder, Bettina, Eisenach, nach US Census Bureau; **279.8** Eckenfelder, Bettina, Eisenach, nach Eurostat; **280.1** Schaar, Wolfgang, Grafing; **281.4** Eckenfelder, Bettina, Eisenach, nach Bundesverband CarSharing e.V.; **281.5** Eckenfelder, Bettina, Eisenach, nach Andrae, DOI: 10.13140/RG.2.2.25103.02724; **282.1** Schaar, Wolfgang, Grafing; (Grafik); stock.adobe.com, Dublin (Friedberg); (Hydrosphäre); stock.adobe.com, Dublin (Matauw); (Pedosphäre); stock.adobe.com, Dublin (Florian); (Anthroposphäre); stock.adobe.com, Dublin (Philipp Schilli); (Atmosphäre); stock.adobe.com, Dublin (Peter Wey); (Lithosphäre); Alamy stock photo, Abingdon (g. thielmann); (Hintergrundbild, Reliefsphäre, Biosphäre); **284.1** Jäckel, Diana, Erfurt; **288.3** Eckenfelder, Bettina, Eisenach; **290.1** Schaar, Wolfgang, Grafing; **291.4** Schaar, Wolfgang, Grafing; **293.2** United Nations Publications, New York; **295.2** Jäckel, Diana, Erfurt: nach Bundesministerium für wirtschaftliche Zusammenarbeit und Entwicklung, Berlin; **296.3** Eckenfelder, Bettina, Eisenach nach Bernd Siebenhüner: Homo sustinens. Marburg: Metropolis 2001, S.78; **298.1** Ernst Klett Verlag, Stuttgart, nach Global Footprint Network - Ecological Footprint. Unter: http://data.footprintnetwork.org/#/ (Zugriff: 29.07.2020); **299.3** Eckenfelder, Bettina, Eisenach, Datenquellen: Deutsche Gesellschaft für die Vereinten Nationen e.V., Global Footprint Network; **300.1** Schaar, Wolfgang, Grafing, nach Johan Rockström: Planetary Boundaries; **304.1** Schaar, Wolfgang, Grafing, Hintergrundbild: 123rf Germany, c/o Inmagine GmbH (smn), Nidderau; **305.2** Ernst Klett Verlag GmbH, Stuttgart; **307.2** https://creativecommons.org/licenses/by-sa/4.0/deed.de, Mountain View (Climate Lab Book. Open climate science. www.climate-lab-book.ac.uk/2018/warming-stripes/#more-5516); CC-BY-SA-4.0 Lizenzbestimmungen: https://creativecommons.org/licenses/by-sa/4.0/legalcode; **307.o.re.** United Nations Publications, New York; **307.o.re.** United Nations Publications, New York; **307.o.re.** United Nations Publications, New York; **308.4 li.** Jäckel, Diana, Erfurt; BMU; (c) 2020 Climate Action Tracker; https://climateactiontracker.org/global/cat-thermometer/; **308.o.li.** Eckenfelder, Bettina, Eisenach; **309.5** Schaar, Wolfgang, Grafing: nach Globus Infografik, dpa 6730; **310.1** Ernst Klett Verlag, Stuttgart, nach Chi Xu, Timothy A. Kohler, Timothy M. Lenton u.a.: Future of the human climate niche. Unter: www.pnas.org/content/117/21/11350/tab-figures-data (Zugriff: 03.09.2020); **311.4** Ernst Klett Verlag, Stuttgart, nach National Oceanic and Atmospheric Administration – Global Climate Report – July 2020. Unter: www.ncdc.noaa.gov/sotc/global/202007 (Zugriff: 03.09.2020); **311.5** Eckenfelder, Bettina, Eisenach nach www.umweltbundesamt.de/monitoringbericht-2015-klimaentwicklung-in#undefined, Abb. 2. Quellen: DWD NOAA; **313.8** Eckenfelder, Bettina, Eisenach nach https://haveland.com/; (c)2020 lee Robinson @ahaeland, Daten: http://psc.apl.uw.edu/research/projects/arctic-sea-ice-volume-anomaly/; **313.9** Eckenfelder, Bettina, Eisenach nach world glacier monitoring service, https://wgms.ch/global-glacier-state/ (Fig. 1 und 2). Quellen: SWGMS (2020, updated and earlier reports); **314.11 u.re.** Ernst Klett Verlag, Stuttgart nach Climate Central – Coastal Risk Screening Tool. Unter: https://coastal.climatecentral.org/map (Zugriff: 07.09.2020); **315.14** Eckenfelder, Bettina, Eisenach nach www.climate.gov/news-features/understanding-climate/climate-change-global-sea-level. Quelle: NOAA Climate.gov graphic, adapted from Figure 3.15a in State of the Climate in 2018; **315.15** UFZ-Dürremonitor/ Helmholtz-Zentrum für Umweltforschung (UFZ); **316.18** Schaar, Wolfgang, Grafing nach Oliver Arndt: Malediven. Geographie eines Inselstaates. Hamburg u.a.: LIT-Verlag 2006; **316.19** Ernst Klett Verlag GmbH, Stuttgart; **317.21** Eckenfelder, Bettina, Eisenach nach NOAA's Coral Reef Conservation Program; **319.2** Eckenfelder, Bettina, Eisenach, nach www.researchgate.net/figure/Schematic-representation-of-the-overall-perturbation-of-the-global-carbon-cycle-caused-by_fig2_337742746 (Price and Warren, 2016); **319.3** Jäckel, Diana, Erfurt, nach GCP/CDIAC/NOAA-ESRL/UNFCCC; **319.4** Eckenfelder, Bettina, Eisenach nach www.researchgate.net/figure/Combined-components-of-the-global-carbon-budget-illustrated-in-Fig-2-as-a-function-of_fig3_337742746. Quelle: Friedlingstein, Pierre, Jones, Matthew u.a., Global Carbon Budget 2019. Earth System Science Data. Bd 11, 2019; **320.5** Jäckel, Diana, Erfurt, Quelle: Calculated by Our World in Data based on data from the Global Carbon Project (GCP) and Carbon Dioxide Analysis Center (CDIAC); **320.6** Ernst Klett Verlag, Stuttgart nach https://ourworldindata.org/search?q=share+co2++embedded+in+trade (Zugriff: 20.07.2021); **321.8** Eckenfelder, Bettina, Eisenach nach www.globalcarbonproject.org/carbonbudget/19/infographics.htm Quelle: 2019 projection by the Global Carbon Project. Trend to 2017 based on data from the IEA (2019) CO2 Emissions from Fuel Combustion, www.iea.org/statistics. All rights reserved.; **321.9** Eckenfelder, Bettina, Eisenach, Quelle: Our World in Data based on data from the Global Carbon Project, UN Population Division (2018) & World Bank income groups auf https://ourworldindata.org/co2-by-income-region; **322.1** Ernst Klett Verlag, Stuttgart, Will Steffen/Johan Rockström/Katherine Richardson u.a.: Trajectories of the Earth System in the Anthropocene, 06.07.2018. Unter: www.pnas.org/content/115/33/8252 (Zugriff: 01.09.2020); ShutterStock.com RF (BEST-BACKGROUNDS), New York, NY; **322.2** Schaar, Wolfgang, Grafing, Quelle: PIK/Schellnhuber, Rahmsdorf, Winkelmann: Nature Climate Change 2, 2016; **323.3** Schaar, Wolfgang, Grafing, nach www.alternativesjournal.ca/energy-and-resources/sinking-feeling-infographic; **324.5 o.** Schaar, Wolfgang, Grafing, nach www.eskp.de/klimawandel/wie-beeinflusst-der-klimawandel-den-jetstream-9351059; **325.9 li.** Carbon Brief, London; **326.2** Eckenfelder, Bettina, Eisenach, nach F.A.Z.-Grafik (Piron), Datenquelle: IPCC Special Report on Global Warming of 1.5 C; **327.4** (c) 2020 Climate Action Tracker. https://climateactiontracker.org/countries/; **327.5** Schaar, Wolfgang, Grafing, nach, United Nations Environment Programme (2019). Emissions Gap Report 2019. UNEP, Nairobi, p.XIX, Fig. ES.4; **328.2** Jäckel, Diana, Erfurt; **330.1** Eckenfelder, Bettina, Eisenach nach www.klimafakten.de/sites/default/files/downloads/klimafaktencop-infografik2017dt.pdf; **330.3** Eckenfelder, Bettina, Eisenach, CC-BY-SA-4.0 Lizenzbestimmungen: http://creativecommons.org/licenses/by-sa/4.0/legalcode, Grafik: Prof. Stefan Rahmstorf; **331.4** Eckenfelder, Bettina, Eisenach nach WBGU: Kassensturz für den Weltklimavertrag – der Budgetansatz. Sondergutachten. Berlin: WBGU 2009, S.4; **332.5** Eckenfelder, Bettina, Eisenach nach Science, A roadmap for rapid decarbonization, 24.03.2017, https://science.sciencemag.org; **333.7** Mensch, Mario, Hamburg, nach Nature communications, Evaluating climate geoengineering proposals in the context of the Paris Agreement temperature goals, 13.09.2018, www.nature.com/articles/s41467-018-05938-3, Fig 1. Texte der Beispiele aus: Helmholtz Perspektiven, Klempnern am Klima, 04/2018, www.helmholtz.de/erde_und_umwelt/klempnern-am-klima/ (Galerie am Ende des Artikels).; **334.2** Schaar, Wolfgang, Grafing, nach Summary for Urban Policy Markers, S.13; **335.3** Eckenfelder, Bettina, Eisenach nach The Future of Urban Cosumption in a 1.5 °C World. C40 CITIES Headline Report. June 2019 ©C40 Cities, Arup & University of Leeds, S.34/35, https://c40-production-images.s3.amazonaws.com/other_uploads/images/2270_C40_CBE_MainReport_250719.original.pdf?1564075036; **335.4** Eckenfelder, Bettina, Eisenach nach Climate Service Center Germany (GERICS) and KfW Development Bank, 2015, Climate Focus Paper: Cities and Climate Change, Hamburg and Frankfurt am Main, S.3, www.gerics.de/imperia/md/content/csc/cities_focus_paper_tou.pdf; **335.5** Ernst Klett Verlag, Stuttgart, nach National Geographic - See which cities will feel the brunt of climate change. Unter: www.nationalgeographic.com/magazine/2020/04/these-cities-will-feel-climate-changes-effects-the-most-feature/ (Zugriff: 03.09.2020); **338.11** Schaar, Wolfgang, Grafing, nach NewClimate Institute: Climate Opportunity: More Jobs; Better Health; Liveable Cities, 2018, S.19; **339.13** Eckenfelder, Bettina, Eisenach nach Konzept für den Masterplan, 100% Klimaschutz für die Stadt Heidelberg, Endbericht Heidelberg, April 2014, S.14, www.ifeu.de/wp-content/uploads/Masterplan_HD_IFEUEndbericht_Teil1_2_2014-04-22.pdf; **339.15** Eckenfelder, Bettina, Eisenach nach Konzept für den Masterplan, 100% Klimaschutz für die Stadt Heidelberg, Endbericht Heidelberg, April 2014, s. 12, www.ifeu.de/wp-content/uploads/Masterplan_HD_IFEUEndbericht_Teil1_2_2014-04-22.pdf; **340.1** Schaar, Wolfgang, Grafing nach Bundesumweltamt. Quelle: UBA-CO_2-Rechner (www.uba-co2-rechner.de/de_DE) 2017; **340.2** Schaar, Wolfgang, Grafing, nach https://ourworldindata.org/food-choice-vs-eating-local; **342.1** Jäckel, Diana, Erfurt; **343.2** Jäckel, Diana, Erfurt; **343.3** Jäckel, Diana, Erfurt, Datenquelle: Wuppertal Institut, basierend auf DIW 2007; **346.2** Eckenfelder, Bettina, Eisenach nach UN/World Urbanization Prospects: The 2005 Revision, https://undervaluedequity.com/world-urbanization-prospects-the-2005-revision/; Daten: https://population.un.org/wup/Download/; **346.3** Eckenfelder, Bettina, Eisenach nach https://population.un.org; **346.m.li.** Eckenfelder, Bettina, Eisenach; **351.8** Schaar, Wolfgang, Grafing; **352.1** Schaar, Wolfgang, Grafing; **354.1** Schaar, Wolfgang, Grafing; **355.5** Schaar, Wolfgang, Grafing, nach Landesanstalt für Umwelt, Messungen und Naturschutz Baden-Württemberg (LUBW); **357.4** Ernst Klett Verlag, Stuttgart nach United Nations, Department of Economic and Social Affairs: World Urbanization Prospects 2018, Population Dynamics, unter: https://population.un.org/wup/Maps/ (Zugriff: 07.06.2021), Deutsche Stiftung Weltbevölkerung (DSW): UNFPA-Weltbevoelkerungs-bericht 2021, unter: www.dsw.org/wp-content/uploads/2021/04/UNFPA-Weltbevoelkerungsbericht_2021_web.pdf, S.96–100 (Zugriff: 07.06.2021); **358.1** Jäckel, Diana, Erfurt; **360.1** Ernst Klett Verlag, Stuttgart nach UNDESA Population Division - World Urbanization Prospects: The 2018 Revision. Unter: https://population.un.org/wup/ (Zugriff: 18.09.2020), UN - The World's Cities in 2018. Unter: www.un.org/en/events/citiesday/resources.shtml (Zugriff: 18.09.2020); **362.4** Eckenfelder, Bettina, Eisenach, nach www.citypopulation.de/de/usa/metro/38300__pittsburgh; **363.7** Eckenfelder, Bettina, Eisenach, nach Christopher Briem, University of Pittsburgh; **364.12** Eckenfelder, Bettina, Eisenach, nach Stadt Duisburg (bis 1970), Landesbetrieb Information und Technik NRW (ab 1971); **364.13** Eckenfelder, Bettina, Eisenach, nach Stadt Duisburg; **367.4** Jäckel, Diana, Erfurt, nach Ernst Brunotte u.a.: Lexikon der Geographie, Bd. 1. Spektrum Akademischer Verlag Heidelberg und Berlin 2002, S.419; **370.2** Jäckel, Diana, Erfurt: nach Klaus Zehner: Stadtgeographie. Gotha und Stuttgart: Klett-Perthes 2001, S.136; **371.3** BBSR Bundesamt für Bauwesen und Raumordnung, Bonn; **371.5** Eckenfelder, Bettina, Eisenach nach Ernst Brunotte u.a. (Hrsg.): Lexikon der Geographie. Heidelberg, Berlin: Spektrum Akademischer Verlag 2002; **372.2** Jäckel, Diana, Erfurt, nach Klaus Zehner: Stadtgeographie. Klett-Perthes, Gotha u. Stuttgart 2001. S.146; **375.11** Jäckel, Diana, Erfurt. Quelle: Statistisches Amt, Landeshauptstadt Stuttgart;

375.12 Ernst Klett Verlag, Stuttgart nach Landeshauptstadt Stuttgart, Statistisches Amt - Statistikatlas Stuttgart. Unter: https://statistik.stuttgart.de/statistiken/statistikatlas/atlas/atlas.html?indikator=i0&select=00 (Zugriff: 07.09.2020); **377.18** Ernst Klett Verlag, Stuttgart, nach Axel Borsdorf: Das Ende der Stadt in Lateinamerika? In: Mitteilungen der Österreichischen Geographischen Gesellschaft, 50. Jg., Heft 4/2006, S. 245; **378.1** Jäckel, Diana, Erfurt nach A.T. Kearney 2018 Global Cities Report, www.kearney.com/global-cities/2018; **380.6** Ernst Klett Verlag GmbH, Stuttgart; **381.11** Eckenfelder, Bettina, Eisenach nach UNCTAD: World Investment Report 2019. Key Messages and Overview.; **382.2** Jäckel, Diana, Erfurt nach www.klima-der-erde.de - Regionale Windsysteme, www.klima-der-erde.de/winde.html; **383.3** Jäckel, Diana, Erfurt, nach Almut Gerhardt-Dircksen/Ulrike Letschert: Die Stadt – ein von Menschen organisiertes Ökosystem. In Praxis der Naturwissenschaften – Biologie 1990, H. 7. Aulis Verlag Köln 1990, S. 3; **383.4** Eckenfelder, Bettina, Eisenach nach F. Fezer (1975): „Lokalklimatologische Interpretation von Thermal-Luftbildern" in „Bildmessung und Luftbildwesen" Heft 4/1975, S. 152 – 158; **383.5** Eckenfelder, Bettina, Eisenach nach www.stadtklima-stuttgart.de/index.php?luft_messdaten_ueberschreitungen, Quelle: Landesanstalt für Umwelt Baden-Württemberg (LUBW); **385.6** Ernst Klett Verlag, Stuttgart nach Umweltbundesamt: Umweltzonen in Deutschland, Dessau-Roßlau 2018, unter: www.umweltbundesamt.de/themen/luft/luftschadstoffe/feinstaub/umweltzonen-in-deutschland#1-wie-ist-der-aktuelle-stand-der-umweltzonen (Zugriff: 07.06.2021); **386.1** Ernst Klett Verlag, Stuttgart nach The Times-Picayune/The New Orleans Advocate – Hurricane Katrina flooding compared to a 500-year storm today: Graphic. Unter: www.nola.com/news/weather/article_a07212b9-6057-5ed6-8914-07b8135a430b.html (Zugriff: 07.09.2020); **387.6 o.** Schaar, Wolfgang, Grafing, nach State of Louisiana Coastal Protection and Restoration Authority Master Plan; **388.9** Ernst Klett Verlag GmbH, Stuttgart; **388.10** Jäckel, Diana, Erfurt; **389.14 li.** Ernst Klett Verlag GmbH, Stuttgart; **390.1** Eckenfelder, Bettina, Eisenach nach Bündnis Entwicklung hilft (Hrsg.): Weltrisikobericht 2015, S. 42; **390.2** Eckenfelder, Bettina, Eisenach; **391.3** Ernst Klett Verlag, Stuttgart nach Bündnis Entwicklung Hilft - Gemeinsam für Menschen in Not e.V. WeltRisikoBericht 2020, Berlin 2020, unter: https://weltrisikobericht.de/wp-content/uploads/2020/09/WeltRisikoBericht-2020.pdf (Zugriff: 07.06.2021), Städte > 5 Mio. Einw. nach: United Nations, Department of Economic and Social Affairs: World Urbanization Prospects 2018 Population Dynamics, unter: https://population.un.org/wup/Maps/ (Zugriff: 07.06.2021); **391.4** Jäckel, Diana, Erfurt Quelle: WeltRisikoBericht 2014. Hrsg. von Bündnis Entwicklung Hilft und United Nations University – EHS, S. 50, Daten gemäß UNU-EHS basierend auf UN DESA (2012).; **393.4** Eckenfelder, Bettina, Eisenach; **393.5** Eckenfelder, Bettina, Eisenach; **393.6** Jäckel, Diana, Erfurt: nach Hans Gebhardt u.a. (Hrsg.): Geographie. Spektrum Akademischer Verlag, Heidelberg 2007, S. 649; **397.25** Eckenfelder, Bettina, Eisenach nach www.wien.gv.at/stadtentwicklung/strategien/step/step2025/fachkonzepte/mobilitaet/handlungsfelder/oeffentlicher-raum.html (Copyright: MA 18); **399.5** Eckenfelder, Bettina, Eisenach nach European Cyber Security Organisation (ECSO): Smart Cities ans Smart Buildings Sector Report, 2018, S. 12, Figure 1, www.ecs-org.eu/documents/uploads/smart-cities-sector-report-032018.pdf; **400.1** Schaar, Wolfgang, Grafing; **402.1** Jäckel, Diana, Erfurt; **403.2** Jäckel, Diana, Erfurt; **403.3** Ernst Klett Verlag, Stuttgart nach Heinz Heineberg: Stadtgeographie 4. Auflage. UTB GmbH, Stuttgart 2013, S. 45; **406.m.li.** Eckenfelder, Bettina, Eisenach; **408.1** stock.adobe.com, Dublin (SpicyTruffel); **409.2** Eckenfelder, Bettina, Eisenach Quelle: United Nations Development Programme; **409.3** Ernst Klett Verlag, Stuttgart nach UNDP Human Development Reports – Human Development Report 2019. Unter: http://hdr.undp.org/en/2019-report (Zugriff: 07.09.2020); **409.4** Eckenfelder, Bettina, Eisenach nach Sachs, J., Schmidt-Traub, G., Kroll, C., Lafortune, G., Fuller, G. (2019): Sustainable Development Report 2019. New York: Bertelsmann Stiftung and Sustainable Development Solutions Network (SDSN), S. 150, 208, 332, https://s3.amazonaws.com/sustainabledevelopment.report/2019/2019_sustainable_development_report.pdf; **411.3** Ernst Klett Verlag, Stuttgart, nach National Family Health Survey. NFHS 4 unit-level data (2015 – 2016). Unter: http://rchiips.org/NFHS/nfhs4.shtml (13.08.2020); **411.4** Eckenfelder, Bettina, Eisenach Quelle: www.epdc.org/; **411.5** Eckenfelder, Bettina, Eisenach Quelle: Human Development Report, 2019 Statistical Update auf https://knoema.de/atlas/Indien/topics/Weltrankings/Weltrankings/Human-Development-Index; **413.3** Ernst Klett Verlag, Stuttgart nach U.S. Department of Commerce, Bureau of the Census, Small Area Income and Poverty Estimates (SAIPE) Program – Median Household Income of the Total Populationby County: 2018. Unter: www.census.gov/library/publications/2020/demo/p30-06.html (Zugriff: 07.09.2020); **413.4** Ernst Klett Verlag, Stuttgart nach Radboud University, Institute for Management Research – Global Data Lab. Unter: https://globaldatalab.org/shdi/ (Zugriff: 08.09.2020); **413.5** Eckenfelder, Bettina, Eisenach nach: https://knoema.com/atlas/United-States-of-America/Human-development-index. Quelle: Human Development Report, 2019 Statistical Update; **415.4** Ernst Klett Verlag, Stuttgart, nach Wirtschafts- und Sozialwissenschaftliche Institut – Verfügbare Pro-Kopf-Einkommen, regional. Unter: www.wsi.de/de/einkommen-14582-17976.htm (Zugriff: 03.09.2020), Statistische Ämter des Bundes und der Länder; **415.5** Eckenfelder, Bettina, Eisenach Quelle: Human Development Report, 2019 Statistical Update auf https://knoema.de/atlas/Deutschland/topics/Weltrankings/Weltrankings/Human-Development-Index; **415.6** Ernst Klett Verlag, Stuttgart nach Radboud University, Institute for Management Research – Global Data Lab. Unter: https://globaldatalab.org/shdi/ (Zugriff: 08.09.2020); **415.7** Eckenfelder, Bettina, Eisenach nach Der Paritätische Gesamtverband: Der Paritätische Armutsbericht 2019, S. 12/13 Grafik 4. Datenquelle: Statistische Ämter des Bundes und der Länder, BMAS, eigene Berechnungen des Paritätischen Gesamtverbandes, www.sozialpolitik-aktuell.de/tl_files/sozialpolitik-aktuell/_Politikfelder/Einkommen-Armut/Dokumente/2019_12_Parit%C3%A4tischer_Armutsbericht%202019.pdf; **417.3** Eckenfelder, Bettina, Eisenach; **418.4** Ernst Klett Verlag, Stuttgart, nach Kirsten Koop: Mauritius – Erfolgsgeschichte eines Entwicklungslandes. In: Geographische Rundschau, Jg. 54/Oktober 2002/H. 10, S. 24 – 30; **418.5** Ernst Klett Verlag, Stuttgart nach OpenCity – Urban Data Portal - BDA Revised Master Plan 2031, Existing Land Use Composite Map on Revised Master Plan 2015. Unter: https://opencity.in/documents/bda-revised-master-plan-2031-existing-land-use-composite-map-revised-master-plan-2015 (Zugriff: 03.09.2020); **419.7** Eckenfelder, Bettina, Eisenach nach H. Kharas (2010). The Emerging Middle Class in Developing Countries. OECD Development Centre Working Paper No. 285 auf www.weforum.org/agenda/2016/11/6-surprising-facts-about-india-s-exploding-middle-class/; **419.8** Eckenfelder, Bettina, Eisenach nach Bericht zur weltweiten Ungleichheit 2018, S. 7. Quelle: WID.world (2017), https://wir2018.wid.world/files/download/wir2018-summary-german.pdf; **419.9** Jäckel, Diana, Erfurt. Quelle: Oxfam/Credit Suisse auf www.welt.de/wirtschaft/article172684758/Oxfam-42-Milliardaere-besitzen-so-viel-wie-die-halbe-Welt.html; **421.3** Ernst Klett Verlag, Stuttgart nach Transparency International – Corruption Perceptions Index 2019. Unter: www.transparency.org/en/cpi (Zugriff: 03.09.2020); **421.4** Ernst Klett Verlag GmbH, Stuttgart; **423.2** Schaar, Wolfgang, Grafing, nach http://metrocosm.com/global-immigration-map; Daten: U.N. Population Division; **423.4** Jäckel, Diana, Erfurt nach Universität Innsbruck, Institut für Geographie: Grafiken Entwicklungsländerforschung, Grafik 6 (Martin Coy 2004) www.uibk.ac.at/geographie/agef/gallery/grafiken/; **424.1** Jäckel, Diana, Erfurt nach GeoHilfe: Die „Grüne Revolution" in Indien – Fluch oder Segen? https://geohilfe.de/die-gruene-revolution-in-indien-fluch-oder-segen/. Bildquelle: geohilfe.de 2019; **424.o.li.** United Nations Publications, New York; **425.2** Jäckel, Diana, Erfurt nach Fischer Weltalmanach vers. Jahrgänge (Quellen: IWF u.a.); **427.4** Jäckel, Diana, Erfurt, nach Fred Scholz: Perspektiven des „Südens" im Zeitalter der Globalisierung. In: Geographische Zeitschrift, 88. Jg., H. 1, Stuttgart: Franz Steiner Verlag 2000, S. 10; **430.1** Jäckel, Diana, Erfurt; **431.2** Jäckel, Diana, Erfurt; **431.3** Jäckel, Diana, Erfurt; **436.o.li.** United Nations Publications, New York; **436.o.li.** United Nations Publications, New York; **437.4 li.** RAL gemeinnützige GmbH, Bonn; **437.o.re.** RAL gemeinnützige GmbH, Bonn; **437.o.re.** RAL gemeinnützige GmbH, Bonn; **438.o.li.** United Nations Publications, New York; **440.o.li.** United Nations Publications, New York; **440.o.li.** United Nations Publications, New York; **442.m.li.** Stiftung Entwicklungs-Zusammenarbeit Baden-Württemberg (SEZ), Stuttgart; **442.o.li.** United Nations Publications, New York; **444.2 o.** United Nations Publications, New York; **445.o.re.** United Nations Publications, New York; **447.10 o.** ENGAGEMENT GLOBAL gGmbH - Service für Entwicklungsinitiativen, Bonn; **448.1** Jäckel, Diana, Erfurt nach Stiftung Zewo: Wirkungsmessung in der Entwicklungszusammenarbeit https://zewo.ch/de/wirkungsmessung-in-der-entwicklungszusammenarbeit/; **449.2** UN Women, New Delhi (Neelabh Banerjee); **452** Butz, Steffen, Karlsruhe

Anforderungsbereiche und Operatoren

Schriftliches Abitur und mündliche Prüfungen
Nach einer Vereinbarung der Kultusminister sollen die Prüfungsanforderungen im Abitur in allen Bundesländern vergleichbar sein. Diese Vergleichbarkeit soll dadurch erreicht werden, dass sich die Prüfungsaufgaben bzw. Klausuren an **drei Anforderungsbereichen** orientieren (nebenstehende Übersicht).

Um diesen Anforderungsbereichen gerecht zu werden, sind ihnen sogenannte **Operatoren** zugeordnet. Sie sind als Verben formuliert (z.B. nennen, erläutern, beurteilen) und geben an, was der Prüfling konkret tun soll. Das soll den Prüflingen auch das Verständnis für die Aufgabenstellung erleichtern.

Die Anforderungsbereiche und die Art der Aufgabenstellung gelten für die schriftliche und mündliche Abiturprüfung genauso wie für die Klausuren während der gesamten Oberstufe. Die Operatoren werden auch bei den Arbeitsaufträgen zu den einzelnen Kapiteln dieses Buches verwendet. Sie decken aber nicht alle Aufgabentypen eines Schulbuches ab, da dessen primäre Funktion nicht im Abfragen bzw. Prüfen liegt. Es verfolgt auch andere, weitergehende Ziele, sodass gelegentlich auch andere Operatoren Verwendung finden.

Anforderungsbereiche	Operatoren
Anforderungsbereich I	
Reproduktion Der Anforderungsbereich I umfasst das Wiedergeben und Beschreiben von Inhalten und Materialien.	beschreiben bezeichnen nennen
Anforderungsbereich II	
Reorganisation und Transfer Der Anforderungsbereich II umfasst das selbstständige Erklären, Bearbeiten und Ordnen bekannter Sachverhalte sowie das angemessene Anwenden gelernter Inhalte und Methoden auf andere Sachverhalte.	analysieren begründen charakterisieren darstellen ein-, zuordnen erklären erläutern erstellen herausarbeiten vergleichen
Anforderungsbereich III	
Reflexion und Problemlösung Der AnforderungsbereichIII umfasst den reflexiven Umgang mit neuen Problemstellungen, eingesetzten Methoden und gewonnenen Erkenntnissen, um zu Begründungen, Urteilen und Handlungsoptionen zu gelangen.	beurteilen bewerten entwickeln erörtern gestalten überprüfen